G. LESPAGNOL

# L'Évolution de la Terre et de l'Homme

PARIS

LIBRAIRIE CH. DELAGRAVE

15, RUE SOUFFLOT, 15

# L'Évolution de la Terre et de l'Homme.

G. LESPAGNOL

# L'Évolution de la Terre et de l'Homme

PARIS
LIBRAIRIE CH. DELAGRAVE
15, RUE SOUFFLOT, 15

# INTRODUCTION

La géographie a franchi l'étape décisive : elle y a été conduite par le progrès continu des connaissances qui facilitent ses recherches, par l'essor admirable des sciences de la nature et de l'homme dont le concours lui est indispensable. Elle a pris enfin conscience d'elle-même, de son objet, de ses moyens d'enquête, de sa méthode : désormais elle a droit de cité parmi les sciences. Il est temps pour elle, grand temps, d'entrer délibérément dans la voie scientifique et de répudier les compromissions de la géographie d'autrefois, qui, établie sur des bases incertaines, ne pouvait accomplir, malgré la haute valeur de certains géographes, qu'une œuvre incohérente et stérile.

La physionomie de la Terre est faite de traits d'âges différents : il serait puéril de prétendre l'étudier autrement qu'à la lueur projetée sur elle par l'histoire du passé, *quand ce passé retentit encore sur le présent;* il serait puéril de vouloir comprendre autrement la diversité des formes de la surface, certains faits de la distribution des êtres vivants et de l'activité humaine.

La Terre est une sorte d'organisme dont toutes les parties sont dans une dépendance réciproque; les traits de la surface du globe sont, on peut le dire, solidaires et présentent un enchaînement d'actions et d'influences, de causes et d'effets, avec répercussion des effets sur les causes, comme il doit arriver en un corps bien organisé.

C'est le rôle original de la géographie, devenue une *description* et une *explication*, dans le sens scientifique des mots, de remettre en contact les faits que d'autres sciences ont étudiés isolément et de replacer dans la complexité des conditions naturelles, dans le mouvement de la vie, les phénomènes du monde physique et organique. La *synthèse géographique*, par ses études de rapports et d'enchaînements, expression profonde de la réalité des choses, découvre des horizons nouveaux et donne aux faits toute leur signification et toute leur portée; elle apparaît comme l'image fidèle d'une évolution qui continue. Elle montre comment la vie des plantes et des animaux s'harmonise avec les formes terrestres, et comment cet ensemble se reflète et s'imprime dans les phénomènes vitaux de l'humanité. « L'accord magnifique de la Terre et de tout ce qui germe et se développe à la surface », l'harmonieux déterminisme de la vie naturelle, donnent à la géographie toute sa beauté et fixent son idéal.

---

# GÉOGRAPHIE GÉNÉRALE

## PREMIÈRE PARTIE

## La découverte de la Terre. — La science géographique.

## CHAPITRE PREMIER

### LA DÉCOUVERTE DE LA TERRE

#### I — Le monde connu de l'Antiquité et du Moyen Age.

La découverte de la Terre et les progrès de la géographie révèlent un des beaux côtés de l'énergie et de l'intelligence humaines.

**A. — L'Antiquité.** — La Méditerranée fut le point de départ des découvertes. — **a).** — Les **Egyptiens**, très lents à reconnaître le Nil, firent la conquête de l'Asie jusqu'à l'Euphrate; dès l'an 1500 av. J.C., ils avaient, à l'Ouest de l'Égypte, colonisé les oasis libyques. — Les **Phéniciens**, hardis marins, commerçants et pirates, peuplèrent les côtes de la Méditerranée et du Pont-Euxin de leurs colonies de commerce; ils franchirent les *colonnes d'Hercule* (fondation de *Gadès*); **Carthage**, une de leurs colonies, reconnut les *îles Fortunées* (Canaries) et envoya **Hannon** sur la côte occidentale de Libye (Afrique). Les Phéniciens allaient chercher, pour le roi Salomon, les richesses du fabuleux *pays d'Ophir;* pour le roi d'Égypte Néchao, ils accomplirent le *périple de la Libye.* Les résultats de leurs voyages étaient soigneusement cachés; ils redoutaient la concurrence.

**b).** — Les **Grecs**, marins et commerçants habiles, doués d'un esprit curieux, élargirent bientôt l'horizon restreint, et peuplé de légendes, des temps homériques (dixième siècle av. J.C.); leurs colonies, commerciales ou agricoles, s'étendirent le long de la Méditerranée et du Pont-Euxin; au milieu du cinquième siècle, l' « Histoire » du grand voyageur **Hérodote** marquait un progrès réel des connaissances; les conquêtes d'**Alexandre**, divers voyages en Asie, révélèrent aux Grecs des régions et des phénomènes inconnus; dans le même temps, **Pythéas** (330 av. J.C.) découvrait *Thulé* (Islande), au Nord de la Bretagne; au Sud, en Libye, d'après **Eratosthène de Cyrène**, on avait quelques notions sur la région des grands lacs.

**c).** — Les **Romains** ont agrandi le champ des connaissances par leurs conquêtes en Gaule, en *Bretagne*, en *Germanie;* deux centurions remontèrent le Nil; quelques points du Sahara furent occupés. **Alexandrie d'Egypte** devint, surtout au deuxième siècle ap. J.C., le point de départ de grandes routes de commerce vers l'intérieur de l'Afrique, et surtout vers l'Asie et le pays des **Sines** (Chinois), par la *mer Érythrée* (océan Indien); dans ce même pays aboutissaient trois routes de commerce par terre. — Les ouvrages de **Strabon** (premier siècle ap. J.C.) et de **Ptolémée** (deuxième siècle) nous donnent l'ensemble du monde connu de leur temps.

**B. — Moyen Age; les routes de commerce; les grands voyageurs.** — Le Moyen Age marque un temps d'arrêt dans les découvertes. Les **Arabes** étendent leur empire de l'océan Atlantique à l'Inde, et propagent l'islamisme dans le *Soudan* et jusque dans les *îles de la Sonde*. Les **Northmen**, les hommes de Nord, ont découvert l'*Islande*, le *Groenland*, le *Labrador*, sans profit pour la science.

Au Moyen Age, la *Méditerranée fut la grande route du commerce;* la conquête des Arabes qui occupaient l'Egypte avait déplacé le centre du commerce vers **Constantinople**, où **Venise** était prépondérante. D'autres routes importantes traversaient l'Europe septentrionale et centrale.

La chrétienté envoya des ambassades au grand chef mongol **Gengis Khan** (début du treizième siècle), dont l'immense empire allait de la Chine à la Russie; ce fut l'occasion des voyages de **Plan Carpin** et de **Guillaume de Rubrouck** en Mongolie; de 1271 à 1291, **Marco Polo** parcourut en tous sens la Chine; la relation de ses voyages « ouvrit l'ère de la géographie moderne en Asie ».

**Généralités.** — Le globe que nous habitons est aujourd'hui à peu près entièrement connu; la Terre a livré la plupart de ses secrets. Ce résultat a exigé de longs siècles d'un labeur patient. A cette œuvre de nombreux peuples ont pris part, avec, selon les âges et les pays, une grande diversité de nature et d'aptitudes. On comprend aisément qu'un peuple, arrivé à un certain degré de civilisation, ait le désir de connaître le domaine où il vit, ainsi que les régions voisines devenues bientôt l'objet de ses convoitises; la curiosité naturelle, l'intérêt commercial, l'intérêt politique des conquêtes, et aussi une noble émulation scientifique, ont été tour à tour ou simultanément les principaux mobiles qui ont poussé les peuples à la recherche des terres nouvelles. L'étude de la découverte de la Terre et des progrès de la géographie révèle un des beaux côtés de l'énergie et de l'intelligence humaines.

## A. — L'Antiquité.

Parmi les peuples anciens dont l'histoire nous est à peu près connue, ceux qui ont le plus élargi l'horizon géographique étaient riverains de la mer Méditerranée, qui fut alors le point de départ des découvertes; ceux qui y prirent part furent les Égyptiens, les Phéniciens, les Grecs et les Romains; le premier rôle appartient aux Phéniciens et surtout aux Grecs, peuples de marins, chez qui la vie active de la mer devait développer le goût des aventures lointaines.

**a). — 1. Les Égyptiens.** — Les Égyptiens, un peu amollis par la facilité de la vie que leur assurait la féconde régularité des inondations du Nil, groupés dans la région du Delta sous un même roi, dès l'an 5000 av. J.C., ne connurent qu'assez lentement la vallée du fleuve, de même que les régions voisines.

Pendant tout l'Ancien Empire, le Sinaï au Nord, au Sud la vallée du Nil en aval de la deuxième cataracte, à l'Est la rive occidentale de la mer Rouge, formaient les limites des régions qu'ils connaissaient; à l'Ouest, ils avaient quelques notions sur l'oasis *Khargeh*. Dès la XIIe dynastie (2200 environ av. J.C.), les Pharaons menèrent leurs guerriers contre les peuples voisins d'Asie; ils firent (XVIIIe à XXe dynastie) plusieurs expéditions en Syrie jusqu'à l'Amanus et au Taurus, jusqu'au bord de l'Euphrate, à *Carkhémis*, où ils atteignirent le fleuve sans le franchir. Ils ne dépassèrent pas ces régions au Nord. — Au Sud, la deuxième cataracte marqua dès la XIIe dynastie la frontière ; les colosses que l'on voit à l'île d'Argo, en aval de la troisième cataracte, sont de la XIIIe dynastie; sous la XVIIIe (1500 av. J.C.), *Méroé*, en amont de la cinquième cataracte, fut colonisé; le monument égyptien le plus méridional a été trouvé à *Naga* (16° 11' lat. N.), non loin de Khartoum. A l'Est, les Égyptiens n'ont jamais dû pénétrer en Arabie; ils avaient colonisé toutes les oasis libyques dès l'an 1500 jusqu'à celle de *Siouah*, où se trouvent les temples de la XVIIIe dynastie.

**2. Navigations des Phéniciens.** — Le petit peuple des Phéniciens, venu vers l'an 2200 avant notre ère sur les bords de la Méditerranée orientale, y occupait une mince lisière entre le haut Liban et la mer, ruban de terre découpé en courtes vallées par d'abrupts contreforts calcaires; dans chaque vallée importante s'était développée une ville, et chaque ville avait un port. La mer exerça son attraction ordinaire sur les Phéniciens; il leur était facile de construire avec les forêts, aujourd'hui détruites, du Liban, leurs grandes barques pontées et à voile, ils devinrent de hardis marins, les plus anciens du monde, et d'habiles commerçants, d'ailleurs brigands et pirates, à la manière des peuples primitifs.

Les marins de Sidon, port qui fut d'abord prépondérant, puis ceux de Tyr naviguèrent sur toute la Méditerranée et dans le Pont-Euxin, en suivant les côtes; sur des îles ou sur des points de défense facile, ils fondaient des comptoirs de commerce, avec, d'ordinaire, quelques magasins, un petit sanctuaire et un fort; ils savaient attirer les indigènes. Ils établirent ainsi un très grand nombre de colonies. Ils franchirent les *colonnes d'Hercule;* l'Atlantique découvert, *Gadès* (Cadix) fut fondé sur le territoire de *Tartessos,* riche en argent. Ils faisaient le commerce de l'étain avec les îles Cassitérides (Sud-Ouest de la Bretagne). — La fondation de CARTHAGE par une colonie tyrienne (fin du IXe siècle av. J.C.) donna une vive impulsion à l'activité phénicienne. Carthage découvrit les *îles Fortunées* (îles Canaries); elle entretint certainement des relations avec l'intérieur de la Libye et fit le commerce de l'or avec la côte occidentale d'Afrique. Le *Périple*[1] *d'Hannon,* général carthaginois, nous indique qu'il fonda des colonies sur la côte actuelle du Maroc et qu'il s'avança jusqu'à un point indéterminé du rivage du Sierra Leone (fin du Ve siècle av. J.C.). *Himilcon,* dans le même temps, explorait la côte occidentale d'Europe et pénétrait dans la mer du Nord.

L'activité des Phéniciens s'exerça aussi du côté de l'Orient. Nous savons comment *Hiram, roi de Tyr,* envoya, vers l'an 1000, au roi Salomon sa flotte et ses marins d'élite au port d'Elath, dans la mer Rouge, pour aller au mystérieux *pays d'Ophir,* d'où ils rapportèrent au roi d'Israël, ami du luxe, des talents d'or et de l'ivoire, des singes et des paons, des bois précieux; ce voyage revenait tous les trois ans. — Hérodote nous fait le récit vraisemblable d'un *périple de la Libye* exécuté par les Phéniciens, vers l'an 600 av. J.C., sur l'ordre du roi d'Égypte *Néchao;* ce voyage dura trois ans, et le retour eut lieu par les colonnes d'Hercule; les Phéniciens avaient pu, au cours de leur navigation, semer et récolter du blé, et, à leur retour, ils avaient vu le soleil se lever à leur droite, ce qu'Hérodote se refusait à croire.

Les Phéniciens ont beaucoup vu, mais ils ont dissimulé presque tout ce qu'ils savaient; ils cachaient avec soin, comme l'ont

1. Ce terme de géographie ancienne désigne à la fois un voyage le long des côtes d'une terre et la relation de ce voyage. Il devait y avoir de nombreux périples phéniciens.

fait et le font encore des peuples commerçants, leurs découvertes pour conserver le monopole du commerce. Ils propageaient habilement des *légendes,* qui frappaient l'imagination toujours en éveil des Grecs : l'océan Atlantique, avec ses brumes et ses courants rapides, n'était pas navigable ; la Méditerranée occidentale était pleine de périls, les Cyclopes, Circé, Charybde et Scylla, etc. Il est probable cependant que les Grecs ont dû connaître un certain nombre de périples phéniciens.

**b). — 3. Les Grecs. — Géographie et légendes au temps des poèmes homériques.** — Les poèmes homériques donnent une idée des connaissances des Grecs vers le xe siècle ; les notions précises qui se trouvent dans l'*Iliade* s'étendent au Sud à la Libye maritime et à l'Egypte (Thèbes) ; dans l'Est, à la Phénicie (Sidon) et à l'Asie Mineure; au Nord, à l'Épire et à la Thrace ; à l'Ouest, à Ithaque. Au delà on n'a plus que les indications souvent très incertaines de l'*Odyssée,* provenant de légendes phéniciennes ou de récits dénaturés; des peuples fabuleux et des êtres étranges habitent les îles de la Méditerranée occidentale; tous ces peuples vivent sur la surface de la Terre, qui a la forme d'un disque circulaire, entouré par le *Fleuve Océan.*

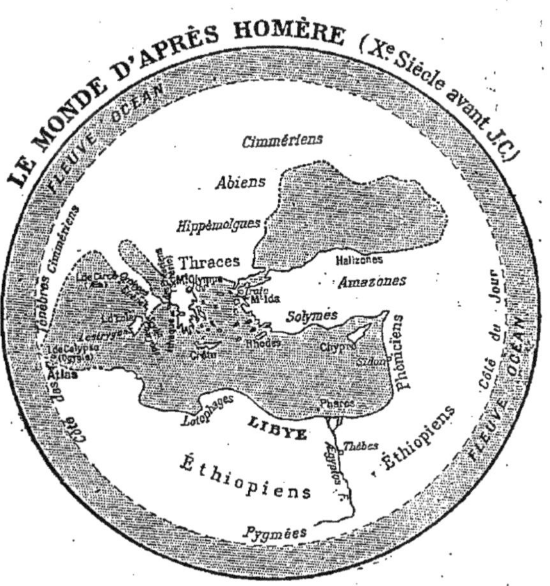


**Notes sur quelques noms portés sur la carte.** — Les *Halizones* étaient un peuple de l'ancienne Paphlagonie. Les *Amazones,* qui occupaient une partie de l'Asie Mineure, étaient des femmes belliqueuses, toujours en guerre. Les Thraces étaient des dompteurs de coursiers. Les excellents *Hippémolgues* se nourrissaient du lait des cavales. Les *Abiens,* les plus justes des hommes, s'abstenaient de toute guerre et passaient pour sacrés et inviolables. Les *Phéaciens*, peuple aimé des Dieux, vivant dans un bonheur paisible, habitaient l'île de *Schérie* (Corfou très vraisemblablement), au Nord d'Ithaque. — *Charybde*, monstre fabuleux, personnifiait avec *Scylla* les promontoires abrupts entourés d'écueils, les passes dangereuses où les vaisseaux s'abîmaient dans les flots ; dans la Méditerranée de nombreux promontoires portaient le nom de Scylla ; le monstre du détroit de Sicile, Scylla, avait une ceinture de chiens marins et aboyait comme eux. Les *Sirènes*, qui vivaient sans doute sur les rivages des golfes de Naples et de Sorrente, charmaient par leurs chants harmonieux et attiraient dans leurs grottes les navigateurs. Les *Cyclopes* à l'œil rond, unique, étaient des pasteurs anthropophages aux formes géantes ; ils vécurent dans la région de Campanie ; les *Lestrygons*, aussi arrogants et barbares qu'eux, habitaient la Sicile. *Circé*, célèbre enchanteresse, qui vivait en l'île d'Æa sur la côte d'Italie (aujourd'hui promontoire de Circé ?), changea par ses breuvages magiques les compagnons d'Ulysse en pourceaux. *Calypso* était fille d'Atlas, le Pilier du Ciel ; elle vivait au bout du monde, à l'endroit où les colonnes séparent le ciel de la Terre, dans une île où elle retint Ulysse sept ans. — Les *Lotophages*, peuple légendaire de la côte Nord d'Afrique, vivaient des fleurs du *Lotus*, qui avaient la propriété de faire oublier aux étrangers leur patrie ; ce qui arriva aux compagnons d'Ulysse. Les *Pygmées*, peuple nain de race noire, en luttes continuelles avec les animaux, étaient placés par la légende près des sources du Nil ; ces nains ont été retrouvés à la fin du XIXe siècle en plusieurs points de l'Afrique centrale. — Les *Cimmériens* vivaient aux confins du monde.

**4. Les colonies grecques. L'Empire perse.** — Habitants de rivages riches en abris naturels, les Grecs ont, eux aussi, subi le charme attirant de la mer, d'une mer propice aux voyages avec ses vents favorables et ses nombreux archipels où, dans l'air bleu, la terre est toujours visible. Parmi les causes diverses qui déterminèrent leurs voyages, il faut tenir compte de leur grande curiosité d'esprit et de leur ardeur au commerce ; de plus, dans certaines de leurs colonies, ils pratiquèrent l'agriculture. La fondation de ces colonies, qui remonte aux temps les plus anciens, dura toute l'époque historique ; elles furent établies en Sicile, dans la Grande-Grèce (Italie méridionale), en Thrace, dans l'Hellespont, en Asie Mineure. Une de ces dernières, PHOCÉE, fonda à son tour, en l'an 600, MASSILIA (Marseille) ; des colons de MILET s'établirent sur les côtes du Pont-Euxin, où ils recueillirent des notions précises sur l'*Ister* (Danube) et sur les *Scythes* sédentaires ou nomades ; des caravanes de commerce, venues de la Baltique, leur firent connaître cette région. Il y eut encore des colonies grecques en Cyrénaïque, en Égypte et en Espagne. — Vers 640, le pilote COLÆOS, poussé par les vents vers l'Ouest, fut le premier Grec à passer les colonnes d'Hercule. HÉCATÉE DE MILET (500 ans av. J.C.) eut connaissance, au delà des colonnes d'Hercule, des *Ibères* et des *Celtes* ainsi que de leurs villes.

L'organisation de l'immense *Empire des Perses* en satrapies par Darius nécessita une connaissance plus précise de ses vastes domaines. Divers voyages furent exécutés par des Grecs d'Ionie ; Scylax de Caryanda fit ainsi une reconnaissance de l'*Indus* par mer. L'expédition des Perses contre les Scythes ajouta à ce que l'on savait déjà sur ces peuples. Ainsi s'élargissait le champ des connaissances.

5. **Le grand voyageur Hérodote.** — L'historien Hérodote,

**LA GÉOGRAPHIE D'HÉRODOTE** (Milieu du Ve Siècle avant J.C.)

esprit curieux et attentif, fit de grands voyages en Cyrénaïque et en Égypte, en Phénicie et en Babylonie, dans les colonies grecques du Pont, les îles de la mer Égée, la Sicile et l'Italie du Sud ; son *Histoire* est le résumé des connaissances géographiques des Grecs au milieu du ve siècle.

Dans le Nord-Ouest et l'Ouest, il n'a que quelques récits sur les Celtes et les peuplades ibères ; peut-être a-t-il eu connaissance des résultats du Périple d'Hannon. Au Sud, il connaît le littoral de la Libye depuis les colonnes d'Hercule jusqu'au Nil ; il a recueilli des renseignements sur l'intérieur et les peuples de la Libye, sur la ligne des oasis entre l'Égypte et Cyrène, sur le Nil jusqu'à Méroé Il a sur les satrapies de Darius, sur les peuples de l'armée de Xerxès, des informations précises; il a pu se servir de la relation de l'expédition de Scylax. Ses connaissances sont assez étendues sur les régions au Nord du Pont-Euxin; il connaît l'Ister (Danube) et quelques-uns de ses affluents de droite, ainsi que plusieurs fleuves du Pont-Euxin; il sait, ce qu'on ignorera après lui, que la *Caspienne* est une mer fermée. Il montre les Scythes, divisés en agriculteurs et en nomades (Sarmates), occupant un vaste territoire au Nord du Pont-Euxin et de la mer Caspienne. Au delà vivent des peuples fabuleux et des monstres.

NOTES SUR QUELQUES NOMS PORTÉS SUR LA CARTE. — Les *Saranges* étaient une peuplade perse. Les *Scythes* proprement dits, au temps d'Hérodote, occupaient la région située entre l'*Ister* (Danube) et le *Tanaïs* (Don); ils étaient agriculteurs; à l'Est vivaient les *Sarmates* et d'autres peuplades scythes à l'état nomade : les *Saces* (région du Turkestan actuel), les *Issédons* dans les parages de la mer Caspienne, les *Thyssagètes*. Les *Massagètes* nomadisaient au Nord-Est de la Caspienne et au Nord de l'Araxe. Les *Argippéens*, peuplade de Sarmatie, naissaient chauves; ils avaient les mœurs les plus pacifiques et ne se nourrissaient que de fruits. Les *Budins*, peuple nomade fort nombreux, ayant des yeux gris, des cheveux châtain clair, vivaient probablement près des sources du Borysthènes; près d'eux, plus à l'Ouest, les *Neures* étaient réputés pouvoir se métamorphoser en loups une fois par an; les *Androphages* mangeaient la chair humaine. Les *Arimaspes*, peuple légendaire, n'ayant qu'un œil, guerriers farouches en lutte continuelle avec les griffons, gardiens de l'or enfoui au sein de la terre, vivaient au Nord de la Scythie, aux confins du monde connu. — *Pyrène* était une ville près de l'Ister. Les *Cynètes* formaient une peuplade ibère. — En Libye les *Automoles*, αὐτόμολοι, étaient des soldats égyptiens déserteurs, établis en Éthiopie. Les *Garamantes*, les *Atarantes*, les *Atlantes* se succédaient de l'Est à l'Ouest.

6. **Conquêtes d'Alexandre. Progrès à l'Est, en Asie.** — Les connaissances firent peu de progrès jusqu'aux conquêtes d'Alexandre. Il convient cependant de signaler la retraite des Dix Mille, qui se fit après Cunaxa (401) par les massifs de l'Arménie et les montagnes du Pont, sur lesquels XÉNOPHON, dans l'*Anabase,* donna des renseignements précieux. — Les conquêtes d'ALEXANDRE (336-325) marquent une date importante dans l'histoire des découvertes. On sait qu'il pénétra au Nord jusqu'à l'*Iaxarte* (Syr Daria), qu'il franchit l'Indus et s'avança jusqu'à son affluent l'Hyphase à l'Est; NÉARQUE explora la côte du delta de l'Indus jusqu'au fond du golfe Persique. Ce fut une belle moisson de notions nouvelles; les hautes montagnes neigeuses, les sables brûlants de *Gédrosie* (désert de Kirman), les pluies d'été de l'Inde, des végétaux et des animaux inconnus, venaient

de révéler aux Grecs l'existence d'un monde très différent de celui qu'ils connaissaient.

Sous les Séleucides, des relations s'établirent avec les peuples de la vallée du Gange; le Grec MÉGASTHÈNES visita *Patalipura* (Patna), et les Grecs connurent ainsi la curieuse civilisation des *Brahmanes*. — Au Nord de la Sogdiane, les Grecs plaçaient des Scythes nomades jusqu'à la *mer Glaciale*.

7. **Progrès au Nord-Ouest de l'Europe (Pythéas). Hypothèses sur l'Océan.** — Vers l'an 330 environ eut lieu dans l'Europe occidentale, inconnue d'Hérodote, le voyage très important d'un Grec de Massilia, nommé PYTHÉAS, d'une grande hardiesse et de connaissances étendues. Les commerçants de Massilia souhaitaient des renseignements sur les régions productrices d'étain et d'ambre. Pythéas explora la mer du Nord, et, longeant la *Bretagne*, s'avança jusqu'aux Orcades (61° lat. N.). Il parle d'une île mystérieuse, *Thulé* (Islande?), enveloppée de brouillards redoutables, dans une mer alourdie par les glaces. C'étaient les premières notions sur ces régions lointaines.

Dans l'Océan même, aucune expédition ne fut faite; de ce côté la géographie des Grecs vivait de légendes et d'hypothèses. On croyait à l'existence de terres à l'Ouest des colonnes d'Hercule; PLATON émit l'hypothèse d'une vaste terre, l'*Atlantide*, riche et prospère, qui soudain, en un jour et une nuit, s'effondra sous la mer « au milieu de grands tremblements de terre et d'inondations ». — Sur l'étendue de l'Océan, peuplé de terres insulaires, les idées des Grecs étaient contradictoires. Du moins ARISTOTE avait répandu la croyance que quelques jours étaient suffisants pour aller « des colonnes d'Hercule aux parties orientales de l'Inde ». Cette idée, qui reparaît fréquemment dans l'antiquité[1], fut acceptée par le moyen âge et arriva jusqu'à Christophe Colomb.

8. **Alexandrie et les Ptolémées. Progrès au Sud, en Libye.** — *Alexandrie d'Égypte*, fondée en l'an 332 par Alexandre le Grand, devint un centre d'études scientifiques où la géographie

1. On cite souvent un passage de SÉNÈQUE LE PHILOSOPHE, dans les *Quæstiones Naturales*, où il parle de la faible distance des rives de l'Ibérie aux Indes. Il prophétisait d'ailleurs dans sa *Médée* le temps où « la Terre immense serait ouverte à tous ». — ERATOSTHÈNE, STRABON et beaucoup d'autres géographes professaient les mêmes idées.

eut une large place, et qui fut le point de départ de voyages de découvertes. Les connaissances de l'un des plus grands géographes d'Alexandrie, ERATOSTHÈNE DE CYRÈNE (276-187), nous renseignent sur les progrès de la géographie à cette époque au Sud et au Sud-Est. Des relations commerciales plus régulières entre l'Égypte et l'Inde avaient déterminé une connaissance plus précise de la côte d'Afrique depuis l'Égypte jusqu'au *cap des Aromates* (Guardafui) et des rivages du golfe Arabique. Ératosthène a des notions sur l'Éthiopie, sur les cours d'eau principaux, *Nil blanc* et *Nil bleu,* qui forment le grand fleuve d'Égypte ; il est informé de l'existence de grands lacs et de hautes montagnes, d'où sort le Nil ; la limite de ses connaissances est le *pays des Cinnamomes* (la Somalie).

**c). — 9. Les Romains : conquêtes en Europe; voyages en Libye.** — Le commerce avait été l'initiateur des découvertes des Phéniciens et des Grecs ; les expéditions militaires furent l'origine de celles des Romains. Les résultats ont été surtout importants au Nord et au Nord-Ouest de l'Europe. César soumit la Gaule (58-51 av. J.C.), et deux expéditions pénétrèrent en Bretagne ; la conquête, commencée par Claude en l'an 43 ap. J.C., fut achevée en l'an 78 par Agricola, qui parvint jusqu'en *Calédonie* (Ecosse) et fit avec sa flotte le tour de l'*Hibernie* (Irlande). — La *Germanie* était, depuis César, ouverte aux armées romaines : Drusus, Germanicus et d'autres franchirent les marécages et les sombres forêts de la Germanie occidentale ; l'*Elbe* fut traversée. — Sur le Danube, Trajan, en l'an 104, prenait possession de la *Dacie* (Roumanie-Transilvanie). Plus loin, le long de la *Vistule,* des caravanes de marchands, cheminant sur une vieille route de commerce connue des Phéniciens et des Grecs, allaient au bord de la Baltique chercher l'ambre abondant. De ce côté les connaissances étaient vagues sur la Scandinavie, qu'une *mer Gelée* devait limiter au Nord, avec des îles peuplées de monstres.

Maîtres de l'Égypte (29 av. J.C.), les Romains pénétrèrent en Éthiopie ; deux centurions, envoyés par Néron, atteignirent sur le Nil une région de marécages immenses que des paquets d'herbes flottantes rendaient infranchissables (sans doute le confluent du Bahr el Ghazal). Les Romains occupèrent quelques positions dans le Nord du Sahara; CORNÉLIUS BALBUS parcourut, vers l'an 19 ap. J.C., la *Phazanie* (le Fezzan), où se trouve le monument romain le plus méridional.

10. **Routes de commerce par mer et par terre vers l'Asie.** — Le commerce d'Alexandrie prit un essor remarquable dans les premiers siècles de l'ère chrétienne, et par les routes de commerce vinrent des renseignements précieux. Les Grecs et les Romains naviguaient depuis longtemps sur la *mer Érythrée* (océan Indien). Le *Périple de la mer Érythrée,* dû à un marchand d'Alexandrie, nous montre que les connaissances sur la côte Est de l'Afrique dépassaient l'équateur et s'étendaient jusqu'au 15° lat. S. environ; elles allaient même jusqu'à l'île de *Menuthias* (Madagascar?). L'ivoire, objet d'un grand commerce, provenait, vers le IIe siècle surtout, de la région des grands lacs, et par la même voie des notions plus exactes sur les sources du Nil. — Le pilote grec HIPPALOS avait expliqué le parti que l'on pouvait tirer des courants alternatifs des *moussons;* les voyages devinrent moins longs et plus réguliers d'Alexandrie à Muziris, sur la côte Ouest de l'Inde, par Coptos sur le Nil et Bérénice sur la mer Rouge; les moussons d'été poussaient vers l'Inde, celles d'hiver assuraient le retour. Les marchands d'Alexandrie connurent l'île de *Taprobane* (Ceylan) et les côtes de la *Chersonèse Dorée* (Péninsule de Malacca); au IIe siècle, ils eurent quelques notions sur les grandes îles situées plus à l'Est; les navires allaient jusqu'à *Cattigara,* le grand port des *Sines* (Chinois).

Dans le même temps, le commerce de la soie entraînait les Gréco-Romains jusque vers les hautes terres de l'Asie centrale. Strabon est le premier géographe qui parle des *Sines* ou *Sères,* vivant entre l'*Oxus* et la *mer Orientale ;* des caravanes, des envois d'ambassades, créèrent des relations avec le pays des Sères. Le commerce pouvait emprunter trois routes : un itinéraire allait d'*Hiérapolis,* sur l'Euphrate, par le sud de la mer Caspienne et la Bactriane, jusqu'à la *Tour de Pierre,* d'où l'on passait à Kachgar; une autre route conduisait de l'Indus à Bactres par *Cabura* (Caboul) et rejoignait la première ; une troisième partait de l'Inde au Nord-Est et gagnait *Séra,* capitale des Sères.

11. **Strabon et Ptolémée.** — L'ensemble du monde connu des anciens apparaît dans deux importants ouvrages de géographie très différents l'un de l'autre, comme on le verra plus loin, ceux de Strabon et de Ptolémée. D'après la *Géographie* de Ptolémée (Voir la carte de Ptolémée, chapitre VI), le monde connu des anciens s'étendait des îles Fortunées à l'Occident, à la Chine méridionale à l'Orient; les limites septentrionales étaient les îles du Nord de la Bretagne, celles du Sud la région du Soudan et des grands lacs. Le traité de Ptolémée était accompagné d'une série de 27 cartes; l'une d'elles prolongeait la Méditerranée de plus de 20 degrés, ce qui donnait par contrecoup un allongement excessif aux terres vers l'Est; nous verrons quelle devait être plus tard l'influence de Ptolémée.

### B. — Le Moyen Age; les routes de commerce; les grands voyageurs.

12. **Temps d'arrêt au Moyen Age.** — L'invasion des peuples germaniques avant et après la fin de l'Empire d'Occident (476) introduisit des noms et des groupements nouveaux dans la physionomie géographique de l'Europe surtout. Pendant que cette société nouvelle s'organisait, il y eut un temps d'arrêt de plusieurs siècles dans l'histoire des découvertes. Toutefois, un peuple d'autre race, les Arabes, qui au VII$^{e}$ et au VIII$^{e}$ siècle créèrent un immense empire sur les bords de la Méditerranée, allait agrandir le champ des connaissances géographiques. De plus, des Norvégiens et des Danois firent quelques expéditions en pays inconnu.

13. **Les Arabes en Afrique et en Asie.** — En moins d'un siècle, les Arabes établirent leur domination de l'Inde à l'océan Atlantique (632-714); le démembrement de cet immense empire des khalifes fit disparaître l'unité politique, mais l'unité religieuse maintint le lien des diverses parties. La propagation de l'islamisme, l'activité commerciale, déterminèrent des découvertes géographiques.

Avant le xe siècle les Arabes dépassaient *Zanzibar* sur la côte Est d'Afrique, et atteignaient un riche pays aurifère au Sud du Zambèze, la région de *Sofala,* qu'ils fréquentèrent pendant tout le Moyen Age ; de nombreuses ruines, notamment les célèbres ruines de *Zimbabye,* au Nord du Limpopo, leur ont été attribuées. — De bonne heure l'Islam franchit le Sahara et s'établit au Soudan ; il dominait au *Bornou,* à l'Ouest du lac Tchad, dès l'an 1100 ; le Sénégal et le Niger étaient reliés au Maroc par des caravanes de commerce ; des pèlerins traversaient tout le Soudan pour aller à la Mecque ; *Timbouctou* devint un grand centre de commerce et la capitale d'un empire musulman.

Du côté de l'Orient, des entreprises commerciales suivies servirent la cause de l'Islam ; il pénétra dans les *îles de la Sonde.* Les relations étaient actives entre la Perse et l'Extrême Orient ; au port de *Siraf* abordaient fréquemment les jonques chinoises et les barques malaises. Des marchands arabes faisaient de grandes expéditions ; les récits merveilleux de Sindbad le Marin dans les *Mille et une Nuits* en consacrent le souvenir. — En Asie, les Arabes révélèrent l'existence du *lac d'Aral.*

Les Arabes ont eu des voyageurs célèbres. Celui qui a fait la moisson la plus riche de notions géographiques est Ibn-Batoutah, berbère de Tanger ; il avait la passion des voyages ; de 1325 à 1349 il visita l'Afrique du Nord, puis successivement l'Asie entière, la Crimée et la Russie méridionale.

**14. Les « Northmen » au Groenland et au Labrador.** — Parmi les envahisseurs de l'ancien empire d'Occident, étaient les *Northmen,* les hommes du Nord, surtout des Norvégiens et des Danois. C'étaient de hardis marins, aimant faire sur leurs barques allongées des navigations aventureuses. Parmi leurs découvertes il faut signaler celles de Naddod, qui en 861 fut poussé sur l'Islande, la Thulé de Pythéas ; les voyages continuèrent de l'Islande au *Groenland* (893), puis au *Labrador,* et plus au Sud dans une région qui fut appelée *Vinland* (pays de la vigne). Ils avaient les premiers touché la terre américaine ; mais, faute de renseignements précis, toutes ces expéditions tombèrent dans un oubli profond.

**15. Routes de commerce du Moyen Age.** — Les grandes

routes de commerce allaient bientôt reprendre toute leur activité[1]. Même aux époques troublées, les relations d'affaires avaient continué entre l'Occident et l'Orient; dans toute la France méridionale, des Grecs, des Juifs, des Syriens, faisaient le commerce; on rencontrait à Marseille, au v^e^ siècle, des marchands syriens, des marchands de Paris en Syrie, à Antioche et à Laodicée. Dès le xi^e^ siècle, une émulation économique nouvelle agita l'Europe occidentale; une impulsion décisive fut donnée par les croisades; elles ont réouvert la route de l'Orient, que la conquête des Arabes avait fermée.

La *principale route de commerce était la Méditerranée;* les marchands européens allaient acheter les soies de Syrie et de Chine, les tapis de Perse, les porcelaines de Chine, les perles de Ceylan, l'ivoire d'Afrique, les épices de l'Insulinde et les parfums d'Arabie; les marchés étaient Alexandrie d'Égypte ou les ports du Levant. La conquête des Arabes avait déplacé vers le Nord le commerce de l'Inde; il avait retrouvé une ancienne route par l'Indus, et la Perse, que nous avons signalée; *Constantinople* fut pour un temps un très important marché. — La presque totalité du commerce d'Orient se faisait sous le pavillon de *Venise.* Elle eut longtemps ce monopole; il lui fut disputé, à Constantinople surtout, par la marine rivale de *Gênes.*

Un autre centre d'activité pour le commerce de l'Europe occidentale étaient les marchés russes, scandinaves et allemands; la route de ce commerce suivait la mer du Nord et la Baltique; il ne se développa d'ailleurs qu'au xiv^e^ et au xv^e^ siècle avec les étapes de *Bergen, Riga* et *Novgorod.* Des voies intérieures reliaient l'Allemagne à la Méditerranée; une de ces routes, où la circulation était parfois très animée, passait les Alpes au col du Brenner et suivait dans la vallée du Rhin la fameuse *Bergstrasse,* la route de la montagne le long de la Forêt Noire.

16. **Grands voyages en Asie.** — Un événement politique considérable fit renaître les voyages des Européens en Asie. Un chef mongol, après avoir discipliné les tribus nomades du

1. La géographie gagna quelques notions nouvelles à la co version au christianisme des peuples barbares; les missionnaires firent peu à peu entrer dans la famille chrétienne les Germains, les Scandinaves, les Slaves et même les Madgyars, peuples qui dès lors furent mieux connus.

fleuve Amour et pris en 1206 le titre de *Gengis-Khan*, conquit en peu d'années la Chine, l'Asie centrale, la Russie; les tribus mongoles menaçaient de déborder sur l'Europe occidentale. La mort du conquérant n'arrêta pas les conquêtes; toute l'Asie, à l'exception de l'Inde et de l'Asie Mineure, fut sous le joug mongol.

L'Europe occidentale s'émut; le bruit se répandit que les Mongols étaient chrétiens, que le Grand Khan était ce personnage mystérieux, le *Prêtre Jean*, seigneur chrétien, que l'imagination des peuples plaçait aux confins du monde. Le pape Innocent IV résolut de lui envoyer une ambassade; ce fut l'origine du voyage du moine franciscain PLAN CARPIN en 1246. Quelques années plus tard, saint Louis envoya deux ambassades au Grand Khan; la seconde fut confiée en 1253 à un autre franciscain, GUILLAUME DE RUBROUCK, qui se rendit en Crimée et de là, par la *Dzoungarie*, à la modeste capitale des successeurs de Gengis Khan, à *Karakorum*, au Sud-Ouest du lac Baïkal. Sa relation en latin, adressée à saint Louis, abonde en renseignements curieux sur les mœurs et la vie nomade des peuples des steppes.

17. **Marco Polo.** — Vers 1250, deux frères, riches orfèvres vénitiens, Nicolo Polo et Matteo, partirent de Crimée pour aller faire le commerce avec les Mongols; diverses circonstances les amenèrent devant Kubilaï, alors khan des Mongols, qui résidait à *Cambaluc*, dénomination mongole de Pékin; après vingt ans de séjour, ils songèrent à revenir et reçurent du khan une mission pour le pape. Leur second voyage eut lieu en 1271; ils prirent la route qui mène à Kachgar par le *Pamir* (cours supérieur de l'Amou-Daria), longèrent les oasis méridionales du bassin du *Tarim* et du désert de *Gobi* et atteignirent Cambaluc; ils avaient avec eux le jeune fils de Nicolo, MARCO POLO, qui gagna les faveurs du khan et passa vingt ans de sa vie à parcourir la Chine en tout sens. En 1291, il revint en Europe par les îles de la Sonde et par l'Inde; fait prisonnier par les Génois, en guerre avec Venise sa patrie, pendant son séjour en prison il lia connaissance avec l'écrivain Rusticien, qui rédigea le récit de ses voyages, d'abord en français. Ce *Livre des merveilles du monde*, qui « ouvre pour l'Asie l'ère de la géographie mo-

derne », fut une révélation pour l'Occident; un monde nouveau apparut : les sables et les tourbillons de poussière des déserts de l'Asie centrale; les steppes giboyeuses de la Mongolie; l'intense vie commerciale de la Chine du Nord (*Cathay*) et de la Chine du Sud; l'activité prodigieuse de la batellerie sur le grand canal et sur le Yang-tse, où Marco Polo compta dans un port fluvial quinze mille embarcations; les fourmilières d'êtres humains dans les fertiles plaines alluviales; les hautes montagnes du Tibet et de la Birmanie, etc. Le livre de Marco Polo fournissait aussi des renseignements sur le *Cipangu* (Japon), qu'il n'avait cependant pas visité.

Livres a consulter. — Vivien de Saint-Martin, *Histoire de la Géographie et des Découvertes géographiques depuis les temps les plus reculés jusqu'à nos jours,* Paris, 1878. — O. Peschel, *Geschichte der Erdkunde bis auf Alexander von Humboldt und Carl Ritter,* Munich, 1877. — H.-F. Tozer, *A History of ancient Geography,* Cambridge, 1897.

Lectures. — P. Vidal-Lablache, *Marco Polo, son temps et ses voyages,* Paris, 1880.

---

# CHAPITRE II

## LA DÉCOUVERTE DE LA TERRE

### II. — Les temps modernes. — La route maritime de l'Inde. Découverte et exploration de l'Amérique. Recherche d'un nouveau passage vers l'Inde. Les mers australes ($XV^e$-$XVI^e$ siècles).

Le vif désir des marchands européens de se procurer à bon compte les produits de l'Orient, les progrès de la navigation, et la réapparition des cartes de Ptolémée qui mettaient l'Asie à une faible distance de l'Europe, provoquèrent, vers la fin du quinzième siècle, une véritable renaissance des découvertes géographiques.

**A. — La route maritime de l'Inde; la découverte de l'Amérique. — a). — Les Portugais.** Au Portugal, l'initiateur des découvertes fut **Henri le Navigateur**, qui, de 1419 à 1460, envoya une série d'expéditions le long de la côte occidentale d'Afrique; **Diégo Cam** reconnut l'embouchure du Congo (1484), **Barthélemy Diaz** doubla la pointe extrême de l'Afrique (1486), dont **Vasco de**

Gama accomplit la circumnavigation, en 1497-98, découvrant ainsi la *route maritime de l'Inde*. D'Albuquerque établit solidement dans l'Inde la puissance des Portugais, qui occupèrent une partie des îles de la Sonde et les Moluques.

b). — **Les Espagnols.** Christophe Colomb eut l'idée d'atteindre les Indes par l'Ouest; il crut l'avoir réalisée en abordant, le 12 octobre 1492, à une petite île du groupe des Bahama; il découvrit ensuite Cuba et Haïti, et, dans trois autres voyages, une grande partie des Petites Antilles, les côtes du Venezuela et du Honduras. Par suite de l'erreur d'un géographe, la terre découverte par Colomb prit le nom d'America, du nom de l'explorateur Americ Vespuce. — Balboa découvrit le Grand Océan; les Conquistadores, avides de s'enrichir rapidement, firent la conquête du Mexique (Fernand Cortez), du Pérou (François Pizarre), du Chili (Almagro). — Vers 1520, Magellan accomplit la *première circumnavigation du globe*.

**B. — Exploration de l'Amérique du Nord. Recherche d'un nouveau passage vers l'Inde. Les mers australes. — a).** — Les Français dirigèrent leurs efforts vers l'Amérique du Nord; Jacques Cartier découvrit le Saint-Laurent; Samuel Champlain colonisa le Canada; le P. Marquette atteignit le Mississipi, que Cavelier de la Salle descendit jusqu'au delta.

b). — Les Anglais et les Hollandais essayèrent de trouver un passage vers l'Inde par le Nord de l'Asie, *passage Nord-Est*, ou par le Nord de l'Amérique, *passage Nord-Ouest*. Les expéditions anglaises au Nord-Est avortèrent; à la recherche du passage Nord-Ouest eurent lieu notamment les voyages de Davis, d'Hudson et de Baffin, qui firent connaître les mers à l'Ouest du Groenland. — Le Hollandais Barents tenta par trois fois (1594-96) de trouver le passage Nord-Est; il découvrit la Nouvelle-Zemble et la mer de Kara.

Maîtres des îles de la Sonde, les Hollandais dirigèrent leur activité vers les mers australes, où diverses expéditions avaient déjà recherché le mystérieux *Continent austral*. Abel Tasman, en divers voyages, reconnut une partie de la Nouvelle-Hollande (Australie) et de la Nouvelle-Zélande.

En Asie, les *Cosaques* avaient fait connaître la Sibérie; les *Missionnaires jésuites* fournissaient des notions précieuses sur la Chine.

1. **Causes des découvertes : causes économiques; progrès de la navigation; les cartes de Ptolémée.** — Le Moyen Age avait, en définitive, assez mal servi la Géographie; ce n'est que sur quelques points d'Afrique et dans l'Est de l'Asie que son domaine s'était enrichi. Vers la fin du xv$^{e}$ siècle, un horizon immense se dégagea; il y eut un magnifique essor, une véritable renaissance des découvertes géographiques.

Diverses causes déterminèrent les nouvelles expéditions. Les commerçants européens payaient très cher dans les marchés de la Méditerranée orientale les épices et les produits d'Extrême Orient; ils rêvaient d'atteindre directement l'Inde par une route maritime afin d'obtenir à moins de frais les précieuses denrées. La prise de Constantinople par les Turcs supprima le commerce avec le Levant, et par contre-partie accrut les convoitises des Européens.

La grande navigation avait accompli de réels progrès. A l'encontre des Phéniciens et des Grecs, qui se dirigeaient d'après l'*étoile polaire* et ne quittaient guère les côtes de vue, — exception faite pour les traversées de la mer Érythrée à l'aide des moussons, — les marins du Moyen Age, dès la fin du xe siècle, se servaient de la *boussole*. Ce sont les Chinois qui avaient découvert la propriété que possède l'aiguille aimantée de se tenir dans la direction du Nord; ils se servaient d'une boussole rudimentaire, une aiguille sur un flotteur dans un vase d'eau; les Arabes la connurent, et sans doute, par eux, les marins italiens. Il est vraisemblable que les marins d'Amalfi ont, les premiers, introduit la boussole dans la Méditerranée, sans qu'on puisse d'ailleurs en faire l'honneur à Flavio Gioja, pilote amalfitain fort mal connu. — Lorsqu'il s'agit de faire de longs voyages en haute mer, la boussole ne fut plus suffisante; il fallut songer à faire des *observations astronomiques;* chaque navire eut un astronome, ou du moins un capitaine pourvu des connaissances nécessaires et des instruments d'observation. L'astronome allemand Martin Béhaim rendit les plus grands services à la marine portugaise.

Le moyen âge n'avait connu de PTOLÉMÉE que ses travaux astronomiques, qui avaient précédé ses ouvrages de géographie; sa *Géographie* fut apportée d'Orient en Italie vers la fin du XIVe siècle; traduite en latin dès 1409 ou 1410, bientôt plusieurs éditions parurent en Italie (notamment à Rome en 1478 et 1490) et en Allemagne, avec une suite de cartes. Cette publication donna vraiment une vie nouvelle à la géographie et une réelle impulsion aux voyages de découvertes. Ptolémée régnait en maître. On sait qu'en étirant la Méditerranée vers l'Est, il avait ainsi allongé l'Asie; les cartographes, dans la nécessité d'ajouter à ses cartes les notions dues à Marco Polo, se contentèrent de juxtaposer le Cathay et le Cipangu de Marco Polo à l'Asie ptoléméenne, exagérant encore ainsi l'allongement de l'Asie vers l'Est et la rapprochant de l'Europe.

Les découvertes des XVe et XVIe siècles furent l'œuvre des peuples riverains de l'océan Atlantique, des Portugais et des Espagnols d'abord.

### A. — La route maritime de l'Inde. L'Amérique. Portugais et Espagnols.

**a). — 2. Les Portugais. — Henri le Navigateur; voyages sur la côte d'Afrique.** — Par leur situation géographique, les Portugais étaient naturellement désignés pour les entreprises maritimes. L'initiateur fut l'infant don Henrique, surnommé HENRI LE NAVIGATEUR, un des fils de Jean Ier, fondateur de la glorieuse dynastie d'Aviz. Après le siège et la prise de Ceuta aux Maures en 1415, il s'établit à *Sagres,* près du cap Saint-Vincent, à l'extrémité du continent. Il n'y édifia point d'observatoire ni quelque autre institution scientifique, ainsi que la légende en est établie; il réunit auprès de lui des marins et parfois des savants. Il avait un grand besoin de savoir, une forte curiosité d'esprit; en outre, il voulait lutter contre les Maures et rêvait contre eux l'appui du fabuleux *Prêtre Jean,* que l'on supposait alors être roi d'Abyssinie.

Les Portugais avaient été précédés sur la côte d'Afrique par des Génois, des Majorquains, des Aragonais, qui visitèrent les îles Madère, Canaries et Açores; de hardis *marins dieppois* s'étaient peut-être avancés, à la fin du XIVe siècle, jusque sur la côte de Guinée; vers 1409, JEAN DE BÉTHENCOURT s'empara des Canaries. — Henri le Navigateur envoya le long de la côte Ouest d'Afrique des expéditions systématiques dès 1419; le *cap Bojador* arrêta les navires jusqu'en 1434; entre temps, Madère fut colonisée, et les Açores retrouvées; le cap Blanc fut doublé en 1441, le *Sénégal* atteint en 1446, le cap Vert en 1447; en 1460, année de la mort de Henri, le *Rio Grande* sur la côte de Gambie, par 12° lat. N. environ.

**3. Diego Cam au Congo; Diaz au Sud de l'Afrique. Covilham.** — Après les dissensions intérieures du règne d'Alphonse V (1438-1481), les explorations reprirent avec Jean II; en 1484, DIEGO CAM, accompagné de MARTIN BÉHAIM, découvrit l'embouchure du *Congo* et s'avança au Sud, au delà du 20° lat. S. (cap Cross). En 1486, BARTHÉLEMY DIAZ, poussé par une tempête, doubla sans le savoir la pointe extrême de l'Afrique, et lui donna le nom de *cap des Tempêtes,* nom que Jean II changea aussitôt en *cap de Bonne-Espérance.* — Dans le même temps, Jean II avait envoyé deux officiers, COVILHAM et PAÏVA, pour remettre des lettres au Prêtre Jean et obtenir des renseignements sur l'Inde. Païva mourut; Covilham visita quelques ports de l'Inde, débarqua de là sur la côte d'Afrique à *Sofala,* revint au Caire et vécut ensuite en *Abyssinie.*

4. **Découverte de la route maritime de l'Inde; les établissements portugais en Asie.** — Christophe Colomb venait de découvrir ce qu'il croyait être l'Inde; ce succès fut un aiguillon pour le Portugal, qui organisa une expédition. VASCO DE GAMA, qui la dirigeait, partit le 7 juin 1497, accompagné de l'ancien pilote de Diaz. On toucha à Sainte-Hélène; en novembre on doublait le Cap; puis, après une escale à *Natal,* Gama réussissait à obtenir un pilote indien au port de *Mélinde,* très fréquenté par les Arabes, et, grâce à la mousson du Sud-Ouest, il atteignait, le 20 mai 1498, la *côte de Malabar,* près de Calicut, après une traversée de 23 jours.

VASCO DE GAMA

C'était la solution des problèmes de la forme de l'Afrique et de la route maritime de l'Inde. Les expéditions, pour assurer les possessions portugaises contre l'hostilité des Arabes et des princes hindous, continuèrent; ALVAREZ CABRAL découvrit ainsi accidentellement, en 1500, le *Brésil,* où l'avait porté le courant marin Nord-Équatorial. Dans un second voyage, Vasco de Gama, en 1502, commença la pacification de la côte occidentale de l'Inde. Le véritable fondateur de la puissance portugaise fut ALPHONSE D'ALBUQUERQUE. A son second voyage dans l'Inde (1507), il fit de *Goa* la capitale des établissements portugais, et prit Malacca en 1511 après avoir parcouru une partie des *îles de la Sonde.* Il s'empressa d'envoyer *Serrão* et *d'Abreu* pour explorer les *Molu-*

*ques,* les îles à épices. Cette région continua à attirer les Portugais; ils découvrirent la *Nouvelle-Guinée* et allèrent jusqu'à la côte Nord de l'*Australie*. La Chine les tenta; dès 1518, ils touchèrent à *Canton;* en 1557 ils eurent un établissement à Macao. Quant au *Japon,* il est probable que les Portugais y

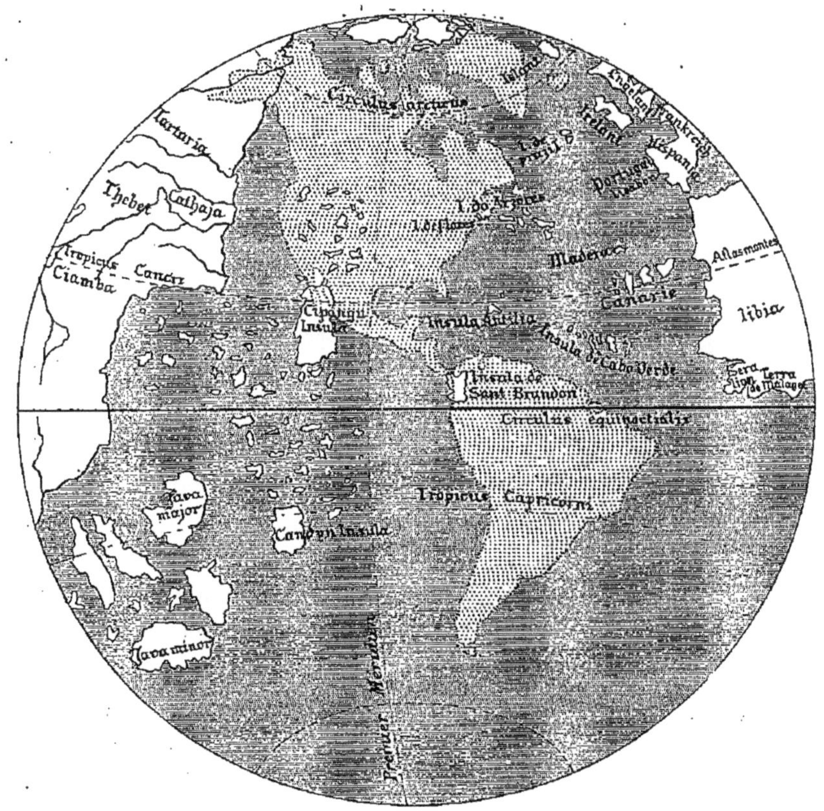


GLOBE DE MARTIN BÉHAIM (1492)

On a figuré en pointillé la position réelle du continent américain par rapport à l'Europe et à l'Afrique; il se trouve ainsi très rapproché du Cathay, ce qui est la preuve de l'allongement extrême que les cartographes donnaient à l'Asie vers l'Est.

abordèrent vers le milieu du XVI^e^ siècle. En 1549, *saint François Xavier* y commença ses conversions.

**b). — 5. Les Espagnols. — Christophe Colomb; ses idées.** — Avant même que les Portugais aient trouvé la route maritime de l'Inde, un Génois, CHRISTOPHE COLOMB, un des plus grands *découvreurs* de cette période glorieuse, avait cru atteindre par l'Ouest le Cathay et le Cipangu de Marco Polo, c'est-à-dire l'Asie orientale. Vers 1475 (il avait alors près de 30 ans) il vint à Lisbonne, foyer d'études géographiques; il y fit des cartes et navigua sur la Méditerranée, sur les côtes d'Afrique, et même dans les parages de l'Islande. Ses voyages et ses études firent germer dans son esprit l'idée d'atteindre les Indes par l'Ouest, trajet qu'il imaginait de courte distance; il connaissait par l'*Imago Mundi* du cardinal Pierre d'Ailly (1410) les hypothèses des anciens, d'Aristote et de Sénèque notamment; ces hypothèses étaient fortifiées par les cartographes, qui avaient, nous le savons, donné à l'Asie une considérable extension à l'Est. Le globe construit par MARTIN BÉHAIM en 1492, à son retour du Portugal à Nuremberg, avec les ouvrages de Ptolémée et de Marco Polo, donne « une image du monde tel qu'on se le représentait à la veille même du départ de Colomb ». Colomb connut d'ailleurs cet astronome avant 1484; il fut aussi en correspondance avec un astronome de Florence, PAUL TOSCANELLI, qui lui communiqua (vers 1480?) une lettre et une carte où il montrait « l'espace entre le couchant et le commencement des Indes » comme étant de faible étendue.

UNE CARAVELLE

6. **Le premier voyage; découverte des Antilles.** — Mal accueilli au Portugal, le projet de Colomb eut plus de succès auprès de Ferdinand d'Aragon et d'Isabelle de Castille; malgré l'avis défavorable d'une réunion de savants, il réussit, après nombre de difficultés, à signer la convention de février 1492, qui lui assurait de grands avantages personnels, et lui permit d'équiper trois *caravelles,* vaisseaux de dimensions modestes; le 3 août 1492, il partit de la rivière de Palos, montant la *Santa-Maria,* la plus grande des caravelles; les deux autres étaient

la *Niña* et la *Pinta*. Après une relâche aux Canaries dans une période de calmes plats, il cingla vers l'Ouest le 9 septembre; il dut lutter contre les terreurs de son équipage, surtout dans la traversée des paquets d'algues de la *mer des Sargasses;* le 11 octobre, on recueillait un morceau de bois sculpté, une planche, signes manifestes du voisinage de la terre, et le 12 Colomb abordait dans une petite île qu'il baptisa *San Salvador* (sans doute Guanahani, du groupe des Bahama); quatre jours après il découvrit Cuba, qu'il prit pour Cipangu, puis Haïti, qu'il appela *Española*. Il repartit le 16 janvier 1493 et arriva le 15 mars au port de Palos.

Son retour fut triomphal, au milieu de l'enthousiasme du peuple qui croyait à un miracle. Ses découvertes furent en quelque sorte consacrées par une bulle du pape Alexandre VI, qui établit alors la fameuse *Ligne de démarcation* (mai 1493), fixée à 370 lieues marines à l'Ouest des Açores, l'Est devant appartenir aux Portugais, l'Ouest aux Espagnols.

7. **Les deuxième, troisième et quatrième voyages; découverte de l'Amérique.** — Colomb fit trois autres voyages. Au second (septembre 1493-juin 1496), il visita plusieurs *petites Antilles*, la Dominique, la Guadeloupe, Porto Rico, la Jamaïque; au troisième voyage (mai 1498-novembre 1500), il vit pour la première fois la terre continentale, la *terre ferme,* en longeant la côte du *Venezuela* et de *Colombie;* la mappemonde de Juan de la Cosa, pilote de Colomb, datée de 1500, contient tout ce que l'on savait en Espagne du nouveau monde à cette date. Après diverses mésaventures, au quatrième et dernier voyage (mai 1502-sept. 1504), il atteignit la côte du *Honduras,* qu'il suivit sans doute, dans la direction du Sud, jusqu'à l'isthme de Darien. Colomb mourut le 20 mai 1506, dans l'amertume d'une vie méconnue. Il ne se douta jamais de la vraie nature de sa découverte; il eut la conviction tenace qu'il avait trouvé l'Inde; le nom d'*Indes occidentales* donné aux terres nouvelles est encore employé aujourd'hui.

8. **Améric Vespuce.** — Dès 1497, un Florentin de condition modeste, mais instruit dans les mathématiques et la cosmographie, prit part, pour le service de l'Espagne d'abord, puis du Portugal, à quatre expéditions dont la principale découverte fut

la côte de l'Amérique du Sud, depuis le Nord du Brésil jusqu'au Venezuela. Améric Vespuce publia sous forme de lettres la relation de ses voyages ; l'une d'elles portait le titre de *Mundus Novus*. On ne connaissait de Christophe Colomb qu'une lettre relative à son premier voyage, publiée en France, aux Pays-

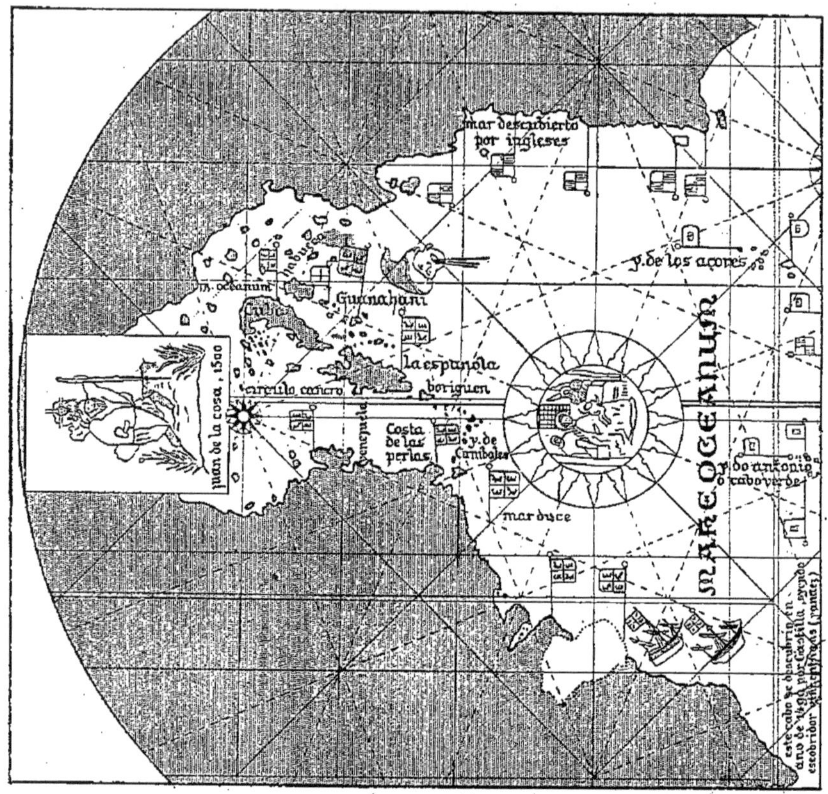


L'AMÉRIQUE DE LA MAPPEMONDE DE JUAN DE LA COSA

Bas, en Allemagne; cette relation, qui parlait d'îles découvertes dans les Indes, région dont le nom était connu, n'excita pas une vive attention. Le récit de Vespuce provoqua plus de curiosité. Au *gymnase* de Saint-Dié, dans les Vosges, en Lorraine, où la géographie était fort en honneur, un des géographes, Waldseemüller, commit l'involontaire injustice de donner sur une carte le nom d'*America* aux terres nouvelles, en souvenir d'Améric Vespuce. Il voulut sans succès réparer son erreur, quand il connut le nom de Colomb. Du reste, la gloire de ce dernier n'en a pas souffert.

**9. Le Grand Océan. — Les Conquistadores au Mexique, au Pérou, au Chili.** — En septembre 1513, VASCO NUÑEZ DE BALBOA, traversant l'isthme de Panama, fut le premier Européen à voir la mer immense qui s'étendait au loin à l'Occident; c'était le *Grand Océan*. Il accomplit les rites consacrés afin d'assurer à la couronne de Castille les terres et les îles qui y seraient découvertes, et le nomma *Mer du Sud*.

A l'origine, les expéditions de découvertes étaient loin d'être désintéressées ; Christophe Colomb n'échappe pas sur ce sujet à quelques critiques. Les convoitises ne firent qu'augmenter avec le succès ; au début du XVIe siècle, les explorateurs rêvaient de trouver de l'argent et de l'or et de s'enrichir rapidement c'est la recherche de l'or qui excita les convoitises des fameux *Conquistadores;* FERNAND CORTEZ fit, de 1519 à 1521, la conquête du Mexique, qui devint la *Nouvelle-Espagne;* en 1534 il découvrit la *Californie*. Deux aventuriers, ALMAGRO et FRANÇOIS PIZARRE, certains que le *Pérou* regorgeait d'or, firent facilement la conquête de l'Empire des Incas par des trahisons et des massacres (1534). Almagro, s'avançant plus au Sud, s'empara du *Chili* (1540). — De l'autre côté des Andes, ORELLANA descendit le fleuve de l'*Amazone* dans un voyage de 7 mois, en 1541; dans le même temps fut exploré le *Rio de la Plata*.

**10. Le premier voyage autour du monde. Magellan.** — Après la découverte de Balboa, l'Espagne avait envoyé DIAZ DE SOLIS avec ordre de contourner les côtes de l'Amérique, afin de trouver une route maritime vers le nouvel Océan; il fut tué par les indigènes de la Plata (1515).

Ce fut MAGELLAN qui réussit dans cette entreprise. Portugais, Magellan, irrité de la conduite que la cour de Portugal tenait à son égard, alla offrir ses services à Charles-Quint et lui proposa de gagner par l'Ouest les Moluques, qu'il pensait devoir être dans la ligne de démarcation des Espagnols. Il partit de San Lucar, à l'embouchure du Guadalquivir, en 1519; après des difficultés sans nombre, le 27 novembre 1520 il franchit le passage difficile qui porte son nom, et découvrit la *Terre de Feu*. Puis il se confia à l'immensité de cet Océan inconnu, où l'alizé facilita la marche des navires; il ne rencontra que peu d'îles; le 4 février 1521, on vit se profiler les palmiers des *îles des Larrons* ou îles Mariannes; le 16 mars, les îles Philippines étaient en vue. Un mois après, Magellan périt dans une petite île, après une rixe avec les indigènes; un de ses compagnons, *Sebastien del Cano,* ramena le seul navire qui restait de l'expédition, le navire amiral *Victoria.*

Le voyage de Magellan mettait fin aux théories sur la nature des terres nouvellement découvertes; il fallut reconnaître qu'elles formaient un monde à part, indépendant.

Les Portugais et les Espagnols avaient donc élargi considérablement l'horizon géographique; mais dès le milieu du XVIe siècle leur rôle va s'effacer; la géographie ne leur doit presque plus rien. Le Portugal tomba sous la domination de l'Espagne avec ses colonies de 1580 à 1640; l'Espagne, de son côté, fut exclusivement préoccupée de l'exploitation des pays conquis et des *galions* qui transportaient l'or et l'argent de l'Amérique. D'autres peuples allaient entrer en scène et agrandir à leur tour le champ des découvertes pendant le XVIe siècle et partie du XVIIe.

### B. — Exploration de l'Amérique du Nord. — Recherches d'un nouveau passage vers l'Inde. — Les mers australes.

**a). — 11. Les Français dans l'Amérique du Nord**[1]. — Dès le début du XVIe siècle, nos marins normands, bretons et basques, intrépides pêcheurs, allaient chercher la morue jusqu'à Terre-Neuve. En 1523, JEAN VERAZZANO, Florentin, fit pour le

1. L'Amérique du Nord commençait à se dégager de l'inconnu. Le succès du premier voyage de Colomb provoqua l'ambition du Vénitien JEAN CABOT, qui, ayant fait accepter ses services par le roi Henri VII d'Angleterre, partit de Bristol, accompagné de son fils SÉBASTIEN CABOT, « vers toutes les terres, les mers et les golfes de l'Ouest, de l'Est et du Nord » (mai 1497). Il atteignit probablement les côtes de *Labrador* et de *Terre-Neuve.* En 1498, son fils, dans un second voyage, reconnut le littoral américain jusqu'à la péninsule de la Floride; il avait d'ailleurs dépassé au Nord le premier voyage et atteint le 57° lat. N. — En l'an 1500, le Portugais GASPAR CORTEREAL reconnut les côtes de *Terre-Neuve* et s'aavnça jusqu'au 60° parallèle, au Nord du Labrador. PONCE DE LEON, parti à la recherche, dans les îles Bahama, de la fontaine qui rendait la jeunesse, découvrit la *Floride* (1512).

compte du roi François I<sup>er</sup> une expédition sur la côte Est de l'Amérique du Nord, de la Floride au golfe Saint-Laurent.

12. **Le golfe du Saint-Laurent. Le Canada.** — Ce fut un capitaine de Saint-Malo, JACQUES CARTIER, qui le premier navigua sur le *Saint-Laurent;* de 1534 à 1543, il fit quatre expéditions et parvint jusqu'à l'emplacement actuel de *Montréal,* où s'élevait un village de Hurons. Des essais de colonisation ne furent d'abord pas heureux dans ce pays, appelé la *Nouvelle-France.* — Jusqu'au début du XVII<sup>e</sup> siècle, le Canada n'eut pas d'autres visites que celles des marchands de pelleteries et des pêcheurs de morue; en 1578, 150 bateaux de pêche français fréquentaient les pêcheries. C'est au gentilhomme saintongeois SAMUEL CHAMPLAIN que nous devons la colonisation du Canada et le rôle important que la France a joué alors en Amérique; dès 1603, il avait exploré le Saint-Laurent pour le compte d'une compagnie de pelleteries; le 3 juillet 1608 il fonda *Québec;* il découvrit les *lacs Ontario* et *Champlain.* Il était enthousiaste du Canada, et, à sa mort, il mérita le nom de « Père de la Nouvelle-France ».

13. **Le Mississipi.** — Le Canada devint un centre d'explorations vers l'Ouest et le Sud-Ouest; des missionnaires parcouraient la partie occidentale du Canada, la région des grands lacs, au milieu des tribus algonquines. L'un d'eux, le père MARQUETTE, accompagné du commerçant *Joliet,* atteignit le *Mississipi* en suivant le *Wisconsin* et fut un des premiers Européens à voir le grand fleuve (juin 1672). Une expédition espagnole en avait découvert l'embouchure en 1519; celle de FERNAND DE SOTO (1539-1542), qui parcourut pendant trois ans en tous sens la région de l'Atlantique à la *Rivière rouge,* se termina par sa mort. Les Espagnols ne tentèrent plus rien de ce côté. — ROBERT CAVELIER, sieur DE LA SALLE, de Rouen, voyageur énergique, est le véritable découvreur du Mississipi ; il rêvait de trouver un chemin vers la Chine ou vers le golfe du Mexique. Après plusieurs tentatives, malgré des difficultés de toute nature, il atteignit le Mississipi par l'*Illinois,* parvint à l'embouchure le 9 avril 1682, prit possession du pays qu'il nomma *Louisiane,* au nom du roi de France. Dans une dernière expédition, en 1685, de la Salle, malheureusement

débarqué sur la côte du Texas, incapable de retrouver le Mississipi, fut assassiné par ses compagnons.

Il avait donné à la France un des plus beaux fleurons de sa couronne coloniale. Cette prise de possession était d'autant plus importante que depuis près d'un siècle les Anglais avaient commencé à s'établir dans l'Amérique du Nord. En 1585, WALTER RALEGH donnait le nom de *Virginie* à la région située au sud de la baie de Chesapeake; des reconnaissances furent faites, de nouvelles colonies créées; 12 existaient en 1682.

**b). — 14. Recherche d'une route vers le Cathay par le Nord de l'Asie et du Nouveau Monde.** — L'idée de trouver une voie nouvelle vers le *Cathay* détermina, chez les Anglais et les Hollandais, une série d'expéditions et de découvertes. Les Portugais et les Espagnols étaient les maîtres de la mer; pour éviter leur tyrannie et atteindre facilement le pays des épices, Anglais et Hollandais cherchèrent un passage par le Nord-Ouest (Nord de l'Amérique) ou par le Nord-Est (Nord de l'Asie).

15. **Les Anglais aux passages Nord-Est et Nord-Ouest.** — Sébastien Cabot exposa en 1547 un plan pour la recherche de la fameuse route; la forme que, d'après Ptolémée, on supposait à l'Asie autorisait toutes les espérances. En 1553, l'expédition de sir HUGH WILLOUGBY fit le périple de la Scandinavie, aperçut les côtes de la *Nouvelle-Zemble;* mais le chef et les équipages de deux navires périrent; RICHARD CHANCELLOR put ramener le troisième vaisseau à Arkhangelsk. Malgré cet échec, une nouvelle expédition partit en 1556, mais ne put dépasser le *détroit de Kara*.

Les espérances se tournèrent du côté du Nord-Ouest. On n'avait aucun renseignement précis sur les côtes de l'Amérique du Nord, où l'on croyait le passage facile. Les trois expéditions de MARTIN FROBISHER, marin d'élite (1576 à 1578), ne dépassèrent pas la latitude du Groenland Sud; de 1585 à 1587, J. DAVIS fit trois voyages, s'avança au delà du 72° lat. N. et parcourut plusieurs fois le grand détroit qui porte son nom. En 1610, HUDSON, qui avait déjà fait plusieurs voyages dans l'océan Arctique, au delà du 80° lat., et dans les parages du *Spitzberg*, reconnut la baie qui porte son nom; elle fut trouvée sans issue par Bylot; et BAFFIN, qui accompagnait ce dernier, pensa que le passage devait être par le détroit de Davis; en 1616 il longea la côte Ouest du Groenland jusqu'au 74° 4′, puis, traversant le bras de mer, atteignit par 78° le détroit de Smith, puis celui de Lancastre. Il crut à un bassin fermé auquel on donna le nom de *baie de Baffin*. — Ce fut la dernière expédition jusqu'en 1818 ; cette région ne vit plus que des baleiniers.

16. **Les Hollandais au passage Nord-Est.** — Les Hollandais, devenus un peuple libre, dotés d'une véritable science de la navigation, orientèrent leur activité vers la découverte de pays nouveaux.

En 1594, GUILLAUME BARENTS, parti avec quatre bâtiments, explora le premier la côte Ouest de la Nouvelle-Zemble et la côte Nord jusqu'au 77° lat. ; l'autre partie de l'expédition avait reconnu la mer de Kara, qui se creuse au Sud-Est, et croyait avoir trouvé le chemin direct du Cathay. Aussi nouvelle expédition l'année suivante, sans résultats d'ailleurs. Pour la troisième fois Barents repartit en 1596. S'avançant plus au Nord, il découvrit l'*île des Ours*, par 74° 30′, puis une terre qui était le *Spitzberg*. Les glaces barrant la route, il fallut se diriger vers la Nouvelle-Zemble, où Barents, ayant doublé la côte Nord de l'île, fut bloqué par la banquise et dut hiverner. Ce fut le premier hivernage d'Européens dans la région polaire ; il dura plus de dix mois, ce qui est exceptionnel, et la nuit polaire régna du 4 novembre au 14 janvier. La captivité cessa le 14 juin 1597, Barents mourut le 19; les survivants furent recueillis par des navires hollandais. Ce n'est qu'en 1871 que la maison construite pour l'hivernage fut découverte par un bateau norvégien; tous les objets étaient à leur place; un des livres retrouvés était une *Description de la Chine*.

17. **Les explorations dans les mers australes.** — De nombreuses expéditions eurent lieu dans les mers australes[1]; un

1. Certains navigateurs, hollandais ou anglais, ont parcouru l'océan Pacifique uniquement dans le but de capturer les galions d'Espagne qui allaient d'Acapulco, port mexicain, à Manille, dans les Philippines. Un de ces corsaires, l'Anglais *Francis Drake*, passa en 1578 par le détroit de Magellan, pilla le Chili et le Pérou, s'avança jusqu'au Nord de la Californie, et par les Moluques et le Sud de l'Afrique revint à Plymouth. Il avait accompli la deuxième circumnavigation du globe. La piraterie

certain nombre furent déterminées par l'ambition de découvrir le *Grand Continent austral* dont on supposait l'existence; la découverte de ces nouvelles terres devait être la source de richesses nouvelles. C'était une très ancienne idée que celle du Continent austral; beaucoup de savants de l'antiquité et de cosmographes du moyen âge l'avaient soutenue et discutée; partout cette hypothèse était inscrite dans les livres et figurée sur les cartes; on l'enseignait dans les écoles. La Terre de Feu, découverte par Magellan, fut considérée comme un rivage des fabuleuses terres australes. La mappemonde du géographe français ORONCE FINÉ nous montre la conception que l'on avait de la *Terre australe* quelques années après le voyage de Magellan. Cette erreur d'un Continent austral devait être tenace comme toutes les erreurs. — Parmi les expéditions dans les régions australes, il convient de citer celles de *Fernand de Queiros*, pilote portugais de grande expérience, qui fit au service de l'Espagne plusieurs voyages à la découverte du continent supposé dont la recherche le passionnait; en 1606 il découvrit 23 îles et une grande terre montagneuse qu'il supposa être ce continent.

18. **Les Hollandais dans les régions australes.** — En cherchant un passage plus méridional vers le Grand Océan par le Sud de l'Amérique, les Hollandais *Schouten* et *Le Maire* découvrirent en 1615, à l'Est de la Terre de Feu, une île qu'ils nommèrent *Terre des Etats*, et donnèrent à l'îlot terminal du groupe de la Terre de Feu le nom de *cap Horn*.

Les Hollandais s'étaient emparés des îles de la Sonde, colonies portugaises, au Sud-Est de l'Asie. Ce fut pour eux un centre d'expéditions vers les régions australes; leur principal effort fut dirigé du côté de l'Australie[1]. En 1606 ils touchèrent à la côte du golfe de Carpentarie, et la région porta le nom de *Nouvelle-Hollande*; de 1616 à 1620 ils reconnurent les côtes Nord et Nord-Est du continent australien. En 1642, ABEL TAS-

régnait alors sur beaucoup de mers; les pirates des Antilles étaient célèbres sous le nom de *boucaniers*.

1. Des expéditions avaient déjà été faites. Les Espagnols, qui avaient fondé Manille dans les Philippines en 1571, reconnurent, dès 1544, une partie des côtes de la Nouvelle-Guinée, et *Torrès* avait découvert en 1606 le détroit qui porte son nom, découverte qui fut oubliée. Les Portugais avaient touché le continent australien.

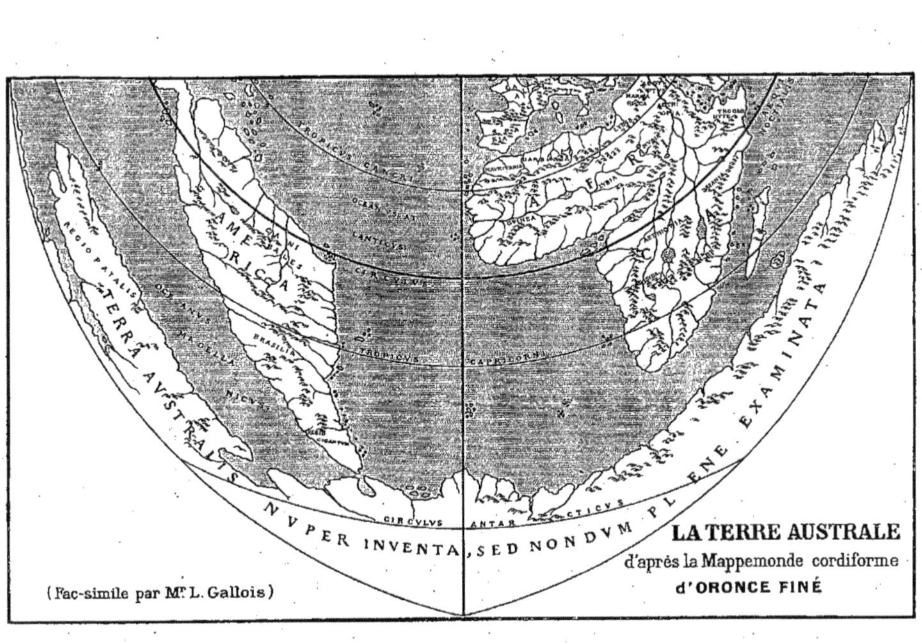


**LA TERRE AUSTRALE**
d'après la Mappemonde cordiforme
**d'ORONCE FINÉ**

(Fac-simile par Mr L. Gallois)

MAN découvrit au Sud-Est une terre qu'il nomma *Terre de Van Diémen,* du nom du gouverneur des Indes Néerlandaises, et qui est devenue la *Tasmanie;* à la fin de 1642 il reconnut les côtes occidentales de la *Nouvelle-Zélande;* dans un nouveau voyage en 1644, il releva les côtes Nord et Ouest de l'Australie. Tasman n'avait vu qu'une partie de la Nouvelle-Hollande et de la Nouvelle-Zélande; du moins il faisait cesser l'erreur qui rattachait ces terres au Continent austral.

19. **En Asie.** — Les Russes agrandirent le domaine des connaissances en Asie. Les *Cosaques* en découvrirent la partie septentrionale, la Sibérie; ce fut une conquête qui commença en 1580; *Tobolsk* fut fondée en 1587; dans l'immense et impénétrable *taïga* sibérienne, cette forêt vierge du Nord, les fleuves furent les moyens d'accès; vers 1610 les Cosaques étaient sur l'Iénisséï, vers 1630 sur la Léna; en 1639 ils franchissaient les monts Stanovoï et atteignaient l'Océan. On leur doit encore la découverte des *îles de la Nouvelle-Sibérie.*

En Chine, les *Missionnaires jésuites* avaient enfin obtenu en 1583 l'autorisation de séjour; ils firent nombre d'observations précieuses pour la géographie; on en trouve la synthèse dans la *China illustrata* de Martini (1655), qui fut longtemps la base de nos connaissances sur l'intérieur de cette région.

C'est à peu près vers le milieu du XVIIe siècle que se termina cette merveilleuse série de découvertes géographiques; le monde connu avait doublé d'étendue. Toutes ces découvertes, accumulées en un espace de temps aussi court, forment une période unique dans l'histoire de la géographie.

LECTURES. — Vivien de Saint-Martin, *ouvrage cité.* — E. Lavisse et A. Rambaud, *Histoire générale,* t. IV, chap. XXII et XXIII. — H. Harrisse, *Christophe Colomb, son origine, sa vie, ses ouvrages, sa famille,* Paris, 1884, 2 vol.

# CHAPITRE III

## LA DÉCOUVERTE DE LA TERRE

---

III. — VOYAGES SCIENTIFIQUES. — EXPLORATION DES MERS AUSTRALES ET DU GRAND OCÉAN; DE L'AMÉRIQUE; DE L'ASIE ET DE L'OCÉANIE (XVIII$^e$-XIX$^e$ SIÈCLES).

**A. — Dix-huitième siècle : voyages scientifiques; exploration des mers australes et du Grand Océan.** — Les progrès des sciences mathématiques et physiques au dix-septième siècle ont imprimé un caractère nouveau aux voyages de découvertes, désormais méthodiques, avec un personnel et un matériel scientifiques. L'Académie des sciences de France eut l'honneur d'organiser les premières missions.

Après le traité de Paris (1763), de grandes expéditions françaises et anglaises eurent pour objectif les *mers australes* et le *Grand Océan*. Y prirent part Bougainville (1768); James Cook, qui dirigea trois admirables croisières (de 1768 à 1779) dans le Grand Océan, où il fit de nombreuses découvertes et reconnaissances, et dans les mers australes; enfin Lapérouse, qui disparut mystérieusement (1785-88). — Niebuhr (1762-67) dirigea une difficile expédition en *Arabie;* l'Association africaine pour l'exploration de l'Afrique fut fondée à Londres en 1788.

**B. — Dix-neuvième siècle : exploration de l'Amérique, de l'Asie, de l'Océanie.** — Au dix-neuvième siècle, les explorations, toujours organisées scientifiquement, parfois avec un but politique, présentent une importance particulière.

**a). — Les Amériques.** Dans l'Amérique du Nord, les Services géologiques des États-Unis et du Canada achèvent l'œuvre de nombreux explorateurs; dans l'Amérique centrale et du Sud, il faut citer l'important voyage d'Al. de Humboldt (1799-1804), les travaux de nombreux naturalistes et des voyages méthodiques sur l'*Amazone* et ses affluents, ainsi que dans les *Andes méridionales.*

**b). — Asie.** En *Sibérie,* après les recherches de Middendorf, de Castren, etc., les explorations sont menées activement surtout par des Géologues. Dans l'*Asie centrale,* l'effort considérable et continu d'une légion d'officiers et de savants russes ont fait connaître le Turkestan occidental et le Tian-Chan, le Pamir et la Kachgarie; dans ces deux dernières régions, les Russes se sont rencontrés avec les explorateurs anglais. Le grand explorateur Prjévalsky a couvert de ses itinéraires l'Asie centrale (1871-1888); il a eu pour émules Potanin, les frères Groum-Grjimaïlo, les Français Dutreuil de Rhins et Grenard, le Suédois Sven Hedin, les géologues Bogdanovitch et Obroutchev, etc. La ville sainte des Bouddhistes, la mystérieuse *Lhassa,* attira sur le plateau du Tibet de nombreuses expéditions, demeurées sans succès.

Les beaux voyages de Richthofen, de Szekenyi (1879-82), la Mission lyonnaise (1895-97), ont fourni des renseignements précis sur la *Chine;* l'expédition

**Doudart de Lagrée** et **Francis Garnier** (1866-68) inaugura les explorations en *Indo-Chine*, poursuivies notamment par les nombreuses reconnaissances de la **Mission Pavie** (1879-95). Les frères **Sarazin** ont fait (1893-96) une belle exploration de l'*île Célèbes*; l'Inde est l'objet d'études scientifiques; dans l'Asie occidentale, les connaissances sont très inégales.

c). — **Océanie.** Le *continent australien* achève de se dégager de l'inconnu grâce à de nombreuses et pénibles expéditions faites d'abord dans la partie orientale (**Oxley, Sturt,** etc.), puis dans les déserts de l'intérieur (**Eyre, Sturt, M' Douall Stuart,** etc.), enfin dans l'Australie occidentale (**Warburton, Giles,** etc.).

## A. — Dix-huitième siècle : voyages scientifiques; exploration des mers australes et du Grand Océan.

1. **Caractères nouveaux des voyages.** — Les explorations, qui eurent un temps d'arrêt au milieu du XVIIe siècle, n'ont repris que dans la deuxième moitié du XVIIIe. Ce temps, du reste, ne fut point perdu pour la géographie. Le XVIIe siècle a été marqué, nous le verrons, par d'admirables travaux astronomiques, mathématiques et physiques, par la découverte ou le perfectionnement d'instruments d'observation qui ont permis de faire des travaux de précision. Les explorateurs eurent désormais l'ambition de mieux connaître les régions parcourues.

L'émulation commerciale, la convoitise de richesses facilement accessibles, avaient été jusqu'alors les mobiles de la plupart des voyages de découvertes; il n'y eut que de très rares exceptions. Désormais l'esprit scientifique, le goût des recherches de pure science, furent la marque des nouveaux voyages; les intérêts économiques n'étaient pas abandonnés, mais le caractère dominant fut la curiosité désintéressée. Des savants spécialistes firent partie des grandes expéditions[1].

2. **Missions scientifiques françaises.** — C'est à la France et à l'*Académie des sciences,* fondée en 1666, que revient l'honneur d'avoir organisé les premières expéditions scientifiques. En 1669, PICARD entreprit la mesure précise du sol français; en 1672, *Richer* fit à Cayenne des observations astronomiques; *de Chazelles,* en 1674, détermina quelques longitudes et latitudes dans la Méditerranée orientale, afin de rectifier définitivement

1. Un astronome, un naturaliste, un ingénieur hydrographe, accompagnaient Bougainville. Cook, dans son premier voyage, outre la mission astronomique, était accompagné du botaniste Solander, élève de Linné; dans le second voyage, des astronomes Wales et Baily et des naturalistes J.-R. Forster, G. Forster.

les erreurs de Ptolémée. Deux missions furent envoyées à la même date, 1735, pour mesurer deux arcs de méridien en Laponie, au delà du cercle polaire (*Clairaut* et *Maupertuis*), au Pérou près de l'équateur (*Godin, Bouguer* et *La Condamine*), et vérifier l'hypothèse de Newton sur l'aplatissement de la terre aux pôles et le renflement à l'équateur. La Condamine fit en outre la première étude précise de l'*Amazone*[1].

**3. Croisières dans le Grand Océan. Bougainville.** — Le traité de Paris (1763) permit à la France et à l'Angleterre, en paix désormais, d'entreprendre d'importants voyages d'exploration, notamment dans le Grand Océan. — Aux frais de l'État français, l'habile capitaine DE BOUGAINVILLE entreprit sur la *Boudeuse* le premier voyage scientifique des Français autour du monde. En avril 1768, il visita la *Nouvelle-Cythère* (Tahiti, dans les îles de la Société), qu'il nomma ainsi à cause du charme qui émanait des beautés naturelles de l'île et de l'aménité des indigènes; plus à l'Ouest il découvrit les *îles des Navigateurs* (îles Samoa), les *Grandes Cyclades* (Nouvelles-Hébrides de Cook); il hésita à pénétrer entre la Nouvelle-Guinée et l'Australie, mais découvrit le petit groupe de la *Louisiane* et les *îles Salomon*.

COOK

**4. Les trois voyages du capitaine Cook.** — Le voyage de Bougainville n'a été dépassé que par les admirables croisières du capitaine Cook[2]. JAMES COOK, d'humble origine, dit lui-

1. On peut considérer comme ayant donné des résultats précis les explorations d'un marin danois, BÉRING, au service du tsar Pierre le Grand; chargé de reconnaître l'extrémité de l'empire russe, il longea le *Kamtchatka*, découvrit les îles Aléoutiennes et pénétra dans l'océan Glacial par le détroit qui porte son nom (1729). Un nouveau voyage en 1741, voyage systématique, lui fit découvrir le volcan Saint-Élie, dans la terre d'Alaska. — Le pilote russe *Tchéliouskine* atteignit en traîneau le cap qui porte son nom, point extrême de l'Asie, par 77° 30′ env. (1742).

2. Quelques expéditions anglaises précédèrent celles de Cook; le commodore

même qu'il put s'élever « de l'emploi de mousse au grade de commandant ». Il avait une très grande curiosité d'esprit; il réussit à s'instruire et devint un observateur remarquable.

En août 1768 on lui confia une double tâche : il devait d'abord mener à Tahiti une mission chargée d'observer, sous la bande bleue du ciel tropical, un des passages de Vénus sur le Soleil; ce devoir rempli, il devait faire des explorations, dont le but principal était de trouver enfin la solution de la question du Continent austral, qui avait toujours des partisans passionnés. Cook, sa première tâche remplie, se dirigeant vers le Sud-Ouest, aborda à la *Nouvelle-Zélande* (octobre 1769), dont il releva méthodiquement les côtes. Le 31 mars 1770 il cingla vers l'Ouest et aborda dans une baie de la côte orientale d'Australie, près de laquelle s'élève aujourd'hui Sydney; il longea la côte, le grand récif corallien, passa le *détroit de Torrès* et revint en 1771.

Les découvertes de Cook avaient porté une sérieuse atteinte à l'hypothèse du Continent austral; mais ses partisans avaient une confiance tenace[1]; un des plus passionnés était un hydrographe anglais, Dalrymple; Cook lui-même ne pouvait ni affirmer ni nier l'existence de terres au Sud du 40° lat. S. La solution de ce problème fut l'origine de son second voyage (juillet 1772-juillet 1775). Ce fut par le cap de Bonne-Espérance que ses deux bâtiments, *Resolution* et *Adventure*, pénétrèrent au delà du cercle polaire jusqu'au 67° lat. S., au milieu des glaces de dérive; la banquise arrêta l'expédition; une seconde campagne de Cook à la fin de 1773 lui fit dépasser le 71° lat. au Sud-Est de la Nouvelle-Zélande; en 1775, au Sud de l'Amérique, il ne put s'avancer qu'au 60° lat., et découvrit quelques îles. L'hypothèse du Continent austral était définitivement ruinée.

L'idée de la route maritime par le Nord de l'Amérique vers l'Asie avait toujours quelques partisans en Angleterre; elle fut l'origine du troisième voyage de Cook (1776-79), qui accueillit avec enthousiasme la perspective de voyager dans les mers

*Byron* reconnut les îles Falkland (1764-66); *Wallis* visita Tahiti, et *Carteret* plusieurs îles au Nord-Est de la Nouvelle-Guinée.

1. En février 1772, le navigateur breton *Kerguelen* avait reconnu la petite île qui porte son nom, et déclaré qu'il avait découvert des terres australes.

polaires, en passant par le détroit de Béring. Dans ce voyage il découvrit les *îles Sandwich* (Hawaï); les glaces l'empêchèrent de dépasser le 70° lat. N. dans l'océan Glacial. En se ravitaillant aux Sandwich, il tomba, dans une querelle accidentelle, sous les coups d'un indigène (14 février 1779). Cette mort soudaine mettait fin à l'existence d'un des plus grands explorateurs.

5. **Lapérouse.** — Dans les années qui suivirent, la France envoya dans le Grand Océan un certain nombre d'expéditions, dont la plus importante fut celle de LAPÉROUSE, qui explora la côte d'Asie entre le Japon et la mer d'Okhotsk, contourna l'*île Sakhaline,* reliant ainsi les découvertes des Russes, des Hollandais et des Portugais (1785-1788). Ce hardi navigateur eut une fin tragiquement mystérieuse; les débris de ses bâtiments furent trouvés vers 1837 dans le voisinage de *Vanikoro,* une des Petites Hébrides. Envoyé en 1791 à la recherche de Lapérouse, d'ENTRECASTEAUX fit, au cours de son voyage, de nombreuses observations d'histoire naturelle dans les îles du Grand Océan.

6. **Les premières explorations continentales scientifiques.** — En 1761, la première expédition savante de découvertes et d'études désintéressées fut organisée par le roi du Danemark sous la direction de l'ingénieur CARSTEN NIEBUHR, accompagné d'un naturaliste, d'un médecin et d'un peintre (1762-67). Le but était d'explorer l'Arabie, encore vierge d'explorations européennes. L'énergique Niebuhr survécut seul aux fatigues de ce voyage, dans un climat intolérable pour un Européen du Nord. Sa *Description de l'Arabie* est encore d'un intérêt de premier ordre pour le *Yemen.*

*James Bruce,* un Écossais, visita, de septembre 1769 à mars 1771, l'Abyssinie et revint par le Sennaar et la Nubie; il avait vu les sources du Nil bleu. — En 1788 fut fondée à Londres l'*African Association,* association destinée à provoquer et favoriser les découvertes dans l'intérieur de l'Afrique; elle réussit, avant la fin du siècle, à recruter quelques voyageurs. C'est aussi en 1799 qu'Alexandre de Humboldt partait, nous allons le voir, pour ses voyages d'Amérique. Nous sommes maintenant au seuil de la période contemporaine.

## B. — Dix-neuvième siècle : exploration de l'Amérique, de l'Asie, de l'Océanie.

**7. Caractères et importance des explorations au dix-neuvième siècle.** — Au XIXe siècle, les voyages de découvertes ont été, plus nettement encore qu'au siècle précédent, organisés suivant des méthodes scientifiques. Cependant, dans certaines parties du globe, en Asie et en Afrique par exemple, les convoitises politiques en furent, à certains moments, la cause principale. D'autre part, il fallut dans la seconde moitié du siècle, à la suite de la grande expansion coloniale des peuples européens, songer à étudier de près les conditions économiques des terres nouvellement acquises, étude indispensable pour une mise en valeur et une colonisation rationnelles; ces expéditions fournirent à la géographie des notions d'une précision suffisante.

A la fin du XVIIIe siècle il existait encore sur les cartes de nombreuses taches blanches; il y avait d'importantes lacunes dans les Amériques et en Asie ; l'Australie était totalement inconnue, sauf sur la côte Est ; l'Afrique avait à peine été pénétrée ; les régions polaires étaient toujours mystérieuses. Malgré tout le labeur des siècles précédents, il restait une œuvre considérable à accomplir : ce fut la tâche du XIXe siècle. — Les découvertes, au XIXe siècle, ne peuvent être étudiées que dans l'ordre géographique des divers continents ou des régions. Les peuples explorateurs sont devenus très nombreux ; de plus en plus les explorateurs ont spécialisé leurs recherches dans un domaine déterminé ; en outre, jamais le nombre, la valeur des explorations, n'ont été aussi grands. Il faudra borner notre choix aux voyages les plus importants.

**a). — 8. Amérique du Nord.** — Beaucoup de régions étaient imparfaitement connues dans l'Amérique du Nord. Les États-Unis ont rapidement comblé les lacunes ; le Canada a suivi cet exemple.

Après la cession de la Louisiane en 1803 par le premier Consul, les capitaines *Lewis* et *Clarke* (1803-1806) explorèrent le Missouri et la Columbia ; le major *Pike* (1805-1807) reconnut la région entre les sources du Mississipi et la Rivière Rouge du Sud; dans les années suivantes, des missions relièrent ces itinéraires; la construction du chemin de fer transcontinental du Pacifique (1869) fournit une foule de notions géographiques. Les *géologues-géographes* attachés au *Service géologique* sont en train d'achever l'exploration scientifique des Etats-Unis. — Au Canada, l'œuvre est moins avancée; à la fin du XVIIIe siècle, *Hearne* en 1771, *Mackenzie* en 1789, avaient découvert les rivières de la Mine de Cuivre et Mackenzie; Back reconnut en 1833 la rivière des Gros Poissons ou rivière Back; d'autres expéditions furent faites par Dease, Simpson, etc. Les reconnaissances du *Service géologique* se poursuivent avec activité.

9. **Amérique centrale et du Sud.** — D'importantes explorations, exécutées surtout par des naturalistes, ont eu lieu dans ces régions dans la première partie du siècle. Il faut faire une place à part au grand voyageur ALEXANDRE DE HUMBOLDT, d'origine allemande par son père, française par sa mère; ce puissant cerveau s'était imprégné de toutes les connaissances scientifiques et philosophiques qu'on enseignait aux Universités. En juillet 1799 il partit pour les colonies espagnoles d'Amérique avec le naturaliste *Bonpland*. Jusqu'à son retour (mars 1804), il observa et étudia avec soin les *Llanos* de l'Orénoque, le rio Magdalena, l'étagement de la végétation sur les pentes des Andes, la nature physique des hauts plateaux andins (5 mois à Quito), la splendeur humide et étouffante de la forêt amazonienne, enfin les vifs contrastes que présente en altitude la région mexicaine. Humboldt avait la passion de la botanique, mais rien, observations astronomiques, météorologiques, géologiques, ne fut négligé; il rapporta de ses voyages une prodigieuse moisson de notions de toute espèce.

Dans la région du Brésil et de l'Amazone, SPIX et MARTIUS (1817-1820), zoologue et botaniste, étudièrent la région des mines, l'Amazone et son affluent le Yapura. Le naturaliste français D'ORBIGNY (1826-1833) explora l'Uruguay, le Parana, le Nord de la Patagonie, le Chili et la Bolivie; il réunit ainsi les éléments d'une véritable encyclopédie de l'Amérique du Sud. De 1826 à 1828, l'Anglais *Pentland* fit des mesures précises dans les Andes de Bolivie. Sur l'ordre du gouvernement français, le comte DE CASTELNAU (1843 à 1847) fit un fructueux voyage dans les régions méridionales du domaine de l'Amazone, des sources du Paraguay et de ses affluents.

De 1876 à 1882, le Dr CREVAUX, Français, fit de très belles explorations en Guyane, sur l'Orénoque, l'Amazone et ses affluents, dans le Grand Chaco. L'Amazone devint l'objet de toute une série de travaux méthodiques; la plupart des affluents furent successivement reconnus; en 1900, *H. Meyer* achevait l'exploration des sources du Xingu. La Patagonie, devenue la dépendance de la République Argentine, ainsi que la région des Andes méridionales, est, depuis 1873, le domaine d'exploration de MORENO et de ses nombreux collaborateurs. Dans ces dernières années, STEFFEN a fait des explorations continues dans les Andes de Patagonie.

**b). — 10. Asie. — Sibérie.** — La connaissance de la Sibérie a été méthodiquement poursuivie. Sur l'invitation du gouvernement russe, A. DE HUMBOLDT fit en 1829 un rapide voyage dans les régions de l'Oural et de l'Altaï. MIDDENDORF recueillit, de 1843 à 1844, des notions de toute nature sur le Nord et le Sud-Est de la région sibérienne; le philologue Castren étudia les populations hyperboréennes, les Ostiaks et les Samoyèdes, de 1842 à 1849. Le voyage de NORDENSKIÖLD le long des côtes septentrionales a modifié sensiblement nos connaissances. (Voir chap. V.)

La Nouvelle-Zemble a été traversée par *Grinewezki* en 1882; les îles de la Nouvelle-Sibérie, reconnues par BUNGE et TOLL en 1885-86. A l'Est, l'île Sakhaline a été reconnue, et, depuis 1896 surtout, des travaux de géographie physique et des études d'orographie ont été entreprises dans la Sibérie centrale (*Sapojnikov*, dans l'Altaï), dans la Transbaïkalie (le géologue *Gérassimov*) et dans les régions de l'Amour (*Bogdanovitch*). La construction du Transsibérien a provoqué des études géologiques tout le long de la voie ferrée.

**11. Asie centrale.** — Avec Richthofen et Obroutchev nous étendons cette expression à l'ensemble des régions de l'Asie centrale où les eaux n'ont point d'écoulement vers la mer, c'est-à-dire à la Mongolie, au bassin du Tarim ou Turkestan oriental, au plateau du Tibet, dont la partie Ouest est seule drainée par les grands fleuves chinois et indo-chinois, au Pamir, au Turkestan occidental et à la Transcaspienne.

Depuis le milieu du siècle et surtout pendant les vingt dernières années, ces régions ont été le théâtre d'une activité géographique intense. La rivalité politique des Russes et des Anglais provoqua des deux côtés des expéditions. Depuis, l'émulation scientifique y a conduit des savants de toutes les nations européennes, dont plusieurs ont exécuté d'admirables explorations, souvent dans les conditions les plus difficiles.

**12. Turkestan occidental et Tian-Chan.** — En 1868, *Vambéry* était contraint de se déguiser en derviche pour visiter le Turkestan occidental. Les Russes, dans le même temps qu'ils commencèrent à envelopper le Turkestan, entreprirent la conquête scientifique du Tian-Chan; ils avaient besoin de trouver des moyens d'accès faciles vers Kachgar et le bassin du Tarim.

Une légion d'officiers et de savants, dont beaucoup voyagèrent dans d'autres parties de l'Asie centrale, furent employés à cette œuvre. Signalons seulement les voyages de *Valakhanov*, qui atteignit Kachgar (1858-59); de *Sévertsov*, dans le Tian-Chan (1864-1868); de *Fedtchenko* (1869-71), qui découvrit l'Alaï et le Transalaï; *Romanovsky* (1874-78) et le géologue MOUCHKÉTOV (1875-76) ont multiplié les itinéraires entre le Pamir au Sud et le Tarbagataï au Nord, entre Kouldja à l'Est et les extrémités du Tian-

VOYAGE DANS LE TIAN-CHAN ORIENTAL (vue du BOGDO OLA, 5 000 m. env., au Sud de la Dzoungarie; immense couverture de neiges).

Caravane de chevaux et de chameaux porteurs. Paysage et broussailles désertiques. (D'après PIASSETSKY.)

Chan à l'Ouest. Le naturaliste REGEL (1876-79) parcourt le Tian-Chan central et visite le premier Tourfan. Parmi les expéditions postérieures il suffira de citer celle des frères GROUM-GRJIMAÏLO (1889-91), qui reconnurent les extrémités orientales du Tian-Chan et les régions de dépression qui s'y rencontrent.

13. **Pamir et Kachgarie.** — Le haut plateau du Pamir, d'une altitude de 4 000 mètres, mène, par ses larges croupes que séparent des vallées peu profondes, du Turkestan occidental à Kachgar, dans le Turkestan oriental; de plus, par une série de

cols très élevés, c'est un point de pénétration vers la région du Nord-Ouest de l'Inde. Ces conditions devaient en faire nécessairement un point de contact entre les influences anglaise et russe. Les Russes y furent d'abord devancés par les Anglais; mais leurs travaux mirent peu à peu ces régions dans leur dépendance scientifique.

Dès 1838, le lieutenant anglais *Wood* découvrit sur le Pamir une des sources du fleuve Oxus (Amou-Daria); les frères SCHLAGINTWEIT, Allemands au service des Anglais, traversèrent en 1856 les puissantes montagnes du Karakorum et du Kouen-Lun; l'un d'eux fut tué à Kachgar en 1857. *Johnson* (1865), *Haywards* et *Shaw* (1867) purent atteindre cette ville; DOUGLAS FORSYTH (1870-73) pénétra, en deux voyages, jusqu'à Yarkand et à Kachgar, après la traversée pénible des hauts passages du Karakorum et du Kouen-Lun; il revint par le Pamir et l'Afghanistan.

Les découvertes et études des Russes commencèrent dès 1877. Les expéditions de ROMANOVSKY, de MOUCHKÉTOV (1877-1878), de *Sievertsov* (1878), pénétrèrent assez loin au Sud et à l'Est du Pamir. Le géologue IVANOV, le topographe *Benderski* et *Poutiata* formèrent, en 1883, l' « Expédition du Pamir », qu'ils sillonnèrent en tous sens; REGEL y avait fait des études en 1881-82 ; de 1884 à 1887, GROUM-GRJIMAÏLO n'y fit pas moins de quatre voyages. — Quelques poundits hindous furent rencontrés sur le Pamir (Voir plus loin ce qu'étaient les poundits). En 1887, des Français, BONVALOT, *Capus* et *Pépin*, venant du Turkestan, traversèrent le Pamir entièrement pour la première fois. Depuis il faut citer les voyages de *Grombtchevsky* en 1891; les reconnaissances du Suédois SVEN HEDIN, lequel s'est fait un grand nom en Asie centrale, qui en 1893 étudia les formes hydrographiques du Pamir et les glaciers du *Moustagh Ata*, une montagne de près de 8000 mètres, à l'Est du Pamir, et dont il tenta l'ascension; le lieutenant danois OLUFSEN a fait d'importantes explorations, notamment en 1896, et les a recommencées en 1898-99.

**14. Voyages de reconnaissance générale en Asie centrale. Prjévalsky.** — Naturaliste, professeur de géographie, officier, PRJÉVALSKY, préparé par les études les plus sérieuses, fut un observateur d'une curiosité scientifique infatigable, bien servi par une grande vigueur physique et morale; on peut le considérer comme le plus illustre des explorateurs de l'Asie. Pendant une période de 15 ans, ses quatre expéditions ont duré 9 ans et 3 mois et l'ont conduit souvent à travers l'affreux désert du Gobi ou les solitudes glacées des hautes montagnes du Tibet; dans le premier voyage (1871-73), il traversa la Mongolie et reconnut le *pays des Ordos*, le *Koukou Nor*, le haut Yang-tse-Kiang, mais ne put atteindre au Sud du Tibet la ville sainte de *Lhassa*, objet de son ambition; à la seconde expédition (1876-77), il voulut pénétrer dans le Tibet par le Nord, visita le Lob Nor où aboutit le Tarim, explora au Sud la grande muraille montagneuse de l'*Altyn* ou *Astyn-Tagh* sans trouver une passe praticable; en 1879-80, il arriva sur le haut Yang-tse-Kiang, s'avança jusqu'à 250 kilomètres de Lhassa, mais ne put l'atteindre; dans son quatrième voyage (1883-1884), il partit de la Mongolie, découvrit les sources du Hoang-Ho, vit la dépression du *Tsaïdam*, franchit l'Astyn-Tagh et déboucha près du *Lob Nor*; après une nouvelle tentative infructueuse vers le Tibet, il traversa les étendues immenses de dunes du désert de *Takla-Makane*, dans le bassin du Tarim, sur une largeur de 500 kilomètres, et rentra en Russie. Il préparait un cinquième voyage lorsqu'il mourut le 1er novembre 1888 à Karakol, nommée depuis Prjévalsk. Il avait couvert de ses itinéraires la Mongolie, le Nord-Est du Tibet, une grande partie du bassin du Tarim.

PRJÉVALSKI
(Photographie communiquée par la *Société de Géographie de Paris.*)

— Le colonel Pievtsov, avec *Koslov* et le géologue *Bogdanovitch*, furent chargés de continuer l'expédition préparée; une autre expédition de *Roborovsky* et de *Koslov*, en 1893-95, combla les lacunes qui restaient entre les itinéraires des explorations antérieures

15. **Autres voyages en Asie centrale. Potanin, Groum-Grjimaïlo, Obroutchev, etc.** — D'autres explorateurs avaient fait ou firent de remarquables travaux en Asie centrale. Il faut au moins citer le voyage de *Piàssetsky,* qui, au retour d'une mission en Chine (1874), traversa la Dzoungarie dans toute sa largeur, après avoir longé les prolongements du Tian-Chan. POTANIN, dans ses quatre voyages de 1876 à 1893, parcourut la Mongolie Nord-Ouest et la *Dzoungarie orientale;* parti de Pékin en 1884, il traversa la province chinoise du Chan-Si, tout l'Ordos, le Gobi central, etc. Ces voyages complétaient les travaux de Prjévalsky et de Pievtsov en Mongolie, et faisaient connaître des régions nouvelles (Gobi central, partie mongole de l'Altaï). Dans leur grand voyage de 1887-1891, les frères GROUM-GRJIMAÏLO ont fourni de nombreux renseignements sur les régions intermédiaires entre le Gobi et le Tarim. — La structure géologique de ces vastes régions a été déterminée pour le Turkestan oriental par BOGDANOVITCH ; dans quelques provinces septentrionales de Chine, dans les régions de l'Ordos et du Nord-Est du Tibet, dans le Gobi et la région des dépressions à l'Est du Tian-Chan, OBROUTCHEV, au cours de voyages de près de trois ans (1892-1894), a exécuté de brillants travaux géologiques.

On peut encore citer les voyages de *Younghusband* de Pékin à Kachgar et au Kachmir en 1887 ; de *S. Bell,* de Pékin à Yarkand. Dans son premier voyage dans l'Asie centrale (1893-97), SVEN HEDIN, que nous avons déjà rencontré au Pamir, a fait la traversée et l'étude d'une partie du désert de Takla-Makane, l'exploration de la région du Lob Nor, du rebord septentrional du Tibet, où, le long de l'Arka Tagh, il découvrit toute une série de lacs ; puis du Tsaïdam, de l'Ordos, avec retour de Pékin en Sibérie ; dans son second voyage, fin de 1899, il fit le levé hydrographique du Tarim et une nouvelle traversée du désert. Nous le retrouverons au Tibet.

CH. EUDES BONIN, qui avait déjà accompli plusieurs missions dans les provinces occidentales de Chine, exécuta, d'avril 1899 à avril 1900, le trajet de Pékin au Turkestan russe par la Mongolie, le Koukou Nor, le Lob Nor et la Dzoungarie.

16. **Le Tibet.** — Le Tibet présentait pour les explorateurs hardis un double attrait : d'abord son étrange nature physique ; il fallait, dans un voyage du Nord au Sud sur cette immense étendue d'une altitude moyenne de 5 000 mètres, traverser un dédale de montagnes, souvent d'anciens volcans, ensevelies sous des éboulis chaotiques et s'élevant à plus de 7 500 mètres,

parfois on cheminait dans la neige pendant des semaines, ou bien on passait dans un paysage dénudé, auprès de lacs aux eaux lourdes de sel, de geysers gelés, dans un labyrinthe de vallées au milieu d'un amoncellement informe de matériaux désagrégés. Un autre attrait était le mystère qui entourait *Lhassa*, la ville sainte des Bouddhistes, où vit le *Dalaï Lama*. Depuis les missionnaires français *Huc* et *Gabet* en 1845, aucun Européen n'a pu réussir à y pénétrer. Seuls, deux *poundits* hindous[1] ont pu arriver jusqu'à la ville : *Naïn Sing* était à Lhassa en 1866 et visita le Tengri Nor (1873-75); *A.-K.* (*Krichna*) vit la ville en

VOYAGE AU TIBET. — Au fond l'Arka Tagh.
Premier grand lac salé, sans émissaire, 4 927 m., rencontré par SVEN HEDIN, dans son premier voyage (août 1896). Paysage dénudé. (D'après Sven Hedin [*En Færd genom Asien*, Stokholm].)

1878. — Dans les vingt-cinq dernières années, de nombreuses expéditions ont parcouru la lisière septentrionale ou l'intérieur du Tibet; nous en avons déjà cité quelques-unes. En 1889-90, BONVALOT, accompagné du prince HENRI D'ORLÉANS, a fait la traversée du Tibet entre les 85° et 90° long. E., atteignant le *Tengri Nor*, mais sans pouvoir le dépasser; l'expédition française de DUTREUIL DE RHINS et GRENARD (1890-95) a relevé

1. Ces *poundits* sont des explorateurs indigènes, seuls agents que le « Service géologique de l'Inde » envoie au Tibet ; ils sont, depuis 1863, formés dans une sorte d'école préparatoire. Les poundits, zélés et intelligents, voyagent toujours déguisés, tour à tour médecins, marchands d'opium, ou plus volontiers pèlerins bouddhistes, munis de leur moulin à prières. On les désigne par des initiales ou autres notations : ainsi il y a eu les poundits N-m-g, A.-K., K.-P., le Lama, etc.

avec le plus grand soin l'Astyn-Tagh et traversé le Tibet à 3° plus à l'Ouest que Bonvalot; Dutreuil de Rhins mourut à la fin du voyage; ses documents, de première importance, ont été publiés par M. Grenard. Le capitaine Bower, parti de Leh, avait exécuté en 1891 une traversée d'Ouest en Est; *Littledale* essaya en 1895 une expédition d'Est en Ouest entre les 34° et 32° lat. N.; Wellby et Malcolm ont réussi à traverser le Tibet entre 35° et

ESQUISSE DES PRINCIPALES EXPLORATIONS DU TIBET

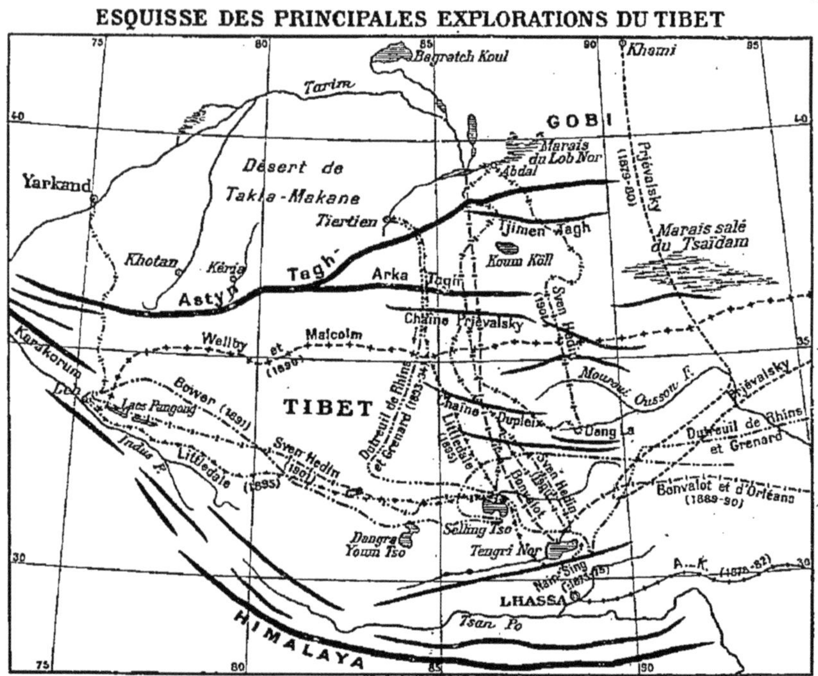


36° lat. de l'Ouest à l'Est. Dans son second voyage en Asie, Sven Hedin fit en 1900 le relevé de l'Arka Tagh et de l'Astyn Tagh, en 1901 deux tentatives pour atteindre Lhassa; deux fois il fut arrêté par les Tibétains; parti alors à travers le Tibet d'Est en Ouest, il revint à Kachgar le 14 mai 1902. (Voir note p. 78.)

17. **Chine, Indo-Chine, Archipel asiatique.** — Pour la Chine, il suffira de rappeler les nombreux voyages de Richthofen, surtout dans la partie septentrionale, les expéditions de Széchényi et de Loczy (1879-1882), de *Michaelis* (1881-1882), de *Potanin* (1884-86). La Mission lyonnaise (1895-97) a pénétré dans

les provinces du Sud-Ouest de la Chine; des missions scientifiques françaises ont étudié et étudient les provinces voisines du Tonkin. — Les Japonais, maîtres de Formose, en ont fait immé-

SVEN HEDIN
(Photographie communiquée par la *Société de Géographie de Paris.*)

diatement l'étude scientifique. Quelques voyages ont eu lieu dans la Corée, désormais ouverte aux Européens.

En Indo-Chine, dans la partie française, l'ère des explorations a commencé avec la belle expédition de DOUDART DE LAGRÉE et de FRANCIS GARNIER (1866-68) sur le *Mékong;* DUPUIS, en 1872, remonta le *Fleuve Rouge* du Tonkin; parmi les nombreuses explorations il suffira de rappeler les voyages au Cambodge et en Annam du docteur *Harmand*, du docteur *Néis* dans le Tranninh (1882-84), etc.; la MISSION PAVIE (1875-1895) comporte toute une série d'expéditions faites surtout par des officiers dans l'*Annam* et le *Laos* ainsi que dans les régions montagneuses situées entre le Fleuve Rouge et le Mékong. Ces fleuves ont été reconnus en partie par nos officiers de marine. L'Indo-Chine est aujourd'hui pourvue de l'outillage scientifique nécessaire pour la reconnaissance précise du pays.

L'archipel Asiatique est très inégalement connu; les Hollandais ont étudié avec le plus grand soin l'*île de Java*, notamment JUNGHUHN de 1835 à 1849; les frères SARAZIN ont exécuté des expéditions fructueuses de 1893 à 1896 dans l'intérieur inconnu de l'île *Célèbes*. *Nieuwenhuis*, en juillet 1896, a réussi la première traversée de *Bornéo*. Beaucoup d'îles de cet archipel n'ont eu que des explorations partielles; les lacunes y sont très grandes encore, surtout dans les Philippines et à Bornéo.

18. **Inde et Asie occidentale.** — Les Anglais ont fait de nombreuses reconnaissances dans le Nord de l'Inde et l'Est de la Birmanie. Bornons-nous à signaler la découverte des sources du Gange par *Weeb* en 1808, celles du Sutledje et de l'Indus par *Moorcraft* en 1812. — En 1868, *Sladen* s'avança par la Birmanie jusqu'à Bhamo, près de la frontière Sud de Chine. De Chine en Birmanie et en sens inverse, *Colquhoun* (1879-1882) et *Hallett* rapportèrent des renseignements précis. L'Inde est d'ailleurs pourvue de nombreux Services scientifiques qui assurent l'étude méthodique de toutes les questions intéressant la géographie.

Dans l'Asie occidentale, la Perse a été parcourue surtout par des explorateurs russes (*Khanikof*, 1858) et anglais, et étudiée par les archéologues. En Asie Mineure il faut citer les sept années d'exploration de TCHIHATCHEF, qui intéressent tous les points de la géographie physique et dont les résultats furent publiés de 1853 à 1869. En Palestine, *Schubert* découvrait en 1836 la dépression de la mer Morte; la Syrie-Palestine a attiré de nombreux géologues. — L'Arabie, dont on ne connaissait qu'une partie du littoral par Niebuhr, a été traversée en 1848 par *Wallin*, et en 1862-63 par PALGRAVE, qui la coupa du Nord-Ouest au Sud-Est par le plateau du Nedjed. *De Nolde* en 1893 visita l'horrible désert du Néfoûd, et, en 1893-94, *Th. Bent* parcourut la vallée de l'Hadramaout.

**c).** — 19. **Océanie. Australie.** — Cook avait abordé à la côte orientale d'Australie en 1770; *Bass* et surtout *Flinders* reconnurent avec soin la côte méridionale du continent australien au commencement du XIX^e^ siècle. Le premier établissement anglais, fondé à Port-Jackson en 1788, était séparé de l'intérieur par les *Montagnes Bleues;* les colons, dont le nombre augmentait, songèrent à chercher de nouveaux pâturages de l'autre côté de ces montagnes; ce fut l'origine des premières explorations qui amenèrent la découverte du *Darling,* du *Murray* et de

LA FIN D'UN VOYAGE EN AUSTRALIE
*Eucalyptus* et *Spinifex,* « herbe porc-épic »; Dune. (D'après D. W. Carnegie.)

leurs affluents (1813-1836), découverte à laquelle sont attachés les noms d'Oxley, de Sturt, de Mitchell, etc.

De nouvelles colonies, successivement créées, devinrent de nouveaux centres d'exploration; les expéditions, dirigées surtout vers l'intérieur, et en général peu connues, ont nécessité une dépense considérable d'énergie et de vies humaines; les explorateurs ont dû le plus souvent traverser des déserts de pierres et de sables, sillonnés d'interminables dunes, le jour sous un ciel de feu, la nuit dans un froid glacial, et parfois plusieurs semaines sans la moindre goutte d'eau pour apaiser la soif ardente; des *scrubs* impénétrables arrêtaient les caravanes, ou bien, dans les endroits sablonneux, l'horrible *Spinifex*, « l'herbe porc-épic », aux feuilles acérées, déchirait les chevaux et les chameaux porteurs. — EYRE (1840-41) fit un voyage des plus pénibles le long de la *Grande Baie australienne;* STURT, parti à la recherche d'une mer intérieure dont on supposait l'existence, faillit périr de soif dans les déserts situés à l'Ouest du Darling (1844-45); en 1844, *Leichhardt* fit sa première expédition dans le Nord-Ouest du continent; en 1847, dans un nouveau voyage, il disparut tragiquement sans laisser une trace. La première traversée continentale du Sud au Nord fut exécutée avec une admirable ténacité par M'DOUALL STUART (1860-62) d'*Adélaïde* à la *terre d'Arnhem;* l'expédition de *Burke* et *Wills*, plus à l'Est, s'était terminée par un désastre (1860-1861).

En 1872, le télégraphe transcontinental d'Adélaïde à Port-Darwin fut achevé; il devint le point de départ ordinaire des nouvelles expéditions, circonscrites aux deux colonies de l'Australie occidentale et de l'Australie du Sud. J. FORREST (1870) alla de Perth à Adélaïde le long de la Grande Baie; GILES, après de nombreuses reconnaissances à l'Ouest du télégraphe, fit, de 1875 à 1876, une double traversée, d'Est en Ouest, entre les 29° et 30° lat. S., et, d'Ouest en Est, entre les 25° et 24°, au milieu de pénibles épreuves, à travers les déserts de l'Australie occidentale; WARBURTON avait fait, du télégraphe à la côte Ouest, par un itinéraire plus au Nord, entre 22° et 20° lat., une traversée des plus pénibles du *Grand Désert* (1873); J. Forrest était allé de l'Ouest vers le télégraphe, entre les 25° et 27° lat. (1874). D. LINDSAY a réussi en 1892 la traversée du *Grand Désert Victoria* au Nord de la route de Giles en 1875. Si l'on ne tient pas compte des nombreux voyages dans l'Australie occidentale des *prospecteurs* à la recherche de l'or, la dernière grande expédition est celle de W. CARNEGIE (1896-97), qui, de *Coolgardie*, dans le Sud-Ouest de l'Australie occidentale, alla jusqu'au district de *Kimberley*, au Nord de la colonie, à travers des régions totalement inconnues, et d'immenses étendues de dunes longitudinales, coupant à l'aller et au retour les itinéraires de Giles, de Forrest, de Warburton.

20. **Nouvelle-Guinée.** — Cette île, la plus grande du monde, était récemment encore inconnue, dans la stricte acception du mot. Des expéditions anglaises et des expéditions allemandes (LAUTERBACH, *Kersting* et *Tappenbeck* en 1896, en 1898 et 1899) ont découvert de hautes montagnes comme les *Owen Stanley* et les *monts Bismarck*, ainsi que des fleuves puissants comme le *Ramu*.

LECTURES. — J. Cook, *Les Voyages de Cook*, traduction, Paris, 1774, 1778, 1785, 12 vol. et plusieurs atlas. — Doudart de Lagrée et Francis Garnier, *Voyage d'exploration en Indo-Chine... (1866-68)*, Paris, 1872, 2 vol., 2 atlas. — Prjévalsky, *La Mongolie et le pays des Tangoutes*, traduction, Paris, 1880 (relation du premier voyage). — Piassetsky, *Voyage à travers la Mongolie et la Chine*, traduction, Paris, 1883. — J. L. Dutreuil de Rhins, *Mission scientifique dans la haute Asie (1890-95)*, Paris, 1898, 2 vol. et atlas. — Sven Hedin, *Trois Ans de lutte au désert d'Asie*, traduction, Paris, 1899. — Mission Pavie (1879-1895), *Première série : Géographie et Voyages*, Paris. 4 vol. parus en 1902.

# CHAPITRE IV

## LA DÉCOUVERTE DE LA TERRE

### IV. — EXPLORATION DE L'AFRIQUE (XIX^e^-XX^e^ SIÈCLES).

**Exploration de l'Afrique. — a). — Première période** (1795-1850). L'exploration de l'Afrique, qui reprit au dix-neuvième siècle, fut d'abord limitée à la partie Nord du continent; **Mungo Park** explora le Niger (1795-1805); **Oudney, Denham** et **Clapperton**, la région du lac Tchad; **René Caillié** accomplit la traversée du Sahara (1828).

**b). — Deuxième période** (1850-1880). Après 1850, l'Afrique fut attaquée de toutes parts; au Sahara et au Soudan eurent lieu les beaux voyages de **Barth**, de **Rohlfs**, de **Nachtigal**; **O. Lenz** traversa la partie occidentale du Sahara. Le grand explorateur **D. Livingstone** couvrit de ses itinéraires l'Afrique australe, de 1853 à 1873, découvrant les lacs *Nyassa*, *Moréo* et *Bangouéolo* et, sans s'en douter, le cours supérieur du Congo. Les autres grands lacs furent découverts par **Burton** et **Speke** (*Tanganika*, *Victoria*), par **Grant**, **Baker** et **Stanley**; les régions du *haut Nil* parcourues par **Schweinfurth** et **Junker**, l'Abyssinie par les frères **d'Abbadie**. Stanley opéra la descente du *Congo* en 1877.

**c). — Troisième période** (1880 à nos jours). L' « Association internationale africaine » (1876) et surtout la « Conférence de Berlin » (1885) provoquèrent chez les peuples européens établis en Afrique une véritable fièvre d'exploration. Dans l'Afrique australe, Serpa Pinto, Capello et Ivens essayèrent, par des traversées d'Est en Ouest, de relier les possessions portugaises situées sur les deux côtes; dans l'Afrique orientale, les Allemands et les Anglais firent de nombreux voyages entre la côte et les grands lacs; les grandes lignes d'effondrement de cette partie de l'Afrique ont été surtout révélées par les expéditions de Teleki et de Hœhnel (1887-88). — Les grandes lignes de l'*hydrographie du Congo* ont été déterminées par Wissmann (affluents de gauche), Van Gèle (Oubangui), Stanley (Arouhimi), Lemaire (région des Sources); Savorgnan de Brazza a été le fondateur du *Congo français*, que Mizon, Crampel, Maistre, Liotard, Gentil, et tant d'autres, ont parcouru en tous sens; la destruction de l'empire de Rabah a définitivement consacré la *conquête du Tchad* (1900). En 1898, le capitaine Marchand avait atteint le Nil à *Fachoda*.

De nombreux officiers et savants français, Galliéni, Toutée, Hourst, Lenfant, Binger, Monteil, d'Ollone, etc., ont parcouru dans tous les sens la *Guinée* et l'*Afrique occidentale française*. Au *Sahara*, malgré le massacre de l'expédition Flatters (1881), Monteil a pu exécuter la traversée, du Tchad à Tripoli; de 1898 à 1900, la mission Foureau-Lamy a réussi à exécuter le parcours du Sahara algérien au Congo, par le Tchad.

Le *Maroc* est surtout connu par le voyage du vicomte de Foucault et des expéditions récentes; à l'exploration de *Madagascar* se rattache spécialement le nom de Grandidier, puis ceux de Catat, de Maistre, de Gautier, etc.

1. **Exploration de l'Afrique.** — Du XVIe siècle au XVIIIe, l'attention des Européens s'était détournée de l'Afrique; on se portait de préférence vers le monde américain ou vers les Indes, pays d'accès plus facile et plus riches. L'Afrique fut délaissée jusqu'à la création de l'*Association africaine* que nous avons signalée; elle ouvrit l'ère des explorations et leur donna une vive impulsion. Le monde africain a été révélé au XIXe siècle.

**a). — 2. Première période (1795-1850). Voyages dans les régions du Niger et du Nil.** — Du commencement du siècle jusque vers 1850, les explorations furent limitées à la partie Nord de l'Afrique. Tout était à peu près inconnu dans l'intérieur de l'Afrique à la fin du XVIIIe siècle; les problèmes du Niger et du Nil furent les premiers auxquels on s'attaqua.

MUNGO PARK, en 2 voyages (1795 et 1805), atteignit le *Niger*, fit connaître la route du Soudan, mais périt aux rapides de Boussah. *Hornemann* en 1799, venu de Tripolitaine au *Nouppé*, sur le cours inférieur du Niger, avait reconnu le *Fezzan*. — Un moment arrêtées, les explorations reprirent après 1815, quand la paix fut rétablie en Europe. La question de l'embouchure du Niger s'était posée; en 1822 fut organisée l'expédition de Denham, Oudney et Clapperton, qui de Tripoli par le Fezzan gagnèrent, en février 1823, *Kouka,* résidence du sultan de Bornou ; ils furent les premiers Européens à voir le *lac Tchad,* nappe d'eau peu profonde du Soudan central, aux rivages indécis. Denham explora le *Chari* jusqu'au delà du 10° lat. N.; Oudney mourut au Bornou, et Clapperton visita les villes de *Kano* et de *Sokoto.* Ce voyage précisait la position du Niger qui n'allait ni au Tchad ni au Nil. Après une nouvelle expédition, en 1826, de Clapperton, qui trouva la mort à Sokoto, *John* et *Richard Lander,* en 1830, reconnurent le cours inférieur du Niger. — Le major *Laing,* venu de Tripoli à Timbouctou en 1825, y fut massacré; le Français René Caillié, parti de Sierra Leone, visita *Timbouctou* (avril 1828), dont il a fait une description intéressante, et revint par le Maroc.

Du côté du Nil, le début des travaux scientifiques est marqué par l'expédition française de 1798 à 1801 en Égypte; ensuite Mehemet-Ali organisa des expéditions, et notamment la reconnaissance du Nil; sur ses ordres, un ingénieur français, d'*Arnaud,* poussa jusqu'au 4° lat. N., au petit village de *Gondokoro.* Des missionnaires s'y établirent en 1841.

En 1830, la France commençait la conquête de l'Algérie ; les Anglais s'étaient établis au Cap dès la fin du XVIII^e^ siècle, et en 1824 était fondée la *Société du Cap pour l'exploration de l'Afrique centrale.* Le champ des explorations allait s'élargir en Afrique.

**b). — 3. Deuxième période (1850-1880).** — L'Afrique, pendant cette période, va être attaquée de tous côtés ; l'effort se porte vers tous les points où un important problème est à résoudre. C'est la grande époque des voyages désintéressés provoqués par une noble ambition scientifique. — Ces expéditions, comme celles de la période suivante, se sont faites suivant des conditions et des difficultés variables ; du moins partout, au désert ou dans la forêt vierge, les explorateurs ont dû se défendre contre l'hostilité des indigènes ; certains ont subi les pénibles épreuves des régions désertiques ; pour d'autres, la traversée des forêts humides fut une torture; dans le sous-bois impénétrable, il fallait tracer à la hache une trouée où, sous la chaleur lourde, l'on cheminait en se courbant. Dans certaines régions aucun animal de transport n'est utilisable; il fallait recruter des indigènes, que l'on chargeait des ballots, et dont les longues files irrégulières serpentaient lentement dans les forêts ou les hautes herbes des steppes.

**4. Barth, Rohlfs et Nachtigal au Sahara et au Soudan.** — En 1849, une grande expédition anglaise fut organisée sous la direction de Richardson avec, comme collaborateurs, deux Allemands, Barth et Overweg. En 1850, de Tripoli ils allèrent au

VOYAGE EN AFRIQUE
Arrivée de porteurs indigènes au campement (Madsamboni, au Sud-Ouest du lac Albert). (D'après F. Stuhlmann.)

*Fezzan,* à l'*Aïr* et au *Tchad;* la mort de Richardson et Overweg laissa Barth seul; avec un admirable courage et un sens exceptionnel d'observation, pendant cinq ans il fit des reconnaissances dans l'*Adamaoua,* autour du Tchad et sur le Chari, puis il séjourna à *Timbouctou* de septembre 1853 à mai 1854. De retour au *Bornou,* il y trouva Vogel, son compatriote, venu à sa recherche au début de 1854. Vogel, après le départ de Barth, ne put réaliser son projet de parcourir le Soudan du Tchad au Nil ; il trouva la mort dans le *Ouadaï.* Ce fut le sort de *Beurmann,* envoyé vers lui par Khartoum.

Peu à peu la connaissance des régions sahariennes et soudaniennes se précisa ; l'Allemand Gerhard Rohlfs en fit la traversée, du Maroc à Tripoli et de Tripoli à l'embouchure du Niger, de 1865 à 1867 ; en 1874 et 1879, il pénétra dans le désert libyque. Un autre Allemand, NACHTIGAL, fit un voyage dont les résultats furent considérables, dans la région montagneuse du *Tibesti,* au Sahara, puis autour du lac Tchad, sur le Chari, affluent du lac, qu'il reconnut jusque vers le 9° lat. N. ; enfin, à l'Est du lac, dans le Ouadaï et le *Darfour,* provinces du Soudan oriental, pour revenir par l'Égypte (1869-74). C'était, à l'Est, le complément de l'œuvre de Barth à l'Ouest du Tchad. De 1879 à 1885, FLEGEL parcourut la région de la *Bénoué,* affluent du Niger, avec pointes dans l'Adamaoua. En 1880, OSCAR LENZ faisait la traversée du Sahara, du Maroc à Timbouctou.

BARTH

A partir de 1854, la France entreprit des explorations dans le Sahara algérien HENRI DUVEYRIER commença ses nombreux voyages en 1859.

5. **Livingstone dans l'Afrique australe.** — L'Afrique australe, au Sud de 7° lat. S., a été le champ d'action de Livingstone. Le missionnaire DAVID LIVINGSTONE parcourut, de 1840 à 1849, les régions situées entre le Cap et le *Zambèze,* découvrit le *lac Ngami* et atteignit le centre du Zambèze. Les véritables explorations commencèrent en 1853 ; il accomplit la première traversée d'une côte à l'autre, du Zambèze à Saint-Paul de Loanda, dans l'*Angola,* avec retour à Quilimane sur la côte du *Mozambique* (1856) ; dans sa deuxième expédition (1858-64),

il explora le Zambèze inférieur, le *Chiré,* et atteignit le grand *lac Nyassa* (1859). Dans son troisième et dernier voyage (1866-1873), il partit de Zanzibar, parcourut les régions voisines du lac Nyassa, découvrit les *lacs Moéro* (1867) et *Bangouéolo* (1868), et gagna le grand lac Tanganika (1869) ; puis il reprit ses explorations à l'Ouest, et arriva jusqu'à *Nyangoué* (1871), par 4° lat. S. environ ; là coulait un grand fleuve. Il crut avoir trouvé dans le lac *Tanganika,* situé à l'Est, les sources du Nil ; avec Stanley, venu à sa recherche et rencontré sur la rive du lac à *Oudjidji* en 1871, il en fit l'exploration et dut changer d'avis. Ce grand voyageur, énergique et humain, la plus noble figure de l'histoire africaine, mourut le 4 mai 1873, au sud du lac Bangouéolo, sans se douter qu'à Nyangoué il avait découvert le Congo.

6. **Les grands lacs, le haut Nil, les montagnes de l'Afrique orientale.** — En échangeant dans l'intérieur l'ivoire et la poudre d'or contre les marchandises européennes, dès le XVIe siècle les Portugais avaient appris l'existence d'un grand lac dans le centre de l'Afrique. Le mystère cessa avec le voyage de Burton et de Speke (1857-58), qui, partis de la côte de Zanzibar, comme le feront beaucoup d'autres expéditions vers les grands lacs, reconnurent, le 13 février 1858, le *Tanganika.* Au retour, Speke vit plus au Nord l'extrémité méridionale d'un autre lac qu'il appela *lac Victoria* (juillet 1858) ; voulant achever sa découverte, il repartit avec Grant en 1860, longea la côte orientale du lac et suivit une rivière qui en sortait au Nord ; il arriva ainsi à Gondokoro, où il rencontra S. Baker, parti de Khartoum à la recherche des sources du Nil. Baker découvrit le *lac Albert* en 1864. Stanley fit en 1875 la première circumnavigation du lac Victoria, et *Gessi,* pour le compte de l'Égypte, explora en 1876 le lac Albert ; Stanley découvrit le *lac Albert-Édouard* en 1876, et *Kaiser* le *lac Rikoua* en 1880.

La région du haut Nil fut, à partir de 1850, par suite de l'avidité des marchands d'ivoire et d'esclaves qui y avaient développé leurs opérations, sous la menace constante de la chasse à l'homme et dans un état d'hostilité continue. Malgré ces conditions défavorables, il y eut dans cette partie de l'Afrique quelques intéressants voyages ; Schweinfurth, observateur remarquable, explora, de 1869 à 1871, le *Pays des Rivières,* et la région entre le *Bahr el Ghazal* et les affluents du Congo, qu'il ne connaissait pas d'ailleurs ; il découvrit un de ces affluents, l'*Ouellé,* qu'il prit pour le cours supérieur du Chari. EMIN-PACHA (Dr Schnitzler) et le Russe JUNKER (1875-86) visitèrent la même région. — De 1837 à 1848, les frères D'ABBADIE, Français, firent une longue et profitable reconnaissance de

LIVINGSTONE

l'*Abyssinie.* Les grands sommets neigeux de l'Afrique orientale, le *Kénia* et le *Kilimandjaro,* aperçus par Krapf et Rebmann en 1845, provoquèrent des ascensions qui demeurèrent sans succès.

7. **La descente du Congo par Stanley.** — *Diego Cam,* en 1484, avait reconnu l'estuaire du Congo, que le major *Tuckey* remonta en 1816, sur 300 kilomètres, jusqu'à Isangila : Livingstone avait vu le fleuve sans s'en douter. CAMERON (1873-75), dans sa traversée d'Afrique, de Zanzibar à la côte Ouest, découvrit la *Loukouga,* émissaire du Tanganika et affluent de la

*Loualaba,* cours supérieur du Congo; il ne put dépasser Nyangoué et traversa dans la direction du Sud-Ouest la série des affluents de gauche du grand fleuve. Le voyageur américain Stanley, d'origine anglaise, qui connaissait déjà l'Afrique, trouva la solution du problème; subventionné par les journaux *New-York Herald* et *Daily Telegraph,* il partit de Bagamoyo, sur la côte Est, en novembre 1874; de Nyangoué (1876), il atteignait le 9 avril 1877 *Boma,* près de l'embouchure.

**c). — 8. Troisième période (de 1880 à nos jours).** — Cette troisième période commence à peu près vers 1880 et se continue de nos jours. Les retentissantes découvertes faites en Afrique avaient vivement excité l'intérêt de l'Europe et tourné son attention vers les choses africaines; l'esclavage, le récit des barbaries qui se pratiquaient, surtout dans la partie centrale, provoquaient une vive émotion. Dans le but d'un effort commun, le roi des Belges, Léopold II, convoqua en son palais à Bruxelles, en septembre 1876, une conférence où se trouvèrent réunis des hommes politiques, des philanthropes, des géographes, et les plus notables des explorateurs africains. Ce fut l'origine de l'*Association internationale africaine,* de l'*A. I. A.*

Son but était de favoriser l'exploration de l'Afrique équatoriale, par des enquêtes sur les ressources et moyens d'exploitation, des créations de stations, de marchés, de postes fortifiés. L'union ne put se maintenir entre les divers comités créés dans un certain nombre d'États européens; l'A. I. A., dominée par des intérêts financiers, se disloqua. Du moins les expéditions qui avaient été organisées montrèrent la nécessité de régler les difficultés qui naissaient de la juxtaposition des convoitises territoriales et coloniales des principales nations européennes. La *Conférence de Berlin* (novembre 1884-février 1885) fixa certaines questions relatives au développement du commerce, à la libre navigation des deux principaux fleuves africains, et surtout au règlement des prises de possession nouvelles de territoire; les Allemands professaient la théorie de l'*Hinterland,* de l'arrière-pays, d'après laquelle les territoires situés à l'intérieur, en arrière des régions côtières, devaient dépendre de celles-ci. — Depuis, à partir de 1890 environ, des actes diplomatiques ont précisé la situation acquise par les diverses puissances engagées en Afrique.

La conférence de Berlin eut pour résultat de provoquer une recrudescence, une véritable fièvre d'explorations. Chaque peuple établi en Afrique eut l'ambition de développer son empire colonial, de devancer ses concurrents; il localisa sur certains points tous ses efforts. C'est pourquoi dans cette dernière période les explorations ont pris une tournure nouvelle, un caractère politique, et se sont faites avec moins de désintéressement et plus de hâte. Mais bientôt il fallut employer de nouveau des observateurs méthodiques, des expéditions préparées avec soin; le domaine de la géographie s'est largement agrandi. D'ailleurs il y eut encore des expéditions uniquement scientifiques.

STANLEY

9. **Afrique australe.** — Les Portugais essayèrent de rattacher leurs possessions de l'Angola, sur la côte Ouest, à celles de Mozambique, sur la côte Est. Serpa Pinto, de 1878 à 1879, explora le *Koubango,* le Zambèze jusqu'aux chutes Victoria, et atteignit le Transvaal; Brito Capello et Ivens, partis de Mossamédès en mars 1884, arrivèrent à Quilimane à l'embouchure du Zambèze en 1885, après avoir parcouru au moins 3000 kilomètres dans un pays inconnu entre le Louapoula et le Zambèze, dans la région du Chiré-Nyassa. Parmi les expéditions portu-

gaises il faut citer encore celles de *Païva de Andrada* (1885-87). — Depuis, toute une série de voyages, exécutés surtout par des Anglais et par quelques Allemands, ont sillonné en tous sens la région entre le Zambèze et le Nyassa, et au Sud du Zambèze, ainsi que les régions désertiques du *Kalahari* et du *Namaland*. Les Anglais ont dépouillé en partie les Portugais de leurs droits sur la région du Zambèze.

10. **Afrique orientale.** — L'A. I. A. avait envoyé de la côte orientale vers les grands lacs une série de missions qui fondèrent des stations sur le Tanganika, dans l'*Ousagara*, dans l'*Ouganda*. Peu à peu, dès 1884, les Allemands prirent pied dans la région comprise entre la rive orientale du Tanganika et la côte, les Anglais dans les pays entre la côte et le lac Victoria.

Le comte Pfeil (1885-86) leva les régions riveraines de la *Rovouma*; MEYER et BAUMANN (1888-90) firent l'exploration de l'*Ousambara* et d'un pays élevé inconnu jusqu'alors, l'*Ougueno*. Thomson, en 1883, parcourut le pays des Massaï et le *Kavirondo*, à l'Est du lac Victoria; Pigott, en 1889, étudia la navigabilité du Tana, et l'expédition Jackson fut chargée de reconnaître l'*Ouganda* au Nord-Ouest du lac Victoria. Stanley, en 1889, dans son troisième voyage, dont nous parlerons plus loin, a découvert la *Semliki*, émissaire du lac Albert-Edouard, aboutissant au lac Albert, ainsi que l'imposant massif du *mont Rouvenzori* (plus de 6000 m.?), qui émerge brusquement du fossé de la Semliki sur la rive droite. La branche occidentale du Nil sort donc du lac Albert-Edouard; la branche orientale sort du lac Victoria, dont Stanley a reconnu, en 1889 également, l'extension considérable au Sud-Ouest. — Dans les années suivantes, fut découvert, entre les lacs Kivou et Albert-Edouard, le *massif des Virungo*, où le *Kirungo* (von Götzen en 1894) est un volcan en activité (4000 m.).

Les géants volcaniques de l'Afrique orientale, le Kénia et le Kilimandjaro, ont vu leurs sommets escaladés. De nombreuses tentatives précédèrent l'ascension définitive du Kilimandjaro par HANS MEYER en 1889, qui de nouveau en 1898 fit une exploration dans la zone alpine et fixa la hauteur de la plus haute pyramide à 6 010 mètres. L'expédition autrichienne de Teleki et Höhnel n'avait pu dépasser sur le Kénia la limite des neiges permanentes en 1887; MACKINDER en a enfin triomphé en juillet-septembre 1899; le Kénia ne dépasserait pas 5 200 mètres.

De nombreuses expéditions nous ont révélé l'existence d'une suite de dépressions jalonnées de volcans et de lacs qui marquent la grande fosse orientale d'effondrement de l'Afrique de l'Est.

Les frères *Cecchi* firent des explorations en Abyssinie de 1876 à 1881; BORELLI (1885-88) exécuta des levés dans le Sud de l'Éthiopie, dans le Kaffa, et reconnut le cours de l'*Oumo*. L'Oumo aboutit au *lac Rodolphe*, qui a été reconnu par l'expédition TELEKI et HÖHNEL (1887-88), ainsi que d'autres lacs et des volcans aux cimes neigeuses sur leurs rivages, volcans et lacs sur la même ligne d'effondrement.

De nombreux voyages ont récemment parcouru cette intéressante région. BOTTEGO et Darragon ont fourni des renseignements sur la partie Nord. Installés dans le Soudan égyptien, les Anglais ont étudié la région à peu près inconnue entre le Nil, le *Sobat* et le lac Rodolphe; Macdonald (septembre 1897-décembre 1898) a sillonné d'itinéraires le territoire entre le lac Rodolphe et le Nil; Austin et Willby ont reconnu en 1897 la rive occidentale du lac; Donaldson Smith, parti de Berbera (1899), les deux expéditions de Harrison et d'Erlanger et Neumann (1901), ont poursuivi l'étude précise de la région.

Les Italiens ont étudié le *Pays des Somali,* la colonie de l'Érythrée et le *Pays des Galla*. Robecchi en 1890 fit des levés de côtes; BOTTEGO en 1891 reconnut le parcours entre Massaouah et Assab. Après le massacre de Cecchi en 1896, la même année l'expédition Bottego en pays Galla aboutit également à un désastre. Macdonald (1897) a exploré le cours supérieur du Djoub, limite des sphères d'influence anglaise et italienne. — Les Anglais, après leur établissement au Soudan, ont montré un intérêt très vif pour les parties occidentales du massif abyssin; en 1898-99, Weld Blundell fit une reconnaissance du haut *Nil Bleu* ou *Abbai*; Austin et Gwynn, ainsi que Jackson, ont fait des levés sur tout le pourtour Ouest, Nord-Ouest et Nord du massif.

11. **Le Congo belge.** — Sur le Congo, dont la plus grande partie forma en 1885 l'État du Congo, avec le roi des Belges pour souverain, STANLEY fut envoyé en 1879 pour créer des stations et faire du domaine du fleuve une dépendance européenne. En décembre 1881 il parvenait au *Stanley Pool;* il eut la surprise de voir flotter sur la rive Nord du Pool le drapeau français planté par SAVORGNAN de BRAZZA, en septembre 1880; Stanley avait été devancé par « ce Français déguenillé, ce mendiant amaigri qui allait pieds nus et sans ressources ». Il ne put que fonder en face de l'établissement français de *Brazzaville,* celui de *Léopoldville*.

De nombreuses expéditions étudièrent les affluents du Congo; WISMANN (1881-87) fit trois voyages sur les affluents de gauche, dont l'hydrographie fut déterminée dans ses grandes lignes. Sur la rive droite, l'identité de l'*Ouellé* et de l'*Oubangui* fut démontrée par le missionnaire *Grenfell* (1884-85), et surtout par le lieutenant belge VAN GÈLE (1887). Stanley fit, de 1887 à 1890, son troisième voyage à travers l'Afrique, afin de procéder à la délivrance d'*Emin-Pacha,* qui, gouverneur égyptien de la province *Equatoria,* avait été isolé du reste de l'Égypte par la révolte et la conquête madhiste (1880), laquelle s'était étendue à tout le Soudan égyptien; dans ce voyage, Stanley releva le cours de l'*Arouhimi,* le long duquel s'étend sans interruption l'immense forêt vierge qui recouvre toute cette partie de l'Afrique centrale.

L'expédition du lieutenant belge LEMAIRE, terminée en 1900, aux *sources du Kassaï, du Congo et du Zambèze,* a renouvelé la géographie de ces régions.

12. **Le Congo français.** — Le véritable fondateur du Congo français a été SAVORGNAN DE BRAZZA, qui commença ses explorations dès 1875. En 1880, Brazzaville était fondée sur le Stanley Pool et la rive gauche du Congo occupée. Dès lors les voyages français se succédèrent sans relâche. Jusqu'en 1890 les expéditions s'occupèrent surtout des rivières côtières, de l'*Ogooué,* du *Kouilou Niari,* et de l'*Alima,* affluent du Congo; le nombre est grand de ceux qui se dévouèrent à cette tâche : le docteur BALLAY, MIZON, PAUL CRAMPEL, FOURNEAU, MAISTRE, etc... Le *Comité de l'Afrique française,* créé sur ces entrefaites, organisa ou soutint de nombreuses expéditions.

Après 1890 il fallut reconnaître le vaste territoire qui s'ouvrait à peu près sur l'inconnu entre la colonie allemande du Cameroun, l'Oubangui et le Tchad, au Nord. De Brazza dirigea ses collaborateurs simultanément sur l'Oubangui et sur la Sangha. La *Sangha* fut explorée dès 1890 par *Cholet* et par *Fourneau;* la Haute Sangha en 1892 par Ponel et de Brazza; puis vinrent les explorations de Perdrizet (1895-98). Sur l'*Oubangui, Ponel* et *Brunache* effectuèrent diverses reconnaissances; l'œuvre principale fut accomplie par LIOTARD, qui, nommé commissaire du gouvernement dans le haut Oubangui, organisa l'occupation du *M'bomou* et étendit son action à l'Est et au Nord jusqu'au Bahr el Ghazal (1896).

13. **La conquête du Tchad.** — Entre temps on avait marché à la conquête du Tchad. L'assassinat de *Crampel* arrêta la première expédition (1891). MIZON, parti en octobre 1890 des bou-

ches du Niger avec le Tchad pour objectif, avait atteint *Yola* sur la Bénoué; il fut empêché d'accomplir sa mission et revint par l'Adamaoua, la Sangha et le Congo (1892). MAISTRE, chargé par le Comité de l'Afrique française de reprendre le programme de Crampel, marcha sur le Tchad (1892), atteignit le Chari, puis à l'Ouest traversa le *Logone,* rejoignit la Bénoué (mars 1893).

SAVORGNAN DE BRAZZA

et revint par le Niger. Enfin le succès couronna nos efforts; GENTIL (1895-98) eut la gloire de faire flotter le pavillon français sur le premier vapeur qui ait vogué sur le Tchad. — Un redoutable aventurier, *Rabah,* s'était taillé un empire noir autour du Tchad, fait qui s'était déjà produit maintes fois dans l'histoire du Soudan. Il fit périr *Bretonnet* en 1898 dans le *Baguirmi; de Béhagle,* fait prisonnier par lui, fut pendu. Le 21 avril 1900, trois missions militaires se trouvèrent concentrées près du Tchad : la mission Foureau-Lamy, qui était venue, comme nous le verrons, par le Sahara; celle de Joalland-Meynier (ancienne mission Voulet-Chanoine), venue par le Soudan; enfin celle de Gentil, venue du Congo. Rabah fut tué le 28 avril après un violent combat, et la région fut peu à peu pacifiée. La reconnaissance scientifique des régions voisines a immédiatement commencé; le colonel DESTENAVE s'est particulièrement signalé par ses travaux sur l'hydrographie et la carte du Tchad (1902)[1].

Pendant que s'accomplissaient ces faits, une importante expédition avait eu lieu dans la partie Nord-Est du Congo français. Une mission chargée de reconnaître les territoires du haut Oubanghi et les points d'accès sur la vallée du Nil fut organisée en novembre 1895 sous la direction du capitaine, aujourd'hui COLONEL MARCHAND; le départ commença le 25 avril 1896, et le 10 juillet 1898 la mission atteignait le Nil à *Fachoda,* après avoir exécuté le levé du Bahr el Ghazal et fait une abondante moisson de renseignements. A Omdourman (30 août-2 sept. 1898), le général anglais Kitchener avait détruit la force des madhistes et s'avançait sur le Nil. A la suite de diverses circonstances, dont le récit serait ici déplacé, Marchand fut contraint d'évacuer Fachoda et revint par l'Abyssinie.

14. **Afrique occidentale française. Guinée.** — Dans ces régions, les explorations ont été pour la plus grande part l'œuvre des Français; la France, maîtresse du Sénégal, puis de la boucle du Niger, s'était également établie en plusieurs points sur la côte de Guinée; de là partirent un grand nombre d'expéditions vers l'intérieur. Le désir de relier nos possessions de l'Afrique du Nord au Soudan provoqua aussi de grands voyages. A cette grande œuvre d'exploration fut employée une légion d'officiers et de savants.

L'exploration et la reconnaissance du *Niger* est due au général GALLIÉNI (1879 et 1881), à CARON et LEFORT (1887), à Jaime (1889); VUILLOT et BLUZET ont découvert en 1894, à l'Ouest de Timbouctou, des lacs totalement inconnus; le voyage du commandant TOUTÉE en 1895, du Dahomey jusqu'aux *chutes de Boussa* et à *Tibi Firca,* la descente effectuée pour la première

1. Piqués d'émulation par les progrès de la France dans la région du Tchad, les Allemands et les Anglais ont organisé des expéditions vers le lac (Allemands. Dominik et von Bülow en 1901; Anglais, Wallace et Morland en 1902).

fois par le lieutenant de vaisseau Hourst en 1896, ont fait connaître le Niger moyen et inférieur; la mission Lenfant à *Say* en 1901 a précisé les conditions de navigation de cette partie du Niger.

De 1887 à 1889, Binger a fait un remarquable voyage dans la boucle du Niger, entre le Niger et la côte d'Ivoire, faisant disparaître des cartes les fameux monts de Kong; Monteil a réussi à traverser en 1892 la boucle du Niger de Bammako à Say. — De la côte sont parties, à travers l'étouffante forêt vierge, de nombreuses expéditions; le Dahomey a été parcouru par *Baud* et *Alby*, le *Comoé* reconnu par Binger en 1889, le *Bandama* par Marchand en 1891-92, 1893-94, et *Eysséric;* la *Sassandra*, par *Blondiaux* et *Pobeguin;* enfin le *Cavally* par Hostains et d'Ollone (1898-1900); d'Ollone pense avoir découvert près du cours supérieur de la Sassandra des hauteurs de plus de 2 000 mètres.

Les Allemands ne sont pas restés inactifs dans leurs possessions du Cameroun et du Togo. *Zintgraff* (1890) et Morgen (1891) ont reconnu la région entre le Cameroun et l'Adamaoua; dans le Togo, les voyages les plus importants ont été ceux de Krause (1886-87), qui s'avança loin dans la boucle du Niger, et de *von François* (1888), à qui l'on doit le levé de la Volta et des mesures hypsométriques.

15. **Au Sahara.** — Au Sahara, l'expédition du colonel Flatters fut massacrée en 1881; en 1892 Monteil accomplit son grand voyage transsaharien du Tchad à Tripoli. Un des plus remarquables explorateurs sahariens, Foureau, a, de 1884 à 1896, dans diverses parties du Sahara septentrional, fait neuf voyages, parcourant 21 000 kilomètres, dont plus de 9 000 en pays nouveaux; en 1898 fut organisée une mission saharienne sous la direction de Foureau et du commandant Lamy; d'octobre 1898 à novembre 1899 elle accomplit la *traversée du Sahara* et l'exploration de l'*Aïr;* de décembre 1899 à juillet 1900, elle exécuta la *traversée de Zinder au Congo,* après avoir fait la reconnaissance du Tchad et combattu Rabah.

16. **Maroc.** — Les explorations ont été particulièrement difficiles au Maroc par suite du fanatisme des habitants et de leurs habitudes de pillage et de brigandage. René Caillié (1828),

Rohlfs (1864), *Hooker* et *Ball* (1871) nous ont fourni quelques renseignements sur les passages de l'Atlas. Le vicomte de Foucault, pour exécuter son fructueux voyage de 1883 à 1884, notamment sur le versant méridional de l'Atlas, a dû se déguiser en juif, marchant vêtu de haillons et pieds nus sous les pierres qu'on lui jetait. Thomson (1888) a fait dans le Maroc

FOUREAU

méridional et les montagnes de l'Atlas des observations géologiques et géographiques. Depuis, il y a eu quelques reconnaissances partielles de La Martinière, de *Th. Fischer*, etc. Des voyages récents, notamment les explorations du *marquis de Segonzac* (1899-1901), nous ont fourni des renseignements précis sur le Rif, très mal connu, et l'Atlas.

17. **Madagascar.** — La connaissance géographique de Madagascar est due surtout aux beaux travaux de Alfred Grandi-

DIER, qui a commencé ses explorations scientifiques en 1865 et a étudié notamment les environs de *Tananarive,* la partie comprise entre cette ville et *Majunga,* le *pays des Betsiléos,* les côtes occidentales sur une grande longueur, etc. Le missionnaire Rütenberg traversa l'île au Nord en 1878; de 1889 à 1891, CATAT, MAISTRE et Foucart ont suivi de nombreux itinéraires entre la côte Est et Tananarive, et de cette ville au Sud-Est; E. GAUTIER, en près de six ans de séjour et de voyages, a parcouru particulièrement le centre et l'Ouest de Madagascar (juillet 1892-décembre 1894; février 1896-mars 1899). Le pays, difficile d'accès, des *Mahafaly* et des *Antandroy,* dans le Sud de l'île, a été reconnu par BASTARD, en 1899, et depuis par une série de missions envoyées par le colonel LYAUTEY, et par un voyage de GUILLAUME GRANDIDIER. L'étude scientifique de l'île se poursuit sous la haute direction du général GALLIÉNI.

LECTURES. — D. Livingstone, *Explorations dans l'Afrique australe de 1840 à 1864,* traduction, Paris, 1869. — H.-M. Stanley, *Dans les Ténèbres de l'Afrique,* traduction, Paris, 1890, 2 vol. — F. Foureau, *Mission saharienne Foureau-Lamy. D'Alger au Congo par le Tchad,* Paris, 1902.

Très longue est la liste des relations intéressantes de voyages et d'explorations en Afrique; aussi nous bornerons-nous, parmi les plus récentes, écrites ou traduites en français, à signaler les publications de Serpa Pinto, de Stanley, de Maistre, de Toutée, de Hourst, de Lenfant, de Binger, de Monteil, d'Ollone, du vicomte de Foucault, du marquis de Segonzac; de A. Grandidier, de Catat (pour Madagascar), etc.

---

# CHAPITRE V

## LA DÉCOUVERTE DE LA TERRE

### V. — EXPLORATION DES RÉGIONS POLAIRES (XIX$^{e}$-XX$^{e}$ SIÈCLES).

**Exploration des régions polaires. — a). — Pôle Nord.** Malgré leur accès difficile, les régions polaires ont été l'objet de tentatives hardies. La recherche des *passages Nord-Ouest* et *Nord-Est* provoqua les voyages de John et de James Ross, à l'Ouest du Groenland, ainsi que la grande expédition de Franklin, en 1845, qui se termina par un désastre. Mac Clure (1850-53) réussit à prouver l'existence au Nord de l'Amérique d'un passage, mais d'un passage impraticable; de même le voyage de Nordenskiœld, au Nord de l'Asie (1878-79).

Trois voies menaient au pôle. A l'Ouest du Groenland eurent lieu de nombreuses expéditions, notamment celles de Kane, Hayes, et Nares; entre le Groenland et la Norvège, le *Tegetthof*, navire de l'expédition Payer et Weyprecht (1872-74), pris par les glaces, dériva pendant un an de la Nouvelle-Zemble à la Terre François-Joseph; le bateau américain *la Jeannette*, venu par le détroit de Béring, dériva dans les glaces vers le Nord-Ouest et fut brisé; tous les membres de l'expédition périrent (1879-82). — Les circonstances de cette dérive suggérèrent à F. Nansen l'idée de se confier aux glaces sur un bateau solidement construit, le *Fram*; la dérive dura de 1893 à 1896; Nansen put atteindre en traîneau 86° 14′ lat. N.

Entre temps, Jackson avait passé trois années dans la Terre François-Joseph, Conway exploré l'intérieur du Spitzberg. Andrée eut l'idée malheureuse de traverser le pôle en ballon. Le capitaine Cagni, de l'expédition du duc des Abruzzes (1899-1900) atteignit 86° 34′ lat. N. — Dans l'exploration du Groenland et des régions voisines, Nansen (1888), Peary et Sverdrup se sont particulièrement distingués.

**b). — Pôle Sud.** L'exploration des régions antarctiques est de date toute récente; avant la fin du dix-neuvième siècle, on ne peut guère citer que les voyages de Cook, de Weddel, de Dumont d'Urville (1838, 1840), de James Ross (1840-42). La première grande expédition fut celle de de Gerlache, qui, sur la *Belgica*, atteignit 71° 36′ lat. S. (1897-98); Borchgrevink est allé jusqu'à 78° 50′; trois grandes expéditions, allemande, suédoise, anglaise, étaient à l'œuvre en 1903.

**Conclusion générale.** L'exploration de la Terre est presque achevée; il ne reste plus que quelques blancs sur les cartes, sauf dans les régions polaires. On ne peut qu'admirer le labeur immense que représente cette longue série de découvertes.

1. **Exploration des régions polaires.** — Les régions polaires sont de difficile accès, par suite des masses énormes de glace qui les enveloppent, formant la *banquise* ou *pack*, qui, loin d'être unie, porte des amoncellements de glaces dressées et bouleversées par les pressions qui se produisent dans la masse; la nuit polaire dure plusieurs mois. Ces régions toujours glacées ont été cependant l'objet de tentatives hardies; au pôle Nord on a cherché la solution des passages Nord-Ouest et Nord-Est, qui avait passionné les esprits au XVI$^e$ siècle; de grands efforts furent faits aussi pour atteindre le pôle lui-même; au pôle Sud ont eu lieu les premières reconnaissances, et des tentatives de pénétration vers le pôle.

**a). — 2. Le pôle Nord. Passage Nord-Ouest.** — Baffin (1616) avait cru à l'existence d'une voie fermée au Nord du détroit de Davis; cela ne pouvait encourager les marins. Pendant les XVII$^e$ et XVIII$^e$ siècles, les mers voisines du Groenland ne furent parcourues que par des pêcheurs de baleines ; l'un d'eux en 1806, *Scoresby,* longea la côte orientale du Groenland, jusqu'au 81° 30′ lat. La curiosité peu à peu se ranima. En 1818, JOHN ROSS explora la baie de Baffin sans découvrir son ouverture septentrionale, et prit le détroit de Lancastre pour un golfe fermé ; en 1819, *Parry* suivit les sinuosités du détroit de Lancastre et de l'archipel arctique jusqu'au détroit de Banks; en 1829 JAMES ROSS fixa la position du pôle magnétique Nord

PARAGES DU SPITZBERG
Au milieu de la banquise rompue. (D'après W. CONWAY.)

dans la péninsule de Boothia Félix[1]. En 1845 partit sur l'*Erebus* et la *Terror,* qui venaient de faire croisière au pôle Sud avec James Ross, la célèbre expédition FRANKLIN, qui avait pour instructions de faire tous ses efforts pour atteindre le le Pacifique par le détroit de Lancastre; le 26 juillet 1845, les bateaux furent aperçus pour la dernière fois dans le détroit de Davis.

En 1848, les inquiétudes devinrent vives; plusieurs expédi-

1. Le *pôle magnétique* est un point idéal où viennent converger un ensemble d'attractions magnétiques.

tions partirent à la recherche de Franklin par terre et par mer. Mac Clure, ayant pénétré par le détroit de Béring dans l'océan Arctique (1850), dut faire deux hivernages dans le *détroit de Barrow,* où son navire avait échoué; puis l'équipage s'avança sur la glace et fut recueilli par une expédition venue dans le détroit de Lancastre; ce voyage prouvait l'existence d'un passage Nord-Ouest, mais d'un passage impraticable. — On ne fut fixé sur le sort de Franklin qu'en 1859, par quelques lignes trouvées dans un *cairn*[1] sur la terre du Roi-Guillaume; il était mort en juin 1847; l'équipage, abandonnant les navires, essaya de gagner l'Amérique du Nord; tous les hommes succombèrent au froid et à la faim. Le mystère plane sur cette tragique histoire.

3. **Passage Nord-Est.** — Nous avons indiqué ailleurs la découverte du détroit de Béring et les explorations sibériennes. Wrangel, en 1823, aperçut l'île qui porte son nom. L'expédition suédoise de Nordenskiöld devait trouver le passage Nord-Est; la *Véga* quitta le port norvégien de Tromsœ, en juin 1878, traversa la *mer de Kara,* doubla le *cap Tchéliouskine,* et, en fin septembre, fut bloquée par les glaces à 190 kilomètres à peine du détroit de Béring; le détroit fut franchi en juillet 1879. Ce voyage montrait ainsi l'existence du passage Nord-Est et les difficultés qu'il présentait.

4. **Voyages au pôle.** — Le pôle devint bientôt l'objectif des explorateurs; cette région glacée, entourée d'une banquise dont les limites oscillent suivant les saisons, présentait l'attrait spécial d'un monde entièrement nouveau. Trois voies permettaient l'accès du pôle : la grande trouée entre le Groenland et la Norvège, la série des chenaux situés à l'Ouest du Groenland (détroit de Smith, baie de Kane, canal de Robeson), enfin le détroit de Béring.

5. **Tentatives à l'Ouest du Groenland.** — Les plus nombreuses expéditions eurent lieu à l'Ouest du Groenland. En 1852 et 1860, les Américains Inglefield, Kane et Hayes firent plusieurs voyages dans le détroit de Smith; Hayes crut avoir vu au delà

1. Un *cairn* est une petite construction, généralement en pierres, où, dans une cavité intérieure, on dépose, sous un abri, des documents relatant les péripéties d'un voyage, ou encore des provisions alimentaires.

des glaces, qui s'entassaient chaotiquement dans le détroit, la *mer libre du pôle*. Cette idée de la mer libre allait hanter l'esprit de beaucoup de voyageurs. En 1871, Hall pénétra jusqu'au 82° 11′ lat., dans le canal de Robeson, au point où il s'élargit dans l'océan Arctique. Cette route apparaissait si pleine de promesses qu'une grande expédition fut organisée en 1875 en Angleterre sous le commandement de Nares, qui fut rappelé à cette occasion de la grande expédition océanographique du *Challenger*. Il passa par le détroit de Smith et les chenaux situés au Nord avec beaucoup de difficultés, car la glace n'était pas favorable; il hiverna à 82° 15′ lat., à la lisière d'une mer qu'il appela *mer paléocrystique,* ou mer des glaces anciennes, entassement de blocs de glaces empilés et dressés les uns par-dessus les autres; on ne pouvait voyager qu'en traîneaux; Markham atteignit ainsi 83° 20′ lat. (1876), malgré les souffrances de sa petite escorte, malade du scorbut, l'effroi des expéditions polaires. Des observations de géologie, d'histoire naturelle, spécialement de météorologie, furent faites sans discontinuité. En mai 1883, l'Américain Lockwood[1] atteignit 83° 24′ lat. au Nord du Groenland (83° 30′ lat., chiffre rectifié par Peary).

6. **Tentatives entre le Groenland et la Norvège.** — Les voyages à l'Est du Groenland eurent moins de succès. Parry, en juillet 1827, s'était avancé au Nord du Spitzberg en traîneau jusqu'au 82° 45′. En 1872, l'expédition austro-hongroise de Payer et de Weyprecht eut le dessein d'atteindre le pôle en partant de la Nouvelle-Zemble; en août, leur vaisseau *le Tegetthof* fut pris dans les glaces par 76° 22′ lat. et ballotté dans sa

1. Peu de temps après le retour de l'expédition de Nares et de celle de Payer-Weyprecht, des conférences internationales décidèrent de faire des études systématiques et simultanées sur tout le pourtour des régions polaires inconnues ; ces études devaient comporter des observations complètes de météorologie et de physique dans des stations spéciales situées le plus au Nord possible, pendant que des observations simultanées seraient faites aux Observatoires permanents sur toutes les parties du globe. Il y eut des stations au Spitzberg, dans la Nouvelle-Zemble, dans la mer de Kara, au delta de la Léna, au cap Barrow, à la terre de Grinnell, à Godthaab, à Jan Mayen, etc.; les observations furent faites de juillet-sept. 1882 à juillet-sept. 1883.

Lockwood appartenait à une de ces *missions internationales circompolaires,* celle de Greely qui résida à la Terre de Grinnell (81° 44′ lat.) d'août 1882 à juillet 1883 ; en plus des observations régulières, Greely et ses collaborateurs explorèrent la Terre de Grinnell et d'autres régions, et poussèrent en traîneau des pointes dans la direction du pôle.

prison par les vents et les courants au Nord et à l'Ouest pendant un an. En août 1873 ils furent ainsi portés dans un archipel inconnu qui devint la *Terre François-Joseph*. De là Payer fit en traîneau à chien des explorations vers le Nord et atteignit au plus haut 82° 5'. L'expédition abandonna le *Tegetthof* en mai 1874 et put retourner à la Nouvelle-Zemble. — Leigh Smith, sur l'*Eira*, atteignit facilement en 1880 la Terre François-Joseph, mais au retour l'*Eira* fut détruit, et Smith dut hiverner avec son équipage dans une hutte improvisée, comme Barents autrefois.

7. **Tentative par le détroit de Béring. Dérive de la « Jeannette ».** — En 1879, le capitaine américain de Long traversa le détroit de Béring sur la *Jeannette*, afin d'explorer la terre de Wrangel. Le bateau fut pris dans les glaces et dériva avec elles au Nord et à l'Ouest pendant deux ans; il fut finalement écrasé par une pression des glaces en juin 1881, par 77° 15' lat., et sombra. Les hommes de l'équipage purent atteindre les îles de la Nouvelle-Sibérie, puis de là la côte sibérienne, mais moururent de faim (1882). — En 1884 on trouva près e Julianehaab, au Sud-Ouest du Groenland, sur un iceberg, des objets qui avaient appartenu à la *Jeannette*. De ce fait Fridtjof Nansen, énergique explorateur, d'esprit pénétrant, conclut à une dérive régulière, à un courant marin à travers l'océan polaire de la côte d'Asie au Groenland. Nansen proposa une expédition pour vérifier le fait; il s'agissait de se confier à la glace, à la banquise, pour être transporté par elle, comme l'avaient été les objets de la *Jeannette*; un bateau spécial fut construit pour résister aux pressions des glaces; il porta le nom de *Fram* (en avant).

8. **Dérive du « Fram ».** — Après avoir méthodiquement réuni ce qui était nécessaire pour un long voyage, Nansen partit en août 1893 avec douze collaborateurs; le *Fram* côtoya le Nord-Ouest de l'Asie et entra dans le *pack* par 78° 45' lat., en automne, au Nord des *îles Liakhov*. Le bateau dériva dans toutes les directions pendant l'été, vers l'Ouest pendant l'hiver; en 1895 il atteignit 84° lat. Nansen alors et Johansen le quittèrent pour s'avancer, en *skiss* (patins norvégiens), avec des traîneaux à chiens, beaucoup plus au Nord; le point extrême atteint fut 86° 14' lat.

(exactement 80° 13′ 6″, le 7 avril 1895), à peu près à 415 kilomètres du pôle. Dans leur retour ils atteignirent une des îles du groupe François-Joseph, où ils hivernèrent et rencontrèrent au printemps l'explorateur Jakson. Sur son bateau, ils débarquèrent à Vardœ en août 1896, au moment même où le *Fram*, qui avait atteint 85° 55′ en novembre 1895, conduit par SVERDRUP, réussissait à sortir de la banquise pour arriver bientôt en Norvège. C'était un magnifique succès, bien mérité par cet homme de haute intelligence, qui n'avait pas craint d'engager l'expédition la plus périlleuse sur des hypothèses scientifiques.

FRIDTJOF NANSEN

9. **Spitzberg et Terre François-Joseph. Nouvelles expéditions vers le pôle.** — L'expédition anglaise de JACKSON passa trois années dans la Terre François-Joseph (1894-97). MARTIN CONWAY explora l'intérieur du *Spitzberg* et en fit la première traversée (1896-97); en 1898, *Nathorst* fit la circumnavigation du groupe d'îles et étudia la région intermédiaire entre le Spitzberg et la Terre François-Joseph. L'ingénieur suédois *Andrée* a tenté de traverser le pôle en ballon; il est parti le 11 juillet 1897, dans le Nord du Spitzberg; depuis, son sort et celui de ses deux compagnons est resté mystérieux.

L'expédition du DUC DES ABRUZZES (1899-1900) a pénétré

loin dans les îles de l'archipel François-Joseph ; pendant l'hivernage eurent lieu des expéditions en traîneaux, notamment celle du capitaine Cagni, qui a pu atteindre sur la glace 86° 33′ 49″, battant de 20′ 43″ le record de Nansen, et s'approchant à

PÔLE NORD

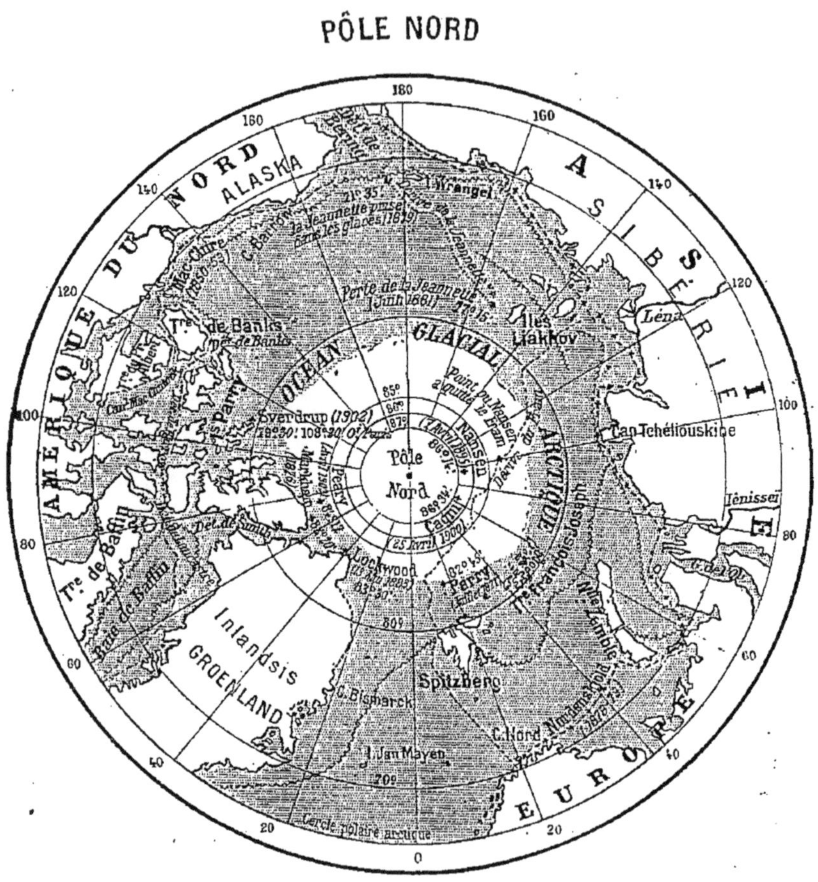


385 kilomètres du pôle environ. Ce succès a encouragé un richissime Américain, M. Ziegler, à organiser une expédition pourvue de tous les moyens matériels de succès. L'expédition a commencé le 21 juillet 1901. — Le brise-glaces *Iermak,* imaginé par l'amiral russe Makarov pour affronter les glaces polaires, ne paraît pas avoir réalisé, en 1901, au Nord de la Nouvelle-Zemble, les espérances fondées sur lui.

**10. Autres expéditions récentes. Au Groenland.** — Le Groenland, cette île immense de plus de 2 millions de kilomètres carrés, entièrement recouverte d'une calotte glaciaire, appelée l'*inlandsis,* sauf sur une mince lisière côtière à l'Ouest, a

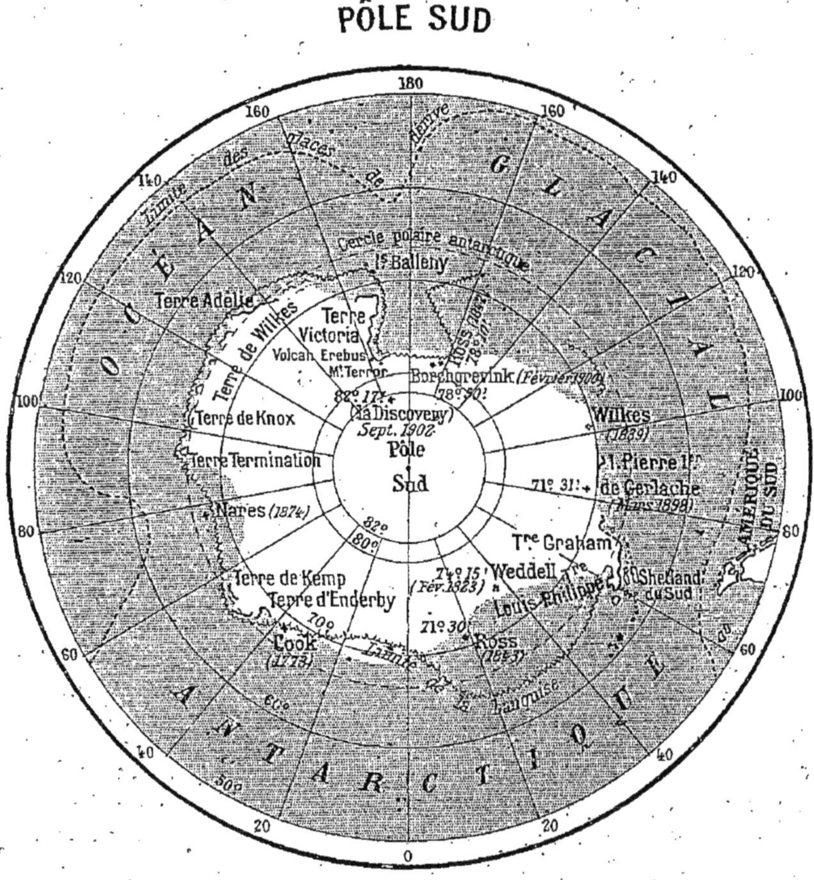


été visitée par d'intrépides explorateurs. Déjà le Danois *Rink* (1848-51) avait fait une description du grand manteau glaciaire; en 1870 et 1883 Nordenskiöld fit sur l'inlandsis deux expéditions dont la science a profité; la première traversée de l'Est à l'Ouest de la calotte de glaces fut exécutée par Nansen en 1888 (par 66° lat.). L'ingénieur américain Peary, explorateur tenace, hiverna en 1891 sur la côte Ouest du Groenland, au Nord de la *baie de Melville;* en 1892 il fit un beau voyage jusqu'à la côte

Nord-Est, à la *baie de l'Indépendance,* à travers l'inlandsis; en 1895 une nouvelle expédition demeura sans résultats. De 1891 à 1893, DRYGALSKI a étudié la géographie physique de l'inlandsis.

Il faut encore mentionner les utiles travaux de *Chamberlin,* de *Salisbury,* dans le Nord du Groenland, de Ryder sur la côte du golfe de Scoresby; NATHORST, à la recherche d'Andrée (1899), fit un levé minutieux du grand fjord François-Joseph; *Amdrup* (1899-1900) a exploré les côtes voisines de la baie de Scoresby. SVERDRUP, le compagnon de Nansen, est parti sur le *Fram* en 1898 pour explorer par le détroit de Smith les côtes du Groenland septentrional; il est resté longtemps prisonnier des glaces et a fait trois hivernages à dater de 1899, au Sud de la *Terre d'Ellesmere,* explorant toute cette partie de l'archipel Nord-américain[1]; le retour s'est effectué en septembre 1902. PEARY, avec plus de succès, a continué dès 1897 ses explorations avec le projet d'une approche méthodique du pôle; le 8 mai 1900 il arriva au *cairn* de Lockwood et trouva une latitude supérieure, 83° 30'; à 83° 39', la côte s'infléchissait vers le Sud-Est, ce qui démontre le caractère insulaire du Groenland; il fut arrêté à 83° 50' par une bande d'eau libre. Après un voyage inutile en traîneau en 1901, Peary est parvenu à 84° 17' (ce qui est le plus haut point atteint dans cette partie du bassin polaire) en avril 1902.

**b). — 11. Le pôle Sud.** —L'exploration des régions polaires antarctiques n'a pris une réelle importance qu'à la fin du XIX^e^ siècle. En 1772, le Breton *Kerguelen* découvrit l'île qui porte son nom; la même année, COOK atteignit le 71° 10' lat. S.; en 1823, le baleinier anglais WEDDELL réussit à pénétrer au Sud-Est de l'Amérique jusqu'à 74° 15'; *Bellingshausen,* marin russe, découvrit les *Terres Pierre Ier* et *Alexandre Ier* (1819-21). Trois expéditions eurent lieu en même temps vers le milieu du siècle : DUMONT D'URVILLE (1838 et 1840) découvrit les *Terres Louis-Philippe* et *Joinville* et la *Terre Amélie;* JAMES ROSS (1840-42) atteignit le 78° 10' lat., découvrant la *Terre Victoria* et les volcans *Erebus* et *Terror;* l'Américain Wilkes (1839-

1. Le résultat des expéditions de SVERDRUP a été la découverte de plusieurs îles à l'Ouest des terres de Grinnell et d'Ellesmere; ces terres, que l'on représentait comme séparées par un détroit, sont en réalité unies. (Voir la carte du pôle Nord.)

40) s'avança à l'Est de la Terre Pierre Ier. — Plus récemment, *Dallman* (1873-1874) visita le voisinage de la *Terre de Graham*, entre 1893 et 1895, des baleiniers d'Écosse et de Norvège parcoururent les régions antarctiques.

La première grande expédition fut celle de DE GERLACHE, qui, sur la *Belgica*, explora l'archipel et le détroit qui s'étendent à l'Ouest de la Terre de Graham, en 1898, pénétra dans le pack, où, par 71° 36′, il fut bloqué par les glaces; il fit le premier hiver-

LA « BELGICA ». — Second emprisonnement dans les glaces (février-mars 1899).
(D'après DE GERLACHE.)

nage dans les terres antarctiques, pendant lequel le bateau dériva nettement vers l'Ouest, et revint en mars 1899. BORCHGREVINK (1898-1900), sur le *Southern Cross*, a débarqué au cap Adare, dans la Terre Victoria, pour faire la première exploration continentale; il put atteindre 78° 50′, et détermina la position exacte du pôle magnétique Sud. — Ces deux hardies expéditions mirent en mouvement le monde scientifique. L'Allemagne et l'Angleterre ont décidé d'entreprendre une grande campagne antarctique en 1901. La *Discovery*, navire de l'expédition anglaise, est sortie des chantiers de Dundee le 21 mars; les Anglais avaient pour but d'hiverner dans la Terre de Victoria. L'expédition allemande de Drygalski, sur le *Gauss,* a pris pour point de départ l'île de Kerguelen, pour combler la lacune énorme de la *Terre de Kemp* à la *Terre Termination;* un projet écossais a pour objectif la mer de Weddell; O. Nordenskiöld a quitté la Suède, en octobre 1901, pour faire des études au pôle Sud sur l'*Antarctic*[1]. — Le xx^e^ siècle s'ouvre donc sur un bel effort dans ces régions longtemps délaissées.

**Conclusion générale sur les explorations.** — On peut dire que l'exploration de la Terre touche à sa fin. Il reste encore, il est vrai, quelques lacunes sur les cartes. Dans le Nord de l'Amérique, des territoire assez vastes n'ont encore jamais été visités, de la baie d'Hudson au Nord-Ouest dans l'Alaska; quelques points restent à connaître dans le Sahara, surtout dans la partie orientale; de même dans le désert de l'Australie, dans la colonie de Westralie[2]. Mais toutes ces régions sont sillonnées dans un réseau serré d'itinéraires, et ne nous ménagent sans doute pas de fortes surprises. Il faudrait être plus prudent dans une affirmation semblable pour les parties inconnues de la Nouvelle-Guinée, qui s'ouvre à peine à la géographie; pour les régions polaires Nord et Sud, où l'on pense découvrir, au pôle Nord une immense mer de glaces avec de grandes profondeurs, au Pôle Sud un vaste continent. Les régions sous-marines ont livré, nous le verrons, une partie de leurs secrets. Tout ce labeur immense ne peut que provoquer l'admiration.

Lectures. — A.-E. Nordenskiöld, *Voyage de la « Véga » autour de l'Asie et de l'Europe,* traduction, Paris, 1883, 2 vol. — F. Nansen, *Vers le Pôle,* traduction, Paris, 1897. — De Gerlache, *Quinze Mois dans l'Antarctique. Voyage de la « Belgica »*, Paris, 1902. — F. A. Cook, *Through the first antarctic Night,* Londres, 1900. Adaptation française, par A. L. Pfinder, *Vers le Pôle Sud. L'expédition de la « Belgica », 1897-1899,* Paris, E. Flammarion, 1903.

1. Les nouvelles les plus récentes sont relatives à la *Discovery;* à l'aide de traîneaux, trois membres de cette expédition ont pu atteindre 82° 17' lat. S., par 165° 20 long. E. Paris (en septembre 1902).

2. C'est le nom abrégé que l'on donne à l'Australie occidentale, *Western Australia.*

Note sur le Tibet. — Une expédition anglaise a réussi à pénétrer à Lhassa en 1904.

# CHAPITRE VI

## LA SCIENCE GÉOGRAPHIQUE

**A. — Évolution de la science géographique. — a). — L'Antiquité et le Moyen Age.** La géographie, née en Grèce, a dû fort peu aux Romains. De bonne heure, les **Grecs** connurent la sphéricité de la terre; à des notions imparfaites sur la nature du sol, ils joignaient des idées plus exactes sur les vents, sur les pluies, sur les eaux courantes et même sur l'homme; leurs connaissances ont été exposées dans des traités spéciaux; tout l'effort de la géographie des anciens est exprimé en deux ouvrages : la *Géographie* de **Strabon**, où le premier rang est donné aux connaissances relatives à l'homme, et la *Géographie* de **Ptolémée**, qui n'est qu'une liste de longitudes et de latitudes.

Mais l'ouvrage de Ptolémée était accompagné de 27 cartes. Les Grecs avaient eu de bonne heure des cartes sommaires; **Dicéarque** exécuta la première carte orientée; **Ératosthène de Cyrène** imagina des lignes correspondant à nos latitudes et longitudes. Ptolémée perfectionna ce système et créa la cartographie scientifique. — Les **Romains** n'avaient que des guides, des routiers, des *cartes itinéraires*.

Le triomphe du christianisme marqua la décadence de la science ancienne; pour la géographie, ce fut le temps des légendes grossières, des cartes informes où l'on figurait surtout des monstres. — Avec **Roger Bacon**, au treizième siècle, reparut l'idée de la sphéricité de la Terre; on établit des *mappemondes;* les cartes marines ou *portulans* donnaient un dessin exact des côtes.

**b). — Les Temps modernes.** — La découverte de terres nouvelles, la réapparition des cartes de Ptolémée, inconnues du Moyen Age, l'imprimerie, provoquèrent la renaissance de la géographie; **Sébastien Munster** publia le premier livre de géographie descriptive; la cartographie fit des progrès avec **Waldseemüller**, **Oronce Finé** et **Mercator.**

Les progrès des sciences mathématiques et physiques au dix-septième siècle permirent des mesures et des observations exactes; **Varenius** écrivit le premier ouvrage de géographie physique; **Cassini de Thury**, de 1744 à 1783, entreprit la *Carte géométrique* de la France. Au dix-neuvième siècle, les progrès de la géographie furent décisifs, grâce à l'essor magnifique des sciences de la nature et de l'homme. **Humboldt** et **Ritter** ont, au début du siècle, exercé une féconde influence. — Les **cartes à grande échelle** s'étendent aujourd'hui à une partie notable du globe.

**B. — La science géographique.** — La géographie *décrit et explique scientifiquement la physionomie actuelle de la terre;* elle étend son enquête à la géographie mathématique, à la géographie physique, à la géographie humaine; elle a besoin du concours de beaucoup de sciences, mais elle transforme les données qu'elle leur emprunte, leur donne une forme nouvelle, et fait ainsi œuvre originale.

**C. — La représentation de la Terre.** — On représente l'image de la Terre à l'aide de **cartes.** La cartographie scientifique, base indispensable de la géographie, est établie à l'aide de **travaux à grande échelle** rigoureusement précis. La nécessité de figurer sur une surface plane un corps sphérique a fait adopter divers systèmes de **projections**; l'*échelle*, plus ou moins grande, exprime le rapport des distances sur la carte et sur la surface; le relief est figuré par des *courbes de* *niveau* ou des *hachures*, et éclairé par la *lumière zénithale* ou *oblique*. Les **globes**, les **plans-reliefs**, les **photographies**, servent aussi à la représentation de la surface.

**Appendice.** — La carte de France, les cartes topographiques étrangères.

## A. — Évolution de la science géographique.

Pour comprendre la géographie, l'histoire des découvertes ne suffit pas; il faut encore connaître le développement de la science qui a mis en œuvre les résultats de ces découvertes. Nous allons jeter un coup d'œil sur les diverses étapes parcourues par la géographie, en notant les progrès ou les retours en arrière, ainsi que leur raison d'être; il nous sera possible ensuite de la définir exactement, de fixer son rang parmi les sciences et de montrer comment elle est arrivée peu à peu à une conception aussi vraie que possible de la Terre.

**a).** — 1. **La géographie des Grecs et des Romains.** — La géographie est née en Grèce. Les Grecs ont été des initiateurs pour beaucoup des problèmes qui ont agité la pensée humaine. Leur esprit curieux les a poussés à essayer de comprendre les phénomènes qu'ils avaient sous les yeux; au milieu de beaucoup d'erreurs, ils ont résolu quelques problèmes et ont eu de véritables intuitions. Les Romains n'avaient point le même esprit de recherche scientifique; ils n'ont contribué que dans une faible mesure au progrès de la science géographique.

2. **Connaissances géographiques.** — Dès les temps les plus anciens, les prêtres égyptiens avaient possédé des notions d'astronomie. Des relations s'établirent entre l'Égypte et les Grecs vers le milieu du VIIe siècle; Thalès de Milet (VIe siècle av. J.C.), qui fut le fondateur de l'école ionienne, la première école philosophique, put puiser à la science égyptienne; ses connaissances astronomiques lui permirent d'enseigner la *sphéricité de la Terre;* vraisemblablement, il connut les modes de détermination de la latitude et la cause des éclipses. Aristote (384-322), le plus grand maître de la science ancienne, donna la première démonstration scientifique de la rotondité du globe : l'ombre circulaire que la Terre projette sur la lune pendant les éclipses. A la sphéricité de la Terre se rattache la théorie des *antipodes,* c'est-à-dire des hommes qui devaient marcher les

pieds opposés à ceux des Grecs, dans la partie diamétralement opposée de l'autre hémisphère.

La terre habitable, l'*œcumène*[1], était divisée, à partir d'Hérodote, en trois régions indépendantes, Europe, Asie, Libye (Afrique); mais les anciens croyaient que l'Europe était le plus vaste continent. Ils limitaient la terre habitable : au Nord, au cercle polaire, à cause des froids extrêmes; au Sud, au tropique, à cause de l'extrême chaleur qui règne au delà. — Leurs connaissances étaient très imparfaites sur la nature du sol et des montagnes. Cependant, dès le VI<sup>e</sup> siècle, les philosophes grecs étaient divisés par deux théories, qui depuis ont longtemps partagé les géologues, sur le rôle principal du feu (*plutoniens*) ou de l'eau (*neptuniens*) dans la formation du globe. Dans le même temps, *Xénophane de Colophon* reconnaissait comme animaux ayant vécu autrefois des fossiles trouvés dans les carrières de Syracuse et de Paros. Les anciens exagéraient la hauteur des montagnes. — La *Météorologie* d'Aristote nous donne un résumé de cette science; les Grecs connaissaient les *vents étésiens* qui les menaient en Égypte, les *moussons* qui les menaient dans l'Inde, et surtout les vents locaux; d'après Strabon, le *mélamborée* souffle avec violence sur un *champ de pierres;* c'est notre mistral soufflant sur la Crau. Les anciens n'ignoraient pas les différences de température entre la zone chaude et les régions du Nord, la diminution de la chaleur avec l'altitude. Les pluies d'été de l'Inde étaient connues, ainsi que quelques notions d'hydrographie, notamment sur les rivières qui disparaissent dans les fissures des calcaires, phénomène fréquent en Grèce, sur le rôle des hautes montagnes dans la formation des fleuves. — L'homme fut aussi l'objet de leurs études : Aristote eut assez nettement conscience des influences que le milieu exerce sur l'être humain; il classe les groupes humains d'après leurs aptitudes civilisatrices, que déterminent les conditions naturelles.

3. **Traités de géographie.** — Une partie de ces notions était exprimée dans des études spéciales : Ctésias (vers l'an 400) avait écrit des traités *Sur les Montagnes, Sur les Fleuves;* Posidonius,

1. De οἰκουμένη, la terre habitée.

*Sur l'Océan;* d'autres portaient *Sur les Vents, Sur les Pierres, Sur les Ports;* Aristote, dans *la Météorologie,* résume l'état de la science et traite des sujets de géographie. Sénèque le Philosophe, au premier siècle de notre ère, dans ses *Quæstiones naturales,* expose de nombreuses questions de cosmographie, de météorologie, de physique, d'hydrographie. L'*Historia naturalis* de Pline l'Ancien (23-79 apr. J.C.), véritable encyclopédie, traite du ciel, de la nature et de l'homme.

Deux grands ouvrages expriment tout l'effort de la géographie des anciens. Strabon rédigea en grec, au temps d'Auguste, une *Géographie* en dix-sept livres; Ptolémée, après des travaux astronomiques, écrivit, vers 160 apr. J.C., sa *Géographie,* en huit livres, également en grec. Ces deux ouvrages sont d'esprit et de méthode différents. Strabon a entrevu la véritable géographie; le géographe doit être un philosophe au sens antique du mot, et posséder toute une série de connaissances scientifiques; mais Strabon dans ses descriptions oublie souvent le côté scientifique. Il combine l'histoire et la géographie; il donne le premier rang aux connaissances qui ont l'homme pour objet, de même que, dans l'étude des diverses régions, il accorde la première place à celles dont la population est la plus nombreuse et qui ont eu un rôle important dans l'histoire. Son œuvre, plus littéraire que scientifique, manque d'unité et d'éléments solides. Ptolémée, qui rêvait un ouvrage de géographie mathématique, s'est renfermé étroitement dans l'élément technique; sauf le premier livre, son traité n'est qu'une liste de longitudes et de latitudes. Ce n'est là que le commencement, la base de la géographie; Ptolémée a donc fait une œuvre incomplète. Mais vingt-sept cartes, établies scientifiquement, furent annexées au traité du géographe alexandrin; leur influence

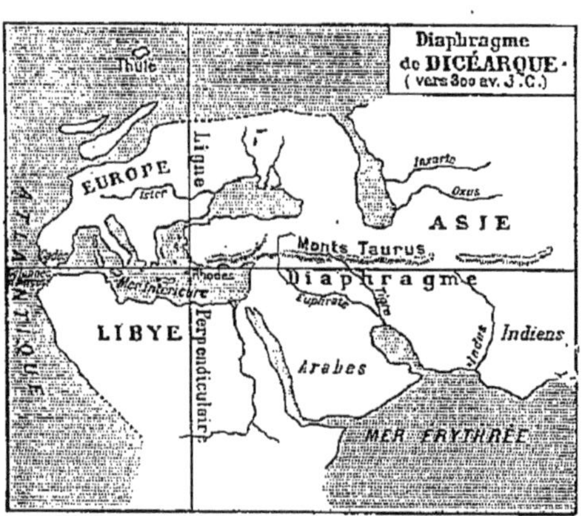

allait être considérable à l'époque de la Renaissance. Ptolémée, malgré des erreurs, avait fait quelque chose de durable[1].

4. **Les cartes.** — Les cartes, en effet, ont été inventées en Grèce; quelques-unes, dressées par les philosophes ioniens, sont très anciennes; *Anaximandre* et HÉCATÉE DE MILET (VIe siècle) firent les premières. *Aristagoras*, tyran de Milet, apporta à Sparte (499 av. J.C.) une sorte de table d'airain qui figurait le contour de la terre entière. Ces cartes étaient imparfaites, sans

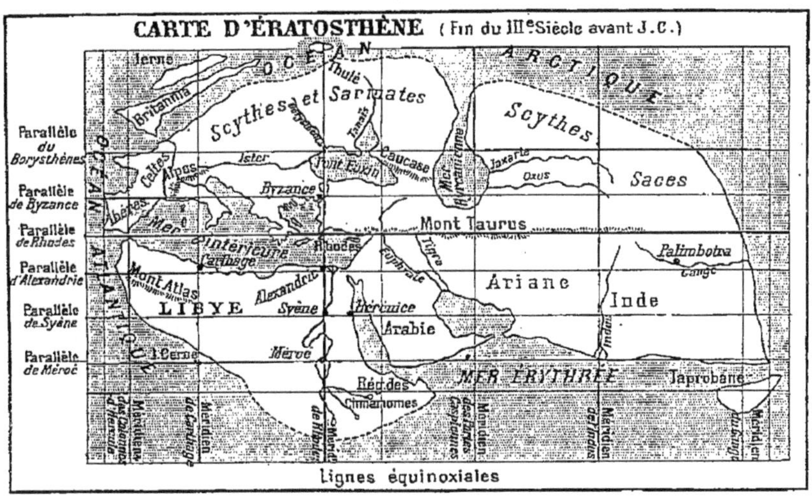

CARTE D'ÉRATOSTHÈNE (Fin du IIIe Siècle avant J.C.)

graduation, sans position exacte des lieux; Aristote s'en moquait dans la *Météorologie*. Le premier qui fit une carte orientée fut DICÉARQUE, disciple d'Aristote, qui traça une ligne allant d'Ouest en Est, des Colonnes d'Hercule à l'Inde, le *Diaphragme*, et une autre ligne perpendiculaire, du Nord au Sud, coupant le diaphragme à l'île de Rhodes. Un siècle après parut le grand nom d'ÉRATOSTHÈNE; il ajouta de nouvelles lignes à celles de Dicéarque, lignes placées à distances inégales, re-

1. Il serait injuste de ne pas rappeler ici la Géographie générale d'ÉRATOSTHÈNE DE CYRÈNE, le célèbre géographe d'Alexandrie, homme de profond savoir et de grand esprit, qui rêvait de donner à la géographie une base scientifique et d'en coordonner rationnellement toutes les parties. Son ouvrage, qui a péri, mais dont Strabon a fait la critique, était à la fois descriptif et scientifique. — Il convient de signaler encore le nom de MARIN DE TYR, dont les œuvres sont perdues, et que cite et discute Ptolémée; il fut le précurseur de Ptolémée en publiant un essai de géographie mathématique.

liant les points où la longueur de la nuit était la même; elles correspondaient à nos latitudes et à nos longitudes. Au IIᵉ siècle, Hipparque, le plus grand astronome de l'Antiquité, adopta

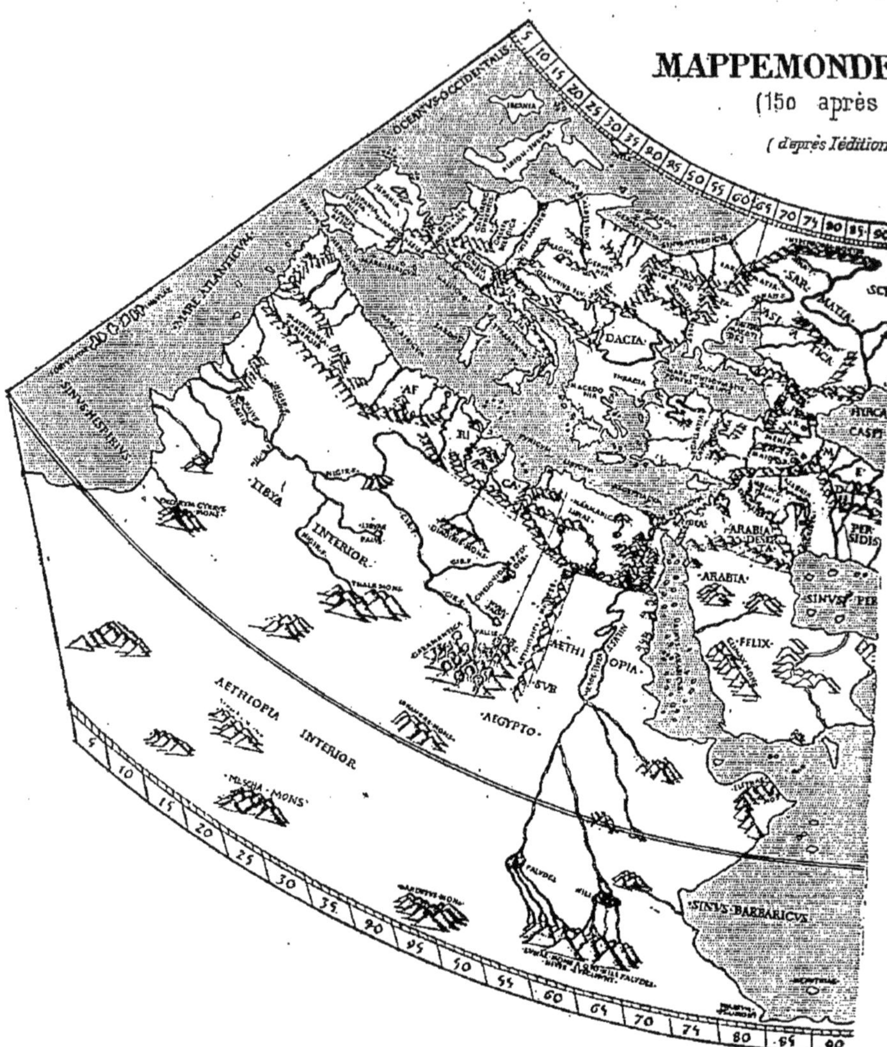


le système d'Ératosthène, mais mit ses parallèles à égale distance. Après Hipparque il n'y a plus de progrès à citer jusqu'à Ptolémée, qui créa la cartographie scientifique; les mots de latitude et de longitude paraissent pour la première fois; quelques latitudes sont exactes; les longitudes sont fréquemment mauvaises : on sait qu'il allongeait vers l'Est la Méditerranée de 20 degrés, et que les péninsules, notamment l'Italie, étaient démesurément étirées. C'était cependant une œuvre remarqua-

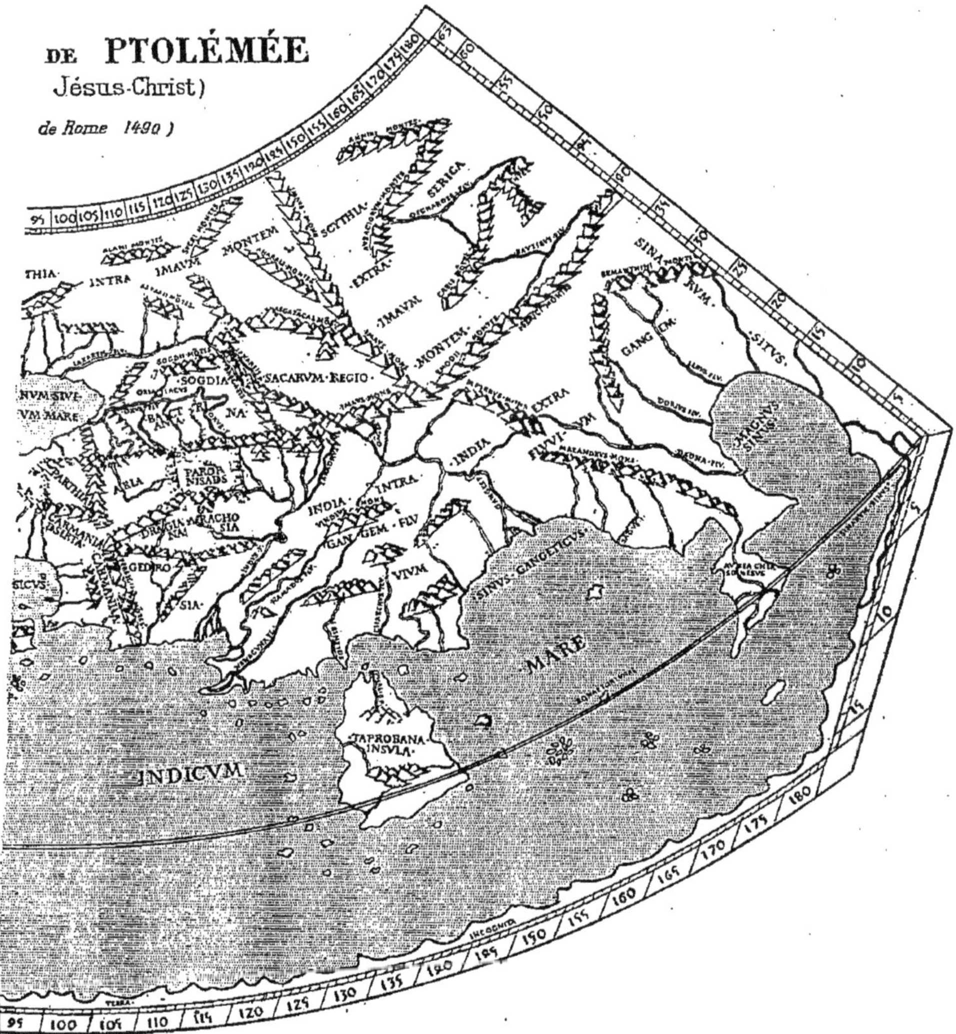


ble. — Ératosthène et Hipparque avaient été préoccupés par le problème de la *projection* de la carte, par la difficulté de figurer sur une surface plane un corps sphérique; Ptolémée employa pour ses parallèles et ses méridiens des lignes courbes, un système de projection dont il sera question plus loin.

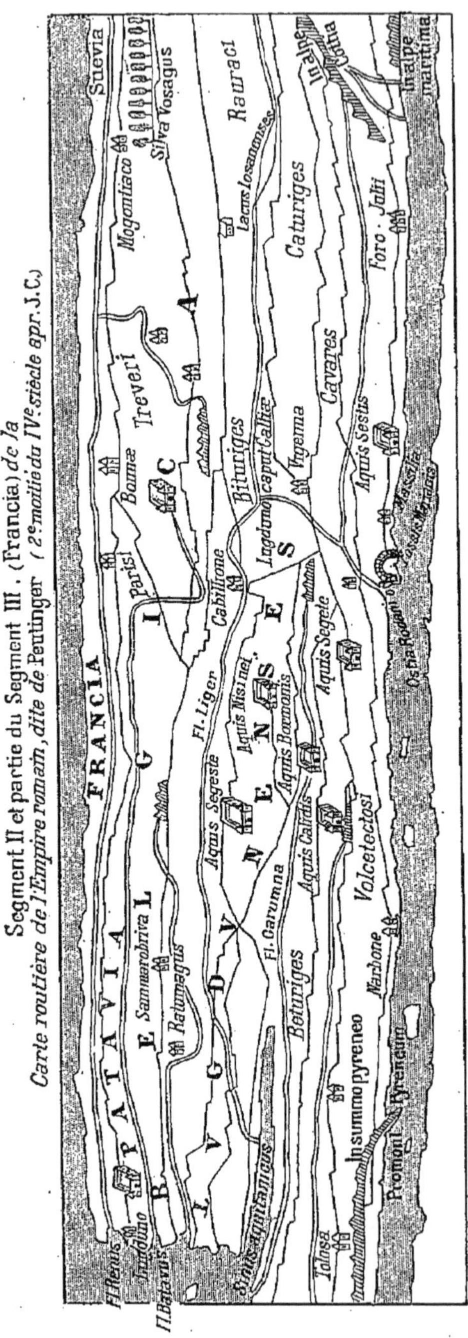


Segment II et partie du Segment III. (Francia) de la *Carte routière de l'Empire romain, dite de Peutinger* (2e moitié du IVe siècle apr. J.C.)

Après Ptolémée, ce fut le déclin; plus d'œuvre importante à signaler. Les Romains, qui étaient d'esprit surtout pratique, avaient des *guides*, des *routiers;* on voyait sous les portiques des places publiques et des écoles de grandes cartes murales; il existait encore des *cartes-itinéraires*. Nous avons une carte de ce genre, dite *Table de Peutinger*, du nom d'un bourgeois grand seigneur d'Augsbourg qui en était le détenteur; elle paraît dater de la deuxième moitié du IVe siècle apr. J.C.

En résumé, ce qu'il y a eu de durable dans la géographie des Grecs, ce fut la partie mathématique. La science astronomique, qui s'est développée avant les autres sciences, a donné naissance à la géographie mathématique; les Grecs ont pu reconnaître la sphéricité de la Terre, et essayer de représenter son image par des procédés scientifiques.

5. **La géographie du moyen âge. Décadence de la science géographique.** — Le triomphe du christianisme mar-

qua la décadence de la science ancienne, décadence surtout sensible dans ce qui touche au monde extérieur, aux questions cosmographiques, à la géographie. Aux méthodes scientifiques des Grecs se substitua l'interprétation étroite de l'Écriture; les antipodes parurent « une mauvaise plaisanterie »; on nia la sphéricité de la Terre; la géographie de Ptolémée ne fut pas connue du Moyen Age, et les idées acquises se perdirent.

6. **Légendes.** — Les écrits géographiques reflètent cette ignorance. Ce sont d'ordinaire des œuvres fastidieuses, sortes de compilations où, côte à côte, sont juxtaposées des idées mal comprises des anciens et des fables grossières empruntées à des Pères de l'Église. *Cosmas Indopleustès* (VIe siècle), dans sa *Topographie chrétienne,* croit que la Terre est une surface plane, que la succession des jours et des nuits est due à une haute montagne où disparaît le soleil chaque soir. Aux légendes anciennes se sont ajoutées celles d'origine chrétienne ou arabe; certaines parties du monde furent alors peuplées de monstres : hommes sans tête ou à bec d'oiseau; hommes à un seul pied dont l'ombre les abritait quand ils se couchaient sur le dos; anthropophages; monstres hideux; lions et griffons à tête humaine; cités d'une architecture baroque; Gog, dans le pays de Magog, devait se jeter un jour sur les montagnes d'Israël avec son peuple...

Sur les cartes du moyen âge, des vignettes figuraient ces légendes. Ces cartes donnaient à la Terre la forme d'un carré, ou d'un disque entouré par l'Océan, ou d'une ellipse ogivale, etc. Sur beaucoup de ces cartes, à première vue, on ne peut reconnaître aucune région; tout est déformé; une des plus curieuses est celle qui fut dressée pour la cathédrale de Hereford par *Richard de Haldingham* (première moitié du XIIIe siècle). Les monstres légendaires figurèrent encore longtemps sur les mappemondes dressées pendant le XIVe siècle; la belle Carte catalane de 1375 en contient encore. Toutes ces chimères hantèrent longtemps l'esprit des plus grands découvreurs des XVe et XVIe siècles.

7. **Le treizième siècle revient à la géographie.** — Cependant vers le XIIIe siècle un changement s'opéra peu à peu, et la lumière brilla de nouveau. On abandonna les grossières théo-

ries des Pères de l'Église; l'idée de la sphéricité de la Terre reparut. Les Arabes connaissaient Ptolémée et les Grecs; ils firent des travaux cartographiques fort peu scientifiques; mais, par leur intermédiaire, il passa en Occident quelque chose de la science grecque, notamment l'œuvre d'Aristote. Il parut alors, s'appuyant précisément sur Aristote, des ouvrages encyclopédiques sur tous les sujets qui préoccupent l'homme : Roger Bacon (1214-1294), dans son *Opus majus*, expose la théorie du philosophe grec sur la sphéricité de la Terre, et par ses autres ouvrages contribue à réveiller la raison humaine; de 1245 à 1250, *Vincent de Beauvais* publie une vaste compilation dans son *Speculum naturale* (Miroir de la nature); l'*Imago mundi* du cardinal d'Ailly est de 1410; Reichs donne, dans la *Margarita philosophica*, l'ensemble des connaissances humaines à la fin du XVe siècle.

8. **Mappemondes et portulans.** — Les récits de Marco Polo avaient paru vers la fin du XIIIe siècle; ils donnèrent une réelle impulsion à la géographie et à la cartographie; on dressa des cartes générales de la Terre, des MAPPEMONDES. Ce mouvement se dessina surtout en Italie, dans l'île Majorque et en Catalogne. Parmi les plus célèbres de ces mappemondes figure la *Carte catalane* de 1375 et son prototype de 1339, et la *Mappemonde de Frà Mauro* (1457), peinte à Venise dans le couvent des Camaldules. — A côté de ces cartes, il faut mentionner les cartes marines ou PORTULANS; les marins, grâce à la boussole, connaissaient la direction suivie par leur navire; ils pouvaient par expérience apprécier la vitesse et le chemin parcouru; ils fixaient ainsi sur une carte le point de départ et le point d'arrivée. Ce procédé sommaire avait donné d'excellents résultats, et les contours de la Méditerranée sont aussi exacts dans les portulans du XIVe siècle que dans les cartes du XVIIIe; les cartes marines de la Méditerranée sont très nombreuses, car c'était le centre de la vie commerciale; sur les côtes, dessinées avec exactitude, figurent un grand nombre de noms, indiquant les lieux de refuge et les ports de relâche.

**b). — 9. La géographie des temps modernes jusqu'au milieu du dix-septième siècle. Renaissance.** — La géographie fut em-

Partie de la MAPPEMONDE de RICHARD DE HALDINGHAM (Cathédrale de Hereford, Angleterre) — Première moitié du XIII^e Siècle.

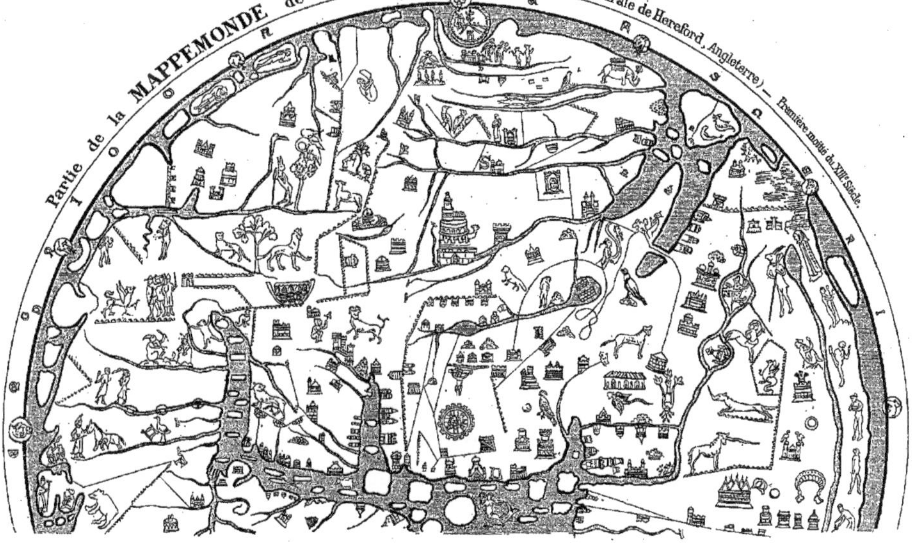

portée dans le grand essor de la Renaissance. Plusieurs causes devaient provoquer et faciliter cette vie nouvelle. De diverses régions du globe arrivaient en grand nombre des notions et des faits jusqu'alors inconnus; l'imprimerie, récemment découverte, les répandait rapidement. D'autre part, Ptolémée, nous le savons, avait reparu en Occident; sa géographie, ainsi que ses cartes, eurent de nombreuses éditions; il régna en maître D'autres auteurs anciens, comme Strabon et Pline, furent imprimés. Il y eut ainsi une sorte de concours des connaissances dues aux anciens, et des notions nouvelles dues aux découvertes.

10. **Les livres.** — C'est à la suite des réimpressions de Ptolémée que l'on trouve d'abord, sous forme de courts résumés, les résultats des découvertes. Puis peu à peu les connaissances modernes se dégagèrent. L'Allemand SÉBASTIEN MUNSTER, qui fut aussi un mathématicien et un cartographe, publia une grande *Cosmographie* dans le milieu du XVIe siècle; ce fut le premier livre de *géographie descriptive moderne*, après des considérations sur la géographie physique, il décrit les différents pays d'Europe, puis l'Allemagne, l'Asie, l'Afrique et les terres nouvelles. Il a dû s'inspirer de Strabon; à côté de lacunes et d'erreurs, il montre un don remarquable d'observation et formule des idées nouvelles sur les modifications du sol, sur les roches du sous-sol, sur le feu central, etc.

11. **Les cartes.** — La cartographie fit des progrès. Les cartes de Ptolémée firent abandonner les représentations planisphériques sans graduation; on revint aux cartes construites d'après les principes mathématiques. L'Allemagne fut, à la fin du XVe siècle, le théâtre d'une renaissance astronomique et mathématique qui conduisit les savants à la géographie. *Peurbach* et *Régiomontan* dressèrent des cartes et des tables de latitude et de longitude; nous avons vu le rôle de l'astronome de Nuremberg MARTIN BÉHAIM; l'école alsacienne-lorraine fut illustrée par WALDSEEMÜLLER, qui publia, en 1507, la première carte du monde portant le nom d'*America,* et l'école de Nuremberg par SCHŒNER; *Jean Werner* inventa quatre procédés de projection.

Daus l'Europe méditerranéenne, en Italie surtout, les cartographes imitèrent Ptolémée ou s'inspirèrent des portulans; les portulans ne donnaient que le contour des côtes; on y ajouta les renseignements fournis sur l'intérieur, ainsi que le dessin des terres nouvellement découvertes. De nombreux travaux cartographiques ont été établis de cette façon : la *Mappemonde de Juan de la Cosa* (1500), le riche *Planisphère d'Alberto Cantino* (1502), le *Planisphère de Diego Ribero* (1529), etc. — En France, le mathématicien dauphinois ORONCE FINÉ publia en 1525 la première carte de notre pays qui ait été dressée et imprimée en France; il y avait des cartes de France d'origine italienne dressées antérieurement. — En Flandre, ORTELIUS édita en 1570 le *Theatrum orbis terrarum,* le premier atlas spécial de géographie moderne. Son compatriote MERCATOR (traduction en latin de Kaufmann) publia en 1578 une suite de cartes pour des éditions de Ptolémée, et en 1594 un grand atlas. Il avait inventé la projection qui porte son nom.

**12. La géographie jusqu'au dix-neuvième siècle. Progrès de l'astronomie et des mathématiques; mesure de la Terre.** — Les progrès de la géographie devinrent de plus en plus rapides; le XVIIe siècle est une époque féconde pour les sciences mathématiques et physiques, « cette double base de la connaissance du globe terrestre »; c'est le siècle de GALILÉE, de KÉPLER, de HUYGENS, de PASCAL, de NEWTON, de Dominique CASSINI. En 1606 le télescope est inventé; en 1610 Galilée découvre les satellites de Jupiter et prouve leur utilité pour la solution des problèmes de longitude; en 1666 Cassini en dresse la table exacte. — On va donc pouvoir mesurer la Terre. Déjà, en 1528, *Fernel* avait déterminé la longueur d'un degré entre Paris et Amiens; la mesure du degré terrestre fut exécutée, de Paris à Amiens, en 1669-1670, par PICARD, à l'instigation de l'Académie des sciences, dont il était membre. En 1683 on décida de prolonger la ligne mesurée jusqu'à Dunkerque et jusqu'à Perpignan; la tâche fut terminée par D. Cassini et La Hire en 1718. Les bases de la géographie de la France étaient désormais fixées.

Des travaux de même nature étaient entrepris par divers États de l'Europe; les Jésuites rapportaient des observations de l'Orient. Au XVIIIe siècle, à l'aide d'instruments perfectionnés, on précisa une foule de notions, et des missions déjà signalées exécutèrent en divers points du globe de grands travaux géodésiques, c'est-à-dire des mesures de la Terre. Le naturaliste suisse *Scheuchzer* mesura des sommets dans les Alpes à l'aide du baromètre, découvert en 1643 par Torricelli.

13. **Traités de géographie.** — Le premier traité de géographie physique digne de ce nom parut en 1650 à Amsterdam : *Geographia generalis*, de BERNARDUS VARENIUS. Il y distingue la géographie générale et la géographie spéciale, qu'il explique par la première. Le livre, fait de propositions suivies de réponses, est de forme scolastique, mais l'esprit en est moderne : il fut traduit dans les principales langues de l'Europe, en Angleterre par NEWTON; il exerça une véritable influence. *Philippe Buache*, dans son *Essai de géographie physique* (1756), inventa la théorie des bassins, acceptable au fond, mais dont par la suite on devait abuser.

14. **Cartes. La première carte topographique de France.** — La réfection des cartes était urgente; elles étaient souvent un assemblage incohérent de notions fausses et exactes. Les cartes de *Nicolas Sanson*, d'Abbeville, dont on se servit au XVIIe siècle, perdaient toute valeur par suite des erreurs de Ptolémée, pris pour guide. Deux Français eurent le courage d'entreprendre la lourde tâche de faire des cartes exactes. GUILLAUME DELISLE publia en 1700 une mappemonde et des cartes pour les quatre parties du monde; l'Asie retrouva enfin ses vraies dimensions dans sa partie orientale. BOURGUIGNON D'ANVILLE, qui aimait passionnément la géographie, y apporta un esprit pénétrant, sagace, et de solides connaissances; de 1743 à 1761 il publia son *Atlas moderne*, où il supprima tout ce qui n'avait aucune base sérieuse. L'Afrique prit ainsi une figure nouvelle; des parties blanches occupèrent la majeure partie de la carte.

Malgré tous ces progrès, les cartes n'indiquaient la position des localités qu'avec une faible approximation; le relief était insuffisamment représenté. On employait fréquemment la *méthode de la perspective cavalière*, où les montagnes étaient d'ordinaire des mamelons fictifs. CASSINI DE THURY, de 1744 à

1783, entreprit la CARTE GÉOMÉTRIQUE DE LA FRANCE à grande échelle, au 86 400ᵉ; les levés, appuyés sur un canevas géodésique, ont une exactitude inconnue jusqu'alors[1]. Ce fut la *première carte topographique de France et du monde entier*. Elle comporte des critiques; le figuré du relief y est conventionnel; il n'y a pas de cote d'altitude, etc. Mais cette carte a formé l'introduction naturelle de celle de notre état-major; et ce sera le grand honneur de la France d'avoir montré la voie aux autres nations.

15. **Progrès décisifs au dix-neuvième siècle.** — Avec le XIXᵉ siècle la géographie touche, peut-on dire, au port; elle prend pleine possession d'elle-même. Tout concourt à cet effort final, particulièrement dans la seconde moitié du siècle.

Le succès des explorations est, peut-on dire, définitif; il n'y a plus que quelques parties blanches sur la carte, et, à part peut-être les régions polaires, elles ne paraissent pas devoir nous ménager de fortes surprises. Les expéditions ont accumulé une moisson prodigieuse de notions géographiques. De grandes enquêtes scientifiques, des Services géologique et topographique, météorologique, hydrographique, etc., ont été, sous des titres divers, organisés dans des pays très différents; de toutes parts ont été rassemblés et étudiés des documents de toute nature. Les sciences ont pris un essor magnifique. Les sciences mathématiques et physiques, déjà anciennes, se sont entourées de branches nouvelles et ont agrandi leur domaine; la climatologie, application de la météorologie, ne date que du milieu du siècle; l'océanographie est une science toute récente. Les sciences naturelles, nées au XVIIIᵉ siècle, ont pris tout leur développement au XIXᵉ; la botanique et la zoologie sont aujourd'hui maîtresses de leurs méthodes; ce sont les progrès continus de la géologie, donnant aux explications géographiques plus de solidité par le recul dans le passé, qui ont guidé l'étape dé-

1. Toutefois il ne faudrait pas oublier que le début des travaux de précision et de la cartographie scientifique en France est marqué par le levé des côtes françaises ordonné, après détermination de mesures de longitude et de latitude, par l'Académie des sciences (1672-1682). L'original du levé est dans les *Mémoires de l'Académie*. Le dessin nouveau resserrait sensiblement l'ancien tracé, ce qui fit dire à Louis XIV que « Messieurs de l'Académie diminuaient ses États ».

cisive parcourue par les géographes contemporains. — Enfin on ne saurait oublier les sciences qui s'occupent plus spécialement de l'homme; l'anthropologie et l'ethnographie, nées au XIXe siècle, après quelques hésitations au début, ont fait de sérieux progrès. Les grands services de statistique, de création récente, fournissent aux géographes sur les produits naturels, la population, le commerce, etc., des documents de haute valeur.

16. **Humboldt et Ritter.** — A la lumière des faits nouveaux apportés avec profusion par les enquêtes scientifiques, les œuvres proprement géographiques se sont dégagées définitivement des erreurs d'autrefois; une géographie rationnelle est née, avec sa méthode et son rang parmi les sciences. La liste est longue des travaux qu'il faudrait citer; ils trouveront place chemin faisant. Il suffira d'évoquer l'œuvre de deux grands esprits qui, au début du siècle, ont eu la conception de ce que devait être la géographie, Alexandre de Humboldt et Carl Ritter.

Humboldt a tiré de la masse de documents qu'il avait rapportés de ses voyages en Amérique près de trente volumes; il y a nettement la conception de la géographie générale, le sens des influences réciproques qui s'échangent entre les diverses parties de l'organisme terrestre; il fut un des créateurs de l'étude des climats, de la géographie botanique; la géographie physique l'attirait surtout, mais il ne méconnaissait pas l'importance des rapports de l'homme avec la terre. — Ce fut « un événement capital » que la nomination de Ritter, en 1820, à l'Université de Berlin; sa *Géographie générale comparée* devint « l'évangile » des géographes; Ritter a, comme Humboldt, l'idée féconde de l'influence mutuelle des phénomènes les uns sur les autres dans une « solidarité harmonieuse »; il s'intéresse surtout à l'homme; il va jusqu'à admettre la prédestination de certaines régions à leur rôle historique. Humboldt et Ritter se complètent; à eux deux ils représentent la conception intégrale de la géographie. On ne saurait exagérer l'importance de l'impulsion qu'ils ont donnée aux études géographiques; ils ont été, dans toute la force du mot, des initiateurs.

17. **Cartes topographiques à grande échelle.** — La consécration définitive des progrès de la géographie est due au

développement des grands travaux de cartographie, des CARTES TOPOGRAPHIQUES A GRANDE ÉCHELLE. Déjà, au XVIII<sup>e</sup> siècle, les opérations géodésiques et topographiques avaient atteint un haut degré d'exactitude; au XIX<sup>e</sup> siècle, les instruments et les méthodes ont reçu tous les perfectionnements. Aujourd'hui les cartes donnant une image vraie de la Terre forment déjà, pour l'Europe du moins, à quelques rares exceptions près, un ensemble imposant; elles s'étendent en outre sur une bonne partie de l'Amérique du Nord, sur des régions moins vastes en Asie et sur quelques points de l'Afrique. Elles sont, dans une large mesure, le signe et la cause de l'activité et des progrès de la science géographique.

18. **Conclusion.** — Le chemin a été long, mais en somme régulier; les progrès de la géographie étaient liés à ceux des autres sciences qui, comme elle, mais à un point de vue différent, étudient la Terre et l'homme; ce n'est point là un fait anormal, car toutes les sciences de la nature physique et vivante se pénètrent et s'entr'aident. La géographie ne pouvait pas marcher d'une allure plus rapide que les sciences dont le concours lui est indispensable; elle a mesuré ses progrès aux leurs. Les Grecs avaient pu fixer les grandes lignes de la géographie mathématique; la géographie physique proprement dite a pris naissance au XVIII<sup>e</sup> siècle; elle ne s'est développée, ainsi que celle des plantes, des animaux et de l'homme, qu'à la fin du XIX<sup>e</sup>.

## B. — La science géographique.

La science géographique a donc pris définitivement conscience d'elle-même à la fin du siècle dernier. Aujourd'hui elle forme un tout cohérent, malgré la diversité des recherches qu'elle exige. Les géographes, ceux du moins qui ne se sont pas attardés, ceux qui ont marché, si l'on peut dire, au pas de la science, et n'ont pas été déroutés par la complexité des enquêtes, peuvent donner de la géographie une définition précise et y établir des divisions nettes.

19. **Définition de la géographie.** — La géographie est une des sciences de la Terre; elle décrit la physionomie actuelle du

globe, sous toutes ses faces, physionomie générale ou locale, que détermine l'harmonieuse combinaison de ses éléments divers, physiques et vivants; l'homme, dans ses rapports avec la terre, est l'aboutissement et non le but unique de ses recherches. Cette étude n'est plus, comme autrefois, une sorte de fastidieuse nomenclature de sous-préfectures, d'affluents, de caps et de baies, ou encore une sorte d'exercice littéraire fait de descriptions plus ou moins pittoresques; elle est devenue *une description et une explication dans le sens scientifique des mots;* elle détermine la cause des phénomènes; elle explique les relations de cause à effet, et s'efforce d'établir ainsi les rapports réciproques des faits de tout ordre dont l'enchaînement constitue la vie de la Terre.

20. **Divisions de la géographie.** — Son enquête s'étend à toute une série de questions. La *Géographie mathématique* détermine les mouvements de notre planète dans le système solaire, la forme et les dimensions de la Terre, la répartition des Océans et des Continents, etc.; à la géographie mathématique se rattache la cartographie. La *Géographie physique* s'attache à l'étude de l'élément solide du globe, c'est-à-dire du sol, de sa composition et de ses formes; de l'élément liquide, c'est-à-dire des Océans et des eaux courantes; de l'élément gazeux, c'est-à-dire de l'atmosphère qui enveloppe tout le reste. Le monde des plantes et des animaux est considéré d'ordinaire comme étant du ressort de la géographie physique; mais, pour marquer la différence entre la nature physique et vivante, il convient d'adopter pour la vie végétale et animale une subdivision, sous la dénomination de *Géographie biologique.* Enfin la *Géographie humaine*[1], dans son sens le plus large, comprend tous les faits géographiques où se manifestent la présence et l'activité de l'homme; elle s'occupe des races, du nombre, de la répartition, du mode de groupement des populations, de leur vie agricole, industrielle, commerciale, etc. L'importance de la géographie humaine y a fait introduire les subdivisions de *Géographie politique* et de *Géographie économique.*

1. On se sert aussi du mot *anthropogéographie,* employé par l'un de ceux qui ont renouvelé en ces derniers temps la géographie humaine, M. Fr. Ratzel, professeur à l'Université de Leipzig, auteur de remarquables ouvrages sur cette question.

21. **Rapports de la géographie avec les autres sciences de la nature et de l'homme.** — Il est donc nécessaire que le géographe puisse disposer de notions nombreuses et variées qui se rapportent surtout aux sciences physiques et naturelles et aux sciences sociales; il a besoin du concours de beaucoup de sciences. Mais il serait naïf de croire qu'il doit posséder à fond toutes ces sciences; il se bornera à leur emprunter des résultats qui sont utiles à ses propres vues. — En recueillant les notions dont il a besoin, le géographe n'a point les mêmes préoccupations que les savants spécialisés; avec les éléments d'origine diverse qu'il a réunis, il construit un tout cohérent, qu'il anime en quelque sorte d'une vie nouvelle. Il groupe les faits qu'isolent les autres sciences et bâtit un édifice avec des matériaux épars; il remet en contact avec la variété des conditions physiques et biologiques les phénomènes de tout ordre et les replace dans la réalité et les circonstances diverses de la vie. Par cette synthèse, le géographe découvre des horizons nouveaux et donne aux faits toute leur signification et toute leur portée; il s'élève à la pleine intelligence du milieu. La géographie a donc une place à part, un rôle original, parmi les sciences de la Terre.

22. **Exemples : 1° la géologie et la climatologie.** — Quelques exemples nous permettront de mieux saisir la nature et l'étendue des rapports de la géographie avec certaines sciences. La géographie est en relations très étroites avec la géologie, qui en est, avec l'étude des climats, le fondement essentiel. La « face de la terre » est faite de traits d'âge différent; des montagnes anciennes sont rasées et nivelées jusqu'aux racines, comme le massif de l'Ardenne par exemple; d'autres, plus jeunes, comme les Alpes, conservent encore leur puissant relief et alignent dans leur fraîcheur les grandes vagues solides de leurs plis. Il faut donc, pour expliquer ces formes différentes, évoquer les temps disparus, « éclairer le présent à la lumière du passé »; il faut faire appel à la géologie; il serait vain de vouloir expliquer autrement les aspects de la surface, « dont la variété, a dit Carl Ritter, est la base de toutes les autres »; toute interprétation de formes géographiques qui ne s'appuierait pas sur la géologie serait frappée d'impuissance. — C'est la connais-

sance précise du sol qui, combinée avec celle des conditions climatériques, peut seule permettre d'expliquer la variété des formes topographiques et hydrographiques, de la vie végétale et animale, des cultures, etc., et par conséquent une part considérable de l'activité humaine.

23. **2° L'étude de l'homme.** — L'étude des rapports entre la terre et l'homme exige de la souplesse et une touche délicate. Le géographe est là en présence d'un être qui, pourvu d'intelligence et de volonté, peut réagir contre la pression et le déterminisme des conditions naturelles. Mais il est hors de doute qu'un homme, même d'une haute civilisation, est loin d'être entièrement émancipé des influences du milieu; il est toujours à un certain degré prisonnier de la terre, et à la fois sujet et souverain. C'est le rôle de la géographie humaine d'expliquer, non pas tous les phénomènes de l'activité de l'homme, mais ceux où apparaît l'influence du milieu, des lois géographiques. Pour ce faire, elle fait appel à des sciences qui traitent de l'homme, l'anthropologie, l'ethnographie, l'histoire, la statistique, la démographie, etc. Mais toujours elle modifie les notions recueillies en les replaçant dans leur vrai milieu. Dans le Jura, par exemple, où alternent les affleurements de calcaires stériles et les rubans de marnes fécondes, la géographie humaine ne répartira pas, comme la statistique, la population par communes ou par cantons, par divisions administratives en un mot; elle dira que toute la population rurale est groupée dans les marnes et que les régions calcaires sont presque inhabitées. Et ce sera la véritable image de la répartition de la population jurassienne. Isolément, un géologue et un statisticien auraient été impuissants à formuler ce résultat.

### C. — La représentation de la Terre.

De bonne heure, les géographes ont senti la nécessité de représenter d'une façon aussi exacte que possible l'image de la Terre, le théâtre où se développent les phénomènes géographiques. A la réalisation de ce but, ils ont employé surtout les cartes et les globes; aujourd'hui ils utilisent aussi les plans-reliefs et les photographies.

24. **Cartes.** — Les cartes sont indispensables à la géographie ; elles en sont la base ; sans carte toute étude géographique est vaine et stérile. Certaines conditions sont exigibles des cartes : il faut qu'elles soient établies avec une méthode rigoureuse et qu'elles s'appuient sur l'étude précise des régions à représenter[1]. Le fondement de la cartographie scientifique est constitué par les *travaux à grande échelle,* appuyés sur toute une série d'observations astronomiques (détermination de la latitude et de la longitude) et de mesures géodésiques et topographiques d'une rigoureuse précision ; ces dernières mesures comprennent notamment les opérations de *nivellement,* qui ont pour objet la détermination de la hauteur des terrains par rapport au niveau de la mer, et de *triangulation,* qui fixent les dimensions géométriques du sol. Ce travail fournit des levés de grande précision, servant à dresser les CARTES A GRANDE ÉCHELLE dites CARTES TOPOGRAPHIQUES, qui aujourd'hui ont été établies pour des pays déjà nombreux. De ces cartes on fait des réductions à plus petite échelle, et l'on obtient ainsi, suivant des échelles décroissan-

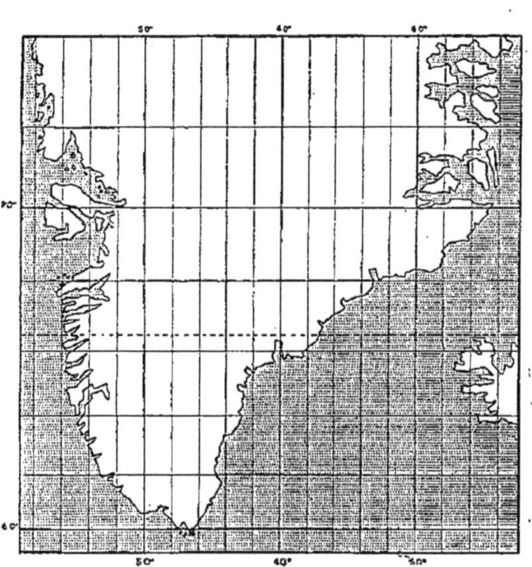

PROJECTION DE MERCATOR

1. Il ne faut se servir qu'avec une extrême réserve des cartes qui ne présentent que des résultats d'explorations ou de reconnaissances sommaires, établies seulement à l'aide d'itinéraires ou sur des renseignements recueillis au cours d'un voyage. Ce ne sont que des ébauches, beaucoup de parties sont purement hypothétiques, parfois fantaisistes. On sait comment les monts de Kong ont dû disparaître de la carte d'Afrique, à la suite de l'expédition Binger (1887-89). D'autres cartes ont eu les mêmes mésaventures. Un exemple nous est fourni actuellement par l'*Atlas des Indes néerlandaises,* publié par l' « Institut topographique de la Haye » en 1883-1885. Une réédition a été commencée en 1898 ; or on constate que les feuilles de cette seconde édition, celles qui sont consacrées notamment à Bornéo, à Célèbes, à la Nouvelle-Guinée, comportent des parties blanches là où, dans la première édition, figuraient des montagnes. On a dû supprimer de nombreuses indications de fantaisie. C'est un bel exemple de probité scientifique.

tes, des *cartes chorographiques,* des *cartes géographiques* et des *cartes générales;* ces dernières, à très petite échelle, forment les atlas scolaires.

25. **Projections.** — La construction des cartes comporte de réelles difficultés. Les cartographes ont un problème assez malaisé à résoudre, lorsqu'il s'agit de figurer sur une surface plane un corps sphérique; ils ne peuvent y arriver qu'en faisant subir une certaine déformation à la forme de la Terre.

Les procédés employés s'appellent des PROJECTIONS; il en existe un nombre assez considérable, qui toutes présentent des avantages et des défauts. Parmi celles que l'on emploie souvent aujourd'hui, il faut indiquer la *Projection de Mercator* et la *Projection conique rectifiée.* La projection de Mercator représente les longitudes et les latitudes par des droites perpendiculaires; les longitudes sont à égale distance à toutes les latitudes, alors qu'elles devraient se rapprocher dans la direction du pôle; il faut donc augmenter les latitudes dans les mêmes proportions, et les droites figurant les latitudes sont de plus en plus espacées de l'équateur vers les pôles. Il en résulte que les régions polaires ont des proportions tout à fait exagérées, que le Groenland paraît quatre fois plus grand qu'il n'est en réalité. Ce système de projection est employé presque exclusivement pour les cartes marines et pour les planisphères représentant certains phénomènes géographiques dans leur ensemble.

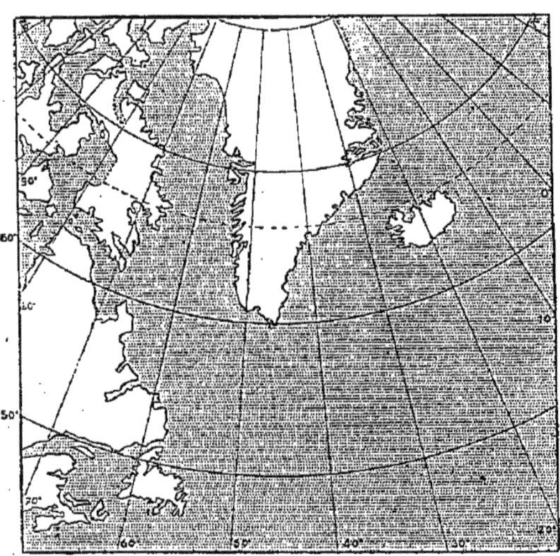

PROJECTION CONIQUE RECTIFIÉE

Dans la projection conique rectifiée, les latitudes sont représentées par des cercles concentriques, et les méridiens sont courbes. Elle présente ce défaut que les régions situées aux extrémités de la carte, à l'Est ou à l'Ouest, sont relevées et situées plus haut que les régions du centre de même latitude[1]. Cet inconvénient est compensé par de grands avantages, la simplicité de la construction et le peu d'importance des déviations pour les petites surfaces.

26. **Échelle des cartes.** — Les cartes ne peuvent représenter la surface de la terre qu'avec des proportions très réduites; le rapport des distances sur la carte et sur la surface est exprimé par l'ÉCHELLE. Les cartes sont à des échelles différentes, au 50 000e, au 80 000e, au 100 000e, etc.; cela veut dire que la distance que l'on mesure sur la carte est 50 000 fois, 80 000 fois, 100 000 fois plus petite que la distance réelle qu'elle représente; par exemple, à l'échelle du 50 000e, 1 millimètre représente 50 mètres, 1 centimètre 500 mètres, 1 mètre 50 000 mètres ou 50 kilomètres. On emploie généralement les cartes à très grande échelle, du 2 000e au 25 000e, pour les plans de villes, des canaux, pour les levés topographiques, etc.; les cartes à grande échelle, du 25 000e au 200 000e, pour les cartes topographiques; les cartes à échelle plus réduite, du 200 000e au 1 000 000e, pour les cartes chorographiques et géographiques; des échelles plus réduites encore pour les cartes générales.

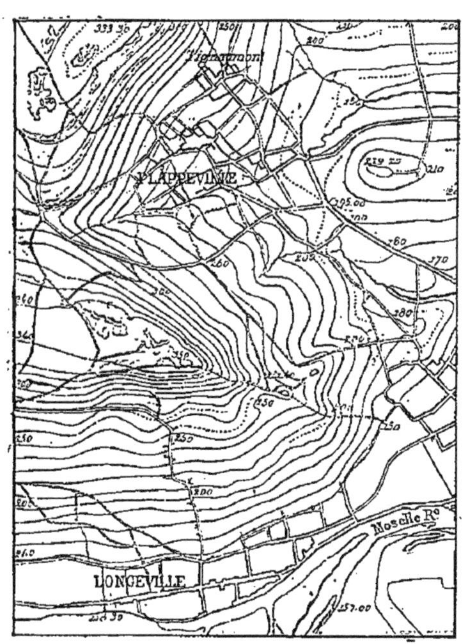

Échelle = 1 : 40 000.

**27. Figuration du relief. Courbes de niveau et hachures.**

1. Cette projection, qui porte quelquefois le nom de son auteur *Bonne*, ou encore le nom de *Projection de Flamsteed modifiée*, est employée en France par le Service géographique de l'armée (Carte dite de l'Etat-major). — Ptolémée avait trouvé une projection peu différente; c'était la *projection conique simple*.

— La figuration du relief, des mouvements du terrain, est obtenue à l'aide de procédés divers. Les **COURBES DE NIVEAU** relient par une ligne tous les points qui sont à la même altitude; ces lignes figurent la même distance d'une courbe à l'autre; leur écartement, fort ou faible, accuse ainsi la rapidité faible ou forte des pentes; le tracé donne avec exactitude les formes du terrain, mais il faut une certaine habitude pour apprécier ces formes. Souvent les courbes sont accentuées par un *estompage en couleur;* ou bien l'on étend sur l'espace limité par les courbes de même niveau la même teinte avec des tons différents pour chaque niveau; et l'on obtient ainsi des cartes donnant les régions de même hauteur, ou de même profondeur quand il s'agit des Océans. Ces cartes sont dénommées *cartes hypsométriques* quand elles expriment la mesure des hauteurs continentales, et *cartes bathymétriques* quand elles représentent les profondeurs marines. Ces cartes se trouvent dans tous les atlas.

Échelle = 1 : 40 000.

On substitue aux courbes de niveau équidistantes des **HACHURES** qui donnent des traits plus accentués; les hachures sont des petits traits dessinés suivant les lignes de plus grande pente; par leur longueur, leur épaisseur, leur écartement, elles marquent la pente faible ou forte. Dessinées à l'aide des courbes de niveau, dont le tracé est préalable, la teinte qu'elles produisent sur le papier est d'autant plus foncée que la pente est plus raide, d'autant plus claire que la pente est plus douce. Certaines cartes ont un dessin combiné de courbes et de hachures.

**28. Lumière zénithale et lumière oblique.** — La LUMIÈRE ZÉNITHALE, principe du tracé des hachures, estompée en teintes dégradées sur les courbes, éclaire verticalement toutes les parties du relief; elle accentue les vallées profondes, les pentes raides; c'est le cas de la carte de Norvège au 100 000e, qui exprime d'une manière saisissante le modelé glaciaire, les profonds couloirs aux flancs abrupts, les déchirures du sol. On l'emploie dans notre carte de l'Etat-major au 80 000e, dans la carte nationale d'Allemagne au 100 000e. — La LUMIÈRE OBLIQUE, qui n'est guère employée qu'avec des courbes de niveau, est surtout utilisée par les belles cartes suisses au 25 000e et au 50 000e; le relief est accentué par les oppositions de teinte que la lumière détermine entre les deux versants d'une montagne; le « Bureau topographique fédéral » publie, suivant le même procédé un peu exagéré, des *cartes reliefs* très séduisantes.

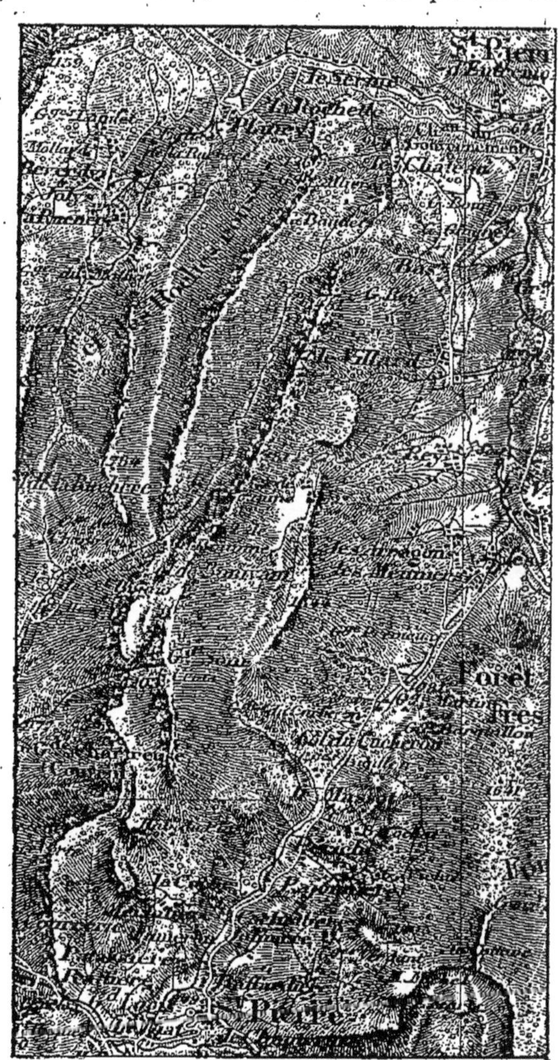


FRANCE
A l'échelle de 1 : 80.000 : lumière zénithale.

**29. Les globes.** — Les *globes* ou SPHÈRES présentent une image plus exacte de la Terre ; les diverses parties y gardent leurs proportions et leur position réelle. Ils rendent de grands services pour l'explication du mouvement de la Terre. Mais ils ne peuvent être qu'à très petite échelle ; à l'échelle du 5 000 000$^e$, qui donne à peine les formes générales et les positions des points principaux, le diamètre de la sphère dépasse déjà 2$^m$,50.

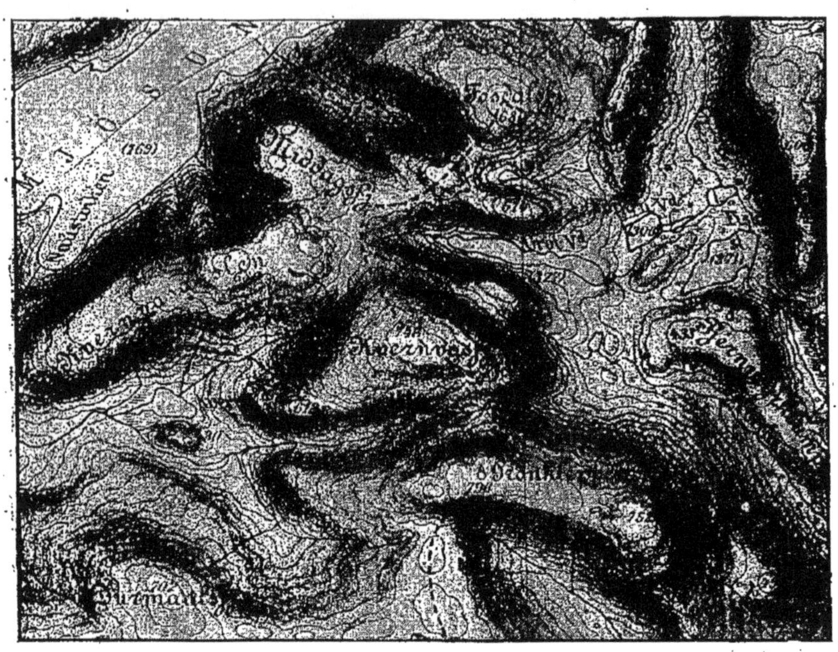

NORVÈGE
A l'échelle de 1 : 100 000 : lumière zénithale.

30. **Plans-reliefs et photographies.** — Les cartes et les globes ne donnent qu'une image fictive des formes du terrain. Les PLANS-RELIEFS qui figurent le sol tel qu'il se présente à nos yeux, et nous en présentent l'aspect réel, peuvent corriger les défauts des cartes et rendre de grands services. Mais pour cela il est essentiel qu'ils conservent, ce qui est rare d'ailleurs, la justesse des proportions, c'est-à-dire que les hauteurs n'y soient pas exagérées, qu'elles soient à la même échelle que les longueurs. — Enfin les *photographies,* qui expriment en toute fidélité l'ensemble ou le détail d'un phénomème ou d'un paysage, qui mettent, à proprement parler, la nature sous nos yeux, quand elles sont expressives et caractéristiques, complètent les modes de représentation de la surface de la Terre.

## Appendice.

Il ne sera sans doute pas inutile de donner quelques renseignements sur la Carte de France, et des indications sommaires sur les autres pays qui possèdent des cartes topographiques.

**La Carte de France.** — La Carte de France a pour base la *Carte dite de l'Etat-major;* cette carte a été précédée de remarquables travaux cartographiques qui ont ouvert la voie. Nous connaissons déjà la *Carte géométrique* de Cassini. Dans le même temps, le corps des INGÉNIEURS-GÉOGRAPHES, qui ne fut vraiment organisé qu'en 1716, exécutait des travaux marqués d'un véritable esprit scientifique; la carte dite des *Chasses du roi* (1764-1773), représentant les environs de Versailles, est « un chef-d'œuvre de gravure qui n'a jamais été dépassé depuis »; dès 1802, les cartes qu'ils publient expriment le relief avec une vérité et une fidélité qui n'a pas été égalée en France; ils ont été les précurseurs ou, pour mieux dire, les maîtres de l'Etat-major, corps auquel ils ont été réunis en 1831.

Notre carte d'Etat-major, due au SERVICE GÉOGRAPHIQUE DE L'ARMÉE, a

SUISSE
A l'échelle de 1 : 50 000 : lumière oblique.

été prescrite le 6 août 1817; la triangulation de troisième ordre a été achevée en 1863, les levés topographiques en 1866, la gravure en 1882; elle a été soumise à diverses revisions, la dernière depuis 1889. Les minutes ont été exécutées exclusivement à l'échelle du 40 000ᵉ à partir de 1840; les feuilles ont été publiées au 80 000ᵉ (273 feuilles); le relief est figuré par des hachures. Cette carte a tenu longtemps la première place dans le mouvement cartographique européen; mais l'échelle est trop petite et ne peut plus satisfaire aux exigences toujours croissantes de certains services publics, ainsi que de la géologie et de la géographie. La France est sur ce point aujourd'hui dans des conditions défavorables au regard de tous les États voisins, sauf l'Espagne. On a formulé en 1897 un programme de refonte de la carte, qu'il est souhaitable de voir réaliser; les levés auraient lieu au 10 000e pour les plaines, au 20 000e pour les montagnes; les feuilles seraient publiées au 50 000e.

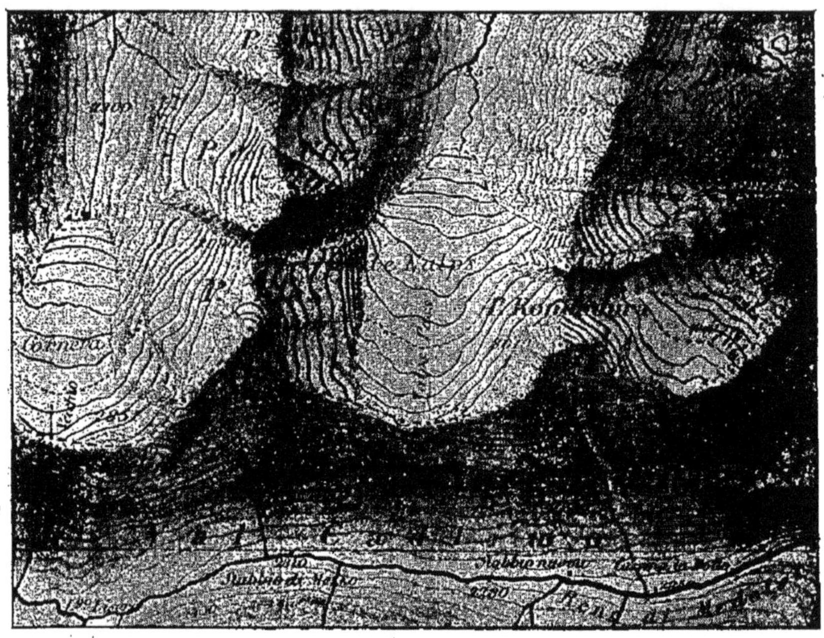

SUISSE
Carte-relief à l'échelle de 1 : 50 000 : lumière oblique exagérée.

Un grand nombre de cartes de France, à des échelles différentes et avec des figurations diverses de relief, dérivent de la carte au 80 000e. Parmi ces cartes il convient de citer la *Carte de France au 320 000e*, en noir, d'une grande clarté; la *Carte de France au 500 000e*, avec trois types; la *Carte chorographique de France au 200 000e*, en cinq couleurs, etc. — Le ministère de l'intérieur a dressé, à l'aide de la carte de l'Etat-major, une *Carte de France au 100 000e*, surtout routière et administrative; le ministère des travaux publics, une *Carte de France au 200 000e*, qui exprime les données intéressant ce département. — La production la plus remarquable du Service géographique est peut-être la *Carte topographique de l'Algérie*, au 50 000e (elle s'étend aussi à une partie de la Tunisie); basée sur des levés très précis, elle est gravée en 7 couleurs, avec le relief en courbes de niveau estompées en lumière oblique.

**Cartes topographiques étrangères.** — En Europe, les îles Britanniques, la Belgique, la Hollande, la Suède et la Norvège, le Danemark, l'Allemagne, la Russie, l'Autriche-Hongrie, la Serbie, la Roumanie, la Suisse, l'Italie et le Portugal possèdent des cartes topographiques à échelles variant du 25 000$^{e}$ (carte du plateau suisse) au 126 000$^{e}$ (carte de l'Etat-major russe). Ces cartes ne sont pas toujours publiées dans leur totalité pour la région qu'elles concernent, mais le travail est très avancé. Nous n'avons pas cité l'Espagne, parce que sa carte au 100 000$^{e}$ n'a guère plus de 100 feuilles publiées, sur 1 078 qu'elle doit comporter. Certaines régions d'Europe n'ont pas encore de levés de précision : la Bulgarie, la Turquie, la Grèce. — Plusieurs Etats européens (Italie, Suisse, Autriche, Allemagne, Belgique, etc.) publient, non pas une seule carte, mais plusieurs à diverses échelles, au 20 000$^{e}$, au 25 000$^{e}$, au 40 000$^{e}$, et au 50 000$^{e}$, donnant une image plus précise des parties représentées.

Les grands travaux topographiques sont très limités dans les autres parties du monde. Ils se développent, il est vrai, avec une véritable ampleur aux Etats-Unis, que le Canada suit de loin ; l'œuvre est entièrement achevée dans l'île de Java ; elle se termine au Japon et dans l'Inde anglaise ; elle est en cours d'exécution dans nos colonies de Madagascar et d'Indo-Chine. On trouverait encore quelques travaux intéressants en Nouvelle-Zélande, dans certaines parties de l'Australie, dans la colonie du Cap, en Afrique, sur quelques points de l'Amérique centrale. Il reste à accomplir une tâche considérable.

LIVRES A CONSULTER. — Vivien de Saint-Martin, *ouvrage cité*. — L. Gallois, *Les Géographes allemands de la Renaissance*, Paris, 1890. — Colonel Berthaut, *La Carte de France, 1750-1898. Etude historique*, Paris, 1898-1899, 2 vol. — Du même, *Les Ingénieurs géographes militaires, 1624-1831. Etude historique*, Paris, 1902.

---

# DEUXIÈME PARTIE

## Géographie mathématique et physique.

---

## CHAPITRE PREMIER

### LA TERRE DANS L'UNIVERS

**A. — Le système solaire.** — Il existe des millions d'étoiles dans l'immensité de l'univers; chacune d'elles est un Soleil. Autour de notre **Soleil**, simple étoile, se meuvent des **planètes**, et, parmi elles, la **Terre**; c'est le **système solaire**. Le Soleil, dont le volume est 1 310 000 fois celui de la Terre, contient à l'état de vapeurs la plupart des corps simples qui constituent l'écorce terrestre. — Le premier, **Copernic**, a expliqué le système solaire; des découvertes astronomiques ont porté le nombre des planètes principales à huit.

**B. — La Terre dans le système solaire. Ses mouvements. Hypothèse de Laplace.** — La **Terre** exécute un *mouvement de rotation* sur elle-même en 24 h., déterminant ainsi le jour et l'heure; le *mouvement de révolution*, l'orbite autour du Soleil dure 365 jours environ; l'inclinaison de l'axe de rotation sur le plan de l'orbite détermine l'inégalité des jours et des nuits (jour et nuit égaux aux **équinoxes de printemps** et **d'automne**; inégalité maxima aux **solstices d'été** et **d'hiver**). Aux pôles, le jour et la nuit durent successivement 6 mois. — L'inégal échauffement au cours de l'année, dû à l'inclinaison de l'axe terrestre, détermine les **saisons**, surtout bien caractérisées dans la zone tempérée.

La Terre a un satellite, la **Lune**, 50 fois plus petite qu'elle, *astre mort*, sans atmosphère, avec des sommets élevés, des cirques et des cratères volcaniques. Parmi les planètes, **Mercure** est à la moindre distance du Soleil; **Vénus** est « l'étoile du berger »; **Mars**, avec ses mers et ses continents, présente certaines analogies avec notre globe; il n'en est plus de même de **Jupiter**, la plus grosse planète, de **Saturne**, d'**Uranus**, et enfin de **Neptune**, dont la révolution autour du Soleil dure 165 ans.

L'explication du système solaire a provoqué des hypothèses. **Laplace** suppose que ce système solaire n'était à l'origine qu'une masse unique; de cette masse progressivement refroidie, condensée, resserrée, douée par conséquent d'une vitesse plus grande, se sont détachées des bandes annulaires, continuant à se mouvoir autour de la partie centrale, le Soleil; puis elles se morcelèrent en fragments plus ou moins arrondis, origine des *planètes*. — La planète la Terre, après une courte phase stellaire, fut bientôt revêtue d'une première écorce, qui s'épaissit peu à peu.

**C. — Coup d'œil sur les époques géologiques.** — La **géologie** a pu reconstituer les grandes lignes de l'évolution de la vie physique et organique de la Terre. Pendant l'**ère primaire**, les premiers traits importants du relief se dessinèrent dans l'hémisphère Nord sous la forme de trois grands ridements montagneux successifs; dans le même temps, un immense continent s'étendait dans l'hémisphère Sud. Dans une atmosphère humide et chaude régnait une grande uniformité de climat; la puissante végétation de l'époque carboniférienne purifia l'atmosphère. Certains organismes marins avaient eu un large développement.

Pendant l'ère **secondaire**, la mer envahit de vastes régions jadis émergées; les dislocations du sol ont été rares. C'est l'époque des Reptiles marins aux formes prodigieuses, des premiers Oiseaux et des premiers Mammifères; des arbres à feuilles caduques accusèrent vers la fin le début de la différenciation des climats. — L'ère **tertiaire** a été signalée par de grands bouleversements (plissements pyrénéen et alpin; effondrement de l'Atlantique, de la Méditerranée, etc.); les différences de climat se reflétèrent dans la vie organique.

L'époque **pleistocène** a été caractérisée par des invasions glaciaires et par l'apparition de l'Homme.

## A. — Le système solaire.

Les admirables travaux des astronomes ont démontré que la Terre n'est qu'un point minuscule dans l'espace infini, une petite planète gravitant autour du Soleil.

1. **Étoiles et nébuleuses.** — Si l'on observe le ciel par une nuit claire sans nuages, il apparaît tout constellé d'ÉTOILES, scintillant avec un éclat varié. Les étoiles, brillant de leur lumière propre, sont des masses considérables, qui ne nous apparaissent que comme des étincelles par suite de l'inconcevable distance qui les sépare de la Terre. La distance du Soleil à la Terre est de plus de 37 millions de lieues; l'étoile la plus voisine est 225 000 fois plus éloignée que le Soleil. Au delà des étoiles visibles à l'œil nu, le télescope a découvert d'autres étoiles de plus en plus lointaines et faibles, plus de 40 millions de la septième à la quatorzième grandeur; déjà les puissants instruments des observatoires américains font apercevoir par millions des étoiles de quinzième grandeur. Chacune de ces étoiles est un Soleil comme le nôtre; il y a donc des millions de Soleils dans l'immensité de l'univers.

On découvre aussi dans le ciel des traînées blanchâtres, lumineuses; ce sont des NÉBULEUSES. Les nébuleuses sont des groupes d'étoiles, dont l'ensemble produit une lueur laiteuse. Une des mieux étudiées est la VOIE LACTÉE, que l'on voit aisément quand le ciel est sans lune et pur; William Herschel (1738-1822) y a compté 18 millions d'étoiles. Ces nébuleuses sont en très grand nombre, plus de 5000, que l'on a pu apercevoir plus ou moins distinctement.

2. **Le système solaire.** — Le SOLEIL est une simple étoile, qui fait partie, d'après Herschel, de la Voie lactée, où il y a d'autres Soleils par milliers. Le Soleil est le centre d'un système; autour de lui se meuvent des astres que l'on nomme PLANÈTES, et qui lui empruntent sa lumière; en tournant autour du Soleil, les planètes tournent également sur elles-mêmes; la plupart ont des *satellites*. La TERRE est l'une de ces planètes. — Le Soleil possède, comme tous les corps de l'univers céleste, un mouvement de translation dans l'espace qui l'entraîne à une vitesse de 7 à 8 kilomètres à la seconde, à peu près 170 000 lieues par jour, avec son cortège de planètes, vers une étoile de la constellation d'Hercule. La Terre se déplace ainsi vers ce point avec une vitesse prodigieuse, 70 kilomètres à la seconde. — Le Soleil, avec tous les astres qui gravitent autour de lui, n'occupe qu'une place insignifiante dans l'infinité du monde sidéral.

3. **Forme et composition du Soleil.** — Le Soleil est cependant un globe aux proportions gigantesques, dont le diamètre mesure 1 394 000 kilomètres, et le volume égale 1 310 000 fois celui du globe terrestre; la distance qui le sépare de la Terre est d'environ 37 500 000 lieues; la lumière du Soleil met un peu plus de 8 minutes à nous parvenir[1]. Le globe solaire tourne sur lui-même autour d'un axe, accomplissant ce mouvement de rotation dans le même sens que la Terre, de l'Ouest à l'Est, en 25 jours 4 heures et 29 minutes.

On pense que le Soleil doit se composer d'un noyau central, de consistance visqueuse, incandescent, avec une enveloppe lumineuse de gaz. Des savants ont pu analyser les éléments gazeux éclatants qui entourent le Soleil; ils y ont trouvé à l'état de vapeur la plupart des corps simples qui constituent l'écorce terrestre; les substances les plus répandues seraient le fer, le nickel et le magnésium; on a reconnu également l'existence du sodium, du calcium, du zinc, du cuivre, etc.; l'or, l'argent, le plomb et l'étain n'ont pas été découverts. Le fait que

1. La *lumière*, on le sait, se propage avec une *vitesse* de 298,000 kilomètres par seconde. Le temps que met la lumière solaire à atteindre la Terre est insignifiant en comparaison du temps nécessaire à la lumière de certaines étoiles; elle met 33 ans pour venir de l'étoile polaire.

certains de ces métaux, à l'état solide sur notre globe, sont transformés en vapeur et en gaz dans l'enveloppe lumineuse du Soleil, dénote l'existence de températures prodigieuses.

**4. Idées des anciens. Travaux de Copernic, Képler, Galilée.** — La connaissance du système solaire n'a pu se développer que tardivement.

Longtemps on a cru que la Terre était le centre du monde; les anciens, sur la foi de Ptolémée, l'astronome d'Alexandrie, croyaient que les corps célestes tournaient autour de la Terre. Aristarque de Samos (IIIe siècle av. J.C.) avait cependant émis l'idée du mouvement de la Terre autour du Soleil, mais n'avait pu la démontrer. C'est à NICOLAS COPERNIC (1473-1543) que revient le mérite d'avoir, dans le traité *De revolutionibus orbium cœlestium* (Des révolutions des corps célestes), expliqué les phénomènes célestes en faisant décrire à la Terre ainsi qu'aux cinq planètes alors connues une orbite autour du Soleil, la Terre tournant sur elle-même et la Lune se mouvant autour de la Terre. KÉPLER, en 1610, dans ses *Commentarii de motibus stellæ Martis* (Commentaires sur les mouvements de la planète Mars), formula la loi que chaque planète décrit une ellipse dont le Soleil occupe l'un des foyers. C'est à ce moment que GALILÉE, avec un appareil grossissant, le *télescope*, qu'il avait inventé, découvrait « des faits inouïs » : la Lune avait des montagnes et peut-être des mers; les nébuleuses et la Voie lactée n'étaient que des amas stellaires; il existait un grand nombre d'étoiles fixes qu'on ne pouvait voir à l'œil nu.

**5. Découvertes astronomiques (dix-septième—dix-neuvième siècles).** — Toutes ces découvertes confirmaient, en définitive, l'hypothèse de Copernic. De 1665 à 1684, DOMINIQUE CASSINI détermina les mouvements de rotation des planètes Jupiter, Mars et Vénus et découvrit quatre satellites de Saturne. NEWTON (1642-1729) formula, en 1684, la *loi de l'attraction* ou *de la gravitation universelle*, en vertu de laquelle les mouvements des corps célestes sont dus à une force centripète, dirigée vers le Soleil et proportionnelle à la masse de la planète. Cette force d'attraction s'exerce avec réciprocité entre toutes les molécules matérielles; les corps s'attirent en proportion de leur masse; c'est cette force qui fait tourner la Lune autour de la Terre et projette sur cette dernière les météorites, ces pierres « qui tombent du ciel ». — Les travaux de HUYGENS (1629-1695); la découverte par HERSCHEL, muni de télescopes de plus en plus puissants, d'une nouvelle planète, *Uranus* (1781), de deux nouveaux satellites de Saturne et six d'Uranus; la puissante synthèse de LAPLACE (1749-

1827) sur le système du monde, les travaux de François ARAGO (1786-1853), et d'importantes études plus récentes, ont définitivement consolidé la conception astronomique de l'univers. URBAIN LE VERRIER (1811-1877) fixait, en 1846, par le calcul, la position précise de l'astre inconnu qui causait les perturbations d'Uranus, et l'astronome Galle, de Berlin, apercevait la nouvelle planète, *Neptune*, à l'endroit désigné.

## B. — La Terre dans le système solaire. Ses mouvements. — Hypothèse de Laplace.

6. **La Terre.** — Le Soleil est accompagné par huit planètes principales, qui sont, par ordre d'éloignement, *Mercure, Vénus, la Terre, Mars, Jupiter, Saturne, Uranus, Neptune.* L'étude préalable de la TERRE nous permettra de mieux comprendre ce que nous savons des autres planètes. — Le globe terrestre a une circonférence de 40 000 kilomètres environ, un diamètre d'à peu près 12 750 kilomètres, et un volume de mille milliards de kilomètres cubes[1].

7. **Mouvement de rotation. — Le jour et l'heure.** — La Terre est animée d'un double mouvement. D'abord un MOUVEMENT DE ROTATION sur elle-même, de l'Ouest à l'Est, autour d'un axe fictif qui aboutit à travers la sphère en deux points nommés PÔLES, pôle Nord et pôle Sud. La durée de ce mouvement est de 23 heures 56 minutes; nous l'appelons le *jour*. La vitesse de ce mouvement est considérable, surtout à l'ÉQUATEUR, qui est une ligne idéale à égale distance des pôles ; elle va en décroissant vers les pôles. Tout point de la surface est obligé de décrire un cercle entier; à l'équateur il doit parcourir 40 000 kilomètres en 24 heures, soit 1 660 kilomètres à l'heure, environ 28 à la minute ; à Paris, la vitesse est encore de 18 kilomètres, soit plus de 1 000 à l'heure; au pôle, la vitesse devient nulle.

On donne souvent à ce mouvement le nom de *mouvement diurne,* parce qu'il détermine la *succession du jour et de la nuit.* Il explique également les *différences d'heure* qui existent entre des localités situées sur des méridiens différents ; l'heure des

1. Nous ne donnons ici que des indications sommaires, suffisantes pour la clarté du développement. Des explications plus détaillées seront mieux à leur place dans le chapitre suivant.

régions de l'Ouest est toujours en retard sur l'heure de l'Est, puisque cette heure est fixée d'après la hauteur du Soleil, qui passe plus tôt au zénith à l'Est qu'à l'Ouest, par suite de la rotation de la Terre de l'Occident vers l'Orient. Quand il est midi à Paris, il n'est que 11h 50m à Greenwich, 6h 43m du matin à Washington, aux États-Unis ; en revanche, il est 1h 51m du soir à Pulkova (Russie), 5h 44m du soir à Calcutta.

8. **Mouvement de révolution. Inégalité des jours et des nuits.** — Le second mouvement exécuté par la Terre est le MOUVEMENT DE RÉVOLUTION, *de translation,* autour du Soleil, qu'elle accomplit dans le délai de 365 jours (exactement 365 j.

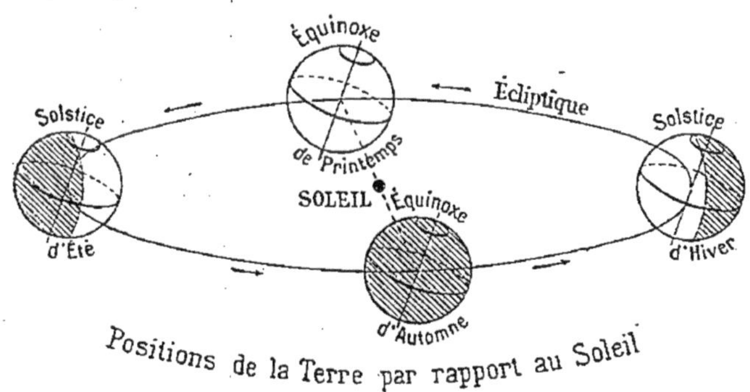


Positions de la Terre par rapport au Soleil

6h 9m 11sec.), c'est-à-dire une *année,* avec une vitesse de 30 kilomètres environ par seconde. La Terre décrit ainsi une *orbite,* appelée *écliptique,* ayant la forme d'une ellipse, dont le Soleil occupe un des foyers.

Si l'axe de rotation terrestre, si la ligne des pôles était perpendiculaire au plan de l'orbite, pour tous les points de la Terre le jour et la nuit auraient la même durée, les rayons du Soleil éclairant en tout temps la moitié de la Terre tandis que l'autre moitié resterait dans la nuit. Mais l'axe est incliné de 23 degrés et demi environ sur le plan de l'écliptique, et, restant parallèle à lui-même, fait avec ce plan un angle de 66 degrés et demi environ; alors certaines parties demeurent plus longtemps que d'autres exposées à la lumière du Soleil, d'où l'inégalité des jours et des nuits.

9. **Équinoxes et Solstices. Tropiques et Cercles Polaires.**

— Deux fois par an, au 21 mars et au 22 septembre, tous les points du globe ont un jour et une nuit de 12 heures chacun; c'est l'ÉQUINOXE DU PRINTEMPS et l'ÉQUINOXE D'AUTOMNE. Deux fois par an, aux dates intermédiaires du 21 juin et du 22 décembre, l'inégalité des jours et des nuits atteint sa valeur maxima; c'est l'époque du SOLSTICE D'ÉTÉ (jour le plus long) et du SOLSTICE D'HIVER (jour le plus court). — Il y a contre-partie dans l'hémisphère austral; le 22 décembre a le jour le plus long, le 21 juin le jour le plus court. — La durée maxima du jour et de la nuit augmente au fur et à mesure que l'on se rapproche des pôles; au 66° 32′ lat. N., le jour est de 24 heures au solstice de juin, et l'on peut admirer le *soleil de minuit;* la nuit, de même durée au solstice de décembre; plus au Nord, le jour dure plusieurs semaines, et bientôt plusieurs mois; au pôle, le jour et la nuit durent successivement six mois. En revanche, la différence entre le jour et la nuit diminue à mesure que l'on avance vers l'équateur.

Cercles de la Sphère

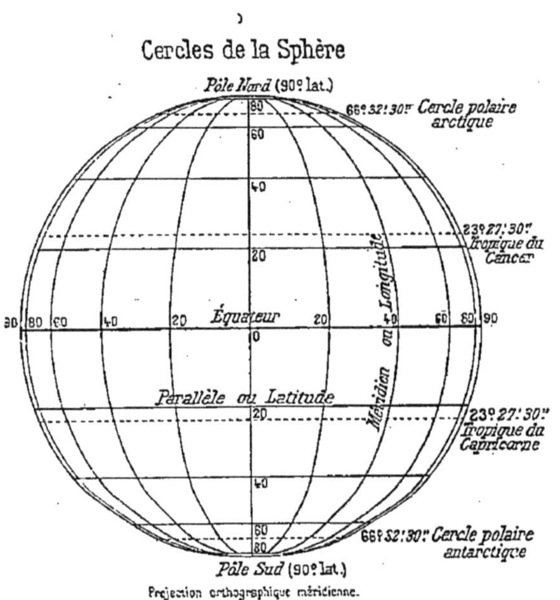


Projection orthographique méridienne.

On donne le nom de TROPIQUES aux points où le Soleil semble s'arrêter au moment des solstices; la ligne des tropiques marque le point extrême où une fois par an le Soleil est au zénith, et d'où il retourne, dans un mouvement apparent, vers l'équateur et l'autre tropique. Ces tropiques se nomment *Tropique du Cancer* dans l'hémisphère boréal, *Tropique du Capricorne* dans l'hémisphère austral; ils sont situés à 23° 27′ lat. N. et lat. S. On désigne sous le nom de CERCLES POLAIRES deux autres lignes parallèles marquant les points où, aux solstices, il fait jour ou nuit pendant 24 heures, à 66° 32′ lat. N. et lat. S.; on les nomme *Cercle polaire arctique, Cercle polaire antarctique.*

10. **Succession des saisons. Zones terrestres.** — Si l'axe de rotation terrestre était perpendiculaire au plan de l'orbite, chaque point du globe recevrait une quantité invariable de chaleur solaire; d'un point à un autre la quantité serait différente en raison de la plus ou moins grande obliquité des rayons, obliquité qui augmente de l'équateur vers les pôles. La chaleur est la plus forte quand les rayons frappent perpendiculairement la terre; elle diminue quand ils deviennent obliques. Il y aurait donc de l'équateur aux pôles des zones inégalement partagées, mais invariables en elles-mêmes; par conséquent pas de périodes différentes, pas de SAISONS. Par suite de l'inclinaison de l'axe, le même point ne reçoit pas à toutes les époques la même quantité de lumière et de chaleur; cette inégalité donne naissance aux saisons.

Les saisons varient suivant les diverses ZONES TERRESTRES : *Zone tropicale* ou *torride,* comprise entre les deux tropiques; *Zones tempérées,* entre les tropiques et les cercles polaires; *Zones polaires* ou *glaciales,* s'étendant des cercles polaires jusqu'aux pôles. La zone tropicale n'a que deux saisons, la saison sèche et la saison humide, cette dernière correspondant au passage du Soleil au zénith. Les zones tempérées ne reçoivent jamais les rayons solaires sous le même angle aux diverses époques de l'année; aussi y rencontre-t-on une grande variété de saisons : le printemps et l'été, l'automne et l'hiver, que l'on réunit parfois sous l'appellation de saison chaude et saison froide. Dans les zones polaires l'année se partage entre un hiver prolongé et un été très court.

11. **Influence de l'ellipticité de l'orbite.** — Du fait que l'orbite de la Terre décrit une ellipse, la Terre ne se trouve pas toujours à la même distance du Soleil; cette distance varie constamment. D'autre part, en vertu de la loi de l'attraction universelle, la Terre se meut avec une rapidité d'autant plus grande qu'elle est plus rapprochée du Soleil, et une vitesse d'autant plus faible qu'elle en est plus éloignée. Or la Terre est plus rapprochée du Soleil pendant l'hiver que pendant l'été dans l'hémisphère boréal; il en résulte que l'hiver est un peu plus court que

l'été : il n'a que 89 jours, alors que l'été en a 93. Le contraire se produit dans l'hémisphère austral, où l'été est plus court que l'hiver. Notre hémisphère est donc à cet égard le plus favorisé, d'autant plus que l'hiver y reçoit un peu plus de chaleur.

12. **Précession des équinoxes.** — Il reste encore une inégalité à signaler, qui est déterminée par ce fait que l'axe de rotation de la Terre ne demeure pas, comme nous l'avons d'abord admis, invariablement parallèle à lui-même; il se déplace d'année en année insensiblement, en décrivant, en 26000 ans à peu près, un petit cône s'inclinant plus ou moins sur le plan de l'écliptique. Ce déplacement détermine un changement dans la ligne des équinoxes, qui est ainsi en avance chaque année d'une petite quantité; c'est ce que l'on appelle la *Précession des équinoxes*. La durée des saisons subit donc des variations périodiques; dans notre hémisphère, la saison froide est actuellement inférieure en durée à la saison chaude; les circonstances seront changées dans un laps de temps de cent siècles environ. On a eu recours à la précession des équinoxes pour expliquer certains faits de l'histoire géologique de la Terre, notamment la dernière période glaciaire; on peut admettre qu'elle a contribué aux modifications de climat.

13. **La Lune.** — La Terre a un satellite, la LUNE, dont la distance moyenne est de 96000 lieues; son volume est près de 50 fois plus petit que celui de la Terre; le diamètre, soit 1741 kilomètres, est un peu plus de 3/11 de celui de la Terre. Elle décrit d'Ouest en Est une ellipse dont la Terre est l'un des foyers; à la distance moyenne sa révolution dure 27 jours 7 heures 43 minutes; elle tourne sur elle-même dans le même laps de temps[1].

On a pu photographier la Lune, aussi sa surface est-elle bien

1. Il ne faut pas confondre la durée du *mouvement de révolution* de la Lune autour de la Terre et la durée de la *lunaison*, c'est-à-dire la *période des phases lunaires*.

Quand la Lune se trouve entre notre globe et le Soleil, son hémisphère éclairé, étant tourné du côté de ce dernier, nous est naturellement masqué; c'est la *nouvelle Lune;* lorsqu'elle passe derrière notre globe par rapport au Soleil, nous voyons tout son hémisphère illuminé; c'est la *pleine Lune;* dans l'intervalle elle forme un angle droit avec le soleil et ne montre que la moitié du disque éclairé; ce sont les *quartiers*. Les périodes de *nouvelle* et de *pleine Lune* sont les *syzygies;* les périodes des *quartiers*, les *quadratures*.

Le *mois lunaire* commence avec la nouvelle Lune; pour cela il faut que la Lune se retrouve devant le Soleil; mais, dans son mouvement de révolution autour de la Terre, elle a été emportée par la Terre dans la translation de celle-ci autour du Soleil; si bien que lorsque la Lune a terminé sa révolution autour de nous, le Soleil se trouve en quelque sorte reporté vers la gauche par suite de notre translation d'Ouest en Est. Il faut à la Lune 2 jours 5 heures et 52 secondes pour se retrouver devant le Soleil; si bien que la lunaison dure 29 jours 12 heures et 44 minutes environ.

La *semaine*, division très ancienne, a pour origine les phases de la Lune.

étudiée. On y distingue de grandes taches sombres qui sont des plaines et des dépressions, que l'on nomme des mers, mer des Brises, mer de la Tranquillité, mer des Humeurs, etc. ; les parties éclairées sont des régions montagneuses avec un nombre prodigieux de cavités en forme de cratères volcaniques, ou de vastes cirques avec des remparts souvent très nets, dans l'intérieur desquels se dressent des pics ou pitons, des monta-

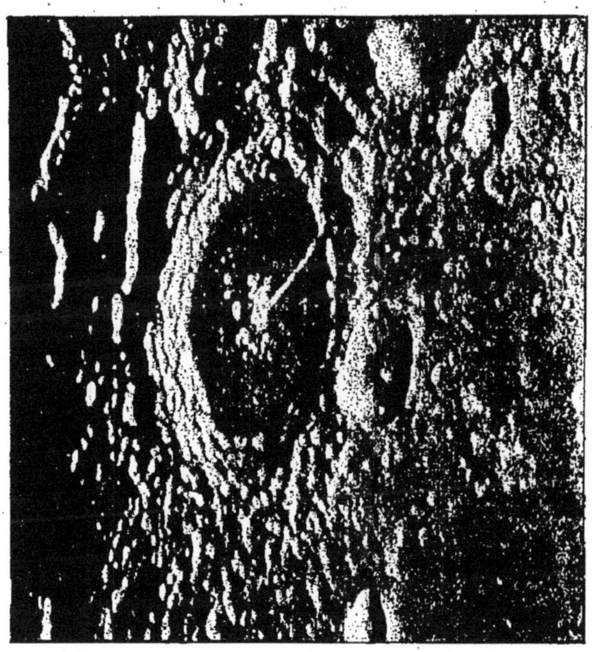

PAYSAGE LUNAIRE
CIRQUE PETAVIUS avec montagne centrale, rempart saillant et crevasse.
(Phot. 10 septembre 1900.)

gnes centrales ; certaines parties de la topographie lunaire évoquent le paysage volcanique de l'Auvergne dans la chaîne des Puys, ou encore la région du Vésuve. Le mont Curtius y atteint 8 830 mètres, les monts Newton et Leibnitz, plus de 7 000 ; des noms de savants, d'astronomes, de physiciens ont été donnés aux cirques et aux pics : cirques Ptolémée, Aristote, Copernic, Arago, etc. — La Lune n'a pas d'atmosphère. Le cercle qui sépare la partie lumineuse de la partie obscure est très net, sans pénombre, sans dégradations de lumière, ce qui ne pourrait se produire dans le cas d'une atmosphère; il en est de même du contour si précis de la Lune devant le Soleil pendant une éclipse. La Lune, n'ayant pas d'atmosphère, n'a pas d'eau, pas de surface marine. La vie en est absente; c'est un « astre mort ».

14. **Les autres planètes. Mercure.** — Il convient de consacrer quelques lignes très brèves aux autres planètes, qui présentent des analogies et des différences avec notre globe. MERCURE est à la moindre distance du Soleil, 14 millions de lieues en moyenne; son volume est 18 fois plus petit que celui de la Terre. Il décrit une orbite nettement elliptique autour du soleil en 88 jours, temps qui lui est également nécessaire pour le mouvement de rotation sur lui-même. Malgré les difficultés d'observation que présente cette planète noyée dans les rayons du Soleil, il paraît y avoir à sa surface de hautes montagnes de près de 20 kilomètres, ainsi qu'une atmosphère.

PAYSAGE LUNAIRE
Nombreux cirques et cratères (CIRQUE ARAGO, le plus voisin du centre). MER DE LA TRANQUILLITÉ.

15. **Vénus.** — Planète la plus voisine de la Terre, VÉNUS est à une distance moyenne du Soleil de 27 millions de lieues; ses dimensions réelles égalent presque celles de la Terre; le diamètre équatorial est de 12 733 kilomètres, elle effectue sa révolution en 224 jours, avec une vitesse de 35 kilomètres à la seconde; le mouvement de rotation s'effectuerait, d'après des

travaux récents, entre 15 heures et 37 heures. Vénus est très brillante et très visible; c'est l'*étoile du matin*, l'*étoile du soir*, l'*étoile du berger*. L'axe de Vénus est très incliné sur son orbite; des différences plus grandes que sur la Terre doivent donc exister entre les saisons. L'atmosphère y paraît épaisse et chargée de nuages, qui tempèrent la force plus grande des rayons solaires; il y aurait de très hautes montagnes, dépassant 40 000 mètres.

16. **Mars.** — Plus éloigné que la Terre du Soleil, avec une distance minima de 53 millions de lieues, MARS a un volume 6 fois et demi inférieur à celui de la Terre. Il accomplit sa révolution en 687 jours, et sa rotation en 24 heures 37 minutes; les saisons, d'une durée à peu près double de celles de la Terre, s'y succèdent comme sur notre globe. — Mars est facilement reconnaissable à sa couleur rouge. On en connaît, en quelque sorte, la géographie; on y a découvert des mers et des continents; ceux-ci, groupés surtout dans l'hémisphère Nord, y occupent une superficie beaucoup plus considérable que les mers; à leur surface se développe un réseau de canaux. On aperçoit vers les pôles deux taches blanches, qui sont sans doute de grandes étendues de glace; l'hiver, leurs dimensions augmentent; elles diminuent pendant la saison chaude. En dehors de la Terre, Mars est la première planète qui possède des satellites; ils sont au nombre de deux.

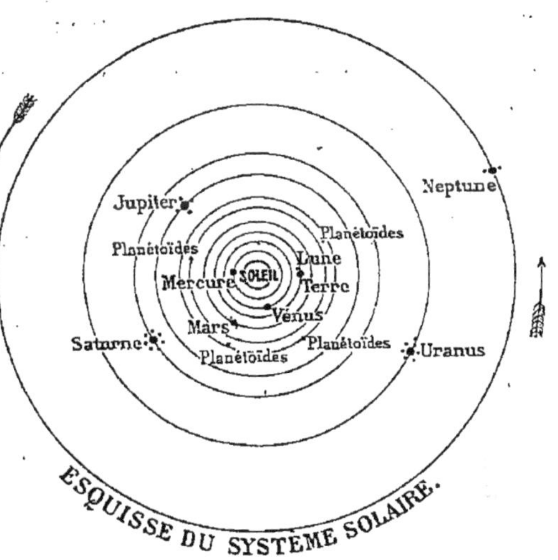

Cette figure, destinée à faciliter la compréhension du système solaire, ne prétend pas à l'exactitude; les planètes décrivent autour du Soleil des ellipses et non des cercles.

17. **Les planétoïdes. Jupiter.** — Avec Jupiter commencent des planètes très différentes de notre globe. Entre Mars et Jupiter il semblait aux astronomes qu'il y avait une lacune ; les planètes se suivant à un intervalle déterminé, une planète devait donc exister dans l'intervalle des deux

astres. On y a découvert en effet, au XIXe siècle, plusieurs centaines de petits corps célestes, peut-être des fragments de planètes; ce sont des réductions de mondes, parfois avec des proportions très faibles. On les nomme des *planétoïdes,* c'est-à-dire des astres analogues aux planètes.

JUPITER, astre brillant, est la plus grosse planète; son volume est 1 280 fois celui de la Terre; sa distance moyenne du Soleil est de 195 millions de lieues; son diamètre est de 140 000 kilomètres, plus de 11 fois plus grand que celui de la Terre. La révolution de Jupiter autour du Soleil dure 12 ans (11 ans 315 jours); la rotation, très rapide, est de 10 heures; l'axe étant fort peu incliné sur l'orbite, il y a peu d'inégalité entre les jours et les nuits. Le télescope y a montré des amas de nuages grisâtres au Sud et au Nord de l'équateur; si loin de la chaleur solaire, cette masse de vapeur d'eau ne peut s'expliquer que par un noyau interne d'intense chaleur. Quatre satellites font autour de lui une révolution très rapide.

## LE SOLEIL ET SES PLANÈTES

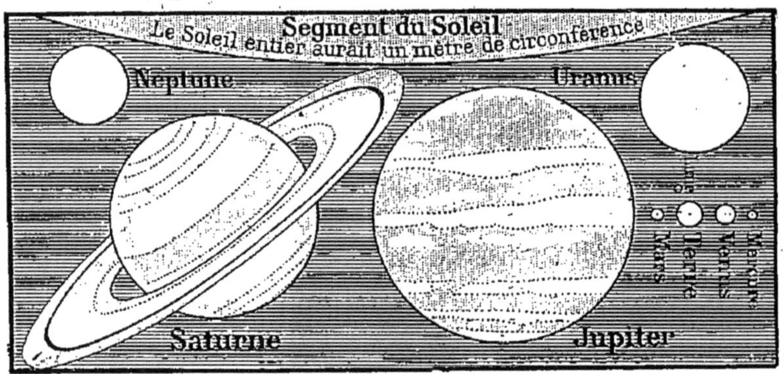


**18. Saturne, Uranus et Neptune.** — SATURNE, 750 fois plus grand que la Terre, à 360 millions de lieues de notre planète, tourne sur lui-même en 10 à 11 heures, et autour du Soleil en 30 années environ. Il possède une atmosphère chargée de nuages, s'allongeant le long de l'équateur; comme Jupiter, il doit, à l'aide d'un foyer intérieur d'une grande puissance, dégager de la chaleur par lui-même. Autour de Saturne se développe un anneau subdivisé en trois anneaux concentriques formés sans doute de corps célestes minuscules; 8 satellites lui font cortège. — URANUS et NEPTUNE sont aux points extrêmes du système solaire; Uranus, 80 fois grand comme la Terre, est à 728 millions de lieues du Soleil, et met 84 ans à graviter autour de cet astre, avec 8 satellites. Il faut à Neptune 165 années pour sa révolution autour du Soleil, dont 1 100 millions de lieues le séparent; il égale 84 fois le volume de la Terre.

**19. Hypothèse de Laplace.** — L'origine de notre globe, la formation du système solaire, sont des problèmes de nature à passionner les esprits. A divers moments ont apparu des théories cosmogoniques; ce fut seulement lorsque l'astronomie eut fait des progrès définitifs que des hypothèses purent s'établir avec quelque apparence de vérité. On put se demander si toutes ces planètes qui gravitaient autour du Soleil, suivant un mouvement commun d'Ouest en Est, et qui présentaient tant de ressemblances et d'analogies, n'avaient pas une composition semblable et une parenté étroite; si, avant de suivre leurs destinées respectives, elles n'avaient pas fait partie d'un même ensemble.

En 1755, Kant formula une explication du système solaire. Mais l'hypothèse la plus célèbre est celle que développa Laplace (1749-1827) dans son *Exposition du système du monde* (1796); c'est une puissante synthèse qui donna aux efforts accomplis depuis Newton une consécration systématique en déduisant « de la seule loi de l'attraction l'ensemble complet du mouvement des corps célestes ». D'après Laplace, le système solaire ne fut à l'origine qu'une seule masse, à l'état de *nébuleuse,* formée de gaz et de vapeurs, et tournant sur elle-même d'un mouvement d'ensemble. Cette masse se refroidit peu à peu en rayonnant dans l'espace; il se produisit au centre une condensation, qui devait former le Soleil. Par l'effet du resserrement qui suivit cette condensation, la vitesse de rotation augmenta, et il se forma, à l'aide des portions de la masse restées en dehors, plusieurs bandes annulaires se mouvant autour du Soleil. Ces anneaux, par suite du refroidissement, se sont morcelés en un certain nombre de fragments, qui ont pris peu à peu une forme plus ou moins arrondie. Ce fut l'origine des *planètes*. La formation de leurs satellites s'explique de la même façon, par la formation, puis le morcellement d'anneaux formés autour des planètes; les planètes auraient été à l'origine un masse incandescente.

Cette séduisante hypothèse a provoqué des critiques et des objections; mais elle a reçu aussi des confirmations. M. Faye a apporté des modifications au système de Laplace; il suppose que toutes les planètes, jusqu'à Saturne inclus, ont pour origine le morcellement d'anneaux formés autour de la nébuleuse avant la condensation centrale, qui fut le Soleil; la formation d'Uranus et de Neptune serait postérieure. D'autre part, nous trouverons chemin faisant un certain nombre d'arguments en faveur de l'hypothèse de Laplace; nous avons vu déjà qu'elle est fortifiée en quelque sorte par la constatation de la présence à l'état de vapeurs, dans l'enveloppe lumineuse du Soleil, de la plupart des corps simples qui se trouvent sur la Terre. — Quelles que soient d'ailleurs les réserves que l'on fasse sur cette hypothèse, que Laplace lui-même présentait « avec défiance », il faut du moins rendre hommage à ce magnifique effort de l'esprit humain.

20. **Phase stellaire de la Terre. Formation de l'écorce originelle.** — D'après l'hypothèse de Laplace, la Terre était à l'origine un globe gazeux, qui, lumineux par lui-même, brillait dans le ciel d'un éclat qui n'avait rien d'emprunté; la chaleur intense y maintenait les corps simples à l'état de vapeurs. Par suite de ses faibles dimensions, cette sphère se condensa rapidement, en perdant sa chaleur par rayonnement dans l'espace; la PHASE STELLAIRE fut de courte durée. Un partage se fit entre les gaz; les plus lourds devinrent liquides, visqueux, et se répartirent par ordre de densité dans un noyau central; les vapeurs plus légères demeurèrent à l'état de nuages.

Bientôt, par des pertes continues de chaleur, la température s'abaissa à la surface au point de n'y plus permettre l'existence de matériaux en fusion; il s'y forma une sorte de croûte, assez semblable aux scories qui nagent sur la fonte en fusion; cette croûte, d'abord discontinue, se réunit bientôt en une seule enveloppe. Nous verrons qu'une couche même peu épaisse de scories isole facilement d'une coulée de lave. On peut supposer, avec M. DE LAPPARENT, que la croûte fut bientôt assez épaisse pour ne plus permettre qu'une faible transmission de chaleur, n'exerçant qu'une action négligeable sur la température de la surface. Cette partie ne reçut plus alors que la chaleur venue du Soleil; la vapeur d'eau en suspension se condensa dans l'air refroidi, et les mers se formèrent. Le partage était fait désormais entre les éléments essentiels de la Terre : l'atmosphère, l'eau, l'écorce terrestre.

Ainsi la Terre forme aujourd'hui un corps opaque, obscur par lui-même; c'est un astre éteint. Mais le foyer central subsiste, incandescent; les restes de l'ancien état persistent dans l'intérieur; on constate universellement l'augmentation de la température avec la profondeur; l'état igné de l'intérieur se révèle encore par les manifestations volcaniques.

### C. — Coup d'œil sur les époques géologiques.

L'écorce originelle ne garda pas longtemps sa forme primitive; l'œuvre d'érosion et de façonnement commença aussitôt sous les efforts de la mer et surtout de l'eau courante. La destruction des roches préexistantes fournit les éléments de formations nouvelles, de *roches sédimentaires* (ainsi nommées du mot *sédiment,* qui désigne les matières transportées par les fleuves ou en suspension dans la mer), roches qui se déposèrent par couches successives; des terrains différents, des *roches éruptives,* se formèrent grâce à la masse fluide de l'intérieur fusant à travers l'écorce; et ainsi la croûte terrestre, plus épaisse, devint plus résistante. D'autre part, des forces d'origine diverse ont provoqué d'importantes dislocations de l'écorce, et en ont à diverses reprises profondément modifié la surface. Cette œuvre a exigé des millions et des millions d'années; elle continue de nos jours. — De plus, la vie, sous forme d'animaux et de plantes, fit de bonne heure son apparition sur le globe et subit toute une série de transformations.

**21. Objet de la géologie.** — Une science, la Géologie, a essayé de résoudre ce double problème de l'évolution physique du globe et de l'évolution du monde organique. La géologie a pu déterminer l'âge relatif des assises nombreuses et variées qui constituent l'écorce en comparant leur position réciproque, mais surtout avec l'aide beaucoup plus efficace des *fossiles,* c'est-à-dire des débris plus ou moins pétrifiés des faunes et des flores contemporaines des couches de l'écorce où on les recueille. L'examen des fossiles a eu l'immense intérêt de montrer la transformation régulière et ordonnée du monde organique, où les types divers « des êtres vivants apparaissent les uns après les autres, conformément au degré de leur organisation »; la considération des végétaux, beaucoup plus prisonniers de la terre que le monde animal, a permis de connaître certaines conditions physiques extérieures, comme les modifications de climat, par exemple.

Les géologues ont, à l'aide d'observations délicates, fait effort pour reconstituer dans chacune des époques successives de l'histoire du monde l'aspect changeant des surfaces continentales et marines ainsi que les variations des plantes et des animaux; ils ont essayé de donner une esquisse, une ébauche de l'évolution du globe au cours des âges. A l'aide de ces travaux nous allons nous efforcer d'entrevoir les *états géographiques* successifs de notre sphère, la physionomie variable de la nature vivante, jusqu'à nos jours.

22. **Division des temps géologiques.** — Les temps géologiques ont été divisés en trois grandes ères : l'ère PRIMAIRE OU PALÉOZOÏQUE, l'ère SECONDAIRE OU MÉSOZOÏQUE, l'ère TERTIAIRE OU NÉOZOÏQUE. Ces ères sont précédées par la période *archéenne* ou *azoïque,* dont les roches se rencontrent partout à la base des couches postérieures; c'est la formatiou fondamentale. D'autre part, à l'ère tertiaire succède l'ère MODERNE OU QUATERNAIRE, qui continue de nos jours. Ces grandes divisions comportent des subdivisions en *périodes,* et les périodes en *étages.*

**Tableau des principales époques géologiques.**

| ÈRE | PÉRIODE | ÈRE | PÉRIODE |
|---|---|---|---|
| | *Archéenne* ou *azoïque.* | SECONDAIRE ou MÉSOZOÏQUE. | *Triasique.* *Jurassique* (liasique, médio-jurassique, supra-jurassique). *Crétacée* (infra-crétacé, supra-crétacé). |
| PRIMAIRE ou PALÉOZOÏQUE. | *Précambrienne.* *Silurienne.* *Dévonienne.* *Carboniférienne.* *Permienne.* | TERTIAIRE ou NÉOZOÏQUE. | *Éogène* (éocène et oligocène). *Néogène* (miocène, pliocène). |
| | | MODERNE ou QUATERNAIRE. | *Pleistocène.* |

Les mots *azoïque, paleozoïque, mesozoïque, neozoïque* (étymologie grecque), signifient que la faune est inexistante, ancienne, intermédiaire, récente. *Éocène* vient de deux mots grecs qui signifient *aurore* des formes récentes ; *oligocène, peu* de formes récentes; *miocène, moins* récent que le *pliocène,* qui a *plus* d'espèces récentes, et le *pleistocène,* qui en a *le plus grand* nombre. Les autres appellations de périodes dérivent en général du nom des régions où elles sont le mieux représentées, ou d'un trait caractéristique qu'elles présentent : ainsi le *dévonien* tire son nom du comté de Devon, en Angleterre, où il est très développé; le nom de *jurassique* vient du Jura, où ses formations sont considérables; le *carboniférien* tire son nom de la houille que renferment ses couches; le *crétacé,* de la craie (en latin *creta*), qui se développe particulièrement dans cette période, etc.

23. **Période archéenne.** — Les principaux affleurements du terrain archéen se rencontrent surtout dans la partie septentrionale de l'hémisphère Nord, ce qui permettrait de penser que les premiers linéaments de la terre ferme se sont dessinés dans cette partie du globe; cette période est caractérisée par la formation des *schistes cristallins* (Voir le chapitre VII), qui forment partout la base des couches sédimentaires. La vie organique ne paraît pas s'être développée pendant cette période; le fameux *Eozoon* trouvé dans les calcaires-marbres du Canada, que l'on présumait être un organisme animal, ne serait en définitive qu'un simple accident minéralogique.

24. **Ère primaire ou paléozoïque. Les premières dislocations de l'écorce.** — D'importants traits du relief terrestre se dessinèrent à l'époque primaire; trois séries de *mouvements orogéniques*[1] ridèrent l'écorce terrestre dans l'hémisphère boréal, formant des chaînes plissées se succédant du Nord au Sud; la *chaîne huronienne* (lac Huron, Amérique du Nord) limita un continent émergé dès l'époque précambrienne et qui entourait le pôle; en arrière, à la fin de l'époque silurienne, un mouvement de refoulement détermina la formation de la *chaîne calédonienne* (du nom que les Romains donnaient à l'Écosse), dont les lambeaux ont été étudiés dans le Nord de l'Irlande, en Écosse, en Scandinavie; enfin, vers la fin de la période carboniférienne, une gigantesque poussée donna naissance à la *chaîne hercynienne* (le Hartz, en Allemagne), dont les vestiges sont encore nombreux en Europe (Sud-Ouest de l'Irlande, Massif armoricain, Massif central, Vosges, Forêt Noire, montagnes de l'Allemagne centrale, etc.). — Dans les régions intertropicales et australes, un immense continent s'était développé, allant de l'Amérique du Sud à l'Australie, par l'Afrique, l'Arabie et l'Hindoustan; les terres émergées occupaient alors une surface considérable; la mer formait une bande étroite dans la région intercontinentale, et du Caucase à la mer Blanche.

Les dislocations de l'époque primaire ont été nécessaire-

1. Les *mouvements orogéniques* sont les mouvements qui donnent naissance aux montagnes. Nous ne pouvons ici, même sommairement, expliquer le mécanisme des dislocations du sol qui se présentent sous la forme de plissements ou d'effondrements; on trouvera cette explication dans le chapitre IX, consacré au relief.

ment accompagnées d'émissions des matières ignées de l'intérieur fusant à travers les fissures de l'écorce; l'activité volcanique s'est manifestée à plusieurs reprises, notamment aux époques carboniférienne et permienne.

25. **Uniformité du climat.** — Aux temps primaires, les conditions de chaleur et de lumière étaient bien différentes de celles d'aujourd'hui. Il est probable que des nuages épais ne laissaient pénétrer dans l'atmosphère humide et chaude qu'une lumière diffuse. Le climat semble avoir été partout le même, au moins jusqu'à la fin de la période carboniférienne.

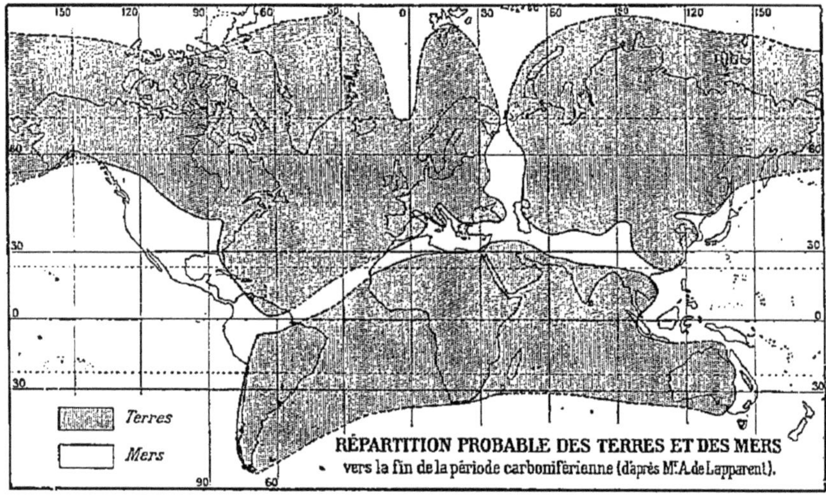


RÉPARTITION PROBABLE DES TERRES ET DES MERS vers la fin de la période carboniférienne (d'après M^r A. de Lapparent).

Les mêmes végétaux peuplaient la terre sous le cercle polaire et sous les tropiques. « Le caractère de la végétation houillère, en quelque lieu qu'on l'observe, implique sur le globe une égalité presque absolue dans la distribution de la chaleur et de la lumière. » (De Lapparent.) Les animaux paraissent également indépendants de la latitude; de grands polypiers constructeurs, des Coraux, qui ne peuvent vivre que dans des mers où la température est au moins égale à + 20° centigrades, se rencontrent dans la faune arctique silurienne. La période carboniférienne a dû être celle de la purification de l'atmosphère, par suite de l'abondance de la végétation l'air était sans doute, à l'origine, chargé d'une notable quantité d'acide carbonique.

26. **Apparition de la vie animale et végétale.** — Les êtres vivants de l'ère primaire diffèrent singulièrement des êtres actuels. La nature organique a un caractère inachevé. Dès la période silurienne, les organismes marins, particulièrement des

Crustacés, les *Trilobites,* prirent de façon presque subite un développement remarquable; les *Poissons,* représentants de l'embranchement des Vertébrés, y apparaissent et se développent au dévonien avec des formes souvent étranges; au dévonien également pullulent les *Brachiopodes,* déjà développés à l'époque précédente; ce groupe a eu son extension maxima à l'époque primaire. La flore, très pauvrement représentée dans la période silurienne, avec au dévonien quelques espèces qui annoncent la flore de la période suivante, a pris un remarquable développement pendant la période carboniférienne; une végétation puissante s'établit le long des rivages marins et des estuaires des fleuves.

La flore, plus remarquable par sa profusion que par sa variété, se composait de cryptogames, plantes sans fleurs, et de gymnospermes; c'étaient surtout des *Fougères* extrêmement nombreuses, herbacées ou arborescentes, avec des feuilles très découpées affectant une très grande diversité de formes; au-dessus des Fougères s'élevaient les hautes tiges des *Calamites,* les troncs élancés des *Sigillaires,* dépassant 30 m. de hauteur, et terminés par un bouquet de feuilles serrées; enfin les *Cordaïtes,* grands arbres au tronc nu, de 20 à 40 m., ne se ramifiant qu'au sommet, avec de larges feuilles de plus de 1 m. de longueur.

Cette végétation, enfouie sous des alluvions fluviales ou marines, est devenue de la houille. — Elle purifia l'air irrespirable. Alors apparurent les Insectes ainsi que les Batraciens; de même les véritables Reptiles à l'époque permienne. Les animaux à respiration aérienne avaient trouvé dans l'air purifié des conditions favorables.

27. **Ère secondaire ou mésozoïque. Le relief et le climat.** — Au cours des temps secondaires, l'étendue des terres émergées fut sensiblement modifiée. Dès le trias, la mer revint sur l'Europe centrale; au jurassique, l'Europe fut envahie et réduite à l'état d'îlots; la région méditerranéenne s'était largement développée. Avec les temps crétacés, l'invasion marine s'accentua peu à peu, surtout au crétacé supérieur. — Les temps secondaires ne paraissent pas avoir été marqués par de grands mouvements du sol. Toutefois le grand Continent austral subit un commencement de morcellement en deux parties; un détroit se dessina entre le delta du Nil et Madagascar, un autre entre

l'Arabie et l'Hindoustan; de plus, des dislocations se sont produites dans les Andes et en Asie. — L'activité volcanique paraît s'être assoupie pendant la période secondaire; au début cependant eurent lieu quelques éruptions, et d'importantes manifestations volcaniques se sont produites dans les Andes et dans l'Afghanistan en Asie.

Les premiers signes de différenciation des saisons, sans grande netteté encore, se manifestent au cours de l'époque secondaire. A la fin du crétacé, il y a encore une grande unifor-

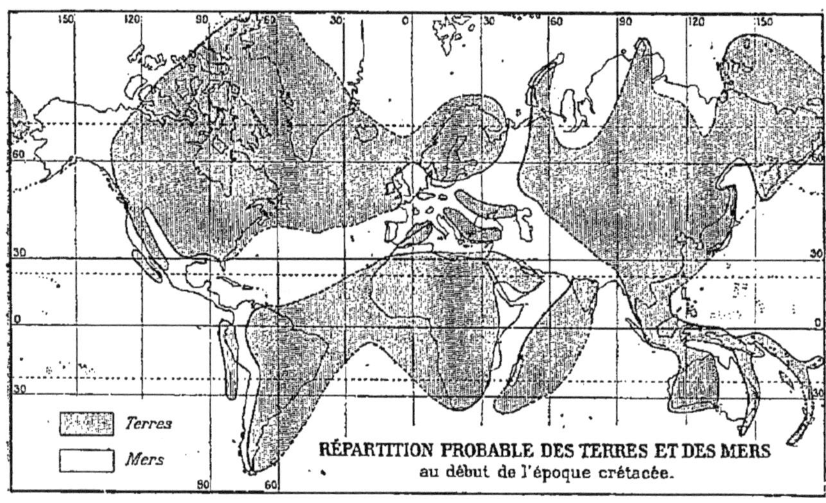


Carte dressée en partie d'après M. de Lapparent.

mité climatérique; les pôles jouiront encore longtemps d'une température clémente. Cependant la réduction de la zone chaude s'effectuera peu à peu; d'ailleurs l'apparition de plantes à feuilles caduques est un indice certain d'un changement de climat au cours d'une année.

28. **La faune et la flore.** — La faune est surtout caractérisée par le développement considérable des Reptiles marins et terrestres, qui atteignent souvent des tailles prodigieuses; la famille la plus importante était celle des *Dinosauriens,* où l'*Atlantosaure* mesurait jusqu'à 34 mètres de longueur; les Reptiles nageurs de 15 à 18 mètres n'étaient pas rares, comme l'*Ichthyosaure,* le *Plésiosaure;* il y avait des Reptiles volants. A

la période jurassique apparurent les Oiseaux, avec des types étranges, pourvus d'un large bec armé de dents longues et acérées, de griffes aux ailes, d'une longue queue de Lézard; ces caractères les rapprochent des Reptiles. Dans les mers, parmi les Mollusques céphalopodes, la grande famille des *Ammonites* accomplit son évolution à peu près dans l'espace des temps secondaires. Dès le lias, les Mammifères inférieurs (*Marsupiaux*) apparaissent; ils sont de petite taille et ne paraissent pas se développer pendant toute la série secondaire.

La végétation n'a plus la profusion de l'époque carbonifé-rienne; les plantes des terrains bas et humides sont remplacées dès le lias par des espèces de stations sèches. A la fin du jurassique apparaissent les premières plantes dicotylédones angiospermes, plantes à fleurs et à feuillage caduc (Peupliers, Platanes, etc.); elles s'épanouissent définitivement dans le crétacé supérieur (Hêtres, Châtaigniers, Tulipiers, etc.); les formes sont amples, indiquant des conditions favorables.

29. **Ère tertiaire ou néozoïque. Grandes dislocations du sol.** — L'ère secondaire avait été une période de calme relatif; les temps tertiaires allaient être une période de grandioses bouleversements. Dès la fin des temps secondaires, l'activité orogénique se fait sentir. La Méditerranée, qui s'étendait librement de l'Europe centrale jusqu'à l'Himalaya, fut fermée définitivement du côté de l'Est. A la fin de l'éocène, les Pyrénées, avec les Corbières, surgissent; dans le même temps, des mouvements se manifestaient dans les Andes et dans les Montagnes Rocheuses en Amérique. Puis se produisit la gigantesque poussée qui dressa contre le bord de l'ancien continent septentrional une série de plis prodigieux, dont l'ensemble est parfois désigné sous le nom de *plissement alpin,* depuis les Pyrénées, les Alpes, jusqu'au delà de l'Himalaya dans les chaînes indo-chinoises, par les Carpathes, le Caucase et les chaînes de l'Iran. L'Atlas et d'autres montagnes se formèrent sur le pourtour de la Méditerranée; cette mer, qui ne consistait plus guère qu'en des cuvettes saumâtres, commença à s'écrouler par parties successives. — Partout d'ailleurs des effondrements; le continent qui occupait l'Atlantique Nord s'affaissa; de même

pour l'Atlantique Sud et pour une partie du Continent austral, ancienne terre stable et rigide; l'océan Indien, l'Australasie, prirent leur forme actuelle; dans l'Afrique orientale se produisirent de grandes cassures linéaires, dont la plus orientale se prolongea au Nord par la falaise de l'Abyssinie et la mer Rouge, jusqu'à la mer Morte.

Comme corollaire de cet immense ébranlement, l'activité volcanique prit des proportions extraordinaires; des crevasses fermées depuis longtemps, d'anciennes blessures, se rouvrirent, comme dans notre Massif central; des fissures nouvelles vomirent des torrents de lave le long des zones fracturées, en Afrique, dans le domaine méditerranéen, dans l'Europe occidentale et centrale, etc.; beaucoup de volcans sont entrés en activité à la période quaternaire et sont toujours menaçants.

30. **Modifications du climat. Conditions nouvelles de la vie organique.** — De grands changements climatériques se sont produits à la fin de l'époque tertiaire. A la période éocène, la flore et la faune ont encore un caractère tropical bien marqué; dans le voisinage des pôles on trouve une végétation qui exigeait une température supérieure de 20° à la moyenne actuelle. A l'époque miocène, en Europe, le climat devient de plus en plus humide; puis graduellement la température s'abaisse, tout en restant plus élevée qu'aujourd'hui; les zones de climat commencent à se dessiner, pour s'accentuer peu à peu jusqu'à nos jours.

Les conditions de la vie organique, jusqu'alors à peu près uniformes, se différencient et préparent la variété qui caractérisera l'ère moderne. Les grands bouleversements orographiques ont créé des conditions nouvelles et variées et amené un changement notable dans la faune et dans la flore. Les Mammifères, enfin remarquablement développés, prennent possession de la terre; dans les mers, les Mollusques sont de plus en plus analogues à ceux d'aujourd'hui; des faunes se localisent à la faveur de la variété des conditions naturelles. — Le monde végétal offre une diversité et une richesse jusqu'alors inconnues. C'est d'abord le règne des Palmiers, très répandus en Europe à la période éocène, puis les arbres à feuille caduque, qui occupèrent d'abord les pentes élevées des montagnes, et eurent la prépondérance au milieu des temps tertiaires.

**31. Ère quaternaire : période pleistocène. Le relief. Le climat : invasions glaciaires et creusement des vallées.** — La période actuelle n'est qu'une partie de l'ère quaternaire, caractérisée par l'entrée en scène de l'Homme sur la Terre. Le début du quaternaire, *période pléistocène,* a été marqué par d'importants phénomènes géographiques. La période vit la fin des grands bouleversements; la Méditerranée acheva de prendre sa forme actuelle par la formation de la mer Adriatique et de la mer Égée; l'écroulement des terres qui reliaient l'Asie à l'Europe mit en outre en communication la Méditerranée et la mer Noire ; les lambeaux du continent qui s'était étendu sur l'Atlantique achevèrent de disparaître.

Les prodigieuses dislocations de l'époque tertiaire, l'effondrement de l'Atlantique, la formation des hauts massifs montagneux, provoquèrent des changements de climat. Dès la fin du pliocène, les précipitations atmosphériques prirent un développement exceptionnel. Sur les hautes montagnes, des masses considérables de neige donnèrent naissance à d'immenses glaciers; ces glaciers débordèrent des vallées d'origine et envahirent souvent au loin les régions voisines; il y eut plusieurs avancées des glaciers, dont la première remonte à la fin des temps pliocènes. La seconde invasion fut la plus importante.

Dans l'Amérique du Nord, une gigantesque calotte de glace couvrait dans le Nord une région que limitaient au Sud les cours du Missouri et de l'Ohio; elle débordait dans le Nord-Est de l'Ohio ; en Europe, un immense manteau de glace s'étalait depuis le Nord de la Scandinavie sur toute l'Irlande, coupait au Sud le bassin de Londres, recouvrait la grande plaine de l'Allemagne du Nord et une grande partie de la Russie à l'Ouest et au Nord-Ouest; la Bavière, la Suisse, la vallée du Rhône dans la région de Lyon, étaient ensevelis sous les glaces des Alpes ; on a trouvé des traces de cette extension glaciaire dans tout l'hémisphère boréal.

Les grands courants fluviaux quaternaires, alimentés par des pluies intenses ou la fonte des glaciers, ont accompli un énorme travail d'érosion et accumulé des alluvions puissantes, par le creusement des vallées.

**32. La faune et la flore. Apparition de l'Homme.** — Les variations de climat de la période pleistocène ont eu leur répercussion sur la faune et sur la flore. La faune pleistocène en Europe a des rapports très étroits avec la faune actuelle; l'ensemble en existe encore ; certaines espèces ont émigré soit vers les régions froides, soit vers les régions chaudes. Au début, on rencontrait en Europe, grâce à un climat assez chaud, de grands Mammifères herbivores comme l'*Éléphant antique,* le *Rhinocéros bicorne,* le *grand Hippopotame;* on les trouve encore après la grande invasion glaciaire suivie d'une température clémente. Une dernière invasion des glaces les fit disparaître, laissant la place, dans un climat plus humide et plus froid, au Mammouth à la peau laineuse, au Renne et au Glouton, avec d'autres petits animaux de pays froids; il y avait alors une végétation de steppes, de grandes étendues herbeuses, et par place des *toundras* qui ne se rencontrent aujourd'hui que dans les régions arctiques. La température étant redevenue humide et douce et le climat se rapprochant de plus en plus du régime actuel, le Mammouth et le Renne émigrèrent avec le Glouton dans la zone glaciale arctique ; la Marmotte et le Chamois se réfugièrent sur les hauteurs des montagnes.

L'Homme paraît avoir fait son apparition dans nos pays pendant la période de climat doux qui suivit la grande extension glaciaire; il fut le contemporain de l'Éléphant antique et du grand Hippopotame.

Livres a consulter. — Laplace, *Exposition du système du monde*, 1796, 2 vol. — Wolf, *Les Hypothèses cosmogoniques*, Paris, 1886. — H. Faye, *Sur l'origine du monde. Théories cosmogoniques des anciens et des modernes*, Paris, 1895, 3e édit. — E. Reclus, *la Terre; les Continents*, chap. I et II, Paris, 1868. — A. de Lapparent, *Traité de Géologie*, 4e édit., Paris, 1900, 3 vol.

# CHAPITRE II

## LE GLOBE TERRESTRE DANS SON ÉTAT ACTUEL

**A. — Figure et dimensions de la Terre.** — La Terre n'est pas une sphère parfaite; elle présente un *aplatissement aux pôles* et un *renflement à l'équateur*. Le **méridien** n'est pas exactement circulaire, mais elliptique; le **mètre** représente la dix-millionième partie du quart du méridien terrestre. La Terre a une superficie de 510 000 000 kmq., un volume de 1 083 260 000 000 kmc., une circonférence de 40 070 km.

La densité du globe est de 5,50, cinq fois et demie supérieure à celle de l'eau. L'épaisseur de l'écorce solide est peu considérable; l'augmentation régulière de la température avec la profondeur permet de supposer que les matières sont en fusion à une distance de 30 à 60 km. de la surface.

Pour déterminer la position d'un point quelconque à la surface, on se sert des **latitudes** ou **parallèles**, donnant la position d'un lieu par rapport aux pôles et à l'équateur; des **longitudes** ou **méridiens**, fixant la position cherchée à l'Est ou à l'Ouest du méridien initial. Les **antipodes** sont des points diamétralement opposés sur le globe.

**B. — Répartition des terres et des mers.** — Les mers occupent 365 000 000 kmq.; les terres, 145 000 000 seulement, réparties d'ailleurs inégalement à raison de 100 000 000 kmq. pour l'hémisphère Nord, et 44 000 000 pour l'hémisphère Sud. — Les masses continentales, très élargies vers le pôle Nord, s'amincissent vers le Sud; les trois grands groupes de terres émergées sont partagés par une bande intercontinentale déprimée, la **dépression méditerranéenne**.

Les inégalités de la surface sont faibles; le plus haut sommet est le *Gaurisankar*, dans l'Himalaya, 8 840 m.; la fosse la plus profonde est à plus de 9 500 m. dans le Pacifique. Les grandes hauteurs s'élèvent le plus souvent sur le pourtour des continents, dont l'intérieur est loin d'être coordonné. Le relief du fond des mers présente les mêmes conditions générales, les grandes profondeurs se trouvent près des côtes élevées.

Les chaînes de montagne ont toujours un versant plus raide que l'autre, *dyssymétrique;* de même les rides sous-marines. Parfois les dénivellations terrestres et océaniques sont concordantes.

### A. — Figure et dimensions de la Terre.

1. **Sphéricité de la Terre.** — La Terre est de forme sphérique. On sait que, dès le VIe siècle avant notre ère, les philosophes ioniens croyaient à la rotondité de la Terre; Aristote en donna la première preuve indiscutable. Les preuves sont d'ailleurs nombreuses. Il en est d'observation courante; si, dans un port, on regarde un navire à vapeur s'éloigner de la rade, on

voit disparaître d'abord le corps de bâtiment, puis la mâture, et bientôt il ne reste plus à l'horizon que le sillage de la fumée; la Terre a donc une forme convexe. Les marins qui exécutent un voyage autour du monde décrivent une circonférence autour de la Terre. Une des preuves scientifiques de la sphéricité a été trouvée par Aristote : l'ombre ronde projetée sur la Lune par la Terre pendant une éclipse.

**2. Aplatissement de la Terre aux pôles et renflement à l'équateur.** — La Terre n'est pas une sphère parfaite; c'est un sphéroïde, c'est-à-dire « un globe très voisin d'une sphère ». Si l'on trace sur ce sphéroïde un MÉRIDIEN (ligne formant un arc de cercle d'un pôle à l'autre, et où il est midi en même temps pour tous les lieux qu'elle réunit), on obtiendra une ligne ovale et non pas une ligne exactement circulaire; cet ovale est une courbe que les géomètres nomment *ellipse;* tous les méridiens sont donc des ellipses; la Terre est un *ellipsoïde*. Elle est aplatie aux pôles et gonflée à l'équateur. Le télescope, inventé par GALILÉE, avait permis de voir que les planètes n'étaient pas rondes; CASSINI constata que Jupiter avait un aplatissement très net aux pôles et un renflement très marqué à l'équateur. Il en est de même de la planète Mars, mais d'une manière moins accentuée.

Le premier, NEWTON, en 1687, dans son livre des *Principes,* démontra théoriquement les déformations de la surface de la Terre. Tout point tournant en cercle développe ce que l'on appelle la force centrifuge, qui tend à l'éloigner du centre autour duquel il tourne; comme tout point de la surface est obligé de décrire autour de la Terre un cercle entier, il devient évident que la rotation du globe a réussi à écarter de l'axe les parties voisines de l'équateur, en déterminant un renflement de la zone équatoriale et un rétrécissement de l'axe des pôles, c'est-à-dire un aplatissement.

La théorie de Newton pouvait se vérifier assez facilement; un arc de 1° devait être plus grand au fur et à mesure qu'on se rapprochait du pôle; il suffisait donc de mesurer un arc de 1° à des latitudes différentes. L'Académie des sciences décida, nous le savons, d'organiser deux missions qui, simultanément, feraient la mesure d'un arc d'un degré, l'une le plus près possible du pôle, l'autre près de l'équateur (1735); chaque expédition emportait un spécimen de la *toise de Paris,* qui valait, d'après notre système métrique : 1m,949 mm. La longueur de l'arc d'un degré en Laponie fut reconnue être de 57 437 toises ; celle du Pérou, de 56 753 toises; ces différences rendaient le fait de l'aplatissement polaire désormais indiscutable. — On peut encore constater que l'aplatissement doit être d'autant plus considérable que la vitesse de rotation est plus grande; Jupiter en est un remarquable exemple[1].

3. **Le mètre.** — En 1798, au moment de fonder un nouveau système de mesures que l'on voulait établir d'après la figure même du globe, on calcula que la valeur de l'aplatissement, c'est-à-dire la différence entre le grand et le petit axe, devait être la 334e partie du grand axe. On donna au méridien elliptique une longueur de 20 522 960 toises; le quart était de 5 130 760 toises; on décida de prendre la dix-millionième partie du quart du méridien terrestre, et l'on chargea d'habiles physiciens de construire une règle en platine ayant exactement cette dimension; ce fut le MÈTRE, base du système métrique, dont les Archives nationales devinrent dépositaires. — Aujourd'hui on reconnaît d'ordinaire que l'aplatissement équivaut à un chiffre compris entre la 294e et la 300e partie du grand axe; cela suffit pour modifier la longueur du méridien; le quart du méridien devrait comprendre 1 956 mètres de plus. Le mètre ne représente donc plus exactement la dix-millionième partie du quart du méridien; il lui manque deux dixièmes de millimètre. Cette très légère différence ne saurait comporter une réfection du système.

4. **Dimensions de la Terre.** — On est d'accord aujourd'hui pour accepter les mesures suivantes :

1. Un physicien belge, *Plateau,* a fait une expérience ingénieuse qui confirme la théorie de Newton. On plonge une goutte d'huile dans un mélange d'eau et d'alcool ayant la même densité que l'huile; avec une aiguille assez longue pénétrant dans la goutte d'huile, on lui imprime un mouvement régulier et vif de rotation; la goutte se déforme bientôt, s'aplatit au pôle et se gonfle à l'équateur; elle devient un ellipsoïde. Si on accentue le mouvement, il se détache un anneau qui bientôt se divise en un certain nombre de petits globules, de minuscules ellipsoïdes qui tournent autour du globule central et prennent en réduction la même forme. — De plus, cette expérience est, on le voit, en partie, la vérification de l'hypothèse de Laplace.

| | | |
|---|---|---|
| Rayon de l'équateur........... | 6 377 | kilomètres. |
| Rayon polaire................. | 6 356 | — |
| Rayon moyen................... | 6 371 | — |
| Circonférence équatoriale..... | 40 070 | — |
| Méridien elliptique........... | 40 003 | — |

Superficie : 510 082 000 kilomètres carrés.
Volume : 1 083 260 000 000 kilomètres cubes
(plus d'un trillion — ou mille milliards — de kilomètres cubes).

Les différences entre les rayons équatorial et polaire, entre le tour de la Terre fait suivant le méridien ou l'équateur, s'expliquent aisément par le rétrécissement polaire et la dilatation équatoriale.

5. **La Terre est un « géoïde ».** — Toutes ces mesures sont censées s'appliquer au niveau de la mer, c'est-à-dire à la surface de la mer considérée comme prolongée partout sous les continents ; on devine sans peine que si l'on avait tenu compte des sinuosités, les chiffres seraient considérablement changés. Mais la surface du niveau de la mer n'est pas même un ellipsoïde mathématiquement défini ; la mer, inégalement salée, a une densité inégale ; de plus, son niveau est constamment modifié par l'action des courants et des vents. Les variations produites par ces causes ne sont pas très considérables ; la déformation due à l'attraction des terres est beaucoup plus importante. La surface des mers subit une dénivellation au voisinage des lignes continentales et des masses de relief ; la surélévation près des côtes pourrait atteindre 1 000 mètres (dans l'océan Pacifique). Notre globe est donc un ellipsoïde modifié en chaque point par la terre ferme ; à cet ellipsoïde ainsi modifié, à cette figure nouvelle, aux traits particuliers, on a donné le nom de *géoïde*.

6. **Densité du globe.** — Il a été possible de calculer la densité moyenne de la Terre ; il est à peu près certain qu'elle est de 5,50, c'est-à-dire cinq fois et demie supérieure à celle de l'eau. La densité de l'eau de mer est peu supérieure à 1 ; celle des roches de la surface oscille entre 2 et 3 ; il en résulte que la densité doit s'accroître avec la profondeur et que les matériaux de l'intérieur doivent être superposés par ordre de densité.

7. **Épaisseur de la croûte terrestre.** — Nous venons de voir que le mouvement de rotation avait déformé la surface terrestre ; or, l'observation montre qu'une sphère en fer, en bois, ou faite d'une matière rigide quelconque, ne se déforme pas, même dans un mouvement des plus rapides ; si un globe métallique creux n'a qu'une enveloppe mince, il subit une déformation. Cela nous permet de penser que notre planète, à un moment donné, a été assez flexible pour obéir à la force centrifuge ; on

peut supposer encore que la croûte primitive ne s'est développée qu'après que le globe eut pris la forme imposée par le mouvement de rotation. — Quoi qu'il en soit, le globe est entouré d'une enveloppe de matière solide; les parties émergées y forment les continents, les parties immergées sont recouvertes par la masse des mers que la pesanteur retient adhérente à la surface; l'enveloppe sert encore de support à l'atmosphère qui forme une gaine continue autour de la Terre.

Cette *enveloppe ne doit avoir qu'une faible épaisseur.* — Partout où l'on s'enfonce dans le sol, par un puits de mine, dans un sondage, on constate l'augmentation de la température; elle croît d'environ 1° pour 30 ou 40 mètres. On a trouvé 55° à 1 700 mètres et 67° à 2 000 mètres; c'est le sondage le plus profond que l'on ait pu exécuter. Dans ces conditions, à 30 kilomètres, la température serait de 1 000°, ce qui est la température des laves en fusion; et à 60 kilomètres, de 2 000°, température à laquelle tous les métaux et les corps les plus réfractaires sont entrés en fusion. Comme le rayon moyen de la Terre est de 6 371 kilomètres, si la progression de la température continue vers le centre, elle doit être prodigieuse. — Il paraît donc logique d'admettre que l'écorce superficielle du globe, peu puissante, doit avoir de 30 à 60 kilomètres d'épaisseur. Les constatations précédentes confirment en outre la fluidité et l'état de fusion des matières dans l'intérieur, confirmation que précise le volcanisme. — L'écorce est d'ailleurs suffisante, par suite de sa mauvaise conductibilité, pour empêcher la chaleur du noyau intérieur d'être perceptible au dehors, chaleur qui, cependant, se dissipe avec une extrême lenteur par rayonnement.

8. **Moyens et points d'orientation.** — De bonne heure il fut nécessaire de connaître avec le plus de précision possible la position d'un pays, d'une ville, d'un point quelconque de la surface du globe. Les POINTS CARDINAUX, *Nord*, *Sud*, *Ouest*, *Est*, servirent à l'orientation; il était assez facile de les déterminer. La nuit, on trouve facilement la direction du Nord grâce à l'*Étoile polaire;* son vif éclat la fait reconnaître aisément dans le prolongement des deux étoiles formant l'extrémité du Chariot, dans la constellation de la Grande Ourse; elle est exactement

au-dessus du pôle. Pendant le jour, à midi, le Soleil occupe la position Sud par rapport à nous; si nous lui tournons le dos, le Nord est en face de nous, l'Est à droite, l'Ouest à gauche. L'Est est la partie de l'horizon où l'on croit voir lever le soleil; on l'appelle souvent le *Levant* ou l'*Orient;* l'Ouest, où paraît se coucher le Soleil, est le *Couchant* ou l'*Occident*. — On peut s'orienter encore à l'aide de la BOUSSOLE, qui a la propriété d'indiquer le pôle magnétique, qui est plus ou moins éloigné du pôle réel; on a ainsi à peu près la direction du Nord.

9. **Latitude et longitude. Parallèles et méridiens.** — Mais ces procédés ne pouvaient donner qu'une approximation insuffisante; les géographes, voulant une détermination rigoureusement exacte des points de la surface, imaginèrent un réseau de lignes adaptées à la forme de la sphère et permettant de connaître les positions suivant le Nord et le Sud, l'Est et l'Ouest : ces lignes sont la LATITUDE, mot qui exprime la largeur, et la LONGITUDE, qui exprime la longueur. La latitude donne la position d'un point par rapport aux pôles et à l'équateur, la longitude par rapport à l'Est et à l'Ouest d'un point déterminé. Pour exprimer la latitude et la longitude, on a divisé la sphère terrestre en degrés. Pour la latitude, ces degrés sont figurés par des cercles parallèles à l'équateur et entre eux (d'où le nom de PARALLÈLES employé pour désigner les latitudes) et dont le diamètre va en diminuant à mesure que l'on se rapproche du pôle; il y a 90 degrés de latitude; le 90° est le point central du 89ᵉ cercle; le 0° correspond à l'équateur. La longitude est exprimée par des lignes tirées d'un pôle à l'autre, que l'on appelle des MÉRIDIENS; la circonférence est partagée en 360 sections qui vont de 0° à 180° à l'Ouest du méridien d'origine, de 0° à 180° à l'Est. Il n'y a pas pour les longitudes de méridien d'origine imposé par la nature, comme l'équateur l'est pour les latitudes; en France nous nous servons du *méridien de Paris* (Observatoire); l'Angleterre se sert du *méridien de Greenwich*.

Chaque degré de latitude et de longitude est divisé en 60 minutes, chaque minute en 60 secondes; on les énonce de la manière suivante : Paris, 48° 50′ 49″ lat. N.; Greenwich, 2° 20′ 14″ long. W. Paris. La distance entre chaque degré de latitude est de 111 kilomètres 300 mètres environ. — La connaissance de la latitude et de la longitude est précieuse en diverses circonstances; pratiquement, elle permet le calcul des distances d'un point à un autre, l'évaluation des dimensions d'un pays; elle est souvent d'un intérêt vital pour les navigateurs et les explorateurs, qui ont besoin de « prendre le point » afin de fixer leur position précise. Les latitudes et les longitudes ont contribué au développement des cartes rigoureusement exactes et à nous donner ainsi une image plus vraie de la Terre.

10. **Antipodes.** — On donne le nom d'ANTIPODES aux points qui sont aux deux extrémités d'un diamètre sur le globe, c'est-à-dire en opposition diamétrale. Les Grecs désignaient ainsi les hommes qui avaient les pieds opposés aux leurs dans l'hémisphère correspondant. — L'antipode d'une ville de France, par exemple, sera placé dans l'hémisphère austral à la même latitude, mais à 180° de longitude, soit la moitié du globe.

### B. — Répartition des terres et des mers.

11. **Inégalité de la répartition des terres et des mers sur le globe et entre les deux hémisphères.** — Sur le globe, la répartition des surfaces continentales et des surfaces marines est très inégale. On calcule que les terres occupent 145 millions de kilomètres carrés, et les mers 365 millions; ces chiffres comportent des réserves; en effet, on attribue, dans le total des terres, dix millions de kilomètres carrés à un continent antarctique dont on présume l'existence; les parties inconnues dans les deux hémisphères doivent atteindre encore, malgré les succès des dernières explorations, 10 à 15 millions de kilomètres carrés. Quoi qu'il en soit, le domaine maritime représente les sept dixièmes de la surface terrestre environ.

L'inégalité des domaines continentaux et marins est encore accentuée par la disproportion qui existe entre les deux hémisphères; la terre ferme est comme concentrée dans l'hémisphère boréal, où elle occupe plus de 100 millions de kilomètres carrés, tandis que dans l'hémisphère austral elle ne dépasse guère 44 millions.

Les plus hautes latitudes atteintes par l'Europe sont 71° 10′ lat.; par l'Asie, 77° 42′; par l'Amérique du Nord, 71° 50′. Dans l'hémisphère austral l'Amérique du Sud ne dépasse pas 56° lat. S. (latitude d'Édimbourg); la pointe terminale de l'Afrique est à 34° 51'; celle de la Tasmanie, à 43° 30' (latitude du Nord du Portugal); celle de la Nouvelle-Zélande à 47°. — Il peut être intéressant de voir la proportion des surfaces terrestres et marines, à des intervalles de 10 degrés de latitude.

**Pourcentage des surfaces continentales et marines de 10 en 10 degrés de latitude** (d'apr. H. WAGNER).

| HÉMISPHÈRE NORD | | | HÉMISPHÈRE SUD | | |
|---|---|---|---|---|---|
| LATITUDES | TERRES en °/° | MERS en °/° | LATITUDES | TERRES en °/° | MERS en °/° |
| 80°-70° lat. N. | 28.8 | 71.2 | | | |
| 70°-60° — | 71.4 | 28.6 | | | |
| 60°-50° — | 56.9 | 43.1 | 60°-50° lat. S. | 0.8 | 99.2 |
| 50°-40° — | 52.3 | 47.7 | 50°-40° — | 3.2 | 96.8 |
| 40°-30° — | 42.8 | 57.2 | 40°-30° — | 11.4 | 88.6 |
| 30°-20° — | 37.6 | 62.4 | 30°-20° — | 23.1 | 76.9 |
| 20°-10° — | 26.3 | 73.7 | 20°-10° — | 22.1 | 77.9 |
| 10°- 0° — | 22.8 | 77.2 | 10°- 0° — | 22.6 | 76.4 |

12. **Division du globe en hémisphères océanique et continental.** — La disproportion est mise encore plus en évidence si on adopte une autre ligne de pôles pour point de départ d'une autre division des hémisphères. Si on prend comme pôle Nord une point situé vers le centre de la France, le pôle Sud sera à l'Est de la Nouvelle-Zélande; ce dernier pôle sera entouré d'un hémisphère presque entièrement marin; les terres n'y seront représentées que par l'Amérique méridionale, la Polynésie et l'Australasie. — Il est encore curieux de constater que les antipodes des terres émergées ne sont presque jamais des surfaces continentales, mais la pleine mer pour les dix-neuf vingtièmes, et que *les régions saillantes, les continents émergés, ont pour contre-partie, à l'opposé du globe, des terres immergées et des dépressions.*

13. **Formes générales des continents. Dépression méditerranéenne.** — Les formes générales des continents comportent des observations importantes. Tous les continents s'épaississent dans l'hémisphère boréal en se rapprochant du pôle; ils entourent le pôle Nord, ne laissant que d'étroits passages entre l'Asie et l'Amérique, entre l'Amérique et le Groenland; seule une large trouée existe entre cette grande île et la Norvège.

Par contre, les trois masses continentales, l'Europe avec l'Afrique, l'Asie avec son prolongement méridional l'Australasie, et les Amériques se rétrécissent progressivement et se terminent en pointe vers le Sud (cap de Bonne-Espérance, Tasmanie, cap Horn). — On peut encore remarquer que les parties australes des continents marquent plus ou moins nettement une déviation vers l'Est.

Enfin les trois ensembles de terre émergées sont partagées en deux parties, suivant des proportions variables, par une bande transversale déprimée, qui, séparant des terres, s'appelle

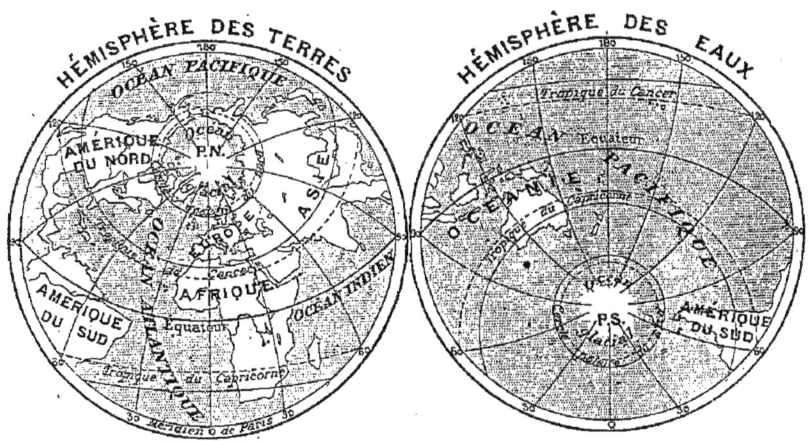


la DÉPRESSION MÉDITERRANÉENNE. Elle n'existe pas seulement entre l'Europe et l'Afrique, où elle est nettement marquée; elle se poursuit à travers les deux autres masses continentales que nous avons déterminées : les deux Amériques sont séparées par les diverses parties de l'Amérique centrale, autrefois des îles, par les profondeurs de la mer des Antilles et du golfe du Mexique; à l'Est de la Méditerranée européo-africaine, se développent au Sud de l'Asie les dépressions de la vallée du Tigre et de l'Euphrate, du golfe Persique, des vallées de l'Indus et du Gange, aujourd'hui comblées par les alluvions; enfin les profondes cuvettes qui se creusent entre les îles orientales de l'archipel Asiatique.

14. **Les plus grandes hauteurs et profondeurs.** — On a cru longtemps que la mer avait des fosses et des gouffres inson-

dables, que les montagnes avaient des cimes vertigineuses; la valeur réelle des protubérances et des dépressions qui accidentent la surface est, au contraire, d'une assez faible importance. Le plus haut sommet connu est le *Gaurisankar* (8 840 m., dans l'Himalaya); deux sondages récents ont marqué 9 427 mètres au Sud de la *fosse des îles Tonga,* en Polynésie (juin 1895, sondage du vaisseau anglais *le Penguin*); une fosse de 9 630 mètres, *fosse du Nero,* aurait été trouvée, en 1899, entre les îles Midway et l'île de Guam (îles Mariannes), par le navire *le Nero* étudiant le tracé d'un futur câble transpacifique américain.

Si l'on s'en tient au chiffre de 9 500 mètres pour la plus grande profondeur marine et qu'on y ajoute la hauteur du Gaurisankar, on arrive à une dénivellation totale de près de 18 500 mètres, chiffre insignifiant, ne représentant que la 345e partie du rayon terrestre. Sur un globe de 10 mètres de diamètre, il suffirait de moins de 8 millimètres pour figurer la plus grande profondeur. En somme, les déformations que l'on rencontre à la surface du sphéroïde sont des plus faibles; il est classique de dire que la surface de la Terre est beaucoup moins bossuée, moins inégale que la peau d'une orange.

15. **Altitude et profondeur moyennes des terres et des mers.** — Ces chiffres extrêmes sont très loin de la moyenne des inégalités de la surface. Alexandre de Humboldt s'était le premier préoccupé d'établir des mesures moyennes des terres et des mers; après lui, de nombreux géophysiciens ont apporté leur contribution à cette étude. On est aujourd'hui à peu près d'accord sur les chiffres suivants :

| CONTINENTS | HAUT. MOY. | OCÉANS | PROFOND. MOY. |
|---|---|---|---|
| Europe | 330 mètres. | Océan Atlantique | 3.330 mètres. |
| Asie | 1.010 — | Océan Pacifique | 3.870 — |
| Afrique | 660 — | Océan Indien | 3.600 — |
| Australie | 310 — | | |
| Amérique du Nord | 650 — | | |
| Amérique du Sud | 650 — | | |

On accepte, en chiffres ronds, 700 mètres pour l'altitude moyenne de l'ensemble des continents; pour l'ensemble des surfaces marines, 3 500 à 3 600 mètres. D'après ces chiffres, le volume des terres émergées serait de 100 millions de kilomètres cubes; celui de la masse océanique serait environ 13 fois plus considérable.

16. **Relief des continents.** — Il convient de présenter maintenant la localisation géographique des éléments importants du relief émergé ou immergé. Jadis la conception erronée de la *ligne de partage des eaux* faisait imaginer une sorte d'ossature intérieure ou encore de dôme d'où s'écoulaient les eaux vers la mer. D'autre part, on se représentait la mer comme une gigantesque cuvette où la profondeur allait en croissant du rivage vers le centre. Ce sont là des idées inexactes; les derniers partisans de l'ancienne ligne de partage des eaux ont dû se rendre à l'évidence. On voit, en regardant une carte hypsométrique, que les *hauts reliefs* sont presque toujours *localisés dans le voisinage des côtes, sur le pourtour des continents.*

En Asie, une série d'alignements d'îles montagneuses, en forme d'arc, suit le rebord oriental du continent; l'Himalaya et l'énorme massif du Tibet avec les chaînes qui divergent en Indo-Chine, accompagnent le bord méridional de l'Asie. En Australie, la seule partie élevée est la Cordillère australienne, qui longe la côte Est. Dans les deux Amériques, les masses montagneuses les plus importantes bordent sans interruption le Pacifique, de l'Alaska à la Terre de Feu, et c'est le long des rivages orientaux que s'élèvent des hauteurs, plus atténuées, la chaîne des Alleghanys et le plateau brésilien. En Afrique, les plus grandes hauteurs se trouvent à l'Est. En Europe, il suffira de signaler la masse des monts Scandinaves, et contre la Méditerranée le puissant bourrelet des Alpes et des montagnes contemporaines de la périphérie. — D'après les calculs de M. Penck, les plus fortes altitudes ne sont pas distantes de la mer de plus de 250 kilomètres en Europe et en Australie, de plus de 500 dans l'Amérique du Sud et en Afrique, de plus de 750 dans l'Amérique du Nord, de plus de 1 500 en Asie.

Si les hautes montagnes sont d'ordinaire sur le pourtour des continents, l'*intérieur* est loin de présenter une surface homogène; *il ne forme presque jamais un ensemble coordonné.* Dans l'intérieur des continents on constate le plus souvent la juxtaposition de massifs élevés et de régions déprimées, un assemblage de formes disparates; c'est le cas très net de l'Asie centrale, où les hautes terres du Tibet et du Pamir, des monts Tian-Chan, dominent les territoires déprimés du désert de Gobi, du bassin du Tarim, du Turkestan. Il en est de même dans l'Europe centrale, où de nombreuses dépressions sont encadrées de montagnes; certaines parties de l'Australie et de

Coupe de l'Asie Centrale par le méridien du Tengri-Nor et du Lob-Nor.
Hauteurs : 0.003 pour 1.000 mètres.

l'Afrique présentent une réelle indécision de relief.

**17. Relief du fond des mers.** — D'autre part, les fosses marines ne se rencontrent pas dans la partie médiane des Océans. Elles sont souvent non loin des côtes de régions élevées. Dans l'océan Pacifique, les grandes fosses de 6 à 8 000 mètres et plus se trouvent le long des îles montagneuses des Kouriles et le Nord du Japon, le long des îles Tonga, le long du Chili et du Pérou. Dans l'océan Indien, les profondeurs se creusent le long des rivages montagneux de Java. Dans l'océan Atlantique Nord, la fosse la plus profonde s'étend le long des Antilles; la partie centrale de l'Océan est une longue plate-forme sous-marine assez peu profonde; les grands fonds sont sur le pourtour. — Les mers de Banda et de Célèbes ont de profonds abîmes bordés d'îles montagneuses qui ne sont souvent que les sommets de chaînes en partie submergées. La Méditerranée est composée d'une série de cuvettes où les grandes profondeurs se dessinent le plus souvent non loin des rivages que dominent de hautes montagnes.

Les mers ne sont donc pas des cuvettes régulières; comme les continents, elles présentent des protubérances et des fosses; des compartiments de relief inégal coexistent souvent côte à côte.

**18. Comparaison du relief des continents et des océans.**

— L'allure générale du relief sous-marin est comparable à l'allure générale du relief terrestre. Par exemple, si des pluies intenses et continues venaient à tomber dans les parties déprimées de l'Asie centrale, il se formerait, à la longue, dans le désert de Gobi et dans celui du bassin du Tarim, de grandes mers intérieures. Inversement, si le niveau de la mer venait à s'abaisser de 1000 mètres environ dans la région des îles de la Sonde et des Moluques, les mers de Banda, de Célèbes, etc., seraient transformées en lacs; il en serait de même pour la Méditerranée, où un abaissement de niveau de 500 mètres créerait un grand lac intérieur; par une diminution de niveau de 1 500 à 2 000 mètres, le lac se subdiviserait en cuvettes espacées; un assèchement complet en ferait une série de dépressions.

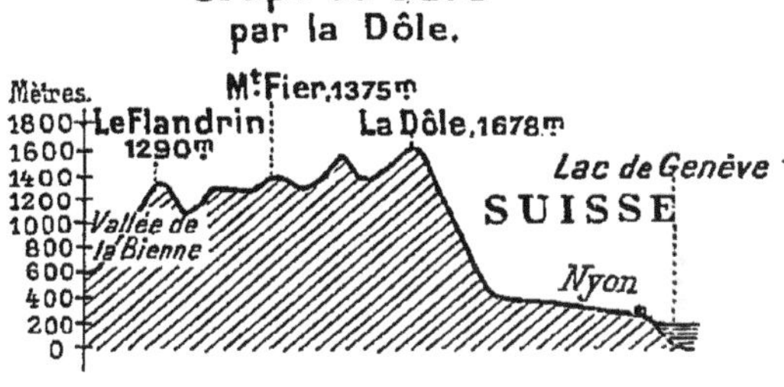


La raideur des pentes océaniques est égale ou supérieure à celle des

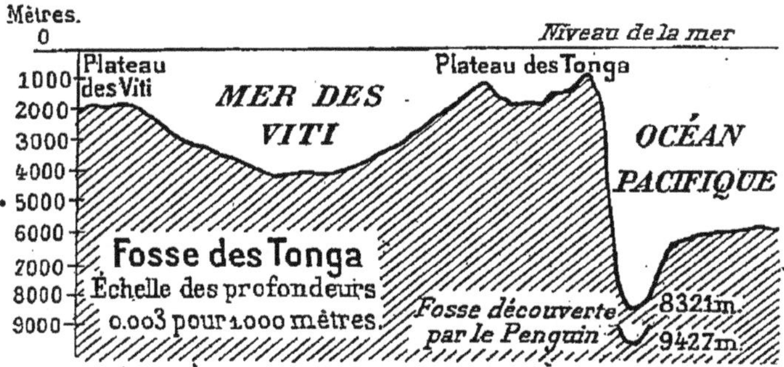


pentes terrestres. Dans le golfe de Biscaye, la déclivité est de 56 mètres pour 1000; près des côtes du Maroc, le fond s'abaisse à raison de 180 à 190 mètres pour 1 000; le long des îles Bermudes, du golfe de Guinée, il existe de véritables abîmes où la chute est de plus de 500 mètres pour 1 000. Entre les plus hauts sommets des Alpes et les vallées voisines les plus profondes, la déclivité dépasse assez rarement 200 mètres pour 1 000.

19. **Dyssymétrie du relief terrestre.** — Il est d'observation courante que le relief terrestre ne présente pas de symétrie; on peut considérer comme une loi ce fait que les versants des chaînes de montagnes sont inégalement inclinés; un versant

est toujours plus raide que l'autre; les Alpes s'élèvent abruptement au-dessus de la plaine du Pô, tandis que sur l'autre face elles sont précédées par une série de massifs et de chaînes latérales; le Jura se dresse comme un mur au-dessus du plateau suisse, et de l'autre côté s'abaisse en plis ou plateaux suc-

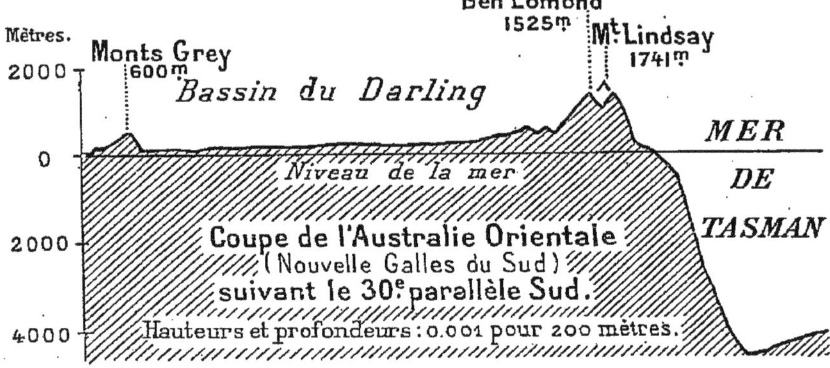


cessifs; les Pyrénées dominent comme une muraille les plaines d'Aquitaine et forment des chaînes et des plateaux du côté de l'Espagne. — Les rides sous-marines présentent d'ailleurs le même profil irrégulier que les rides continentales : ainsi la

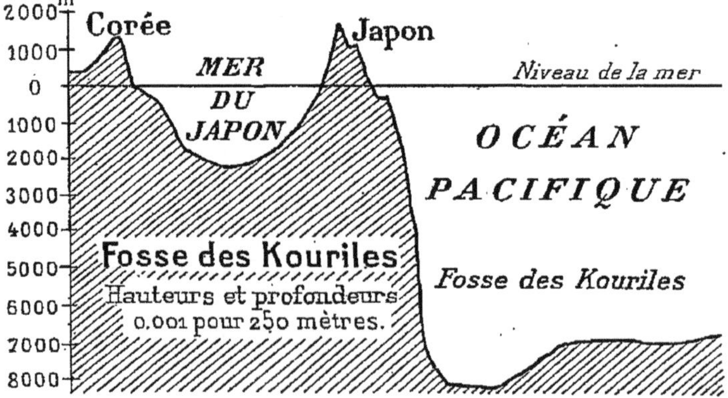


fosse des Tonga (9 427 m.) est le versant abrupt du plateau des îles Tonga qui s'abaisse doucement du côté de l'Ouest; il en est de même de la fosse qui borde la côte Est de l'Australie, et de la fosse des Kouriles. — Cette *dyssymétrie* prend une valeur singulière lorsque l'on constate la concordance fréquente des dénivellations terrestres et océaniques. Ce fait est particulièrement sensible le long de la Cordillère des Andes, où la déclivité se continue nettement depuis des sommets de 5000 à 8000 mètres jusqu'à des profondeurs de 6000. La juxtaposition des hautes altitudes et des grandes profondeurs accuse les lignes importantes de dislocation de la surface

20. **Profil différent du relief continental et sous-marin.** — On a pu dire que le relief sous-marin n'avait pas l'aspect *déchiqueté, dentelé* que présentent les terres émergées. La raison en est que les masses continentales, une fois émergées, sont devenues la proie de l'érosion, le champ d'action des facteurs de toute nature qui ont morcelé, découpé la surface, laissant en saillie

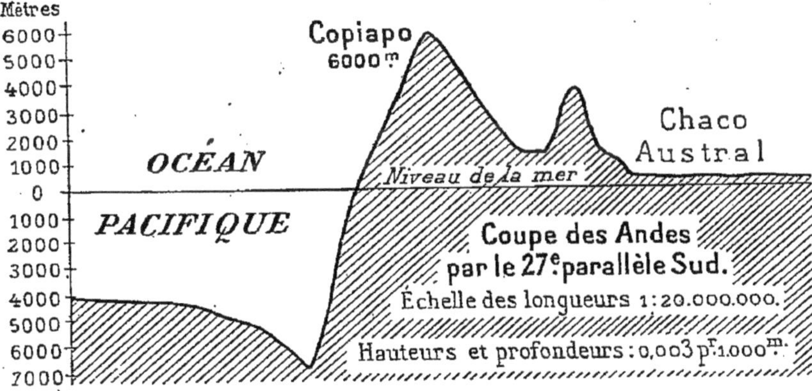


les parties dures, creusant profondément les parties moins résistantes et créant ainsi un relief extrêmement varié. Il n'en est pas de même du relief sous-marin, qui, à l'abri des agents d'érosion, a conservé des formes régulières, d'un dessin plus mou.

Mais ce sont là des différences tout à fait superficielles; les grandes inégalités des profondeurs marines ne diffèrent pas des inégalités des surfaces continentales; les terres et les mers ne forment pas deux domaines distincts. L'*écorce terrestre présente partout des déformations analogues;* dans chacune des parties émergées et immergées, les grands traits sont les mêmes; *le relief des terres et des mers est de même essence.*

Livres a consulter. — A. de Lapparent, *Traité..., ouvrage cité*, première partie, livre premier. — Du même, *Leçons de géographie physique*, 2e édit., Paris, 1898, 1re et 2e leçons. — A. Penck, *Morphologie der Erdoberfläche* (collection des manuels géographiques Fr. Ratzel), Stuttgart, 1894; I, chap. I à IV. — Ed. Suess, *la Face de la Terre* (*Das Antlitz der Erde*), traduction, Paris, 1897-1902, 3 vol.

# CHAPITRE III

## L'ÉLÉMENT GAZEUX. — L'ATMOSPHÈRE

### I. — Air atmosphérique. — Température. Pressions et vents.

**A. — Propriétés de l'air atmosphérique.** — L'air est *pesant;* la pression de l'air est égale au poids d'une colonnne de mercure de 76 cm.; l'épaisseur de l'atmosphère est inconnue. L'air, composé de 21 volumes d'oxygène, de 79 d'azote et de quelques autres éléments moins importants, s'échauffe au contact de la Terre; mais l'absorption de la chaleur n'est forte que lorsqu'il est imprégné de vapeur d'eau.

**B. — La température.** — Diverses causes influent sur la *répartition de la chaleur,* dont l'unique source est le Soleil : 1° l'inclinaison de l'axe de rotation de la Terre détermine une distribution inégale de chaleur; 2° la température diminue avec l'altitude; 3° l'inégal échauffement des terres et des mers est un fait capital, plus important que l'influence des courants aériens ou marins.

A l'aide de lignes isothermes, on relie tous les points de même température moyenne annuelle; de préférence on recherche les variations annuelles de température, c'est-à-dire l'écart entre les moyennes du mois le plus chaud et du mois le plus froid; la variation diurne et les températures extrêmes sont d'un haut intérêt; les extrêmes de chaleur ont été observés dans les déserts, les extrêmes de froid à Verkhoïansk, en Sibérie (— 69°,8).

**C. — La circulation atmosphérique; pressions et vents.** — L'inégalité de la pression de l'air sur les divers points de la surface donne lieu aux hautes et aux basses pressions, que l'on nomme encore anticyclones et cyclones; les lignes isobares relient les points d'égale pression. Le vent souffle des hautes pressions vers les basses pressions; la rotation de la Terre lui impose une déviation.

La zone des calmes équatoriaux ne connaît que des courants ascendants; de part et d'autre de l'équateur soufflent des vents réguliers, *alizés* et *contre-alizés.* Il existe des vents périodiques pendant une saison ou au cours d'un jour et d'une nuit; parmi ces vents, les *moussons* sont d'une importance vitale pour l'Asie; les *brises de montagne et de vallée, de terre et de mer,* sont de cette catégorie. En dehors de ces courants aériens, il n'y a plus que des vents variables avec vents dominants. Parmi les vents locaux, le *mistral* et le *fœhn* ont une notable importance; des déserts viennent souvent des souffles enflammés.

### A. — Propriétés de l'air atmosphérique.

1. **Généralités.** — L'étude de l'élément gazeux ou atmosphère est l'objet de la *Météorologie.* Tous les phénomènes de l'atmosphère n'intéressent pas le géographe au même degré; il se borne à l'étude de la *Climatologie,* qui traite des relations des divers phénomènes météorologiques entre eux et des modifications que

leur impose la variété des conditions géographiques à la surface du globe.

La Météorologie est une science toute moderne; elle ne date guère de plus d'un demi-siècle. ALEXANDRE DE HUMBOLDT fut l'inventeur des lignes isothermes; mais il avait fort peu d'observations à sa disposition. Or il est nécessaire d'en posséder un très grand nombre, à la fois dans le temps et dans l'espace. Ce fut le commandant américain MAURY qui commença, vers le milieu du siècle dernier, à réunir les observations de toute nature prises par des navigateurs, et à en provoquer d'autres. En 1853, la *Conference météorologique internationale* de Bruxelles précisa la nécessité de faire partout des observations. LE VERRIER fut l'initiateur de la méthode des observations simultanées, qui se multiplièrent grâce au télégraphe; aujourd'hui, dans tous les grands pays civilisés, existent des Services météorologiques et des Observatoires.

2. **Poids et épaisseur de l'atmosphère.** — Pendant longtemps on a cru que l'air n'était pas pesant. L'invention du baromètre, en 1643, a permis de constater que la pression de l'air est égale au poids d'une colonne de mercure de la hauteur de 76 centimètres environ. Le poids est considérable; la pression exercée par l'atmosphère sur 1 mètre carré est de 10 333 kilogrammes. Elle diminue avec l'altitude.

L'atmosphère est une enveloppe d'air, une sorte de gaine entourant la terre. Il est difficile d'en mesurer la hauteur; elle n'a pu être étudiée que jusque vers 10 000 mètres d'altitude, et les plus hautes ascensions n'ont pas dépassé 10 800 mètres; l'air raréfié n'a plus à cette distance de la Terre assez d'oxygène pour permettre la respiration. L'exploration de la haute atmosphère à l'aide de ballons-sondes, jusqu'à 17 000 mètres et au delà, n'a guère donné de résultats qu'au point de vue des températures. Il est très vraisemblable que les couches supérieures sont de moins en moins denses et que l'atmosphère va en se diluant jusqu'à se perdre dans l'éther.

On a fait quelques calculs de la hauteur de l'air. LAPLACE avait trouvé que le point où les molécules d'air ne seraient plus entraînées dans l'orbite terrestre devait être à 42 000 kilomètres. BIOT, qui fit avec GAY-LUSSAC des expériences célèbres, se fondant sur la raréfaction de l'air et la diminution de la pression barométrique, n'arrivait qu'à 48 kilomètres. D'autres ont donné les chiffres de 75 et de 320 à 380 kilomètres. L'épaisseur de l'atmosphère demeure inconnue.

3. **Composition et mobilité de l'air.** — Les beaux travaux

de Lavoisier ont fait connaître que l'air se compose essentiellement d'oxygène et d'azote, dans le rapport de 21 volumes d'oxygène environ à 79 d'azote; on y trouve également une certaine quantité d'acide carbonique toujours faible, de trois à six dix-millièmes; quelques grammes de vapeur d'eau, 20 à 25 par mètre cube dans la zone torride, 10 à 12 en France, une proportion très faible au sommet des hautes montagnes; enfin quelques autres éléments moins importants. — L'oxygène est le gaz qui nous intéresse le plus; la vie devient difficile avec une diminution de 21 à 17 volumes environ; l'oxygène est moins abondant sous l'équateur que dans les régions tempérées; il se raréfie avec l'altitude.

L'air est un *fluide*, il est donc *mobile*. La loi des fluides est de se mettre en équilibre; les molécules d'air glissent facilement les unes sur les autres, ce qui explique les mouvements de l'atmosphère.

4. **La vapeur d'eau dans l'air.** — L'air laisse passer la lumière et la chaleur; il s'échauffe par les couches inférieures, au contact du sol; quand il est très sec, il ne s'échauffe que très peu, et l'absorption de la chaleur est faible; c'est le contraire quand il est imprégné de vapeur d'eau. La vapeur d'eau en suspension intercepte les rayons caloriques au passage; c'est elle qui emmagasine une partie notable de l'énergie calorifique envoyée à la Terre et réfléchie par elle; elle forme un véritable réservoir de chaleur, un régulateur de température; les molécules de vapeur d'eau rayonnent autour d'elles la chaleur qu'elles ont en réserve. Si un écran de vapeur d'eau ne s'interpose pas entre le sol et le ciel, le *rayonnement* de la Terre, c'est-à-dire la déperdition de chaleur, sera rapide et intense, ainsi d'ailleurs que l'*insolation*, c'est-à-dire l'absorption de la chaleur solaire par la Terre[1].

Plus l'air est chargé de vapeur d'eau, plus il s'échauffe; plus il se dilate, plus il devient léger et tend à monter. *L'air*

1. La présence de l'acide carbonique augmente le pouvoir absorbant de l'atmosphère. Donc si l'atmosphère était plus saturée d'acide carbonique, plus chargée de vapeur d'eau, par conséquent plus épaisse, une atmosphère de cette nature serait pour la Terre un précieux instrument d'atténuation des différences climatériques. *Cf.* de Lapparent, *Traité de géologie,* I, p. 81.

*humide est plus léger que l'air sec; l'air chaud est plus léger que l'air froid.*

5. **Méthode à suivre dans l'étude des climats.** — Les différents facteurs d'un climat, température, vents et pluie, dépendent étroitement les uns des autres. On ne peut séparer l'étude des pluies de celle des vents, sauf dans la zone équatoriale; les pluies et la température sont en rapports très étroits. Toutefois, les différences de densité de l'air, conséquence de la température chaude et froide, mettent en mouvement les courants aériens, qui eux-mêmes véhiculent les pluies sous forme de nuages. Il convient donc de commencer l'étude de la climatologie par la température, et de la continuer par les vents et les pluies. Dans chaque ordre de questions nous découvrirons et nous exposerons des lois générales; selon les cas, ces lois seront sensiblement modifiées par des causes perturbatrices.

## B. — La température.

6. **Source de la chaleur.** — La grande et presque l'unique source de chaleur est le Soleil; c'est l'ensemble des radiations qu'il envoie qui détermine l'état calorifique de la Terre. La chaleur interne peut se transmettre par conductibilité à travers l'écorce solide, mais cette influence, extrêmement limitée, est négligeable; il en est de même de l'effet calorifique des volcans, qui n'intéresse que les régions limitrophes. Quant au rayonnement des astres, les mesures précises font défaut; on peut considérer leur effet thermique comme une sorte d'élément permanent et général pour tout le globe.

7. **Répartition de la chaleur. 1° Conditions astronomiques. Climat mathématique.** — La quantité de chaleur reçue par une surface donnée dépend surtout de l'angle que font les rayons lumineux avec cette surface; quand les rayons sont perpendiculaires, la chaleur est plus forte; obliques, elle diminue. L'étude des mouvements de la Terre dans le système solaire nous a permis de constater que, par suite de l'inclinaison de l'axe de rotation terrestre sur l'écliptique, il y avait inégalité des jours et des nuits, donc inégalité de lumière; que le même point du sol n'était pas toujours éclairé sous le même angle par le Soleil, par suite ne recevait pas toujours la même quantité de chaleur; d'où l'existence des saisons, très variables suivant les diverses zones terrestres. Les hémisphères eux-mêmes ne sont pas également traités; par suite de l'ellipticité de l'orbite, l'é-

loignement de la Terre varie par rapport au Soleil; il se trouve que l'hémisphère boréal a un hiver plus court et légèrement plus chaud que l'hémisphère austral; ainsi l'ellipticité de l'orbite atténue les différences entre l'été et l'hiver de l'hémisphère Nord, et les exagère dans l'hémisphère Sud; mais *au total* les deux hémisphères reçoivent au cours d'une année la même somme de chaleur. — La précession des équinoxes favorise actuellement notre hémisphère.

Si ces causes agissaient seules, il suffirait de connaître la latitude d'un lieu pour connaître sa température à toute époque de l'année. Entre ce *climat mathématique* et le climat réel, il y a de grandes différences[1]. La température s'abaisse d'une façon générale vers les pôles et coïncide plus ou moins avec les parallèles; mais beaucoup de causes perturbatrices entrent en jeu.

8. 2° **L'altitude.** — L'expérience permet de constater que la température diminue à mesure qu'on s'élève en altitude. La raison en est que dans les hautes montagnes il n'y a qu'une très faible quantité de vapeur d'eau apte à absorber et à rayonner ensuite la chaleur; que la surface capable de s'échauffer est insuffisante; que l'agitation constante de l'air dilue indéfiniment la chaleur possible. L'observation a montré que la température décroît en moyenne d'environ 1° pour une altitude de 180 mètres, soit près de 0°,56 par 100 mètres. La proportion varie d'ailleurs suivant les lieux d'observation et les saisons[2].

Dans l'air libre, des ballons-sondes ont enregistré — 60° à — 70° à 15 000 ou 16 000 mètres, ce qui donne une décroissance de 0°,5 à 0°,6 par 100 mètres. La température de la haute atmosphère subit d'ailleurs des variations assez considérables.

9. 3° **Inégal échauffement des terres et des mers. — Cou-**

1. En reliant par une ligne les points où la température est la plus haute sur chaque méridien, on a établi l'*équateur thermique* (qui n'est pas une ligne isotherme); il ne correspond guère avec l'équateur géographique que sur les mers; il s'en éloigne sur les continents.

2. Des anomalies curieuses, des *inversions de température* ont été constatées, c'est-à-dire un accroissement de la chaleur avec l'altitude. Pendant le grand hiver de 1879, en décembre, dans les Alpes d'Autriche et de Suisse, la température augmentait avec la hauteur; la raison en est que, dans les grands calmes qui régnaient, l'air froid, plus lourd, s'accumulait dans le fond des dépressions et des vallées, d'où les couches d'air, moins froides et plus légères, remontaient le flanc des vallées jusqu'aux sommets. — Des observations analogues ont été faites dans les montagnes de Sibérie, par Woeikof.

**rants aériens et marins.** — Les terres et les mers s'échauffent inégalement. *Les continents absorbent et rayonnent rapidement la chaleur; la mer, plus longue à s'échauffer que les continents, est plus longue à se refroidir;* il s'ensuit que les influences océaniques atténuent les inégalités du climat, *la mer joue un rôle régulateur.* Cette inégalité de régime entre les terres et les mers est de première importance en climatologie. — Les courants aériens transportent la chaleur ou le froid; les courants marins véhiculent des eaux tièdes ou froides dont l'effet est sensible sur la température.

10. **Répartition des températures à la surface de la Terre. Lignes isothermes.** — Pour représenter la distribution des températures[1], ALEXANDRE DE HUMBOLT a imaginé de relier par une ligne tous les points dont la température moyenne était la même; il a construit ainsi les premières cartes de LIGNES ISOTHERMES annuelles; depuis on a dressé des cartes de LIGNES ISOTHÈRES pour la température moyenne de l'été, de LIGNES ISOCHIMÈNES pour la température moyenne de l'hiver. Ces cartes sont aujourd'hui bien établies.

Dans l'hémisphère Nord, les *isothermes de janvier* montrent que les terres sont partout plus froides que les mers; ces lignes ont une allure irrégulière et expriment les influences perturbatrices qui modifient la température théorique. La ligne de 0° remonte au Nord au delà du 70° lat. au large de la Norvège, puis brusquement redescend au Sud le long de la péninsule scandinave, englobe le Danemark et va passer dans la vallée inférieure du Danube, au Nord de la mer Noire, s'abaisse dans l'Asie centrale au-dessous du parallèle 35°, puis remonte au Nord dans le Pacifique et s'élève dans le voisinage de la côte occidentale de l'Amérique pour redescendre à travers les États-Unis plus bas que le 40° lat. Les points les plus froids sont au Nord-Est de la Sibérie et au Nord de l'Amérique. L'été règne alors dans l'hémisphère austral, et les terres y apparaissent partout

1. En France on mesure la température à l'aide du thermomètre à mercure, à graduation *centigrade* allant de 0° (glace fondante) à 100° (eau bouillante); le mercure gelant à −40°, on peut employer le thermomètre à alcool. Le thermomètre doit être sous abri; les *observations de température sont donc toujours prises à l'ombre.* — Les Anglais se servent de la graduation *Fahrenheit,* marquant 32° dans la glace, 212° dans l'eau bouillante.

plus chaudes que les mers. Les isothermes de janvier permettent de constater que dans l'hémisphère Nord les côtes occiden-

ISOTHERMES DE JANVIER

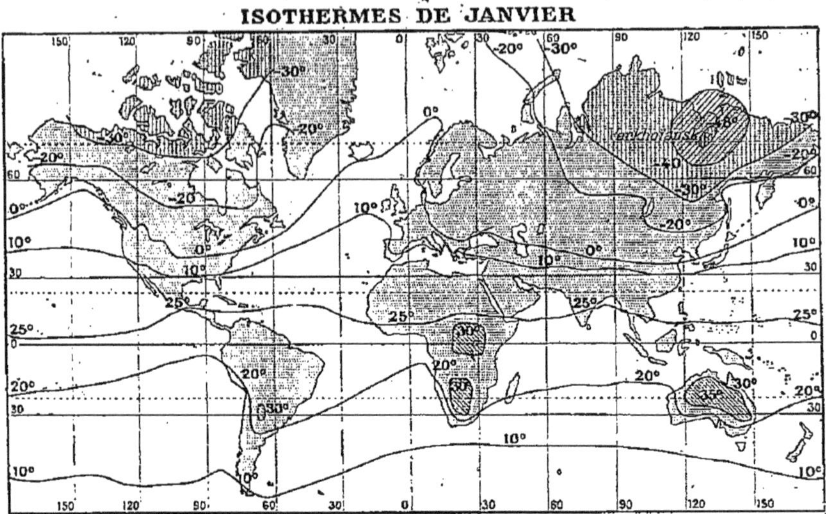


tales des continents sont plus chaudes que les côtes orientales ; c'est l'inverse dans les régions australes ; cette inégalité est due,

ISOTHERMES DE JUILLET

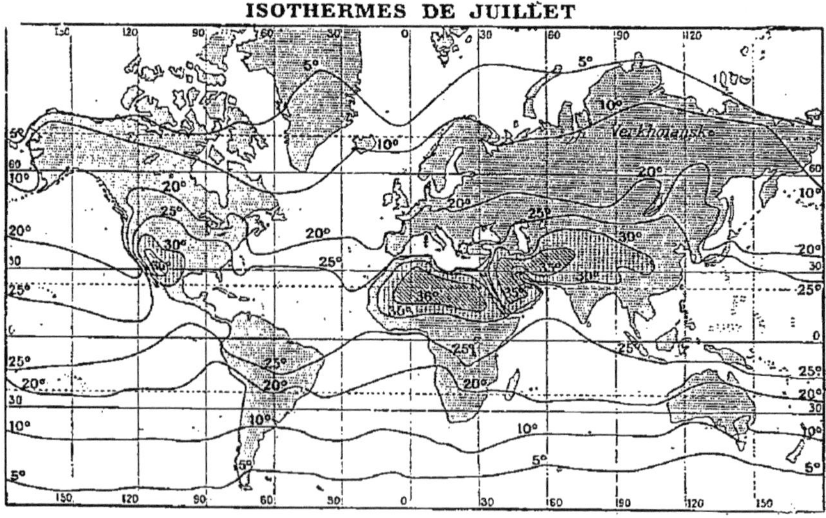


comme nous le verrons, aux courants aériens et marins. — Les *isothermes de juillet* montrent que les terres sont partout plus chaudes que les mers dans l'hémisphère Nord.

**11. Lignes isanomales.** — Les inégalités que révèlent les isothermes sont exprimées également par les *lignes isanomales*, c'est-à-dire d'égale anomalie. Le météorologiste allemand Dove a imaginé de calculer la température moyenne d'un certain nombre de parallèles, à l'aide de la température moyenne de 36 points déterminés sur ces parallèles (de 10 en 10 degrés de longitude, au point d'intersection avec les parallèles). Il comparait alors la température *réelle* d'un point quelconque du parallèle avec la température *moyenne* de ce parallèle, constatant si elle était inférieure ou supérieure et marquant par un chiffre précédé des signes — et + l'écart négatif ou positif; en reliant par une courbe des points de même écart, on obtenait une ligne isanomale. Les cartes de lignes isanomales mensuelles ou annuelles fournissent d'intéressants résultats généraux; en janvier, dans l'hémisphère Nord, les isanomales sont positives sur les Océans, négatives

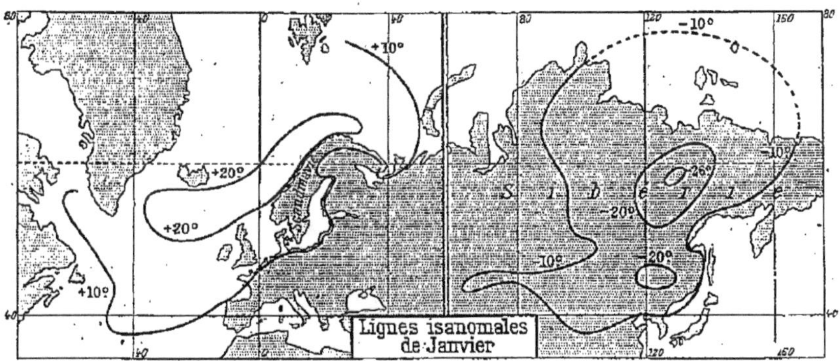


Lignes isanomales de Janvier

sur les continents asiatique et américain; entre l'Irlande et la Norvège, l'anomalie est de +20°, en Sibérie de —20°, c'est-à-dire que la température des points réunis par ces lignes isanomales est supérieure ou inférieure de 20 degrés à la température moyenne de leur latitude.

**12. Critique des lignes isothermes.** — Les lignes isothermes présentent de graves inconvénients; afin d'éviter la complication des courbes que la rencontre des régions élevées ne pouvait manquer de produire, toutes les températures ont été préalablement réduites au niveau de la mer, c'est-à-dire que l'on a supprimé en quelque sorte le relief des continents, en faisant abstraction des altitudes[1]. Cette correction a pour résultat

1. Exemple de réduction de températures annuelles moyennes au niveau de la mer, d'après M. Angot :

| | LATITUDE | ALTITUDE | TEMPÉRATURE *vraie* | TEMPÉRATURE *réduite* |
|---|---|---|---|---|
| Paris | 48° 49′ | 50m | 9°,7 | 10°,0 |
| Nantes | 47° 15′ | 40m | 10°,8 | 11°,0 |
| Puy de Dôme | 45° 47′ | 1467m | 3°,3 | 11°,5 |
| Clermont-Ferrand | 45° 46′ | 388m | 9°,3 | 11°,5 |
| Lyon | 45° 41′ | 174m | 10°,5 | 11°,5 |
| Bordeaux | 44° 50′ | 74m | 12°,0 | 12°,4 |

de donner une image inexacte des températures à la surface des continents : en janvier, les plateaux du Tibet sont parcourus par l'isotherme de 0°, alors qu'on y observe fréquemment — 30°. Les lignes isanomales n'échappent pas aux mêmes critiques. — Il faut donc se servir des isothermes avec beaucoup de prudence. Du moins il convient de reconnaître qu'elles présentent une assez grande exactitude pour les mers, et qu'elles fournissent pour l'ensemble du globe des données générales qui sont vraies en gros et permettent des comparaisons intéressantes.

13. **Variations annuelles de la température.** — Il est préférable, pour les géographes, qui ne doivent jamais s'éloigner de la réalité, de ne tenir compte que des températures réelles, et de considérer, par exemple, l'*écart, l'oscillation entre les températures moyennes du mois le plus froid et du mois le plus chaud;* on obtient ainsi la VARIATION ANNUELLE[1]. Dans les régions voisines de l'équateur il y a annuellement deux maxima et deux minima, correspondant au double passage du Soleil au zénith ; au delà des tropiques, un seul maximum et minimum. La latitude règle les conditions générales de la variation annuelle qui augmente de l'équateur aux pôles ; mais des causes perturbatrices interviennent : inégalité de la répartition et de l'échauffement des continents et des mers, influence des courants marins, sécheresse ou humidité de l'air, etc. ; en général, la variation augmente des rivages de la mer vers l'intérieur des continents.

| | LATITUDE | MOIS le pl. froid | MOIS le pl. chaud | ÉCART |
|---|---|---|---|---|
| Batavia | 6° 8′ lat. S. | 25°,4 | 26°,4 | 1° |
| Alger | 36° 47′ — N. | 12°,1 | 25° | 12°,9 |
| Paris | 48° 50′ — N. | 2°,2 | 18°,1 | 15°,9 |
| Saint-Pétersbourg | 59° 56′ — N. | — 9°,4 | 17°,8 | 27°,2 |
| Valentia (sud-ouest de l'Irlande) | 51° 55′ — N. | 7°,4 | 15°,3 | 7°,9 |
| Nertchinsk (Transbaïkalie, Sibérie) | 51° 58′ — N. | — 32°,0 | 21°,9 | 53°,9 |

1. On sera peut-être surpris de ne pas trouver ici mention des *températures moyennes annuelles;* la raison qui nous les a fait écarter, c'est que les *moyennes annuelles* ne sauraient donner qu'une idée inexacte de la température d'un lieu ; elles suppriment, en effet, et dissimulent tous les écarts d'un climat. Deux régions de même moyenne annuelle peuvent avoir, l'une un climat très régulier, l'autre un climat très variable.

Janvier est pour toutes les stations le mois le plus froid; juillet le mois le plus chaud, sauf pour Batavia (mai et octobre), pour Alger et Valentia (août).

14. **Variation diurne et extrêmes de température.** — La VARIATION DIURNE est l'*écart des températures dans l'espace de 24 heures*. Le maximum se produit d'ordinaire à 2 heures de l'après-midi; le minimum immédiatement après le lever du soleil. L'oscillation est très faible dans les régions équatoriales, plus faible en hiver qu'en été dans les pays tempérés. Diverses causes influent sur la marche de la variation diurne : la nature marine ou continentale de la surface, l'humidité ou la sécheresse de l'air, l'atténuent ou l'exagèrent; elle est plus forte par un ciel clair que par un ciel nébuleux.

La neige l'augmente par son rayonnement nocturne. Dans les vallées profondes d'altitude moyenne, où dans la journée la température augmente par réverbération, et où le soir l'air froid et lourd des sommets *tombe* dans le fond, la variation diurne est plus forte que dans les lieux découverts; sur les hauts plateaux l'insolation et le rayonnement sont également rapides, et la variation est intense. — A Batavia, l'oscillation diurne annuelle n'est que de 3 degrés; à Biskra elle est de 12° en décembre, de 18° en août; Orléansville, qui est à la même altitude, mais dans le fond d'une vallée, marque en août un écart de 21°; sur les plateaux du Tibet elle est souvent supérieure à 25° en été. Dans les déserts, où l'insolation et le rayonnement sont également intenses, l'oscillation est extrême; dans les déserts australiens on a relevé des oscillations de plus de 30° dans la même journée.

Les EXTRÊMES DE TEMPÉRATURE sont d'un intérêt capital pour la géographie; on distingue les extrêmes absolus et les extrêmes moyens. En France, en hiver, dans les régions de l'Est, on a noté souvent —30°; la plus haute température observée jusqu'à ce jour est de 41°,2 à Poitiers, le 24 juillet 1870. Dans les pays tropicaux de climat humide, l'écart des extrêmes est faible, et les températures les plus hautes (35° à Cayenne) n'atteignent pas celles des régions tempérées. Les températures les plus hautes ont été observées dans les déserts; au Sahara et dans les déserts australiens, elles ont atteint et même dépassé 50°. Les températures les plus basses ont été observées en Sibérie, à Verkhoïansk, dans la vallée de la Iana; on y a noté —69°,8; en été, le point le plus haut atteint a été de 31°,5, ce qui donne un écart de 101 degrés.

15. **Climat maritime et climat continental.** — L'examen

rapide de ces variations de température nous permet d'entrevoir dès maintenant une loi climatérique, la loi des climats maritimes et des climats continentaux. Les CLIMATS MARITIMES sont ceux qui ont les moindres variations de température; les CLIMATS CONTINENTAUX sont caractérisés par des écarts considérables de température. Ces mots, qui s'appliquent à une division fondamentale de la climatologie, ne paraissent pas bien choisis; toutes les régions voisines de la mer ne jouissent pas du climat maritime; témoin la région orientale des États-Unis; d'autre part, l'influence adoucissante de l'Océan se fait parfois sentir très loin dans l'intérieur des terres. En fait, il y a des climats *modérés* et des climats *excessifs*.

16. **Température du sol.** — Il peut être intéressant de connaître la température du sol à la surface et à une faible profondeur. A la surface, sous l'influence de l'insolation et du rayonnement, l'amplitude de l'oscillation diurne est considérable, surtout dans les régions de sol sec; à la surface d'étendues sablonneuses en Australie, des explorateurs ont noté 78°, et la nuit suivante la température était voisine de 0°. — On observe bientôt que les variations diurnes ou annuelles s'atténuent rapidement avec la profondeur; à une profondeur différente suivant les latitudes et le climat, on atteint une *couche invariable*, où la température est constante, avec des oscillations presque nulles : à Paris, dans les Catacombes, à 28 mètres, la température se maintient à 11°,7, avec des variations ne dépassant pas 0°,1. Dans les régions tropicales, la couche invariable se rapproche du sol; les rares observations permettent de constater qu'elle se tient entre 6 et 2 mètres. Au delà de cette zone invariable, la température croît régulièrement de 1° pour 33 mètres en moyenne.

### C. — La circulation atmosphérique : pressions et vents.

L'air est pesant; l'air chaud est plus léger que l'air froid, l'air humide que l'air sec. Par suite de l'inégale répartition de la température et de l'humidité à la surface du globe, la pression de l'air est loin d'être partout égale à la normale, 760 mm.; elle est inférieure ou supérieure, il y a des *basses* et des *hautes pressions;* on les nomme *pressions barométriques,* parce qu'elles sont mesurées à l'aide du baromètre, du baromètre à mercure de préférence, l'instrument le plus précis. — L'air cherche son équilibre; toutes les fois que cet équilibre est rompu, il se produit un déplacement des couches; ce déplacement s'appelle *vent;* le vent est de l'air en mouvement.

La loi principale qui préside à la circulation des vents est celle formulée par Buys-Ballot, météorologiste hollandais : *le vent souffle des zones de hautes pressions vers les zones de basses pressions;* elle a été complétée par la loi de Stephenson : *la vitesse des vents est en raison directe de l'écart des pressions entre les deux points où ils soufflent.*

17. — **Lignes isobares.** — L'étude de la distribution de la pression atmosphérique à la surface du globe a donné naissance aux cartes de LIGNES ISOBARES, qui relient les points du globe ayant une pression barométrique égale. Afin d'éviter la complication du tracé des lignes, on a éliminé l'altitude, comme dans les isothermes, et on a réduit les observations au niveau de la mer. Ces cartes sont donc, dans une certaine mesure, conventionnelles ; mais elles sont assez exactes pour les mers et rendent de grands services dans l'étude de la circulation générale.

Les premières cartes isobares, dressées en 1869 par le météorologiste Buchan, se sont peu à peu perfectionnées ; nous possédons aujourd'hui des cartes annuelles et mensuelles. La carte des *isobares annuelles* dessine déjà les grands traits de la répartition des pressions. Le long de l'équateur, une bande de basses pressions forme le MINIMUM ÉQUATORIAL ; de chaque côté, au Nord et au Sud, près des tropiques, une bande de hautes pressions, nettement caractérisées sur les Océans, et formant le MAXIMUM SUBTROPICAL ; au delà, la pression diminue vers les pôles, plus nettement dans l'hémisphère Sud qu'au Nord, où la régularité du phénomène est altérée par la grande étendue des terres.

D'après les *isobares de janvier,* dans l'hémisphère Nord, persistance du minimum équatorial, qui est alors au Sud de l'équateur (été de l'hémisphère austral); persistance du maximum subtropical sur les Océans (hautes pressions des Açores, 765 mm. ; au large de San-Francisco, 766 mm.); mais, les grands continents étant alors des centres de froid, des maxima barométriques s'y sont établis (centre des États-Unis, 768 mm. ; Sibérie orientale, 778 mm.); plus au Nord, sur les Océans, deux centres de basses pressions (au Sud-Est du Groenland, 748 mm. ; à la latitude des îles Aléoutiennes, 755 mm.). Dans l'hémisphère austral, alors en été, les continents, plus chauds que les mers, ont des basses pressions; les aires de maxima subtropicaux s'étendent au large des rivages occidentaux (765 mm.).

D'après les *isobares de juillet,* dans l'hémisphère Nord, persistance du minimum équatorial et du maximum subtropical; mais le minimum a suivi le mouvement apparent du Soleil, il est au Nord de l'équateur; deux centres de hautes pressions existent sur les Océans, plus au Nord qu'en hiver (à l'Ouest des Açores, 769 mm.; à l'Ouest de la Californie, 765 mm.); mais des basses pressions se creusent sur les continents surchauffés (plateaux de l'Iran et de l'Asie centrale, 748 mm.). Dans l'hémisphère Sud, les maxima subtropicaux sont renforcés par les hautes pressions établies sur les continents refroidis. Dans cet hémisphère où dominent les mers, les perturbations sont moindres que dans l'hémisphère boréal.

Cet examen rapide fait ressortir avec force l'aptitude différente des continents et des mers à capter et à conserver la chaleur du Soleil. Et l'on peut admettre la loi formulée par M. Angot : « Toute région qui présente un maximum de température absolu, ou relatif par rapport aux régions voisines, présente un minimum de pression. Inversement, les minima absolus ou relatifs de température correspondent à des maxima de pression. »

18. **Anticyclones et cyclones.** — On donne aux aires de forte pression le nom d'ANTICYCLONE, qui désigne une région autour de laquelle la pression décroît plus ou moins uniformément; aux aires de basse pression, on donne le nom de CYCLONE, qui désigne une région autour de laquelle la pression augmente plus ou moins régulièrement. — Les régions d'anticyclone sont caractérisées par le calme de l'air, la sécheresse et le beau temps fixe, la pureté du ciel, les extrêmes de température; les cyclones occupent des régions où l'air est toujours en mouvement, où les pluies tombent fréquemment. Teisserenc de Bort a donné à ces anticyclones et à ces cyclones qui tour à tour s'établissent, suivant les saisons, sur les terres ou sur les mers, le nom de *grands centres d'action de l'atmosphère.* En effet, leur action et réaction réciproques déterminent la circulation atmos-

PRESSIONS ET VENTS EN JANVIER

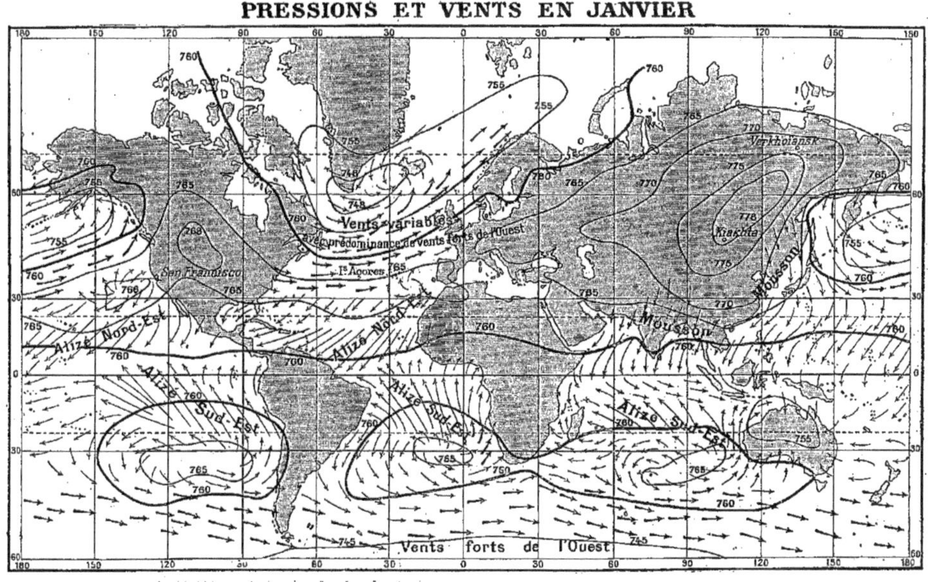

phérique; les *anticyclones sont des centres d'émission,* les *cyclones des foyers d'appel des vents.*

19. **Direction et déviation du vent.** — Si la Terre était immobile, le vent soufflerait directement des hautes pressions vers les basses pressions; le mouvement de rotation de la Terre détermine la *déviation des vents.* Dans l'hémisphère Nord, le vent qui souffle du Nord vers le Sud rencontrera sur son passage des régions animées d'un mouvement de plus en plus rapide de l'Ouest vers l'Est, sens de la rotation; il sera bientôt en retard sur ce mouvement et déviera vers la droite, c'est-à-dire vers l'Ouest; il soufflera du Nord-Est. Si le vent souffle du Sud vers le Nord, il sera dévié vers la droite, c'est-à-dire vers l'Est, et soufflera du Sud-Ouest. Dans l'hémisphère Sud, les vents sont déviés vers la gauche; le vent du Sud au Nord souffle du Sud-Est, le vent du Nord au Sud souffle du Nord-Ouest. Dans les anticyclones et les cyclones, la déviation des vents est particulièrement marquée lorsque les différences de pression sont très sensibles; les vents qui affluent vers le centre du cyclone ou qui s'échappent de la masse d'air que forme l'anticyclone, affectent des mouvements tourbillonnaires et se développent suivant des spirales.

On distingue dans la circulation atmosphérique des VENTS RÉGULIERS OU CONSTANTS, des VENTS PÉRIODIQUES, des VENTS VARIABLES et des VENTS LOCAUX.

20. **Vents réguliers. Courants ascendants et calmes équatoriaux.** — La zone voisine de l'équateur reçoit normalement les rayons solaires; l'air surchauffé se dilate et s'élève verticalement en un mouvement continu. Il se refroidit dans les parties hautes, plus froides, de l'atmosphère, et se condense; la vapeur d'eau apparaît sous forme de nuages formant une bande nébuleuse que les marins appellent « le pot au noir ». Les COURANTS ASCENDANTS ne déterminent aucun mouvement d'air à la surface; c'est la zone des *calmes équatoriaux,* très redoutée jadis par la navigation à voile. Cette zone se déplace suivant le mouvement apparent du Soleil, plus au Nord pendant notre été, plus au Sud pendant l'été austral; elle se développe suivant une largeur de 250 à 1 000 kilomètres.

21. **Alizés et contre-alizés.** — Il faut combler le vide laissé par l'air ascendant; de part et d'autre de l'équateur, venant des aires de hautes pressions subtropicales, il se produira un afflux d'air convergent dans les couches basses : ce sont les vents ALIZÉS. D'autre part, les masses d'air accumulées dans les hautes régions par les colonnes ascendantes de la zone des calmes, s'écouleront en divergeant au Nord et au Sud de l'équateur et iront, si l'on peut dire, réparer les pertes du maximum subtropical; ces vents divergents sont les CONTRE-ALIZÉS. Tous ces courants aériens sont déviés par la rotation terrestre; au Nord de l'équateur, souffle l'alizé du Nord-Est, le contre-alizé du Sud-Ouest; au Sud de l'équateur, l'alizé vient du Sud-Est, le contre-alizé du Nord-Ouest.

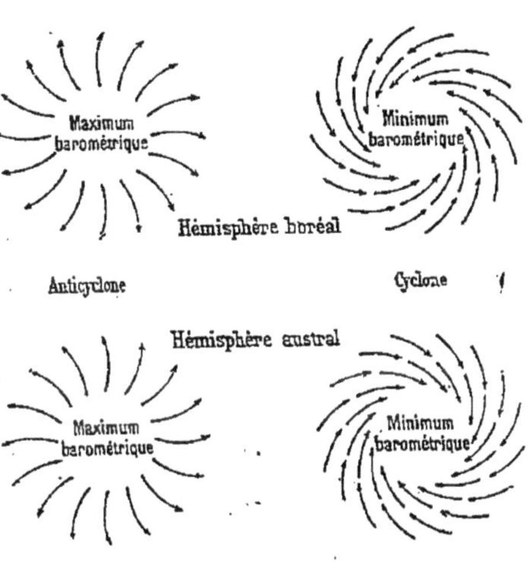


L'existence des vents alizés s'observe facilement sur les Océans, notamment dans l'Atlantique et le Pacifique; ils correspondent à une bande de ciel bleu, sans nuages, aux pluies rares, comme il arrive dans les régions de haute pression. Ils se déplacent avec le Soleil; dans l'Atlantique Nord ils se font sentir en hiver à partir des Canaries, en été à partir du Portugal. Ces vents doux et réguliers ont rendu de grands services à la navigation d'autrefois; ils ont dirigé les caravelles de Colomb et permis à Magellan de traverser le Pacifique. — La régularité des contre-alizés a été démontrée par de nombreuses observations. L'exemple du pic de Ténériffe (28° lat. N.), où l'alizé se fait sentir à la base et le contre-alizé au sommet, est classique; il en est de même pour le Mauna-Roa, volcan des îles Hawaï; à Sydney, en Australie, le contre-alizé a été nettement dé-

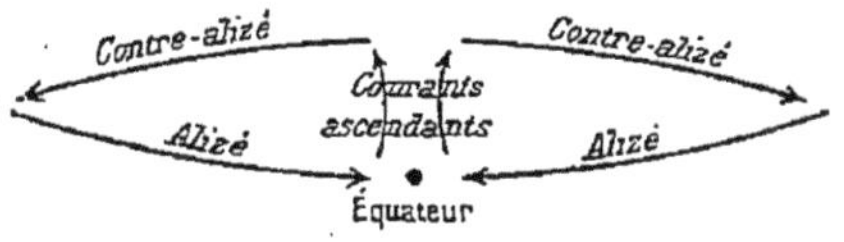

terminé par la direction des nuages dans les couches supérieures.

22. **Vents périodiques. Moussons.** — Les VENTS PÉRIODIQUES se produisent soit pendant une saison, soit au cours d'un jour et d'une nuit.

La cause qui les fait naître est la différence de température entre les continents et les mers. Les grands continents, foyers de chaleur en été, sont alors des centres d'appel de vents; centres de froid en hiver, ils sont des points d'émission des vents. Les surfaces océaniques présentent des conditions exactement différentes, plus chaudes en hiver, plus fraîches en été. Il se produira donc à un moment de l'année un changement complet de direction, un renversement des vents. On nomme ces vents périodiques MOUSSONS, d'un mot arabe qui veut dire *saison;* d'où l'appellation de vents *saisonniers* qu'on leur donne quelquefois.

Ils jouent un rôle de premier ordre dans le continent asiatique; pendant l'hiver il règne des températures très basses en Sibérie et dans l'Asie centrale; de très hautes pressions, atteignant 780 mm., s'établissent sur le cours supérieur de la Léna et en Transbaïkalie; de ce grand anticyclone les vents divergent vers le Pacifique et l'océan Indien, où règnent des dépressions barométriques, en tourbillonnant, c'est-à-dire soufflant du *Nord-Ouest* sur la Chine septentrionale et le Japon, du *Nord-Est* sur la Chine méridionale, l'Indo-Chine et l'Inde; sur l'océan Indien, cette MOUSSON D'HIVER a la même direction que l'alizé du Nord-Est; elle le renforce, et il dépasse l'équateur de plusieurs degrés.

En été, le continent asiatique est plus chaud que les surfaces océaniques; il s'y forme des basses pressions barométriques, un foyer d'appel des vents; les courants aériens convergent de toutes parts vers le continent; ils soufflent du *Sud-Est* de l'océan Pacifique sur le Japon et la Chine septentrionale et centrale, du *Sud-Ouest* sur l'Indo-Chine et l'Inde. C'est la MOUSSON D'ÉTÉ, plus puissante d'ordinaire que la mousson d'hiver, par suite d'une inégalité plus grande entre les pressions. Dans la mer des Indes, la mousson du Sud-Ouest supprime l'alizé du Nord-Est, qui ne souffle que pendant l'hiver; l'alizé austral du Sud-Est

## PRESSIONS ET VENTS EN JUILLET

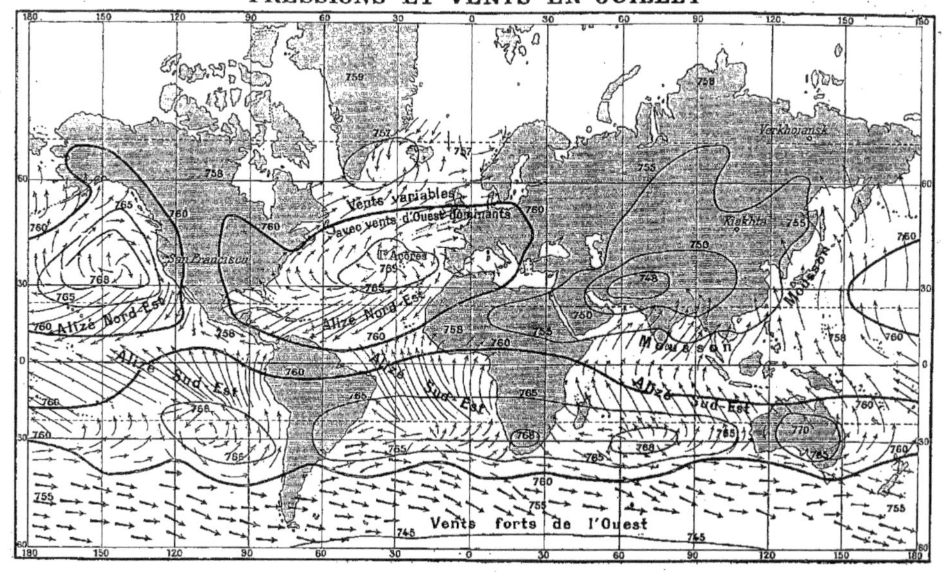

est attiré et dévié par la mousson du Sud-Ouest qui l'entraîne. Il n'y a plus de zone de calmes équatoriaux dans l'océan Indien; les vents sont continus. — On peut dire que ces moussons sont d'une importance capitale pour une grande partie de l'Asie, surtout la mousson d'été, qui, venant de surfaces marines, transporte la vapeur d'eau et la pluie bienfaisante; elle règle les traits essentiels de la vie de l'Inde et de la Chine[1].

D'autres régions du globe ont un régime de moussons. Pendant l'été, les vents soufflent de toutes parts vers les déserts surchauffés de l'Australie intérieure ; pendant l'hiver, les vents soufflent très nettement du continent refroidi vers les mers plus tièdes de l'Ouest, du Nord et de l'Est; le régime est moins assuré au Sud. Un régime de moussons a été observé sur les côtes du Texas, sur les côtes espagnoles, surtout du côté méditerranéen ; le Sahara, par les écarts de chaleur et de froid qu'il présente avec les mers voisines, provoque les moussons de Guinée, ainsi que les *vents étésiens* qui, soufflant du Nord en été, menaient jadis les marins grecs en Égypte.

23. **Brises de montagne et de vallée, de terre et de mer.** — De petits mouvements d'air se produisent périodiquement dans l'espace de 24 heures : ils donnent naissance aux *brises de montagnes et de vallées* qui se produisent surtout en été dans les grandes montagnes ; l'air chaud et humide du fond des vallées remonte dans le milieu de la journée les pentes de la montagne et condense la vapeur d'eau qu'il transporte, en auréolant de nuées les sommets plus froids ; au crépuscule, l'air, alourdi plus vite sur les hauteurs, descend vers le fond de la vallée, où l'humidité se condense et qui se couvre d'un manteau de brouillard et de buée, tandis que les sommets se détachent alors dans un air sans nuages. — Sur les rivages marins, une légère brise converge, pendant la journée, de la mer moins vite échauffée, vers la terre plus chaude : c'est la *brise de mer;* pendant la nuit se produit un mouvement contraire ; des souffles divergent de la terre vers la mer : c'est la *brise de terre.* Ces brises sont particulièrement sensibles dans les régions où les écarts de température sont considérables ; c'est le cas d'une partie des côtes du Chili dans l'Amérique du Sud et de l'Angola en Afrique, où des courants froids longent des terres d'assez haute température. Ces brises peuvent se produire sur les bords des grandes étendues lacustres, notamment les grands lacs de l'Amérique du Nord.

24. **Vents variables avec vents dominants.** — En dehors du domaine des alizés et des moussons, il n'y a plus que des

1. A l'époque du renversement des moussons, lorsque les vents changent radicalement de direction, il se produit de grands troubles dans l'atmosphère (voir la note p. 169).

régions à VENTS VARIABLES AVEC VENTS DOMINANTS. C'est le commandant américain MAURY qui le premier essaya de déterminer la disposition générale de ces courants aériens, qu'il exposa dans un livre, aujourd'hui vieilli, *la Géographie de la mer* (1854).

De nos jours, on est d'accord pour reconnaître que les vents variables sont dans la sphère d'action de l'élément de pression permanente, subissant un simple déplacement en latitude, que l'on appelle le maximum subtropical; de cet anticyclone, dont la région centrale, sans mouvement d'air, forme la zone des calmes tropicaux, s'échappent au Sud les alizés, à l'Ouest, au Nord et à l'Est des vents qui atteindront les continents voisins suivant une direction variable causée par la déviation. Dans l'océan Atlantique Nord, en hiver, ces vents iront combler la dépression qui se tient d'ordinaire dans le voisinage de l'Islande ; et dans l'Europe occidentale, les vents dominants seront alors les *vents du Sud-Ouest,* humides et tièdes; les dépressions du Nord de l'Atlantique se déplacent fréquemment dans la direction de l'Est vers la mer du Nord et la mer Baltique...; par suite de ces déplacements de foyers d'appel, les vents qui auront toujours le même point de départ pourront avoir d'autres directions. — En été, la dépression du Nord de l'Atlantique persiste, mais avec moins de netteté; les vents d'Ouest seront cependant toujours dominants dans l'Europe occidentale; les États-Unis, où pendant l'hiver, par suite de l'existence des hautes pressions, les vents avaient soufflé de la terre vers la mer, reçoivent à l'Est pendant l'été des vents de même origine que ceux d'Europe, mais venant du Sud-Est; c'est l'époque des pluies, surtout dans la partie centrale des États-Unis.

Dans l'hémisphère Sud, où l'ensemble des pressions présente une disposition plus régulière, les vents au delà des tropiques soufflent du Nord-Ouest, et peu à peu deviennent nettement des vents d'Ouest qui, ne rencontrant pas de surfaces continentales, ont une régularité et une constance très bien marquées; ce sont ces *grands frais d'Ouest* qui, vers le 40° lat. S., sont si favorables à la navigation, et déroulent sur les immenses surfaces océaniques du Sud des vagues aux larges volutes.

25. **Vents locaux. Mistral et Bora.** — Les VENTS LOCAUX,

qui sont loin d'être négligeables, sont dus à des perturbations plus ou moins durables et fréquentes, et liés à l'existence de dépressions plus ou moins permanentes.

Nous venons de voir que les dépressions, c'est-à-dire les aires cycloniques d'appel des vents, se déplacent ou se creusent facilement. Dans la Méditerranée, des dépressions se forment souvent dans le golfe du Lion ou de Gênes, dans le fond de l'Adriatique, etc. Elles donnent naissance à des vents locaux : en France c'est le MISTRAL, qui s'observe par hautes pressions sur le Nord de la France et basses pressions sur la Méditerranée; il est fréquent surtout en hiver; il est violent, froid, sec, rendu très rapide par son resserrement dans la vallée du Rhône; c'est le fléau de la vallée inférieure du Rhône. Dans l'Adriatique, la *bora* souffle des régions froides de la Bosnie et de l'Herzégovine sur les côtes dalmates; en Grèce, sur les bords orientaux de la mer Noire, des vents de même nature se font sentir.

26. **Le fœhn.** — Fréquemment une dépression se creuse ou séjourne sur la mer du Nord, la mer Baltique, ou sur l'Europe centrale; si les pressions sont élevées dans l'Italie septentrionale, les vents s'écouleront vers la dépression du Nord, en remontant les pentes méridionales et en redescendant le versant Nord du grand massif des Alpes. Or, l'air se refroidit pendant la montée, et s'échauffe pendant la descente. On démontre en effet en physique qu'un gaz se refroidit par la détente, par la dilatation, laquelle se produit dans un mouvement ascendant par suite de la diminution de la pression; qu'il se réchauffe par une compression brusque, laquelle se produit dans le mouvement de descente par l'augmentation de la pression. Il s'ensuit que le FŒHN, vent qui souffle par-dessus les Alpes, dans les conditions indiquées, froid et chargé de nuages sur le versant Sud, se réchauffe et voit ses nuages disparaître sur le versant de descente; là, en quelques heures, « ce mangeur de neiges » provoque leur fusion et grossit les fleuves; son action est limitée à la montagne. Un « coup de fœhn » peut certes produire des inondations; mais le fœhn rend les hauts pâturages plus tôt accessibles, il élève la limite altitudinale des châtaigniers et des noyers; il active la maturation des récoltes; c'est, en somme,

un vent bienfaisant, qui adoucit la rudesse des Alpes sur leur versant Nord, et leur donne un caractère plus méridional.

Il y a peu de temps encore, on supposait que les souffles chauds ou tièdes du fœhn avaient une origine saharienne. Cette explication est inadmissible ; il existe, en effet, un fœhn qui souffle du Nord sur le versant italien ; ses effets sont d'ailleurs peu importants. De plus, c'est un vent analogue au fœhn qui, soufflant de l'Est sur le manteau glaciaire qui recouvre le Groenland, se réchauffe légèrement dans un mouvement de descente à l'Ouest, assez pour dégager des glaces une lisière côtière, la seule partie de l'île immense où la vie ait pu prendre place. — On observe également un fœhn dans les Alpes de l'île du Sud de Nouvelle-Zélande ; sur le versant oriental des Montagnes Rocheuses, au Canada (sous le nom de *chinook*).

**27. Siroco, khamsin du Sahara ; « vents torrides » d'Australie.** — Quand des dépressions règnent sur la Méditerranée et des hautes pressions sur le Sahara, le *siroco* souffle du désert très chaud et très sec sur les côtes d'Algérie ; il est un peu humide quand il atteint l'Italie et la Grèce, après s'être chargé de vapeur d'eau à la surface de la mer ; il transporte parfois jusqu'en Provence les poussières du Sahara ; le *solano* d'Espagne, le *khamsin* d'Égypte, l'*harmattan* du golfe de Guinée, ont la même origine. Parfois dans l'Australie du Sud-Est soufflent des vents de fournaise, des *hot Winds*, que l'on a surnommés *bricklayers* ou « maçons », à cause de l'énorme quantité de poussières dont ils couvrent les maisons [1].

Livres a consulter. — Woeikof, *Die Klimate der Erde*, Iéna, 1887, 2 vol. — J. Hann, *Handbuch der Klimatologie* (collection des manuels géographiques Fr. Ratzel), 2e édit., Stuttgart, 1897, 3 vol. — E. Duclaux, *Cours de physique et de Météorologie*, Paris, 1891. — A. Angot, *Traité élémentaire de Météorologie*, Paris, 1899.

1. Il se produit parfois dans les régions tropicales des dépressions qui donnent naissance à de violents mouvements tourbillonnaires, que l'on nomme des *cyclones* dans la mer des Indes, des *typhons* dans les mers de Chine et du Japon, des *tornados* sur les côtes de la Guinée et du Sénégal, des *ouragans* aux Antilles. Dans l'océan Indien les cyclones se produisent surtout dans la période de troubles de l'air qui accompagne le renversement des moussons : golfe du Bengale, avril à juin, 35 %; octobre-novembre, 43 % ; — mer d'Oman, avril à juin, 63 % ; octobre-novembre, 23 %. Dans la mer de Chine, dans les Antilles, les cyclones ou typhons sont surtout fréquents au milieu et à la fin de la saison chaude : mer de Chine, juillet à octobre, 78 % ; Antilles, juillet à octobre, 83 %.

# CHAPITRE IV

## L'ÉLÉMENT GAZEUX. — L'ATMOSPHÈRE

### II. — Précipitations atmosphériques. — Classification des climats.

**A. — Les précipitations atmosphériques.** — Quand l'air est saturé de vapeur d'eau, cette vapeur d'eau se condense sous forme de *nuage*, de *brouillard*, de *rosée*, ou bien elle se résout en **pluie**.

**a). — Zones et époques de chute des pluies.** — Dans la zone équatoriale, les **pluies régulières** sont presque constantes ; en se rapprochant des tropiques, les périodes pluvieuses et sèches se dessinent de plus en plus ; ce sont des **pluies périodiques**, dont les « pluies de moussons » sont l'expression la plus nette. Dans la zone subtropicale, avec quelques exceptions, on ne trouve que des **pluies rares** ; dans la zone tempérée chaude prédominent, selon les diverses régions, des **pluies d'hiver**, des **pluies d'été**, des **pluies de toutes saisons** ; la zone tempérée froide reçoit des **pluies variables avec pluies dominantes** à des époques diverses ; dans la zone polaire, quelques rares **pluies d'été**.

**b). — Conditions de distribution et de hauteur des pluies. La neige.** — La distribution des pluies peut être modifiée par le *voisinage de la mer*, par la *puissante condensation due aux montagnes*, qui privent d'humidité les versants opposés aux courants pluvieux ; les *dépressions* encadrées de toutes parts sont condamnées à devenir désertiques.

Une hauteur de pluie de 3 m. n'est pas rare dans les régions de pluies tropicales et de moussons ; la plus forte chute observée à *Tcherrapoundji*, dans l'Assam (Inde), a dépassé une année 20 m. ; la moyenne y est de 12 040 mm. ; dans les déserts, les pluies sont inférieures à 200 mm. ; dans les régions tempérées, elles diminuent de la mer vers l'intérieur.

Quand l'air est à — 0°, la pluie tombe sous forme de **neige** ; ces neiges peuvent persister sur les hauts sommets, suivant une ligne d'autant plus basse que les versants sont plus pluvieux. La neige exerce une action notable sur la température.

**B. — Classification des climats.** — La division générale est celle des **climats maritimes** et des **climats continentaux**. Le **climat maritime des régions chaudes** est caractérisé par de fortes pluies et de faibles écarts de température (de 1° à 10°) ; le **climat continental des régions chaudes**, par des écarts plus considérables (de 16° à 25°) et des pluies rares ; dans la zone tempérée chaude, le **climat de type méditerranéen** est défini par des pluies d'hiver et des oscillations moyennes (de 12° à 18°) ; dans la zone tempérée froide, le **climat maritime** comporte de faibles variations (pas plus de 16°) et des pluies modérées en toutes saisons ; le **climat continental** est caractérisé par des pluies faibles d'été et des écarts de 20° à 35°, et de plus de 60° en certaines régions. Le **climat polaire** est d'une froidure extrême.

**Variations du climat.** — Les climats ont varié, nous le savons, au cours des âges géologiques, mais nous n'avons aucune preuve précise de variations pendant l'époque historique.

## A. — Les précipitations atmosphériques.

**1. La vapeur d'eau dans l'atmosphère; évaporation; saturation; condensation.** — L'air atmosphérique contient toujours plus ou moins de vapeur d'eau, invisible, comme les gaz non colorés. Elle est le produit de l'ÉVAPORATION, c'est-à-dire du retour à l'état de vapeur dans l'atmosphère de l'eau tombée; elle s'effectue à la surface de toutes les étendues liquides, marais, lacs, fleuves et mers, et aussi à la surface du sol humide; l'évaporation des végétaux fournit un appoint important. Cette évaporation est active quand l'air est chaud et sec, et cesse quand l'air est saturé; elle est par conséquent rapide par temps de vent, quand de nouvelles couches d'air sec succèdent sans cesse aux couches déjà saturées.

La SATURATION existe lorsque l'air renferme toute la vapeur d'eau qu'il peut contenir; il en contient d'autant plus qu'il est plus chaud; on dit alors qu'il est *sursaturé*. Donc si l'air froid se réchauffe, il peut absorber des quantités de vapeur d'eau nouvelle et devenir ainsi desséchant; si l'air chaud se refroidit, il ne peut plus contenir la vapeur d'eau en même quantité; cette vapeur subit une CONDENSATION et devient alors visible. Le refroidissement se produit par le mélange de deux masses d'air de température différente, par le rayonnement, par le passage dans une zone plus froide, et enfin par détente à la suite d'un mouvement ascendant, ce qui donne *aux montagnes le rôle de puissants condensateurs.*

**2. Nuages, brouillards et rosée.** — La vapeur d'eau se condense sous forme de gouttelettes microscopiques qui, réunies, constituent des NUAGES. Les nuages sont les mêmes dans tous les pays, mais de formes diverses.

Les plus éloignés de la terre (plus de 8 000 m.) sont les *cirrus,* faits de petits cristaux de glace, et formant un voile blanchâtre de filaments isolés ou de bandes compactes; les *cumulus,* nuages épais, garnis de protubérances au sommet, vont jusqu'à 5 000 mètres; les *nimbus,* nuages sombres aux formes déchirées, porteurs de pluie et de neige, descendent jusqu'à 700 mètres; les *cumulo-nimbus* ont des formes massives et sont également porteurs de pluie; les *stratus* sont des nuages gris, des brouillards élevés qui ne donnent pas de pluie et qui forment à une assez faible hauteur (500 à 800 mètres) une sorte d'enveloppe uniforme en hiver. — On peut mesurer la nébulosité des différentes régions, c'est-à-dire l'étendue du ciel couverte par les nuages, et on a relié par des courbes les points où la nébulosité est égale ; ce sont les *lignes isonèphes*. Le maximum de nébulosité se rencontre dans le Nord de l'océan Atlantique et dans l'océan Arctique (Terre-Neuve, Irlande, Écosse, Norvège, Islande, Spitzberg, etc.), ainsi que dans le Nord-Est de l'océan Pacifique. Le minimum de nébulosité se trouve dans les grandes régions désertiques, au Sahara et dans les déserts d'Asie, ainsi qu'en Australie et au Sud de l'Afrique.

Le BROUILLARD est un phénomène analogue, identique aux nuages; ce qui est un nuage sur la montagne pour l'habitant de la plaine, est un brouillard pour le montagnard.

Quand l'air est calme et clair, dans les vallées humides, les plantes peuvent perdre, par rayonnement, plus de chaleur que l'air ambiant ou le sol qui les porte. Si la température de la plante s'abaisse au-dessous du point de saturation de l'air, l'air, refroidi au contact de cette plante, se condense et dépose sur la plante en gouttes liquides une partie de la vapeur d'eau qu'il contenait; c'est la ROSÉE. La rosée joue un rôle considérable dans les régions tropicales et aussi dans les régions désertiques, où elle est parfois un élément vital de la végétation. — Quand le refroidissement de la plante descend au-dessous de 0°, c'est la *gelée blanche* qui se produit.

3. **La pluie.** — Les gouttelettes minuscules qui composent les nuages ne flottent pas dans l'air, elles tombent lentement; si elles rencontrent un air plus chaud, elles s'évaporent de nouveau; si elles pénètrent dans un air plus froid, elles se réunissent, deviennent plus lourdes et tombent sur le sol : c'est la PLUIE. On la mesure à l'aide de récipients, de *pluviomètres*, et l'on exprime en centimètres ou millimètres la tranche d'eau tombée. — Les vents véhiculent les nuages, porteurs de pluie; les pluies sont donc en relation étroite avec l'origine et la direction des vents.

4. **Zones et époques de chute des pluies. Zone équatoriale (pluies régulières).** — Cette zone, caractérisée par la permanence des courants aériens ascendants, a des pluies à peu près constantes toute l'année. L'air surchauffé s'élève dans les régions plus froides de l'atmosphère, et l'énorme quantité de vapeur d'eau qu'il transporte se condense. *La saison pluvieuse*

*est de très longue durée;* elle est de 6 à 8 mois, et, à vrai dire, en certains points, les pluies tombent pendant toute l'année; il y a recrudescence lorsque le soleil passe à l'équateur ou s'en rapproche, légère diminution quand il s'en éloigne. La pluie est rare le matin et pendant la nuit; d'ordinaire elle tombe l'après-midi régulièrement. — La zone équatoriale n'est pas stable toute l'année; elle se déplace, de même que les calmes équatoriaux, vers le Nord ou vers le Sud, avec le Soleil.

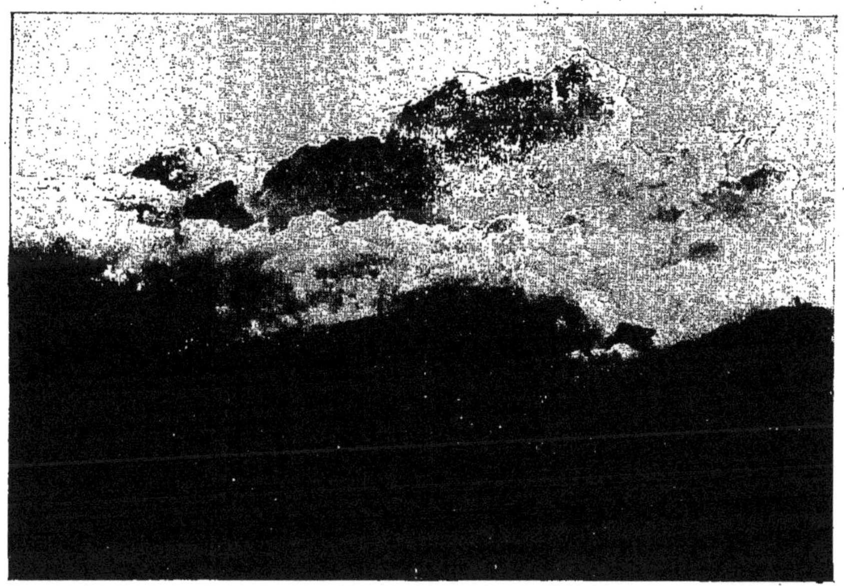

CUMULO-NIMBUS
Photographie prise de la Pointe de Segure, au-dessus de la vallée du Queyras (Alpes). Communiquée par le *Service photographique de l'Université de Lyon.*

5. **Zone tropicale et des moussons (pluies périodiques).** — Au Nord et au Sud de la région équatoriale on voit s'accuser nettement *deux périodes de sécheresse* et *deux périodes de pluie,* les périodes pluvieuses correspondant aux deux passages du Soleil au zénith; plus on se rapproche des tropiques, plus l'on voit se restreindre en durée une des périodes de sécheresse; aux tropiques il n'y a plus qu'une *courte saison de pluie* et une *longue période de sécheresse.*

Ces pluies ont un caractère périodique; il convient d'y rattacher les *pluies de moussons.* Les régions qui sont sous l'influence des moussons ont une *saison pluvieuse pendant l'été* et une *saison sèche pendant l'hiver;* l'hiver, les vents sont d'origine continentale et, n'ayant pas trouvé sur leur trajet de relais d'humidité, sont nécessairement secs; l'été, les courants aériens sont chargés de la vapeur d'eau qu'ils ont enlevée aux surfaces océaniques et la déversent en pluie sur les continents.

*Pluies équatoriales.*

**Singapour** (presqu'île de Malacca), 1° 15' lat. N.; fractions mensuelles de 8 à 10 %; total, 2 343 mm. *Type de pluies équatoriales.*

*Pluies tropicales.*

**Bogota** (Colombie), 4° 35' lat. N.; 25 % en avril-mai, 9 % en juillet-août, 28 % en octobre-novembre, 11 % en janvier-février; total, 1 600 mm. *2 saisons pluvieuses, 2 saisons sèches.*

**Bangkok** (Siam), 13° 38' lat. N.; 29 % en mai-juin, 23 % en juillet-août, 32 % en septembre-octobre, 3 % en décembre-janvier; total, 1 487 mm. *Minimum peu marqué entre deux maxima, et saison sèche en hiver.*

**Bowen** (Australie N.-E.), 20° lat. S.; 82 % de décembre à avril, 18 % d'avril à novembre. *Régime tropical simple; saison humide, saison sèche.*

*Pluies de moussons.*

**Bathurst** (sur la Gambie), 13° lat. N.; 98 % de juin à octobre, 2 % de novembre à mai. — **Bombay**, 18° 54' lat. N.; 98 % de juin à septembre. — **Port-Darwin** (Australie Nord), 12° 28' lat. S.; 80 % de novembre à avril, 20 % de juin à août.

*Types de pluies de moussons aux périodes nettement tranchées.*

6. **Zone subtropicale (pluies rares).** — De part et d'autre de la région tropicale des pluies, au delà des tropiques, à peu près entre les 20° et 30° lat. N. et S., s'étend une zone de faible pluviosité. Cette zone sèche correspond aux maxima subtropicaux, région de calmes, et en partie au domaine des alizés, vents secs et desséchants. Elle est marquée par une série de déserts : les déserts du Nord-Ouest de l'Inde, de l'Arabie et du Sahara dans l'hémisphère Nord; ceux de l'Australie et de l'Afrique australe dans l'hémisphère Sud; ou par d'autres régions faiblement arrosées. Dans cette zone, l'été est d'ordinaire la saison pluvieuse, l'hiver et le printemps la saison sèche. — Cette zone ne fait pas le tour du globe; elle est souvent interrompue sous l'influence de la répartition des terres et des mers; certaines régions, bien qu'à la latitude de la zone sèche, sont assez grandement arrosées; les vents d'abord secs émis par l'anticyclone subtropical, traversant des mers, y arrivent chargés d'humidité (côtes orientales de l'Australie, de l'Afrique australe, de l'Amérique du Sud).

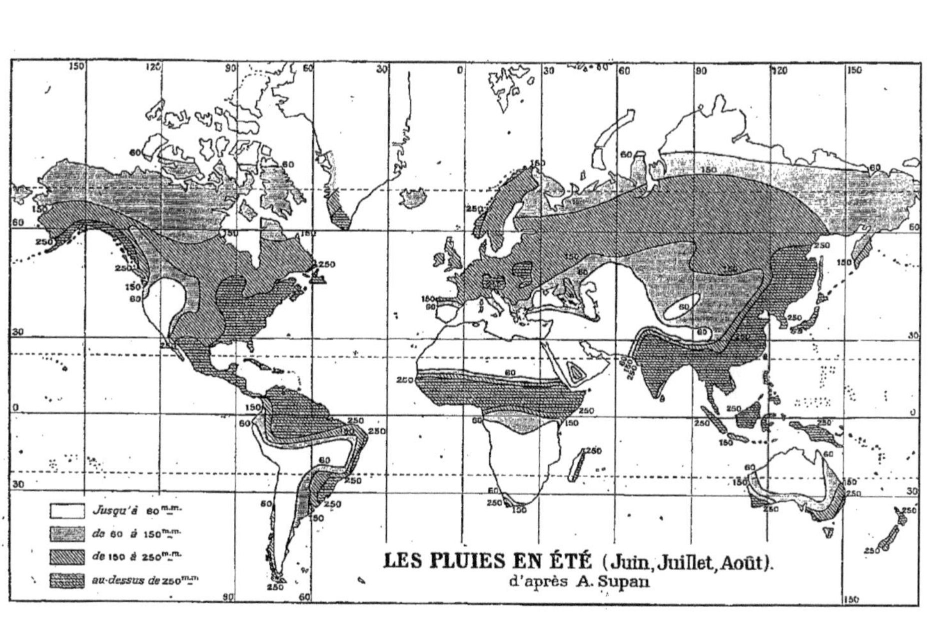


LES PLUIES EN ÉTÉ (Juin, Juillet, Août).
d'après A. Supan

**7. Zone tempérée chaude (pluies d'hiver, d'été, de toutes saisons).** — Au delà de la zone subtropicale, nous trouvons la zone tempérée chaude, où les pluies tombent à des époques encore bien déterminées et qui sert de transition avec la zone tempérée froide à pluies variables. — La région méditerranéenne est caractérisée par des *pluies d'automne et d'hiver,* tombant irrégulièrement par quantités assez fortes; ce régime s'étend à d'autres régions du globe, au Sud-Ouest de l'Australie et de l'Afrique, au Chili central, à la partie centrale et méridionale de l'État de Californie (États-Unis); les régions de *pluies d'été* sont représentées par la République Argentine, la partie orientale de l'Australie intérieure et la région de l'Orange et du Transvaal. Les grands vents d'Ouest déversent des *pluies en toutes saisons* sur la côte Sud du Chili, sur la côte occidentale de l'île Sud de la Nouvelle-Zélande, etc.

*Pluies subtropicales.*

Dans les Déserts, où les pluies sont irrégulières et accidentelles, il est difficile de préciser l'époque où elles tombent.

Blumenau (Brésil), 26° 55' lat. S., 50 °/o de nov. à février, avec un total de 1 826 mm.

*Pluies d'hiver.*

Smyrne, 74 °/o de novembre à mars; Athènes, 78 °/o d'octobre à mars; région française, 66 °/o de septembre à février. — En Californie, 85 °/o de novembre à mars. — Dans le Chili central, 89 °/o; au Cap, 71 °/o, et à Perth (Australie occidentale), 81 °/o de mai à septembre (hiver austral).

*Pluies d'été.*

Cordoba, 65 °/o de décembre à mars.

*Pluies de toutes saisons.*

Ancud (Chili), 41° 59' lat. S., reçoit 3 594 mm., et n'a pas un mois avec moins de 150 mm.; Hokitika (Nouvelle-Zélande, île Sud) reçoit 2 835 mm.; sauf 2 mois de 150 mm., la moyenne mensuelle est de plus de 200 mm.

**8. Zone tempérée froide (pluies variables).** — Au delà de la zone tempérée chaude nous entrons dans le domaine des pluies variables. Dans ces régions il y a rarement des périodes sans pluie; toutes les saisons reçoivent une certaine quantité d'eau. Cependant certaines époques de l'année sont plus favorisées que d'autres; l'Europe occidentale, visitée constamment par les vents marins du Sud-Ouest au Nord-Ouest, reçoit pendant l'automne et l'hiver ses plus fortes pluies; plus à l'Est, dans l'Europe centrale et orientale, ce sont bientôt les pluies d'été qui prédominent. C'est à la même époque que tombent les

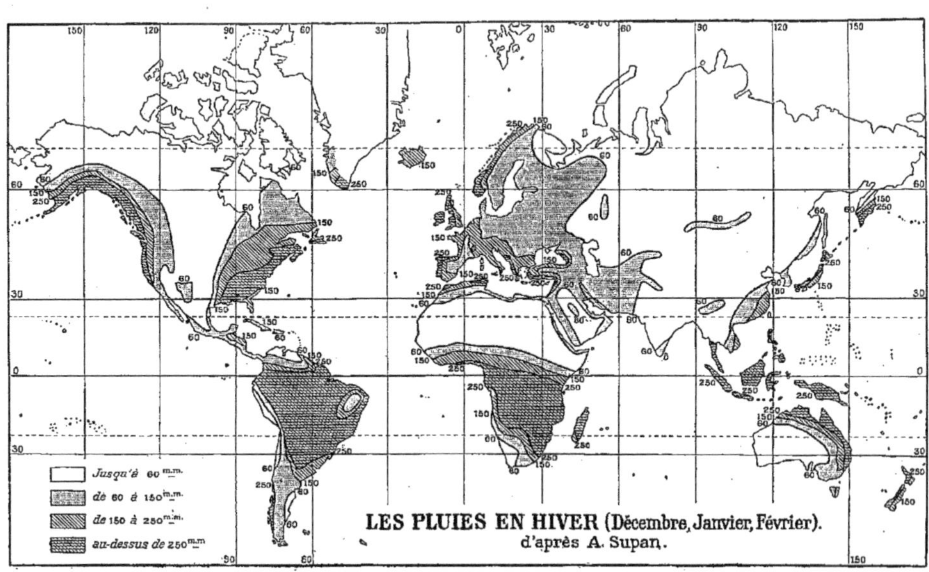


**LES PLUIES EN HIVER** (Décembre, Janvier, Février).
d'après A. Supan.

pluies aux États-Unis, qui, pendant l'hiver, étant un centre de hautes pressions, reçoivent peu de pluie, sauf dans la partie orientale.

9. **Zone froide (pluies d'été).** — Dans les hautes latitudes dominent les vents d'origine continentale, c'est-à-dire des vents secs, ou des vents marins chargés de peu d'humidité. Dans toutes ces régions septentrionales la presque totalité des pluies tombe en été et en automne.

| | HIVER | PRINTEMPS | ÉTÉ | AUTOMNE |
|---|---|---|---|---|
| *Pluies variables* (avec prédominance de pluies d'hiver ou d'été). | | | | |
| Irlande | 28 % | 22 % | 23 % | 27 % |
| France (44° 30'-46° 30' lat. N.) | 25 % | 22 % | 21 % | 31 % |
| Paris | 23 % | 23 % | 28 % | 26 % |
| Allemagne occidentale | 23 % | 22 % | 31 % | 24 % |
| Allemagne orientale | 19 % | 20 % | 37 % | 22 % |
| *Pluies dominantes d'été.* | | | | |
| Saint-Pétersbourg | 17 % | 19 % | 37 % | 27 % |
| Kiakhta (Mongolie) | 4 % | 7 % | 77 % | 12 % |
| Nertchinsk (Transbaïkalie) | 2 % | 11 % | 70 % | 26 % |
| Manitoba (Canada) | 9 % | 27 % | 45 % | 19 % |

10. **Conditions de distribution des pluies : l'altitude; les dépressions; les forêts.** — Le voisinage des surfaces océaniques provoque un accroissement des pluies; la mer fournit une quantité variable de vapeur d'eau; les vents qui ne soufflent qu'à la surface des continents demeurent secs.

L'influence des montagnes est considérable; elles provoquent, par le refroidissement, la condensation. Une carte pluviométrique présente dans ses traits généraux une grande analogie avec une carte hypsométrique; presque toujours les teintes les plus foncées, qui d'ordinaire figurent les pluies les plus abondantes, s'étendent sur les régions de haut relief. La pluie, qui est de 527 mm. à Paris, atteint 1 570 mm. dans certaines parties du Morvan, 1 572 au Puy de Dôme, 1 558 au Pic du Midi de Bigorre, etc. Dans les montagnes d'altitude moyenne, la pluie augmente de la base au sommet sur le versant pluvieux; dans les très hautes montagnes, l'intensité de la pluie diminue peu à peu et ne dépasse pas une certaine hauteur, variable suivant les cas. — Il peut arriver que les montagnes aient une température plus élevée que celle de l'air ascendant; c'est parfois le cas des massifs montagneux d'Espagne et d'Algérie en été; alors il ne se produit pas de pluie; l'air ascendant est réchauffé et s'éloigne du point de saturation.

Un autre effet des hauts reliefs est de déterminer un minimum de pluie sur le versant opposé aux courants pluvieux. Les exemples abondent : à Bergen, sur la côte de Norvège, on note 1840 mm.; à Kristiania, dans l'intérieur, 670; Saint-Dié, sur le versant des Vosges exposé aux vents, reçoit 1 090 mm.; Colmar, dans la vallée du Rhin, 479 seulement, etc. Le phénomène s'explique aisément; le vent a déchargé la plus grande partie de son humidité sur le versant qu'il remonte d'abord; de plus, dans le mouvement de descente qu'il accomplit sur l'autre versant, il se réchauffe et peut devenir desséchant.

Ce fait prend une importance singulière, sur laquelle il convient d'insister, lorsqu'il s'agit non plus seulement d'une barrière unique, mais d'un encadrement de montagnes dominant un plateau ou une dépression; dans ce cas, le plateau ou la dépression, réduits à une quantité d'eau insuffisante, deviennent fatalement des déserts; c'est le cas des régions désertiques de l'Asie centrale, du plateau de l'Iran, du désert du Colorado et du Grand Bassin dans les Montagnes Rocheuses.

Les *forêts* ont une certaine action sur le climat en général, et en particulier sur les pluies. Les forêts abaissent la température de l'air ambiant, et par ce refroidissement elles provoquent la pluie; les exemples sont nombreux de régions forestières plus arrosées que les régions voisines; l'influence des forêts est surtout considérable dans les pays tropicaux. Le déboisement éloigne en quelque sorte la pluie; le reboisement la ramène; aux États-Unis, des plantations d'arbres ont rendu la pluie plus fréquente; à Denver, dans le Colorado, des rivières longtemps à sec se sont remises à couler après reboisement des pentes montagneuses voisines.

**11. Hauteur des pluies. Pluies équatoriales, tropicales et de moussons.** — Les régions équatoriales reçoivent des pluies abondantes; une hauteur annuelle de 3 mètres n'est pas rare; on la rencontre dans l'archipel Asiatique et en Asie, sur la plus grande partie de Célèbes et de Bornéo, sur le versant méridional de Java, l'Ouest de Sumatra et de la péninsule de Malacca; en Afrique, dans le fond du golfe de Guinée, etc. Cette zone de fortes pluies se prolonge en certains points jusqu'aux tropiques : côte Nord-Est du Queensland en Australie, côte orientale de Madagascar et d'une partie du Brésil. . Certaines régions de moussons atteignent et dépassent ce chiffre de 3 mètres : côte de Sierra Leone et de Libéria, rebord occidental du plateau du Decan, fond du golfe de Bengale, etc.

Il est un certain nombre de points, plus rares, où la hauteur des pluies dépasse 4 mètres. A Sierra Leone la pluie atteint 4 538 mm.; au mont Cameroun, 4172 mm.; une des îles Viti reçoit 6 280 mm. Ce sont les moussons d'Asie qui donnent les chiffres les plus élevés; une station des Ghâtes occidentales, rebord du Decan, accuse près de 8 000 mm., etc. Il faut, pour ces chiffres de pluies si considérables, tenir compte des faits d'altitude et d'exposition. Le point le plus arrosé du monde est la station de *Tcherrapoundji,* dans le fond du golfe de Bengale, à 1 250 mètres d'altitude dans les Monts de l'Assam; la moyenne est de 12 040 mm.; cette masse d'eau tombe en une seule saison; une année, en 1861, la pluie a dépassé 20 mètres; le plus fort total en 24 heures a été de 1 036 mm., le 14 juillet 1876!

12. **Pluies subtropicales, pluies des régions tempérées et froides.** — Certaines régions côtières de l'Australie, de l'Afrique australe, de l'Amérique du Sud, recevant de 1 mètre à 1 500 mm. de pluie, forment une exception dans la zone dite des alizés. D'autres régions oscillent entre 400 et 500 mm. Dans les déserts, les pluies sont inférieures à 200 mm.; en certains points, la quantité de pluie est presque nulle.

Dans les régions tempérées, la quantité de pluies diminue de la mer vers l'intérieur des continents; cette diminution est très sensible en Europe d'Ouest en Est; les régions côtières de l'Atlantique reçoivent 800 mm.; l'Europe centrale, de 600 à 500 mm.; la Russie, de 500 mm. à moins de 400. Dans l'Asie centrale, les dépressions ont un véritable régime désertique et reçoivent moins de 200 mm. de pluie. — Les régions des hautes latitudes sont également peu favorisées; les courants aériens se refroidissent en s'élevant en latitude; ils diminuent ainsi leur aptitude à absorber de la vapeur d'eau; les régions polaires ont des précipitations qui ne dépassent guère 200 mm.

13. **La neige.** — Quand l'air a une température inférieure à 0°, la pluie se produit sous la forme de NEIGE. La neige fond dès que la température est au-dessus de 0°; on ne la rencontrera

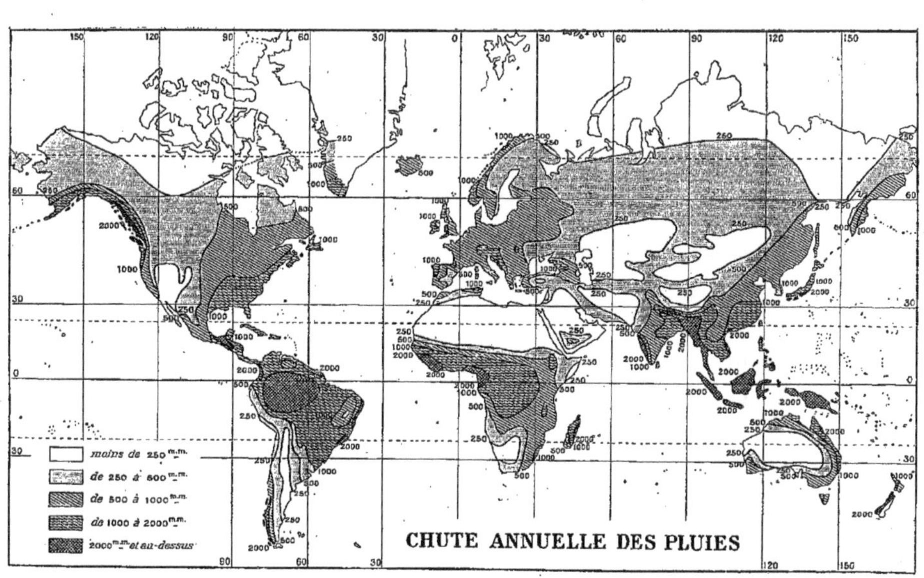


CHUTE ANNUELLE DES PLUIES

que dans les régions, d'ailleurs nombreuses, du globe où le thermomètre s'abaisse au point zéro.

En Europe la neige se rencontre partout, rare cependant sur les bords de la Méditerranée ; en Afrique, en dehors des régions montagneuses, il neige à Tunis et à Alger accidentellement ; en Asie, la limite méridionale de la neige est à peu près le 30° lat. ; dans l'Amérique du Nord, la neige a été signalée exceptionnellement, au bord du golfe du Mexique, au Sud du tropique ; dans l'Amérique du Sud elle ne dépasse pas à l'Ouest le 40° lat. S. (Valdivia) ; à l'Est, elle atteint le 20° lat., mais à plus de 1 000 mètres d'altitude. *Les lois qui règlent l'abondance des pluies règlent l'abondance des neiges.*

14. **Limite des neiges persistantes.** — Les neiges s'accumulent sur les hauts sommets ; elles y persistent en toute saison au-dessus d'une ligne marquant le point où la température est impuissante à les faire fondre. Des causes diverses influent sur la permanence et le développement d'une couche de neige ; sauf de rares exceptions (Caucase), la neige s'étend plus bas sur le versant exposé aux vents pluvieux que sur le versant opposé, qui reçoit moins de précipitations ; à quantité de neige égale, un versant exposé au Midi aura une limite plus élevée. La limite varie d'ailleurs d'une saison à l'autre dans le laps d'une année, sauf à l'équateur, où la limite reste à peu près la même.

Quelques limites sont aujourd'hui déterminées :

HÉMISPHÈRE NORD

| | LAT. N. | LIMITE INFÉR. DES NEIGES | |
|---|---|---|---|
| Spitzberg | 77° | 460 mètres | |
| Norvège | 61° | 1 600 — | |
| Alpes suisses | 46° | 3 300 — | (versant Sud). |
| | | 2 600 — | (versant Nord). |
| Caucase occidental | 44°-42° | 2 900 — | (versant Sud). |
| | | 3 300 — | (versant Nord). |
| Pyrénées | 43°-42° | 2 900 — | (versant Nord). |
| | | 3 300 — | (versant Sud). |
| Himalaya | 34°-27° | 4 940 — | (versant Sud). |
| | | 5 670 — | (versant Nord). |

HÉMISPHÈRE SUD

| | LAT. S. | LIM. INFÉR. DES NEIGES |
|---|---|---|
| Andes de Quito | 0° | 4 800 mètres. |
| Kilimandjaro | 3° | 5 000 — |
| Andes du Chili | 28° | 5 500 — |
| — — | 30° | 4 900 — |
| — — | 34° | 3 400 — |
| — — | 38° | 2 100 — |
| — — | 50° | 800 — |
| Alpes de Nouvelle-Zélande | 46°-42° | 2 380 — |

15. **Influence de la neige sur la température.** — La neige exerce une influence très nette sur la température. Dans le cas de neiges persistantes, il règne à la surface du manteau de neige une basse température qui, avec le rayonnement de la nuit, refroidit l'air ambiant. Dans le cas de neiges temporaires, comme celles qui couvrent pendant de longs mois la Sibérie, la Russie, le Canada, il faut pour les fondre une certaine chaleur; il s'ensuit que cette chaleur sert uniquement à fondre la neige, qu'une couche de neige maintient la température très basse jusqu'au moment de la fusion complète, et qu'alors se produisent des changements brusques de température : à Verkhoïansk, mai a pour moyenne —0° 4, juin +12°[1].

## B. — Classification des climats.

16. **Classification des climats.** — Un climat est la résultante de l'action et de la réaction réciproques, harmonieusement ordonnées, de la température, des vents et de la pluie. Les climats présentent donc beaucoup de variétés ; nous indiquerons les principales. — La division générale est celle des CLIMATS MARITIMES et des CLIMATS CONTINENTAUX; nous avons déjà remarqué qu'il vaudrait mieux employer les expressions de *climats constants* ou *modérés* et de *climats excessifs,* en se basant sur les écarts de températures. Toutefois nous conserverons les termes de climats maritimes et continentaux, en faisant des réserves, à savoir, que des climats continentaux peuvent s'étendre jusqu'à des régions riveraines de la mer, que les influences marines peuvent se faire sentir fort loin dans l'intérieur des continents.

17. **Climat maritime des régions chaudes.** — Ce type de climat s'étend aux régions situées de part et d'autre de l'équateur et entre les tropiques ; il est nettement caractérisé par une chaleur assez forte, de très faibles variations de températures, des pluies abondantes, et dans certains cas presque continuelles.

1. La côte Ouest du Groenland a en mai, à la même latitude que Verkhoïansk, une température moyenne analogue, —0°,2 ; mais en [illegible]n +3°,8 seulement. Sur les deux points les premières chaleurs ont servi à la fonte des neiges; la Sibérie, en juin, n'ayant plus de neiges, est plus chaude; la côte du Groenland subit l'influence des glaciers et des glaces flottantes.

| | LATITUDE | MOIS le pl. froid | MOIS le pl. chaud | ÉCART |
|---|---|---|---|---|
| | — | — | — | — |
| Singapour (Malacca) .......... | 1° 15′ N. | 26° | 28° | 2° |
| Para (Brésil) .................. | 1° 30′ N. | 25° | 26° | 1° |
| Cayenne ...................... | 4° 56′ N. | 25° | 27° | 2° |
| Batavia (Java) ................. | 6° 11′ S. | 25° | 26° | 1° |
| Colombo (Ceylan) ............. | 6° 56′ N. | 26° | 28° | 2° |
| Sierra Leone (Guinée) ........ | 8° 30′ N. | 24° | 27° | 3° |
| Aden ......................... | 12° 45′ N. | 24° | 31° | 7° |
| Assab (Mer Rouge) ........... | 12° 59′ N. | 25° | 35° | 10° |
| Calcutta ..................... | 22° 32′ N. | 18° | 29° | 11° |
| Rio de Janeiro ............... | 22° 54′ S. | 20° | 25° | 5° |
| Mascate (Arabie)............. | 23° 38′ N. | 20° | 34° | 14° |

**18. Climat continental des régions chaudes.** — De part et d'autre de la zone à température constante se développent, dans le voisinage des tropiques, d'autres régions où la température est très variable; elles forment une large zone de déserts ou de steppes dans les deux hémisphères entre les 20° et 35° lat. environ. Les pluies y sont rares ou peu importantes ; les écarts de température sont très marqués; la variation diurne prend dans les régions désertiques des proportions exceptionnelles.

| | LATITUDE | MOIS le pl. froid | MOIS le pl. chaud | ÉCART |
|---|---|---|---|---|
| | — | — | — | — |
| Catamarca (Rép. Argentine) .. | 28° 28′ S. | 10° | 28° | 18° |
| Mendoza (Rép. Argentine) .... | 32° 53′ S. | 7° | 23° | 16° |
| Chang haï.................... | 31° 12′ N. | 3° | 27° | 24° |
| Le Caire ..................... | 30° N. | 12° | 29° | 17° |
| El Goléa (Sahara)............ | 30° 33′ N. | 8° | 35° | 27° |
| Tougourt (Sahara) ............ | 33° 13′ N. | 11° | 36° | 25° |
| Biskra (Sahara) .............. | 34° 51′ N. | 10° | 31° | 21° |
| Madrid ....................... | 40° 25′ N. | 5° | 24° | 19° |
| Saragosse.................... | 41° 38′ N. | 5° | 26° | 20° |
| Bagdad ...................... | 33° 21′ N. | 11° | 34° | 23° |

**19. Climat de type méditerranéen. Zone tempérée chaude.** — Jusque vers le 45° lat. environ se développe une région chaude encore, mais déjà tempérée. Les pluies tombent surtout pendant la saison froide, en quantité suffisante, bien que souvent faible; les variations de températures n'atteignent pas 20°; ce type de climat est nettement caractérisé dans les pays riverains de la Méditerranée ; on le retrouve dans le Sud et le Sud-Ouest de l'Australie, le Sud-Ouest de la colonie du Cap, sur une partie du Chili et de la Californie.

| | LATITUDE | MOIS le pl. froid | MOIS le pl. chaud | ÉCART |
|---|---|---|---|---|
| Beyrout (Syrie) | 33° 54′ N. | 13° | 27° | 14° |
| Smyrne | 38° 26′ N. | 8° | 26° | 18° |
| Malte | 35° 53′ N. | 13° | 26° | 13° |
| Naples | 40° 52′ N. | 8° | 24° | 16° |
| Marseille | 43° 18′ N. | 6° | 22° | 16° |
| Barcelone | 41° 22′ N. | 10° | 26° | 16° |
| Oran | 35° 42′ N. | 10° | 25° | 15° |
| Alexandrie | 31° 12′ N. | 14° | 26° | 12° |
| Melbourne (Australie) | 37° 50′ S. | 9° | 19° | 10° |
| Perth (Australie occidentale) | 31° 57′ S. | 12° | 24° | 12° |
| Le Cap | 33° 56′ S. | 12° | 21° | 9° |
| Valparaiso (Chili) | 33° 1′ S. | 11° | 18° | 7° |
| Valdivia (Chili) | 39° 49′ S. | 7° | 17° | 10° |
| Los Angeles (Etat de Californie) | 33° 47′ N. | 11° | 22° | 11° |

20. **Climat maritime de la zone tempérée froide.** — Au delà du 45°, certaines régions jouissent d'un climat maritime nettement caractérisé. L'influence adoucissante de la mer, des courants tièdes, y détermine des températures douces à faible variation, des pluies modérées en toute saison; cette action bienfaisante s'étend parfois à des latitudes élevées. Ce type de climat trouve son expression la plus parfaite dans les régions de l'Europe occidentale voisines de la mer et sur la côte de la Colombie britannique.

| | LATITUDE | MOIS le pl. froid | MOIS le pl. chaud | ÉCART |
|---|---|---|---|---|
| Valentia (S.-O. de l'Irlande) | 51° 55′ N. | 7° | 15° | 8° |
| Brest | 48° 23′ N. | 6° | 18° | 12° |
| Paris | 48° 50′ N. | 2° | 18° | 16° |
| Bergen (Norvège) | 60° 23′ N. | 1° | 14° | 13° |
| Reykiavik (Islande) | 64° 8′ N. | — 3° | 12° | 15° |
| Astoria (côte O. des Éts-Unis) | 46° 11′ N. | 4° | 16° | 12° |
| New Westminster (Colomb. brit.) | 49° 12′ N. | 2° | 17° | 15° |

21. **Climat continental : 1° avec variation de température de 20° à 35°.** — L'amplitude de l'oscillation entre le mois le plus froid et le mois le plus chaud augmente dans la mesure de l'éloignement des influences océaniques; l'été est chaud, et l'hiver rigoureux ; les pluies moins abondantes. C'est le climat de l'Europe centrale et de la région qui s'étend depuis l'Est de la péninsule scandinave jusque dans la Sibérie occidentale ; c'est le climat d'une partie de l'Asie Nord-orientale, de la plus grande partie des États-Unis et du Canada.

| | LATITUDE | MOIS le pl. froid | MOIS le pl. chaud | ÉCART |
|---|---|---|---|---|
| Milan | 45° 28′ N. | 0° | 25° | 25° |
| Buda Pest | 47° 30′ N. | — 2° | 21° | 23° |
| Varsovie | 52° 13′ N. | — 3° | 19° | 22° |
| Kristiania | 59° 55′ N. | — 4° | 17° | 21° |
| Moscou | 55° 46′ N. | — 11° | 19° | 30° |
| Tobolsk (Sibérie) | 58° 12′ N. | — 19° | 18° | 37° |
| Kouldja (Turkestan Russe) | 43° 56′ N. | — 10° | 25° | 35° |
| Kachgar (Turkestan oriental) | 39° 25′ N. | — 6° | 27° | 33° |
| Vladivostok (Sibérie) | 43° 7′ N. | — 15° | 20° | 35° |
| Pekin | 39° 57′ N. | — 5° | 26° | 31° |
| New York | 40° 50′ N. | — 1° | 23° | 24° |
| Saint Paul (États-Unis) | 44° 58′ N. | — 12° | 22° | 34° |
| Montréal (Canada) | 45° 31′ N. | — 8° | 22° | 30° |

22. **Climat continental : 2° avec variation de température de plus de 35°.** — Ce climat est caractérisé par une amplitude excessive des variations de température; l'été est encore chaud, parfois très chaud, mais court; l'hiver a les froids les plus intenses du globe; la pluie est rare. Ce climat s'étend à la Mongolie, à la Sibérie, au Canada et à l'Alaska.

| | LATITUDE | MOIS le pl. froid | MOIS le pl. chaud | ÉCART |
|---|---|---|---|---|
| Ourga (Mongolie) | 47° 55′ N. | — 26° | 17° | 43° |
| Kiakhta (Mongolie) | 50° 21′ N. | — 27° | 19° | 46° |
| Blagoviechtchensk (Rég. de l'Amour) | 50° 15′ N. | — 25° | 21° | 46° |
| Nertchinsk (Transbaïkalie) | 51° 58′ N. | — 34° | 18° | 52° |
| Irkoutsk (Sibérie) | 52° 16′ N. | — 21° | 18° | 39° |
| Iakoutsk (Sibérie) | 62° 1′ N. | — 43° | 19° | 62° |
| Verkhoïansk (Sibérie) | 67° 34′ N. | — 51° | 15° | 65° |
| Fort Simpson (Canada) | 62° 7° N. | — 28° | 16° | 44° |

23. **Climat polaire.** — Les régions situées entre les pôles et les cercles polaires subissent un climat d'une froidure extrême. Dans la région polaire arctique, ce climat s'étend à tout le Nord de l'Amérique et de l'Asie au delà du cercle polaire, ainsi qu'aux îles de l'océan Arctique. Les rayons du soleil n'arrivent que très affaiblis; du reste ils ne brillent qu'une partie de l'année. Le climat est caractérisé par des froids continus; la moyenne des mois les plus chauds n'atteint pas 6°.

| | LATITUDE | | MOIS le pl. froid | MOIS le pl. chaud |
|---|---|---|---|---|
| | — | | — | — |
| Spitzberg | 78° | N. | — 19° | + 5° |
| Terre François-Joseph | 79° | N. | — 34° | + 2° |
| Observations du *Fram* | 79° 30′ | N. | — 37° | 0° |
| — — | 83° 30′ | N. | — 37° | 0° |
| Sagastyr (embouchure de la Léna) | 73° | N. | — 42° | + 5° |
| Détroit des Banks (au N. de l'Amérique) | 73° | N. | — 36° | + 4° |
| — de Barrow (au N. de l'Amérique) | 74° | N. | — 36° | + 3° |
| Groenland Ouest | 71° | N. | — 20° | + 6° |
| — Nord | 81° | N. | — 38° | + 3° |

**24. Variations des climats.** — La classification des climats qui précède s'applique à l'époque actuelle. On a souvent agité le problème de la *variation des climats* au cours des âges. Il est certain que le climat s'est modifié dans la suite des temps géologiques ; nous avons indiqué ailleurs les grands traits de son évolution et constaté que les changements les plus notables s'étaient produits au quaternaire, au début de la période géologique actuelle. Il serait inutile de revenir sur ce point. Mais la question se pose pour les temps historiques. Elle présente de grandes difficultés ; les séries sérieuses d'observations météorologiques ne dépassent pas le XIXe siècle. Quelques faits, examinés avec soin, ne permettent pas une conclusion précise.

Des météorologistes ont cru pouvoir déterminer une certaine périodicité dans le retour des saisons sèches et des saisons humides, qui se produirait tous les 30 à 35 ans ; mais ce n'est là qu'une oscillation périodique, et non un changement continu qui modifierait profondément le climat. — Dans un autre ordre d'idées on a invoqué comme preuve de variation le recul ou la disparition de certaines cultures. Au moyen âge, on cultivait la vigne en Picardie, dans le Beauvaisis, en Normandie ; elle a disparu aujourd'hui. La raison en est purement économique ; la facilité des communications et des échanges a localisé les cultures dans les pays qui leur conviennent le mieux ; la vigne n'était pas à sa place dans les régions pluvieuses de la Manche. — Nous savons que le plant de vigne le *pinot*, qui donne les grands crus de Bourgogne, était utilisé dès le premier siècle de notre ère ; et les coteaux privilégiés qui donnaient alors les vins renommés sont les mêmes aujourd'hui. De même que quatre siècles avant notre ère, à Athènes le dattier fructifie, mais ne mûrit pas ses fruits. En Chine, les conditions anciennes et présentes de la culture n'ont pas varié. Il semble donc qu'il n'y ait pas eu de modification notable dans le climat de la terre depuis les premières lueurs projetées par l'histoire.

L'homme peut-il exercer une certaine action sur le climat ? Il est certain que par le déboisement il peut provoquer des diminutions de pluies et des modifications assez sérieuses de climat ; mais son influence ne peut être que locale. Il n'est pas besoin de discuter des projets comme celui de la transformation du Sahara en mer intérieure ; ce ne sont pas là de grandes idées, mais des utopies grossières. L'homme est impuissant à modifier les lois générales de la nature ; il doit se plier aux circonstances, s'il veut en triompher. Dans la question de la variation des climats, il faut se borner, comme conclusion, à l'idée généralement admise du refroidissement du globe ; mais ce refroidissement est d'observation presque impossible, car il se produit avec une lenteur extrême, comme tous les grands faits géologiques.

Livres a consulter. — Mêmes indications que pour le chapitre précédent.

# CHAPITRE V

## L'ÉLÉMENT LIQUIDE. — LES OCÉANS

### I. — Le sol des mers. — Propriétés et glaces des mers.

**L'océanographie.** — L'océanographie a pour objet l'étude des conditions physiques des surfaces marines et de la vie dans les mers. Cette science, toute récente, s'est développée grâce à de nombreuses expéditions savamment organisées, et dont la plus célèbre a été celle du *Challenger*.

**A. — Profondeur, relief et nature du sol des mers. — a). — Profondeur et relief.** L'océan **Atlantique Nord et Sud** a, de chaque côté d'une plate-forme à peu près médiane, couverte d'une épaisseur d'eau modérée, de grandes profondeurs (8 341 m., *fosse des îles Vierges*, Antilles). Un seuil le sépare de la mer de Norvège. L'océan **Pacifique** est une immense plaine sous-marine, de 4 000 à 6 000 m., où les grands fonds se trouvent le long de sa ceinture occidentale d'arcs insulaires (plus de 9 600 m., *fosse du Nero*, îles Mariannes). Les grandes profondeurs de l'océan **Indien** sont voisines des îles de Sumatra et de Java (6 200 m.). Nansen a sondé dans l'océan **Glacial Arctique** des fonds de plus de 3 500 m.

Les grandes aires océaniques, dont la plus ancienne est le Pacifique, et la plus récente l'Atlantique, sont dues à des effondrements ; c'est aussi le cas des dépressions méditerranéennes.

**b). — Nature du sol.** Le sol superficiel sous-marin est formé de **dépôts littoraux terrigènes**, qui n'occupent, sauf dans les mers fermées et dans quelques cas exceptionnels, qu'une lisière étroite le long des rivages ; au large se déposent diverses sortes de **boues** dues à l'accumulation des carapaces calcaires ou siliceuses de minuscules animaux (*Globigérines*, *Radiolaires*, etc.).

**B. — Propriétés de l'eau de mer. Glaces des mers.** — La **salinité** de l'eau de mer varie de 0,5 °/₀ dans la mer Baltique, alimentée par d'importants courants d'eaux douces, à 4 °/₀ et plus dans la mer Rouge, soumise à une intense évaporation. Les moyennes de *températures* les plus élevées s'observent dans les mers tropicales; la diminution est assez rapide en profondeur jusqu'à 1 000 m. (+ 4° et + 5°); au fond, la température est voisine de 0°. Conditions spéciales pour les mers polaires et les mers fermées.

L'eau de mer gèle à — 2° ou — 3°. A la surface des mers polaires arctiques, il se forme des *champs de glace* qui, réunis, deviennent la **banquise**, qui borde aussi les terres polaires, lesquelles sont couvertes de vastes glaciers; ces glaciers aboutissent à la mer et émettent des **icebergs**. L'été, la bordure de la banquise, toujours bouleversée, se disloque; la **glace de dérive** se forme et s'avance plus ou moins loin au Sud dans les Océans, accompagnée par des icebergs aux formes découpées et pittoresques. — Le pôle antarctique est enveloppé par un véritable mur de glace; il s'en détache d'énormes icebergs de forme tabulaire.

1. **Objet de l'océanographie.** — L'étude rationnelle des mers forme l'objet de l'OCÉANOGRAPHIE; l'océanographie poursuit dans les Océans, à l'aide d'expéditions scientifiques, une enquête sur leur relief, la nature du sol de fond, sur la composition des eaux marines et les mouvements qui les agitent, sur la vie si curieuse qui s'y est développée. L'océanographie est une science récente et toute moderne; mais elle possède déjà des résultats de première importance.

2. **Caractère des expéditions océanographiques.** — On peut considérer les grandes croisières qui eurent lieu dans le Pacifique au XVIIIe siècle, comme le début des expéditions océanographiques. Les grands voyages de COOK, de LAPÉROUSE, fournirent un certain nombre d'observations. Mais la navigation manquait alors des instruments nécessaires pour l'étude des Océans. L'océanographe doit pouvoir disposer d'un outillage spécial; il lui faut des sondes appropriées, des thermomètres, des bouteilles pour recueillir les eaux profondes, des mesureurs pour apprécier la vitesse des courants, des dragues pour recueillir la faune des profondeurs, etc. L'océanographie ne commenca à se développer que le jour où le lieutenant américain BROOKE inventa le sondeur à poids perdu (1854). On organisa des expéditions proprement scientifiques; on confiait à un officier de marine expérimenté un personnel de savants spécialistes, munis de tous les instruments indispensables.

Les Américains et presque tous les peuples navigateurs

d'Europe y ont pris part[1]. L'expédition la plus remarquable a été celle du CHALLENGER, dirigée par des Anglais, qui, de février 1873 à mai 1876, fit toute une série de croisières dans l'océan Atlantique, l'océan Indien et le Pacifique. Nous avons vu ailleurs que d'importantes expéditions avaient été récemment organisées à destination des mers antarctiques

## A. — Profondeur, relief et nature du sol des mers.

**a). — 3. Océan Atlantique.** — On sait que les Océans ne sont point des fosses s'inclinant régulièrement des rivages vers le centre et que l'on n'y rencontre pas d'abîmes insondables. L'océan Atlantique est en quelque sorte partagé par une longue plate-forme sous-marine, où l'épaisseur de l'eau est moins considérable que sur les côtes, où elle dépasse parfois 8 000 mètres.

Dans l'Atlantique Nord, cette voûte s'étend à peu près depuis l'Islande jusqu'à l'île Saint-Paul en passant par les îles Açores, avec une largeur moyenne de 1 000 km. et une tranche de moins de 2 000 m. en moyenne. De grandes profondeurs de plus de 5 000 m. se développent à l'Est (dans le golfe de Gascogne, 5 100 m.), et à l'Ouest surtout; entre les Açores et les îles du Cap Vert, 8 000 m.; c'est sur le pourtour que sont les grandes profondeurs : plus de 6 000 m. au Sud de Terre-Neuve; dans les Antilles, la *fosse des îles Vierges* se creuse à 8 341 m., et se prolonge à l'Ouest par une ligne de grande profondeur (6 268 m. dans la *fosse de Bartlett*), au Nord de la Jamaïque. Dans l'Atlantique Sud, une plate-forme large de 800 km., sous une tranche d'eau de moins de 4 000 m., porte les îles de l'Ascension,

1. Il peut être intéressant de donner quelques détails sur les nombreuses missions océanographiques.

Avant 1890. De 1868 à 1870, les navires anglais *le Lightning* et *le Porcupine* firent des observations surtout dans les parages des îles Britanniques. L'expédition du *Challenger* était sous la direction d'un état-major de grands savants, Thomson, J. Murray, Buchanan, etc.; le *Challenger* fit des découvertes sensationnelles; il révéla notamment la nature du sol sous-marin et des spécimens inattendus de la faune des profondeurs. La publication des résultats forme une œuvre monumentale de 50 volumes. — Il faut encore citer la mission américaine du *Tuscarora* (sondages dans le Nord-Ouest du Pacifique, 1874-76). La France avait envoyé la *Recherche* dans les mers polaires (1835-39), la *Bonite* dans le Pacifique (1836-39); le *Travailleur* et le *Talisman* (1880-83) conduisirent des naturalistes le long des côtes du golfe de Gascogne jusqu'à celles du Maroc.

Après 1890. Les recherches océanographiques ont pris un grand développement à la fin du XIXe siècle. En 1890, la *Pola*, navire autrichien, étudia systématiquement l'Adriatique, la mer Egée, la mer Rouge; la mer Noire a été soigneusement explorée par les Russes (1890-91); l'expédition allemande *la Valdivia* a étudié les grands fonds d'une partie de l'océan Atlantique (1898); la *Siboga*, navire hollandais, a exploré minutieusement les mers de l'Insulinde (1899-1900); les Etats-Unis ont envoyé l'*Albatross* faire une exploration zoologique du Pacifique. Nous connaissons les expéditions antarctiques. En mai 1901 s'est tenue à Kristiania une conférence dans le but d'une entente internationale pour les études d'hydrographie maritime.

de Sainte-Hélène, de Tristan da Cunha; à l'Est, la profondeur va jusqu'à 5 600 m.; à l'Ouest, plus de 6 000 m.; sous l'équateur, par 0° 11' lat. S., une fosse allongée, de 7370 m. au plus bas (sondage de la *Romanche*), sépare les plateaux sous-marins du Nord et du Sud.

Les limites entre l'Atlantique Sud et l'océan Antarctique sont naturellement indécises. Les limites septentrionales de l'Atlantique sont peut-être plus faciles à fixer. Un seuil sous-marin s'étend entre l'Écosse et l'Irlande, où l'épaisseur des eaux n'est guère supérieure à 450 ou 500 mètres, sauf un point qui en a près de 650; entre l'Islande et le Groenland, le *canal danois* n'a qu'une faible profondeur. Au Nord de ce seuil s'étend la *mer de Norvège,* d'une profondeur moyenne de 1 500 mètres, et à l'Ouest du Spitzberg une fosse de 4 850. Cette mer de Norvège peut être considérée comme la terminaison méridionale de l'océan Glacial Arctique. C'est au seuil sous-marin qui va du Groenland à l'Écosse par l'Islande que sont arrêtées les eaux polaires de fond à température inférieure à 0°; seules les couches superficielles se mélangent.

**4. Mers intérieures et de bordure.** — Les mers peu étendues qui dépendent de l'Atlantique sont des mers en bordure ou intérieures peu profondes; les Méditerranées européo-africaine et américaine font exception.

La mer Baltique ne dépasse 200 m. qu'en deux petites fosses longitudinales; dans l'Ouest elle atteint rarement 50 m.; la mer du Nord s'abaisse de 20 à 40 m. au Sud, à moins de 200 m. dans la direction du Nord; la Manche a une profondeur moyenne de 80 m. La Méditerranée présente, au contraire, des fosses successives avec de grandes profondeurs : 3 150 m. entre les Baléares et la Sardaigne, et 3 730 dans la mer Tyrrhénienne; 3 350 m. entre la Cyrénaïque et l'Égypte, et la profondeur maxima de 4 404 m. au Sud-Ouest du Péloponèse. La fosse déjà signalée de la mer des Antilles est encore plus profonde; de plus, au Sud du Yuca-

Coupe de l'Océan Atlantique suivant une ligne allant de Lisbonne à Savannah.
Profondeurs : 0.003 pour 2.000 mètres. Échelle des longueurs = 1 : 60.000.000.
Savannah — Bermudes — Plateau des Açores — Lisbonne
Mètres 0 — 2000 — 4000 — 6000 — 8000

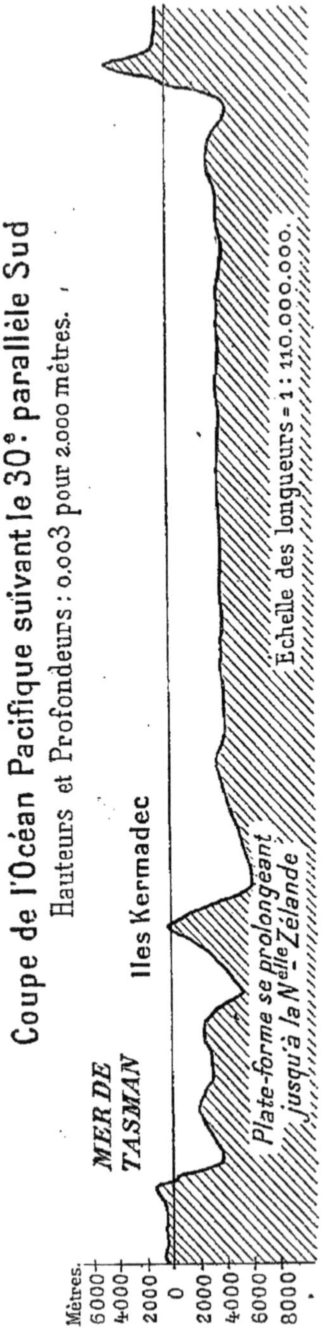

tan, la sonde a marqué plus de 4 700 m. ; dans la mer des Caraïbes, 5 200 m. ; et dans le golfe du Mexique plus de 3 800.

Coupe de l'Océan Pacifique suivant le 30e parallèle Sud
Hauteurs et Profondeurs : 0,003 pour 2.000 mètres.
Echelle des longueurs = 1 : 110.000.000.
Iles Kermadec
MER DE TASMAN
Plate-forme se prolongeant jusqu'à la Nelle-Zélande
Mètres. 6000 4000 2000 0 2000 4000 6000 8000

5. **Océan Pacifique.** — L'océan Pacifique est constitué par une sorte d'immense plaine sous-marine assez uniforme, s'étendant depuis le Chili jusqu'aux îles Aléoutiennes. On peut cependant le diviser en deux parties séparées à peu près par le 150° long. W. Paris. La partie située à l'Est a une profondeur moyenne de 4 500 mètres entre le Pérou et les îles Hawaï, sauf à l'Ouest des îles Galapagos. Les points plus profonds sont rares; la sonde n'a révélé que des fosses allongées, étroites et sans étendue devant Copiapo, au Chili (plus de 7 000 m.), devant Iquique (Chili) et Callao (Pérou, avec plus de 6 000 m.). Dans le Pacifique occidental, le fond de l'Océan se relève avec le socle qui porte les îles de la Polynésie, mais il s'abaisse en d'autres points à des profondeurs considérables de plus de 9 000 mètres.

Une fosse immense de plus de 6 000 m. s'étend le long des arcs successifs dessinés par les îles Aléoutiennes, les îles Kouriles, le Japon, jusqu'au groupe des îles Bonin, et même le long des îles Mariannes après une petite interruption; la partie la plus profonde (plus de 7 000 m.) va des îles Aléoutiennes au Japon; c'est la *fosse des Kouriles,* se creusant en un point à 8 513 m. Un autre abîme s'allonge le long des îles Tonga dans la direction des îles Kermadec; on y connaissait un fond de 8 321 m.; le *Penguin,* en 1895, y a découvert, plus près des îles Kermadec, des fosses de plus de 9 000 m., dont l'une accuse 9 427 m. Des profondeurs de 5 000 à 6 000 m. occupent une étendue considérable à l'Est et au Sud-Est du groupe d'îles. — Ce n'est sans doute pas la plus grande profondeur du Pacifique. Le *Challenger* avait trouvé au

Sud des îles Mariannes des fosses de plus de 8000 m.; en 1899, près de l'île de Guam, du même groupe d'îles, un sondage aurait révélé l'existence d'un abîme de 9630 m. qui serait ainsi le plus grand abîme actuellement connu (*fosse du Nero*).

6. **Bordure occidentale du Pacifique.** — A l'Ouest du socle des îles polynésiennes et des arcs insulaires qui tout le long de l'Asie bordent le Pacifique, se creusent çà et là des fosses profondes.

En arrière de la ligne de la Nouvelle-Guinée, Nouvelle-Calédonie et Nouvelle-Zélande, se trouvent des fonds de 4 à 5000 m. — La fosse des Mariannes, de plus de 6000 m., se creuse non seulement à l'Est, mais aussi à l'Ouest entre ces îles et les Philippines. Des Philippines aux îles orientales de la Sonde, de la Nouvelle-Guinée à Bornéo, la mer de Banda forme une cuvette de plus de 7000 m. en un point, la mer de Célèbes de plus de 5000, la mer de Soulou de plus de 4000 m. — Ce sont là des régions de puissantes dislocations; c'est aussi le cas des mers de bordure qui séparent le Pacifique de l'Asie; elles accusent des profondeurs notables. Une fosse de 4000 m. existe dans le Nord de la mer de Chine; la mer Jaune fait exception et ne dépasse pas 200 m.; mais dans la mer du Japon on a trouvé 3000 m.; les fonds de plus de 2000 m. occupent une superficie considérable dans la mer d'Okhotsk; de même pour la mer de Béring en arrière des Aléoutiennes.

7. **Océan Indien.** — Dans l'océan Indien, toute la partie comprise entre l'Australie, les îles Tchagos et Mascareignes, a une profondeur de 4000 à 6000 mètres, sauf le long du socle australien. La sonde a révélé une fosse de plus de 6200 mètres à l'Est de l'île Christmas. Dans le Nord-Ouest, le fond présente moins d'uniformité; on y rencontre, à côté de creux de 5000 mètres, des socles portant des groupes d'îles; la moyenne ne dépasse guère 3000. Le golfe Persique est de faible profondeur (entre 40 et 81 m.); la mer Rouge, région d'effondrement, a un fond de 2271 mètres.

8. **Océan Glacial Arctique.** — L'expédition de Nansen a fait découvrir un océan assez profond là où on ne soupçonnait que des masses d'eau de 200 à 300 mètres au plus, d'après le voyage de la *Véga*, qui n'avait jamais dépassé le socle sibérien. Après que Nansen eut atteint le 79° lat., il mesura des fonds de 3000 à 3850 mètres; des sondages répétés démontrèrent que les profondeurs continuaient régulièrement jusqu'aux abords du Spitzberg; ces grands fonds se relieraient au Sud-Ouest à la fosse du Spitzberg (4800 m.). Nansen pense que cette mer profonde s'étend loin au Nord.

9. **Océan Glacial Antarctique.** — A part quelques sondages de Ross, on ne possédait, dans les dernières années du XIXᵉ siècle, à peu près aucune indication sur la profondeur des mers antarctiques. La *Belgica*, dans sa campagne de 1897-99, fit au Sud de l'Amérique 8 sondages dans le détroit de Drake, dont le fond se relève du Nord au Sud, 4 040 m. par 56° lat. S. et 3 690 m. par 61°; à 71° lat.; de nombreux sondages ont donné 2 700 à 2 600 m., et plus au Sud 490 à 390; d'après ces mesures, il y aurait dans ces parages le socle d'un grand continent qui s'étendrait dans l'extrême Sud. La *Valdivia* (1898-99) a trouvé, dans des parages où l'on croyait à une nappe d'eau relativement peu profonde, à l'Ouest de la terre d'Enderby, une véritable fosse de 5 500 m. qui pourrait bien s'étendre jusqu'au 65° lat., et peut-être au delà.

10. **Formation des grandes aires océaniques.** — Le relief sous-marin présente, comme on sait, une structure analogue à celle du relief émergé; les différences entre ces deux parties de l'écorce sont purement superficielles. De même que les continents, les surfaces océaniques ont connu un régime d'instabilité; la géologie nous a appris comment certaines étendues marines s'étaient formées tardivement. Il semble cependant qu'il y ait à la surface du globe des parties dont la destinée fut fixée de bonne heure et qui comptent parmi les éléments les plus stables.

Le plus ancien des Océans est l'océan Pacifique; il date du début des temps secondaires. L'océan Indien est plus récent; sa formation a commencé au cours de la période secondaire, et s'est achevée à l'époque miocène par l'affaissement du grand continent dont Madagascar, l'Inde méridionale et l'Australie occidentale sont les vestiges. C'est la fin de l'époque tertiaire et même le début du quaternaire qui ont vu la formation définitive de l'Atlantique Nord et Sud, ainsi que celle des cuvettes de la Méditerranée.

11. **Océans Pacifique et Atlantique.** — Le grand géologue autrichien Ed. Suess a établi fortement que les grandes aires océaniques avaient dû se former par de vastes effondrements successifs. L'océan Pacifique est une véritable fosse aux bords très relevés; sur le rebord oriental se poursuit avec une grande régularité un bourrelet montagneux continu et parallèle, offrant du côté de l'Océan une pente brusque qui se prolonge presque directement sous les flots et forme ainsi un ressaut d'un seul jet, d'une altitude totale parfois de plus de 12 000 mètres. Sur

les rives occidentales la dénivellation est marquée avec moins de simplicité, mais elle n'en est pas moins nette; les groupes d'îles qui se succèdent de ce côté, en forme d'arcs convexes, ne sont pas autre chose que les sommets de chaînes de montagnes en partie submergées. Le Pacifique représente donc une aire immense d'effondrement, et les grandes fractures qui limitent les bords de cette région affaissée sont jalonnées par une succession ininterrompue de volcans.

L'Atlantique présente une constitution très différente; les rides montagneuses ne se dressent pas contre le bord des rivages et ne les accompagnent pas; en Europe et au Maroc, les montagnes arrivent souvent à angle droit ou obliquement à la mer (Atlas, Cordillère bétique, Pyrénées); en Afrique, la mer est bordée presque partout par un plateau étagé. Dans la partie européenne il existe en avant du continent ce que l'on appelle le *socle continental,* qui s'étend plus ou moins loin sous une nappe d'eau qui n'excède pas 200 mètres; le socle continental est inconnu dans le Pacifique. L'activité volcanique dans la région atlantique est localisée dans les îles qui s'élèvent sur la voûte sous-marine qui partage l'Océan.

12. **Dépression méditerranéenne.** — Les mers que l'on peut appeler méditerranéennes présentent visiblement une structure d'effondrement. Entre les deux Amériques, les grandes profondeurs de la mer des Antilles, par leurs pentes raides et les volcans qui les jalonnent, trahissent leur origine; sur les bords de la Méditerranée, entre l'Europe et l'Afrique s'élèvent de hautes montagnes aux plis gigantesques, et toute une série de parties profondes forment la contre-partie des régions surélevées; l'activité volcanique, les tremblements de terre, dénoncent un domaine fortement disloqué et loin encore de la stabilité. Les cuvettes qui séparent les îles de la Sonde, ainsi que Bornéo, Célèbes et les Moluques, sont des dépressions qui rejoignent les abîmes profonds des bords du Pacifique; à la rencontre de ces régions de dislocations, l'activité volcanique a atteint une intensité exceptionnelle.

13. **Nature du sol superficiel sous-marin.** — Il se forme constamment à la surface du sol sous-marin des dépôts de

diverse nature qui peuvent en altérer la forme. Les débris de la terre ferme que la mer arrache aux rivages, ou qui, charriés par les fleuves, sont remaniés par elle, forment la série des *dépôts littoraux* ou *terrigènes,* c'est-à-dire d'origine terrestre. Une autre catégorie est pour la plus grande partie d'origine organique; elle forme les *dépôts de mer profonde*.

14. **Dépôts littoraux.** — Les matériaux détritiques qui forment les dépôts côtiers se présentent dans des états de division divers; ce sont des *galets,* des *graviers,* des *sables,* puis des particules fines de nature argileuse formant des *vases* ou *boues*. Ils se déposent suivant les lois de la pesanteur; d'abord les galets, les graviers, éléments les plus lourds, puis les sables et les vases. — Ces débris de la terre ferme ne pénètrent pas très avant dans le domaine maritime, sauf exception; leur largeur varie d'ordinaire entre 100 et 600 kilomètres.

Ils n'occupent donc qu'une zone limitée; sur 365 millions de kmq. couverts par les mers, ils ne s'étendent que sur 75, et le tiers ne dépasse pas la profondeur de 200 m. De plus, il faut remarquer que ces dépôts sédimentaires ne sont véritablement étendus en surface que dans les mers intérieures ou les mers de bordure, comme la Méditerranée, la mer du Nord, la mer Baltique, la mer des Antilles, les mers de l'Asie orientale. Les golfes de l'Asie méridionale, la mer d'Oman et le golfe de Bengale présentent un développement exceptionnel de dépôts terrigènes, par des profondeurs de 2 000 à 3 000 m.; ils sont dus à l'apport de fleuves puissants comme l'Iraouaddy, le Brahmapoutre, le Gange et l'Indus, qui transportent des masses énormes de matériaux.

Les vases et les boues forment le prolongement le plus lointain des dépôts terrigènes; les sondages du *Challenger* nous permettent d'en connaître la distribution. Dans les régions côtières et les mers intérieures, on trouve d'abord des *boues grises ou bleues,* qui doivent leur coloration à des matières organiques, et dont le développement est considérable; des *boues vertes,* surtout abondantes dans le Pacifique entre 200 et 1 300 m. de profondeur; des *boues rougeâtres,* qui s'étendent le long des côtes de l'Amérique du Sud et dont la couleur est due peut-être aux terres ocreuses que délayent les fleuves américains. Les îles volcaniques et coralliennes sont bordées de sables et vases volcaniques et coralliens.

15. **Dépôts de mer profonde.** — Un certain nombre de dépôts de mer profonde sont d'origine organique. Le plus abondant de ces dépôts est la *Boue à Globigérines*. Les Globigérines sont des êtres microscopiques, d'ordre inférieur, des Foraminifères, qui vivent en haute mer, dans toutes les parties des Océans, mais surtout dans la région tropicale; leur carapace

calcaire tombe lentement dans les profondeurs après la mort de l'animal; par leur accumulation, se forme la boue à Globigérines que l'on trouve à toutes les profondeurs de 500 à 5 000 mètres. Cette boue, qui contient beaucoup d'autres coquilles d'animaux minuscules, est de couleur blanchâtre et ressemble à de la craie délayée; on l'a d'ailleurs identifiée avec la craie. La *Boue à Radiolaires,* rouge ou brun foncé, est constituée par les dépouilles de petits animaux à coquille siliceuse; on l'observe entre 4 200 et 8 500 mètres de profondeur, surtout dans le Pacifique occidental. La *Boue de Diatomées* est due à des

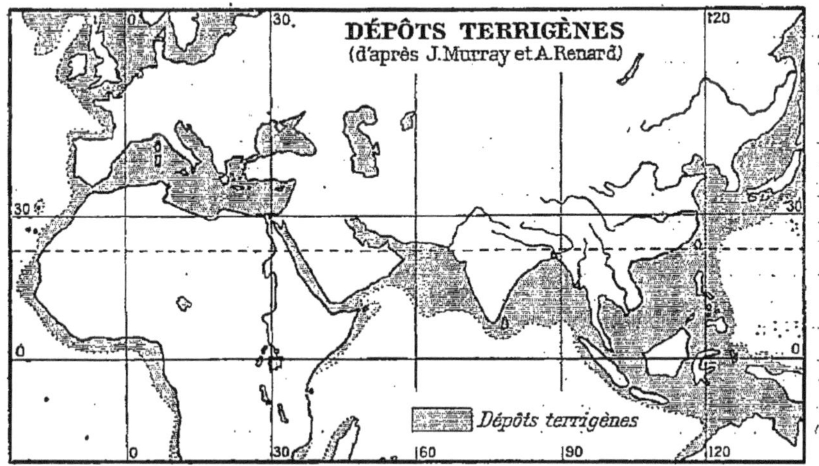


Algues contenues dans des carapaces siliceuses qui sont surtout abondantes dans les régions froides antarctiques, où on les trouve sur des fonds de 2 300 à 3 600 mètres. — Enfin les sondages du *Challenger* nous ont révélé l'existence dans le fond de l'Océan d'*argile rouge* ou grise que l'on rencontre surtout dans les profondeurs de 3 600 mètres. D'origine inconnue, elle forme des couches fort peu épaisses.

## B. — Propriétés de l'eau de mer. Glaces des mers.

16. **Salinité et densité de l'eau de mer.** — L'eau de mer n'est pas pure; on y a reconnu la présence de 32 corps simples; elle contient notamment une proportion plus ou moins grande de *sel marin,* ou chlorure de sodium.

Diverses causes agissent sur la *salinité :* la température de l'air, l'abondance des précipitations, le degré d'évaporation et l'apport des eaux douces par les courants fluviaux; dans les régions polaires il faut tenir grand compte de la formation des glaces. En général la forte salinité se rencontre dans les régions tropicales et subtropicales, où la température est élevée et l'évaporation considérable; les régions de très haute salinité (3,5 à 4 °/₀) sont celles que parcourent les alizés, vents desséchants et où l'évaporation est intense. L'évaporation enlève en effet la vapeur d'eau, et non le sel.

La salinité de l'océan Atlantique est en moyenne de 3,4 °/₀; c'est celle de la Manche, de la mer du Nord, où d'ailleurs la salinité varie beaucoup au cours de l'année; dans la mer Baltique la salinité n'est que de 0,5 °/₀ dans le golfe de Bothnie, par suite de considérables apports d'eau douce; dans la région des détroits, la salinité, très variable, est souvent de 3 °/₀, et même plus. Dans la Méditerranée, où l'évaporation est intense, la salinité est de 3,98 °/₀, avec légère diminution dans la mer Adriatique; dans la mer Noire elle est très faible à la surface, 1,2 °/₀. La mer Rouge arrive au chiffre de 4,10 °/₀. Dans les mers polaires l'eau douce provenant de la fusion des glaces entretient à la surface une faible salinité. — La salinité des mers n'est d'ailleurs pas comparable à celle des lacs salés des régions désertiques. Dans sa partie Nord, la mer Caspienne, qui reçoit d'énormes masses d'eau douce, est à peine saumâtre; le golfe de Kara Bougaz, où l'évaporation est très rapide, a des eaux saturées de sel. La mer Morte a 2,4 °/₀ à l'embouchure du Jourdain au Nord, et 21 °/₀ à l'extrémité méridionale. Les *chotts* sahariens, les lacs salés d'Australie et d'autres déserts sont couverts d'efflorescences salines ou d'une croûte solide brillant au soleil.

La *densité moyenne* de la mer est de 1,028; la salinité a pour effet de l'augmenter; la densité est en effet de 1,029 dans la Méditerranée, où l'évaporation est très forte, et de 1,014 dans la mer Noire, où les apports d'eau douce sont considérables.

**17. Température des couches superficielles et profondes.** — Les parties de la mer où la température moyenne est la plus élevée sont situées surtout au Nord de l'équateur, où la moyenne de 27° atteint et dépasse même le tropique du Cancer dans l'océan Pacifique et l'océan Indien. Les variations de la température de la surface des mers sont beaucoup moins importantes que celles de l'atmosphère; d'après M. Angot, la variation annuelle ne serait que de 2° à 3° sous l'équateur, de 5° à 6° à 50° lat. N. Les plus hautes températures observées ont été de 32° dans le golfe Persique et la mer Rouge; dans les océans ouverts elles oscillent entre 25° et 30°; la plus basse température observée a été de —3°,6. — La répartition des températures à la surface est singulièrement modifiée par les courants chauds ou froids qui se forment dans les Océans; en hiver, à la latitude de New-York, les eaux froides venues du golfe du Saint-Laurent ont 6°, les eaux chaudes du Gulf Stream marquent 18°.

La température diminue avec la profondeur; cette diminution est assez rapide jusqu'à 1 000 mètres, où l'on a généralement +4° ou +5°; de là la diminution est très lente jusqu'au fond, où, sous l'équateur, on note des températures voisines de 0° à +2°; dans les mers en communication avec les océans polaires, 0° à —2°.

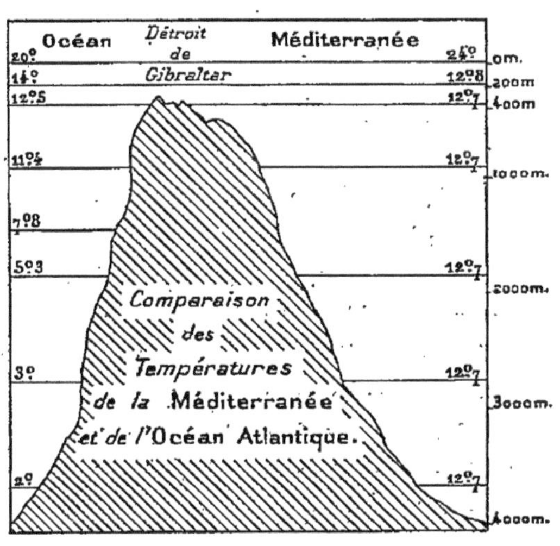


18. **Température des mers polaires.** — Les mers polaires présentent des exceptions; la température de surface y est plus basse que celle des couches sous-jacentes, par suite de la présence des glaces : la température, qui croît jusqu'à une certaine profondeur, diminue de nouveau et peut être moins froide au fond qu'à la surface. Nansen, dans l'océan Arctique, a noté, jusqu'à 80 mètres, —1°,50; à 220, +0°,42; à 503 mètres, +0°,44; à 900, 0°; à 2 900, —0°,76; plus bas, —0°,64.

On ne peut guère expliquer les basses températures des nappes profondes dans les Océans que par l'afflux des eaux polaires; il y aurait un déplacement des eaux froides des pôles vers l'équateur, déplacement très lent, n'ayant rien d'un véritable courant marin. On ne connaît pas le niveau où ce mouvement des eaux en profondeur peut se produire.

19. **Température des mers fermées.** — Dans les mers fermées, ne communiquant que par un seuil étroit et peu profond avec les Océans, la distribution de la température offre des conditions spéciales. Par exemple,

dans la Méditerranée, la température est la même que celle de l'océan Atlantique, 12°,7 et 12°,5 jusqu'à 360 m., profondeur du détroit de Gibraltar; puis cette température se maintient presque constante dans la Méditerranée jusqu'à des profondeurs de plus de 3 000 m., alors que dans l'océan Atlantique elle diminue rapidement. — Dans ce cas, la mer conserve jusqu'au fond la température de l'Océan au point où cesse la communication; dans d'autres cas de mers fermées, la température du fond reproduit le minimum de température de la surface en hiver; ainsi la mer Rouge n'a jamais au fond moins de 21°,5, chiffre de la plus basse température d'hiver observée à la surface.

20. **Influence de la salinité.** — La salinité influe sensiblement sur la répartition verticale des températures de la mer. Les explorations de la mer Noire en 1890-91 ont montré qu'au mois d'août, à la surface, la température était de 24°,4; à 80 m., de 6°,9; à 180 m., de 8°,7, atteignant au fond plus de 9°. Ce relèvement de la température est dû à ce fait que le fond de la mer Noire est occupé par des eaux salées venues de la Méditerranée, et que les couches superficielles sont presque douces par suite de l'apport considérable des grands fleuves.

21. **Couleur des eaux.** — La couleur propre de l'eau est le bleu; les eaux chaudes ont généralement cette couleur; les eaux froides sont vertes. Parfois les mers ont une coloration causée par des éléments étrangers; l'Océan est rougeâtre à l'embouchure de l'Amazone, dont les eaux sont chargées de matières ocreuses; la mer Jaune doit son nom aux boues du Hoang-Ho, qui délayent les fameuses terres jaunes de Chine; etc. Certains organismes peuvent encore contribuer à modifier la couleur des eaux.

22. **Glace des mers.** — La congélation de l'eau de mer a lieu à — 2° ou — 3°; elle donne lieu à la GLACE DES MERS, qui joue un rôle capital dans les régions polaires. Dans ces mêmes régions, d'immenses glaciers ou des calottes glaciaires se forment sur les îles et les continents; par les glaciers qui les terminent souvent du côté de la mer, ils donnent naissance à des ICEBERGS, montagnes de glace qui dérivent à la surface de la mer. Il faut donc distinguer les glaces de mer et les glaces continentales.

23. **Champs de glace et banquises arctiques.** — Dans les mers polaires de l'hémisphère Nord, quand, à la fin de l'été, fin août, la température s'abaisse, l'eau se couvre d'un amas de cristaux de glace, sorte « de bouillie glacée » qui peu à peu forme avec d'autres amas de glace un tout cohérent; la nappe

unique ainsi constituée, c'est le champ de glace, *icefield, eisfeld.* La juxtaposition de plusieurs champs de glace forme ce que l'on appelle le *pack,* la BANQUISE. Le long des rivages et s'appuyant aux côtes, le long du Groenland, du Spitzberg, des côtes américaines, il se forme aussi des champs de glace qui prennent également le nom de pack et de banquise. — Le champ de glace est à l'origine horizontal, mais il prend bientôt un aspect chaotique, par suite des pressions que les masses de glace, poussées par les vents et par les courants, exercent les unes sur les autres. Ces pressions déterminent un véritable cataclysme, souvent décrit par les explorateurs polaires; la glace éclate avec fracas; les blocs chevauchent les uns sur les autres, et toutes ces masses empilées forment un entassement monstrueux; les murailles ainsi élevées, les blocs redressés, s'appellent, au Nord de la Sibérie, des *torossi,* et ailleurs des *hummocks.*

24. **Glace de dérive et icebergs.** — Parfois, surtout pendant l'été, certaines parties du champ de glace, situées à la périphérie de la banquise, se disloquent en fragments de toutes formes et de toutes dimensions. C'est la GLACE DE DÉRIVE, qui flotte au gré des vents et des courants. A cette glace de mer se joignent bientôt des *icebergs.* Les icebergs de l'hémisphère Nord sont originaires du Groenland, du Spitzberg et de la Terre François-Joseph; les glaciers sont, comme on sait, animés d'un mouvement parfois rapide; dans les régions qui nous occupent, ils arrivent jusqu'à la mer; l'extrémité du glacier y pénètre et perd bientôt son équilibre; des fentes se produisent, un bloc énorme se détache, et la rupture est suivie d'un retournement de la masse de glace, d'un fracas effroyable, d'un bouleversement des vagues. Le volume de ces icebergs est très considérable, et leur forme très variée; les uns figurent des plates-formes bossuées, surmontées irrégulièrement de crêtes, de dômes ou de tours de glace; d'autres ont un profil plus dentelé, et, avec les glaçons de dérive qui leur font souvent cortège, ils évoquent l'image de quelque cathédrale dominant de ses clochers les maisons voisines. La portion émergée, atteignant parfois de 120 à 150 mètres de hauteur, n'est guère que la sixième partie de la masse totale. Les icebergs et la glace de dérive, tout cet ensemble de

glaces flottantes descend dans la partie Ouest de l'Atlantique

BANQUISE ANTARCTIQUE

Iceberg emprisonné dans le pack bouleversé. Cette figure peut donner une idée de la banquise arctique. (D'après F. A. Cook.)

jusqu'au 36° lat., latitude du Sud de l'Espagne; à l'Est il n'atteint

GLACE DE DÉRIVE

A la lisière de la banquise antarctique; la *Belgica* au loin. (D'après de Gerlache.)

même pas la Norvège et ne s'étend guère au Sud de l'Islande.

**25. Glaces antarctiques.** — Dans les régions polaires antarc-

UN ICEBERG
Au Sud-Est du Groenland. (D'après W. M. Davis.)

tiques, le pack forme une sorte de banquise continue, autour

ICEBERG TABULAIRE AVEC GROTTE.
Mers antarctiques. (D'après de Gerlache.)

du pôle, véritable mur de glace se dressant comme une falaise.

De cette banquise se détachent de gigantesques icebergs ayant plusieurs kilomètres de longueur, s'élevant parfois à 150 mètres au-dessus de la mer. Ces icebergs sont plus réguliers que ceux des régions arctiques; ils ont un sommet tabulaire et des formes massives. Dans l'hémisphère Sud, les glaces flottantes s'étendent près de la Nouvelle-Zélande, le long de l'Amérique,

ICEBERG TABULAIRE (60 m. de haut., 800 m. de long.).
Mers antarctiques. (D'après F. A. COOK.)

dans la direction de l'embouchure de la Plata et non loin du cap de Bonne-Espérance.

LIVRES A CONSULTER. — G. v. Boguslawski, O. Krümmel, *Handbuch der Ozeanographie* (collection des manuels géographiques Fr. Ratzel), Stuttgart, 1884-1887, 2 vol. (consulter surtout le second volume, par Krümmel). — Challenger-Reports, *Physics and Chemistry*, Londres, 1884-1889, 2 vol. — J. Thoulet, *Océanographie (statistique, dynamique)*, Paris, 1890-1896, 2 vol. — A. de Lapparent, *Traité..., ouvrage cité*, première partie, livre II, section III; du même, *Leçons..., ouvrage cité*, 29ᵉ leçon. — Ed. Suess, *ouvrage cité*, II, troisième partie, chapitre XIV.

# CHAPITRE VI

## L'ÉLÉMENT LIQUIDE. — LES OCÉANS

### II. — Mouvements de la mer. — Courants marins. La vie dans les mers.

**A. — Mouvements de la mer. Courants marins.** — Divers mouvements agitent la mer : les **vagues**, longues et puissantes dans les océans ouverts; les **marées**, qui, dans l'espace de 24 h. 50 m., déterminent deux doubles mouvements de *flux* et de *reflux*.

Les courants marins ont pour cause essentielle les vents, ainsi que le prouvent notamment les courants qui suivent la direction des alizés et des moussons. Dans l'Atlantique Nord, les alizés donnent naissance au **Courant Nord-Equatorial**, qui se continue en forme de circuit par le **Gulf Stream**, une branche du courant (*courant des Canaries*) revenant au point de départ. Le Gulf Stream ne se forme pas dans le golfe du Mexique; il acquiert sa haute température et sa grande salinité à l'Est de la Floride; les vents d'Ouest le poussent vers l'Europe, qu'il réchauffe de ses eaux tièdes jusqu'au Nord de la Scandinavie. Au Sud de l'équateur s'est formé le **Sud-Equatorial**, et, entre les deux courants, un **Contre-courant**, qui aboutit le long des côtes de Guinée. Les *courants froids du Labrador* et de *Benguela* longent la côte Nord-Est de l'Amérique du Nord et la côte Ouest de l'Afrique.

Mêmes conditions générales dans le Pacifique; le **Kouro Chivo**, courant chaud, se forme comme le Gulf Stream. L'océan Indien n'a que le **Sud-Equatorial**; dans la partie Nord, les moussons font naître des **courants alternatifs**, coulant dans un sens ou dans l'autre.

**B. — La vie dans les mers. — a). — Vie végétale et animale.** La flore et surtout la faune marine sont d'une richesse incomparable. La flore est surtout constituée par des **Algues** de couleurs variées, le plus souvent groupées en prairies sous-marines ou flottant passivement au gré des flots.

La faune comprend près du littoral des Mammifères marins, comme les **Phoques** et les **Otaries**, des Oiseaux nageurs, comme les *Pingouins*, les *Manchots*, l'*Eider à duvet*, une très grande variété de Poissons et de Mollusques; dans la haute mer vivent les *grands Cétacés* et les espèces innombrables d'animaux microscopiques, constamment ballottés par les vagues. Dans les grandes profondeurs, on a dragué des Crustacés, des Poissons étrangement adaptés aux conditions exceptionnelles de la vie dans les abîmes, sans lumière et sans mouvement; beaucoup s'éclairent à l'aide d'organes phosphorescents; quelques-uns représentent des espèces trouvées ailleurs à l'état de fossiles.

**b). — Les récifs coralliens.** Les formations coralliennes sont dues à des colonies d'innombrables organismes minuscules, d'ordre inférieur, dont les squelettes calcaires accumulés forment la base des récifs. Les **Coraux** prospèrent dans des eaux pures, ayant de 18° à 20°, à des profondeurs n'excédant pas 40 m.; ils édifient des **récifs côtiers**, accolés aux côtes; des **récifs-barrières**, séparés des côtes par des lagunes; enfin des récifs plus ou moins annulaires, formant des **atolls** ou îles coralliennes. Ils se développent surtout dans les océans Pacifique et Indien.

D'après **Darwin** et **Dana**, les atolls occuperaient le sommet d'îles en *voie d'affaissement;* **Murray** et **Agassiz** pensent qu'ils sont surtout établis sur des socles volcaniques ou dans des régions en *voie de soulèvement.*

### A. — Mouvements de la mer. Courants marins.

**1. Mouvements de la mer. Les vagues.** — Les mers sont agitées par des mouvements divers, les *vagues,* les *marées* et les *courants marins.* Les vagues sont déterminées à la surface de la mer par le vent; elles ont leur plus grand développement dans les Océans, où rien n'arrête leurs mouvements. Leur hauteur a été très exagérée.

Le *Challenger,* pendant tout son voyage, n'a pas trouvé par gros temps de vagues de plus de 7 m. (dans l'océan Indien); dans ce même Océan on en a observé de 11 m.; il est peu probable que les vagues dépassent 15 m. Leur longueur moyenne est de 60 à 140 m. Au voisinage des côtes, dans les parties étroites, les vagues peuvent augmenter de hauteur; parfois, dans le contact avec les rochers, la vague se brise en un jaillissement vertical, en une gerbe d'eau qui peut dépasser 30 m. — L'action des vagues ne se fait plus sentir au delà de 20 m. de profondeur. Les vagues de tempête produisent de terribles ravages; il en est de même des vagues dues à des tremblements de terre qui envahissent parfois toute une région côtière, enlevant des milliers d'habitants; ce sont des *raz de marée,* d'une hauteur de 23 à 30 m.[1].

**2. Marées.** — La mer monte deux fois et s'abaisse deux fois dans l'espace de 24 h. 50 m.; elle subit ainsi, par deux fois, deux mouvements alternatifs et réguliers, le *flux* et le *reflux,* que l'on désigne aussi sous les noms de *flot* et de *jusant,* montée et baisse de la *marée* d'une durée de 6 h. 12 m. Ces mouvements sont produits par l'attraction lunaire sur les eaux; l'amplitude de la marée est en rapport avec les diverses phases de la Lune (maximum aux syzygies, minimum aux quadratures). La marée subit tous les jours un retard de 50 minutes sur le jour précédent. Le mouvement des eaux est aussi déterminé par l'attraction solaire, malgré la grande distance du Soleil; elle représente à peu près le tiers de l'intensité de l'attraction lunaire. Quand ces deux attractions se combinent, aux syzygies, on a les plus fortes marées; quand elles se contrarient, aux quadratures, on a les plus faibles marées.

1. La *houle* n'est pas à proprement parler une vague; c'est une sorte de bombement produit par un mouvement vertical, qui se reproduit avec régularité dans un large mouvement qui élève ou abaisse les navires. — D'après M. Thoulet, les *lames de fond* seraient des vagues sous-marines qui, rencontrant un haut-fond, remonteraient à la surface d'une manière inattendue et violente et provoqueraient ainsi des désastres.

La propagation du flot de marée, la haute mer, subit des retards dus à la conformation des côtes, à la faible profondeur. Le retard, qui est le même pour un port, varie d'un port à l'autre; on a fait avec précision les calculs : c'est l'*établissement du port*. — Dans les mers ouvertes, la marée ne dépasse guère 1 m.; il n'en est plus de même lorsqu'elle est emprisonnée entre les rivages étroits de quelque golfe; alors la marée montante s'élève très haut. Parmi les exemples toujours cités : le canal de Bristol a des différences de 11 m. entre la haute et la basse mer; la baie du Mont-Saint-Michel, de 14 à 15 m.; la baie de Fundy, sur la côte canadienne, de 21 m. — Dans les mers intérieures les marées n'ont pas une grande puissance, mais elles existent néanmoins. La Méditerranée a des marées de 1 m. 50 à 2 m. au détroit de Gibraltar et dans le golfe de Gabès, de 0 m. 60 à Venise, etc. Les grands lacs de l'Amérique du Nord ont de petites marées.

La marée peut remonter le cours des fleuves; elle fait sentir son action loin de l'embouchure, notamment sur les fleuves de l'Europe occidentale; les hautes marées donnent naissance à une sorte de grosse vague, un mur liquide, qui porte le nom de *barre*, et dans la Seine celui de *mascaret*.

3. **Courants marins. Leur formation; rôle essentiel des vents.** — A la surface des mers se déplacent des masses d'eau considérables qui paraissent obéir à un mouvement régulier; ce sont les COURANTS MARINS. De bonne heure les navigateurs ont connu ces courants et les ont utilisés. Au XIXe siècle seulement, on s'est préoccupé de connaître les causes qui présidaient à leur formation.

Une théorie, qui eut un grand succès à cause de sa simplicité, fut celle de *Carpenter;* il supposait que la chaleur solaire, en chauffant fortement et de façon continue les régions équatoriales, dilatait l'eau de mer, et que cette eau s'écoulait au Nord et au Sud vers les pôles. Aux pôles elle se refroidissait; les eaux allaient alors occuper le fond de la mer, et un contre-courant froid sous-marin s'établissait entre les pôles et l'équateur. Comme toutes les formules simples, cette conception, basée sur des différences de densité, était manifestement inexacte; il existe, en effet, des courants froids de surface qui viennent des pôles.

En 1878, ZŒPPRITZ attribua, après ARAGO, la formation des courants marins aux courants aériens. Sans doute le problème des courants est complexe; il est certain que divers facteurs interviennent dans une mesure plus ou moins forte; mais il est encore moins douteux que la *cause prépondérante, essentielle, réside dans l'action des vents*. Les vents réguliers ou au moins continus sont capables de mettre en mouvement des masses d'eau, par l'impulsion qu'ils leur donnent et qui s'étend de couche en couche.

4. **Rôle des alizés et des moussons. Afflux d'eaux froides de fond.** — Si cette loi est vraie, les vents alizés doivent donner naissance à des courants marins. Le fait se vérifie aisément; de part et d'autre de l'équateur, dans le sens des alizés, se déplacent des masses d'eau; ces courants, se heurtant à des rivages, se détournent et prennent une autre direction; mais il est important de constater que cette nouvelle direction coïncide avec celle des vents qui tourbillonnent autour de l'anticyclone subtropical et sont déviés par la rotation terrestre; c'est notamment le cas du *Gulf Stream;* ce courant, quand il se dirige vers le Nord-Est, est soutenu et poussé par les vents dominants du Sud-Ouest. L'exemple des moussons de l'Inde pourrait enlever les derniers doutes; les moussons, vents périodiques, soufflent alternativement de la terre vers la mer et de la mer vers la terre; elles ont fait naître des courants qui coulent périodiquement dans les deux sens.

On a constaté dans les *lochs* (lacs) d'Écosse que lorsque le vent chassait l'eau de la surface près d'un rivage, il se produisait une montée de l'eau du fond pour rétablir l'équilibre. Le même fait se vérifie dans les Océans; au point de départ des courants équatoriaux qu'entraînent les alizés, la perte que subit la couche marine est compensée par un afflux d'eau des profondeurs, que l'on reconnaît facilement à sa basse température; ces montées, ces aspirations d'eau, ont été constatées sur la côte occidentale d'Afrique, du détroit de Gibraltar (naissance de l'alizé Nord-Est et du courant équatorial) au Sénégal; et du Congo au fleuve Orange; de même en Amérique, au Nord, sur la côte de Californie, au Sud, le long de la côte du Pérou et d'une partie du Chili. Le phénomène ne se produit pas sur la côte Ouest d'Australie.

5. **Causes accessoires des courants.** — La formation des courants marins est donc due à l'action tout à fait prépondérante des vents. Cependant on peut tenir compte dans une faible mesure du rôle de la température; la température est impuissante à créer des courants de surface; mais, en augmentant l'évapo-

ration, c'est-à-dire la salinité, elle augmente la densité de l'eau; cette eau, chaude et salée, plus lourde, subit un mouvement de descente et provoque l'ascension de l'eau du fond, plus légère; il se produit ainsi de manière continue une circulation verticale; sur une grande épaisseur se forme une masse considérable d'eaux chaudes et salées, qui pour certains courants, comme nous le verrons, ont une réelle importance.

6. **Démonstration théorique des courants.** — On démontre schématiquement, à l'aide d'une expérience bien connue, le mécanisme de la formation et de la circulation des courants. Si dans un récipient plein d'eau, de forme ronde, on dirige à la surface deux jets d'air, on voit l'eau se déplacer et former deux petits courants A et B. Les courants heurtent la paroi du récipient et se divisent l'un et l'autre en deux rameaux, inégaux d'importance; deux de ces rameaux se réunissent pour former un contre-courant, dans l'intervalle qui existe entre les deux grands courants, contre-courant qui se dirige en sens contraire vers *a*. L'autre rameau suit les contours du récipient et revient à son point de départ. Il y a donc deux circuits complets, et dans l'intervalle un contre-courant. C'est la représentation théorique des courants marins; mais dans la réalité les faits ne se passent pas avec cette régularité; il n'y a pas, à vrai dire, de circuit fermé, et des circonstances diverses influent sur l'allure des courants.

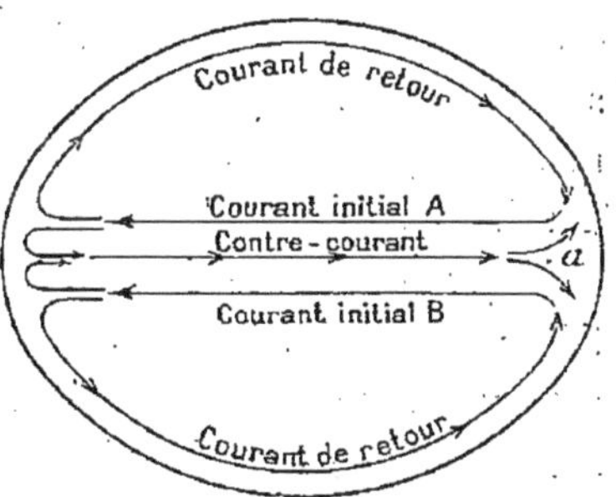


## 7. Courants de l'Atlantique. Le courant Nord-Équatorial.

Le COURANT NORD-ÉQUATORIAL prend naissance sur la côte du Sénégal, à la hauteur des Canaries, où commence à se faire sentir l'alizé Nord-Est; sa direction générale est l'Ouest, la mer des Antilles. Il n'atteint jamais l'équateur; il se déplace soit au Sud, soit au Nord, en même temps que l'alizé, suivant le mouvement apparent du Soleil; sa limite la plus méridionale est 5° lat. N. en hiver, et 12° lat. en été. Sa vitesse est en moyenne de 15 à 17 milles marins[1] en 24 h. sur son bord méridional. Il arrive le long des Petites Antilles, où il mêle ses eaux à celles d'un rameau du courant Sud-Equatorial qui est dévié de ce côté.

1. Les océanographes mesurent la vitesse d'un courant d'après le nombre de *milles marins* parcourus en 24 heures; il convient de conserver ces mesures, afin d'éviter les confusions. Le mille marin vaut 1 852 mètres; 5 milles = 9 260 mètres; 10 milles = 18 520 mètres.

Une branche des deux courants réunis pénètre dans la mer des Antilles, l'autre longe le versant oriental des Antilles, vers les Bahama, pour contribuer à la formation du Gulf Stream.

**8. Formation du Gulf Stream.** — Le Gulf Stream ou courant du Golfe, étudié d'abord par Franklin et par Maury, est de haute température et de grande salinité. Il ne se forme pas, comme on le croyait autrefois, dans le golfe du Mexique ; on expliquait alors que le courant qui avait pénétré dans la mer des Antilles se développait le long de l'Amérique centrale, et contournait le golfe du Mexique, où il devenait très chaud et très puissant; il passait entre la Floride et les îles Bahama. Or, des observations récentes ont permis de constater que les eaux du golfe du Mexique sont beaucoup moins chaudes qu'on ne le supposait; il n'y a pas de courant circulaire dans le golfe. On remarque seulement l'existence d'un courant assez variable du Yucatan vers la Floride.

Voyons comment se comporte le Gulf Stream au début de l'été; il naît à l'Ouest du canal de Floride; il est alors mal pourvu d'eau, de salinité et de chaleur pour son grand renom; il reçoit les eaux chaudes et salées provenant du Nord-Equatorial et qui ont pénétré le long du rebord occidental du banc des Bahama; de là jusqu'à la hauteur du cap Hatteras il acquiert sa grande chaleur et sa haute salinité. Il est, en effet, dans la sphère d'action des vents émanés des hautes pressions subtropicales, vents très secs qui activent l'évaporation et déterminent une augmentation de chaleur et de salinité; les eaux chaudes et salées, devenues par conséquent plus lourdes, descendent en profondeur où l'on a noté à 460 mètres des températures de 15°,5 à 17°,8; ce phénomène donne naissance à une circulation verticale de haut en bas et de bas en haut, qui amène constamment à la surface des masses d'eau nouvelles qui s'échauffent à leur tour. C'est ainsi que « se construit » cette masse épaisse parfois de 800 mètres d'eaux très chaudes et très salées, qui, resserrées entre les îles Bahama et la Floride, où la largeur n'excède guère 55 kilomètres, prennent, sous l'impulsion puissante des vents, une vitesse considérable, qui peut atteindre 120 milles en 24 h., soit 9 kilomètres à l'heure, vitesse supérieure à celle du Rhin ou du Rhône.

Il s'élargit bientôt en face de Charleston, où il peut atteindre jusqu'à 220 à 275 km. de largeur; sa vitesse moyenne est de 72 milles et peut s'élever à 100 ou 120 milles en 24 h. C'est dans cette partie de son cours que le *Gulf Stream* inspira à Maury, dans sa *Géographie de la mer*, une des-

## COURANTS DE L'OCÉAN ATLANTIQUE

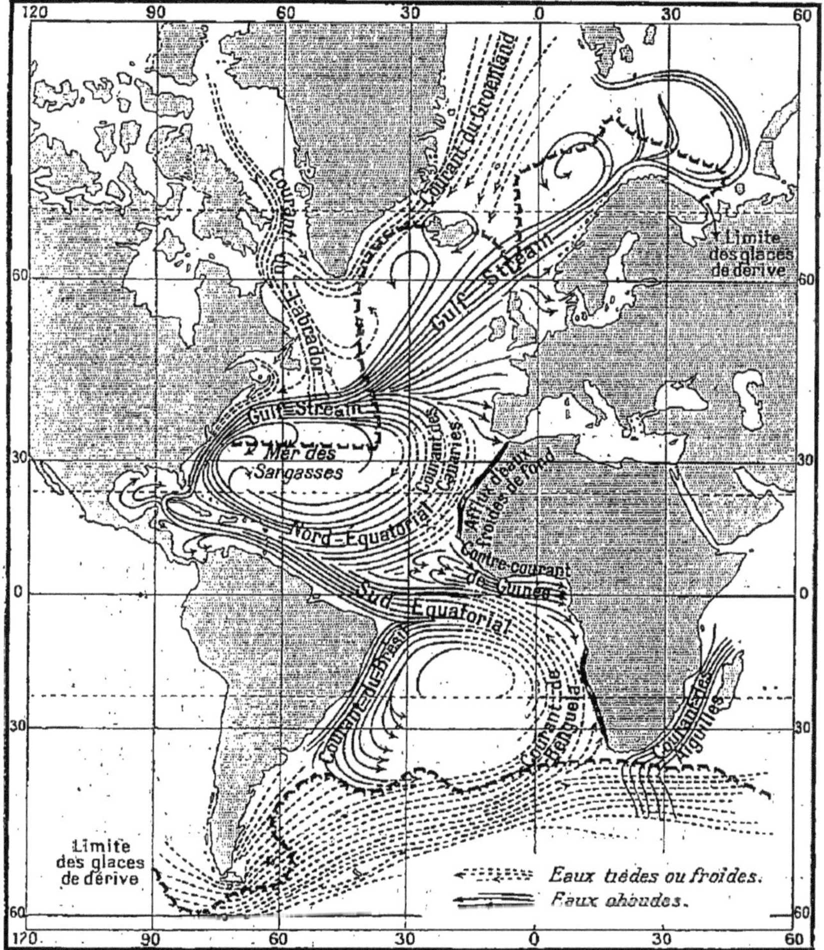


cription enthousiaste : « Il est un fleuve dans l'Océan; dans les plus grandes sécheresses jamais il ne tarit; son lit et ses rives sont d'eau froide; ses eaux sont tièdes et bleues. Nulle part sur le globe il n'existe un courant aussi majestueux... »

L'allure du Gulf Stream est sensiblement modifiée pendant l'hiver, où la vitesse, beaucoup moindre, n'est que de 45 milles en moyenne; par suite du déplacement vers le Sud du maximum subtropical, le courant ne reçoit pas avec la même intensité l'impulsion des vents qui en découlent.

9. **Le Gulf Stream se dirige vers l'Europe.** — A la hauteur du cap Hatteras, il rencontre une masse d'eaux froides, qui n'est pas le prolongement du courant du Labrador dont il va être question, mais qui paraît en être une dérivation passant au Nord de Terre-Neuve; quoi qu'il en soit, ce courant s'intercale comme un « mur froid » entre le courant chaud et les côtes américaines. Les eaux bleues du Gulf Stream ne se confondent pas là avec les eaux vertes du courant froid; il change de direction et tourne au Nord-Ouest, du côté de l'Europe, bientôt poussé par les vents d'Ouest. Il semble se diviser en plusieurs bras; un rameau va longer les Açores, forme le *courant des Canaries* et revient au point de départ. D'après les observations du « Bureau nautique des États-Unis », il ne paraît pas que ses allures soient si régulières; en 1887, un radeau de 27,000 troncs d'arbres s'est rompu au large de New-York; on put suivre le trajet de quelques épaves, et l'on a constaté que des troncs d'arbres étaient revenus en arrière en sens inverse du courant général, et que l'ensemble des directions avait rayonné en éventail du côté des Açores. Il est certain que les déviations et les rebroussements sont très fréquents.

A l'Est de Terre-Neuve, le Gulf Stream se heurte nettement au *courant froid du Labrador*. Par places le courant froid passe sous le Gulf Stream; le plus souvent ces deux courants s'entremêlent, s'entrelacent; il y a là un brassage d'eau formidable, qui est la cause de l'état toujours dangereux de la mer dans ces parages. Le mélange d'eaux froides et d'eaux tièdes provoque les épais brouillards qui enveloppent si souvent Terre-Neuve. Certaines ramules du Gulf Stream parviennent jusque dans la mer de Baffin.

Le bras qui se dirige vers l'Europe, en perdant de sa vitesse, envoie des rameaux dans la Manche, où ils ont encore 11° en hiver, puis le long de l'Irlande, de l'Écosse; il continue dans la direction de la Norvège, que ses eaux tièdes préservent des glaces; au cap Nord il se partage en deux ramules; l'une longe la côte russe et se détourne vers la Nouvelle-Zemble; l'autre se morcelle en branches isolées, en gardant une température de 5° à 6°, alors que l'eau ambiante est à 0°.

Le circuit plus ou moins complet des courants de l'Atlantique Nord laisse en son centre une zone où se produisent seulement des remous; là viennent s'accumuler les Algues dénommées *Sargasses,* dont nous expliquerons plus loin l'origine; elles occupent cet espace à peu près calme au milieu du mouvement tourbillonnaire des courants.

10. **Le courant Sud-Équatorial et le Contre-courant.** — Le COURANT SUD-ÉQUATORIAL naît sur les côtes du Congo français, sous l'impulsion de l'alizé Sud-Est; il dépasse toujours l'équateur, subissant un léger déplacement vers le Nord ou vers le Sud suivant la position du Soleil. Dans cette partie de son trajet il a une vitesse significative; sa vitesse atteint au Nord de l'équateur 25 milles en 24 h. en décembre-janvier, et 31 en juin-juillet; sur son bord intérieur, par 8° à 10° lat. S., il ne dépasse pas 13 à 15 milles. Il vient heurter la côte d'Amérique au cap San Roque et se divise en deux bras dont l'un se dirige vers les Antilles, l'autre le long du Brésil, *courant du Brésil;* entre le 30° et le 40° lat. S. environ, il rencontre un courant froid venu du Sud, le *courant des îles Falkland;* il se dirige alors vers l'Est avec une faible vitesse, suivant la direction dominante des vents; à la hauteur du Cap il mêle ses eaux à un courant froid venu du Sud, le *courant de Benguela,* lequel longe la côte occidentale d'Afrique, qu'il refroidit.

Entre les deux courants équatoriaux se forme un contre-courant, lequel se meut en sens contraire; il vient pénétrer dans le golfe de Guinée au Nord de l'équateur; on le nomme CONTRE-COURANT DE GUINÉE. Sa présence est assez bien établie le long de l'équateur dans le voisinage de l'Afrique; on a fait des observations à l'aide du procédé des bouteilles-flotteurs, immergées en assez grand nombre depuis le cap Blanc jusqu'à l'équateur; les unes ont suivi la direction du Nord-Équatorial, les autres du Sud-Équatorial; un groupe assez nombreux s'est dirigé en sens inverse vers la côte de Guinée.

11. **Courants du Pacifique.** — Nous serons beaucoup plus brefs sur les courants du Pacifique et de l'océan Indien, cherchant surtout à indiquer les particularités intéressantes de ces Océans. Dans l'océan Pacifique, les courants présentent une réelle analogie avec ceux de l'Atlantique; le NORD-ÉQUATORIAL va de la Californie aux Philippines sans atteindre jamais l'équa-

teur; divisé en deux rameaux, le plus important forme un courant chaud, le Kouro-Chivo (*sel bleu* en japonais), qui atteint la côte américaine, où il se morcelle en deux bras : le *courant de Californie,* qui va rejoindre le Nord-Équatorial, et un bras qui longe les côtes d'Alaska. Le Kouro-Chivo rencontre vers le Nord du Japon un courant froid, l'*Oya-Chivo,* venu de la mer de Béring. Un certain trouble s'établit dans le courant dans les parages de Formose; lorsque la mousson d'Asie souffle de terre en hiver, la vitesse du courant diminue[1].

Le courant Sud-Équatorial, sensible déjà sur les côtes du Pérou et de l'Équateur, coule vers l'Ouest, dépassant largement l'équateur de 6°, et se morcelle en ramules nombreuses au milieu des îles polynésiennes. Après avoir longé la côte orientale d'Australie et la Nouvelle-Zélande, un bras se recourbe vers l'Est; peut-être mêle-t-il ses eaux à celles du *courant froid de Humboldt* venu des mers antarctiques, qui longe la côte Ouest de l'Amérique. Le Contre-courant est très net et de grande vitesse. — Le long de l'Amérique centrale, des *courants alternatifs* se meuvent du Nord-Ouest au Sud-Est pendant l'hiver, du Sud-Est au Nord-Ouest pendant l'été; ce ne sont pas des courants de moussons; celui d'été est le prolongement du contre-courant, celui d'hiver un empiétement du courant de Californie.

12. **Courants de l'océan Indien.** — L'océan Indien n'a qu'un circuit méridional; sous l'impulsion des alizés, le Sud-Équatorial se meut au Sud de l'équateur, vers l'Ouest; au contact de l'Afrique, un bras est dévié dans le canal de Mozambique; resserré, sa vitesse est grande (40 à 70 milles en 24 h.); sous le nom de *courant des Aiguilles* (51 milles en été; 41 en hiver; maximum 110 milles), il vient mêler ses eaux chaudes

1. Nous connaissons ces moussons d'Asie; la mousson d'hiver, qui vient du continent, souffle en sens contraire des alizés; la vitesse du courant d'octobre à avril est de 24 à 36 milles par 24 h. La mousson d'été souffle de la mer, et active la vitesse du Kouro-Chivo, qui est alors de 42 milles (on a observé une vitesse de 91 milles); c'est entre Formose et le Japon que le Kouro-Chivo, resserré contre les îles et les rivages, se rétrécit et acquiert sa chaleur et sa salinité, suivant les mêmes procédés que le Gulf Stream, mais avec moins d'ampleur. — La vitesse du Nord-Equatorial n'est pas très considérable (12 à 18 milles en 24 h.); au contraire, le Sud-Equatorial, près de son point de départ, atteint 25 milles en moyenne, et parfois 80 à 100 milles en 24 h.

aux eaux froides du *courant de Benguela,* et un remous continuel agite cette partie de la mer; les grands vents d'Ouest le font rebrousser chemin vers l'Est. Il n'y a pas de courant froid le long de la côte occidentale d'Australie.

L'autre bras du Sud-Équatorial est dévié vers le Nord ; là interviennent les *moussons;* pendant l'été, le courant va de l'Afrique vers l'Inde ; pendant l'hiver, de l'Inde vers l'Afrique. — A la hauteur de l'équateur existe un CONTRE-COURANT, surtout net pendant l'hiver, quand la mousson souffle du continent et le renforce ; la mousson d'été le dévie et parfois l'annule.

13. **Courants de l'océan Arctique.** — Les courants du pôle Nord commencent aujourd'hui à être connus dans leurs grandes lignes. La dérive du *Tegetthof,* entre la Nouvelle-Zemble et la Terre François-Joseph, prouva que le mouvement des glaces est dirigé par les vents dominants, ce qui s'explique aisément pour quelqu'un qui a vu un champ de glace hérissé d'aspérités et d'éminences de toute sorte, constituant autant de voiles. La dérive de la *Jeannette* eut lieu pendant 21 mois, surtout dans la direction Nord-Ouest. Un géographe allemand, M. Supan, parvint à déterminer à peu près le régime des vents dans le bassin polaire; l'hiver, il est le centre d'une aire de hautes pressions d'où les vents s'écoulent au Nord-Ouest; l'été, le régime est plus indécis. La dérive du *Fram* a justifié cette hypothèse, marchant au Nord-Ouest en hiver, prenant une allure irrégulière en été. Il y a donc un courant polaire dont le point de départ paraît être au Nord du détroit de Béring, qui pendant l'hiver a une direction Nord-Ouest très nette et qui se replie vers le Sud-Ouest sous le nom de *courant du Groenland,* ainsi que le prouve le trajet suivi par les épaves de la *Jeannette.*

14. **Courants d'alimentation et de marée.** — Il existe des *courants d'alimentation,* dont l'origine est due à des différences de niveau déterminées par l'évaporation dans des mers voisines; le fait, qui ne se produit que pour des mers intérieures, est particulièrement sensible dans la Méditerranée, où l'évaporation très forte exige un apport d'eau de l'Atlantique par le détroit de Gibraltar et de la mer Noire par le Bosphore, apport nécessaire pour compenser la perte d'une couche d'eau de 3 m. d'épaisseur que l'évaporation enlève. La mer Rouge, siège d'une évaporation plus intense encore, est alimentée par un courant venu de l'océan Indien. Beaucoup de mers intérieures ont des courants d'entrée et de sortie et des courants locaux qui exigeraient une explication spéciale pour chaque mer. — Enfin les marées peuvent provoquer dans des espaces resserrés, comme les détroits, de véritables mouvements tourbillonnaires, parfois très dangereux ; le *Maelstrom,* dans le voisinage des îles Lofoten, en est un exemple célèbre.

15. **Effets généraux des courants.** — Les courants marins exercent une action très nette sur les climats, et par suite sur la végétation, les cultures et certaines conditions de la vie humaine; les courants comme le Gulf Stream et le Kouro-Chivo

réchauffent les terres qu'ils baignent; ils prolongent parfois fort loin vers le Nord l'influence adoucissante de la mer. On a depuis longtemps fait remarquer le contraste qui existe entre les régions occidentales de l'Europe baignées par les eaux tièdes du Gulf Stream et la côte orientale de l'Amérique, longée par des eaux froides. La Norvège jouit d'une température douce à la latitude où le Groenland est couvert d'une calotte glaciaire; les glaces de dérive n'arrivent jamais dans les mers européennes; elles descendent le long de la côte américaine jusqu'à une latitude correspondant au Portugal. Les Américains disent que « nous avons volé leur climat »; leur climat est continental, et le nôtre maritime, à une latitude plus haute; New-York a en janvier et juillet —1° et +23°; Lisbonne, à peu près à la même latitude, a 10° et 21°,4. Par suite de la disposition des courants froids et chauds et de la forme des Océans, les côtes occidentales des continents sont plus favorisées que les côtes orientales dans l'hémisphère boréal; c'est le contraire dans l'autre hémisphère.

Les courants ont joué encore un rôle assez important en favorisant la navigation, surtout en facilitant la dispersion des espèces végétales et animales et parfois les migrations des peuples insulaires.

## B. — La vie dans les mers.

**a). — 16. Richesse de la flore et de la faune marines.** — Les étendues marines possèdent une flore remarquable, et surtout une faune d'une incomparable richesse. Les explorations dans la zone intertropicale ont révélé l'existence de quantités incalculables d'organismes, depuis les grands Mammifères jusqu'aux animaux les plus simples.

Alors que certaines plantes et certains animaux marins vivent fixés au sol sous-marin ou rampent à sa surface, ou bien sont dotés d'organes de locomotion puissants et circulent à diverses profondeurs, un nombre prodigieux d'Algues et de petits animaux flottent passivement dans la mer sans pouvoir se diriger. On a donné à ce dernier groupe le nom de *Plankton,* qui veut dire « course errante[1] ». Toutes les espèces de la haute mer sont qualifiées de *pélagiques*.

**17. Conditions de la vie végétale dans les Océans. Les Algues.** — Certaines conditions de milieu sont nécessaires aux plantes marines, et influent sur leur distribution.

L'*oxygène*, qui leur est indispensable, est en proportion considérable dans l'eau de mer. La *lumière* est nécessaire à l'assimilation chlorophyllienne; or les rayons lumineux ne pénètrent pas au delà de 400 m.; les Algues, qui représentent la plus grande partie de la flore marine, ne peuvent se développer que dans la région intermédiaire, et en fait ne dépassent guère 200 m. Certaines Algues littorales supportent facilement de grands changements de *température;* l'influence des variations de *salinité* paraît peu importante.

La flore océanique est composée d'Algues et de quelques autres plantes; les Algues représentent de beaucoup l'élément prédominant. On y distingue divers groupes que leur couleur différencie : les *Algues vertes*, que l'on trouve également dans les eaux douces; les *Algues brunes*, formant de beaucoup le groupe le plus nombreux; elles sont presque exclusivement marines; parmi elles les *Fucus* ou varechs, les *Laminaires;* il faut citer encore les *Sargasses;* enfin les *Algues rouges*, qui ne quittent guère les eaux marines. Les Algues sont d'ordinaire fixées à des corps sous-marins; les *Diatomées*, Algues minuscules, flottent librement.

**18. Prairies sous-marines. Plankton végétal.** — Les Algues déterminent par leur groupement des formations sous-marines, des prairies. Si l'on ne tient pas compte de celles qui vivent dans la zone littorale, on observe qu'elles sont très abondantes dans les mers peu profondes de 30 à 150 mètres, rarement au delà; elles forment de véritables prairies, dont les Algues rouges sont l'ornement.

Dans les régions arctiques, ce sont les Fucus et les Laminaires qui prédominent; ils s'étendent sur toutes les côtes occidentales de l'Europe et jusqu'au 41° lat. le long du rivage américain; ces plantes ont de belles dimensions; une Laminaire du Groenland atteint de 20 à 25 m. de long. Mais ce sont les Algues des régions chaudes qui ont les longueurs les plus extraordinaires, parfois plus de 200 m.; les Sargasses forment des prairies dans les mers tropicales de l'Amérique. Les côtes du Chili méridio-

1. De πλανάω, errer, aller çà et là.

nal, de la Patagonie, des îles Falkland, ont de véritables prairies sous-marines d'Algues brunes.

La haute mer est riche en espèces pélagiques qui appartiennent presque uniquement au *Plankton;* d'innombrables Algues microscopiques sont ballottées à la surface et jusqu'à une profondeur de 400 m. Dans les remous formés par le circuit des courants de l'Atlantique Nord, une immense accumulation d'Algues brunes, formant la *mer des Sargasses,* flotte à la surface sur une étendue énorme, du 16° au 1[illegible]° lat. N., entre 50° et 75° long. W. Paris. Ces Sargasses, dont la vue effraya les équipages de Colomb, se présentent en paquets de quelques mètres carrés, formant de longues traînées; elles ont été arrachées aux îles des Antilles et Bahama par les orages et entraînées par les courants. Ces amas de plantes marines se retrouvent dans l'Atlantique Sud et dans le Pacifique, en moindres proportions.

19. **Conditions de la vie animale dans les Océans.** — Comme pour les plantes, certaines conditions de milieu sont nécessaires aux animaux marins. Nous savons que l'*oxygène* est abondant; les animaux ne sont pas sensibles comme les plantes à l'absence de *lumière;* nous les verrons vivre à l'aide d'organes lumineux spéciaux, dans l'obscurité des abîmes. Les animaux marins sont très sensibles aux variations de *température;* ils supporteraient difficilement des changements brusques de chaleur. Les températures froides n'excluent pas la faune, extrêmement riche dans les mers polaires, où la température varie de $+3°$ à $-3°$. Cependant certains animaux sont limités par des conditions de température.

Les Coraux ne peuvent se développer dans les mers au dessous de $+20°$; les Baleines ne quittent pas les mers froides et tempérées des deux hémisphères et redoutent les courants chauds; les Cachalots, au contraire, ne se plaisent que dans les mers chaudes et fuient les mers polaires. Les courants marins, froids ou tièdes, ont réglé la distribution de certains animaux marins, comme les Manchots et les Otaries, comme les Phoques. Les migrations de certains Poissons sont provoquées par des variations de température; la Sardine recherche les couches d'eau de 12° à 15°; la Morue et le Hareng, celles qui sont comprises entre 7° et 10°; la Morue peut chercher sa nourriture dans les eaux à 12°.

La *pression* paraît être de peu d'importance pour un grand nombre d'animaux, qui supportent d'énormes pressions. — Les variations de *salinité* influent sur les êtres marins; les uns ont besoin d'une proportion normale de sel, d'autres vivent en des eaux très peu salées; généralement les Mollusques n'habitent pas les mers de faible salinité. — Les *mouvements de l'eau* ont une certaine action sur divers organismes; les Coraux recherchent l'agitation des vagues; d'autres animaux se fixent au sol par des moyens variés pour y résister; sur les rivages battus constamment par les flots, les Mollusques ont des carapaces plus massives, c'est-à-dire plus résistantes, que les espèces pélagiques.

20. **Faune littorale.** — La faune marine, qui comprend des représentants de tous les embranchements du règne animal, se groupe suivant les diverses parties du domaine maritime; on distingue généralement la *faune littorale* et la *faune pélagique;* il y a aussi une *faune des grandes profondeurs.*

UN GROUPE DE MANCHOTS SUR LA BANQUISE
Expédition de la *Belgica.* (D'après F. A. Cook.)

La zone littorale présente certains traits généraux qui se reproduisent sur l'ensemble des étendues marines; elle est caractérisée par la présence de Mammifères marins souvent amphibies, par des Oiseaux, des Reptiles, et des Poissons en très grand nombre. Les Poissons plats recherchent les fonds de sables où d'innombrables Mollusques trouvent un refuge; les plages couvertes de gros blocs que les flots ne peuvent déplacer ont une faune abondante; c'est le contraire pour les fonds de galets et de cailloux constamment remués. Des légions de Poissons et de Mollusques vivent dans le voisinage des estuaires, riches en débris organiques; les prairies sous-marines nourrissent les espèces herbivores.

On peut distinguer pour quelques régions les types d'animaux qui les caractérisent. Dans la zone arctique et tempérée, les Mammifères marins sont remarquables; ce sont les *Pho-*

*ques,* les *Morses,* ou encore, dans l'océan Pacifique Nord, les *Otaries,* ou Phoques à oreilles, venus de la région antarctique à l'aide des courants; les Oiseaux nageurs sont caractérisés par des *Pingouins* aux ailes courtes, dont une petite espèce pullule au Nord du 80° lat.; des *Guillemots,* des *Cygnes blancs,* des *Oies* et des Canards, dont l'*Eider,* au duvet si recherché; les Poissons, les Crustacés et les Mollusques sont très abondants. Dans la zone intertropicale vivent des Mammifères comme le Dugong et le *Lamantin,* des Coraux madréporiques, des Mollusques aux coquilles énormes. — Dans la zone antarctique, les *Otaries* ont un développement particulier, ainsi que les *Manchots,* aux ailes rudimentaires, incapables de voler, les « moins oiseaux de tous les oiseaux »; on peut encore signaler les *Cygnes noirs* et des Oiseaux de mer souvent énormes, au vol puissant, comme les *Albatros* et les *Pétrels géants.*

21. **Faune pélagique.** — La haute mer est peuplée de grands Cétacés, les *Baleines,* les *Cachalots,* les *Dauphins.* Les Poissons sont naturellement les plus nombreux des Vertébrés; parmi les Squales, les *Requins* abondent; puis on trouve des Raies, des Thons, des *Poissons volants,* etc. Beaucoup de Mollusques nageurs, de Céphalopodes, sont des animaux pélagiques, comme les *Poulpes,* les *Argonautes,* les *Calmars.* — Les espèces du Plankton, dont l'étude prend de plus en plus d'importance, sont innombrables dans la haute mer; elles sont représentées surtout par des animaux inférieurs, des Protozoaires comme les *Foraminifères* et les *Radiolaires,* dont la dépouille après leur mort descend lentement et s'accumule sur le sol sous-marin; on trouve également des *Méduses,* une foule de petits Mollusques et de Crustacés.

On observe, surtout dans la région des Sargasses, de nombreux cas de *mimétisme,* c'est-à-dire le fait par un animal de prendre un aspect ou une coloration qui lui permet de se confondre avec le milieu ambiant de façon à échapper à ses ennemis; beaucoup d'animaux sont transparents, comme les *Méduses,* ce qui les rend invisibles; des myriades de *Crabes,* de *Crevettes,* de Serpules, de petits coquillages, de Poissons, ont revêtu la couleur même des Sargasses; ils ont des nuances de brun, de jaune et de vert, de sorte que leur aspect se confond avec celui des plantes qui leur servent de refuge.

22. **Faune des grandes profondeurs.** — Jusqu'au milieu du

XIXe siècle on croyait que toute vie animale cessait à peu près à 500 mètres de profondeur. Les expéditions anglaises du *Lightning* et du *Porcupine* (1868-70), et du *Challenger*, révélèrent l'existence d'une faune des grands fonds, d'une faune *abyssale*, comme on l'appela; depuis, un grand nombre d'expéditions ont contribué à éclairer le problème et à montrer l'abondance et la variété de la vie organique dans les profondeurs.

La faune abyssale a dû s'adapter à des conditions de milieu

MELANOCETUS JOHNSONI
Poisson des grandes profondeurs.

exceptionnelles : la pression, l'obscurité, l'absence de végétation, l'uniformité de température, le calme complet. Les Poissons sont remarquables par l'atrophie plus ou moins complète des organes de locomotion; les os sont devenus poreux, un enduit muqueux couvre leur peau; ils n'ont pas les brillantes couleurs que possèdent d'autres habitants des profondeurs; ils sont d'un gris sombre ou d'un noir velouté. Leur bouche démesurée est armée de dents aiguës; leur estomac présente généralement un développement anormal; le corps n'est plus qu'une simple annexe de cet énorme entonnoir. C'est notamment le cas du *Melanocetus Johnsoni*, dragué à 4 000 mètres de profondeur. — D'autres animaux sont munis de longs tentacules, d'antennes et de filaments très minces qui sont des organes d'exploration. Tous ces animaux vivent des milliards de cadavres des espèces du Plankton, qui tombent continuellement dans les profondeurs. — Beaucoup de Poissons et de Crustacés ont des yeux bien formés; pour se guider et trouver leur proie, ils s'éclairent à l'aide d'organes phosphorescents.

Ce sont des plaques lumineuses qui se trouvent le long des flancs, au-dessous des yeux, des deux côtés de la tête, ou encore à l'extrémité des tentacules. Parfois la phosphorescence émane du corps entier. Quelques-uns ont des yeux atrophiés, qui témoignent d'un état antérieur où les anciens représentants de leur espèce possédaient des yeux; vaincus dans la lutte pour la vie, ils ont sans doute cherché un refuge dans la nuit des profondeurs. — Les Crustacés, que l'on trouve dans les plus grandes profondeurs, ont d'admirables colorations rouge, rose, brune et violette. — Les Mollusques ont des coquilles toujours minces, fragiles et de couleur pâle. Les autres classes d'animaux sont représentées dans les abîmes ; des Annélides, des Echinodermes presque tous phosphorescents sont colorés en rouge, en brun, en bleu et en jaune, etc.

Un fait important est l'uniformité de cette faune profonde, due à l'uniformité de la température, qui est toujours près de 0°. La faune a donc un caractère polaire. — Elle a aussi un caractère archaïque. Les profondeurs océaniques paraissent avoir permis à des genres d'ancienne date de prolonger leur existence; une vingtaine des polypiers recueillis sont connus à l'état fossile; beaucoup d'autres types qu'on croyait éteints ont été retrouvés vivants dans les profondeurs des mers.

**b). — 23. Les récifs coralliens.** — Les formations coralliennes, qui occupent une grande étendue sur des parties déterminées des surfaces marines, sont l'œuvre d'une association d'êtres vivants, d'une colonie d'organismes inférieurs. Ces organismes ont la propriété de sécréter un abondant squelette calcaire; l'accumulation de leurs dépouilles forme la masse de la colonie, le RÉCIF CORALLIEN.

Les espèces *coralligènes,* qui édifient les récifs de Coraux, sont très nombreuses; il convient de citer les *Porites,* les *Madrépores,* les *Astrées,* qui sont des *Coralliaires* proprement dits; d'autres espèces, des *Millépores,* et même des Algues, comme les *Nullipores,* prennent part à la construction des récifs. Ces espèces sont des *polypes,* qui forment, par l'association d'individus de même espèce, un *polypier.* Ces individus sont en général d'une extrême petitesse; mais ils sont innombrables et multiplient rapidement; par leur agglomération, ces « myriades d'architectes » édifient des polypiers de dimensions remarquables; ainsi des colonies d'Astrées constituent des polypiers en forme de dômes qui peuvent avoir 3 et 5 m. de diamètre; les Porites peuvent élever leurs ramifications jusqu'à 6 m. de haut.

Dans une association de Coraux, dans un polypier, la partie superficielle est seule vivante; la base meurt à mesure que l'édifice s'élève, et cette base consolidée sert de support à la construction ultérieure. Les parties vivantes, revêtues de colorations très vives, ne dépassent pas le niveau des basses mers; les Coraux ne peuvent rester longtemps à sec sans mourir.

Voir note p. 228.

MADRÉPORES, CORAUX CONSTRUCTEURS

24. **Conditions de milieu : température, profondeur, pureté des eaux.** — Certaines conditions de milieu sont nécessaires au développement des Coraux. Ils ne vivent que là où la température des eaux de surface se maintient entre 18° et 20°. Cette circonstance en détermine la répartition irrégulière; dans l'océan Indien et l'océan Pacifique, ils ne se déve-

loppent qu'entre les tropiques; toutefois ils évitent les îles Galapagos, situées près de l'Amérique du Sud sous l'équateur, mais qui sont sur le parcours du courant froid de Humboldt; en revanche, les eaux chaudes du Gulf Stream leur permettent de se développer dans les îles Bermudes par un peu plus de 32° lat. N. La côte occidentale d'Afrique, longée par un courant froid, n'a point de Coraux; on les trouve par 18° environ dans les îles Abrolhos, près de la côte brésilienne.

Les Coraux recherchent les eaux peu profondes, ils ne se développent pas au-dessous de 35 à 40 mètres; ce chiffre n'est d'ailleurs pas une limite absolue; des Coraux constructeurs ont été dragués vivants par 80 mètres de fond. — Ils aiment l'eau pure, et disparaissent à l'embouchure des fleuves, à cause des sédiments, des troubles que ceux-ci transportent; en face d'une embouchure fluviale, une échancrure, une trouée interrompt le récif corallien. Les fonds vaseux ou sableux ne peuvent attirer les Coraux. Ils ont encore besoin d'une proportion normale de sel; un point d'appui leur est nécessaire pour élever leur édifice; ils ne sauraient s'établir sur une côte abrupte.

25. **Constructions coralliennes : 1° Récifs côtiers, récifs-barrières.** — Les minuscules organismes coralligènes ont édifié de gigantesques constructions qui forment les *récifs coralliens,* allongés le long des continents et des îles, et les *îles coralliennes* ou *atolls,* isolées dans l'Océan.

Un récif corallien est une sorte de banc rocheux qui affleure à la basse mer et qui signale sa présence par une ligne de brisants frangés d'écume. Les Coraux peuvent édifier leurs constructions sur le bord même d'une côte à laquelle ils sont accolés; ils forment ainsi une ceinture, une frange autour de la côte; ce sont des RÉCIFS CÔTIERS OU RÉCIFS FRANGEANTS. Cette forme de récifs se rencontre notamment aux îles Seychelles et sur la côte orientale d'Afrique, au Nord et au Sud de Zanzibar; ils bordent une partie des rivages de la mer Rouge, des îles de la Sonde, des Grandes Antilles et des Bahama, etc. — Quand les récifs sont éloignés de la côte, ils forment des RÉCIFS-BARRIÈRES; une grande étendue d'eaux calmes, une lagune, peut s'établir entre le récif et la côte. Les récifs-barrières présentent parfois un grand développement; l'exemple le plus remarquable est celui de la *Grande Barrière* de l'Australie, qui s'étend sur la côte Nord-Est depuis le 24° lat. S. jusqu'au détroit de Torrès (9° 5′ lat. S.), soit une longueur de 2 400 kilomètres environ; un large chenal variant en largeur de 50 à 100 kilomètres la sépare du continent. La Nouvelle-Calédonie, les îles Viti, sont entourées plus ou moins complètement d'un récif-barrière, etc.

Dans les eaux généralement calmes de la lagune, abritée par le récif-barrière, les Coraux se développent; ce sont les *récifs intérieurs* ou *de lagune*, présentant certaines différences avec les *récifs extérieurs*, ou *de haute mer*. Ceux-ci, battus par les vagues, sont plus irréguliers, mais plus développés et plus élevés que les récifs de lagune; le choc violent des vagues y

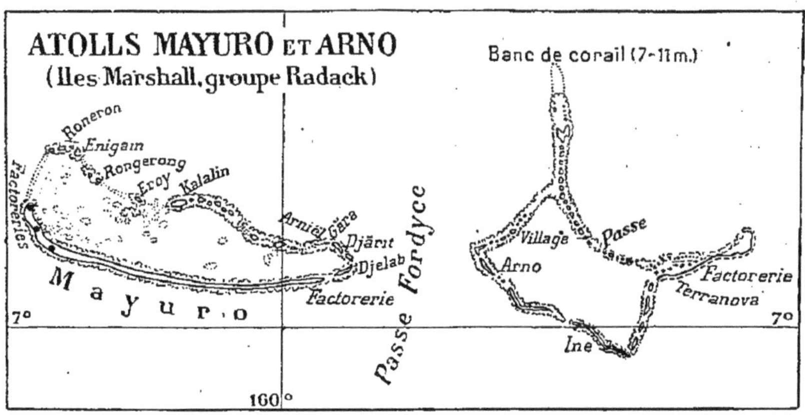


détermine un profil déchiqueté, dentelé; la croissance y est plus rapide; car c'est de la haute mer que viennent les éléments nécessaires à l'alimentation des Coraux, qui vivent des innombrables organismes du Plankton. Le versant du récif est très raide près de la surface jusqu'à une profondeur de 70 à 80 m., où commence un talus à pente atténué, jonché de blocs coralliens tombés de la partie supérieure. Les récifs forment rarement une barrière continue; ils sont interrompus par des brèches (20 environ dans la Grande Barrière australienne), situées en face de l'embouchure des fleuves, dont les Coraux redoutent les eaux douces et limoneuses. — Les récifs de lagune, moins bien alimentés, ont un moindre développement; ils présentent des formes assez massives et une surface parfois aplanie.

La mer contribue à consolider ces édifices coralliens; au début, le récif abonde en parties vides. Les vagues se brisant sur les récifs arrachent des blocs qui s'accumulent au bas des rapides pentes extérieures et triturent des débris de Coraux qui vont remplir les interstices du récif. Les eaux chargées de carbonate de chaux cimentent tous ces matériaux en une roche compacte. Nous verrons ailleurs en détail la formation des *calcaires coralliens* (chap. VII, p. 242).

26. **Atolls.** — Un ATOLL est un récif plus ou moins annulaire, dont l'intérieur est occupé par une étendue d'eau que l'on nomme *lagune;* ces atolls isolés en pleine mer forment les ILES CORALLIENNES. Quand la ceinture corallienne n'est pas continue, l'agitation des vagues se fait sentir dans la lagune; elle cesse quand la bordure des récifs, ininterrompue, se consolide en une masse compacte par l'agglutination des débris calcaires.

UN ATOLL (d'après DANA).

Par suite de l'accumulation des débris par les vagues, le récif annulaire peut s'élever parfois jusqu'à 5 à 6 m.; sous la poussée des vents, le sable corallien peut y former des dunes d'une dizaine de mètres de hauteur. La plate-forme corallienne présente une chute brusque du côté de la haute mer; la pente est, au contraire, généralement ménagée du côté de la lagune. Ces lagunes sont en général peu profondes; dans certains grands atolls on a mesuré jusqu'à 100 m.; les lagunes des atolls de faible dimension se comblent rapidement; quelques-uns sont entièrement à sec et même recouverts de dépôts de guano. Dans les lagunes aux eaux paisibles, les Coraux se développent librement. — Les atolls présentent des formes variées, quadrangulaires, allongées, arrondies avec des parties en pointe; certains figurent des triangles ou des ellipses.

Les plates-formes ne sont pendant longtemps qu'un entassement de blocs et de débris; peu à peu les vents, les courants, les Oiseaux, apportent des semences; la végétation s'établit; l'île devient habitable, d'ailleurs sur un espace très restreint, où la culture est des plus difficiles. L'arbre caractéristique est le Cocotier, aux usages multiples : alimentation, fabrication des cases, des vêtements, etc. Sur ces terres basses, ce sont les palmes des Cocotiers, frémissantes sous le souffle de l'alizé, que les marins aperçoivent d'abord en approchant d'une île corallienne. — Les îles coralliennes sont en nombre dans l'océan Indien (îles Maldives, Tchagos,

Keeling); elles ont leur plus grand développement dans l'océan Pacifique, où d'innombrables atolls forment l'archipel des Carolines, les îles Marshall, Gilbert et Ellice, l'archipel des Touamotou, etc.

**27. Formation des atolls. Théories de Darwin et de Dana.** — Si l'explication de la formation des récifs côtiers et des récifs-barrières ne semble pas présenter de grandes difficultés, il n'en est pas de même des atolls. CH. DARWIN a le premier, vers le milieu du XIXe siècle, formulé une théorie acceptable sur les récifs coralliens; cette théorie, renforcée par l'adhésion de DANA, peut être appelée la *théorie de l'affaissement.*

Les roches coralliennes qui forment la base de l'édifice élevé par les Coraux constructeurs se trouvent à des profondeurs beaucoup plus considérables que celles où peuvent se produire des formations coralliennes; on a dragué des roches de même origine que les récifs à des profondeurs de 500 à 600 mètres. A cette profondeur leur existence ne peut s'expliquer que par un affaissement du sol, assez ralenti pour permettre aux Coraux de continuer la construction dans la partie supérieure. Supposons qu'une île bordée d'un récif côtier s'enfonce lentement sous les eaux, la partie extérieure du récif s'accroîtra et deviendra un récif-barrière; les parties les plus hautes de l'île finiront par disparaître, après un affaissement prolongé; le récif deviendra un atoll, à l'intérieur duquel une lagune remplacera l'île submergée. Les atolls seraient donc, d'après Dana, « des monuments funéraires d'îles englouties ».

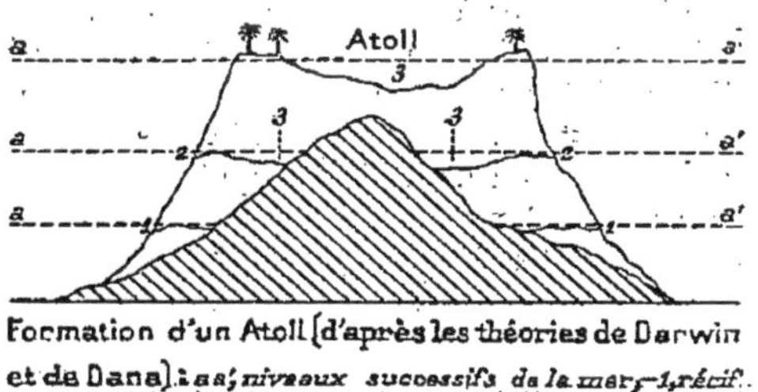


Formation d'un Atoll (d'après les théories de Darwin et de Dana). *aa', niveaux successifs de la mer; — 1, récif côtier; — 2, récif barrière; — 3, lagune.*

Cette théorie est remarquable par sa grande simplicité; elle explique par une série unique de phénomènes la grande diversité des formes des atolls; elle permet de saisir les phases de la transformation des récifs côtiers en récifs-barrières et en atolls.

**28. Théories de J. Murray et d'Agassiz.** — La théorie de l'affaissement fut classique jusqu'en 1880, époque où M. J. Murray, à l'aide de ses observations et de son expérience personnelle, acquise au cours du voyage du *Challenger*, émit une théorie nouvelle sur la formation des atolls.

Presque toutes les îles coralliennes sont d'origine volcanique; il existe dans les Océans de nombreuses montagnes volcaniques, par groupe ou isolées; la pose des câbles télégraphiques en a fait connaître un grand nombre. Les unes émergent; d'autres sont rongées par les flots jusqu'à la profondeur où l'œuvre de destruction des vagues demeure efficace (20 m. environ); d'autres enfin s'élèvent à des niveaux variés. Sur le sommet de ces dernières, se produit une lente sédimentation due à l'accumulation des dépouilles calcaires de nombreux organismes de surface; peu à peu le sommet s'exhausse jusqu'au niveau, où vivent les Coraux constructeurs, qui peuvent alors commencer leurs édifices. — Cette théorie explique la variété de forme des atolls; leur formation s'explique par ce fait que les coraux doivent se développer plus rapidement sur les bords du socle immergé que dans la partie intérieure. L'explication des lagunes est beaucoup moins probante; elles sont dues, d'après M. Murray, à la dissolution du calcaire par l'acide carbonique très abondant dans l'eau de mer, entraîné par les marées à l'intérieur de l'atoll.

M. Al. Agassiz a visité la plupart des régions coralliennes, et il a étudié spécialement les récifs coralliens de la Floride, des Antilles et de l'Amérique centrale. La base des récifs y est formée par des socles sous-marins, volcaniques ou non, situés sur le parcours de courants chauds; ces socles se sont peu à peu exhaussés grâce à une abondante sédimentation calcaire, et les Coraux ont pu alors y établir leurs constructions. D'autres observations faites dans le groupe des îles Sandwich ont confirmé l'existence de supports volcaniques pour les formations coralliennes. Ces faits dans leur ensemble sont la vérification de la théorie de Murray.

M. Agassiz a également constaté que certaines régions coralliennes étaient en *voie de soulèvement*. — On peut accepter ses conclusions : les récifs coralliens, étant admise l'existence d'un support indispensable, de nature volcanique ou autre, sont le résultat, suivant les régions, de mouvements d'affaissement ou de soulèvement.

Livres a consulter. — Les ouvrages cités dans le chapitre précédent. — Darwin, *Les Récifs de corail, leur Structure et leur Distribution* (1842), traduction, Paris, 1878. — Dana, *Corals and Coral Islands*, Londres, 1872. — H. Filhol, *La Vie au fond des mers*, Paris, 1886.

Note sur les photogravures de roches géologiques. — Les gravures de roches géologiques, qui ne portent point mention d'origine, proviennent de photographies de spécimens de la collection de l'*Institut de Géographie de l'Université de Lyon* (*Faculté des Lettres*).

# CHAPITRE VII

## L'ÉLÉMENT SOLIDE

### I. — L'ÉCORCE TERRESTRE.

**Composition de l'écorce terrestre.** — On distingue parmi les *roches* qui constituent l'écorce terrestre : les **roches éruptives**, massives et formées de cristaux enchevêtrés; les **roches sédimentaires**, formées d'éléments disposés, dans des couches stratifiées, suivant les lois de la pesanteur; les **schistes cristallins**; les **formations superficielles**.

**A. — Les roches éruptives.** — Les roches éruptives, qui ont, comme minéraux essentiels, la silice et l'alumine sous forme de *quartz*, de *feldspath* et de *mica*, se différencient par la texture, c'est-à-dire par leur état plus ou moins cristallin. Les roches de **texture granitoïde**, entièrement formées d'éléments cristallisés, sont représentées surtout par le *granite;* les *porphyres*, très variés, sont les types de la **texture porphyroïde** où de grands cristaux sont noyés dans une pâte vitreuse; les roches de **texture trachytique**, qui ont cristallisé en éléments microscopiques, sont caractérisées par les *trachytes* et les *basaltes*, qui ont la propriété de former, en se refroidissant, des colonnes prismatiques.

**B. — Les roches sédimentaires.** — Triple origine : 1° détritique; 2° chimique; 3° organique. — Les **roches détritiques** sont à l'état meuble, *galets, graviers, sables*, ou à l'état aggloméré, *conglomérats* grossiers, *grès* fins; les *argiles* dernier terme de la trituration des roches, deviennent des *marnes* si elles contiennent du calcaire.

Les **roches chimiques**, peu importantes, sont représentées par des concrétions calcaires ou siliceuses, par la formation du *gypse*, du *sel marin*, dus à l'évaporation de l'eau de mer.

Les **roches organiques** sont surtout des formations calcaires, où les *calcaires coralliens* ont le premier rôle; ces calcaires se forment sur place ou bien se présentent à l'état de conglomérats ou de *calcaires oolithiques* (grains de sable corallien agglutinés). Les calcaires ont des propriétés variées. La *dolomie* est un calcaire magnésien.

**C. — Schistes cristallins et roches métamorphiques.** — Ces roches, qui forment le **terrain archéen**, ont une texture spéciale; elles ont à la fois l'aspect cristallin et rubané, une sorte de disposition en feuillets; le *gneiss* et le *micaschiste* en sont les meilleurs représentants. Ces roches et celles qui s'y rattachent doivent leur origine à des faits de pression mécanique, ou de contact avec les matières ignées; elles ont été *métamorphisées*.

**D. — Les formations superficielles. — a). — Décomposition des roches sous-jacentes.** Le feldspath décomposé donne le *kaolin;* la disparition du feldspath désagrège le granite, qui devient l'*arène granitique;* l'altération des micaschistes, des basaltes, donne des *argiles noirâtres;* celle des calcaires produit l'argile rouge ou *terra rossa;* la *latérite*, terre rougeâtre décalcifiée et infertile, dérive de la décomposition de roches très différentes; le *limon des plateaux* est le sol fertile du Nord-Ouest de la France; le *tchernoziom*, ou terre noire, le sol agricole de la Russie, etc.

**b). — Phénomènes de transport.** La formation caractéristique est le **lœss**, terre argilo-calcaire, très développée en Chine, *terre jaune*, et en Europe autour de l'emplacement des moraines de la grande extension glaciaire. D'autres formations sont dues aux *alluvions* des fleuves, des glaciers, etc.

**E. — Physionomie géographique de divers terrains.** — Les granites ont l'aspect de dômes arrondis, des vallées larges, des rivières nombreuses, et souvent un manteau de forêts; les porphyres forment des saillies, les basaltes des plateaux. Les grès et les calcaires durs sont le plus souvent la forme de plateaux, coupés de vallées profondes; ils dominent les vallées par des abrupts ruiniformes; les grès ont des forêts, et les calcaires sont dénudés. Les roches argileuses et marneuses présentent des formes aplanies.

**1. Composition de l'écorce terrestre : roches éruptives et sédimentaires; schistes cristallins; formations superficielles.** — Au-dessous d'une couche de terre meuble plus ou moins épaisse, le sol est formé d'une série de matériaux, très différents de composition et d'origine, qui constituent l'écorce solide du globe. Ces matériaux, quels qu'ils soient, portent la dénomination de ROCHES; ce sont des *roches géologiques*.

L'origine des roches permet de les diviser en deux grandes catégories ; les unes sont le produit de l'énergie intérieure, de l'activité volcanique, de l'épanchement, sans cesse renouvelé au cours des âges, des matières en fusion de l'intérieur du globe; ces roches d'origine interne forment les ROCHES ÉRUPTIVES; les autres sont dues à l'activité des agents de toute nature qui accomplissent à la surface de la terre l'œuvre d'érosion, de modification continuelle de l'écorce; ces roches d'origine externe forment les ROCHES SÉDIMENTAIRES.

Les roches sédimentaires sont disposées en forme de *strates*, c'est-à-dire en couches plus ou moins puissantes, superposées les unes aux autres, occupant parfois des étendues considérables. Ces roches *stratifiées* sont constituées le plus souvent d'éléments d'abord meubles, de sables, de graviers, de fines particules de vase, par exemple, éléments postérieurement agglutinés, mais facilement reconnaissables ; ils sont, en effet, distribués avec régularité, suivant les lois de la pesanteur. Les roches éruptives, au contraire, loin d'être divisées en strates, sont massives ; les éléments qui les constituent ne sont nullement disposés selon la pesanteur; ils sont cristallisés et enchevêtrés les uns dans les autres.

A côté de ces deux grands groupes, il sera nécessaire d'en distinguer un troisième, formé de roches dont l'origine est encore mal définie, qui présentent à la fois une structure cristalline et une apparence de stratification, un aspect feuilleté; ce sont les SCHISTES CRISTALLINS. En dernier lieu, nous parlerons d'une série de terrains qui constituent les FORMATIONS SUPERFICIELLES, que les géologues négligent souvent et qui sont de première importance pour les géographes.

## A. — Les roches éruptives.

Les roches éruptives proviennent des manifestations de l'énergie intérieure qui, sous la forme visible du volcanisme, se sont produites aux diverses époques géologiques, avec une intensité particulière pendant les ères primaire et tertiaire. Les formations éruptives apparaissent : 1° à l'état de *cônes volcaniques,* que l'érosion détruit rapidement lorsque le volcan apaisé ne renouvelle plus les matériaux, scories ou laves, qui les constituent; 2° à l'état de *coulées de laves,* formant parfois des nappes gigantesques loin du point d'émission; 3° à l'état de *culots* ou de *dykes* (*filons*), d'*injections,* ou de *massifs* qui se sont consolidés dans les crevasses ou dans les profondeurs de l'appareil volcanique et que l'érosion a mis à jour.

2. **Minéraux essentiels des roches éruptives.** — Quel que soit l'âge ou l'état des roches éruptives, leur composition est dans l'ensemble peu différente, et ne contraste que par la proportion, d'ailleurs assez variable, des éléments qui les constituent.

Les minéraux essentiels sont d'abord la SILICE, qui, à l'état de pureté, forme la substance du cristal de roche, et l'ALUMINE, qui donne le rubis et le saphir. Ces deux éléments, éminemment durs, sont unis à des oxydes, à des corps formés de l'union de l'oxygène avec un métal, potassium, sodium, calcium, fer, etc., c'est-à-dire qu'à la silice s'ajoute la potasse, la soude, la chaux, le fer, etc. — Quand les roches possèdent une forte proportion de silice, 66 à 68 °/₀, elles sont qualifiées de *roches acides,* et sont légères et de couleur claire; quand elles sont pauvres en silice, 40 à 55 °/₀, et riches en fer, elles sont qualifiées de *roches basiques* et ont une grande densité et une couleur foncée.

3. **Quartz, feldspaths, mica, etc.** — Quand la silice se trouve en excès, elle peut s'isoler sous la forme de QUARTZ, silice cristallisée. D'autres minéraux jouent un rôle important : les FELDSPATHS, de couleur généralement claire, parfois rosée ou jaunâtre, formant de larges cristaux, sont des silicates d'alumine avec une autre base, la potasse, la soude ou la chaux. Les espèces feldspathiques varient suivant la nature de cette base; les roches acides ont surtout des feldspaths potassiques et sodiques, les roches basiques des feldspaths à base de chaux. — Le groupe important des MICAS complète

les minéraux essentiels; les micas, brillant d'un vif éclat métallique, se clivant en lamelles très minces, sont des silicates d'alumine. On distingue le mica blanc ou *muscovite,* et le mica noir ou *biotite.*

Dans certaines roches, les feldspaths sont remplacés par d'autres espèces minérales; dans les roches basiques se trouvent des minéraux lourds et riches en fer et en chaux, comme ceux de la famille des *amphiboles* et des *pyroxènes;* les laves du Vésuve possèdent en abondance la *leucite,* silicate d'alumine et de potasse; dans les phonolites, le feldspath est remplacé par un minéral blanc, sodique et potassique, la *néphéline,* etc.

4. **Texture des roches éruptives.** — La texture est un élément très important dans la classification des roches éruptives. Elle est le résultat des circonstances au milieu desquelles s'est faite la solidification de la masse éruptive; la rapidité plus ou moins grande du refroidissement détermine l'état final. On sait que si une matière en fusion vient à être brusquement refroidie, elle se transforme en un corps compact, amorphe, dont la cassure est homogène; si, au contraire, le refroidissement est lent et régulier, la matière fondue se solidifiera en prenant la forme de cristaux.

Ainsi, dans le Massif central affleurent çà et là des granites qui sont franchement cristallisés, et dont les cristaux miroitent sur les cassures fraîches; ils sont le résultat d'injections profondes qui, sous l'accumulation protectrice des couches supérieures, n'ont pu se refroidir qu'avec une lenteur extrême; une longue érosion les a postérieurement mis au jour. En d'autres points, des filons de porphyres montrent de gros cristaux baignant dans une pâte de cristaux minuscules, visibles seulement au microscope; ils ont été injectés dans les crevasses du volcan, plus près de la surface; la solidification, bien que lente, s'est faite plus vite, et la cristallisation est moins parfaite que dans les granites. Dans la chaîne des Puys, où certains cônes volcaniques ont encore toute leur fraîcheur, des coulées de lave s'étalent sous des couvertures de scories; elles ne contiennent pas de cristaux visibles, s'étant refroidies trop vite.

On peut donc distinguer deux états fondamentaux : l'*état cristallin,* désignant une roche formée entièrement d'éléments cristallisés, sans traces de substance amorphe; l'*état amorphe* ou *vitreux,* s'appliquant à des roches où il peut y avoir des cristaux microscopiques (*microlithes, cristallites*), sans un seul nettement caractérisé, dans une pâte vitreuse. L'état intermédiaire est représenté par un *type mixte,* où la roche possède des cristaux bien spécifiés noyés dans une pâte amorphe avec quelques microlithes. Le type entièrement vitreux ne paraît pas exister;

dans les roches où l'état amorphe paraît l'emporter, il y a toujours quelques petits cristaux.

Le type cristallin trouve son expression la plus complète dans le granite, d'où le nom de TEXTURE GRANITOÏDE; le type mixte est très net dans les porphyres, d'où le nom de TEXTURE PORPHYROÏDE ou *porphyrique;* une subdivision du type mixte comprend des roches qui ne sont pas de véritables porphyres,

GRANITE COMMUN
Il est facile de distinguer le feldspath blanc, le quartz grisâtre, le mica noir.

où la cristallisation s'est faite en éléments microlithiques, allongés, étirés, bien individualisés ; le trachyte en est le meilleur représentant, d'où le nom de TEXTURE TRACHYTIQUE. — Les roches acides, de texture granitoïde, sont de beaucoup les plus nombreuses dans les éruptions anciennes ; les roches basiques, à éléments microlithiques ou vitreux, dans les éruptions plus récentes.

**5. Roches acides de type granitoïde. Granite et granulite.** — Roche éruptive la plus ancienne, le GRANITE est traversé par toutes les autres roches et n'en traverse aucune. Il se compose de cristaux bien définis, solidement agrégés par simple juxtaposition, où l'on distingue facilement trois éléments caractéristiques : 1° le *quartz,* le plus souvent en grains vitreux, à formes très irrégulières, incolores ou grisâtres, ressemblant assez bien à des grains de sel gris ; 2° le *feldspath,* formant des fragments cristallins, à faces planes miroitantes, de couleur blanche ou grisâtre, parfois teinté en rose ; les feldspaths potassiques dominent ; 3° le *mica,* noir ou vert noirâtre, en paillettes d'un éclat vif et métallique. On peut y trouver encore d'autres minéraux moins importants.

Le granite affleure en de nombreux points en France, dans le Massif armoricain, le Massif central, dans les Vosges cristallines, quelques parties des Pyrénées et des Alpes. — Il existe plusieurs variétés de granite : le *granite commun* ou *à grains fins,* dit « granite de Vire », fréquent dans la région du Cotentin, est très recherché. Le granite présente quelquefois de grands cristaux de feldspath qui, dans la rade de Brest, à Cherbourg, et la chaîne du Mont Blanc, peuvent atteindre de 10 à 12 centimètres de longueur ; on l'appelle *granite à grandes parties,* on lui donnait autrefois le nom de *granite porphyroïde.*

La GRANULITE se rapproche beaucoup du granite ; elle contient les mêmes minéraux essentiels, et de plus du mica blanc (muscovite) ; le quartz, au lieu d'avoir des contours irréguliers, est en grains très nets et isolés. La granulite a une teinte généralement claire et une faible cohésion ; on l'appelle quelquefois *granite à deux micas,* ou *granite à mica blanc.* Elle forme une bonne partie du Limousin et quelques points du Morvan et du Cotentin.

Une jolie roche pyrénéenne, de couleur claire, blanche ou rose, est la *pegmatite,* variété de granulite, où le mica blanc se concentre en masses importantes, où le quartz et le feldspath s'enchevêtrent l'un dans l'autre. Dans les Alpes, au mont Blanc et dans l'Oisans, on trouve une autre variété de granulite, où le mica est remplacé par un minéral qui se divise en lamelles comme lui, et est de couleur verte : c'est la *protogine,* dont la belle coloration verte est très prononcée.

**6. Roches sans quartz et roches basiques de type granitoïde.** — Certaines roches anciennes sont dépourvues de quartz ; elles se rapprochent des roches basiques ; ce sont des *roches neutres.* La *syénite* est un véritable granite sans quartz.

La *diorite* et la *diabase* sont des roches anciennes franchement basiques, cristallisées à plus petit grain que les granites, assez riches en fer oxydulé, et en général d'une teinte foncée et verdâtre. Les diorites, qui sont communes dans la Bretagne occidentale, où elles ont traversé les terrains siluriens et dévoniens, sont formées de grands cristaux blancs de feldspath à base de chaux et de cristaux d'amphibole d'un vert noirâtre. La diabase est une roche compacte, de couleur noire ou brune, où le pyroxène remplace l'amphibole.

**7. Roches de type porphyroïde. Porphyre.** — Le caractère

PORPHYRE VERT DES VOSGES
On remarque aisément les grands cristaux noyés dans une pâte vitreuse.

distinctif des roches de texture porphyrique est, nous le savons, la dissémination de grands cristaux très nets dans une pâte de cristaux microscopiques et de matière vitreuse. Les PORPHYRES sont nombreux; ils présentent toutes les transitions entre la texture à demi cristalline et la texture vitreuse. Dans certains porphyres, le quartz est formé de globules, d'où le nom de *porphyre à quartz globulaire,* que l'on trouve dans les Vosges, le Morvan, le Massif central et en Bretagne. Dans les *porphyres pétrosiliceux,* de petits cristaux de quartz peu nombreux sont disséminés dans la pâte; ces porphyres, de coloration brune, violacée ou verte, sont très développés dans les Vosges.

8. **Roches de texture trachytique. Trachyte et basalte.** — Ces roches, très développées dans les éruptions postérieures à l'époque secondaire, sont surtout représentées par des trachytes et par des basaltes. Les TRACHYTES sont des roches de couleur grise, avec une pâte microlithique, où sont disséminés des cristaux de minéraux divers. Les microlithes sont des feldspaths à base de soude; leurs pointes, sensibles sur les contours, ont rendu ces roches dures au toucher, d'où leur nom.

Une variété de trachyte, la *domite,* forme le Puy de Dôme dans le Massif central; elle est poreuse et de coloration souvent blanche. Les *andésites* sont des trachytes de la chaîne des Andes; on les trouve également en Hongrie, à Ténériffe et en Auvergne (puy de Volvic); la pâte, de couleur foncée, souvent poreuse, contient le plus souvent du mica blanc associé à l'amphibole. Les *phonolites,* qui se rattachent aux trachytes, sont des roches grisâtres ou verdâtres, assez compactes, à structure feuilletée, se divisant souvent en plaques régulières, comme des ardoises, et qui rendent un son clair sous le marteau; cette propriété a été l'origine de leur nom. La néphéline ou la leucite y remplacent les feldspaths; on les trouve dans les monts Dore et dans le Velay.

Les BASALTES sont des roches compactes, noires, très denses, qui doivent cette coloration et cette densité à l'existence du fer oxydulé; la pâte est en outre formée de microlithes de feldspath, d'ordinaire à base de chaux. Les coulées basaltiques, en s'accumulant dans des dépressions, et surtout peut-être en prenant contact avec une masse d'eau, ont subi généralement, à la suite d'un refroidissement plus ou moins brusque, un retrait qui les a divisées en prismes, souvent très réguliers et de forme hexagonale; ces colonnes prismatiques se rencontrent fréquemment en Auvergne, notamment près du Puy (orgues d'Espaly), dans le Nord-Est de l'Irlande (chaussée des Géants), dans l'île écossaise de Staffa, où se trouve la célèbre grotte de Fingal, etc. Le trachyte forme également des prismes. Les prismes ont une grandeur (certains ont de 30 à 45 m.) et une épaisseur variables (quelques centimètres à 3 m.). Ils sont une des curiosités des régions basaltiques.

9. **Tufs éruptifs.** — Il faut encore signaler, parmi les formations éruptives, les *tufs éruptifs* ou *volcaniques* qui représentent la consolidation

des matériaux de toute nature, cendres, scories, etc., projetés, comme nous le verrons, par les volcans au moment de leurs éruptions ; ces débris, entraînés sur les pentes, s'amoncellent et se solidifient soit à l'air libre, soit sous l'eau ; les couches qui se déposent successivement leur donnent une apparence stratifiée, mais leur origine est révélée par la présence d'éléments anguleux et disposés sans ordre. Ces tufs forment parfois des roches assez compactes ; dans la campagne romaine abonde le *pépérin*, sorte de tuf brunâtre et granulaire.

LES ORGUES D'ESPALY
Prismes de basalte, environs du Puy. (Phot. N. D.)

### B. — Les roches sédimentaires.

Les roches sédimentaires se divisent en trois groupes que l'on distingue d'après leur origine : 1° roches d'*origine détritique ;* 2° roches d'*origine chimique ;* 3° roches d'*origine organique.*

**10. Roches détritiques.** — Ces roches sont essentiellement constituées de matériaux *détritiques,* produit de la destruction de formations préexistantes par les divers agents d'érosion. Nous savons que ces matériaux sont dans un état de division plus ou moins avancé ; on y distingue des galets, des graviers, des sables et des vases, qui se déposent suivant la loi de la pesanteur. La succession de ces dépôts subit des vicissitudes; dans les couches, qui forment les unes sur les autres des pellicules successives, il peut y avoir de grandes différences; sur des graviers se déposeront des argiles, sur des argiles des sables, etc. Cette superposition de couches différentes donne naissance à la *stratification*. Ces placages peuvent s'entasser sur une grande épaisseur; le poids accumulé des strates supérieures donne plus de compacité aux couches inférieures; de plus, les eaux d'infiltration peuvent les cimenter; elles forment au bout d'un certain temps des assises solides, des masses minérales identiques à celles qui apparaissent dans les couches de l'écorce terrestre. Elles deviendront des roches géologiques le jour où, à la suite d'une émersion, elles feront partie de la terre ferme.

On distingue les *formations arénacées* et *argileuses*.

11. **Formations arénacées: 1° A l'état meuble.** — Les dépôts meubles comprennent des GALETS, des GRAVIERS, des SABLES. Les sables et les graviers sont formés essentiellement de grains de quartz isolés et irréguliers, avec parfois des graviers de minerais; on trouve des sables granitiques, coralliens, volcaniques, etc. Ces sables sont souvent colorés en rouge et en jaune par des oxydes de fer, ou encore en vert par des grains de *glauconie*, silicate hydraté de fer et de potasse.

**2° A l'état aggloméré. Conglomérats et grès.** — Au cours des temps géologiques, tous les dépôts meubles ont été pénétrés par des eaux d'infiltration, qui, en faisant circuler dans leurs interstices des substances siliceuses, calcaires (en dissolution dans l'eau de mer) ou des oxydes ferrugineux, les ont agglutinés et cimentés et en ont fait des roches parfois extrêmement dures. Il existe encore des formations agglomérées argileuses, qui résultent d'un dépôt contemporain des sables et de l'argile, et non d'une infiltration postérieure de l'argile.

On distingue, suivant la finesse des grains, des dépôts grossiers, que l'on nomme des CONGLOMÉRATS, et des roches à grain fin, que l'on nomme des GRÈS. Les conglomérats sont constitués de fragments diversement agglutinés; on leur donne l'appellation de *brèches* quand les éléments constituants ont des contours anguleux, et de *poudingues* quand les fragments sont arrondis. — Les grès sont des « pierres de sable » ; leur désignation est significative en allemand, *Sandstein*, et en anglais, *sandstone;* ce sont donc des sables dont les grains sont agglutinés par des ciments variés.

Les grès à ciment calcaire, ou *grès calcarifères*, forment généralement

CONGLOMÉRAT (poudingue).

des roches peu résistantes; les *grès ferrugineux* sont agglutinés par un ciment d'oxyde de fer hydraté; c'est notamment le cas de l'*alios*, grès quartzeux très dur, qui s'étend sous les sables des Landes et du Médoc. Les *grès siliceux*, formés de grains de quartz, sont en général compacts; quand les grains de quartz sont si fins qu'on ne peut les discerner, la roche forme des *grès lustrés*, très durs, à cassure luisante, qui se rapprochent des quartzites, dont il sera question plus loin. — Les grès argileux peuvent être constitués de grains fins agglutinés par un ciment micacé; ce sont des grès *micacés;* les *grès verts*, à ciments variés, souvent marneux et argileux, doivent leur couleur aux grains de glauconie. — Parfois le granite décomposé subit une nouvelle agglutination sur place et donne ainsi naissance à un grès appelé *arkose*, ou faux granite.

**12. Formations argileuses. Argile et marnes.** — L'ARGILE

est le dernier terme de la trituration des roches; les dépôts argileux résultent de l'agglomération de particules extrêmement fines qui ont été plus ou moins longtemps en suspension dans l'eau à l'état de boue; ils sont souvent mélangés de quartz et de mica. L'argile est connue vulgairement sous le nom de *terre glaise.*

Les dépôts argileux colorés en rouge ou en jaune par l'oxyde de fer donnent des *ocres jaunes et rouges,* utilisées en peinture; les argiles *plastiques* ou *réfractaires,* formant avec l'eau une pâte liante et durcissant au feu, font des poteries et des briques; les argiles *smectiques,* grisâtres ou verdâtres, absorbent les corps gras, et servent au dégraissage des étoffes; c'est la « terre à foulon ».

Certaines formations argileuses intéressent beaucoup plus les géographes. Ce sont les MARNES, argiles mélangées de calcaires dont la proportion va de 15 à 50 %; puis le LIMON, qui est un mélange peu consistant d'argile et de menus grains de quartz que l'oxyde de fer colore surtout en jaune. Souvent les argiles sont fissiles et se prêtent aisément au clivage, c'est-à-dire qu'elles se divisent en feuillets; elles forment les SCHISTES ARGILEUX. Ces schistes sont quelquefois devenus très durs, à la suite de circonstances dont nous parlerons plus loin. Les schistes argileux, qui se débitent en feuillets, prennent le nom de *phyllades;* par exemple, les ardoises des Ardennes et de la région d'Angers, de grain fin et aisément clivables, sont des phyllades.

13. **Roches d'origine chimique.** — Les roches de cette nature n'occupent qu'une place peu importante à la surface de la terre. — L'eau pluviale n'est pas pure; elle contient en dissolution de l'oxygéne et de l'acide carbonique; armée de cet acide, elle attaque les roches, surtout les roches calcaires, qu'elle dissout en partie en y pénétrant par infiltration; ces eaux d'infiltration, chargées de calcaire, en arrivant à l'air libre, voient l'acide carbonique en excès s'évaporer et le calcaire se déposer, donnant naissance à des *tufs* ou des *travertins calcaires,* dépôts plus ou moins terreux, caverneux et légers[1].

1. Il se produit des concrétions siliceuses sous forme de *silex,* silice à demi cristallisée; les plaques de silex abondent dans certains massifs crayeux; les *meulières* sont des roches siliceuses criblées de cavités, très répandues en Brie et en Beauce.

L'eau de mer contient des quantités considérables de substances dissoutes qui lui sont apportées par les eaux courantes, notamment une forte proportion, la moitié, de carbonate de chaux et de magnésie ; la silice forme un dixième ; il y a encore une certaine quantité de sulfate de chaux, de soude et de potasse. Lorsque l'évaporation est active, sans être compensée par un apport nouveau, les matières que contient l'eau de mer ne peuvent rester indéfiniment en dissolution ; le sulfate de chaux se dépose d'abord et donne naissance à des amas de **GYPSE** (pierre à plâtre) ; puis vient le dépôt du *chlorure de sodium,* qui forme le **SEL MARIN**, en petits cristaux ; ce travail de concentration a été régularisé par l'homme dans les *marais salants*. Le sel marin est souvent en masses épaisses dans le sol et forme le **SEL GEMME**.

Quand des sels calcaires sont en abondance dans l'eau de mer, si l'évaporation est rapide, le carbonate de chaux peut se déposer et agglutiner ainsi des grains de sable et des débris de coquilles. Ce genre de formation actuelle des calcaires n'exige pas une très haute température ; c'est cependant dans les régions tropicales qu'il est le plus développé.

**14. Roches d'origine organique. Formations calcaires.** — Nous avons vu que la bordure de sédiments qui s'allonge le long des continents était, sauf quelques rares exceptions, fort peu étendue ; des intervalles considérables séparent les franges sédimentaires. — D'autre part, les phénomènes chimiques de dépôt, malgré leur intensité, n'absorbent qu'une faible partie des matières en dissolution apportées par les eaux courantes ; il reste un excédent de calcaire et de silice.

C'est alors qu'interviennent des agents d'un autre ordre ; ce sont des organismes marins qui vont fixer les substances en excès, par la construction de leur carapace ou de leur squelette ; leurs dépouilles, par simple accumulation, formeront de véritables roches géologiques. Les *formations calcaires* sont de beaucoup les plus importantes.

Les **ROCHES CALCAIRES** sont formées essentiellement de *carbonate de chaux*, mélangé de plus ou moins d'impuretés, sable, argile, oxyde de fer, etc. On reconnaît facilement un calcaire ; il suffit de verser sur un fragment de cette roche une goutte d'acide chlorhydrique étendu d'eau ; il se produit une sorte d'ébullition, d'effervescence caractéristiques, déterminées par le dégagement de l'acide carbonique qui entre dans la composition des calcaires et qui est mis en liberté. Tous les calcaires font effervescence avec les acides; de plus, ils se rayent facilement au canif.

15. **Calcaires coralliens.** — Pour la formation des calcaires, le premier rôle appartient aux Coraux. On sait que leurs colonies édifient au sein des mers de puissantes assises, qui sont construites précisément avec le calcaire que les coraux enlèvent à l'eau de mer; les parties inférieures cessent de vivre à mesure que l'édifice grandit; il ne reste d'elles que le squelette calcaire. Les parties mortes forment une sorte d'édifice ajouré où s'accumulent, dans les interstices et les vides, tous les débris que les vagues détachent des Coraux vivants. Cette masse ainsi formée baigne dans des eaux sursaturées de carbonate de chaux au point d'en être laiteuses; peu à peu les différentes parties s'agglutinent solidement et forment une roche compacte. Ces CALCAIRES CORALLIENS ont formé au cours des âges géologiques, surtout depuis l'ère secondaire, d'importantes assises. Actuellement il s'en forme dans les îles coralliennes.

D'autres calcaires coralliens sont formés de matériaux purement détritiques; les fragments et les débris des coraux, remaniés et triturés par les vagues et les courants, sont cimentés par le carbonate de chaux que l'eau de mer dépose, et ils forment des *conglomérats calcaires*. Les calcaires des terrains jurassiques en France, qui sont pétris de débris de coraux, participent de cette double origine. — Enfin les fragments calcaires, à force d'être roulés et triturés, forment une sorte de sable calcaire que la mer refoule sur les plages; l'évaporation détermine le dépôt, autour de chaque grain, d'une série successive de couches concentriques, et il se forme ainsi des *oolithes*, c'est-à-dire des grains ovoïdes ressemblant à de petits œufs de poisson (ὠόν, œuf, λίθος, pierre); l'accroissement et l'agglomération de ces sables donnent naissance à des CALCAIRES OOLITHIQUES, largement développés à l'époque jurassique.

D'autres calcaires moins importants sont produits par les accumulations de coquilles de Mollusques tels que les Huitres, les Moules, etc.; ils forment des bancs puissants sur le littoral et donnent naissance par leur agglutination à des *calcaires coquilliers;* parfois les coquilles sont tellement émiettées par les vagues que les débris constituent une sorte de sable calcarifère, qui dans la région du Mont-Saint-Michel porte le nom de *tangue.* — Une grande partie des calcaires anciens des temps primaires et du début des temps secondaires sont exclusivement constitués par des amas agglomérés de fragments de pièces calcaires qui formaient le pédoncule de certains Echinodermes, les Crinoïdes ; ce sont des *calcaires à entroques,* du nom que l'on donne aux diverses parties du pédoncule[1].

CALCAIRE COQUILLIER

La CRAIE est une variété de calcaire, roche blanche et friable, formée de l'accumulation de débris de Foraminifères calcaires et d'autres animaux inférieurs; c'est ce que nous avons appelé la boue à Globigérines.

16. **Propriétés des calcaires.** — Tous ces calcaires peuvent présenter des conditions assez différentes. Ils peuvent être plus ou moins agglomérés; il y a des calcaires *compacts et massifs,* comme les calcaires coralliens; des calcaires *tendres,* comme la craie. Dans les calcaires *terreux,* ou

1. D'autres petits animaux enlèvent à l'eau de mer la silice qu'elle contient, engendrant des *dépôts siliceux,* mais beaucoup moins importants que les précédents. Nous avons eu l'occasion de parler ailleurs des boues de Radiolaires et de Diatomées.

*argileux,* ou *marneux,* le carbonate de chaux est mélangé de matières argileuses ou arénacées ; le calcaire *grossier,* si abondant dans la région parisienne, est criblé de trous qui sont des empreintes de coquilles. Les calcaires marneux fournissent la *chaux grasse* par la calcination du calcaire quand il y a plus de 5 °/₀ d'argile, la *chaux hydraulique* quand il y en a plus de 12 °/₀, et des *ciments* au-dessus de 20 °/₀. La craie peut être *marneuse,* c'est-à-dire mélangée d'argile, *glauconieuse* quand elle est parsemée de grains verts de glauconie.

Quand certains calcaires compacts présentent une texture serrée et une grande finesse de grain, ils fournissent des *pierres lithographiques,* dont l'éclat est terne et la couleur grisâtre. Ces calcaires sont assez rares; les plus renommés sont exploités à Solenhofen, en Allemagne.

17. **Dolomie.** — Certaines roches sont composées de carbonate de chaux et de carbonate de magnésie dans des proportions variables; les calcaires magnésiens s'appellent des DOLOMIES, du nom du minéralogiste français Dolomieu qui, en 1771, reconnut que ces roches, que l'on prétendait être des calcaires, étaient peu sensibles à l'action des acides. Les dolomies, particulièrement développées dans le Tyrol, où elles donnent naissance à des montagnes très déchiquetées, sont plus résistantes que les calcaires; elles ont une structure rugueuse particulière, et souvent elles sont pénétrées de cavités, de trous dus à l'action des eaux qui ont entraîné le carbonate de chaux, plus soluble que le carbonate de magnésie. Les dolomies caverneuses forment des *cargneules* ou *carnioles*[1].

## C. — Schistes cristallins et roches métamorphiques.

18. **Terrain archéen.** — La base sur laquelle repose la série des couches sédimentaires, et qui a été rencontrée, comme formation fondamentale, partout où les dislocations du sol ont fait arriver près de la surface les couches les plus anciennes du globe, cette base, disons-nous, est formée de roches qui offrent une texture toute spéciale, tenant à la fois des roches cristallisées et des roches stratifiées. La stratification est d'ailleurs plus ou moins nette. La série de roches de cette nature formait autrefois le *terrain primitif;* on se sert plus volontiers aujourd'hui de l'expression *terrain archéen,* qui désigne le terrain le plus ancien de tous.

1. Aux formations d'origine organique se rattachent les COMBUSTIBLES MINÉRAUX, que nous étudierons plus loin.

Les roches qui le constituent, étant à la fois cristallines et stratiformes, sont plus ou moins disposées en feuillets, d'où leur nom de SCHISTES CRISTALLINS.

**19. Schistes cristallins : gneiss, micaschiste, etc.** — Les schistes cristallins trouvent leur expression la plus nette dans deux roches bien connues, les gneiss et les micaschistes. — Le GNEISS est le terme le plus inférieur du terrain archéen; il est constitué des trois éléments essentiels du granite : feldspath, quartz et mica noir; les lamelles de mica sont alignées suivant des plans plus ou moins marqués et donnent ainsi à la roche un aspect *rubané*, ayant l'apparence de la stratification. Le plus souvent la présence du mica noir donne au gneiss une teinte d'un gris foncé.

GNEISS
On distingue assez bien la structure en feuillets

On distingue le *gneiss gris normal,* où la structure feuilletée apparaît assez nettement, et le *gneiss granitoïde,* base du terrain archéen, où l'alignement du mica est à peine marqué. — Dans la série des schistes cristallins qui font suite au gneiss, il faut citer d'abord les MICASCHISTES, essentiellement formés de quartz et de mica; le mica forme des couches allongées, séparées par des lits de quartz, ce qui détermine une structure feuilletée très nette.

D'autres schistes sont caractérisés par la présence de certains minéraux, notamment les *chloritoschistes*, formés de lamelles de *chlorite,* minéral vert à paillettes ; ces schistes présentent plusieurs variétés, généralement onctueuses au toucher, luisantes et satinées. — Les calcaires ne font pas défaut dans cet ensemble assez varié de roches cristallines ; ils sont intercalés dans les autres roches à l'état de calcaires cristallins, *calcaires-marbres* ou *cipolins*. Il convient encore de citer les *quartzites*, roches cristallines et compactes, formées de grains fins et irréguliers de quartz. — Toute une série de roches où prédominent les produits de la sédimentation servent d'intermédiaires entre les schistes cristallins et les roches nettement stratifiées.

Ces schistes, qui forment le substratum normal de toutes les autres formations, occupent une surface assez considérable ; en France, la région de gneiss et de schistes cristallins la mieux caractérisée est le Massif central, où des roches éruptives les traversent et les recouvrent par places. Le terrain archéen forme de larges affleurements en Bretagne, dans les Vosges-Forêt Noire, dans le Bœhmer Wald, etc. Il est particulièrement développé dans l'Amérique du Nord, où il constitue toute la région Nord-Est.

20. **Métamorphisme.** — L'origine d'un certain nombre de schistes cristallins a été expliquée par le *métamorphisme*. Le métamorphisme désigne l'ensemble des modifications que les roches ont subies, postérieurement à leur formation, dans leur texture et leur composition minéralogique; les unes dérivent de la transformation que les matières éruptives ont fait subir aux terrains à travers lesquels elles étaient injectées; les autres sont dues à des actions purement mécaniques liées aux phénomènes de dislocation qui ont déterminé de puissants effets mécaniques de refoulement et des pressions formidables. A cette dernière forme du métamorphisme se rattachent les schistes argileux; des argiles fortement plissées et serrées sont devenues des schistes ardoisiers. L'action des roches éruptives a été plus considérable; les granites, imprégnant les roches ambiantes avec les vapeurs qui leur faisaient cortège, ont métamorphisé des schistes et des grès franchement sédimentaires, et leur ont donné la structure des schistes cristallins; souvent les calcaires se sont transformés en marbre au voisinage des roches éruptives.

### D. — Formations superficielles.

Il nous reste à parler des terrains qui sont d'un vif intérêt pour les géographes, les FORMATIONS SUPERFICIELLES ; elles peuvent être divisées en deux groupes : le premier groupe, le plus important, comprend celles qui résultent de la décomposition sur place des roches sous-jacentes; le second, celles qui résultent de phénomènes de transports, dus surtout à l'action des eaux courantes et des glaciers.

**a). — 21. Décomposition des roches sous-jacentes : roches éruptives et cristallines.** — L'eau météorique n'est pas pure et contient de l'oxygène et de l'acide carbonique; elle peut ainsi produire des phénomènes de *corrosion* et de *dissolution*.

Parmi les trois éléments, quartz, feldspath et mica, qui forment, par une simple juxtaposition, le granite, le quartz et le mica ne s'altèrent pas sous l'action des eaux de pluie, mais le feldspath se décompose facilement. La destruction du feldspath enlève au granite sa cohésion; il est bientôt réduit en un sable assez grossier, que l'on appelle l'ARÈNE GRANITIQUE. Au milieu de l'arène subsistent parfois de gros blocs plus durs, aux formes arrondies, que l'on rencontre fréquemment dans le Limousin et en Bretagne; cette arène peut atteindre dans nos climats 15 à 20 mètres de profondeur; parfois des massifs sont entièrement changés en arène. La décomposition du feldspath donne naissance à un produit argileux, le KAOLIN, argile pure, blanche et fine que l'on emploie pour la porcelaine.

Les gneiss, en se désagrégeant, forment également une *arène gneissique*. Les micaschistes, dans le Massif central, se présentent souvent dans les vallées sous la forme de feuillets pourris; ils sont presque toujours couverts d'une sorte de limon brun dans lequel sont disséminés, sous forme de cailloux, des fragments de quartz qui constituaient une partie de la roche avant la désagrégation; ce limon brun, sorte d'argile maigre, présentant parfois une forte épaisseur, forme le *limon à cailloux de quartz*. La décomposition superficielle des trachytes, des basaltes, donne naissance à des *argiles brunes* ou *noires*.

22. **Altération des roches gréseuses, argileuses et calcaires.** — Les quartzites, les grès siliceux à grains extrêmement fins, ne sont pas altérables chimiquement par les eaux de pluie. Il se produit sur ces quartzites un simple effritement mécanique qui donne naissance à une couche de sable. Les schistes argileux, même les plus durs, s'altèrent rapidement au contact de l'eau et donnent naissance à des argiles.

Les calcaires sont très sensibles à l'action de l'eau météorique. Tous les calcaires, même les marbres, possèdent une certaine quantité d'argile et de sels de fer; le calcaire est facilement dissous par l'eau chargée d'acide carbonique, l'argile reste, et, oxydée par les sels de fer, prend une teinte rouge; c'est l'*argile rouge,* la TERRA ROSSA de tant de pays calcaires; elle remplit souvent des poches profondes formées à la surface de la roche par les eaux d'infiltration. Les terres végétales produites par la destruction des calcaires ont toujours une couleur rougeâtre.

23. **La latérite.** — Dans les régions intertropicales, les pluies paraissent plus chargées d'acide carbonique que dans les régions tempérées. Elles déterminent une formation spéciale, caractérisée par sa couleur rouge, que l'on nomme LATÉRITE (de *later,* brique). La latérite dérive des roches les plus différentes; dans l'Hindoustan elle est due à l'altération des coulées basaltiques du Decan, avec une épaisseur de 10 à 60 mètres; on la retrouve, ou du moins on observe des formations similaires, en Indo-Chine, à Madagascar, au Congo, etc., se développant à la surface de roches différentes et sur des étendues considérables. — La latérite est en général assez stérile, car elle est presque toujours décalcifiée et privée des principes nutritifs indispensables; des analyses faites à Madagascar en très grand nombre ont donné sur la « terre rouge » de cette grande île des renseignements nettement défavorables. — D'ailleurs, dans les régions tropicales des myriades d'insectes, de termites, dévorent la matière végétale; l'humus est ainsi très rare.

24. **Limon des plateaux.** — Sur tout le Nord-Ouest de la France, s'étend la couverture fertile du LIMON DES PLATEAUX.

Encore mince en Beauce, elle devient plus épaisse dans la Haute Normandie (Pays de Caux) et prend un large développement au Nord de la Picardie; elle n'existe pas en Flandre ni en Champagne, sauf près de Reims. Ce limon est le résultat de la décomposition de couches sableuses, du début des temps tertiaires. C'est le domaine des plantureux champs de blé. — Il fait place parfois à une sorte d'argile rougeâtre, entremêlée de silex, l'*argile à silex* ou *bief à silex,* résultat de l'altération de la craie à silex sous-jacente.

25. **Tchernoziom, Regur, Cotton-soil.** — Quelques autres types de sols agricoles célèbres sont à citer; parmi eux la *Terre Noire* de Russie, ou TCHERNOZIOM. Ce « roi des sols », de couleur gris foncé, presque noir, très riche en humus et en substances nutritives, se rencontre en Hongrie, couvre toute la Russie méridionale, traverse la Sibérie occidentale et reparaît à l'état d'îlots dans le bassin de l'Amour; il paraît exister sporadiquement dans la région des Prairies de l'Amérique du Nord. Le Tchernoziom atteint une épaisseur de 1 m. à 1 m. 50; il est dû à l'accumulation et à la décomposition séculaire des grandes herbes des steppes, croissant sur un sol sablonneux mêlé d'argile. En Russie il est aujourd'hui recouvert à l'Ouest par de riches cultures de betteraves, et ailleurs par d'immenses champs de blé. — Le *Regur,* terre à coton, s'étend dans la partie Nord-Ouest du Decan, dans l'Inde, et dans la péninsule de Kathiavar; il provient surtout de la décomposition du basalte et forme une sorte de limon noirâtre, sans pierres, sans arbres. — Une autre terre noire, également propice au coton, le *Cotton-soil* des Etats-Unis, enveloppe la pointe Sud-Ouest des Alleghanys, surtout dans l'Etat d'Alabama; ce sol, gras, épais, est dû à la désagrégation de couches de marnes rougeâtres; des débris organiques lui donnent sa couleur noire.

**b). — 26. Phénomènes de transport : le lœss.** — Un certain nombre de formations superficielles ont été transportées sur le sol qu'elles recouvrent et n'ont aucun rapport avec les roches sous-jacentes. Parmi ces terrains, un des plus importants est le lœss. Le LŒSS est une terre végétale, faite de fines particules d'argile, avec de petits grains de quartz et des paillettes de mica; la couleur est brun clair; il contient une quantité notable de calcaire qui donne lieu à des concrétions allongées que l'on appelle les « poupées du lœss ». C'est en Chine que son développement est le plus remarquable, dans le bassin du Hoang Ho; là il forme des accumulations énormes (400 à 600 m. d'épaisseur); des ravins à parois verticales le découpent jusqu'à la base; dans ces parois sont creusées les demeures de la nombreuse population qui cultive la surface de la *terre jaune.* En

Europe on le trouve dans la vallée du Rhin et du Danube et dans celles de leurs affluents ; en Belgique, sur le plateau de la Hesbaye, le long de la partie méridionale de la plaine de l'Allemagne du Nord, etc. On le trouve en général dans le centre de l'Europe autour des anciennes moraines de la grande extension glaciaire. Le lœss, trop perméable pour porter des forêts, est une terre de choix pour les cultures de céréales. On donne le nom de *lehm* à un lœss maigre, sans calcaire.

D'après M. de Richthofen, qui l'a étudié en Chine, l'origine du lœss serait due à l'action des vents ; les vents violents qui soufflent de la Mongolie vers la Chine septentrionale auraient transporté et peu à peu accumulé en masses considérables les énormes quantités de poussière provenant du désert de Gobi ; c'est la théorie *éolienne*. Cette théorie, très vraisemblable pour certaines régions, est contestée par de nombreux observateurs, qui attribuent l'origine de certaines étendues de lœss au *ruissellement ;* le ruissellement, maintes fois repété, aurait peu à peu déposé sur les pentes, sous forme de vase fine, les particules ténues enlevées aux régions plus hautes.

27. **Alluvions fluviales, glaciaires, éoliennes.** — Des quantités considérables de matériaux, occupant à la surface du globe une superficie notable, sont dus aux apports des fleuves et des glaciers et à l'action des vents. Dans les plaines et dans les vallées fluviales, les cours d'eau déposent des couches successives d'alluvions et de limons ; les glaciers accumulent à leur extrémité la masse confuse de leurs moraines ; les vents édifient des monticules de sable ou étalent sur les plaines une couverture sablonneuse. Chemin faisant, nous donnerons sur tous ces phénomènes les explications nécessaires.

28. **Terre végétale.** — La terre végétale participe souvent des deux caractères des formations superficielles que nous venons d'étudier. La *terre végétale* ordinaire est presque toujours d'une composition très complexe, variant avec le climat et la nature du sol ; elle est dite *autochtone* si elle provient directement de la décomposition du sol sous-jacent, *indépendante* si elle est formée de matériaux de transport. Le plus souvent elle est faite du mélange de poussières apportées par les vents, de débris végétaux décomposés sur le sol, d'éléments enlevés facilement au sous-sol par la charrue ; cet ensemble très variable forme l'*humus,* substance mal déterminée encore. Ce sol végétal

commun représente en général une couche peu épaisse, légère et meuble, de couleur rougeâtre ou brunâtre.

### E. — Physionomie géographique de divers terrains.

29. 1° **Roches éruptives et cristallines.** — Les principaux types de terrains que nous venons d'étudier, lorsqu'ils se développent sur d'assez grandes étendues, impriment au paysage un aspect particulier, qui se reflète dans l'ensemble des phénomènes géographiques. Les affleurements de *granite* présentent une succession de dômes, de gibbosités, de mamelons aux formes arrondies, aux pentes douces; les profils sont peu accusés; les vallées profondes s'évasent. Sur le sol imperméable l'eau brunâtre ruisselle de toutes parts dans un lit de rochers; partout des mares, des lacs, des « mouilles » superficielles; dans l'arène désagrégée poussent des forêts entrecoupées de vastes pâtures, parcours des troupeaux de bœufs, et de rares cultures; l'eau abondante provoque l'éparpillement des maisons aux murs de pierres solides et au toit d'ardoises grossières. C'est le paysage ordinaire, avec des variantes, de certaines parties de la Bretagne, du Massif central, des Vosges, de la Bohême et de l'Écosse. — Les *gneiss* offrent un paysage plus effacé. Les *porphyres,* plus durs, occupant rarement de vastes étendues, forment des saillies au milieu des roches qu'ils pénètrent; les *coulées basaltiques* s'étalent parfois en immenses plateaux de pente faible (Planèze du Cantal).

30. 2° **Grès et calcaires.** — Les couches de *grès durs* demeurées horizontales présentent le plus souvent l'aspect de plates-formes; quand elles affleurent en surplomb sur des vallées, nous verrons qu'elles se découpent en lambeaux ruiniformes. Les grès sont le domaine des forêts, dans les Vosges, la Forêt Noire, dans l'Ile-de-France, et des cultures maigres; les eaux, admirablement limpides, y coulent dans un lit de sable; les habitations utilisent de beaux matériaux de construction. — Les *calcaires compacts* ont des formes lourdes et aplanies, dominant les vallées étroites et profondes qui les traversent, par des rebords abrupts et en falaises; lorsqu'elle n'est pas recouverte d'un limon fertile, la surface demeure dénudée; l'herbe maigre ne

nourrit que des moutons; les établissements humains s'allongent le long des rares cours d'eau, en partie souterrains, ou se groupent autour des puits profonds; souvent l'aspect solide et cossu des maisons contraste avec la pauvreté de l'intérieur. En France, ces régions sont représentées par les Causses du Massif central, le Devoluy, le Diois, le Vercors dans les chaînes subalpines, la Côte d'Or, le Plateau de Langres, etc. — Les *calcaires tendres,* comme la craie, ont des formes plus molles et dessinent des croupes arrondies ; c'est le cas des *Downs* du Sud-Est de l'Angleterre, des rebords crayeux bordant le cours inférieur de la Seine, etc.

31. 3° **Argiles et marnes.** — Lorsque les terrains sont nettement *argileux,* les formes sont aplanies, l'eau stagne sur la surface imperméable sous forme de marécages ou d'étangs sans profondeur, avec une végétation de bois humides et de roseaux; la Brenne, la Sologne, la Dombes, ont eu cet aspect jusqu'au jour où l'homme, après avoir défriché les forêts, asséché les étangs, a pu y développer ses cultures. — Les sols argileux présentent de nombreuses variétés ; quand ils sont mélangés de calcaires, ils forment des *marnes.* Dans celles-ci, les formes de la surface sont toujours atténuées; les rivières, chargées de boue, sont le plus souvent jaunâtres et troubles ; mais elles coulent au milieu de grasses prairies et d'opulentes récoltes ; les habitations en pisé, en limon jaunâtre, couvertes en tuiles, ont un aspect lourd et peu engageant; l'intérieur dénote une aisance tranquille. La Bresse ; la bande des marnes liasiques de Lorraine; l'Auxois, fossé de marnes, qui limite au Nord le Morvan, appartiennent à cette catégorie.

C'est là un choix bien restreint d'exemples; il serait d'ailleurs facile de les multiplier. Du moins nous espérons qu'ils seront suffisants pour faire comprendre dès maintenant le lien étroit qui unit tous les phénomènes géographiques, leur dépendance réciproque, et l'harmonie qui existe entre la terre et tout ce qui naît et se développe à sa surface.

LIVRES A CONSULTER. — A. de Lapparent, *Traité..., ouvrage cité,* 2e partie, livre premier. — L. de Launay, *Géologie pratique,* Paris, 1901.

LECTURES. — A. Robin, *La Terre. Ses aspects, sa structure, son évolution. Géologie pittoresque,* Paris, 1902. (Remarquables photographies.)

# CHAPITRE VIII

## L'ÉLÉMENT SOLIDE

### II. — Les ressources minérales des divers terrains.

**Ressources minérales des divers terrains.** — De nombreuses substances minérales existent dans les divers terrains qui constituent l'écorce terrestre; elles comprennent : 1° les **masses minérales**, formant les éléments essentiels de la croûte solide; 2° les **gîtes minéraux**, formant des filons ou des amas.

**a). — Minéraux des roches sédimentaires et cristallines.** — Parmi les minéraux des roches sédimentaires, en laissant de côté ceux qui seront traités aux « gîtes minéraux », il faut noter les **phosphates de chaux**, si précieux pour l'agriculture; les **combustibles minéraux**, la *houille*, le *lignite* et la *tourbe*; les **huiles minérales**, comme les *bitumes* et le *pétrole*.

Les principaux minéraux des roches cristallines sont le quartz, les feldspaths et le mica; c'est dans ces roches que l'on trouve les pierres et les *gemmes précieuses*.

**b). — Gîtes minéraux.** — Les gisements minéraux sont sédimentaires, en amas ou en filons.

Parmi les **minéraux utiles**, le *fer* est le plus important; ses gisements sédimentaires se rencontrent à tous les âges géologiques; les émissions de *cuivre* datent des temps primaires et de l'époque éocène; les *émanations plombifères* eurent lieu dès le début de l'époque secondaire et pendant la surrection des Pyrénées et des Alpes. — L'*étain* est toujours associé au granite à mica blanc. Le *mercure* est le seul métal qui se maintienne liquide à la température ordinaire.

Parmi les **minéraux précieux**, il faut citer l'*argent*, l'*or*, les *diamants*.

### Ressources minérales des divers terrains.

1. **Généralités.** — De nombreuses substances minérales existent dans les diverses formations que nous venons d'étudier; il peut être bon, afin de présenter une étude plus complète de la composition de la croûte terrestre, de jeter un coup d'œil sur l'ensemble des ressources minérales dont disposent les différents terrains. Il ne saurait être question d'une étude minéralogique; nous nous bornerons à un exposé sommaire et simple des conditions générales qui président à la distribution des richesses minérales dans le sol, en insistant sur les espèces et les minéraux utiles. Dans la quatrième partie de ce livre, les conditions économiques d'extraction et d'utilisation de certains de ces minéraux feront l'objet d'études plus détaillées.

Dans son sens le plus large, un minéral est un corps inorganique existant à la surface ou dans l'intérieur de la terre; une espèce minérale est le résultat de l'association déterminée de corps simples, « c'est-à-dire d'éléments qui ont résisté à toutes tentatives faites pour les décomposer ». Chaque espèce minérale se reconnaît à certains caractères : la nature chimique, le mode de cristallisation (la plupart des minéraux prennent la forme cristalline), la couleur, la transparence, l'éclat, la texture, la dureté, etc. — Les substances minérales comprennent : 1° les *roches proprement dites,* ou MASSES MINÉRALES, qui restent homogènes sur de grandes étendues et forment la base et les éléments essentiels de la croûte solide; 2° les GÎTES MINÉRAUX, qui occupent d'ordinaire les fentes de roches sous forme de *filons,* ou y sont distribués en *amas* plus ou moins réguliers.

**a). — 2. Minéraux des roches sédimentaires.** — Les matières minérales des formations sédimentaires se présentent le plus souvent sous l'aspect de *Pierres* et de *Terres,* de couleur généralement claire, rarement cristallisées. Parmi les éléments essentiels figure le carbonate de chaux avec ses formes diverses (pierre de construction, calcaires, craies, pierres lithographiques, pierres à chaux, à ciment, marbres, etc.); puis l'argile (kaolin, terre à briques, à poteries, etc.), la silice (grès, pierres meulières, silex, etc.); enfin les schistes (ardoises, etc.). Parmi les éléments accessoires, souvent très développés, on trouve le gypse, le sel gemme, les phosphates de chaux, ou encore d'abondants minerais ferrugineux, des combustibles minéraux et des huiles minérales, des alluvions aurifères et diamantifères, etc. — Dans le chapitre précédent, les caractères essentiels de la plupart de ces masses minérales ont été indiqués; les minerais de fer, les alluvions d'or et de diamants sont réservés à l'étude des gîtes minéraux; il nous reste à parler ici des phosphates de chaux, des combustibles et des huiles minérales.

**3. Phosphates de chaux.** — Les formes diverses des PHOSPHATES DE CHAUX, si précieux pour l'agriculture, sont l'*apatite,* formée de cristaux verts et blancs que l'on trouve dans les roches éruptives, le granite en particulier; puis la *phosphorite*, à l'état d'amas dans les poches et les fissures des calcaires (en France, région du Quercy). Enfin on rencontre, dans le Nord de la France et en Belgique, en Algérie près de Tebessa, et en Tunisie à Gafsa, des *sables*, des *craies* et des *calcaires phosphatés*, et en divers terrains des *nodules de phosphate* en petits corps irrégulièrement arrondis.

4. **Les combustibles minéraux. La houille.** — Le plus précieux des combustibles minéraux est la HOUILLE OU CHARBON DE TERRE, substance noire à cassure brillante, contenant de 78 à 95 °/₀ de carbone, formant des couches superposées d'une épaisseur variable. Elle est constituée de débris végétaux, de tiges d'arbres, d'écorces et de feuilles, qui ont subi dans l'eau et à l'abri de l'air une lente décomposition; les couches de schistes et de grès qui séparent les différents lits de houille ont empêché la déperdition du carbone et de l'hydrogène qui entrent dans la constitution des plantes, et qui disparaissent complètement si la décomposition a lieu à air libre.

ÉLIE DE BEAUMONT émit l'idée que la houille *s'était formée sur place* par l'amoncellement des débris d'une végétation puissante de marécages et de lagunes, recouverts de temps à autre par les alluvions et les eaux des inondations. Mais on constate que les débris végétaux sont presque toujours « posés à plat », comme les matériaux transportés par un liquide; à Commentry, on a trouvé dans les mines un tronc vertical, retourné, avec les racines en l'air; il est donc permis de croire que la houille est une *alluvion végétale*, un produit de transport et de flottage. Les dépôts fluviaux ou marins recouvraient successivement les couches de végétaux, qui, entraînés par les inondations et les eaux torrentielles, s'accumulaient dans les dépressions et les lagunes.

La houille se rencontre surtout dans le terrain carbonifère, qui lui doit son nom, et forme d'importantes régions houillères en Allemagne, en Belgique, en France, en Angleterre, dans les États-Unis, en Chine, etc. Mais on trouve encore la houille proprement dite dans d'autres terrains, dans le permien (Transvaal et Nouvelle-Galles du Sud), dans le lias (Sud de la Bohême, Sibérie, Chine, etc.), dans le crétacé inférieur (îles Vancouver et Charlotte, sur la côte Ouest de l'Amérique du Nord), etc.

5. **Le lignite et la tourbe.** — Le LIGNITE, sorte de charbon

imparfait, ne contenant que 55 à 71 % de carbone, forme des lits superposés d'une matière noire ou brune, d'aspect compact, terreux ou fibreux; il est généralement composé de débris ligneux, mêlés d'autres éléments végétaux, Graminées, Mousses, aiguilles de Conifères, etc. En France, les gisements de lignite (lignites de Provence) appartiennent aux formations secondaires; ailleurs ils se développent surtout dans les terrains tertiaires, comme dans la partie orientale de l'Allemagne, et en Autriche-Hongrie, particulièrement en Transilvanie.

La TOURBE, combustible imparfait, de couleur jaune-brun ou noirâtre, avec une faible proportion de carbone, 40 à 59 %, comprend d'ordinaire une succession de couches très minces, dont la partie inférieure est assez compacte, et la partie supérieure, faite de tiges végétales mal décomposées, est fibreuse. La tourbe est, en effet, formée de plantes qui meurent au pied et continuent à se développer vers le haut; le développement de ces plantes exige le contact avec l'air, une eau limpide sans vase ni matières en suspension, une température moyenne annuelle d'environ 8°. Les *Sphaignes,* Mousses du genre *Sphagnum,* sont les plus favorables à la formation de la tourbe, qui peut dériver aussi de la décomposition de Saxifrages et de Joncs.

Les tourbières se sont développées après le recul des glaciers à l'époque quaternaire, et la formation de la tourbe continue de nos jours; dans les Vosges, le Morvan, certaines parties des Pyrénées, elle occupe les pentes des massifs granitiques, dont la décomposition superficielle en arène assure une suffisante réserve d'eau limpide; de vastes marais de tourbe couvrent une grande étendue en Irlande, et, malgré les entreprises de « détourbement », des surfaces encore considérables en Allemagne, à l'Ouest de l'Elbe, et en Hollande; dans les vallées de rivières aux eaux limpides (vallée de la Somme en France) se dévéloppent aussi les tourbières, sur les rives humides.

6. **Huiles minérales. Le bitume et le pétrole.** — Les huiles minérales, les *bitumes* et les *asphaltes* forment une série de substances minérales, composées de carbone et d'hydrogène, des hydrocarbures, les uns liquides, les autres solides. Les bitumes, rendus liquides par la chaleur, ressemblant à de la poix, sont de consistance molle; ils imprègnent souvent les calcaires, de même que les asphaltes, qui forment un bitume solide,

moins fusible. Le PÉTROLE ou *naphte* est un élément liquide que l'on trouve dans les interstices de roches, de schistes, de conglomérats qu'il imprègne; on le fait jaillir en forant des puits. Les grandes régions pétrolifères se trouvent en Caucasie, en Galicie, et aux États-Unis. L'origine des huiles minérales est mal déterminée[1].

7. **Minéraux des roches cristallines.** — Nous savons que les roches cristallines, éruptives ou autres, sont composées d'un certain nombre de minéraux, dont les principaux sont le quartz, les feldspaths, les micas, l'amphibole, le pyroxène, etc.; nous avons indiqué leurs caractères principaux; il n'y a donc pas lieu d'y revenir ici.

Toutefois il ne faudrait pas oublier que dans les roches cristallines on trouve les pierres précieuses; les gemmes siliceuses sont représentées par le *cristal de roche* ou quartz pur, les *agates* coupées de zones aux teintes diverses, les *onyx* aux colorations vives; les variétés précieuses de l'alumine sont le *corindon* (alumine pure cristallisée), le *rubis*, le *saphir*, avec ses variétés verdâtre ou violette de l'*aigue-marine* et de l'*améthyste orientales;* l'*émeraude* d'un vert éclatant, la *topaze* généralement jaune. On peut citer les *grenats*, de teinte si variée, vert clair, jaune, brun ou rouge vif; enfin des pierres précieuses d'un merveilleux bleu d'azur, le *lapislazuli* et la *turquoise*.

**b).** — 8. **Les gîtes minéraux.** — On donne le nom de *gîtes minéraux* aux gisements de substances minérales utiles, de *gîtes métallifères* aux gisements producteurs de métaux usuels. — Il existe trois cas principaux de gisements, sous forme sédimentaire, d'amas et de filons.

Les *gîtes sédimentaires* ou *stratifiés*, formés suivant les règles ordinaires de la sédimentation; les *gîtes en forme d'amas*, ou de lentilles, ou de masses irrégulières, dans les terrains encaissants, où les substances minérales ont pu pénétrer à la faveur d'interstices ou de fissures élargies et qui sont souvent imprégnés de minerais sur une certaine étendue; les *gîtes en filons*, qui occupent les fentes de l'écorce, où ils se sont formés par la cristallisation de matières minérales dissoutes dans les eaux chaudes souterraines. Ces filons se présentent en général par groupes, dévient au contact d'autres filons et forment un réseau enchevêtré de fractures.

1. On pourrait encore, parmi les ressources minérales des terrains sédimentaires, signaler l'*ambre*, substance de couleur jaune que l'on trouve surtout sur les bords de la mer Baltique, dans le Samland, près de Kœnigsberg, où son existence est due à la fossilisation de la résine de forêts de pins, à l'époque tertiaire. Nous avons vu comment l'ambre fut, dès la plus haute antiquité, l'objet d'un commerce incessant.

**9. Minéraux utiles. Le fer.** — Nous commencerons l'examen des minéraux utiles par le FER, qui en beaucoup de régions joue un rôle prépondérant. Le fer, métal grisâtre assez dense et très tenace, présente les gisements les plus variés. Il existe des minerais de fer en filons, mais ils sont peu importants eu égard aux gisements sédimentaires. Ces minerais sédimentaires se rencontrent à tous les âges géologiques depuis la période archéenne jusqu'à nos jours. — On trouve du *fer natif* en faible quantité à côté des nombreux minerais; les principaux sont des oxydes de fer : le fer *oxydulé* ou *magnétite,* le *fer oligiste,* la *limonite,* et un carbonate de fer, la *sidérose.*

Le *fer oxydulé* ou *magnétite* est un minerai très important, d'un noir mat, agissant sur l'aiguille aimantée, contenant plus de 72 °/ₒ de fer, et, en masses compactes, formant de véritables montagnes. Le *fer oligiste,* un des minerais les plus abondants, avec 70 °/ₒ de fer, existant en filons, en amas, en imprégnations, et constituant souvent des masses d'un rouge brun, l'*hématite rouge;* la *limonite,* substance amorphe, de formes diverses, se présente en masse compacte ou en grains isolés ou agglutinés (*minerai pisolithique*). On utilise également un carbonate de fer, la *sidérose,* qui forme des imprégnations dans les calcaires. Dans les gneiss et les micaschistes de la Scandinavie se trouve du *fer magnétique.* A l'époque tertiaire, les éruptions volcaniques furent accompagnées d'émissions ferrugineuses qui donnèrent naissance au *terrain sidérolithique,* formation de minerai de fer en grains dans des poches d'argile, développé en France dans le Berry et près du Jura.

Les minerais ferrugineux ont une très grande extension ; les plus célèbres se trouvent en Suède, dans l'Oural, dans l'île d'Elbe, à Bilbao (Espagne), en Algérie, aux États-Unis, etc.

**10. Le cuivre et le plomb.** — Le CUIVRE, métal de couleur rouge très malléable, se trouve soit à l'état natif, sous forme de feuille mince, soit sous forme de minerais divers en amas; parmi les minerais oxydés il faut citer la *cuprite* et la *chalcopyrite.*

Cette dernière est de couleur jaunâtre, en cristaux ou en masses amorphes. Il semble qu'il y ait eu trois grandes émissions cuprifères, accompagnant les éruptions précambriennes, permiennes et éocènes, dont les produits sont exploités aujourd'hui aux États-Unis, au Chili, en Espagne, dans le Royaume-Uni, en Allemagne, en Australie, etc.

Le PLOMB, métal noir de couleur gris bleuâtre, de forte densité, de fusion facile, se trouve surtout en minerais, aux États-

Unis, en Espagne, en Allemagne et en Angleterre; les plus importants sont les filons de *galène,* d'un gris métallique brillant, toujours argentifère (de 0,01 à 1 °/₀ d'argent) et contenant 86 °/₀ de plomb; le plomb se rencontre également à l'état d'imprégnations dans les calcaires en mélange avec les minerais de zinc et à l'état de gisements sédimentaires dans les couches du trias, et du lias. Les émanations plombifères eurent lieu en Europe à partir de l'époque triasique, puis au moment de la surrection des Pyrénées et des Alpes.

11. **L'étain, le nickel.** — L'*étain,* blanc avec reflet jaunâtre, fondant facilement, est recherché surtout dans la *cassitérite* ou *étain oxydé;* ce minerai, avec 79 °/₀ d'étain, en cristaux ou en masses amorphes, est toujours associé au granite à mica blanc. Les régions stannifères se trouvent surtout dans la presqu'île de Malacca et dans les îles Banka et Billiton, en Bolivie, en Cornouailles, etc. — Le *nickel,* de couleur blanche et brillante comme l'argent, est extrait de divers minerais : la *nickéline,* formant des amas, et la *garniérite* (du nom du découvreur de ce minerai en Nouvelle-Calédonie), vert-émeraude, en filons dans les roches éruptives de l'île. Le nickel se trouve encore au Canada et en Allemagne.

12. **Le mercure.** — Le MERCURE, blanc d'étain, l'unique métal qui se maintienne liquide à la température ordinaire, de densité considérable, gèle à — 40°; il a pour seul minerai important le *cinabre,* de couleur rouge parfois écarlate, toujours en filons, où le mercure se trouve en gouttelettes. Les gisements les plus connus sont en Espagne et en Carniole, régions où ils paraissent appartenir aux époques carbonifériennes et triasiques, ainsi d'ailleurs qu'au Pérou, et encore dans l'État de Californie (États-Unis), où ils se trouvent en relation avec des roches éruptives traversant des calcaires crétacés.

13. **Métaux divers.** — Il convient de citer encore le *zinc,* fréquemment associé au plomb, métal bleu clair dont les deux minerais importants sont la *blende,* brune ou noire, en filons, avec 67 °/₀ de zinc, accompagnant le plus souvent la galène, et la *calamine,* de diverses couleurs avec 40 °/₀ de zinc. — Le *platine,* gris-d'acier blanchâtre, très tenace, avec une des densités les plus fortes des métaux, inaltérable, est un métal assez rare; le platine natif, 86 °/₀ de platine, est à l'état de grains et de pépites dans les alluvions sablonneuses (Brésil, Bornéo, Oural, etc.). — Le *manganèse* accompagne presque toujours le fer et se présente sous forme de minerais oxydés; le *cobalt,* gris ou blanc, est souvent associé au nickel; l'*antimoine,* blanc d'étain, fragile, est à l'état natif dans des filons (Harz, Dauphiné) et dans un minerai, la *stibine,* qui a 84 °/₀ d'antimoine (Harz, Massif central français, Hongrie, etc.). — Le *bismuth,* blanc rougeâtre,

cassant, est a l'état natif en lamelles et en granules, et se trouve aussi sous forme de minerais (l'Erz Gebirge en Saxe, en Cornouailles).

**14. Minéraux précieux : argent, or, diamant.** — L'ARGENT, métal brillant, de couleur blanche, facilement fusible, se trouve à l'état natif, mais d'ordinaire mélangé à l'or, au fer, au cuivre, etc. On l'extrait de divers minerais : l'*argyrose*, les *argents noirs* et *rouges*, ainsi que de gisements de plomb et de cuivre argentifère. On le trouve surtout en Amérique (Mexique, États-Unis, Bolivie, etc.); en quelques points d'Europe, de Sibérie, etc.

L'OR, d'une belle couleur jaune, d'une forte densité, malléable, aussi inaltérable que le platine, se trouve à l'état natif dans des *alluvions aurifères*, sous forme de paillettes, de petits grains, que l'on nomme des *pépites ;* il existe encore en parcelles dans des roches cristallines, mais le plus souvent il se trouve dans des filons accompagnant des roches éruptives, filons de *quartz aurifère* où il est à l'état natif en pépites plus ou moins grosses, en combinaison avec l'argent ou d'autres métaux.

Les filons de quartz aurifère remontent à une date très reculée; en Australie, ils traversent les schistes siluriens; une émission plus récente a eu lieu vers la fin de l'époque tertiaire. Les grandes régions aurifères se trouvent dans la partie occidentale de l'Amérique du Nord, notamment dans les États de la Californie et du Colorado, dans l'Alaska; en Australie, à l'Est et au Sud-Est, ainsi que dans la partie occidentale; en Sibérie, au Transvaal, etc.

Le DIAMANT, carbone pur, produit, quand il est bien taillé, d'admirables jeux de lumière ; généralement incolore, mais parfois jaune, rose ou noir, c'est le plus dur des corps connus. Les diamants se trouvent d'ordinaire dans des alluvions ou dans des terrains meubles provenant de la décomposition sur place de schistes anciens; dans l'Afrique australe les diamants ont été trouvés dans la « roche mère », en une boue bleue, compacte, encaissée dans des cratères volcaniques.

LIVRES A CONSULTER. — Ed. Fuchs et de Launay, *Traité des gîtes minéraux et métallifères*, Paris, 1893, 2 vol. — A. de Lapparent, *Précis de Minéralogie*, Paris, 1902; 4e édition. — L. de Launay, *Géologie pratique*, ouvrage cité.

# CHAPITRE IX

## L'ÉLÉMENT SOLIDE

### III. — Le relief.

**A. — Les dislocations de l'écorce terrestre.** — Les formes principales du relief, les **montagnes**, les **plateaux**, les **plaines**, les **dépressions**, sont dues à des phénomènes de dislocation de l'écorce. On accepte aujourd'hui la théorie de **Suess**, théorie des **plissements** et des **affaissements**; la diminution par refroidissement du volume du noyau igné intérieur oblige l'écorce terrestre à une diminution de surface; cette diminution de surface se traduit par des *tensions horizontales*, qui déterminent des plissements, et des *tensions verticales*, qui déterminent des affaissements ou effondrements.

Les plis, aux formes très variées, présentent une succession de saillies et de creux, d'**anticlinaux** et de **synclinaux**; les affaissements se produisent par des glissements de terrain suivant des **failles**; les parties restées en saillie entre deux régions affaissées forment des **horsts**; les effondrements sont *linéaires* ou *circulaires*.

**B. — Les montagnes.** — Les montagnes, aux types très variés, sont dues à trois causes principales : les dislocations, l'érosion, l'accumulation.

**a). — Montagnes de dislocation. — I.** D'énergiques poussées ont déterminé à la surface de l'écorce la formation de **montagnes de plissement**, dont le relief varie d'après l'époque de leur formation. Le *Jura* est une succession régulière de plis; les *Alpes* présentent des massifs cristallins au milieu de roches sédimentaires, des chaînes plissées et des plateaux; les *Pyrénées* ont une structure très compliquée; dans ces montagnes, les sommets de roches dures, très déchiquetés, portent les noms de dents, de cornes, de pics, d'aiguilles; les **vallées longitudinales** ont une origine tectonique ou sont dues à l'érosion; les **vallées transversales** ne sont pas seulement des vallées d'érosion.

**II.** On nomme **montagnes de rupture** des hauteurs qui forment la bordure failliée de régions effondrées; ou bien ce sont d'anciennes chaînes plissées *nivelées par l'érosion* qui n'ont pu se plisser sous un nouvel effort orogénique et ont ainsi subi des fractures. La **pénéplaine** représente l'expression extrême de l'arasement d'une ancienne région montagneuse.

**b). — Montagnes d'érosion.** Certaines hauteurs peu élevées en général représentent les lambeaux de couches sédimentaires que l'érosion a respectées; elles ont le plus souvent un sommet tabulaire.

**c). —** Les **montagnes d'accumulation** sont dues à l'action des vents, *dunes*, des glaciers, *moraines*, des volcans, *cônes volcaniques*.

**C. — Les plateaux, les plaines et les dépressions.** — Certains **plateaux** sont dus à la résistance à l'érosion de couches horizontales, d'autres ont résulté de mouvements de relèvement; un grand nombre sont adossés à de hautes montagnes.

Les **plaines** proviennent parfois de l'action combinée de la sédimentation marine et des alluvions fluviales (Amazone, Orénoque, Mississipi), ou uniquement des alluvions fluviales (Gange, Indus, Pô, etc.), ou d'alluvions fluvio-glaciaires (plaine de l'Allemagne du Nord); elles peuvent être dues à l'existence de grandes étendues de couches restées horizontales (Plaine russe, Pampa).

**Les dépressions** comprennent des régions relativement déprimées, encadrées presque de toutes parts par des hauteurs plus considérables (*Grand Bassin* aux États-Unis, *Bassin du Tarim* en Asie centrale), ou des points qui s'abaissent au-dessous du niveau de la mer (*Mer Morte*, — 394 m.).

**Effets généraux du relief.** Influence des formes du relief sur le climat, l'hydrographie, la vie végétale, animale et humaine.

## A. — Les dislocations de l'écorce terrestre.

1. **Le relief.** — Les inégalités qui accidentent la surface terrestre constituent ce que l'on appelle le *relief de la terre*. D'ordinaire on y distingue quatre catégories de formes principales : les *montagnes*, les *plateaux*, les *plaines* et les *dépressions*.

Avant de passer à l'étude de ces diverses formes, il est indispensable d'indiquer l'ensemble des grands phénomènes de dislocation qui ont affecté l'écorce terrestre, altéré la disposition de ses couches, et contribué précisément à la formation du relief.

2. **Anciennes théories sur la formation du relief. Soulèvements et affaissements.** — Les idées actuelles sur la formation du relief ont été précédées, surtout au XIXe siècle, de toute une série de théories qui portaient surtout sur la genèse des chaînes de montagnes. Les observateurs avaient été frappés de voir, soit dans la coupure d'une vallée profonde, soit dans la tranchée d'une carrière, que les couches sédimentaires qui constituent la plus grande partie de l'écorce terrestre n'avaient pas toujours conservé leur position primitive, horizontale ou faiblement inclinée; certaines présentaient une grande inclinaison et avaient subi un véritable ploiement; d'autres étaient entièrement redressées. On savait en outre que les sommets des plus hautes montagnes étaient souvent constitués par les terrains les plus anciens.

L'idée germa naturellement d'une force intérieure qui avait soulevé les couches les plus profondes et les avait fait apparaître à la surface en redressant les terrains sédimentaires qui les recouvraient. Le géologue allemand Léopold de Buch (première moitié du XIXe siècle) attribua l'origine des montagnes à une action volcanique, à une poussée verticale de bas en haut, des matières en fusion; ce fut la première forme de la théorie des *soulèvements*. Elie de Beaumont, un des maîtres de la géologie française, ne rejeta pas cette doctrine des soulèvements, mais il émit l'idée, dans la *Notice sur les systèmes des montagnes* (1849-53), que la genèse du relief pouvait avoir pour cause le lent refroidissement du globe, hypothèse dont nous verrons plus loin l'importance. — Les montagnes soulevées auraient dû présenter sur leurs deux versants la même série de roches; or une partie de roches avait souvent presque complètement disparu sur l'un des versants; ainsi on ne trouve aucun vestige sur le versant italien des rides et plateaux calcaires qui constituent le versant français des Alpes. Constant Prévost imagina la théorie des *affaissements*, d'après laquelle certaines parties de la surface s'effondraient; d'autres, restées en place,

PLI COUCHÉ dans le Jurassique supérieur; Cascade de l'Arpennaz, près de Sallanches (Haute-Savoie).
Roches à pic de plus de 260 m. de haut. (Phot. N. D.)

formaient les montagnes; cette théorie n'expliquait ni le ploiement de certaines couches, ni les complications prodigieuses que révèlent aujourd'hui les savants travaux de géologues, français surtout.

**3. Théorie des plissements et des affaissements.** — M. Ed. Suess, dans une synthèse magistrale, a essayé d'élucider les circonstances générales qui ont présidé à la lente élaboration du relief actuel de l'écorce; ces travaux ont été développés en France surtout par M. Marcel Bertrand. On admet que le noyau interne se refroidit très lentement par un faible rayonnement et qu'il se contracte; cette contraction se traduit par un rétrécissement, une diminution de volume que peuvent encore accentuer les pertes subies par la masse en fusion, à la suite d'émissions de matières éruptives à travers l'écorce; le contact entre l'écorce solide et le noyau intérieur n'est plus régulier; la croûte terrestre présente un excès d'ampleur; l'équilibre est rompu; pour le retrouver, l'écorce terrestre devra subir une diminution de surface, un resserrement, un plissement; tel un vêtement trop large sur un corps amaigri[1].

Il se produit alors des tensions de l'écorce qui se décomposent en deux mouvements : 1° une *tension horizontale* ou *tangentielle,* parallèle à la surface; 2° une *tension verticale,* dirigée normalement à la surface. Le resserrement horizontal détermine des poussées qui font naître des PLISSEMENTS à la surface; le mouvement vertical amène des AFFAISSEMENTS, des EFFONDREMENTS limités par des cassures.

**4. Les plissements.** — Le refoulement horizontal tend à faire occuper aux couches un espace plus réduit qu'auparavant; il a pour effet de les froncer, de les plisser. Les plis présentent une suite de saillies et de creux, de parties convexes et concaves; les parties convexes portent le nom d'ANTICLINAUX, les couches s'inclinant en sens contraire de chaque côté; les parties concaves portent le nom de SYNCLINAUX, les couches des deux côtés se réunissant vers le fond.

Les plis forment d'ordinaire des rides allongées qui s'éten-

1. M. A. Heim a calculé quelle était la diminution de surface subie par l'écorce terrestre à la suite du plissement du Jura; suivant les points de la chaîne, il a constaté une réduction de 5 000 à 7 000 m. Pour les Alpes, la perte due au plissement aurait été de 120 km.

dent sur une longueur plus ou moins grande, et qui sont relayées par d'autres rides généralement parallèles. La rencontre d'obs-

Diverses formes de plis (d'après M. A. Heim.)

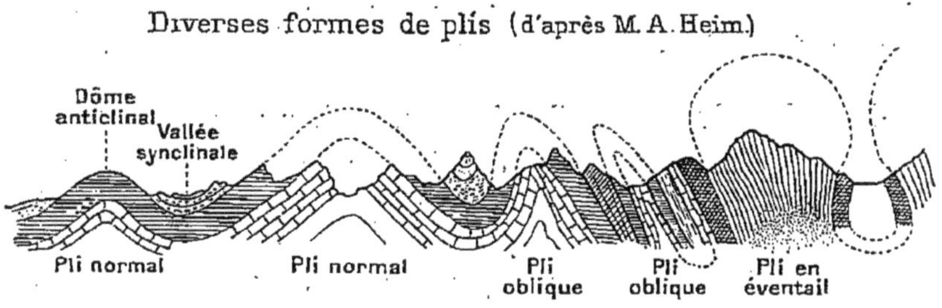


tacles s'oppose à la propagation de ces ondes terrestres et infléchit leur direction. — Les plis se présentent parfois sous la forme d'un grand bombement anticlinal, moins allongé qu'un pli ordinaire et ayant généralement une forme ovale ; c'est un *dôme*.

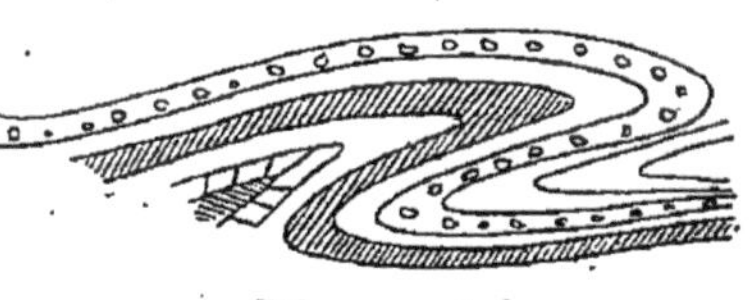

Pli couché

5. **Formes diverses des plis.** — Les plis présentent une grande diversité de formes; le pli *droit* ou *normal,* avec inclinaison égale de chaque côté de l'anticlinal, est assez rare. Le plus souvent les plis subissent des poussées énergiques, ou bien ren-

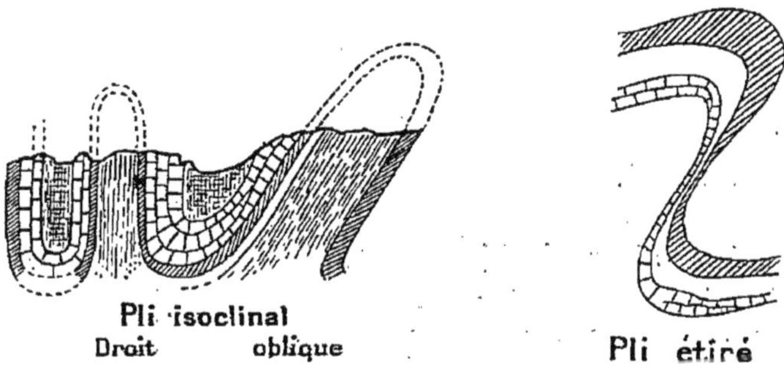

Pli isoclinal
Droit oblique

Pli étiré

contrent des obstacles contre lesquels leur effort se traduit par des déformations; quand un versant est plus incliné que l'autre, c'est un *pli oblique;* il devient un *pli renversé* quand le versant le plus raide s'incline davantage et se renverse; un *pli couché,* quand l'un des côtés est entièrement renversé; un *pli étiré,* lorsqu'un des flancs a subi un amincissement tel que les couches qui le composent ont pu disparaître complètement. On distingue encore le *pli en éventail,* quand les couches, en quelque sorte étranglées à la base du pli, se dilatent largement dans leur partie supérieure; le pli *isoclinal,* dont les deux côtés sont parallèles (ces deux derniers types de plis peuvent être obliques ou renversés). — Les plis ne conservent que rarement leurs formes d'origine; les couches ne sont pas en général assez souples pour subir une forte courbure; il s'ensuit que les voûtes anticlinales se fracturent, et, l'érosion élargissant la fracture, les voûtes sont ainsi démantelées.

6. **Les effondrements. Les horsts.** — Les mouvements verticaux de l'écorce se traduisent par des affaissements; des fragments de terrains glissent suivant une FAILLE ou une série de failles, c'est-à-dire suivant une fracture de l'écorce dont les deux lèvres sont rarement écartées; ce glissement met en contact et sur le même alignement des terrains de nature et d'âge différents.

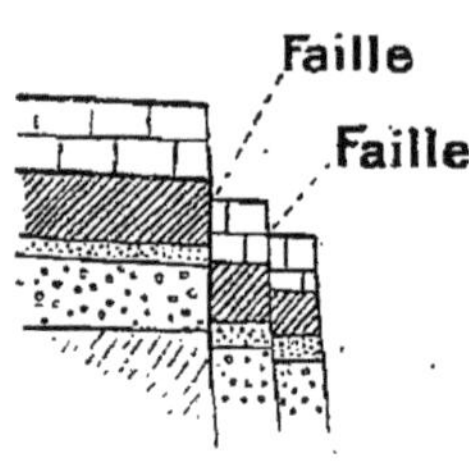

Terrain faillé

Ces failles sont rarement visibles dans la topographie; elles sont très nombreuses dans les montagnes; souvent elles fracturent les plis dans tous les sens; le pourtour des aires d'affaissement est toujours marqué par une ceinture de failles. Parfois le terrain effondré se fracture en plusieurs parties qui se disposent en rejets, en étagements successifs, suivant des lignes de failles formant des *failles à gradins.*

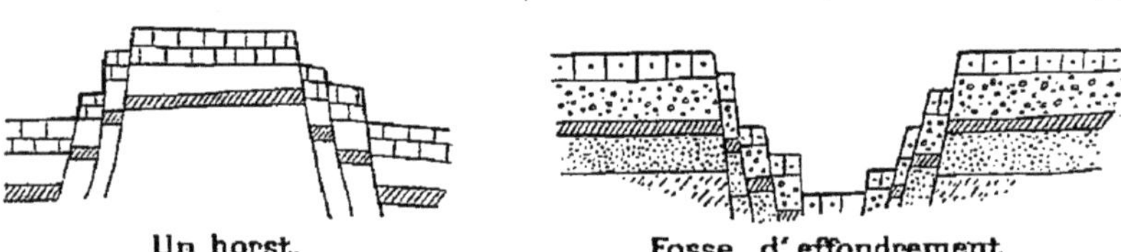
Un horst. Fosse d'effondrement

Entre deux aires d'affaissement, une région a pu demeurer en saillie, rigide et stable; M. Suess a donné à cette région, à partir de laquelle les failles s'étagent en escalier, le nom de HORST, môle, support, nom emprunté à la langue des mineurs. Le Morvan, les Vosges, la Forêt Noire, sont de bons exemples de horsts.

7. **Effondrements linéaires et circulaires.** — Parfois le terrain s'affaisse profondément entre deux séries de fractures plus ou moins parallèles, qui suivent une direction bien définie; ce sont des FRACTURES LINÉAIRES; on a donné aux régions dépri-

mées limitées par ces fractures le nom de *fossé* (*Graben* en allemand) ou d'*auge*. Les exemples caractéristiques d'effondrements linéaires ne sont pas rares : la vallée du Rhin entre les Vosges et la Forêt Noire ; le Ghor, dépression où s'alignent la vallée du Jourdain, le lac de Tibériade et la mer Morte, dépression qui n'est que le prolongement Nord de la grande ligne orientale d'effondrement de l'Afrique ; la vallée de la Nerbudda dans l'Hindoustan, etc.

Le plus souvent ces fosses linéaires sont déterminées par la rupture de la clef de voûte d'un dôme en voie de soulèvement ; c'est à coup sûr le cas de la vallée du Rhin. Il est bon de noter encore que, si un soulèvement a pour conséquence un affaissement, la partie affaissée détermine par pression latérale une surélévation des parties qui la limitent.

D'autres affaissements paraissent se produire sans failles linéaires visibles ; une partie de l'écorce s'écroule suivant des lignes irrégulières, courbes et allongées ; tout autour se dressent des parois verticales très raides. Ces EFFONDREMENTS CIRCULAIRES n'affectent parfois qu'une étendue restreinte et ressemblent à des cuvettes ; ce type, fait remarquer M. Suess, se rencontre nettement sur le bord occidental de l'Apennin, golfes de Gênes, de Naples, de Salerne. Ailleurs ils s'étendent à une vaste surface et forment de véritables bassins d'effondrements ; c'est le cas notamment des fosses méditerranéennes.

8. **Régions de plissements ; régions d'effondrements.** — Sur de vastes surfaces les plissements ont joué un rôle prédominant ; ailleurs ce sont les effondrements ; en certains points les deux groupes de dislocations ont eu une action parallèle. Pendant l'ère primaire, les plissements ont été la règle générale ; toutefois il faut en excepter la plate-forme russe, qui, depuis la Baltique jusqu'aux régions plissées de l'Oural et du Caucase, a conservé ses assises horizontales depuis le début des temps primaires. A l'époque tertiaire, les régions limitrophes des dépressions méditerranéennes ont subi d'intenses plissements. — Pendant les ères secondaire et tertiaire, certaines régions sont demeurées rebelles à tout effort de plissement ; c'est le cas de l'ancien Continent austral, qui allait de l'Amérique à l'Australie par l'Afrique, et dont les lambeaux ne présentent aucune trace de ridement depuis la fin de l'époque primaire ; l'Afrique n'a subi que des fractures, de même que l'Arabie, le Decan, l'Australie occidentale et centrale. — Aux États-Unis, les Montagnes Rocheuses présentent juxtaposées des chaînes nettement plissées, comme la partie orientale des Rocheuses et la

Sierra Nevada, et des plateaux fracturés, comme les plateaux du Colorado-Arizona et le Grand Bassin.

Nous verrons plus loin comment les régions de dislocations sont en rapport avec les manifestations volcaniques.

### B. — Les montagnes.

9. **Variété des types de montagnes.** — Les montagnes représentent des parties de la surface nettement élevées au-dessus du sol ; elles offrent une très grande variété de formes, due à la diversité de leur origine. Certaines s'allongent nettement en forme de véritables chaînes ; c'est le cas des Pyrénées en France, de la Sierra Nevada en Californie, dans les États-Unis ; les Alpes présentent un assemblage de crêtes assez nettes, de plateaux et de larges massifs ; le Jura est constitué par une série de chaînons parallèles s'abaissant de la Suisse vers la plaine de la Saône. Vues de la vallée du Rhin, la Forêt Noire et les Vosges font l'effet de chaînes ; si l'on gravit le sommet, on ne voit plus des deux côtés qu'une sorte de surface plane plus ou moins accidentée, s'abaissant vers le plateau du Wurtemberg ou vers le plateau lorrain. Les Cévennes proprement dites, c'est-à-dire la partie du rebord oriental du Massif central qui s'étend du mont Aigoual au mont Tanargue, sont dans le même cas. En Auvergne, la chaîne des Puys profile nettement les formes fraîches de ses cônes volcaniques ; ils apparaissent comme surajoutés à la plate-forme archéenne qui forme la base du Massif central.

10. **Essai de classification.** — Ces quelques lignes ne peuvent donner qu'une faible idée des formes montagneuses. De nombreux géophysiciens, à la fin du XIXe siècle, ont essayé d'établir une classification. Nous nous bornerons à donner les divisions principales et à indiquer l'origine et les traits caractéristiques des types montagneux les plus importants et les mieux connus. En tenant compte des principales causes créatrices de relief, nous distinguerons :

**a).** *Les montagnes dues à des dislocations* de l'écorce, donnant naissance à des déformations dans le sens horizontal ou vertical ;

**b).** *Les montagnes dues à l'érosion ;*

**c).** *Les montagnes d'accumulation,* selon l'expression de M. Penck, géologue autrichien, dues à des phénomènes d'accumulation produits par les courants aériens, les glaciers et les volcans.

L'étude de la genèse des montagnes a reçu le nom d'*orogénie;* l'étude des dislocations de l'écorce terrestre constitue la *tectonique.*

**a). — 11. Montagnes dues à des dislocations.** — L'écorce terrestre a subi à diverses époques d'énergiques poussées qui en ont ridé la surface et qui ont donné naissance à de puissantes chaînes de montagnes, des MONTAGNES DE PLISSEMENT. Ces chaînes d'âge différent ne présentent plus le même relief; les montagnes récentes seules ont conservé leur relief dans toute sa fraîcheur. D'autres hauteurs sont des MONTAGNES DE RUPTURE; ce sont des couches sédimentaires souvent demeurées horizontales, qui forment la bordure de régions effondrées, ou bien ce sont d'anciennes chaînes plissées, presque complètement nivelées par l'érosion, qui, sous de nouvelles poussées orogéniques, n'ont pu se plisser, se sont rompues, des compartiments s'affaissant pendant que d'autres étaient surélevés et en quelque sorte rajeunis. D'anciennes montagnes de plissement ont pu être réduites à l'état de PÉNÉPLAINES. Nous allons successivement examiner ces différents types de montagnes.

12. **I. — Montagnes de plissement. Jura et Alpes.** — Les montagnes les plus récentes présentent des types de plissement assez différents les uns des autres. Une des plus jeunes est la chaîne du Jura, intimement liée à l'effort orogénique qui a formé les Alpes. C'est un exemple classique d'une succession de plis, d'anticlinaux et de synclinaux, souvent étroits et parallèles, formant un nombre de chaînons variables suivant la partie de la chaîne; dans la partie centrale, à l'Ouest, des calcaires massifs sont restés à l'état de plateaux, étagés par des failles.

Les Alpes présentent une structure beaucoup plus compliquée; la lente formation de la chaîne actuelle est l'œuvre de toute une série d'efforts répétés à diverses reprises; les Alpes ont subi, surtout vers le milieu de l'époque miocène, des poussées d'une puissance exceptionnelle, qui ont bouleversé les couches dans un inextricable enchevêtrement de plis. Dans la *partie alpine* des Alpes occidentales, des massifs de roches archéennes et cristallines apparaissent en forme d'ellipses à travers des roches sédimentaires disposées en boutonnières ;

PLISSEMENTS dans les calcaires des Alpes-Maritimes. Gorges du Var. (Phot. N. D.)

ils forment les plus hauts sommets, les massifs du Mont Blanc, des Grandes Rousses, du Pelvoux, etc. ; dans la *région subalpine*, les couches jurassiques et crétacées se développent en plis bien marqués ou en plateaux découpés par des fractures.

13. **Pyrénées, Himalaya.** — Comme pour les Alpes, la formation des Pyrénées fut une œuvre de longue haleine qui exigea des efforts répétés ; les phénomènes de refoulement y

ont atteint leur maximum d'intensité au début de l'oligocène.

**AIGUILLE DU GREPON** (3 489 m.) (Schistes cristallins).
Massif du Mont Blanc, entre la mer de Glace et le glacier des Nantillons. (Phot. communiquée par le *Service photographique de l'Université de Lyon.*)

Néanmoins la complexité de la structure, encore assez mal démêlée, paraît moins grande; les pointements archéens et granitiques, affleurant dans la zone centrale, forment les points les plus élevés; du côté français se développent, d'une façon discontinue, une série de plis de composition diverse. — L'Himalaya paraît se rapprocher de la structure des Alpes, au moins dans les chaînes extérieures de son versant méridional.

14. **Les sommets.** — Les plus hauts sommets, points dominant la ligne de faîte, et les plus hautes crêtes des montagnes élevées sont généralement constitués de roches très dures. Un refoulement énergique a seul pu les élever à la grande hauteur qu'ils occupent; leur force de résistance à l'érosion les a isolés au milieu de roches plus tendres, facilement enlevées. Ces sommets souvent abrupts, si la neige ne les recouvre pas, sont dénudés, avec à peine quelques Lichens collés aux rochers.

Les sommets déchiquetés sont fréquents dans les Alpes; quelques-uns portent les noms caractéristiques de *dents* (Dent du Midi), de *cornes* (*Horn* en allemand : Wildhorn, Finsteraarhorn, Rheinwaldhorn, etc.), de *pointes* ou *pics*, d'*aiguilles*, notamment dans le massif du Mont Blanc, où elles sont en très grand nombre et formées surtout de schistes cristallins qui se divisent facilement en feuillets, dentelés de déchirures. Les *pics* sont également nombreux dans les Pyrénées.

15. **Les cols.** — Les cols sont les points où s'abaisse la ligne de faîte et où le passage est possible d'un versant à l'autre. La hauteur des cols n'est pas en rapport avec l'altitude de la montagne qu'ils permettent de traverser; ceux des Pyrénées sont comparativement beaucoup plus élevés que ceux des Alpes. Les cols peuvent être déterminés par plusieurs causes, notamment la suivante : ils se trouvent généralement au point où deux rivières, poussant leurs eaux de tête de plus en plus loin dans la montagne, finissent par déterminer l'abaissement de la crête séparative.

16. **Les vallées.** — Les massifs montagneux sont pénétrés par de nombreuses vallées. Un des plus anciens alpinistes célèbres, DE SAUSSURE (fin du XVIIIe siècle), avait le premier distingué deux types de vallées : les VALLÉES LONGITUDINALES, à direction parallèle à l'axe de la chaîne, et les VALLÉES TRANSVERSALES, qui découpent la chaîne suivant des angles divers.

VALLÉE LONGITUDINALE

La Vallée de l'Arve (Chamonix), vue du col de Balme. A gauche le Mont Blanc et la mer de Glace. (Phot. N. D.)

Les vallées ont été particulièrement étudiées dans les Alpes. On a constaté que certaines *vallées longitudinales* occupaient des synclinaux, c'est-à-dire des parties de la chaîne prédisposées tectoniquement à être des vallées; à cette catégorie appartiennent les vallées des cours supérieurs du Rhône, du Rhin et de l'Arve; dans le Jura, la plupart des grandes vallées occupent des synclinaux et sont ainsi d'*origine tectonique*. Mais beaucoup de vallées longitudinales correspondent à des changements dans la nature géologique du sol, à l'affleurement de roches tendres; dans les Alpes orientales, les vallées longitudinales de l'Inn, en aval de Landeck, de l'Enns, etc., sont dues à l'existence d'une zone de faible résistance déterminée par le contact de terrains calcaires et de terrains schisteux; la belle vallée du Graisivaudan doit son existence aux couches tendres du lias et du jurassique inférieur; les affleurements de ces roches peu résistantes ont eu une très grande influence sur la formation des vallées alpines.

Les *vallées transversales*, souvent très resserrées, sont d'ordinaire considérées comme des *vallées d'érosion*, c'est-à-dire des vallées creusées par les eaux qui, profitant de fissures ou de crevasses préalables, auraient peu à peu élargi la vallée. Des recherches récentes ont montré que ces vallées, notamment dans les Alpes, n'étaient pas de simples vallées d'érosion, que beaucoup d'entre elles étaient dues à des « ondulations synclinales transverses », qui auraient ainsi préparé ces régions à être des vallées; c'est le cas notamment de la vallée de l'Isère en aval de Grenoble et d'autres vallées transversales des chaînes subalpines.

17. **II. — Montagnes de rupture.** — Nous arrivons maintenant aux montagnes où les fractures ont eu le rôle prépondérant.

A cette catégorie appartiennent des montagnes formées de terrains sédimentaires restés horizontaux, ou de terrains d'autre structure, qui forment en quelque sorte la façade de régions déprimées; du côté de la dépression, les terrains sédimentaires s'étagent par une succession de paquets limités par des failles; c'est le cas des monts du Mâconnais, des monts de la Côte d'Or qui dominent la dépression de la Bresse; les Cévennes (du mont Aigoual au Tanargue), les *Highlands* (Hautes Terres) d'Écosse dominent aussi des régions affaissées. — D'autres montagnes de rupture sont d'anciens massifs, complètement rabotés par l'érosion et devenus très stables, qui ont subi de nouveaux efforts orogéniques. Ces mouvements ont déterminé quelquefois des plis à très grand rayon, comme ceux du Massif central, sous le refoulement énergique de la poussée alpine; ces plis sont d'ailleurs accompagnés de fractures; le plus souvent ces massifs, impropres au plissement, se sont fracturés; tandis qu'une des parties s'effondrait, l'autre,

VALLÉE SYNCLINALE dans le massif de Grande Chartreuse.

Saint-Pierre de Chartreuse et le Grand Som (2033 m.). — Des calcaires de l'infra-crétacé forment les escarpements et portent des forêts; les marnes néocomiennes (infra-crétacé) de la vallée ont des profils adoucis, et sont couvertes de cultures ou de prairies, et de maisons disséminées. (Phot. N. D.)

par contre-coup, subissait un léger relèvement. Les anciennes montagnes prenaient ainsi une forme nouvelle et se trouvaient rajeunies.

Les montagnes de ce type se rencontrent fréquemment dans l'Allemagne centrale et en France, où subsistent les débris de l'ancienne chaîne hercynienne, morcelés et fracturés; ce sont le Harz, l'Erz Gebirge (monts Métalliques), les monts de Thuringe, les Vosges-Forêt-Noire, qui dominent de deux côtés la vallée du Rhin, dont l'effondrement a rompu leur ancienne unité; ont peut encore citer le Morvan, le Massif central français, etc.

18. **Sommets et vallées.** — Dans ces massifs, les sommets n'ont que très rarement l'aspect déchiqueté et hardi des crêtes des montagnes jeunes. Ils sont toujours constitués par les roches

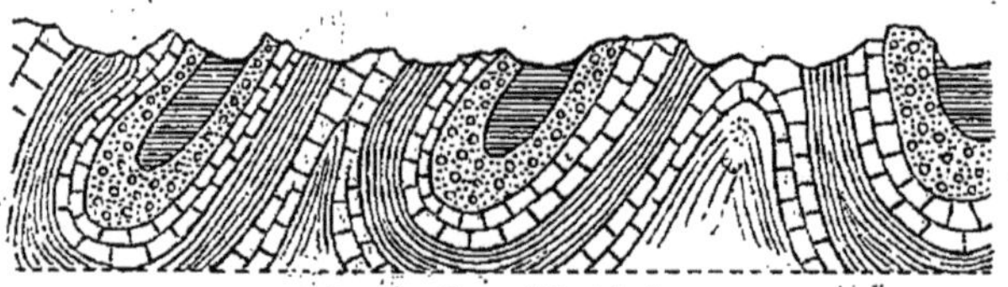

Coupe d'une Pénéplaine

les plus dures, mais les formes sont arrondies; les noms qu'ils portent sont caractéristiques : ce sont des *tours*, des *ballons*, des *dômes*. Les vallées sont des vallées d'érosion souvent assez profondes et peu larges encore, parce que l'élévation nouvelle de la montagne a déterminé un regain de l'activité des eaux courantes et un nouveau travail de déblaiement; la vallée, jadis voisine de la surface du massif et très large, a dû être creusée à nouveau. Les *Highlands* (Hautes Terres) d'Écosse et les montagnes du Nord-Ouest de l'Irlande, le Morvan, présentent des vallées de cette nature. — Quelquefois les vallées sont guidées par la racine d'anciens synclinaux et reproduisent avec une exactitude plus ou moins grande la direction des anciens plis; c'est le cas de certaines vallées alsaciennes des Vosges et du rebord oriental du Massif central français.

19. **Montagnes usées. Pénéplaines.** — Il convient de dire quelques mots de régions qui furent autrefois de puissantes

TYPE DE PÉNÉPLAINE : les Vosges.
Vallée de la Vologne : au premier plan lac de Retournemer, soutenu par une barre de granulite lac de Longemer, barrage morainique. (Phot. N. D.)

montagnes, lesquelles ont été complètement aplanies, nivelées par l'œuvre continue de destruction et de déblaiement accomplie par l'érosion ; les plis, rasés jusqu'aux racines, ne se voient plus que par leurs tranches. Géographiquement, cette surface est une plaine ou un plateau, mais elle conserve encore quelques traits qui rappellent l'ancien état montagneux ; les géologues américains lui ont donné le nom de PÉNÉPLAINE.

Les pénéplaines parfaites sont assez rares ; on peut cependant citer le plateau de Finlande, ou encore toute la région canadienne du Nord-Est, autour de la baie d'Hudson, limitée à l'Ouest par les lacs canadiens et les grands lacs ; elle est faiblement ondulée et présente dans le sous-sol des traces de plissements d'une complication exceptionnelle. — Quelques-unes de ces pénéplaines ont été relevées et comme revivifiées ; c'est le cas du Massif schisteux rhénan et de son prolongement l'Ardenne. L'ensemble a subi un mouvement de relèvement ; mais à la surface le caractère de pénéplaine subsiste, les ondulations et les hauteurs sont faibles. Si l'on parcourt la coupure profonde faite par la vallée de la Meuse dans la masse de l'Ardenne, on voit la racine de plis très redressés, et l'on peut évoquer l'image de la haute montagne d'autrefois. La partie méridionale des Vosges figure une ancienne pénéplaine revenue au jour ; la surface en est mamelonnée, des vallées assez étroites pénètrent la masse, mais l'horizon n'accuse que des lignes droites.

**b). — 20. Montagnes et collines d'érosion.** — Certaines hauteurs sont dues uniquement à l'*érosion*, c'est-à-dire qu'elles ont été isolées par elle. D'ordinaire, peu élevées, elles méritent cependant le nom de montagne ou de colline, parce qu'elles dominent les régions avoisinantes.

Ces hauteurs dues à l'érosion peuvent être d'origine et de formes différentes. Parfois ce sont des lambeaux d'un manteau de sédiments horizontaux ; elles forment ce que l'on appelle en France des *témoins*, en Amérique des *buttes*, etc. Quand la couche horizontale qui constitue le sommet est une roche résistante, le sommet devient une plate-forme, on lui donne l'épithète de *tabulaire* (*table topped* en anglais, *Tafelberg* en allemand) ; le sommet est plus ou moins mamelonné si les roches qui le composent sont des terrains tendres. — En France, les montagnes de Reims (288 m.) et de Laon (181 m.) sont des lambeaux détachés de la falaise tertiaire de l'Ile-de-France; il en est de même en Flandre des petits monticules de sable argileux, mont des Cats (158 m.), mont Cassel (156 m.), qui, mieux cimentés, ont résisté à l'érosion et dominent la plaine. La nature des pentes est en rapport avec la dureté des couches; elles sont raides avec des roches résistantes et homogènes; s'il y a intercalation de couches tendres au milieu de couches dures, les premières forment des talus de pente douce que dominent les abrupts des roches dures. Quand la série des couches est résistante,

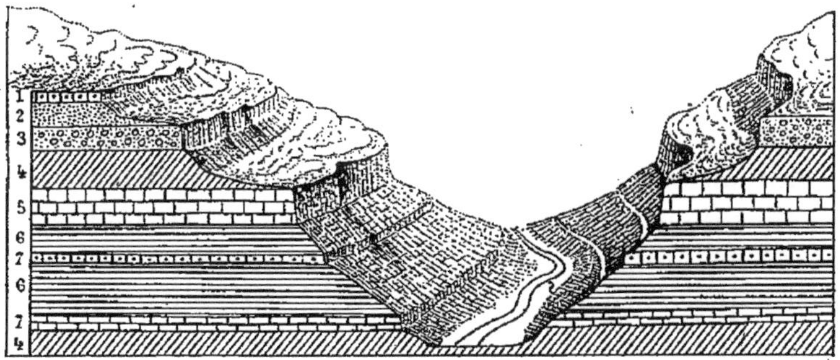

Collines tabulaires d'érosion ; *abrupts et talus de pente douce* : 1, *Calcaires ;* 2, *Grès tendres ;* 3, *Conglomérats ;* 4, *Calcaires marneux ;* 5, *Calcaires durs ;* 6, *Marnes ;* 7, *Calcaires*.

mais n'est pas homogène, il se forme à la longue une structure en étages, les couches étant en retrait les unes sur les autres de bas en haut.

Dans d'autres cas les couches sédimentaires ont pu être pénétrées par des roches éruptives; plus dures, ces roches isolées par l'érosion forment saillie; elles sont fréquentes dans le Limousin et dans le Morvan.

**c). — 21. Les montagnes et les collines d'accumulation.** — Les vents, les glaciers, les volcans, peuvent édifier des montagnes ou des collines de formes diverses ; ce sont des *montagnes d'accumulation :* on donne ce nom à des masses de matériaux variés qui sont comme surajoutés, comme surimposés au sol sous-jacent, sans aucun lien avec ce sol. Nous verrons successivement, en temps voulu, le détail de ces différentes actions; il nous suffira de savoir que, dans les régions désertiques, le vent peut accumuler le sable en masses énormes, sous formes de *dunes,* pouvant s'élever à 200 mètres environ; qu'il aligne également des dunes moins élevées le long de certains rivages maritimes. — Les glaciers, sous forme de *moraines,* entassent à leurs extrémités, en amas considérables, les matériaux qu'ils ont transportés. — Les volcans édifient des *cônes* puissants, qui s'élèvent parfois à plus de 5 000 mètres, avec une base largement étalée.

22. **Hauteur des montagnes.** — On obtient la hauteur des montagnes à l'aide des opérations de nivellement et de triangulation dont il a été question plus haut; la triangulation permet la mesure des sommets inaccessibles. Le baromètre à servi à de nombreuses déterminations d'altitude, la pression de l'air diminuant d'une quantité déterminée avec la hauteur.

L'altitude des montagnes prend toute sa valeur lorsque, isolées, elles dominent de toute leur masse les régions environnantes; des monts d'une élévation moyenne prennent ainsi un aspect imposant; c'est le cas du *pic de Teyde,* qui à Ténérife (îles Canaries) s'élève de la mer d'un seul jet à 3 720 m. Vue de la Suisse, la crête du Jura apparaît comme un rempart très élevé : si on la regarde d'une vallée de l'autre versant, elle n'a plus que l'aspect d'une ondulation de faible altitude. L'Himalaya, qui limite au Sud le plateau du Tibet, ne paraît être de ce côté que d'une élévation moyenne; vu de la plaine du Gange qui se développe à ses pieds, il évoque l'image d'une gigantesque muraille.

Le plus haut sommet actuellement connu est le Gaurisankar, dans l'Himalaya (8 840 m.)[1]. — On donne le nom de montagne

1. **Répartition des hauts sommets suivant les latitudes.**

| Latit. N. | Sommets. | Altitude. | Latit. S. | Sommets. | Altitude. |
|---|---|---|---|---|---|
| 80°-70° | *Hornsund Peak* (Spitzb.) .. | 1 386 | 70° 45′ | *Volcan Erebus* (T. antarct.). | 3 760 |
| 70°-60° | *Mont Saint-Elie* (Alaska) .. | 5 900 | 60°-50° | *Mont Darwin* (T. de Feu). | 2 100 |
| 60°-50° | *Mont Logan* (Canada) ..... | 6 400 | 50°-40° | *Mont Cook* (Nlle-Zélande). | 3 768 |
| — — | *Klioutchev* (Kamtchatka) .. | 4 804 | 40°-30° | *Aconcagua* (Andes) ....... | 6 970 |
| 50°-40° | *Chan-Tengri* (Tian-Chan). | 7 300 | 30°-20° | *Copiapo* (Andes).......... | 6 000 |
| — — | *Mont Blanc* (Alpes) ....... | 4 810 | 20°-10° | *Sorata* (Bolivie) .......... | 6 550 |
| 40°-30° | *Tagharma* (Pamir) ....... | 7 864 | 10°- 0° | *Kilimandjaro* (Afrique) ... | 6 010 |
| — — | *Dapsang* (Karakorum) .... | 8 620 | — — | *Chimborazo* (Andes) ...... | 6 310 |
| — — | *Mont Whitney* (Sa Nevada). | 4 541 | | | |
| 30°-20° | *Gaurisankar* (Himalaya) .. | 8 840 | | | |
| 20°-10° | *Orizaba* (Mexique) ....... | 5 450 | | | |
| 10°- 0° | *Nevade de Tolima* (Andes). | 5 526 | | | |

à des hauteurs très faibles qui ne dépassent pas 200 mètres. Il est malaisé de déterminer le nombre de mètres à partir duquel la montagne devient une colline, la colline un monticule. Dans la réalité, la hauteur des montagnes n'a qu'une valeur relative, qui dépend de l'altitude générale du socle où elle s'élève.

## C. — Les plateaux, les plaines et les dépressions.

23. **Les plateaux.** — Les plateaux sont la forme dominante des régions de hautes terres mal ou peu arrosées; ils occupent parfois de très grands espaces. Leur altitude n'a rien d'absolu; elle est sans limites précises. D'ordinaire on limite les plaines à l'altitude de 200 mètres; mais beaucoup s'élèvent plus haut, et d'autre part le plateau lorrain n'atteint pas partout cette élévation. La hauteur des plateaux oscille entre 200 mètres (plateau lorrain) et 5000 (plateau du Tibet). Intermédiaires entre les montagnes et les plaines, les plateaux ne présentent presque jamais de surfaces planes. On ne pourrait guère citer que le *Llano estacado* (la *plaine jalonnée,* dans le Sud-Ouest des États-Unis, ainsi nommée à cause des jalons plantés par les voyageurs espagnols pour retrouver leur chemin); presque partout ailleurs sur les plateaux s'élèvent des ondulations. Ils sont le plus souvent divisés en sections, en compartiments, par les vallées des rivières, vallées étroites et profondes; ils dominent par une ou plusieurs faces les régions voisines.

Leur origine est diverse. Les uns sont formés de couches horizontales assez dures qui, résistant à l'érosion, ont fait naître une plate-forme à peine ondulée; tel est le cas des plateaux de Brie et de Beauce en France. D'autres plateaux sont des territoires qui ont participé à des mouvements de relèvement d'ensemble sans subir de plissements ; quand ils sont perméables, l'érosion s'y produit avec intensité dans le sens vertical ; tel est le cas, en France, des plateaux du Jura central, des Causses dans le Massif central, du plateau de Langres; en Amérique, des célèbres plateaux du Colorado et de l'Arizona. Il faut compter, parmi les plateaux, d'anciens territoires souvent très plissés que l'érosion a nivelés et transformés en pénéplaine; un relèvement en a fait des plateaux, comme nous l'avons expliqué plus haut pour le Massif schisteux rhénan et l'Ardenne, etc. Dans l'ensemble, l'immense plateau africain au Sud du Sahara se rattacherait à cette dernière catégorie.

Enfin certains plateaux, dont l'origine est souvent difficile à déterminer, sont constitués de hautes terres généralement adossées à des montagnes :

c'est le cas des plateaux de l'Asie centrale et antérieure, du plateau australien dans la partie centrale et occidentale du continent, des plateaux des Montagnes Rocheuses, du Mexique et des Andes ; en Europe il faudrait citer les plateaux de Castille, les plateaux suisse et bavarois. Ces plateaux sont parfois entièrement encadrés de montagnes (plateaux de l'Asie centrale ; le Grand Bassin dans les Montagnes Rocheuses); ils constituent alors une forme de relief qui se distingue par des caractères spéciaux, qu'il faut étudier à part; ils appartiennent à la catégorie des dépressions.

24. **Les plaines.** — On réserve le nom de plaines à l'ensemble des régions formant les parties les moins élevées du relief. Ces plaines occupent une étendue considérable de la surface terrestre ; on les trouve à la fois dans la partie centrale et sur le pourtour du continent; il y a des *plaines intérieures* et *périphériques;* ces dernières sont le plus souvent des *plaines côtières.* Les plaines sont caractérisées par leur faible pente; elles sont rarement tout à fait planes et présentent de faibles ondulations.

Les plaines ne se sont pas formées partout dans les mêmes conditions. Il en est qui s'étendent à la surface de vastes cuvettes synclinales où se sont accumulés des *sédiments marins,* et dont les *alluvions des fleuves* ont achevé le comblement ; l'immense plaine de l'Amazone, après des dépôts tertiaires, a reçu le remplissage d'alluvions quaternaires et récentes ; il en est de même de la plaine de l'Orénoque et de la vallée inférieure du Mississipi. On pourrait rattacher à ce mode de formation la plaine qui occupe la dépression hongroise. — D'autres plaines ont été formées uniquement par les *alluvions fluviatiles ;* la plaine gangétique correspond au comblement d'un large sillon creusé en avant du plissement himalayen ; la vallée de l'Indus est une épaisse nappe d'alluvions, ainsi que la plaine chinoise des cours inférieurs du Hoang-Ho et du Yang-tse ; il en est de même de la plaine du Pô.

Quelques plaines sont constituées par un *mélange d'alluvions fluviatiles et glaciaires,* notamment la plaine de l'Allemagne du Nord ; d'autres représentent des régions récemment abandonnées par la mer ou gagnées sur elle ; c'est notamment le cas de la *plaine maritime* qui s'étend depuis le Pas de Calais en France jusqu'à la côte occidentale du Schleswig, marquant un large épanouissement en Hollande. Enfin de grandes étendues de faible élévation sont dues à des dépôts marins, demeurés horizontaux et à un faible niveau ; les *couches horizontales* constituant la plate-forme ou plaine russe, émergées pendant toute l'époque tertiaire, ont été très aplanies et n'ont plus pour ces raisons qu'un relief insignifiant ; la plaine de la Sibérie occidentale est de formation analogue ; la *pampa,* dans la République Argentine, repose sur des couches tertiaires horizontales.

25. **Distribution des plaines.** — Les plaines sont inégalement distribuées suivant les continents : en Asie, les grandes plaines sont à la périphérie ; en Afrique, elles sont des plus res-

treintes et limitées à d'étroites vallées fluviales; en Australie, entre le plateau occidental et central et les montagnes de l'Est, s'étend une plaine immense; dans les deux Amériques, les plaines s'étendent entre deux rebords montagneux inégaux alignés Nord-Sud. L'Europe, où la plaine est prépondérante à l'Orient, présente dans l'Ouest une grande diversité de formes du relief.

26. **Les dépressions.** — On désigne sous cette appellation deux catégories de déformations de la surface : 1° des régions qui, par suite de fractures suivies d'effondrement, ont subi un abaissement de niveau tel qu'elles sont dominées par les territoires avoisinants; 2° des régions qui s'abaissent au-dessous du niveau de la mer.

Les premières sont de beaucoup les plus importantes; quand elles sont encadrées de toutes parts par des hauteurs, elles sont privées d'écoulement vers la mer et condamnées à devenir des déserts. Il en est ainsi de la dépression du Grand Bassin située entre la Sierra Nevada à l'Ouest, les Montagnes Rocheuses et les Monts Wahsatch à l'Est (États-Unis); on peut citer encore la dépression du Tarim, en Asie centrale, dominée par les masses puissantes du Tian-Chan, du Pamir et des montagnes qui limitent au Nord le plateau du Tibet. Beaucoup d'autres régions, surtout en Asie, en Afrique et en Australie, présentent le caractère plus ou moins accusé de dépressions et subissent dans une mesure variable la même destinée.

Les points qui s'abaissent au-dessous du niveau de la mer se rencontrent presque toujours dans des régions déjà déprimées. La vallée du *Ghor*, dans la Syrie-Palestine, vallée du Jourdain et de la mer Morte, renferme la dépression la plus profonde que l'on connaisse : le lac de Tibériade est à 208 mètres au-dessous du niveau de la Méditerranée, la mer Morte à 394 mètres; comme la plus grande profondeur y atteint 400 mètres, c'est donc une dénivellation de 800 mètres environ au-dessous de la mer.

Dans l'Asie centrale, dans la dépression de Tourfan, comprise entre les prolongements orientaux du Tian-Chan, on a noté à Louktchoun — 50 m.; la mer Caspienne est à 26 m. au-dessous du niveau de la mer Noire. En Afrique, quelques lacs salés ou *chotts*, dans le Sahara algérien et tunisien, sont au-dessous du niveau méditerranéen ; près de l'oasis de Siouah, au Nord du désert de Libye, on a mesuré — 75 m. ; au lac d'Assal, près du golfe d'Aden, — 174 m.; le lac Eyre, dans la dépression centrale de l'Australie, est à — 12 m.; en Amérique, dans le Sud du désert du Grand Bassin, la vallée de la Mort marque — 33 m.; celle de Coahuilla, — 90 m.

27. **Effets généraux du relief.** — L'influence des diverses formes du relief sur l'ensemble des faits géographiques est de toute importance; il faut nous borner ici à en indiquer les traits généraux.

Nous savons que les *montagnes* exercent une action manifeste sur le climat; elles déterminent d'abondantes précipitations qui, dans les parties élevées, tombent en neige. Les hauts sommets ont des neiges persistantes, même près de l'équateur, comme les volcans Kilimandjaro et Kénia en Afrique. La neige engendre des glaciers qui alimentent des cours d'eau puissants, qui, dans les parties montagneuses, ont une allure torrentielle, franchissent des cascades et sont en plein travail de creusement de vallées. Dans une ascension de montagne élevée on passe non seulement par toute une série de climats, mais aussi par un véritable étagement de vie végétale et de vie animale; dans l'espace de quelques heures on peut voir, dans les régions chaudes, à la flore et à la faune tropicales succéder des espèces polaires, aux cultures et aux forêts luxuriantes faire suite une maigre végétation de broussailles et de Lichens.

Les hautes montagnes, les vallées profondes et froides, ne sont pas l'habitat rêvé par les hommes; mais souvent les vallées ont servi de refuge aux populations chassées des plaines fertiles. Elles ont étagé leurs maigres cultures et leurs habitations sur les versants ensoleillés; dans beaucoup de cas, pendant le long arrêt de l'hiver, la nécessité a introduit chez les populations montagnardes de petites industries familiales, comme dans les Vosges et le Jura. La vie d'isolement dans des vallées difficilement reliées entre elles, dans les Alpes notamment, en Suisse surtout, a développé l'amour de l'indépendance et une forte personnalité.

Sur les *hauts plateaux* des régions tempérées, le climat est généralement rude, par suite de l'altitude; les températures subissent de grandes variations, et les pluies sont rarement abondantes; les fleuves, au régime irrégulier, ont un cours très encaissé, avec des rapides à la sortie du plateau. Il n'y a guère d'autre végétation que celle des steppes, de grandes étendues herbeuses; la population, peu nombreuse, s'y occupe surtout d'élevage et pratique souvent le nomadisme. Sous les tropiques, au contraire, les plateaux sont des régions favorisées; ils introduisent, si l'on peut dire, les conditions des pays tempérés au sein même de la zone tropicale. Le plateau du Mexique en est un bon exemple. — Quand les plateaux sont entièrement encadrés de montagnes, ils deviennent des déserts où la pluie est insuffisante, où toutes les formes de la vie ne subsistent que dans des conditions exceptionnelles.

Ce sont les *larges plaines* fécondes qui ont vu se développer d'abord les grandes agglomérations humaines. On connaît la fourmilière d'hommes qui s'agite dans les plaines de la Chine et du Gange. Là sont nées d'antiques civilisations.

LIVRES A CONSULTER. — E. de Margerie et A. Heim, *les Dislocations de l'écorce terrestre,* Zurich, 1888. — G. de la Noë et E. de Margerie, *les Formes du terrain,* Paris, 1888, 1 vol. et 1 atlas. — A. Penck, *Morphologie..., ouvrage cité,* II, chap. I à IX. — W. M. Davis, *Physical Geography,* Boston, 1898, chap. V à VII. — A. de Lapparent, *Traité..., ouvrage cité,* 2e partie, livre IV; du même, *Leçons..., ouvrage cité,* 30e leçon. — A. Robin, *ouvrage cité.*

---

# CHAPITRE X

## MODIFICATIONS ACTUELLES DE LA SURFACE ACTIONS EXTERNES

### I. — L'ATMOSPHÈRE. — LES GLACIERS.

**Généralités.** — Le globe est soumis à d'incessantes modifications; c'est l'œuvre d'*agents externes,* dont le principe d'action réside dans l'énergie solaire, et d'*agents internes* dont le principe réside dans l'énergie calorifique propre du globe.

**A. — L'atmosphère.** — La **température** et le **vent** sont des agents de dénudation, puissants surtout dans les régions désertiques. Les grandes variations de température dilatent et contractent successivement les roches, qui éclatent; le vent, avec les sables qu'il transporte, sculpte et polit les roches; il désagrège les manteaux sédimentaires et n'en laisse que des lambeaux.

Le vent, dans les déserts, *transporte des poussières;* il édifie des **dunes** qui occupent des étendues notables dans les parties sèches du globe, sous les formes différentes de dunes isolées, de dunes longitudinales, d'amas de dunes. Le vent donne aux régions où il règne en maître un aspect informe.

**B. — Les glaciers. — a). — Formation et conditions physiques des glaciers.** — Les masses de neige que n'entraînent pas les **avalanches** s'accumulent dans des bassins de réception, s'y entassent, s'y solidifient peu à peu en une matière d'abord granuleuse, le **névé**, qui, devenu plus consistant, donne naissance à la glace, au **glacier**. — Le glacier est un *torrent gelé* qui se déplace dans le sens de la pente et reproduit les mouvements généraux des eaux courantes ; sur la glace, trop peu plastique, se forment des *crevasses ;* sur les pentes rapides, des *séracs*. Les glaciers ont une épaisseur et une longueur en rapport avec leur alimentation.

Les grandes régions de glaciers se rencontrent surtout dans les Alpes, le Caucase, l'Himalaya et certaines montagnes de l'Asie centrale ; les Pyrénées, la Scandinavie, sont moins favorisés.

**b). — Transport et érosion par les glaciers.** Les glaciers transportent à dos de glace les roches qui roulent des sommets ; il se forme ainsi de chaque côté du glacier des **moraines latérales ;** si le glacier a un affluent, il se forme une **moraine médiane ;** la **moraine frontale** est l'accumulation des matériaux transportés à l'extrémité du glacier.

A l'aide des rocs anguleux engainés dans leur masse, les glaciers font des *stries* et des *cannelures* sur les parois des vallées qu'ils occupent ; le fond de leur lit a souvent l'aspect de **roches moutonnées**. Des traces de l'ancienne érosion glaciaire sont manifestes dans les vallées aux parois abruptes et au fond aplani, en forme d'U (les *fjords* notamment) ; ils ont laissé des **blocs erratiques** et ont contribué à la formation de lacs.

Les masses considérables des glaciers des régions polaires débordent sur plusieurs vallées. Le Groenland est couvert d'une *calotte glaciaire*, l'**indlansis**, qui aboutit à la mer par de puissants glaciers.

1. **Généralités. L'érosion.** — « La Terre n'est pas une chose morte ; » elle n'est pas figée en un contour immuable. Nous savons que notre globe, depuis qu'il existe, est soumis à d'incessantes modifications. Lentement, mais sans trêve, la nature détruit et édifie ; toute une série d'agents, de facteurs, sont employés à cette œuvre de destruction et de reconstruction ; les effets destructeurs sont de beaucoup les plus importants. On emploie le mot d'ÉROSION pour déterminer, pour préciser l'ensemble de l'activité de ces facteurs. L'étude de leurs diverses actions peut seule nous donner la pleine intelligence des formes de la surface, dont « la variété, a dit CARL RITTER, est la base de toutes les autres ».

2. **Agents externes et internes.** — On distingue deux catégories d'agents

1° Les AGENTS EXTERNES, dont le principe réside dans l'énergie solaire qui échauffe l'atmosphère et indirectement donne naissance aux courants aériens et aux pluies ; sans trêve, ces agents s'attaquent aux surfaces émergées, et les matériaux désagrégés doivent obéir à la loi impérieuse de la *pesanteur* ou *gravité,* qui attire toutes les parties du globe vers son centre. La conquête de la situation d'équilibre met en mouvement les matières terrestres sous l'effort des agents d'érosion et de la gravité. « Les inégalités de la terre ferme sont une sorte de défi adressé à la gravité. »

2° Les AGENTS INTERNES, qui sont dans la dépendance immédiate de l'énergie calorifique propre du globe, et dont l'action principale se traduit par des dislocations de l'écorce et l'accumulation à la surface de matières éruptives.

Cette étude nous est possible maintenant; nous avons défini l'origine des divers facteurs qui s'emploient à l'œuvre de la transformation de la surface, ainsi que le domaine sur lequel leur action doit s'exercer. — Nous étudierons successivement l'action des agents atmosphériques, comme la température et le vent, puis l'action des glaciers et celle, si importante, des eaux courantes; enfin l'action de la mer sur les rivages. Nous verrons ensuite comment les actions internes se manifestent par les sources thermales, le volcanisme, et nous y rattacherons une brève esquisse des questions des tremblements de terre et des déplacements des lignes de rivage.

## A. — L'atmosphère.

**3. Phénomènes de dénudation : 1° la température.** — L'action de l'atmosphère se traduit par des PHÉNOMÈNES DE DÉSAGRÉGATION ou *dénudation,* et par des PHÉNOMÈNES DE TRANSPORT. La *température,* le *vent* surtout, sont les facteurs principaux; leur action est surtout efficace dans les régions désertiques.

Tous les corps se dilatent quand ils s'échauffent, et se contractent quand ils se refroidissent. Dans les déserts, où les oscillations diurnes sont excessives, où la chaleur torride des jours succède au froid glacial des nuits, les roches les plus dures entrent, pour ainsi dire, en mouvement; sous l'action de ces influences contradictoires, elles se fendillent, éclatent et se délitent en petits fragments.

C'est ainsi que les massifs de granite n'ont plus dans les déserts la forme de dôme aux pentes douces qu'ils affectent d'ordinaire; dans la région du Sinaï, dans les déserts australiens, ils présentent un aspect déchiqueté et ruiniforme, des contours heurtés avec des déchirures béantes. — Ces mêmes faits de désagrégation se produisent sur les hauts sommets des montagnes; là, l'action de la température est combinée avec celle de l'eau; l'eau qui a pénétré dans les fissures y gèle; augmentant de volume, elle joue le rôle d'un coin et fait éclater la roche; il se forme ainsi sur les sommets des amas chaotiques.

. . . . .

PHÉNOMÈNE DE DÉFLATION en forme de *réseau grillagé*, sur des calcaires friables.

Les Baux, près d'Arles (chaîne des Alpines). (Phot. N. D.)

2° **Le vent.** — Le vent est aussi un agent d'érosion, par les matériaux, par les sables qu'il entraîne avec une force redoutable; dans le désert de Gobi, en Asie centrale, les ouragans transportent des cailloux gros comme le poing. A l'aide de ces grains de sable, de ces cailloux, le vent dégrade, use, sculpte, polit les roches les plus dures sur lesquelles il exerce son frottement. Les roches très homogènes, comme les roches cristallines, les calcaires massifs et les grès durs, se polissent sous cette action; on trouve dans les déserts du Sahara, du Gobi, de l'Australie, des amas de *cailloux striés* et *polis* par les sables. Les roches moins résistantes, les grès friables, les calcaires tendres, sont, même en dehors des régions désertiques, dans les pays de vents violents, burinés par les matériaux que ceux-ci transportent; il se forme ainsi des rainures allongées

**PHÉNOMÈNE DE DÉFLATION**
**Roche en forme de champignon, près de l'oasis de Khargeh (Égypte).**
**(D'après J. WALTHER.)**

plus ou moins profondes, ou encore une structure particulière en forme de *réseau grillagé*. On donne souvent à cette action du vent le nom de DÉFLATION.

Quand le vent s'attaque à des formations mal cimentées, des grès tendres par exemple, il réussit très vite à découper le manteau sédimentaire, qui apparaît alors de place en place en longues *falaises*, en terrasses isolées, en *hauteurs tabulaires*. Parfois il ne reste plus, comme témoins géologiques, que des *colonnades*, des *piliers* projetant sur le vide des plaines le profil inattendu de quelque tour en ruine. Puis le vent s'attaque à ce pilier, il le sape à la base, qui s'amincit peu à peu; bientôt il ne tient plus au sol que par un pédoncule étroit. On a observé près de l'oasis de Khargeh, à l'Est du désert libyque, des roches ainsi démantelées, ayant la forme d'un champignon.

4. **Phénomènes de transport. Le vent. Transports de poussières.** — Dans les déserts, dans les régions privées d'humidité, l'action du vent est prépondérante dans les *phénomènes de transport;* elle y efface celle, plus puissante ailleurs, des

DÉNUDATION ATMOSPHÉRIQUE
Le Sahara, vu du col de Sfa (près de Biskra, Sahara de Constantine). (Phot. N. D.)

eaux courantes. A la surface de ces régions sèches s'accumulent des masses énormes de matériaux détritiques, produits de la désagrégation des roches, restés sur place parce que l'eau courante n'a pas là la force nécessaire pour remplir son rôle régulateur de déblaiement.

Le sol, privé d'un manteau de végétation qui le protégerait, montre à nu toutes ses blessures.

Le vent, doué d'une vitesse — extrême dans les ouragans (45 m. par seconde) — et d'une puissance mécanique exceptionnelles, opère rapidement le triage des matériaux désagrégés ; les cailloux et les graviers restent en place, les particules ténues sont emportées dans les airs. Ces transports de poussière se produisent avec intensité dans le Sahara; à l'Ouest du désert, des pluies de sables se produisent fréquemment dans l'Atlantique. Du 9 au 12 mars 1901, dans l'Afrique du Nord, l'Europe méridionale et centrale, s'est produite une grande chute de poussière qui provenait des déserts africains. — On a observé des transports de poussière sur les plateaux de l'Iran; Marco Polo les a notés avec soin dans les déserts de l'Asie centrale[1], où la poussière, en suspension dans l'air, donne au ciel une teinte roussâtre. En Australie, dans le Sud-Est, pendant les journées de vent torride, *hot wind*, l'air est toujours chargé d'une poussière fine qui pénètre partout.

5. **Les dunes. Répartition des dunes continentales.** — Les grains de sable trop lourds pour être emportés au loin cheminent sans cesse et s'amoncellent contre les moindres obstacles

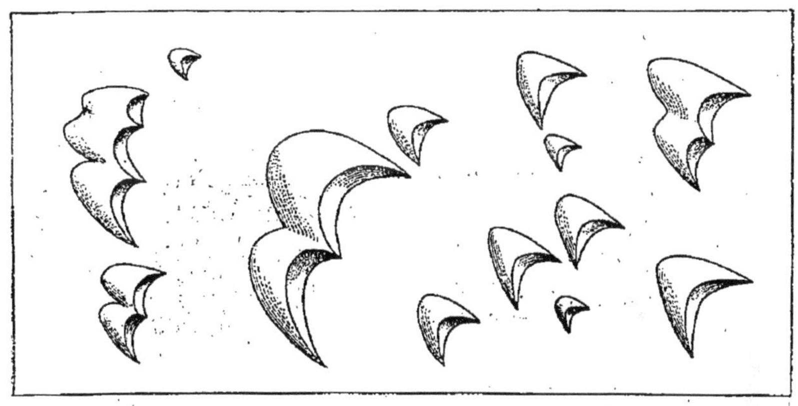

Barkhanes *du Turkestan, près de Boukhara. Dunes mobiles avec versant à l'opposite du vent, en forme de faucille. (d'après J. Walther).*

sous la poussée répétée des vents; ils forment des DUNES. On distingue des DUNES MARITIMES et des DUNES CONTINENTALES; nous ne nous occuperons ici que de ces dernières, réservant les dunes maritimes à l'étude des côtes. Les dunes continentales occupent une très vaste étendue de la surface terrestre, presque exclusivement dans les déserts.

Au Sahara, des amoncellements prodigieux de dunes se voient dans l'Iguidi, dans l'Erg, dans le désert libyque ; en Afrique on trouve encore des monticules de sable dans le Kalahari ; en Asie, les dunes occupent les déserts de l'Arabie, du plateau de l'Iran, du Turkestan russe, du bassin du Tarim et du Gobi ; en Australie, l'espace occupé par les dunes est immense ; elles font

1. Il convient de rappeler ici que M. de Richthofen attribue le *lœss* de Chine à des transports éoliens; les chutes de poussière sont, dans une certaine mesure, la confirmation de sa théorie.

une ceinture autour du centre et couvrent la plus grande partie de l'Australie occidentale. — D'ailleurs les dunes peuvent se former partout où des matériaux désagrégés gisent sur le sol ; le mistral accumule des dunes de 10 m. de haut sur la rive du Gardon ; on trouve aussi des dunes sur les étendues sablonneuses du Brandebourg.

6. **Formation et différents types de dunes.** — Les sables, en butant contre l'obstacle, forment un talus doucement incliné du côté du vent, tandis que le versant opposé offre une pente

DUNES LONGITUDINALES dans le *Grand désert* de l'Australie occidentale.

Versants abrupts des dunes ; Eucalyptus et Spinifex (herbe porc-épic) uniquement sur les dunes, qui conservent seules un peu de fraîcheur, par suite des qualités hygroscopiques du sable. (D'après D. W. CARNEGIE.)

raide ; bientôt une seconde dune se développe de l'autre côté de la première, à l'aide des sables qui peuvent franchir la crête ou par suite de l'éboulement de cette crête ; puis une troisième, etc. Il se forme ainsi une série d'ondulations plus ou moins parallèles, séparées par des vallées ou des petites dépressions mal définies.

Les dunes ne sont pas immobiles ; elles avancent lentement sous la poussée des vents : c'est le cas des *barkhanes* du Turkestan, des *siouf* du Sahara, qui affectent la forme d'un bouclier, et, avec leur versant concave à l'opposite du vent, celle d'une faucille ou d'un croissant.

Les dunes présentent dans certains déserts le type de *crêtes parallèles longitudinales,* qui paraît lié à l'existence de vents dominants réguliers. Les dunes longitudinales sont très développées en Australie; Carnegie, en 1896-97, dans le Grand désert de l'Ouest, a fait à travers ces dunes une traversée de plus de 550 kilomètres; elles s'alignaient d'Est en Ouest, sans interruption, « avec la régularité des sillons d'un champ labouré ». On les rencontre également dans le désert de Thur, dans l'Inde. Ces dunes ont généralement des talus raides des

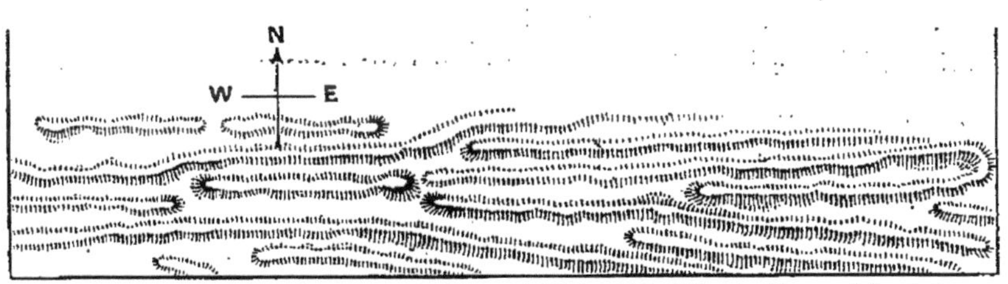

Dunes longitudinales dans le "Grand désert" de l'Australie occidentale (d'après D. W. Carnegie)

deux côtés. — Très souvent les dunes présentent un enchevêtrement de rides, de crêtes, de creux, où il est difficile de démêler une direction. C'est le cas des dunes sahariennes dans le désert libyque et dans l'Erg. — Ces types de dunes sont peu mobiles; elles ne subissent qu'un déplacement insignifiant; le vent modifie simplement la crête. En Australie, la partie inférieure de dunes est souvent stratifiée et stable; il en est de même de certains groupes de dunes du Turkestan, consolidées par l'humidité que provoque la fonte des neiges.

La hauteur des dunes est très variable. En Australie, la moyenne oscille entre 10 et 20 mètres; dans le désert de Victoria, certains groupes atteignent 90 mètres. Au Sahara, les dunes s'élèvent jusqu'à 150 et 200 mètres; on a donné le chiffre douteux de 500 mètres.

7. **Physionomie des régions désertiques.** — Sous l'action de la dénudation et des transports atmosphériques, les déserts revêtent une physiono-

mie particulière. Tous portent la trace de vastes réseaux hydrographiques qui s'étaient ébauchés à l'époque des pluies intenses du début du quaternaire ; le modelé régulier de la surface, que nous verrons bientôt accomplir ailleurs par l'eau courante, avait été esquissé. La sécheresse vint, pour des causes diverses ; le vent, agent de désordre, commença à rendre précaire et à supplanter l'action des eaux courantes. Le sol apparut encombré de matériaux désagrégés ; des dunes envahirent le lit des cours d'eau ; les formes de la surface devinrent incohérentes. Au lieu du travail ordonné, de l'œuvre normale du creusement et du déblaiement par les eaux courantes, ce fut, par l'action du vent, un travail à rebours d'accumulation et de remplissage. Dans ce modelé informe, les déserts apparaissent comme des régions « en travail de mort », s'ensevelissant sous leurs ruines.

## B. — Les glaciers.

Nous savons que, lorsque la température s'abaisse au-dessous de 0°, la pluie tombe sous forme de neige; au-dessus d'une certaine altitude la neige persiste en toute saison. Ce sont ces neiges persistantes qui donnent naissance aux glaciers.

8. **Avalanches de neige.** — La quantité de neige qui tombe sur les hautes montagnes est, en général, considérable. Au Saint-Bernard, dans les Alpes, la chute est de 5 à 10 mètres par an; au Grimsel, de 17. Cet amoncellement ne saurait être indéfini; les masses neigeuses s'allègent par les AVALANCHES, masses de neige qui se précipitent vers les régions inférieures, avec une vitesse prodigieuse, entraînant des boues et des pierres, broyant tout sur leur passage et causant parfois des ravages considérables. — Mais la plupart des avalanches se produisent périodiquement et glissent chaque fois dans le même couloir; ces *couloirs d'avalanches* sont très nombreux; on en compte jusqu'à 530 dans le massif du Saint-Gothard. C'est au printemps que se forment les avalanches les plus puissantes.

**a).** — 9. **Formation et conditions physiques des glaciers. Névés.** — La plus grande partie de la neige descend vers les parties inférieures sous une poussée uniforme. D'ordinaire les neiges s'accumulent dans de grandes dépressions semi-circulaires qui avoisinent les hauts sommets; ce sont des *cirques*, en forme de niche, ou mieux encore des *bassins de réception;* ces cirques s'ouvrent d'ordinaire par une gorge encaissée.

La neige amoncelée subit des tassements; l'air, à qui elle doit sa couleur blanche, s'échappe peu à peu; les cristaux de neige commencent à adhérer les uns aux autres. Le soleil détermine une légère fusion à la surface; les cristaux prennent une forme plus ou moins arrondie. L'eau goutte à goutte s'infiltre dans la masse; elle gèle bientôt et agglutine la neige voisine. La neige devient ainsi une matière imparfaitement solidi-

MASSIF DE DUNES, Sahara de Constantine.
(D'après P. VUILLOT.)

fiée, mi-partie neige et mi-partie glace; c'est la *glace bulleuse*, contenant encore des bulles d'air, formant un amas granuleux sans grande cohésion; il est cependant assez résistant pour que les alpinistes puissent y marcher facilement. Cette matière insuffisamment cohérente porte le nom de NÉVÉ[1] dans la Suisse française, de *firn* dans la Suisse allemande.

1. Comme la fusion de la neige est indispensable pour leur formation, les névés ne peuvent s'établir qu'à partir d'une certaine altitude. On a calculé que dans les Alpes les amas de névés ne prennent tout leur développement qu'au-dessous de 3300 m. de hauteur. — On a constaté quelques cas de névés et de glaces sur les plus hauts sommets; ils peuvent être dus à l'énorme pression exercée pour les couches supérieures de neige, ou au rayonnement de rochers fortement chauffés par le soleil et qui déterminent la fusion de la neige.

10. **Formation des glaciers.** — Ces masses de névés, sous la pression de leur propre poids et celle des neiges supérieures, s'écoulent dans des vallées resserrées, où elles prennent une consistance de plus en plus forte. La cohésion devenant plus parfaite, les bulles d'air finissent par disparaître ; des masses de névés se détache un lobe de glace qui descend le long des pentes en épousant les inégalités de la surface ; c'est le GLACIER. La glace, dans son mouvement de descente, devient de plus en plus compacte ; elle possède alors une cassure homogène, une couleur bleuâtre, surtout dans les parties inférieures, et une demi-transparence.

11. **Glaciers encaissés et suspendus.** — Tous les glaciers ne sont pas dans les mêmes conditions de développement. Les uns occupent des vallées profondes : ce sont les *glaciers encaissés,* qui se trouvent dans une situation favorable ; leur vallée a généralement pour origine un cirque où la neige s'accumule, et les névés se concentrent nécessairement entre ses parois plus ou moins étroites. Les autres forment les *glaciers suspendus,* établis sur des pentes uniformes ; la glace s'étale au lieu de se concentrer ; sa puissance est diminuée, et le glacier n'a qu'une faible longueur. Les glaciers suspendus se rencontrent surtout dans les Pyrénées, où les hautes vallées sont rares ; dans les Alpes, au contraire, prédominent les grands glaciers occupant des dépressions profondes. D'ordinaire on rencontre des spécimens de ces deux types de glaciers, *pyrénéen* et *alpin,* dans toutes les grandes régions glaciaires.

12. **Mouvements des glaciers.** — Un glacier n'est pas autre chose qu'un FLEUVE DE GLACE, qu'un *torrent gelé* qui sert d'*émissaire* aux champs de névés. Il chemine lentement dans le sens de la pente. Les montagnards savaient depuis longtemps que l'immobilité des glaciers n'était qu'apparente. Des objets perdus sur le glacier se retrouvent longtemps après à une altitude inférieure. Un exemple célèbre est l'échelle abandonnée par les guides de DE SAUSSURE, après son ascension du Mont Blanc en 1788; en 1832, l'échelle fut aperçue à 4 050 mètres plus bas, ayant parcouru ainsi une moyenne de 92 mètres par an. Des expériences précises ont été faites à l'aide de jalons piqués à la surface en ligne droite; on constata facilement que ces jalons se déplaçaient vers l'aval.

De plus, on put constater que les glaciers obéissaient dans leur déplacement aux lois générales qui président aux mouvements des eaux courantes. Ainsi le déplacement a plus de rapidité au centre que sur les bords; il est facile de s'en rendre compte par la disposition des *bandes boueuses* qui se forment sur beaucoup de glaciers, dessinant une ligne courbe, convexe vers l'aval. La vitesse augmente dans les points resserrés et s'atténue dans les parties plus larges; dans les gorges étranglées, le glacier, bouleversé, gagne en hauteur.

La vitesse est très variable. Dans les Alpes elle oscille entre $0^m,05$ et $1^m,25$ en 24 heures. La mer de Glace a sur certains points une vitesse de $0^m,68$ par jour. Des expériences faites au Mont Blanc ont prouvé que la vitesse était plus forte à la surface que dans le fond.

13. **Plasticité de la glace. Crevasses et séracs.** — La glace n'a qu'une faible plasticité; elle se fendille dans son mouvement de descente en se modelant sur les inégalités de son lit; ainsi se produisent les CREVASSES. Par le phénomène du *regel*, la compression peut souder de nouveau la glace, et les crevasses se referment.

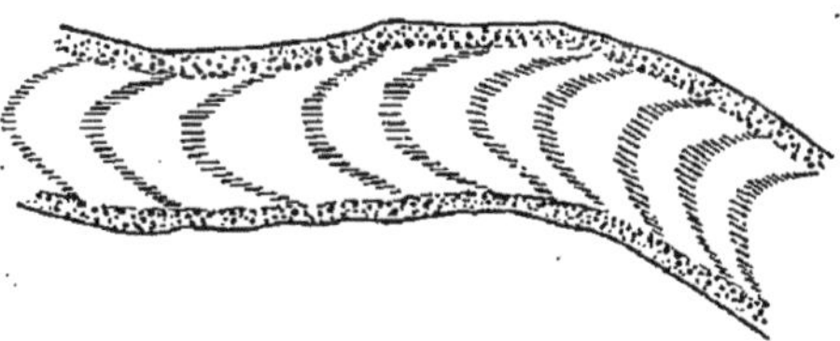

Bandes boueuses à la surface d'un glacier.

Les crevasses présentent des dispositions variées, que détermine la forme du lit du glacier. Dans les passages très étroits, la glace est laminée en quelque sorte et se fend en *crevasses longitudinales*, parallèles à l'axe du lit; dans les passages élargis, la vitesse, plus grande au centre que sur les bords, détermine la production de *crevasses transversales* ou *marginales;* à son extrémité inférieure, le glacier s'épanouit en éventail; la glace, incapable de se dilater, se divise en tranches et forme des *crevasses radiées* ou *frontales.*

Quand un glacier doit franchir une dénivellation forte, qui déterminerait, par exemple, un rapide pour un torrent, la glace se brise en arêtes, qui s'étagent les unes au-dessous des autres : ce sont des SÉRACS; quand la pente est très forte, la glace se découpe en *pyramides* et en *aiguilles* qui, s'écroulant, peuvent former des amas chaotiques.

14. **Épaisseur et longueur des glaciers.** — L'épaisseur de la glace varie suivant l'encaissement du lit et l'alimentation

plus ou moins abondante des glaciers. L'épaisseur de la *mer de Glace*, au Mont Blanc, serait de plus de 150 mètres; le *glacier de l'Aar* aurait en certaines parties près de 400 mètres.

La longueur du glacier dépend également de l'abondance des champs de névés. Quand les glaciers sont fortement ali-

CREVASSES LONGITUDINALES, sur la mer de Glace (Mont Blanc), déterminées par le resserrement des parois, visible à l'arrière-plan.
A droite, aiguilles de schistes cristallins. (Phot. N. D.)

mentés, ils peuvent s'avancer très loin de leur origine, en des points où la température est tempérée et même chaude. L'exemple le plus frappant est fourni par plusieurs glaciers du versant Ouest des Alpes de la Nouvelle-Zélande (Ile Sud) : l'un d'eux descend jusqu'à 212 mètres au-dessus du niveau de la mer, au milieu d'un paysage de Hêtres et de Conifères, et, un peu plus loin, de Palmiers et de Fougères Les glaciers du Mont Blanc, dans leur cours inférieur qui s'approche de 1000 mètres, cheminent entre des cultures et des vergers.

**15. Moulins et tables des glaciers.** — Quand le glacier atteint des altitudes moindres, il subit l'influence de la chaleur solaire, renforcée par la réverbération des roches encaissantes. A la surface se produit une fusion parfois considérable; de nombreux ruisselets coulent sur le glacier et vont se perdre dans les fissures de la glace; quelquefois ils érodent ces fissures, déterminant un orifice circulaire que l'on appelle un *moulin*. — Les pierres et les rochers que les glaciers transportent protègent contre la fusion

SÉRACS du glacier de Talèfre, que domine l'aiguille de Talèfre (3745 m.).
A l'arrière-plan, glacier de Leschaux. (Phot. N. D.)

la partie du glacier qu'elles recouvrent. Bientôt ils sont en surplomb sur le glacier, sur le socle de glace qu'ils ont protégé contre le soleil; ce sont les *tables des glaciers*.

**16. Distribution des grandes régions de glaciers.** — Dans les Alpes, surtout en Suisse, les phénomènes glaciaires présentent une ampleur exceptionnelle. On a calculé que la surface occupée par les glaciers dans l'ensemble des Alpes oscillait entre 3000 et 4000 kilomètres. Plus de mille glaciers appartiennent aux Alpes suisses; le plus considérable est le *glacier d'Aletsch*, dans l'Oberland bernois, qui s'étend sur 24 kilomètres et s'alimente à des champs de névés de 100 kilomètres

PYRAMIDES DE GLACE

A droite, MORAINE LATÉRALE (glacier des Bossons, Mont Blanc). (Phot. N. D.)

carrés; le glacier de l'Aar n'a que 8 kilomètres; la mer de Glace en a 12. — Dans les Pyrénées, où les précipitations atmosphériques sont beaucoup moins abondantes que dans les Alpes, où l'altitude est plus faible et la topographie défectueuse pour l'établissement des glaciers (absence de vallées profondes), il n'y a guère que des glaciers suspendus; le type alpin est rare et de faible longueur.

Tables de Glacier

A l'Est des Alpes il faut aller jusqu'au Caucase pour retrouver des glaciers. D'après des recherches récentes, le Caucase, surtout sur le versant Nord, a plus de glaciers qu'on ne le supposait jadis; proportionnellement, il n'est pas inférieur aux Alpes. Les hautes montagnes qui forment le rebord méridional du plateau tibétain, le Karakorum et l'Himalaya, possèdent, grâce aux précipitations considérables, d'énormes glaciers. Dans le Karakorum, leur longueur oscille entre 20 et 100 kilomètres. Dans l'Himalaya, les glaciers se forment assez loin des sommets et s'étendent parfois sur 100 kilomètres de longueur.

Dans l'Asie centrale, dans le Kouen Lun, dans l'Alaï et les montagnes à l'Est du plateau du Pamir, dans le Tian Chan et les monts Altaï, l'existence des glaciers n'est pas douteuse; quelques-uns seulement ont été étudiés. Il semble que leur diminution soit générale. — Dans l'Amérique du Nord, les glaciers ne s'étendent pas au Sud du 40° lat. N.; dans les Andes de Patagonie, les grands glaciers descendant jusqu'à la mer n'apparaissent guère avant le 45° lat. S. — Dans la Scandinavie, où, près du cap Nord, les glaciers vont jusqu'à la mer, les glaciers sont moins importants qu'on ne pourrait le croire. Les plus grands, ceux du *Justedal*, n'ont pas 5 km. de superficie. En Islande, des glaciers occupent des vallées situées sur le pourtour de l'île. Nous parlerons plus loin des glaciers polaires, qui présentent des conditions spéciales.

Moraines latérales et médiane

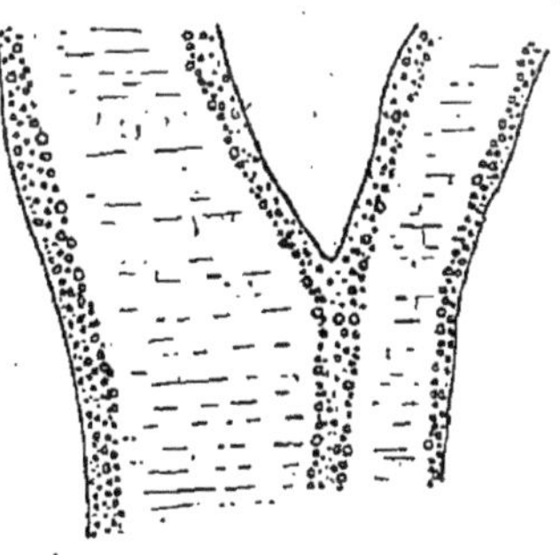

17. **Variations actuelles des glaciers.** — Diverses causes peuvent influer sur le régime des glaciers; la principale réside dans la variation que peut subir l'alimentation des champs de névés, régulateurs des glaciers. *Les glaciers subissent des oscillations continuelles.* Les glaciers du Mont Blanc auraient eu, de 1812 à 1818, une avancée assez rapide, puis un recul jusqu'en 1824; nouvelle progression de 1826 à 1830, recul de 1839 à 1842, etc. En 1890, 55 glaciers étaient en progression en Suisse, dans la région du Mont Blanc et dans le Valais. Le recul se dessina en 1893, et en 1897, 40 glaciers marquaient une importante décrue. Dans les Alpes françaises les glaciers ont été en recul de 1892 à 1895. Le dernier rapport de la *Commission internationale des glaciers* (1901) établit que dans les Alpes la tendance générale est au recul, tendance qui d'ailleurs prévaudrait sur toute la surface du globe.

**b). — 18. Transports par les glaciers. Moraines latérales et médianes.** — Les hauts sommets que ne protège pas un manteau de neige sont destinés à subir une rapide désagrégation, sous l'influence prédominante des variations extrêmes de température. Nous savons que les roches les plus dures se brisent en fragments; les débris vont tomber à la surface des glaciers. Ils s'amoncellent sur les bords du glacier; et ainsi de chaque côté deux rangées continues de rocs cheminent à dos de glace; elles forment les MORAINES LATÉRALES. Ces moraines sont des amas informes, où les rochers sont enchevêtrés dans le plus grand désordre.

Parfois le glacier conflue avec un autre courant glaciaire, comme un fleuve reçoit un affluent; le nouveau glacier qui résulte de leur jonction porte trois moraines; en effet, une MORAINE MÉDIANE a été formée par la réunion de deux des moraines latérales des glaciers. Si les confluents de glaciers sont nombreux, la surface presque entière du glacier finira par être jonchée d'une multitude de débris en désordre.

**19. Moraine frontale. Cailloutis glaciaires.** — Tous ces débris finissent par atteindre l'extrémité, le *front* du glacier. Les divers éléments qui constituent les moraines tombent au pied de l'escarpement et s'y entassent, donnant naissance à une MORAINE TERMINALE OU FRONTALE. Cette moraine a la forme d'une sorte de rempart convexe, d'une enceinte circulaire en avant du glacier, enceinte plus faible dans la partie centrale que sur les côtés. En effet, dans la partie médiane les matériaux transportés forment une masse moins importante que sur les bords. D'ailleurs du glacier sort le plus souvent un torrent de boue et de glace fondue, qui peut être assez puissant pour rompre la moraine frontale ou même en empêcher l'établissement.

Les *dépôts morainiques* sont facilement reconnaissables. Alors que les matériaux qui constituent les alluvions des fleuves sont, comme nous le verrons bientôt, distribués régulièrement suivant la pesanteur, les éléments des moraines, gros et petits blocs, cailloux, graviers, sont amoncelés pêle-mêle, au milieu de boues; ils ont des stries et des surfaces polies qui révèlent leur origine.

La moraine frontale est constamment sillonnée par un grand nombre de ruisseaux que fait naître la fusion de la glace; ces ruisseaux entraînent les petits cailloux et surtout la boue et le sable, qu'ils étalent en avant de la moraine en forme de talus; ce talus porte le nom de *cailloutis glaciaire* et présente, par la disposition ordonnée des éléments, une certaine analogie avec les dépôts fluviatiles.

**20. Érosion par les glaciers.** — Les glaciers ont une puissance mécanique remarquable; on conçoit que ces masses de glace, de grande épaisseur, puissent exercer des pressions énormes sur le fond et sur les parois de la gorge où ils sont encaissés. Ils représentent une sorte de rabot gigantesque. Dans leur masse sont engainés solidement d'énormes blocs de roches dures et anguleuses, tombées des sommets, qui font office de puissants burins et creusent sur les roches des parois des *stries* et des *cannelures* profondes, dont l'inclinaison indique le

MORAINE FRONTALE du glacier d'Argentière.
TORRENT GLACIAIRE dans la partie centrale (Mont Blanc). (Phot. N. D.)

sens du mouvement du glacier. Ces stries, ces cannelures, peuvent avoir jusqu'à 10 mètres de longueur; les calcaires compacts se laissent le plus facilement strier.

Les roches des parois peuvent être plus dures que les blocs transportés par les glaciers; dans ce cas, elles strient ces blocs; mais ce travail longtemps répété amène l'usure de la roche elle-même, qui finit par présenter une surface polie. Ces *polis glaciaires*, aux contours adoucis, sont visibles dans les anciennes vallées glaciaires ou au-dessus des glaciers actuels. Ils révèlent l'épaisseur des anciens glaciers.

**21. Moraine de fond. Cailloux striés. Roches moutonnées.** — Souvent, dans les crevasses, tombent les blocs des moraines, qui sont ainsi transportés au fond des glaciers; ils forment une couche intermédiaire entre le glacier et la roche sur laquelle celui-ci exerce une formidable pression. Ils sont broyés par le poids de la glace et transformés en cailloux, en galets, ou encore en gravier, en sables fins, et finalement en boues. L'ensemble de ces débris forme la MORAINE DE FOND, dont les éléments arrondis et usés diffèrent totalement de ceux des moraines superficielles, qui ont conservé leurs formes anguleuses, sauf

STRIES ET CANNELURES
(D'après Fr. SIMONY).

au point de contact avec les parois des rochers encaissants. La *boue glaciaire* est formée de particules très menues, d'une couleur grisâtre quand elle provient de la destruction de schistes ou de roches cristallines, et blanchâtre quand elle provient des calcaires; c'est cette boue très fine qui donne à l'eau des torrents glaciaires un aspect blanchâtre. Les éléments de la moraine de fond se mêlent à ceux de la moraine frontale.

C'est avec les graviers et les cailloux des moraines de fond que le glacier procède au polissage de son lit; ces cailloux sont bientôt arrondis et sillonnés de stries dirigées en tous sens, par suite des nombreux changements de position qu'ils ont pu subir. Ces *cailloux striés*, le plus souvent des quartzites très durs, ont usé par leur frottement continu les inégalités du lit. Les roches qui les formaient sont arrondies dans la partie tournée vers l'amont, la partie en aval ayant à peu près conservé ses formes; ces roches ainsi mamelonnées évoquent assez bien l'image d'un troupeau de moutons endormis, d'où le nom de *roches moutonnées*.

22. **Vallées glaciaires. Blocs erratiques. Lacs glaciaires.** — Les glaciers ont eu, nous le savons, au début de l'époque quaternaire, une très notable extension; ils ont laissé des

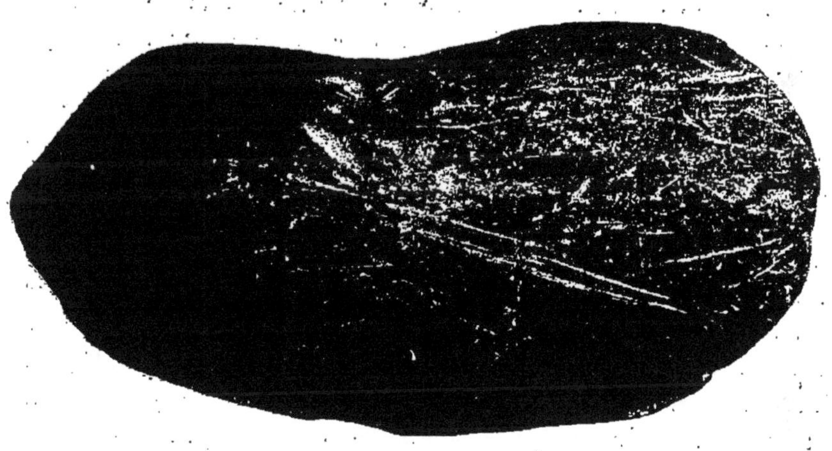

CAILLOU STRIÉ.

traces évidentes de leur passage sous des formes diverses qu'il convient d'analyser successivement.

Les vallées qui ont servi de lit à des glaciers ont le fond énergiquement raboté; elles présentent une surface aplanie, dominées par des flancs polis, raides ou même abrupts. Ces vallées affectent ainsi la forme d'un U, tandis que les vallées creusées par les fleuves présentent des flancs plus adoucis et la forme générale d'un V. Les rivières ne peuvent aboutir dans les vallées façonnées par les glaciers, que par des *chutes* et des *cascades*, par suite de l'extrême raideur des pentes. Les FJORDS NORVÉGIENS, avec leurs parois abruptes aux flancs polis, leurs nombreuses et pittoresques chutes d'eau, sont un bon exemple de vallées récemment abandonnées par les glaciers, creusées et modelées par eux.

Les anciens glaciers ont poussé fort loin leurs moraines. Souvent l'érosion a fait entièrement disparaître les éléments peu résistants des moraines abandonnées. Sur leur emplacement il ne reste plus que de gros blocs aux formes parfois étranges, en partie anguleuses, en partie arrondies, que l'on nomme des BLOCS ERRATIQUES. Ces blocs, souvent de fortes dimensions, se rencontrent dans des bois, des prairies, sur le flanc des montagnes, dans les positions les plus diverses, formant des masses isolées. Ils ont une structure très différente du sol sur lequel ils reposent, et qui souvent révèle une origine lointaine; des blocs erratiques de granite venus de Scandinavie ont été trouvés dans les sables de Brandebourg. L'imagination populaire attribua longtemps leur présence à des puissances surnaturelles; les noms qu'ils portent en certains pays en sont la preuve : *Pierre des Fées, Pierre du Diable, Pierre du Géant;* le Géant l'avait lancée du haut d'une montagne.

Lors de leur plus grande extension, les glaciers, notamment dans les Alpes, ont amoncelé à leur extrémité de puissants amas morainiques. Ces moraines frontales ont contribué à exhausser le niveau des *grands lacs subalpins;* elles forment une bordure presque continue au pied des Alpes, au Nord de la vallée du Pô, devant le lac Majeur, le lac de Côme et le lac de Garde; il en est de même pour quelques lacs suisses. En dehors de ces lacs de barrage morainique, d'autres surfaces lacustres occupent les *cirques* des montagnes, qui doivent leur forme en partie à l'action glaciaire, en partie à la dénudation atmosphérique; des lacs de faible profondeur en occupent le fond; on les rencontre dans les Vosges (lac Blanc), dans les Pyrénées (lac d'Oo), dans le Bœhmer Wald, le Riesen Gebirge (monts des Géants), etc.

23. **Paysage morainique. Kames et Drumlins.** — Parfois l'accumulation des moraines terminales des anciens glaciers donne naissance à une topographie singulière que l'on appelle le *paysage morainique.* C'est un amas confus de croupes aplanies, d'entassement de boues et de pierres, de petits lacs, de blocs erratiques, de protubérances et de creux disposés dans le plus grand désordre. Les glaciers qui ont déposé ces moraines ont subi de continuelles oscillations, des avancées et des reculs continuels; leurs moraines frontales chevauchaient ainsi les unes sur les autres, s'enchevêtraient, laissant dans les intervalles de petites dépressions sans écoulement. A la longue, il se formait ainsi sur une grande étendue des formes incohérentes, capricieuses en quelque sorte, où des cavités s'entremêlaient au

milieu de faibles protubérances dans une extrême confusion. Ce paysage morainique se rencontre à la limite des dernières grandes extensions glaciaires; il forme les croupes lacustres de la Baltique; il occupe toute la région au Sud des grands lacs, dans l'Amérique du Nord, limité par le Missouri et l'Ohio jusqu'à leur confluent avec le Mississipi.

Dans les régions occupées autrefois par les glaciers, on voit de longues collines ayant 20 m. de hauteur en moyenne, formées de cailloux et de graviers et que l'on nomme *kames* en Écosse, *eskers* en Irlande, *œsars* en Scandinavie; en Écosse et en Irlande, elles sont couvertes d'une végétation herbacée, verdoyante. Ces kames paraissent dus à l'action des torrents qui parcouraient l'extrémité des glaciers. — Dans l'Amérique du Nord existent

GLACIER DE TYPE POLAIRE. GHIACCAIO MUIR
Territoire d'Alaska. (D'après DE FILIPPI.)

des *drumlins;* ce sont des collines arrondies, allongées et ovales, de 800 m. de longueur, qui paraissent être des lambeaux de moraines qui ont été recouvertes par des glaciers et modelées par eux; ils sont extrêmement nombreux dans le Sud du New-Hampshire, dans une partie du Massachusetts; les îles du port de Boston sont presque toutes des drumlins.

24. **Glaciers des régions polaires.** — Nous savons que des glaciers occupent certaines régions polaires; nous les avons vus former des icebergs. Ces glaciers se développent principalement sur les terres voisines de la trouée de l'Atlantique, baignées par les ramules du Gulf Stream, et battues par des souffles humides. Les glaciers font entièrement défaut dans le Nord de la Sibérie, pauvre en neige, et dans une partie de l'Amérique du Nord.

Ce qui caractérise ces *glaciers polaires,* c'est l'épaisseur de leur masse, qui les oblige à occuper parfois plusieurs vallées et à recouvrir les crêtes; ils envoient des lobes glaciaires jusque dans la mer, où ils se terminent sur une grande largeur. Ils transportent peu de débris et n'ont que des rudiments de moraines; les hauts sommets et les parois rocheuses qui pourraient leur fournir des matériaux sont peu développés. Tel est le régime des *glaciers de l'archipel François-Joseph,* très riche en surfaces glaciaires entre 79° et 82° lat.; les glaciers y aboutissent à la mer par des falaises de 30 à 40 mètres sur un front de 20 kilomètres; l'un d'eux aurait un développement terminal de 60 kilomètres, et le plus large de 110 kilomètres. Au *Spitzberg,* les glaciers ont des falaises frontales de 80 et même 120 mètres de hauteur.

Le GROENLAND, cette île immense, présente des caractères différents. Il est presque entièrement recouvert par une calotte glaciaire sur plus de 2 millions de kilomètres carrés; on l'appelle l'*inlandsis;* elle ne laisse qu'une étroite lisière libre de glaces sur la côte occidentale, d'une étendue allant de 15 à plus de 100 kilomètres; sur la côte Est, la bande côtière est très réduite et par endroits annulée. L'inlandsis dépasse le 82° lat., et est d'un seul tenant du Nord au Sud, de l'Est à l'Ouest. Elle s'élève graduellement vers l'intérieur suivant une pente d'abord assez forte, puis plus faible; elle forme ainsi une sorte de voûte surbaissée, « un bouclier dont la pointe serait tournée vers le Sud et dont la surface en travers et en long serait arrondie » (Nansen). Il est probable que l'altitude, mal connue, doit dépasser 2 000 mètres dans l'intérieur; le point culminant atteint par Nansen est à 2 718 mètres, non loin de l'extrémité Sud. Dans l'intérieur, l'inlandsis présente une grande uniformité d'aspect, de structure et de relief; il n'est guère accidenté que par des *nunataks,* sommets isolés en forme de pics perçant le manteau glaciaire; dans les zones bordières, la glace est plus ou moins crevassée et hérissée d'aspérités. — De nombreux glaciers servent d'émissaires à l'inlandsis; sur la côte Ouest huit atteignent d'énormes proportions; sur la côte Est ils sont encore plus puissants et plus nombreux. La couleur des glaciers de l'Ouest est grise; ils ont un aspect tourmenté, disloqué, chaotique; quand le relief cause des étranglements, comme dans le grand Karajak, le glacier est bouleversé. — La côte Sud du Territoire d'Alaska possède des glaciers de type polaire.

Livres a consulter. — A. Heim, *Handbuch der Gletscherkunde* (collection des manuels géographiques Fr. Ratzel), Stuttgart, 1885. — J. Walther, *Das Gesetz der Wüstenbildung*, Berlin, 1900. — A. de Lapparent, *Traité...*, *ouvrage cité*, 1re partie, livre II, chap. VI; du même, *Leçons...*, *ouvrage cité*, 11e leçon.

---

# CHAPITRE XI

## MODIFICATIONS ACTUELLES DE LA SURFACE ACTIONS EXTERNES

### II. — Les Eaux courantes.

Les **eaux courantes** ont un rôle prépondérant dans le modelé de la surface.

**A. — Évaporation. Ruissellement : eaux sauvages et torrents.** — L'**évaporation**, variable suivant les conditions de chaleur, de sécheresse, de saturation et de tranquillité de l'air, enlève une forte proportion de l'eau tombée.

Le **ruissellement**, écoulement immédiat de la pluie à la surface, se produit avec intensité, sous forme de nombreuses rigoles, sur les sols imperméables ou sur les terrains perméables à forte pente.

Sur les pentes rapides, les **eaux sauvages**, si le terrain est peu résistant, le découpent en *aiguilles* et en *pyramides;* les grès fissurés se divisent en colonnes, en *arcades ruiniformes;* les calcaires sont creusés à la surface de ravinements sinueux, *lapiez*, et les dolomies présentent les formes les plus singulières (notamment à Montpellier-le-Vieux, dans la région des Causses).

Les **torrents**, concentrant les eaux de ruissellement dans le *bassin de réception*, se précipitent dans le *couloir d'écoulement* pour aboutir, après de puissants effets de destruction, au *cône de déjection*.

**B. — Principe et conditions de l'action des eaux courantes.** — Le principe du travail mécanique des eaux courantes est l'établissement du **profil d'équilibre** à partir du **niveau de base**, niveau de la mer ou du lac, censé invariable, où aboutit le cours d'eau.

Le régime des cours d'eau, écart entre les hautes et les basses eaux, dépend de l'**alimentation** : par neiges et glaciers, par pluies et neiges, par pluies de toutes saisons, par pluies périodiques et régulières, par pluies insuffisantes; de la **nature du sol**, imperméable ou perméable, de la **pente**, du **tapis végétal**, de l'existence de **lacs régulateurs**. Les *inondations*, régulières et bienfaisantes dans les fleuves des régions tropicales, causent des désastres dans les régions tempérées; le *débit* reflète toutes les inégalités d'un régime.

**C. — Érosion des eaux courantes.** — L'action érosive des eaux courantes n'est efficace qu'avec une vitesse de 2 à 3 m. à la seconde. Le passage des roches dures produit des *rapides;* les dénivellations, des *cascades*.

Les cours d'eau peuvent couler dans des *gorges profondes*, fissures préexistantes, ou bien creuser par érosion verticale des couloirs abrupts, des **cañons**, fréquents dans les régions calcaires, notamment dans les *Causses* (Massif central français) et le *plateau du Colorado* (États-Unis). Les **méandres encaissés** sont de même origine que les cañons.

La fin du travail d'érosion est marqué par le creusement définitif de la vallée. L'**aplanissement** de la surface doit être le résultat final.

**1. Importance du rôle des eaux courantes dans la transformation de la surface.** — L'eau courante est le *facteur essentiel du modelé de la surface.* L'action de l'atmosphère et des glaciers ne peut guère déterminer que des modifications locales; tout l'effort des mers reste, nous le verrons, limité aux rivages. L'action de l'eau courante s'étend, au contraire, à l'ensemble de la surface émergée, à l'exception de quelques régions désertiques où son rôle est annulé par celui des vents. L'eau courante est donc en définitive l'auteur responsable du façonnement de la surface; l'étude de son action mécanique et aussi chimique présente à cet égard le plus vif intérêt.

La pluie est la source première de l'eau courante; quand elle tombe sur le sol, elle peut avoir une triple destination : l'*évaporation,* le *ruissellement,* l'*infiltration.*

## A. — Évaporation. — Ruissellement : eaux sauvages et torrents.

**2. Évaporation.** — L'ÉVAPORATION détermine le retour à l'atmosphère, sous forme de vapeur d'eau, d'une quantité importante de la pluie tombée; cette évaporation est en rapports étroits avec les conditions de chaleur et de sécheresse, de saturation et de tranquillité de l'air. On a calculé que l'évaporation était d'environ 600 mm. à Paris et de plus de 2 mètres dans les déserts; ce dernier chiffre est d'ailleurs certainement dépassé.

L'évaporation est plus forte pendant l'été que pendant la saison froide, surtout dans les régions tempérées; il s'ensuit que, d'après la loi formulée par Dausse, « les pluies d'été ne profitent pas aux cours d'eau ». — En comparant le débit d'un fleuve, à son embouchure, à la quantité de pluie tombée sur son bassin, on voit que la différence est très considérable : pour l'Amazone, le débit n'est que de 19 °/₀ du total de la pluie; le Missisipi, 18 °/₀; la Seine, 28 °/₀; le Nil, 3 °/₀. Cette différence est due, pour la plus grande partie, à l'évaporation, dont l'action, comme on le voit, est des plus importantes.

3. **Ruissellement.** — Quand la pluie tombée s'écoule immédiatement et directement à la surface, c'est le RUISSELLEMENT;

PYRAMIDES DE FÉES, près La Mure (Isère).
(Phot. communiquée par le *Service photographique de l'Université de Lyon.*)

son allure dépend de la nature et de la topographie du sol; il se produit sur tous les sols imperméables, et sur des terrains même perméables quand la pente est rapide. Dans les terrains imperméables, argileux ou granitiques, par exemple, le ruissellement détermine la formation d'un réseau serré de gouttières et de rigoles qui sillonnent la surface dans le sens de la pente. Si une pluie abondante vient à tomber, l'eau remplit immédiatement les rigoles; elle en érode les bords, dont elle entraîne les débris; le courant, aux eaux boueuses, s'écoule rapidement, et bientôt la rigole reste à sec. En France, le Limousin, le Morvan, sont des régions de ruissellement intense.

Si l'eau pluviale tombe sur des terrains perméables, sur des calcaires fissurés, par exemple, la circulation n'existe pour ainsi dire plus; l'eau pénètre à travers la masse et se réunit en nappes profondes, donnant naissance à des courants d'eau peu nombreux aux ondes claires. Le contraste est donc très vif entre deux régions de perméabilité différente.

4. **Eaux sauvages. Pyramides de fées.** — Quand la pente est assez rapide pour que l'eau puisse atteindre une certaine vitesse, le ruissellement acquiert une puissance mécanique considérable. Les grandes pluies donnent naissance à des EAUX SAUVAGES, ainsi nommées parce qu'elles n'aboutissent pas directement à un point de concentration bien défini; elles entraînent la terre végétale et labourent profondément le sol.

Si le terrain est constitué d'éléments peu consistants, de sables, d'argiles, etc., les eaux sauvages creusent des rigoles profondes, et découpent le sol en *aiguilles* ou en *pyramides* isolées. Il peut arriver que des blocs de pierre soient disséminés dans la masse; alors chaque pyramide porte à son sommet un de ces blocs; les parties meubles placées en dessous ont été protégées par lui contre l'action des eaux sauvages et sont restées debout; elles sont d'ailleurs destinées à s'écrouler bientôt. La puissance de ces eaux sauvages est assez grande pour découper en *colonnes plus massives* des couches de conglomérats solidement cimentés. L'imagination populaire leur a donné le nom de *Pyramides de fées;* on peut en voir des spécimens dans de nombreuses régions des Alpes, notamment dans le Dauphiné, la Haute-Savoie, aux environs de Botzen dans le Tyrol, etc.

5. **Grès et calcaires fissurés.** — Lorsque le sol est formé de roches assez dures, mais fissurées, comme les grès bien cimentés, l'eau pénètre à travers les fissures ou *diaclases,* les ronge,

les élargit et finit par les découper en *colonnades*, en *piliers naturels*, en *arcades*.

On en voit de remarquables spécimens dans la *Suisse saxonne*, au point où l'Elbe sort de la Bohême; elle traverse des couches horizontales variées

ÉROSION ATMOSPHÉRIQUE. Pyramides.
(D'après Fr. Simony.)

de grès crétacés, découpés par des fissures verticales à angle droit, qui les font ressembler à des pierres de taille, d'où leur nom de *Quadersandstein*; on en trouve d'autres exemples dans le *Colorado*, dans la partie gréseuse des *Vosges*, où parfois des colonnes et des piliers de grès évoquent la silhouette tragique de vieux burgs démantelés. — Le grès contient des parties très dures et très résistantes, qui ne se désagrègent pas à l'érosion et donnent naissance à des accumulations de rochers, des *mers de rochers*, que l'on peut observer dans la Suisse saxonne ou dans la *forêt de Fontainebleau.*

Profil d'une région de Lapiez
*(d'après M. Heim)*

Les calcaires massifs, également fissurés, en dehors du travail des eaux d'infiltration dont il sera question plus loin, doivent aux eaux de pluies un modelé particulier de la surface. Les eaux de pluies creusent des petites

LAPIEZ
(D'après Fr. Simony.)

rigoles et forment des ravinements sinueux généralement étroits et peu profonds, un véritable réseau de rainures. Ces rigoles peuvent être déchiquetées et sont séparées par des arêtes étroi-

ÉROSION ATMOSPHÉRIQUE
*La Marmite* (Montpellier-le-Vieux, sur le Causse Noir, Massif central). Dolomie blanche bathonienne. (Phot. N. D.)

tes. On leur donne le nom de *Lapiez* dans la Suisse française, de *Karrenfeld* dans la partie allemande, de *Rascles* en Savoie et dans le Dauphiné. On a signalé l'existence des lapiez à la surface d'autres roches, des grès et des granites, dont les diverses parties offrent à l'érosion une résistance inégale. — Cette inégalité de dureté détermine dans les calcaires, surtout dolomitiques, un aspect *ruiniforme;* ce phénomène a pris une réelle ampleur dans la région des Causses du Massif central français, notamment à *Montpellier-le-Vieux,* sur le Causse Noir; la surface y est constituée de dolomies blanches, caverneuses et irrégulières de structure; elle a subi l'action météorique des vents et des pluies, qui ont laissé en saillies les parties dures. L'aspect de Montpellier-le-Vieux évoque l'image d'une ville détruite, avec des quartiers, des rues enchevêtrées, avec des voûtes, des corniches, des constructions aux formes bizarres, des tours tombant en ruines, etc. Quelques roches sont célèbres : la Porte de Mycènes, la Marmite, etc.

TORRENT

1, bassin de réception; 2, couloir d'écoulement; 3, cône de déjection.

6. **Les torrents.** — Lorsque, en pays de montagne, à la faveur du terrain, les eaux de ruissellement se réunissent en quantités notables dans un chenal déterminé, cette concentration donne naissance à des TORRENTS, c'est-à-dire des courants d'eau temporaires et violents, capables de produire de puissants effets de destruction. Le point où affluent les eaux forme le *bassin de réception* ou *entonnoir;* il a généralement une forme demi-circulaire, et des parois abruptes d'où l'eau tombe en cascade; les eaux s'en échappent par un ravin profond et étroit, bordé de véritables murailles, et de forte pente; c'est le *couloir d'écoulement.*

Toutes les eaux s'y précipitent, et, par suite de la pente et du resserrement du lit, elles acquièrent une vitesse et une puissance mécanique exceptionnelles. Les matériaux que charrie le torrent, les blocs énormes qu'il roule, heurtent les parois comme des béliers, les rabotent, les déchaussent des masses de roches s'écroulent dans l'eau écumante; sous le frottement continu des blocs transportés, les roches les plus dures se polissent. Parfois des arbres déracinés ou des éboulements forment des barrages en arrière desquels s'amoncellent les masses d'eau et les blocs de pierre; sous l'énergique poussée, le barrage éclate avec un bruit formidable et entraine une partie des rives. Les montagnes sont ainsi déchirées et éventrées, notamment dans les départements déboisés des Hautes-Alpes et des Basses-Alpes, ainsi que dans les Pyrénées françaises.

Quand les eaux torrentielles débouchent dans de larges vallées où la pente s'atténue, leur vitesse diminue instantanément; les matériaux transportés, les blocs, les cailloux roulés, les graviers, éprouvent un arrêt subit et se précipitent en un amas confus ayant la forme d'un talus conique, dénommé *cône de déjection*. L'entassement est irrégulier par suite des variations du régime du torrent. Ces cônes de déjection présentent parfois des dimensions notables, 70 mètres de hauteur et 3 000 à la base, dans les Alpes.

### B. — Principe et conditions de l'action des eaux.

7. **Les rivières.** — L'eau qui provient des glaciers ou des sources, des rigoles de ruissellement ou des torrents, se concentre au fond d'une gouttière plus importante, où elle donne naissance à des cours d'eau de nature ordinairement permanente : des RIVIÈRES quand ils aboutissent à d'autres cours d'eau plus puissants, des FLEUVES lorsqu'ils atteignent directement la mer. Ces rivières et ces fleuves ont un lit nettement défini, que l'on nomme *thalweg*. Ce sont ces eaux courantes, permanentes ou temporaires, qui, avec plus ou moins de lenteur, exercent l'action la plus efficace d'érosion de l'écorce terrestre.

8. **Le niveau de base et le profil d'équilibre.** — Quel que soit le caractère des cours d'eau, torrentiel ou tranquille, leur travail mécanique est dominé, si l'on peut dire, par la loi impérieuse de NIVEAU DE BASE et par la conquête de l'*état d'équilibre*. L'état ou le PROFIL D'ÉQUILIBRE existe pour le fleuve lorsqu'il n'a plus que la pente nécessaire au mouvement de l'eau, pente presque nulle au débouché du fleuve, se relevant

avec une lenteur progressive à l'amont, et ne devenant appréciable que dans la région d'origine du cours d'eau. Ce profil d'équilibre doit être établi à partir du niveau de base, c'est-à-dire à partir de la mer ou du lac, niveau censé invariable, où le cours d'eau aboutit. C'est le résultat d'un effort soutenu durant de longues années, pendant lesquelles ce fleuve devra se créer une pente régulière, au milieu des innombrables obstacles que lui susciteront la rencontre des terrains résistants qu'il faudra franchir par des rapides, etc. Le travail de régularisation, l'établissement du profil d'équilibre, commence par l'embouchure et remonte d'aval en amont de proche en proche, jusqu'aux sources; il se fait par *érosion régressive.*

**9. Les trois sections d'un cours d'eau à l'état d'équilibre.**

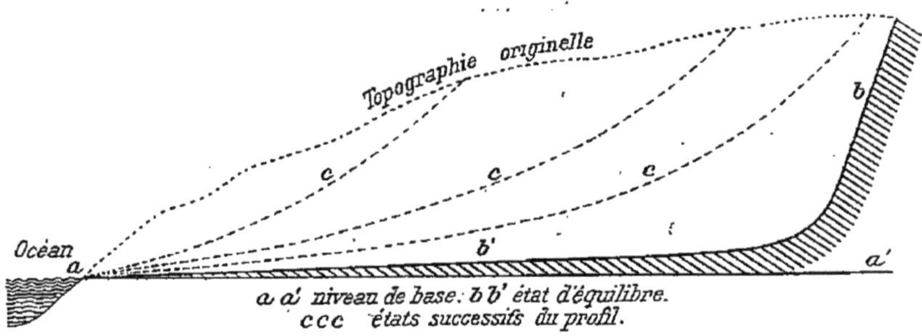


*a a' niveau de base: b b' état d'équilibre.*
*c c c états successifs du profil.*

— Durant ces phases diverses, le fleuve aura accompli le creusement de son lit, et, à l'aide de ses affluents, l'élargissement de sa vallée. Ayant atteint la stabilité, le fleuve sera, pour employer une expression du géologue-géographe américain W. M. Davis, dans la *période de maturité,* « période où toutes les fonctions du réseau hydrographique s'exercent dans leur plénitude ». Le cours alors se divisera en trois sections : le *cours supérieur,* encore à l'état de régime torrentiel, de jeunesse, avec des chutes d'eau et un travail d'érosion intense; le *cours moyen,* où le travail de creusement et les dépôts permanents ont cessé, où le fleuve décrit souvent des méandres et charrie les alluvions qu'il enlève aux rives; le *cours inférieur,* très ralenti, avec un débit notable, où le fleuve dépose les matériaux dont il est chargé, constituant ainsi une *plaine de débordement,* une *plaine alluviale,* qui commence à la partie terminale et progresse vers l'amont.

**10. Conditions d'action des eaux courantes.** — L'état d'équilibre est rarement atteint par les cours d'eau; pour des causes diverses, les fleuves sont très inégalement avancés dans leur travail d'érosion. Ils ont pu, en effet, commencer à des dates différentes; ils ont pu se trouver en présence de difficultés très diverses, ne disposer que de ressources irrégulières; souvent, à la suite de mouvements du sol, d'un abaissement du niveau de base, ils ont dû recommencer à nouveau un travail de déblaiement et de creusement déjà accompli. Il convient donc de rechercher dans quelle mesure variable et avec quels éléments les cours d'eau peuvent exercer l'action qui leur est dévolue.

**11. Le régime.** — Le RÉGIME des fleuves et rivières est défini par l'écart qui se produit entre les eaux d'ÉTIAGE[1], c'est-à-dire la moyenne des plus basses eaux, et les CRUES, c'est-à-dire les plus hautes eaux. Un écart considérable ou faible est l'expression d'un régime excessif ou régulier. Les crues débordent du lit ordinaire du fleuve, *lit mineur*, et peuvent occuper une large surface, s'étendant le long des deux rives, que l'on appelle *lit majeur*. — Le régime des cours d'eau dépend d'un très grand nombre d'influences : *conditions d'alimentation, nature du sol, pente* et *vitesse, les forêts,* etc.; il convient de tenir compte aussi de la longueur du cours et de la superficie de drainage. Pour certains fleuves, diverses causes agissent simultanément ou interviennent successivement; il y a donc toute une série de conditions locales, d'un réel intérêt, mais qu'il est impossible d'étudier ici, où nous devons nous borner à des faits généraux.

**12. Alimentation : 1° Neiges et glaciers.** — L'alimentation des cours d'eau peut provenir d'origine diverse, de la neige et des glaciers, des pluies, des eaux d'infiltration sous la forme de source, etc. Certains fleuves dépendent des *neiges* et doivent

1. L'*étiage* n'indique pas les plus basses eaux; il est *conventionnel*, étant généralement établi à l'aide des calculs de hauteur d'eau à la suite d'une période assez longue de basses eaux; il peut donc être calculé à des dates variables sur diverses sections d'un fleuve. Les chiffres d'étiage sont très incertains dans les fleuves au lit mouvant, comme le Rhône et la Garonne en France.

leurs crues à leur fonte. Tel est le cas des *fleuves de la Russie centrale* et *méridionale;* ces fleuves inondent les îles et leurs rives au printemps. La fonte terminée, les eaux deviennent relativement basses. Ce sont encore les neiges qui assurent le régime des *fleuves sibériens;* ces neiges ne sont pas très épaisses, mais, comme la terre, en Sibérie, reste constamment gelée à une faible distance du sol, et qu'elle est par suite imperméable, toute la réserve d'hiver s'écoule dans le même temps à peu près au fleuve et y provoque des crues redoutables. — L'action de la *neige* et des *glaciers se combine* dans les hautes montagnes; les fleuves qui en descendent ont des *crues de printemps*, dues à la fonte des neiges, et des *hautes eaux moyennes en été*, dues à la fusion des glaciers, qui soutiennent ainsi les crues de printemps. C'est le cas des grands fleuves des Alpes comme le RHÔNE et le RHIN, qui n'ont pendant l'hiver que des eaux basses, à moins que des circonstances locales n'amènent d'abondantes chutes de pluie sur le fleuve principal ou sur ses grands affluents; les crues d'automne et d'hiver de la Saône et de l'Ain relèvent ainsi le niveau du Rhône.

13. 2° **Neiges et pluies. Pluies de toutes saisons. Pluies d'hiver.** — Certains fleuves peuvent avoir deux ou plusieurs périodes de crue dues aux *apports successifs des neiges et des pluies*. Des exemples très caractéristiques sont ceux de la DURANCE et du PÔ, qui ont deux périodes très nettes de montée des eaux. *Au printemps, les neiges* des Alpes gonflent la Durance, ainsi que le Pô, qui reçoit en outre le tribut des neiges des Apennins; *en automne, des pluies* abondantes peuvent provoquer de très fortes crues dans la Durance et des crues ordinaires dans le Pô, dues aux affluents de l'Apennin, grossis à cette époque. — Dans les régions tempérées, les *pluies tombent en toute saison,* avec prédominance en faveur d'une saison donnée; les fleuves ont un *régime assez régulier :* tel est le cas de l'ESCAUT, de la SOMME, de la SEINE, qui a des crues au commencement et à la fin de l'hiver et des eaux moyennes le reste l'année. Dans ces régions peuvent intervenir d'autres causes, comme la perméabilité du sol, la faiblesse de la pente, etc. — Les fleuves qui appartiennent au climat méditerranéen n'ont *d'eau qu'en automne ou en hiver;* l'été, quelques minces filets

d'eau se perdent au milieu d'un large lit caillouteux, insuffisant pour contenir les crues de la saison froide.

14. 3° **Pluies périodiques et régulières.** — Dans les régions intertropicales ou dans les régions de moussons, il existe des saisons de *pluies périodiques,* ou *presque permanentes.* Dans les *régions tropicales,* les pluies tombent au passage double ou unique du Soleil au zénith; dans les *régions de moussons,* quand souffle la mousson de mer; c'est l'époque des hautes eaux des rivières. Le NIGER est de caractère nettement tropical dans son cours supérieur, avec des crues bien marquées dès le mois de juillet, et, dans son cours inférieur, avec des crues qui se dessinent un peu plus tôt. La crue du NIL s'annonce dès juin à Assouan et s'accentue en août et au commencement de septembre. L'INDUS, le GANGE, les *grands fleuves chinois* ont une montée puissante avec les pluies des moussons.

Certains fleuves des *régions équatoriales* sont, peut-on dire, en crue toute l'année; l'Amazone et le Congo sont, à cet égard, caractéristiques. L'AMAZONE, qui coule le long de l'équateur, légèrement au Sud, a ses affluents de droite au Sud de l'équateur, ses affluents de gauche au Nord. Ces affluents grossissent tour à tour, ceux de droite d'octobre à mars (été austral), ceux de gauche d'avril à septembre (été boréal); leurs crues se relayent en quelque sorte et se succèdent sans s'additionner; l'Amazone est ainsi pourvue d'eau avec une abondante continuité et accuse deux périodes de maxima, de février à juin et d'octobre à janvier. — Le CONGO a un régime assez analogue : les affluents de l'hémisphère Nord reçoivent des pluies de mars à octobre, le Congo atteint un premier maximum en avril-mai; les affluents du Sud reçoivent des pluies de septembre à avril : second maximum du Congo en octobre-novembre.

15. 4° **Pluies insuffisantes.** — Certaines régions désertiques et privées d'écoulement vers la mer ne reçoivent que des *pluies irrégulières* et *insuffisantes.* Dans ces pays, les rares cours d'eau demeurent impuissants à accomplir leur œuvre d'érosion. Parfois, après un orage, ils gonflent et ébauchent des coulées d'inondations; mais ce n'est que l'effort d'un moment; ils meurent bientôt d'épuisement dans les sables et sont à sec le reste du temps; tels sont les torrents issus du Kouen Lun, qui sont

bus par les sables du désert de Takla-Makane (Bassin du Tarim); tels sont les *ouadi* du Sahara, les *oumaramba* du Kalahari, les *creeks* australiens, et tant d'autres encore. — C'est l'*évaporation intense,* et la sécheresse qu'elle provoque, *qui est la cause de ces rivières à demi mortes;* elle a réduit et isolé les lacs où elles aboutissaient autrefois; la sécheresse a permis au vent d'accumuler de tous côtés des sables et des dunes; les cours d'eau, incapables de vaincre en une lutte d'un jour des obstacles sans cesse renouvelés, sont devenus impuissants à atteindre un niveau de base qui s'éloignait de plus en plus. Le phénomène est dans toute son ampleur au Sahara.

16. **Nature du sol.** — L'influence de la nature du sol est manifeste; selon la PERMÉABILITÉ ou l'IMPERMÉABILITÉ des terrains, les fleuves présentent de grandes différences. Dans les *terrains imperméables,* presque sans pente, l'eau stagne, forme des marais et retourne en totalité à l'atmosphère par évaporation; quand la pente est suffisante, l'eau converge immédiatement vers les gouttières principales, et, par grande pluie, il se forme ainsi une masse d'eau énorme qui détermine des montées d'eau exceptionnelles; les rives sont profondément dégradées, et les eaux se chargent de vases et de boues. Les eaux baissent aussi vite qu'elles ont monté. Les caractères propres des rivières au lit imperméable sont donc la violence et la hauteur des crues, les écarts extrêmes du régime et la grande quantité des troubles. — Dans les *terrains perméables,* les eaux s'infiltrent dans le sol, forment par leur réunion des nappes profondes et reparaissent en sources abondantes; ces sources alimentent des cours d'eau peu nombreux, mais d'une allure soutenue, avec des crues lentes et durables et de hauteur moyenne, des eaux généralement limpides.

17. **La pente et la vitesse.** — La PENTE a une grande influence sur le régime des rivières; forte ou faible, elle détermine un écoulement rapide ou lent des crues; une pente accentuée détruit les avantages qui auraient pu résulter de la perméabilité du terrain. Les pentes diminuent d'importance le long du cours; elles sont parfois excessives dans la partie torrentielle; elles s'atténuent dans le cours moyen et inférieur.

La *Garonne* descend 27 m. par km. de sa source au Pont-du-Roi, $0^m,60$ seulement de Toulouse au Lot. Souvent les pentes sont inégalement réparties suivant le parcours du fleuve; le *Rhône* descend $0^m,50$ de Lyon à l'Isère; $0^m,77$ de l'Isère à l'Ardèche; puis la pente redevient régulière : $0^m,51$ de l'Ardèche à la Durance; $0^m,26$ de la Durance à Arles; d'Arles à la Tour-Saint-Louis, $0^m,034$ mm. Les cours d'eau cessent de pouvoir creuser leur vallée quand leur pente est inférieure à $0^m,20$ par km.

La VITESSE est en rapport avec la pente et aussi avec la masse des eaux; elle peut être doublée en temps de crue. La vitesse est, en général, plus forte au milieu du courant que sur les bords, à la surface qu'au fond, à cause du frottement; dans le cas de rives convexes et concaves, le courant le plus rapide longe les rives concaves. — La vitesse des fleuves est moins considérable qu'on ne le croit d'ordinaire. En eaux moyennes la Seine a $0^m,50$, à Paris; le Rhin (Strasbourg) a en eaux moyennes $2^m,30$, 3 mètres en hautes eaux; le Rhône (Lyon à la mer) marque, suivant les stations, en eaux moyennes de $1^m,50$ à $3^m,50$, en hautes eaux de $2^m,50$ à 4 mètres; on a noté en grandes crues des vitesses de 5 à 6 mètres.

18. **Influence des forêts.** — Les forêts exercent une influence notable sur le régime des fleuves. Nous savons qu'elles provoquent une légère augmentation des pluies; mais elles jouent surtout un rôle de régulateur, en retenant pendant quelque temps l'eau des pluies dans l'entrelacement de leurs racines; le fait est très sensible notamment dans les domaines de l'Amazone et du Congo. Là où le déboisement a eu lieu, des fleuves qui avaient une allure normale sont devenus des torrents; nous en avons la preuve dans les Alpes (vallée de l'Ubaye, affluent de la Durance), où sur certains cônes de déjection de torrents on a retrouvé des traces d'anciennes cultures; le torrent, qui s'était apaisé, a repris une activité nouvelle. Les régions déboisées abondent en paysages torrentiels.

19. **Les lacs régulateurs.** — Certains cours d'eau ont un régime torrentiel dans leur cour supérieur et présentent un régime normal dans leur cours moyen; ils doivent cette transformation au passage dans un lac, où s'atténuent les irrégularités de la rivière d'amont et d'où sort un fleuve en partie nouveau.

Le lac de Genève remplit cet office à l'égard du Rhône; il diminue les crues de près des deux tiers : à la sortie, le Rhône marque un faible écart entre l'étiage et les crues (débit de 83 mc. à l'étiage ordinaire, de 575 mc. en grande crue). Le lac de Constance joue le même rôle à l'égard du Rhin. Dans l'Amérique du Nord, le large Saint-Laurent, émissaire des grands lacs, ne subit que des fluctuations insignifiantes de régime.

20. **Les inondations.** — Les fleuves peuvent déborder de leur lit lors des crues, et produire des inondations. Ces inondations présentent un grand caractère de régularité dans les régions de fonte de neige normale, de pluies régulières ou périodiques. La Volga déborde régulièrement au printemps par suite de la fusion des neiges. Dans les pays intertropicaux et dans les régions de moussons, les habitants attendent les inondations, qui sont le plus souvent bienfaisantes par les limons fertiles qu'elles déposent sur les terres. Tel est le cas du Nil, où la zone cultivable se limite à la zone inondée; du Gange, de certains fleuves chinois, etc. Dans les régions à pluies fréquentes, avec prédominance dans une saison déterminée, il peut se produire des inondations terribles.

Ces inondations ont presque toujours pour cause des pluies intenses et générales tombées dans le bassin; elles déterminent la montée subite de tous les affluents et du fleuve principal. C'est à la suite d'une pluie de 60 heures, du 21 juin au 23 juin 1875, pluie précédée d'importantes ondées préparatoires, que la Garonne effectua des ravages presque dans toute sa vallée; c'est à des averses extraordinaires qu'il faut rapporter les grandes crues de novembre 1840 et de mai-juin 1856 sur la Saône et le Rhône. — Il est assez rare, heureusement, que les crues des affluents coïncident avec celles du fleuve principal; elles se produisent ou s'écoulent soit avant, soit après, soit même en dehors de celles du fleuve, et ne concordent guère entre elles. Le Rhône a d'ordinaire des eaux moyennes lors des crues exceptionnelles de l'Ardèche, qui font monter le niveau du fleuve de 6 à 7 mètres; ces crues ont lieu généralement fin septembre, avant celles qui peuvent se produire sur la Durance, le plus souvent fin octobre. Si ces deux crues puissantes s'additionnaient, ce serait un désastre irréparable.

21. **Quelques exemples de crues.** — La Seine est un excellent exemple de fleuve à pente faible et au lit perméable : sur 78 650 kmq., 59 210 sont perméables. Aussi son régime est-il des plus réguliers; ses crues sont très lentes et très prolongées; dans la crue du 5 décembre 1740 au 25 janvier 1741, la Seine (Pont de la Tournelle, à Paris) est montée de $3^{m}$,20 le 5 décembre à $7^{m}$,90 le 26, pour descendre lentement à 3 m. le 25 janvier. La Saône présente également des crues assez lentes et soutenues; en décembre

1882-janvier 1883, à Verdun-sur-Doubs (confluent du Doubs), elle a atteint, partant de $2^m,10$ le 22 décembre, $7^m,97$ le 31, pour revenir à $2^m,10$ le 21 janvier. Quelles différences avec des fleuves à pente rapide et à sol plus ou moins imperméable comme la Garonne et le Rhône ! Le 21 juin 1875, la Garonne mesurait à Agen $1^m,90$ ; le 24 (3 jours après), $11^m,70$ ; le 30, $3^m,20$ ; en décembre 1882-janvier 1883, le Rhône (Pont Morand à Lyon) marquait $2^m,05$ le 26, $5^m,83$ le 28, $2^m,50$ le 31 décembre.

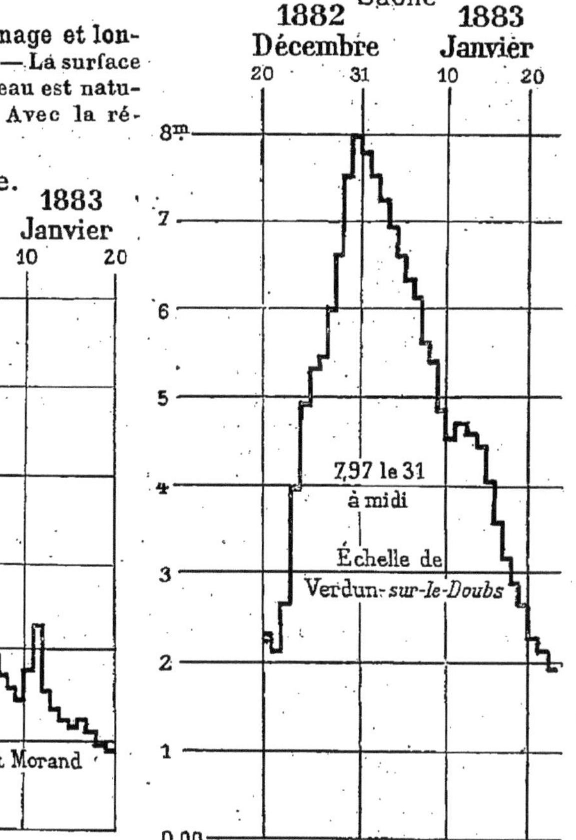


**22. Domaine de drainage et longueur des cours d'eau.** — La surface drainée par les cours d'eau est naturellement trè inégale. Avec la réserve que les mesures données par les géo-physiciens présentent de sensibles différences, le bassin de l'*Amazone* paraît être le plus vaste, avec plus de 7 000 000 kmq. ; dans l'Amérique du Nord, celui du *Mississipi* est de 3 294 000 kmq. En Asie, l'*Obi* occupe 2 915 000 kmq. ; l'*Iénisseï*, 2 500 000 ; le *Yang-tse*, 1 800 000 kmq. (la Léna et l'Amour ont des superficies plus considérables que le fleuve chinois). En Afrique, le domaine du *Congo* s'étend à 3 700 000 kmq. ; celui du *Nil* à plus de 2 700 000. En Europe, les chiffres diminuent ; la *Volga*, 1 480 080 kmq. ; le *Danube*, 800 000 kmq. ; le *Rhône*, 98 885 ; la *Seine*, 78 650.

La longueur des fleuves n'est pas en rapport avec les dimensions de leur bassin ; elle dépend de conditions physiques extrêmement variables.

Si l'on ne tient pas compte du groupe *Mississipi-Missouri*, c'est le *Nil* qui vient au premier rang avec 6 470 km.; l'*Amazone* mesure 5 800 km.; l'*Obi*, en partant des sources de l'Irtych, a à peu près la même longueur; le Yang-tse aurait 4 900 km.; la Volga, 3 395 km.; le Rhin, 1 298; le Rhône, 812; la Seine, 776.

23. **Le débit.** — Le débit d'un cours d'eau est le volume d'eau qui s'écoule dans une section donnée pendant une seconde. L'opération de la mesure du débit, que l'on appelle un *jaugeage*, présente des difficultés réelles, surtout en temps de grandes eaux. Beaucoup de chiffres de débit sont sujets à caution. Il est indispensable de connaître le débit des plus basses eaux (parfois sensiblement inférieur au débit d'étiage) et des plus hautes, ainsi que le débit moyen.

Le débit reflète tous les traits essentiels du régime d'un fleuve. Les fleuves des régions équatoriales présentent une grande régularité; le Congo à l'entrée du Stanley Pool oscille entre 43 000 mc. et 70 000; le débit moyen de l'Amazone est de 120 000 mc. Avec le Mississipi, les écarts apparaissent: extrêmes, 8 500 mc. et 39 700; portée moyenne, 17 800 mc. Le Yang-tse à *Han-Koou* aurait aux plus basses eaux (janvier) 4 000 mc., aux plus hautes (août) 36 113; la Volga a un débit moyen de 9 900 mc., et aux plus hautes 31 728 mc. Avec le Danube les écarts s'accentuent : minimum, 2 000 mc.; maximum, 28 300. — Le débit des fleuves de France est très instructif. Dans la Seine, le débit le plus bas a été de 43 mc. en août; le plus élevé, de 1 650 mc.; le débit moyen d'étiage est de 75 mc. Les différences s'accentuent sur la Loire, où à Orléans le débit s'est abaissé au plus bas à 25 mc., pour atteindre 7 500 mc. en hautes eaux; à Toulouse, la Garonne a comme chiffres extrêmes 36 mc. et 7 000 par seconde; le Rhône, en amont du confluent de la Saône, à Lyon, 130 mc. et 5 400; en aval du confluent de l'Ardèche, 300 mc. et 11 900 mc.; en aval du confluent de la Durance, 370 mc. et 13 900 mc.

### C. — Érosion des eaux courantes.

Une des fonctions essentielles des cours d'eau est le travail mécanique de destruction, l'ÉROSION. Leur action n'est efficace que lorsqu'ils sont encore à l'*état torrentiel,* c'est-à-dire qu'ils s'emploient encore au creusement de leur lit. Les rivières torrentielles (qu'il ne faut pas confondre avec les torrents) ont une vitesse de 2 à 3 mètres par seconde, ce qui leur donne une force notable. Elles arrachent aux rives des fragments de rochers, qui cheminent sur le fond et qui, par frottement, se morcellent et s'arrondissent; il se forme ainsi un lit de cailloux roulés et de graviers qui se déplacent sans cesse. En temps de crue, les rivières torrentielles peuvent entraîner de gros blocs.

**24. Rapides et cascades.** — Le travail de destruction varie d'après la résistance des roches; la rencontre des roches dures, de dykes, de roches éruptives anciennes, par exemple, de granites et de porphyres oblige le cours d'eau à des efforts prolongés pour établir et niveler son lit; de là vient la formation des RAPIDES, au point d'affleurement des roches résistantes, et où l'eau se divise en courants et en remous violents. Ces rapides sont de sérieux obstacles pour la navigation.

Lorsque la pente subit une dénivellation brusque, il se produit une chute d'eau, CASCADE ou *cataracte*. Les chutes d'eau sont nombreuses surtout dans les montagnes élevées, où le travail de l'érosion est peu avancé, ou encore sur les versants des anciennes vallées glaciaires ; des causes de toute nature peuvent

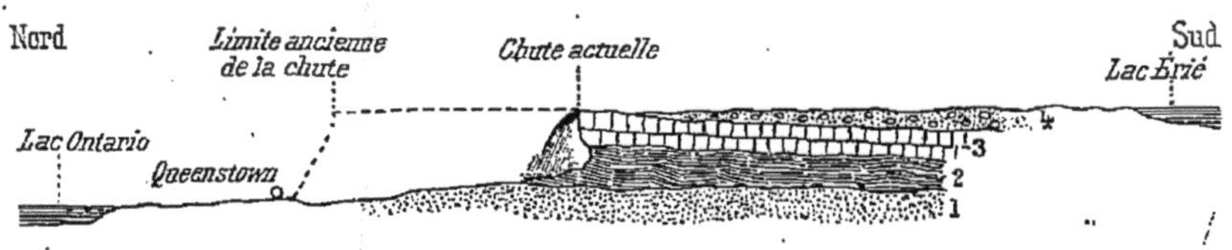


Cataracte du Niagara : 1, *Grès tendres* ; 2, *Schistes peu résistants* ; 3, *Calcaire dur du Niagara* ; 4, *Alluvions.*

d'ailleurs intervenir. Parmi les cascades les plus célèbres figurent les CHUTES DU RHIN à Laufen, en aval de Shaffhouse, la CHUTE DU NIAGARA, les CHUTES VICTORIA (Zambèze)...

La chute du Niagara est un bon exemple de la manière dont les fleuves peuvent arriver à saper et à faire écrouler le seuil abrupt qu'ils doivent franchir. Le puissant et large Niagara, venu du lac Érié entre des rives encaissées et boisées, se divise à l'île de la Chèvre en deux nappes, qui se précipitent immédiatement de 47 m. de haut dans un bouillonnement prodigieux, avec des masses de buée et de vapeur d'eau formant à la base une épaisse nuée blanchâtre. La base de la cascade est constituée de grès tendres, surmontés d'un banc de marnes et de schistes de faible résistance, avec un couronnement de calcaire dur. Les schistes et les grès sont rapidement sapés et minés par l'eau qui rejaillit sur eux; il se forme une sorte de rainure sous le calcaire en surplomb, qui, sous la pression de l'eau, s'écroule; la chute recule ainsi d'une manière continue vers l'amont; de 1842 à 1886, le recul a été, suivant les points, de 54 à 80 m.

**25. Creusement des gorges profondes : les cañons.** — Quelques cours d'eau coulent dans des gorges profondes, parfois de véritables abîmes aux parois rapprochées et abruptes;

FISSURE DANS DES CALCAIRES MASSIFS
*La Roche Fendue.* Gorges de la Bourne (Vercors), affluent de l'Isère. (Phot. N. D.)

ces gorges ne sont que des fissures préexistantes dans la roche ; l'eau y a trouvé une issue naturelle. Les exemples de ces coupures ne sont pas rares dans les Alpes : on peut citer notamment le cours du *Fier*, après la sortie du lac d'Annecy, de la *Bourne*, dans sa traversée du rebord occidental du Vercors; ils empruntent souvent de véritables coupures naturelles.

CAÑON DU TARN, dans les calcaires.
Défilé des *Detroits ;* muraille de 500 m., escarpement à pic de 200 m. (Phot. N. D.)

D'autres gorges forment ce que l'on appelle les CAÑONS. En France, les cañons ne sont pas rares dans les régions calcaires; ils sont une des caractéristiques de la région des CAUSSES ; quelques points sont célèbres sur le Tarn, notamment les *Détroits,* en aval de La Malène ; dans la vallée de la Jonte, les cañons doivent à la différence de dureté des roches une topographie très pittoresque. — Les cañons les plus célèbres sont ceux des plateaux du Colorado et de l'Arizona, aux États-Unis; ils ont été creusés par le *Rio Colorado* et ses affluents dans des couches énormes de calcaires compacts, de grès durs et même de granite (*Cañon de Marbre, Grand Cañon*). Ces cañons sont bordés de parois verticales parfois si rapprochées qu'elles ne laissent de place qu'au cours d'eau; le cañon de la Vierge, profond de 600 mètres, n'en a guère plus de 6 à 7 de largeur; ailleurs les parois s'élancent jusqu'à 1 000 et même 1 800 mètres de hauteur. D'après la description de Powell, le géologue américain qui les a le mieux étudiés, les flancs des cañons présentent en certains points une architecture étrange d'arcs-boutants, de tours, de pinacles, de minarets etc.; les diverses couches géologiques traversées offrent en outre les colorations les plus diverses, une bigarrure de rouge, de jaune, de brun et de gris, teintes sur lesquelles se jouent de perpétuels effets de lumière, d'ombre ou de soleil.

Ces gorges profondes ont été déterminées par le relèvement en masse de toute la région où coule le Colorado. Auparavant le Colorado coulait à la surface du plateau; le relèvement, qui s'est manifesté pendant l'époque tertiaire, a obligé le fleuve, pour atteindre son niveau de base et établir de nouveau son profil d'équilibre, à creuser son lit de plus en plus au fur et à mesure que continuait le mouvement d'élévation de la masse; le fleuve et ses affluents, dans leur érosion verticale, ont donc entaillé le plateau « comme auraient fait des scies » (Powell). C'est un changement de niveau qui a également déterminé la formation des gorges des Causses.

26. **Méandres encaissés.** — Les méandres encaissés sont de même origine que les cañons; ce sont des sinuosités que décrivent des cours d'eau dans des gorges profondes.

Les types les plus caractéristiques se rencontrent dans le *Massif schisteux rhénan* et son prolongement l'*Ardenne;* la *Moselle*, la *Meuse*, de Charleville à Givet, et son affluent la Semoy, décrivent des méandres très réguliers dominés par des parois de 100 à 150 m. de haut; à un moindre degré, le *Rhin*, le *Tarn*, ont un cours sinueux très encaissé. On a essayé d'expliquer ce phénomène par la différence de résistance des roches; cette explication a été reconnue inexacte. Comme les rivières à cañons, les rivières à sinuosités encaissées, arrivées autrefois à la période de cours lent, divaguant et s'attardant en de nombreux méandres, ont dû creuser à nouveau leur lit par suite d'une surélévation du territoire qu'elles arrosaient;

VALLÉE DE LA JONTE (région des Causses), vue prise en amont de Peyreleau.
A la base, *cañon* dans les calcaires durs; puis talus de calcaires marneux, dominés par les falaises dolomitiques du causse Méjean et du causse Noir. (Phot. N. D.)

elles ont reproduit dans la masse un tracé identique à celui de la surface. On a trouvé le long des falaises de la Meuse et de la Moselle, à différents niveaux, des placages d'alluvions qui témoignent ainsi des différentes étapes du creusement.

CAÑON DU COLORADO
(D'après J. WALTHER.)

**27. Fin du travail d'érosion ; creusement définitif de la vallée.** — Un temps vient où l'œuvre d'érosion est presque entièrement achevée ; grâce au travail des affluents, la vallée s'est élargie ; le régime s'est régularisé ; la force destructive du courant a diminué en conséquence. Et alors, dans cette large vallée dont le creusement est l'œuvre d'un effort continu et d'un labeur séculaire, le fleuve apaisé et tranquille dessine des méandres, des sinuosités d'un large rayon, dans le but de diminuer sa pente par l'allongement du parcours; c'est la période de *divagation;* les détours du fleuve s'étendent dans les alluvions du lit majeur; le courant n'a plus de force vive; il déplace seulement en temps de crue les alluvions de ses berges.

28. **Phénomènes de capture.** — Un réseau hydrographique, en état d'équilibre, avec un niveau de base bien déterminé, peut modifier le dessin de son bassin en exerçant des *captures* au détriment des réseaux voisins. Si une rivière A, au cours bien établi, a sa source près de celle d'une autre rivière B ou près d'une partie quelconque du cours de B, laquelle appartient à un système hydrographique dont l'état d'équilibre n'est pas atteint et dont le niveau de base est plus élevé que celui du réseau dont fait partie A, la rivière A poussera ses eaux de tête vers l'amont, finira par atteindre le domaine de la rivière B, dont, par suite de sa plus forte pente, elle

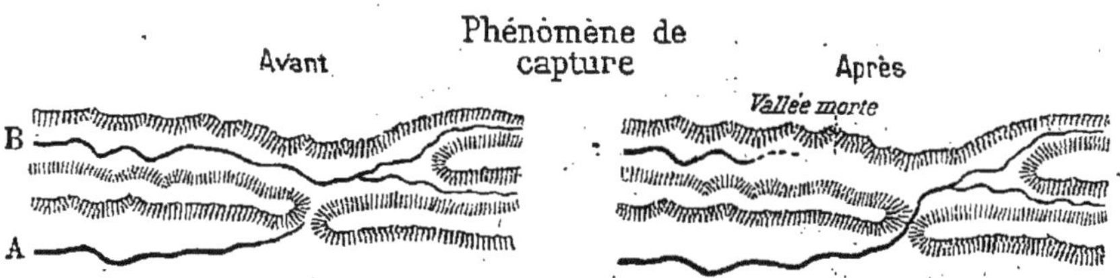


attirera et capturera la tête. La rivière B *décapitée,* moins alimentée, finira par abandonner sa vallée supérieure, qui deviendra une *vallée morte.*

29. **Aplanissement final.** — L'*aplanissement* de la surface doit être le résultat final de l'érosion. Les versants de la vallée ont pris peu à peu une pente plus atténuée; les sommets se sont abaissés; le fleuve n'a plus qu'un cours indécis; les faux bras se multiplient. Il arrive même qu'il hésite sur la direction à prendre et qu'il écoule ses eaux dans deux sens différents. Il s'établit alors des communications d'un fleuve à un autre; c'est le cas du *Cassiquiare,* affluent de l'*Orénoque,* qui rejoint un *affluent du Rio Negro,* et par ce dernier l'Amazone, etc. — Ces surfaces aplanies au relief insensible portent le nom de PÉNÉPLAINES; les exemples les plus caractéristiques sont le *plateau de Finlande,* le *plateau Canadien,* le seuil entre le Madeira, affluent de l'Amazone, et le bassin supérieur du Paraguay; nous savons que quelques-unes de ces pénéplaines, ayant subi un

relèvement, comme l'*Ardennes,* le Massif central de France, ont recommencé un nouveau cycle d'érosion.

LIVRES A CONSULTER. — G. de la Noë et E. de Margerie, *les Formes du terrain, ouvrage cité.* — A. de Lapparent, *Leçons..., ouvrage cité,* 4e à 10e leçons. — W. M. Davis, *ouvrage cité.*

---

# CHAPITRE XII

## MODIFICATIONS ACTUELLES DE LA SURFACE ACTIONS EXTERNES

### III. — LES EAUX COURANTES.

**A. — Alluvionnement des cours d'eau.** — Les matériaux transportés par les cours d'eau servent à l'**alluvionnement**; les cours d'eau érodent leurs **rives concaves** et alluvionnent leurs **rives convexes.** L'ensemble des dépôts du fleuve constitue la **plaine alluviale.**

Les fleuves aboutissent dans la mer par des **estuaires** ou **limans** qu'ils peuvent combler de leurs alluvions. L'estuaire comblé, commence la formation du **delta.**

Les deltas ont une très grande variété de formes et de bouches de sortie; leur accroissement est plus ou moins rapide; ils peuvent agglutiner aux continents des îles voisines de la côte; certains ont des dimensions très considérables (Delta du *Hoang-Ho,* 250 000 kmq.; du *Gange,* 83 000; du *Mississipi,* 32 000 kmq.). La formation des deltas est due à l'abondance des apports fluviaux, au régime modéré des marées et des courants littoraux, etc.; elle paraît se produire de préférence sur les côtes en voie de soulèvement.

**B. — Infiltration : les sources; le travail des eaux d'infiltration.**

**a). — Les sources.** — L'eau qui s'infiltre dans le sol peut reparaître sous la forme d'**eaux jaillissantes** ou **artésiennes**; le plus souvent, elle aboutit à des niveaux d'eau ou **sources,** abondantes dans les formations calcaires. Le débit en est assez irrégulier, sauf pour les **sources** dites **vauclusiennes.**

**b). — Travail des eaux d'infiltration.** A la surface, le modelé particulier déterminé par les eaux d'infiltration est surtout bien caractérisé dans la région du **Karst** (Carniole, Istrie), et dans celle des **Causses** (Massif central); il se produit à la surface des cavités comme les **sotchs** des Causses, les **dolines** du Karst; des gouffres s'y ouvrent, formant des puits verticaux, **avens,** *chouruns, igues,* ainsi que des vallées fermées, **catavothra** de Grèce, **polje** du Karst.

Dans le sous-sol, les eaux déterminent la formation de *galeries* et de *grottes,* généralement horizontales, où les **stalactites** et les **stalagmites** mettent un décor merveilleux (grottes d'*Adelsberg* en Carniole; de *Han-sur-Lesse,* en Belgique; de *Dargilan* de l'*aven Armand,* en France, etc.).

Dans les régions calcaires, la *circulation est entièrement souterraine;* les rivières, reparaissant à la surface, peuvent former dans certaines régions des **lacs temporaires.**

**Les infiltrations déterminent des *glissements* et des *éboulements* désastreux.**

**Appendice. Les lacs. Leur origine : lacs tectoniques; lacs d'érosion et de corrosion, d'asséchement et d'évaporation, de barrage; lacs mixtes. Alimentation des lacs; température et mouvements des eaux.**

## A. — Alluvionnement des cours d'eau.

**1. Alluvions des cours d'eaux.** — Toutes les rivières charrient des matériaux arrachés à leurs rives ; ce sont des *cailloux roulés* de fortes dimensions parfois, des *graviers,* des *sables* et des *vases*. A l'aide de ces matériaux, les cours d'eau accomplissent un travail d'ALLUVIONNEMENT, surtout dans leur cours inférieur, où la vitesse est sensiblement amortie; les alluvions se déposent à l'embouchure dès que la partie terminale a été régularisée. Quand le fleuve a établi son profil d'équilibre, l'alluvionnement se produit sur la presque totalité du cours; de plus, il dépose des alluvions en temps d'inondation sur toutes les parties couvertes par la crue.

C'est la vitesse du courant qui règle la puissance de transport des eaux courantes. La Seine, dont la vitesse n'excède guère $0^{m},50$ à la seconde, ne peut guère charrier que du sable fin en temps ordinaire. Pour déplacer des cailloux il faut une vitesse de $1^{m},20$, et de plus de 3 m. pour remuer des grocs blocs.

**2. Rives convexes et concaves.** — Dans les fleuves à sinuosités, à méandres, le fleuve *ronge les rives concaves;* et le produit de cette destruction va *accroître les rives convexes;* c'est, en effet, sur le bord des rives concaves que se produit la plus grande vitesse du fleuve; à la suite des éboulements, les RIVES CONCAVES prennent un profil escarpé ; les eaux déposent une partie des matériaux qu'elles charrient sur la RIVE CONVEXE, où le cours est plus lent, et y déterminent la formation d'un talus doucement incliné.

Parfois les méandres forment des boucles très élargies dans leur partie convexe, et resserrées en un isthme étroit que creusent deux courbes concaves. Cet isthme finit par être coupé par les eaux; le fleuve abandonne la boucle, qui devient un *bras mort* et finit par se dessécher. C'est un cas fréquent dans les plaines alluviales du Mississipi et de la Tisza (Theiss), en Hongrie.

3. **Distribution des alluvions. Plaine alluviale.** — C'est au moment des grandes crues que se produit un puissant charriage de cailloux et de graviers. Dès que les eaux débordent de leur

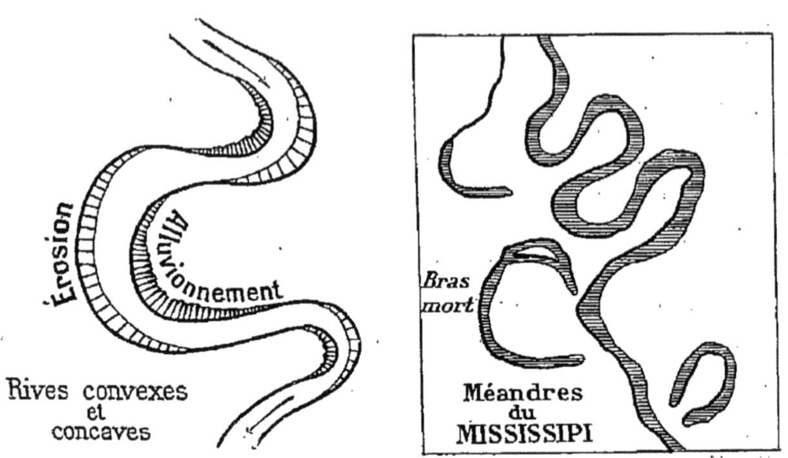


lit, leur vitesse s'amortit brusquement; les matériaux les plus lourds, les *cailloux roulés,* se déposent immédiatement, puis les *graviers* et les *sables*. Le LIMON, formé de particules ténues, résultat extrême de la trituration des roches transportées par le fleuve, ne se dépose qu'en dernier lieu, à une certaine distance du lit normal, quand l'eau est devenue stagnante. Il forme alors à la surface une sorte de couche jaunâtre. On provoque artificiellement le dépôt du limon en dirigeant, à l'aide de canaux, les eaux chargées de matières en suspension sur les terres que l'on veut fertiliser; c'est le *colmatage*.

Une des conséquences du dépôt des alluvions est la *surélévation des rives;* les cailloux et les graviers, qui se déposent rapidement près du bord, forment sur les rives du lit mineur une sorte de rebord élevé plus haut que la plaine voisine; de cette disposition peut résulter la formation de fausses rivières, ou l'établissement de marécages par la stagnation de l'eau. — L'ensemble des dépôts formés par le fleuve constitue la *plaine*

*alluviale*, qui s'étend parfois sur des surfaces exceptionnelles, comme celles du Mississipi et de l'Amazone, du Gange, de l'Indus, etc. Cette plaine d'alluvion se rattache au lac ou à la mer où aboutit le cours d'eau et s'y prolonge parfois sous forme de delta[1].

**4. Embouchure des fleuves. Estuaires et limans.** — Les fleuves aboutissent dans la mer par une échancrure de la côte, que l'on nomme ESTUAIRE. Dès l'arrivée du fleuve, les matériaux qu'il transporte doivent tendre à se déposer rapidement, puisque la pente cesse brusquement. De plus, l'eau de mer a la propriété de se clarifier très vite, 14 fois plus vite que l'eau douce; les graviers, les sables et les limons subissent ainsi une précipitation rapide.

Ces dépôts d'estuaires subissent des destinées diverses selon les cas. Si l'embouchure est large et profonde, si elle est sujette à de puissants courants de marées, et si des courants littoraux balayent constamment les rivages, les alluvions apportées par les fleuves sont bientôt dispersées, et l'estuaire demeure plus ou moins libre. Il se forme cependant au point de contact des eaux fluviales et marines une sorte de digue sous-marine, de sable et de vase, qu'on appelle la *barre*, dépôt mobile, qui s'élève assez près de la surface, et dont la forme se modifie suivant la force de la marée et des courants; cette barre est parfois un obstacle sérieux à la navigation. — Parmi les estuaires les plus importants, ceux du *Saint-Laurent* et de l'*Amazone* sont au premier rang; la largeur de l'estuaire amazonien dépasse 250 kilomètres Presque tous les fleuves de l'Europe occidentale, la Gironde, la Loire, la Seine, la Tamise, la Severn, la Weser, l'Elbe, etc., se terminent par des estuaires.

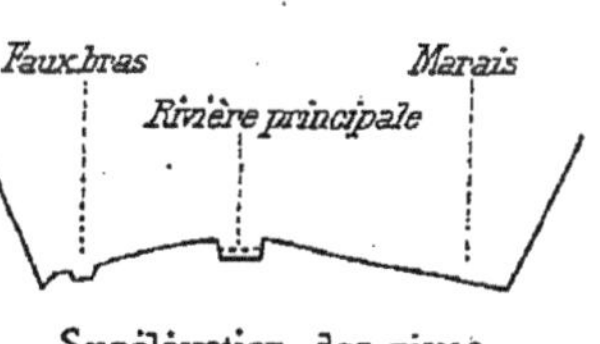

Surélévation des rives

Quand un fleuve débouche sur une côte peu profonde, dans

1. La rotation terrestre, d'Ouest en Est, avec vitesse croissante des pôles à l'équateur, paraît exercer une certaine action sur les fleuves, en déviant légèrement leur lit. Les fleuves coulant du Sud au Nord, dans l'hémisphère boréal, ont une vitesse plus grande que celle des points où ils arrivent, ils *dévient vers l'Est*, c'est-à-dire qu'ils se portent du côté de leur rive droite; le fait a été observé sur les *fleuves sibériens*. Les fleuves qui se dirigent du Nord au Sud ont une vitesse moindre que celle des régions qu'ils parcourent; ils *dévient vers l'Ouest*, c'est-à-dire vers leur rive droite; c'est le cas de la *Volga*. Ces déplacements paraissent, d'ailleurs, être de faible importance.

une mer sans marée appréciable, comme c'est le cas des fleuves de la Russie qui aboutissent à la mer Noire, il se forme un LIMAN. Les alluvions se déposent sur les rives de l'estuaire, à l'abri d'un *cordon littoral* (voir chap. XIII), et laissent entre elles des étendues d'eau de faible profondeur.

5. **Comblement de l'estuaire; formation du delta.** — Lorsque les courants littoraux ont peu de force et que les dépôts apportés par les fleuves sont abondants, l'estuaire peut se combler assez rapidement, d'autant mieux qu'il se forme à son extrémité un cordon littoral. En arrière de ce cordon littoral, les dépôts se font d'une manière continue; des îlots de vase émergent et sont bientôt couverts d'une végétation spontanée qui les consolide; le courant du fleuve est peu à peu réduit à deux ou trois branches.

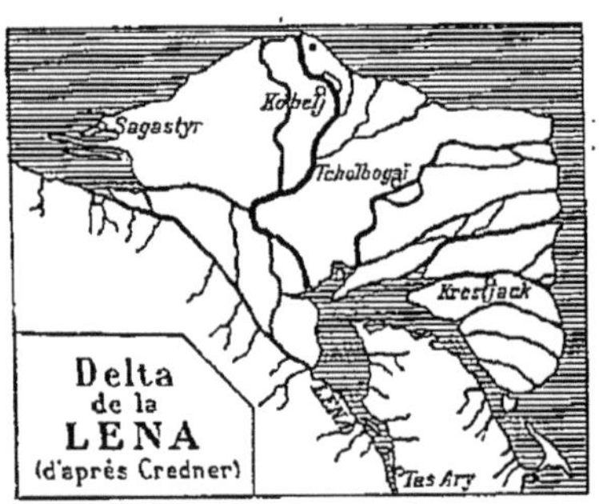

Delta de la LENA (d'après Credner)

Quand l'estuaire est comblé, commence au delà du cordon littoral la formation du DELTA proprement dit; les conditions les plus favorables à son développement sont en général la faible profondeur de la mer, l'abondance des alluvions, un régime modéré de marées et de courants littoraux. Il faut encore tenir compte des mouvements de soulèvement apparent des côtes; en effet M. CREDNER, géologue allemand, auteur de cette théorie, a constaté que les rivages où se développaient des deltas étaient *en voie de soulèvement.*

6. **Formes diverses des deltas.** — Les deltas sont donc des formations alluviales, nées des apports successifs des cours d'eau à leurs embouchures, et qui se sont étendues au détriment du domaine maritime. Il convient de considérer comme *formations deltaïques* non seulement le delta proprement dit, mais encore les dépôts d'estuaire.

Les Grecs employèrent les premiers l'expression de *delta* pour désigner la région comprise entre les branches du Nil inférieur et la Méditerranée; cette région affectait la forme de la lettre grecque Δ. Ce nom est appliqué aujourd'hui à des formes extrêmement variées. Certains deltas forment des saillies plus ou moins accusées en avant de la côte; ces saillies sont de formes convexes dans les deltas de la *Léna* et du

*Nil;* elles sont formées de parties inégalement développées dans le delta du *Rhône,* où tout l'effort d'alluvionnement se produit à l'Est dans le *Grand Rhône;* le delta du *Mississipi* est

Delta du MISSISSIPI (d'après Credner)

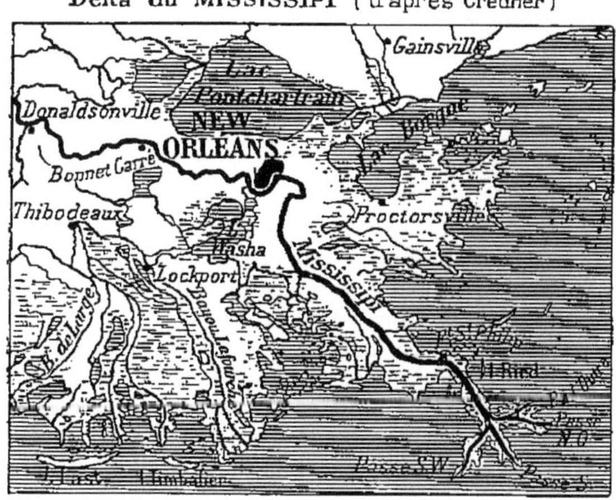


constitué d'un bras unique bordé d'une étroite bande d'alluvions, qui s'avance directement dans le domaine maritime et se divise en plusieurs branches formant *patte d'oie.* — D'autres deltas remplissent un golfe marin ou des lagunes, comme ceux du *Gange,* du *Hoang-ho,* du *Fleuve Rouge;* d'autres s'avancent au delà, comme le *Pô,* etc.

Les débouchés du fleuve à travers les formations deltaïques présentent une égale diversité. Le delta du Nil est un des plus réguliers; des dérivations le sillonnent en tout sens, dont deux importantes, celles de Damiette et de Rosette; parfois ces fleuves débouchent par un courant unique, comme l'*Èbre,* ou bien par deux chenaux très inégaux, comme le *Grand Rhône* et le *Petit Rhône;* d'autres forment un vaste réseau de diramations où il est difficile de reconnaître le bras principal.

**7. Accroissement et dimensions des deltas.** — Presque tous les deltas subissent un *accroissement* plus ou moins rapide. Quelques fleuves transportent des masses énormes de matières en suspension : l'apport du Rhône est de 20 000 000 mc.; le Pô dépasse en moyenne le chiffre de 40 000 000, et a atteint, à la suite de crues exceptionnelles, 100 000 000 mc.; le Danube transporte annuellement 60 000 000 mc. d'alluvions; l'ensemble des passes du Mississipi en verse à la mer plus de 28 millions; c'est peut-être le Hoang-ho ou Fleuve Jaune qui transporte la plus grande quantité de matières terreuses. — Le delta du Pô est un exemple de formation rapide; du XIII$^e$ au XVII$^e$ siècle l'augmentation a été de 25 m. par an; au XVII$^e$ et au XVIII$^e$ siècle, l'avancée des alluvions aurait oscillé de 70 à 80 m. Le delta du Rhône s'est accru d'environ 260 à 300 kmq. depuis l'époque gallo-romaine; depuis le XVIII$^e$ siècle la progression du Grand Rhône est d'environ 57 m. par an; le Mississipi n'avance pas de plus de 20 m. par an.

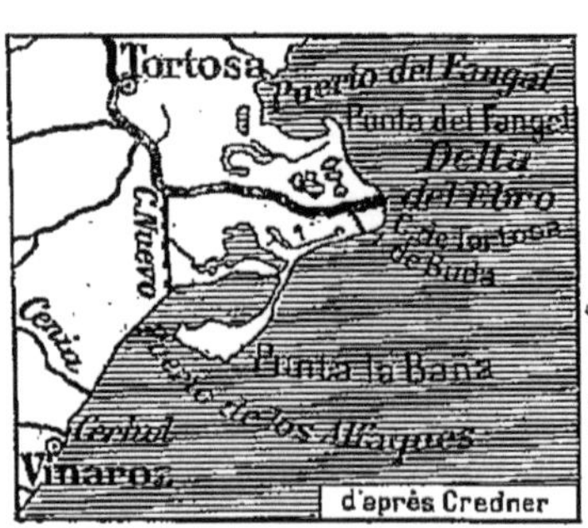

d'après Credner

Ces accroissements des deltas peuvent déterminer la *réunion de deux régions deltaïques voisines;* c'est le cas du Brahmapoutre et du Gange, dont les bras s'entremêlent. Au Nord l'Adige, au Sud le Reno, auraient confondu leurs embouchures avec celles du Pô si on ne leur avait pas imposé un lit et ménagé une sortie distincte. — Les alluvions des deltas peuvent *agglutiner au continent des îles voisines* de la côte; ainsi l'Aspropotamos (ancien Achéloüs), en Grèce, a réuni à la terre ferme quelques-unes des *îles Échinades;* la grande péninsule du *Chan-Toung,* entre le golfe de Pé-tchi-li et la Mer Jaune, a été rattachée au continent par les alluvions du Hoang-ho.

Les régions deltaïques s'étendent parfois sur des *superficies considérables;* c'est dans l'Asie des moussons et des hautes montagnes que l'on trouve les surfaces les plus étendues. On estime que le delta du Hoang-ho occupe au moins 250 000 kmq.; le delta du Gange en compte 83 000; le delta du Mississipi compte 32 000 kmq.; celui du Nil, 22 000; en Europe, celui du Danube 2,000, et du Rhône 750 kmq.

### D. — Infiltration : les sources, le travail des eaux d'infiltration.

**a). — 8. Nappe d'infiltration.** — Nous savons qu'une partie des eaux météoriques s'infiltre dans le sol quand il est perméable; les calcaires même les plus durs et les grès les mieux cimentés doivent leur perméabilité aux fissures ou *diaclases*, parfois très nombreuses, qui les découpent en tous sens; le sable est perméable par lui-même. Ces eaux, ayant ainsi pénétré lentement dans la masse des roches, cheminent sous le sol et finissent par rencontrer des couches qui se sont saturées à la longue, ou bien des formations imperméables de marnes ou d'argiles. Il se forme ainsi une nappe d'eau souterraine, que l'on nomme *nappe d'infiltration*.

Eaux jaillissantes : *a a', couche perméable ; b b', couche imperméable.*

De cette façon se constituent d'importantes réserves d'eau dans les couches superficielles de l'écorce. Ces eaux souterraines peuvent revenir à la lumière de plusieurs façons : sous la forme d'*eaux jaillissantes* ou *artésiennes* et de *sources*. Examinons d'abord le premier mode, de beaucoup moins important, mais néanmoins d'un réel intérêt.

**9. Eaux artésiennes.** — Si une couche très perméable, de sable par exemple, est inclinée et se relève ensuite en présentant la forme d'une cuvette, si elle est intercalée entre deux couches imperméables, les eaux qui tomberont en *aa'* s'accumuleront sous la couche supérieure *bb'* et subiront une pression d'autant plus grande que leur niveau sera plus bas. Si on fore un puits jusqu'à la couche saturée d'eau à un niveau de la surface inférieur à celui des formations aquifères, par exemple en *c*, l'eau jaillira librement, d'après le principe des vases communicants. Ces puits, dont le premier fut creusé à Béthune, au pied des collines de l'Artois, sont appelés PUITS ARTÉSIENS.

En France, les plus connus sont ceux de *Grenelle* et de *Passy* à Paris; beaucoup de ces puits servent à l'alimentation et aux services publics des villes. Dans certaines régions ils ont pris une importance particulière et, peut-on dire, vitale.

Dans les contrées où les pluies sont insuffisantes, on a songé à rechercher dans le sol les eaux plus abondantes qui tombaient sur les montagnes, et souvent on a réussi à faire jaillir du sol cette eau précieuse venue de fort loin. C'est ainsi que dans le *Sahara algérien* et *tunisien,* sur un sol auparavant brûlé et nu, sont nées magiquement des oasis, asiles de fraîcheur et de verdure; dans la *région aride des Etats-Unis* et dans la *Californie,* l'eau souterraine a permis en divers points les cultures; en Australie, dans le Nord-Ouest de la *Nouvelle-Galles du Sud* et sur d'immenses étendues dans l'intérieur du *Queensland,* des centaines de puits artésiens permettent d'irriguer les terres, et surtout d'abreuver le gros bétail et les moutons, qui jadis périssaient par millions auprès des sources taries.

10. **Eaux artésiennes naturelles.** — En forant des puits, les *squatters* australiens avaient imité la nature. Il existe, en effet, dans le Queensland, et dans la Nouvelle-Galles du Sud, des eaux artésiennes naturelles. Par suite du redressement des couches aquifères, l'eau a reparu à la surface en certains points; il s'est formé ce que l'on appelle des *mud springs* et des *mound springs,* sources boueuses et sources-monticules. Du sommet de petits monticules s'échappe par intermittence ou avec régularité de la boue liquide et de l'eau plus ou moins saumâtre. Dans la partie centrale du continent australien se trouve un nouveau bassin artésien, autour de la cuvette déprimée du lac Eyre.

11. **Sources et niveaux d'eau.** — Le plus souvent la nappe d'infiltration finit par aboutir dans une vallée; le point d'affleurement s'appelle le *niveau d'eau;* l'eau suinte de toutes parts, si les eaux d'infiltration ne sont pas réunies en une seule nappe, ce qui est le cas des formations sableuses; dans le cas contraire, qui se produit régulièrement dans les roches calcaires, l'eau alimente des SOURCES abondantes. En France, ces sources sont très fréquentes dans la région des Causses, dans le Jura, dans les calcaires de Bourgogne, dans la craie de Champagne et de Picardie.

Très vif est le contraste entre les vallées où aboutissent les sources, *vallées fraîches et verdoyantes,* et leurs *versants secs et arides;* c'est le cas des vallées des rivières picardes et champenoises. L'eau filtrée est limpide et si pure que les tourbières peuvent s'y développer, notamment le long de la Somme. Parfois le niveau d'eau est à mi-côte d'un versant; et même la variété des couches peut donner naissance à plusieurs niveaux d'eau étagés; on les reconnaît immédiatement au ruban de Peupliers et de Hêtres qui les accompagnent; ils diversifient le paysage et sont notamment un des charmes de la région parisienne, où sur les collines s'étagent des formations variées.

**12. Débit des sources. Sources vauclusiennes.** — Les suintements des terrains sableux offrent d'ordinaire une grande régularité; l'eau est, en effet, disséminée dans toute la masse. Il n'en est pas de même des sources issues de formations calcaires.

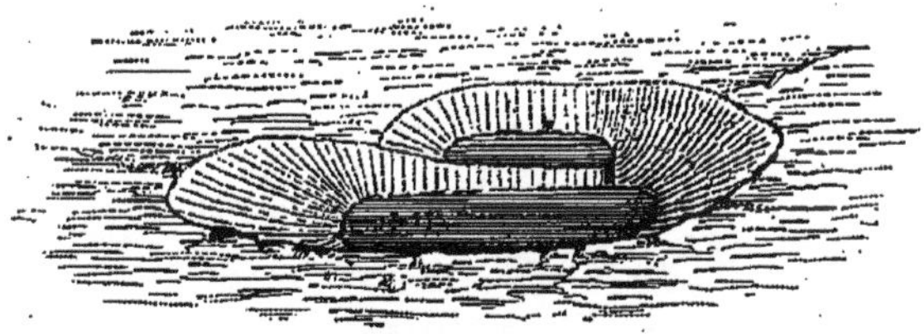

Doline double, *Région du Karst* (*d'après Reyer*)

Leur régime peut présenter une certaine irrégularité, due à ce fait que l'eau s'attarde en des poches et en des lacs, ou est arrêtée par des éboulements intérieurs et n'a pas toujours un écoulement continu. Le débit des sources n'est pas en rapport immédiat avec les phénomènes météorologiques; les grandes pluies, par exemple, n'ont pas d'influence directe. On a pu calculer qu'au Havre les précipitations d'un hiver pluvieux s'écoulaient dans le délai de 30 mois. Les rivières alimentées par des sources peuvent avoir, pendant un été sec, des eaux normales dues aux pluies de l'hiver précédent; d'autre part, un été pluvieux ne compense pas la sécheresse de l'hiver.

Très fréquemment dans les régions calcaires les sources ne sont que la réapparition d'un cours d'eau qui a disparu dans une fissure du sol et a pu couler sous terre plus ou moins longtemps; le régime de ces sources peut être alors d'une continuité et d'une régularité beaucoup plus grandes, surtout si le produit de l'infiltration se combine avec l'apport du cours d'eau souterrain. — Le type de ces sources abondantes et régulières est la *Fontaine de Vaucluse,* large bassin circulaire situé au pied du mont Ventoux, alimentant la Sorgues; c'est le débouché d'une rivière souterraine qui circulait à la surface antérieurement à l'époque pléistocène. La qualification de SOURCES VAU-

POSE DES ÉCHELLES dans un abîme.
*Roche Percée,* igue du causse de Gramat; gouffre de 100 m. absolument à pic.
(Cliché communiqué par M. E.-A. MARTEL.)

CLUSIENNES s'applique aux sources d'un débit notable et constant.

Les sources, à l'exclusion des sources thermales dont il sera question plus loin et dont l'origine est différente, les sources dues aux eaux d'infiltration ont une *température à peu près constante,* qui représente d'ordinaire la température moyenne annuelle du point où les eaux affleurent. On sait qu'à une certaine profondeur la température est invariable.

GOUFFRE DE GAPING-GHYLL (la Vallée qui bâille), où se précipite un ruisseau.
Région calcaire d'Ingleborough, chaîne Pennine. Yorkshire. (Cliché communiqué par M. E.-A. MARTEL.)

**b). — 13. Travail des eaux d'infiltration à la surface. Le Karst.** — A la surface des pays calcaires, l'action mécanique et surtout la corrosion chimique des eaux d'infiltration déterminent des accidents caractéristiques et un modelé particulier. Les régions où ces phénomènes se produisent avec le plus d'intensité sont en France le *Jura,* les *chaînes calcaires des Alpes* et surtout les CAUSSES du Massif central; le type présente toute son ampleur dans la région du KARST (*carso*), ensemble de plateaux calcaires disloqués où le phénomène *carsique* se développe surtout dans la Carniole et dans l'Istrie; il se continue par le *Karst croate* et les *Alpes Dinariques* et se prolonge jusqu'à l'extrémité de la *Morée.*

Nous savons déjà que la surface des régions calcaires peut être découpée en une infinité de sillons donnant naissance au phénomène du *lapiez.* L'action chimique de l'eau météorique peut, par la dissolution du calcaire, former à la surface des dépressions et des cavités; elles ont souvent la forme d'entonnoirs à contours circulaires, que l'on nomme des *creux* et des *emposieux* dans le Jura, des SOTCHS dans les Causses, des *cloups* dans le Lot, des DOLINES dans le Karst; ces dolines ont des dimensions très variables, un diamètre allant de 10 à 1 000 mètres, une profondeur de 2 mètres à 100; les dolines sont rarement isolées; souvent elles forment des alignements ou se juxtaposent côte à côte; des géologues allemands ont comparé ces multiples cavités, couvrant une surface continue, à un visage marqué de petite vérole. — Les dépressions de la surface peuvent se prolonger dans le sol par des puits verticaux, des *gouffres* et des *abîmes* vertigineux; ce sont les AVENS des Causses (plus de 100 m. en moyenne), les *chouruns* du Dévoluy, les *igues,* les *embucs,* les *boit-tout* de diverses régions calcaires en France; les innombrables *pot-holes,* ou *swallow-holes* (avaloirs) du Yorkshire (Angleterre); quelquefois les fissures sont minces et allongées comme les *bétoires* de Normandie; il se forme encore des *vallées fermées* comme les CATAVOTHRA de Grèce, les POLJE du Karst, comme les *vallées-chaudrons,* vallées circulaires.

Un certain nombre de ces gouffres de la surface sont le résultat de l'écroulement de la voûte des cavités souterraines, que forment les eaux d'infiltration. Certains avens des Causses se sont ainsi formés par *effondrement;* quelques géologues attribuent une origine identique aux dolines, mais il est beaucoup plus vraisemblable d'admettre qu'elles sont le résultat de la corrosion et de l'érosion de l'eau météorique, dont le croisement de plusieurs fissures a facilité le travail. Les polje sont de larges et longues cuvettes à fond plat; leur origine est encore incertaine; on les observe là où les couches ont subi un redressement sous l'effort de mouvements orogéniques; ils n'existent pas là où les couches sont restées horizontales. On peut admettre qu'ils sont le résultat de l'action combinée des phénomènes d'érosion et d'effondrement.

**14. Travail souterrain des eaux d'infiltration. Galeries et**

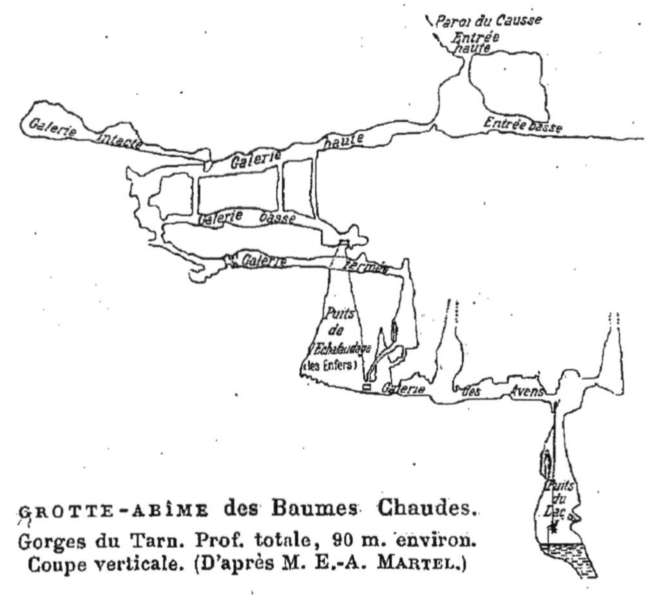


GROTTE-ABÎME des Baumes Chaudes.
Gorges du Tarn. Prof. totale, 90 m. environ.
Coupe verticale. (D'après M. E.-A. MARTEL.)

**grottes.** — Un certain nombre d'avens, avons-nous dit, sont le résultat d'un effondrement. Le travail fait à la surface se continue dans le sous-sol; il s'y forme bientôt des GALERIES, qui en s'élargissant deviennent des GROTTES. La forme des galeries et des grottes est liée à la constitution des roches, mais surtout à leur mode de stratification; les eaux filtrent entre les joints horizontaux de deux couches, points de moindre résistance; si des diaclases se rencontrent dans la masse, elles en profitent pour s'infiltrer verticalement, et ainsi de couche en couche elles arrivent à une grande profondeur, où elles peuvent former une rivière souterraine. La *grotte-abîme des Baumes Chaudes*, dans les gorges du Tarn, en aval des *Détroits,* n'est qu'une série de puits en bouteilles réunis par des galeries horizontales.

L'élargissement des galeries et des grottes se produit à la longue par l'action des eaux souterraines; ce travail est rendu plus rapide par l'*écroulement des strates,* qui a lieu surtout dans les régions où les couches ont une stratification inclinée; c'est

STALACTITES ET STALAGMITES. Grotte du Dragon, île Majorque.
(Cliché communiqué par la *Société de Spéléologie.*)

ce qu'a très bien montré M. MARTEL, le créateur de la *Spéléologie,* la science du modelé souterrain. Lorsque la grotte est déjà suffisamment creusée, les strates qui forment la voûte, disjointes par les eaux d'infiltration qui coulent entre les diverses couches, n'ont plus que des points d'appui insuffisants à leur extrémité; elles *se décollent* et s'écroulent.

**15. Stalactites et stalagmites.** — Ces grottes se signalent par des formations calcaires appelées STALACTITES et STALAGMITES. L'eau qui suinte à la voûte de la grotte est chargée de carbonate de chaux qu'elle dépose en s'évaporant; ce dépôt augmente peu à peu et s'allonge, donnant naissance à une sorte de colonne cylindrique qui pend au plafond de la grotte; c'est une *stalactite*. L'eau chargée de calcaire peut tomber sur le sol et produit en sens inverse le même phénomène; d'autres cylindres, des *stalagmites*, se forment ainsi et rejoignent ceux de la voûte; leur réunion donne naissance à de véritables colonnes.

FOND DU LAC MIRAMAR. Grotte du Dragon, île Majorque.
(Cliché communiqué par la *Société de Spéléologie*.)

Parfois les stalactites pendent à la voûte comme des draperies; les concrétions calcaires recouvrent toutes les parois et forment d'admirables décorations.

Nous empruntons à M. MARTEL une description du *lac Miramar*, dans la *grotte du Dragon* (*cueva del Drach*), à l'*île Majorque;* cette grotte est une des plus belles de l'Europe. « Autour d'une niche, festonnée des plus menues arabesques de calcite[1], deux faisceaux de colonnettes élancées soutiennent un dais sous lequel la statue seule fait défaut; on dirait le sanc-

1. La calcite est le carbonate de chaux cristallisé.

tuaire d'une chapelle, un pompeux baldaquin d'autel, haut de 7 mètres. De tous côtés aux alentours, en avant et en arrière, des cascades marmoréennes de tuyaux d'orgue, des rideaux de guipures et des pendeloques de brillants descendent des murailles et des voûtes, à perte de vue, hors de la portée du magnésium... Nous débouchons dans une nouvelle merveille : une vraie *forêt vierge*, dont les arbres sont des palmiers de calcite étalant leurs branches au plafond de la caverne : impossible de les compter, ils sont espacés de moins d'un mètre en moyenne ; leur diamètre varie d'un ou deux pouces à plusieurs pieds ; toutes les formes usuelles de concrétions calcaires se pressent en foule dans ce somptueux dédale : cierges et tuyaux d'orgues, rideaux et banderoles, oursins et coraux d'une richesse et d'une variété indescriptibles[1]. »

16. **Quelques grottes remarquables.** — Quelques régions possèdent des grottes remarquables. En Amérique, la *grotte du Mammouth*, dans l'État de Kentucky (États-Unis), possède des avenues souterraines dont la longueur totale dépasse 350 kilomètres. Une des plus célèbres est la *grotte d'Adelsberg*, dans la Carniole, en pleine région du Karst, que traverse la Piuka ; la *Salle du Calvaire* y possède un plafond de 200 mètres de portée ; les stalactites et les stalagmites y forment des décors merveilleux. Il faut encore citer en Angleterre les *cavernes du Yorkshire*; dans la Nouvelle-Galles du Sud, en Australie, les *grottes de Jenolan* et d'*Abercrombie*; en Belgique, la *grotte de Han*, que traverse la Lesse ; en France, *le puits de Padirac*, sur le causse de Gramat, les *grottes de Dargilan* et de *Bramabiau*, sur le causse Noir, l'*aven Armand*, sur le causse Méjean ; enfin les *grottes de l'île Majorque*.

17. **Circulation souterraine.** — L'eau qui filtre à travers les masses calcaires finit par former des *cours d'eau souterrains*; le cours en est nécessairement très accidenté ; souvent le cours d'eau s'élargit en lacs profonds, ou bien il est réduit à des couloirs étroits, à des cascades nombreuses. Beaucoup de ces cours d'eau souterrains sont constitués par des rivières qui s'engouffrent dans la masse et disparaissent totalement pour ne reparaître souvent qu'à de très grandes distances. Cette circulation souterraine, ces fortes rivières que l'on observe dans toutes les régions de calcaires fissurés, prennent un développement particulièrement remarquable dans la région du Karst. Dans

1. E.-A. Martel, *les Cavernes de Majorque* (*Spelunca. Bulletin et Mémoires de la Société de Spéléologie*, n° 32, février 1903, p. 16-17).

cette région on peut dire que le réseau des cours d'eau a été transporté dans le sous-sol; la plupart des rivières s'engouffrent dans les abîmes de la contrée. La sortie se fait par des sources vauclusiennes, tantôt dans une vallée régulière comme celle de la *Narenta,* tantôt dans une vallée comme un *polje,* d'où la rivière ressort par une nouvelle fissure; parfois les rivières ont un cours entièrement souterrain et se jettent dans la mer au-dessous du niveau de la surface.

Ces eaux souterraines, reparaissant à la surface des plateaux dans des vallées fermées, peuvent y former des *lacs temporaires* si l'exutoire des eaux, l'*avaloir,* le *ponor,* vient à être obstrué et arrête leur écoulement. Ce phénomène se produit dans de nombreux POLJE de la région du Karst; le lac de Yanina, en Épire, doit être considéré comme un polje constamment inondé; il en est de même dans les CATAVOTHRA de la Grèce et de la Morée; ils se transforment souvent en vastes marécages qu'il faut assécher.

18. **Glissements et éboulements.** — L'infiltration des eaux dans le sous-sol peut provoquer des faits de destruction à la surface; cela se produit lorsque des roches solides, perméables, reposent sur des assises marneuses et argileuses; les eaux qui s'infiltrent jusqu'à ces couches les délayent peu à peu; il se produit alors un *glissement* de la masse et un *éboulement.*

Une des catastrophes les plus terribles a été l'*éboulement du Rossberg,* en 1806, montagne située près du Righi (Suisse); cette montagne était formée de conglomérats reposant sur des couches d'argile; une série de pluies durables et constantes finirent par délayer cette couche d'argile, et la montagne, mal assise sur cette boue liquide, commença à glisser et s'écrasa dans la plaine, où elle ensevelit trois villages et fit périr 457 personnes.

19. **Conclusion générale sur les eaux courantes.** — L'exposé rapide que nous venons de faire sera, nous l'espérons, suffisant pour donner une idée nette de l'importance du rôle des eaux courantes. Divers calculs, dont nous empruntons les résultats à M. de Lapparent, fixent à 10 kilomètres cubes « la perte infligée à la terre ferme par les fleuves qui *débouchent à la mer* ». Ce chiffre prend toute sa valeur si on le compare à l'érosion marine; la masse enlevée aux rivages maritimes par la mer paraît être inférieure à 1 kilomètre cube. Cette importance des eaux courantes, nous la retrouverons dans l'étude

de la géographie humaine; nous verrons que les fleuves ont été des points d'attraction pour les établissements humains, qu'ils ont facilité les échanges et comptent, par ce fait, parmi les meilleurs agents de la civilisation; nous verrons qu'ils servent à féconder la terre par le colmatage et l'irrigation; que leurs eaux les plus torrentielles ont été asservies au service de l'industrie, etc.

## Appendice.

20. **Les lacs.** — Les LACS sont des étendues d'eau douce, saumâtre ou salée, occupant des parties déprimées de la surface. Très nombreux, ils présentent des conditions très variées; il est nécessaire d'essayer d'établir leur origine, qui seule pourra nous permettre de comprendre et d'exposer la diversité des conditions physiques générales (*profondeur, relief, nature du sol,* etc.) des étendues lacustres; la recherche de cette origine nous amènera naturellement à un essai de classification. Il nous sera possible ensuite d'étudier un certain nombre de questions générales s'appliquant à plusieurs catégories de lacs : par exemple, la question de l'*alimentation des lacs,* les *propriétés de l'eau,* les *mouvements* qui en agitent la surface, etc.

Il faut abandonner, bien entendu, la division, surannée et sans valeur, en lacs de plaine, de plateau et de montagne. D'après leur origine, d'après les causes qui les ont fait naître, les principales catégories de lacs sont : 1° les *lacs tectoniques;* 2° les *lacs d'érosion* et *de corrosion;* 3° les *lacs d'assèchement* et *d'évaporation;* 4° les *lacs de barrage;* 5° les *lacs mixtes,* c'est-à-dire ceux qui semblent résulter de plusieurs causes

21. **Lacs tectoniques.** — Ces lacs sont en relation avec les dislocations de la surface, dont ils occupent les parties effondrées. Ces lacs sont généralement allongés dans le sens des fractures; ils sont entourés de régions élevées et présentent des flancs raides, où le versant immergé prolonge exactement le versant émergé. Ils atteignent parfois des profondeurs notables.

Parmi les plus importants figurent les grands lacs africains, qui accompagnent les puissantes lignes de dislocation de l'Afrique orientale. La fracture occidentale est marquée par le LAC TANGANIKA, le second lac africain (40000 kmq.) après le lac Victoria, avec des fonds de 600 m., et dominé par des montagnes qui dépassent 2000 m.; viennent ensuite les lacs *Kivou, Albert-Édouard* et *Albert,* entre de hautes falaises; sur la fracture orientale, le *lac Nyassa* (27000 kmq.) a des fonds de 800 m. avec des hauteurs qui atteignent plus de 1300 m. à l'Est, à une distance de 60 km. du lac; plus au Nord se trouvent les bassins fermés des lacs Mânyara, Naïvacha, *Baringo, Rodolphe* et *Stéphanie,* etc. Par les lacs abyssins et la mer Rouge, on atteint la dépression du *Ghor* où la MER MORTE, située à 394 m. au-dessous du niveau de la Méditerranée, a des fonds de 400 m. et est dominée par des sommets de plus de 800 m. — On trouve en Asie un lac de fracture bien caractérisé, le LAC BAÏKAL (35000 kmq.), allongé entre des montagnes très élevées, avec des profondeurs de plus de 1 450 m. (soit 1 000 m. au-dessous du niveau de la mer), avec des flancs abrupts presque à pic sur 200 m., et émergeant par des parois rocheuses, qui parfois sont à peu près verticales sur une hauteur de 400 m. — L'Ecosse est sillonnée de fentes de fractures que des *lochs* occupent par place; les plus célèbres sont le LOCH LOMOND, et le LOCH NESS, profond de 240 m., dont les bords escarpés s'élèvent d'un jet à 400 m., etc. Ce sont encore des lacs tectoniques qui s'allongent dans les vallées de fracture qui découpent le massif du Cumberland, en Angleterre, et forment le *District des lacs*, une des régions les plus pittoresques de la Grande-Bretagne, chantée par les poètes.

22. **Lacs d'érosion et de corrosion.** — Ces lacs sont en général de faible étendue, peu profonds, souvent de simples mares superficielles; à l'exception des lacs de *polje*, ils ont des bords sans relief. — Les lacs d'érosion sont dus à l'action éolienne; à la surface des déserts sablonneux, le vent a creusé des cuvettes plates et allongées, que les fines particules d'argile tapissent à la longue; après les rares pluies, des mares s'y établissent, que le vent dessèche bientôt; tels sont les *clay pans* (cuvettes d'argile) de l'Australie.

D'autres lacs sont dus à la fois à l'action érosive et chimique de l'eau météorique; nous savons que dans les calcaires, quand le carbonate de chaux a été dissous, l'argile reste dans les dépressions formées. A sa surface, une petite étendue d'eau peut se maintenir; c'est le cas des lacs de DOLINES dans la région du Karst, des LAVOGNES des Causses.

23. **Lacs dus à l'assèchement et à l'évaporation.** — Ces lacs résultent du sectionnement d'une ancienne mer ou d'un ancien lac en plusieurs parties, morcellement provoqué par l'évaporation. On donne à ces lacs le nom de *lacs résiduels*. — Dans la dépression aralo-caspienne, la MER CASPIENNE, la MER D'ARAL, le LAC BALKACH, représentent les vestiges de la mer tertiaire qui s'étendait sur toute la région; la mer Caspienne n'est profonde que dans sa partie méridionale; la mer d'Aral ne s'abaisse pas au-dessous de 66 m., le lac Balkach de 41. Dans la plaine hongroise, les *lacs Balaton* et *Neusiedl*, très peu profonds (9 m. et 4 m. aux points les plus bas), sont les restes de l'ancien lac tertiaire qui occupait cette plaine. Dans la Suède méridionale, les lacs *Vener*, *Vetter* et *Mälar* sont les vestiges d'un ancien détroit marin qui mettait, à l'époque pléistocène, la mer du Nord en communication avec la Baltique. — Les lacs salés du centre et de l'Ouest de l'Australie représentent les restes d'une mer tertiaire.

24. **Lacs de barrage.** — Cette catégorie comprend un grand nombre de lacs, très variés de formes et de dimensions. Ils sont dus principalement à l'action glaciaire et à l'action volcanique, ainsi qu'aux alluvions des fleuves, aux cordons littoraux, aux dunes, aux éboulements, etc.

Parmi les LACS DUS A L'ACTION GLACIAIRE on distingue : 1° les *lacs des anciens territoires glaciaires*, peu profonds d'ordinaire, de faible étendue, avec des formes très irrégulières; ils sont représentés : par la Finlande, « le pays aux mille lacs », dont les plus importants, de superficie assez considérable, sont logés dans le granite; par la Suède méridionale, où, à côté des lacs résiduels Vener, Vetter, etc., ils occupent des cavités morainiques; par les *croupes lacustres* de la Baltique; par les nombreuses cavités lacustres qui se trouvent au Canada et aux États-Unis jusqu'à la ligne des collines formées le long du Missouri et de l'Ohio par l'accumulation des moraines de la grande période glaciaire; 2° les *lacs de moraine frontale ou latérale,* de médiocre profondeur; c'est le cas notamment du *lac de Constance,* du lac de *Longemer* dans les Vosges, et des *tarns* aux eaux brunes d'Écosse, etc.; le *lac de Nantua,* dans le Jura, est barré par une moraine latérale; 3° les *lacs de cirque* ou *Karseen,* dus à l'action des glaciers qui ont déblayé les parties désagrégées des granites et préparé ainsi des cavités parfois assez profondes; ces lacs se rencontrent dans les Pyrénées (*lac Bleu,* 120 m. de profondeur; *lac d'Oo,* 65 m.); dans les Vosges (*lac Blanc,* 60 m.; *lac Noir,* 39 m.); dans la Forêt Noire, le Böhmerwald et le Riesen Gebirge, etc; ces lacs sont toujours de faibles dimensions; 4° les *lacs des glaciers,* dont le barrage est formé par la glace elle-même; très souvent ils finissent par s'ouvrir un passage; la débâcle peut causer d'affreux ravages.

Les LACS DUS AUX PHÉNOMÈNES VOLCANIQUES comprennent des étendues d'eau *barrées par une coulée de lave,* comme le *lac d'Aydat,* au Sud de la chaîne des Puys en Auvergne, de faible profondeur (15 m.); ou barrées encore par un *cône surgissant au milieu d'une vallée,* tels les lacs Chambon et *Montcineyre;* les lacs *occupant le cratère d'un ancien volcan,* représentés par le *lac du Bouchet,* Servières, etc., le LAC LAACH dans l'Eifel; enfin les lacs établis dans un *cratère d'explosion ou d'effondrement,* lacs assez profonds, PAVIN, *Tazenat, Issarlès, Chauvet,* etc. Tous ces lacs, sauf le lac Laach, se trouvent dans le Massif central, surtout en Auvergne, où ils ont été le mieux étudiés.

Des lacs sans profondeur se forment dans les régions deltaïques. On donne quelquefois le nom d'étang ou de lac aux étendues d'eau que des CORDONS LITTORAUX séparent de la mer (étangs de Sigean, de Leucate, etc.). Les accumulations de DUNES sur les rivages retiennent les eaux en arrière et peuvent déterminer la formation d'étangs, notamment le long des côtes landaises en France (étangs de Carcans, de Lacanau, de Cazau, etc.), et sur partie des rivages portugais entre Oporto et Lisbonne; ces étendues d'eau se déplacent facilement et peuvent disparaître temporairement. Plus importants sont les lacs, fréquents dans les pays montagneux, dus à des BARRAGES D'ÉBOULIS; tels sont le *lac de Sylans,* dans la cluse de Nantua, etc. On a vu que les POLJE et les CATAVOTHRA peuvent se transformer en lacs temporaires, si les fissures, les *avaloirs,* sont obstrués ou de largeur insuffisante; les lacs d'*Ochrida,* de *Presba,* de *Yanina,* de *Kastoria,* peuvent être considérés comme des lacs de polje.

25. **Lacs d'origine mixte.** — Un certain nombre de lacs, qui comptent parmi les plus importants, paraissent devoir leur existence à plusieurs causes.

A cette catégorie se rattachent les grands lacs subalpins, les *lacs de bordure,* RANDSEEN; ce sont notamment, en Italie, le LAC MAJEUR, les *lacs de Côme* et *de Garde,* avec des cavités intermédiaires; en Suisse, les LACS DE GENÈVE, des QUATRE-CANTONS et de *Zurich,* etc. Certains géologues attribuent la formation de ces lacs à un phénomène tectonique, à un affaissement; ils accordent que les glaciers ont contribué à façonner la dépression où ils sont établis, et que, par l'accumulation de leurs moraines frontales, ils ont pu, comme c'est le cas pour les lacs d'Italie, exhausser leur niveau. D'autres géo-physiciens, ayant observé la ressemblance qui existe entre les fjords et les lacs subalpins, ayant constaté que les uns et les autres appartiennent à des régions montagneuses d'ancienne glaciation, ont affirmé que les lacs de bordure comme les fjords devaient être le résultat de l'érosion glaciaire. On peut adopter cette dernière opinion, avec la réserve que les glaciers ont dû s'établir dans des vallées déjà tracées et dues sans doute à des actions tectoniques. — Quoi qu'il en soit, il est important de constater que des pays montagneux couverts autrefois de calottes glaciaires, présentent des fjords du côté où ils aboutissent à la mer, de l'autre des lacs de bordure; c'est le cas de la Scandinavie dans le centre et le Nord, de la partie occidentale de l'île Sud de la Nouvelle-Zélande, du Sud de la côte occidentale de l'Amérique du Sud.

Les grands lacs de l'Amérique du Nord, qui comprennent le LAC SUPÉRIEUR (80 800 kmq., le premier du monde pour la superficie), les lacs MICHIGAN, HURON, *Érié, Ontario,* occupent des cavités qui étaient sans doute préparées depuis longtemps; ces cavités, sous l'effort des eaux courantes, commençaient à se transformer en vallées régulières; les amas morainiques, en barrant ces anciennes vallées, ont déterminé la formation de grandes étendues lacustres[1].

26. **Alimentation des lacs.** — Parmi les lacs, les uns, en petit nombre, sont des CUVETTES TERMINALES où aboutissent des cours d'eau; leur régime est lié à celui des affluents qu'ils reçoivent, et, si les apports sont à la fois abondants et irréguliers, le niveau du lac doit subir des oscillations importantes. Les LACS DE PASSAGE sont toujours, au point de vue de l'abondance des eaux, beaucoup plus dans la dépendance de leurs tributaires que dans celle de la hauteur des pluies; le régime du lac est assez régulier; les grandes crues sont rares, parce qu'elles s'écoulent assez vite par l'émissaire du lac. Il convient de faire une réserve pour les lacs à émissaires souterrains; leur niveau est très variable, car souvent l'écoulement sous-lacustre se fait par des orifices trop étroits. Ces lacs d'ailleurs sont destinés à être comblés par les apports des fleuves. — Certains lacs ont une alimentation insuffisante; ils ne reçoivent des apports d'eau qu'accidentellement; ces lacs sont nécessairement la proie de l'évaporation. Celle-ci, dans les régions désertiques, détermine la formation des lacs salés, qui, en temps de disette d'eau, se couvrent d'efflorescences salines; c'est le cas des *chotts* et des *sebkas* du Sahara, des *lacs salés* de l'Australie, etc.

27. **Température et mouvements de l'eau des lacs.** — Dans les lacs très profonds, la température va en décroissant de la surface au fond, où elle marque 4°. Mais si le lac vient à geler, la température du fond reste la même et est alors plus élevée que celle des couches superficielles; il se produit donc une *stratification thermique inverse.* Ces observations ont été

1. Il est intéressant de constater que les *Randseen* et que les grands lacs de l'Amérique du Nord n'ont pas de très grandes profondeurs comparables à celles des lacs tectoniques :

| NOMS DES LACS | Superfic. en kmq. | Profond. maxima | NOMS DES LACS | Superfic. en kmq. | Profond. maxima |
|---|---|---|---|---|---|
| Lac de Garde | 370 | 346 m. | Lac Supérieur | 80 800 | 307 m. |
| Lac de Côme | 144 | 409 | Lac Michigan | 58 100 | 214 |
| Lac des Quatre-Cantons | 113 | 214 | Lac Huron | 61 600 | 265 |
| Lac de Zurich | 89 | 143 | Lac Erié | 25 800 | 64 |
| | | | Lac Ontario | 18 750 | 225 |

faites dans certains lacs suisses bien étudiés. La température de la surface peut se faire sentir à plus de 100 m. de profondeur; par conséquent les lacs peu profonds subissent des variations de température dans les couches inférieures. On appelle lacs de *type polaire* ceux dont la température de surface ne dépasse jamais 4°; de *type tropical*, ceux dont la température de surface n'est jamais au-dessous de 4°; de *type tempéré*, ceux qui ont successivement au-dessus ou au-dessous de 4°.

Les lacs ont leurs mouvements comme les mers; les grands lacs de l'Amérique du Nord ont des petites marées; ils ont aussi leurs tempêtes, qui rendent alors la navigation périlleuse. Il en est de même des grands lacs d'Afrique, dont la surface est quelquefois bouleversée. Dans le lac de Genève, les plus grandes vagues observées jusqu'à présent ont une longueur de 20 m. et durent 5 secondes ; la plus grande profondeur à laquelle se fait sentir l'agitation des vagues est environ de 9 m. Il existe des courants le long des rivages dans certains lacs ; on conçoit facilement que ces observations ne s'appliquent qu'aux grandes et profondes étendues lacustres. — Les eaux des lacs subissent des oscillations, bien étudiées, surtout dans le lac de Genève, sous le nom de *seiches;* ce sont des dénivellations momentanées des eaux, *longitudinales* ou *transversales* quand elles se produisent dans le sens de la plus grande longueur du lac ou dans le sens du petit axe[1]. « Elles sont déterminées par des perturbations locales de la pression atmosphérique qui amènent une dénivellation temporaire de la nappe du lac; sitôt que la perturbation cesse, le niveau se rétablit par une série d'oscillations rythmiques ». (Forel.)

LIVRES A CONSULTER. — Les livres cités au chapitre précédent. — F.-A. Forel, *Le Léman, Lausanne*, 1892, 1895, 1902, 3 vol. ; — du même, *Handbuch der Seenkunde* (collection des manuels géographiques Fr. Ratzel), Stuttgart, 1901. — E.-A. Martel, *Applications géologiques de la spéléologie* (*Annales des mines*, X, 1896).

LECTURES. — E. A. Martel, *les Abîmes, les Eaux souterraines, les Sources, la Spéléologie*, Paris, Ch. Delagrave, 1894 ; — du même, *Irlande et Cavernes anglaises*, Paris, Ch. Delagrave, 1897.

1. La faune des lacs d'eau douce, très étudiée par M. FOREL dans le lac de Genève, comprend les divisions que nous avons notées pour les eaux marines; il y a une *faune littorale* et une *faune des profondeurs*, formées des mêmes espèces que la faune littorale ; la faune pélagique est faiblement représentée.

# CHAPITRE XIII

## MODIFICATIONS ACTUELLES DE LA SURFACE ACTIONS EXTERNES

### IV. — Les mers et les côtes.

**Action érosive de la mer.** — La force érosive de la mer réside dans les **marées** et surtout dans les **vagues**, qui, poussées par des vents violents, peuvent avoir une puissance exceptionnelle.

**A. — Côtes élevées.** — L'attaque de la mer contre les **côtes élevées**, quelles qu'elles soient, se traduit par la formation de **falaises**, avec des *pyramides*, des *aiguilles*, des *arcades*, des couloirs d'érosion dans les roches les plus dures; les **falaises argileuses** sont une exception; les **falaises schisteuses** aux couches inclinées forment une succession de rainures et d'arêtes.

L'érosion marine gagne annuellement sur les rivages; mais la *plate-forme littorale*, formée peu à peu en avant des falaises, limite son action.

Les côtes de *structure homogène* forment des lignes continues et régulières (falaises du pays de Caux); celles de *structure hétérogène* sont découpées suivant la dureté ou le peu de résistance des roches. Les **rias** sont d'anciennes vallées fluviales envahies par la mer; envahis aussi les **fjords**, couloirs étroits et profonds aux flancs abrupts, creusés et modelés par les anciens glaciers; les **côtes à lobes** limitent des régions effondrées; les **côtes de type dalmate** sont les crêtes de chaînes plissées partiellement submergées.

**B. — Côtes basses.** — La mer élève le long des **côtes basses**, à l'aide des matériaux (galets, graviers, sable) arrachés aux rivages, une *levée de galets* ou **cordon littoral**; en arrière, se forme une *lagune*. Les alluvions fluviales prennent une large part à cette formation.

La mer peut envahir les côtes basses; un des meilleurs exemples est la **Plaine maritime** qui va de Calais au Schleswig occidental; il a fallu la défendre contre la mer et l'assécher.

Sur les bords de certains rivages, le vent édifie des **dunes maritimes**, animées d'un mouvement de progression vers l'intérieur et qu'il a fallu arrêter, notamment par des *plantations de pins maritimes* le long du golfe de Gascogne; une **dune littorale** protège ces plantations.

M. Suess a montré la différence des côtes du **type pacifique**, bordées par des rides parallèles de montagnes, et les côtes du **type atlantique**, où les chaînes aboutissent obliquement aux rivages et qui, ailleurs, sont bordées de plateaux.

**Appendice.** — Les **presqu'îles** se rattachent géologiquement au continent ou lui sont étrangères; les **îles** se divisent en îles *continentales* et îles *océaniques*.

**1. Action érosive de la mer : les marées et les vagues.** — La mer modifie constamment la ligne des rivages et des côtes, c'est-à-dire le point de contact entre les parties émergées et les parties immergées de l'écorce terrestre. Sur certaines côtes elle exerce une puissante action érosive et fait *œuvre de des-*

*truction;* ailleurs elle accroît les rivages par le dépôt des matériaux qu'elle transporte, et fait *œuvre de reconstruction.*

La puissance mécanique de la mer réside dans l'*action des marées* et dans l'*action des vagues.* On sait que les MARÉES peuvent atteindre dans certains cas, dans des passages resserrés par exemple, une amplitude considérable; mais leur action destructive est nécessairement limitée au niveau de la haute mer.

Il n'en est pas de même des VAGUES; leur force érosive dépend surtout de l'intensité du vent. Par gros temps, les vagues, dans les océans ouverts, peuvent atteindre une hauteur de 6 mètres; par vents de tempête, elles peuvent dépasser 10 mètres. Le vent les pousse alors avec une force extraordinaire; les rivages bas sont submergés; contre la masse résistante des rivages rocheux la vague bondit et se dresse en un jet vertical puissant qui retombe dans un bouillonnement d'écumes; on a vu des vagues enserrer de leurs volutes des phares de 50 mètres de haut; le phare de *Bell Rock,* haut de 34 mètres, qui commande l'entrée du *Firth* (golfe) *du Tay,* en Écosse, disparaît souvent sous les lames furieuses. — Ces masses d'eau ont une puissance redoutable; elles peuvent transporter à plus de 20 mètres des blocs de 10 à 20 tonnes.

Ces gros blocs arrachés aux côtes finissent par être réduits en fragments plus petits; roulés par la mer, usés par un frottement continuel, ils prennent une forme arrondie et deviennent des *galets;* la destruction de roches de grès ou de granite donne naissance à des *graviers* et à des *sables.* Ces divers matériaux, sous l'impulsion des vagues, facilitent l'œuvre de destruction des côtes; la mer les projette contre les roches comme « une véritable mitraille ».

L'action destructive des vagues est limitée en profondeur; elle ne s'étend pas au-dessous de 20 mètres; l'érosion est surtout efficace jusqu'à 10. Au-dessous de 20, l'agitation des vagues ne se répercute que sous la forme de faibles vibrations.

### A. — Côtes élevées.

Le mode de destruction des rivages et les formes qui en résultent dépendent de nombreuses conditions : l'intensité de l'ac-

FALAISE DE CRAIE AVEC BANCS DE SILEX (Etretat, Pays de Caux).
*Aiguille* et *arcade* (Porte d'Aval). *Fissures* et *poches* dans la craie dues aux eaux d'infiltration; elles préparent l'éboulement des couches, ainsi que la *rainure* creusée au pied de la falaise. En amont, la *valleuse* d'Etretat. (Phot. N. D.)

tion des marées et des vagues, la topographie des côtes, la nature et la structure des roches qui les constituent.

2. **Formation des falaises.** — Lorsque la mer attaque des côtes rocheuses élevées, elle y détermine la formation de FALAISES. Ces falaises peuvent se produire, avec quelque diversité d'accidents, sur des roches très différentes : des granites, des schistes plus ou moins durs, des calcaires compacts ou tendres, des grès, même des argiles. Le mode le plus général est caractérisé par la formation au pied des roches d'une sorte de rainure déterminée par le sapement de la mer en hautes eaux ; la partie supérieure restée en surplomb s'écroule ; il se forme ainsi une sorte de talus, qui se maintient raide et voisin de la verticale ; c'est une *falaise*.

3. **Types divers des falaises : falaises calcaires, gréseuses, granitiques.** — Les falaises présentent quelque variété selon les roches, avec des traits et des accidents communs. Dans les FALAISES CALCAIRES, notamment les *falaises crayeuses de Normandie,* qui s'étendent de l'embouchure de la Bresle à celle de la Seine, le travail de la mer est facilité par la nature même des roches; des fissures nombreuses découpent la masse et permettent l'infiltration des eaux, qui élargissent les coupures, creusent des poches et préparent ainsi la séparation et l'éboulement facile des couches. Le cas est le même dans les FALAISES GRÉSEUSES des îles *Orcades* et *Shetland* et de l'île d'*Héligoland.*

Les vagues, profitant des fissures, isolent certaines parties de la masse ; elles les découpent en des formes singulières figurant des *pyramides,* des *piliers,* des *aiguilles;* en Écosse on leur donne le nom de *cheminées* (*chimney rocks*). Ces divers accidents sont fréquents le long des côtes que nous avons citées plus haut; on les rencontre également sur les côtes formées de roches les plus dures; c'est le cas notamment des parties granitiques de l'île de Jersey et de la côte septentrionale de Bretagne. — La mer creuse aussi, en des points de moindre résistance, des *grottes* et des *arcades;* on peut en signaler sur la côte crayeuse d'Étretat dans le pays de Caux, en Bretagne dans la presqu'île de Crozon et à la pointe du Raz, dont la masse granitique est percée à la base de couloirs envahis par la mer.

4. **Falaises argileuses et schisteuses.** — Il existe en un petit nombre de points des FALAISES ARGILEUSES; on les rencontre notamment sur la *côte du Calvados*, entre les embouchures de la Touques et de la Dives, au point où le pays d'Auge aboutit à la mer; ce pays est constitué de marnes et d'argiles surmontées d'une mince plate-forme de calcaire crétacé; c'est cette plate-forme qui sert de manteau protecteur aux argiles sous-

VERSANT SUD DE LA POINTE DU RAZ
Granite pénétré par des couloirs d'érosion. Rochers au large, débris de l'ancienne côte. (Phot. N. D.)

jacentes, jusqu'au moment où elle s'éboule. — Les FALAISES DE SCHISTES DURS horizontaux subissent le sort commun aux côtes rocheuses et élevées; si les schistes ont une forte inclinaison, comme c'est le cas sur certains points des *côtes du golfe de Gascogne*, près de la frontière franco-espagnole, les vagues y découpent, dans le sens des plis, des rainures et des arêtes.

5. **Valeur de l'érosion marine.** — Sous l'effort des vagues, les côtes subissent des ablations notables. Diverses parties des

côtes anglaises (Suffolk, Norfolk) reculent de 1 mètre, et les falaises du Havre de $0^{m},25$ par an ; la petite île gréseuse d'Héligoland, au large de l'embouchure de l'Elbe, aurait perdu les trois quarts de sa superficie pendant les cinq derniers siècles ; elle n'a plus aujourd'hui que 2 kilomètres de longueur sur 600 mètres de large. — Une limite peut s'imposer à l'érosion marine. La destruction des falaises détermine à la longue la formation d'une plate-forme, d'une *terrasse littorale,* un peu au-dessus du niveau de la basse mer, au point où les vagues peuvent commencer leur érosion.

Dans certains cas de fortes marées ou de côtes exposées à des vents violents, il pourra y avoir plusieurs terrasses superposées correspondant aux tempêtes, aux hautes mers et aux basses mers. Ces plates-formes littorales, *plaines d'abrasion ou de dénudation marines*, ont une largeur limitée, qui ne saurait dépasser quelques centaines de mètres quand les marées et les vents ont une faible action ; quand la terrasse est très allongée, les vagues perdent leur force par le frottement ; un moment vient où leur action se borne à aligner au pied de la falaise une bordure de galets et de graviers. La falaise alors ne subit plus que l'action des eaux météoriques ; elle s'aplanit.

Certaines circonstances peuvent imposer, sinon une limite, du moins un retard à la destruction des falaises. Lorsqu'une partie des falaises s'éboule, il se forme en avant de la côte un entassement confus de blocs, une *basse falaise,* sorte de ligne de protection, dont la mer devra débiter les éléments avant de recommencer l'attaque directe de la côte principale. Près de Douvres, la *falaise de Shakspeare* subissait annuellement une ablation de plus de 1 m. ; pour la défendre, on a provoqué, à l'aide de coups de mine, l'écroulement de la partie supérieure et déterminé ainsi un amoncellement de blocs énormes dans la mer.

6. **Côtes de structure homogène.** — Le dessin des côtes présente une grande variété, dont il faut rechercher l'origine dans les différences de structure. Les côtes de *structure homogène,* c'est-à-dire celles qui offrent partout les mêmes conditions de résistance, se présentent sous la forme de lignes d'une régulière continuité ; elles sont rectilignes. Ce type de côtes est particulièrement développé dans les falaises crayeuses de Normandie. Ces côtes linéaires ne présentent que de très faibles échancrures. Sur les falaises normandes elles sont déterminées par l'existence de *valleuses,* c'est-à-dire de petites vallées, dont beaucoup, devenues sèches, n'aboutissent plus aujourd'hui à la mer et sont tranchées par les falaises ; ces valleuses ayant

abaissé la crête, le travail d'érosion de la mer est moindre · elle dessine une légère courbure dans la côte, une anse.

FALAISE SCHISTEUSE, près Saint-Jean-de-Luz. Côte d'Espagne. (Phot. N. D.)

**7. Côtes de structure hétérogène.** — Les côtes sont le plus

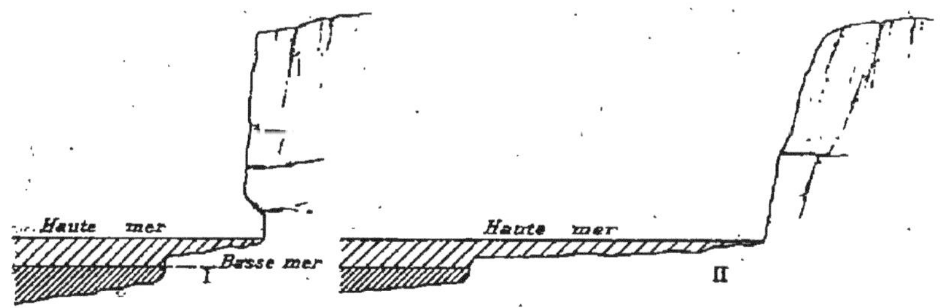


I. Destruction des falaises. — II. Plate-forme littorale.

souvent de *structure hétérogène,* constituées de roches de résistance différente; les moins dures sont creusées par l'eau, les autres forment saillie, et l'on obtient ainsi un profil découpé où les échancrures et les baies succèdent aux presqu'îles et aux caps; sur la côte Ouest de Bretagne, la rade de Brest et la baie de Douarnenez sont creusées dans des schistes relativement tendres du cambrien et du dévonien, tandis que la pointe du Raz, la pointe Saint-Mathieu, la presqu'île de Crozon, sont formées de granite. Ces formes découpées sont très répandues.

8. **Côtes à rias.** — Quelques côtes de cette nature présentent des conditions particulières; ce sont les côtes à rias. Les RIAS (nom que l'on donne en Espagne aux embouchures des fleuves) sont d'anciennes vallées creusées par un cours d'eau suivant les affleurements des roches les moins dures, et qui ont subi, à la suite de mouvements du sol, une invasion de la mer.

Le type est bien caractérisé au Nord-Ouest de l'Espagne, en *Galice*. Des baies pénètrent à une distance de 15 à 20 km. dans les terres et présentent rarement des ramifications; la profondeur augmente vers l'aval, et à l'embouchure elle est ordinairement de 40 à 60 m. Cette profondeur, que l'action érosive de la mer ne saurait atteindre, évoque nécessairement l'existence préalable d'une vallée, en partie submergée par la mer. — Ces côtes à rias existent sur certaines parties des côtes de la Bretagne (rivière de Portrieux, notamment), du pays de Galles, du Sud-Ouest de l'Irlande, de l'Asie Mineure occidentale, etc.

9. **Côtes à fjords.** — Les FJORDS attestent plus nettement encore que les rias une invasion de la mer. En *Norvège,* ils forment de longs couloirs étroits aux flancs abrupts souvent polis, avec des ramifications latérales en tous sens qui constituent des bassins indépendants; ils pénètrent profondément dans les terres, parfois à plus de 100 kilomètres (le *Sogne fjord* en a 180); des vallées sous-marines les prolongent au large, et des chaînes d'îles marquent la continuation en partie immergée des versants du fjord. — Les profondeurs sont parfois considérables, 200 à 300 mètres; on a mesuré 1 342 mètres dans un fjord; le Sogne fjord s'abaisse près de l'entrée à 1 224. Ce qui fait valoir cette profondeur, c'est la hauteur des parois verticales, qui « s'élèvent d'un seul jet jusqu'à 700 ou 800 mètres ». La répartition de ces profondeurs est très inégale; le fond se relève au point de contact avec la mer, qui n'a guère plus de 200 mètres; dans l'intérieur du fjord, des amas morainiques donnent naissance à des cuvettes séparées.

Les *vallées latérales* du fjord sont séparées du fjord principal par un seuil, et elles ont des profondeurs égales et même supérieures. Souvent les fjords sont reliés entre eux par des vallées émergées en forme d'U, qui découpent en tous sens la masse rocheuse. Ces diverses observations renforcent l'idée, que nous avons déjà émise, de considérer les fjords comme le résultat de l'érosion glaciaire; à une époque relativement récente, la Scandinavie était recouverte d'un manteau de glace analogue à l'inlandsis du Groenland; l'action glaciaire s'est exercée dans des vallées déjà préparées sans doute par des mouvements tectoniques; mais c'est aux glaciers qu'il convient d'attribuer le creusement et la forme actuelle des fjords.

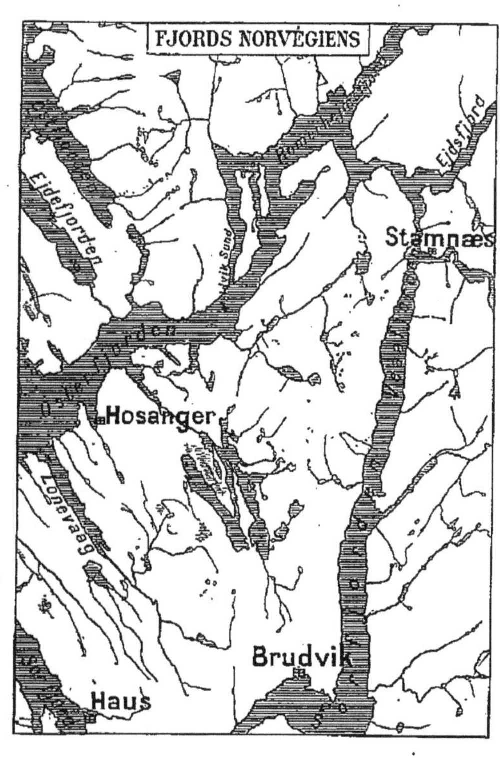


Les fjords, groupés en séries et toujours situés sur le rebord de masses montagneuses, se rencontrent sur d'autres points du globe : en Écosse (*lochs*) et dans le Nord-Ouest de l'Irlande; au Groenland; sur les côtes de l'Alaska et du Chili méridional; enfin, sur la côte Sud-Ouest de l'île Sud de la Nouvelle-Zélande, où ils sont très nettement caractérisés; là, on les nomme des *sounds,* dont le plus profond est le *Milford sound* (360 m.); près de la mer, la profondeur diminue sensiblement, et celle de la mer est inférieure à celle du fjord.

10. **Côtes à lobes.** — M. Penck a donné le nom de côtes a lobes à certaines formes fréquentes dans le bassin de la Méditerranée, et qui ont leur développement le plus remarquable en Grèce. Ce sont des golfes profonds allant jusqu'à 2000 m. de profondeur, avec une moyenne de 500 m., limités par des péninsules élevées; ces lobes marquent des effondrements. Les plus caractéristiques sont les trois golfes de la *Morée.* Ailleurs on peut citer l'*île Célèbes* avec ses quatre pédoncules enserrant trois baies profondes; quelques îles du Japon offrent les mêmes formes. — On pourrait encore considérer comme côtes à lobes, ayant une large ouverture, les rivages des cu-

vettes d'effondrement si fréquentes dans la Méditerranée occidentale; sur la côte Est d'Espagne se développent quatre grands lobes successifs; sur la côte Ouest de l'Italie cette forme est représentée par les golfes de Gênes, de Naples, de Salerne, etc.

**11. Côtes de type dalmate.** — C'est sur les rivages de Dalmatie que cette forme est nettement représentée. La chaîne

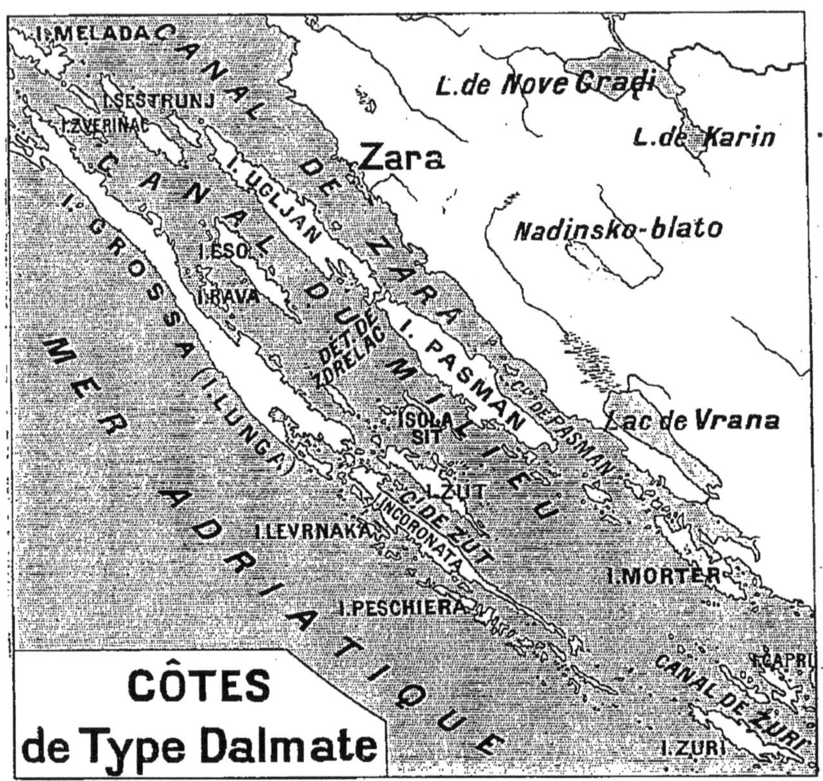


plissée des Alpes Dinariques a été submergée partiellement; la mer a envahi les vallées synclinales, ne laissant émerger que les parties en saillie ; il en est résulté la formation de longs couloirs, semblables en apparence aux fjords; la côte dalmate apparaît ainsi découpée en plusieurs séries de *sillons longitudinaux* et en une infinité d'*îles allongées*.

**12. Côtes coralliennes.** — Afin de présenter un ensemble à peu près des principaux types de côtes rocheuses, il convient de rappeler qu'il existe des *côtes coralliennes* sous forme de récifs-côtiers, de récifs-barrières et d'atolls.

## B. — Les côtes basses.

13. **Accroissement des côtes basses.** — La mer modifie sensiblement les côtes basses ; elle peut y accomplir une œuvre d'accroissement. Les CÔTES BASSES sont presque toujours sablonneuses ou argileuses ; ce sont le plus souvent des plaines alluviales ; beaucoup sont plates.

Nous savons que la mer arrache des matériaux au rivage, les déplace et les transforme ; des roches dures, cristallines ou gréseuses, elle fait des galets, des graviers et des sables (sur la côte normande les silex de la craie sont une réserve inépuisable de galets) ; les roches de calcaire tendre et les argiles sont transformées en vase. Ces vases se déposent au large ; les matériaux plus lourds s'allongent près des rivages.

14. **Levées de galets. Cordon littoral.** — Tous ces matériaux subissent d'incessantes poussées, sous l'impulsion des flots de marée et des courants littoraux ; ils cheminent ainsi le long des côtes rocheuses, le long des falaises, diminuant de grosseur par un frottement continuel jusqu'à ce qu'ils aient trouvé, parfois très loin de leur point d'origine, une région de repos. Ils finissent en effet par aboutir à une échancrure du rivage ou bien à une partie plate où l'eau est peu profonde, et où s'atténuent et cessent les agitations de l'Océan. Dans ces eaux calmes, les traînées de sables et de galets se déposent brusquement, presque toujours au pied des promontoires qui marquent les limites de l'échancrure. Ils s'enracinent en quelque sorte sur ce point d'appui, et forment aux deux extrémités deux *flèches* qui se rapprocheront peu à peu l'une de l'autre.

Ainsi s'élèvent des LEVÉES DE GALETS *ou de sables* parfois hautes de 4 ou 5 mètres ; on leur donne le nom de CORDON LITTORAL, de *digues*. Une coupe de cordon littoral montre d'ordinaire sur le talus qui fait face à la mer deux terrasses indiquant les différents niveaux des hautes mers et des tempêtes ; le talus opposé s'abaisse en pente douce.

15. **Lagunes.** — Ces cordons littoraux, généralement rectilignes ou dessinant une faible courbe, se substituent au tracé plus ou moins découpé du rivage ; ils participent ainsi à la régularisation des côtes. Les deux flèches finissent par se rejoindre ou ne laissent plus entre elles que des passes étroites ; la mer et le vent y accumulent des dunes, et derrière cette véritable digue l'échancrure de l'ancien rivage se trouve fermée et devient une LAGUNE, conservant toutefois presque toujours une communication avec la mer. Telle est l'origine en France des étangs (*étangs* de Mauguio, de Thau, de Sigean, de Leucate) de la côte du Bas Languedoc ; des lagunes classiques de la mer Baltique, *Frisches Haff* et *Kurisches Haff*, isolées de la mer par des *Nehrungen* ou flèches étroites ; aux États-Unis, les lagunes des Carolines, de la Floride et du Texas, etc.

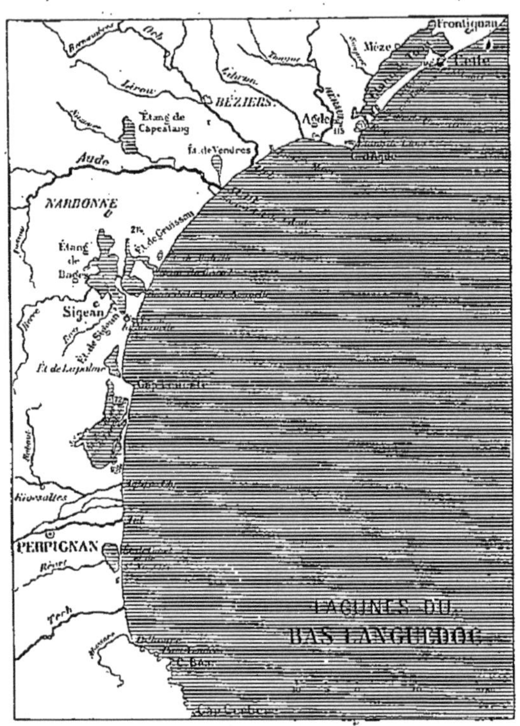


16. **Rôle important des alluvions fluviales.** — Déjà, dans les exemples que nous venons de citer, la mer n'agit pas avec les seuls matériaux qu'elle arrache au rivage ; les matières tenues en suspension dans le fleuve contribuent pour une large part à la formation des cordons littoraux, au comblement des lagunes, et aussi à la formation des *côtes alluviales* proprement dites. Car la destinée des lagunes est de faire partie tôt ou tard de la terre ferme.

Ce sont les alluvions du Rhône qui, combinées avec celles des fleuves côtiers, le Vidourle, l'Hérault et l'Aude, ont transformé l'ancien rivage découpé du *Bas-Languedoc* en une côte rectiligne ou de courbe régulière, agglutinant au rivage d'anciennes îles (cap de Leucate, mont Saint-Clair près de Cette, etc.). Les alluvions de la mer et les vases de la Gironde ont comblé l'ancien *golfe du Poitou*, tandis que les sables du fleuve formaient les *dunes de Saintonge* et *de Gascogne*. Les *lagunes de Comacchio* et *de Venise* sont dues aux alluvions du Pô et des fleuves qui viennent de l'Apennin et des Alpes. Les limons du Nil vont s'agglutiner aux rivages de la Palestine. Les vases et les boues de l'Amazone sont entraînées par les courants sur les *côtes de Guyane*, où elles dévient l'embouchure des fleuves côtiers, qui doivent longer leur masse avant de trouver une issue vers la mer. Ce sont encore les alluvions fluviales qui ont colmaté toutes les échancrures de la *côte indo-chinoise*.

17. **Envahissement des côtes basses par la mer.** — Il peut se produire, sous l'influence d'un affaissement lent et progressif du littoral, et sous l'effet immédiat de tempêtes d'une violence exceptionnelle, des irruptions désastreuses de la mer sur les terres basses. La côte de la mer du Nord, depuis le Schleswig occidental jusqu'à Calais, en est un exemple célèbre.

Pline l'Ancien nous décrit la *côte de la mer du Nord* comme étant recouverte par les flots deux fois par jour; on ne pouvait savoir si le sol appartenait à la terre ferme ou à la mer : « ... Dubium terræ sit an pars maris... » Les Frisons, qui « vivaient comme des poissons », dit une vieille chronique, occupaient cette côte. A l'époque romaine, le Zuyderzée formait le lac Flevo; les attaques de la mer commencèrent au XII<sup>e</sup> siècle; en 1395, la dernière barrière qui séparait le Zuyderzée de la mer fut rompue. En 1421, à la suite d'une grande tempête, la mer envahit la région entre le Waal et la Meuse; elle y engloutit 70 villages, et sur leur emplacement il n'y eut plus que des flots vaseux; c'est le *Biesboch* (taillis de roseaux). Dans la partie française, au début du IV<sup>e</sup> siècle, à la suite d'un affaissement du sol, tout fut détruit par une irruption de la mer; elle y fit un second séjour vers le XIII<sup>e</sup> ou le XIV<sup>e</sup> siècle.

18. **Défense contre la mer.** — Contre ce danger, de bonne heure les hommes ont essayé de se défendre. Entre les points extrêmes que nous avons fixés s'étend une région, très étroite en France, en Belgique et en Allemagne, élargie en Hollande; c'est la PLAINE MARITIME, conquête de l'homme sur la mer. Les anciens Frisons savaient déjà se défendre contre les flots; les Hollandais, leurs descendants (ceux surtout qui habitent la plaine maritime), ont exécuté d'admirables travaux de défense.

La mer fut leur auxiliaire : sur le bord des rivages elle avait édifié des dunes; les Hollandais ont fixé les dunes par des *plantations* et ont imité leur profil dans la construction des *digues*.(pente douce du côté de la mer, plus raide vers l'intérieur) qui entourent toute la Hollande; puis il fallut songer à assécher le pays, d'une très faible altitude, ou au-dessous du niveau des hautes mers; des *canaux endigués* versent à la mer, par des écluses ouvertes à marée basse, l'eau qui s'amoncelle; de véritables mers intérieures ont été desséchées; les terres ainsi gagnées sur les eaux sont entourées de digues et constituent des POLDERS. Ce sont des terres très fertiles, portant de riches récoltes, nourrissant une très nombreuse population, dans un paysage d'une réelle grandeur dans son uniforme monotonie, où les seuls accidents du sol sont les digues et les moulins à vent. — Les polders conservent le même nom en Belgique; en France on les nomme les WATTERINGUES, en Allemagne MARSCHEN.

19. **Dunes maritimes.** — Des étendues considérables de côtes basses sont bordées de DUNES. Les sables transportés par les flots se déposent sur la plage, qui forme un plan de légère inclinaison entre les *laisses des hautes et basses mers*[1]; bientôt desséchés, le vent les soulève et, à une distance variable de la laisse de la haute mer, les accumule contre les moindres obstacles en longues rides parallèles au rivage, qui se succèdent avec une élévation croissante vers l'intérieur. L'importance des dunes est en rapport avec la largeur de la laisse de mer, qui varie avec l'amplitude des marées, avec la quantité plus ou moins considérable des matériaux déposés sur la plage, d'après les contours du rivage, la force, la direction et la permanence des vents. En Europe, les dunes se développent facilement sur les côtes opposées directement aux vents dominants du Sud-Ouest au Nord-Ouest.

20. **Hauteur, cheminement des dunes.** — En Angleterre, sur la côte du comté de Norfolk, les dunes atteignent 15 à 20 m.; en Cornouailles, 30 m. Sur la côte française de la mer du Nord, du Zuidcoote à Sandgatte, les dunes, formant souvent plusieurs lignes, sur 2 km. de largeur maxima, ne dépassent guère 10 m. Sur la côte Ouest du Cotentin, une puissante ligne de dunes hautes de 40 à 70 m. s'étend sur 100 km. avec une largeur de 1 200 m. L'ensemble le plus considérable en France est la série de bourrelets de dunes qui s'allongent le long de la côte rectiligne de Gascogne, depuis l'embouchure de la Gironde jusqu'à l'Adour, sur une longueur de plus de 230 km., une superficie de 102 000 hectares, une largeur moyenne de 5 km. avec, pour la chaîne la plus élevée, une altitude de 60 m. (89 m. ont été mesurés dans les dunes de Biscarosse). C'est sur le rivage atlantique du Sahara que s'élèveraient les dunes les plus hautes, de 120 à 180 m.

1. Les laisses des hautes et basses mers sont les courbes que la mer dessine le long de la côte à la haute et à la basse mer. La *laisse de mer* est le sol que la marée montante recouvre et que le jusant laisse à découvert.

Chassées par le vent, les *dunes avancent continuellement vers l'intérieur;* leur progression peut être rapide dans certaines tempêtes. Sur la côte française de la mer du Nord, à Wissant, 50 maisons furent ensevelies en une nuit, en 1738 et en 1777. Sur la côte de Saint-Pol-de-Léon, des dunes auraient marché avec une vitesse de 500 m. par an. Les vitesses sont moin-

LA GRANDE DUNE
Plantation de *Pins maritimes* (Arcachon). (Phot. N. D.)

dres d'ordinaire : 7 m. dans le Cotentin, 10 m. en moyenne en Gascogne, avec des vitesses de 20 à 25 m. pour certains groupes de dunes. De grandes étendues de culture et nombre de villages ont ainsi disparu sous les sables. De ces villages il ne reste souvent que le clocher de l'église, ou quelque tour élevée, émergeant au milieu du sable : la tour de l'ancien village de Zuydcoote, à l'Est de Dunkerque, est ainsi à demi enfouie dans les dunes.

**21. Fixation des dunes.** — Ces dunes mobiles étaient un danger permanent; on s'efforça d'arrêter leur marche par la consolidation de la masse sableuse. Une *végétation spontanée* s'était développée à la surface des dunes; c'étaient des plantes herbacées pourvues de racines très ramifiées. On fit des semis de graminées, d'arbustes et d'arbres, diversement utilisés selon les régions : les dunes françaises de la mer du Nord sont fixées par l'*oyat;* ailleurs on sema des *Pins silvestres;* dès la fin du XVIIIe siècle, BRÉMONTIER fit ses premiers essais de plantation des *Pins maritimes* dans les dunes de Gascogne; aujourd'hui une forêt ininterrompue s'étend de l'embouchure de la Gironde à l'Adour.

De plus, il fallut songer à élever une barrière aux sables que la mer rejette chaque jour et qui, formant de nouvelles dunes, recouvriraient infailliblement les forêts créées à grands frais. Les ingénieurs imaginèrent la DUNE LITTORALE, dune artificielle formée à l'aide d'un clayonnage ou d'une palissade, à quelque distance de la laisse des hautes mers; peu à peu le sable s'y entasse, recouvre la palissade, que l'on relève et que l'on plante sur le sommet du talus; il se forme ainsi une digue de 10 à 15 mètres de hauteur, que l'on consolide à l'aide de plantes à racines traçantes; il suffit ensuite de veiller à sa défense et à son entretien. Il existe en France plus de 220 kilomètres de dune littorale, « instrument de défense par excellence dans toute région de dunes ».

22. **Côtes de type pacifique et de type atlantique.** — Après cet examen rapide des différentes formes de côtes, il peut être bon d'exposer en quelques mots, en manière de conclusion, les observations faites par M. SUESS sur l'ensemble des côtes du Pacifique d'une part et sur celles de l'océan Atlantique d'autre part. M. Suess constate que les régions côtières de l'océan Pacifique, aujourd'hui connues, sont formées de chaînes plissées dont les rides s'étendent parallèlement aux côtes de l'Océan, sur les côtes américaines, et sous forme de péninsules et d'alignements insulaires du côté de l'Asie; nulle part un plateau n'arrive en contact avec le Pacifique; seules les chaînes du Guatemala se présentent obliquement à l'Océan.

Rien de semblable du côté de l'Atlantique; là sont fréquentes les côtes découpées par où les chaînes plissées arrivent en contact avec l'Océan, ou bien les côtes sont bordées de plateaux limités par des failles. L'océan Indien présente les mêmes conditions jusqu'aux bouches du Gange; la même structure se retrouve encore sur la côte Ouest de l'Australie.

## Appendice.

23. **Presqu'îles : dimensions et formes.** — Les PRESQ'ILES OU PÉNINSULES sont des surfaces émergées de l'écorce que la mer entoure presque de toutes parts et qui sont rattachées au continent par un large ou par un étroit pédoncule. Ces péninsules présentent dans leurs dimensions des écarts extrêmes; en Europe, la *péninsule de Scandinavie* compte 756 000 kmq., tandis que sur la côte méridionale de Bretagne la petite *presqu'île de Quiberon* ne possède que quelques centaines d'hectares. — Le pédoncule qui rattache les presqu'îles aux surfaces continentales n'est parfois qu'une langue de terre de faibles dimensions, à laquelle on donne le nom d'*isthme;* c'est le cas de la Morée, de la Crimée, du Jutland, des péninsules de la Floride, de l'Alaska et de Californie, de la presqu'île de Malacca, voire même de la Corée et du Kamtchatka, etc. D'autres sont soudées par une large base aux continents, comme la péninsule ibérique, la péninsule des Balkans, l'Asie Mineure, le plateau du Décan, la péninsule du Labrador, etc. L'Europe et l'Asie sont particulièrement riches en péninsules.

24. **Origine.** — Au point de vue de l'origine, on peut distinguer deux catégories de presqu'îles. Les unes *se rattachent géologiquement au continent* dont elles sont la continuation; c'est notamment le cas de l'*Istrie,* avec ses masses de calcaire compact crétacé, faisant suite aux calcaires compacts du jurassique et du trias de la Carniole; le système de chaînes calcaires plissées de la partie occidentale de la péninsule des Balkans se continue dans la *Morée;* les montagnes granitiques et volcaniques de la péninsule californienne prolongent les régions situées au Nord; il en est de même de la Corée, du Kamtchatka, etc. — D'autres péninsules forment de *véritables individualités géologiques* et orographiques; elles sont étrangères au continent auquel elles sont accolées. La jonction de la *péninsule ibérique* à l'Europe n'a eu lieu qu'au début de l'époque tertiaire, par la formation des Pyrénées; le *Décan* n'a été rattaché à l'Asie qu'à l'époque tertiaire, après la surrection de l'Himalaya; la *Crimée* n'a fait partie du sol russe qu'à l'époque quaternaire, etc. — La *péninsule de Floride* est une combinaison des deux systèmes; à sa jonction avec l'Amérique elle a des formations semblables à celles du Sud des États-Unis; la partie centrale et méridionale se rattache à la région des Antilles.

25. **Les îles : dimensions et formes.** — Les ILES sont des parties de terre émergée, entourées d'eau de tous côtés. Comme pour les presqu'îles, leurs dimensions sont très inégales; les plus vastes sont la *Nouvelle-Guinée* (774 000 kmq.), *Bornéo* (731 000 kmq.), *Madagascar* (592 000 kmq.), *Sumatra* (431 000), etc. Parmi les îles, les unes possèdent des sommets très élevés, les autres sont basses. L'examen des cartes permet de constater que souvent l'ordonnance des groupes d'îles est manifeste; ailleurs des îles peuvent

être tout à fait isolées. La recherche de l'origine des terres insulaires nous permettra sans doute de comprendre cette diversité de conditions.

26. **Origine.** — La géologie et la biologie, qui comporte l'étude de la vie végétale et animale, peuvent à cet égard nous fournir des arguments. Les îles qui, par leur configuration, leur relief, la nature de leur sol, ressemblent au continent voisin, doivent être considérées comme d'anciennes dépendances de ce continent; d'autres îles dont la nature du sol, le relief, sont radicalement différents des grandes terres voisines, ont eu une évolution indépendante. — La présence dans certaines îles de Mammifères, qui sont doués de moyens de dispersion assez restreints, ou de Mollusques, analogues à ceux du continent voisin, est la preuve d'une séparation récente : la richesse ou la pauvreté d'une île en espèces endémiques (espèces qui lui sont propres) est un argument en faveur de la plus ou moins grande ancienneté de l'île. La pauvreté de la faune et de la flore, l'absence de Mammifères, est l'indice d'un développement original. — Quelques îles ont des espèces endémiques, animales et végétales, en grand nombre, un sol différent de celui des régions voisines, un relief parfois considérable; cette catégorie d'îles représente les lambeaux d'un ancien continent jadis plus étendu.

On peut, d'après ce qui précède, diviser les îles en deux grands groupes : 1° les ILES CONTINENTALES ; 2° les ILES OCÉANIQUES.

27. **Iles continentales.** — Ce groupe d'îles présente plusieurs catégories : 1° les *îles dues à l'érosion :* l'action de la mer est assez puissante pour détacher à la longue des continents d'importants lambeaux de terre; c'est le cas notamment des îles Anglo-Normandes, des *îles Britanniques,* où l'identité géologique pour les deux groupes des deux rives de la Manche est confirmée par l'identité presque complète des flores et des faunes; c'est encore le cas des grandes *îles de la Sonde,* Sumatra, Java et Bornéo, qui se relient à la péninsule de Malacca et à la Cochinchine par un socle couvert d'une faible épaisseur d'eau (rarement plus de 100 mètres), et possèdent une faune et une flore sensiblement identiques ; — 2° *îles dues à l'action combinée de l'érosion et de l'affaissement :* elles sont représentées surtout par la multitude d'îlots qui accompagnent les côtes à rias et à fjords, dans le prolongement des promontoires ; on trouvera leur localisation dans les passages consacrés à ces formes de côtes ; — 3° *îles dues à des effondrements :* elles comprennent les *îles de la Méditerranée occidentale* (îles Baléares, Corse, Sardaigne, Sicile), les *archipels de la mer Egée,* les *îles orientales de l'Insulinde* (comme les Moluques et Célèbes), et surtout la longue série des *arcs insulaires de l'Asie orientale,* tronçons émergés des extrémités recourbées des grandes chaînes asiatiques, etc. ; — 4° les *îles résiduelles* ou *îles-témoins :* ces îles, vestiges d'un ancien continent disparu, sont surtout représentées par l'*île de Madagascar,* qui offre, au point de vue de la géologie et de la biologie, de très grandes différences avec le plateau africain ; on peut encore citer le grand arc insulaire formé par la *Nouvelle-Guinée,* la *Nouvelle-Calédonie,* la *Nouvelle-Zélande.*

28. **Iles océaniques.** — On donne ce nom aux *îles volcaniques* et *coralliennes,* le plus souvent isolées en plein Océan. On a quelquefois donné à ces îles le nom de *parasitaires,* comme étant des masses surajoutées et comme étrangères à la structure fondamentale. Les îles volcaniques pré-

sentent des types différents, que nous décrirons plus loin; nous connaissons déjà les caractères et la répartition des îles coralliennes[1].

Livres a consulter. — Ed. Suess, *ouvrage cité*, II, 3e partie, chap. iv. — A. de Lapparent, *Leçons...*, *ouvrage cité*, 13e leçon. — A. Penck, *ouvrage cité*. — Fr. Ratzel, *Die Erde und das Leben. Eine vergleichende Erdkunde*, Leipzig et Vienne, 1901-1902, 2 vol.

# CHAPITRE XIV

## MODIFICATIONS ACTUELLES DE LA SURFACE ACTIONS INTERNES

### V. — Volcans. — Tremblements de terre.

**A. — Sources thermales.** — La température augmente avec la profondeur dans la proportion moyenne de 1° par 33 m.; les sources thermales ou thermo-minérales ont des températures parfois très élevées (de 50° à 85° environ); elles tiennent en dissolution diverses substances minérales (sources *alcalines*, *sulfureuses*, *calcaires*, etc.).

**B. — Le volcanisme : éruptions; émissions gazeuses.** — Un volcan est un cône terminé par un *cratère* où aboutit la cheminée. Les éruptions, annoncées par des bruits souterrains, des tremblements de terre, la fonte des neiges du sommet, etc., débutent par un gigantesque jet de gaz et de vapeur, formant une colonne qui s'étale au sommet en panache, et toujours accompagné de projections, parfois de torrents de boue. Le fait essentiel est l'émission des laves, débordant par le cratère ou par des *cônes adventifs*, produisant de puissantes coulées, de vitesse variable, d'une haute température, dont le rayonnement est très atténué par une couverture de scories.

Des fumerolles, émanations de gaz, de nature et de température différentes, accompagnent l'éruption, dont la fin est marquée par des mofettes (acide carbonique). — Les volcans éteints produisent encore des dégagements gazeux, les solfatares (acide sulfureux), et des émissions d'*eaux chaudes* qui jaillissent par intermittence dans les geysers. Les *soufflards* (jets de gaz), les *salses* (boues gazeuses), etc., sont des phénomènes de moins en moins puissants.

**C. — Topographie, répartition, causes du volcanisme.** — Les montagnes volcaniques peuvent dépasser 6 000 m. (Kilimandjaro, Aconcagua); les cônes sont de débris, ou de laves, ou des deux éléments combinés; les cratères peuvent être égueulés; il existe des cratères-lacs, des cratères d'explosion et d'ef-

1. Une dernière catégorie d'îles peu importantes pourrait être appelée *îles détritiques;* ces îles sont dues à l'accumulation et à l'émersion de produits de destruction; un des meilleurs exemples est celui des *îles Frisonnes*, dans le Sud-Est de la mer du Nord.

fondrement. Les **laccolithes** sont des intumescences de matières éruptives; des **volcans sous-marins** ont été observés.

Le Pacifique est entouré d'un **cercle de feu**; plus rares dans l'océan Indien, dans l'Atlantique les volcans occupent surtout l'axe de l'Océan, et présentent une activité intense dans les dépressions méditerranéennes. Il existe des *volcans continentaux* dans l'intérieur de l'Afrique et de l'Asie.

Les phénomènes volcaniques sont étroitement *associés aux dislocations du sol.* La cause des éruptions est peut-être moins due à la tension de la vapeur d'eau, produite par la vaporisation des eaux marines infiltrées près du foyer intérieur (théorie de M. Fouqué), qu'à la pression exercée par des gaz revenus à l'état gazeux (après avoir été dissous dans la masse ignée interne), par suite du lent refroidissement de cette masse (théorie de M. de Lapparent).

Le **Stromboli** marque une activité régulière, l'**Etna** une activité assez soutenue; le **Vésuve** a eu des intermittences, etc.

**D. — Tremblements de terre. Déplacements des lignes de rivage. — a).** — Les **tremblements de terre** ou *séismes* déterminent de violentes *secousses,* produisant parfois des *raz de marée,* se propageant avec une grande rapidité et des effets destructeurs; ils sont surtout localisés dans les régions de dislocation.

**b).** — Les **déplacements des lignes de rivage** sont des faits de *submersion* et d'*émersion* encore mal expliqués.

**Appendice.** — Éruption volcanique de la Martinique en mai 1902.

## A. — Les sources thermales.

**1. Augmentation de la température avec la profondeur.** — On sait que les rayons solaires n'exercent leur action calorifique qu'à une faible profondeur; au delà de la *couche invariable,* la température augmente avec la profondeur dans la proportion de 1° par 33 mètres en moyenne. Il se produit d'ailleurs beaucoup d'anomalies; dans les exploitations de sel gemme de *Sperenberg* (Brandebourg), qui sont parmi les mines les plus profondes du globe (1 269 m.), l'augmentation est de 1° pour 25 mètres entre 27 et 628 mètres, de 1° pour 132 mètres entre 900 et 1 000 mètres. — Quoi qu'il en soit, l'augmentation de la chaleur est d'observation générale. Elle rend parfois très pénible le séjour des mines de houille.

La température des eaux artésiennes est toujours élevée; au *puits de Grenelle,* à Paris (548 m.), les eaux ont 28°; le *tunnel du mont Cenis,* à 1 609 m. au-dessous de la crête alpine qu'il traverse, a un maximum de 29°,5 au centre; celui du *Saint-Gothard* (1 709 m.) a 30°,8. On a calculé qu'un tunnel sous le mont Blanc aurait des températures de 50° et plus.

**2. Sources thermales.** — Une des preuves de la température élevée de l'écorce terrestre en profondeur nous est fournie par les SOURCES dites THERMALES, qui acquièrent un haut degré de chaleur dans leurs parcours à travers les couches les plus profondes. Cette chaleur leur donne une action dissolvante sur les roches encaissantes ; elles se chargent de principes minéraux, d'où le nom de sources *minérales* ou *thermo-minérales*. Certaines de ces sources peuvent avoir subi l'influence de l'action éruptive; il est fort difficile de déterminer la réalité de ces relations et de faire une séparation nette entre ces dernières sources et celles qui sont dues simplement à la chaleur propre de l'écorce. Quand les eaux sont imprégnées d'acide carbonique et de gaz sulfureux, l'influence volcanique est des plus vraisemblables.

Ces sources émergent d'ordinaire à l'extrémité de fissures bien définies ; la plupart sont en connexion étroite avec les fractures du sol, et on les rencontre surtout dans des régions de dislocation. Leur régime est régulier, ce qui les différencie des sources ordinaires. Leur température peut être très élevée : *Barèges* a 48°, et *Cauterets* 55°; plusieurs sources de *Plombières* dépassent 70°; à *Bourbonne-les-Bains*, les sources varient de 58° à 68°; à *Chaudes-Aigues*, en Auvergne, les eaux sont à 81°.

3. **Composition des sources minérales.** — Les sources minérales diffèrent des sources ordinaires par les substances en dissolution dans leurs eaux.

On peut les grouper, à ce point de vue, en plusieurs catégories : les *sources alcalines*, où la soude prédomine (Vichy, Vals, Spa); les *sources sulfureuses*, dégageant de l'hydrogène sulfuré avec une température élevée (Barèges, Cauterets, Bagnères-de-Luchon, Amélie-les-Bains, etc.); les *sources salines*, qui tiennent en dissolution un grand nombre de sels, chlorure de sodium, sulfate de chaux, de soude et de magnésie (Luxeuil, Evaux, Epsom, Sedlitz); les *sources acidulées* ou *gazeuses*, qui dégagent de l'acide carbonique, et qui sont limitées à des régions d'activité volcanique récente, les Carpathes, les Apennins, l'Auvergne; les *sources ferrugineuses*, contenant des sels de fer, et revêtant d'une teinte ocreuse ou couleur de rouille les roches par où elles s'écoulent; ces sources sont très répandues en Auvergne.

On distingue encore les *sources calcaires*, qui sont chargées de carbonate de chaux grâce à un excès d'acide carbonique. Celui-ci se dégage à l'air libre, et le calcaire se dépose; le carbonate de chaux *incruste* et *pétrifie* les objets qui sont immergés dans la source. On sait qu'à l'orifice de la source il se forme des concrétions calcaires, dénommées TUF ou TRAVERTIN, qui affectent parfois une grande variété de formes. Les dépôts de cette nature se rencontrent aux chutes de Tivoli, en Italie. Parmi les plus célèbres il faut citer les sources de *Hammam-Meskoutine* (les bains Maudits), dans la province de Constantine; les eaux y ont 95°; elles enlèvent à des massifs calcaires

HAMMAM-MESKOUTINE
Cascade d'eaux chaudes. Terrasses de travertin calcaire. (Phot. N. D.)

qu'elles traversent des quantités considérables de carbonate de chaux, avec lequel elles édifient des sortes de cônes du sommet desquels l'eau s'échappe, et forme une série de terrasses-cascades. Non moins connues sont les cascades de travertin d'*Hiéropolis,* près de Smyrne, qui ont plus de 100 mètres de haut, sur 4 kilomètres de large. — Des *sources siliceuses,* également très chaudes, qui se rencontrent surtout dans les régions volcaniques, déposent des *concrétions siliceuses* autour de leur point de sortie.

### B. — Le volcanisme ; éruptions; émissions gazeuses.

4. **Les volcans.** — Les VOLCANS sont des « appareils naturels » qui marquent le point où les masses en fusion de l'intérieur viennent recouvrir la surface de la terre; ils consistent généralement en une montagne conique, le *cône*, qu'ils ont édifié avec les matériaux qu'ils projettent, et lequel se termine par une ouverture en forme d'entonnoir ou de cuvette à fond plat, le *cratère*, au centre duquel débouche la *cheminée*, sorte de tube, de canal, par où s'élèvent les matières ignées.

L'activité volcanique se manifeste par une série d'ÉRUPTIONS ou *paroxysmes*, interrompus par des intervalles de repos de nature et de durée variables. Le plus souvent, à l'état de repos, des matières solidifiées venues à l'état liquide obstruent la cheminée; par les fissures se produisent des émissions de gaz et de vapeur d'eau.

5. **Phénomènes précurseurs des éruptions.** — Parfois plusieurs semaines à l'avance certains signes annoncent les éruptions; les *émanations gazeuses* augmentent, des *bruits souterrains*, des *oscillations du sol*, se produisent dans le voisinage; les sources diminuent ou tarissent, etc. Si le volcan porte des neiges persistantes, ces *neiges fondent* subitement, et des torrents furieux dévalent le long des pentes; ce fut le cas du Cotopaxi, géant volcanique des Andes de l'Équateur, lors de la grande éruption du 26 juin 1877, et le fait s'est également produit sur les volcans du Kamtchatka et de l'Islande. Bientôt les parois du cratère craquent; l'éruption est en effet précédée par d'énormes dégagements de gaz et de vapeurs, qui provoquent des *explosions;* ces torrents de vapeurs, doués d'une force prodigieuse, s'élancent verticalement dans l'espace sous la forme d'une *colonne de fumée*, d'où s'échappent des éclairs et qui est enveloppée d'une sorte de gaine noirâtre de cendres et de débris de toute sorte; à une très grande hauteur, parfois à plusieurs milliers de mètres (Cotopaxi, 8 à 10 000 m. en 1877), le puissant jet de vapeur, ayant perdu de sa force, s'étale horizontalement et forme *un immense panache* qui, pour Pline, évoquait

l'image bien connue du Pin parasol. La nuit, la colonne de fumée reflète la lave en fusion dans le cratère, et prend alors l'aspect d'un jet de feu gigantesque.

6. **Projections.** — Les masses de vapeur arrachent des fragments aux parois des cheminées et projettent la lave du cratère. Ces jets de lave se solidifient rapidement par suite du refroidissement et retombent autour du cratère sous la forme de *cendres,* de petites pierres nommées *lapilli,* de *scories,* de *bombes volcaniques,* etc.

Les *cendres* sont les gouttelettes de lave les plus fines; malgré leurs très faibles dimensions, elles peuvent former des masses considérables, que les vents emportent au loin; en l'an 512, les cendres du Vésuve ont atteint le Bosphore et la côte d'Afrique; il est fréquent que les cendres des volcans islandais atteignent la Scandinavie; les cendres du Krakatau (1883) ont parcouru pendant plusieurs mois la haute atmosphère. — Les *lapilli* sont plus volumineux; l'écume qui nage à la surface de la lave, projetée hors du cratère, donne naissance aux *scories,* pierres poreuses, qui, lorsque la lave contient une forte proportion de silice, forment la *pierre ponce,* roche caverneuse très légère. — Les fragments de lave qui dans leur chute sont animés d'un mouvement de rotation, prennent un aspect piriforme ou sont effilés aux deux extrémités; ce sont les *bombes volcaniques,* qu'à Naples on appelle les *larmes du Vésuve.* En Auvergne, où elles sont très nombreuses dans la chaîne des Puys, leur volume varie de celui d'une noix à celui d'une belle poire. — Les volcans projettent encore de *gros blocs,* ou des *sables* qui ruissellent le long des pentes. Nous savons que tous ces débris agglomérés peuvent constituer des *tufs volcaniques.*

7. **Torrents de boue.** — Les paroxysmes volcaniques sont presque toujours accompagnés de *fortes pluies;* à ces pluies peut s'ajouter le produit de la *fonte des neiges,* ou encore l'*eau des lacs* qui occupent souvent les cratères. Il se produit alors, par l'entraînement des cendres et autres débris volcaniques, un véritable TORRENT DE BOUE, très redoutable par suite de sa grande vitesse, si la pente est forte.

Nous avons cité le cas du *Cotopaxi,* en 1877; près de sa base un déluge de boue inonda une superficie de près de 10 km. Toute la partie Sud de l'Islande fut inondée en 1861, à la suite d'une fonte subite des neiges; l'extension de la nappe d'eau boueuse, large de 50 km., fut signalée à 130 km. du rivage. Les émissions d'eau boueuse sont très fréquentes à Java.

8. **Émission des laves : par le cratère principal, par les cônes adventifs.** — L'émission des LAVES est le phénomène essentiel d'une éruption; elle se produit d'ordinaire après les

premières projections. L'ascension des matières ignées de l'intérieur est due sans doute à la poussée des gaz et des vapeurs qui accompagnent chaque paroxysme. — Les laves débordent quelquefois directement par-dessus le cratère principal, même à une grande altitude; c'est le cas fréquent des volcans de l'île de la Réunion, parfois celui du Vésuve; le Mauna-Loa, dans les îles Hawaï, vomit par-dessus l'orifice d'un cratère, situé à 4 200 mètres, d'énormes coulées de laves; en 1877, la lave se déversait par tous les bords du cratère du Cotopaxi (5 943 m.).

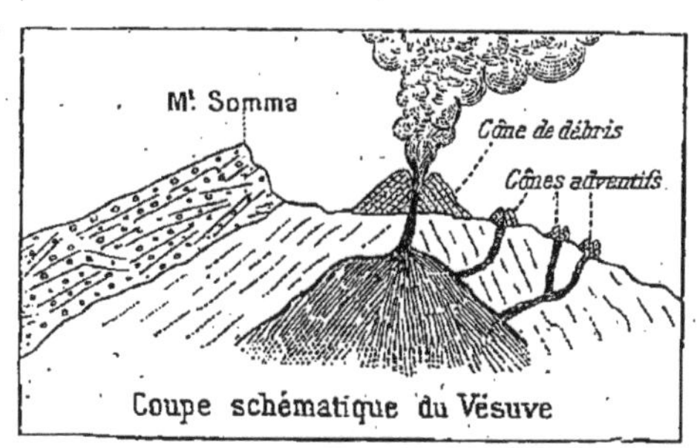

Coupe schématique du Vésuve

L'ascension des laves dans la cheminée, sur une hauteur souvent considérable, exerce une telle pression sur la base ou sur les flancs du cône, que des fentes peuvent se produire; par elles fusent des jets de lave qui s'écoulent sur les pentes; les gaz et les vapeurs qui les accompagnent provoquent de petites explosions partielles, des projections de débris et, par leur amoncel-

CONES ET DOMES ÉRUPTIFS de la *Chaîne des Puys,* vus du sommet du puy Chopine.

A l'arrière-plan, le puy de Dôme; le puy en forme de dôme à gauche est le Sarcoui.

lement, la formation d'un cône volcanique, que l'on nomme CONE PARASITE OU ADVENTIF.

Les *Bocche nuove* du Vésuve sont 8 cônes adventifs qui s'édifièrent sur une fente d'un kilomètre, lors de l'éruption qui détruisit Torre-del-Greco, en 1794. En 1865, une fente de l'Etna était marquée par 7 cônes, une autre en 1879 par 10. L'exemple le plus frappant est celui de la fente du Laki, longue de 20 km., en Islande, où se sont élevés en 1783 plus de 100 cratères adventifs.

Il ne faut pas confondre avec les cônes adventifs des séries de cônes éruptifs qui peuvent parfois s'allonger sur une même ligne. C'est le cas notamment de la *chaîne des Puys* en Auvergne, où sur 50 kilomètres de longueur s'alignent du Nord au Sud plus de 60 cônes ou dômes éruptifs qui datent du quaternaire et ont conservé toute la fraîcheur de leurs formes.

9. **Coulées de lave : dimensions, composition, vitesse, température.** — Les laves s'écoulent sur les pentes sous forme de longues traînées de matière visqueuse, épousant les formes du sol, resserrées dans les dépressions, étalées sur les surfaces planes, butant contre les obstacles, qu'elles surmontent ou contournent en se divisant en plusieurs courants. Ces COULÉES DE LAVES peuvent atteindre des dimensions considérables.

Les plus puissantes sont celles du Mauna-Loa aux îles Hawaï ; en 1855 une coulée s'étendait sur plus de 50 km., avec une largeur de 200 m. et une profondeur moyenne de 100 ; dans l'éruption de 1794, les laves du Vésuve atteignaient une longueur de 5 700 m. sur une largeur terminale de 650 m. On a calculé que les coulées de lave de l'île de la Réunion mesuraient de 65 à 85 000 000 mc.

La *viscosité* des laves tient à l'existence des cristaux qu'elles contiennent ; elles sont plus ou moins visqueuses suivant le développement plus ou moins grand des cristaux. Nous savons que les laves qui contiennent une forte proportion de silice sont dites *acides*, que celles qui sont plus riches en fer sont dites *basiques*. — La *vitesse des coulées de laves* n'est pas considérable ; les laves basiques, qui contiennent beaucoup de matière vitreuse et peu de cristaux, ont une grande fluidité et coulent assez rapidement ; l'influence de la pente est naturellement très sensible. Au Vésuve, on a observé $2^{m},40$ par seconde, en 1776 ; les plus fortes vitesses sont celles des volcans des îles Hawaï, où l'on a noté $3^m,50$. La vitesse maxima constatée serait de 8 mètres.

Les laves marquent toujours une *très haute température,* que l'on a pu évaluer à l'aide de divers procédés, notamment en y faisant fondre des métaux dont on connaît le point de fusion; le cuivre et l'argent fondent facilement, ce qui accuse une température d'au moins 1 000°; les laves dépassent sans doute ce chiffre de degrés; toutefois elles n'atteignent pas le point de fusion du fer. Sur les laves qu'elle enveloppe, se forme une *écorce scoriacée* qui est très mauvaise conductrice de la chaleur.

Il s'ensuit qu'il peut y avoir dans les coulées de lave persistance de la haute température pendant de longues années; 50 ans après l'éruption de 1759, le volcan mexicain du *Jorullo* dégageait encore une chaleur notable; à l'Etna, 7 ans après l'éruption de 1858, on constatait à la surface de la coulée 72°. — Par suite de leur couverture de scories, les coulées ne rayonnent que peu de chaleur; on fait fréquemment l'ascension du Vésuve en cheminant sur la surface des scories, dans les interstices desquelles on peut voir à une très faible distance la lave en fusion; quand des laves envahissent une forêt, souvent elles enveloppent les arbres d'une gaine protectrice de scories; les arbres, à demi calcinés, peuvent encore végéter quelque temps; ce fait a été constaté par M. FOUQUÉ sur l'*Etna*, lors de l'éruption de 1865. Un des faits les plus caractéristiques se rapporte à l'éruption du *Cotopaxi*, en 1877, où les torrents de boue brûlante et les coulées de lave débordèrent de toutes parts; quelques semaines après l'éruption, on constata que des quantités notables de neige et de glace subsistaient dans des ravins profonds, sous une couverture protectrice de cendres et de scories.

**10. Solidification des coulées.** — Les laves vitreuses, grâce à leur fluidité, s'allongent en larges traînées ondulées, en forme de replis, qui ressemblent à des paquets de gros cordages; ce sont des *laves cordées.* — Les laves se recouvrent rapidement d'une croûte de scories qui forme peu à peu une gaine continue, fissurée, une sorte de tunnel où se meut le courant de lave.

Les gaz qui accompagnent la lave peuvent soulever la croûte superficielle et y faire naître des boursouflures avec des cavités centrales. La lave, devenue plus abondante, peut être comprimée dans son enveloppe scoriacée; dans ce cas elle la fait éclater, et la croûte n'est plus qu'une succession de dentelures et de déchiquetures; elle forme alors les *cheires* d'Auvergne, les *sciarres* de l'Etna; si la lave cesse de couler, la gaine de scorie se vide peu à peu, et il se forme une véritable galerie couverte. Les exemples les plus caractéristiques se rencontrent dans l'île de la Réunion.

Nous savons que les trachytes et les basaltes se solidifient en *colonnes prismatiques*. — Une dernière forme de solidification est celle des laves qui, fusant à travers les fentes des cônes volcaniques, s'y consolident à l'abri de l'air, et deviennent ainsi des roches résistantes. L'érosion les dégage des formations qui les entourent; ils apparaissent alors sous la forme de filons allongés dans le sens de la fissure, de murs, de *dykes* (digues), selon l'expression anglaise.

11. **Émissions gazeuses des volcans en éruption.** — Des émanations gazeuses considérables se produisent pendant les éruptions; les panaches de fumée qui s'élèvent au-dessus des cratères n'ont pas d'autre origine. Des fissures du cratère ou du cône s'échappent des jets de fumée blanche désignés sous le nom de FUMEROLLES. Malgré les dangers des observations, on a pu faire l'analyse de ces gaz, et on y a constaté la présence de nombreux acides, chlorhydrique, sulfureux, carbonique, etc., de l'ammoniaque, de l'oxygène, de l'hydrogène, de l'azote, etc., avec de la vapeur d'eau en quantité exceptionnelle; on a pu ainsi, d'après la nature et la température des gaz, déterminer plusieurs catégories de fumerolles. — La fin de l'éruption est marquée par des *mofettes*, qui sont des dégagements d'acide carbonique, qui durent parfois des mois entiers.

12. **Émissions de gaz et d'eaux chaudes des volcans éteints.** — Longtemps après leur extinction apparente, les volcans produisent encore, soit par le cratère même, soit à une faible distance, des émissions de gaz et d'eaux chaudes. Certains volcans dégagent des vapeurs chargées d'acide sulfureux et donnent ainsi naissance à des SOLFATARES ou *soufrières*. Les gaz sulfureux se décomposent lentement à l'air et abandonnent du soufre natif. Celle de *Pouzzoles*, près de Naples, est universellement connue; celle de *Vulcano* (îles Lipari), qui existait depuis 1786, disparut avec l'éruption de 1888; Vulcano revint à l'état de solfatare en 1890. Les solfatares sont très nombreuses au Chili.

13. **Geysers.** — Les GEYSERS sont des sources jaillissantes qui, de façon intermittente, lancent des gerbes d'eau bouillante. Ils rappellent un peu par leur forme les cratères volcaniques; ils ont souvent un cône plat au centre duquel aboutit un canal tubulaire par où s'élance l'eau en ébullition. — Pendant les périodes de repos, l'eau bleue et calme du bassin est d'une grande limpidité; des bruits souterrains annoncent les érup-

tions; soudain un jet d'eau s'élance verticalement au moins à 10 mètres de hauteur et parfois à plus de 50, sous la forme d'une colonne de $1^m,50$ à 3 mètres de diamètre; l'éruption dure en moyenne de 10 à 20 minutes; dans certains cas elle dépasse 35 minutes.

LE GEYSER « VIEUX FIDÈLE »
Parc national du Yellowstone. (D'après M. NEUMAYR.)

D'ailleurs il existe une grande diversité de régime, d'intermittence, de puissance, de durée, entre les manifestations geysériennes. — On admet généralement l'explication suivante du phénomène des geysers. Les eaux de pluie ou de fonte des neiges qui remplissent le canal tubulaire s'échauffent au voisinage des nappes de lave dans les couches intérieures; en un point donné l'eau peut entrer en ébullition; les vapeurs qu'elle dégage ont bientôt la force suffisante pour projeter au dehors la masse d'eau qui se trouve au-dessus. TYNDALL a reproduit le phénomène expérimentalement. — Le plus souvent cette eau est chargée de silice, qui se dépose sur les bords du bassin, formant une sorte de *tuf*, de *travertin* siliceux, dont l'épaisseur en Islande est de plus de 30 mètres; c'est la *geysérite*. Si les eaux geysériennes traversent des massifs calcaires, elles se chargent de carbonate de chaux, dont le dépôt à l'air libre formera des *travertins calcaires*.

Les geysers sont groupés surtout en trois régions du globe : en *Islande*, où ils ont été étudiés d'abord, dans l'*île Nord de la Nouvelle-Zélande*, et, avec une ampleur particulière, dans le PARC NATIONAL DU YELLOWSTONE, aux États-Unis, dans les Montagnes Rocheuses.

En Islande, pays riche en solfatares et en sources chaudes, le *Grand Geyser*, vers le milieu du XIX^e siècle, lançait à une hauteur de 30 et même de 50 m. des jets d'eau d'une température de plus de 30°, à des intervalles de 24 à 30 heures; il avait un cône de 10 m. de hauteur; actuellement les jets d'eau, très irréguliers, n'atteignent pas 18 m. — En Nouvelle-Zélande, au Nord du volcan Tongariro et du lac Taupo, on compte des centaines de geysers, de solfatares, de sources chaudes et boueuses, de fumerolles, etc., au milieu de permanentes émanations sulfureuses; c'est le *District des lacs*, la *Terre des merveilles*, où la cascade de *Teterata*, formée d'admirables terrasses geysériennes, a été détruite par une éruption en 1886. — Au Parc du Yellowstone, les phénomènes geysériens atteignent une intensité et une variété incomparables; les solfatares, les sources chaudes, les fumerolles, y comptent près de 7 000 orifices de dégagement; 84 geysers ont été en activité de 1871 à 1887; parmi eux, le *Géant* lançait, une fois par 24 heures, pendant 15 à 37 minutes, un jet de 60 m. de haut; le *Vieux Fidèle* projetait il y a peu de temps, à intervalles réguliers de 65 minutes, une colonne d'eau à plus de 40 m. de hauteur, etc. — Il convient de noter que dans toutes les régions geysériennes les récits des observateurs varient d'une époque à l'autre.

**14. Soufflards, salses, terrains ardents et mofettes.** — La décroissance de l'activité volcanique se manifeste par des phénomènes de moins en moins puissants : ce sont les jets de vapeur d'eau et de gaz des *soufflards* ou *suffioni*, nombreux en Toscane, jaillissant jusqu'à 30 mètres de hauteur le long des crevasses du sol. Les *salses* sont des petits monticules coniques, des petits volcans, d'où coule une eau boueuse chargée de bulles gazeuses qui s'enflamment aisément; parfois les émanations gazeuses se produisent à travers un sol sec et caillouteux; ces gaz enflammés forment les *terrains ardents*, observés surtout, ainsi que les salses, dans la région de Bakou, sur la mer Caspienne, dans l'Apennin et en Sicile. — Parmi les émissions de gaz qui marquent le déclin de l'action volcanique, celles d'acide carbonique persistent le plus longtemps[1]; elles forment des *mofettes* très nombreuses dans les régions volcaniques, dans l'Eifel, en Auvergne, au Japon, etc.; nous les avons déjà vu se produire à la fin des éruptions.

## C. — Topographie, répartition, causes du volcanisme.

**15. Formes topographiques dues aux volcans. Dimensions des montagnes volcaniques.** — Les montagnes volcaniques

MONT EGMONT OU TARANAKI, 2519 m.
Volcan de l'île Nord de la Nouvelle-Zélande.

peuvent s'élever aux plus hautes altitudes; le *Klioutchev,* au Kamtchatka, atteint 4804 mètres; en Afrique, le *Kilimandjaro,* 6010 mètres, et le *Kénia* 5200; dans les Andes, de nombreux volcans dépassent 6000 mètres (*Aconcagua,* volcan éteint, 6970 m.). D'ailleurs la hauteur des cônes varie sans cesse sous l'effort de l'érosion ou de nouvelles éruptions; en 1832 le *Vésuve* avait 1181 mètres; en 1867, 1296; dans les dernières années du XIXe siècle, 1250 mètres. — Les dimensions ne sont pas moins remarquables : la base du Klioutchev a 330 kilomètres de tour, celle du Kilimandjaro 350; l'*Etna* représente un volume de 300 kilomètres cubes; l'*île d'Hawaï* est uniquement constituée

1. Les dégagements d'acide carbonique forment une couche d'air irrespirable à la surface du sol; en Italie, près de Naples, dans la *Grotte du Chien,* on vérifiait l'existence de cette couche irrespirable à l'aide d'un malheureux chien à qui l'on faisait subir dans la grotte un commencement d'asphyxie.

de laves dont le volume pour la partie émergée est de 11 000 kilomètres cubes[1].

**16. Cônes et cratères de débris et de laves.** — Tous les matériaux que le volcan projette s'amoncellent en désordre autour de l'orifice, et déterminent la formation d'un CÔNE DE DÉBRIS dont la pente est plus rapide près du sommet que vers la base. A Java, aux Philippines, ces cônes ont parfois des formes géométriques; le *Cotopaxi;* le mont *Egmont* ou *Taranaki* (2 519 m.), en Nouvelle-Zélande, ont des cônes d'une régularité remarquable. Ces cônes de débris, rapidement édifiés, résistent faiblement à l'érosion; souvent des rainures d'érosion

CRATÈRES ÉBRÉCHÉS DES PUYS NOIR, DE LASSOLAS, ET DE LA VACHE
Chaîne des Puys, Auvergne. (D'après M. de LAPPARENT.)

rayonnent à intervalles réguliers à partir du sommet. — Un petit nombre d'appareils volcaniques, de pente généralement faible, sont uniquement formés de laves; ces CÔNES DE LAVES forment le *Mauna-Loa* et le *Mauna-Roa* dans les îles Hawaï. Le type mixte formé de débris de projections, entremêlés de coulées de lave, est représenté par l'Etna, constitué par l'accumulation successive de laves et de scories[2].

Les cratères peuvent être formés de débris comme le cône, ou encore de laves quand ils appartiennent à des volcans où la lave déborde par l'orifice du cratère. Le cratère n'occupe pas

1. Si cette masse de laves, était étalée sur l'Angleterre tout entière, elle la couvrirait d'un manteau de 83 à 84 m. d'épaisseur.

2. Dans certains cas, les éruptions peuvent déterminer des formes particulières, des *dômes;* c'est le cas de certains appareils volcaniques de la chaîne des Puys (Auvergne), où la roche éruptive, très visqueuse, peu fluide, ne put s'épancher et « forma de grosses intumescences ». A côté s'édifiaient des cônes réguliers de débris. (Voir la vue de la chaîne des Puys, p. 381.)

toujours la situation centrale sur le volcan; ses dimensions, faibles le plus souvent, ne sont pas en rapport avec l'importance du volcan. Parfois, lorsque la lave s'est déversée par le cratère, une partie du rebord de l'ouverture est fortement échancrée; on dit que les cratères sont *ébréchés* ou *égueulés*. — Un cratère en activité peut être entouré par un *rempart cratériforme* plus ou moins circulaire et continu, « figurant un cratère beaucoup plus grand que le premier,... une enceinte fortifiée entourant un donjon central »; c'est le cas de la *Somma*, crête demi-circulaire qui borne le Vésuve au Nord et à l'Est.

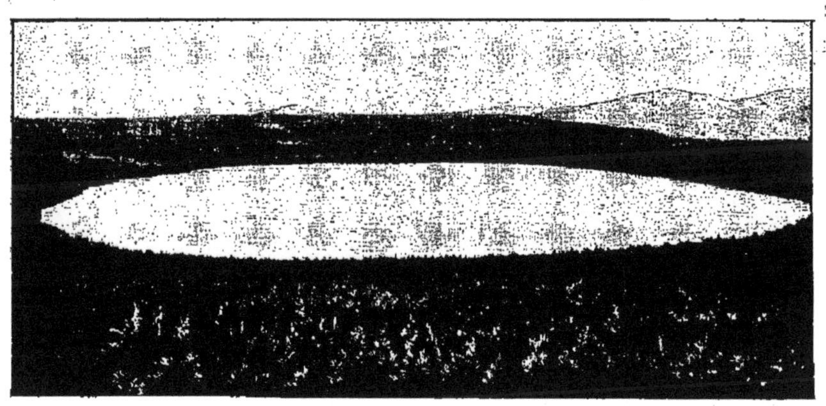

LAC DU BOUCHET, près Le Puy.
Occupe l'*emplacement d'un ancien cratère de volcan*. (Profondeur, 27$^{m}$,50; altitude, 1 208 m.) (Phot. N. D.)

17. **Cratères-lacs; cratères d'explosion et d'effondrement.** — Certains cratères de volcans éteints sont aujourd'hui occupés par des lacs; ce sont des CRATÈRES-LACS; le beau LAC LAACH, dans le massif schisteux rhénan, non loin d'Andernach sur le Rhin, dans une large cuvette aux rebords boisés, est un exemple caractéristique; en France, dans le Massif central, le *lac du Bouchet*, le *lac de Servières*, etc., sont des lacs de cratères; ils sont nombreux dans les Antilles volcaniques. — Des lacs peuvent occuper des CRATÈRES D'EXPLOSION dus à l'expansion subite des énormes masses gazeuses qui accompagnent les matières ignées. Ces explosions peuvent faire sauter le sommet du cône et laissent à la place une cavité profonde.

En 1638, une explosion lança en l'air le sommet du *pic de Timor*; dans l'abime creusé un lac s'établit; la terrible explosion du *Krakatau* en août 1883 substitua à une île volcanique de 820 m. de haut, un gouffre de 200 à 300 m. de profondeur; de l'île ancienne il ne subsiste qu'un des côtés du cône. Au Japon, en 1888, une explosion fit disparaître une partie du cône du *Bandaï-San*. En Italie, dans le Latium, le *lac d'Albano* occupe un cratère d'explosion; les *maares* de l'Eifel, petits gouffres lacustres, peu étendus, d'une profondeur pouvant atteindre 60 m., avec des parois très inclinées, se rattachent peut-être à des faits d'explosion.

D'autres cratères avec lacs, supposés dus à des explosions, paraissent être des CRATÈRES D'EFFONDREMENT, effondrement déterminé par le vide produit dans la masse intérieure par la sortie des matières ignées; ce serait le cas en Auvergne de l'admirable LAC PAVIN, dont les eaux bleues, encaissées dans des

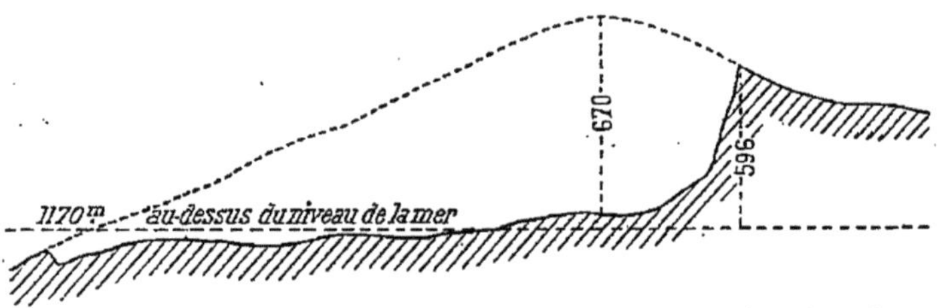


*Coupe du volcan Bandaisan* (au Japon) *avant et après l'éruption de 1888, (d'après Sekiya).*

parois circulaires et verticales, au pied du *Puy de Montchalm*, ont une profondeur de 92 mètres; il en est sans doute de même du *Gour de Tazenat*, circulaire, profond de 66 mètres, avec des berges escarpées de 50 mètres, ainsi que du *lac d'Issarlès*. Ces cratères d'effondrement sont assez fréquents en Islande.

18. **Laccolithes.** — A l'action éruptive se rattachent les LACCOLITHES, nom qui signifie « roches n'ayant pas vu le jour »; ce sont des protubérances arrondies, dues à la pénétration de roches éruptives dans les couches sédimentaires qu'elles ont boursouflées et relevées en forme de voûtes; l'érosion a pu mettre à nu la partie supérieure de ces dômes éruptifs. L'ensemble forme des sommets arrondis qui ont été surtout observés aux Etats-Unis, dans les Montagnes Rocheuses, particulièrement sur le plateau du Colorado.

19. **Volcans sous-marins.** — Des éruptions volcaniques se produisent au sein des mers; quelques-unes ont pu être observées directement, celles notamment qui ont donné naissance à des îles nouvelles, condamnées le plus souvent à une existence éphémère. — Ainsi, entre la Sicile et l'île de Pantellaria, apparut en juillet 1831 une petite île, sommet d'un cône vol-

canique, avec au centre un cratère d'où jaillissaient de la fumée et des cendres ; cette île, par la simple accumulation des produits rejetés, s'éleva peu à peu jusqu'à une hauteur de 60 m., avec un pourtour de plus de 4 km. Elle reçut différents noms, des divers compétiteurs qui se la disputaient : *Julia, Ferdinandea, Nérita;* battue par les vagues, elle fut rapidement détruite ; elle avait disparu à la fin de décembre. Elle reparut en juillet 1863, s'éleva jusqu'à 70 m. environ, et fut de nouveau démantelée par les flots marins. — En Islande on observe à la surface de la mer des îlots de scories, ainsi que dans l'archipel des Açores.

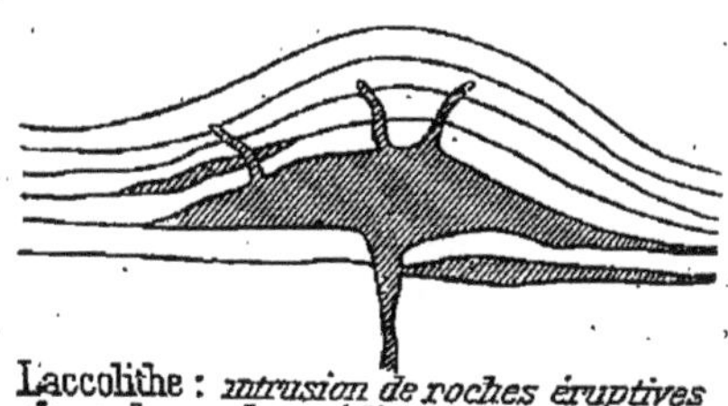

Laccolithe : *intrusion de roches éruptives dans des roches sédimentaires.*

Le *groupe de Santorin,* dans les Cyclades, comprend la grande île demi-circulaire de *Théra,* qui, avec celle de *Therasia* et le rocher d'*Aspronisi,* enveloppe une étendue marine ayant la forme d'un cirque ; au milieu, à des dates très éloignées, surgirent du fond de la mer une série d'îles appelées *Palæa-Kaméni, Mikra-Kaméni, Néa-Kaméni* (ancienne, petite, nouvelle Brûlée). Après une longue période de repos, une grande éruption se produisit subitement en 1866; elle fit surgir à la surface une sorte de récif, nommé *Giorgios,* qui bientôt s'agglutina à Néa-Kaméni ; un cratère s'y forma, et d'énormes coulées de lave en sortirent; un autre volcan sous-marin, *Aphroessa,* émergea et se rattacha également à l'île Néa. Cette île avait plus que doublé de surface en 1870.

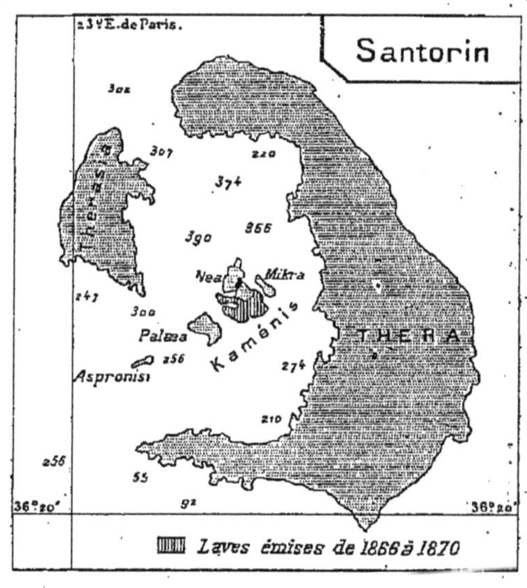


**20. Répartition géographique des volcans.** — Depuis trois siècles, plus de 300 volcans ont donné des signes d'activité; le nombre, beaucoup plus considérable, des volcans éteints doit dépasser 500. La position que ces appareils volcaniques occupent sur le globe est du plus haut intérêt; on les observe à toutes les latitudes, le plus souvent dans le voisinage immédiat de la mer et sur des îles. Quelques-uns cependant se dressent dans l'intérieur des continents.

**21. Cercle de feu du Pacifique.** — Le Pacifique est entouré d'une *immense ceinture de volcans* presque ininterrompue; tout le long des côtes de l'Océan, les volcans sont disposés en séries allongées, soit sur les Cordillères qui les bordent du côté de l'Amérique, soit sur les arcs insulaires de la côte asiatique.

Les volcans s'alignent sur toute la côte occidentale de l'Amérique du Sud, depuis la Terre de Feu, par les volcans du Chili, de la Bolivie, du Pérou, au nombre de plus de 23; dans l'Equateur, 16 volcans (*Cotopaxi*, 5 943 m.) s'allongent sur 180 km.; l'activité volcanique augmente dans l'Amérique centrale, où l'on compte près de 30 volcans actifs (*Coseguina*, *Isalco*), et prend toute son intensité au Mexique (*Orizaba*, 5 580 m.; *Popocatepelt*, 5 420 m.; *le Jorullo*). Elle s'atténue ensuite, mais on trouve encore des volcans actifs ou éteints en Californie, dans la chaîne des Cascades, dans la Colombie anglaise et le territoire de l'Alaska. — La liaison entre les deux parties occidentale et orientale du cercle de feu est effectuée par la longue série des volcans actifs des îles Aléoutiennes et du Kamtchatka ; puis viennent les nombreux cratères fumants des Kouriles, les 129 volcans japonais dont 35 en activité (*Fousi-Yama*, 3 750 m.; *Bandaï-San*); le cercle se continue par les volcans de l'île Formose, des Philippines, de l'archipel malais, où il se produit une recrudescence du volcanisme; par les groupes de volcans des îles Salomon, des Nouvelles-Hébrides, des îles Samoa, des Tonga, et les cônes toujours fumants de l'île Nord de la Nouvelle-Zélande. Les volcans *Erebus* et *Terror*, dans les terres antarctiques, ferment le cercle au Sud; dans l'intérieur du cercle il faut citer les puissants appareils en activité des Hawaï, les cratères des Mariannes, sans compter les volcans sous-marins.

**22. Volcans de l'océan Indien, de l'Atlantique, de la dépression méditerranéenne.** — Dans l'océan Indien, en dehors des îles de la Sonde, on ne trouve guère que les volcans éteints des îles Kerguelen, Nouvelle-Amsterdam et Saint-Paul, le groupe des Mascareignes avec l'île de la Réunion, le groupe des Comores et les cratères de Madagascar. — L'axe de l'Atlantique est jalonné par la série des volcans en partie actifs de l'île Jan-Mayen, du groupe important de l'Islande, des Açores, des Canaries (*pic de Teyde*, 3 715 m.), des îles du Cap-Vert; la série se continue par les cratères éteints de l'Ascension, de Sainte-Hélène et de Tristan-da-Cunha. Dans le golfe de Guinée, on observe la traînée rectiligne des volcans en repos du Cameroun, de Fernando-Po, de San Thome.

Dans la dépression méditerranéenne, l'activité volcanique est d'une véritable intensité. C'est d'abord l'arc volcanique des Petites Antilles, aux cônes actifs ou fumants; puis, dans la partie occidentale de la Méditerranée européo-africaine, on trouve les vestiges volcaniques des côtes africaine et espagnole, des volcans actifs comme le *Stromboli*, le *Vésuve*, l'*Etna*, et dans la partie orientale le foyer de *Santorin* et les cratères en repos de l'archipel grec; la série continue par les volcans du Caucase, de l'Arménie (*mont Ararat*, 5 160 m.), de la Perse. Les cratères éteints de l'Indo-Chine se rattachent par Sumatra au foyer de l'archipel malais, où le volcanisme atteint, peut-on dire, son paroxysme; dans les îles de la Sonde, les Philippines et les Moluques, on compte plus de 50 volcans actifs, plus de 200 appareils volcaniques avec cratères éteints, dont plus de la moitié appartient à l'île de Java (*Semerou*, 3 676 m.).

23. **Volcans de l'intérieur de l'Afrique et de l'Asie.** — Des régions volcaniques existent dans l'intérieur de certains continents. En Afrique, une série de puissants appareils volcaniques s'échelonnent suivant les lignes de fracture, qui vont des grands lacs jusqu'à la vallée du Jourdain par la falaise éthiopienne; ce sont les volcans éteints du *Kilimandjaro*, du *Kénia*, du *mont Elgon;* le volcan actif du *Kiroungo*, le cratère fumant du *Teleki;* des volcans éteints et quelques cratères actifs jalonnent la falaise éthiopienne et la mer Rouge. — Dans l'Asie centrale, région marquée par de grands effondrements, près de la profonde dépression de Tourfan, se trouve la *solfatare d'Ouroumtsi;* l'activité volcanique a certainement existé au Tian-Chan à une date peu éloignée; en Mantchourie, des volcans furent en éruption au XVII$^e$ et au XVIII$^e$ siècle; près des sources de l'Oka, affluent de l'Angara, se trouvent des cratères ou *tasses* volcaniques; sur le plateau du Tibet, à plus de 5 000 mètres d'altitude, on a découvert des cônes éteints, des geysers gelés, témoignages incontestables d'une activité volcanique récente.

24. **Relation entre les manifestations volcaniques et les dislocations du sol.** — D'après l'exposé qui précède, les volcans jalonnent le pourtour des régions disloquées et déprimées; ils occupent le bord des dépressions brusques, disposées le plus souvent suivant une ou plusieurs fentes linéaires; il est remarquable de constater que l'activité volcanique atteint sa plus grande intensité sur les bords de la région d'affaissement du Pacifique, et surtout sur cette zone intercontinentale de moin-

dre résistance profondément disloquée, la dépression méditerranéenne; c'est *aux points de contact de ces deux régions d'effondrement, dans l'Amérique centrale et dans l'Insulinde, que la puissance éruptive atteint son paroxysme.*

25. **Causes des éruptions. Théories de MM. Fouqué et de Lapparent.** — La plupart des appareils volcaniques sont situés sur des îles ou sur des côtes; mais ce n'est pas le voisinage de la mer qui a déterminé cette répartition. Cependant l'importance des émissions de vapeur d'eau dans les éruptions a fait naître chez plusieurs savants, notamment chez M. Fouqué, l'idée que cette vapeur d'eau était due à l'*infiltration de l'eau de mer près du foyer intérieur;* l'eau, immédiatement vaporisée, exerçait une très forte tension sur la lave située au-dessus, et la lave, sous cette poussée, s'élançait violemment dans la cheminée volcanique. Cette explication est acceptable, par exemple, pour le Vésuve, pour l'Etna, etc.; mais elle ne saurait l'être pour des volcans situés à une grande distance de la mer; ceux de Mandchourie, à 900 kilomètres; le volcan de Kiroungo, en Afrique, dans la région des grands lacs, à 1 200 kilomètres de l'océan Indien. — M. de Lapparent a proposé une autre solution; la masse fluide du globe contenait à l'origine une notable proportion de gaz dissous; ces gaz, maintenus longtemps à l'état de dissolution par la haute température, ont pu reprendre leur état premier à la suite du refroidissement très lent, mais continu, de la masse interne; leur pression a alors provoqué les explosions et les projections.

26. **Quelques types de l'activité volcanique. Stromboli. Etna.** — Nous venons d'indiquer les circonstances générales de l'évolution du phénomène volcanique; quelques exemples nous permettront de fixer avec plus de précision les phases diverses de cette évolution, et de mettre en évidence quelques types caractéristiques de l'activité volcanique.

Le volcan Stromboli forme l'île la plus septentrionale du groupe des *Lipari* (*îles Éoliennes*), au Nord de la Sicile; l'île, entièrement composée de laves, de scories et de cendres, émerge sous la forme d'un cône de 936 mètres de haut. De mémoire d'homme, les laves bouillonnent au fond d'une sorte de cratère en fer à cheval près du sommet; d'énormes bulles de gaz s'en échappent, avec des *lapilli* et des matériaux arrachés aux parois. La lave bouillonnante subit des mouvements d'oscillation, de bas en haut et de haut en bas. Le trait caractéristique du Stromboli est sa très grande régularité. — La large base de l'ETNA, en Sicile, est dominée par un cône de 3 313 mètres d'altitude; au-dessus d'une région de cultures où les coulées de lave intercalent des bandes stériles, et d'une zone boisée de Pins et de Châtaigniers, commence la partie déserte, théâtre ordinaire des manifestations volcaniques. Sur les pentes s'élèvent des séries nombreuses de cônes adventifs ou parasites, chaque éruption ayant eu sa bouche spéciale. L'Etna paraît avoir toujours conservé une activité soutenue, avec des périodes de manifestations modérées; les paroxysmes ont été fréquents; les dernières éruptions importantes ont eu lieu en 1865, 1879 et 1892.

27. **Le Vésuve.** — De temps immémorial, le VÉSUVE était à l'état de repos, lorsque, en l'an 79 apr. J.C., eut lieu l'éruption qui ensevelit sous un épais manteau de cendres brûlantes les villes d'*Herculanum* et de *Pompéi*. Depuis cette date jusque vers 1306, il y eut un paroxysme par siècle; puis, pendant trois siècles, le Vésuve entra dans une longue période de repos; comme avant l'éruption de 79, le cône et le cratère furent envahis par la végétation. En décembre 1631, réveil terrible. Une éruption des plus violentes émit de puissantes coulées de lave animées d'une vitesse extrême; elles ravagèrent la côte et la ville de *Torre-del-Greco*, où 3 000 personnes furent asphyxiées par les émanations gazeuses. De 1631 à 1865, nombreux paroxysmes; la ville de Torre-del-Greco fut encore détruite deux fois. Presque réduit pendant deux ans à l'état de solfatare, le Vésuve a de nouveau émis des laves, et depuis 1872 il est dans une période d'activité continue, « non sans analogie avec celle qui caractérise le Stromboli ». En 1895, un cône de débris qui s'était établi sur le cratère entièrement comblé, s'est fendu sous la pression de la lave; par cette fissure la lave est sortie régulièrement jusqu'en 1899. En juillet 1903, après de violentes explosions, le Vésuve est entré en éruption. Il importe de constater que les paroxysmes les plus

violents se sont produits après de longues périodes de repos, en 79 et 1631.

28. **Le groupe volcanique de l'île Hawaï.** — L'activité volcanique du groupe des îles Sandwich présente des caractères particuliers. L'île Hawaï, une des Sandwich, possède deux volcans très importants, le MAUNA LOA (4168 m.), toujours en activité, et le *Mauna Kea* (4208 m.), qui présente des périodes

CHAUDIÈRE DE KILAUEA
(D'après M. NEUMAYR.)

de repos. Le MAUNA LOA a un cratère de sommet et un cratère latéral s'ouvrant sur ses flancs, à 1200 mètres d'altitude environ, *cratère* ou *chaudière de Kilauea*. Vers 1823, ce cratère était rempli de laves bouillantes d'où s'échappaient des jets de flammes et des projections de scories; il a subi de nombreuses vicissitudes, vidé parfois, mais rempli à nouveau de laves. D'assez nombreux débordements de lave se sont produits depuis 1823; chacun d'eux déterminait un effondrement du fond de la chaudière principale; la lave, animée de mouvements d'oscillation, remplit aujourd'hui la cavité du cratère. — Les éruptions du

Mauna Loa sont caractérisées par l'absence de cônes de débris, par l'existence de sources jaillissantes de lave, par la grande fluidité de ces laves, « qui permet la formation, à ciel ouvert, de véritables lacs de feu », et enfin par l'ampleur exceptionnelle des coulées.

Ce bref exposé est sans doute suffisant pour faire comprendre les manières d'être différentes de l'activité volcanique, qui présente, selon les cas, une continuité et une permanence soutenues, des alternatives d'éruption ou de repos, ou encore ne se traduit plus que par des émissions de gaz ou d'eaux chaudes[1].

## D. — Tremblements de terre. Déplacements des lignes de rivage.

La stabilité de l'écorce terrestre n'est qu'apparente; la surface est fréquemment secouée et déformée par des TREMBLEMENTS DE TERRE ou *séismes*. Ce sont parfois de légers frémissements qui courent près de la surface, le plus souvent des ébranlements brusques dont les effets peuvent être effrayants[2].

**a). — 29. Secousses séismiques. Raz de marée.** — D'ordinaire un roulement souterrain annonce les tremblements de terre, qui se manifestent par des SECOUSSES et des *ondulations*. Les *secousses verticales*, qui se produisent presque toujours vers le centre de l'ébranlement, déterminent un choc très rude de bas en haut, capable de faire sauter des maisons en l'air; les *secousses horizontales* produisent un choc latéral, qui souvent se continue par des *ondulations* qui font naître de véritables vagues terrestres. — Tous ces mouvements agissent avec la plus grande violence.

1. Cette diversité de l'activité volcanique a provoqué un essai de *classification des volcans* d'après les différentes phases de leur évolution : les volcans en activité régulière comme le Stromboli, sans éruptions violentes, sont à la *phase strombolienne;* ceux qui subissent de fréquentes alternatives, comme le Vésuve, de périodes d'éruption suivies de périodes de repos, sont à la *phase éruptive;* la *phase solfatarienne* représente des volcans presque éteints, qui n'émettent plus que de la vapeur d'eau et des gaz sulfureux; complètement éteint, le volcan émet encore de l'acide carbonique; c'est la *phase des mofettes.*

2. Dans des observatoires spéciaux installés de préférence dans les régions fréquemment visitées par les tremblements de terre, on enregistre ces mouvements du sol à l'aide d'instruments délicats que l'on nomme *séismographes* ou *séismomètres;* les faibles oscillations, *microséismes,* s'inscrivent sur les *microséismographes.*

En 1797, dans une petite ville de l'*Equateur*, une secousse verticale projeta hors de leurs tombes les cadavres sur une colline de plus de 100 m.; en 1885, à *Ischia*, une jeune fille fut lancée du lieu où elle était sur un rocher de 20 m. de haut. On a vu, à la suite de mouvements ondulatoires, des arbres s'incliner jusqu'au sol, en *Calabre* et dans la région du Missouri; à Ischia, en 1885, une chapelle se penchait et se redressait au gré de la vague terrestre; en 1812, à *Caracas* (Venezuela), on a pu dire que le sol paraissait en ébullition.

Les secousses séismiques provoquent une agitation très vive des eaux de la mer; cette agitation est nettement ressentie par les navires en pleine mer. L'onde séismique se propage en mer à des distances surprenantes; les vagues qui se détachent des rivages du Pacifique, à l'Est ou à l'Ouest, se font sentir sur les rivages opposés; la vague engendrée par l'explosion du *Krakatau* en 1883 fut observée sur presque toutes les parties du globe. La vitesse de translation de l'onde atteint plus de 140 mètres à la seconde. Près de la côte, la vague séismique détermine des RAZ DE MARÉE dont les effets sont terribles.

Tout d'abord la mer se retire, laissant à découvert les parties côtières, les ports et les baies peu profondes ; puis, après un laps de temps variable, elle reparaît et se précipite sur les rivages sous forme d'une vague puissante, de 10 à 30 m. de hauteur ; en 1755, à *Lisbonne*, l'onde dépassa de 15 m. le niveau des hautes mers ; en 1724, le port du *Callao* (Pérou) subit une destruction complète ; des navires qui s'y trouvaient furent projetés dans l'intérieur à 4 km. des côtes ; en juin 1896, un « tremblement de mer » avec raz de marée fit périr 22 000 personnes sur la côte Nord-Est du Hondo (Japon).

30. **Durée et étendue des séismes.** — Les tremblements de terre sont rarement limités à une secousse unique; le plus souvent ils comportent plusieurs chocs consécutifs, qui peuvent se suivre très rapidement ou se répéter, plus ou moins atténués, pendant des mois et des années. En juillet 1855, dans le Valais, un séisme débuta par de très fortes secousses, qui se reproduisirent affaiblies pendant quatre mois; le phénomène ne cessa définitivement qu'en 1857. — L'étendue sur laquelle se fait sentir l'action du tremblement de terre n'est pas en rapport avec l'intensité du séisme et présente de grandes variations. Le tremblement de terre de juin 1870 ébranla tous les pays riverains de la Méditerranée orientale; le séisme de l'Andalousie, en 1884-85, fut enregistré à Rome; celui de 1885 à Ischia ne se fit pas sentir au delà de Rome.

**31. Épicentre. Propagation et vitesse des secousses.** — Le tremblement de terre se produit d'abord dans les profondeurs du sol, à des distances variables de la surface; pour certains tremblements de terre, le *foyer d'ébranlement* a été calculé être à moins de 1 000 mètres; l'étude du séisme de Charleston (États-Unis), en 1886, a donné au foyer une profondeur de 29 kilomètres; on peut admettre que ce foyer se tient à peu près entre 6 et 40 kilomètres. Des profondeurs, les secousses se propagent à la surface. Au point ou à la région qui a subi l'ébranlement

CREVASSES DE TREMBLEMENT DE TERRE EN CALABRE

on a donné le nom d'ÉPICENTRE. De cet épicentre les secousses se développent suivant une zone unique de direction, ou dans toutes les directions à la fois. La *vague séismique* se déroule avec une vitesse notable, mais variable.

Le tremblement de terre des Provinces rhénanes en 1846 a eu une vitesse de 470 m. à la seconde; en juillet 1887, en Suisse, les secousses ont varié de vitesse, 300 à 747 m., suivant les directions; pour le séisme de Charleston, en 1886, on a calculé des vitesses de plus de 5 000 m. à la seconde. Ces différences de vitesse s'expliquent par la nature et la disposition des terrains rencontrés par les secousses; on a pu constater que les formations meubles, les couches épaisses d'alluvions ou de sables, ne permettaient que difficilement la translation des vagues séismiques; la vitesse est plus considérable dans les roches compactes, les granites par exemple. D'ailleurs les dislocations et les cassures des terrains, le contact de formations différentes, sont des conditions favorables à une augmentation de vitesse des secousses.

32. **Effets destructeurs des séismes.** — Un des effets de dislocation des séismes est la formation de fentes, de CREVASSES qui fracturent parfois profondément le sol; elles peuvent demeurer béantes ou se refermer immédiatement. En 1783, en *Calabre*, il se produisit des crevasses s'étendant à plus de 30 kilomètres de longueur, avec des fentes de 10 mètres. Les murs des maisons se lézardent. Parfois les tremblements de terre ont atteint une prodigieuse intensité, et ont produit alors d'affreuses catastrophes; en 526, sur le *littoral de la Méditerranée*, un séisme fit périr 120 000 personnes; celui de 1783, en Calabre, fit 60 000 victimes; au *Japon*, où les tremblements de terre ont une fréquence particulière, le nombre des victimes atteint un chiffre très élevé.

33. **Répartition et causes des tremblements de terre.** — On a cru d'abord que les tremblements de terre étaient en liaison étroite avec les phénomènes volcaniques; le fait n'est pas douteux pour quelques tremblements de terre; mais il en est d'autres qui se produisent loin de tout centre d'action volcanique. Quelques-uns, dont l'action n'est que locale, sont le résultat de la disparition de couches solubles, comme le gypse et le sel gemme par exemple, disparition due à l'infiltration des eaux, qui, faisant naître un vide, provoquent un affaissement. — La cause la plus générale est, à coup sûr, liée aux mouvements de dislocation qui déforment la croûte terrestre; les tremblements de terre sont, pour la plupart, *tectoniques;* leur répartition géographique est en rapport avec les régions d'anciennes et surtout de récentes dislocations; ils sont très fréquents dans la région méditerranéenne, dans les Antilles et notamment dans l'Amérique centrale et l'archipel Asiatique; en ces deux derniers points, ils atteignent un développement particulier; ils y rencontrent les lignes de dislocation qui accompagnent les deux rivages du Pacifique, constamment secoués par les séismes. En Europe, le bassin de Vienne, la plaine de Hongrie, accusent, par de fréquents ébranlements du sol, des régions effondrées; en Afrique, les séismes sont localisés sur les grandes lignes orientales de dislocation, des grands lacs à la mer Morte. Les trem-

blements de terre se produisent donc dans les régions mal assises et mal consolidées.

b). — 34. **Déplacements des lignes de rivage.** — A côté des mouvements brusques des tremblements de terre, il en est d'autres qui déterminent avec lénteur le DÉPLACEMENT DES LIGNES DE RIVAGE; ce déplacement est mis en évidence par des traces d'ancien littoral visibles à un niveau plus élevé que le niveau actuel, ou encore par la disparition sous les flots de plages autrefois émergées. La question se posa bientôt de savoir si ces mouvements étaient dus à des oscillations lentes des mers ou des continents; elle n'est pas encore résolue. On employait pour désigner ces mouvements les expressions de *soulèvements* et d'*affaissements séculaires* qui laissaient préjuger un fait nullement démontré. M. Suess a proposé de se servir de termes n'impliquant aucune solution préconçue; l'invasion de la terre ferme par la mer constitue un *déplacement positif*, le cas contraire un *déplacement négatif*. On peut encore employer, avec M. de Lapparent, les mots plus clairs de *submersion* et d'*émersion*.

35. **Mouvements négatifs ou d'émersion.** — Des MOUVEMENTS D'ÉMERSION ont été surtout observés dans les hautes latitudes, dans la mer Baltique, en Scandinavie, sur des terres voisines du pôle Nord, dans la partie méridionale de l'Amérique du Sud. On en a signalé quelques exemples dans certaines régions de latitude moyenne ou voisines de l'équateur.

En 1730, CELSIUS et LINNÉ, deux savants suédois, déclaraient que la Baltique s'abaissait de $1^m,11$ par siècle environ; ils fixèrent un point de repère sur un rocher du *golfe de Bothnie*, et 13 ans après ils constatèrent un relèvement de $0^m,18$, soit $1^m,39$ pour un siècle. Il est établi aujourd'hui que les affaissements prétendus de la Suède méridionale n'existent pas. Sur la côte occidentale de la Scandinavie se voient très nettement d'*anciennes lignes de rivage*, des *terrasses littorales*. Des observations analogues ont été faites en Islande, au Groenland; on a trouvé au Nord de l'Amérique, dans le détroit de Barrow, à 300 m. d'altitude, des coquilles d'espèces actuellement vivantes dans la mer; les faits d'émersion sont fréquents dans la région canadienne. De nombreuses terrasses s'élèvent sur les côtes du Chili et de la Patagonie à plus de 200 m. du niveau actuel. — Dans les latitudes moyennes et basses, des mouvements négatifs ont été observés sur les côtes écossaises, sur les côtes du Poitou, de l'Aunis et de la Saintonge, sur divers points du littoral méditerranéen (île de Crète, rivages de l'Anatolie et de l'Afrique saharienne, etc.); des faits d'émersion ont été également notés dans les Grandes Antilles, sur la côte orientale d'Afrique, etc.

36. **Mouvements positifs ou de submersion.** — Les MOUVEMENTS DE SUBMERSION paraissent se produire principalement dans les latitudes moyennes et voisines de l'équateur, notamment sur les côtes néerlandaises et françaises, sur les rivages méditerranéens, dans le bassin du Pacifique, etc. — Sur certains rivages on observe, presque juxtaposés, des mouvements d'émersion et de submersion.

Dans la partie méridionale de la mer du Nord, la grande *Plaine maritime*, qui s'épanouit surtout en Hollande, est une région d'affaissement. Les rochers du Calvados étaient autrefois partie de la terre ferme; sur ce point et en Bretagne, d'anciennes forêts sont submergées; les côtes Nord et Ouest de la Bretagne ont subi des submersions en beaucoup de points, dans la baie du Mont-Saint-Michel, dans la région de Morlaix, dans la baie de Douarnenez, où la ville d'Ys dort sous les flots. La mer est manifestement en progrès sur toute la côte d'Italie, jusqu'au fond de l'Adriatique, et en Attique, etc. Si l'on adopte les théories de DARWIN et de DANA sur les récifs coralliens, le bassin du Pacifique apparaît comme une grande aire d'affaissement. — Des mouvements positifs et négatifs coexistent sur les rivages de la Syrie, de la Palestine, de la Sicile[1]; les rivages de l'Australie du Nord sont en voie de submersion, tandis que les côtes Sud et celles de la Nouvelle-Zélande marquent une émersion; en Chine, émersion au Nord, submersion au Sud.

37. **Causes probables des déplacements des lignes de rivage.** — Diverses hypothèses ont été formulées pour expliquer les oscillations des lignes de rivage. L'une des plus ingénieuses est celle de M. Penck ; il attribue les émersions des régions de haute latitude à la *disparition des grands glaciers quaternaires;* les continents diminués de la masse des glaciers ont exercé une attraction plus faible sur les eaux marines, d'où leur baisse successive. Mais cette explication ne saurait s'appliquer aux régions de latitude moyenne où nous avons signalé des faits d'émersion. Il est donc malaisé de préciser les causes des déplacements des lignes de rivage. On est généralement

1. Le temple de *Sérapis*, près de *Pouzzoles* (golfe de Naples), est un exemple classique de variations de niveau. M. SUESS paraît avoir établi que la submersion dura depuis l'époque romaine jusqu'au XVIe s.; des mollusques perforants criblèrent de trous les colonnes du temple (dont 3 subsistent entières), à partir de 3 m. 70 de hauteur. Une éruption d'un volcan voisin provoqua une brusque émersion, et les ruines du temple s'asséchèrent (1538); depuis il y a eu un nouveau mouvement d'affaissement, et le pavé du temple est au-dessous du niveau de la mer.

d'accord aujourd'hui pour reconnaître qu'ils sont dus aux *lentes oscillations de l'écorce terrestre*, lesquelles seraient en relation, ainsi que les phénomènes orogéniques, avec le refroidissement du globe.

## Appendice.

**38. Éruption volcanique de la Martinique en mai 1902.** — Nous ne pouvons passer sous silence l'effroyable désastre qui a frappé notre belle colonie de la Martinique en 1902; cette éruption compte, hélas! parmi les plus terribles catastrophes dues à l'activité volcanique, et a présenté des phénomènes de nature particulière.

Au point de vue géologique, les *Petites Antilles* constituent trois zones géologiques dont la plus intérieure, formant le rebord oriental de la mer des Antilles, est presque entièrement constituée de terrains éruptifs récents; c'est le *cercle volcanique des Petites Antilles*, qui s'étend de la petite île de Saba à la Grenade, en passant notamment par la Guadeloupe (partie occidentale ou Basse-Terre), la Dominique, la Martinique, Saint-Vincent, etc. L'ensemble des Petites Antilles représente les sommets restant émergés d'une cordillère effondrée qui se rattache aux chaînes de l'Amérique centrale, dans le Guatemala.

L'activité volcanique paraissait en général assoupie. Cependant la *Grande Soufrière* de la *Dominique* avait eu une éruption en 1880; la *Soufrière* de *Saint-Vincent* émettait d'abondantes fumerolles, de même que la *Soufrière* de la *Guadeloupe*. A la Martinique, la *Montagne Pelée* (1 350 m.) avait eu une éruption en 1851, laquelle s'était produite sur le flanc Ouest, au-dessus de la ville de *Saint-Pierre*, qui avait été couverte de cendres et remplie d'émanations d'hydrogène sulfuré, sans d'ailleurs aucune émission de laves; après cette éruption, le lac des Palmistes s'était établi dans le cratère, et une végétation luxuriante en avait envahi les flancs, le sommet restant seul dénudé. Le volcan demeura en repos jusqu'au début d'avril 1902, où se produisirent des symptômes précurseurs d'éruption : violentes détonations souterraines, pluie de cendre; le 5 mai, un cratère s'ouvrit et vomit un torrent de boue; le 7, bruits souterrains intenses et continus, pluie de cendres très fines; le 8 mai, quelques minutes avant 8 heures du matin, une masse formidable de gaz et de vapeurs, une trombe de feu, une sorte de *nuée ardente*, s'abattit sur la malheureuse ville de Saint-Pierre, l'anéantit en quelques instants, asphyxiant et brûlant les habitants. Plus de 30 000 personnes ont trouvé la mort dans ce désastre sans précédent. Les flancs Sud-Ouest et Ouest du volcan furent entièrement ravagés. Au passage de la nuée, dont la température dépassait 1 000 degrés, la ville de Saint-Pierre et les quartiers voisins prirent feu et ne formèrent pendant plusieurs jours qu'un gigantesque brasier de 4 à 5 km. de longueur.

De nouvelles éruptions violentes eurent lieu le 20 mai et le 6 juin, puis de violentes explosions les 9, 11 et 12 juillet. On pensait que les flancs Est et Sud resteraient indemnes; le 30 août 1902 se produisit une nouvelle et furieuse éruption avec les mêmes caractères de violence que la première; le bourg d'*Ajoupa-Bouillon* fut rasé jusqu'au sol, et tout fut réduit en miettes; il ne resta du bourg du *Morne-Rouge* que de rares vestiges; il y eut 1 200 morts et autant de blessés.

En dehors des émissions de gaz incandescents, les cratères adventifs qui s'étaient établis sur les flancs du cône n'ont guère vomi que de la boue noire et chaude qui descendait jusqu'à la mer[1].

L'éruption des Antilles a été accompagnée du réveil de l'activité volcanique et séismique dans des régions déterminées. La *Soufrière de Saint-Vincent* était entrée en éruption violente en même temps que la Montagne Pelée; du cratère s'échappa un nuage étrange, chargé de poussière en feu, noyant la contrée sous la cendre, suffoquant et brûlant tous les êtres vivants; en mars 1903, une éruption s'est produite avec projections violentes de scories et de bombes. L'activité volcanique s'est réveillée au *Mexique* et au *Guatemala*, et d'autre part aux *Açores*, dans l'Etna, le *Vésuve*, le Stromboli. De nombreux tremblements de terre ont été observés dans l'Amérique centrale, en Espagne, en Sicile, en Calabre, à Salonique, tout le long de l'Himalaya, etc. — Il est permis de constater que tous ces phénomènes volcaniques et séismiques, consécutifs de l'éruption des Antilles, se sont tous produits dans la zone de faible résistance que nous avons définie sous le nom de *dépression méditerranéenne*.

LIVRES A CONSULTER. — Fuchs, *les Volcans et les Tremblements de terre*, Paris, 1878. — Vélain, *les Volcans*, Paris, 1884. — Fouqué, *les Tremblements de terre*, Paris, 1889. — M. Neumayr, *Erdgeschichte*, 2e édit., Leipzig, 1895. — A. de Lapparent, *Traité...*, *ouvrage cité*, 1re partie, livre III.

---

# CHAPITRE XV

## LA VIE VÉGÉTALE. — GÉOGRAPHIE BOTANIQUE

**Objet de la géographie botanique** : elle étudie la **vie végétale**, les *groupements naturels de plantes* qui impriment au paysage végétal une physionomie caractéristique, expression de l'adaptation commune des plantes du groupe aux conditions de milieu.

**A. — Conditions de milieu; agents écologiques[2].** — Le **climat** joue un rôle essentiel par l'eau que les plantes absorbent et évaporent; dans le cas

1. Cependant au 31 mai 1903 une sorte d'aiguille de lave s'était élevée sur le sommet à une altitude de plus de 1 600 m.; le volcan était toujours actif; le cratère, situé à 900 m., lançait des *nuées denses*; on craignait alors pour le flanc Nord-Est, resté encore indemne.

2. Étymologies. — La géographie botanique, aujourd'hui bien constituée, a, comme toutes les sciences, sa nomenclature propre. Cette nomenclature est très claire, à condition de connaître l'étymologie exacte des mots. Tous les mots dérivent du grec : voici leur sens : **écologique** (de οἶκος, maison, lieu, milieu; λόγος, discours), *conditions de milieu*; **xérophile** (de ξηρός, sec, et φίλος, ami), *ami de la sécheresse*; **hygrophile** (de ὑγρός, humide), *ami de l'humidité*; **tropophile** (de τρόπος, manière d'être, mode, régime), *ami d'un régime, se pliant à une manière d'être*; **halophile** (de ἅλς, ἁλός, sel), *ami du sel*; **édaphiques** (de ἔδαφος, le sol au point de vue de la qualité), *conditions du sol*; **épiphyte** (de ἐπί, sur, et φυτόν, plante), sur une plante, *qui vit sur une plante*.

d'eau rare, la plante prend une **structure xérophile**, destinée à augmenter l'absorption et diminuer la transpiration; où l'eau est abondante, mécanisme contraire de **structure hygrophile**; **structure tropophile** quand une période de l'année est trop sèche ou trop froide. — La *chaleur* est nécessaire pour la croissance de la plante; l'intensité de la *lumière* active la végétation.

Les **conditions édaphiques**, ou conditions du sol, s'expriment par le rôle de l'*altitude* et de la *nature physico-chimique* du sol. — Les végétaux subissent encore l'influence d'autres plantes, de certains animaux et de l'homme; elles ont des moyens divers de dissémination.

**B. — Formations végétales.** — On donne le nom de **formations végétales** à des types de végétation ayant la même physionomie, et dont chacun est caractérisé par une *forme végétale dominante*, expression précise du climat : ce sont les **forêts** (arbre, forme dominante; association d'arbustes, lianes, épiphytes, etc.); les **prairies** ou **steppes** (Graminée, forme dominante); le **parc**, la **savane**, intermédiaires entre les prairies et les forêts; la **végétation désertique**, avec adaptations spéciales des plantes.

**C. — Zone tropicale.** — Les conditions de pluie déterminent comme formations végétales : les **forêts tropicales humides**, forêts denses, à plusieurs étages de végétation, avec un sous-bois impénétrable, développées dans l'Amérique du Sud et centrale, en Afrique, dans l'Insulinde; les **forêts à feuilles caduques**, comme les *Caatingas* du Brésil; les **parcs**, les **savanes** (*campos* au Brésil; *forêts-galeries, savanes à Baobab,* en Afrique. Les **Mangroves**, ou forêts littorales de Palétuviers, sont des formations édaphiques.

**D. — Les déserts.** — Les longues périodes de sécheresse, les écarts de température, l'intensité de l'insolation, etc., ne permettent que l'existence d'une végétation présentant les *modes d'adaptation les plus étranges* par la déformation des feuilles, des tiges, des racines; ces déserts occupent des surfaces étendues en Afrique, Asie, Australie et Amérique.

**E. — Zone tempérée chaude et froide. — a).** — Dans la **zone tempérée chaude**, l'époque de la chute des pluies détermine des différences dans les formes et les formations végétales; le **type méditerranéen**, à pluies d'hiver et été sec, est caractérisé par le *feuillage toujours vert des arbres*, par le Chêne vert, l'Olivier, le Pin parasol, les Labiées odorantes, par la formation de **maquis**, de **pacages** et parfois de **steppes**; les pluies d'été avec hiver sec entretiennent la végétation herbacée et buissonneuse de la **Pampa** (Rép. Argentine); des pluies constantes alimentent les **forêts luxuriantes** du Sud du Chili, des Alpes de Nouvelle-Zélande.

**b).** — Dans la **zone tempérée froide**, les conditions de température et de climat déterminent une formation considérable de **forêts**, dans le Nord de l'Eurasie et de l'Amérique (*Taïga* de Sibérie : Mélèze, Conifères, Bouleaux; *forêts d'Europe :* Conifères, Chênes, Hêtres; *forêts d'Amérique :* Mélèze, Bouleau, Pin blanc, Châtaigniers, Chênes, Hêtres). La formation des **prairies-steppes** est bien marquée dans le Sud de la Russie, dans le Turkestan et une partie de l'Asie centrale, où elle accuse des tendances désertiques.

**F. — Zone arctique. Végétation des hautes montagnes.** — L'absence de chaleur et d'humidité, le sol gelé, ne permettent dans la *zone arctique* qu'une végétation précaire, caractérisée par sa taille exiguë, l'étalement sur le sol des branches rabougries et le riche coloris des fleurs : Mousses, Lichens, Bouleau et Saule nains, c'est la formation de la **Toundra**, au Nord de l'Eurasie, des **Barren Grounds** en Amérique.

Sur les *flancs des montagnes*, les plantes peuvent s'étager depuis la végétation tropicale jusqu'à la **végétation alpine**, analogue à celle de la zone arctique.

**1. La vie végétale, objet de la Géographie botanique.** — La *Géographie botanique* ou *Géographie des plantes* a pour objet l'étude et l'explication rationnelle des caractères et des conditions de la VIE VÉGÉTALE à la surface du globe. Elle ne saurait se préoccuper spécialement de la *flore,* c'est-à-dire des rapports des familles, des genres et des espèces; elle s'intéresse surtout à la végétation, c'est-à-dire aux types de végétation, aux ensembles, aux GROUPEMENTS NATURELS DE PLANTES qui impriment, dans la diversité des conditions locales, une physionomie caractéristique au paysage végétal; le paysage végétal est l'expression fidèle de l'adaptation commune d'un groupe de plantes aux conditions de milieu.

La géographie botanique doit donc observer les rapports multiples des végétaux avec les conditions géographiques. Cette étude exige la connaissance préalable des *conditions de milieu,* des *facteurs écologiques,* de leur influence sur la structure et la répartition des formes végétales; il faut ensuite expliquer les causes qui président aux groupements et aux associations des plantes. Il sera possible alors de voir, plus longuement, comment ces conditions se réalisent dans les grandes régions naturelles, dans les diverses zones de végétation de la terre. — La géographie botanique a pour base la physiologie [1], c'est-à-dire l'étude de l'organisme végétal en action, en mouvement, adapté aux conditions du climat et du sol.

## A. — Conditions de milieu. — Agents écologiques.

Les conditions de milieu sont déterminées par le climat et par le sol; elles dépendent aussi, dans une certaine mesure, de l'action des êtres vivants, plantes et animaux, et de l'intervention de l'homme.

**2. Agents climatiques : 1° l'eau.** — Les agents climatiques,

1. A. DE HUMBOLDT a été le créateur de la *géographie des plantes;* il avait la passion de la botanique, et ses beaux voyages dans l'Amérique centrale et du Sud lui ont permis de la satisfaire et de récolter des documents de première importance. Beaucoup de savants botanistes ont peu à peu dégagé les idées qui ont cours aujourd'hui; les noms d'ALPH. DE CANDOLLE, de GRISEBACH, de DRUDE, méritent d'être retenus. C'est le Danois WARMING qui a le premier affirmé avec le plus d'autorité l'importance des conditions de milieu et des associations végétales; SCHIMPER a définitivement établi la méthode avec la plus grande netteté.

l'*eau*, la *chaleur*, la *lumière*, ont un rôle essentiel; celui de l'EAU est prépondérant. L'eau, sous forme de pluie ou de vapeur en suspension dans l'air, est nécessaire à la plante, surtout pour sa croissance et la réparation des pertes dues à la transpiration des feuilles et autres organes aériens. L'*absorption* et la *transpiration* résument les rapports des végétaux avec l'eau. — Là où l'eau est rare ou inassimilable[1], il faudra que la plante, lors des pluies irrégulières, puisse emmagasiner et conserver une quantité d'eau suffisante pour vivre pendant les périodes de disette; dans ce but, elle subira diverses modifications dans les feuilles et les racines destinées à lui donner une STRUCTURE XÉROPHILE, permettant d'*augmenter l'absorption* et de *diminuer la transpiration*.

Les *grandes feuilles*, organes respiratoires des plantes, deviennent de petits organes coriaces, à l'épiderme épais, de teinte blafarde, parfois recouverts d'une substance mucilagineuse; ou bien encore la feuille, au lieu d'offrir sa surface horizontalement aux rayons du soleil, prend une position verticale, et limite ainsi l'évaporation en ne présentant que sa tranche; c'est le cas des Eucalyptus australiens; quand ils forment des forêts, ces forêts n'ont point d'ombre. Parfois les feuilles deviennent des épines ou disparaissent complètement. — Pour assurer l'absorption de l'eau, les *racines* ont souvent une longueur et une grosseur exceptionnelles et forment un véritable réservoir. Parfois la tige, démesurément gonflée, forme une sorte de récipient; c'est le cas de l' « Arbre-bouteille », *Bottle-tree*, des déserts d'Australie. — Dans ces régions trop sèches, parmi les plantes herbacées dominent les herbes vivaces, à structure xérophile; ce sont des plantes à bulbes, à tubercules, à rhizomes, tout un développement de rejets souterrains qui peuvent s'accroître, non seulement pendant la saison favorable, mais aussi pendant la période sèche ou froide.

Dans les pays de grande humidité, les plantes ont une STRUCTURE HYGROPHILE, destinée à activer l'émission de l'eau; les plantes types sont caractérisées par la petitesse des racines, la

1. Par exemple, les plantes ne peuvent assimiler l'eau trop froide ou chargée de sels. Les régions polaires et les sommets élevés auront par ce fait une végétation xérophile.

longueur de la tige, la largeur et la couleur verte du feuillage, tout un mécanisme destiné à *diminuer l'absorption* et à *exagérer la transpiration*.

La végétation des pays de climat humide pendant une partie de l'année, sec ou froid pendant l'autre, a des caractères variables suivant les saisons, hygrophile pendant la saison humide, xérophile pendant la saison sèche ou froide. Ces plantes ont une STRUCTURE TROPOPHILE. C'est le cas des arbres à feuilles caduques de nos forêts, sur lesquels le froid de l'hiver produit le même effet que la saison sèche dans l'intérieur du Brésil et sur le massif éthiopien.

3. 2° **La chaleur.** — La CHALEUR exerce une influence notable sur la végétation ; la plupart des phénomènes végétatifs, croissance, feuillaison, formation des fleurs et des fruits, etc., sont déterminés par des températures variant d'une plante à une autre. La croissance de chaque plante ne commence qu'au-dessus d'une *limite inférieure*, point où la température est de nul effet et que l'on nomme le *zéro spécifique;* pour les espèces arctiques ce point est très voisin de 0° ; le blé ne commence à germer que vers 6°; le chiffre est beaucoup plus élevé pour les espèces tropicales. Il existe une *limite supérieure*, 35° à 40°, maximum qui ne peut guère être dépassé que par les plantes tropicales, et où, dans son ensemble, la vie végétale se ralentit.

Les plantes peuvent d'ailleurs supporter, dans certaines conditions de repos, des *extrêmes de température*. Certaines espèces, qui vivent étalées sur le sable brûlant des déserts d'Afrique, y subissent des températures qui peuvent atteindre 70° à 80° ; à la limite des immenses forêts de la Sibérie et du Canada, des arbres rabougris, des Saules nains, des Lichens, résistent à des températures inférieures à —40°. — Il faut ajouter que les espèces arctiques ou alpines sèchent et se flétrissent, si pendant plusieurs jours la température se maintient à 10°; d'autre part, si la température s'abaisse à ce chiffre de 10°, on voit succomber certaines espèces de Palmiers et de Fougères arborescentes, de délicates Orchidées.

Une *certaine température moyenne* pendant la durée des phénomènes végétatifs est nécessaire pour le développement de chaque espèce végétale; la distribution géographique de la flore, c'est-à-dire des espèces végétales, est donc en relation étroite avec les isothermes annuelles; les fruits du Dattier ne mûrissent pas au delà de l'isotherme annuelle de 19°; les Palmiers ne dépassent que par exception le 36° lat. La Vigne est limitée par les conditions moyennes de température de la saison chaude; pour la maturation du raisin il est nécessaire que la température moyenne des mois d'avril à octobre se maintienne au-dessus de 15°.

Les plantes ont besoin, en outre, d'une *certaine quantité totale de chaleur*, que l'on calcule à partir de la température initiale utile à la plante; c'est la *somme des températures utiles*. Cette somme de chaleur est très variable : la maturation du Maïs exige un total de 2 500°, comptés au-dessus de 13°; celle des dattes, 5 100° au-dessus de 18°, etc. L'obtention de cette somme de chaleur peut être plus ou moins rapide suivant les particularités du climat; pour le Blé il s'écoule à Malte 162 jours, à Berlin 299, des semailles à la maturité. — Le temps de la période végétative est parfois très réduit, notamment pour les plantes de la *zone arctique* et de la *région alpine* (sommets les plus élevés); ces plantes sont caractérisées, comme celles des stations sèches, par le développement des organes souterrains, racines, rhizomes, la diminution de la taille; en outre, l'étalement en surface des tiges rameuses et des feuilles; ces feuilles, groupées à la base de la plante, sont d'un vert intense, c'est-à-dire riches en chlorophylle, substance verte qui provoque l'assimilation.

4. 3° **La lumière et le vent.** — A côté des radiations calorifiques du soleil, il faut tenir grand compte de la LUMIÈRE, de l'*influence lumineuse* et de l'*action chimique* des rayons solaires. Sous les latitudes polaires, la constance ou la longue durée de l'action lumineuse pendant une période déterminée compensent l'insuffisance de la chaleur estivale.

En *Laponie*, l'*Orge du printemps* accomplit son cycle végétatif en 89 jours; 107 lui sont nécessaires dans la Suède méridionale, où la durée du jour n'excède pas 18 heures, tandis qu'au delà du 70° lat. N., pendant 2 mois, jour et nuit le soleil demeure au-dessus de l'horizon. Des expériences de laboratoire ont montré que des plantes, après un éclairement continu de 14 heures, avaient gagné quatre fois plus de poids que celles exposées à la lumière durant 7 heures seulement.

Le VENT peut exercer une action notable sur la croissance des arbres; l'effort mécanique des *vents violents* courbe les arbres, déjetés dans le sens de la poussée; le mistral fait ainsi pencher les arbres de Provence et des îles Baléares vers le Sud-Sud-Est; dans certaines régions de vents violents, la végétation arborescente ne se maintient qu'à l'état de formes buissonneuses et rampantes. Les *vents secs* ou *desséchants* ont une influence néfaste sur la végétation. Ce sont les vents secs de l'océan Glacial qui, soufflant en tempête sur les terres polaires pendant l'été, empêchent la forêt de gagner vers le Nord, en desséchant les jeunes rejetons et les bouquets d'arbres isolés.

5. **Agents édaphiques. 1° Altitude et exposition.** — Le sol exerce sur les plantes une action qu'on ne saurait négliger; cette ACTION ÉDAPHIQUE s'exprime d'abord par l'influence de l'*altitude* et de l'*exposition*.

Les montagnes élevées voient se développer sur leurs flancs, par suite des changements de climat que provoque l'altitude, un étagement de végétation qui peut aller dans les régions tropicales depuis les formes du Palmier jusqu'aux formes alpines. Les versants des vallées peuvent offrir des conditions différentes suivant l'exposition; dans nos régions, un versant ensoleillé et pluvieux sera couvert d'un bois touffu, tandis que le versant opposé n'aura qu'une maigre végétation, en retard sensible pour les phénomènes végétatifs.

6. **2° Nature physico-chimique du sol.** — Les conditions physiques du sol, c'est-à-dire sa facile aération, sa pénétration aisée par l'eau, sont des conditions très favorables au développement des plantes. — Les substances qui constituent les tissus des plantes se trouvent, pour la plupart, parmi les éléments de la couche superficielle du sol; on pouvait donc supposer l'existence d'un lien étroit entre la nature des plantes et celle du sol où elles vivent. On a établi des catégories de *plantes calcicoles*, qui vivent de préférence dans les terrains calcaires, de *plantes silicicoles*, qui aiment les sols siliceux. D'autres plantes, cantonnées dans des terrains imprégnés de sel marin ou de gypse, ont été classées comme *plantes halophiles*.

Il a été reconnu que la *serpentine*, roche éruptive, et la *calamine*, minerai de zinc, étaient la station presque exclusive de quelques espèces; dans les régions tropicales, les *terrains latéritiques* portent, notamment dans l'Afrique centrale, des forêts à feuilles caduques, contrastant avec les arbres toujours verts des forêts équatoriales.

Sur cette question, les idées sont partagées aujourd'hui; on a constaté que des espèces silicicoles en un point, abandonnaient ailleurs les terrains siliceux. En fait, le chlorure de sodium (sel marin), le carbonate de chaux, ne sont pas des aliments pour les plantes; les plantes halophiles ne recherchent pas le sel marin; elles peuvent le supporter à un certain degré de concentration; d'autres espèces supportent le carbonate de chaux, qui en tue un grand nombre. Les plantes silicicoles sont donc des plantes calcifuges, et réciproquement. Le problème n'est pas résolu aujourd'hui.

**7. Influence des plantes, des animaux et de l'homme.** — Diverses plantes ont dû s'adapter aux conditions de milieu créées par d'autres végétaux ; toute une série de plantes vivant sur l'humus des forêts doivent régler leur période végétative sur la vie des arbres; dans les forêts de l'Europe centrale, des Anémones et des Primevères, quelques Ombellifères, aux premiers jours tièdes, se hâtent d'achever leur végétation, avant le développement du feuillage des arbres qui les privera de la lumière; à l'abri de ces forêts, pendant l'été, vivent des plantes décolorées, des champignons et quelques rares plantes à fleurs. Dans les forêts tropicales, le sous-bois est le plus souvent extrêmement développé; des *plantes épiphytes* s'accrochent aux tiges et aux branches des arbres ; les *plantes parasites* vivent de leur substance.

Certains animaux, parmi lesquels quelques Oiseaux et surtout des Insectes, jouent un rôle dans la fécondation des plantes par le transport du pollen; beaucoup de plantes se servent ainsi de l'intermédiaire des Insectes; elles épanouissent leurs fleurs au moment où ils volent, et, pour les attirer, les fleurs se parent de brillantes couleurs, comme c'est le cas dans la flore alpine et arctique, ainsi que nous le verrons.

La concurrence vitale peut déterminer le développement ou la disparition d'espèces végétales; la lutte pour la vie entre les végétaux a été étudiée et confirmée par les cultures expérimentales. — D'autre part, l'homme a profondément modifié le tapis végétal; il est peu de régions dans le monde où la végétation naturelle, originelle, se soit entièrement maintenue; partout où cela a été possible, l'homme a introduit ses cultures; en des régions trop peuplées, les forêts ont dû céder la place aux plantes cultivées; le paysage végétal a été parfois complètement transformé. Du moins en certains cas l'homme a dû adapter étroitement ses cultures à des conditions naturelles rigoureuses; c'est le cas des cultures tropicales; c'est aussi le cas des graminées cultivées, les céréales, qui, en maints endroits, ont remplacé les graminées des steppes.

8. **Dissémination des plantes.** — Les Oiseaux sont des facteurs très actifs de la *dissémination des végétaux*, par la dispersion des fruits et des graines; d'autres animaux, les vents et les courants marins, enfin les hommes, participent aux migrations des plantes.

Les animaux frugivores transportent les graines ingérées avec les fruits; elles germent où elles tombent; lorsque les Oiseaux sont chassés par les tempêtes, ils peuvent traverser de grandes étendues de mer et porter ainsi des graines fort loin de leur point d'origine. Beaucoup de plantes sont munies de poils, de crochets, d'organes de fixation; elles se fixent ainsi au corps des animaux, qui les disséminent. Les graines légères sont de plus facilement emportées par le vent. On a pu établir le rôle des courants marins dans la dispersion des végétaux; ce sont des courants locaux qui ont apporté les noix de coco, les graines de Pandanus, dans beaucoup d'îles coralliennes du Pacifique. — L'homme est peut-être l'agent le plus actif de la dissémination des plantes, par le fait volontaire ou inconscient du transport des graines ou des rejetons, par l'installation de jardins botaniques, des essais d'acclimatation et de cultures expérimentales, et enfin par l'ensemble même de ses cultures ordinaires. — Et ainsi les êtres vivants peuvent compliquer les conditions de milieu et rendre plus complexe l'étude de la végétation.

## B. — Formations végétales.

Il ressort de l'étude rapide des principaux facteurs écologiques que l'eau détermine surtout la forme de la végétation, que la température précise le caractère floristique en limitant telle ou telle espèce, telle ou telle famille, à une région déterminée, chaude ou froide; les conditions édaphiques nuancent et diversifient l'ensemble. L'influence combinée de ces divers facteurs va nous permettre de comprendre l'existence dans le monde végétal de TYPES DE VÉGÉTATION, de groupements de plantes adaptées par des moyens différents à un ensemble de conditions communes[1].

Ces ensembles de plantes, ayant la même physionomie et comme un air de famille, dessinent les traits essentiels du paysage végétal. Ces types caractéristiques de végétation sont

1. Bien que, comme nous l'avons déjà dit, l'étude de la flore, des espèces et des familles végétales, n'intéresse que médiocrement le géographe, il peut être cependant utile, dans une étude de la vie végétale, de dire quelques mots des *conditions de la répartition* de la flore. Cette répartition n'est pas dominée par les conditions de milieu; les flores ne sont pas identiques dans les régions où les conditions géographiques sont les mêmes. Chaque espèce végétale est localisée dans l'espace suivant, comme nous savons, le sens des isothermes; mais elle ne se développe pas sur toute la zone climatique favorable à son extension; souvent les espèces sont disjointes et occupent des cantons isolés les uns des autres. Cette discontinuité est un legs du passé, et due aux changements qui se sont produits dans la répartition des continents et des mers au cours des temps géologiques.

les *forêts* et les *prairies*, avec toute une série d'intermédiaires, et en dernier lieu la *végétation désertique*. On donne à ces ensembles le nom de FORMATIONS VÉGÉTALES, qui, constituées par la réunion de diverses FORMES VÉGÉTALES, arbres, arbustes, plantes herbacées, graminées, mousses, plantes désertiques, portent aussi le nom d'ASSOCIATIONS VÉGÉTALES.

9. **Formations de forêts.** — Chacune de ces formations est caractérisée par une forme végétale dominante, qui doit être l'expression même du climat. L'*arbre est la forme prédominante* des FORÊTS, qui constituent — avec une grande diversité suivant les climats — une *association* où des arbustes, des lianes, des Mousses, des Lichens, d'autres épiphytes, des parasites, des plantes décolorées, cherchent asile; à la lisière, quelques plantes, redoutant la continuité de la chaleur et de la lumière, s'abritent à l'ombre mobile des grands arbres.

L'arbre offre à l'évaporation une surface considérable, et il est pourvu d'un système de racines ramifiées et profondes. Sa hauteur et les dimensions de son feuillage sont en étroite relation avec la quantité d'eau qui alimente les racines; la forêt majestueuse des régions tropicales humides et le *bush* épineux et rabougri des déserts australiens représentent les termes extrêmes. — Les arbres résistent à de longues périodes de sécheresse; il suffit qu'ils aient pu, à une saison quelconque, mettre en réserve dans leurs racines une forte quantité d'eau. Les conditions qui président à leur vie varient beaucoup; la quantité d'eau nécessaire aux arbres est d'autant plus forte que le climat jouit de chaleurs plus fortes; la quantité d'eau qui permet aux arbres de nos régions de se développer n'est pas suffisante pour des formes même xérophiles d'un climat tropical.

Un *climat forestier idéal* exigerait : 1° la chaleur pendant la période végétative; 2° une humidité suffisante dans le sol et le sous-sol; 3° un air chargé de vapeur d'eau et calme, surtout pendant la saison chaude. Ce climat ne se rencontre guère, avec de légères variantes, que dans les régions équatoriales ou sur certains points favorisés des régions tempérées chaudes, où l'humidité est constante (Chili Sud, côte Ouest de l'île Sud de la Nouvelle-Zélande).

10. **Formations de prairies.** — Dans la formation de PRAIRIE, que l'on nomme aussi STEPPE, la *graminée est la forme dominante;* ses racines, de faible dimension, s'étendent peu profondément dans le sol; elles se dessèchent rapidement. Il s'ensuit que les prairies ne peuvent se développer dans les pays de climat méditerranéen, où la saison chaude est aussi la saison sèche; il faut aux prairies une humidité superficielle constante, des pluies régulières, même faibles, pendant la période végétative. Une grande partie des régions littorales de l'Europe occidentale réalisent le climat propice au développement des prairies; l'humidité du sous-sol ne joue qu'un rôle insignifiant.

Le passage des prairies aux forêts se fait par des formations intermédiaires : la SAVANE, immense étendue herbeuse semée d'arbres isolés, et le PARC, où des bouquets de bois sont disséminés au milieu des grandes herbes. Dans la STEPPE on ne trouve d'arbres que le long des rares cours d'eau.

11. **La végétation désertique.** — Dans les déserts on observe un type particulier, la VÉGÉTATION DÉSERTIQUE. L'insuffisance des pluies n'y permet pas le développement des arbres; la rareté et l'irrégularité des précipitations interdit l'établissement d'une végétation herbacée. Cependant la vie végétale n'en est pas tout à fait absente; on y trouve des plantes qui, par des mécanismes divers, en perdant leur nature herbacéee ou ligneuse, ont pu s'adapter à des conditions de milieu hostiles à la vie végétale.

12. **Zones, domaines et régions de végétation.** — Le tapis végétal de la terre est divisé en un certain nombre de *zones de végétation* par les isothermes d'été et d'hiver. Dans chaque zone, la variété des conditions de climat et de sol fait naître des contrastes avec les zones limitrophes.

Dans la même zone il peut y avoir de grandes différences d'un point à un autre ; on peut y rencontrer les trois types de végétation que nous avons signalés; on donne le nom de *domaines* à ces parties différentes d'une même zone.

Enfin les zones étroites qui s'étagent sur les flancs des montagnes ont été qualifiées de *régions*.

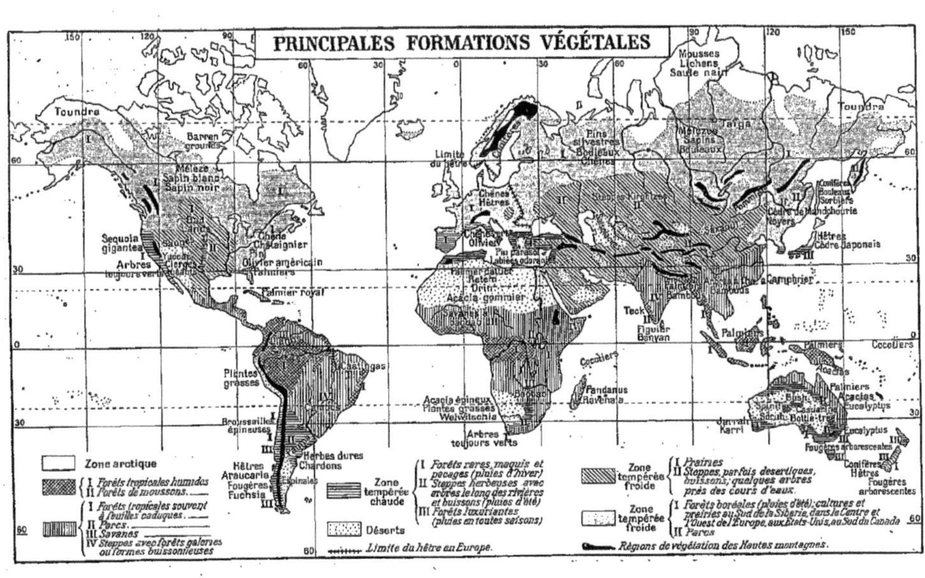
PRINCIPALES FORMATIONS VÉGÉTALES
Toundra
Barren grounds
Mélèze
Sapin blanc
Sapin noir
Sequoia gigantea
Arbres toujours verts
Chêne
Châtaignier
Olivier américain
Palmiers
Palmier royal
Plantes grasses
Caatingas
Broussailles épineuses
Herbes dures
Chardons
Hêtres
Araucaria
Fougères
Fuchsia
Mousses
Lichens
Saule nain
Taïga
Mélèzes
Sapins
Bouleaux
Pins sylvestres
Bouleaux
Chênes
Limite du hêtre
Chênes
Hêtres
Steppes Kirghizes
Pin parasol
Labiées odorantes
Palmier dattier
Retem
Drin
Acacia gommier
Baobab
Acacia épineux
Plantes grasses
Welwitschia
Arbres toujours verts
Teck
Figuier
Banyan
Cocotiers
Pandanus
Ravenala
Camphrier
Bambous
Conifères
Bouleaux
Sorbiers
Cèdre de Mandchourie
Noyers
Hêtres
Cèdre japonais
Palmiers
Cocotiers
Acacias
Palmiers
Acacias
Eucalyptus
Bush
Spinifex
Casuarina
Scrub
Bottle-tree
Jarrah
Karri
Eucalyptus
Fougères arborescentes
Conifères
Hêtres
Fougères arborescentes
Zone arctique
I Forêts tropicales humides
II Forêts de moussons.
I Forêts tropicales souvent à feuilles caduques.
II Parcs.
III Savanes
IV Steppes avec forêts galeries ou formes buissonneuses
Zone tempérée chaude
I Forêts rares, maquis et pacages (pluies d'hiver)
II Steppes herbeuses avec arbres le long des rivières et buissons (pluies d'été)
III Forêts luxuriantes (pluies en toutes saisons)
Déserts
Limite du hêtre en Europe.
Zone tempérée froide
I Prairies
II Steppes, parfois désertiques, buissons; quelques arbres près des cours d'eaux.
Zone tempérée froide
I Forêts boréales (pluies d'été); cultures et prairies au Sud de la Sibérie, dans le Centre et l'Ouest de l'Europe, aux États-Unis, au Sud du Canada
II Parcs
Régions de végétation des Hautes montagnes.

### C. — Zone tropicale.

13. **Conditions générales du climat tropical.** — On sait que les régions équatoriales ont une forte pluviosité, de longue durée; les très courtes périodes de diminution de pluies que l'on y observe, quand le soleil est loin du zénith, s'accentuent dans les régions tropicales; sous les tropiques mêmes il n'y a plus qu'une courte saison de pluie et une longue période de sécheresse. L'humidité relative est naturellement beaucoup plus élevée dans le voisinage de l'équateur. Les températures moyennes oscillent entre 20° et 28°; les variations, insignifiantes près de l'équateur, augmentent dans le voisinage des tropiques. Les radiations lumineuses du soleil présentent une intensité particulière.

Ces conditions climatiques déterminent certains caractères de la vie végétale : l'accroissement des plantes peut être extraordinairement rapide; un rejet de bambou a atteint $7^{m},85$ de haut en 31 jours; l'intensité de la lumière a provoqué le développement considérable d'une végétation amie de l'ombre, *ombrophile;* la structure hygrophile prédomine.

14. — **Formations végétales.** — La formation dominante est la forêt. La *haute forêt tropicale* existe là où il tombe annuellement au moins $1^{m},80$ de pluies; de $1^{m},80$ à $1^{m},50$ de pluie, il règne une certaine incertitude; les observations ne sont pas assez nombreuses. Au-dessous de $1^{m},50$, les formes ligneuses et herbacées se disputent le sol; la forêt l'emporte si la période végétative est sèche et très chaude, car les végétaux ligneux sont mieux outillés que les herbes pour emmagasiner des réserves d'humidité. La prairie, généralement sous forme de *savane,* domine dans les régions de chaleurs plus modérées, de pluies plus régulières, et là aussi où les vents sont fréquents et violents pendant la saison sèche. Au-dessous de $0^{m},90$ il n'y a plus ni forêt ni prairie proprement dites; ce sont des végétaux xérophiles qui l'emportent, en *formation de broussailles* et de *buissons;* si le chiffre des pluies continue à diminuer, le passage au désert se fait insensiblement.

15. — **Domaines tropicaux à pluies constantes. — Forêts tropicales humides.** — Les domaines à pluies constantes sont

caractérisés par la **FORÊT TROPICALE HUMIDE, OU FORÊT VIERGE**, ou *forêt dense,* qui présente, sur les divers points du globe où les conditions sont favorables à son développement, nombre de traits communs, malgré l'infinie variété des espèces qui la constituent. Il peut être intéressant d'en donner une description

BRANCHE COUVERTE D'ÉPIPHYTES
(D'après A. F. W. SCHIMPER.)

d'ensemble, sans préjudice d'ailleurs des cas particuliers qui seront signalés chemin faisant.

Extérieurement, la forêt vierge, dont les couleurs présentent toute la gamme des tons verts, apparaît comme une série d'*étages de végétation;* de grands arbres, dressant leurs hautes couronnes à plus de 60 mètres, dominent les autres formes arborescentes; ces géants de la forêt s'élancent au-dessus du dôme feuillu de la forêt, « comme les coupoles et les dômes dépassent les autres constructions d'une ville », « comme une forêt par-dessus la forêt ». Si l'on pénètre dans la forêt, on distingue au-dessous des arbres de second rang, des Fougères arborescentes à l'ombre desquelles vivent des Palmiers nains, des arbustes et des formes buissonneuses. Les racines de ces arbres baignent dans un sol spongieux, recouvert d'un humus fait de la décomposition séculaire des arbres morts.

Le *sous-bois* est un inextricable fouillis. Des *lianes* s'enroulent autour des arbres comme des câbles; elles se lancent d'un arbre à l'autre, formant un pont qu'on ne saurait rompre, ou retombent en guirlandes, en fines cordelettes ou en torsades. D'innombrables *épiphytes* revêtent les troncs et les branches pourris ou vivants ; ce sont des végétaux à larges feuilles, ou des touffes d'ORCHIDÉES aux fleurs étranges et merveilleuses, quelques-unes à petites tiges rampantes, d'autres formant des touffes de 3 mètres de longueur avec des grappes de fleurs pendantes; puis, tout le long des tiges, comme une frange de dentelles, ou comme des arabesques vivantes, les feuilles aux découpures délicates des innombrables *Fougères;* çà et là, des plantes *parasites*. Sur les rameaux, sur les troncs, sur les lianes, des mousses mettent *une verte fourrure;* sur le sol s'étend un tapis de Fougères, de plantes sans chlorophylle, d'herbes et de buissons nains.

Tout ce sous-bois est dans la *pénombre;* il ne règne dans la forêt dense qu'une lumière atténuée; nulle part le ciel n'est visible à travers le feutrage compact des feuillages. Aussi les lianes, les épiphytes, s'allongent vers la lumière; la lutte pour l'existence est plus âpre qu'ailleurs; nombre d'espèces ont dû quitter le sol et chercher asile dans la couronne des arbres; jusque sur la surface des larges feuilles vit tout un petit monde d'épiphytes. Dans l'intérieur de la forêt on distingue difficilement la variété des couleurs; le silence y règne; l'on n'y entend guère que le bruissement fait par les légions d'insectes dévorant les arbres abattus. L'atmosphère, d'une chaleur accablante, est imprégnée d'une odeur de pourriture.

16. **Répartition géographique.** — En Amérique, les forêts vierges, SELVAS, occupent une grande partie de l'immense bassin de l'Amazone, où elles ont été désignées par Humboldt sous

le nom d'*Hylæa;* développée surtout à l'Ouest de l'embouchure du Rio Negro, une partie de la forêt est baignée par les inondations : c'est la forêt *igapo,* où dominent en groupes serrés les *Palmiers* avec quelques arbres aux tissus peu consistants et

CLAIRIÈRE DANS UNE FORÊT VIERGE
Plantation de bananiers (Afrique orientale). (D'après F. STUHLMANN.)

aux troncs boueux; l'autre partie, en dehors de la limite des crues, porte le nom de forêt *été* ou *guaçu;* elle comporte les plus belles essences, les arbres qui fournissent les noix du Para, l'Arbre à caoutchouc, l'ACAJOU, le *Tamarinier,* etc. Les forêts tropicales se développent encore le long des côtes du Brésil jusqu'aux tropiques, dans les Guyanes, dans une partie des

Antilles et de la Floride, sur les rivages orientaux de l'Amérique centrale, dans les régions côtières de la Colombie et de l'Équateur, etc.

En *Afrique,* il existe une grande zone forestière analogue à l'Hylæa, qui s'élargit surtout le long de l'*Arouhimi,* affluent du Congo, et que Stanley évalue à une superficie de 688 000 kmq.; les *Pandanus,* d'une famille voisine des Palmiers, l'*Acajou* de 50 à 60 m. de haut, le *Teck* africain, l'*Arbre à beurre,* le *Manguier,* le *Muscadier,* etc., y sont largement représentés. Le long des côtes de Guinée s'étend un épais manteau de forêts denses, de largeur variable, et qui commencent littéralement sur les rivages de la mer, où dominent le PALMIER A HUILE, le *Palmier à vin,* le KOLATIER, etc.

FORÊT HUMIDE DE L'AFRIQUE OCCIDENTALE
(D'après PECHUEL-LÖSCHE.)

On retrouve encore la forêt humide sur la côte orientale de l'Afrique, à l'Ouest de Zanzibar; dans les îles Mascareignes et sur la côte orientale de Madagascar. — En *Asie* et dans l'*Insulinde,* de merveilleuses forêts couvrent une partie de Ceylan, de la péninsule de Malacca, des Philippines, de Bornéo, des Moluques, de Célèbes, le centre et l'Ouest de Java, Sumatra, etc. Dans beaucoup de ces régions, il ne reste plus que des lambeaux des anciennes forêts; des cultures tropicales occupent le terrain défriché; le fait est particulièrement sensible à Java, où l'on a dû prendre des mesures rigoureuses pour la préservation des vestiges des forêts.

**17. Domaines tropicaux à période de sécheresse caractérisée. Forêts à feuilles caduques; savanes.** — Lorsque les régions tropicales ont des périodes très nettes de sécheresse, on voit apparaître des végétaux xérophiles, qui se développent d'autant plus que la période de sécheresse est plus longue et plus régulière : on voit ainsi se constituer des formations nouvelles de *forêts perdant leurs feuilles* pendant la saison sèche, de bois composés d'*espèces épineuses,* ou des formations de *savanes.* Ces forêts à feuilles caduques diffèrent de celles des

CAATINGA, province de Bahia (Brésil).
(D'après MARTIUS.)

régions tempérées, en dehors des espèces, par la présence d'un grand nombre d'épiphytes.

Dans l'intérieur du Brésil, entre les forêts de la côte et les forêts de l'Amazone, se développent les CAATINGAS ou *Sertãos,* forêts qui feuillent avec la pluie, et où se trouvent un grand nombre de plantes grasses et épineuses et certaines espèces, dont une *Bombacée,* dont le tronc se renfle en forme de tonneau. Des Caatingas on passe à des formes de savanes que l'on appelle les *Campos,* où abondent les plantes grasses, *Opuntias, Cierges géants,* avec des buissons de Mimosées, des Graminées et des herbes vivaces; le long des cours d'eau reparaissent sous

LLANOS (Venezuela).
(D'après C. SACHS.)

forme de rideaux ou de galeries les arbres de la forêt tropicale, formant des *Pantanals* ou FORÊTS-GALERIES. Dans les savanes de l'Orénoque ou LLANOS, qui s'étendent sur certaines parties du Venezuela et de la Colombie, dominent les graminées avec çà et là quelques arbres, notamment des *Palmiers,* qu'enveloppent des lianes et des épiphytes. — En Afrique, on retrouve des forêts-galeries le long des affluents du Bahr el Ghazal et du Kassaï (affluent du Congo); la savane se développe surtout dans le Soudan, entre le Congo et le Zambèze; c'est la SAVANE A BAOBAB, arbre de la famille des Bombacées, d'une hauteur de 30 mètres, d'un diamètre de 6 à 8, avec un tronc divisé en branches énormes, ne portant de feuilles qu'aux dernières ramifications; les savanes dominent également entre les forêts du Congo et celles de la côte Est, dans la région des grands lacs; dans cette région, la savane se présente sous la forme de *Parc,* bouquets de *Sycomores* et de *Tamariniers* au milieu des hautes

SAVANE A BAOBAB (Afrique occidentale).
Dans le fond, Palmiers à huile. (D'après PECHUEL-LÖSCHE.)

herbes, ou de *Savane* proprement dite, avec des buissons, des *Euphorbes* gigantesques, ou des *Acacias* isolés. A Madagascar, les savanes couvrent une partie de l'intérieur et de l'Ouest; des plantes grasses épineuses se développent au Sud-Ouest.

Dans l'Inde, dans les parties les mieux arrosées par les pluies de moussons (cours inférieur du Gange, l'Assam, le versant Sud-Ouest du Décan), malgré une période de sécheresse, les forêts sont luxuriantes; ce sont des JUNGLES, fourrés impénétrables de lianes, de *Fougères arborescentes,* de BAMBOUS en jets parallèles, serrés, de *Palmiers* au tronc lisse. Ces Palmiers sont représentés par un très grand nombre d'espèces. Le FIGUIER DES BANIANS se développe sur les points bien arrosés; il produit des racines adventives, qui soutiennent ses branches, dont le développement horizontal est ainsi illimité; un arbre forme à lui seul toute une forêt. Les parties plus sèches du Décan et du bassin de l'Indus n'ont plus qu'une végétation à feuilles caduques, des étendues herbeuses ou des broussailles épineuses. Dans l'Est de Java, partie la moins arrosée de l'île, les fourrés succèdent aux forêts vierges. — Dans le Nord-Est de l'Australie, région très arrosée, il y a par places de véritables forêts vierges, avec des *Palmiers*, des *Fougères arborescentes;* peu à peu elles passent à la forêt clairsemée d'*Eucalyptus*.

18. **Formations édaphiques.** — En Afrique, au Sud du 5° lat. S., les conditions édaphiques renforcent les conditions climatiques. Le sol est

SAVANE AVEC ACACIAS PARASOLS (Afrique orientale).
(D'après F. STUHLMANN.)

recouvert de latérite; partout où elle domine, la savane remplace la forêt, avec des herbes de 3 m. de haut. La latérite apparaît encore avec les mêmes effets sur quelques points à l'Est des grands lacs, à Madagascar, dans le Décan et l'Indo-Chine. — Une formation caractéristique est celle de la *Forêt littorale* ou MANGROVE qui se développe dans des baies aux eaux calmes où se forment des dépôts de boues et de limons; les éléments constitutifs sont des *Palétuviers*, qui fixent au fond de la mer, comme autant d'ancres, leurs fortes racines, formant ainsi une sorte d'échafaudage; vivant dans une eau inassimilable, ils ont une structure xérophile avec des feuilles coriaces. Les Mangroves se rencontrent surtout sur les côtes des Guyanes et de l'Amérique centrale, sur quelques points des côtes africaines de l'archipel Asiatique, etc.

## D. — Les déserts.

**19. Climat désertique.** — Les régions désertiques séparent souvent sur de vastes espaces les domaines de végétation de la zone tropicale de ceux de la zone tempérée; au Sahara, en Australie, ils empiètent largement sur les tropiques; dans l'Asie

OASIS DE ZAOUÏA (Sahara de Constantine).
(Phot. N. D.)

centrale ils s'intercalent entre les deux types de zone tempérée que nous distinguerons plus loin. — Les caractéristiques du climat désertique sont l'insuffisance et l'incertitude des pluies, les longues périodes de sécheresse, l'absence d'humidité dans l'air, les énormes écarts de température entre le jour et la nuit, l'intensité de l'insolation, la violence des courants aériens, etc. De semblables conditions ne sauraient permettre l'établissement d'une végétation normale; les formes végétales présentent les modes les plus étranges d'adaptation au climat, par la déformation des feuilles et des tiges, par l'exagération des racines, ainsi que nous l'avons indiqué plus haut. Elles se groupent très rarement en formation et végètent le plus souvent à l'état isolé; c'est à la limite des déserts seulement que se fait, par des formations intermédiaires, le passage à des contrées mieux arrosées.

20. **Déserts d'Afrique.** — Dans les déserts du Nord de l'Afrique (SAHARA) et du Sud-Ouest de l'Asie (Arabie, Syrie), on ne trouve guère que des buissons *aphylles* (sans feuilles), comme le *Retem*, l'Acacia gommier, etc., des *herbes dures* comme le

WELWITSCHIA MIRABILIS (Namaland).
(D'après A. v. KERNER.)

*Drinn*, quelques *plantes grasses*, quelques Graminées rampantes sur les dunes; dans le lit des ouadi, faiblement humide, on rencontre le *Tamarix*, le *Pistachier*, des *Acacias;* quand l'eau affleure, la végétation présente un développement merveilleux; c'est l'OASIS, paradis de verdure dans ces terres désolées, où, à l'abri des grands *Palmiers*, se développe toute une végétation d'arbres fruitiers, d'*Orangers*, de *Citronniers*, de *Figuiers*, qui abritent eux-mêmes des cultures de céréales et de légumes. Le type caractéristique est le PALMIER-DATTIER, de 10 à 16 mètres de haut, avec de larges palmes, exigeant à la fois une abondante humidité et une forte chaleur.

Dans l'Afrique australe, le désert du *Kalahari* se développe à l'Ouest du Transvaal et se prolonge jusque sur la côte atlantique par les déserts du Damaland et du Namaland; on y rencontre beaucoup d'arbustes épineux, notamment l'*Acacia épineux,* et une forme spéciale (dans le Namaland), le *Welwitschia mirabilis,* constitué par un corps ligneux enfoncé dans le sol, et étalant sur le sol de larges feuilles semblables à du cuir.

CIERGES GÉANTS (désert de Gila, Arizona). (D'après A. F. W. SCHIMPER.)

21. **Déserts d'Asie, d'Australie et d'Amérique.** — D'autres déserts occupent certaines parties de l'Asie antérieure et centrale; dans le centre de l'Anatolie et du plateau de l'Iran s'étendent des déserts salés, des lentilles gypseuses avec une végétation de *plantes halophiles ;* le *désert de Lout* est entièrement dénudé. Dans le Turkestan russe, de vastes surfaces sont couvertes par les déserts de sable du *Kizil-koum* et du *Kara-koum,* se prolongeant jusqu'à la Caspienne; sur le sable imprégné de sel végètent des *herbes dures* et des *Salsolacées.* Il faut encore mentionner le désert de dunes du TAKLA MAKANE (bassin du Tarim) et les grandes étendues de sables et de pierres du GOBI (Mongolie), sur lesquels croissent des herbes rigides en touffes isolées, comme le *Dyrissoun,* venant sur les terrains salés, et des formes buissonneuses comme

le *Saxaoul,* sans feuilles, avec des tiges de 4 à 6 mètres de hauteur, sorte de grand fagot verdoyant.

Dans les déserts australiens dominent en certaines parties les buissons d'Acacia ou d'Eucalyptus, MULGA SCRUB ou MALLEE SCRUB ; sur les sols salés, le *Salt bush ;* sur le sol sablonneux, l'horrible *Spinifex,* « herbe porc-épic », croissant en touffes formées de tiges rigides aux pointes aiguës et recourbées. Quelques formes sont spéciales à l'Australie, comme le *Casuarina,* terminé par une touffe de branches rigides et sans feuilles; l'*Arbre-herbe* (*Grass-tree*), fait d'un tronc ligneux et bas avec au sommet une touffe de feuillage retombant échevelé ; l'*Arbre-bouteille* (*Bottle-tree*), au tronc renflé et spongieux. — En Amérique il suffira de citer les broussailles épineuses, *Espinales,* et les plantes grasses du désert de Patagonie; le désert d'*Atacama,* au Nord du Chili, caractérisé par une végétation très curieuse de plantes succulentes; et les déserts du Nord du Mexique, de la région du Colorado et du Grand Bassin ; les formes dominantes y sont les plantes grasses, remarquablement développées, *Yuccas,* aux feuilles pointues ; des Cactées, comme le *Pitahaya,* et d'autres CIERGES GÉANTS ayant de 10 à 15 mètres de hauteur, isolés, avec des ramifications armées d'épines, à angle droit avec la tige principale et recourbées ensuite parallèlement. Certaines parties des « Grandes plaines », à l'Est des Montagnes Rocheuses, comme les « Mauvaises terres », *Bad lands,* du Dakota et du Nebraska et le *Llano estacado,* ont des formes buissonneuses, les *Chaparrals,* des plantes grasses à épines, et des *Armoises* odorantes, en touffes isolées. Ces régions sont des « demi-déserts ».

### E. — Zone tempérée chaude et froide.

**a). — 22. Zone tempérée chaude. Domaine des pluies d'hiver ; été sec.** — Ces conditions de climat s'étendent à la région méditerranéenne, entre Europe et Afrique, et à quelques autres parties du monde déjà déterminées. Il suffira d'en rappeler les caractères généraux; l'humidité est assez faible et presque uniquement répartie pendant l'automne et l'hiver ; la période de végétation est très longue, par suite de la température élevée

(+ 10° étant la moyenne du mois le plus froid); l'humidité relative est assez faible, et la lumière est intense.

Un des caractères qui distinguent la flore de ces régions, c'est le *feuillage toujours vert des végétaux ligneux,* puis la structure xérophile, représentée dans les formes arborescentes par des *feuilles luisantes, vernissées,* dans les formes herbacées par des *plantes à bulbes* et *à tubercules.* La formation dominante est la forêt, mais une forêt qui ne présente le plus souvent qu'une forme buissonneuse ; il n'existe pas de prairies au sens propre du mot.

23. **Végétation de type méditerranéen.** — Quelques *forêts de belle venue* s'étagent sur les flancs de l'Apennin, de l'Atlas, du Caucase, mais les montagnes présentent des conditions très spéciales; la véritable formation est le *buisson.* En Corse, il porte le nom de MAQUIS, de GARRIGUES dans le Midi de la France, de *Montebaxo* en Espagne. Il occupe, en Corse, dans les îles dalmates, de vastes surfaces à l'exclusion de toute autre végétation; il forme des fourrés traversés par d'étroits sentiers, serrés ou clairsemés, variant de taille suivant la nature plus ou moins rocailleuse ou argileuse du sol. Les formes végétales dont l'association forme le maquis sont le CHÊNE VERT le CHÊNE LIÈGE (dans la partie occidentale) et des arbustes, *Myrtes, Arbousiers, Laurier, Oléandre,* des Bruyères arborescentes, et même un Palmier, le *Palmier nain,* etc. Un des caractères de ces forêts buissonneuses, c'est l'existence de nombreuses plantes grimpantes et d'épiphytes, montrant la connexion de cette zone de végétation avec la zone tropicale. Quelques plantes grasses, *Cactus, Agave, Aloès,* ont pu s'acclimater.

Au milieu des buissons, ou bien s'étendant dans les parties découvertes, se développent les *pacages* aux herbes odorantes, les *tomillares* d'Espagne; ils sont constitués de touffes de Graminées et d'herbes vivaces ne formant pas un tapis continu; des *plantes bulbeuses* comme les *Narcisses,* les *Tulipes,* les *Jacinthes* et les *Asphodèles,* et surtout les LABIÉES ODORANTES caractéristiques de cette région, *Menthe, Lavande, Thym, Serpolet, Romarin,* etc. — Il existe de véritables *steppes* herbeuses sans arbres au centre de l'Espagne, sur les plateaux du

Maroc, de l'Algérie, de la Tunisie (steppes d'*Alfa*), de la Tripolitaine, etc.

Le paysage végétal de la région méditerranéenne n'est pas complet; on y rencontre certaines formes arborescentes, caractéristiques, qui demeurent isolées, se mêlent quelquefois aux maquis ou forment de petits bouquets de bois; ce sont l'OLIVIER, l'*Amandier*, le *Figuier*, l'*Oranger;* ce sont surtout, parmi les pins, le *Pin d'Alep* et le PIN PARASOL ou PIN PIGNON. Le Pin parasol est un arbre magnifique dont les branches horizontales constituent un dôme épais; c'est une des formes saillantes, c'est l'élément décoratif de la végétation méditerranéenne.

Les îles Açores, Madère et Canaries se rattachent à la flore méditerranéenne. — En d'autres points du globe les mêmes causes produisent les mêmes effets; dans les régions côtières méridionales de l'Etat de Californie (Etats-Unis), se développent des formations de maquis et des arbres au feuillage toujours vert; dans la partie centrale du Chili, du 25° au 30° lat. S., le sol est revêtu de broussailles épineuses et d'associations de végétaux bulbeux et d'herbes vivaces; dans le Sud-Ouest de l'Afrique centrale, dans la région du Cap, abondent les buissons toujours verts, et sur le plateau du *Karrou* des steppes avec buissons et plantes grasses; dans le Sud-Ouest de l'Australie, avec, dans quelques parties privilégiées, de très beaux arbres comme le *Jarrah* et le *Karri,* dominent les buissons au feuillage d'un vert sombre.

24. **Domaine des pluies d'été; hiver sec.** — Ces conditions climatiques sont réalisées dans les PAMPAS, immenses plaines de la République Argentine, comprises entre les Andes chiliennes et l'Atlantique et s'étendant jusqu'aux limites de la Patagonie.

Les Pampas déboisées, sauf dans le voisinage des cours d'eau, sont formées de Graminées aux feuilles rigides entremêlées de *Chardons;* elles touchent à l'Ouest à la *steppe de Chanar,* couverte de buissons et de plantes épineuses. — L'absence des forêts s'explique par l'époque de la chute des pluies, la violence de certains vents locaux, l'extrême perméabilité du sol, qui laisse s'infiltrer l'eau à de grandes profondeurs. — Les pluies d'été ont déterminé la formation des steppes, du *veld,* au Transvaal, ainsi que des forêts clairsemées d'*Eucalyptus* et les steppes découvertes, *open downs,* qui se développent dans l'Est et le Sud-Est de l'Australie intérieure.

25. **Domaine des pluies constantes, sans saison sèche.** — Certaines régions de latitudes moyennes ont, pour des raisons diverses, un climat particulièrement humide, une température peu élevée, douce en hiver; c'est le climat forestier idéal. Aussi

voit-on se développer, à partir du 38° lat. S., tout le long de la côte chilienne, une *épaisse forêt* où la plupart des arbres con-

PIN PARASOL
(Phot. N. D.)

servent leur feuillage ; jusqu'au 44° dominent les *Hêtres toujours verts,* des Myrtacées arborescentes, des Araucaria, etc., tous envahis de lianes et d'épiphytes ; viennent ensuite des *Hêtres à feuilles caduques,* des Conifères jusqu'à la Terre de

Feu ; sur le littoral abondent des *Fougères* et des *Fuchsias* de 2 à 3 mètres de hauteur. Cette forêt a été comparée aux forêts tropicales; elle forme souvent un sous-bois impénétrable. — L'île Juan-Fernandez (par 34° lat. S., à l'Ouest du Chili) est recouverte d'épaisses forêts alternant avec des tapis de graminées.

La côte Ouest de l'île Sud de la Nouvelle-Zélande présente de grandes analogies avec la côte chilienne ; un climat doux et des pluies continues y ont fait naître une luxuriante forêt de *Hêtres toujours verts* ou à feuilles caduques, d'espèces spéciales de Conifères, avec d'innombrables lianes et épiphytes, et un luxe de FOUGÈRES ARBORESCENTES, sans égal dans le monde. — On retrouve un remarquable développement de Fougères dans les vallées montagneuses des régions côtières des colonies australiennes de Victoria et de la Nouvelle-Galles du Sud; elles font partie d'admirables forêts suffisamment arrosées, où se dressent des arbres de 100 m. de haut, des EUCALYPTUS GÉANTS. — Dans certaines parties des îles méridionales du Japon se développe également une végétation forestière luxuriante.

**b). — 26. Zone tempérée froide. Climat et domaine forestier de l'Eurasie.** — La zone tempérée froide occupe une surface considérable dans l'hémisphère boréal, dans l'Eurasie [1] et en Amérique. Les mêmes formations végétales s'y rencontrent, *grandes forêts* et *prairies-steppes;* cette zone est celle où la végétation naturelle a été le plus modifiée; les cultures ont envahi les régions de prairies et de steppes et en partie les forêts. — Le sol est imprégné d'une quantité d'humidité suffisante pendant la période végétative ; dans l'Ouest de l'Europe, les pluies tombent en toute saison, avec prédominance des pluies d'automne et d'hiver; les pluies dominantes d'été se dessinent de plus en plus nettement à mesure qu'on se dirige vers l'Est et le Nord; la hauteur des pluies diminue des régions côtières vers l'intérieur, d'Ouest en Est en Europe, d'Est en Ouest en Asie. La végétation est interrompue pendant plus ou moins longtemps par la décroissance de la température.

Pour les végétaux ligneux, le minimum de temps nécessaire à l'accomplissement des diverses phases de croissance ne saurait être de moins de 3 mois, avec une température moyenne de 10° pendant ces 3 mois. A Iakoutsk, sur la Léna, 3 mois seulement ont cette moyenne, 8 mois à Bordeaux.

1. On emploie ce mot pour désigner l'ensemble de l'Europe et de l'Asie.

Il y aura donc de grandes différences dans la végétation arborescente. La démarcation peut être fixée à l'aide de la *ligne de croissance du Hêtre,* qui a besoin d'une période de végétation de 5 mois, et dont la feuillaison commence à 10°.

La ligne commence dans le Sud de la Norvège par 59°, touche la côte Ouest de la Suède à Gœteborg, sur la côte Est remonte jusqu'à Kalmar, coupe le continent presque en ligne droite depuis Kœnigsberg jusqu'aux Balkans, en laissant en dehors la Roumanie et la Bulgarie; le Hêtre reparaît dans le Sud de la Crimée et dans le Caucase. A l'Ouest de cette ligne

PARC, près du fleuve Awatsch (Kamtchatka).
(D'après KITTLITZ.)

la flore forestière de l'Europe a une période de végétation de 5 à 8 mois; à l'Est, la flore russo-sibérienne une période de 3 à 5 mois. — La limite méridionale du domaine forestier passe au Sud des Pyrénées, coupe le Rhône près du confluent de l'Isère, passe au Sud du bassin du Danube, remonte largement au Nord de la Caspienne, coupe le cours moyen de l'Ob, touche l'Altaï, entoure le bassin de l'Amour, englobe l'île Sakhaline et la partie Nord du Japon. La limite Nord atteint en Europe le cap Nord, grâce au Gulf Stream; le Bouleau et le Pin silvestre vont jusqu'au 71°; en Sibérie, le Mélèze atteint 72° dans la péninsule de Taïmyr; la limite s'abaisse vers le détroit de Béring.

La forêt, ou TAÏGA, couvre en *Sibérie* une énorme superficie; elle est constituée de Conifères[1], *Pin, Sapin, Mélèze,* associés

1. Les arbres à feuilles aciculaires toujours vertes ont la faculté de se prêter à une

à des *Bouleaux,* avec quelques *Aulnes* et quelques *Saules;* ces arbres n'ont qu'une taille assez faible ; ils n'ont un beau développement que dans la partie méridionale. La Taïga est souven impénétrable et marécageuse ; elle forme une masse compacte où les clairières ne commencent à apparaître que sur la limite méridionale, notamment dans la région de l'Amour et du Kamtchatka ; là, de vastes plaines de hautes graminées enveloppent des bouquets de bois et donnent au paysage la physionomie d'un *Parc.* — Les forêts de l'*Europe septentrionale et orientale* sont formées également de *Bouleaux* et de Conifères, surtout de *Pins silvestres,* puis vient le *Chêne,* que l'*Aulne* et l'*Érable* accompagnent ; les formes du *Chêne* et du *Hêtre* sont prédominantes dans l'*Europe occidentale,* où, sur certains points favorisés, viennent des arbustes toujours verts, comme le *Houx,* le *Laurier,* etc.

Le *sous-bois* des forêts de l'Europe occidentale est bien différent de celui des forêts tropicales ; dans les forêts boréales d'arbres à feuilles caduques, l'air et la lumière pénètrent facilement ; aussi les plantes grimpantes (*Clématites, Liseron,* etc.) sont-elles à peine développées ; les épiphytes ne sont représentées que par des Lichens et par des Mousses ; sur le sol se développent des *Ronces* diverses, le *Groseillier,* le *Sorbier;* puis des *Myrtilles,* des Graminées, des petites Fougères ; sur le tronc des arbres et parmi les feuilles humides, des *Champignons.*

27. **Climat et domaine forestier de l'Amérique du Nord.** L'humidité est à peu près suffisante ; dans la zone qui nous occupe, les pluies nettement dominantes sont des pluies d'été ; toutefois, sur la côte Ouest de la Colombie britannique, les pluies, plus abondantes, tombent de façon constante. La limite du domaine forestier (*Pin blanc* et *Pin noir*) ne dépasse guère au Nord le 67°, et sous l'influence des courants froids s'abaisse sur les côtes du Labrador jusqu'à 58° ; la limite Sud part de l'Orégon, remonte au Nord du cours supérieur du Missouri et redescend à l'Est du Mississipi. Ces forêts ont le même aspect que celles de l'Eurasie ; les *forêts de l'Alaska* diffèrent peu de la taïga sibérienne ; les principales formes végétales sont dans la partie Nord des Conifères, le *Mélèze d'Amérique,* le *Bouleau,* le *Pin blanc,*

réduction de la durée de la végétation, attendu que la période de feuillaison leur est épargnée ; c'est pour les Conifères une condition vitale.

le *Cyprès chauve*, etc. ; puis, vers le Sud, le *Chêne rouge*, le *Châtaignier*, le *Hêtre pourpré*, le *Tulipier*, le *Magnolier*, etc. Dans le Nord des Alleghanys se fait le passage des formes à feuilles aciculaires et des arbres à feuilles caduques ; quelques forêts y sont d'une très belle venue. — C'est également le cas des forêts avec essences de grande taille, qui se développent sur les pentes arrosées des montagnes colombiennes.

28. **Domaine des prairies-steppes.** — Au Sud de la région

FORÊT DE L'ALASKA (forêt boréale).
(D'après DE FILIPPI.)

forestière, dans l'Europe centrale et orientale et dans l'Asie centrale, se développent de grandes plaines ou de grands plateaux herbeux, sans arbres, formant des STEPPES ; l'hiver y est rigoureux, l'été très chaud ; les pluies, faibles, ne tombent qu'au printemps, qui est la seule période, très courte, de végétation. Beaucoup de steppes passent insensiblement au désert dans l'Asie centrale.

Ces steppes se développent surtout dans la *puszta* de Hongrie, dans la Russie méridionale (*steppe des Cosaques*), dans le Sud de la Sibérie occidentale et le Nord du Turkestan (*steppes kirghizes*) ; elles s'étendent parfois sur des terrains salés avec une végétation spéciale; d'autres sont sablonneuses avec quelques buissons clairsemés et parfois de maigresgaleries d'arbres le long des cours d'eau; la steppe classique est la STEPPE DES COSAQUES et DES KIRGHIZES, sur un sol argileux; au printemps, c'est un *océan de verdure* où les herbes dépassent la hauteur de l'homme; des plantes bulbeuses, *Tulipes, Liliacées, Iris,* couvrent en avril des espaces immenses de leurs fleurs aux vives couleurs; « les steppes, au printemps, c'est la Sibérie

FORÊT DES ALLEGHANYS (Pennsylvanie).
Hiver. (D'après A. F. W. SCHIMPER.)

souriante »; c'est un merveilleux tapis de fleurs. L'été sèche et brûle cette exubérante végétation; la steppe prend un aspect désolé et une teinte gris-jaune.

Les États-Unis possédaient jadis d'immenses *Prairies,* que limitaient au Nord les forêts canadiennes et qui s'étendaient jusqu'au Missouri et à l'Ohio; ces prairies, riches en graminées et çà et là couvertes d'arbres, ont disparu devant la culture, sauf en quelques points du Canada; à l'Ouest des prairies s'étend la région des « Grandes plaines », que nous connaissons déjà, où l'on ne trouve que par place, dans les couloirs des rivières, des tapis d'herbes dans la partie Nord; ailleurs dominent les formes désertiques.

## F. — Zone arctique. — Végétation des hautes montagnes.

29. **Zone arctique.** — La zone arctique comprend dans les hautes latitudes toutes les régions situées au delà de la limite septentrionale des forêts. Après un hiver très long, il n'y a qu'une courte période végétative, avec, il est vrai, un éclaire-

TOUNDRA A LICHENS (Sibérie).
Rennes. (D'après A. v. KERNER.)

ment continu; les pluies sont peu abondantes, et le sol est toujours gelé à une faible profondeur de la surface. Cette zone est caractérisée par la formation de la TOUNDRA, au Nord de l'Europe et de l'Asie, et des BARREN GROUNDS ou *terres stériles* en Amérique. Dans ces régions monotones et désolées, la végétation est des plus précaires.

L'existence des arbres y est impossible; le passage se fait de la *taïga* à la *toundra* par une lisière d'arbres isolés et rabougris. Dans la zone arctique on ne trouve que quelques *Saules* et quelques *Bouleaux* de taille exiguë; les buissons les plus élevés n'arrivent qu'à 16 centimètres; leurs branches rabougries étalées à la surface du sol font à peine saillie au milieu des *Lichens;* dans la Nouvelle-Zemble, la plus grande espèce de Saule a 20 centimètres, la plus petite 2 centimètres, 2 feuilles et 1 seul chaton. Les plantes ont une structure xérophile, avec une partie souterraine très développée, des racines renflées où la plante amasse des réserves qui serviront à un développement futur. Les fleurs, portées sur des tiges élevées, bien en vue, ont de riches couleurs, afin d'attirer l'attention des insectes, rares dans ces régions, qui doivent transporter de fleur en fleur le pollen adhérent à leur corps. Les plantes sans fleurs, de beaucoup les plus nombreuses, sont représentées surtout par les *Lichens* et les *Mousses.*

On distingue deux types de toundra : la *toundra à Mousses,* qui est marécageuse; la *toundra à Lichens,* qui est pierreuse et sèche. Même division dans les *barren grounds.* Des plaques de neige persistent toute l'année sur ces terres polaires.

30. **Végétation des hautes montagnes.** — Cette étude sommaire nous a conduit des formes tropicales luxuriantes aux formes arctiques rabougries; nous pouvons faire une étude analogue, plus rapide, en nous élevant sur les flancs des hautes montagnes, où l'on sait que la végétation varie avec l'altitude. — Il faut d'ailleurs tenir compte de certaines conditions de climat propres aux hautes montagnes : la grande lumière des sommets, le jour souvent brûlant et la nuit glaciale; les pluies sont en général assez abondantes, mais la vapeur d'eau est en petite quantité sur les hauts sommets, et l'évaporation est intense. Ces conditions sont de nature à développer les aptitudes xérophiles des plantes, le nanisme, le développement des organes souterrains, le vert brillant des feuilles, l'éclatant coloris des fleurs, etc.

Dans les Andes tropicales (versant oriental), jusqu'à 1 200 m. domine la forêt vierge; de 1 200 à 1 600, des Fougères arborescentes et de hauts Palmiers ou des Bambous; à 1 600 m. débute une zone d'un caractère spécial, celle des forêts de Quinquina (*Cinchona*), qui se terminent, suivant les latitudes, à 2 000 ou à plus de 2 500 m.; les tiges sont couvertes d'Orchidées épiphytes. Le *Palmier à cire* monte jusqu'à 3 000 m.; de 2 800 à 3 400, formations de buisson, et, au delà, des plantes de type arctique ou *plantes alpines* jusqu'à la limite des neiges. Une herbe courte, l'*Ichu,* de couleur grise et d'aspect rude, est, avec quelques buissons, la seule végétation des *pu-*

*nas*, plateaux andins dénudés. — Le massif abyssin, qui s'élève à plus de 4 000 m., est classique : jusqu'à 1 800 m., forêts épaisses de *Bambous*, de *Palmiers*, de *Sycomores*, avec d'énormes *Baobabs* plus que centenaires (*la Kolla*) ; de 1 800 à 2 400 m., une végétation de type méditerranéen, avec des *Oliviers*, des *Citronniers*, des *Myrtes*, des Palmiers nains (*la Voïna-Déga*) ; au-dessus de 2 400 m., des *Oliviers sauvages*, puis des *Bruyères*, d'immenses pâturages, et enfin des plantes alpines. — Dans l'Etat de Californie, sur le versant Ouest de la Sierra Nevada jusqu'à 900 m., un maquis d'arbustes à feuillage toujours vert, puis des Chênes, et de 1 500 à 2 000 m. de gigantesques Conifères, des SEQUOIA GIGANTEA, de 15 à 20 mètres de circonférence et de plus de 100 m. de haut. La flore alpine de la Sierra comprend des éléments arctiques.

Dans les Alpes françaises, à 1 300 m. commencent les forêts ; jusqu'à 1 800 à 1 900 m., des espèces à feuilles caduques, des *Hêtres* et des *Chênes*, sont les espèces dominantes ; elles deviennent rares à 1 900 m. et sont remplacées par des espèces résineuses à feuilles généralement persistantes, du groupe des Conifères, *Pin silvestre, Pin cembro, Épicea, Mélèze*. Ces arbres se rabougrissent et disparaissent vers 2 300 mètres, où les pentes se couvrent de pâturages, émaillés de *Saxifrages*, aux fleurs richement colorées, et de *Gentianes* d'un bleu éclatant ; çà et là quelques arbustes comme les *Rhododendrons*, accrochés parfois aux roches abruptes, ou des arbres nains, *Bouleau nain, Saule herbacé*, ou encore des buissons dont les rameaux rampent au ras du sol. A 2 700 m. il n'y a plus que quelques *Lichens* et quelques *Mousses* grisâtres.

LIVRES A CONSULTER. — A. de Humboldt, créateur de la géographie botanique, a publié de nombreux ouvrages sur cette question, parmi lesquels on peut lire encore avec fruit : *Essai sur la Géographie des plantes*, (1805), *les Spectacles de la nature* (1808). — A. de Candolle, *Géographie botanique raisonnée...*, Paris, 1855, 2 vol. — A. Grisebach, *la Végétation du globe* (trad. P. de Tchihatcheff), Paris, 1877-78, 2 vol. — O. Drude, *Manuel de géographie botanique* (trad. G. Poirault), Paris, 1897. — E. Warming, *Lehrbuch der œkologischen Pflanzengeographie*, Berlin, 1896. — A. F. W. Schimper, *Pflanzen-Geographie auf physiologischer Grundlage* (la Géographie des plantes avec la physiologie pour base), Iéna, 1898. Ce livre magistral m'a servi de guide.

# CHAPITRE XVI

## LA VIE ANIMALE. — GÉOGRAPHIE ZOOLOGIQUE

**Objet de la géographie zoologique** : elle étudie de la **vie animale**, les groupements naturels d'animaux ayant subi une adaptation commune aux conditions de milieu.

**A. — Conditions influant sur la vie des animaux.** — Parmi les **conditions climatiques**, la *température* est un facteur important ; elle limite certaines espèces, impose certaines formes d'adaptation aux animaux, etc. Certains animaux se sont adaptés à la suppression de la *lumière*. Le relief exerce une double influence par les modifications qu'il détermine en *altitude*, par les difficultés que son élévation oppose aux migrations des animaux.

Certains animaux sont étroitement liés et adaptés à l'existence des formations végétales, comme les **forêts**, les **steppes**, etc. Quelques animaux peuvent provoquer la disparition d'autres espèces; le **mimétisme** permet à certaines d'entre elles de se dissimuler à leurs ennemis.

Les **moyens de dispersion** des animaux sont inégaux; la situation des Mammifères à cet égard est inférieure à celle des Oiseaux. L'Homme a fait disparaître toute une série d'animaux et en a propagé d'autres.

**B. — Régions zoologiques et formes animales.** — Il est malaisé de donner une image exacte de la vie animale; les zoologues ont adopté une division en huit grandes **régions zoologiques**, avec des sous-régions où l'on étudie des **formes animales** ou des **groupements d'animaux** ayant une physionomie commune.

On distingue les Régions *arctique* et *antarctique; paléarctique, néarctique; éthiopienne; orientale* ou *indienne; australienne; néotropicale.*

Dans ces régions et dans leurs sous-régions, les animaux se répartissent surtout d'après les conditions de la végétation; les groupes d'**animaux coureurs** ou **fouisseurs** habitent les *steppes* et les *déserts;* les groupes de **grimpeurs arboricoles** (Mammifères, Oiseaux, Reptiles, etc.) recherchent les *forêts*. Les groupes d'**animaux sauteurs** vivent dans les *hautes montagnes*, etc.

**1. La vie animale, objet de la géographie zoologique.** — La *géographie zoologique* a pour objet l'étude et l'explication rationnelles de la VIE ANIMALE à la surface de la Terre; elle doit appliquer à l'étude des animaux les principes et la méthode que la géographie botanique applique à l'étude des plantes. N'étudiant pas la *faune* proprement dite, les familles, genres et espèces animales, elle se préoccupe d'essayer de déterminer des GROUPEMENTS NATURELS D'ANIMAUX, ayant subi une adaptation commune aux conditions du milieu où ils vivent, et présentant dans leur ensemble des traits et une attitude analogues.

Comme les plantes, les animaux sont, en effet, dans la dépendance des influences extérieures, des conditions géographiques. Mais l'étude de la vie animale est beaucoup plus complexe que celle de la vie végétale; les animaux ont une mobilité plus grande, des moyens de migrations très différents de ceux des plantes; leur souplesse d'adaptation est remarquable. En outre, ils dépendent étroitement des conditions de la végétation; ils subissent l'influence des autres animaux et de l'homme.

L'étude de la vie animale ne saurait donner des résultats aussi précis que celle de la vie végétale[1]. Nous allons cependant examiner les circonstances de toute nature qui influent sur les conditions de la vie des animaux; nous verrons ensuite dans quelle mesure et dans quelles limites il nous sera possible de distinguer des ensembles dans le monde animal, d'entrevoir la physionomie, et, si l'on ose dire, le paysage animal d'une région déterminée.

## A. — Conditions influant sur la vie des animaux.

**2. Circonstances qui influent sur les conditions de vie des animaux. Le climat.** — Pour la vie animale, la *température* paraît être un facteur très important; les Serpents, les Lézards, redoutent les régions froides; les Serpents ne dépassent pas 62° lat., et dans les Alpes 2 000 mètres; les Crocodiles ne se rencontrent guère au delà des tropiques; des Papillons, en nombre prodigieux, peuplent les régions tropicales et sont rares dans les pays froids. Toutefois, comme la plupart des animaux peuvent se déplacer facilement, il arrive que certaines espèces, notamment des Oiseaux des tropiques, des Perruches,

1. La géographie zoologique est une science encore jeune; elle n'a commencé à prendre corps, si l'on peut dire, que vers le milieu du XIXe siècle. Dès 1835, W. L. SCLATER, que l'on peut considérer comme le créateur de la géographie zoologique, avait proposé une classification des animaux terrestres; WALLACE, en 1876, adopta ses divisions. D'autres savants naturalistes, HUXLEY (1868), TROUESSART, LYDDEKER, introduisirent des modifications dans les divisions classiques de Sclater et de Wallace. Sclater a repris récemment ses anciens travaux en ne les modifiant que légèrement. La méthode de la géographie zoologique n'est pas encore établie sur des bases solides.

des Colibris, s'avancent assez loin dans le Nord. On rencontre le Tigre dans la région de l'Amour (Sibérie orientale).

Les influences de la température se manifestent sous d'autres formes ; la *coloration,* la *longueur du pelage* et *du plumage,* les *dimensions* mêmes de l'animal peuvent être modifiées par des différences de chaleur. Il est d'observation courante que dans les régions froides les Mammifères, les Oiseaux, revêtent une livrée blanche, qu'ils possèdent une fourrure épaisse de laine, de poil ou de plumes; on a constaté que des carnivores vivant au Mexique avaient un pelage plus court et plus ras que des espèces identiques vivant au Canada; le Tigre des forêts de l'Amour porte une épaisse fourrure. En sens inverse, dans les pays chauds l'adaptation à de fortes chaleurs se traduit, par exemple, par la disparition des toisons laineuses; le Mouton du Sahara central a un poil plus fin que celui de la Chèvre.

Il existe des *animaux hibernants,* les Marmottes par exemple, chez qui se produit pendant l'hiver un engourdissement profond et le ralentissement des fonctions vitales. — Certains animaux des régions désertiques sont adaptés au *manque d'eau;* ils peuvent supporter sans boire de longues périodes de sécheresse. — D'autres sont adaptés à l'absence de *lumière* dans les cavernes; dans les cours d'eau souterrains vit une population animale assez nombreuse; ce sont des Insectes, des Amphibiens, des Poissons; le non-usage des organes visuels a déterminé l'atrophie des yeux; quelques animaux ont des yeux brillants, mais ne voient rien; dans l'obscurité les animaux perdent toute coloration, les teintes s'uniformisent. Les organes auditifs et tactiles sont extrêmement développés.

3. **Le relief.** — Les régions de *haut relief* exercent sur la répartition des espèces animales une double influence; elles agissent d'abord par les *modifications de climat* qui résultent des différences d'altitude; comme pour la végétation, les hautes montagnes voient leur faune se modifier de la base au sommet, où apparaissent des formes arctiques. En second lieu, les crêtes montagneuses offrent un *obstacle souvent insurmontable* aux animaux, par suite des difficultés du passage, mais aussi à cause de l'abaissement de la température et du manque de nourriture; l'Himalaya forme une barrière entre la faune de l'Inde et celle du Tibet; des deux côtés des Andes, la grande majorité des Mammifères, des Oiseaux, des Insectes, représentent des espèces différentes; à un moindre degré, les Alpes et les Pyrénées ont arrêté l'extension de nombreuses espèces.

La *faune des îles* présente des adaptations particulières; les carnivores y font défaut; les Mammifères sont généralement de petite taille. Certains Oiseaux n'ont plus que des ailes atrophiées ou même n'en possèdent plus; la raison en est dans le danger d'être emportés au large par les vents, puis dans la faible largeur du territoire où ils vivent et où la recherche de la nourriture ne nécessite pas de grands parcours, et enfin dans l'absence des carnivores.

**4. La végétation.** — Les conditions de la *végétation* exercent une influence marquée sur la faune; les *régions désertiques,* comme le Sahara, forment une barrière entre les espèces des régions du Nord et du Sud; les territoires dénudés qui s'étendent entre le Texas (États-Unis) et le Mexique marquent la ligne de séparation entre la faune de l'Amérique du Nord et celle de l'Amérique du Sud. Certaines espèces sont étroitement liées et adaptées à l'existence des *forêts* ou des *steppes;* elles y présentent des caractères spéciaux, qui s'étendent à la plupart des embranchements du monde animal. Les *grimpeurs arboricoles* sont caractéristiques des grandes zones forestières; dans les forêts des régions voisines de l'équateur abondent, selon le lieu, des Singes, des Écureuils volants, des carnivores arboricoles...; les Oiseaux sont essentiellement *percheurs,* les Reptiles présentent de nombreux types *grimpeurs,* etc. Les plaines découvertes, les régions désertiques, sont le domaine des animaux *coureurs, sauteurs* ou *fouisseurs;* les animaux coureurs[1], qui vivent sur des terres sans ressources, sont pourvus, comme la Girafe, l'Antilope, l'Autruche, dans les steppes africaines, de membres moteurs puissants, qui leur permettent de mener facilement leur vie nomade à la recherche de la nourriture rare.

Les Insectes dépendent étroitement de la végétation; un certain nombre d'entre eux ne se nourrissent que d'une plante déterminée; chaque plante a ainsi ses parasites, parfois en très grand nombre. Sur le Chêne, dans l'Europe centrale, on en compte 530.

**5. Action des espèces animales les unes sur les autres. Mimétisme.** — Certains animaux peuvent provoquer la disparition d'autres espèces. On connaît les ravages que la *Mouche*

1. La diversité des conditions d'existence amène des modifications dans les formes et dans l'aspect extérieur des animaux; les Mammifères grimpeurs ont le plus souvent des membres courts et trapus, des griffes aiguës; les Mammifères coureurs ont des membres élancés et affinés, des griffes usées semblables à des sabots, etc.

*tsé-tsé* exerce en Afrique australe sur les troupeaux de bêtes à cornes, sur les Chevaux et les Chiens; sa piqûre détermine leur mort; les Chèvres, les Anes, restent indemnes. Au Paraguay, un autre insecte fait disparaître les Chevaux et les Bœufs, qui pullulent dans les régions limitrophes. Un grand nombre d'animaux sont d'ailleurs la proie des espèces carnivores.

Afin de se dissimuler à leurs ennemis, nombre d'animaux prennent un aspect ou une coloration qui leur permet d'être confondus avec le milieu ambiant; c'est le MIMÉTISME. Le plus souvent l'animal possède une couleur en harmonie avec le milieu où il vit; les espèces qui vivent sur les neiges prennent une coloration blanche; au Sahara, le Chameau, la Gazelle, les Reptiles, ont la teinte grise et fauve du désert. Parfois l'animal représente non plus seulement l'aspect, mais la forme des objets extérieurs; sur la tige qui les supporte, les Chenilles se tiennent immobiles, semblables à des petites branches mortes; certains Insectes ressemblent à des bourgeons; d'autres simulent des feuilles. Dans un autre mode de mimétisme, l'animal ressemble plus ou moins à d'autres animaux dangereux; les Serpents inoffensifs simulent les Serpents venimeux. Des Papillons que les Oiseaux dévorent, ressemblent à d'autres Papillons que n'aiment pas ces Oiseaux.

6. **Dispersion des animaux.** — Les *moyens de dispersion* des animaux, variant suivant les divers groupes, ont notablement influé sur la répartition géographique de la faune. Les *Mammifères terrestres* sont les moins bien doués sous ce rapport; ils ne peuvent franchir les bras de mer, les rivières larges et profondes, les déserts, les hautes montagnes; le grand fleuve des Amazones sert de limite à certaines espèces de singes; les migrations des Mammifères sont restreintes; il n'y a guère d'espèces *cosmopolites* que celles qui ont été introduites par l'homme. Les *Oiseaux* qui peuvent voler à de très grandes distances opèrent des migrations lointaines; les vents violents les emportent parfois dans des îles ou des continents très éloignés. Les *Oiseaux coureurs,* comme l'Autruche, le Casoar, sont dans des conditions identiques à celles des Mammifères. Les *Reptiles* n'ont que des moyens de dispersion assez restreints. Le vent transporte parfois fort loin les *Insectes*.

L'influence de l'homme sur la distribution à la surface du globe des espèces animales a été des plus importantes; il a fait disparaître toute une série d'animaux (le *Bison* d'Amérique, l'*Auroch,* etc.); en revanche, il a propagé, consciemment ou non, un grand nombre d'autres espèces, comme le Cheval dans l'Amérique du Sud, le Lapin en Australie, les Rats dans le monde entier, etc.

7. **Survivances géologiques.** — Les causes que nous venons d'énumérer ne suffisent pas pour expliquer la répartition actuelle des faunes. L'Amérique et l'Afrique tropicales ont le même climat, les mêmes forêts humides, et cependant leurs faunes sont tout à fait différentes ; Madagascar n'a point les mêmes espèces animales que l'Afrique. Les *Lémuriens,* Mammifères arboricoles qui remontent au début de l'ère tertiaire, caractérisent la faune malgache; en Australie on trouve de véritables « fossiles vivants » sous la forme de Mammifères inférieurs, *Marsupiaux* et *Monotrèmes,* analogues à une faune généralement développée pendant l'ère secondaire. Dans les terrains tertiaires du bassin de Londres on a trouvé les restes fossiles de trois genres de Crocodiliens qui coexistaient alors : aujourd'hui les *Crocodiles* sont répartis dans les régions chaudes de toute la terre; les *Caïmans* (Alligator) sont propres à l'Amérique, les *Gavials* à l'Inde et aux îles de la Sonde. Pour expliquer ces contrastes, il faut interroger le passé et tenir compte dans une large mesure de l'histoire géologique.

## B. — Régions zoologiques et formes animales.

8. **Les régions zoologiques et les formes animales.** — On voit, après cet examen rapide des causes diverses qui président et ont présidé à la destinée des animaux, combien il est malaisé de donner une image exacte de la vie animale. Pour présenter la répartition des animaux, on ne saurait adopter la division par continents; la faune du Nord de l'Afrique diffère complètement de celle qui vit au Sud du Sahara; de grands contrastes existent entre les faunes vivant au Nord et au Sud de l'Himalaya; il ne faut pas songer non plus, comme pour la végétation, à des zones limitées par la latitude ou des lignes isothermes. On a adopté un système qui consiste à tenir compte de l'existence en un point donné d'un grand nombre d'animaux élevés en organisation, c'est-à-dire les Vertébrés supérieurs terrestres, Mammifères, Oiseaux et Reptiles; d'éminents zoologues, SCLATER, WALLACE, ont, à ce point de vue, divisé la terre en 6 grandes *régions zoologiques,* subdivisées chacune en plusieurs *sous-régions.* — De savants naturalistes, HUXLEY (1868), TROUESSART (1890), LYDDEKER (1896), ont proposé diverses modifications aux divisions de Sclater et de Wallace, Lyddeker accordant une grande place à la paléontologie, c'est-à-dire à

l'histoire du passé. Récemment Sclater a exposé de nouveau et maintenu sa classification, avec quelques modifications dans les régions et surtout les sous-régions. Nous conserverons ces divisions, en y ajoutant, d'après M. Trouessart, deux régions nouvelles, *régions arctique* et *antarctique*.

On distingue ainsi les régions : ARCTIQUE et ANTARCTIQUE ; PALÉARCTIQUE (sous-régions *européenne, méditerranéenne, sibérienne* et *mandchourienne*); NÉARCTIQUE (*canadienne, alleghanienne, centrale, californienne*); ÉTHIOPIENNE (*orientale et centrale, occidentale, australe* et *malgache*); ORIENTALE OU INDIENNE (*indienne, ceylanaise, indo-chinoise*); AUSTRALIENNE (*australienne, papoue, polynésienne, néo-zélandaise*); NÉOTROPICALE (*mexicaine, antillienne, brésilienne, chilienne*).

Dans ces diverses régions et sous-régions, nous ferons effort pour dégager des ensembles d'animaux, des FORMES ANIMALES OU GROUPEMENTS D'ANIMAUX ayant subi des adaptations semblables et présentant une physionomie commune et comme un air de famille; par exemple, les *animaux coureurs* et *fouisseurs* des steppes et des déserts, les *animaux arboricoles* des forêts, les *animaux des hautes montagnes*, les *oiseaux de proie*, etc. Certes, nous ne trouverons d'ensembles bien homogènes que dans les régions nettement caractérisées, comme les déserts, comme les forêts vierges ou les forêts boréales; nous espérons du moins donner ainsi une image assez vivante du monde animal et mieux qu'une nomenclature.

9. **Régions arctique et antarctique.** — La RÉGION ARCTIQUE s'étend sur les terres septentrionales de l'Eurasie et de l'Amérique; la limite s'abaisse sur les continents et se relève le long de la Norvège. Elle correspond à peu près à la région des *toundras*. Ce pays déshérité, sans chaleur, sans ressources végétales, ne peut guère porter une nombreuse population animale terrestre. Le RENNE, domestiqué par les peuples hyperboréens, vit de Lichens; le *Bœuf musqué* est limité à l'Amérique. Les carnivores sont représentés par l'OURS BLANC, qui a été vu jusqu'au 82° lat. N.; par le *Glouton*, qui ne dépasse pas 75° lat.; parmi les rongeurs, le *Renard blanc*, l'*Hermine*, le *Lièvre polaire* et le *Lemming*. Presque tous les représentants

PRINCIPALES FORMES ANIMALES

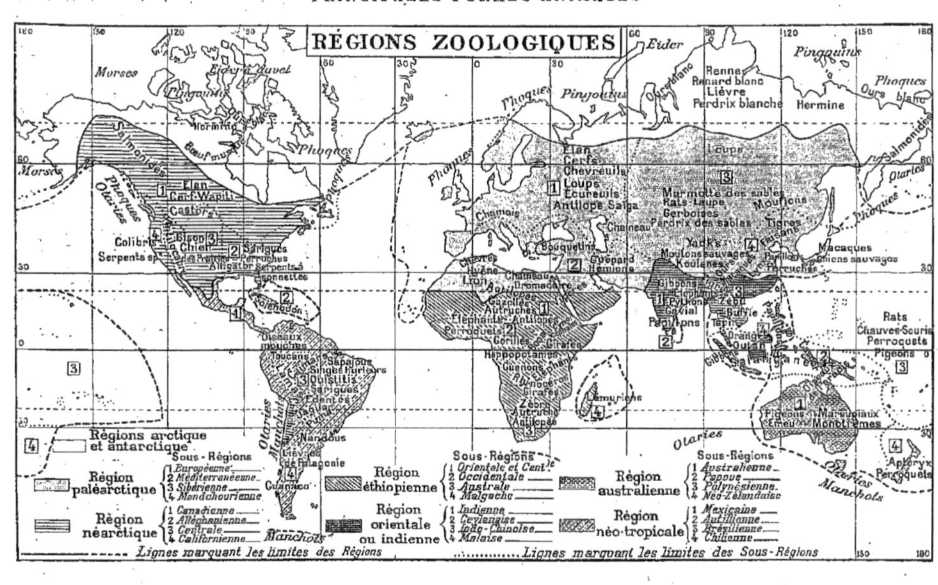

de cette faune prennent pendant l'hiver une livrée blanche. Les Mammifères et les Oiseaux marins sont, nous le savons, beaucoup plus nombreux.

Dans la *région antarctique* on ne connaît qu'une faune marine.

10. **Région paléarctique.** — La RÉGION PALÉARCTIQUE occupe une immense superficie, des îles Britanniques à l'Ouest au Japon inclus à l'Est, de la région arctique au Nord aux déserts du Sahara, de l'Arabie aux monts Himalaya au Sud. Ce qui la caractérise, c'est qu'elle ne possède en propre qu'un nombre très restreint de types, et qu'elle ne nourrit plus de grands Mammifères. — La *Sous-région européenne,* limitée au Sud par les Pyrénées, les Alpes, les Balkans, le Caucase, à l'Est par les monts Oural, possède un climat doux et tempéré, des pluies modérées, de grandes forêts et des steppes à l'Est et au Nord-Est, des conditions très variées à l'Ouest.

Dans les forêts et dans les landes, quelques rongeurs, l'Écureuil, le Rat, le Lièvre; des carnivores comme le Loup, le Renard, le Chat sauvage; parmi les Ongulés, le *Sanglier,* le *Cerf* et le Chevreuil; l'*Elan* ne se trouve plus qu'en Finlande et en Scandinavie, le *Bison* d'Europe dans le Caucase; les Oiseaux sont assez nombreux. Une espèce d'Antilope vit dans les steppes russes. Sur les hautes montagnes de l'Europe centrale existent l'*Ours brun,* le *Lynx,* ainsi que des animaux sauteurs comme le *Chamois* et le *Bouquetin,* ou hibernants comme la *Marmotte;* dans les airs, de grands rapaces, les *Aigles,* les *Faucons,* le *Gypaète.*

La *Sous-région méditerranéenne* comprend le Sahara et s'étend à l'Est jusqu'à l'Inde, pays de montagnes et de plateaux élevés, de plaines et de grandes étendues désertiques, avec le plus souvent des formations buissonneuses et des surfaces dénudées. Dans les broussis, les steppes d'herbe dure et aux confins des déserts, vivent des carnassiers comme le LION, la *Panthère,* le *Guépard* (en Perse), l'*Hyène rayée,* le *Chacal,* des Reptiles très nombreux, des Insectes comme les *Cigales* et les *Sauterelles* qui ravagent périodiquement les régions méditerranéennes. Les déserts ont une faune de rongeurs, d'animaux coureurs comme les *Antilopes,* les *Gazelles,* le CHAMEAU à deux bosses, le Chameau à une bosse ou *Dromadaire,* des Chevaux sauvages, l'*Hémione* (Mulet sauvage) de Perse, etc.; nombreux sont les Reptiles venimeux au Nord-Est de l'Afrique et en Arabie, comme la *Vipère aspic* et l'horrible *Vipère cornue;* dans les régions élevées, des *Mouflons,* des *Bouquetins* et diverses espèces de *Chèvres.*

La *Sous-région sibérienne,* qui va de la mer Caspienne au Kamtchatka, sur ses immenses étendues de steppes et de déserts soumis à un climat rigoureux, possède des animaux fouisseurs comme les *Marmottes des sables,* les *Rats-Taupes,* les

CHAMEAUX PORTEURS
Caravane dans le Sahara. (Phot. N. D.)

*Gerboises,* etc., des *Antilopes;* sur les montagnes, des *Mouflons* aux cornes énormes; parmi les Oiseaux, des *Gangas,* des *Syrrhaptes* ou Perdrix des sables; fort peu de Reptiles, par suite du froid; des Poissons analogues à ceux de l'Europe en quantités immenses, surtout des *Salmonidés.* Dans les lacs d'Aral et Baïkal, jadis en communication avec l'océan Glacial, vit un *Phoque* qui n'est qu'une variété de celui de l'océan Arctique.

Toute l'Asie orientale, du fleuve Amour au Yang-tse, du Japon au plateau tibétain, appartient à la *Sous-région mandchourienne,*

CERF WAPITI (Canada).

(D'après la publication : *Les Animaux vivants.*)

qui comprend les steppes dénudées et froides du Tibet, le rebord montagneux du Tibet oriental avec d'importantes forêts, les plaines de Chine. Dans les solitudes désolées du Tibet pullulent de grands herbivores comme le YACK ou Bœuf à queue de cheval, des *Moutons sauvages,* des *Koulanes* ou ânes sauvages, des *Antilopes* à cornes droites, ressemblant à des Chamois, etc. ; leur grand nombre s'explique, malgré les difficultés de nourriture, par l'absence de l'homme. Dans les forêts du versant tibétain, des grimpeurs arboricoles, comme plusieurs sortes de Singes, du genre des *Macaques,* dont quelques-uns ont revêtu une fourrure épaisse, des *Écureuils volants;* des carnassiers comme l'*Ours du Tibet,* le *Panda,* des *Renards,* des *Loups,* des *Chiens sauvages,* des *Lynx,* des *Panthères,* des *Tigres* jusque dans la région de l'Amour, des *Onces,* etc. Dans la partie méridionale limitrophe de la région indienne, de nombreux Oiseaux, des *Faisans* surtout, des Reptiles et de superbes *Papillons.* On devine le voisinage des régions chaudes des tropiques.

11. **Région néarctique.** — Le Canada jusqu'à la zone arctique et les États-Unis sont compris dans la RÉGION NÉARCTIQUE. La faune y présente beaucoup d'analogie avec celle de l'Europe et de l'Asie aux mêmes latitudes ; mais dans les Carolines et la Floride à l'Est, à l'Ouest dans le Sud de l'État de Californie, aux formes septentrionales se mêlent les formes tropicales. On distingue la *Sous-région canadienne,* couverte de forêts, où apparaissent quelques types de la région arctique, le BŒUF MUS-

BISONS D'AMÉRIQUE
(D'après la publication : *Les Animaux vivants.*)

QUÉ, l'Élan, ou encore le beau CERF WAPITI, aux bois ramifiés ; de nombreux animaux à fourrure y trouvent encore un asile, des *Martes,* des *Loutres,* de nombreux *Castors,* etc. — La *Sous-région des Alleghanys*, à l'Est des États-Unis, est surtout caractérisée par l'apparition des formes tropicales, des *Sarigues*, des *Moufettes*, remarquables par le liquide puant qui leur sert de moyen de défense, des *Perruches*, de nombreux *Serpents venimeux* (*Serpents à sonnettes*), etc.; dans le Mississipi, des *Alligators*.

Dans la *Sous-région centrale* ou des Montagnes Rocheuses, il n'existe d'arbres que le long des rivières, et l'on ne rencontre que des hautes steppes désolées ou des plateaux désertiques. Dans les parties les plus herbeuses des steppes vivait autre-

ÉLÉPHANTS dans un marécage.
Steppes de l'Afrique orientale. (D'après F. STUHLMANN.)

fois le BISON ou *Buffalo*, en troupeaux immenses, qui ont été entièrement détruits par une chasse incessante; le *Chien des prairies* a mieux résisté : il édifie côte à côte des monticules, des tertres ayant 1 ou 2 mètres de haut; ces tertres forment de véritables « villes » qui recouvrent des plaines entières; dans les montagnes se trouvent un Mouflon et une Antilope aux cornes fourchues, *Antilocapre*, ressemblant au Chamois. — La *Sous-région californienne* possède une faune riche en espèces caractérisées par des formes tropicales d'Oiseaux, des *Oiseaux-Mouches* ou *Colibris*, et de Reptiles.

Un des traits communs à toute l'Amérique du Nord est l'existence dans les fleuves et dans les grands lacs de Poissons caractéristiques, surtout des *Salmonidés,* qui ont pris un développement exceptionnel.

12. **Région éthiopienne.** — La RÉGION ÉTHIOPIENNE occupe toute l'Afrique au Sud du Sahara, une partie de l'Arabie, Madagascar avec les îles voisines. Madagascar forme une région à part; l'Afrique avec l'Arabie comporte trois sous-régions qui sont déterminées dans leurs grandes lignes par les différentes formations végétales qui se partagent cette partie de l'Afrique.

RHINOCÉROS BICORNES, dans le *Veld* (Afrique Australe).
(D'après la publication : *Les Animaux vivants.*)

La *Sous-région* très vaste *de l'Afrique orientale et centrale* comprend le Sud de l'Arabie et de l'Égypte, le massif Abyssin, le Soudan, le plateau des grands lacs, se prolongeant au Sud jusqu'au Kalahari; dans l'ensemble, c'est la région des savanes et des steppes avec des îlots forestiers parfois importants. C'est le domaine de gigantesques herbivores : les ÉLÉPHANTS à grandes oreilles, les HIPPOPOTAMES, les RHINOCÉROS, les *Zèbres,* surtout dans la région du Zambèze; un genre exclusivement africain est la *Girafe;* des ANTILOPES, d'espèces très variées, parcourent par milliers les grandes steppes. Les carnassiers abondent : des LIONS, des *Léopards,* des *Chats sauvages,* des *Hyènes,* des *Loups,* etc. L'AUTRUCHE, oiseau coureur à ailes rudimentaires, appartient surtout à cette région; dans les parties rocheuses du massif Abyssin vivent des *Cynocéphales* ou Singes à tête de chien.

La *Sous-région occidentale* comprend toute la zone forestière de l'Afrique centrale et de la côte de Guinée. Les Singes y pullulent, surtout ceux du groupe des *Guenons,* caractérisés par leur longue queue; au Gabon vivent des *Singes anthropomorphes,* ressemblant à l'homme; ce sont le GORILLE, qui peut atteindre près de 2 mètres, et le CHIMPANZÉ, qui ne dépasse pas $1^{m},50$. Les Oiseaux, représentés par d'innombrables Perroquets et des espèces aux merveilleuses couleurs, pullulent, ainsi que les Serpents, notamment les *Boas* du genre Python, de grande taille. Des steppes, des buissons, des forêts, occupent les colonies du Cap et du Natal, qui forment la *Sous-région australe;* elle n'offre pas un grand intérêt au point de vue zoologique.

Il n'en est pas de même de la *Sous-région malgache,* qui s'étend aux îles voisines; la faune est surtout riche dans la partie orientale, où s'étage un long ruban de luxuriantes forêts. Les Mammifères caractéristiques de Madagascar sont les *Lémuriens,* qui ont des affinités avec les Singes et avec les Ongulés; il en existe dans l'Afrique orientale, mais 25 espèces sont propres à Madagascar

13. **Région orientale ou indienne.** — Le territoire situé à l'Est de l'Indus, au Sud de l'Himalaya et du Yang-tse, comprenant en outre les Philippines et les îles de la Sonde (Bornéo, Sumatra, Java) appartient à la RÉGION ORIENTALE ou *indienne,* qui dans ces dimensions relativement faibles possède une faune très riche. Des trois *Sous-régions indienne, ceylanaise* et *indochinoise,* cette dernière est de beaucoup la plus intéressante. On y trouve des Singes, notamment des *Gibbons,* des Lémuriens; parmi les carnassiers, le plus redoutable est le TIGRE, les ÉLÉPHANTS sont nombreux dans l'Inde et à Ceylan; les *Rhinocéros* sont fréquents en Birmanie; le TAPIR existe dans la presqu'île de Malacca; il faut citer encore le *Yak,* le *Zébu* ou bœuf à bosse, le *Buffle,* etc. Les Oiseaux, avec des couleurs superbes, sont extrêmement variés; des Crocodiles (*Gavial*), d'énormes *Pythons* et de nombreux Serpents venimeux se rencontrent dans les régions humides et chaudes; les Insectes sont

admirables; ce sont des Lépidoptères, des Coléoptères aux plus vives couleurs, de merveilleux PAPILLONS.

La *Sous-région malaise* s'étend jusqu'à une ligne qui passe entre Bali, petite île à l'Est de Java, et Lombock, et se poursuit entre Bornéo et Célèbes; il convient de dire que cette ligne de démarcation, déterminée par Wallace, est aujourd'hui très discutée[1]; la faune de Célèbes serait, comme celle des autres îles, intimement liée à celle de la région indo-chinoise, qui à une date récente était réunie aux îles de la Sonde. Les Singes,

AUTRUCHES D'ÉLEVAGE (Colonie du Cap).
(D'après la publication : *Les Animaux vivants.*)

plus nombreux et plus variés que sur le continent, sont représentés par l'ORANG-OUTAN, singe anthropomorphe qui se rapproche le plus de l'homme, et qui est limité à Bornéo et à Sumatra; les *Gibbons* sont également nombreux; on retrouve dans les îles malaises les *Tigres*, les *Rhinocéros*, les *Eléphants*, les *Tapirs*. Les Oiseaux, très nombreux, présentent une incomparable richesse de formes et de couleurs; l'*Hirondelle* dite *Salangane* fabrique, à l'aide de substances gélatineuses, les nids si recherchés par les Chinois; les Insectes sont comparables à ceux de l'Indo-Chine.

1. Nous avons cru devoir conserver sur notre carte l'ancienne division.

**14. Région australienne.** — La RÉGION AUSTRALIENNE s'étend aux petites îles de la Sonde, à Célèbes, aux Moluques, à la Mélanésie, à la Polynésie et au continent australien; c'est sur ce continent, qui avec la Tasmanie forme la *sous-région australienne,* qu'il faut en étudier les éléments caractéristiques. La faune australienne, différente des autres faunes, présente un caractère archaïque; ses Mammifères sont comparables à ceux qui vivaient à l'époque crétacée. Les Mammifères australiens,

ORNITHORHYNQUE PARADOXAL, Mammifère ovipare de la région australienne.

carnivores, insectivores, herbivores, sont des MARSUPIAUX mammifères à bourse; un des plus remarquables est le *Kangourou,* herbivore caractérisé par le développement exagéré de ses pattes et de sa queue. D'autres Mammifères extrêmement curieux sont les MONOTRÈMES représentés notamment par l'*Ornithorhynque,* qui ressemble à une loutre et possède un bec semblable à celui des canards; c'est un Mammifère ovipare. Les Oiseaux constituent également des types particuliers; les *Perroquets,* les OISEAUX DE PARADIS aux couleurs merveilleuses (au Nord-Est), les Oiseaux constructeurs de tonnelles, les *Cacatoès* à huppe, les *Perruches* ondulées, habitent les régions boisées de l'Est et du Nord-Est; les *Pigeons,* les *Faisans, l'Emeu* (sorte d'Autruche) se trouvent surtout dans les savanes de l'intérieur. Parmi les Poissons, le *Ceratodus* ou *Barramunda* possède simultanément des branchies et des poumons.

La *Sous-région papoue* s'étend à la Nouvelle-Guinée et aux îles voisines; elle comprend également les Moluques et, d'après les divisions de Wallace (voir paragraphe 13), l'île Célèbes; ces dernières îles présentent un mélange de faune asiatique et de

APTÉRYX, Oiseau sans ailes de la Nouvelle-Zélande.

faune australienne. Ailleurs la faune australienne domine. De nombreux Oiseaux vivent dans les forêts humides de la Nouvelle-Guinée, notamment les *Oiseaux de Paradis,* qui se signalent par un brillant plumage; les Insectes, les *Papillons* surtout, ont de magnifiques couleurs. Dans les parties de savanes vivent des *Casoars,* oiseaux coureurs aux ailes atrophiées ou réduites comme celles de l'Autruche et de l'Émeu. — Dans la multitude d'îles coralliennes qui constituent la *Sous-région polynésienne,* il n'y a point d'autres Mammifères que des *Rats* et des *Chauves-Souris;* parmi les Oiseaux, les *Perroquets* et les *Pigeons,* etc., y sont en général nombreux. — La Nouvelle-Zélande forme la *Sous-région néo-zélandaise,* parce qu'elle possède une faune spéciale, principalement d'Oiseaux; parmi eux de très nombreux *Perroquets* et un oiseau aux ailes atrophiées, l'*Aptéryx;* on n'y trouve aucun Mammifère indigène.

15. **Région néotropicale.** — Cette région s'étend depuis le Mexique à toute l'Amérique ainsi qu'aux Antilles. Elle présente aux animaux des conditions d'existence très variées sous forme de *grandes forêts humides*, de *savanes*, de grandes plaines herbeuses comme la *Pampa*, de *plateaux élevés* comme ceux du

FORÊT BRÉSILIENNE, avec ses Mammifères caractéristiques.
(D'après A. R. WALLACE.)

Au centre, un *Fourmilier* arboricole (ordre des Edentés), le *Tamandua*, très élégant dans sa remarquable livrée noire et blanche; à droite, deux *Sarigues* (ordre des Marsupiaux), l'une d'elles se balançant à l'aide de sa queue préhensile; au-dessus de l'arbre principal, des *Singes hurleurs;* à gauche, des *Bradypes à collier*, ou *Paresseux* avançant et dormant même, suspendus au-dessous des branches, où ils se fixent solidement au moyen de puissantes griffes recourbées au fond, un groupe de *Sapajous*.

Mexique et des Andes. Ce qui distingue la faune, c'est la dimension généralement faible des espèces animales; pendant l'époque quaternaire, l'Amérique du Sud était caractérisée par le grand nombre d'ÉDENTÉS; de nombreux animaux du même type y vivent encore.

Dans la *Sous-région mexicaine*, les espèces des États-Unis pénètrent dans les hautes terres mexicaines. — La *sous-région des Antilles* n'a que quelques petits Mammifères; elle ne possédait aucun carnassier ni aucun Édenté; elle a deux espèces d'insectivores, genre *Solenodon,* d'un type tout à fait spécial. — La *Sous-région brésilienne* comprend tous les bassins des grands fleuves de l'Amérique du Sud jusqu'au Rio de la Plata. Dans les forêts humides on trouve nombre de Singes comme les *Sapajous,* les Alouattes ou *Singes hurleurs,* les *Ouistitis;* des *Jaguars* et des *Cougouars* ou Puma, tigres et lions d'Amérique, des Édentés comme les *Tatous* et les FOURMILIERS, des Marsu-

QUELQUES OISEAUX CARACTÉRISTIQUES DE LA FORÊT AMAZONIENNE
(D'après A. R. WALLACE.)

**Le fleuve représenté est un des tributaires du haut Amazone, région où les Oiseaux ont leur plus complet développement. A gauche, l'*Oiseau-parapluie,* ainsi nommé à cause de l'espèce de casque qui surmonte sa tête et qui, développé, l'abrite entièrement; perchés, deux *Hoccos* qui représentent en Amérique les Faisans de l'ancien monde; vers eux volent deux *Toucans,* oiseaux grimpeurs au bec énorme; à droite, deux charmants *Oiseaux-Mouches* ou *Colibris;* près du fleuve, un Echassier, l'*Agami* ou *Oiseau-trompette.***

piaux du genre *Sarigue;* les Oiseaux se distinguent par une grande richesse de couleurs, comme les *Oiseaux-Mouches* ou *Colibris,* de nombreux *Perroquets,* des *Toucans,* etc.; dans les fleuves, des Crocodiles (*Caïmans*). Les Insectes ont un développement et une richesse exceptionnelles, les *Papillons* notamment. — Dans la *Sous-région chilienne,* il faut mettre à part la masse montagneuse des Andes et la faible lisière côtière qui l'accompagne à l'Ouest; sur les hauts plateaux des Andes vivent diverses espèces de LAMAS, proches parents des Chameaux, mais de taille très inférieure ; on y trouve des rongeurs propres au Chili, les *Chinchillas,* revêtus de fourrure, creusant des terriers comme les Marmottes. Les immenses plaines argileuses de la Pampa sont parcourues par de grands troupeaux de *Chevaux* et de *Bœufs sauvages;* par des Oiseaux coureurs comme le *Nandou,* parent des Autruches, par le *Lièvre de Patagonie;* les plateaux sablonneux de Patagonie possèdent de nombreux rongeurs; et dans les parties élevées le *Guanaco,* se rattachant aux Lamas.

LIVRES A CONSULTER. — A. R. Wallace, *The Geographical Distribution of Animals,* Londres, 1876, 2 vol. — E.-L. Trouessart, *la Géographie zoologique,* Paris, 1890. — R. Lyddeker, *A Geographical History of Mammals,* Cambridge, 1896. — W. L. Sclater and Ph. Sclater, *The Geography of Mammals,* Londres, 1899.

LECTURES. — *Les Animaux vivants du monde,* Paris, E. Flammarion, 1902-1903. Surtout intéressant par les très nombreuses illustrations.

# TROISIÈME PARTIE

## Géographie humaine.

---

# CHAPITRE PREMIER

## LA PLACE DE L'HOMME DANS L'HISTOIRE DE LA TERRE

**Généralités.** — La géographie humaine ou anthropogéographie a pour objet l'étude de l'homme dans ses rapports avec la terre.

**A. — Origines de l'espèce humaine. Homme tertiaire.** — L'Homme, mammifère du sous-ordre des *Hominiens*, a comme animaux les plus voisins les *Singes supérieurs*, dont certains traits le séparent. Il habitait sans doute la terre dès la fin de l'époque tertiaire; découverte en 1891-92 du Pithecanthropus erectus, du Singe-homme, à attitude droite.

**B. — L'homme quaternaire ou préhistorique.** — C'est surtout de nos jours, qu'après quelques grands travaux du dix-huitième siècle, s'est développée l'étude méthodique de l'homme aux âges de *la pierre taillée*, de *la pierre polie*, des *métaux* (cuivre, bronze, fer).

A l'âge de la pierre taillée les premiers hommes connus *(Chelles, Saint-Acheul)* étaient des sauvages sans ressources; puis les hommes du *Moustier* habitaient des cavernes, fabriquant déjà de bons outils et des armes; la belle race de Cro-Magnon *(la Madeleine)* fit de grands progrès dans l'outillage, la chasse, la pêche; elle avait des goûts vraiment artistiques.

A l'âge de la pierre polie, apparaissent des groupes nouveaux plus civilisés; ressources d'*élevage*, de *cultures* (Blé, Orge, Pommier), de *grandes chasses*, de *pêches au filet;* les cités lacustres servaient d'habitations; ces hommes possédaient un outillage perfectionné de haches polies, de beaux outils en silex et en os; ils filaient et tissaient le lin, modelaient des *poteries*. De cette époque datent les monuments mégalithiques : *dolmens* (grottes funéraires), *menhirs*, *pierres levées*, formant des alignements, etc.

L'âge des métaux, surtout l'*âge du fer*, se rattache à l'histoire. Le cuivre fut d'abord utilisé; les hommes du bronze et du fer fabriquèrent des instruments nouveaux.

La diversité des hommes est alors aussi grande que de nos jours; c'est le résultat des *migrations*.

1. **Généralités.** — Le tableau de la terre demeure inachevé; il y manque un des personnages, et non des moins importants. L'homme est indissolublement lié à la physionomie de la terre;

on ne saurait concevoir de grandes étendues de la surface terrestre sans l'image de la vie humaine.

La Géographie humaine, où, selon le mot de Fr. Ratzel, l'Anthropogéographie, a pour objet l'étude de l'homme dans ses rapports avec la terre, avec les circonstances géographiques, avec les conditions de milieu; elle essaye de déterminer comment les causes naturelles pèsent sur certains actes de la vie humaine. D'autre part, elle ne saurait oublier l'activité intelligente de l'homme qui lui a permis, devenu civilisé, de se dégager de l'étreinte des fatalités naturelles; et, exerçant à son tour une influence réelle sur la nature, il a pu dessiner sur le globe des traits nouveaux et en modifier très sensiblement la face.

Les données nécessaires à son enquête sont fournies au géographe par l'*Anthropologie,* qui étudie l'histoire naturelle de l'homme; l'*Ethnographie,* qui décrit les caractères et la distribution des divers groupes ethniques; la *Statistique* dans son ensemble, qui expose l'état et la répartition de la population d'un pays, de ses ressources agricoles, industrielles et commerciales, etc., en un mot toutes les formes de ce qu'on appelle sa *vie économique.*

## A. — Origines de l'espèce humaine. — Homme tertiaire.

Au point de vue zoologique, l'Homme est, d'après Linné, un mammifère de l'ordre des Primates, où il forme le sous-ordre des *Hominiens.* Les animaux les plus voisins de l'Homme sont les Singes supérieurs, Singes anthropomorphes[1] ou Anthropoïdes, le *Gorille* et le *Chimpanzé* en Afrique; dans l'Inde et les régions situées à l'Est, le *Gibbon;* à Bornéo et à Sumatra, l'*Orang-Outang.* Toutefois certains traits séparent l'Homme des grands Singes : l'Homme est un marcheur, le Singe est un grimpeur arboricole; la marche de l'Homme est nettement bipède; seul le Gibbon a l'aptitude de marcher sur ses pattes postérieures. L'être humain a une attitude verticale; les mem-

1. De ἄνθρωπος, homme; μορφή, forme; εἶδος, forme : qui a la forme d'un omme.

bres antérieurs qui n'atteignent plus le sol ont un faible allongement; la boîte cranienne et le cerveau sont chez l'Homme beaucoup plus développés que chez les Singes anthropoïdes.

2. **Grande ancienneté de l'Homme. L'Homme tertiaire.** — La très grande ancienneté de l'Homme n'est pas douteuse, malgré son apparition tardive. Il est probable qu'il habitait différentes parties du globe dès le milieu ou la fin de l'époque tertiaire; la plupart des faits que nous allons signaler sont, il est vrai, discutés, mais ils présentent un grand caractère de vraisemblance.

Les premières découvertes furent faites en Europe; en France, à *Thenay*

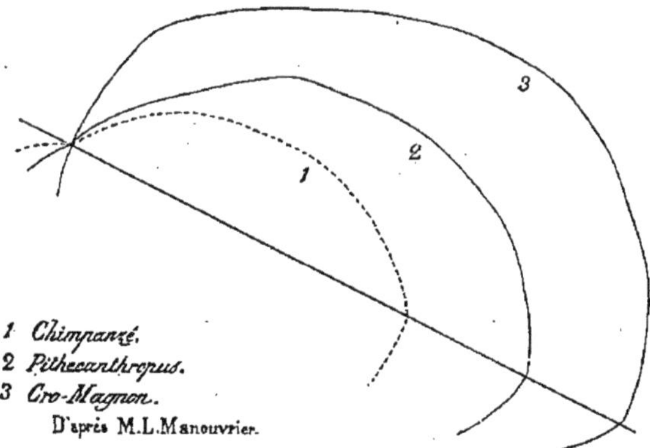


(Loir-et-Cher), dans les faluns de Touraine, à *Puy-Courny*, etc.; en Angleterre, en Portugal, en Italie, etc.; dans les terrains miocène et pliocène on a recueilli des instruments en silex, des sortes de *grattoirs*, avec des incisions et des fractures paraissant intentionnelles; des ossements trouvés près de Brescia en Italie ne méritent pas créance. — Certains savants, notamment M. G. DE MORTILLET, émirent l'hypothèse que ces intruments tertiaires n'avaient pu être faits par l'Homme, mais « par une autre espèce d'Hommes, probablement d'un genre précurseur de l'Homme et devant combler un des vides de la série animale ». G. de Mortillet lui donnait le nom d'*Anthropopithèque*, Homme-singe [1].

Une trouvaille sensationnelle, faite récemment, semble lui avoir donné raison. Au cours de recherches à *Java*, M. EUGÈNE DUBOIS, de la Haye, découvrit (1891-1892), dans des alluvions fluviatiles, à Trinil, certainement antérieures à l'époque quaternaire, quatre ossements : deux molaires, un fémur, une calotte cranienne. Le fémur appartenait sans aucun doute à un être humain, à un marcheur, non à un grimpeur; la capacité de la cavité

1. Πίθηκος, singe.

cranienne a été évaluée de 900 à 1 000 cmc. ; le *Chimpanzé* n'atteint pas 500 cmc. ; l'homme du *Cro-Magnon* (voir plus loin, p. 466) a 1 500 cmc. Pour ces raisons Dubois nomma cet être *Pithecanthropus erectus,* Singe-Homme à attitude droite, intermédiaire entre les Singes anthropomorphes et l'Homme. De vives polémiques s'étaient engagées en Europe, à la première description de cette découverte, en 1894 ; le retour de Dubois avec ses ossements contribua à apaiser les doutes ; aujourd'hui on accepte généralement cette « découverte, qui a révolutionné les idées sur l'origine de l'homme » (ZABOROWSKI). Elle a provoqué toute une littérature[1].

Si l'on admet[2], avec LAMARCK et DARWIN, la théorie de l'évolution, à savoir que les espèces organiques issues d'une forme primordiale sont soumises à des transformations successives, qu'elles subissent des variations, ainsi que nous l'avons vu dans l'étude de l'évolution de la faune et de la flore aux temps géologiques, si l'on admet, dis-je, cette théorie, l'homme actuel, qui dépend des mêmes lois que les autres organismes, doit avoir pour ancêtre une forme animale, moins parfaite que lui, mais qui, par des modifications et des progrès successifs, est devenue l'espèce humaine[3].

### B. — L'Homme quaternaire ou préhistorique.

**3. Historique de l'Anthropologie.** — La connaissance méthodique de l'homme et des diverses races humaines ne s'est développée que très tard. Les anciens supposaient que les pre-

1. E. DUBOIS, *le Pithecanthropus et l'origine de l'Homme* (*Bull. Soc. Anthr.*, Paris, 1896). Dans la discussion qui se produisit à la société, M. L. Manouvrier conclut que le Pithecanthropus était un vrai précurseur, probablement un ancêtre direct de l'Homme (*Bull. Soc. Anthr.*, Paris, 1896, p. 438).

2. Aucun renseignement précis sur l'homme primitif en Océanie et en Afrique. Un mineur, à la recherche de sables aurifères, aurait trouvé un crâne d'homme sous plusieurs couches de laves qui recouvraient des alluvions tertiaires, en Californie (États-Unis) ; le fait ne put être vérifié.

3. **Unité de l'espèce humaine.** — A la question de l'origine de l'homme se rattache celle de l'*unité de l'espèce.* L'homme forme-t-il une seule espèce ? Comment expliquer les profondes différences qui séparent les divers groupes humains ? Comment donner à un nègre nain d'Afrique la même origine qu'à un homme blanc, de belle stature ? Sur cette question les savants sont partagés en deux écoles : les MONOGÉNISTES n'admettent qu'une seule espèce, tous les groupes humains étant sortis d'un type unique ; l'homme a peuplé la terre par ses migrations ; il s'est transformé dans des milieux nouveaux et différents ; le croisement entre les groupes différents ainsi formés a engendré des races nouvelles. Les POLYGÉNISTES admettent au contraire plusieurs espèces d'hommes ; les diverses espèces humaines ont apparu sur les points mêmes où les montre l'histoire. La question n'est pas résolue aujourd'hui scientifiquement ; le monogénisme a le plus grand nombre de partisans.

miers hommes avaient vécu en des temps très lointains, dans des conditions misérables.

Le grand poète LUCRÈCE disait qu'ils habitaient les forêts et les cavernes des montagnes, sans vêtements, sans même se servir de peaux de bêtes, etc. Dans l'horizon connu des Anciens, vivaient des barbares primitifs « perçant les animaux avec des cornes de Bouc, ou les coupant avec des cailloux tranchants ». — Les Grecs avaient trouvé en labourant la terre des haches en pierre polie, qu'ils appelèrent des pierres de foudre, *céraunies,* légende qui s'est perpétuée jusqu'à nos jours ; au XVIIe siècle, l'origine des pierres de foudre était « d'une renommée si constante, que si quelqu'un vouloit combattre cette opinion communément tenuë, il paroistroit fol » (d'après E. CARTAILHAC).

Dans la première moitié du XVIIIe siècle, le célèbre savant suédois LINNÉ rangea nettement l'homme parmi les animaux ; notre grand naturaliste BUFFON admet dans son *Histoire naturelle* (1749-1789) « l'unité de l'espèce humaine et la multiplicité de ses races » ; *Blumenbach* s'inspira de ses idées. Deux Français, BOUCHER DE PERTHES (1838-1847) et LARTET (1861), révélèrent par leurs trouvailles d'outils et d'instruments, ainsi que d'ossements humains enfouis dans le sol, l'existence de l'homme préhistorique. Le succès de découvertes de toute nature, la fondation de la *Société d'Anthropologie de France* (mai 1859) et de Sociétés similaires dans les grands pays civilisés, donnèrent un superbe essor à l'étude de l'homme, surtout en France ; nous ne pouvons citer que quelques noms : le chirurgien BROCA, A. DE QUATREFAGES, *A. Bertrand, Hamy,* S. REINACH, *Cartailhac,* DENIKER, etc. ; en Angleterre, EVANS, HUXLEY, *Keane,* etc. ; en Allemagne, WAITZ, *C. Vogt, O. Peschel,* RATZEL, etc.

**4. L'homme quaternaire.** — L'existence des hommes quaternaires n'est pas discutable ; ces préhistoriques ont laissé des milliers de vestiges de toute nature : outils, armes en silex, en os, en bois, dans des couches de gravier ou des cavernes, à côté d'ossements d'animaux, éléphants, rennes, cheval, et d'ossements humains. Ces débris ont montré qu'ils venaient de races différentes, plus ou moins civilisées, ayant vécu dans une longue suite de millénaires et de millénaires. On divise le plus souvent cette préhistoire en trois grands âges ou périodes :

1° AGE DE LA PIERRE TAILLÉE, ou *Période paléolithique ;*

2° AGE DE LA PIERRE POLIE, ou *Période néolithique ;*

3° AGE DES MÉTAUX, ou *Périodes du cuivre, bronze* et *fer.*

Les régions les mieux connues, l'Ouest de l'Europe et la France, celle-ci particulièrement privilégée, seront le principal objet de notre modeste exposé.

**5. Age de la pierre taillée, ou paléolithique.** — On distingue l'époque *chelléenne* (sables de Chelles, Seine-et-Marne); l'époque *acheuléenne* (graviers de Saint-Acheul, Somme); l'époque *moustérienne* (du Moustier, Dordogne); ces trois époques sont représentées en Bohême, Allemagne du Sud, France, Belgique, Angleterre. La quatrième époque est nommée *solutréenne* (du nom de Solutré, Saône-et-Loire); la cinquième, *magdalénienne* (de la Madeleine, en Dordogne). Il convient de noter que l'homme de Chelles vivait dans la seconde période interglaciaire, la plus importante (voir p. 131), au climat doux, où pouvaient se développer l'*Éléphant antique* et le *Grand Hippopotame*. Un climat d'abord humide et froid, steppes et toundras, plus doux ensuite, succéda à la dernière invasion des glaces; les hommes des époques postérieures au chelléen vécurent dans cette période et connurent le Mammouth, le Renne, le Cheval sauvage, etc.

HACHE ACHEULÉENNE EN SILEX
1/2 grandeur.
(Coll. *de l'Institut de Géographie de la Faculté des Lettres de l'Université de Lyon.*)

Plusieurs types physiques dans ces races; le plus ancien est la race du *Neanderthal*, près de Düsseldorf; crâne dolichocéphale[1], front bas et fuyant, arcades sourcilières énormes, figure sauvage et bestiale. A l'époque magdalénienne apparaissent les hommes de *Cro-Magnon* (nom de l'*abri sous roche*, où des ossements furent trouvés, dans la vallée de la Vézère) : grande taille allant jusqu'à 1m.80, crâne très allongé, front droit et haut, des muscles d'athlète; très belle race. — Les quelques instruments en silex ou en quartzite que nous avons des hommes chelléens sont des *haches*, des *grattoirs*; la chasse était l'unique ressource, des branchages étaient l'unique abri; l'Australien d'aujourd'hui ne s'est guère élevé plus haut. — Cet abri, le climat froid de l'époque moustérienne obligea l'homme à le chercher dans les *grottes* et les *cavernes* naturelles des régions calcaires, à s'entourer les épaules et la ceinture des peaux de grands herbivores,

POINTE
DE LANCE
(Moustier.)

1. On emploie l'expression de crâne *dolichocéphale* pour désigner un crâne allongé; de *brachycéphale*, pour un crâne arrondi.

du Mammouth laineux, du Renne, qu'il réussit à tuer avec des fines *pointes de lance* et de *flèche*, et dont il nettoyait les peaux avec des *racloirs*.

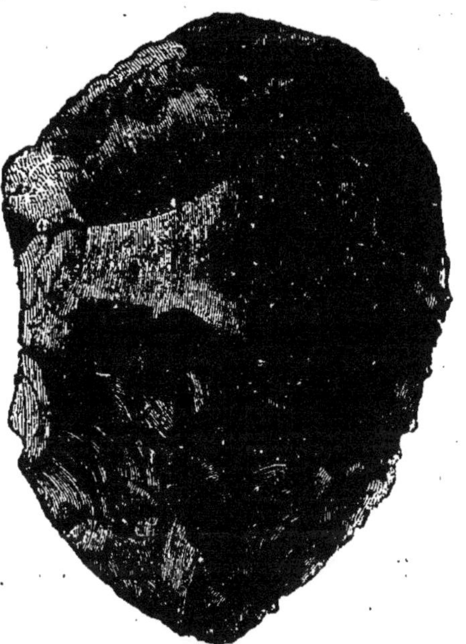

RACLOIR
(Moustier.)

A l'époque solutréenne, ce mode de vie et cet outillage se perfectionnent, mais bien davantage à l'âge magdalénien, avec l'homme de Cro-Magnon. La rudesse du froid lui fait aussi chercher des abris dans les falaises calcaires, percées de cavernes, dans le Périgord; la chasse du Cheval sauvage, du Renne, des oiseaux, des Lièvres et de quelques rares Mammouths, qui quittaient peu à peu ces régions dont le climat s'adoucissait, était son moyen principal de subsistance. Mais ces hommes étaient d'habiles pêcheurs qui harponnaient la truite, le brochet, le saumon. L'outillage de toute nature avait été perfectionné avec des instruments uniquement en silex et en os; d'un bloc de silex ils détachaient de véritables *couteaux*, de minces lames à tranchant très fin, des *grattoirs*, des *scies*, des *pointes de flèches* aiguës, petites, triangulaires. L'os fut la ma-

POINTES DE FLÈCHES ET COUTEAU EN SILEX
(Station de Solutré, Saône-et-Loire.)
(Coll. de l'*Institut de Géographie de la Faculté des Lettres de l'Université de Lyon*.)

tière d'un grand nombre d'outils de cette époque ; il servit à faire de *fines aiguilles*, des *pointes de lances*, des *harpons barbelés* en bois de Renne, etc.[1].

Les hommes de Cro-Magnon avaient un grand goût pour la parure, portant des colliers, des bracelets, et se tatouaient peut-être ; ils possédaient de réelles dispositions artistiques pour la peinture, la sculpture et la gravure ; en peinture, quelques traces insignifiantes ; les sculptures étaient faites sur le bois de Renne et l'ivoire des Mammouths ; les modèles étaient pris dans les animaux qu'ils avaient sous les yeux. Quelques gravures sont sur pierre, mais presque toujours sur os et surtout sur bois de Renne ; quelques-unes représentent des dessins géométriques, parfois des plantes, mais de préférence des animaux, des poissons, des oiseaux, des Rennes, des Mammouths, l'antilope Saiga, dont quelques-uns sont des chefs-d'œuvre. Les dessinateurs avaient un réel esprit d'observation ; « leurs dessins sont supérieurs aux illustrations de quelques-uns de nos livres d'histoire naturelle » (VERNEAU).

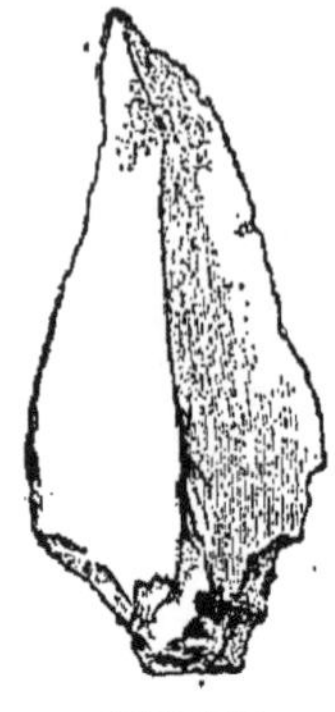

POINTE DE LANCE EN OS (La Madeleine.)

**6. Age de la pierre polie, ou néolithique.** — A la pierre taillée succède une période bien différente ; le climat, adouci, se rapprochait des conditions actuelles. Il est

RENNE (dans la période actuelle).

1. En Asie, les races paléolithiques ont laissé de nombreux vestiges de leur industrie, sous forme d'outils et autres objets, en Sibérie, dans l'Asie Antérieure, la Syrie et la Phénicie, surtout l'Inde. — En Amérique il est certain que l'homme quaternaire a existé ; aux États-Unis on a trouvé quelques ossements et surtout des pierres taillées en argilite ; des traces de l'industrie humaine ont été signalées au

possible que quelques groupes paléolithiques aient émigré vers des pays plus froids, comme le Mammouth et le Renne; du moins nous voyons apparaître des types humains nouveaux, une population qui transporte avec elle les germes d'une civilisation déjà élevée et qui s'impose par des luttes aux races antérieurement maîtresses du sol. Ces migrations sont sans doute venues d'Asie.

Ces nouvelles races n'étaient pas du même type physique; en Autriche, en Allemagne, en Suisse, en France, on trouve des hommes à tête brachycéphale, d'autres au crâne allongé; en Russie, dans les Iles britanniques, il n'y a que des dolichocéphales. — La paix se fit avec les races paléolithiques; des alliances, des croisements, des métissages, eurent lieu avec les nouveaux venus.

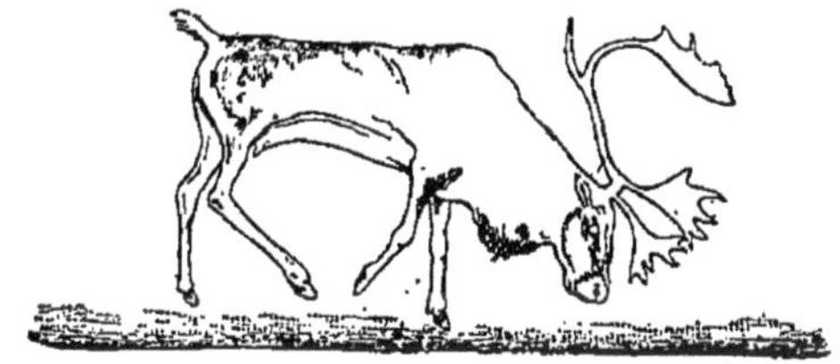

RENNE AU PATURAGE

Gravé sur bois de Renne; grotte de Thayingen en Suisse (époque de Cro-Magnon).

NOTE. — Il est intéressant de comparer ce renne, dû à l'art d'un homme de l'âge paléolithique, à un animal de même espèce, dessiné de notre temps. On peut se rendre compte de la vérité des formes et de l'attitude du Renne; sa maigreur est due sans doute à ce fait qu'il devait vivre dans des steppes ou des toundras à demi désertiques, pays où l'alimentation herbacée n'est possible qu'un moment. L'artiste a fait preuve d'une grande probité et d'un réel talent.

Ceux-ci imposèrent naturellement leur civilisation[1]. Les néolithiques disposaient de ressources très étendues; ils avaient des animaux domestiques, Chèvres, Brebis, Vaches; le lait était utilisé pour les fromages; ils cultivaient une variété de Blé, d'Orge; ils plantaient le Pommier, le Poirier, chassaient le Bœuf sauvage (Urus), le Bison, le Porc sauvage, et pêchaient à l'aide de filets. Les débris trouvés dans les CITÉS LACUSTRES, avec beaucoup d'autres, nous ont révélé ce mode d'alimentation. Les hommes néolithiques, en effet, construisirent des habitations lacustres, établies sur pilotis, des *palafittes* (de *palafitti*, pilotis en italien); elles leur servaient de refuge contre leurs ennemis.

Mexique, au Brésil, dans la République Argentine. — Fort peu connue encore, l'Afrique n'a fourni d'instruments en silex taillé qu'en Algérie et Tunisie, sur quelques points du Soudan, du Congo, dans la région du Cap. Quelques objets en silex en Nouvelle-Zélande et en Australie, où les indigènes taillent encore la pierre.

1. Entre les âges de la pierre taillée et polie il semble qu'il y ait eu la période intermédiaire caractérisée par des hommes ne vivant encore que de chasse et de pêche; ce mode de vie est attesté par les *Kjækkenmœddings*, amas de coquilles, de débris de cuisine, d'os de poissons, d'oiseaux, mammifères. Ces amas, trouvés en Danemark, en Angleterre... forment des monticules de 300 m. de long, 50 de large, hauts de 3 à 4 m. On n'y a trouvé que des instruments en pierre taillée.

Dans une petite localité du lac de Zurich, à Meilen, un hiver exceptionnellement sec, en 1853-54, avait mis à sec une partie du lac; on y vit apparaître dans une couche d'argile noire des pieux, en fouillant le sol, des instruments de toute nature en pierre, en os, des fragments de vases grossiers, des noisettes brisées, un crâne humain, etc. Un savant, le Dr *Keller*, comprit qu'il était en présence d'un monde nouveau; des recherches furent faites dans tous les lacs suisses; presque partout on découvrit des fragments de troncs d'arbres enfoncés dans la boue et des objets d'ailleurs différents. Depuis, les vestiges de villages lacustres furent trouvés dans les lacs de Savoie, d'Autriche, de Wurtemberg, de Bavière, etc. De nos jours, les habitations sur pilotis, quelques-unes étant de véritables cités

VILLAGE DE PAPOUS SUR PILOTIS, près du port Moresby, sur la côte Sud-Ouest de la Nouvelle-Guinée.
(D'après RICHARD SEMON.)

Il est impossible de reproduire exactement une cité lacustre préhistorique; ce village sur pilotis, sur le bord de la mer, évoque l'idée des anciennes cités sur pilotis; il correspond assez bien aux descriptions qu'on en a faites. Au fond le grand bateau de pêche à voiles, le *lakatoi* des Papous.

lacustres, sont très nombreuses dans l'Amérique du Sud (lac de Maracaybo); dans l'Extrême Orient (en Cochinchine, dans l'Insulinde, en Nouvelle-Guinée, en Papouasie, etc.).

Les cités lacustres ont duré plus longtemps que l'âge de la pierre polie; on y a trouvé des objets en bronze et en fer. Quelques-unes de ces cités formaient de grosses agglomérations : à Morges (âge du bronze), sur le lac de Genève, les pilotis couvraient une superficie de 60,000 mq. Ces pilotis étaient d'abord des troncs entiers, plus ou moins amincis par le feu; à l'âge de bronze, les pieux furent équarris; ils étaient enfoncés solidement dans le sol, ou bien, quand ce dernier était impénétrable, on les consolidait à l'aide d'un amas circulaire de pierres. Ils s'élevaient sans doute de 1 à 2 ou 3 mètres au-dessus du niveau du lac, et supportaient une sorte de plate-forme faite de planches grossières, sur laquelle s'élevaient les maisons ; la plate-forme communiquait avec le rivage par un pont, ou bien l'on y avait accès par une échelle qu'on atteignait en bateau. Les maisons étaient des huttes rondes, à toit conique ; il y eut aussi des cabanes carrées, avec toit à deux pentes ; elles étaient bâties en limon ou en bois et couvertes en chaume (d'après ZABOROWSKI).

HACHE POLIE
(Palafitte du lac de Neufchatel.)
(Coll. de l'*Institut de Géographie de la Faculté des Lettres de l'Université de Lyon.*)

L'outillage des néolithiques était très perfectionné ; l'arme caractéristique de l'époque fut la *hache polie en silex ;* elle avait généralement un manche en corne de Cerf, et subissait le polissage tantôt sur toute la surface, tantôt sur le tranchant seul. Il y avait des instruments non polis, des couteaux de 20 centimètres et plus, des pointes de lance, des pointes de flèche souvent de forme triangulaire, le poignard en silex, etc. Tous ces objets ont un fini remarquable et témoignent de la patience et de l'habileté des ouvriers. D'autres roches que le silex étaient utilisées, mais le silex avait la prééminence[1].

Il y avait encore quelques instruments en os ou en bois de Cerf, des *harpons,* des *poinçons,* des manches pour les haches polies. Les *poteries* néolithiques étaient des vases en terre, assez rudimentaires, sans modelé régulier, cuites simplement à la surface, décorées parfois de dessins géométriques assez élégants, etc. On filait le lin et on fabriquait des *étoffes ;* on portait des *pendeloques,* des *colliers,* des *bracelets* de coquillages, de perles, de turquoises, de morceaux de schiste, de craie, de dents de porc, etc. Toutes ces matières, ajoutées au silex, alimentaient un commerce d'échanges ; on peut admettre que les populations voisines de la mer avaient appris à naviguer

POIGNARD EN SILEX, Suède.
(Coll. de l'*Institut de Géographie de la Faculté des Lettres de l'Université de Lyon.*)

sur des pirogues ; les marchandises, d'ailleurs, devaient se transmettre de tribu à tribu, et faire ainsi une longue route.

1. Il donnait lieu à une véritable industrie et à un grand commerce ; on le cherchait naturellement dans les terrains crayeux, où il se trouve souvent en lits abondants et en plaques. Des mines avec puits d'extraction et galeries souterraines sur certains points de Champagne, au Bas-Meudon, près de Paris, au Grand-Pressigny, dans la craie de Touraine, etc. ; les outils étaient parfois fabriqués dans de véritables ateliers ; le silex de Pressign a circulé dans la France entière.

**7. Monuments funéraires.** — Les néolithiques se sont

DOLMEN BROADSTONE, Irlande, plateau d'Antrim.
(Cliché communiqué par M. E.-A. MARTEL.)

servis des grottes naturelles pour y déposer leurs morts, ou de

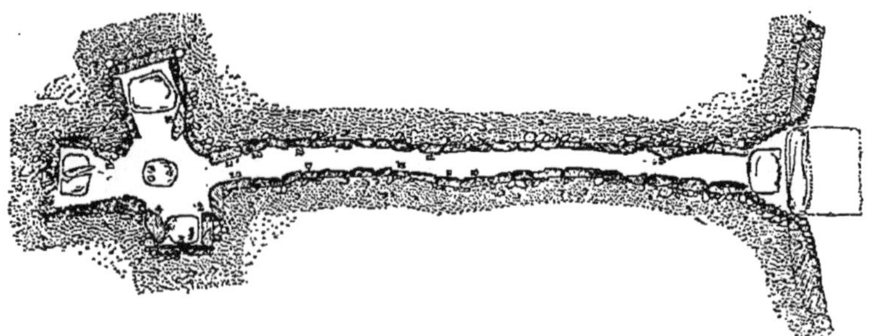

PLAN DE L'ALLÉE ET DE LA CHAMBRE SÉPULCRALE DU TUMULUS DE NEW-GRANGE, environs de Dublin, Irlande.
(Cliché communiqué par M. E.-A. MARTEL.)

L'allée couverte, précédée de la roche qui la fermait, avait 19 m. de long, une hauteur de 1m.50 à 2 m.; elle aboutissait à la chambre sépulcrale ayant la forme d'une croix. Sur les pierres de la chambre ainsi que sur la roche de l'entrée figurent des sculptures et des incisions qui ont exercé longtemps la sagacité des antiquaires.

cavernes artificielles qu'ils creusaient surtout dans des roches tendres, comme la craie; parfois les corps étaient incinérés. —

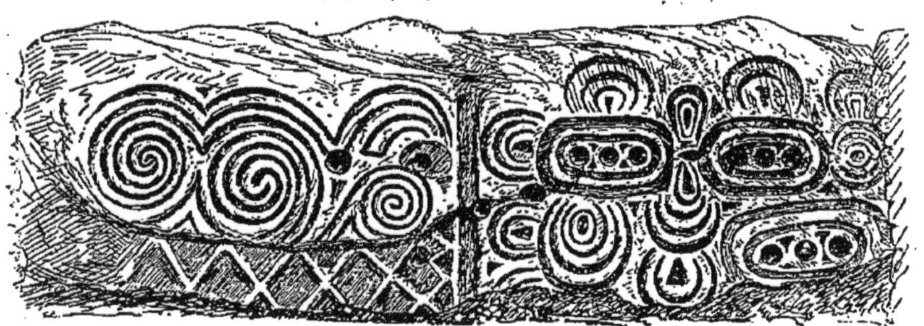

PIERRES GRAVÉES A NEW-GRANGE
(Cliché communiqué par M. E.-A. MARTEL.)

Une forme très employée de sépulture était le DOLMEN. Le dol-

LES MENHIRS D'ERDEVEN, près d'Auray.
(Phot. N. D.)

men comprend une *allée couverte* et une *chambre sépulcrale,* l'une et l'autre construites à l'aide de dalles plantées verticalement, formant les parois de l'allée et de la chambre, et de dalles horizontales, qui, reposant par leurs extrémités sur les supports verticaux, forment le toit. Les allées étaient fermées par un bloc de rocher mobile, et l'ensemble était à l'origine recouvert d'une masse de pierres et de terre, donnant naissance à un *tumulus*. La chambre sépulcrale renfermait souvent des squelettes, avec auprès d'eux un grand nombre d'instruments, d'armes, de parures, propriété des morts ou objets qu'on leur

ALIGNEMENTS DU MÉNEC, près de Carnac.

supposait nécessaires. Beaucoup de ces monuments ont été déblayés, et l'on a pu juger des dimensions remarquables des dalles; l'une d'elles, à Fontevrault (Maine-et-Loire), mesure 22 mètres de longueur; aussi a-t-on dénommé ces dolmens *monuments mégalithiques,* c'est-à-dire construits avec de grandes pierres. — Ce nom s'applique également aux MENHIRS, pierres plantées dans le sol, de forme parfois effilée et pouvant atteindre plus de 20 mètres de hauteur; aux *pierres levées,* formant des *alignements* de grande étendue; aux *cromlechs,* pierres levées très rapprochées les unes des autres, formant la partie terminale, circulaire ou quadrangulaire, des alignements.

Sur la situation géographique des monuments mégalithiques, « la géologie donne une première explication ; les mégalithes font défaut dans les régions où le terrain sablonneux, de roche fragile, ne fournissait pas les blocs nécessaires à leur édification. Ils sont au contraire accumulés sur certaines zones granitiques riches en matériaux convenables... » (CARTAILHAC, p. 201.) Ces mégalithes, très nombreux dans la France occidentale (Massif armoricain), les îles de la Manche, la Cornouailles, le pays de Galles, l'Irlande, se retrouvent en Italie, en Espagne, en Russie, en Scandinavie ; également[1] en Asie, dans l'Afrique, etc. Ces agencements bizarres de pierre ont excité l'imagination des populations, et fait naître des légendes fantastiques, encore tenaces de nos jours. Des archéologues eurent des conceptions malheureuses ; les dolmens devinrent des *autels druidiques*, où druides et Gaulois faisaient des sacrifices humains ; d'où ce nom de pierres *druidiques*, pierres *celtiques*.

**8. L'âge des métaux : 1° âge du cuivre et du bronze.** — L'âge des métaux forme transition entre les longues périodes qui échappent à l'histoire et celle où elle commence à entrevoir quelques lueurs. L'âge du bronze se rattache surtout à la période néolithique ; l'histoire jette ses premières clartés sur la période de l'âge du fer.

On admet aujourd'hui que les hommes du bronze ont dû se servir d'abord du cuivre, métal simple existant à l'état natif, le bronze étant un alliage de cuivre et d'étain. D'après des analyses faites par M. BERTHELOT en Égypte et Chaldée, le cuivre paraîtrait bien avoir été utilisé avant le bronze. Quoi qu'il en soit, le nombre des objets de bronze trouvés, fondus dans des moules, est exceptionnel[2]. Les hommes de l'âge de bronze vi-

1. En *Asie*, les vestiges humains de la pierre polie se mêlent à ceux de l'âge de bronze. On peut signaler des instruments en pierre polie et en bronze dans l'Asie Mineure et le Turkestan russe ; des cercles de pierres, des menhirs, des tumuli dans les pays de steppes, comme les steppes kirghises et mongoles ; des amas de coquilles, *Kjœkkenmœddings*, dans le bassin de l'Amour, sur le littoral du Pacifique, au Japon ; des tumuli en Chine, ainsi que dans l'Inde, où sont des centaines de pierres levées et de cromlechs. — En *Amérique* on trouve des amoncellements de coquilles (*shell-mounds*) du Canada à la Louisiane, du Brésil à la Terre de Feu. Dans l'Amérique du Nord, surtout dans les bassins du Mississipi et de l'Ohio, abondent des *mounds*, monticules ou tumuli, ronds, coniques, occupant parfois une surface considérable. Il existe en *Océanie* des ruines mégalithiques aux Carolines, aux îles Marquises, à l'île de Pâques, qu'il est impossible de dater. — En *Afrique*, la découverte des mégalithes augmente tous les jours en Algérie, Tunisie, à Madagascar.

2. Armes (*petites épées, poignards*), haches, rasoirs, *couteaux, bracelets, épingles fines*, etc. Concurremment on travaillait encore la pierre et l'os. On confectionnait de véritables vêtements : *manteaux* en laine, *chemises, caleçons, jupes, bonnets, boutons* en terre cuite percés de trous, peut-être des *chaussures* en cuir. Des potiers habiles fabriquaient des *vases* de forme régulière, mais d'une décoration sommaire.

vaient de la chasse et de la pêche, et aussi de l'élevage des mêmes animaux que les néolithiques, augmentés du Cheval, de l'Ane, des volailles; l'agriculture était pratiquée, et les habitations étaient des cités lacustres et des lieux fortifiés.

9. 2° **Age du fer.** — A l'âge du fer, ce métal, le bronze n'étant point d'ailleurs abandonné, facilita la multiplication d'outils et d'armes; *épées très communes* avec des lames de 80 à 90 centimètres, *haches, pointes de lance, de flèche,* objets de toute nature, etc. Notons seulement que l'on n'avait que des fourneaux rudimentaires, de faible contenance, chauffés au charbon de bois, pour travailler le fer. Il ne convient pas de s'attarder à la civilisation de cette époque, qui appartient pour une grande partie à l'histoire.

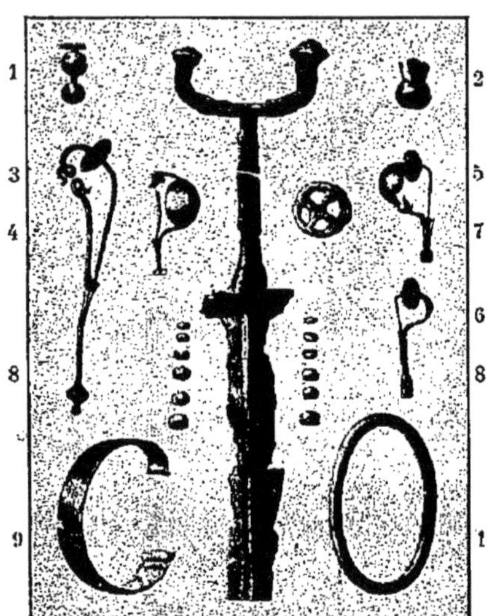


PREMIER AGE DU FER, tumulus de Saraz et d'Alaize, Doubs. (D'après M. E. CHANTRE.)

Au centre épée en fer; nos 1 et 2, fibules; 3 et 4, fibule à plaque discoïdale, fibule à gros cabochons concave; 5 et 6, fibule à cabochon et plaque discoïdale, fibule à plaque discoïdale; no 7, rouelle à 4 rayons; no 8, perles d'ambre et de verre bleu; nos 9, 10, 2 bracelets.

C'est à Hallstadt, en Autriche, que le premier âge du fer a laissé les vestiges les plus instructifs. L'Italie connaissait ce métal au XIIe siècle av. J.C.; la période dite *hallstatienne* a été florissante dans l'Europe centrale, en France, etc. Ces faits ne se passent pas partout aux mêmes dates. En Suède, l'usage du fer est postérieur au Ve, ou au IIIe siècle av. J.C. et s'est prolongé jusqu'au Xe siècle après J.C.; certaines tribus sauvages en sont toujours à l'âge de pierre[1].

1. En *Asie*, l'âge des métaux paraît concorder avec le début de l'histoire chinoise. Aux *États-Unis* on a trouvé des objets européens, ce qui indique une civilisation attardée; il n'en était pas de même dans le Centre et le Sud de l'Amérique. En Afrique, les objets en bronze n'ont été trouvés que dans la région méditerranéenne; l'industrie du fer aurait été importée de l'Europe dans l'intérieur de l'Afrique. L'Australasie ne manque ni de fer ni de cuivre.

10. **Migrations.** — Au début, les hommes de l'âge de bronze avaient un crâne dolichocéphale, c'est-à-dire allongé, et étaient de belle taille; puis une grande variété régna dans le type physique des Européens. Vers la fin de la période préhistorique, il existait une diversité comparable à celle d'aujourd'hui; la cause en est dans les *migrations* des peuples qui causèrent en Europe « un remous perpétuel, à la recherche de meilleurs emplacements ». Les peuples ont dû, sur des terres nouvelles, s'adapter à un milieu différent, à de nouvelles conditions; d'où changements de mœurs, de langage, de vie sociale. Ainsi s'explique la complication actuelle des groupes humains. — Il est fort vraisemblable qu'il n'y a plus une seule population autochtone, « qui est de la terre même », sauf les Australiens; la terre « n'est peuplée que de colons ». Il y a eu certainement des migrations asiatiques en Europe; celle des Aryens du moins n'a pas existé[1]. L'Océanie paraît avoir été peuplée d'Ouest en Est par des populations venues des régions du Sud-Est de l'Asie; de même, dans une autre direction, Madagascar. On n'est point d'accord sur les aborigènes américains.

Lectures. — Th.-H. Huxley, *De la place de l'homme dans la nature*, traduction, Paris, 1868. — Darwin, *l'Origine des espèces*, 1860. — Lyell, *Ancienneté de l'homme*, 1863. — G. et A. de Mortillet, *Musée préhistorique*, Paris, 1881. — A. de Quatrefages, *Hommes fossiles* et *Hommes sauvages*, Paris, 1884. — A. Bertrand, *la Gaule avant les Gaulois*, Paris, 1891, 2e édit. — E. Cartailhac, *la France préhistorique*, Paris, 1896, 2e édit. — J. Deniker, *les Races et les peuples de la terre*, Paris, 1900.

# CHAPITRE II

## POPULATION. — RACES. — LANGUES. — RELIGIONS

**A. — La population du globe.** — La population totale du globe, vers 1900-1902, pouvait être estimée à 1560 millions : *Asie*, 813 millions; Europe, 391; Afrique, 164; Amérique, 140, etc. Les continents dont la population a augmenté le plus depuis 1890 sont l'*Europe*, 34 millions; *Amérique*, 18; la *Russie*, 15; *Allemagne*, 7; la *France* n'a gagné que 11 600 000 en un siècle, 1801-1901. En Europe la natalité est beaucoup plus forte dans la partie orientale que dans la partie occidentale; la mortalité est plus importante dans les États méditerranéens et de l'Europe centrale, plus faible dans les régions occidentale et septentrionale.

1. On admettait à la fin du XIXe siècle cette idée, qui a encore de nombreux partisans, que très anciennement les *Aryens* avaient peuplé les diverses parties de l'Europe et, en Asie, l'Inde et la Perse. Qu'étaient ces Aryens? Les savants, qui étudièrent cette idée, n'ont fourni aucune réponse précise; au contraire, de sérieux arguments montrèrent que les Aryens avaient dû résider, non en Asie, mais dans l'Europe orientale, d'où ils se seraient disséminés. Aujourd'hui, abandon de la question de la race aryenne; un problème subsiste, celui des langues aryennes; leur point initial n'est plus guère cherché en Asie; il doit être en Europe (d'après M. Deniker, p. 376-378).

**B. — Les races humaines.** — La difficile *classification des races* est établie d'après les caractères physiques (forme du crâne, des pommettes, du nez, des yeux, des cheveux...), en tenant compte de la langue, des mœurs, des conditions sociales, etc. On distingue la *race nègre*, la *race jaune*, la *race* dite *rouge*, la *race blanche*.

**a).** — Le **groupe occidental** de la **race nègre** occupe toute l'Afrique au Sud du Sahara, et comprend les *Soudaniens*, puis des nègres parlant un idiome bantou, des nains, *Négrilles* et *Bochiman*; ceux du **groupe oriental** vivent dans une partie de l'archipel Asiatique, de l'Australasie; ils se divisent en *Papous* (surtout en Nouvelle-Guinée) et *Mélanésiens*; races naines *(Negritos)*.

**b).** — La **race jaune** se développe sur une grande partie du Nord et de l'Est de l'Asie, certaines parties de l'Europe Nord-Est et Ouest, parties de l'archipel Asiatique et de l'Océanie. Nombreux groupes : **groupe Mongol** (Mantchou, Kalmouk, etc.); groupe *Turc*, groupes *Indo-Chinois* et *Chinois*, groupe *Coréen-Japonais*; les peuples *finnois*, les *hyperboréens*; les groupes *Indonésien-Malais*, **Polynésien.**

**c).** — La **race dite rouge**, ou **américaine**, comprend le groupe des *Indiens*, dits *Peaux-Rouges* (Amérique du Nord : *Athabasques, Apaches, Algonquins, Iroquois, Sioux*); les *Indiens* du Mexique *(Aztèques* et *Mexicains)*; de l'Amérique centrale *(Mosquitos)*; de l'Amérique du Sud : *Andins, Amazoniens, Brésiliens, Pampéens, Fuégiens*. Les **Esquimaux.**

**d).** — La **race blanche** comporte deux types de coloration : l'une d'un blanc basané qui comprend les **Sémites** *(Arabes, Juifs...)*, les **Hamites** *(Berbères, Touaregs, Bédouins, Abyssins, Gallas, Somalis...)*; on range encore dans ce type les *Indo-Afghans*, les *Arméniens*, les *Kurdes*, etc. L'autre coloration d'un blanc clair comprend en Europe 4 races brunes, 2 races blondes. *Basques. Celtes. Peuples Caucasiens.*

**C. — Les langues et les religions.** — Les **langues** très employées sont dites *monosyllabiques* (Chine, Tibet, Indo-Chine), *agglutinantes* (langues nègres, Malayo-Polynésienne, Ouralo-Altaïque, langues du Caucase), *à flexions* (idiomes Hamito-sémitiques, Aryens, Indo-Européens).

Les **religions** sont classées le plus souvent en trois grands groupes : l'*animisme* (puissance des esprits et de certains objets naturels); le *polythéisme* (Brahmanisme, Bouddhisme) admet la pluralité des dieux; le *monothéisme* (Judaïsme, Christianisme, Islamisme) ne reconnaît qu'un Dieu unique.

## A. — La population du globe.

**1. Le nombre des hommes.** — Entre 1900 et 1902, la population totale du globe pouvait être estimée à 1 560 millions d'âmes environ, dont la répartition était la suivante :

| | |
|---|---|
| Asie | 813 600 000 |
| Europe | 391 000 000 |
| Afrique | 164 000 000 |
| Les Amériques | 140 000 000 |
| Insulinde | 45 000 000 |
| Australie-Océanie | 6 000 000 |
| Terres polaires | 80 000 |
| TOTAL | 1 559 680 000 |

Sauf pour l'Europe, il faut bien comprendre que ces chiffres comportent une certaine part d'incertitude ; ils ne peuvent être considérés que dans leur ensemble.

2. **Accroissement de la population du globe.** — Ce total est très notablement supérieur à celui des périodes antérieures ; la population du globe n'a cessé de s'accroître. On l'évaluait à 680 millions d'hommes en 1810. L'*Europe* comptait 357 millions d'habitants en 1890 ; en dix ans elle a réalisé une augmentation de 34 millions d'âmes ; l'*Amérique*, qui avait une population de 121 700 000 individus en 1890, a augmenté de plus de 18 millions ; le gain de *Java*, 7 à 8 millions, en peu d'années est des plus remarquables, etc.

Il est intéressant de remarquer que cet accroissement est très inégal et n'intéresse que certaines régions déterminées. En Europe les faits sont très nets ; la *Russie* était, vers 1801, peuplée de 30 millions d'habitants ; en 1890, de 98 millions ; vers 1900, de 113 millions, soit une augmentation de 15 millions en dix ans ; l'*Allemagne* a gagné près de 7 millions d'habitants de 1890 à 1900 ; les *Iles britanniques*, 3 800 000 de 1891 à 1901 ; en 1801 elles ne comptaient que 15 900 000 habitants. La *France* est à cet égard une exception : sa population n'a augmenté que de 618 000 individus de 1891 à 1901 ; elle possédait, en 1801, 27 350 000 habitants ; en 1901, 38 961 000 ; elle n'a pas gagné en un siècle ce que la Russie a gagné en dix ans. Cinq années, de 1871 à 1901, les décès ont été supérieurs aux naissances ; la population de la France est stationnaire.

3. **Natalité et mortalité.** — En Europe, la NATALITÉ est beaucoup plus forte dans la partie orientale que dans la partie occidentale. En général, la multiplicité des naissances est un indice d'une civilisation d'un développement incomplet ; la plupart des peuples d'une haute civilisation ont une tendance au simple maintien de la population, plutôt qu'à une augmentation ; d'ailleurs toute une série de causes morales, sociales, physiologiques interviennent, qui ne sont pas de la compétence des géographes.

La moyenne annuelle de l'Europe oscille entre 35 et 38 naissances pour 1 000 hab. ; la *Russie* est bien au-dessus de cette moyenne ; de 1876 à 1880, elle a eu une moyenne de 48 pour 1 000 ; de 1892 à 1894, une moyenne de 49. Forte natalité également chez les Hongrois, 41 pour 1 000 (1892-96), chez les Slaves, et les peuples de l'Europe centrale où prédomine l'élément germanique. L'*Espagne* et l'*Italie* ont encore une moyenne de 35 à 32 ; la *Belgique* et la *Suisse* ne comptent plus que 28 pour 1 000. Quant à *la France, elle est bien au-dessous des autres États, et à peine au niveau de l'Irlande*, où l'état économique provoque la diminution des naissances ; de 1892 à 1896 en Irlande, 23 p. 1 000 ; en France, 22 p. 1 000 ; en 1901, 23 ; avant 1789 on y évaluait la natalité entre 39 et 37.

En Europe, les conditions de la MORTALITÉ sont différentes de celles de la natalité; la plus forte mortalité existe dans la région méditerranéenne et dans les États de l'Europe centrale, où elle oscille entre 32 (Espagne) et 28 pour 1 000 (Bavière); elle est plus faible dans les régions occidentales et septentrionales, 17.

On ne peut guère déterminer que des causes générales ; la *mortalité infantile,* moindre en France que dans la plupart des grands États, est due trop souvent à la méconnaissance des pratiques d'hygiène ; des *guerres terribles* ont détruit par milliers des hommes civilisés, parfois plus homicides que le *choléra* ou d'autres épidémies ; en France, où la moyenne des décès dépasse un peu 800 000 habitants par an, on a eu, à la suite des guerres, en 1814 et 1871, 873 000 et 1 217 000 morts; par le choléra de 1832, 934 000; de 1849, 973 000 ; de 1854, 994 000 décès. — D'autres causes interviennent ; des *famines* désastreuses font périr des millions d'hommes, que la nature trop facile rend imprévoyants, en Chine, en Égypte et surtout dans l'Inde ; en Afrique, le *cannibalisme* et l'*esclavage* ont fait d'innombrables victimes. Le contact des Européens a été fatal à de nombreux peuples inférieurs ; les Anglais ont pratiqué la *dispersion,* à l'aide de chiens et de fusils, à l'égard des Tasmaniens, dont plus un seul représentant n'existe.

## B. — Les races humaines.

**4. Classification des diverses races humaines.** — Nous venons de voir comment des migrations continues ont peuplé la terre, sans offrir d'ailleurs un tableau homogène, loin de là. Les ethnographes se sont efforcés d'ordonner un peu ce chaos par une classification des races.

Les races se différencient par leurs caractères physiques. Le *crâne,* généralement ovale, peut être allongé ou *dolichocéphale;* arrondi ou *brachycéphale;* le *nez,* « un des meilleurs caractères pour distinguer les races », est droit (Européens), convexe (Sémites), concave, aplati (Nègres), etc. Les *pommettes* sont proéminentes ou à peine marquées; le *menton* peut être arrondi, fuyant ou proéminent (nombreux nègres du Soudan)[1]. L'*œil* est rond, normal, oblique ou fendu en amande. Une marque distinctive des races est la *couleur de la peau,* couleur blanc, jaune, noir, subdivisée en nuances ; les *cheveux* sont *droits,* collés en plaques rectilignes autour du crâne, *bouclés, frisés,* avec une spirale à l'extrémité, *crépus* ou *laineux,* assez longs parfois pour former une véritable toison, ou bien en petites touffes isolées; la *taille* est un des traits physiques les plus différents et peut aller chez les nains d'Afrique, en chiffre moyen, à 1m.38 (Pygmées), à 1m.80 (Écosse du Nord) ; les nains et les géants sont des exceptions ; on

1. La saillie en avant du menton se nomme le *prognathisme.*

admet une taille au-dessous de la moyenne qui va de 1m.60 à 1m.65; une forte taille au-dessus de 1m.70. Il y a des ensembles de belle stature (race nordique d'Europe, beaucoup de nègres africains); dans l'Extrême Orient la taille est faible au Japon, en Indo-Chine, en Malaisie, etc.

Les caractères physiques ne peuvent suffire à définir un ensemble humain; des groupements ethniques peuvent réunir des hommes de races diverses qui sont unis par la langue, les mœurs, la religion, les conditions sociales. Il est donc fort difficile d'établir une classification nette; nous adopterons un ordre accepté à peu près généralement par les ethnographes : la RACE NÈGRE OU ÉTHIOPIQUE; la RACE JAUNE OU MONGOLIQUE; la RACE DITE ROUGE ou *américaine;* la RACE BLANCHE OU CAUCASIQUE. Tous ces groupes comprennent des sous-groupes, assez différenciés pour former de nettes divisions secondaires.

5. **a). — La race nègre.** — On divise le TYPE NÈGRE en groupe occidental (Afrique surtout) et groupe oriental (Insulinde, Australasie...). Les nègres du GROUPE OCCIDENTAL occupent toute l'Afrique au Sud du Sahara et partie de Madagascar; ils sont clairsemés au Nord de l'Afrique, surtout au Maroc; ils sont assez nombreux dans les États Sud des États-Unis, dans les Antilles, les Guyanes, la région atlantique du Brésil, où l'esclavage les a transportés. — Les traits distinctifs des nègres africains sont en général un crâne très dolichocéphale, un nez large et aplati, des mâchoires souvent prognathes, c'est-à-dire saillantes, des pommettes proéminentes; peau rarement noire, brun-chocolat, cheveux crépus ou en spirales séparées.

Toute une série de populations nègres occupe l'immense région du Soudan, du Nil au Sénégal, au Sud du 19° lat. N.; elle se distingue des autres nègres par sa belle stature, un prognathisme fréquent, le fait qu'elle ne parle pas la langue bantou ; on peut citer les *Dinka,* les *Chillouks* vers le Nil, les *Haoussa* à l'Ouest du Tchad, les nombreuses tribus du Niger et du Sénégal, etc. — Les peuples que relient les dialectes *bantous* sont physiquement très divers; ils ont le crâne moins allongé, les mâchoires moins saillantes que le Soudanien; au Sud-Est la nation des *Cafres-Zoulous* offre un des beaux types de race nègre, traits réguliers, beau noir foncé, haute taille. — Quelques groupes dans des conditions exceptionnelles. Les *Peuls* ou *Foulbé,* de couleur rouge-brun clair, mélange de sang nègre, éthiopien et peut-être arabe, parcourent la savane soudanienne. Des nègres nains, *Pygmées* ou *Négrilles,* sont disséminés dans la grande forêt équatoriale à l'Ouest des grands lacs, entre les 3° et 4° lat. N. et S. ; taille moyenne 1m.45, la plus grande a 1m.51, corps couvert d'un tissu pileux, peau brun-chocolat. De taille plus petite que les Négrilles (1m.37 au plus bas), à l'Ouest des régions désertiques du Kalahari, et sur les terres désolées du Namaland, vivent misérablement des *Bochimans* aux cheveux noirs, à la peau jaune.

Les nègres du GROUPE ORIENTAL habitent la péninsule malaise, les îles Andaman, partie de l'Insulinde, partie des Philippines, toute l'Australasie, moins la Nouvelle-Zélande, y compris l'Australie. Les traits physiques des peuples de ce groupe sont très variables entre eux, et assez différents de ceux des nègres africains; leur taille est moins élevée.

NÈGRE DU SOUDAN, 21 ans.
(Coll. *Molteni.*)

Dans ce groupe, les MÉLANÉSIENS forment « une race bien caractérisée »; ils se subdivisent en *Papous* et en *Mélanésiens* proprement dits. Les *Papous* habitent une partie de la Malaisie, mais surtout la Nouvelle-Guinée, leur véritable domaine; la face est allongée, les cheveux sont frisés, ondulés, parfois droits et hirsutes et non crépus; la peau est souvent de couleur assez claire. Les *Mélanésiens* habitent surtout les îles Salomon, les Nouvelles-Hébrides, la Nouvelle-Calédonie, etc. Le crâne est étroit et la face est large, très large; le nez est droit, large et retroussé; les pommettes sont saillantes, les arcades sourcilières proéminentes; le prognathisme, ou saillie des mâchoires inférieures, est fréquent; la peau est rarement de couleur très foncée; les cheveux sont parfois crépus, parfois longs, épais, frisés; la taille est assez élevée et peut atteindre près de 1m.80.

Nous parlerons des *Australiens* dans le chapitre sur la civilisation. Les *Dravidiens* habitent par groupes l'Inde, depuis le Bengale jusqu'au Sud de Godavery : couleur brune ou noire, crâne allongé, face arrondie ou longue selon les groupes, cheveux frisés. — Au groupe oriental se rattachent des nègres nains, les *Négritos,* 1m.49 en moyenne, à peau noire, à cheveux crépus, formant trois tribus : les *Minkopis* des îles Andaman, les *Sakaï* de l'intérieur de la presqu'île de Malacca, les *Aëta* des îles Philippines.

**6. b). — La race jaune : groupes mongol, turc, indo-chinois et chinois, coréen-japonais.** — Le TYPE JAUNE prédomine

MÉLANÉSIENS

(Phot. communiquée par M. RUSSIER.)

Groupe d'indigènes, hommes et femmes, de tout âge (Api, Nouvelles-Hébrides). Hutte à toit de feuilles et de branchages; forêt tropicale (palmiers, bananiers, etc.)

NÉO-CALÉDONIENS

(Phot. communiquée par M. RUSSIER.)

Ils sont « en grande tenue »; ils se sont affublés des ornements les plus bizarres : ceintures de coquillages marins et de cuivre, plumes d'oiseau, etc.

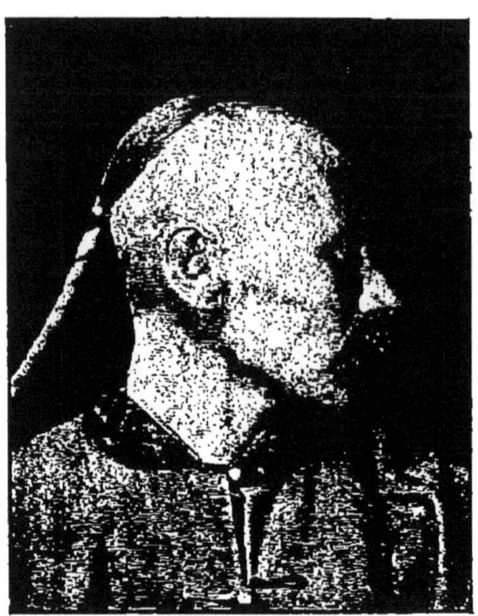

KALMOUK, 49 ans.
(District de Kouldja.)
(Phot. communiquée par la *Société de Géographie de Paris.*)

dans le Nord, l'Est et l'Ouest de l'Asie; il habite encore certains points de l'Orient et du Nord de l'Europe, partie de l'archipel Asiatique et de l'Océanie. Les traits caractéristiques généraux sont un crâne arrondi, mâchoires peu saillantes, lèvres assez minces, yeux obliques, nez droit souvent. *Couleur jaune* de la peau : *jaune pâle,* Corée, Japon, Russie; *très foncé :* Indonésiens, Polynésiens; ou *brun :* Malais. Cheveux longs; assez lisses et noirs; barbe assez rare; taille au-dessous de la moyenne.

Les principaux groupes de la population jaune sont le GROUPE MONGOL, qui occupe la Mongolie, une grande partie de la Sibérie orientale, la Mantchourie, la Corée, la Chine du Nord; les traits physiques sont un crâne brachycéphale, un visage rond ou ovale avec pommettes saillantes; nez fin et droit, yeux obliques (voir fig. *Kalmouk* et *Mantchou*). Les KALMOUKS sont disséminés entre la Chine et la Russie d'Europe; de nombreuses peuplades, celles des *Kalkas,* habitent la Mongolie proprement dite; les *Bouriates,* autour du lac Baïkal; les tribus *Toungouzes,* qui errent de l'Iénisséi à l'océan Pacifique; les MANTCHOUX peu nombreux en Mantchourie, sont de belle taille. Le type Mongol est représenté, avec plus ou

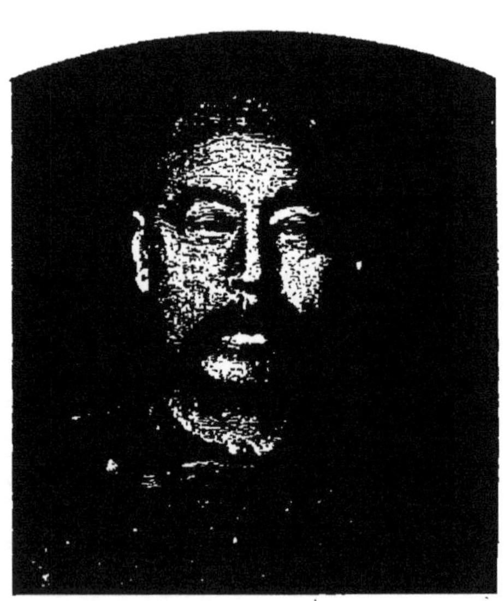

MANTCHOU, face.
(Phot. communiquée par la *Société de Géographie de Paris.*)

moins de mélanges, dans la Chine du Nord, en Corée et même au Japon, dans la Chine du Sud et l'Indo-Chine.

Le GROUPE TURC ou *turco-tatar* s'étend largement dans l'Ouest de l'Asie; les Turcs ont une taille élevée, 1m.67-1m.68; ils sont très brachycéphales, avec une face allongée de forme ovale, de larges pommettes, nez droit; les *Iakoutes*, peuplade turque, vivent entre la Cana et l'Iénisséi; parmi les KIRGHIZ, les uns parcourent les grandes steppes de la Sibérie occidentale, d'autres les monts Tian Chan; diverses peuplades *Tatars* vivent en divers points de la Volga; les *Turkmènes* et les *Ouzbegs* dans le Turkestan russe; les *Osmanli* en Asie Mineure. — Les *Tibétains*, en dehors du groupe mongol, vivent dans le Tibet méridional.

ANNAMITE, 24 ans.
(Coll. *Molteni*.)

Les groupes INDO-CHINOIS (centre et Est de l'Indo-Chine) et CHINOIS appartiennent au type jaune. Les *Indo-Chinois*, descendants d'envahisseurs métissés avec des aborigènes d'autre race qu'ils ont refoulés dans les montagnes, sont représentés par les *Cambodgiens* ou *Khmers*, entre le Siam et le Mékong inférieur; par les ANNAMITES, dans les régions deltaïques du Tonkin, de la Cochinchine, les plaines basses d'Annam : petite taille, rarement 1m.60, tête brachycéphale, les membres grêles, les yeux bridés, visage assez dur, les pommes saillantes, type mongol souvent sensible. On peut encore citer les *Siamois*, les *Laotiens*, les *Chans*, formant les peuples Thai. — Les CHINOIS, en densité très forte dans la Chine même, envahissent les autres régions de l'Empire et s'infiltrent chez les peuples voisins; en Indo-Chine, dans l'Inde, dans les îles riches de la Sonde, en Australie, en Amérique, etc. Ils sont ainsi très répandus, malgré les mesures prohibitives. Les invasions des Mongols ont influé sur le type physique du CHINOIS DU NORD; taille plus élevée, la peau moins foncée que le CHINOIS DU SUD, face allongée, yeux bridés, barbe maigrement fournie.

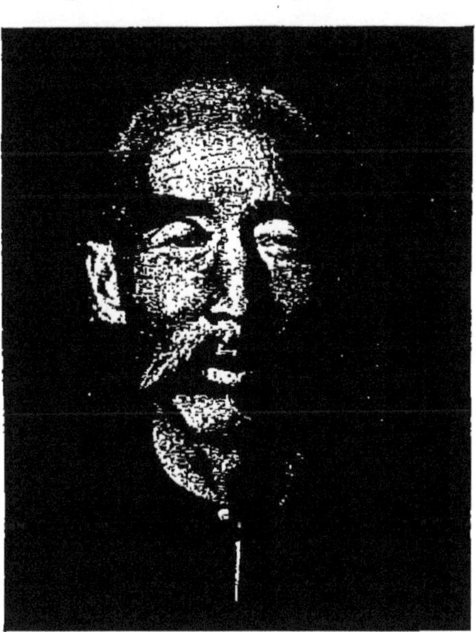

CHINOIS, 49 ans.
Type du *Chinois du Nord*.
(Phot. communiquée par la *Société de Géographie de Paris*.)

Dans le GROUPE CORÉEN-JAPONAIS, les *Coréens,* qui ont subi sans doute l'influence du métissage d'éléments mongols et japonais, sont d'une belle stature et vigoureux; les femmes, de petite taille, sont laides. — Les *Japonais* présentent « un *type fin,...* surtout dans les classes supérieures de la société, et parmi les femmes. Taille élancée, yeux droits chez les hommes, plus ou moins obliques chez les femmes, nez fin, convexe ou droit, etc. Le *type grossier,* commun à la masse du peuple,

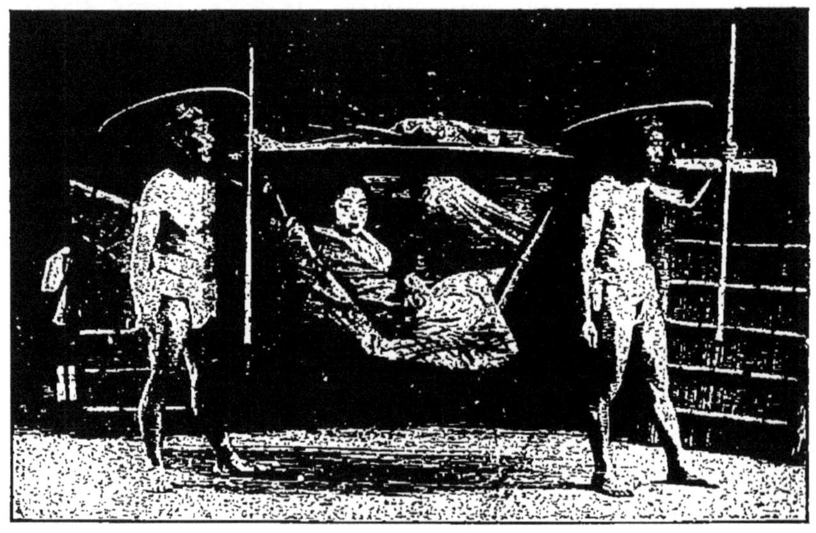

CHAISE A PORTEURS, Japon.

Cette chaise à porteurs, employée à une époque assez ancienne, démodée aujourd'hui, permet de distinguer les types caractéristiques de la race japonaise. La Japonaise, qui se fait porter, est de *type fin,* les porteurs sont de *type grossier* avec des traits mongols.

comporte les traits suivants : corps trapu, crâne arrondi, face large à pommettes saillantes, yeux modérément obliques... » (J. DENIKER, *ouvr. cité,* p. 450.)

7. **Groupes finnois et hyperboréens.** — On rattache le plus souvent à la race jaune une série de peuples habitant la Sibérie Occidentale et partie de l'Europe du Nord-Est, du Nord-Ouest, et du Sud-Est, parlant une langue finnoise[1]. Ce sont les *Ostiaks,* aux caractères mongols, qui s'étendent depuis les rives de l'Iénisséi jusqu'à l'Oural et au delà en Europe;

1. « Une véritable race finnoise avait existé. Elle s'était répandue sur un espace immense, puisqu'on a retrouvé de ses traces de la Baltique au Caucase et jusque vers l'Iénissei. » (ZABOROWSKI, *Annales de Géogr.,* 1901, p. 143.)

les *Samoyèdes*, lourds, petite taille, face large, occupant le Nord-Est de l'Europe et les régions voisines de l'océan Glacial, entre l'Oural et l'Ob; les *Lapons* habitent l'extrême Nord de la Scandinavie et de la Finlande, la presqu'île de Kola; tête très développée, front large, nez saillant; ils ont l'aspect trapu. — Dans le groupe des FINNOIS ORIENTAUX, des peuples de petite taille, dolichocéphales, à peau brune, avec des traits mongoliques, vivent en Russie, les *Zyrianes* dans la région de la Petchora et de la Dvina; les *Votiaks* et les *Tchérémisses* en divers points de la Volga et de ses affluents; ils sont russifiés depuis longtemps; de même les *Bulgares*, de Bulgarie, sont slavisés. — Les FINNOIS OCCIDENTAUX comprennent les *Souomi* ou *Finlandais* en Finlande, les *Lives* (Nord de la Courlande), les *Esthoniens* (Livonie, Esthonie) et les *Karéliens*, disséminés en Finlande et quelques points de Russie; les *Madgyars*, ou Hongrois de Hongrie, se rattachent aux Finnois occidentaux.

Quelques peuplades de race jaune vivent au Nord-Est de l'Asie dans les régions gelées des toundras : ce sont les HYPERBORÉENS; les *Youkaghirs* occupent la région de la Léna à la Iana et au delà; les *Tchouktches* parcourent l'extrémité Nord orientale de la Sibérie; physionomie agréable, taille moyenne, peau jaune clair, pommettes saillantes, nez droit; les *Kamtchadals*, au centre et à l'Ouest du Kamtchatka, tête brachycéphale, peau jaune basané, pommettes saillantes, lèvres épaisses, taille petite. — A l'Est de Yeso, dans les îles Kouriles voisines, au Sud de Sakhaline, vivent les *Aïnos*, qui, jadis, peuplèrent Hondo, la grande île japonaise; population à part, caractérisée par un développement du système pileux, cheveux et barbe, tout à fait excessif, peau claire et parfois presque blanche, nez large, concave, avec saillie des arcades sourcilières. Quelques *Esquimaux*, parents de ceux d'Amérique, sont disséminés sur les côtes de la mer de Béring.

8. **Groupes indonésien-malais, polynésien.** — L'archipel Asiatique ou Indonésie est peuplé en grande partie par les *Indonésiens* et les *Malais;* ces peuples paraissent originaires de l'Asie sud-orientale, et ne pas présenter entre eux de grandes différences physiques; d'après M. Deniker, les Malais seraient peut-être issus du mélange d'Indonésiens avec des peuples noirs ou jaunes; d'après M. le docteur Hamy, les Indonésiens seraient « les précurseurs des Malais, les Pré-Malais ».

Les INDONÉSIENS forment à travers l'Indo-Chine, dont ils semblent originaires, une série ininterrompue jusqu'à l'Himalaya oriental : *Moïs* ou « Sauvages » entre la côte annamite et le Mékong; *Khas* au Laos; *Karens* dans les hautes régions du Tenasserim. Dans l'archipel Asiatique ils occupent l'intérieur et non les régions côtières : *Battas*, « anthropophages incorrigibles », à Sumatra; à Bornéo, pour avoir des serviteurs dans l'autre monde, les *Dayaks* sont *coupeurs de têtes;* à Célèbes, aux Moluques, grand nombre « d'indépendants », dénommés *Alfourous*, etc. Dans l'archipel, les Indonésiens sont de petite taille, $1^{m}.57$, crâne allongé, couleur claire ou jaunâtre, nez droit, cheveux fins et lisses. — Les MALAIS, un peu plus grands, $1^{m}.61$, à peau jaune brunâtre, à tête arrondie, ont des traits physiques très variables, résultat du métissage avec des peuples voisins, Arabes, Chinois, Hindous, etc. Les principaux groupes sont les *Soudanais* et les *Javanais* (de Java), les *Balinais* (de Bali), les *Boughis*, dans le Sud-Ouest de l'île Célèbes.

Les *Hovas* (*Houves*) de Madagascar, descendants probables plus ou moins mélangés des Malais, sont venus dans l'île Malgache il y a 8 ou 9 siècles; ils y ont occupé le plateau central, l'Imerina, d'où ils ont dominé une grande partie de l'île; petite taille, tête brachycéphale, peau jaune brunâtre, cheveux lisses, etc.

POLYNÉSIEN
Chef de Samoa en costume d'apparat.

Les Polynésiens, ainsi que leur nom l'indique, sont disséminés en des centaines d'îles, depuis la Nouvelle-Zélande au Sud, aux îles Hawaï au Nord, l'île Mangareva à l'Est, aux îles Carolines à l'Ouest. Sur cette large étendue, l'insularité pouvait provoquer des différences physiques; le contraire s'est produit, par suite de la multitude de migrations d'îles en îles, volontaires ou non. Le Polynésien est de belle taille ($1^{m}.74$), de tête arrondie, de cheveux ondulés, le nez droit, les yeux ronds, la peau jaune brunâtre, d'un ton chaud; très souvent on remarque de beaux spécimens d'homme; presque toujours la femme polynésienne est de visage charmant.

Parmi les principaux groupes, les *Maoris* de la Nouvelle-Zélande, un des types les plus distingués de la race, pratiquant un tatouage très compliqué; les indigènes des îles *Samoa*, des îles *Tonga*, des îles *Fiji*, des îles *de la Société*, des Marquises, des *Hawaï*, etc.

**9. c). — Race dite rouge, ou américaine : groupes des Indiens dits Peaux Rouges (Amérique du Nord); des Indiens**

**du Mexique et de l'Amérique centrale; des Indiens de l'Amérique du Sud.** — Les indigènes des Amériques ne représentent qu'un chiffre très faible de la population actuelle, constituée par des blancs et des nègres[1]. L'origine de la race américaine est loin d'être déterminée; on l'a cherchée vainement en Asie ou en Europe.

Très généralement on dit que les indigènes forment LE TYPE ROUGE. Or « il n'existe qu'un seul caractère commun à ces races américaines, c'est la couleur de la peau, dont le fond est jaune... Aucune des peuplades du Nouveau Monde n'a la peau de couleur rouge, à moins qu'elle ne soit peinte, ce qui arrive souvent. Même le teint rougeâtre de la peau, semblable, par exemple, à celui des Éthiopiens, ne se rencontre que chez les métis. Toutes les populations de l'Amérique offrent des nuances diverses de coloration jaune; ces nuances peuvent varier du jaune brunâtre au jaune olivâtre ou pâle » (DENIKER, p. 593).

INDIEN SIOUX
(Coll. *Molteni.*)

En dehors des *Esquimaux,* dont nous parlerons plus loin, l'Amérique du Nord est peuplée d'INDIENS, dits PEAUX ROUGES; ils comprennent les Indiens de langue *athabasque*, d'autre part les Indiens du centre et de l'Est des États-Unis. Les tribus *Athabasques* de la région arctique, de moyenne taille (1m.66), vivent dans les forêts boréales, qui vont de l'Alaska au Sud de la baie d'Hudson; d'autres occupent plus à l'Ouest des enclaves dans l'Orégon et la Californie, sur les côtes pacifiques; d'autres enfin vivent plus au Sud, dans l'Arizona et le Nouveau-Mexique; parmi eux les *Apaches* (1m.69), héros des romans populaires. — Dans l'Est et le centre des États-Unis, un grand peuple, les *Algonquins,* occupe le domaine depuis la baie d'Hudson jusqu'au Mississipi, avec limite au Sud au 36° lat. N.; il y a de nombreuses tribus : les *Mohicans,* les *Chippewas,* les *Pieds-Noirs,* les *Cheyennes.* Autour des lacs Érié et Ontario vivaient sur leur territoire les *Iroquois;* au Sud-Est des États-Unis étaient les *Muskoghi* avec leurs tribus, les *Apalaches,* disparus, et les *Natchez,* à la veille de l'être; à l'Ouest du Mississipi, les *Sioux* habitaient entre l'Arkansas au Sud, le Sas-

1. Les indigènes pur sang ne comptaient que 10 millions sur 140, en 1900.

katchewan au Canada. Ces 4 derniers groupes sont de belle taille (les Cheyennes, 1m.75); tête assez arrondie, face ovale, peau d'un jaune chaud. Nombreuses petites tribus se rencontrent sur le versant pacifique; dans les cañons du Colorado, des Indiens ont établi leurs demeures dans les cavernes naturelles des falaises calcaires; on les nomme *falaisiers, Cliff dwellers;* d'autres, près du Mexique, habitent des grandes constructions en pierre, *pueblos,* d'où *Indiens Pueblos;* toute une tribu y demeure.

Les Indiens du Mexique comprennent les *Aztèques* ou *Nahua,* qui formaient au XVIe siècle, comme on sait, un empire puissant, et aujourd'hui occupent l'Ouest du plateau mexicain, depuis le 25° lat. N.; taille moyenne, brachycéphale, nez aplati, cheveux noirs, peu de barbe, peau jaune-brun. Les peuplades que l'on nomme *mexicaines* comprennent les *Otomi,* les *Totonacs,* etc., vivant dispersés sur le plateau. Les Indiens de l'Amérique centrale forment plusieurs peuples, dont les principaux sont les *Maya,* du Guatémala au Honduras; les *Huaxtèques,* de taille moyenne, robustes; les *Mosquitos,* de petite taille, de couleur presque noire.

MIRANHAS,
Indiens du Yapura (Amazone).
(Coll. *Molteni.*)

On peut étudier les Indiens de l'Amérique du Sud suivant une division tenant compte, dans leurs grandes lignes, des régions naturelles géographiques : la région montagneuse des Andes, les plaines de l'Orénoque et de l'Amazone, les plateaux à l'Est du Brésil, les plaines ou plateaux de la Pampa, de la Terre de Feu.

Le long des plateaux des Andes on trouve d'anciens groupes importants; en Colombie, il n'y a plus aujourd'hui qu'une série de petites tribus de l'ancienne famille des *Chibcha;* sur les plateaux du Pérou et de Bolivie, les *Quichua* sont encore une grande partie de la population; ils formèrent jadis l'État des *Incas;* petite taille, brachycéphalie, front fuyant, pommettes peu saillantes, peau olivâtre. Les *Araucans,* plus au Sud dans la Cordillère, se rattachent aux Andins. — Dans les plaines et les forêts immenses de l'Orénoque et de l'Amazone on distingue le groupe des *Caraïbes,* sur le haut Xingu, le long de l'Amazone, en Guyane; petite taille (1m.58), peau brun jaunâtre, se peignent le corps; les *Araouaques,* du bas au haut Amazone; les *Pano,* au Nord-Ouest du Pérou septentrional; les *Miranhas,* des bords de l'Iça et du Yapura, cheveux noirs, lisses ou ondulés, pommettes saillantes, tête allongée, peau brunâtre. — A l'Est du Brésil, les *Botocudos,* petite taille, tête allongée; grande diversité de petites peuplades, dans le Matto Grosso; entre l'Amazone et la Plata, les *Guarani Toupi* ne sont plus que quelques familles dans le Sud-Est du Brésil, plus nombreux au Paraguay. — Au sud du 30° lat. S. dans la Pampa, vivaient quelques tribus d'Indiens avant l'arrivée des Espagnols; les *Charrua* ont été exterminés; les *Puelches*, les *Gauchos*, très réduits, ont dû se retirer vers le Sud; ils ont émigré en masse vers 1881, refoulant à leur tour les *Patagons;* ces Pampéens, de taille élevée (1m.68), étaient de couleur brun foncé; les Patagons, très grands (1m.73 à 1m.83), tête très arrondie, avaient la face carrée et des pommettes saillantes. — Les habitants de la Terre de Feu, les FUÉGIENS, vivent sur les côtes Ouest et Sud du canal du Beagle qui limite la Grande île; parmi eux les *Yaghan* sont sur le point de disparaître; les *Alakalouf* ne comptent plus aujourd'hui que 150 à 200 individus; les *Ona* avaient eu autrefois une très grande extension dans l'île principale; refoulés par les blancs, ils se sont retirés dans les forêts inaccessibles; leur nombre actuel est peut-être de 1 000, mais diminuera sans doute[1].

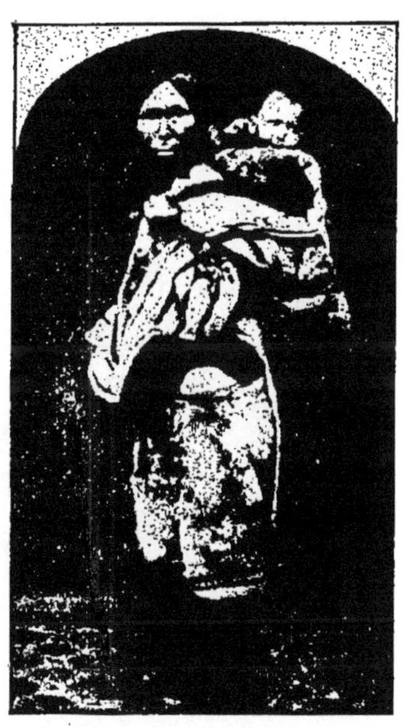

ESQUIMAUX

Femme portant sur le dos son enfant enveloppé de peaux et de fourrures. Elle a les mêmes vêtements que l'homme : pantalon, bottes, veste courte, le tout en peau d'ours, de phoque, de chien. Les traits de sa figure sont caractéristiques du type d'esquimau; du moins elle relève ses cheveux en forme d'angle sur le sommet de la tête; l'homme les porte flottants.

(Coll. *Molteni.*)

9. **Esquimaux.** — Les Esquimaux forment la suite des Hyperboréens de Sibérie; de l'Alaska aux côtes de l'Est du Groenland, ils s'étendent sur une distance de 8,000 kilomètres; dans le Groenland Ouest ils se sont établis au delà du 81° lat. La taille ne dépasse guère 1m.60; peau jaune brunâtre, crâne allongé, face large, ronde ou ovale, pommettes très saillantes, petits yeux enfoncés; grosses lèvres; menton fuyant; cheveux longs, noirs et droits; lisses chez la femme.

1. O. Nordenskjœld, *l'Expédition suédoise à la Terre de Feu,* 1895-97 (*Annales de Géogr.*, VI, 1897, p. 347-356).

10. — **d). La race blanche.** — La RACE BLANCHE s'étend à la plus grande partie de l'Europe, à l'Afrique du Nord jusqu'au Soudan, à d'importantes régions de l'Asie Sud-Ouest et antérieure, enfin aux points des Amériques et de l'Australie qu'elle a colonisés.

Deux types physiques sont caractéristiques de la race blanche : 1° un *type de coloration foncée,* d'un blanc basané, à cheveux noirs, ondulés ou frisés, face ovale ou de forme carrée, tête généralement dolichocéphale; nez large, droit, ou aquilin, ou convexe, taille variable; 2° un *type de coloration mate* et *claire,* face allongée le plus souvent, cheveux droits ou ondulés, bruns (tête souvent brachycéphale), blonds ou blonds rougeâtres (tête souvent dolichocéphale); yeux droits, de largeur modérée, bleus, ou gris, ou noirs; nez droit et fin.

TOUAREG
Ces nomades portent leur lance et leur éternel *litham.* (Phot. N. D.)

Deux groupes sont les représentants de la *race blanche basanée,* les *Sémites* et les *Hamites.* AU GROUPE DES SÉMITES appartiennent les *Arabes,* qui occupent l'Arabie, le golfe Persique en partie, sont mélangés aux peuples de la Palestine, de la Syrie, de la Mésopotamie, de la Perse, de l'Inde, et même de Sumatra et de quelques autres îles de l'Insulinde; on les rencontre dans l'Afrique du Nord depuis les bords de la mer Rouge; ils ont pénétré le Soudan et l'Afrique centrale, ainsi qu'en Tunisie et en Algérie. Le type arabe fréquent est marqué par un visage ovale, la dolichocéphalie, une taille élevée, le nez assez fin et long, les cheveux, la barbe, les yeux noirs. — Les *Juifs* ne sont plus qu'un petit nombre en Asie, à peine 250 000, et très peu en Palestine et en Syrie (70 000); ils sont disséminés[1] sur toutes les parties de la terre, nombreux surtout en Russie et en Roumanie.

1. Il n'y a pas une race juive, pas même un type juif; il y a des types juifs (RENAN,

Le GROUPE DES HAMITES comprend une grande diversité de peuples dans le Nord de l'Afrique, très métissés surtout avec les Arabes. C'est le cas des *Berbères*, arabisés, mais avec des traits physiques assez différents, taille moyenne, face presque carrée et anguleuse parfois; le nez souvent concave. Les *Touareg*, nombreux dans le Sahara occidental, de taille élevée, peau claire, hâlée, traits réguliers, face ovale, nez droit; toujours recouverts du *litham*, du voile noir qui ne laisse voir que les yeux; les *Bédouins* vivent dans les déserts d'Égypte. — Dans le Nord-Est de l'Afrique, les *Éthiopiens*, de race hamitique, se disséminent le long de la mer Rouge et de l'océan Indien, jusqu'au 4° lat. S.; sur le Massif éthiopien vivent les *Abyssins*, taille assez élevée, teint brun, visage ovale, nez droit, bien musclés, le corps élancé, etc.; les *Gallas* sont au Sud du Massif; les *Somalis* occupent les régions désertiques à l'Est des Gallas; les *Danakil*, les solitudes désolées entre le Massif éthiopien et la mer Rouge.

GUERRIER ABYSSIN ET PAGE
(Phot. *Bidault de Glatigné*. Communiquée par la *Société de Géographie de Paris*.)

Dans le Nord de l'Inde, les INDO-AFGHANS sont représentés par toute une série de populations dont les types principaux, d'un brun foncé ou clair, figure allongée, dolichocéphalie, sont représentés par les *Afghans*, les *Radjpoutes*, les *Brahmanes*. Sur le plateau de l'Iran et dans les vallées fertiles des montagnes limitrophes, les *Iraniens* sont représentés par les *Persans*, notamment les *Tadjik* (vallées de l'Afghanistan et du Pamir); d'autres Iraniens habitent l'Asie Antérieure; les *Arméniens*, dans le voisinage de l'Ararat et disséminés dans les villes des régions voisines; les *Kurdes* surtout en groupes isolés en Arménie, en Asie Mineure; tête arrondie, parfois déformée, visage ovale, pommettes saillantes, menton fuyant, nez convexe, cheveux noirs, peau d'un blanc basané, taille au-dessus de la moyenne.

La *race blanche de coloration claire* comprend en Europe quatre races à *cheveux bruns* et deux à *cheveux blonds*, avec quelques éléments secondaires. Les quatre RACES BRUNES sont :

1883); les Juifs des différents pays participent dans une large mesure aux caractères physiques des habitants de ces pays; les Juifs d'Angleterre ont souvent le type anglais, les Juifs de Syrie le type bédouin. Toutefois, certains traits persistent, comme le nez convexe, « les cheveux frisés, l'épaisseur de la lèvre inférieure, la faiblesse du périmètre thoracique. »

1° la *race Adriatique* ou *Dinarique;* 2° la race *Littorale;* 3° la race *Occidentale* ou *Cévenole;* 4° la race *Ibéro-insulaire.* Les deux RACES BLONDES sont : 1° la race *Orientale;* 2° la race *Nordique*[1].

**11. Races brunes.** — 1° La *race Adriatique* ou *Dinarique* est ainsi dénommée comme étant mieux représentée dans les pays du Nord-Est de l'Adriatique, de la côte à la Save. Des îlots au Nord-Ouest de l'Adriatique, dans les Alpes, en Suisse, relient une série de nouveaux groupes dispersés au milieu d'autres races des pays, partant de Lyon jusqu'aux limites de l'Ardenne entre Loire et Saône, par le seuil Morvano-Vosgien, la vallée de la Moselle, l'Ardenne. Cette race apparaît là dans ses traits caractéristiques : belle taille (1m.72), tête très arrondie, cheveux noirs ou bruns; nez fin ou aquilin; yeux souvent noirs. — 2° La *race Littorale* a ses représentants depuis l'embouchure du Tibre jusqu'à Gibraltar, de là au Guadalquivir, au golfe de Biscaye, etc.; race de taille moyenne (1m.66), dolichocéphalie modérée, cheveux et yeux presque noirs, ne s'éloigne guère à plus de 200 à 250 km. de la mer. — 3° La *race Occidentale* ou *Cévenole* est bien représentée dans l'Ouest de la France, dans le Massif central, dans les Alpes occidentales, et très mélangée dans l'Europe centrale, depuis la France jusqu'en Russie, avec d'autres populations : taille inférieure à la moyenne (1m.63), crâne très brachycéphale, cheveux noirs, yeux bruns, face arrondie, nez droit. — 4° La *race Ibéro-insulaire* occupe les îles de la Méditerranée occidentale et surtout la Péninsule ibérique; quelques spécimens en France et en Italie; taille faible (1m.62), crâne très dolichocéphale, cheveux noirs, yeux presque noirs, peau hâlée et noircie[2].

KURDE, Diarbekir.
D'après E. CHANTRE.

**12. Races blondes.** — 1° La *race Orientale,* surtout groupée dans l'Est de l'Europe, notamment dans la Prusse orientale, le Nord et le centre de la

1. Nous avons fait pour cette étude de l'Europe quelques emprunts, notamment dans la division des races, à l'excellent livre de M. J. Deniker, *ouvr. cité,* p. 384-419.

2. Les BASQUES occupent l'extrême Sud-Ouest de la France (Basses-Pyrénées), les provinces espagnoles du Guipuzcoa, de Biscaye jusqu'à Bilbao, partie de la Navarre. Leur type physique paraît se rapprocher de la race littorale.

Russie; taille moyenne, crâne arrondi légèrement, « face carrée, yeux bleus ou gris; cheveux droits, d'un blond cendré ou de filasse ». — 2° La *race Nordique*[1] occupant surtout les pays riverains de la mer Baltique, la Scandinavie, les pays frisons, la Hollande, certains points de l'Allemagne, la côte Est et le Nord de l'Angleterre, le Nord de l'Écosse et l'Irlande (sauf le Nord-Ouest); taille très élevée (1m.73), cheveux blonds ou roussâtres, dolichocéphales, « yeux clairs pour la plupart bleus, peau d'un blanc rosé, face allongée, nez proéminent, droit. »

DENTELLIÈRE, Le Puy (Haute-Loire).
Race cévenole. (Phot. N. D.)

13. — **Les populations caucasiennes.** — Sur les deux versants du Caucase vivent un grand nombre de peuplades de toutes races au milieu desquelles on ne peut guère démêler les groupes proprement caucasiens. Il est possible cependant d'en distinguer quatre. Les *Géorgiens* ou *Kartvels*, au Sud-Ouest de la chaîne, comprenant plusieurs groupes vivant les uns dans la

1. Les CELTES, qui habitent le Nord-Ouest de l'Écosse, l'Ouest de l'Irlande, l'Ouest du Pays de Galles, l'extrémité de la Cornouaille, la Bretagne, ne présentent pas un type unique; ceux de l'Écosse paraissent appartenir à la race Nordique; d'autres, surtout les Bretons, sont de race occidentale plus ou moins mêlés à d'autres races. On a donné quelquefois ce nom de race celtique à la race occidentale.

plaine de Tiflis, d'autres, les *Imères,* les *Mingréliens,* dans la région de Koutaïs, etc. Les GÉORGIENS et les MINGRÉLIENS présentent les mêmes traits physiques; taille élevée, dolichocéphalie, cheveux noirs, yeux noirs ou brun foncé, nez droit et mince; lèvres très fines; peau toujours très blanche; corps svelte; traits du visage d'une parfaite régularité; très belles figures; dans tout l'Orient la beauté des Géorgiennes et des Mingréliennes est proverbiale. Les *Tcherkesses,* mal connus, habitent au Nord-Ouest du Caucase; les *Ossètes,* au centre de la chaîne, se distinguent par leurs cheveux blonds; les *Tchetchènes,* tête très brachycéphale, avec des traits physiques spéciaux, vivent au Nord-Est du Caucase.

MINGRÉLIEN, région du Koutaïs (Caucase).

« Les Mingréliens, de même que les Géorgiens, portent la *tcherkeskas,* tunique serrée à la taille, et garnie sur la poitrine de cartouchières en argent niellé. » (D'après E. CHANTRE.)

## C. — Les langues et les religions.

**14. Les langues.** — Les hommes emploient un très grand nombre de langues, de dialectes, de patois, de *jargons* de commerce. Malgré cette extrême diversité, les linguistes ont pu déterminer la structure de ces langues et les classer en trois catégories : les *langues monosyllabiques,* formées de racines isolées, sans modification de mots, sans déclinaison ni conjugaison; le mot change de sens par sa place dans la phrase; les *langues agglutinantes,* où les mots sont faits de divers éléments agglutinés; l'un d'eux a une valeur déterminée, c'est la racine du mot; les autres lui sont ajoutés pour en préciser le sens sous forme de *préfixes* ou de *suffixes.* Aux langues agglutinantes se rattachent les langues *polysynthétiques,* où les éléments de la phrase, par retranchement d'une syllabe ou d'une lettre, ou par ellipse, tendent à ne faire qu'un seul mot souvent d'une prodigieuse longueur. Dans les *langues à flexion,* les racines subissent des modifications suivant le sens qu'elles prennent, dû à l'adjonction d'un autre mot ou d'une autre lettre.

Les LANGUES MONOSYLLABIQUES comprennent les langues *chinoise, tibétaine* et *indo-chinoise,* depuis le Tibet jusqu'à l'océan Pacifique, depuis la Grande Muraille de Chine jusqu'à l'océan Indien. D'après les travaux des linguistes, la forme première de ces langues semble avoir été la forme agglutinante ; beaucoup de mots, que l'on prononce de même, prennent des significations diverses à l'aide d'intonations variées.

Les LANGUES AGGLUTINANTES comprennent les *langues nègres* avec des idiomes très nombreux, de l'équateur aux limites du Soudan ; au Sud de l'équateur, les *langues bantou* utilisent surtout les préfixes ; les *langues australiennes* et de *Nouvelle-Guinée* emploient de préférence les suffixes. Ailleurs, les langues *dravidiennes* sont parlées dans le Decan ; les langues *malayo-polynésiennes* s'étendent depuis Madagascar par les océans Indien et Pacifique jusqu'à l'île de Pâques, et des îles Hawaï à la Nouvelle-Zélande ; les *langues ouralo-altaïques,* qui utilisent les suffixes, de la Laponie jusqu'au Japon, du Turkestan à la Hongrie, et sont représentées par le japonais, le coréen, les dialectes mongols et turcs, le toungouze, le samoyède, les *langues finnoises,* et le hongrois, enfin les *langues du Caucase.*

Les LANGUES POLYSYNTHÉTIQUES sont représentées uniquement par les *dialectes américains ;* on en compte plus de 200, parlés par les Indiens dans quelques districts côtiers, la Californie, l'Orégon, la Colombie britannique, ou encore dans les régions de forêts vierges, comme les *selvas* amazoniennes.

Les LANGUES A FLEXION sont parlées par le plus grand nombre d'hommes et représentées par deux grandes familles linguistiques : les idiomes *hamito-sémitiques ;* les idiomes *aryens* ou *indo-européens.* Les *langues hamito-sémitiques* sont parlées dans le Nord de l'Afrique jusqu'au Soudan, et dans le Sud-Ouest de l'Asie, de l'Arabie au plateau de l'Iran. — Les *langues indo-européennes* comprennent les LANGUES LATINES OU ROMANES, dérivées du latin : langue *française, italienne, espagnole, galego-portugaise, roumanche* (canton des Grisons), *ladin* (Sud-Est du Tyrol), enfin la langue *roumaine ;* puis les LANGUES GERMANIQUES : langue *anglaise* (et de certaines autres parties des îles britanniques), idiome des Frisons, langues *scandinaves* (*suédoise, norvégienne* et *danoise,* ces dernières très voisines l'une de l'autre), l'*allemand :* bas allemand parlé en Saxe, au Hanovre ; haut allemand parlé dans le duché de Bade, le Wurtemberg, la Bavière, l'Autriche ; les LANGUES CELTIQUES (*gaélique* d'Écosse, *galloise* du pays de Galles, *bas breton,* dans l'Est de la Bretagne) ; les LANGUES SLAVES, parlées par les Russes, les Polonais, les Tchèques, les Slaves de la région du Danube et de ses affluents, les Bulgares, etc. ; il faut encore citer l'*arménien,* les *langues iraniennes,* enfin celles que l'on parle dans le Nord-Ouest de l'Inde et la vallée du Gange.

**15. Les religions.** — Le plus souvent on classe, au point de vue religieux, les populations du globe en trois grands groupes : les *animistes,* qui croient à la puissance des esprits et de certains objets naturels; les *polythéistes,* qui admettent la pluralité des dieux; les *monothéistes,* qui n'admettent qu'un Dieu unique. Ces formes de religion ne sont pas « des rameaux divergents d'un même tronc »; elles représentent plutôt les diverses étapes d'une évolution; des vestiges du polythéisme, comme le culte des saints, subsistent dans des religions monothéistes.

L'ANIMISME imagina en premier lieu l'existence d'*une âme* dans un être humain, puis dans tous les objets naturels, les pierres, les arbres, les animaux; l'âme fut sa forme originelle; l'animisme inventa ensuite les *esprits* bienfaisants ou mauvais, qui purent bientôt s'incarner, en quelque sorte, dans la forme réelle des objets les plus bizarres, un simple bâton, un débris de vêtement, de corde, une touffe de cheveux, etc. Alors apparurent les *fétiches.* Au *fétichisme* se rattachent de nombreux cultes d'éléments sacrés : les fleuves, les bois, les oiseaux, etc., ainsi que les cultes du Soleil et du Feu. Le fétichisme est la religion des peuples à peine civilisés, des nègres surtout, et d'un grand nombre de populations de l'Asie du Nord et du Centre. Les féticheurs en Afrique, les Chamans en Asie, peuvent seuls entrer en communication avec les esprits; en Sibérie le *chamanisme* s'est largement développé.

A l'animisme se rattache le CULTE DES ANCÊTRES; ce sont des esprits bienfaisants, protecteurs. Ce culte représente la véritable religion de la Chine, que beaucoup se figuraient entièrement bouddhiste; il est pratiqué par le chef de famille.

Le POLYTHÉISME est surtout représenté par le Brahmanisme, le Bouddhisme... *Brahma* a créé le monde; il est le premier de la « Trimourti », de la Trinité hindoue; la caste sacerdotale des Brahmanes dirige le culte. Le BRAHMANISME ou HINDUISME est la religion prédominante de l'Inde; l'image de Brahma y figure avec profusion sous la forme d'une idole à tête humaine, dorée, avec quatre têtes et quatre bras.

Le BOUDDHISME, dont le *Bouddha* a été le fondateur, a l'Inde comme pays d'origine; il n'y est plus pratiqué, mais il a de nombreux adeptes au Tibet, en Mongolie, en Chine, à Ceylan, en Indo-Chine, au Japon. On reconnaît d'ordinaire le Tibet et Ceylan comme les centres les plus importants du Bouddhisme; il y a deux *Grands Lamas,* dont le plus puissant est celui de Lhassa, au Tibet; les moines bouddhistes y sont très nombreux; les uns mènent une existence nomade, vivant d'aumônes; les autres vivent dans des monastères (3000 au Tibet), perchés sur des crêtes montagneuses, avec l'aspect de forteresses.

A côté de ces religions de grande extension, il faut tenir compte des « religions nationales »; en Chine et au Japon un culte est rendu à Confucius dans des temples spéciaux, le *Confucianisme.* Un des contemporains de Confucius (VIe siècle av. J.C.), Laotseu, « enseigna un ensemble d'idées philosophiques qui est devenu un culte séparé sous le nom de *Taoïsme,* avec temples et prêtres particuliers ». Au Japon, où le Bouddhisme a un rôle plus important qu'en Chine, on pratique le *Sintoïsme,* où se mêlent le culte de la nature et celui des ancêtres.

Le Monothéisme comprend le Judaïsme, le Christianisme, l'Islamisme; ce sont des religions « universelles ». Le *Judaïsme* est surtout représenté en Europe. Le *Christianisme* est répandu aujourd'hui dans le monde entier; il se subdivise actuellement en catholicisme romain, en protestantisme, en religion grecque ou orthodoxe et en sectes assez nombreuses (rite copte, abyssin; les Maronites de Syrie, les Arméniens). L'*Islamisme* ou *Mahométisme* possède une extension considérable; il est la religion de la plus grande partie de l'Asie occidentale; il comprend de nombreux adeptes

MONASTÈRE BOUDDHISTE, vallée de Zanskar (Tibet).
(Phot. *H. Dauvergne.* Communiquée par la *Société de Géographie de Paris.*)

dans l'Inde, en Chine même, dans l'archipel Asiatique, etc.; il est très répandu dans l'Afrique du Nord, le Soudan, le Congo et la Guinée, et sur des points importants de l'Afrique orientale ; il a d'assez nombreux représentants dans la région des Balkans.

La population du globe est partagée entre ces diverses religions; l'Animisme ou Fétichisme compte 133 millions ; le Culte des Ancêtres, 269 millions; le Brahmanisme, 217 millions; le Bouddhisme, 103 millions; le Taoïsme et le Sintoïsme, 60 millions ; le Judaïsme, 8 millions; l'Islamisme, 214 millions ; enfin le Christianisme, 555 millions : 376 en Europe, 139 en Amérique, etc., dont 250 millions de catholiques, 173 millions de protestants et 123 d'orthodoxes.

Deux religions ont fait preuve d'une grande force de propagande, le Christianisme et l'Islam; ils ont entretenu de nombreuses missions et des sociétés de missionnaires.

Lectures. — A. de Quatrefages, *Introduction à l'étude des races humaines,* Paris, 1889. — P. Topinard, *l'Anthropologie,* Paris, 1895, 5e édit. — Fr.

Ratzel, *Völkerkunde*, Leipzig u. Wien, 1894, 2e édit. — A. H. Keane, *Ethnology*, Cambridge, 1896; du même, *Man past and present*, Cambridge, 1899. — Zaborowski, *Disparité et avenir des races humaines* (*Bulletin Soc. Anthropologie*, Paris, 1892, 617-665; du même, les *Finnois* (*Annales de Géogr.* X, 1901). — Fournier de Flaix, *Statistique des religions à la fin du dix-neuvième siècle* (*Premier Congrès International de l'Histoire des Religions*, Paris, 1901, p. 201). — J. Deniker, *ouvr. cité*.

---

# CHAPITRE III

## LA CIVILISATION

**Densité de la population de la terre.** — La répartition de l'homme sur la terre n'est pas homogène; les continents ont de 40 hab., pour l'Europe, à 0,05 pour l'Australie, par kmq. Les **terres riches et fécondes** condensent la population (alluvions et deltas des fleuves de Chine, de l'Inde, de Java, atteignant 300 à 400 hab. au kmq.); les **centres industriels** exercent une plus forte attraction; en Angleterre, ils peuvent atteindre facilement près ou plus de 600 hab. (Édimbourg, Glasgow).

**Les degrés de civilisation.** — Les hommes sont à des degrés de civilisation très inégaux; les uns très voisins de la nature, les autres de haute civilisation.

**a). — La civilisation primitive : 1o Chasse et pêche rudimentaires.** — Parmi les peuples qui pratiquent ce genre de vie, les **Australiens** sont un bon exemple, avec leurs habitations informes, leurs outils et leurs armes identiques à ceux de l'âge de pierre; il faut encore citer l'ensemble des **Hyperboréens**, comme les *Samoyèdes*, les *Tchouktches*, les *Esquimaux*...; les races naines : les *Bochimans*, les *Négrilles* d'Afrique, les *Négritos* de l'archipel Asiatique.

2o **Culture rudimentaire.** — Elle consiste dans la **culture à la houe**, retournement sommaire de la terre, pratiquée dans l'**Afrique intertropicale**, en Indo-Chine, dans l'archipel Asiatique, la **Mélanésie**...; ces cultivateurs primitifs ont des habitations de formes diverses. Beaucoup d'indigènes pratiquent l'*anthropophagie*, due surtout au « besoin impérieux » de viande.

**b). La Demi-Civilisation : 1o La vie nomade et l'élevage.** — Dans la vie nomade, l'homme conduit dans les régions de steppes et de déserts de grands troupeaux de chameaux et de moutons (steppes et régions désertiques de l'Asie centrale et du Sud-Ouest; savanes et steppes d'Afrique); le bétail fournit la nourriture, les vêtements. Le nomade vit dans des *tentes transportables*, dont la réunion en Asie forme un *aoul*, au Sahara un *douar*.

2o **La culture à la houe perfectionnée.** — Ce progrès fut dû à l'emploi des *engrais* et de l'*irrigation*. Admirables travaux, véritables jardinages des Chinois du Sud, des Malais, des Javanais surtout.

**c). Progrès décisifs de l'élevage et de l'agriculture : 1o L'élevage.** — Parmi les grands animaux d'élevage, la domestication la plus importante fut celle de la **race bovine**, le *Bœuf*, le *Zébu*, le *Buffle*, etc.; puis le

Chameau, le Mouton, le Cheval, le Mulet. Les bovidés firent vivre les éleveurs sédentaires (alimentation, laine, cuir...; moyens de traction et de transport).

2° **L'agriculture.** — L'agriculture proprement dite est née avec le *labourage*, exécuté à l'aide de la charrue traînée par les bœufs; procédé très ancien. L'élevage et l'agriculture devaient prendre un merveilleux essor à la fin du dix-neuvième siècle.

d). **La Haute Civilisation.** — L'homme des pays tempérés a pu seul atteindre une haute civilisation; la nature, le climat, lui imposèrent un effort continu; il en résulta une large initiative, la recherche des méthodes nouvelles, la prévoyance du lendemain, etc.

**1. Répartition et densité de la population.** — La répartition de l'homme sur la terre ne présente aucune homogénéité. Elle reflète dans ses traits généraux la diversité des zones climatiques et des zones de végétation; il apparaît ainsi nettement que les formes de la vie humaine se sont adaptées et mises en harmonie avec les conditions favorables de climat, de la vie végétale et de la vie animale; d'autres conditions sont entrées en scène par la suite.

La densité générale des continents accuse déjà de fortes différences. La DENSITÉ, c'est-à-dire le nombre des habitants par kilomètre carré, se trouve être : pour l'Asie, de 19; pour l'Europe, de 40; pour l'Afrique, de 5; pour l'Australie-Tasmanie (3 771 000 hab.), 0,5, etc. L'étude de la DENSITÉ PAR RÉGIONS est plus expressive et plus près de la réalité.

Les déserts glacés, les déserts brûlants, ont la densité la plus faible et ne comptent parfois que 1 à 20 habitants par 100 kmq.; les parties très élevées des montagnes demeurent inhabitées; les grandes plaines steppeuses sont un peu plus favorisées, de 1 à 10 habitants par kmq.; les plateaux, de climat froid et variable dans les régions tempérées, n'y sont pas des séjours recherchés; au contraire, ils sont un établissement de choix pour les pays chauds des tropiques (Mexique, Équateur, Pérou, Bolivie), où ils transportent en quelque sorte les conditions des climats modérés.

C'est dans les régions de climat tempéré et modérément humide, où les cultures sont faciles et nourricières, où, en outre, l'industrie et le commerce ont pu se développer sur les côtes maritimes ou sur les rives des fleuves, qui apportent aux terres la fertilité et facilitent les relations, etc.; c'est là que, en Chine notamment, se presse une population dense; dans les fécondes alluvions des rivages et les immenses étendues deltaïques de ses grands fleuves, la densité atteint 272 hab. dans le Chan-Toung, 208 dans le Ho-Nan, 195 dans le Hou-Pé; de même que le Gange, dans quelques points de son delta, nourrit 300 hab. au kmq.

Les pays de fertilité uniforme ont des centres de population également répartis; si, au contraire, au milieu de couches peu ou point fertiles affleurent des terrains au sol riche et fécond, la population se condense magiquement sur ce dernier point, au détriment des régions voisines; c'est le cas de beaucoup de parties du Jura français[1]. Un fait catégorique, au point de vue des rapports de l'homme avec le sol fertile, est l'exemple de Java, où plus de 80 °/₀ des Javanais cultivent du Riz surtout, dont ils vivent, et d'autres cultures; on y compte 200 Javanais au kmq., et 400 dans des districts où le Riz occupe 32 °/₀ de la surface au lieu de 16 °/₀, notamment dans la partie Est de la côte Nord, dans les terres privilégiées des deltas, à Pekalongán, Samarang, et surtout Soerabaya. M. A. Woeikof[2] compte que ce chiffre de 400 hab. au kmq. pourrait s'étendre à tout Java (26 à 28 millions d'hab.); l'île même pourrait nourrir jusqu'à 800 hab., avec une culture de Riz occupant 55 °/₀ de la surface.

Les ressources variées de la Belgique lui valaient, en 1900, 235 hab. au kmq. pour l'ensemble; pour les provinces : Brabant, 398; la Flandre orientale, 356; Anvers, 299, etc.; la Saxe industrielle comptait 291 hab. en 1900; la Grande-Bretagne a atteint, en 1901, des chiffres exceptionnels dans quelques comtés industriels : dans le Lancashire (Liverpool), le Staffordshire (Birmingham), 430 hab.; dans le comté d'Édimbourg, en Écosse, 550 hab.; le comté de Lanark (Glasgow), 610 habitants, etc.

**2. Les degrés de la civilisation.** — L'homme dépend étroitement du milieu où il vit, des lois naturelles qui lui imposent, dans sa vie matérielle et même sociale, certains modes d'occupations et d'activité; mais nulle part l'homme n'est resté dans une dépendance absolue; au milieu de la nature la plus ingrate il a plus ou moins réussi à réunir les éléments nécessaires pour sa nourriture, la réalisation de ses besoins et de ses désirs. Il n'y a pas de peuples entièrement sauvages, de peuples entièrement indépendants; les groupes humains sont loin d'être au même degré de civilisation. Quelques-uns ne sont pas ou sont à peine dégagés de la vie la plus sommaire; ce sont les peuples les plus voisins de la nature, *Naturvölker;* d'autres ont une civilisation très élevée, *Kulturvölker;* il existe de nombreux types intermédiaires.

1. Dans le *Jura français*, où alternent les *calcaires stériles* et les *marnes fécondes*, les calcaires sont inhabités, toute la population est dans les marnes. Or les cartes qui représentent la répartition des habitants sont toujours inexactes; elles sont uniquement faites d'après les données des circonscriptions administratives; rien ne laisse une impression plus fausse. Dans le Jura, les marnes retiennent, ai-je dit, la population rurale; les plateaux et les crêtes de calcaires compacts sont souvent déserts; il faut donc calculer le nombre des habitants, non point par canton, par commune, par hameau, mais surtout d'après la nature du sol; et alors la population présente un très inégal développement en surface; on arrive ainsi à concevoir un aspect tout différent de la population; c'est un paysage humain entièrement nouveau.

2. A. Woeikof, *De l'influence de l'homme sur la terre* (*Annales de Géogr.*, X, 1901, p. 73, 193.)

**a). — 3. La civilisation primitive : 1° chasse et pêche rudimentaires.** — La chasse et la pêche sont la principale ressource, souvent unique ou presque, de peuplades habitant des régions où la nature est hostile et marâtre. Les habitants des déserts, des régions glacées, des forêts impénétrables, sont, nous venons de le voir, les moins nombreux; nous allons essayer d'analyser leur mode d'existence, leur part d'intelligence humaine. Tous ces peuples sont nomades, parce qu'ils ont besoin d'un vaste territoire de parcours pour la chasse ou pour la pêche, leurs principales et souvent uniques occupations.

AUSTRALIEN « OLD TOM », bon type d'Australien (Queensland).

(D'après RICHARD SEMON.)

« Le vieux Tom », qui accompagnait M. Semon, « était remarquable pour sa corpulence; c'était une sorte d'Hercule, très fortement bâti, avec un système musculaire bien développé, un bon modèle pour quelque sculpteur. Sa corpulence, néanmoins, ne doit pas être attribuée à une bonne nourriture, mais beaucoup plus à sa magnifique fainéantise. » (R. SEMON.)

**4. Les Australiens.** — Le meilleur exemple nous sera donné en la matière par les NÈGRES AUSTRALIENS. Ces aborigènes diffèrent complètement de ceux des contrées voisines; la taille est un peu au-dessus de la moyenne (1m.67), charpente très légère avec quelques exceptions; tête très allongée; front bas; arcades sourcilières proéminentes; nez court, aplati et très élargi à la base, souvent convexe; lèvres épaisses et souvent saillantes; cheveux noirs, ondulés ou frisés; barbe noire et ondulée (voir p. 292); la peau n'est pas noire, mais plutôt cuivre foncé, nuance chocolat. — On ne sait pas leur nombre; le dernier recensement accuse une forte diminution avec celui de 1891; à cette date, près de 60 000 indigènes et métis; 21 500 en 1901. Il est vrai qu'une partie assez étendue de l'Australie est inconnue encore.

Le pays qui borde la grande Baie australienne est dénommé *No man's land,* la *terre sans homme;* on chemine des semaines et des semaines sans voir un indigène. Ils habitent, dans l'intérieur, les parties montagneuses, près des points d'eau où viennent aussi les animaux, surtout les oiseaux. La grande affaire de tous les lieux et de tous les jours, c'est la nourriture; le nègre australien ne vit que du produit de sa chasse et de sa pêche, de quelques cueillettes de fruits et d'extraction des racines. Ces nègres sont omnivores; rien ne les rebute : Kangourous, poissons, Lézards, serpents, Rats, racines spongieuses de l'Eucalyptus et autres espèces contenant de l'eau, fleurs de certains arbres; ils excellent à trouver les endroits sablonneux qui ont des réserves d'eaux souterraines; les explorateurs les capturent et les maintiennent prisonniers pour tirer parti de cet instinct; la

MEMBRES D'UNE FAMILLE AUSTRALIENNE
(D'après BALDWIN SPENCER et F. J. GILLEN.)

Tribu des *Arunta,* à Alice Springs (monts Mac Donnell). Hutte en branches, armes (lances; 2 boomerangs, près d'un enfant; à sa droite, la grande hache) et ustensiles usuels (jattes et récipients en bois). Le chef de la famille, selon l'usage, a le nez troué avec une baguette en os.

direction du vol des oiseaux leur indique les points d'eau. Souvent ils meurent d'inanition dans les temps de longue sécheresse; aux époques d'abondance, ils sont d'une voracité et d'une gloutonnerie sans exemple. Le cannibalisme a été pratiqué occasionnellement avant l'arrivée des Européens.

Ils s'abritent dans des huttes informes, branchages appuyés sur quelques branches plus fortes plantées et inclinées sommairement sur le sol; les indigènes du Nord sont complètement nus, sauf quelquefois dans les expéditions avec les Européens; dans le Sud, plus froid l'hiver, ils utilisent des peaux de Kangourous, et quand ils traversent les scrubs épais et les effroyables *Spinifex,* herbes porc-épic, un tablier de peau les protège. — Ils savent fabriquer quelques ustensiles usuels en bois, ainsi que des armes pour la chasse et pour la pêche; le *boomerang* est une sorte de lame recourbée en bois, qu'ils peuvent lancer à 100 m., et qui, par rotation sur elle-même, revient au point de départ; ils ont des *harpons,* des *pirogues* creusées dans des troncs d'arbres; des *lances*, des *boucliers*, et surtout des *haches en pierre* ainsi que des *couteaux;* ces haches et ces couteaux nous donnent aujourd'hui une idée très nette de ce que pouvait être, il y a des milliers d'années, l'industrie préhistorique.

Ils ont un sentiment primitif, mais réel, de l'art; ils célèbrent de grandes danses, les *corrobbories*, la nuit, avec certaines parties du corps peint en blanc et des formes de coiffures fantastiques; ils chantent, en des couplets rythmés, les angoisses de la faim et de la soif, et la joie des ripailles abondantes après les belles chasses et les pêches fructueuses; ces chasses et pêches, ils en font des peintures, et des gravures, ainsi que d'autres objets divers, en noir, en rouge, avec des raies jaunes ou blanches; ils rendent assez exactement les animaux qu'ils ont eu sous les yeux.

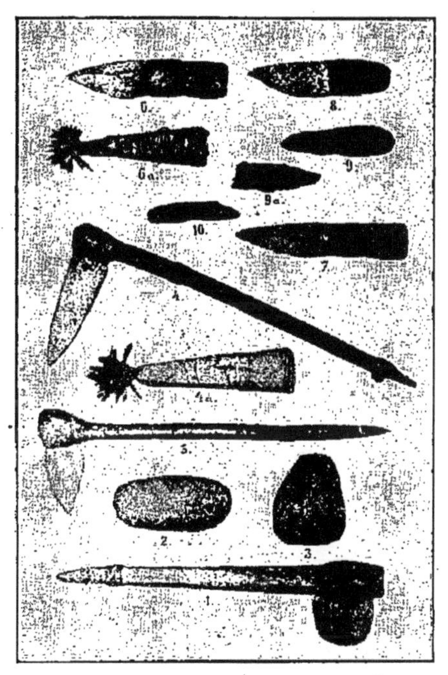


HACHES ET COUTEAUX EN PIERRE DES AUSTRALIENS

(D'après BALDWIN SPENCER et F. J. GILLEN.)

Instruments des diverses tribus des monts Mac Donnell. N° 1, *Illupa*, ou *grande hache*, en diorite; longueur, 12 cm.; largeur, 9 cm.; épaisseur, 2,2 cm. — N$^{os}$ 2 et 3 sont des pierres pour haches, non encore montées. — N$^{os}$ 4 et 5, haches de types différents; le 4 a une longueur de 18 cm., une largeur de 8,5 cm., une épaisseur de 4 cm.; le 5, 14 cm.; 11,4 cm.; épaisseur, 3,5 cm. — N$^{os}$ 6 et 7, grands couteaux de pierre avec poignée; n$^{os}$ 9 et 10, petits couteaux en pierre.

Pourquoi cette race est-elle restée si bas dans l'échelle humaine? — L'homme ne peut mener une lutte intelligente contre la nature que si la nature lui fournit les moyens d'action. Certaines peuplades occupant des régions aussi déshéritées que l'Australie, ont bénéficié du contact avec des pays voisins plus riches et avec diverses ressources naturelles précieuses; ainsi, pour le Sahara, le Chameau et le Dattier sont d'un prix inestimable; au Kalahari, la vie pastorale a été depuis longtemps facilement pratiquée par les indigènes. L'Australien a vécu isolé du reste du monde; il a vécu sans la moindre céréale originelle, sans le moindre ruminant naturel, sans animal domestique autre qu'un Chien sauvage, le *Dingo;* il est resté prisonnier de la terre.

Cette race primitive disparaîtra devant l'Européen ; la différence est trop grande entre la haute civilisation et l'état sauvage des indigènes. L'*Australien se refuse à planter ou à semer ;* il ne peut concevoir d'autre vie que celle qu'il mène ; la civilisation ne l'a atteint que par ses mauvais côtés (alcoolisme, épidémies, etc.) Aucun peuple n'aura moins inventé ni laissé moins de traces dans une contrée qu'il a librement habitée pendant des milliers d'années.

L'ART DES AUSTRALIENS

Ces figures, gravées ou peintes, ont été choisies sur deux planches d'une publication d'un ethnologue éminent d'Australie, M. R. H. MATHEWS. 1, *poisson* énorme, de 2m,70 de long ; 2 et 3 : 2 représente, très bien exécuté, un *Émeu ;* 3, un Émeu mesurant 2m,80 du bec à la queue ; 5, un *Kangourou*, vraiment réussi ; 8, un *Opossum*, mesurant 1m,37. — Toutes ces figures sont gravées, sur des parois de caverne, généralement dans des falaises gréseuses. — Quelques figures sont peintes : 4, deux *Lézards* dessinés avec des contours en lignes rouges ; 6, un *Kangourou* peint en noir sur fond jaune ; 7, *Oiseau* peu connu près d'un arbre, en noir.

5. **Autres peuples chasseurs et pêcheurs.** — Un certain nombre de peuplades ne s'occupent guère que de chasse ou de pêche dans des conditions très diverses. Quelques-uns, notamment les HYPERBORÉENS, ont un outillage assez développé pour la chasse (des épieux, des lances, des arcs...), pour la pêche (des nasses, filets, hameçons ; pour les grands cétacés, Phoques, Otaries... des épieux et des harpons ; des bateaux). La plupart des Hyperboréens font l'élevage d'un Chien de petite taille, pour la traction des traîneaux, et du Renne, récemment introduit chez les Esquimaux de l'Alaska.

Les *Samoyèdes* nomadisent pour nourrir leurs Rennes dans les maigres pâturages de la toundra; l'été, ils habitent une sorte de tente couverte d'écorce et de peaux, la *Tchoum;* l'hiver, une hutte carrée en bois. Les *Lapons* ont des troupeaux de Rennes et chassent les animaux à fourrure; les Lapons nomades ont des petites tentes, faites de toile à voile appliquée sur des perches entre-croisées; les sédentaires ont des maisons en bois des plus modestes.

Les conditions de vie des *Youkaghirs,* des *Tchouktches,* des *Kamtchadals,* sont à peu près analogues. Chez les *Esquimaux,* les peaux de Phoques et

PEINTURE BOCHIMANE, dans une grotte près d'Hermon (Basoutoland, Afrique australe).
(D'après F. CHRISTOL, R. ANDREE.)

Cette peinture est due aux Bochimans; ils occupaient depuis les temps les plus anciens une grande partie de l'Afrique australe. Pris entre les invasions des noirs et des blancs, ils ont été traqués, pourchassés comme des bêtes, et mènent aujourd'hui la vie misérable que nous connaissons. — C'étaient de véritables artistes; on trouve un nombre notable de petits chefs-d'œuvre reproduits dans le livre de M. Christol. La peinture représentée ici figure les Bochimans luttant contre une bande de Matabélés qui cherchent à leur enlever leurs troupeaux; ces petits hommes, peints en jaune, font face disposés en ligne de défense à leurs ennemis, sur lesquels ils lancent des flèches et qui ripostent par des sagaies projetées à la main, et dont une réserve, dont la pointe apparaît, est fixée à l'intérieur du bouclier; ces nègres sont de belle taille. On trouve une réelle vérité d'observation dans la forme, la couleur, les mouvements des Bœufs. — Nous pensons, avec M. Christol, que l'hypothèse d'un rapt de bétail tenté contre les Bochiman, est beaucoup plus vraisemblable qu'un vol fait par les Bochimans; la disposition des personnages ne laisse guère de doute sur ce point.

de Morses servent à faire la tente d'été; l'hiver, la demeure, à moitié souterraine, est couverte par une calotte de glaces; sur leur kayak, qui ne porte qu'un homme, ces hardis pêcheurs se livrent à la poursuite des grands cétacés. Ils élèvent le *Chien des Esquimaux*.

Dans l'Afrique on trouve des petits groupes de nains dont la vie est misérable et qui sont au dernier degré de civilisation; les *Bochimans*[1] n'ont d'autre abri que des branchages; les *Nègres nains* ou *Négrilles* vivent dans les parties les plus sauvages des forêts équatoriales; ils habitent des huttes basses en herbe, ayant l'aspect d'un œuf coupé en deux. — Une autre race de Nègres nains, de l'archipel Asiatique, les *Negritos*, n'ont comme abri qu'une sorte de claie portée par quatre pieux.

2° 6. **Culture rudimentaire.** — La culture du sol, l'emploi des ressources végétales, déterminant la vie sédentaire, furent

TYPE DE HUTTE CONIQUE, Afrique orientale; S. S. W. du lac Victoria. (D'après STUHLMANN.)

La forme en cône commence à la surface du sol; des greniers de forme ovale s'élèvent autour d'un arbre à l'aide d'un support en bois.

la forme de civilisation qui se développa parallèlement à la chasse et à la pêche. Le travail de la terre s'est fait d'abord sans l'aide d'animaux domestiques, l'homme pratiquant ce que l'on a appelé *la culture à la houe, Hackbau*, c'est-à-dire le retournement sommaire du sol à l'aide d'une sorte de bêche. Cette culture rudimentaire est surtout employée sur des territoires immenses de l'Afrique intertropicale, de l'Amérique du Sud; elle existe chez certaines peuplades de l'Indo-Chine, de

1. Voir FRÉDÉRIC CHRISTOL, *Au Sud de l'Afrique*, Paris, 1897.

l'archipel Asiatique, dans la Mélanésie, en général chez tous les peuples nègres.

Ce sont des tubercules qui ont été les premières cultures : le Manioc, l'Igname, la Patate, etc. ; les céréales furent bientôt représentées, d'abord par le *Millet,* qui fut sans doute, d'après M. Hahn, la première et la principale plante cultivée, puis le *Sorgho,* le *Doura* ou Sorgho des Arabes, l'*Éleusine,* etc.

Ces cultures primitives ont exigé un espace assez considérable ; les indi-

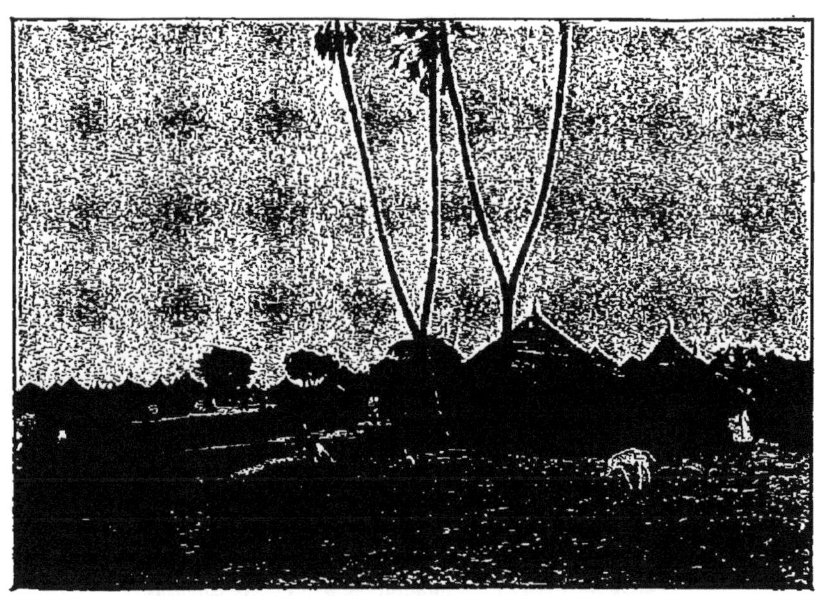

HABITATION CONIQUE, village de Say, sur le Niger.
Le toit conique recouvre une construction verticale ronde.
(Phot. du capitaine LENFANT.)

gènes se bornaient à défricher successivement des parties de la forêt et à incendier les herbes des savanes. Néanmoins ces conditions déterminèrent un autre mode de vie, des habitations d'une nature spéciale ; en Afrique et aux autres points signalés, les indigènes sont devenus sédentaires ; ils ont élevé, à l'aide de matériaux empruntés au règne végétal, des huttes de formes diverses. En Afrique, les huttes sont, en certaines régions, de forme conique avec une seule porte, ayant l'aspect d'un éteignoir ou d'un pain de sucre ; les cultures ont nécessité d'autres constructions, par exemple des greniers pour les grains. D'autres sont d'assez vastes constructions rondes, à toit conique, parfois assez élégantes. Des habitations quadrangulaires existent là où les nègres sont depuis longtemps en contact avec les Européens ; le toit prolongé est appuyé sur des piliers formant véranda. — Dans la Mélanésie, l'archipel Asiatique, beaucoup d'habitations sont construites sur pilotis, sur la terre ferme, ou dans les rivières et la mer,

Ni la chasse ni la pêche n'ont été abandonnées; les indigènes de Nouvelle-Guinée sont des pêcheurs de premier ordre; ils peuvent construire de larges embarcations à voile, les *lakatoi* (Voir p. 470), et des canots à balanciers. Les Mélanésiens sont encore à l'âge de pierre, mais les outils primitifs sont peu à peu abandonnés; ils fabriquent des poteries et font de grossiers tissages. — En Afrique, là où poussent de nombreux Bananiers, leur cueillette assure la nourriture de certaines peuplades qui ne font aucune culture[1]. Quelques peuplades soudaniennes fabriquent des poteries

CASE QUADRANGULAIRE, Assinie, côte de l'Ivoire.

Dans le fond, près de la côte, apparaissent les maisons européennes. (Phot. de la mission BINGER, communiquée par l'*Office colonial*.)

et travaillent les métaux; elles ont d'assez habiles forgerons; les boucliers,

1. L'anthropophagie. — En Afrique, dans les régions tropicales, les ressources de l'élevage n'existent pour ainsi dire pas, par suite de la mouche tsé-tsé; les riverains des lacs et des rivières se livrent à la pêche. Mais ces ressources sont insuffisantes; aux populations de nègres agriculteurs aucune nourriture animale ne répugne (rats, serpents, lézards...). Mais l'alimentation en viande est un « besoin impérieux » (LIVINGSTONE) qui a conduit ces populations à se nourrir de chair humaine. Le cannibalisme, qui paraît avoir une tendance à diminuer et à disparaître, existe encore dans l'archipel Asiatique (Sumatra), en Océanie (Nouvelle-Guinée, îles Salomon, Nouvelles Hébrides, quelques îles polynésiennes), et surtout dans les populations du Congo et de l'Afrique centrale.

La *nécessité* est la cause principale de l'anthropophagie; quelques cannibales cependant recherchent par goût ou par superstitions religieuses cette chair humaine. Des peuples du Congo sont grands amateurs de cette chair, qu'ils trouvent « extraordinairement savoureuse »; aliment noble, « c'est une viande qui parle ». Des esclaves enlevés dans les razzias sont destinés à être mangés; on les vend dans les marchés. On enferme les prisonniers comme des troupeaux dans des parcs; les enfants sont réservés aux chefs. — Cette abominable coutume pourrait disparaître avec l'élevage.

les lances, les sagaies, les couteaux abondent. Un tissage sommaire y existe aussi.

**b). — 7. La demi-civilisation : 1° la vie nomade et l'élevage.** — Certaines parties de la terre ne permettent guère les cultures ; c'est le domaine des régions désertiques et des steppes ; les animaux herbivores ont pu s'y développer ; ils sont devenus la ressource des hommes vivant dans ces régions et pratiquant la vie pastorale. Pastorale, c'est-à-dire nomade ; ils mènent leurs grands troupeaux de Chameaux, de Moutons, de Chèvres, de Chevaux et de Bœufs ; ils vont à la recherche des pâturages, pâturages d'été et pâturages d'hiver ; leur tente, leur famille les suit ; il leur faut les grands espaces et la route libre.

KARA KIRGHIZ

(Phot. communiquée par la *Société de Géographie de Paris*.)

Le Kara-Kirghiz est de taille assez élevée ; les cheveux noirs, mais il les fait raser ; barbe rare, face large, front haut, pommettes assez saillantes ; nez droit et très long. Les *Kara-Kirghiz* diffèrent légèrement des *Kirghiz-Kazak ;* ceux-ci ont une taille plus petite, et un nez plus court, plus écrasé. Les *Khirghiz-Kazak* nomadisent entre la mer Caspienne et la Sibérie occidentale (région de l'Irtych). — Les *Kara-Kirghiz* habitent la région des Tien-Chan et nomadisent dans le Turkestan. Ces Kirghiz ont d'ailleurs les mêmes usages.

C'est la vie des peuples qui nomadisent dans les steppes et les demi-déserts de l'Asie centrale et du Sud-Ouest, les *Mantchous*, les *Kalka*, les *Kalmouks*, les *Kirghiz*, les *Turkmènes*, etc. ; dans les savanes et les steppes de l'Afrique, les représentants des *Arabes* et des *Berbères*, les *Massaï*, les *Somali*, les *Peuls*, etc.

C'est postérieurement à la culture à la houe que le nomadisme s'est développé ; des relations ont toujours existé entre le nomade et l'agriculteur sédentaire. La rudesse et l'activité de leur vie ont donné aux nomades le goût de l'indépendance, et, bien que souvent organisés, avec une hiérarchie aristocratique, en groupes disciplinés, ils sont pénétrés du sentiment de leur force. Les produits des agriculteurs, les céréales, les dattes, devinrent l'objet de leur convoitise; ils faisaient avec eux des échanges, ou plus souvent les rançonnaient et les pillaient. Beaucoup de populations soudaniennes ou des oasis du désert ont été, mais ne sont plus guère, sous la domination des nomades sahariens; en Asie, les colons chinois qui débordaient en Mongolie au delà de la Grande Muraille ont été longtemps rançonnés par les peuplades mongoles.

Tous ces nomades ne savent pas tirer le même parti de leurs troupeaux; quelques-uns, en Asie centrale et en Afrique orientale, ne recueillent que le lait et ne mangent la viande qu'à certains jours, ou bien seulement celle des bêtes mortes ou fourbues. D'autres nomades, plus civilisés, tirent une grande partie de leur nourriture de l'élevage; ils savent tisser la laine des

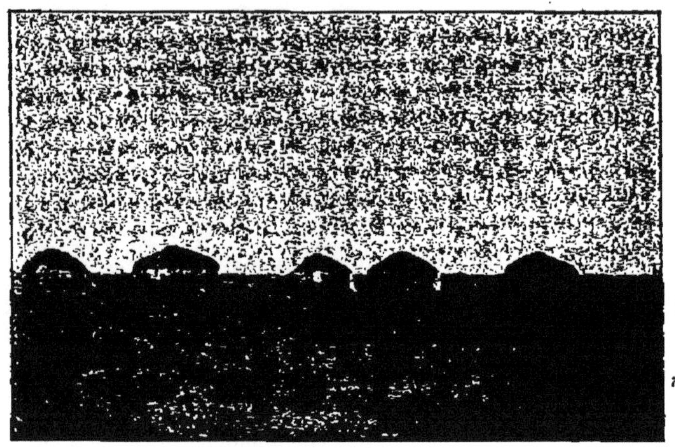

YOURTES DE NOMADES. AOUL (Steppes de la Caspienne).
(D'après ANDRUSSOW.)

moutons et le poil des chameaux et fabriquent ainsi les étoffes nécessaires pour leurs vêtements ou leurs habitations.

Les KIRGHIZ peuvent nous donner un excellent exemple de la vie de ces nomades demi-civilisés. Chez eux les objets indispensables à l'alimentation proviennent de l'élevage; les principaux aliments sont le *Koumis,* préparé avec du lait aigre, le beurre et les fromages; la laine crue sert à fabriquer les tissus des vêtements; des tapis de feutre couvrent les habitations; une partie des ustensiles de ménage est faite de peaux. L'élevage des Kirghiz comporte surtout des Chevaux, des Brebis, des Chameaux.

Les nécessités de la vie nomade ont imposé aux pasteurs un mode spécial d'habitations; ils s'abritent dans des TENTES TRANSPORTABLES. Pour ces nomades déjà civilisés, ces abris ne sont pas aussi sommaires que les tentes des Hyperboréens; le plus souvent elles sont de forme circulaire ou conique, parfois quadrangulaire. Une des plus caractéristiques est la *yourte kirghiz;* elle est circulaire, et le toit de forme conique; la charpente est un treillis en bois, formé d'une suite de claies articulées pour pouvoir se plier rapidement; le toit possède une ouverture ronde dans sa partie supérieure; l'hiver elle est fermée à l'aide de feutres. Le règne animal fournit une partie des matériaux de la construction; du côté extérieur la charpente et le toit sont enveloppés de pièces de feutre; un

TENTES DE NOMADES DU SAHARA
(Phot. de M. DYBOWSKI.)

rideau de feutre ferme l'unique porte. Les yourtes se groupent le long des points d'eau, et l'ensemble forme ainsi un *aoul* de 5 à 6 tentes ou plus. — Ces yourtes ne manquent pas de confortable; elles présentent, chez les Kirghiz riches, des lits de bois, une table, des fourrures étendues sur de gros coussins. Les inconvénients sont l'absence de lumière, et l'envahissement par la fumée dès qu'on allume un feu de broussailles, d'herbes ou de fumier[1].

1. Le nomadisme des Kirghiz. — « Les Kirghiz pasteurs choisissent pour hiverner les contrées les plus basses et les plus chaudes de la steppe, où, le climat étant continental et les dépôts météoriques peu considérables, le bétail, en écartant du pied la légère couche de neige qui couvre le sol, trouve une herbe maigre, mais suffisante pour le nourrir tout l'hiver jusqu'aux premiers jours du printemps. Il est des années toutefois où, au printemps, les nomades souffrent une affreuse misère; la neige fraîchement tombée fond sous l'action du soleil; la gelée, venant à se produire de nou-

Les Kalmouks ont des tentes identiques à peu près à celles des Kirghiz; on les appelle des *Gher,* nom mongol, et *Khibitka,* nom russe. Ces aouls sont assez nombreux dans les steppes d'Asie.

La tente est l'habitation des *Arabes* nomades, des *Bédouins,* etc. Cette tente est formée d'un tissu en poil de Chameau ou de laine; elle est fixée par des pieux solides dont la disposition détermine la formation d'un toit incliné; l'été, on relève

GOURGUI, TENTE DES SOMALI

(Phot. G. Revoil, communiquée par la *Société de Géographie de Paris.*)

les côtés de la tente pour permettre à l'air de circuler; sur le sol, un épais tapis, des nattes, des coussins, un fourneau. La

veau, couvre le sol d'une dure écorce que les animaux ne peuvent briser; alors [illegible] périssent faute de nourriture, dans des proportions effroyables...

« Au printemps, lorsque la légère couche de neige couvrant la steppe est [illegible] les Kirghiz conduisent leurs troupeaux sur les *ourtouks,* c'est-à-dire sur [illegible] rains dont, en automne, ils ont brûlé les herbes sèches. L'herbe pousse [illegible] sur ces *ourtouks;* elle est plus épaisse; et, après les privations de l'hiver [illegible] s'est vite remis à ces pâturages... A partir de juin, les Kirghiz passent la [illegible] partie de leur temps dans les pâturages d'été, qui sont parfois très éloi[illegible] lieux d'hivernage, car ces pâturages sont situés dans les parties les [illegible] pales de la province, parfois même dans les limites du Turkestan. Les [illegible] passent aux pâturages d'été sont les plus beaux de leur vie. » (P. [illegible] *Russie extra-européenne et polaire,* Paris, 1900, p. 105-106.)

réunion de 5 ou 6 tentes, parfois de plusieurs centaines, forme un *douar* arabe, qui présente des analogies avec l'*aoul* des Kirghiz.

Les *Somali,* qui nomadisent dans la Péninsule qui porte leur nom, habitent des *Gourgui.*

8. 2° **La culture à la houe perfectionnée.** — La *culture à la houe* est arrivée, par un perfectionnement extrême, à des pro-

GRENIERS A RIZ A JAVA
(D'après A. VAN KOL.)

grès tout à fait remarquables et à des formes particulières. Ce perfectionnement est dû à l'emploi de l'IRRIGATION et des ENGRAIS. Elle fut autrefois le mode d'activité des Incas, du Pérou; elle est devenue la forme de culture des Chinois de la Chine du Sud, des Indonésiens de l'Indo-Chine et de l'archipel Asiatique, des Malais, etc.

Les Chinois donnent aux engrais, notamment à ceux d'origine organique, une place importante, et savent utiliser les eaux par l'irrigation; ils apportent à leur travail une patience et une habileté minutieuses, de telle façon que leur culture est plutôt une *horticulture,* un jardinage (*Gartenbau*). Les Indonésiens et les Malais cultivent à la houe; mais, parmi les Malais, les Javanais sont les plus remarquables; ils font d'admirables cultures, de Riz surtout, qu'ils entretiennent avec des soins méticuleux par des irrigations sur un sol enrichi de fumures; dans les plaines deltaïques de Soerabaya, certains points sont des fourmilières d'hommes. Ces Javanais demeurent dans des habitations en bois, sur pilotis, assez élégantes, dans un fouillis verdoyant de végétation; à côté, des greniers à riz. Les Fellahs du Nil connaissent depuis de longs siècles la nécessité de l'irrigation. Les Européens ont organisé des *plantations* de Canne à sucre, de Café, etc., d'après ces procédés nouveaux de la culture à la houe.

**c).** — 9. **Progrès décisifs de l'élevage et l'agriculture : 1° l'élevage.** — Les grands animaux d'élevage ne furent pas domestiqués les premiers; la *domestication des bovidés* marqua, d'après M. Hahn, un important développement de l'élevage et de la vie économique. Avec le *Bœuf* proprement dit, on utilisa le *Yak* du Tibet et des régions voisines, le *Zébu* ou Bœuf à bosse, le *Buffle* des rizières, le *Gayal*, de la Haute Birmanie... Le *Chameau*, le *Mouton*, le *Cheval*, le *Mulet*, avaient été successivement domestiqués.

L'élevage, de la race bovine surtout, eut une grande importance sur les progrès de la civilisation; il créa des éleveurs sédentaires, qui devinrent bientôt des agriculteurs sédentaires. De plus, l'espèce bovine est la plus ancienne productrice de lait; les bovidés furent utilisés pour leur lait, de même la Chèvre et la Brebis; les bovidés furent recherchés pour leur chair et leur cuir; pour la traction et les transports, également le Bœuf, le Mulet, puis le Cheval et les Chameaux. — Nous verrons plus loin comment ces animaux domestiques ont pris, pour la plupart, par suite du choix rationnel des espèces, de l'alimentation, des soins d'hygiène, etc., un merveilleux développement à la fin du XIX° siècle.

10. 2° **L'agriculture.** — Le travail du sol est devenu l'*agriculture proprement dite* (*Ackerbau*, labourage), lorsque la charrue a été employée pour ce travail, lorsqu'on laboura et que, pour la traction de cette charrue, on a pu utiliser la race bovine. D'après M. Hahn, l'agriculture avec emploi d'un bovidé pour la traction de la charrue, et de l'irrigation, est originaire, depuis les temps préhistoriques, de la Mésopotamie; de là ce nouveau mode de culture se répandit dans l'Inde, puis dans l'Asie Antérieure, puis en Europe. L'essor définitif de l'agriculture se produisit à la fin du siècle dernier, comme d'ailleurs d'importants progrès dans l'utilisation de la chasse et surtout de la pêche.

**d).** — 11. **La haute civilisation.** — L'homme des régions tempérées a pu seul atteindre la haute civilisation, c'est-à-dire l'ensemble des progrès magnifiques intéressant la vie humaine. Les conditions géographiques l'ont obligé à des efforts qui développèrent peu à peu chez lui des qualités exceptionnelles; cet homme, c'est l'Européen, c'est l'habitant des États-Unis, etc. Il a dû s'adapter à certaines exigences du climat, aux changements, aux irrégularités de la chaleur et du froid, aux difficultés des cultures. De là la nécessité d'un effort continu et intelligent; une large initiative; la recherche des méthodes nouvelles et sûres; la prévoyance du lendemain. Il a d'ailleurs trouvé dans le climat même des conditions de vie salubre et fortifiante; il a su y adapter ses habitations et son mode de vie. Nous allons voir quelle place il tient aujourd'hui sur la terre et quel rôle il y a joué[1].

LECTURES. — Ed. Hahn, *Die Wirtschaftsformen der Erde* (*Petermanns Mitteilungen*, 1892). — Du même, *Die Haustiere und ihre Beziehungen zur Wirtschaft des Menschen*, Leipzig, 1896. — Analyse de ce livre par : M. Caullery, *Animaux domestiques et plantes cultivées* (*Annales de Géogr.*, VI, 1897).

---

# CHAPITRE IV

## L'HOMME ET LA NATURE

**Généralités.** — L'homme ne peut s'émanciper des lois naturelles qu'à la condition d'obéir à ces lois.

**A. — Influence de la nature sur l'homme.** — Le *climat* exerce une

1. Aucun autre groupe d'hommes ne pouvait s'élever à la tâche accomplie par l'homme européen; il est à peine besoin de parler des nomades des déserts glacés ou brûlants, des habitants des forêts intertropicales, qui sont sous la pression des fatalités naturelles.

D'autres ont atteint une civilisation assez brillante, les *Hindous* de l'Inde, les *Chinois du Sud*, les *Fellahs d'Égypte*, etc.; mais ils n'ont pas progressé. Par suite de l'oscillation périodique des moussons, gonflées de la pluie féconde, la vie des Hindous et des Chinois du Sud a été ordonnée suivant une sorte de rythme qui a amolli leur énergie et leur volonté; l'esprit d'initiative s'est affaibli. Le retour régulier des pluies bienfaisantes n'a provoqué aucune prévoyance, aucune mise en réserve pour parer au retard de la mousson tardant trop à venir : aussi des famines, qui font mourir des millions d'hommes. — Chez les Fellahs, les inondations du Nil ont développé une sorte d'apathie confiante.

influence néfaste sur l'homme européen dans les déserts et les pays intertropicaux; il se défend de la chaleur dans les **sanatoria**, de la chaleur et du froid dans divers pays par des modes variables d'habitation. — L'*habitation* reflète la *nature du sol* environnant; l'homme s'adapte à la vie des pays montagneux, qui sont rarement des obstacles (cultures en terrasses, élevage, industries familiales). Déchéance des *villes perchées*.

Les **établissements humains** se groupent dans les régions d'eau rare, et forment de nombreux villages ou des *maisons disséminées* dans les pays d'eau abondante; la position des villes et villages est marquée le *long des fleuves* et *des lacs*, et dans les *parties convexes des méandres* des fleuves. — La *mer* a exercé une puissante action sur l'humanité; des surfaces marines, recherchées des pêcheurs, sont aussi peuplées à certains moments que la terre. L'ouverture des grands Océans a donné un champ d'action magnifique à l'homme.

**B. — Action de l'homme sur la nature.** — L'homme européen a pu lutter contre les conditions physiques, perçant les montagnes par des **tunnels**, les isthmes par des **canaux**. Les cours d'eau ont été régularisés par des *réservoirs*, des *digues*, des *écluses*; on a utilisé pour l'irrigation les **eaux artésiennes**, pour *la force motrice* l'eau des torrents glaciaires ou des neiges persistantes *(houille blanche)*. Des *marécages* ont été asséchés, la mer arrêtée par des *dunes* et des *digues*.

Le domaine de la vie végétale et animale a été très modifié par de nouvelles espèces; des **déboisements** néfastes ne sont pas rachetés par le progrès des cultures.

**C. — Déplacement des centres de peuplement et d'activité.** — L'Europe a joué un grand rôle en cette matière par les **émigrations** des Anglais, des Allemands, des Austro-Hongrois, de la Russie (émigrant dans ses conquêtes en Asie; puis aux États-Unis). La population de l'*Australie* et des *États-Unis* a fortement augmenté dans la dernière moitié du dix-neuvième siècle.

Les grandes **agglomérations urbaines** ont été le fait capital de la civilisation actuelle; l'*industrie*, les *voies de communication*, ont pu faire naître de grandes villes : **Londres**, 4 536 000 hab. en 1901; **Paris**, 2 714 000 en 1901. — La **dépopulation rurale** est intense dans certains pays; la population urbaine atteint 77 °/o en *Angleterre*, 50 °/o en *Allemagne*; en *Hongrie*, au contraire, la population rurale se maintient à 76 °/o du total.

**Appendice.** — Les grandes villes des pays neufs ont eu un développement très rapide; **Sydney** et **Melbourne** en Australie; aux États **New-York** (3 437 000 hab. en 1900) et **Chicago**. Les richissimes industriels ont des *villes d'été*.

1. **Généralités.** — On croit volontiers que l'homme d'une haute civilisation est presque entièrement émancipé des conditions naturelles, qu'il n'est plus qu'à un faible degré prisonnier de la terre. Il est, en effet, très difficile de déterminer dans quelles limites il subit ou domine certaines nécessités, dans quelle mesure la nature a été l'éducatrice de son intelligence et a mis en mouvement la souplesse de son énergie. On peut considérer comme une règle que l'homme ne peut s'évader du domaine des lois naturelles qu'à la condition d'obéir à ces lois; il est à la fois sujet et souverain.

## A. — Influence de la nature sur l'homme.

**2. Conditions physiques. Le climat.** — Le climat exerce une influence notable sur le mode d'existence des hommes; les déserts glacés ou brûlants exigent une adaptation très pénible. L'Européen vit difficilement dans les régions équatoriales ou tropicales; ce qu'il redoute, ce n'est pas l'élévation de la température, en somme modérée; c'est sa continuité, laquelle dé-

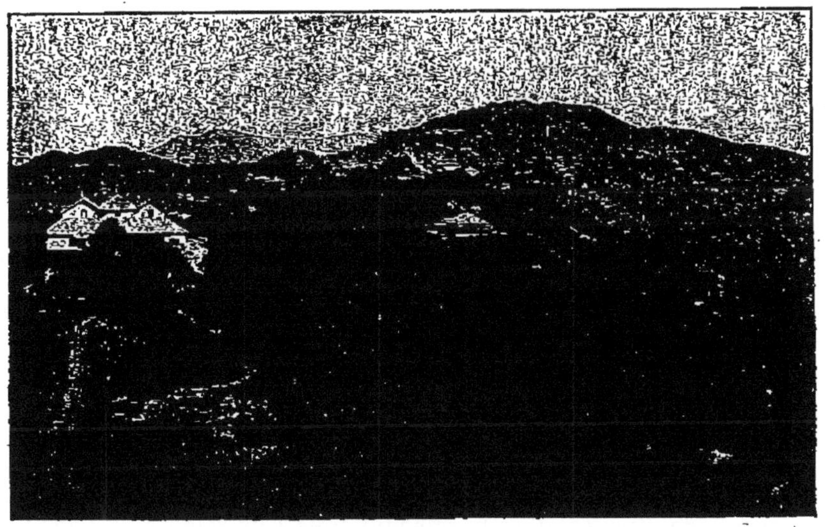

LE SANATORIUM DE SIMLA, Inde.
(Phot. BOURNE et SHEPHERD.)

termine une diminution d'énergie; c'est aussi l'extrême humidité de l'air, toujours saturé de vapeur d'eau, air pesant qui rend pénible la vie active. Après la saison pluvieuse, il faut fuir les régions où stagnent les eaux, qu'échauffe le soleil; des miasmes dangereux s'en dégagent, qui provoquent la fièvre paludéenne, la *malaria*.

L'homme a su, dans les pays chauds, conjurer ces influences malsaines, en cherchant sur des points d'altitude plus haute un air plus frais et plus salubre; il a établi sa résidence sur des plateaux ou sur le flanc des montagnes, en créant des SANATORIA. Dans l'Inde ils sont particulièrement nombreux.

Le plus fréquenté dans l'Inde est celui de SIMLA, à 272 km. de Delhi, à 2 150 m. sur l'arête d'un chaînon occidental de l'Himalaya; cet important sanatorium est la *capitale d'été de l'Inde du Nord :* les villas s'étagent sur le versant méridional au milieu d'une végétation assez touffue qui couvre pentes et sommets de son manteau d'un vert sombre (Rhododendron, Chêne); nombre de petites villes, de sanatoria, s'échelonnent sur la crête. OUTAKAMOUND, sur les Nilghiri, à 2 200 m. d'altitude, au pied du Dodabetta, est pendant cinq à six mois la *capitale d'été de la présidence de Madras;* les maisons de plaisance se disséminent dans un amphithéâtre de collines; les villas sont enfouies dans une végétation luxuriante où l'on retrouve des arbres, des plantes et des fleurs européennes.

Ailleurs les habitations des Européens dans les pays tropicaux présentent des dispositions spéciales; la nouvelle ville à BATAVIA en est un bon exemple; autour d'un grand parc les résidences des colons, les hôtels, le palais et les services du gouvernement occupent de vastes surfaces; les maisons, basses et blanches, très spacieuses, comportent un simple rez-de-chaussée avec un toit qui dépasse le bâtiment et forme véranda; de grands jardins les entourent; des haies d'arbres et de fleurs les isolent les unes des autres; des canaux traversent la ville en tous sens.

En d'autres lieux, les exigences du climat imposent certains modes de construction. En Europe, dans les pays de grandes pluies et de neiges abondantes, le *toit est très incliné* (Vosges, Haut-Vivarais, etc.); l'inclinaison diminue dans la région de neiges rares et de pluies plus faibles; le fait est très caractéristique dans la vallée du Rhône. — Dans les pays secs et chauds, dans une grande partie des pays méditerranéens et de l'Orient, les *maisons carrées* sont à *toit plat,* en forme de terrasses; Le Caire en est un magnifique exemple; à Damas, une des merveilles de l'Orient, les maisons, au milieu des jardins et des fleurs, apparaissent assez laides à l'extérieur : murs de terre et de pierrailles gris, fendillés, pas de fenêtres, une porte étroite; à l'intérieur, des eaux jaillissantes, un parterre odorant et fleuri, donnent une sensation inattendue de fraîcheur. Beaucoup de villes de la Méditerranée, voisines de la mer, s'étagent sur les pentes qui dominent le rivage, afin d'aspirer dans le soir plus frais l'air salubre. — Dans les pays où l'hiver est rigoureux, en Russie, en Scandinavie, l'homme construit une demeure aux murs et au toit solides, où il se défend du froid dans la tiédeur des chambres bien closes.

**3. Le sol et le relief.** — L'habitation trahit le plus souvent la nature du sol environnant : Lyon est de pierres de taille, et Toulouse de briques; les maisons bressanes, construites en pisé, contrastent avec les solides constructions calcaires des villages jurassiens; en Ardenne, dans la Bretagne, où les schistes abondent, tous les toits sont d'ardoises plus ou moins grossières[1].

Les inégalités de la topographie ne sont que très rarement des obstacles;

1. Il y a quelques indications sur le rapport des habitations avec le sol, ainsi que sur l'influence du relief, p. 251-252 et p. 284.

LE CAIRE, Égypte.

Innombrables maisons à toits en terrasses. Photographie *Zangaki frères*, communiquée par la *Société de Géographie de Paris*.)

le fait important, ce n'est pas la hauteur, c'est la pénétration plus ou moins facile, la complication des massifs montagneux. Les vallées longitudinales et transversales des hautes montagnes ont souvent provoqué et facilité les migrations des peuples. Souvent les vallées ont été un asile pour les populations repoussées de régions plus fertiles ; sur une maigre terre, péniblement soutenue par des *murs en terrasses*[1], elles tentent des cultures difficiles, dans les parties ensoleillées ; l'exposition est un facteur important dans les montagnes. L'élevage est une ressource plus profitable. — Dans les longs loisirs de l'hiver, les populations montagnardes ont dû s'adonner à des *industries familiales*, au travail de menus objets (montres, tabletterie, etc.) de transport facile et peu coûteux dans ces régions mal accessibles (Jura,

LE BOURG D'ÈZE, ancienne ville perchée.

Il s'élève à 393 m., sur un rocher isolé, dominant le grand golfe bleu entre Villefranche et Nice. Le château dont les ruines sont visibles de loin a été détruit en partie en 1543. La ville, où l'on accède assez difficilement, n'a plus guère que 700 habitants ; on remarquera au premier plan des cultures en terrasses.

Vosges, Forêt-Noire, etc.) ; ou bien les hommes quittent pour l'hiver la montagne, allant louer leurs services dans les vallées.

Aux époques difficiles, en Provence, surtout dans l'Esterel

1. Les cultures en terrasses sont une caractéristique de la région méditerranéenne ; dans un pays accidenté où les terres fertiles sont rares, il a fallu, par un labeur tenace et séculaire, établir sur les flancs des collines des murs pour soutenir de petits champs de culture parfois minuscules. En dehors de la région de la Méditerranée, les côtes du Rhin, de la Moselle, etc., sont ainsi chargées de vignes que maintiennent des murs de pierre.

et sur les côtes à l'Est, en Corse, en Toscane, en Sicile, pour protéger des pillards et des coureurs de mer, les villes se sont perchées sur des escarpements; elles ont dû plus tard, la sécurité venue avec la paix, sous peine de déchéance, descendre dans les parties plus accessibles, où les voies de communication font passer le commerce et la richesse. Ces ruines ont leur géographie.

**4. L'élément liquide : 1° les fleuves et les lacs.** — Le premier besoin de l'homme est l'eau; quand l'eau superficielle est

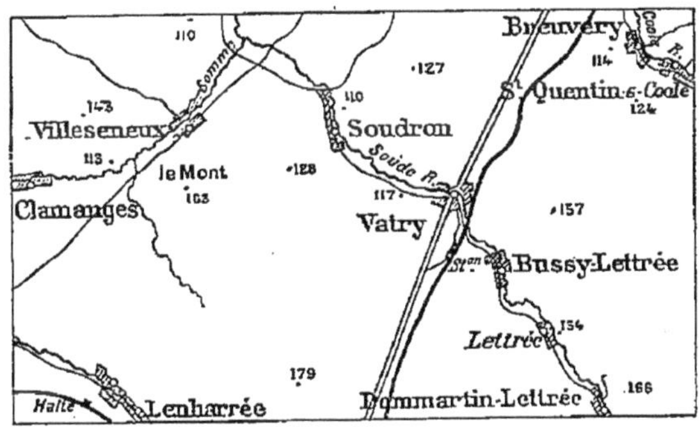


PARTIE DE LA CHAMPAGNE POUILLEUSE

Près Châlons-sur-Marne. Il n'y a pas un petit village en dehors des rivières; cette carte, malgré sa petite échelle, est des plus caractéristiques.

rare, comme en Beauce, dans la Champagne pouilleuse, dans les pays calcaires en général, les villages se groupent en fortes agglomérations auprès des quelques points d'eau existants, ou bien s'échelonnent, souvent sur plusieurs kilomètres, le long des cours d'eau; quand l'eau abonde et ruisselle de toutes parts, dans l'île de France, le Limousin, la Bretagne, le pays de Galles, etc., les habitations se disséminent; quand à l'abondance d'eau s'ajoute la richesse et la fécondité des terres, les villages se multiplient en se développant presque toujours autour du marché, ou bien ils s'allongent le long des routes.

Les *fleuves* n'ont pas été longtemps un obstacle pour les hommes; de bonne heure ils ont provoqué et facilité les relations; sur leurs eaux la civilisation a accéléré sa marche.

Le *confluent des rivières,* un *gué,* ont toujours marqué une place de choix, recherchée par les groupements humains ; de même les *îles;* la fortune de Paris est née dans l'île de la Cité. La Tamise, la Seine, le Rhône, la Volga, les grands fleuves chinois, sont, sur une bonne partie de leur cours, « des rues mouvantes » ; en cas d'inondation fréquente ou régulière, les villes se placent à la limite de la ligne inondée. Dans les *rivières à méandres,* notamment à méandres encaissés (Meuse, Moselle, Rhin), les villages se placent, presque sans exception, dans les parties convexes, que les allu-

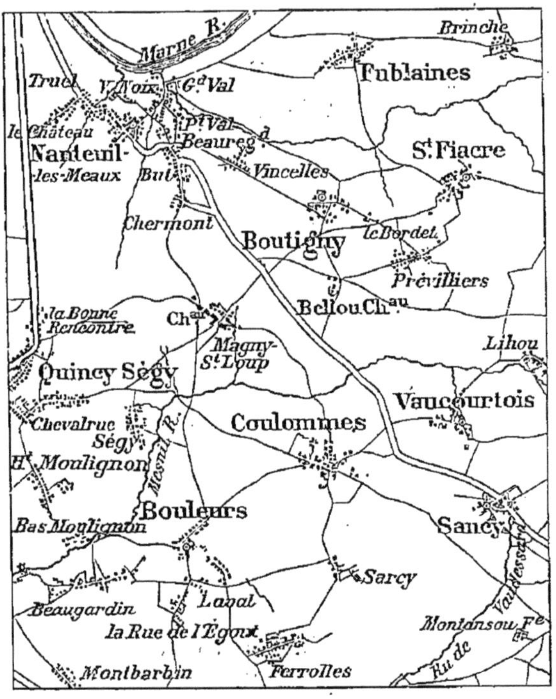


PARTIE DE LA BRIE, PRÈS MEAUX

Ici l'eau est abondante dans le sol fécond; les centres habités sont disséminés, et la richesse des terres suffit à y faire des groupements d'importance. On peut comparer avec la petite carte précédente.

vions augmentent, au lieu des parties concaves, que le courant ronge et diminue constamment. — Les *lacs* ont servi de refuge, aux temps préhistoriques, à des populations qui vivaient dans des cités lacustres; sur le lac Tchad, en Nouvelle-Guinée, sur le lac de Maracaïbo (Venezuela), certaines tribus ont des habitations lacustres. Les lacs ont établi un lien entre les populations riveraines ; au point où débouche leur émissaire peut se développer une grande ville; les grands lacs de l'Amérique du Nord, véritable Méditerranée, ont des ports de commerce importants, comme Chicago, Duluth, Cleveland, Buffalo, Toronto, etc. Le plus souvent les fleuves et les lacs ont d'abondantes réserves de poissons, ressources pour les populations riveraines.

5. 2° **La mer.** — Le contact avec la mer a exercé une puissante action sur l'humanité; elle a été l'éducatrice d'un monde de *pêcheurs* et de *navigateurs,* qui, comme le montre M. Fr. Ratzel, vivent de la mer et sur mer. A divers moments de l'année, quelques points des surfaces marines sont aussi peuplés que certaines régions de la terre; c'est le cas du *Banc de Terre-Neuve,* du *Dogger Bank*[1] dans la mer du Nord, au temps des grandes pêches. La pêche fut, en effet, et est toujours une

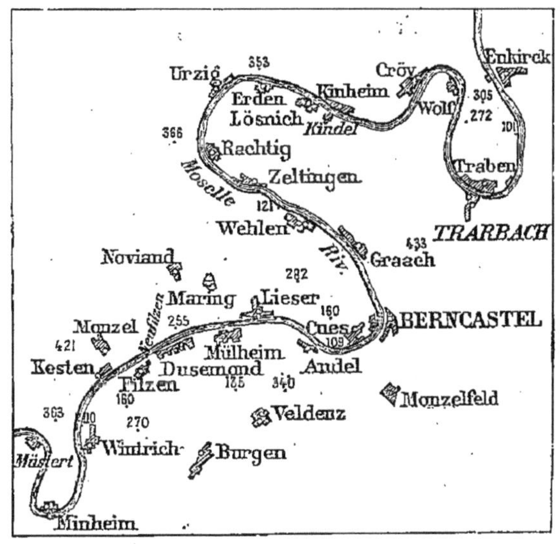


PARTIE DE LA MOSELLE, Berncastel.

Dans cette partie la Moselle coule dans une vallée très encaissée. Les méandres déterminent la localisation des villages dans les parties convexes, que les alluvions augmentent; peu occupent les parties concaves. Les villes de *Berncastel* et de *Trarbach,* qui sont à des points concaves, sont la tête de vallées qui les attirent; en face d'elles se développent de grands villages.

grande attraction de la mer; elle est toujours l'occupation favorite, dans les mers intérieures et les archipels de l'Asie orientale, sur une partie des côtes des États-Unis, sur les rivages européens, etc. — De bonne heure la mer attira les populations sur ses rivages; des villes, des ports furent fondés; dans les îles, la vie est souvent presque tout entière sur les côtes. La mer invite à la piraterie, au commerce, aux aventures lointaines.

1. Ces mots signifient *Banc des dogres;* les dogres étaient à l'origine des bâtiments hollandais qui servaient à la pêche de la morue.

Les mers ont ainsi déterminé des relations nécessaires entre les populations riveraines; d'abord les échanges commerciaux et le contact des civilisations ne put se faire que dans des mers d'étendue moyenne, mers intérieures ou de bordure. Les progrès de la navigation permirent la découverte et le parcours des grandes étendues marines. Cet élargissement d'horizon fut un fait capital dans l'histoire de l'humanité, fait qui a pris toute sa valeur au XIXe siècle; l'ouverture des grands Océans à la navigation des peuples civilisés d'Europe a donné à la civilisation un champ d'action, un essor, une puissance jusqu'alors inconnues.

## B. — Action de l'homme sur la nature.

L'homme européen n'a pu exercer une influence bienfaisante et efficace sur la terre que le jour où la science a commencé à lui fournir les méthodes rationnelles et scientifiques pour vaincre des obstacles naturels qui paraissaient inattaquables, et discipliner la nature, pour la mise en valeur des ressources de toute nature qu'il possédait depuis longtemps sans pouvoir en tirer tout le parti utile; enfin, pour l'exploitation et la transformation des domaines nouvellement ouverts à son initiative intelligente et à son activité toujours en éveil. Cet homme a créé des régions civilisées.

6. **Lutte contre les conditions physiques.** — Le relief du sol présentait, dans diverses conditions, de grandes difficultés pour les communications; des TUNNELS ont ouvert les plus hautes montagnes, des CANAUX ont coupé des isthmes et mis en contact des mers et des intérêts différents. L'homme a pu ainsi donner aux voies ferrées et à la navigation maritime toute leur puissance; c'est une magnifique révolution qui a centuplé la vie industrielle et commerciale du globe. Le sous-sol a été fouillé à de grandes profondeurs et a livré ses richesses minérales avec une profusion encore inconnue.

Les cours d'eau ont été l'objet de nombreux travaux; la violence des torrents a pu être diminuée; les rivières trop rapides ont été régularisées par des *réservoirs,* des *digues,* des *dragages,* des *écluses,* etc.; d'admirables travaux ont été exécutés en Allemagne, sur le Rhin surtout, en France sur le Rhône, en aval de Lyon. Des sondages profonds ont permis d'utiliser les eaux souterraines; l'*eau artésienne* a servi à l'alimentation des villes et à l'*irrigation* des cultures dans les contrées sèches; de gigantesques travaux ont employé à cette irrigation l'eau de l'Himalaya amenée au Gange par ses affluents de tête, et l'eau des Alpes destinée à l'alimentation du Pô. L'eau des torrents, alimentés par des glaciers ou des neiges persistantes, a été captée, pour fournir à des usines la *force motrice;* on lui donne le nom de HOUILLE BLANCHE; d'ailleurs toutes les chutes d'eaux naturelles ou artificielles ont été utilisées ainsi. L'homme a pu, de cette façon, discipliner ces forces latentes et les mettre au service de l'industrie, de plus en plus puissante.

De grandes étendues de sol étaient marécageuses, couvertes d'étangs, incultes, redoutées ou abandonnées par l'homme; en France on a drainé, assaini et rendu à la vie féconde la *Dombes,* la *Brenne* et la *Sologne;* en Allemagne et en Russie (*marais de Pinsk*), de grands travaux d'assèchement sont en cours; le lac *Fucin* en Italie, le lac de *Haarlem* en Hollande, ont été desséchés.

L'homme a su se défendre contre les dangers de la mer; les dunes maritimes, envahissantes, ont été consolidées par des plantations diverses (Voir p. 369); les Frisons et les Hollandais ont pu conquérir sur la mer des terres qu'elle inondait auparavant, et dont leurs digues, leurs canaux, protègent dans les *polders* d'opulentes récoltes et de gras pâturages. La conquête de la PLAINE MARITIME est un des plus beaux exemples de ce que peut l'énergie patiente de l'homme.

7. **La vie végétale et animale.** — L'action de l'homme a été singulièrement efficace dans le domaine de la vie. Les plantes et les animaux sont dans un état continu d'évolution. La présence de telle espèce plus robuste peut provoquer la disparition plus ou moins rapide de celles qui occupaient auparavant le sol; l'homme, conscient des lois qui président à la vie, a tourné à son profit cette concurrence vitale. Par un choix raisonné, des espèces végétales utiles ont été protégées et développées; des races artificielles d'animaux ont été créées.

En Europe, un certain nombre de plantes ont pu être acclimatées[1]; les arbres fruitiers, Cerisiers, Pruniers, Pêchers, sont

1. Par le DÉBOISEMENT l'homme a exercé indirectement une action néfaste sur le sol, la circulation des eaux et même le climat. De bonne heure, dans les pays de culture, le déboisement eut lieu; de vastes manteaux forestiers ont ainsi disparu; dans les montagnes, de grands abus se sont produits; dans les Alpes, au Sud de la Durance, le déboisement a déterminé la dénudation et le ravinement des pentes, et fait renaître la *torrentialité* des cours d'eau. Dans les Pyrénées il ne reste plus, par place, que des lambeaux des anciens boisements d'autrefois; l'homme est le principal coupable; les forges Catalanes, qui traitaient le fer au charbon de bois, ont, dans la partie orientale, détruit un grand nombre de forêts; ailleurs les brebis et surtout les chèvres, menées dans les coupes de bois, déchirent les jeunes pousses,

très anciennement venus d'Orient; la Pomme de terre et le Maïs sont originaires d'Amérique; le Riz a été introduit d'Asie, sans doute par les Arabes; l'Eucalyptus d'Australie, aux racines spongieuses et absorbantes, a été planté en Algérie dans certaines plaines marécageuses, dans la Camargue, etc., pour assécher le sol; là encore, pour dessaler les terres, ont été faites des plantations de *salt bush,* plante halophile des déserts australiens.

Le blé couvre aujourd'hui d'immenses étendues aux États-Unis, en Russie, etc.; le Maïs a également atteint une production exceptionnelle aux États-Unis, etc. Dans les pays tropicaux, les cultures ont été étendues aux régions qui leur sont favorables... Nous verrons plus loin toutes ces questions de culture.

L'homme a propagé un grand nombre d'espèces animales; d'immenses troupeaux de Bœufs remplacent, sur les prairies de l'Amérique du Nord, les Bisons disparus; d'innombrables Moutons vivent en Australie et dans l'Argentine; les Chevaux ont été introduits par les Espagnols dans l'Argentine, et y sont devenus sauvages.

Quelques autres acclimatations ont été moins heureuses; les *Rats,* apportés involontairement par les navires, se trouvent partout; le *Moineau* s'est propagé en nombre exceptionnel aux Etats-Unis et en Australie; en Australie, le *Lapin,* que l'on compte par millions, a causé des désastres, en dévorant l'herbe réservée aux Moutons, et même les feuilles d'eucalyptus. — Certaines espèces ont disparu; dans les îles Britanniques, les derniers loups ont été tués en Irlande au milieu du XVIIIe siècle; l'*Auroch,* l'ancien urus, paraît avoir complètement disparu; le Bison d'Europe existe encore dans le Caucase et dans les parties qui lui sont réservées dans une forêt de Lithuanie; il ne reste plus au Canada qu'un petit nombre de *Castors,* très nombreux encore au milieu du XIXe siècle; le *Bison d'Amérique* n'existe plus que dans une réserve des Montagnes Rocheuses; au moment de la construction du premier chemin de fer transcontinental, inauguré en 1869, il y eut un véritable massacre.

La PISCICULTURE et l'*ostréiculture* ont renouvelé la population des eaux douces et de la mer.

et la forêt pyrénéenne disparaît peu à peu; des torrents se forment qui, sur le sol sans défense, arrachent une masse prodigieuse de matériaux.

L'homme a compris le danger; des *reboisements* et des *gazonnements* ont été organisés avec méthode dans les montagnes, dans les régions les plus menacées, afin de diminuer la puissance de destruction des torrents; on atténue la pente en la divisant en un certain nombre de sections à l'aide de barrages en pierres.

8. **Physionomie nouvelle de la terre.** — On peut dire, avec A. de Humboldt, que l'homme a bouleversé la physionomie animale et végétale du globe[1]. Aux États-Unis, il y a à peine un demi-siècle, de belles forêts couvraient la partie orientale, surtout dans les monts Alleghanys, à l'Est des États; à l'Ouest, les arbres n'étaient plus que par bouquets au milieu d'immenses prairies de graminées, domaine des Bisons; dans l'Ouest lointain, la prairie devenait une steppe plus ou moins désertique. Aujourd'hui subsistent encore de vastes étendues de forêts; mais la prairie a disparu devant la culture; du Nord au Sud s'étendent d'immenses champs de Blé, puis de Maïs, enfin de Coton; à l'Ouest, des millions de Moutons et de Bœufs vivent dans la steppe.

En *Australie*, plus que partout ailleurs, l'action de l'homme s'est imprimée d'une façon saisissante. Dans la région du Murray et d'Adélaïde, les *grands champs de Blé*, les vastes plantations de vergers, empiètent largement sur les étendues monotones où ne poussaient que des buissons et des herbes dures. Avec ses Chevaux, ses bêtes à cornes et ses Moutons, le *squatter*, l'éleveur australien, a pris possession de magnifiques pâturages, terre promise des éleveurs. Naturellement ce sont les Moutons, le bétail des contrées sèches, dont le nombre est le plus considérable; c'est par millions qu'ils paissent les larges croupes à l'Ouest de la Cordillère australienne. Dans les parties les plus désertiques de l'intérieur, on a tenté avec succès l'acclimatation des Chameaux, et leurs caravanes ravitaillent régulièrement les stations du télégraphe transcontinental; on a planté des Palmiers-dattiers auprès des sources artésiennes du bassin du lac Eyre, et déjà l'on a pu entrevoir toute une traînée de fraîches et verdoyantes oasis dans ces régions désolées. C'est un tableau de la vie magiquement changé, une véritable création.

## C. — Déplacement des centres de peuplement et d'activité.

9. **Rôle des Européens.** — Ce sont les Européens qui ont contribué le plus à ces changements profonds dans la physionomie de la terre. Les régions nouvellement découvertes, les pays neufs, ont exercé sur eux un attrait puissant; ils pouvaient utiliser de nombreux moyens de transports; la perspective de richesse qu'ils croyaient facile les ont facilement déterminés à

1. A. DE HUMBOLDT, *Cosmos*, trad. Faye, 1836, I, p. 417.

quitter leur patrie pour s'établir en un autre pays. A ces causes s'en ajoutent beaucoup d'autres : crises politiques ou économiques; parfois guerres de religions et de races; ou bien encore la famine, les années de mauvaises récoltes.

**10. Émigration.** — Pendant tout le XIX^e^ siècle, les *Iles Britanniques*[1] ont été un point d'émigration intense; en 1815 on ne comptait guère que 2100 émigrants; le total avait atteint 9 millions en 1900; le total de l'année 1903 fut de 261 000. — L'*Allemagne*[1] a fourni également un important contingent à l'émigration, avec de fortes oscillations d'ailleurs; le chiffre qui fut de 221 000 Allemands à dater de 1881, n'était plus que de 22 000 à 32 000 de 1898 à 1902. — Le nombre des *Austro-Hongrois*[1], émigrant aux États-Unis à peu près pour la totalité, s'accroît nettement dans ces dernières années : 135 400 en 1901, dont 133 800 aux États-Unis. — L'*émigration italienne* a pris à la fin du XIX^e^ siècle une réelle importance; les chiffres s'élèvent de 300 000 en 1897 à 533 200 en 1901 et 531 500 en 1902; dans cette année, 236 000 pour l'Europe; 193 700 pour les États-Unis; 40 000 au Brésil et 38 000 aux États de la Plata; en 1903, 230 622 Italiens pour les États-Unis.

Depuis 1892, 60 000 à 70 000 *Espagnols* se rendent au Brésil et dans la Plata; en 1895-96, le chiffre a été de 287 000 émigrants (guerre avec les Etats-Unis). Les *émigrants scandinaves* pour le Canada ou le Nord des Etats-Unis ne dépassent guère le chiffre de 25 000; la *Russie* a envoyé dans les terres qu'elle a conquises en Asie, surtout en Sibérie, quelques millions de colons, cultivateurs et éleveurs (128 000 en 1901); 30 000 à 50 000 Russes, selon les années, vont s'établir aux Etats-Unis depuis 1896. — La *France* n'a jamais été un peuple migrateur; de 1857 à 1891 le total des émigrants français fut de 286 000 (59 400 aux Etats-Unis); en 1892 et 1893, 5 500 et 5 300 sont les derniers chiffres publiés par les statistiques (Etats-Unis, République Argentine)[2].

1. Dans le *Royaume-Uni*, l'émigration commença vers 1852; le grand exode des Irlandais avait eu lieu après 1847; 3 millions en 12 ans. — En *Allemagne*, de 1851 à 1854, la cherté des céréales détermina le départ de 790 000 habitants; puis le mouvement diminua, pour reprendre avec la guerre de 1870-71; il s'abaissa de nouveau entre 22 000 et 45 000 émigrants; c'est la politique économique de Bismarck, à dater de 1881, qui amena l'exode de 221 000 individus. — En *Autriche-Hongrie*, l'émigration était de 38 000 en 1897, de 55 000 en 1898, de 100 000 en 1899, de 116 000 en 1900, de 180 000 en 1902.

2. Des nègres d'Afrique ont été répartis comme esclaves dans l'Amérique tropicale; l'abolition de l'esclavage a privé de main-d'œuvre les colonies européennes; on a fait appel aux *coolies hindous*, qui les ont remplacés sur quelques points (10 700 en 1897; 21 600 en 1901 : Natal, Maurice, îles Fiji, etc.). Les *Chinois* s'intro-

11. **Immigration.** — Par cette *immigration* les Européens ont fait naître des groupements nouveaux; ils ont introduit de toutes pièces, dans des pays neufs, des éléments destinés à former des nations civilisées.

En *Australie*, la transformation est complète, et cela en moins d'un siècle; nous venons de voir comment avait changé la vie végétale et animale; ce pays, peuplé par quelques milliers de sauvages, possède aujourd'hui près de 4 millions d'habitants. La population, très faible vers 1835, augmente avec le début du développement pastoral et agricole; hausse brusque en 1851, plus de 350 000 hab., due à la découverte de l'or; en 1880, 2 250 000 hab.; en 1901, 3 771 700 : çà et là les richesses minérales ont fait en quelques semaines jaillir une ville où jadis on ne pouvait voir autre chose que quelques huttes chétives d'indigènes; des voies ferrées sillonnent des contrées que les explorateurs déclaraient naguère infranchissables.

Les *Etats-Unis* forment aujourd'hui une des nations les plus avancées en civilisation. En 1790 la population était de 3 900 000 (avec nègres et esclaves); l'essor est magnifique dans les trente dernières années : 1870, 38 500 000 hab.; 1890, 62 600 000; 1900, 76 000 000 habitants. Dans ce total l'immigration compte pour un chiffre notable; elle n'est devenue importante que vers 1847-48, au moment des famines d'Irlande et des troubles politiques de l'Allemagne; en tout, de 1820 à 1902, le nombre total des immigrants s'élèverait à 20 635 000, ce qui donne une proportion très forte et unique de l'élément étranger; les Allemands y figurent pour un peu plus de 5 millions; les Irlandais, pour plus de 3 millions et demi; viennent ensuite, par ordre d'importance, les Anglais, les Franco-Canadiens, les Scandinaves; l'Italie, qui ne comptait que pour 370 000, a envoyé 1 million d'immigrants de 1890 à 1902; la France, qui reçut 5 600 immigrants, en a envoyé 29 200, de 1894 à 1903.

12. **Les grandes agglomérations urbaines.** — Les établissements des hommes marquent, eux aussi, une transformation profonde et des formes nouvelles. La caractéristique de l'époque actuelle, « c'est l'entassement toujours croissant des populations dans les villes », au détriment d'autres cités et de la population rurale; « c'est un fait capital de la civilisation actuelle » (Woeikof).

Les causes de ce phénomène sont assez faciles à déterminer et n'apparaissent en définitive que comme un fait normal d'évolution. En ce qui concerne la croissance des villes, certains

duisent partout, dans les îles des nombreux archipels qui bordent l'Asie à l'Est, dans l'Indo-Chine, dans l'Inde. Il a fallu, en Australie et aux États-Unis, des mesures prohibitives pour arrêter leur expansion. Les *Japonais* émigrent aux Etats-Unis (14 270 en 1902, 19 968 en 1903).

faits s'expliquent par eux-mêmes. Le lien est évident entre les cités industrielles, surtout les centres métallurgiques, et les bassins houillers qui les alimentent; des groupes nombreux s'y sont rapidement formés; la prospérité de l'industrie et du commerce et, dans certains cas, la paix politique ont contribué à attirer les hommes dans les grandes villes. Mais la cause principale doit être cherchée dans les modifications des conditions de transport, des MOYENS DE COMMUNICATION.

Le plus souvent, la cause déterminante du développement d'une ville c'est qu'elle est d'abord un petit centre, un point d'étape, au carrefour de voies de communication; puis, si les communications deviennent plus faciles, et plus rapides les moyens de transport, la population se déplace normalement vers un autre centre urbain, dont la sphère d'action et le rayonnement sont plus grands, où plus d'intérêts humains trouvent satisfaction. Cette population en marche ressemble par certains côtés à ces fleuves qui, attirés par leur niveau de base, s'attardent plus ou moins longtemps aux difficultés du chemin, avant d'établir leur profil d'équilibre. Les petites villes étaient jadis des arrêts nécessaires sur la route; ces étapes sont devenues inutiles; la petite ville se vide; elle s'étonnera de mourir. — Les ports assez profonds, bien abrités, autrefois prospères, mais presque sans débouchés par suite de la difficulté d'accès, ont eu un sort identique; ils ne peuvent lutter contre les grands organismes maritimes, où dans les bassins nombreux, dus à l'initiative des hommes, s'accumulent vapeurs et voiliers, et que des canaux, des voies ferrées, relient aisément à un riche arrière-pays.

En *Angleterre*, le développement des villes est parallèle à l'essor de l'industrie dans le dernier siècle; il est donc très récent. LONDRES a eu une croissance assez régulière : en 1700, 530 000 habitants; 958 000 en 1801; en 1901, 4 536 000 hab. Parmi les villes de grande industrie, *Liverpool* a grandi de 9 000 hab. en 1701, à 78 000 en 1801, et 684 800 en 1901; *Manchester*, de 30 000 en 1786 à 540 000 en 1901; *Glasgow*, en 1801, 30 000 hab.; en 1902, 775 000.

Les trois autres grands foyers d'attraction sont Paris, Berlin et Vienne. Aujourd'hui la *France*[1] n'est plus comparable à

1. En France, l'industrie et le commerce ont décuplé la population de *Saint-Étienne*, 16 000 en 1801 et 146 500 hab. en 1901; de *Roubaix*, 8 000 et 142,300; du *Havre*, 16 000 et 130 000. — En Allemagne, en 1801, *Hambourg*, 100 000 hab.; 705 000 en 1900; *Munich*, 40 000 et 500 000; *Hanovre*, 18 000 et 235 000. — En Russie, sur la mer Noire, le commerce et l'industrie ont doté *Odessa*, qui n'a qu'un siècle d'existence, de 405 000 hab.; la houille et l'industrie ont attiré une population nombreuse dans les villes polonaises; *Lodz*, bourg insignifiant en 1830, avait 34 000 hab. en 1867 et 314 000 en 1897.

L'*Angleterre* possède 428 villes ayant plus de 10 000 hab.; 24 comptent de 100 000 l'Angleterre, qu'elle dépassait au début du XIXe siècle : PARIS a cependant progressé régulièrement au cours du dernier siècle : 548 000 hab. en 1801; 2 714 000 en 1901; aux mêmes dates, à *Marseille*, 111 000 et 491 000; *Lyon*, 109 000 et 459 000. En *Allemagne*, le développement des centres urbains ne s'est accentué qu'après 1871; celui de BERLIN a été très rapide

VUE DE PARIS, en aval du Pont-Royal.

Cette vue nous donne une idée des conditions nouvelles des grandes villes d'ancienne civilisation. La Seine a toujours une grande activité de navigation; en 1895 51 000 bateaux accostaient les vingt-deux ports de Paris, jaugeant 8 400 000 tonneaux. Le Louvre, Notre-Dame et d'autres monuments évoquent les souvenirs anciens.

172 000 hab. en 1801; 826 000 en 1871; 1 667 000 en 1895; 1 889 000 en 1900.

à 250 000; 9 au-dessus de 250 000. En 1901, la *France* avait 71 villes au-dessus de 30 000 hab., et 15 au-dessus de 100 000. En 1900, l'*Allemagne* comptait 40 villes entre 50 000 et 100 000, 24 au-dessus de 100 000; 9 au-dessus de 250 000; elle seule peut rivaliser à cet égard avec l'Angleterre. L'*Autriche* n'a plus que 6 villes au-dessus de 100 000. La *Russie* compte 38 villes de 50 à 100 000 hab., 19 villes au-dessus de 100 000. L'*Italie* comptait, en 1901, 11 villes de plus de 100 000 hab.

Aux *États-Unis*, en 1900, 40 villes ont de 50 000 à 100 000 habitants; 19 de 100 000 à 200 000; 16 de 200 000 à 500 000; 3 de plus d'un million (Philadelphie, Chicago, New-York).

Attraction urbaine moins puissante en *Autriche;* de 231 000 hab. en 1801; VIENNE comptait 1 665 000 en 1900; *Budapest,* en Hongrie, 732 000 hab. en 1900. — En *Italie,* la vie urbaine a été anciennement établie; *Naples* avait 350 000 hab. en 1800, 563 000 en 1901; *Rome,* 170 000 et 463 000 hab.; Milan comptait 491 000 hab. en 1901. En Russie, SAINT-PÉTERSBOURG comptait 400 000 hab. en 1801; en 1897, 1 267 000.

Quelques observations pour préciser cet aperçu. Les habitants des grandes villes ont une tendance à quitter le centre et à s'établir à la périphérie; de plus, la superficie occupée est très différente. Londres occupe 31 000 hectares, Vienne 16 000, Paris 7 800, Berlin 6 450. Paris avait, en 1896, 326 hab. par hectare, Berlin 260, Londres 136, Vienne 85. — Il faut encore remarquer que les villes d'industrie ou de commerce ont toujours un cortège de villes succursales, de satellites dont la population forme avec la ville principale un chiffre beaucoup plus élevé; c'est le cas de *Glasgow,* de *Manchester* en Grande-Bretagne, de *Hambourg* sur l'Elbe, etc.

13. **Dépopulation rurale.** — L'attraction des grandes villes a eu, en de nombreux pays, pour conséquence de diminuer la population des campagnes et des villages. En *Angleterre,* le progrès des centres urbains a été caractéristique; la population urbaine ne représentait encore que 49 °/ₒ en 1841; en 1871 elle comptait pour 69 °/ₒ, et en 1901 pour 77 °/ₒ; la population rurale était réduite à 23 °/ₒ. Le fait remarquable, c'est que cette population rurale n'avait cessé d'augmenter : 5 200 000 en 1801; 8 113 000 en 1871; 10 150 000 en 1881; elle marque un léger fléchissement: 8 200 000 en 1891, qui s'est accentué de nos jours.

En *France,* la population rurale est plus nombreuse que celle des villes, mais elle est en voie de décroissance; en 1790 cette population comptait pour 78 °/ₒ du total; en 1851, 74 °/ₒ; en 1872, 69 °/ₒ; en 1896 elle n'était plus que de 60 °/ₒ; le chiffre de 1901 est inférieur; les grandes villes, les cités industrielles, ont augmenté au détriment de nos pays agricoles, très peuplés autrefois, notamment la Bourgogne, le Nivernais, le Sud-Ouest de la France, etc.[1].

## Appendice.

14. **Les grandes villes des pays neufs.** — Des pays neufs entrés, au cours du XIXᵉ siècle, presque soudainement en contact avec la civilisation la plus haute, ont présenté des phénomènes humains d'une nature particulière. Comment l'homme, pourvu de toutes les armes de la science, allait-il fixer ses établissements dans ces régions inexploitées?

1. En *Allemagne,* les progrès des centres urbains ont été continus depuis 1871; mais la population rurale n'avait pas diminué jusqu'en 1890 comme nombre; elle représentait alors 53 °/ₒ; ce chiffre n'était plus que de 50 °/ₒ en 1895. — En *Autriche,* la population des campagnes dépasse nettement celle des villes; mais les villes exercent une attraction visible; en *Hongrie* se produit le phénomène d'un accroissement notable de la population rurale; l'ensemble atteint 76 °/ₒ. — Au *Danemark,* les campagnes ont toujours la majorité; mais elles ne comptaient plus, en 1901, que 60 °/ₒ, alors qu'en 1890 la proportion était de 69 °/ₒ; le développement des centres urbains est assez nettement accusé. — Les grandes agglomérations de la *Russie* se développent, mais sans porter atteinte à l'accroissement des campagnes. — En *Espagne,* les villes ne possèdent guère que 30 °/ₒ du total (1900); en *Italie,* les villes ont fait de grands progrès.

On ne trouve pas dans ces pays neufs de petites villes, ayant jadis, en des temps plus anciens, formé un centre et qui, éclipsées par une autre cité d'une action plus large, ne sont plus que des épaves du passé. Sur les terres nouvelles, la population s'est groupée directement dans les grands centres naturels, qui se sont immédiatement développés, sans le stage plus ou moins prononcé des anciennes cités dans des conditions d'étendue restreinte. Les points d'accès facile, de ressources certaines, ont été choisis et dotés d'abord de voies de communication ; la ville s'est ensuite rapidement développée.

15. **Australie.** — Dans la *République d'Australie,* les capitales des colonies comptent plus du tiers de la population totale; en 1901, SYDNEY avait 496 000 hab. sur 1 355 000 dans la Nouvelle-Galles du Sud ; MELBOURNE, 496,000 hab. sur 1 200 000, soit 2/5, dans la colonie de Victoria; dans l'Australie du Sud, ADÉLAÏDE, 163 000 hab. sur un total de 362 000, presque la moitié; ce qui donne à ce dernier chiffre toute sa valeur, c'est que la colonie s'étend sur 2 260 000 kmq., plus de 4 fois la France. Très rarement, dans ces colonies, les autres groupes urbains dépassent 20,000 hab. Toutes ces villes ont naturellement, selon la mode anglo-saxonne, des faubourgs où les commerçants se reposent du souci des affaires. Le plus souvent, ces villes ont dans leur disposition des éléments artificiels et hâtifs ; *Sydney,* du moins, qui date de plus d'un siècle, située admirablement, n'est pas construite suivant le type que nous allons rencontrer bientôt en Amérique ; dans les quartiers les plus anciens, les rues ne sont pas rigoureusement droites ; elles vont un peu à l'aventure ; il y a même des rues étroites avec des maisons démodées. *Melbourne* rappelle les villes américaines avec ses maisons très hautes, ses rues à angle droit ; mais, à côté d'édifices splendides, subsistent des masures, des maisons rudimentaires, qui sont l'indice d'une origine difficile et d'une inégale destinée.

16. **États-Unis.** — Dans les pays neufs, le grand obstacle résidait, le plus souvent, dans l'étendue, dans l'espace, dans la distance parfois démesurée; la rapidité des moyens de transport a triomphé de toutes ces difficultés. Des centres naturels — aux États-Unis, par exemple, New-York, Chicago, San Francisco, etc., et tant d'autres, — se sont immédiatement développés, grâce à la multiplication des voies de circulation en tous sens, grâce au développement intense et souvent prodigieux de l'industrie et du commerce. Les villes ont eu des modes particuliers de croissance ; beaucoup ont absorbé des villes voisines, à qui elles se réunissaient par des jetées, des viaducs géants ; tout, d'ailleurs, moyens de transport dans la ville, maisons, largeur et longueur des rues, hôtels, théâtres, ont pris des proportions « plus grandes », inusitées ailleurs.

NEW-YORK, fondée en 1614, était établie au Sud de l'île de Manhattan, entre les deux estuaires de l'Hudson et de l'East River; de cette époque reste le vieux quartier de la basse ville, aux rues étroites et sordides. La ville grandit, grâce à son excellent port et son admirable situation géographique au débouché de l'Hudson, qui ouvrait la route la plus favorable vers les grands lacs et les centres industriels et agricoles naissants; elle dut se développer au Nord, avec des voies parallèles, régulières, aux constructions de 10 à 20 étages, aux avenues somptueuses avec des palais magnifiques, comme ceux de la *Cinquième avenue;* l'artère maîtresse est *Broadway,* la *Grande Rue,* qui va de la ville basse à la ville haute. La ville a débordé dans *Long Island*, au delà de l' « East river »; *Brooklyn* est née ainsi. Sur la rive droite de l'Hudson, plusieurs villes, appartenant à un autre État, *Jersey City* et *Hoboken*, sont liées à la vie de New-York. Cet ensemble avait, en 1890, 3 250 000 hab.; en 1900, 3 437 000. L'activité est dévorante; des trains rapides desservent sans trêve la ville, sur une voie aérienne en arcatures à colonnes; des bacs peuvent transporter des milliers de passagers pour Brooklyn ou Jersey City; un pont suspendu, sur deux piliers, avec une portée de 486 mètres, relie Brooklyn à New-York. Le port, immense, s'étend sur près de 100 kmq.

CHICAGO doit sa fortune à sa situation au Sud du lac Michigan, au cen-

NEW-YORK BROADWAY, « LA GRANDE RUE »

Des tramways multiples sillonnent la rue, les piétons se hâtent sur les trottoirs on devine une activité fiévreuse. La grande maison à droite a 15 étages. Tout cet ensemble présente une certaine grandeur, mais aussi de la monotonie. New-York n'a point le charme de Paris.

tre de la vie active des grands lacs, au centre de la grande région agricole des Etats-Unis; elle est un carrefour d'innombrables voies ferrées (27), le premier port lacustre de l'Amérique; sa croissance, son organisation, ont quelque chose de prodigieux. En 1830, au Sud du lac, sur une butte de sable, un fortin dominait quelques maisons; 4 000 habitants en 1832; 300 000 en 1870; l'année suivante un incendie étend ses ravages sur 8 kmq. et brûle 18 000 maisons; en 1872, 364 000 hab.; en 1880, 503 000; en 1890, 1 100 000; en 1900, 1 698 500; Chicago a gagné plus de 1 200 000 âmes en 20 ans. Un territoire de 470 kmq. est réservé sur la rive du lac pour l'extension de la ville; les constructions y sont grandioses; 20 000 commerçants, banquiers, employés, etc., ont leurs bureaux dans une seule maison à 20 étages; l'hôtel l'« Auditorium » est un monde; 8 000 personnes ont place dans sa salle de spectacle.

Ces deux exemples suffiront sans doute ; il serait d'ailleurs facile de les multiplier. Toutefois, certains traits caractéristiques sont intéressants à signaler ; il s'est formé aux Etats-Unis, moins fréquemment qu'on ne l'écrit d'ordinaire, des groupements temporaires, surnommés *Villes-Champignons;* la cause principale fut la découverte des mines ; en quelques jours des rues étaient tracées, un nom retentissant donné à cette ville encore à naître ; souvent elle n'a eu qu'une existence éphémère.

La vie fiévreuse des grandes villes, surtout des cités industrielles, nécessite pendant quelques mois de l'année le séjour dans un site plus tranquille, un air plus salubre ; en Europe, tous les grands centres urbains ont leur *ville d'été;* aux Etats-Unis, c'est une véritable institution. La population d'été, *Summer population,* se déplace régulièrement chaque année, de préférence sur les bords de l'Océan ; dans le Maine (Etats du Nord-Est), l'île du Mont Désert est un séjour très recherché ; Newport, dans le Rhode-Island, est la station préférée des hommes d'affaires richissimes, des *rois* de l'industrie ou du commerce ; sur les rivages sablonneux du New-Jersey, se pressent chaque année en été 500 à 600 000 hab. de New-York et de Philadelphie ; Atlantic City, les cottages du Cape May, regorgent de population ; l'hiver ils sont abandonnés.

La proportion de la population urbaine s'est accrue à chaque décade . en 1860, 16 °/₀ ; en 1880, 22 °/₀ ; en 1890, 29 °/₀. Ce sont les Etats du Nord-Est où l'attraction industrielle a produit le plus fort dépeuplement des campagnes.

Enfin, une dernière remarque sur la physionomie de la population urbaine aux Etats-Unis. En beaucoup de régions, les centres urbains ne sont encore que des îlots épars ; mais l'espace, obstacle autrefois, est conquis ; les parties inhabitées sont une garantie, une sorte de réserve pour le développement de l'avenir.

LECTURES. — Fr. Ratzel, *Politische Geographie,* Leipzig, 1897 ; — Cf. Vidal de la Blache, *la Géographie politique, à propos des écrits de Fr. Ratzel* (*Annales de Géogr.*, VII, 1898). — Fr. Ratzel, *Anthropographie*, I, 2e éd., Stuttgart, 1899. — A. Woeikof, *De l'influence de l'homme sur la terre* (*Annales de Géogr.*, X, 1901, p. 73, 193). — P. Meuriot, *Des agglomérations urbaines dans l'Europe contemporaine*, Paris, 1897.

# QUATRIÈME PARTIE

## Grands traits de la géographie économique du globe.

# CHAPITRE PREMIER

## LES PRODUITS ALIMENTAIRES

### I. — Les céréales.

**Généralités.** — La *science* et l'admirable développement des *voies de communications* ont provoqué une révolution dans les produits alimentaires, cultures, élevage, horticulture, etc. Les *pays neufs* ont exploité facilement des terres vierges; les *pays d'ancienne culture* ont dû s'adapter aux pratiques modernes, pratiquer la culture intensive, enrichir le sol par des engrais savamment choisis, employer une machinerie agricole perfectionnée, etc.

**Les Céréales. — a). Le Froment ou Blé.** — Le Blé, graminée annuelle, prospère dans les régions tempérées, chaudes ou froides sans excès, avec des pluies au printemps, de la chaleur en été; les bons sols sont des *alluvions*, des *débris volcaniques*, des *dépôts glaciaires*, etc. — La production du Blé a atteint 892 millions hl. en 1901. Les **États-Unis** disposaient de terres à Blé remarquables dans les *prairies* et dans l'Ouest; leur culture est extensive, sans amendements; la moisson se fait avec des machines perfectionnées. **Chicago**, avec ses *elevators*, est le grand centre du commerce du Blé.

La **Russie** a une production très appréciable; la **France** également, où le Blé a une importance nationale; mais la France doit en importer. On peut citer encore la *Hongrie*, l'*Italie*, etc.

Les **États-Unis** sont les **grands exportateurs** de Blé, surtout en Angleterre; en Europe, la *Russie*, la *Hongrie*, la *Roumanie*, ont une exportation sujette à des variations.

**b).** — L'**Orge**, anciennement cultivée, très rustique, pousse à la fois dans des régions de climat rude ou chaud; elle est surtout cultivée en *Russie*, aux *États-Unis*, en *Allemagne;* elle est précieuse pour le malt de bière. — Peu exigeant pour la chaleur et pour le sol, le **Seigle** est surtout cultivé en *Russie*, en *Allemagne*, en *Autriche*. — L'**Avoine** préfère les climats assez froids et humides et des sols de moyenne fertilité; la *Russie* est encore le plus grand producteur en Europe; puis viennent l'*Allemagne*, les *Iles Britanniques;* au premier rang sont les *États-Unis*. — Le **Maïs**, originaire d'Amérique, est assez exigeant pour la chaleur et la pluie; aux *États-Unis*, le climat favorable a donné au *Corn-Belt* (champ de Maïs) un développement prodigieux (880 millions hl. en 1902); en

*France*, il pousse dans la Bresse et les régions du Sud-Ouest; il mûrit aussi en *Italie*, en *Roumanie*, dans la Russie méridionale.

**c).** — Le **Riz**, « Blé des races jaunes », exige des terrains très féconds, notamment les alluvions des fleuves et surtout les régions deltaïques; l'eau lui est aussi indispensable que la terre; il lui faut de la chaleur, et il se développe surtout dans la zone intertropicale. La culture se fait par *irrigation naturelle* des fleuves, en *Indo-Chine*, dans l'*Inde*, etc.; par *irrigation artificielle*, qui est très développée en *Chine*; elle est l'objet d'admirables travaux de cultures en terrasses à *Java* et à *Madagascar*. Le riz est consommé sur place; on ignore le total de la production. La *Birmanie* et l'*Indo-Chine française* font le commerce le plus important de riz.

**Appendice.** — Diverses autres céréales : le *Sarrasin* ou *Blé noir*, le *Millet*, le *Sorgho*.

**1. Généralités sur l'évolution des produits alimentaires.** — Les prodigieuses transformations que la science et l'admirable développement des voies de communications ont introduites dans la vie du globe, au cours et surtout à la fin du XIXe siècle, sans arrêt d'ailleurs, ont eu nécessairement une puissante répercussion sur la vie économique de la terre. Elles ont provoqué une véritable révolution dans les PRODUITS ALIMENTAIRES qui ont dû être adaptés aux nouvelles méthodes, aux exigences d'une concurrence économique sans cesse croissante, dans les cultures les plus diverses, l'horticulture, dans l'élevage, l'exploitation de la pêche, etc.

**2. Les pays neufs.** — Des pays neufs comme les *Etats-Unis*, le *Canada*, l'*Australie*[1], avaient pu mettre en exploitation d'immenses étendues de terres vierges, très fertiles. La rapidité des transports, la facilité des communications, les procédés méthodiques pour l'envoi des viandes et des fruits, provoquèrent une force de production exceptionnelle dans ces centres nouveaux, pratiquant la culture extensive et vendant à bas prix, surtout en Europe. — En Europe, l'entassement de la population dans les villes industrielles, la montée croissante des besoins, déterminèrent de grands progrès de toutes sortes dans les cultures des pays de production, étant elles-mêmes des centres certains de consommation. Le fait est d'une grande netteté dans la région industrielle du Nord de la France.

**3. Les pays d'ancienne culture.** — Les pays d'ancienne

1. Voir H. Hitier, *l'Évolution de l'agriculture* (*Annales de Géogr.*, X, 1901, p. 385-400).

culture furent débordés; la déchéance atteignit ceux qui s'attardaient aux pratiques surannées. En France et en beaucoup d'autres pays, de petits propriétaires, aimant à récolter sur leur terre de quoi satisfaire leurs besoins, même lorsque le sol était défavorable, durent comprendre qu'ils devaient se livrer à une culture intensive pour les spécialités les mieux adaptées à leur sol.

Des pratiques modernes furent généralisées en Allemagne, où la science agronomique est remarquablement développée, et qui a servi d'éducatrice aux Russes, aux Hongrois, aux Américains, aux Japonais; en France, en Belgique, il y a des *instituts* et des *écoles d'agriculture* ou d'*horticulture*, parfois des *écoles spéciales*, des *stations agronomiques*, des *laboratoires d'essais* et *de recherches;* des *expositions agricoles* ont provoqué le progrès. Tout cet ensemble d'institutions permit de connaître les exigences d'un sol, les éléments qui lui sont indispensables, qu'il faut lui donner ou lui restituer, les cultures et les procédés à suivre, etc.

4. **Engrais et machinerie agricole.** — La CHIMIE AGRICOLE a fait naître la notion des sols complets et incomplets; il fallait avoir recours aux engrais; selon leur nature, les sols manquaient de potasse, d'azote, d'acide phosphorique, etc. Le fumier de ferme, seul engrais autrefois, sans être négligeable, était insuffisant; on a trouvé des formes diverses et nombreuses de *phosphates* (*phosphorites, sables, craies, calcaires phosphatés, nodules de phosphate* (Voir p. 254-255); les *superphosphates*, obtenus par le traitement des phosphates par l'acide sulfurique, donnent lieu à une grande production. — On recherche aussi les *engrais azotés*, le *sulfate d'ammoniaque*. De la côte Nord du Chili on extrait le *nitrate de soude*, que des flottilles de voiliers d'Allemagne (Brême et Hambourg) et de France vont chercher comme engrais chimique pour la betterave sucrière (voir p. 559).

La *machinerie agricole* a été perfectionnée. Les paysans pauvres de la *Montagne* des Cévennes labourent encore leur champ de seigle avec le vieil *araire* des Romains. Ailleurs on se sert de *charrues* perfectionnées ; aux États-Unis on emploie des *charrues à vapeur*, qui sur le sol peu accidenté retournent la terre à une faible profondeur; en *Allemagne*, ces *charrues à vapeur* labourent profondément la terre, surtout pour les cultures de betteraves. Il faut encore parler des *semoirs mécaniques* alignant régulièrement les graines; au temps de la moisson, aux Etats-Unis, des *moissonneuses-lieuses*, traînées par 2 à 4 chevaux, fauchent les immenses étendues de Blé; en Russie, de grands *battoirs à vapeur* recueillent le Blé sur place, etc.[1].

1. Les méthodes scientifiques ont été implantées dans les pays tropicaux, surtout les colonies; on s'y est efforcé de préciser les conditions de climat et de sol, afin de cultiver les seules plan s qui y peuvent prospérer, et d'éviter les mécomptes

A côté des céréales ou des grandes cultures, comme la Betterave, la culture maraîchère, les arbres fruitiers dans les jardins, les vergers immenses comme ceux de Nouvelle-Zélande et de l'Australie du Sud-Est ont pris un développement inattendu. Puis, ce fut l'élevage, parfois combiné avec certaines cultures, comme nous le verrons plus loin, qui donna naissance à des *beurreries* mécaniques, à une admirable *industrie laitière*. Enfin la pêche reçut une organisation méthodique.

## A. — Les céréales.

**a). 5. Le Froment ou Blé.** — Le BLÉ, une des plus anciennes plantes cultivées après le Millet, paraît originaire de la Mésopotamie, d'où il s'est répandu en Europe. Le Blé, graminée, est une herbe annuelle dont les racines donnent naissance à des tiges aériennes, ou chaumes, que termine un épi. Il existe de très nombreuses variétés; on peut se contenter de la division en *Blés durs*, à épis barbus (semoules, pâtes alimentaires), qui viennent de préférence dans les climats chauds et secs, et *Blés tendres*, à épis lisses (fabrication du pain), dans les climats tempérés; on distingue encore, d'après l'époque des semailles, les *Blés d'hiver* et les *Blés de printemps*.

**6. Le climat et le sol.** — Les régions tempérées, chaudes ou froides sans excès, forment le domaine d'élection du Blé; robuste et assez rustique, il résiste facilement à de fortes gelées, s'il a un manteau protecteur de neige, et à des hivers longs; il redoute les hivers tempérés; au printemps, des pluies douces sont bienfaisantes pour la croissance et la montée de la tige; pour mûrir son grain, il ne craint pas les chaleurs d'un été sec; des pluies lui seraient alors nuisibles. Le Blé commence à germer à 6°; il lui faut une somme totale de température de 2 200° à 2 400°. Les limites altitudinales de culture varient avec la latitude; en France il s'élève à 1 000 m. dans les Alpes maritimes, à 400 dans l'Ardenne. Les limites Nord de la culture figurent sur la carte; dans l'hémisphère austral, les limites sont marquées par l'extension de la culture.

trop fréquents. Dans l'Inde et l'archipel Asiatique (possessions hollandaises), notamment à Java, depuis déjà de longues années, on a pratiqué des cultures méthodiques; plus récemment, dans les colonies françaises de l'Afrique occidentale, et surtout de Madagascar et de l'Indo-Chine, des services spécialisés sont chargés d'étudier la valeur des produits, les besoins des divers sols, la mise en valeur des ressources naturelles; il existe des *Laboratoires d'analyses*, des *Champs d'expériences* et des *Jardins d'Essais*, etc., qui essayent des cultures nouvelles, améliorent les cultures existantes, etc.

Les bonnes terres à Froment, les *terres complètes*, pour employer l'expression de M. Risler, doivent être perméables, assez profondes, moyennement argileuses et de fertilité suffisante. Le blé vient mal sur les craies sèches ou calcaires compacts, sur les terrains sablonneux ou granitiques sans consistance, dans les sols humides. De bons sols sont les terres d'*alluvions* fluviales *argileuses et perméables;* les *débris volcaniques* donnent des terrains de grande fécondité; les *dépôts glaciaires* sont en général des territoires fertiles; le *lœss*, le *limon des plateaux*, le *tchernoziom*, sont d'excellentes terres à Blé. Le Blé a besoin d'une terre riche en azote, en sels potassiques; les sols d'élection doivent être argilo-calcaires ou calcaro-siliceux. Les engrais, les amendements, peuvent transformer des terres médiocres comme les régions granitiques et schisteuses, y déterminant une production notable.

7. **Production mondiale du Blé.** — En 1896, on estimait la production mondiale du Blé à 789 millions d'hectolitres, comme *rendement moyen annuel*, sur une surface de 725,000 kilomètres carrés; le plus haut chiffre atteint ayant été 945 millions, le plus bas 636; le total de 1896 fut de 875 millions; en 1901, de 892. En 1901, les États-Unis tiennent de loin le premier rang avec 262 millions d'hectolitres; viennent ensuite la Russie avec 143 millions; la France avec 109 500 000; l'Inde Anglaise avec 49 millions de quintaux[1] (1900). Parmi les autres pays de récolte notable, il faut signaler l'Italie, 52 millions d'hectolitres, l'Autriche-Hongrie, 52 millions (Autriche, 15 800 000; Hongrie, 36 200 000); l'Allemagne, 29 millions de quintaux[2] (y compris l'épeautre); l'Espagne, 27 millions de quintaux[2]; le Canada, 28 millions d'hectolitres; les Iles Britanniques, 19 millions, etc.

8. **Le Blé aux États-Unis.** — Dès 1880, les États-Unis tenaient la première place dans la production du Blé. La culture, développée d'abord dans les États Atlantiques, se déplaça de plus en plus vers l'Ouest, dans les États du Nord-Centre (Ohio, Indiana, Illinois, Michigan); le Blé y trouva dans les *prairies*, vastes étendues de graminées luxuriantes avec bouquets d'arbres, un sol favorable d'alluvions fluviatiles et glaciaires; le Blé passa ensuite aux États transmississipiens[3]. Les

1. Un peu plus de 60 millions hl.
2. Pour l'Allemagne, environ 37 millions hl.; pour l'Espagne, 34.
3. En 1901, dans les Etats transmississipiens : le *Kansas*, 33 millions hl.; le *Min-*

Blés ont pris d'abord la voie du Mississipi jusqu'à la Nouvelle-Orléans et de là en Europe; lors de la construction du canal Érié (1825), recevant les produits des récoltes par les grands lacs, les Blés furent transportés rapidement à l'admirable voie du fleuve Hudson, débouchant dans l'immense entrepôt de New-York; de là en Europe.

La culture est extensive, c'est-à-dire qu'elle occupe de vastes surfaces (en 1901, 19 960 000 ha.[1]), et ne comporte que peu ou pas d'amendements, de fumures ou d'engrais chimiques. La terre s'épuise, mais les champs sont immenses, et l'entrepreneur se contente de faibles rendements par hectare.

MOISSON DU BLÉ dans les plaines du Dakota Nord (États-Unis).
Moissonneuses lieuses.

Pour la culture, procédés perfectionnés; labourage à la vapeur, semailles avec des semoirs mécaniques; récolte à l'aide des moissonneuses compliquées qui, traînées par plusieurs chevaux, abattent le Blé, qu'elles lient en bottes; elles s'allongent ainsi en longues files dans les plaines sans fin. Le grain, fourni par le battage à vapeur, est empilé en masses énormes, à nu, dans des wagons ou tout autre moyen de chargement, d'où il est retiré par des procédés mécaniques; le travail est facilité par des entrepôts de grains, appelés *elevators*, à différents étages, où le blé est vidé dans d'immenses récipients; puis il est réparti suivant le mode de transport qui lui est destiné, selon sa qualité. En Europe, seuls quelques grands centres de commerce de grains emploient ce système économique, notamment le port d'Anvers.

CHICAGO est le grand centre et le grand port du commerce des blés aux États-Unis; *Duluth*, à l'extrémité Ouest du

*nesota*, 26; le *Dakota Nord*, 19; le *Dakota Sud*, 17; le *Nebraska*, 14; la *Californie*, 11, etc. Pour ces 6 États, près de 46 % de la production totale.

1. Ce chiffre, il est vrai, est supérieur à celui des années précédentes, qui, depuis 1880, a varié de 13 millions d'hectares à 17 ou 18 millions; ce dernier chiffre a été atteint en 1899.

lac Supérieur, recueille les blés du Minnesota et des deux Dakota.

9. **Les Blés en Russie et en France.** — Ainsi que l'a si bien montré M. Vidal de la Blache[1], une grande zone agricole de *terre à blé* se développe depuis l'Europe orientale par l'Allemagne moyenne, la Belgique, le Nord-Ouest de la France, jusqu'en Beauce; ce sont les sols féconds du *Tchernoziom,* du *lœss,* du *limon des plateaux* (voir p. 248-249). Ces terrains nourriciers existent aussi dans la série des plaines austro-hongroises et roumaines que franchit le Danube, en Bohême, etc. Ils ont servi d'étapes à la civilisation.

La Russie tient le premier rang comme production; les cultures de blé occupent la plus grande partie de la féconde *Terre-Noire,* du fameux *Tchernoziom;* cette terre n'exige pas d'engrais; la culture est extensive, par suite de la faible densité de la population et de l'existence de grandes propriétés. Rendement très inégal; 2 années de disette sur 7.

En France, *le Blé a une importance nationale;* le climat et le sol offrent des conditions particulièrement favorables, notamment les terres à limon du Nord-Ouest, les alluvions de la Loire, de l'Anjou, de l'Angoumois, de la Garonne, la Limagne, la Lorraine, etc.; c'est, après la Bulgarie, le pays où la consommation du blé est la plus forte. La surface cultivée n'a pas sensiblement varié depuis 1852 : en 1852, 6 984 000 hectares; en 1883, 6 803 000; en 1901, 6 793 000. La production a, au contraire, subi des écarts assez considérables : en 1893, 97 millions d'hectolitres; en 1897, 86 seulement; en 1898 et 1899, 128 millions. La production moyenne est d'environ 113 millions. Or, la France consomme de 120 à 125 millions d'hectolitres de blé; elle doit combler ce déficit par l'importation.

La concurrence des Blés des États-Unis, dont nous allons apprécier l'importance, la diminution du prix de l'hl., amenèrent de vives réclamations des cultivateurs. Dès 1885, toute une série de mesures douanières de protection furent prises; elles n'eurent que des résultats médiocres; depuis 1892, le chiffre de l'hl. n'a jamais atteint 20 fr.; il a été de 15 fr. de 1899 à 1901. Il est à ce malaise un remède; le rendement en hl. par hectare est

1. P. Vidal de la Blache, *Tableau de la Géographie de la France,* Paris, 1903, p. 34-38.

très variable; en 1901, 11 à 12 hl. dans 14 départements : l'Ardèche, la Charente, l'Hérault, etc. 12 départements ont une moyenne supérieure à 20; l'Aisne, Eure-et-Loir, le Finistère, le Nord, l'Oise, la Seine, Seine-et-Marne, Seine-et-Oise, vont de 22 à 29 hl. La France peut se rendre indépendante, mais à la condition d'abandonner la culture du Blé là où les récoltes sont possibles, mais aléatoires, de la pratiquer dans les terres les plus favorables, et de la rendre, si l'on peut dire, plus géographique qu'autrefois. Il faut abandonner dans cette terre de France, où la culture du Blé date des époques les plus lointaines, où la tradition est encore tenace, les pratiques surannées; la culture intensive et spécialisée s'impose, avec emploi d'une machinerie perfectionnée, d'engrais choisis, avec association à d'autres cultures profitables, etc. La diminution des frais rendra les prix rémunérateurs[1].

MOISSON DU BLÉ à la faux, en Brie.

**10. Le commerce du Blé.** — Les ÉTATS-UNIS sont le grand pays expor-

1. **Autres régions de Blé.** — Dans l'Empire Austro-Hongrois, c'est la *Hongrie*, région caractéristique du Blé, qui le récolte, surtout dans le voisinage du Danube; en *Italie*, les centres de production sont la *Sicile*, les *provinces Adriatiques* et celles de *Lombardie* et du *Piémont*; en *Espagne*, la plus forte production est en *Andalousie* et en Castille. Dans les *Iles Britanniques*, beaucoup de terres à blé, surtout dans la culture moyenne, sont redevenues prairies naturelles; les fermiers et les ouvriers des champs les ont abandonnées pour les villes; la production du Blé est insuffisante, mais, par la science des cultures, elle donne des rendements au-dessus de 30 hectolitres.

En AUSTRALIE, dans la Nouvelle-Galles du Sud, Victoria et l'Australie du Sud, d'immenses étendues sont utilisables pour le Blé, mais les sécheresses sont terribles et détruisent parfois toute une récolte; l'irrigation rendra de grands services. — Dans l'*Inde*, au Pendjab, et dans les provinces du Nord-Ouest, c'est l'irrigation qui permet les grandes récoltes, qui occupent aussi une partie des Provinces centrales et du Decan; depuis 1880, les Blés tendres et durs, très secs, très farineux, avaient pris un beau développement; la diminution en superficie et en production a commencé à dater de 1885 et s'accentua en 1893; l'année 1899-1900 fut désastreuse; ce fut la famine. L'*Argentine* et l'*Uruguay* ont des récoltes notables.

tateur de Blé; de *Duluth* et de *Chicago* partent d'immenses convois de blé par le canal Erié, pour New-York, principal port d'exportation; le prix du fret est très faible; de même les tarifs des voies ferrées; en 1895 la tonne ne coûtait de New-York à Londres que 3 fr. 80; le grand client est la *Grande-Bretagne*[1], puis l'*Allemagne*, la *Belgique*. En 1901, l'exportation s'est élevée à 49 millions d'hl. Un tiers et plus de l'exportation se fait sous la forme de farine. — La plus grande partie du Blé et de la farine du *Canada* est destinée au Royaume-Uni. Le *Brésil* se fournit de farine et de Blé dans l'*Uruguay* et l'*Argentine*, qui exporte du Blé en Europe. L'exportation du Blé de l'Inde en Angleterre a beaucoup diminué. — En *Europe*, dans les bonnes années, la *Russie* exporte jusqu'à 26 millions d'hl., c'est-à-dire les trois quarts du Blé exporté d'Europe, par les ports de la Baltique, par Odessa dans la mer Noire. La *Hongrie* exporte une quantité appréciable de Blé, les années de récoltes abondantes; la *Roumanie* est aussi un pays d'exportation.

Les pays importateurs d'Europe, sans compter ceux que nous avons cités, sont le Danemark, et la France, qui doit importer presque tous les ans parfois plus de 10 millions d'hectolitres.

**b). 11. L'Orge.** — Une des céréales les plus anciennement cultivées; plante très résistante, très rustique, qui s'adapte à des conditions de températures très différentes, de pluies assez faibles (375 mm. à 500) et supporte à la fois des climats rudes ou chauds. Les limites Nord de l'Orge figurent sur la carte.

Elle mûrit dans les froids brumeux des Iles Orcades, Shetland et Fär-Œer. Elle est aussi cultivée dans des régions plus chaudes, dans l'Arizona en Amérique, dans l'Algérie et quelques régions méditerranéennes. La Russie d'Europe est le premier pays producteur[2], l'*Angleterre* n'a qu'un chiffre moyen; et l'*Allemagne*, où l'Orge est presque aussi importante que le Blé, a une récolte notable. Les *États-Unis* sont au deuxième rang. — Dans les pays du Nord de l'Europe, l'Orge sert à la nourriture de l'homme et des chevaux; mais elle a surtout de l'importance pour le *malt de bière*; les Orges de brasserie les plus renommées viennent d'Autriche.

**12. Le Seigle.** — Le Seigle, qui paraît originaire du Sud-Est de la Russie, a un chaume et un épi très barbus plus longs que le Blé; ses qualités nutritives sont plus faibles. Il a peu d'exigences pour la chaleur; il résiste à des froids rigoureux et ne

1. L'Angleterre, voyant la lutte impossible avec les grands producteurs, n'a pas hésité à abandonner une culture qui cessait d'être rémunératrice. L'importation du Blé, sans la farine, est montée de 20 millions d'hl. en 1870, à 55 millions en 1902; en 1903, le grain et la farine ont compté à l'importation pour 352 500 000 frs (70 505 676 £.).

2. Chiffres de 1901 (Orge) : *Russie*, 75 millions hl.; *Angleterre*, 24 millions; *Allemagne*, 33 millions de quintaux; *États-Unis*, 38 millions hl. (le tiers dans l'État de Californie).

craint pas la neige; on le cultive dans les Alpes du mont Pelvoux jusqu'à 1 800 mètres d'altitude; mais là il est semé dès le mois de mai de l'année qui précédera la récolte.

Les sols sablonneux, peu fertiles, lui conviennent; en France il est surtout cultivé dans les terrains de gneiss et de granite, en Bretagne, dans le Limousin, le Massif central, le Morvan; c'est la céréale des régions montagneuses et des pays du Nord; chez les peuples du Nord elle a fourni longtemps la nourriture principale de la moitié des habitants. — En RUSSIE, le Seigle occupe, au Nord du Blé, une plus grande superficie de culture avec un rendement énorme; la production[1] atteint aussi de hauts chiffres en

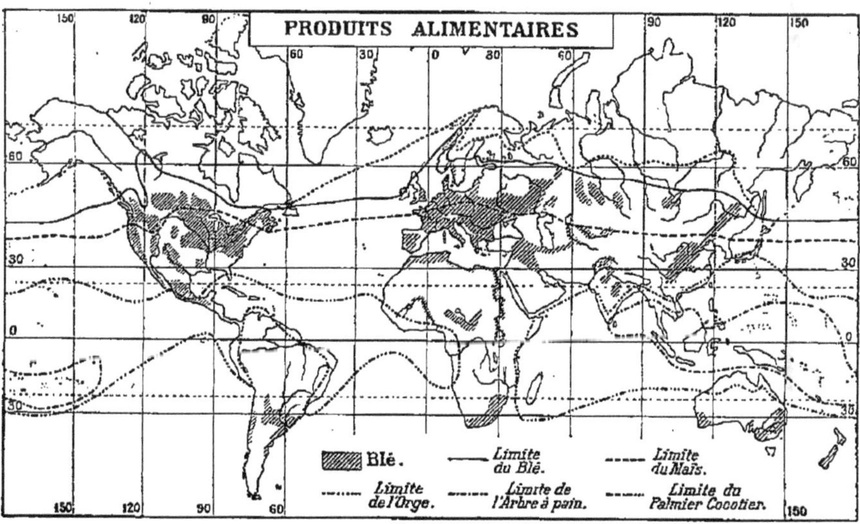


Les limites Nord du *Blé* vont du 45° lat. N. environ dans l'Asie orientale au 60° vers l'Oural et en Russie; sur la côte norvégienne le Blé mûrit par exception jusqu'à 67°. En Amérique la limite passe au Sud du Labrador par 48° et s'élève vers l'Ouest jusqu'à 62°. Au Sud les limites sont celles des cultures. — *L'Orge* commence à 50° environ dans l'Est de l'Asie, s'élève au-dessus du 60° en Sibérie, près du cercle polaire en Russie à 70° en Norvège, s'abaisse au 50° au Sud du Labrador et ne dépasse guère 55° dans l'Ouest.

*Allemagne.* Aux *États-Unis,* le Seigle domina d'abord dans l'Ouest des Alleghanys; le Blé le fit disparaître; la production n'a qu'une faible importance, à l'encontre des autres céréales des Etats-Unis. Le Seigle, en plus de l'alimentation, sert à la fabrication d'alcools : le *whisky* aux Etats-Unis, le *gin* en Hollande, la *vodka* en Russie.

**13. L'Avoine.** — L'Avoine est plus récente que le froment

1. Chiffres de 1901 (Seigle) : *Russie,* 257 millions hl. sur 27 millions d'hectares; *Allemagne,* 81 millions de quintaux; *Autriche,* 27 millions hl.; Danemark, 5 800 000 hl.; Suède, 7 millions. Aux *Etats-Unis,* 10 millions d'hectolitres.

et l'Orge (on ne l'a trouvée que longtemps après ces deux céréales dans les cités lacustres); elle ne se plaît pas dans les régions chaudes; elle préfère les climats assez froids et humides; elle pousse également dans des sols argileux, sablonneux et pierreux. Elle a joué et joue encore un rôle important comme aliment dans certaines régions de l'Europe occidentale, comme la Bretagne, l'Irlande, l'Écosse, le Danemark, la Norvège occidentale; ces pays ont toujours une production moyenne, mais sont nettement dépassés par les régions riveraines de la Baltique, en *Allemagne* et en RUSSIE; celle-ci est au premier rang[1]; à son tour, elle est nettement devancée par les États-Unis. Dans l'ensemble, l'Avoine est surtout employée à la nourriture des chevaux.

14. **Le Maïs.** — Le Maïs est sans conteste originaire d'Amérique, peut-être de l'isthme de Tehuantepec; avec le Maïs nous devons à l'Amérique la Pomme de terre et le Tabac. De l'Europe il se répandit dans le Levant, d'où il devait revenir avec le surnom de *Blé de Turquie;* il s'étendit jusqu'en Extrême Orient, et dans les régions africaines. Cette plante annuelle forme une tige cylindrique et rigide, portant un certain nombre d'épis aux grains charnus et serrés; elle est assez exigeante pour le climat; de l'humidité au printemps et au début de l'été, puis des jours ensoleillés; mais pas de sécheresse; du soleil et des pluies suffisantes; aux États-Unis, elle a trouvé des conditions de chaleur qui lui sont nécessaires, des moyennes de 24° en juillet, des moyennes annuelles de 7° à 15°. C'est là que le Maïs a un développement prodigieux; la production a atteint, en 1900, 736 millions d'hectolitres; mais seulement 532 en 1901; diminution exceptionnelle.

La région du Maïs aux États-Unis, c'est le *Corn Belt,* représenté surtout par les États de *Nebraska, Iowa, Kansas, Missouri, Illinois, Indiana* et *Ohio;* il ne dépasse guère au Nord 44° lat. En Europe, le climat est favorable en *France,* dans la région du Sud-Ouest et la vallée de la Saône; en Italie, surtout en Lombardie; dans la Hongrie du Sud, la Roumanie[2], la

1. Chiffres de 1901 (Avoine) : *Iles Britanniques,* 58 millions hl.; Danemark, 13 millions; Suède, 20 millions; *Allemagne,* 70 millions de quintaux; Russie, 178 millions hl.; *États-Unis,* 257 millions d'hectolitres.

2. Chiffres de 1901 (Maïs) : *France,* 9 300 000 hl.; *Italie,* 31 000; *Roumanie,*

Russie méridionale. — Aux États-Unis, le Maïs est employé comme aliment pour les hommes et surtout pour les nègres ; l'exportation du grain est faible ; son bas prix en proportion de son poids rend les transports trop coûteux ; le Maïs est alors utilisé pour l'engraissement du bétail, surtout des porcs ; de telle sorte que « le maïs est exporté principalement sous la forme condensée de viande de porc ». En Europe, beaucoup de paysans font du Maïs leur nourriture ; c'est le cas des Bressans en France, qui engraissent aussi des volailles ; de la *polenta* en Italie ; de la *mamaliga,* un « mets de choix » pour les Valaques.

**c). 15. Le Riz.** — Le Riz, originaire de l'Inde d'après de Candolle, était l'objet d'une fête, en Chine, dès l'an 2800 avant J.C. Il pénétra de bonne heure en Babylonie, en Egypte, à Java au XI^e^ siècle, au XV^e^ en Italie, en Amérique, etc. Cette céréale, « *blé des races jaunes* », est une plante annuelle de 70 centimètres à 1$^{m}$.80 ; le grain est serré dans une enveloppe collante, la *balle,* qui forme le *paddy* à l'état naturel ; le *Riz cargo* et le *Riz blanc* marquent les étapes de la décortication. On distingue le *Riz ordinaire,* exigeant beaucoup d'eau, et le *Riz de montagne,* de faible importance, cultivé dans des terres non inondées. Les *Riz hâtifs* donnent deux récoltes, les *Riz tardifs* une seule.

La culture du Riz s'étend à toute la zone intertropicale, et même à certaines régions tempérées chaudes.

Le Riz exige des terrains riches en principes fertilisants ; les meilleurs sols sont les alluvions des fleuves, les régions deltaïques où les troubles déposés par les inondations renouvellent constamment la surface, formant ainsi une sorte de fumure nouvelle ; c'est là que nous trouverons le plus grand nombre de rizières.

Les grandes régions de Riz se concentrent surtout dans l'Asie méridionale et l'Extrême Orient, y compris l'Insulinde ; elles existent par places à Madagascar, en Afrique, dans quelques régions méditerranéennes, en Amérique, etc.

Dans l'*Inde,* d'immenses rizières occupent la province du Bengale (régions deltaïques du Brahmapoutre et du Gange), de Madras, de la *Haute et Basse Birmanie* (deltas de l'Iraouaddy, du Sittang et de la Salouen) ; dans notre *Indo-Chine,* le Riz, d'un bel avenir, pousse à merveille dans les alluvions du Mékong et du Fleuve Rouge. En *Chine,* le Riz est cultivé dans

41 200 000 (24 100 000 hl. en 1902). Les *États-Unis* ont atteint 880 millions hl. en 1902, 790 000 hl. en 1903.

les plaines alluvionnaires, mais aussi sur les montagnes, grâce à l'irrigation ; *Java* présente les mêmes conditions. — A *Madagascar,* les vallées de l'Est, du plateau intérieur, du pays des Betsileos, sont en rizières; dans ce dernier pays se trouvent des cultures irriguées en gradins. En Afrique, le riz est une culture des vallées du *Nil* et du *Niger;* le Riz est cultivé dans le *Turkestan* le long des rives du Syr-Daria et de l'Amou-Daria; en *Italie* des récoltes notables sont faites en Lombardie ; aux États-Unis les champs de Riz sont localisés dans le Sud ; le Riz de la Caroline est assez renommé ; quelques rizières assez étendues sur la côte équatoriale du *Brésil,* etc.

16. **Conditions de culture.** — L'eau est indispensable à la

RIZIÈRES DÉCOUPÉES EN SECTIONS, aux bords du Day, près Ke-Cheu.
(Coll. *Molteni.*)

culture du Riz; « elle lui est aussi utile que la terre ». Les terres peuvent être arrosées naturellement ou par des procédés artificiels. Prenons d'abord le cas d'*irrigation naturelle* par les pluies ou des crues normales, et, par exemple, la région centrale du delta Cochinchinois de fertilité proverbiale. Les terrains plats sont découpés en sections carrées, bordées par des talus, des petites digues, ne dépassant pas 40 centimètres, et servant de chaussée.

L'eau est amenée à l'aide de vannes ; les travaux commencent avec la pluie ; les troupeaux de buffles piétinent le sol et le transforment en boue gluante ; puis ont lieu deux labourages, et un hersage avec une sorte de grand râteau qui égalise la vase du fond. Alors les femmes et les enfants transportent les semis préalablement préparés en une pépinière et les repiquent en touffes distantes de 30 à 40 centimètres. La rizière est ensuite surveillée pour maintenir un égal niveau des eaux. Elle est alors animée par une foule de pêcheurs à la ligne, et d'innombrables oiseaux, Pélicans, Flamants, Aigrettes, tous attirés par les poissons qui pullulent. La rizière change, d'ailleurs, d'aspect; à la nappe d'eau monotone et unie succède un tapis végétal d'un vert tendre, puis d'un vert brillant. Mais bientôt l'épi est formé; il faut vider les rizières; « le paddy n'a pas besoin d'eau pour mûrir, » mais de soleil; la rizière forme alors une nappe d'or onduleux; mais après la moisson, faite à la faucille, elle n'est plus qu'une surface morne, grisâtre, qui se fendille au soleil. La récolte est accompagnée de

HERSAGE DE RIZIÈRE
(Coll. *Molteni.*)

fêtes rituelles et de réjouissances. — Chez les Annamites le décorticage est fait au pilon dans un mortier de bois; mais à Saïgon et à Cholon existent des *rizeries*, usines à décortiquer, pourvues de tous les perfectionnements mécaniques.

Ailleurs, les rizières naturellement arrosées sont rares; il faut les irriguer artificiellement; le cas est fréquent, et l'irrigation est surtout développée en Chine, à Java, à Madagascar Sur les terrains, de niveau régulier, on utilise à l'aide de canaux ou de conduits les cours d'eau voisins; la distribution de l'eau est réglée; sur les régions en pente, de merveilleux travaux ont été accomplis par les Javanais et à Madagascar; les pentes sont coupées par des terrasses; le terrain qu'elles soutiennent est divisé par des petits talus en un certain nombre de sections;

l'ensemble forme une série d'étages, de gradins; l'eau est dérivée de sources ou de rivières voisines par des canaux; à Madagascar, dans le pays Betsileo, ces rizières en gradins sont fréquentes.

Dans les *rizières de montagne* qui ne sont pas arrosées, on cultive le *Riz sec;* il peut donner de bons résultats avec des labours et des fumures, comme à Java, dans les Philippines; le plus souvent des cultures sont sommaires, comme celles en *raïs,* pratiquées surtout par les « sauvages »

RIZIÈRES EN GRADINS. Sur les pentes d'une colline volcanique à Betafa (Madagascar).

(Phot. communiquée par M. H. LECOMTE.)

en Indo-Chine; sur l'emplacement d'une partie de forêt incendiée, on creuse des sillons, raïs, où le Riz est semé à la volée.

17. **Consommation et commerce du Riz.** — La culture et la production du Riz ont donné naissance à des faits intéressants de géographie humaine; un personnel nombreux est nécessaire pour cette culture; les rizières sont des centres de groupements très denses où la population s'accumule; ce sont des fourmilières d'hommes. Le Riz leur sert d'aliment principal; il intéresse ainsi plus du tiers de la population du globe. Aussi, dans une année mauvaise, à pluies faibles ou tardives, il peut se produire une effroyable famine. — Le Riz sert encore en Asie à fabriquer l'*alcool de riz,* et au Japon le *saké,* ou *vin de riz.*

Cette consommation sur place ne permet pas de connaître le chiffre exact de la production en certains pays; nous avons sur ce point trop peu de renseignements. L'Inde tient le premier rang, avec plus de 20 millions de tonnes[1].

On connaît mieux le *commerce* du riz. Au premier rang des pays exportateurs figure la *Birmanie,* dont le riz est renommé, qui expédie, surtout par Rangoun, de 1 million à 1 400 000 tonnes, surtout en Europe et en Chine; le second pays est, ce que l'on ignore trop, *notre Indo-Chine,* surtout la Cochinchine; l'Indo-Chine a exporté, en 1900, 886000 tonnes[2], dont plus de la moitié en Chine, et le commerce ne pourra que grandir avec cet immense marché qui est à nos portes. L'exportation du Siam n'est que de 500 000 tonnes environ; l'Inde doit satisfaire aux besoins d'une population débordante; Java, le Japon, ont peine à nourrir leurs habitants et n'exportent que des riz de qualité supérieure[3].

## Appendice.

**Diverses autres céréales.** — Quelques notions sont nécessaires sur un certain nombre de céréales, qui ont une réelle importance pour des pays déterminés et parfois sont un élément vital.

**18. Sarrasin ou Blé noir.** — Le Blé noir est une plante herbacée de 50 à 70 cm., avec tige creuse, légère, et fleurs en grappes; originaire de l'Asie orientale, venue en Europe à la fin du XV$^{e}$ siècle. Elle se plaît dans un climat tempéré, assez humide, jusqu'à 1 000 m. d'altitude, sur les sols sablonneux, siliceux, granitiques; ce que les paysans français appellent les *Terres froides.* C'est la céréale du Massif armoricain, du Limousin, du Morvan; on la trouve dans les vallées alpines, en certains points de l'Europe centrale, en Autriche-Hongrie, en Allemagne, surtout en Russie, le plus fort producteur (13 000 000 hl. en 1901), au Japon, aux Etats-Unis[4], etc. En France les aspects changeants des champs de Blé noir mettent quelque gaieté dans les campagnes monotones de Bretagne, du Limousin, du Morvan; la floraison de juillet étale un grand manteau de grappes de fleurs

1. Au *Japon,* la production moyenne du riz a oscillé de 1889 à 1898 entre 4 400 000 et 5 700 000 tonnes. La production de l'*Italie* en 1901 a été de plus de 6 millions d'hl.

2. La *Cochinchine* et le *Tonkin,* surtout depuis 1895, ont marqué un progrès continu; en 1895, 619 000 t.; en 1898, 812 000; en 1899, 894 000; en 1900, 886 000; le Tonkin compte pour 168 000 t. en 1900. En 1899, 504 000 t. ont été importées en Chine. En 1902, l'Indo-Chine a vendu du Riz pour plus de 126 millions de fr.

3. P. Padaran (pseudonyme de M. H. Brenier), *les Possibilités économiques de l'Indo-Chine,* Paris, 1902.

4. La *France* tient le 2$^{e}$ rang avec 8 918 000 hl. en 1901; les 6 départements de la région de granite et de schiste du massif armoricain en récoltent plus de la moitié, plus de 5 millions. C'est une culture très suivie; la moyenne de 1892 à 1901 est de 8 890 800 hl.; les années présentent peu de différence. — Les Etats-Unis n'ont plus que 5 millions hl.; le chiffre d'hectares consacrés au sarrazin diminue. Le Japon compte pour 23 000 000 hl.; l'Autriche-Hongrie pour 2 200 000, etc.

blanches ; à la maturité, fin septembre, ce sont de grandes nappes de tiges rougeâtres. Les galettes, les gâteaux, la bouillie de Sarrasin, sont précieuses pour l'alimentation du paysan.

19. **Millet.** — Le Millet et ses diverses espèces sont de précieuses denrées alimentaires pour l'homme ; le Millet est sans doute *la céréale la plus ancienne;* dans l'Europe méditerranéenne et en Asie on le cultivait aux temps préhistoriques. Le Millet se développe dans les climats tempérés chauds ; pour la maturité il faut 1900° ; la plante supporte aisément les fortes chaleurs et les sécheresses ; les terrains marécageux l'éloignent. On distingue d'ordinaire le *Millet commun,* le *Millet d'Italie* ou *Panis* (grand Mil) et le *Mil à chandelles* (petit Mil) ; ils ont à peu près les mêmes dimensions, tiges de 1 m. à 2 ; ils n'ont pas une répartition identique et diffèrent surtout par la forme des épis. — Le Millet commun est récolté en *France, Italie, Hongrie, Allemagne, Russie,* dans les *Indes,* le *Sénégal,* l'*Ethiopie;* l'épi est une sorte de grappe recourbée et retombante. L'épi du Panis, long de 0$^{m}$.40, est droit, les grains sont mieux agglutinés ; il a la même extension que le précédent, mais il s'étend plus loin dans les pays nègres d'Afrique, et en Asie. Le *Mil à chandelles* a un épi serré, comprimé, droit, de couleurs variées, d'une longueur de 0$^{m}$.20 à 0$^{m}$.50 ; il est très répandu en *Afrique* de la Kabylie à l'Afrique tropicale, du Sénégal en Egypte, en *Asie,* aux *Antilles;* il n'est pas cultivé en Europe. La base de l'alimentation des nègres d'Afrique est le petit Mil, culture précieuse pour eux. Les grains du Millet servent à faire des *bouillies,* des *gâteaux,* le *couscous* des nègres.

20. **Sorgho.** — Le Sorgho, peut-être originaire de l'Inde, est une céréale des régions tropicales ; quelques espèces viennent dans le Sud-Ouest de la France, en Italie ; il faut aux autres un climat chaud et sec, même desséché par un soleil brûlant, une somme de température plus élevée que celle du Maïs. Ces plantes ont de hautes tiges élevées variant un peu suivant les espèces de 2 à 4 m. ; le *Sorgho élevé* peut atteindre 6 m. On distingue le *Sorgho commun,* dont les grains forment des épis retombants (*Italie, Portugal, Dalmatie, Indes Orientales, Sénégal, Afrique centrale, Abyssinie*) ; et le Sorgho dont les épis sont droits, d'allure rigide, avec les grains resserrés ; c'est le *Doura* des Arabes, très cultivé dans le *Sénégal,* le *Soudan,* la *Haute Egypte,* l'*Arabie,* la *Caucasie,* l'*Hindoustan.* La farine est un aliment de choix pour les Fellahs d'Egypte et pour les Soudaniens. — L'ELEUSINE, plante de 1 m. à 1$^{m}$.50, céréale des pays tropicaux, est cultivée dans l'*Inde,* au *Japon,* et assez largement en Afrique, Egypte, Abyssinie, Soudan.

LECTURES. — A. de Candolle, *l'Origine des plantes cultivées,* Paris, 1896, 4e édit. — G. Heuzé, *les Plantes céréales : le Blé,* Paris, 1896, 2e édit. — P.-P. Dehérain, *les Plantes de grande culture,* Paris, 1898.

---

# CHAPITRE II

## PRODUITS ALIMENTAIRES

### II. — Les plantes à fécule. — Les plantes a sucre. La Vigne. — Le Café. — Le Thé.

**A. — Les plantes à fécule.** — La Pomme de terre, originaire d'Amérique, s'est développée en Europe à la fin du dix-huitième siècle. Elle aime les climats tempérés, les sols légers, ameublis, siliceux. Ses tubercules sont riches en *fécule*. Le plus grand producteur est l'Allemagne; puis viennent la *Russie*, l'*Autriche-Hongrie*, la *France*, etc. Les Allemands, des maîtres en matière de science agronomique, savent utiliser leur énorme récolte en fabriquant de la *fécule*, de l'*alcool*, en *engraissant des Porcs* avec les résidus.

La Patate ou *Batate* est très répandue dans des régions chaudes; ses *tubercules* sont légèrement *sucrés;* elle forme un aliment très apprécié. — Les Ignames ont un *rhizome allongé*, parfois d'un poids notable. — Le Manioc, plante tropicale, produit une *fécule excellente*, précieuse pour les indigènes, et dont on fait, avec un chauffage, les grains de *tapioca*.

**B. — Les plantes à sucre.** — La Betterave sucrière vit dans les climats tempérés, à pluies fréquentes, sur un sol riche de fumures et d'engrais chimiques. Elle ne s'est développée qu'à la fin du dix-neuvième siècle. — L'Allemagne tient le premier rang; viennent ensuite l'*Autriche-Hongrie*, la *France*, la *Russie*, etc. Avec les Betteraves, l'Allemagne fabrique du *sucre* et nourrit avec les *pulpes* un nombreux bétail; la France du Nord-Ouest pratique la même méthode.

La Canne à sucre, plante tropicale, exigeante pour la température et la pluie, a souffert de la suppression de l'esclavage, mais elle est encore une culture importante et paraît prospérer. Le centre de production est l'*Asie des moussons* et l'*archipel Asiatique;* elle est cultivée au *Mexique*, aux *Antilles* (surtout à *Cuba*), aux îles *Hawaï*, etc. Une culture méthodique, généralisée, déterminerait de grands progrès.

**C. — La Vigne. Le Café. Le Thé.** — La Vigne, peu exigeante pour le sol, aime un hiver doux, un printemps assez pluvieux, un été ensoleillé; la France a la plus grande production de vin; puis viennent l'*Italie*, l'*Espagne*, etc.; la production française a beaucoup souffert du *phylloxera;* les vignobles détruits se sont relevés et l'espoir est revenu. Les grands vins français viennent du *Bordelais*, de la *Côte-d'Or* (Bourgogne), de la *Champagne;* la Méditerranée produit des vins parfumés (*Marsala*, *Xérès*, *Alicante*, etc.).

Le Café, originaire d'Abyssinie, culture tropicale, a deux grandes variétés : café d'*Arabie* et café de *Libéria;* il préfère les terrains en pente et, dans certains cas, les abris d'arbres. Le Brésil est le grand producteur, puis l'*Amérique centrale*, quelques *Antilles*, et quelques îles de l'archipel Asiatique (surtout *Java*), et de l'Océanie (*Nouvelle-Calédonie*).

**Le Thé**, *Thé chinois* et *Thé d'Assam*, est très exigeant pour la température et les pluies, surtout le Thé d'Assam, et pour le sol profond et en pente. — Le principal producteur est la **Chine**, puis quelques parties de l'*Inde*, *Ceylan*, etc.

## A. — Les plantes à fécule.

1. **Pomme de terre.** — La Pomme de terre est certainement originaire d'Amérique, de la région des Andes du Pérou et du Chili. Elle fut connue dès le XVIe siècle en Espagne, en Italie et passa ensuite en France et dans l'Europe Centrale. Au XVIIIe

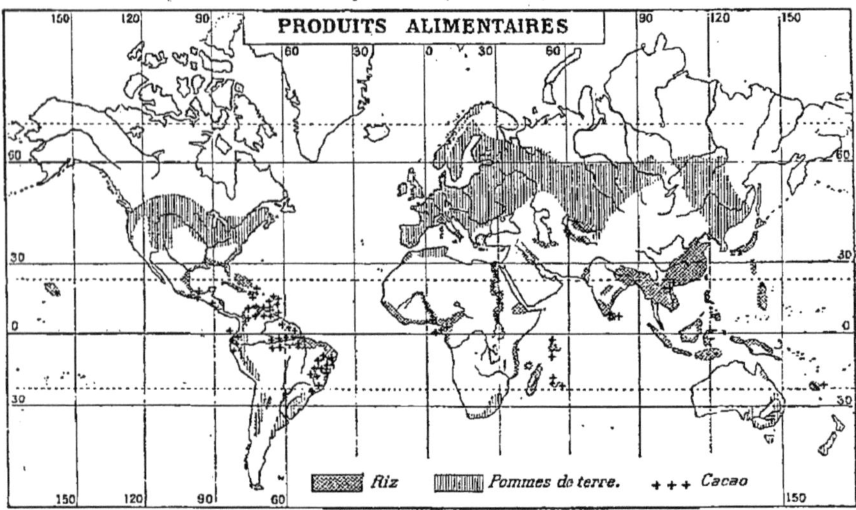


siècle elle n'était encore qu'une culture de jardin, sauf dans l'Est de la France; elle devint, grâce aux efforts de Parmentier, un produit alimentaire, que les Européens ont répandu ensuite dans le monde. C'est une plante annuelle, haute de 50 centimètres environ, avec une tige assez robuste et des racines qui portent des tubercules de dimensions variables. Elle aime les climats tempérés et vient mal dans les pays d'humidité et de chaleurs excessives; les sols qui lui plaisent doivent être légers, peu consistants, bien ameublis par des labours; elle préfère les sols siliceux aux sols calcaires. Les tubercules de la Pomme de terre sont riches en *fécule*.

2. **Les grands pays producteurs.** — Ils se rencontrent dans l'Europe

centrale et occidentale. Le premier rang appartient sans conteste à l'*Allemagne*, qui y consacre plus de 3 millions d'hectares depuis plusieurs années et dont la production a atteint 486 millions de quintaux en 1901 ; la Saxe, les régions voisines de l'Elbe, le Brandebourg, la Silésie et la Pologne, la vallée du Rhin, font les plus riches récoltes. Les autres producteurs importants sont la *Russie*, où la Pomme de terre vient surtout dans les Provinces Baltiques, notamment en Esthonie; les récoltes sont abondantes en *Autriche-Hongrie* (Bukovine, Galicie, région de Cracovie, Moravie, Bohême, etc.); en *France*, la Pomme de terre est surtout cultivée dans le pourtour du Massif central et en Bretagne; elle a fourni, en 1901, 120 millions de quintaux, chiffre inférieur à la moyenne (123 millions) des dix années précédentes. Viennent ensuite les *Iles Britanniques*, les *États-Unis*, etc.[1].

3. **La Pomme de terre en Allemagne.** — Ce qui a permis en Allemagne ce superbe développement de la culture des Pommes de terre, c'est l'emploi de procédés rationnels, de pratiques scientifiques; en cette matière, les Allemands sont passés maîtres; ils ont une admirable confiance dans la valeur pratique de la science. Dans ce pays d'élection pour la culture de la Pomme de terre, on ne pouvait penser à faire de ce produit lourd et bon marché un élément de commerce; il fallait essayer d'en tirer tout le parti possible en lui permettant de satisfaire à des usages multiples, notamment à l'*alimentation de l'homme* et *des animaux*, à l'industrie de la *fécule*, de l'*alcool*, etc. Les procédés de culture, d'ameublissement du sol, furent perfectionnés, les engrais utilement distribués; il y eut un choix précis de variétés : tubercules farineux et succulents pour l'homme, et, dans de grandes cultures, d'autres variétés favorables à la production de la fécule et de l'alcool. Ces dernières variétés, aux tubercules souvent géants, donnaient à l'hectare un rendement de 15000 kilos avec 17 °/₀ de fécule; en France le rendement ne dépassait guère 14 °/₀ de fécule et 7000 kilos. L'Allemagne eut ainsi un grand nombre de *féculeries* et de *distilleries*, dans chaque domaine important. Elle vend plusieurs millions d'hectolitres d'alcool en Hollande, en Italie, etc. Les *pulpes*, résidus des distilleries, rendues gratuitement, fournissent une matière alimentaire très appréciée pour l'engraissement d'un bétail nombreux.

En *France*, l'amélioration des méthodes de culture a notablement progressé et augmenté le rendement à l'hectare; on ne tire pas l'alcool des tubercules, mais seulement la fécule; la culture des primeurs, de *Pommes de terre nouvelles*, est très developpée en Algérie, dans le Roussillon et la Provence, en Bretagne dans la « Ceinture dorée ». — Aux *États-Unis* cette culture n'a qu'un rôle secondaire; elle ne s'est développée qu'après l'immigration irlandaise.

4. **La Batate ou Patate.** — Avec la Pomme de terre, existent

1. En 1892 : *Allemagne*, 280 millions de quintaux; *France*, 135; *Autriche-Hongrie*, 113; *Russie*, 113; *États-Unis*, 45 millions de quintaux. — En 1901 : *Allemagne*, 486 millions de quintaux; *Russie*, 219 millions hl.; *Autriche-Hongrie*, 167 millions de quintaux; *France*, 120; *Iles Britanniques*, 71; *États-Unis*, 65 millions d'hectolitres.

d'autres plantes à tubercules alimentaires. La *Batate* ou *Patate,* sans doute originaire de l'Amérique du Sud ou centrale, ne vit guère en dehors des pays intertropicaux avec une température moyenne de 20°; elle redoute les froids même modérés; les terres légères, assez riches, ni humides ni sèches, des engrais judicieusement répartis, forment son sol d'élection.

On la cultive dans l'*Asie méridionale* (Inde, Indo-Chine), dans l'*archipel Asiatique,* en *Nouvelle-Calédonie,* en *Nouvelle-Zélande,* aux îles Marquises, dans quelques régions de l'Amérique du Sud (Argentine, Paraguay, Brésil), aux *Antilles françaises,* dans les États de l'Est et du Sud-Est des Etats-Unis, en *Guinée,* au *Zambèze,* en *Algérie,* en *Égypte,* à *Madagascar.* Plusieurs variétés, dont la plus estimée est la *Batate blanche.* Les racines de la Batate produisent des tubercules féculents et à chair sucrée, d'où le nom de *Batate douce.* La Batate est cultivée comme les Pommes de terre; ses produits sont un aliment excellent, d'un goût très apprécié.

5. **Les Ignames.** — Les *Ignames,* aux espèces et variétés très nombreuses, sont des plantes des régions intertropicales, se contentant de conditions diverses de chaleur et d'humidité. Les meilleures terres sont légères et perméables. Les Ignames ont un développement souterrain sous forme de rhizome ou tubercule assez charnu, allongé, oblong, de $0^m.50$ de longueur; ces rhizomes peuvent être nombreux; ils ont parfois un poids remarquable.

6. **Le Manioc.** — Le Manioc, indigène du Brésil, est un arbrisseau de 2 à 3 mètres de hauteur, aimant la chaleur et l'humidité des régions tropicales, mais pouvant vivre jusqu'au 30° lat. dans un sol profond, léger et en pente; des engrais sont nécessaires pour réparer les pertes qu'il fait subir au sol. Le Manioc est une plante précieuse pour les régions chaudes entre les tropiques; il produit, par ses rhizomes ou tubercules, « une fécule excellente qui remplace avantageusement celle de la Pomme de terre,... et qui supplée aussi au riz dans les contrées appartenant à la zone torride. » (G. Heuzé.)

Il est cultivé en Amérique (Brésil, Paraguay, Colombie, Mexique, Pérou, Antilles), en Afrique, en Asie; il a particulièrement une grande importance pour nos Antilles, pour le Brésil, pour le Sénégal; au Sénégal il est une précieuse ressource dans les années de disette, quand la récolte de mil vient à manquer. — Les tubercules peuvent avoir un poids de 1 à 3 kilos; il n'est pas rare, au Brésil notamment, qu'un hectare produise 100 000 kilos. Des tubercules on tire d'abord la *fécule,* dont on détermine par le chauffage l'agglomération en grains féculents qui forment le *tapioca,* puis d'autres produits. Au Brésil, des milliers d'usines préparent la farine et le tapioca; en Asie, le grand centre est *Singapour;* en Afrique, les îles *San-Thomé* et *La Réunion.*

## B. — Les plantes à sucre.

7. **Betterave sucrière.** — D'après de Candolle, la Betterave ne paraît pas être de culture ancienne; elle ne daterait que de 6 à 4 siècles avant J.C. La Betterave à sucre est une plante bisannuelle, constituée d'une racine petite ou grosse, globuleuse, ou en forme de cône, de cylindre, de fuseau, avec des

BETTERAVES A SUCRE. Irrigation en Allemagne.
(D'après CYRUS C. ADAMS.)

feuilles assez larges et longues, lustrées, plissées souvent, de couleur vert sombre ou vert tendre.

8. **Climat et sol. — Culture.** — Elle aime les climats tempérés, avec des pluies assez abondantes; elle ne pourrait supporter une longue sécheresse; une forte évaporation se fait dans les feuilles; l'irrigation est indispensable en cas de pluies trop faibles. Ses exigences culturales portent sur la préparation du sol, qui doit être ameubli de 30 à 40 centimètres de profondeur, sur les engrais; elle ne réussit que dans des terres enrichies de fortes fumures, d'engrais verts, d'engrais de phosphatation, etc.

La culture ne s'est réellement développée que dans la dernière partie du XIXe siècle. En 1757, le chimiste Margraff avait reconnu dans la racine de Betteraves l'existence d'un sucre identique à celui des cannes. A la suite du blocus continental, le sucre colonial ne pénétrant plus en Europe, on tenta la culture de la Betterave, qui réussit en France; des mesures vexatoires, provoquées par la rivalité inquiète des planteurs, retardèrent longtemps son développement. La suppression de ces mesures pour la France, pour l'Europe, les conséquences de l'abolition de l'esclavage qui a fortement atteint le système des plantations, amenèrent, aux dépens de la Canne à sucre, le développement de la Betterave sucrière, qui, vers la fin du siècle, a pris un développement magnifique.

9. **La Betterave en Allemagne.** — La production mondiale du sucre de Betterave a été de 7 050 000 tonnes en 1901-1902. C'est à l'ALLEMAGNE qu'appartient le premier rang, avec 1 770 000 tonnes en 1899; viennent ensuite l'*Autriche-Hongrie*[1], la *France* et la *Russie*, qui se suivent de près, la *Belgique*, la *Hollande*, etc. Cette culture est l'apanage de l'Europe moyenne. Ailleurs elle occupe quelques points des *États-Unis*, où la culture progresse, du *Chili* et de la *République Argentine*.

Comme celui des Pommes de terre, le développement de la Betterave à sucre en Allemagne est dû à l'organisation méthodique de la culture, qui souvent alterne avec les Pommes de terre et le Blé. Les grands propriétaires saxons ont donné l'exemple en faisant à la terre « d'énormes avances » sous forme d'engrais excellents, mais coûteux; en sus du fumier de ferme, 500 kilogrammes de nitrate, 400 de superphosphates... par hectare, dont le rendement devenait exceptionnel (35 à 40 t. à l'ha.). L'exploitation des Betteraves permet, à l'aide des *pulpes* que rendent les sucreries, l'alimentation de bestiaux et de Porcs; près de Mersebourg, un domaine, avec les résidus de 5 000 tonnes de Betteraves, peut nourrir 100 Bœufs, 30 Chevaux, 50 Vaches laitières, 140 Porcs, 1 600 Moutons... Les progrès ont été rapides, surtout depuis 1894-95, années à partir desquelles le chiffre annuel s'est maintenu entre 1 615 000 tonnes, en 1895-96, et 1 853 000 en 1897-98.

10. **Autres pays producteurs.** — En *Autriche* la culture est surtout développée au Nord de Presbourg et en Bohême. En *France*, les Betteraves prospèrent dans la grande région à Blé du Nord-Ouest, où les deux cultures sont associées; du jour où, par une loi de 1884, le prix a varié d'après la teneur en sucre, la qualité a augmenté d'année en année ainsi que la

1. L'*Autriche* a produit en 1900 environ 1 100 000 t.; la *France*, 860 000 t. en 1900, 902 000 en 1901; la *Russie* n'a récolté en 1898-99 que 750 000 t.; la *Belgique* a donné en 1900 une forte proportion par rapport à la surface cultivée : 218 000 t. pour 63 000 ha.; enfin, aux *États-Unis*, la betterave s'est rapidement développée (74 000 t. en 1900); les Américains espèrent un jour exporter du sucre.

quantité. La production française n'a été distancée qu'un moment par la *Russie,* où elle est surtout développée dans le Sud-Ouest, en Podolie, en Volynie, dans la région de Kiev. — Aux *États-Unis,* de grandes cultures existent dans le Nord de la Californie, et aussi dans le Michigan ; des travaux grandioses d'irrigation sont commencés dans l'Ouest aride, le Wyoming, l'Utah, le Colorado. On peut citer encore une culture qui vient de naître (1898) en *Égypte,* et de se développer avec une belle rapidité, produisant 20 000 t. en 1900-1901 ; on pense établir une double récolte de betteraves et de cannes. — L'*Allemagne* est le grand pays exportateur de sucre, surtout dans le Royaume-Uni (220 millions frs en 1901) ; cet État est aussi un débouché important pour les sucres français (22 millions frs en 1901).

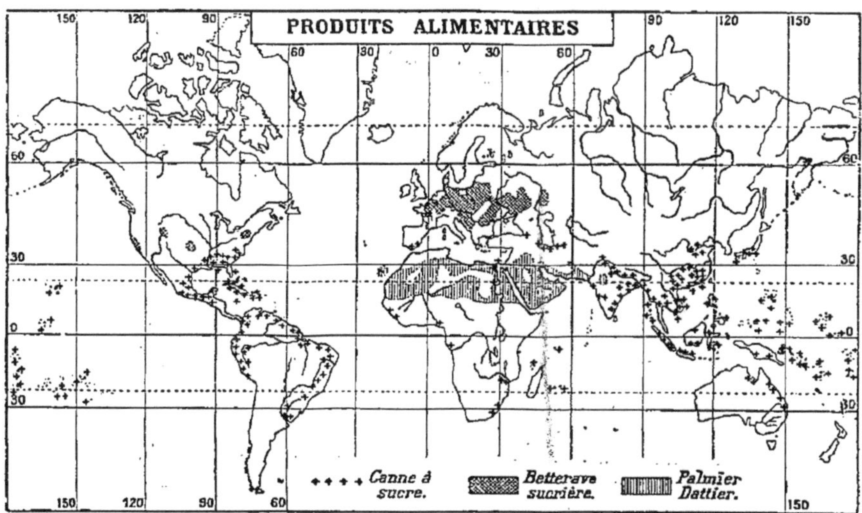


**11. Canne à sucre.** — L'Inde est sans doute le point d'origine de la Canne à sucre ; de là elle a pénétré en Chine, dans les archipels d'Asie et les îles océaniennes, en quelques points de l'Afrique et de la Méditerranée, dans l'Amérique tropicale. C'est une graminée vivace, pourvue de rejets souterrains, dont la tige, de 2 à plus de 4 mètres, est de forme arrondie et découpée par une série de nœuds circulaires, de couleurs différentes ; ces couleurs permettent de classer les variétés innombrables en trois groupes : *blanches, jaunes* ou *verdâtres ; rayées ; rouges.*

**12. Climat. — Sol.** — La Canne est exigeante pour le *climat.* Les températures les plus favorables sont celles de 23° à 25° ; elles ne sauraient s'abaisser au-dessous de 10°[1]. La Canne, qui végète toute l'année, ne peut supporter le froid; par exception, certaines variétés se contentent de 18° à 20°. Des pluies abondantes ne sont pas moins nécessaires, au moins 1 200 à 1 400 mm. par an; à Ceylan, la côte Sud, qui reçoit 2 250 mm., fait des récoltes de canne très supérieures à celle de la côte Nord, qui n'a que 1 350 mm. La chaleur et la pluie sont indispensables pendant la croissance, une sécheresse relative pendant l'élaboration du sucre. Les *meilleurs sols* sont les terrains argilo-calcaires, légers, perméables, les bons terrains d'alluvions.

La *culture* est assez simple; on plante des boutures, c'est-à-dire des morceaux de la tige garnis de plusieurs nœuds avec des bourgeons; on les dispose dans des trous isolés ou des sillons continus. A la maturité, qui se produit au bout de dix-huit mois à peu près, les cannes sont coupées au ras du sol pour permettre la seconde pousse, qui donnera une seconde récolte; elles sont bottelées et portées à l'usine.

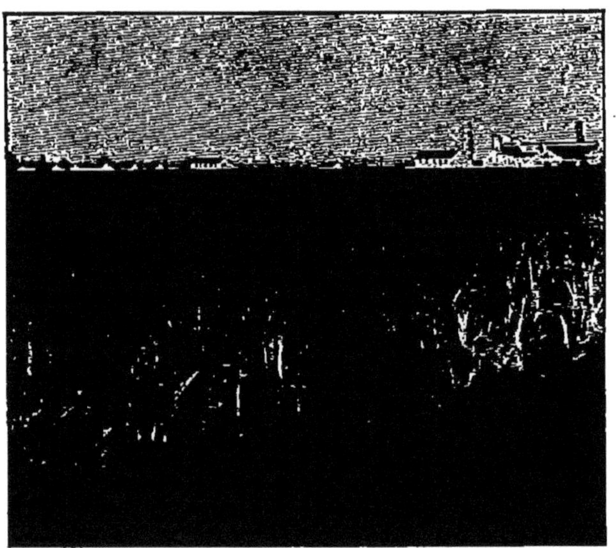

GRAND CHAMP DE CANNE A SUCRE, en Louisiane, dans les alluvions dues aux inondations du Mississipi.
(Coll. W. M. DAVIS.)

1. D'après *Engelbrecht*, la limite de la culture coïncide avec les isothermes de 20°; elle descend jusqu'à 28° lat. S. en Amérique (Rio de la Plata), à 30° en Afrique (Natal); dans l'hémisphère Nord, elle se trouve exceptionnellement en Transcaucasie, dans le Sud de l'Espagne; la limite dans l'Amérique du Nord est au 35° lat. environ, sur la côte Est.

13. **Pays producteurs.** — La Canne à sucre ne donne plus aujourd'hui que le tiers de la production du monde ; la suppression de l'esclavage, main-d'œuvre indispensable, lui a porté un coup sensible ; la Betterave sucrière l'a supplantée. La Canne est cependant restée une grande culture, qui est encore une importante ressource pour de riches pays tropicaux. Le principal centre de production est celui de l'Asie des moussons, et de l'archipel Asiatique ; dans l'*Inde*, la Canne est développée dans les régions deltaïques sur les alluvions fluviales (surtout dans la vallée du Gange, des provinces du Nord-Ouest au Bengale) ; à *Ceylan*, à *Formose*, cultures encore peu importantes ; en *Indo-Chine*, c'est une culture d'avenir ; en *Chine*, dans les

CANNE A SUCRE, au Natal.

(Phot. *Ferneyhough*, communiquée par la Société de Géographie de Paris.)

régions côtières et les vallées des grands fleuves, on cultive la Canne jusqu'au 30° lat. ; au *Japon*, cultures dans la partie Sud de l'archipel. Les *Philippines* et surtout *Java* présentent des conditions très favorables de sol, de climat, de main-d'œuvre ; la production de Java ne cesse d'augmenter, surtout dans les régions deltaïques de Socrabaya et de Pasoeroan. Quelques îles polynésiennes peuvent produire de la Canne à sucre ; c'est une des richesses des *îles Hawaï*. — Le centre américain comprend la côte Sud des *États-Unis* de la Louisiane au Texas, le Mexique qui tient le premier rang, les Antilles où *Cuba* notamment reprend un bel essor ; quelques points des régions côtières des *Guyanes*, du *Brésil*, du *Pérou*, de l'*Équateur*, etc. En Afrique, on ne peut guère citer que l'*Égypte*, le *Natal*, quelques points de la côte de Guinée ; sauf en Grenade, les plantations du Sud de l'Espagne ont été délaissées.

**14. Production et commerce.** — La production mondiale a été en 1901-1902 de 3 750 000 tonnes environ[1]. L'avenir de la canne à sucre dépend des progrès à accomplir dans la culture, restée presque partout une culture à la houe, de l'emploi des engrais nécessaires, du choix rationnel des variétés de manière à obtenir un rendement plus rémunérateur; de notables efforts ont été faits; *à Java,* la quantité du sucre du premier jet, pour la récolte d'un hectare, était de 2 tonnes au début du siècle; aujourd'hui elle atteint 9 à 11 tonnes; *Cuba*

CANNE A SUCRE. Récolte au Natal.
(Coll. *Molteni.*)

dépasse 10 tonnes; les *îles Hawaï* vont jusqu'à 18 tonnes, avec certaines espèces sélectionnées.

Les pays exportateurs sont surtout les *îles de la Sonde,* les *îles Hawaï,* les *Antilles,* l'*Amérique du Sud,* l'Inde, etc. Les *États-Unis* ont été et sont encore un marché important pour la vente des sucres, malgré les progrès de la Betterave à sucre (importations, 285 millions en 1901-1902); ils consomment du sucre de canne, provenant surtout des îles Hawaï, des Antilles, de l'Amérique du Sud, de l'Inde. L'*Angleterre* est également un grand pays importateur de sucre.

1. Voici quelques chiffres de production : celle de *Java* augmente régulièrement : en 1896, 490 000 t.; en 1898, 683 000 t.; en 1901, 766 000 t. — En 1901, les *États-Unis* ont produit 280 000 t.; le Mexique, 210 000 t. Le chiffre de *Cuba,* qui était de 1 100 000 t. en 1894, déclina rapidement à la suite de la guerre hispano-américaine; en 1900 il n'était que de 284 000 t.; en 1901, il fit un bond soudain avec 875 000 t.

15. **Productions comparées de la Betterave sucrière et de la Canne à sucre.** — La Betterave a gagné du terrain de plus en plus depuis 1840; l'essor s'est manifesté vers 1880; en 1894 elle représentait les 4/7 du total; en 1901-1902, les deux tiers. Le petit tableau qui suit montre avec plus de précision le tonnage successif des deux plantes à sucre, et la production totale du sucre en 1901-1902.

| ANNÉES. | CANNES. | BETTERAVES. | TOTAL. |
|---|---|---|---|
| 1840 | 1 100 000 | 50 000 | 1 150 000 |
| 1850 | 1 200 000 | 200 000 | 1 400 000 |
| 1860 | 1 830 000 | 400 000 | 2 230 000 |
| 1870 | 1 850 000 | 900 000 | 2 750 000 |
| 1880 | 1 860 000 | 1 810 000 | 3 670 000 |
| 1894 | 2 960 000 | 3 840 000 | 6 800 000 |
| 1901–02 | 3 750 000 | 7 050 000 | 10 800 000 |

## C. — La Vigne. — Le Café. — Le Thé.

16. **La Vigne.** — La Vigne, de culture très ancienne, originaire, d'après de Candolle, de l'Asie Antérieure, passa de là dans les pays méditerranéens et l'Europe dès les âges préhistoriques. C'est un petit arbrisseau, de hauteur variable, *pied de vigne* ou *cep* à tige sarmenteuse, avec des crevasses et des nœuds.

17. **Climat et sol. Production.** — Un hiver assez doux est le *climat* qui lui convient le mieux; elle supporte d'ailleurs aisément des températures de — 10° à — 15°, à l'état de repos; il faut du soleil au printemps avec pluie modérée; l'été doit être ensoleillé ainsi que les premières semaines d'automne, sans pluies continues; le climat de type méditerranéen présente des conditions favorables. Les climats trop humides, bien que doux, de la Bretagne, de la Normandie, du Nord-Ouest de la France, ne sauraient lui convenir; elle fructifie à des latitudes assez hautes (50° lat. Allemagne), en des points privilégiés[1]. (Voir la carte.) — La Vigne, peu exigeante pour le sol, ne fuit que les marais et les terrains salés; les sables ne donnent que des

1. Il est délicat de fixer la limite en latitude de la Vigne; en France, le pays des grands vignobles, la limite de la culture part de Vannes, et, avec une direction Nord-Est, passe près de Rouen, longe le sud de l'Ardenne et remonte jusqu'à Cologne, etc.

vins sans couleur et sans bouquet; les meilleurs terrains paraissent être ceux qui se composent d'un mélange de cailloux de graviers, d'un peu de terre, sur des pentes modérées. Les fumures trop abondantes sont plutôt nuisibles; les mauvaises herbes doivent être détruites.

La *France* est au premier rang pour la production du vin; en 1900 elle s'est élevée à 66 millions d'hectolitres, 60 en 1901; elle a baissé à 40 en 1902, et à 35 en 1903. Le second rang appartient à l'*Italie* (42 millions en 1901); puis viennent l'*Espagne* et le *Portugal,* l'*Autriche-Hongrie,* l'*Algérie;* le vin est encore récolté en certains points de l'Allemagne, de la Roumanie, des pays méditerranéens, de la Russie, des États-Unis, du Chili, de la République Argentine, de la région du Cap, de l'Australie[1].

18. **La Vigne en France.** — La Vigne était déjà florissante dans la vieille Gaule; au premier siècle de notre ère, Columelle nous décrit un plant identique au *Pinot,* qui a fait la fortune de la Côte d'Or bourguignonne; au temps de Grégoire de Tours (VIe siècle), les grands vins de Bourgogne, mûrissaient aux mêmes coteaux qu'aujourd'hui. La Vigne de France jouissait d'une belle prospérité lorsque commencèrent les affreux ravages d'un insecte destructeur, causant la pourriture des racines, le *phylloxera.* Dès 1867, des centres phylloxériques existaient dans les vignobles du Bordelais, du Languedoc et de Provence; ils rayonnèrent en tout sens, et, de nos jours, pas un de nos grands vignoble n'est resté indemne. Notre récolte, qui s'était élevée en 1875 à 83 millions d'hl., s'abaissa rapidement à 26 millions en 1879, à 23 millions en 1889. Devant cette ruine, qui nous coûtait en 1891 une importation de près de 13 millions hl. de vins étrangers, il y eut un prodigieux effort de recherches parmi les viticulteurs et les savants; après de multiples tentatives (emploi de matières chimiques, de la submersion des terres, des plantations dans les sables), l'adoption des plants de *vignes américaines,* pouvant résister au phylloxera, représente aujourd'hui le procédé le plus généralement admis et le plus efficace. D'autres ennemis de la Vigne, le *mildew,* l'*oïdium,* sont combattus avec succès. La France a reconquis le premier rang, momentanément atteint par l'Italie; on a estimé la récolte de 1901 (60 millions d'hl. sur 1 618 000 ha.) à 867 000 000 frs.

En France les grandes régions de vignobles sont localisées dans le *Languedoc,* dans le *Bordelais,* tout le long de la rive

1. En Italie, superficie cultivée plus considérable qu'en France, la production n'a été que de 33 000 000 hl. en 1900; l'Espagne en a récolté en 1899 21 millions; en 1900, 38 millions; l'Autriche-Hongrie n'a produit en 1901 que 8 millions; l'Algérie, en 1900, 5 450 000 hl.; en 1901, 5 560 000.

droite (cultures en terrasses, *Côte rôtie*) du Rhône et de la Saône (*Mâconnais, Côte d'Or*), dans les *Charentes,* dans le val de Loire, dans la haute vallée des affluents de la Seine (vins de Basse-Bourgogne), à la lisière de la Champagne et de l'Ile-de-France, le *vin de Champagne;* quelques régions moins importantes, en Provence, en Auvergne, le long d'une partie du Jura (vins d'Arbois), des côtes de Moselle et de la Meuse, etc. — Le Languedoc est le pays de plus grande production ; l'*Hérault* a produit en 1901 9 500 000 hectolitres; avec l'*Aude* et le *Gard,* 18 millions environ. — Les GRANDS CRUS les plus renommés

VIGNE, en Californie (El Cajon).
(Coll. W. M. DAVIS.)

sont ceux du *Bordelais* et du *Médoc,* et ceux de Bourgogne, qui mûrissent sur les pentes ensoleillées de la *Côte d'Or,* avec, au pied des Vignes, de gros bourgs opulents. Les *vins de Champagne* sont célèbres dans le monde entier.

19. **Autres pays.** — En Italie, la récolte des raisins et du vin est générale; les grandes régions de culture sont au Sud de la vallée du Pô, dans l'Italie moyenne, en Sicile : *vins d'Asti* dans le Piémont, de *Chianti* près de Florence, de *Marsala* et de *Syracuse* en Sicile. L'Espagne et le Portugal sont connus pour leurs vins aux parfums très appréciés : vins de *Xérès,* de *Malaga,* d'*Alicante;* en Portugal, vins d'*Oporto,* de *Madère;* ces vins parfumés sont nombreux dans la Méditerranée.

Ailleurs, en *Allemagne,* des Vignes renommées, cultivées en terrasses avec des soins infinis, s'étagent sur les pentes des méandres du Rhin et de la Moselle dans le massif schisteux rhénan ; les vins de *Tokay* sont recherchés en *Hongrie*. — Hors d'Europe, aux *Etats-Unis*, quelques cultures soignées et prospères de Vignes se trouvent dans l'Etat de *Californie*[1] et sur quelques autres points ; au *Chili*, excellent vin dans le district de Concepcion ; dans la *République Argentine*, sur les pentes des Andes de San-Juan et de Mendoza, cultures prospères dues à des colons français. Dans le Sud-Ouest de la *région du Cap*, la Vigne, ancienne culture, importée en 1653, s'est facilement développée dans un climat favorable ; au début du XIXe siècle, les vins de *Constance* étaient renommés ; des plants américains ont permis la lutte contre le phylloxera ; la production se maintient aujourd'hui au-dessus de 200 000 hl. Les Australiens de *Nouvelle-Galles du Sud* et de *Victoria* sont fiers de leurs vins, qu'ils ont baptisés du nom des grands crus français ; mais l'irrégularité du climat donne des récoltes aléatoires et rend les produits méconnaissables d'une année à l'autre.

20. **Commerce.** — La France importe des vins d'Algérie pour les mêler aux vins du Midi, bon marché ; les grandes exportations partent de Champagne et du Bordelais pour le *Nord de l'Europe*, l'*Amérique* et l'*Orient* ; l'*Angleterre* est notre principale cliente pour le champagne. L'Italie a exporté en 1901 pour 37 000 000 fr., l'Espagne pour 76 000 000 fr., qui représentent son exportation la plus importante ; elle vend surtout aux États-Unis et en Angleterre, de même que le Portugal.

21. **Le Café.** — Le café est peut-être originaire d'Abyssinie, mais son histoire se perd dans le temps. Il semble que ce soit à la Mecque que sa préparation ait d'abord été connue dès 1250 et répandue à la fin du XVe siècle ; vers 1630, il y avait au Caire plus de mille cafés. En Europe, ce breuvage fut d'abord assez mal accueilli : « Racine passera comme le café, » disait Mme de Sévigné.

Les Hollandais avaient déjà à ce moment de grandes plantations de café de la Mecque à Java ; une des jeunes pousses, plantée au jardin botanique d'Amsterdam, fut envoyée au Grand Roi, qui chargea *de Jussieu* de la faire fructifier ; les plantes réussirent en effet, et quelques sujets furent envoyés aux Antilles ; dans un voyage très pénible, un seul fut sauvé par le dévouement du *capitaine de Clieux*, qui lui réserva sa maigre portion d'eau. Ce fut l'origine des grandes plantations de café de l'Amérique.

1. Il n'est pas inutile de rappeler que les vignobles de Californie et du Chili jouissent d'un climat de type méditerranéen, ainsi que le Sud-Ouest de la région du Cap et le Sud-Est de l'Australie

**22. Variétés, climat et sol.** — Le Caféier comprend un grand nombre d'espèces, assez différentes de formes; les unes, simples arbustes comme le *Caféier d'Arabie;* les autres, arbres de taille moyenne comme le *Caféier de Libéria,* qui peut atteindre plus de 10 mètres. La production de ce dernier est plus élevée; le café d'Arabie, d'ailleurs originaire non d'Arabie, mais du Sud de l'Abyssinie, est plus apprécié. — Les conditions de *climat* varient sensiblement d'après les régions, les espèces, l'altitude. Au Mexique, entre 18° et 22° lat. N., l'altitude la plus favorable est de 1 150 à 1 400 mètres; au Brésil, jus-

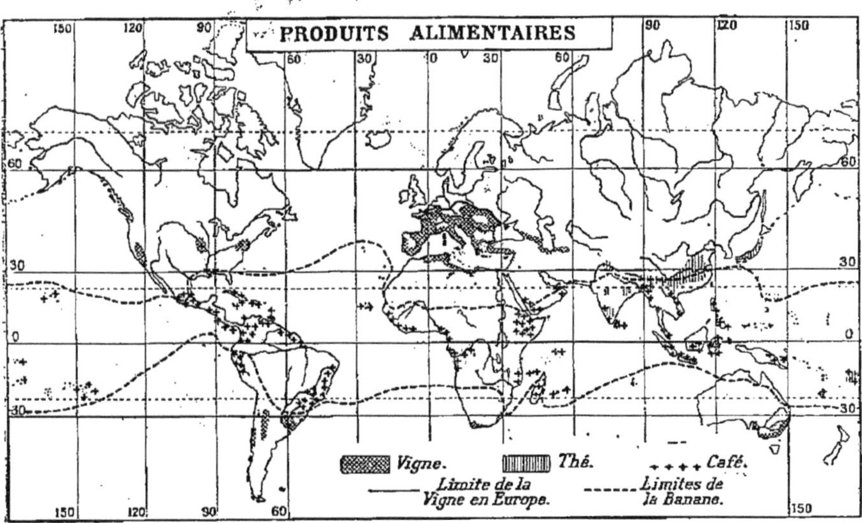


qu'à 1 000; à Ceylan, de 800 à 1 200 mètres. Les températures limites paraissent être de 15° à 25°; les cafés d'Arabie prospèrent avec 23° et 24°; le Libéria peut dépasser 32°. Pour une production intensive il faut des pluies abondantes dépassant 1m.50, sans excès d'humidité, mais sans périodes trop sèches. — Le café a besoin d'une terre meuble, facilement pénétrable pour une racine qui atteint plus de 1 mètre de profondeur; il paraît préférer la pente des collines aux plaines basses; en certains cas les terrains argileux ne sont pas nuisibles.

C'est le cas des plantations qui sont abritées par des arbres sur ces sols; protégées, les terres argileuses, en effet, ne redeviennent pas boueuses après les pluies, ni dures et fendillées après la sécheresse. Pour d'autres

Caféiers, l'ombrage produit un effet bienfaisant, mais avec des feuillages peu épais. L'abri est nécessaire pour les jeunes plantes, pour le café d'Arabie, pour le Libéria en plein rapport. La première récolte n'a lieu que vers 3 ans, la grande production vers 8 ans; la durée moyenne est de 20 ans; des Caféiers peuvent atteindre et même dépasser 40 ans. Leur entretien exige l'emploi des engrais. La cueillette est souvent faite par les femmes et les enfants; diverses méthodes de préparation du café président au lavage, à la dessiccation, à la décortication, au triage, etc. Le rendement peut varier de 150 à 600 gr. par Caféier à Java, et, au Brésil, de 800 à 1 700 gr., sols en bon état ou sols vierges.

23. **Pays producteurs.** — Le Brésil tient de très loin dans

CAFÉIERS DE HUIT ANS, à la Cressonnière (Tonkin).
(Coll. *Molteni.*)

le monde le premier rang dans la production du café, avec un chiffre qu'il est difficile de calculer, mais qui représente certainement plus des deux tiers du total; c'est l'État de São Paulo qui a la plus grande importance aujourd'hui, puis celui de Minas Geraes[1].

1. Les exportations du *Brésil* ont oscillé dans les dernières années entre 9 et 10 millions de sacs de 60 kgr.; *São Paulo* a plus de 15 000 plantations, dont 600 ont chacune de 200 000 à 500 000 arbres; *Minas Geraes* a 2 750 plantations, dont 64 ont plus de 500 000 arbres. D'après le *Statesman's Year-Book* (Annuaire de l'homme d'État... pour 1903), on estimerait la production du café, pour 1901-1902, à 16 millions de sacs pour l'exportation, qui se fait par Santos et Rio de Janeiro. Le *Venezuela* exporte en moyenne 52 000 t. par an; en *Colombie* la production augmente (12 000 t. en 1899); la croissance des exportations est très nette au *Guatemala* (1896, 68 000 t.; en 1901, 70 000 t.); au *Mexique* la production était de 21 000 t. en 1901; à *Porto*

Les Etats du Nord de l'Amérique du Sud et de l'Amérique centrale ont encore une production appréciable (*Venezuela, Guatemala*, etc.); viennent ensuite le *Mexique, Haïti, Porto Rico* et quelques autres Antilles. Dans les autres parties du monde il n'existe aujourd'hui aucun centre important : cependant, dans l'archipel Asiatique et l'Océanie, les îles Néerlandaises, surtout *Java*, avaient de très belles cultures ; aujourd'hui Java a encore des cultures notables. A Java comme à Ceylan, c'est une maladie produite par un Champignon vénéneux, *Hemileia vastatrix*, qui a déterminé la déchéance des caféries. D'heureux essais de plantations sous abri ont été faites en *Nouvelle-Calédonie*. — Le *Moka*, café d'Arabie, est toujours très

RÉCOLTE DU CAFÉ DANS UNE PLANTATION SOUS ABRI (Nouvelle-Calédonie).

(Phot. communiquée par M. Russier.)

On voit nettement les Caféiers sous les arbres, et les sacs de café. La main-d'œuvre est très variée; à droite des *Néo-Hébridais*, et quelques *indigènes des îles Salomon;* derrière des *Néo-Calédoniens*, des *Annamites* et des *Javanais*, reconnaissables à leur coiffure conique ou en forme de calotte.

célèbre, mais de faible production ; le café pourra sans doute réussir à *Madagascar ;* à *Ceylan* il a dû être abandonné pour le thé; quelques efforts assez heureux ont été tentés dans notre Indo-Chine. — En Afrique, les

*Rico*, la récolte annuelle atteint environ 30 000 t.; *Haïti* exporte à peu près 25 000 t. — Les *possessions néerlandaises* ont produit en 1900 à peu près 50 000 t. ; le café est une des principales ressources de la *Nouvelle-Calédonie*. Le Yemen et le Hedjâz d'Arabie ne doivent pas dépasser 1 500 à 2 000 t. L'île portugaise de San-Thomé a produit, en 1901, 1 100 tonnes.

champs de Caféiers abondent dans le *Kaffa* en Abyssinie; des tentatives ont été faites dans toute la *Guinée* et au *Congo*.

D'après M. H. Lecomte, les moyennes annuelles de 1896 à 1900 auraient été :

| | | |
|---|---|---|
| Production du Brésil.......... | 568 000 | tonnes. |
| Brésil avec le Nouveau Monde . | 747 000 | — |
| Production des autres pays..... | 75 000 | — |

La production totale est donc ainsi de 822000 tonnes. Le chiffre est certainement aujourd'hui supérieur pour la production brésilienne. — La consommation du café a atteint en 1897, d'après M. Lecomte, 318000 tonnes aux États-Unis; 136000 tonnes en Allemagne; 77000 en France, etc.

24. **Le Thé.** — Le thé paraît être à l'état indigène dans les régions montagneuses qui s'étendent depuis l'Assam par la Haute Birmanie jusqu'à la Chine. De cet habitat primitif il s'est répandu en Chine depuis des époques très reculées, 2700 ans av. J.C.; puis au Japon; plus tard, au XIXe siècle, dans l'Inde, à Ceylan, à Java et en Amérique, au Brésil, etc. — C'est un arbuste au port droit, aux feuilles toujours vertes, qui, à l'état naturel, devient un arbre de 10 à 15 mètres; la forme arbustive est due à un étêtement qu'on fait subir à la plante pour diminuer le développement en hauteur, et provoquer celui des rameaux, riches en feuilles, dont le grand nombre assure des récoltes plus riches. Le Théier comprend une quantité de variétés, dont les deux principales sont le *Thé chinois* et le *Thé d'Assam;* ce dernier se distingue par des feuilles plus grandes.

25. **Le climat, le sol, la culture.** — Le thé est assez exigeant pour le *climat* et pour le *sol*. Le thé d'Assam est le plus difficile; les meilleures conditions pour la température sont comme moyenne annuelle 23° à 24°, du mois le plus froid, 14° à 17°, au plus chaud, 27° à 29°; l'arbre à thé de Chine se contente d'une moyenne annuelle de 14° à 16°, du mois le plus froid, 3° à 5°, au plus chaud, 26° à 27°. — Pour prospérer, le thé a besoin d'abondantes pluies d'été; les pays de mousson d'Asie sont des terres d'élection; les deux variétés peuvent supporter facilement la saison sèche; le thé de Chine[1]

1. Les pluies nécessaires pour le Thé de Chine sont de 1050 mm. à 1800 pour l'année; de 650 mm. à 1450 pour la saison chaude; de 80 mm. à 250 par mois durant la récolte. — Pour le Thé d'Assam, le total de l'année doit aller de 2050 mm. à

se contente de beaucoup moins de pluie que celui d'Annam, qui exige un minimum de 2 050 mm. alors que 1 800 mm. sont un maximum pour le Théier chinois. Les irrigations ne sauraient suppléer aux pluies. — La racine du thé, pivotante comme celle du café, a besoin d'un sol profond, ni trop perméable, ni trop compact, riche en humus ; l'eau stagnante est la pire condition ; il faut des pentes doucement inclinées.

Le Théier est multiplié à l'aide d'un semis, le plus souvent en pépinière ; puis a lieu la plantation définitive ; l'arbre subit plusieurs tailles faites à la saison sèche, vers la fin. La cueillette des nouvelles pousses se fait quelques mois après, pendant la saison humide, en plusieurs fois. Les feuilles sont recueillies surtout par des femmes dans une sorte de panier profond fait de lamelles de bambous, en forme de cylindre. Ensuite les feuilles passent par le *roulage*, la *fermentation*, le *séchage*, le *triage*.

RÉCOLTE DU THÉ à Ceylan.
(Coll. *Molteni*.)

26. **Pays producteurs.** — La *Chine*[1] est le principal producteur et exportateur ; le thé est surtout cultivé dans le Sud-Est, au sud du Yang-tse-Kiang ; dans l'*Inde* anglaise les centres les plus importants sont dans l'*Assam*, le *Bengale*, dans le *Bhoutan*. Le thé a remplacé le café à *Ceylan* ; la culture est pratiquée sur les pentes par 2 500 Européens et au moins 350 000 travailleurs ; au *Japon* le thé vient à Formose, dans les îles méridionales, dans tout le Sud de Hondo ; la production de *Java*

5 030 ; celui de la saison chaude, de 1 850 mm. à 4 900 ; chaque mois, durant la récolte, 250 à 610 mm.

1. Il est difficile de connaître la production de la *Chine* ; son exportation a été de 93 800 000 kgr. en 1898, 98 900 000 en 1899, et 72 900 000 en 1901 ; l'*Inde anglaise* produit environ par an 75 à 80 000 000 kgr. ; *Ceylan* a un chiffre assez voisin ; le Japon a récolté un peu plus de 30 000 000 kgr. en 1899 et en 1900 ; à *Java*, 4 700 000 kgr. en 1898, 6 300 000 en 1900.

est moyenne et assez régulière. Des cultures secondaires de thé ont été essayées au *Natal,* dans l'*île Maurice,* dans les *îles Fiji,* sur quelques points du Brésil, etc.

L'exportation du thé de Chine a été en 1899 de 99000000 kgr., de 72900000 en 1901; celle des Indes, de 72000000 environ, etc.

On a calculé qu'en mettant en dehors les besoins des peuples mongoliques, on pouvait évaluer la consommation du thé, en gros, à 230 millions de kgr. par an, d'une valeur de 425000000 frs. Pour se rendre compte de

RÉCOLTE DU THÉ au Japon.
(Communiqué par M. J. DAUTREMER, consul de France.)

l'énormité de ce volume, il faut savoir que la quantité des feuilles de thé est suffisante pour faire 28 milliards de litres de breuvage et 100 milliards de tasses de thé.

Dans les régions australes, les pays consommateurs sont l'Afrique australe et surtout l'*Australie,* où la consommation est la plus forte, 4 kgr. peut-être. Dans l'hémisphère boréal, à l'exclusion des races qui consomment leur propre produit, le thé devient une boisson fréquente au Nord du 40° lat. N., thé vert en infusions légères et pâles dans le Nord de l'Afrique, quelques points d'Europe, les Etats-Unis, le Canada; thé plus foncé, plus épais, plus substantiel, au Nord. Les Iles Britanniques (importations 107 millions de kgr.) consomment 2kgr.65 par tête; la Hollande, 0kgr.50; la Russie, 34 grammes seulement; le Canada, 2 kgr.; les Etats-Unis, 41 gr., etc.

**27. Routes de commerce.** — Diverses routes de commerce

et des moyens de transport différents ont été successivement employés pour le commerce du thé. Avant 1669, des navires hollandais importaient d'Amsterdam le thé en Angleterre; dès 1678 la Compagnie des Indes orientales, *East India Company*, importait plus de 2000 kilogrammes. L'importance croissante du commerce nécessita l'emploi d'un type de navires spéciaux, de fins voiliers, *China Clippers*, à la marche rapide; en 1866, neuf partirent ensemble de Fou tchéou; trois, tous construits à Greenock, avant tous les autres, accomplissaient plus de 25000 kilomètres en 99 jours. L'ouverture du canal de Suez bouleversa toutes ces conditions. — Le commerce du thé par terre entre la Russie et la Chine a été établi à la fin du XVII^e^ siècle; le thé voyage sous la forme de briques, petites tablettes rectangulaires comprimées, pesant généralement un kilogramme; c'est le *thé des caravanes*. Des chameaux et des charrettes mongoles les transportaient de Kalgan, au Nord de Pékin, à Kiakhta, au Sud du Baïkal; de là le thé traversait la Sibérie en longues séries de traîneaux; des chargements importants prenaient la voie de l'Ob dégelé, où, par la mer de Kara, des bateaux avaient pu remonter le fleuve. Le Transsibérien et le transport par mer vont modifier rapidement les conditions de ce commerce.

TRAVAUX A CONSULTER. — Collection du *Bulletin du Ministère de l'Agriculture*, devenu depuis 1902 *Annales du Ministère de l'Agriculture*; très importante pour la France, avec de nombreuses études sur les cultures des pays étrangers. — Joseph Hitier, *l'Agriculture moderne et sa tendance à s'industrialiser* (*Revue d'économie politique*), XV, Paris, 1901. — P.-P. Déhérain, *Plantes de grande culture* (*Pommes de terre, Betteraves à sucre*), Paris, 1898. — J. Machat, *l'Etat actuel et les besoins de la culture de la Pomme de terre en France et à l'étranger* (*Rev. Génér. des Sciences*, 1898). — L. Malpeaux, *la Betterave à sucre*, s. d., Paris. — H. Lecomte, *le Café, Culture, Manipulation, Production*, Paris, 1899. — V. Boutilly, *le Thé, sa culture et sa manipulation*, Paris, 1898. — H. Lecomte, *la Production et la consommation du Thé dans le monde* (*La Géographie*, IV, 1901). — Th.-H. Engelbrecht, *Die Landbauzonen der aussertropischen Länder*, texte et atlas, Berlin, 1899.

# CHAPITRE III

## PRODUITS ALIMENTAIRES

III. — Arbres fruitiers des régions tempérées. — Diverses plantes alimentaires des régions tropicales. — L'élevage et la pêche.

**A. — Arbres fruitiers des régions tempérées. — Diverses plantes alimentaires des régions tropicales. — a). —** Dans les régions tempérées, les **arbres fruitiers** sont très nombreux; dans les pays tempérés chauds vivent l'*Olivier*, l'*Oranger*, le *Citronnier*, le *Cédratier*, l'*Amandier*, etc. — Dans les pays de moindre chaleur, mais sur les pentes ensoleillées, pullulent *Pêchers*, *Pruniers*, *Cerisiers*, *Poiriers*; puis des *Châtaigniers*, des *Noyers* et des *Pommiers*, qui se plaisent dans des climats plus froids et plus humides.

Ces fruits alimentent un grand commerce dans la région méditerranéenne, en France, en Californie, etc.; grâce aux *appareils réfrigérants*, l'Europe reçoit en hiver des *raisins* et des *fruits d'Australie*.

**b). — Diverses plantes alimentaires des régions tropicales. —** Le **Bananier** produit des régimes de bananes, qui servent d'unique aliment à des Nègres d'Afrique; forte consommation en Europe. — L'**Arbre à pain** fournit aux indigènes (en Indo-Chine, à Java, en Océanie) un fruit en forme de melon, qu'ils mangent comme du pain. — Le **Cocotier** produit une *noix* et du *lait de coco;* puis le *coprah*. — Le **Palmier Dattier**, vivant dans les oasis, est l'arbre nourricier du Sahara.

Le **Cacaoyer**, qui n'aime que des pays très chauds et très humides, à l'abri d'autres arbres (Amérique centrale, Antilles, côtes du Brésil, au Pérou, etc.), produit un fruit dont la graine sert surtout à la fabrication du *chocolat*. — Le **Vanillier**, liane qui ne peut se développer qu'avec l'appui d'un autre arbre (la Réunion, Madagascar, Comores, Seychelles, Tahiti, etc.), fournit la *vanille*, formée de petits grains noirâtres, très aromatiques, enfermés dans une gousse allongée.

Parmi les **plantes aromatiques et à épices** figurent le *Quinquina* (Java, Ceylan); le *Kolatier* (Afrique occidentale, Java); le *Tabac* (régions tropicales et tempérées); les *Pavots à opium*, consommés en *pastilles* ou *fumés*. — Les épices sont produites par le *Muscadier* (Moluques); le *Giroflier* (Moluques); la *Cannelle* (Ceylan); le *Poivrier* (Inde, Cambodge, Malaisie).

**B. — Produits alimentaires d'origine animale. — a). — L'élevage** (gros bétail, Moutons, Porcs) fut très développé dans les pays anciens, plus encore dans les pays neufs. **L'industrie laitière**, à l'aide d'appareils spéciaux, a fait naître d'importantes *beurreries* (Danemark, Suède, États-Unis, etc.). Le beurre arrive d'Australie et de Nouvelle-Zélande, en parfait état, grâce à l'emploi des appareils réfrigérants.

Le transport lointain des viandes d'animaux domestiques s'est transformé. *Chicago*, qui reçoit 10 millions de Bœufs, a des ouvriers qui préparent en quelques heures des milliers de bêtes à cornes. Autrefois on faisait des *conserves;* aujourd'hui le *système réfrigérant* l'emporte et est employé pour les quartiers de Bœuf et de Porc. Même méthode dans la République Argentine et en Australie.

**b).** — La **Pêche** a fait de grands progrès, grâce à la *pisciculture.* — La **pêche fluviale** est très abondante, notamment dans les *grands fleuves Chinois,* les *deltas de l'Indo-Chine;* en Europe, dans l'*Oural* et la *Volga,* etc. — La **pêche maritime** comprend : 1° la *Grande Pêche,* qui a presque abandonné la *Baleine* et s'occupe surtout de la *Morue* (côtes norvégiennes, Islande, Terre-Neuve, etc.); 2° la *pêche côtière,* qui recherche de nombreux poissons, *Harengs, Sardines, Thons,* etc.; d'autre part, des *Huîtres* et des *Homards* sont recueillis ou pêchés en grande quantité.

## A. — Arbres fruitiers des régions tempérées. — Diverses plantes alimentaires des régions tropicales.

**a).** — 1. **Arbres fruitiers des régions tempérées.** — Nous n'avons encore parlé que d'un petit nombre de plantes alimentaires, très importantes d'ailleurs; il en est une foule d'autres, dans les régions tempérées et tropicales, dont beaucoup méritent une étude, même courte, par ce fait qu'elles ont pris, dans ces derniers temps, une place importante dans la vie économique du globe.

Dans les pays tempérés chauds, de type méditerranéen, croissent des arbres au feuillage délicat, aux fruits savoureux et parfumés; l'*Olivier* est l'ami des climats secs; on le trouve de la Syrie au Maroc, de notre Provence jusqu'au Sahara algérien, en Californie, dans une partie du Chili, du Cap, dans le Sud-Est de l'Australie. Il existe d'admirables *orangeries* en Algérie et dans la Nouvelle-Galles du Sud, en Australie; l'*Oranger* se trouve d'ailleurs dans les régions subtropicales de préférence; il faut citer encore les *Cédratiers,* les *Citronniers,* les *Limoniers,* les *Amandiers,* les *Figuiers.* — Dans les pays ensoleillés de régions moins chaudes, en des points bien abrités, en Europe et dans l'Amérique du Nord, des *Pêchers,* des *Abricotiers,* des *Pruniers,* des *Cerisiers,* des *Poiriers.* Le *Châtaignier* décore les pentes siliceuses du Massif central; il fuit les terrains calcaires; le Noyer est plus rustique; le *Pommier* s'accommode d'un climat doux et humide, même froid; en Europe il s'étend jusqu'au 60° long. E., et dépasse le 60° lat. en Finlande et en Norvège; très abondant dans l'Amérique du Nord, il n'atteint pas 55° lat.[1].

1. Il convient de dire quelques mots des CULTURES MARAÎCHÈRES, qui ont, elles aussi, pris un énorme développement; elles comprennent tout l'ensemble des Légumes et autres plantes, etc. Ces cultures se développent surtout auprès des grandes villes ou dans des régions particulièrement favorisées par le sol et le climat. Des procédés scientifiques de fumure, d'arrosage, sont employés; à l'aide de serres chaudes, les maraîchers hâtent la venue des plantes recherchées et d'un prix

2. **Consommation et commerce.** — La puissance de consommation des grandes villes, la rapidité des moyens de transport, ont provoqué pour ces éléments un mouvement commercial magnifique.

Les oranges, les citrons, les figues, viennent d'Algérie, d'Espagne, d'Italie et se répandent dans toute l'Europe; la *Grèce* peut vendre chaque année plus de 100 000 t. de *raisin de Corinthe;* les environs de Paris sont, par places, un verger d'arbres fruitiers; la *France* alimente de poires surtout l'Allemagne, la Russie et aussi l'Angleterre[1]. La *Californie* est le verger des États-Unis; cet État, né de la découverte de l'or, devint bientôt un admirable pays agricole, et se couvrit de Pêchers, de Pruniers, de Pommiers sur les pentes de la Sierra Nevada; en 1894, à l'exposition de Chicago, dans la salle d'honneur de l'Etat, figurait une grandiose statue équestre, en pruneaux, symbole de l'ambition économique nouvelle de la Californie. Des trains spéciaux portent, dans la saison, les raisins frais des vignobles des Andes à Buenos-Ayres. — Il y a plus : grâce à des appareils réfrigérants où l'air se maintient sec et froid, les pays européens du Nord reçoivent au milieu de l'hiver des grappes fraîches de raisin de la région du *Cap* et de l'*Australie Sud-Est,* ainsi que des fruits intacts de *Nouvelle-Zélande;* le *Canada* envoie des pommes toujours lisses en Angleterre; la *Californie* peut expédier en toute fraîcheur des cerises en Europe; le tiers des exportations de fruits des *États-Unis* comprend des pommes vertes ou mûres.

**b).** — 3. **Diverses plantes alimentaires des régions tropicales.** — De nombreuses plantes tropicales jouent un rôle important dans la nourriture des indigènes, et aussi dans l'alimentation des Européens.

**Bananier.** — Le Bananier est remarquable par un port et un feuillage magnifiques; il s'élève jusqu'à 6 et 7 mètres et donne naissance à des régimes d'un poids de 30 à 50 kilos de bananes; il exige une chaleur continue, de 16° à 28°, un abri qui empêche les vents de déchiqueter son feuillage élégant et large, un air humide, un sol profond et frais. Il ne dépasse

élevé; il existe tout un attirail nouveau d'instruments de travail. Certains pays méditerranéens, la *plaine d'Alger,* le *Roussillon,* les régions situées sur les *deux rives du Rhône inférieur,* envoient de bonne heure des *primeurs.* Le chiffre énorme d'affaires des maraîchers augmente tous les ans.

1. Il peut être intéressant d'avoir quelques chiffres de production et de valeur de certains fruits de France (1901) : *Olives,* 1 000 000 qx; 19 000 000 frs (Alpes-Maritimes, Var, Bouches-du-Rhône,... 12 départements producteurs); *Oranges,* 17 000 qx; — *Prunes,* 630 000 qx; 13 000 000 frs; — *Châtaignes,* 3 000 000 qx; 25 000 000 frs; — *Noix,* 877 000 qx, 19 000 000 frs; — *Pommes à cidre,* 2 600 000 qx, 86 000 000 frs. — En 1901, 8 600 000 kgr. de Fruits et Légumes ont été amenés sur les marchés en gros.

guère les limites de notre carte, sauf en quelques points sporadiques dans les régions méditerranéenne et japonaise.

Les variétés cultivées sont d'une diversité qui rend difficile leur étude. La culture est aisée dans les pays tropicaux; le Bananier se reproduit par des rejetons; l'entretien demande peu de travail; la récolte varie de 4, 8 à 15 mois; les régimes sont détachés avant la maturité. Cet aliment si accessible est parfois l'unique aliment de certains Nègres d'Afrique, entretenus ainsi dans la paresse, et qui ont perdu toute initiative; la banane est aujourd'hui d'une consommation constante en Europe. Cuba et la Jamaïque alimentent les États-Unis.

4. **Arbre à pain. Cocotier. Palmier-Dattier.** — L'ARBRE A PAIN se trouve depuis la côte Est de l'Inde, dans une partie de l'Indo-Chine, de l'archipel Asiatique et de l'Océanie jusqu'à Tahiti; il exige une chaleur constante, un sol riche et humide, et s'élève de 8 à 12 m. En général deux récoltes par an; 40 à 50 fruits par arbre sont une récolte moyenne; le fruit est arrondi en forme de melon, avec un poids possible de 3 kilos. Après diverses préparations, les indigènes l'utilisent, comme nous le pain. — Le COCOTIER est un Palmier superbement élancé, droit, de 18 à 25 m., couronné d'un panache d'une douzaine de feuilles dentelées, très exigeant pour la chaleur, 22° à 28°, préférant les sols de calcaires coralliens, couverts d'un épais manteau de sables, où il peut puiser les sels marins qui lui sont indispensables; il ne dépasse guère le 25° lat. N. ou S., sauf dans le Japon où il va au delà de 35° lat. (Voir la carte, p. 547.) La *noix de coco* a une forme ovale, avec une coque ligneuse qui renferme, avant la maturité, un liquide frais et astringent, le *lait de coco*, puis une amande, le *coprah*, collée contre les parois de la coque, dont on fait l'*huile de coco;* la coque sert encore de vase; les fibres sont utilisées de diverses manières. — Le PALMIER-DATTIER a toujours occupé la zone désertique qui s'étend du rivage Atlantique au Sud du Maroc à l'Indus; on sait qu'il ne peut vivre que dans un sol humide sous un soleil de feu, qui ne prospère que dans les oasis, et qu'il est l'arbre nourricier et tutélaire du Sahara.

5. **Le Cacaoyer.** — Le CACAOYER, sans doute originaire des forêts amazoniennes, est un petit arbre qui, à l'état de culture, ne dépasse guère 4 à 6 mètres, et ne vit que dans des pays très chauds (température moyenne au moins de 24°) et très humides ($1^{m}.60$ de pluies), dans des terres riches et profondes, alluvions de préférence, ou marnes très calcaires, jusqu'à 200 mètres d'altitude.

Reproduit par semis dans une pépinière, on transplante le Cacaoyer sous des ombrages, des Bananiers par exemple, qui lui sont indispensables à l'état jeune et même adulte. Vers la 3e année, première floraison, cueillette des graines bien mûres, séchage, fermentation, etc. La *cabosse,* c'est-à-dire le fruit, la graine, est une sorte de coque assez fragile, avec à l'intérieur une amande blanc jaunâtre, qui sert à l'extraction du *beurre de cacao* et à la fabrication du *chocolat.* L'*Amérique centrale,* les *Antilles*, une partie de l'Amérique du Sud (du *Brésil* à l'*Équateur* et au *Pérou* par le *Vénézuela*), fournissent les cacaos les plus recherchés; en Afrique, cultures florissantes dans l'île *San Thomé* (golfe de Guinée); débuts à *Madagascar* et dans le *Congo* français; diminution à la Réunion; grands progrès au *Tonkin*. La consommation du cacao en 1899 est estimée en Europe à 65 000 000 kilos; aux États-Unis, en 1899, à 29 000 000 livres[1].

6. **Le Vanillier.** — Le VANILLIER, sur lequel les premières indications nous sont venues du Mexique à la fin du XVIe siècle,

PLANTATION DE VANILLIERS, sur Jatrapha Curcas (Pignon d'Inde), à Anjouan (Iles Comores).

(Phot. communiquée par M. H. LECOMTE.)

est une plante grimpante avec de nombreuses ramifications; elle exige une température très chaude, 26° à 28°, 24° seulement à la Réunion, un riche humus, toujours frais; le Vanillier a besoin d'un arbre tuteur; tous les deux sont protégés et

1. En 1899, les principaux pays producteurs ont été : *Équateur*, 28 000 t.; *San Thomé*, 13 500 t.; *Ile de la Trinité*, 11 000 t.; *Vénézuela*, 9 500 t.; *Bahia* (Brésil), 8 700 t.; *Tonkin*, 6 000 t. (exactement 5 849 t.); *Para*, 5 600 t.;... *Java*, 960 t.; *Guadeloupe*, 416 t. — En 1899, consommation de l'Allemagne, 20 000 000 kilos; la France, 16 000 000; l'Angleterre, 12 000 000; l'Espagne, 10 000 000. — Par habitant (1889), Espagne, 403 grammes; France, 312 gr.; Angleterre, 155 gr.; Danemark, 127 gr., etc.

ombragés par une lisière de forêts. Le fruit constitue une *gousse* flexible, allongée, où se trouvent à l'intérieur des petits grains ovoïdes et noirâtres, très aromatiques.

En Amérique, le *Mexique* fournit de nombreuses variétés, et la *Guadeloupe* une quantité appréciable à l'exportation (24300 kilos en 1900). L'*Afrique* a d'importantes ressources, surtout dans les îles : l'île *Maurice* est cependant en pleine diminution; mais *la Réunion* tient la 1re place sur le marché actuel; en 1898, 200513 kilos; grands progrès à *Madagascar*, aux *Seychelles*, aux *Comores* (*Mayotte*, *Anjouan*)[1]; au *Congo Indépendant* quelques cultures; au *Congo français*, Vanilliers indigènes. Dans l'Océanie, la vanille paraît se développer aux *Samoa;* à *Tahiti*, la récolte devient importante. La France est un des pays qui importent le plus de vanille, à qui les usines allemandes font concurrence avec la *vanilline*.

7. **Diverses plantes aromatiques et à épices.** — Le QUINQUINA (*Cinchona*) produit la *quinine*, aux remarquables effets curatifs pour la fièvre; arbre de 10 à 15 m., vivant sur les pentes tropicales de 700 à plus de 2500 m. (3000 dans les Andes); il supporte un climat constant de 7° à 25° comme extrême, des pluies abondantes et même très fortes. Originaire des Andes de l'Équateur et du Pérou, il s'est ensuite largement développé à *Java*, à *Ceylan*, dans l'*Inde*, dans le *Nord de Bornéo*, etc. Java fournit les deux tiers de la récolte mondiale en écorces de quinine; en 1900, 5600000 kgr. — Le KOLATIER, bel arbre aux larges branches, existe dans l'*Afrique occidentale* du 5° au 10° lat. N.; cultivé aux Antilles, il se développe de plus en plus en d'autres régions tropicales, *la Réunion*, *Java*, *Tahiti;* la graine ou *noix de Kola*, sorte de gousse qui contient 8 ou 10 amandes charnues, sert à des pratiques médicinales; tous les noirs soudaniens en sont friands; ils lui attribuent des vertus stimulantes; c'est une monnaie d'échange au Soudan.

Le TABAC est une plante annuelle, se reproduisant par semis, et formant une tige, de $0^{m}.70$ à 1 mètre, garnie de larges feuilles qui donnent le tabac. Il se développe dans les régions tropicales et tempérées, avec des limites très larges de température et de climat (Sumatra et Allemagne); il aime surtout les terrains siliceux, les sols assez profonds, légers, perméables, etc.; le fumier et des tourteaux ou des sulfates de potasse servent d'engrais.

L'usage du tabac est très ancien en Amérique; on trouve des pipes dans

1. *La Guadeloupe*, en 1892, 22700 kilos; en 1899, 6000 k.; en 1900, 24300 k.; *Mexique*, exportation de vanille, en 1891-92, 98440 kilos; *La Réunion*, en 1900, 81500 kilos; en 1901, 51000; *Madagascar*, exportation de 30 kilos en 1890, de 3700 en 1898; *Mayotte*, 2700 kilos; à *Tahiti*, en 1883, 1230 kilos; en 1900, 73800 kilos, qui sont allés aux marchés d'Europe et des États-Unis.

Pour le cacao et le Vanillier, voir E. DE WILDEMAN, *les Plantes tropicales de grande culture*, Bruxelles, 1902, p. 81-119, 120-149.

les tombeaux, *mounds*, des Indiens; les compagnons de Colomb ont eu la surprise de voir fumer les indigènes. Depuis, le Tabac s'est répandu dans tous les pays du monde; il est supérieur dans les pays tropicaux. Les *États-Unis* sont en tête de la production avec 3000000 de qx; l'*Inde*, l'*Autriche-Hongrie*, la *Russie*, la *Chine*, le *Japon*, l'*Allemagne*, *Cuba*, la *Turquie d'Europe*, la *France*, etc.[1]. Le tabac de la Havane à Cuba est célèbre pour l'arome de ses cigares; plus doux est le tabac du Nord et du centre de l'Europe; très apprécié est le tabac jaune de la *Turquie* d'Europe et de l'*Anatolie* avec son goût particulier, sous forme de cigarettes turques ou égyptiennes, etc.

L'archipel Asiatique a été le domaine de la plupart des PLANTES A ÉPICES. Le MUSCADIER, originaire des îles Banda dans les Moluques, produit la *noix de muscade*, pulpe intérieure de la graine; le GIROFLIER, de même provenance, produit des *clous de girofle*, fleurs en bouton; la *Cannelle* vit dans les forêts de Ceylan; on trouve surtout dans les Antilles des *Piments*, qui ont un arome violent et une saveur brûlante. On trouve dans l'Inde et l'Indo-Chine et dans la Malaisie, dans les Antilles et quelques rares points de l'Afrique, des POIVRIERS; ce sont des lianes; au Cambodge elles ont trouvé des conditions incomparables au pied de collines, en des endroits chauds et humides, sur un sol en pente profond et frais; les poivrières ont été multipliées, d'où surproduction; le Cambodge produit plus de poivre que n'en consomme la France.

Les divers PAVOTS, qui fournissent l'OPIUM, se développent entre 20° et 52° lat., dans des sols de sables mêlés d'argiles perméables. Les pays producteurs sont, en Syrie, les *vilayets de Smyrne* et de *Koutaïeh;* en Perse, la région d'*Ispahan;* dans l'Inde, surtout les abords de *Patna* et de *Bénarès;* en Chine, la *Chine du Sud*. Les opiums contiennent diverses quantités de morphine; ceux de la Syrie, qui comptent 10 p. 100 de morphine, sont surtout employés par la *médecine;* ceux de Perse, de Chine, sont consommés en *pastilles* (Empire ottoman, Nord de l'Inde, États à l'Ouest de l'Inde); ils sont *fumés* en Malaisie, en Indo-Chine et surtout en Chine. On sait quels sont dans ces pays les effets pernicieux de l'opium.

## B. — Produits alimentaires d'origine animale.

8. **Généralités.** — Le monde des animaux, qui vivent à la surface de la terre et dans les eaux fluviales et marines, contribue pour une forte part à l'alimentation de l'homme. Cette

1. Le Tabac atteint, dans l'Inde, 1500000 quintaux; l'Autriche-Hongrie, 920000 qx; la Russie, 700000 qx; au Japon, 400000 qx; en Allemagne, 347000 qx;... en France, 253000 qx; au Mexique, 93000 qx, etc. (1900 ou 1901).

utilisation des ressources animales, comme tous les grands faits de la vie économique de nos jours, a dû prendre des formes nouvelles afin de se plier aux exigences toujours croissantes des besoins; elle a pris une importance nouvelle et un admirable essor.

**a). — 9. Élevage.** — Les progrès de l'élevage ont été réels dans les pays anciens; mais ils ont été dépassés par ceux des pays jeunes. Le tableau suivant montrera la réalité des faits.

GRAND TROUPEAU DE BŒUFS, dans les plaines sèches de l'Est du *Montana*, où les plantes herbacées poussent en touffes isolées. Au loin une *mesa*; quelques arbres le long d'un ruisseau.

(Coll. W. M. DAVIS.)

PRINCIPAUX PAYS D'ÉLEVAGE

| | GROS BÉTAIL | MOUTONS | PORCS |
|---|---|---|---|
| **Russie** (1900) | 45 500 000 | 70 000 000 | 14 000 000 |
| **Iles Britanniques** (1901) | 11 400 000 | 31 000 000 | 3 500 000 |
| **France** (1901) | 15 000 000 | 20 000 000 | 7 000 000 |
| **Allemagne** (1900) | 19 000 000 | 10 000 000 | 17 000 000 |
| **Autriche-Hongrie** | 16 000 000 | 11 000 000 | 12 000 000 |
| **Espagne** (1895) | 2 200 000 | 14 000 000 | 2 000 000 |
| **Colonie du Cap** (1901) | 1 000 000 | 12 600 000 | — |
| **États-Unis** (1904) | 61 000 000 | 52 000 000 | 47 000 000 |
| **République Argentine** (1895) | 22 000 000 | 74 000 000 | 652 000 |
| **Uruguay** (1900) | 7 000 000 | 18 000 000 | — |
| **Australie et N^lle-Zélande** (1901) | 9 800 000 | 92 400 000 | 120 000 |

Quelques remarques sont nécessaires. En certains pays l'importance des *Vaches laitières* est à constater; *Iles Britanniques*, plus de 4 millions; *France*, 8 millions; *Autriche-Hongrie*, près de 8 millions; *États-Unis*, 29 millions. — D'après des chiffres majorés par la Commission du recensement, il faudrait compter dans l'Argentine 26 millions de gros bétail, et plus de 92 000 000 de Moutons. Il convient de ne pas se prononcer encore.

10. **Industrie laitière.** — Les chiffres que nous venons de donner représentent une masse prodigieuse de produits alimentaires; pour assurer la consommation de ces produits, il était nécessaire de substituer aux pratiques surannées des méthodes nouvelles. Il se développa ainsi une admirable *industrie laitière*, qui, à l'aide d'*appareils centrifuges*, sépare la crème du lait et réduit le prix de la fabrication du beurre; en quelques pays, la coopération des efforts facilita le succès. Les produits furent de bonne qualité; des conditions nouvelles de transport, qui vont être indiquées, permirent de trouver une clientèle lointaine. Les *beurreries* ont prospéré notamment en *Danemark*, en *Suède*, en *Russie*, etc. Le Danemark vendait à l'Angleterre, en 1870, pour 19 millions de beurre, en 1902 pour 231 millions.

Aux *Etats-Unis*, les laiteries industrielles ont eu un grand développement depuis 1860; l'usage très répandu des *écrémeuses centrifuges* permet d'utiliser une grande production de lait dans certains Etats de l'Ouest (Texas, Colorado, Wyoming, etc.). Les Etats-Unis consomment la plus grande partie des produits des laiteries; ils ont atteint, en 1901, 269 millions d'hectolitres.

Pour permettre la conservation du beurre, on se servit d'une découverte qui fut une véritable révolution économique, l'application de l'*emploi du froid*, d'un *régime frigorifique* à « des denrées périssables »; grâce à cette application du froid, « les viandes, les beurres, le fromage, les fruits, le miel, les œufs même, peuvent supporter un voyage en mer de plus de 40 jours, et arriver en parfait état de conservation d'Australie et de Nouvelle-Zélande dans les ports du Royaume-Uni[1] ».

11. **Utilisation nouvelle des produits animaux.** — Jadis il était fort difficile de faire parvenir à de grandes distances le gros bétail, les Moutons, les Porcs; des procédés déjà anciens, la *salaison*, la *saumure*, le *fumage*, ont nettement décliné devant les méthodes employées par des pays neufs, grands producteurs, et avides de trouver des débouchés même lointains.

CHICAGO, *Kansas City*, *Omaha* aux États-Unis, ont les *abat-*

1. P. Leroy-Beaulieu, *les Nouvelles Sociétés Anglo-Saxonnes*, Paris, 1901, p. 91-92, 2e édit.

*toirs* les plus importants pour le gros bétail, les Moutons et les Porcs; ces villes sont à la portée de tous les grands centres d'élevage. Chicago reçoit un grand nombre de Bœufs, 10 millions par an, dont les troupeaux errent par milliers à l'Ouest du Mississipi; ces Bœufs arrivent en grands troupeaux dans d'immenses parcs à bétail, *stockyards*.

STOCKYARDS à Chicago.
On voit l'immense parc à bétail, et les établissements où sont préparés les Bœufs et les Porcs.
(Coll. W. M. Davis.)

Tout se fait mécaniquement par des groupes d'ouvriers, spécialisés dans une merveilleuse division du travail; dans l'espace de quelques heures 10 000 bêtes peuvent être mises en conserves ou préparées autrement. Dans certains cas, surtout pour les Porcs, la préparation est réduite à un minimum de temps, de travail et de dépense; après la tuerie des Porcs, les ouvriers préparent les animaux pour les chambres frigorifiques dans le délai de 21 minutes. — Ce système est celui de la viande refroidie seulement de — 1° à — 2°, *chilled meat;* il est de beaucoup le plus employé par les Etats-Unis, au détriment des conserves. On expédie aussi des Bœufs vivants.

Dans l'*Uruguay* on pratique le système des salaisons, *saladero;* 250 000 têtes de bétail déterminent un grand commerce de *carne seca,* viande de Bœuf sèche, avec le Brésil. Dans la *République Argentine* l'exportation du

Bœuf et du Mouton gelés a pris de grandes proportions; trois établissements réfrigérants, en 1902, ont expédié 800 000 quartiers de Bœufs et 3 400 000 carcasses de Moutons. — En Angleterre, on importe un grand nombre de bétail vivant.

En *Australie*, — *Nouvelle-Galles du Sud* et *Victoria*, — en *Nouvelle-Zélande*, les procédés scientifiques ont été depuis vingt ans appliqués à la laiterie. D'abord les *freezing works*, établissements réfrigérants, ont apporté des *viandes gelées*, *frozen meat*, à — 18° ou — 20°, Bœufs, Moutons, Lapins, volailles; le dégel leur faisait subir une certaine dépréciation; on se

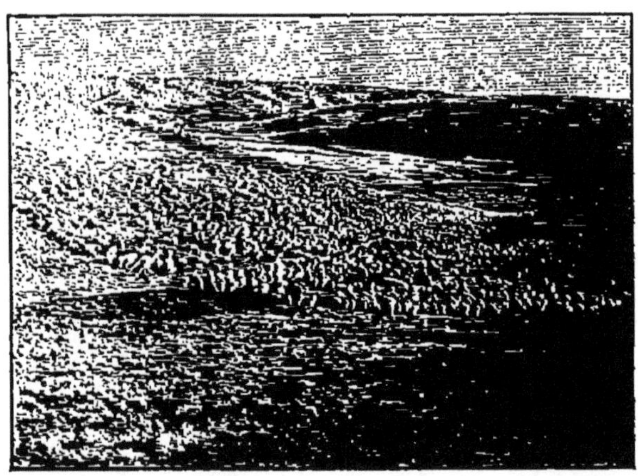

TROUPEAU DE MOUTONS, dans les plaines ondulées, sans arbres, assez herbeuses, du Dakota Nord.

(Coll. W. M. DAVIS.)

contente de — 1° à — 3°, et la *chilled meat*, *viande refroidie*, résiste bien au transport. Toutefois, la Nouvelle-Zélande expédie encore de la viande gelée : 100 millions de kilogr. en 1902.

12. **Commerce.** — Parmi les pays exportateurs figure le Canada : 98 millions frs. de fromage, 53 millions de bétail; 28 millions de beurre; aux États-Unis, une importante quantité de fromages d'Europe sont importés de Suisse, d'Italie, de France et de Hollande. L'Angleterre a importé en 1902 comme articles de nourriture (animaux vivants et autres) et comme boisson, pour une somme de plus de 5 milliards de francs[1].

1. 5 366 490 775 francs.

**b).** — 13. **La pêche.** — Longtemps la capture des poissons fut la grande, parfois l'unique ressource des riverains des cours d'eau, des lacs, et des rivages marins; c'est encore aujourd'hui la principale nourriture de peuples primitifs et de quelques nations civilisées. Ce qui caractérise notre époque, c'est le développement remarquable pris par la *pêche fluviale* et la *pêche maritime;* de grands progrès ont été faits dans le matériel et la méthode d'exploitation.

De bonne heure a germé l'idée de la reproduction artificielle des poissons ; la PISCICULTURE a renouvelé la population des eaux douces et de la mer. Aux Etats-Unis, des poissons de rivière ont été introduits en d'autres cours d'eau où ils font défaut; les Saumons de Californie et les Truites arc-en-ciel sont ainsi venues en Europe. En Norvège, où une pêche intensive avait diminué le nombre des Morues, malgré leur abondance, un établissement de pisciculture a pu réparer les pertes. L'OSTRÉICULTURE a permis l'élevage des Huîtres dans les *parcs.*

14. **Pêche fluviale.** — La *pêche fluviale* a pris un développement exceptionnel dans les grands fleuves chinois; des millions de riverains du Yang-tse-Kiang sont occupés à la pêche; avec le Riz, les poissons forment leur nourriture. Dans le *delta du Me Kong* en Cochinchine et le *Tonlé-Sap* au Cambodge, la pêche est partout une importante industrie.

Dans le delta, dans le moindre *arroyo*, dans les rizières, le poisson abonde; les provinces de Chaudoc et de Can-tho ont les pêcheries les plus fructueuses; sur leurs barques de 7 à 10 m. de longueur, larges et ventrues, les Annamites ont tout un attirail très perfectionné de lignes, d'hameçons, de filets, d'éperviers, de nasses, etc. Des barques-réservoirs portent le poisson aux marchés voisins. — Au Tonlé-Sap, quand la crue du Me Kong a fait déborder le lac, c'est un grouillement prodigieux de poissons, que l'on fait sécher, après capture ; on les vend en Chine. — Dans l'Europe orientale beaucoup de fleuves sont très poissonneux; sur l'*Oural*, sur la *Volga*, d'innombrables barques se réunissent pour la pêche de l'*Esturgeon*, etc.

15. **Pêche maritime.** — La *pêche maritime* est largement pratiquée dans les mers intérieures, et surtout sur les rivages orientaux et occidentaux et dans les îles de l'Atlantique Nord, dans les archipels de l'Asie orientale, etc. On distingue la GRANDE PÊCHE, dans les parages lointains, en haute mer, sur des bateaux agencés solidement, d'un assez fort tonnage, des *lougres,* des *goélettes,* des *sloops;* la PÊCHE CÔTIÈRE, dans les

parages des côtes, dans les mers voisines, avec des bateaux de petit tonnage, non pontés comme pour la Sardine. De bonne heure, avant 1870, des bâtiments à vapeur furent construits pour la pêche et rendirent les plus grands services en assurant la sécurité de la navigation, la rapidité de la pêche, du retour au port, etc. Ils sont en nombre insignifiant en France (70 à 80), très nombreux au contraire en Angleterre (plus de 600), en Allemagne...

16. **Grande pêche.** — La pêche de la Baleine et de la Morue représentent la *Grande pêche*. La Baleine n'est plus que rarement recherchée aujourd'hui. Les marins du Golfe de Gascogne, les Basques, se sont livrés les premiers à la pêche de la *Baleine* dans la mer du Nord pendant presque toute la durée du Moyen âge; au xvie siècle, la recherche du passage Nord-Est par les Hollandais révéla l'existence de nombreuses baleines dans les mers polaires; une véritable flotte baleinière s'organisa en Hollande et en Angleterre; aujourd'hui cette pêche n'est plus pratiquée que par quelques ports du Nord-Est de l'Écosse, quelques-unes des îles au Nord, et des marins norvégiens et danois. — Il n'en est pas de même de la *Morue*, le plus bel appoint du commerce des poissons, que l'on trouve dans l'Océan Glacial, la mer Blanche, les détroits du Groenland, l'Atlantique Nord, assez communément encore dans le Pas de Calais et la Manche.

Cette pêche, très ancienne, pratiquée dès le ixe siècle sur les côtes norvégiennes, l'est aujourd'hui surtout en *Laponie* par les marins scandinaves, en *Islande* et à *Terre-Neuve* par les Français et les Anglais, sur les côtes de *Nouvelle-Ecosse* par les Canadiens, dans la *mer d'Okhotsk* et la mer de Bering par les Etats-Unis. Le grand centre est Terre-Neuve, où, dans la mer brumeuse, au milieu de grands dangers, des centaines de bateaux pêchent la Morue, la lavent, la salent et la font sécher au soleil sur le pont au retour.

17. **Pêche côtière.** — Des quantités immenses de Harengs dans l'Océan boréal, la mer de Norvège, la mer du Nord (Dogger-Bank) et la Manche, sont une source de richesse pour de nombreux marins norvégiens, hollandais, français (surtout du port de Boulogne); sur la côte du Labrador pour les États-Unis; sur les côtes du Japon. — Les principaux points où l'on

pêche la SARDINE sont les côtes de la *Bretagne méridionale*, de la *Vendée*, les côtes de *Biscaye* et de *Galice*, les côtes portugaises et méditerranéennes occidentales (Sardines et Anchois). Pour des causes mal déterminées, la Sardine peut disparaître du littoral; c'est alors la misère pour les pêcheurs. — Généralement les bandes de Sardines sont accompagnées de bandes de THONS qui en font leur nourriture; ces poissons migrateurs se rencontrent le long des côtes françaises et espagnoles du golfe de Gascogne, et surtout dans certaines parties de la Méditerranée. — Les HUÎTRES peuvent se trouver à l'état de nature en vastes bancs sur des fonds rocheux; le plus souvent elles ont été localisées par l'ostréiculture; en *France*[1], les principaux centres sont *Courseulles, Cancale, Concarneau, Arcachon;* parcs et pêcheries très nombreux en Angleterre, où les huîtres, dites *d'Ostende*, sont élevées dans la Tamise; essais peu nombreux en Hollande, sans succès en Allemagne, Suède et Norvège; aux *États-Unis*, grande culture d'*énormes huîtres* sur la côte du Massachusetts à la Virginie. — Le HOMARD, objet d'une importante consommation en Angleterre, est multiplié artificiellement aux États-Unis, à Terre-Neuve et en Écosse; il est fréquent en Bretagne et en Norvège.

LIVRES A CONSULTER. — *Bulletin* (*Annales* depuis 1902) *du Ministère de l'Agriculture*. — G. Heuzé, *Plantes alimentaires des pays chauds et des colonies*, Paris, 1899. — H. Jumelle, *les Cultures coloniales. Plantes alimentaires*, Paris, 1900. — G. Roché, *la Culture des mers en Europe*, Paris, 1898. — L. de Seilhac, *la Pêche de la Sardine*, Paris, s. d.

1. En 1899, la *France* possédait 25400 bateaux de 130700 tonnes; 143000 employés; la valeur de la pêche s'élevait à 106 millions. — En 1902, l'*Angleterre* a recueilli 903101 tonnes de poissons, d'une valeur de 241 millions de francs. — En *Norvège*, 125500 pêcheurs avec 40000000 frs comme produit. Aux *États-Unis*, 212000 personnes ont été employées à la pêche. — Au *Japon*, la pêche n'occupe pas moins de 2500000 pêcheurs.

# CHAPITRE IV

## LES TEXTILES

**A. — Textiles d'origine végétale.** — Le **Lin**, textile très ancien, fournit dans ses tiges une *filasse textile* et des graines donnant une huile siccative (*Russie*, France, Belgique, Italie, États-Unis, etc.); le tissage fournit de jolies toiles délicates, le *linon* et la *batiste*. — Le **Chanvre**, cultivé dans les *Chènevières*, produit des fibres textiles (cordages, toile à voiles) et des graines donnant une huile peu appréciée (*Russie*, Italie, Hongrie), etc.

Le **Cotonnier**, avec ses deux variétés, *Cotonnier d'Asie*, *Cotonnier d'Amérique*, donne du *coton* dès la première année, coton dont les fibres doivent être d'une longueur suffisante. L'énorme production des **États-Unis** provient des États limitrophes du Golfe du Mexique et d'une partie de l'Atlantique; le coton vient dans l'*Inde anglaise*, en Chine, au Japon, au Cambodge, au Turkestan, etc.; en *Égypte*, avec une fibre très fine, dans le Soudan occidental, le Sénégal, l'Éthiopie, etc.

L'**Angleterre** est le grand pays importateur; le centre de *Manchester-Liverpool* a 40 millions de broches; le coton est importé en France (5 millions de broches) dans le Nord, les Vosges, près de Rouen; en Allemagne, Italie, Autriche-Hongrie, etc.

La **Ramie**, *Ortie de Chine* (Chine, Japon, Indo-Chine), produit des fibres solides et soyeuses; elle a un bel avenir. — Le **Jute**, dans le delta du Gange, fournit une filasse assez grossière (sacs, toile d'emballage, cordages). — L'**Abaca** ou *Chanvre de Manille* (cordages, toile à voiles) est dû à un Bananier textile des Philippines. — Le **Henequen** (Yucatan) sert à tisser des sacs à coton aux États-Unis. — L'**Alfa** (Algérie-Tunisie, Tripolitaine) est utilisé pour la fabrication du papier, des nattes, etc. — Le **Phormium tenax** (Nouvelle-Zélande) produit du papier, des tissus, des cordages.

**B. — Textiles d'origine animale.** — La **Soie** est sécrétée par le *Ver à soie*, nourri par les feuilles de mûrier, qui file et tisse le *cocon* (2 gr.), formant un fil de soie ténu d'environ 1 km. de longueur, et qui subira le *dévidage* (soie grège), le *filage* et le *tissage*. — La **Chine**, le plus grand producteur, exporte la soie grège par *Chang-haï* et *Canton*; le *Japon*, aux progrès étonnants, exporte par *Yokohama*. En Europe, l'*Italie du Nord* est un des grands producteurs du monde; la *France* tient encore un rang honorable; la soie grège est fournie en quantité suffisante par quelques pays de la Turquie, de l'Anatolie, de la Syrie, etc. La production totale, en 1902, a été de 18 700 000 kgr. de soie grège.

La soie a fait naître une grande et belle industrie; le centre, aux États-Unis, est *Paterson*; en Allemagne, *Crefeld*; en Suisse, *Zürich*; en Italie, **Milan**; en France, **Lyon** est le centre des soieries de luxe.

La **Laine**, d'usage très ancien, est fournie principalement par le **Mouton** à laine courte (fine) ou longue (commune, grossière); le *Mouton mérinos*, à laine très fine, a été l'origine de nombreux troupeaux. La grande production n'est plus en Europe; les *Moutons russes*, très nombreux, n'ont qu'une laine assez grossière; l'*Angleterre* et la *France* produisent un chiffre notable de laine fine. — Les *États-Unis* ont des races mélangées; l'*Argentine* et l'Uruguay ont de grands troupeaux de bonne origine; le *Cap* possède une race pure. L'**Australie**, avec la *Nouvelle-Zé-*

*lande*, occupe le premier rang avec ses nombreux Moutons de race mérinos, donnant une laine ultra-fine.

L'**Australasie** est le grand pays d'exportation, puis l'Uruguay, le Cap, la Russie. L'industrie lainière est surtout développée en **Angleterre**, en France, Belgique, Allemagne, Russie.

Quelques Chèvres, **Chèvres du Cachmir** (Châles) et **Chèvres d'Angora** (Mohair), ont des poils ou des laines très fins et très soyeux. — Dans les Andes, on utilise la toison du *Lama*, de la *Vigogne*, de l'*Alpaca*.

**Appendice.** — Le Caoutchouc et la Gutta-Percha.

## A. — Textiles d'origine végétale.

1. **Le Lin.** — Le Lin a très anciennement servi de textile; les habitants des cités lacustres savaient le tisser; les Hébreux, les Égyptiens, avaient des étoffes de Lin. D'après de Candolle, l'espèce que nous cultivons diffère de celles des palafittes; elle serait originaire de Mésopotamie. — Cette plante annuelle, de 50 à 70 centimètres, vient dans les pays tempérés, même à nuits froides en été comme la Russie; elle vient aussi dans les pays subtropicaux à chaleur assez forte; ses longues racines exigent un terrain profond, frais et peu consistant, par exemple des terrains de transport; elle redoute les vents violents et préfère les plaines abritées. — La culture, préparée par des engrais, comporte un semis dès février dans les pays chauds, dès avril et mai ailleurs; récolte de juin à fin juillet, à époque bien choisie; la moisson se fait à la faucille; les tiges coupées sèchent sur le sol réunies en petites javelles; bottelées, elles forment des petites meules. Les cultures ne doivent reparaître dans le même champ qu'après un intervalle de 5 à 6 ans.

TIGE DE LIN

Les tiges du Lin, à la suite du *rouissage*[1] dans l'eau et du *teillage*, fournissent une filasse textile; de plus, les graines du

1. Les graines sont préalablement détachées; on procède ensuite au *rouissage*; les tiges en bottes subissent une macération dans l'eau, qui détruit les matières unissant la filasse aux tiges; le *teillage* est l'action de séparer les fibres de la tige. Ces deux faits s'appliquent au Lin et au Chanvre.

Lin donnent de l'huile siccative, employée en peinture pour sécher les couleurs. Dans les régions un peu froides, les fibres sont nombreuses et résistantes ; dans les pays chauds les graines sont favorisées. Le tissage des fibres du Lin donne de jolies toiles délicates et claires, le *linon,* la *batiste.*

**2. Production et commerce.** — La *Russie,* le grand pays producteur de Lin, lui consacre 1 600 000 hectares ; la récolte a atteint en 1899 358 000 tonnes de filasses, 312 000 tonnes de graines. Les principales cul-

LA RÉCOLTE DU LIN
(D'après CYRUS C. ADAMS.)

tures se trouvent dans les régions de la Baltique, de Moscou, avec prolongement vers le Nord-Est jusqu'à l'Oural, au delà du cercle polaire ; le Lin vient encore près de la mer Noire ; en 1901, la Russie en a exporté pour 118 millions frs ; le reste est allé aux filatures polonaises. — En *France,* le Lin a subi une décroissance par suite de la concurrence victorieuse du coton ; en 1901, il n'occupait plus que 25 000 ha. ; la filasse a donné 248 000 quintaux (valeur : 16 millions frs), la graine 155 000 (valeur : 4 700 000 frs)[1] ; il a fallu importer de Russie, des Indes, de l'Argentine et autres pays 556 000 quintaux de filasse (valeur : 59 millions) et un million

1. La surface cultivée a été, vers le milieu du siècle, de plus de 60 000 hectares ; elle a été depuis plus bas qu'en 1901 ; 1 900 ha. en 1898, et 1 700 en 1899. — Il est intéressant de noter que la grande région de culture est dans le Nord-Ouest, pays du blé, des betteraves et de la grande industrie. Le Pays de Caux, l'Artois, la Picardie, la Flandre (départements de Seine-Inférieure, Somme, Pas-de-Calais, Nord), ont produit, en 1901, 165 000 quintaux, à peu près les deux tiers du total.

de quintaux de graine (valeur : 38 millions). Lille, Roubaix, d'autres villes, tissent la toile fine de Lin ; on travaille de moins en moins à des étoffes jadis célèbres ; l'élégant « point d'Alençon », uniquement fait à l'aiguille, persiste cependant. — En *Belgique*, le Lin de la vallée du Lys est de qualité supérieure ; l'*Italie* et l'*Autriche-Hongrie* ont une production honorable ; *en Irlande* le Lin, qui n'occupe plus que 20 000 ha., nécessite une forte importation pour les filatures de Belfast (100 000 t.) ; les *États-Unis*, la *République Argentine* (cours inférieur du Parana) produisent surtout des graines ; l'*Inde* exporte de l'huile de lin.

PIED MALE DE CHANVRE

**3. Le Chanvre.** — D'après de Candolle, le Chanvre est mentionné par des écrits chinois 5 siècles avant notre ère ; il est sans doute originaire de l'Asie centrale. Les climats de chaleur tempérée, d'humidité normale, lui conviennent ; il peut venir dans des régions assez froides, avec des mois de chaleur un peu forte à la maturation, mais sans sécheresse ; comme le Lin, il redoute les vents violents, et prospère dans les vallées abritées. Un terrain friable, assez peu compact, labouré profondément, avec un engrais abondant de fumier, procure des récoltes d'un rendement notable.

Le Chanvre est une plante annuelle, à tige droite, de 1 m. à 1m.50 ; on distingue le *Chanvre mâle* et le *Chanvre femelle*. La culture se fait par semis, sur le même emplacement que l'année précédente ; des *chènevières* existent ainsi à la même place dans beaucoup de fermes. On récolte d'abord les tiges femelles ; la récolte a lieu soit par l'arrachage, soit à la faucille ; on fait des petites bottes dressées les unes contre les autres pour les faire sécher. Puis le Chanvre subit les opérations de rouissage et de teillage. Les tiges donnent une filasse textile, plus résistante chez les pieds mâles, et les graines produisent une huile peu appréciée ; en Orient, avec le *chènevis*, le nom des graines, on fabrique le *Hachich*, qui a des propriétés enivrantes. Le Chènevis est employé en partie à la nourriture de la basse-cour ; les fibres sont utilisées pour la fabrication des grands *cordages* et de la *toile à voiles*.

LA RÉCOLTE DU CHANVRE
(D'après CYRUS C. ADAMS.)

**4. Production et commerce.** — Le Chanvre est surtout une culture d'Europe ; la *Russie* tient encore le premier rang ; le Chanvre s'y étend moins au Nord que le Lin, surtout entre 50° et 57° lat., à l'Est du Dniepr ; en 1899 la récolte a accusé 217 000 tonnes de filasse et 354 000 de graines ; une grande partie est utilisée dans les filatures russes ; l'exportation a atteint 30 millions ; ce Chanvre est très résistant. — En *Italie*, le « Chanvre de jardin » est d'une grande finesse ; le *Chanvre du Bolonais* est réputé pour la longueur de ses fibres ; le Chanvre occupe avec le Lin de grandes étendues dans le Nord et donne lieu à une exportation importante. — L'*Autriche* et surtout la *Hongrie*, dans tout le pourtour Est, ont une production notable : 655 000 quintaux de filasse ; 331 000 de graines. En Roumanie le Lin et le Chanvre sont cultivés en petite quantité un peu partout. — En *France* la production diminue régulièrement[1] ; la filasse n'a pas dépassé 200 000 quintaux, le chènevis 79 700 ; la grande production est dans l'*Anjou* et le *Maine*, où le département de *Maine-et-Loire* et la *Sarthe* produisent à eux seuls le tiers de la filasse (67 000 quintaux). Il existe encore quelques cultures de Chanvre en Belgique, en Allemagne, dans l'Inde. — La *Grande-Bretagne*, les *États-Unis*, la *France*, sont les plus forts *importateurs*.

5. **Le Coton.** — Le coton est une des plus anciennes cultures de l'Inde, et on le trouve à l'état sauvage dans beaucoup de régions tropicales. Il est à peu près inutile d'essayer de définir ses origines ; ce qui est certain, c'est que les commerçants d'Alexandrie allaient, dès le Ier siècle après J.-C., chercher des étoffes de coton dans l'Inde ; les relations des Arabes avec l'Inde introduisirent le coton en Égypte et, dans la limite de leurs relations, en Nubie, en Éthiopie, dans la région des grands lacs. De l'Inde, le coton passa en Anatolie. Les indigènes des Antilles, particulièrement du Mexique, portaient des étoffes de coton au moment de la découverte, étoffes si élégantes que les Espagnols en envoyèrent à Madrid comme un trophée.

6. **Variétés, climat et sol.** — Le coton comporte un grand nombre de variétés ; il suffira de distinguer le *Cotonnier d'Asie* et le *Cotonnier d'Amérique*, plantes vivaces, arbrisseaux de 2 à 6 mètres de haut. Ils peuvent vivre longtemps. Un *climat chaud* est nécessaire, avec une température moyenne de 20° environ ; les résultats deviennent douteux au delà de 37° lat. N. (Richmond, en Virginie) ; la durée de la période chaude doit être assez longue. Les pluies n'ont pas moins d'importance ; il faut, semble-t-il, une chute d'eau voisine de 1 m., ce qui est le cas aux États-Unis ; l'époque des pluies est d'un intérêt capital ; les pluies de printemps et d'été sont nécessaires ; beaucoup de régions à coton (États-Unis, certaines parties de l'Inde, etc.) sont dans ce cas ; si l'eau manque, l'irrigation s'impose (Égypte, autres parties de l'Inde, etc.). L'humidité, trop grande au moment de la maturation, pourrit la gousse où se trouve le coton. Le sol doit donc être humide et la tige assez sèche ; de plus, il faut un sol argileux, assez perméable ; nous avons signalé l'existence de terrains spécialement propres au coton, le *Cotton-Soil*, États-Unis, et le *regur*, Inde (Voir p. 249) ; les alluvions fluviales sont des terres excellentes.

1. En France, la superficie cultivée était de 25 000 hectares en 1901 ; elle a subi une décroissance continue : 1892, 44 000 ha. ; 1895, 37 000 ; 1897, 32 000 ; 1899, 29 000 ; 1900, 26 700 hectares.

**Culture.** — Le Cotonnier fleurit et fournit du coton *dès la première année,* aussi l'utilise-t-on comme une *plante annuelle,* avantage certain pour les pays d'hiver rigoureux et d'été au climat favorable. La culture se fait par *semis,* dans un terrain plusieurs fois labouré et riche d'engrais, car le Cotonnier est une plante épuisante ; les semailles varient d'époque suivant le pays, de mars en avril ; puis il faut des soins assidus, débarrasser les jeunes plants des mauvaises herbes, leur fournir une humidité suffisante, leur donner l'air et la lumière. Alors s'épanouissent les premières fleurs, éphémères, jaune pâle, puis rosées, ne durant que l'espace d'un jour ; puis dans la gousse se développe bientôt une capsule, qui

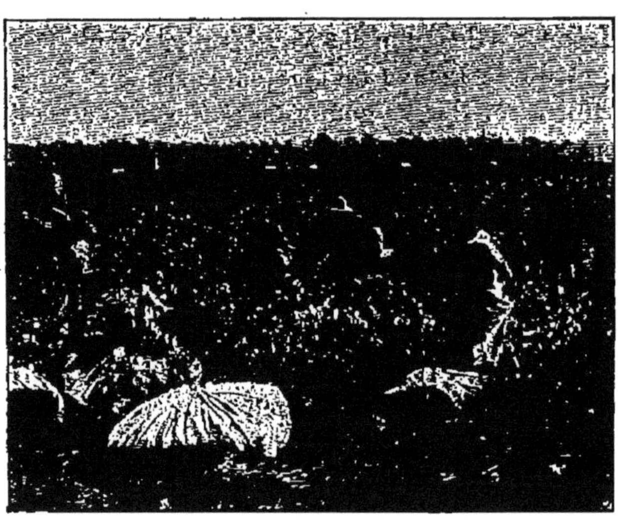

RÉCOLTE DU COTON, dans les alluvions du Mississipi.
Le coton est mis en ballots ou en sacs.
(Coll. W. M. Davis.)

grossit en mûrissant, qui éclate et d'où jaillissent à travers la fissure élargie une ou deux boules floconneuses de neige blanche ; c'est le coton, que la capsule renfermait avec des graines. On recueille le coton en plusieurs fois, suivant la maturité ; on emploie le ciseau ou la main, et des travailleurs remplissent de grands sacs blancs ou des paniers, sous la surveillance d'un gardien. Pour que le coton soit recherché par l'industrie, il doit avoir une fibre, une soie souple et résistante d'une longueur suffisante ; la *longue soie* est caractérisée par les fibres du *Sea Island*[1], de 25 mm. à 40. On extrait des graines du coton, très oléagineuses, une grande quantité d'huile, utilisée pour l'alimentation et que l'on vend comme huile d'olive.

## 7. Pays producteurs. — États-Unis. — Les États-Unis, au-

1. Nom d'îles de la Caroline du Sud, donné au coton qu'elles produisent d'ailleurs en petite quantité, mais qui est le plus apprécié dans le monde.

jourd'hui les maîtres du marché du coton dans le monde, ont eu des débuts très modestes; il semble que le premier envoi remonte à 1747. L'importance de la culture fut consacrée par un envoi en 1784 de 71 balles[1]. Limité d'abord aux États de Virginie et de Caroline, le coton pénétra dans l'intérieur; l'arrivée des esclaves noirs fournit la main-d'œuvre nécessaire. En 1820 la récolte était de 600 000 balles (de 264 livres); en 1850, de plus de 2 millions; les demandes de l'industrie cotonnière, largement développée en Europe, augmentaient de plus en plus. La guerre de Sécession amena une dépression : 300 000 balles en 1865; ce ne fut qu'une alerte; les États-Unis reprirent le dessus; en 1871 ils produisaient plus de 4 millions de balles (441 livres), puis le progrès a été continu, avec quelques vicissitudes; en 1890, 7 millions[2]; en 1898, plus de 11 500 000 balles. Les esclaves avaient largement contribué à mettre en culture les nouveaux États de l'Alabama, de Mississipi, de l'Arkansas, etc. Les cultures s'étendirent dans les dernières années sur 9 millions d'hectares, depuis la Virginie jusqu'au Texas, avec des régions particulièrement favorisées comme production[3] : la Géorgie, l'Alabama avec le *cotton soil* (voir p. 249), le Mississipi avec les alluvions du fleuve, le Texas avec ses terrains tertiaires très fertiles, etc. La superficie cultivée a atteint 11 millions d'hectares en 1901 et 24 millions de *quintaux* (à peu près 12 à 13 millions de balles).

Dans les autres pays d'Amérique, la culture du coton n'a plus le rôle important d'autrefois, où le Brésil et les Antilles alimentaient l'industrie d'Europe, vers le début du XIX^e^ siècle. Le *Mexique*, en 1900, a produit 218 000 quintaux ; le *Brésil*, 158 000 balles (165 livres); la production du Venezuela et du Pérou est insignifiante.

8. **Asie. — Inde.** — L'Inde anglaise, le plus ancien pays

1. A cet envoi se rattache une anecdote caractéristique; au port de Liverpool on arrêta 8 balles de l'envoi, sous prétexte que le pays était impropre à une aussi forte production de coton.

2. Bien que la teneur ait beaucoup varié et augmenté, on compte aujourd'hui la balle généralement pour 180 ou 200 kgr.

3. Comme l'a très bien montré M. Lecomte, la nature du sol, les conditions géographiques favorables ont agi de la façon la plus nette; les pays favorisés ont vu augmenter leur superficie de culture et leur production. Le Texas produisait, en 1898, 30 °/₀ du total sur une superficie de 280 000 hectares; la Géorgie, 13 °/₀ (141 000 ha.); le Mississipi, 11 °/₀; l'Alabama, 10 °/₀.

producteur, tient toujours un rang honorable; quelques régions sont particulièrement propices à la culture du coton; il occupe de vastes superficies sur le *regur* du Decan, où le favorisent les pluies d'été de la mousson, sur lès alluvions du Gange moyen, du Pendjab et de l'Indus. Plus de 4 millions d'hectares y ont produit depuis 1890-91 jusqu'à nos jours plus de 2 500 000 balles.

TISSAGE DU COTON au Soudan.
(Photographie de la mission *Binger*, communiquée par l'*Office colonial*.)

Le coton est cultivé dans l'Asie orientale, la *Chine*, au *Japon*, en *Corée;* le total annuel serait de 1 600 000 balles. Dans notre Indo-Chine, le coton réussit très bien au *Cambodge*, sur les berges du *Me kong*, ainsi qu'en *Cochinchine*. L'avenir certain est le long du Me kong. — La *Russie* a donné un grand développement au *Turkestan*, où le Cotonnier se développe dans les oasis et surtout dans le fertile *Ferghana*. En *Perse*, quelques cultures par irrigation; d'autres dans les vallées fertiles de *Smyrne* et de *Brousse;* quelques plantes en Grèce, dans la partie desséchée du lac Copaïs.

9. **Afrique. Égypte.** — Les seules cultures importantes sont en *Égypte* dans les alluvions du Delta et sur certains points de la vallée, toutes régions fécondées par le Nil. Le *Sea Island*, devenu le *coton Jumel*, du nom de son introducteur français en 1838, donna au coton d'Egypte une grande réputation de finesse, avec un rendement élevé; la progression a été très nette : en 1890-91, 181 000 tonnes; en 1899-1900, 286 000 tonnes.

Les tentatives faites en Algérie-Tunisie, à l'été sec, ne pouvaient causer que des déceptions. — Depuis fort longtemps les cultures indigènes existent dans la *région Soudanienne* et le *Sénégal;* près des villages, pour l'industrie locale, on tisse des bandes de coton ; le coton est encore cultivé en *Ethiopie,* dans l'*Angola.* Sa culture est possible à *Madagascar,* et elle a été prospère à *la Réunion* jusqu'à l'introduction de la Canne à sucre.

**10. Production, commerce et industrie.** — La production du coton dans le monde s'est élevée en 1898 à 18 millions de balles; les États-Unis produisent les deux tiers; l'Inde a une moyenne de 2 500 000 balles, l'Égypte de 1 500 000.

LAMINOIRS, ÉTIRAGE, ET MÉTIER CONTINU
(Cliché S.-J. Duboc.)
Filature Saint-Pierre de Déville. Duboc, Lafosse et Cie.

Nota. — Le travail du coton est difficile, parce que les fibres sont courtes et enchevêtrées. Tout d'abord, on mélange diverses sortes de coton, ou simplement diverses balles de même sorte, puis le *battage* nettoie les fibres, élimine la poussière, les graines, les impuretés de toutes sortes; le *cardage* supprime les inégalités, les nœuds des filaments, et les prépare au laminage; les *laminages* ont pour but d'arriver à une mèche légèrement tordue, aussi régulière que possible; le fil de coton, résultat de l'*étirage*, atteint la broche (9 à 10 000 tours à la minute), qui le fait tourner sur elle (opération du renvidage). Le *renvidage* et le *filage* sont simultanés, d'où une production continue, d'où le *métier continu.* Ce métier donne un fil plus régulier et de meilleure qualité, qui est préféré pour former la chaîne des tissus.

Depuis de longues années les grands pays producteurs alimentent l'industrie du coton, développée d'abord en Europe, surtout en Angleterre. L'*Angleterre* importe la moitié de tout le coton du monde entier; elle a la plus puissante et la plus productive industrie cotonnière. Vers 1901 elle comptait 2538 établissements, 48 millions de broches dans les filatures, plus de 700000 métiers dans les tissages, environ 750000 ouvriers; c'est le groupe *Manchester-Liverpool* avec ses annexes qui est le centre de l'activité cotonnière. — En *France*, 275 filatures avec 5 millions de broches et 98000 métiers à tisser sont réparties dans les Vosges dans les localités de Saint-Dié, Épinal, Val-d'Ajol; en Normandie, où règne une grande activité industrielle autour de Rouen, à Barentin, à Déville-les-Rouen, etc.; dans le Nord de la France, à Lille, Roubaix, Tourcoing, etc. Mulhouse d'une part; Elberfeld, Dusseldorf, d'autre part; Chemnitz et Zwickau en Saxe, sont les grands centres cotonniers très actifs d'Allemagne; les filatures suisses ont des produits remarquables et des spécialités de dentelles, de mousselines, etc.; l'Italie a plus de 2 millions de broches dans les filatures de la Lombardie et du Piémont; il existe en Autriche-Hongrie plus de 3 millions de broches et 75000 métiers de tissage, etc.

11. **Crise de l'industrie cotonnière.** — L'Inde et les Etats-Unis, pays d'abord uniquement producteurs, ont commencé à pratiquer l'industrie cotonnière. Dans l'*Inde*, des filatures et des tissages ont été organisés pour les besoins locaux et ceux de l'Extrême Orient. En 1901-1902 il y avait, surtout à Bombay, 193 filatures ou tissages, employant 175000 ouvriers, avec 5 millions de broches. — Aux *Etats-Unis*, un tiers du coton produit est travaillé dans les Etats mêmes; en 1900, le nombre de métiers était de 450000, des broches 19 millions, et le chiffre de balles travaillées 4500000. Les grands centres de filature et de tissage sont dans les Etats de Nouvelle-Angleterre et de Massachusetts (Lowell, Manchester, Lewiston, Augusta...). — Ce fait est devenu une question vitale pour les filatures européennes; elles ne trouvent plus sur le marché le coton nécessaire, que les producteurs utilisent en partie eux-mêmes, et les cours montent; de véritables paniques ont eu lieu sur les marchés cotonniers. Pour parer à cette menace, les grandes *Sociétés commerciales* d'*Angleterre*, de *France*, d'*Allemagne*, ont organisé des missions, des champs d'essai dans leurs colonies, afin d'étudier l'introduction possible de la culture du coton; des *cotons soudaniens* sont déjà arrivés à *Marseille*. Peut-être ces grandes puissances économiques arriveront-elles à se libérer des anciens producteurs, comme la Russie en partie, grâce au coton du Turkestan.

12. **Divers autres textiles d'origine végétale.** — Outre le Lin, le Chanvre et le Coton, il existe un assez grand nombre

d'autres textiles végétaux, importants dans le commerce. La RAMIE ou ORTIE DE CHINE est largement développée en *Chine*, au *Japon*, et encore en *Indo-Chine*, qui paraît être le vrai domaine de la plante, à *Sumatra*, à *Java;* c'est *un textile de premier ordre*, aux fibres solides, fines et soyeuses, comparables sinon supérieures à celles du lin et du chanvre, et d'une abondante production. On n'en a guère tiré jusqu'à présent que

LAMINOIRS, MÉTIER CONTINU, BANCS A BROCHES
(Cliché S.-J. DUBOC.)
Filature Saint-Pierre de Déville. DUBOC, LAFOSSE et Cie.

des cordages et des tissus grossiers; la Ramie aura bientôt la place qu'elle mérite.

Le JUTE, presque entièrement cultivé dans la *région deltaïque du Gange*, quelques points de l'Indo-Chine, du Japon, a une filasse assez courte et grossière, avec laquelle on fabrique des toiles d'emballage, des cordages, des sacs. La Cochinchine et le Cambodge achètent à l'Inde de 10 à 15 millions de sacs de Jute pour le transport du riz d'exportation. On en tire aussi, avec un mélange de soie, des tapis, des velours, des peluches, des rideaux à prix modeste. *Dundee*, en Ecosse, était jadis le centre industriel du Jute ; on le tisse aujourd'hui directement à *Calcutta* et à *Bombay*. — Un

Bananier textile fournit le *Chanvre de Manille*, nommé l'*Abaca*, aux Philippines, où il est presque uniquement localisé, à part quelques cultures insignifiantes en Chine, en Indo-Chine, dans l'Inde et aux Antilles françaises ; la filasse est vigoureuse et grossière ; excellente matière, à bon marché, pour les cordages et les toiles à voiles. Les Etats-Unis, l'Angleterre, sont les grands acheteurs. — Un *Bananier sauvage* qui foisonne dans les vallées basses et chaudes, jusqu'à 1 000 m. d'altitude, du Haut-Tonkin et du Haut-Laos[1], pourra être utilisé comme textile à gros filaments (cordages, sacs, nattes). — Présentant beaucoup d'analogie avec l'Abaca, le *Henequen*, ou *Chanvre de Sisal*, du nom du port qui l'exporte du Yucatan, où il vient presque exclusivement, est employé pour des sacs à coton ; les Etats-Unis en exportent du Mexique chaque année environ 70 000 t. : 66 000 en 1896 ; 81 000 en 1900.

L'*Alfa* est une graminée vivace qui croît spontanément dans la région méditerranéenne, surtout dans l'Espagne méridionale, en Algérie-Tunisie, au voisinage de la Tripolitaine ; l'Ecosse et l'Angleterre la recherchent pour la fabrication du papier ; en Espagne, la fibre sert surtout à fabriquer des cordes, des corbeilles, des nattes. — En *Nouvelle-Zélande*, les indigènes maoris ont su se servir pour leurs vêtements des filaments du *Phormium tenax ;* les fibres sont utilisées aujourd'hui pour la fabrication du papier, de cordages, de tissus.

## B. — Textiles d'origine animale.

13. **La Soie.** — La soie est la matière sécrétée par les chenilles de différents insectes, qui filent et tissent, pour ainsi dire, autour d'elles une sorte de gaine extra-légère, que l'on nomme le *cocon*, où elles s'enferment et subissent leurs métamorphoses. Parmi ces insectes séricigènes, un des plus appréciés est le *Bombyx du Mûrier*, que les qualités exceptionnelles de ses cocons font rechercher par les filatures ; on lui donne d'ordinaire le nom de *ver à soie*.

Le Bombyx se nourrit des feuilles du Mûrier et se trouve ainsi lié aux conditions de vie de ce dernier. Le Mûrier est le plus souvent un bel arbuste, de tronc droit, très ramifié en forme de bouquet ; on lui donne par la taille la disposition voulue. Le Mûrier prospère dans les régions tempérées chaudes, et peut vivre aussi à la lisière des pays tropicaux et s'avancer assez loin au Nord ; le climat méditerranéen lui convient le mieux. On le trouve dans les vallées, mais il préfère les collines, les terrains en pente (Cévennes orientales, Piémont), où

1. H. Brenier, *le Bananier sauvage en Indo-Chine ; son utilisation possible comme textile* (*Bull. économique de l'Indo-Chine*, IV, 1901, p. 217, 226).

il recherche les sols sablonneux, schisteux, calcaires sans excès, assez profonds et perméables; les sols humides, compacts, marécageux, lui sont préjudiciables.

Une des variétés les plus estimées est le *Mûrier blanc*. Ses feuilles sont détachées pour servir à la nourriture, à l'*éducation* du ver à soie, dans les *magnaneries*. Dans ces établissements, où l'on maintient une chaude température, « le ver, ayant atteint toute sa croissance, se met à sécréter la soie... En trois ou quatre jours le Bombyx a filé sous forme d'un peloton

DÉVIDAGE DE LA SOIE
Filature de MM. *H. Palluat* et *Testenoire* à Sinigaglia (Italie).
(Phot. communiquée par M. Testenoire.)

Note. — Les paniers contiennent les cocons que doit filer dans sa journée chaque ouvrière; les récipients au-dessus des paniers sont les bassines où s'opère le *dévidage* du cocon, au moyen de batteuses mécaniques; les grands conduits sont des extracteurs de buée. Les fenêtres sont ouvertes en l'absence des ouvrières.

de couleur jaune, verte ou blanche, un brin de soie d'une ténuité extrême et d'un kilomètre environ de longueur[1] ». La période d'éducation nécessite des soins continuels et une main-d'œuvre très bon marché. Les chrysalides formées à l'intérieur des cocons, qu'elles pourraient percer et rendre inutilisables, sont détruites par une très forte température qu'on leur fait

1. V. Groffier, *la Production de la Soie dans le Monde* (*Annales de Géogr.*, IX, 1900, p. 99).

subir ; et dès lors les cocons appartiennent à la *filature* et au *tissage;* la soie est *dévidée* et forme la *soie grège*[1] (filature), qui sera *tissée* par la suite

**14. Extrême Orient.** — La soie paraît originaire de l'Asie orientale, et, comme nous l'avons vu, des caravanes venues de Chine l'exportaient en Occident. (Voir p. 11.) Dans toute la CHINE aujourd'hui la culture de la soie est pratiquée plus ou moins sommairement. Quelques régions sont des plus productives, notamment les *régions deltaïques* du Yang-tsé et du Hoang-Ho, ainsi que celle du Si-Kiang, puis la partie centrale

LE DÉVIDAGE (SOIE GRÈGE) DES COCONS, au Japon.
(D'après CYRUS C. ADAMS.)

Un petit poêle fournit l'eau chaude nécessaire; les ouvrières japonaises enroulent le fil de soie, à la main, autour d'un appareil assez sommaire formé de deux morceaux de bois arrondis et parallèles.

du *Se-tchouen;* la production est encore notable dans les vallées des grands fleuves. Ailleurs la sériciculture est insignifiante. Cependant il y a beaucoup de *soies sauvages,* sécrétées par des vers autres que le Bombyx, et qui se nourrissent de feuilles de Chêne ou d'autres arbres. La récolte annuelle atteint plus de 150 millions de cocons, représentant 11 à 12 millions de soie grège; en 1902, *Chang haï* en a exporté 3 600 000 kilo-

1. Les cocons, d'où l'on dévide la soie grège, ne pèsent que 2 grammes; 500 cocons font un kgr., lequel ne fournit guère que 80 centigrammes de soie. Un kilo de soie nécessite 6 000 cocons de nos pays, beaucoup moins d'ailleurs que les cocons d'Asie, dont le fil est moins long (d'après V. Groffier).

grammes, et *Canton* 2 200 000 (le reste est utilisé en Chine); ce sont les deux ports exportateurs.

En *Corée* la soie est une culture générale, mais peu importante. Au JAPON, l'industrie de la soie a fait des progrès étonnants depuis le milieu du XIX<sup>e</sup> siècle; en 1863, 300 000 onces de 25 grammes; en 1902, près de 12 millions de kgr. de cocons. Le plus grand soin est apporté à la sériciculture; *Hondo* surtout dans le centre est le producteur le plus important. *Yokohama* a exporté, en 1902, 4 700 000 kilos de soie grège; mais le dévidage est fait un peu sommairement. — L'*Indo-Chine* est très intéressante, beaucoup de soies sauvages; au Tonkin, une forte production; quelques essais dans nos autres colonies. — Dans l'*Inde*, les récoltes sont faibles (600 000 à 800 000 kgr.), par suite de la chaleur extrême du climat, de la paresse des indigènes et des superstitions bouddhistes qui s'opposent à ce que l'on tue le moindre insecte; l'exportation se fait par Calcutta; elle a été en 1902 de 295 000 kilos. — Dans l'*archipel Asiatique*, trop de chaleur et d'humidité à Java; cultures possibles aux Philippines.

15. **Europe. — Asie occidentale.** — La soie est venue d'Asie en Europe, où l'on ne la trouve que dans les pays méditerranéens; l'*Autriche-Hongrie*, en 1902, a produit dans ses provinces méridionales 312 000 kilos de soie grège. — La FRANCE tient encore un rang très honorable dans la production de la soie; la culture du Mûrier s'étend sur les rives du Rhône depuis Vienne jusqu'à Avignon; le *Gard*, l'Ardèche, la Drôme, Vaucluse, sont de longue date les départements les plus productifs; en dehors du Rhône, il y a quelques cultures sporadiques dans la vallée du Graisivaudan et les couloirs étroits des Causses, dans le Massif central. Vers le milieu du XIX<sup>e</sup> siècle, de 1848 à 1850, la production a atteint 25 millions de kilos de cocons; depuis elle a subi de nombreuses vicissitudes, et la production s'est abaissée à 24 000 000 kilos, en 1876. Elle s'est relevée, mais la production resta stationnaire et marqua une forte décroissance dans les 15 dernières années; la moyenne décennale de 1892 à 1901 a été de 8 000 000 kilos de cocons; mais, en 1902, de 7 300 000 seulement, représentant 570 000 kilos de soie grège. Le nombre des sériciculteurs n'a atteint que le chiffre de 128 000, inférieur à la moyenne, 138 000.

La production de l'*Espagne* et du *Portugal* est négligeable. L'ITALIE tient un des premiers rangs dans le monde; les grands centres sont l'Italie septentrionale, la *Vénétie*, la *Lombardie*, le *Piémont*, qui produit les meilleures soies; au Sud de Côme, une forêt claire de mûriers cache l'horizon, dans la *Brianza;* ces mûriers s'alignent seulement le long des routes, dans la partie centrale, et la production devient faible ou nulle dans le Sud et dans les îles. D'après des chiffres rectifiés [1], la production nationale moyenne de 14 années, 1889 à 1902, a été de 53 600 000 kilos de cocons ; le plus haut chiffre atteint a été 61 millions en 1896 ; 1902 a produit 56 millions de kilos de cocons, et 4 500 000 kilos de soie grège. Les chiffres précédemment admis étaient une moyenne décennale de 40 millions de cocons et de 3 200 000 de soie grège.

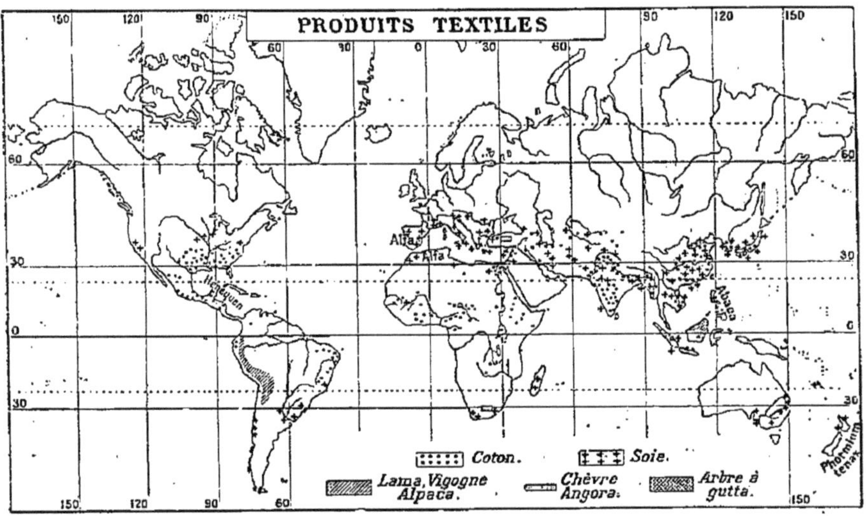


Les efforts du gouvernement n'obtiennent aucun résultat notable en *Roumanie;* ils sont plus heureux en *Bulgarie,* en *Serbie,* où, après des échecs complets, on présage pour l'avenir un sérieux développement de la sériciculture. En *Turquie,* la production des vilayets de SALONIQUE et d'ANDRINOPLE a atteint 540 000 kilos de soie grège. En *Grèce,* la soie pourrait faire des progrès en Thessalie et dans la Morée méridionale (*Messénie, Laconie*). — La *Crète, Rhodes,* n'ont qu'une très faible production; *Cypre,* malgré d'assez nombreuses magnaneries et manufactures, ne fait qu'une récolte modeste. — En *Anatolie,* dans la région de BROUSSE, la production de cocons a atteint 5 200 000 kilos ; celle de soie grège, 500 000 ; la récolte de la SYRIE en soie grège a été de 540 000 kilos ; celle des cocons, de 5 800 000. — La *Transcaucasie,* la *Perse,* du côté de la Caspienne, et le *Turkestan* présentent de bonnes conditions pour la sériciculture. — En 1890, une station

1. *Statistique de la production de la soie en France et à l'étranger,* 32e année, récolte de 1902, Lyon, 1903 (publiée par le SYNDICAT DE L'UNION DES MARCHANDS DE SOIE DE LYON).

séricicole ouverte à *Tiflis*, en Transcaucasie, a rendu de grands services dans ce pays où les Mûriers forment de véritables forêts, dans les gouvernements d'*Élisabethpol* et de *Koutaïs* : 465 000 kilos de soie grège en 1902. — En *Perse*, les vallées et les versants des montagnes riveraines de la mer Caspienne ont, en 1902, produit 231 000 kilos de soie grège. — Dans le *Turkestan* russe et chinois, les oasis, les vallées fertiles, comme le *Ferghana*, ont atteint 319 000 kilos de soie grège en 1902.

16. **Océanie, Amérique, Afrique.** — Ni l'*Océanie*, ni l'*Amérique*, ni l'*Afrique* ne figurent aux statistiques. Quelques efforts ont été faits en *Australie*, en Nouvelle-Zélande, en Nouvelle-Calédonie. — Aux *États-Unis*, la production est insignifiante; au *Mexique*, le climat et la population nombreuse permettraient des cultures. — Dans l'*Amérique du Sud*, des essais ont été à peu près abandonnés; le *centre du Chili* a le climat méditerranéen et possède des mûriers; il pourrait récolter plus de cocons; de même la *République Argentine*. — Dans l'*Afrique du Nord*, quelques tentatives ont été abandonnées; au *Cap* (climat de type méditerranéen), les éducations réussissent, de même qu'au *Natal*. A *Madagascar*, un mauvais outillage ne donne qu'une soie médiocre.

17. **Production mondiale et commerce.** — Au total, la *production mondiale* s'est élevée à 18 700 000 kilogrammes de soie grège en 1902; en 1901 elle avait atteint 19 200 000. Il faut tenir compte de ce fait que les chiffres de Chine, Japon, Indes, Perse et Turkestan ne contiennent que les exportations.

La soie a donné naissance à un *important commerce;* une grande exportation se fait par les ports chinois de *Chang haï* et de *Canton*, par *Yokohama*, par *Calcutta;* de grands marchés existent aux États-Unis, à San Francisco et surtout à New York. Les grands importateurs sont la FRANCE, qui reçoit les neuf dixièmes de sa consommation, les *États-Unis*, l'*Angleterre*, l'Italie, etc.

18. **Industrie.** — La soie a développé la *plus belle industrie textile*. Les *États-Unis* avaient 861 filatures ou tissages en 1898, répartis surtout dans les États de *New Jersey*, de *New York* et de *Pennsylvanie*, et produisant surtout des grandes pièces et des rubans. *Paterson* (New Jersey) est le « Lyon de l'Amérique »; c'est le plus important tissage de rubans du monde. — En *Allemagne*, l'industrie de la soie est surtout confinée dans le district de *Crefeld*, à *Zurich* en *Suisse*. — Un des grands centres est celui de Lombardie, MILAN; c'est un grand marché et un centre de fabriques de soieries : *Turin*, *Bergame*, *Côme*, etc. — On y fait des soieries de luxe, mais le grand centre est toujours LYON; *Saint-Étienne* produit des rubans, *Avignon* des étoffes légères, *Paris* des gazes et des tulles; à Lyon sont les beaux articles et aussi ceux de « fabrication délicate ou difficile, façonnés riches, satins duchesse, unis noirs et couleurs, velours, tulles, dentelles, etc. ». Ces belles soies proviennent des Bombyx d'Italie et de France; la soie qu'ils donnent est nerveuse, élastique, brillante et robuste. Là est notre

sauvegarde : tant qu'on fabriquera des soieries de luxe, il y aura des débouchés pour la soie française. (V. GROFFIER.)

19. **La Laine.** — L'usage de la laine remonte aux temps les plus lointains, sans doute en rapport avec l'emploi des toisons des animaux par les premiers hommes. La *Chine*, l'*Égypte*, ont connu les tissus de laine; *Babylone*, *Alexandrie d'Égypte*, sont réputées pour leurs tapisseries élégantes, leurs couvertures brodées; les Gaulois aimaient les matelas rembourrés de laine.

A l'époque gallo-romaine florissait une active industrie lainière, à *Arras* notamment. Les Croisades ramenèrent le travail industriel, disparu au Moyen âge; on le vit renaître en Italie, puis en *Flandre*, surtout à *Bruges* et à *Gand*, vers le XIII^e siècle. Après la longue prédominance de la Flandre, dont la *draperie* suffisait à la clientèle des principales nations d'Europe, l'*Angleterre*, l'*Espagne*, puis l'*Allemagne*, furent les grands fournisseurs de l'industrie lainière. Aujourd'hui, le premier rang appartient aux pays neufs.

20. **Le Mouton.** — Le principal producteur de laine est le MOUTON; on la dénomme « poil de Mouton ». La longueur des fibres de la laine varie de 3 à 30 centimètres, ce qui détermine plusieurs catégories de laines : *laines courtes*, fines ou extrafines; *laines longues*, communes ou grosses, nerveuses et brillantes. La qualité est en rapport avec la variété des races ovines; parmi les laines fines se trouvent celles du célèbre MOUTON MÉRINOS; l'Espagne a reçu le Mérinos d'Afrique par l'intermédiaire des Maures, et de l'Espagne il s'est répandu dans tous les pays producteurs du monde; la laine mérinos, très fine, n'a que 6 à 7 centimètres; ultra-fine, 3 à 4 centimètres. D'autres races, comme certaines variétés anglaises, peuvent avoir de la laine de plus de 25 centimètres. La nature de la laine peut être modifiée par le climat : les climats secs influent sur la finesse de la laine; l'excès de la sécheresse transforme la laine en véritables poils, comme c'est le cas des rares Moutons du Sahara; trop d'humidité donne une laine grossière. Les laines ont des couleurs diverses, dont la teinte blanche est la plus appréciée[1]. Les Moutons aiment les vastes espaces, les grands terrains de parcours, où ils acquièrent toutes leurs qualités.

1. Le total de la laine qui forme la toison d'un mouton pèse de 2 kgr. à 2 500 gr. en suint (matière animale grasse que sécrète le corps des moutons, surtout à laine fine); 1 500 gr. lavée à dos.

**Les pays producteurs. En Europe.** — L'Europe n'a plus le rôle prépondérant dans la production; elle est en décroissance. L'*Espagne* récolte moins de laine; les troupeaux ont diminué sur les solitudes des plateaux castillans, la laine n'a plus son ancienne supériorité; le Mérinos n'a pas été perfectionné; il a souvent été remplacé par des races communes. L'exportation n'était que de 62000 quintaux en 1900. — Les races du *Royaume-Uni*, très appréciées, sont développées surtout dans l'Est de l'Angleterre et dans les monts Cheviot, au Sud de l'Écosse. — L'*Allemagne* a toujours, surtout en Saxe et en Silésie, eu une variété de Mérinos à laine extra-fine, mais le troupeau diminue de nombre. — En *Turquie* et dans les *Balkans*, les laines sont communes; c'est également le cas de la *Russie*, où l'on ne trouve qu'un quart de laines fines; l'*Italie* en a encore moins; l'*Autriche-Hongrie* a, par contre, des produits de choix. — C'est aussi le cas de la *France*, dont la production s'est maintenue depuis 1892, sauf un an, au-dessus de 400000 quintaux avec 469000 en 1901; les moutons de *Champagne*, de *Brie*, de *Beauce*, de *Sologne*, etc., donnent des laines mérinos très estimées, provenant du *troupeau de Rambouillet*[1].

21. **États-Unis. Afrique du Nord. Argentine.** — Aux États-Unis, les Moutons sont, pour les trois quarts, des variétés pures ou mélangées de Mérinos; la tonte des Moutons a donné, en 1899, 123 millions; en 1901, 137 millions kgr. de laine; production insuffisante, comme nous allons le voir. — L'*Afrique du Sud* (principalement la *Colonie du Cap*) a produit 16 millions kgr. de laine en 1899. Les Moutons mérinos y ont été introduits au début du XIXe siècle; très renommés pour la finesse de leur laine, ils sont surtout répartis en grands troupeaux de 3000, 7000 et 10000 têtes sur le *Karrou*. — L'élevage des Moutons a fait de rapides progrès au cours de la dernière moitié du XIXe siècle dans la *République Argentine*; les troupeaux ont été composés avec des Mérinos sortant de Rambouillet, et donnent une laine excellente, un peu courte. L'Argentine a pu exporter 237000 tonnes en 1899 et 228000 en 1901; plus faible fut le chiffre de 1900, 101000 tonnes. Les laines de l'*Uruguay* sont plus nerveuses et plus résistantes.

22. **Australasie.** — Dès les débuts du siècle, en Australie, des Mérinos de race pure furent introduits dans la *Nouvelle-*

1. COLBERT avait fait un essai malheureux pour importer les Mérinos d'Espagne en France. En 1786 fut fondée la *Bergerie nationale de Rambouillet*, dont le rôle devait être de propager le Mérinos dans notre pays.

*Galles du Sud;* les premiers étaient des Moutons espagnols qui avaient appartenu au troupeau de l'*Escorial.* Dès 1803 une expédition de laine fut faite pour Londres; sa beauté et ses qualités firent décider d'augmenter les troupeaux; en 1804, de la ferme royale de Kew, en Angleterre, on importa des Mérinos pur sang. En 1825, les Moutons étaient au nombre de 237 000; en 1842, 4 800 000. La création des colonies de *Victoria* et du *Queensland* en 1851 et 1859 enleva plusieurs millions de Moutons à la colonie mère, qui n'en comptait en 1861 que 5 600 000;

TROUPEAU DE MOUTONS, au nombre de 21 000, dans l'intérieur de la Nouvelle-Galles du Sud.

en 1881, le chiffre était de 36 600 000. En 1891, le plus haut chiffre, non dépassé, fut atteint : 61 800 000 moutons en Nouvelle-Galles. Les croupes ondulées de l'intérieur sont donc peuplées de myriades de Moutons, partagés en de gigantesques exploitations de 50 000 à 200 000 hectares, où les surveillent quelques *bushmen* peu nombreux, à cheval. La laine de ces Moutons fut de bonne heure renommée et fit prime sur le marché; elle possède les meilleurs attributs de la laine : de belle couleur blanche, à brin fin, souple et brillante; elle doit une partie de ses qualités à la chaleur et à la sécheresse du climat.

Mais cette sécheresse peut être un danger terrible; dans ces régions à tendance désertique, les longues sécheresses sont fréquentes, et souvent les

Moutons meurent par milliers auprès des sources taries. Autre danger : les lapins introduits ont pullulé sur ce territoire sablonneux où les buissons, les grands *scrubs*, leur offrent un parcours d'élection ; mais ils ont dévoré toutes les plantes herbacées, même les feuilles de petits arbustes, dont la sève saline était le régal et le soutien des Moutons ; les Moutons sont morts de faim. — Les désastres se sont produits dès 1892, où le nombre du troupeau a sensiblement diminué ; de 120 millions en 1891 il est tombé en 1901 à 92 millions, après les sécheresses de 1895, de 1897, de 1899 qui avaient réduit les Moutons de la Nouvelle-Galles à 36 millions. Le Queensland a perdu 50 °/ₒ de son troupeau ; seule la *Nouvelle-Zélande*, sans danger de sécheresse, a marqué une augmentation régulière (en 1886, 15 millions ; près de 17 en 1891 ; 19 en 1899 ; 20 300 000 en 1902).

TONTE DES MOUTONS, avec des procédés mécaniques (Australie).

23. **Commerce et industrie.** — L'*Australasie* a néanmoins conservé le chiffre d'exportation le plus fort ; en 1900, le total pour l'Australasie a été de 565 millions de livres anglaises [1], valant 442 millions de francs ; en 1901, l'exportation de la Nouvelle-Galles a atteint la valeur de 236 millions de francs avec 285 millions de livres anglaises. Nous connaissons les chiffres de l'*Argentine*. Les autres pays exportateurs sont l'*Uruguay*, la *Colonie du Cap*, la *Russie*, quelques pays méditerranéens, etc. — Londres est le grand port importateur, où transitent les *laines australasiennes* et africaines ; elles sont réexportées dans les centres industriels d'Europe ; en 1901 l'Angleterre a importé au total 692 millions de livres anglaises, sur lesquelles

1. La livre anglaise vaut 453 gr.

elle a exporté 294 millions, et gardé pour sa dépense industrielle 398 millions ; 334 millions de livres venaient d'Australasie. — ANVERS est le port d'entrée en Europe des laines de

SACS REMPLIS DE LAINE ET BALLOTS CARRÉS DANS LE FOND (Sydney).

l'*Argentine* et de l'*Uruguay* qui sont distribuées à l'*Allemagne*, à la *Belgique*, à la France ; *Dunkerque* et le *Havre* font le même travail ; *Marseille* reçoit l'apport de la *Russie* et des *pays méditerranéens ;* les laines vont encore à *Bordeaux* et à *Hambourg*. Aux États-Unis, *Boston* est le grand marché de la laine, parce qu'il est au centre des villes manufacturières.

En ANGLETERRE, *Leeds* et *Bradford* sont les principaux centres du commerce et de l'industrie des laines ; Leeds produit des draps fins, Bradford des étoffes damassées. — La FRANCE produit à peine le quart de la laine qu'elle manufacture ; le grand centre est dans le Nord, où *Roubaix, Tourcoing* et les autres villes voisines de *Lille* font la draperie ; de même *Sedan, Elbeuf, Louviers, Roanne ; Reims* fabrique les mérinos, la flanelle ; *Aubusson,* les tapis. — En BELGIQUE, la draperie a été transférée à Verviers et à Limbourg. — En ALLEMAGNE, l'industrie lainière est surtout concentrée à *Chemnitz* (bonneterie, châles, etc.), *Liegnitz* et *Görlitz,* tout près des laines fines de Saxe et de Silésie, et à *Aix-la-Chapelle,* qui reçoit les laines étrangères. — En RUSSIE, les centres d'industrie textile fournissent des lainages remarquables ; le *district de Moscou,* pour les filatures et les lainages, est au premier rang, puis *Saint-Pétersbourg, Lodz, Varsovie, Kharkov,* etc. — Les lainages des *États-Unis* n'ont pas encore une place importante dans le commerce extérieur ; les manufactures de laine produisent des mérinos, de la bonneterie ; les fabriques de laine ont pris un grand développement à *Philadelphie,* à *New-York,* etc.

**24. Autres produits textiles d'origine animale.** — Il existe d'autres animaux dont la toison fournit d'excellents textiles. La laine ou poil des *Chèvres du Cachmir* (vallée occidentale de l'Himalaya), sorte de soie fine, lisse et douce, sert à préparer des *châles*, jadis très recherchés, et d'autres tissus de luxe, fabriqués surtout à Srinagar, dans la vallée. Le *mohair* est la laine longue, fine, soyeuse, de la CHÈVRE D'ANGORA; transportée de l'Anatolie (ville d'Angora) au Cap, vers le milieu du XIXe siècle, elle s'est multipliée admirablement, surtout à l'Est du Grand Karrou, où l'on en comptait en 1899 plus de 5 500 000, dont la laine exportée, valant plus de 12 millions de francs, est manufacturée à *Bradford*.

Sur les plateaux des Andes, en *Bolivie*, dans le *Pérou* et l'*Équateur*, des animaux à toison du genre LAMA ont des laines très estimées. Les poils duveteux du *Lama* ont de réelles qualités; la *Vigogne*, qui vit à l'état sauvage, a des poils laineux très fins, bruns ou couleur jaune foncé; assez rares, ils servent

FILATURE DE LAINE de MM. Dextre, Fouret et Cie (Roanne).
(Phot. communiquée par MM. DEXTRE et FOURET.)

à faire de très beaux gants, d'admirables couvertures et des tapis d'un très grand prix. L'*Alpaca* fournit des poils laineux et soyeux, longs parfois de 30 centimètres, lisses, doux, élastiques, avec lesquels on fabrique, surtout à *Bradford*, les élégants tissus noirs, brillants, qui portent le nom d'*alpaga*. — Les poils du *Chameau*, longs et laineux, assez grossiers, servent à fabriquer chez les Arabes des cordes et des toiles de tente; mélangés à d'autres fibres, on en fabrique des tapis, etc.

## Appendice.

Il nous paraît intéressant de donner quelques renseignements sur deux produits, le CAOUTCHOUC et la GUTTA-PERCHA, dont l'étude peut se rattacher, dans une certaine mesure, à celle des textiles d'origine végétale.

25. **Le Caoutchouc.** — Le *caoutchouc* est aujourd'hui d'une très grande importance; il a provoqué la création d'une industrie nouvelle qui a pris, avec des formes diverses, un essor remarquable.

Les plantes à caoutchouc occupent les régions intertropicales. Les pays producteurs sont l'*Amérique centrale*, et l'*Amérique du Sud* jusqu'au Brésil; on y trouve des espèces caoutchoutifères depuis les forêts du Mexique jusqu'à celles du Brésil, avec des différences de quantité et de qualité; l'*Asie méridionale*, où les Caoutchoutiers se rencontrent dans quelques parties de l'Himalaya oriental, de l'Assam, de l'Indo-Chine, de la presqu'île de Malacca et dans l'archipel Asiatique (Sumatra, Java, Bornéo, etc.); l'*Afrique*, où le caoutchouc peut être exploité depuis la limite des déserts sahariens et somalis jusqu'au Natal; à *Madagascar* il est dispersé dans l'île, particulièrement dans la région forestière de l'Est. — Le caoutchouc est produit soit par des *arbres* de taille moyenne ou très haute, notamment au Brésil et en Amérique, ainsi que dans une grande partie de l'Asie méridionale; soit par des *lianes*, qui en nombre prodigieux existent en Afrique, dans le Laos et quelques îles de l'Insulinde.

26. **Amérique.** — Le BRÉSIL tient de beaucoup le premier rang; dans son immense territoire et surtout dans la majestueuse forêt amazonienne, les espèces caoutchoutifères, à l'état sauvage, sont très nombreuses depuis les pentes des Andes jusqu'à l'embouchure de l'Amazone. — Le plus important des producteurs est le CAOUTCHOUC DE PARA, du genre *Hevea*, qui a pu fournir les six dixièmes de la production annuelle du monde. Cet arbre, de 25 à 30 m. de haut, aime les sols détrempés et marécageux des rivages de l'Amazone et de ses affluents, dans la limite des inondations annuelles et régulières; il redoute les grandes inondations; il a besoin d'un sol argileux, profond, constamment humide; il est à l'aise dans la température équatoriale de 24 à 35°, même de 38°, et dans un régime de grandes pluies qui sur l'Amazone tombent presque toute l'année. L'exploitation de ces arbres n'est pas d'une grande difficulté; les *Seringueros*, les chercheurs de caoutchouc (*seringa*, caoutchouc en espagnol), font des incisions dans l'écorce des arbres, attachant au-dessous un petit récipient qui recevra le *latex*[1] coulant en petite quantité de la blessure; il est presque toujours blanc et ressemble à du lait. La coagulation s'opère par de nombreux procédés, dont quelques-uns sont fort simples. La teneur en caoutchouc du latex est très variable et peut aller pour l'*Hevea* de 32 °/₀ à 41 °/₀; à *Java* (Insulinde) on aurait trouvé de 48 °/₀ à 60 °/₀.

D'autres espèces sont intéressantes. On exploite au Brésil le CAOUTCHOUC

1. Le latex est un suc propre de beaucoup de végétaux, circulant dans une série de petites fentes que l'on nomme les *vaisseaux laticifères*.

DE CEARA, du genre *Manihot,* qui, au contraire de l'Hevea, vit sur des terres sablonneuses et ne reçoit qu'une petite proportion de pluie; la production du latex est faible, mais le caoutchouc est de qualité presque égale à celui du Para. — Les Caoutchoutiers du genre CASTILLOA se rencontrent sous la forme de beaux arbres, de 25 m., dans les forêts du Brésil jusqu'à celles du Mexique. Le *Castilloa elastica* produit presque la totalité du caoutchouc mexicain.

27. **Asie, Océanie, Afrique.** — Les *Ficus,* qui ne comprennent pas moins de 70 espèces, se rencontrent dans toutes les régions chaudes. Quelques-uns produisent un bon caoutchouc; le plus important, le FICUS ELASTICA, existe dans l'*Assam,* en *Indo-Chine,* dans la presqu'île de Malacca, à *Java,* à Bornéo, etc.; c'est le CAOUTCHOUC DE L'ASSAM. Arbre superbe, s'élevant jusqu'à 60 m. de hauteur, couvrant de sa puissante ramure une large surface; le rendement du lait par incisions est assez élevé; lorsque l'arbre a atteint ses grandes dimensions, il peut produire jusqu'à 20 kgr. (d'après H. JUMELLE).

La *Birmanie,* notre *Indo-Chine,* possèdent des Ficus et autres espèces caoutchoutifères; la région la plus riche est celle du **Laos,** où la découverte de *lianes à caoutchouc* a permis une forte augmentation immédiate. — Le *Queensland,* la *Nouvelle-Calédonie,* la *Nouvelle-Guinée,* possèdent des espèces caoutchoutifères, plus ou moins exploitées.

En Afrique, le caoutchouc est surtout fourni par les espèces du genre LANDOLPHIA; ce sont des *lianes* qui montent jusqu'au sommet des arbres, qu'elles enserrent, pour chercher la lumière; toute l'Afrique tropicale possède des Landolphia. L'exploitation de ces lianes se fait par des incisions et surtout par l'*abatage;* les vaisseaux laticifères sont plus nombreux dans l'écorce des racines, qui produisent le plus de caoutchouc. — Quelques espèces productives de *Ficus* se trouvent en Afrique, notamment le *Ficus Vogelii,* qui donne un lait de couleur rougeâtre. — Dans la région du Congo, on extrait du caoutchouc des rhizomes de certaines plantes herbacées à rejets souterrains; c'est le *Caoutchouc des herbes.*

28. **Commerce.** — Il est fort difficile d'évaluer la production totale; elle a été fixée en 1896 à 60 000 tonnes, valant 361 millions frs. La *Grande-Bretagne* (21 500 t.), les *Etats-Unis* (18 800 t.), étaient les grands importateurs, puis venaient l'*Allemagne* (8 400 t.), la *France* (5 000 t.), etc. Une estimation faite en Amérique en 1899-1900 donne pour la production totale de l'Amérique 26 500 t. (Bassin de l'Amazone, 22 000; Géara, 600; Pérou, 870; Chili, 670; Amérique centrale, 770).

En 1901-02 la *vallée de l'Amazone* produisit 30 000 tonnes; en 1902-03, 29 890 t.; l'exportation a valu 215 700 000 frs en 1901; de 182 500 000 en 1902. L'Angleterre a acheté au Brésil, en 1901, 97 700 000 frs de caoutchouc; en 1902, 90 500 000. — Anvers a reçu, en 1901, 5 500 000 kgr. de caoutchouc, de l'*État indépendant du Congo;* cet État en a exporté pour 41 700 000 frs. — Le *Congo Français* est en progression, mais encore très loin de l'État voisin.

La France utilise de 5 à 6 000 kgr. de caoutchouc; nos colonies n'en produisent guère que 2 500 à 3 000; il est nécessaire et facile de donner à cette culture un plus grand développement. Du moins l'Indo-Chine vient de faire une heureuse découverte, déjà signalée; en 1899, l'exportation totale de l'Indo-Chine était de 53 800 kgr.; les lianes caoutchoutifères furent signalées au Laos; l'exportation s'est élevée en 1900 à 330 000 kilos (Haïphong, 300 000; Saïgon, 30 000); en 1903, 266 000 seulement.

29. **La Gutta-Percha.** — La véritable *Gutta-Percha* n'est produite que par cinq espèces du genre *Palaquium,* et par le *Payena Leerii.* Ces arbres sont très limités; ils n'existent qu'au Sud de la péninsule de Malacca; dans la partie centrale Nord-Est de Sumatra; sur une grande étendue à Bornéo au Nord, à l'Est et à l'Ouest. — L'arbre le plus important parmi le genre Palaquium est le Palaquium gutta, arbre qui n'a guère de 13 à 14 m. de haut; d'autres espèces sont très élevées et atteignent de 30 à 35 m.

L'exploitation de la gutta entraîne presque toujours l'abatage, surtout à Sumatra; cela tient à ce que les incisions ne fournissent qu'une faible proportion de gutta; un grand Palaquium ne produit guère que 300 gr. Cette faible production a des conséquences fâcheuses; les chercheurs de gutta, en recueillant trop peu pour la vente, font des mélanges avec le latex d'autres arbres; ces mélanges contiennent souvent des débris d'écorce.

Le Payena Leerii est très répandu dans les possessions hollandaises; la gutta est de bonne qualité; le lait coule abondamment des incisions.

Il résulte de ce court exposé que la gutta ne présente pas toujours assez de garanties; d'ailleurs « elle n'est pas un produit unique, ni chimiquement défini » (H. Lecomte).

Le total de la gutta exportée de Singapour de 1885 à 1896 a atteint le chiffre de 31 millions kgr., et pour valeur 12 millions frs. L'Angleterre a exporté la plus grande quantité, 23 millions kgr. de 1885 à 1896 de gutta; la France, 271 000 kgr.; l'Allemagne, 236 000; les États-Unis, 189 000, etc.

Travaux a consulter. — Henri Lecomte, *le Coton, monographie, culture. Histoire économique,* Paris, 1900. — A. Oppel, *Die Baumwolle,* Leipzig, 1902. — Ch. Rivière, *la Ramie, situation de sa culture et de son industrie en 1900* (*Revue des cultures coloniales,* VII, 1900, p. 389). — Du même, *la Ramie, son aire de végétation et son industrie* (*Revue de Géographie,* XLVIII, mai 1901). — E. de Wildeman, *les Plantes tropicales de grande culture. Le Caoutchouc,* p. 169-301, carte, Bruxelles, 1902. — H. Lecomte, *les Arbres à Gutta-Percha,* Paris, 1899. — Natalis Rondot, *l'Industrie de la soie à Lyon,* Lyon, 1894. — E. Pariset, *les Industries de la soie,* Lyon, 1890. — Voir Groffier, *art. cité,* p. 662.

# CHAPITRE V

## LES MINÉRAUX

### I. — Les combustibles minéraux

**Généralités.** — La *houille* et le *pétrole* ont joué un rôle d'une importance capitale dans la vie économique du globe.

**Les combustibles minéraux. — a). — La houille.** — Anciennement connue, la **houille** présente dans ses gisements des différences d'*épaisseur*

(0m.60 dans le Pays de Galles; 8 à 10 m. à Rive-de-Gier), de *régularité* et de *continuité des couches*, rompues par des dislocations du sol. On distingue plusieurs variétés de houille. L'exploitation se fait à l'aide d'un *pic* ou avec des *machines ;* le charbon est amené dans des *wagonnets* sur des rails par un *hercheur*, un cheval ou une machine à vapeur jusqu'au puits où une cage le montera jusqu'au sol; des lampes spéciales protègent contre le *grisou*.

En *Europe*, la **Grande-Bretagne** (227 millions t. en 1902) tient le premier rang; les ports charbonniers sont **Cardiff** et *Newcastle;* puis l'**Allemagne** (153 millions en 1901) ; l'*Autriche-Hongrie* et la *France* (32 millions t. en 1901), avec des productions moindres; la Belgique et la Russie, etc.

En *Amérique*, les **États-Unis** sont *les plus grands producteurs du monde* (gisements s'étendant sur un espace immense; 294 millions t. en 1902); malgré la cherté de la main-d'œuvre, les conditions de l'exploitation sont très favorables; **New-York** est le grand marché charbonnier. — Le *Canada* donne des promesses pour l'avenir.

Parmi les autres centres houillers ne fournissant pas 10 millions t., la région de **Sydney** (Australie), avec une très bonne houille et un port charbonnier, *Newcastle*, le *Japon*, etc. Les immenses bassins houillers signalés en *Chine*, surtout dans la Chine du Nord, par M. **de Richthofen**, demeurent inexploités.

La houille, d'où l'on tire le **coke**, indispensable pour la métallurgie, a provoqué une *véritable révolution* en créant la *vapeur*, les *transports rapides*, en élargissant l'horizon.

**b). — Le pétrole.** — D'exploitation récente, le **pétrole** a eu d'abord pour seul producteur les **États-Unis**, où, dès 1861, des puits forés jaillissaient des flots d'huile, dans les États de *Pennsylvanie* et de *New-York;* la production s'est déplacée vers l'Ouest, où la **Californie** et le **Texas** ont fait des progrès magnifiques. — Le *Canada* et le *Pérou*, ailleurs la *Birmanie*, *Java*, *Sumatra*, accusent des chiffres appréciables.

En Europe, la **région du Caucase** entra en exploitation en 1875; à l'extrémité Est, à *Bakou*, d'innombrables puits furent forés; l'importance de la production apparut bientôt; supérieure ou égale à celle des États-Unis, elle la dépassa en 1901 (Russie, 16 millions t.; États-Unis, 15 millions, en 1902). — Le pétrole est encore exploité en *Galicie* et *Bukovine*, en *Valachie*, etc.

L'huile de pétrole donne un *bel éclairage;* ce combustible est aujourd'hui d'une importance première : on l'utilise comme *force motrice* pour les industries, la navigation fluviale et maritime, etc.

1. **Généralités.** — Nous avons vu ailleurs, dans une courte étude de la composition du sol[1], la division des substances minérales, comment elles s'étaient formées et réparties, quelles étaient les conditions proprement physiques de leur développement et de leur localisation. En déterminant la mise en œuvre de ces richesses naturelles, nous verrons de quelle importance première, précieuse, vitale, ont été pour nous les minéraux, et parmi eux les combustibles minéraux, notamment la *houille* et le

1. Il est bon de relire, à propos des quelques minéraux qui vont nous occuper, le chapitre VIII, où l'on a donné à leur place quelques détails techniques, p. 253-260.

*pétrole.* Nous n'étudierons, à ce point de vue économique, que les minéraux précieux, ou grandement utiles.

2. **Les combustibles minéraux. — a). — La houille.** — La HOUILLE, qui est un carbone d'origine végétale, était connue au temps d'Aristote. Théophraste, au IVe siècle av. J.C., notait, dans le traité *Sur les Pierres,* l'existence de ces terres qu'utilisaient les forgerons et qui flambaient comme du charbon. Il semble que la houille ait été employée d'abord en Grande-Bretagne par les Anglo-Saxons; puis, vers le milieu du XIIIe siècle, les habitants de *Newcastle,* sur la Tyne, furent autorisés par le roi à exploiter la houille. La belle relation de *Marco Polo* nous conte comment des pierres servaient au chauffage des habitants du Cathay. Quoi qu'il en soit, la houille est aujourd'hui partout activement recherchée, sauf en quelques points d'Extrême Orient et de pays non civilisés encore.

3. **Nature et variété des gisements houillers.** — Des recherches ont révélé de grandes différences dans les gisements houillers, dans l'épaisseur, la régularité, la continuité des couches de houille. Les gisements se rattachent, pour la plupart, à la fin de la période primaire (époque carboniférienne surtout); mais il existe des gisements dans les terrains secondaires.

L'épaisseur des couches est très variable; les unes sont de faible puissance, 0m.60 dans le pays de Galles; ailleurs, en certains points du Derbyshire, 2m.50 à 4m.50; *la grande masse* de *Rive-de-Gier*, bassin de *Saint-Etienne,* a 8 à 10 m.; au *Creusot,* l'épaisseur est de 30 m.[1]; à *Commentry,* 14 à 20 m.; en Allemagne, une couche atteint 16 m. en *Haute-Silésie;* en *Pennsylvanie* (États-Unis), l'*anthracite* atteint parfois 62 m., en moyenne 21. — Les régions disloquées présentent un grand nombre de failles interrompant la *continuité* des couches; il en résulte de grandes difficultés dans l'exploitation; les couches sont régulièrement stratifiées dans le bassin de la Ruhr en Allemagne; elles présentent des dislocations dans le bassin belge de Mons, plus prononcées dans le bassin du Nord; cas semblable dans le bassin de Saint-Étienne. La géologie nous fournit l'explication.

On distingue plusieurs variétés de houilles : *Houille maigre à longues flammes* donnant beaucoup de coke; *houille grasse à longues flammes,* employée de préférence pour le gaz; *houille grasse maréchale* pour la métallurgie du fer. L'*anthracite* brûle assez difficilement, mais elle donne beaucoup de chaleur.

1. Il ne s'agit pas de la totalité d'un bassin, mais seulement d'une partie plus ou moins étendue.

4. **Exploitation de la houille.** — Une nombreuse main-d'œuvre est nécessaire pour cette exploitation; on procède à l'*abatage* à l'aide d'un pic, ou de la dynamite; aux États-Unis et en Angleterre on procède à l'abatage mécanique à l'aide de diverses *haveuses*, employées en Amérique par suite de la rareté et de la cherté de la main-d'œuvre, en Angleterre pour tirer parti des charbons trop durs. Des puits murés et des galeries soutenues par des boisages sont creusés dans le terrain houiller; des *hercheurs*, des wagonnets traînés par un cheval ou une petite locomotive à air comprimé, transportent les charbons aux puits, où un *monte-charge* les recueille.

Les dangers du *grisou* ont fait rechercher une lampe de sûreté pour les mineurs; la première fut celle de Davy; depuis, on a mis à l'essai des lampes électriques.

**En Europe. — Angleterre. Allemagne.** — Le premier pays

HERCHEUR roulant un wagonnet.

producteur est l'ANGLETERRE, qui, dès 1845, produisait 31 millions de tonnes, et atteignait 227 millions en 1902. Les bassins houillers sont tous localisés dans les terrains primaires de l'Ouest et du Nord-Ouest : le *bassin de la Clyde* (Glasgow), en Écosse; du *Durham* et du *Northumberland* (Newcastle), du *Lancashire* (Manchester, Liverpool), du *Yorkshire* (Leeds, Scheffield), du *Staffordshire* (Birmingham), du *Pays de Galles* (Cardiff). La valeur de la houille était estimée à 2 350 millions en 1902; l'exportation, en 1901, s'est élevée à 44 millions de tonnes, valant 760 millions frs. La France en reçoit près de 8 millions, puis l'Italie, l'Allemagne, etc.; *Cardiff* avec 14 millions, et sur la Tyne les ports bien agencés, *Newcastle*, *North* et *South Shields*, sont les grands ports charbonniers. — L'ALLEMAGNE possède une importante série de bassins houillers, formant une longue traînée, à la bordure Nord des montagnes centrales, continuée par les bassins franco-belges, à l'Ouest. Le *bassin de la Ruhr*, en Westphalie, est le plus riche de l'Europe; c'est le long de ce bassin que s'accumulent les industries métallurgiques; le *bassin de Saxe* borde l'Erz Gebirge; celui de *Haute-Silésie* fournit à Berlin le combustible et est utilisé encore pour la fonte du minerai de fer silésien; le *bassin de la Sarre*, affluent de la Moselle, français avant 1871, alimente les industries voisines et exporte du charbon en France. L'Allemagne ne recueillait que 3 500 000 tonnes en 1845; l'essor s'est produit après 1870, 34 millions; de 59 millions, en 1880, la production s'est élevée à 153 millions en 1901, y compris 44 millions de lignite, d'une valeur de 1 300 millions de francs.

5. **Autriche, France, Belgique, Russie.** — La production diminue avec l'*Autriche-Hongrie;* sur le total de près de 41 millions de tonnes, l'Autriche a produit plus de 34 millions, dans les mines de *Bohême*, avec l'appoint des charbons de *Moravie* et de *Styrie;* la Hongrie a quelques mines dans les Karpathes et la Transilvanie. — La FRANCE ne vient qu'au quatrième rang; ses progrès ont marqué une lente régularité depuis les 3 700 000 t. de 1845 jusqu'aux 32 millions de 1901; une petite diminution de 2 millions en 1902; les centres houillers sont ceux du *Nord* et du *Pas-de-Calais*, les bassins qui entourent ou pénètrent le Massif central, le *Creusot, Saint-Étienne, Alais* et *Bessèges, Carmaux* et *Decazeville, Commentry*, etc.; la priorité appartient pour près des deux tiers au Nord et au Pas-de-Calais, près de 20 millions en 1901 et 1902; le Pas-de-Calais a extrait à lui seul près de 15 millions de t., alors qu'en 1842 l'exploitation n'existait pas. Les besoins de houille augmentent en France, et elle exporte le tiers du charbon nécessaire; les chiffres d'importation ont été : en 1899, 258 millions frs; en 1900, 406 millions; en 1901, 343 millions. En 1901, l'Angleterre figurait pour 130 millions.

La production de la *Belgique* est encore notable, de 22 à 23 millions t.; le terrain houiller se rattache au bassin de Westphalie, qu'il prolonge à la lisière Nord de l'Ardenne par les bassins de *Liège*, de *Charleroi*, de *Mons*, qui se continuent par ceux du Nord de la France. En *Russie*, les centres houillers sont dans la région de *Donetz*, où ils terminent la longue bande houillère de l'Europe centrale; dans la région de *Dombrowa*, en Pologne; dans l'*Oural;* dans la *Russie centrale* (le plus vaste bassin est celui de Moscou); la production a sensiblement augmenté de 1895 (9 millions t.), à 1901, 16 600 000. — Les pays riverains de la Méditerranée ne sauraient compter; la production des Balkans, de l'Italie, est nulle ou insignifiante; l'Espagne arrive péniblement à 2 700 000 t.

6. **États-Unis.** — Les ÉTATS-UNIS ont pris le premier rang dans la production mondiale en 1899, et ont distancé l'Angle-

terre; en 1840 ils ne produisaient que 900 000 tonnes; en 1901

PARTIE CENTRALE DE L'EXPLOITATION D'UNE MINE, montrant le puits, la cage à plusieurs étages, des galeries maçonnées et des galeries boisées. Dans la galerie boisée un train de wagonnets vides, tiré par un cheval; un herchour amène un wagonnet dans la cage.

ils ont atteint le chiffre de 285 millions de tonnes, en 1902 de 294 millions. Le charbon de terre occupe aujourd'hui plus du sixième de la surface des États-Unis. La HOUILLE BITUMINEUSE est produite par 7 grands bassins; le *bassin des Appalaches,* qui s'étend sur 1550 kilomètres de l'État de New-York à celui d'Alabama, représentant presque les deux tiers du total : *Pennsylvanie, Ohio, Kentucky, Tennessee, Alabama;* le *bassin central: Illinois, Indiana* et *Kentucky,* avec le sixième du total; le *bassin occidental :* Iowa, Missouri, Kansas, Arkansas, un neuvième; les Montagnes Rocheuses; la Côte pacifique; le *bassin Nord du Michigan central;* enfin les couches triasiques du *bassin de Richmond* en *Virginie,* et le long des rivières Deep et Dan dans la *Caroline du Nord.* La région de l'ANTHRACITE couvre dans les vallées de la Susquehanna, dans la Pennsylvanie orientale, une superficie de 1200 kilomètres carrés (52 millions de tonnes en 1900; 61 en 1901; 39 seulement en 1902).

Le recrutement assez difficile et coûteux de la main-d'œuvre est compensé par toute une série de machines pour extraire la houille bitumineuse, qui diminuent les frais et doublent la production par mineur. Dans le bassin appalachien, beaucoup de fleuves découpent la masse en cañons profonds et mettent ainsi à nu les couches de houille bitumineuse. Au contraire, dans les champs d'anthracite il faut d'ordinaire forer des puits profonds pour atteindre les couches. Souvent la proximité des rivières permet le transport du charbon à un bon marché extrême. — La production de la houille en 1902 a été estimée 1 milliard 900 millions frs; la grande majorité des échanges se font dans le pays même, sauf pour l'anthracite qui est exportée en Europe; New-York et les ports voisins de New-Jersey sont de grands marchés charbonniers. Le commerce du charbon est très réduit, parce qu'il est trop lourd et trop volumineux; il ne comporte pas une valeur supérieure à 75 millions frs.

7. **Les autres centres houillers.** — En AMÉRIQUE, le *Canada* paraît être en progrès; de 4800000 t. en 1900, il a atteint 6900000 en 1902. Au *Chili* il y a un bassin assez développé à peu près vers le 37° lat. S., desservi par la voie ferrée d'Arauco; en 1900, total 325000 t. — En AUSTRALASIE, la *Nouvelle-Zélande*[1] n'a qu'une production encore faible, 1300000 t. en 1902; la houille de la *Nouvelle-Galles du Sud,* en Australie, rivalise avec la meilleure houille anglaise; les mines, au Nord et au Sud de *Sydney* ainsi que dans la vallée du Hunter, ont débuté par 45000 t. en 1847; dès 1886, 2800000 t.; en 1899, 4600000 t.; en 1902, 6 millions. Le port de *Newcastle,* remarquablement outillé, est le grand charbonnier de l'hémisphère Sud. Ces charbons alimentent l'Australie, l'Océanie, notamment la Nouvelle-Calédonie, et même l'Inde et l'Indo-Chine. — En ASIE quelques tentatives

1. La houille de Nouvelle-Zélande jouit d'une mauvaise réputation; on la qualifie de médiocre. Or, l'extraction a suivi, depuis 1880 (300000 t.), 1890 (637000), 1900 (1100000), 1901 (1227000), une croissance régulière. Des gisements de houille bitumineuse, de *bonne qualité,* se trouvent surtout dans l'île Sud, partie Ouest et Est (Westport, Greymouth, Otago). 20000 t. environ ont été exportées en 1902.

ont été faites, en *Indo-Chine,* en plusieurs points de l'*Annam* et du *Tonkin;* il est certain que la houille et la lignite abondent dans la *Chine du Sud-Ouest,* au Yunnan et au Kouang-si. D'ailleurs il semble que le charbon est partout en *Chine;* M. de Richthofen pense avoir trouvé d'abondants gisements dans la province du Kan-sou, du Chen-si, du Chan-si, du Petchi-li; il en existe encore au Chan-toung, au Ho-nan; la facilité des débouchés fluviaux assurera un jour l'exploitation de ces champs de houille qui sont peut-être les plus grands du monde. — Au Japon, la houille se trouve surtout à *Yeso* et à *Kiou Siou,* avec une production totale de 6 700 000 t. — Dans l'*Afrique du Sud,* le *Transvaal* a d'importants gisements de houille (2 millions t. en 1888), de même que le *Natal.*

La production totale du monde doit s'élever à 790 millions de tonnes; trois grandes régions houillères produisent à elles seules 674 millions de tonnes, plus des trois quarts.

8. **Importance de la houille.** — On ne saurait exagérer l'action prodigieuse que la houille a exercée sur les pays civilisés, la révolution qu'elle a déterminée dans l'activité économique du monde. Elle a créé la vapeur, la force motrice, les moyens rapides de communication; par là elle a fortement stimulé l'activité humaine, grandi ses conceptions, ouvert des horizons infinis. La houille a créé, réglé, enhardi la vie industrielle; elle a modifié les établissements humains; on lui doit sans aucun doute les campagnes dépeuplées, les villes où la vie déborde.

Quelques faits non sans importance. Le charbon produit le Coke, qui est un des principaux éléments de la métallurgie du fer et de l'acier; il est indispensable aux hauts fourneaux; les fours à coke ont pris une remarquable activité. Le coke, comme résidu, dégage des *gaz combustibles;* ces gaz servent à l'éclairage, au chauffage, à la cuisine. Parmi les produits accessoires, on se sert du *goudron de houille,* dont dérivent la *benzine* et les *couleurs d'aniline,* qui supplantent de plus en plus les couleurs d'origine végétale et animale.

9. **b). — Le pétrole.** — L'exploitation régulière du pétrole est toute récente, et date de 1860 environ; et cependant on l'a utilisé dans les temps les plus anciens. Dans la Susiane, *Hérodote* nous signale une région de *mines de bitume et d'huile;* sur les rivages de la Caspienne, des gaz jaillissants et enflammés étaient l'objet d'un culte; l'*huile de Sicile* n'était autre chose

que le pétrole d'Agrigente; les Hollandais avaient importé du pétrole de leurs colonies des Indes néerlandaises.

C'est aux États-Unis que s'organisa l'extraction du pétrole; les *Indiens*, à l'aide de procédés sommaires, creusant un trou profond de 3 mètres, recueillaient, en appliquant des étoffes de laine au fond, l'huile qui y suintait. Quelques forages pour l'eau artésienne avaient fait trouver de l'huile. En 1859 eut lieu

PUITS DE PÉTROLE aux États-Unis.
(Coll. MOLTENI.)

à *Titusville*, en Pennsylvanie, à 23 mètres, le forage d'un puits dont le produit quotidien était de 1500 litres; en 1861 fut trouvé le *premier puits jaillissant*, qui donnait 450 hectolitres d'huile par jour; d'autres donnèrent 2000, 3000 barils (le baril de pétrole vaut aujourd'hui 190 litres); ce chiffre fut de beaucoup dépassé; un groupe de puits atteignit près de *Pittsburg* une production de 47000 barils par jour; les puits se sont multipliés. — Le pétrole est souvent accompagné de *gaz naturels*, parfois très abondants; on les distribue à l'aide de conduits dans les villes.

La rivière de Titusville est devenue *Oil creek*, « rivière de l'huile »; *Oil City*, la « ville de l'huile », s'est fondée sur cette rivière; le *centre du pétrole* fut l'espace compris entre ces deux villes. Les États les plus producteurs ont été d'abord ceux de *Pennsylvanie* et de *New-York*, puis l'*Ohio;* d'autres ont ajouté un apport notable, ou prennent aujourd'hui un essor de plus en plus remarquable; ce sont le *Kentucky*, l'*Indiana*, l'*Illinois*, le *Michigan*, le *Colorado*, la *Californie*, le *Texas*. La production en 1859 n'était que de 318 t.; en 1880 elle avait atteint le chiffre de 2500000 t.; en 1889, de 4500000 t.; en 1901, de 12600000 t. d'une valeur de 344 millions frs; en 1902, de 15 millions de t., valant 368 millions frs. — La mise en œuvre de centres d'exploitation nouveaux pourra sans doute permettre aux États-Unis de compenser la diminution probable de la production d'anciens États producteurs de l'Est. Dans ces dernières années, l'apport de la Californie a considérablement augmenté; la progression a été vraiment exceptionnelle de 1897, 2300000 barils, à 13700000, en 1902, avec des étapes sensationnelles : plus de 4 millions de 1900 à 1901, près de 5 millions de 1901 à 1902; moins d'ailleurs que celle du Texas, dont l'accroissement a été de 11 millions de barils de 1901 à 1902[1]. — Beaucoup de réservoirs de *gaz naturels* se sont rapidement épuisés; il y eut des périodes de crise. Mais de nouvelles ressources furent mises en valeur et ne paraissent pas actuellement en défaillance; en 1900 la valeur en francs était estimée 96 millions; en 1901, 140 millions; en 1902, 155.

Le *Canada* a des gîtes pétrolifères assez importants dans la vallée d'Ottawa et à l'Ouest du lac Ontario : 73000 t. en 1902; le Mexique n'a qu'un peu de pétrole, raffiné à Tuxpan, au Nord du golfe de Campêche; au Vénézuela, dans l'Équateur, rôle insignifiant; il n'en est pas de même du *Pérou*, où le *pétrole de Payta* est utilisé pour l'éclairage des usines et affiné pour les usages domestiques. — Dans l'archipel Asiatique, *Java* (500000 barils en 1878, près de 6000 t. en 1901) et *Sumatra* ont une production appréciable. Assez nombreuses sources dans la *Birmanie* et au *Japon;* terrains pétrolifères à *Bornéo*.

10. **Russie, Galicie, Valachie.** — La production pétrolifère des États-Unis était sans concurrent jusqu'au jour où commença l'exploitation des *pétroles du Caucase*, vers 1875. Le centre est *Bakou*, à l'extrémité Sud-Est du Caucase, au milieu d'un territoire pétrolifère de plus de 2000 kilomètres carrés de superficie. Les progrès furent très rapides; un nombre énorme de puits fut foré; l'un d'eux donna 16 tonnes par jour pendant 5 ans; en général les puits étaient très abondants. Bientôt le chiffre de production fut à la hauteur de celui des États-Unis; la production (pétrole brut) fut de 4 millions en 1890; les États-Unis produisaient, en 1893, 6 millions de tonnes; la Russie, 5500000; puis celle-ci, dès 1896, 9 millions. La victoire était définitive

1. Ch.-E. Heurteau, *l'Industrie du pétrole en Californie* (*Annales des mines*, 10e série, IV, 1903, p. 215-249).

pour la Russie avec 13 700 000 tonnes en 1899, contre 8 millions américains; en 1901, la Russie accusait 16 600 000 tonnes; le chiffre des États-Unis en 1902 cité plus haut n'a rien changé.

On peut rattacher à la Russie les sources de pétrole en commencement d'exploitation dans le *district du Ferghana*, dans le Turkestan, et qui donnent plus que des promesses[1]. — Une région pétrolifère se trouve dans les Karpathes de la Galicie et la Bukovine; le pétrole sort de la base des montagnes, la terre est noire, et les ruisseaux coulent sous une pellicule d'huile; les deux centres sont *Boryslaw* en Galicie et *Kolomea* dans le bassin du Pruth; la production de la Galicie était de 300 000 t. en 1893. En Valachie on compte 554 puits productifs de pétrole, exploités le plus souvent par les propriétaires eux-mêmes, dont le rendement est environ de 120 000 tonnes.

11. **Utilisation du pétrole.** — Les gaz naturels sont employés pour l'éclairage et le chauffage, et aussi dans la verrerie, la cuisson des briques, de la chaux, des poteries. — L'utilité du pétrole est bien supérieure; il forme un appareil simple, économique, avec une belle flamme pour l'éclairage, objet de tous les perfectionnements. Il possède un grand pouvoir calorifique, produit des températures très élevées; il peut servir au chauffage domestique, à la cuisine, aux calorifères, et surtout mettre au service de l'industrie la force motrice qu'il crée. Au États-Unis, les usines sont alimentées souvent par le pétrole, mais c'est surtout en Russie que les industries et les transports ont fait de l'huile minérale de multiples et grandioses usages.

Les nombreux bateaux des fleuves russes, les chemins de fer, sont pourvus d'un pétrole très économique; des citernes portatives sont transportées en des points très éloignés; c'est dans l'espoir d'alimenter le chemin de fer projeté dans le Ferghana que les ingénieurs russes ont apporté toute leur ardeur à y forer des puits. Avec sa manipulation facile, le pétrole sert aussi à la marine marchande et même aux cuirassés et aux croiseurs. Une société qui possède les champs pétrolifères de Bornéo compte les utiliser pour la circulation marine du Pacifique; la compagnie allemande de navigation *Hamburg Amerika* a assuré le service du pétrole de Bornéo pour ses navires d'Extrême Orient. Est-il besoin de terminer en montrant l'importance de ce moyen de transport pour les véhicules et du rôle nouveau que jouent les *automobiles*, d'une grande variété, instruments de luxe et de travail?

1. Les dépôts les plus riches sont dans le district d'Andidjan; des puits ont été forés dans ce district du Ferghana de 20 à 25 m. de profondeur; ils produisirent une moyenne de 1600 kgr. d'huile minérale par jour et par puits. (*Annales des mines*, I, 1902, p. 611.)

Travaux a consulter. — E. Fuchs et L. de Launay, *Traité des gîtes minéraux et métallifères. Recherche, étude et conditions d'exploitation des minéraux utiles*, Paris, 1893, 2 vol. — G. Villain, *le Fer, la Houille et la Métallurgie à la fin du dix-neuvième siècle*, Paris, 1901. — Defline, *l'Abatage mécanique dans les mines de houille d'Angleterre* (*Annales des mines*, Xe série, tome III, Paris, 1903). — A. Mengeot, *Du pétrole et de sa distribution géographique dans le monde* (*XVIe Congrès Soc. françaises Géogr.*), Bordeaux, 1895.

# CHAPITRE VI

## LES MINÉRAUX

### II. — Les minéraux précieux.

**Les minéraux précieux. — a). — L'Or.** — L'or, de couleur jaune, très dense, presque inaltérable, se trouve à l'*état natif*, engainé dans des filons de *quartz aurifère* ou dans des *alluvions aurifères*, des *placers*, où l'or libre, presque toujours au fond de la masse, se trouve en parcelles ou *pépites*. — L'extraction dans les quartz exige le *broyage* difficile de cette roche, sa réduction en parcelles, qui subissent un *lavage* dans des canaux à pente rapide, et où l'or est amalgamé par le mercure; dans les placers, on lave la « *terre payante* » dans des récipients concaves; les argiles sont diluées; l'or, plus lourd, reste au fond avec quelques petits cailloux. *L'eau est indispensable à l'exploitation de l'or.*

A dater de 1830, la Sibérie prit la place de l'or américain; des terrains aurifères étaient déjà connus dans l'Oural, d'autres récemment découverts; d'autres enfin furent exploités jusque dans la région de l'Amour. La production crût régulièrement jusqu'en 1848, où elle subit un arrêt; l'exploitation reprit et donna, de 1892 à 1901, de 39 à 41 000 kgr.

En 1848 eut lieu, aux États-Unis, la découverte sensationnelle de l'or en Californie; elle suscita une ruée d'hommes atteints de la *fièvre de l'or;* les 40 maisons de *San Francisco* en quelques mois se transformèrent en grande ville, aux constructions incohérentes et ridicules; ce fut la première *ville de l'or*. — L'or, exploité surtout dans des alluvions, produisit, en 1853, 335 millions frs. La production diminua; d'autres États, le *Colorado*, le *Montana*, etc., fournirent d'importantes ressources nouvelles; les États-Unis ont atteint 414 millions frs en 1902.

L'or est exploité dans la *Colombie britannique*. Au Nord-Ouest du Canada, on a découvert récemment dans les alluvions du fleuve Yukon, et surtout dans celles de quelques-uns de ses affluents, une grande quantité d'or. Malgré les duretés du climat, les difficultés d'accès, de vie, les mineurs affluèrent; une ville, *Dawson City*, fut créée; la production devint vite importante. Le Canada comptait 126 millions d'or en 1901, les 3/4 pour le Yukon.

En Australasie, l'or fut découvert dans la colonie de *Victoria*, sous forme d'alluvions, à *Ballarat*, de quartz, à *Bendigo;* la production fut de 310 millions frs en

1853; puis elle diminua et reprit à la fin du siècle. L'or existe dans la *Nouvelle-Galles du Sud;* dans le *Queensland* au *mont Morgan.* — C'est en 1894 que dans l'Ouest, en **Westralie**, commença l'exploitation de l'or dans le groupe de *Coolgardie*, avec le centre très riche de **Kalgoorlie**; 2 autres groupes de régions minières existaient à l'Ouest et au Nord. La *Nouvelle-Zélande* produit un chiffre notable d'or. L'ensemble, pour l'Australasie, a été de 423 millions frs en 1902.

Au **Transvaal**, en 1885, on découvrit des conglomérats aurifères; l'or fit naître *Johannesburg*, qui devint rapidement une grande ville; les progrès furent rapides dès 1892; 202 millions en 1895; 371 en 1899. La guerre arrêta la production, qui reprit en 1902.

Des exploitations donnant des résultats variables existent dans l'*Inde* (40 à 45 millions); en *Annam* et dans le *Laos;* en *Allemagne;* en *Hongrie;* au *Mexique* (22 millions); aux *Guyanes* (21), au *Chili*, etc. — L'or est utilisé pour la *bijouterie* et le *monnayage*.

**b). — L'Argent.** — L'argent, à l'état natif ou en alliage avec le cuivre, le fer, l'or, etc., a sa plus grande production au **Mexique**, qui a atteint, en 1901, 296 millions frs. — Les **États-Unis**, surtout dans le *Colorado* et le *Montana*, ont recueilli de l'or pour 150 millions en 1902. Minerais très riches en *Bolivie* et au *Pérou;* moindre production au Chili.

En *Europe*, l'*Espagne* a perdu son importance (38 millions en 1902); la *Hongrie* en compte 30; faible production en Autriche et à Broken Hill, en Australie.

L'argent sert à fabriquer de la *vaisselle*, de l'*argenterie*. L'*Espagne* conserve comme étalon l'argent, dont 32 kgr. ne valent que 1 kgr. d'or; la monnaie espagnole n'a plus de valeur.

**Appendice.** — Le Diamant.

1. **a). — L'Or.** — L'or, quand il est poli, brille d'un éclat très vif; il est de couleur jaune; c'est un métal très lourd, plus dense que le mercure; il est très inaltérable. Son rôle a été des plus importants parmi les métaux, dès les temps très lointains où l'homme l'a connu; l'or, souvent à l'état natif, très brillant, pouvait faire de beaux ornements et de riches parures[1].

2. **Gisements aurifères. — Procédés et instruments d'extraction de l'or.** — L'or se présente souvent sous la forme d'*or natif*, ou bien plus ou moins mêlé d'argent ou de fer: on le rencontre également dans des *roches filoniennes*, des filons accompagnant les émissions éruptives; ce sont les filons de *quartz aurifère*, où l'or est mieux réparti dans la partie haute;

1. Dans les tombes de Mycènes, antérieures à l'époque d'Homère, M. Schliemann recueillit plus de 130 000 francs d'or; les points où l'on trouvait l'or, en Asie et en Afrique, étaient les montagnes de l'Ouest du Caucase et de l'Anatolie, le cours du Nil, l'Abyssinie, la Perse, la région mystérieuse d'Ophir; en Europe, la Thrace, certains points des Alpes, d'Espagne, etc. Le monde civilisé s'appauvrit jusqu'à la découverte de l'Amérique; grande production au xvie siècle au Chili, au Pérou, à l'Équateur, au Mexique; de l'Asie et surtout de l'Afrique vint de la poudre d'or. La production de l'or marqua des moyennes annuelles de 20 à 25 millions durant le xvie siècle; au xviie, de 27 à 37 millions; au xviiie l'or atteint, de 1741 à 1760, 85 millions et revient à 62 millions de frs. C'est au milieu du xixe siècle que la production aurifère a pris un essor prodigieux.

les parties d'or y sont comme engainées ; parfois elles imprègnent les roches encaissantes. Tous ces minéraux aurifères, peu à peu réduits, érodés par l'action puissante des eaux courantes, deviennent des débris, des alluvions, où les parcelles d'or, dégagées de leur gangue, plus lourdes que les matières voisines, se déposent plus vite et plus près du fond ; on leur donne le nom de *placers,* et aux parcelles d'or celui de *pépites,* petites plaques, paillettes, lames ; ce sont parfois des grains arrondis, ou difformes ; quelques-unes ne sont pas plus grosses qu'une tête d'épingle, d'autres dépassent 30 et 60 kgr. Un dernier mode de gisement est le *conglomérat aurifère,* agglutiné sous une forme particulière, que nous rencontrerons au Transvaal.

Les *procédés* et les *instruments* pour l'extraction de l'or varient avec la

JETS HYDRAULIQUES attaquant des amas d'alluvions anciennes aurifères.

nature des gisements ; pour détacher l'or des quartz filoniens, le travail est plus dur et moins rémunérateur que celui des alluvions ; il faut broyer et réduire en parcelles le quartz par des batteries de pilons, et, avec des dérivations abondantes et rapides d'eau, faire couler les débris dans des *conduits,* ou *canaux* en bois, où l'on répand du *mercure,* qui amalgame l'or ; il existe des *canaux dérivés* où la pente cesse, et où l'or amalgamé par le mercure s'arrête ; ces conduits vont jusqu'au bas de la pente. On distille l'amalgame, et l'or fondu est coulé en *lingots.* — Pour les *placers,* le système est beaucoup plus simple : on se sert d'une *sébile,* d'une *augette,* d'un *pan,* terme américain et australien ; le *pan* ressemble à une petite cuvette arrondie ou ovale, à fond légèrement concave ; le sable aurifère placé dans ce récipient est lavé dans la rivière, les parties légères se diluent ; restent l'or, plus lourd, et quelques menus cailloux. Quand les alluvions sont anciennes et très dures, on les attaque à l'aide de jets hydrauliques. Il faut donc une grande quantité d'eau pour le travail de l'extraction de l'or ; nous verrons comment on a dû s'y prendre quand l'eau est insuffisante.

3. **Pays producteurs. Sibérie.** — Jusque vers 1830, l'*Amérique* alimentait d'or l'Europe; à cette date, la production de la *Sibérie* commença à augmenter. Dès 1734-40, on exploitait les mines de l'*Oural* (Bérézovsk, Ekaterinenbourg) et les alluvions fécondes des monts Altaï; dès 1820, on avait trouvé les mines de la *Sibérie occidentale* (entre Obi et Iénisséi, mines de Tomsk) et de la *Sibérie centrale* (à l'ouest du Iénisséi jusqu'à la Toungounska pierreuse); plus tard, on extrayait l'or des *mines de la Transbaïkalie* et des *placers de la Léna* (district du *Vitim* et de l'*Olekma*); des *mines du haut Amour* (entre Chilka et Argoun, forçats de Nertchinsk); des *placers* riches, puissants, continus, de la *Zeïa*, de la *Bouréia*, affluents de l'Amour. La production lente, mais régulière, sans à-coups, avait monté peu à peu; en 1847, les placers du Iénisséi arrivaient à plus de 20 000 kilogrammes. Les découvertes sensationnelles de l'Amérique et de l'Australie produisirent une sorte d'abandon découragé; puis, un mouvement ascensionnel reprit vers 1865 et se continue aujourd'hui, avec reculs et progrès également faibles[1].

4. **Les États-Unis.** — C'est en Californie que fut faite la première découverte sensationnelle d'or, en 1848. Immédiatement, se formèrent des légendes de fortune faite en quelques semaines; une fièvre, une folie de l'or, se déclara chez beaucoup d'Européens de toutes nations; l'époque était propice en Europe après les périodes troublées de 1848.

Il y eut une véritable ruée d'hommes, d'une violence que l'on ne retrouva plus ailleurs à un degré égal. Le voyage était très difficile; les futurs mineurs arrivaient « l'air misérable, habits en haillons, chaussures usées, effrayants à voir ». D'ailleurs tous les métis de demi-civilisation de l'Amérique centrale et du Sud (Mexicains, Péruviens, Chiliens), puis des Chinois, des Australiens, des Malais, des Polynésiens, étaient venus en foule; foule disparate vivant dans une frénésie de violence et d'excès, dans une redoutable brutalité d'appétits.

*San Francisco* était née, le premier type des *villes de l'or* : 40 maisons

1. De 1867 à 1876, moyenne annuelle 33 000 kgr. Dès 1877, près de 40 000; en 1892, 43 000; légère baisse de 2 000 à 3 000 kgr. de 1892 à 1901 (39 000 à 42 000 kgr., valant à peu près 125 millions de francs). Sauf dans l'Oural, les placers sont les uniques exploitations; le sol gelé ou humide rend le travail souvent difficile et peu rémunérateur. — Un fait curieux, c'est que, par suite des conditions difficiles de la propriété, la Sibérie n'a pas connu la *fièvre de l'or;* pas de *prospecteurs* libres, pas d'arrivée de mineurs libres, se ruant dans les mines. Dans l'Est, cependant, le vol de l'or par les travailleurs est un fait général.

en avril 1849, 6000 en août, au milieu de rues boueuses, creusées d'ornières, avec des maisons misérables, des tentes formant des camps, des bâtisses faites de boîtes de conserve, de caisses, portant les réclames les plus ridicules, et partout la terre jonchée de matériaux; souvent le toit est fait de quelques toiles et quelques planches. Il existe longtemps au milieu de grandes villes de l'or des quartiers sordides, qui évoquent le passé. Ces villes ressemblent à des parvenus enrichis trop vite, qui, par quelques côtés, montrent la vulgarité des débuts. — Les vivres étaient hors de prix : un œuf, 5 francs; 1 livre de pommes de terre, 5 francs; un chapeau, 350 francs; un cuisinier, 25 francs l'heure; un repas, 30 francs, etc.

Le *Gold Belt* de Californie, situé le long du versant Ouest de la Sierra Nevada, du 37° 30′ à 40° lat. N., occupant près de 44000 kilomètres carrés, est admirablement doté : *alluvions récentes* extrêmement riches (un banc de sable rendait 9 kgr. d'or par 100 kgr. de sable), des *alluvions anciennes* et des filons de quartz, la *veine mère,* « Mother lode », le long de la Sierra. En 1848, la Californie produisit 42 millions de francs d'or; en 1853, près de 335 millions, etc.; la majeure partie de l'or est venue longtemps de la Californie, puis d'autres États ont fourni des quantités remarquables d'or[1]. Le Colorado dépasse la Californie; puis viennent le Dakota Sud, le Montana, le Nevada et quelques États moindres. La production des États-Unis n'a pas cessé d'augmenter dans les dernières années : depuis 165 millions de francs en 1892, 265 millions en 1896, 405 millions en 1900, à 414 millions en 1902 (129300 t. métriques). Le total de la production de l'or s'élevait, de 1792 à 1902, à 62 milliards de francs (61999 500.000).

5. **Canada.** — Au Canada se prolongent, dans la partie Ouest, les gisements aurifères de la Californie; dans la *Colombie britannique,* les champs d'or sont groupés le long des rivières *Fraser* et *Colombia.* Dans l'*Ontario* occidental, près du lac des Bois, et dans la *Nouvelle Écosse,* il y a quelques mines; tout cet ensemble représente le quart de la production du Canada. — C'est le district du fleuve YUKON (Klondike) qui produit les trois quarts; il s'étend entre le Mackenzie et l'Alaska des États-Unis; ce pays était signalé depuis 1861 environ pour sa richesse

1. Un fait à signaler est que les productions minérales tendant à diminuer, dans ce pays très favorable à l'agriculture, par une évolution naturelle, les productions agricoles ont augmenté de jour en jour de valeur.

en or; en 1897-98, un véritable rush se produisit lorsque l'on sut que les bords de la rivière *Bonanza* et de son affluent l'*Eldorado,* dès 1896, étaient reconnus comme très riches en or.

Toutes ces rivières et les creeks voisins furent divisés en *claims* en 1897 et 1898. Fondée en 1896, *Dawson City*, la ville de l'or de cette région, comptait, dès 1898, 16 000 hab. Il y avait de grandes difficultés d'accès, de vie, d'exploitation. La *terre payante,* la partie riche de l'alluvion, se trouve dans les parties profondes des alluvions; si l'on creuse des puits en été, le sol très humide éboule; il faut attendre l'hiver, époque où le sol gèle; on le réchauffe avec des feux ou des pompes à vapeur; la partie amollie est enlevée et attendra le dégel d'été. — En 1897, la production était de 12 500 000 francs, en 1899 de 80 millions, etc. Pour l'ensemble du Canada, 114 millions francs en 1900, 126 en 1901. — L'or a été découvert en 1898 dans le district du cap Nome au Nord-Ouest de l'Alaska; on y accède assez facilement par mer; la production a atteint, pendant l'été, 5 millions de francs.

6. **Australasie.** — Alors que la Californie était en pleine effervescence, l'or fut découvert en Australie l'année 1851, en février dans la NOUVELLE-GALLES DU SUD, en mai dans la colonie de VICTORIA. Deux régions intéressantes en Victoria : les districts de *Ballarat,* au Sud des Pyrénées, avec des alluvions modernes et anciennes, ces dernières protégées par un manteau de coulées de basalte, et de *Bendigo,* avec de nombreux filons de quartz. — Dès l'origine se posa la question de l'eau, qui fut résolue par des *réservoirs,* des *barrages* dans les parties montagneuses. Les alluvions superficielles et profondes étaient d'une extrême richesse; on y a trouvé d'énormes pépites; l'une, de 70 kilogrammes, valant à peu près 300 000 francs. Les mines de Victoria ont produit 273 millions de francs en 1852, plus de 310 en 1853, etc. — Aujourd'hui, la WESTRALIE (Australie occidentale) tient de beaucoup la tête; Victoria n'a produit, de 1900 à 1902, que 22 000 kilogrammes, valant 78 millions. MELBOURNE est en partie la création de l'or; à côté de beaux édifices, subsistent des masures, des constructions inachevées.

La NOUVELLE-GALLES DU SUD a exploité de l'or dans les croupes situées à l'Ouest des montagnes bordières, dans la région des *affluents du Murray,* du district de *Bathurst,* etc. Le plus haut chiffre remonte à 1862, 61 millions; la production semble diminuer (9 000 kgr. en 1899, 5 015 en 1902). Le *Queensland* dépasse maintenant la Nouvelle-Galles, grâce au gisement du *mont Morgan,* découvert en 1886. La Tasmanie et surtout l'Australie du Sud n'ont que des productions peu importantes.

La Westralie[1] en quelques années, depuis 1894-95, a réussi à prendre la première place en Australie. Les champs d'or peuvent se diviser en trois groupes : celui du Nord (*Kimberley*); celui du Nord-Ouest et de l'Ouest (du *Pilbarra* à *Yalgoo*); celui du centre (district de *Coolgardie*). L'or s'y trouve sous la forme de filons, *reefs*, points d'arrivée des filons à la surface; de *filons composés* ou de *formations*, et enfin d'alluvions, des *placers* dus à l'action éolienne. Les conditions d'exploitation étaient à l'origine des plus précaires; pas d'autre eau que l'eau salée; pas

SOUFFLAGE DE LA TERRE AURIFÈRE, moyen primitif employé dans les déserts sans eau de la *Westralie*.
(D'après Julius M. Price.)

de routes; les mines les plus riches étaient situées loin dans l'intérieur. Les premiers prospecteurs durent employer des moyens singuliers, le *soufflage*, pour trouver l'or dans leur *pan;* tous les moyens de transport furent employés; les nouvelles villes, à peine construites, comme *Coolgardie*, présentaient les aspects les plus incohérents. Mais la production de l'or, surtout dans les districts de Coolgardie Est et de Kalgoorlie Est, a fait d'admirables progrès : près de 20 millions de francs en 1894; 27 millions en 1896; 65 millions en 1897; 100 en 1898; 157 en 1899; montée en 1902 jusqu'à 200 millions

1. On donne ce nom à *Western Australia*, Australie occidentale.

de francs, soit 48 °/₀ du produit total de l'Australasie de 423 millions[1].

La production de l'or en NOUVELLE-ZÉLANDE a, depuis 1853, surtout dans les districts d'Otago et d'Auckland (Dunedin), régulièrement augmenté; en 1899, 11 000 kilogrammes, valant 38 millions de francs; en 1901, 13 000 kilogrammes, valant 44 millions. Au total, depuis 1853, 1 milliard 500 millions.

Le total de la production de l'Australie, depuis les débuts jusqu'à la fin de 1900, a été de plus de 11 milliards de francs; Victoria l'emporte de beaucoup : 6 milliards et demi; viennent ensuite la Nouvelle-Zélande avec 1 milliard et demi, puis le Queensland (1 260 millions), la Nouvelle-Galles du Sud (1 250 millions), etc. — Dans la production totale du monde, l'Australie eut un des grands rôles; elle avait en 1860 produit les deux cinquièmes. Après une diminution générale, de 1870 à 1890, la reprise eut lieu vers 1890; l'apport de la Westralie marqua un élan superbe.

7. **Le Transvaal.** — L'or a été découvert en 1885 dans le WITWATERSRAND, « Rangée de l'eau blanche », au Sud des plateaux du TRANSVAAL. Ces champs d'or sont constitués non par des filons de quartz aurifères, analogues à ceux de Californie et d'Australie, mais par des conglomérats aurifères à galets quartzeux, *banket formation,* connus sous le nom de *reefs*.

Les galets sont agglutinés par des ciments argileux où se trouve l'or, à l'état de paillettes minuscules, souvent invisibles. Dans les reefs on trouve, sur une épaisseur de plusieurs milliers de mètres, des traces d'or plus ou moins fortes. Le faisceau de ces affleurements dans le Witwatersrand, dirigé dans l'ensemble de l'Est à l'Ouest, comprend du Nord au Sud, parmi les principaux gisements, le *Rietfontein Reef,* la série centrale du *Main Reef,* et plus au sud le *Black Reef*[2]. On trouve, au voisinage immédiat des champs d'or, les dépôts de houille à l'aide desquels on les exploite. — En 1887, JOHANNESBURG avait été fondée au centre du Reef; elle fut d'abord

1. Il convient d'indiquer la présence et la production de l'or dans la Nouvelle-Guinée britannique : de 1897 à 1901 la production totale a atteint 1 200 kgr.; l'année la plus forte a été en 1899, 322, soit 10 000 onces (l'once vaut 31 gr.).

2. Le traitement des mines a pris au Transvaal un développement exceptionnel. L'inclinaison des couches aurifères varie en profondeur; l'inclinaison peut devenir moins forte; on creuse des puits pour atteindre les niveaux profonds, *deep levels.* Le minerai est traité par des batteries de pilons, et la matière triturée est amalgamée par le mercure; les résidus sont traités par le cyanure de potassium dans des cuves. Dans ces *reefs* l'or, en quantité régulière, mais faible, exigeait de grandes compagnies dotées de ressources durables et d'un outillage des plus parfaits. La main-d'œuvre, fournie par les *Cafres,* était assurée par le procédé du *compound*; le compound est une vaste enceinte entourée de deux barrières où l'on enfermait les Cafres; il y avait des maisons et des sortes de réfectoires.

construite en tentes, puis en tôle ondulée. Après une période de défiance où il y eut un réel arrêt dans l'exploitation, les chemins de fer du Cap, du Natal, du Mozambique, ramenèrent la vie; la ville prit l'aspect des villes anglo-saxonnes : rues larges avec des squares, hautes maisons au centre dans la partie des affaires, des banques, des clubs, journaux à 10 éditions, et tout le mécanisme des transports électriques ou à vapeur, tous rapides, menant le matin les habitants riches vers les mines et le soir dans les faubourgs, vers les cottages cachés dans les haies fleuries de roses, ornées de saules pleureurs. Johannesburg avait, en 1896, 102 000 habitants.

Les progrès de la production furent des plus rapides, surtout à partir de 1892, où, en valeur de francs, la production a

TYPE D'UNE VILLE DE L'OR NAISSANTE
(D'après JULIUS M. PRICE.)

Cette rue (*Bayley Street*) est la grande artère de COOLGARDIE à ses débuts; les maisons informes sont toutes en bois; les modes de locomotion sont d'une variété surprenante.

atteint 110 millions; en 1895, 203 millions; en 1898, 387; en 1899, 371 millions; la fin de cette année ne donna que des chiffres insignifiants; la guerre avec l'Angleterre arrêta l'essor manifeste. En 1900 (6 mois), 38 millions; en 1902 (11 mois), 135 millions; en 1903, 230 millions frs. Au total, de 1887 à 1903, le Witwatersrand a produit 2 milliards 430 millions de francs. Il conviendrait d'y ajouter le chiffre d'autres districts aurifères du Transvaal, *Klerksdorp, Lydenburg, district de Kaap*, etc.; le produit annuel paraît être de 20 à 25 millions. En 1898, le total a été de 410 millions.

8. **Divers autres pays aurifères**[1]. — En *Asie*, jadis les sacs de poudre d'or étaient une monnaie dans l'*Inde*. Aujourd'hui, l'or est produit dans le plateau de Mysore, le Sud du Décan, l'Ouest des Provinces Centrales et du Chota-Nagpour, l'Indus et le Sutledj au pied de l'Himalaya; la moyenne est de 40 à 45 millions de francs. — Dans notre *Indo-Chine*, on commence l'exploitation de filons en Annam, à *Bong-Mieu*, et d'alluvions au *Laos*. — En *Europe*, l'*Allemagne* a produit, en 1901, 9 millions et demi de frs; en 1902, 9 millions; la *Hongrie* est plus importante avec 11 millions, chiffre qui se maintient. — En *Amérique*, le Mexique a compté 23 millions de francs, en 1900; à des dates diverses, les *Guyanes* ont produit plus de 21 millions de francs; le *Brésil* a exporté en 1900 12 millions; l'Équateur et la Bolivie ont une production très faible; le *Pérou* dépasse à peine 1 million et demi; le CHILI du moins atteint, en 1900, 8 millions de frs.

9. **Utilisation de l'or.** — L'or a un double usage, la *bijouterie* et le *monnayage*. Les bijoux d'or ont laissé des traces très anciennes, 15 siècles avant J.C.; des plaques, des vases, des incrustations dans le bois; des bijoux, des fibules; au Moyen âge, des couronnes, des reliquaires, des calices, des statues, des colliers, des croix, des pendeloques, des vases, des gobelets, des bracelets, etc. — La monnaie d'or a pris toute son importance au XIXe siècle; un kgr. d'or fin est estimé 3 444 francs; dans les monnaies en France l'or entre à neuf dixièmes de fin et vaut légalement en France 3 100 francs; une pièce d'or contient neuf dixièmes d'or fin. La frappe de la monnaie se fait dans toutes les grandes capitales, dans des établissements organisés avec une science méticuleuse, que l'on nomme *la Monnaie* : la Monnaie de *Paris*, de *Londres*, de *Berlin*, de *Pétersbourg*, etc.; en France la monnaie d'or en circulation est estimée à 6 milliards 300 millions; en Angleterre, moins de 3 milliards; aux États-Unis, 3 milliards et demi[2]. Outre les pièces d'or, les Hôtels des monnaies frappent des médailles.

10. **b). — L'Argent.** — L'argent, métal d'une blancheur brillante, se rencontre à l'état natif, mais presque toujours mélangé avec du cuivre, du fer, du plomb, de l'or ou du mercure. Dans le Sud-Est de l'Espagne, les Phéniciens firent l'exploitation de mines argentifères à Malacca et à Massiéna (Carthagène). Les Romains recherchaient volontiers l'argent; c'est en argent qu'ils faisaient payer tribut aux peuples vaincus; Carthage,

1. La production de l'or. — En 1830 on ne comptait que 49 millions; en 1850, le chiffre était de 100 millions; en 1851, le bond de la Californie et l'Australie lui faisait atteindre 681 millions. L'or se maintint à près de 700, puis, de 1870 à 1890, la production diminue jusqu'à 500 millions (539 en 1880). Les mines nouvelles du Transvaal, de la Westralie, de l'Alaska, font monter le chiffre, en 1895, à 1 milliard 35 millions. En 1899 on extrait 1 620 millions, chiffre encore inconnu; en 1900, le total s'abaissa à 1 300 millions (guerre du Transvaal qui était au 1er rang avec 410 millions). Il est très difficile d'établir aujourd'hui un chiffre d'ensemble; pour 1901 il est voisin de 1 200 millions, dépasse 1 300 millions en 1902, et 1 500 millions en 1903. — En 1901 les États-Unis avaient la priorité (407 millions et demi); ensuite venait l'Australasie (403 millions); en 1903, l'Australasie prenait à son tour la tête (423 millions).

2. Cf. Hauser, *l'Or*, chap. VI et VII.

après la défaite d'Annibal, dut payer à Rome 16 000 livres d'argent, 50 années durant. Les Grecs exploitaient les mines du *Laurion*, en Attique; Gênes et Pise, les mines du Sud-Est de la Sardaigne. Depuis le XIIe siècle, l'argent est exploité en Allemagne, dans l'Erz Gebirge, à Freiberg en Saxe, dans le Harz, puis en Bohême.

11. **Mexique. États-Unis.** — La découverte du nouveau monde révolutionna la production de l'argent dans le monde. Le grand producteur était le Mexique; au MEXIQUE, les terrains argentifères sont localisés dans toute la région occidentale et une partie du plateau à l'Ouest de Tampico. Plus de la moitié de l'argent a été produite sur le plateau dans les trois districts de *Guanajuato, Zacatecas* et *San Luis Potosi*. Le gisement *Beta Madre*, près de Guanajuato, a produit à lui seul 1 milliard 250 millions, de 1556 à 1803.

Les minerais argentifères y sont préparés dans les fonderies de *Guanajuato*. Les villes de *Durango* et de *Chihuahua* sont nées, cette dernière il y a trois siècles environ, de l'exploitation de riches districts argentifères. La production a subi un fléchissement lors des troubles politiques qui ont marqué la séparation avec l'Espagne; mais le relèvement a été rapide; l'extraction de l'argent a plus que doublé, de 605 000 kgr. en 1888, à 1 300 000 en 1889, valant 286 millions de frs. En 1898, la production atteignit une valeur de 165 millions; en 1899-1900, plus de 200 millions, avec 1 million de kgr.; en 1901, près de 1 500 000 kgr., valeur 296 millions de francs.

La production des ÉTATS-UNIS a suivi un progrès à peu près continu de 1880 à 1902; la production de 1900 a atteint la valeur de 189 millions de francs; de 1902, 150 millions. Cette production se répartit surtout entre 5 États : le *Colorado*, qui a atteint, en 1898, un chiffre de 70 millions de francs; le *Montana*, avec 44 millions; l'*Utah*, l'*Idaho*, l'*Arizona*, etc.[1]. — Dans l'AMÉRIQUE

1. Il convient de dire quelques mots des mines d'argent du *Comstock Lode*, dans le Nevada; c'était un riche filon argentifère et aurifère qui a joué un grand rôle à la fin du XIXe siècle. Découvert en juin 1859 par deux mineurs irlandais, qui trouvèrent l'argent dans un énorme filon de quartz, à l'Est de la Sierra Nevada, dans une région désertique, où l'on a élevé une ville, *Virginia City*. La production s'est élevée à 500 000 fr. en 1860; 16 millions en 1861, 70 en 1870; en 1878 les deux mines *Consolidated* et *Californed* produisirent ensemble 520 000 000 frs. Depuis, la production a diminué de plus en plus à cause des difficultés croissantes provenant de l'abondance des eaux et de l'extrême chaleur dans les mines. Ces chaleurs excessives, dues sans doute à des actions volcaniques, marquaient une progression anormale:

du Sud, la *Bolivie* a des minerais argentifères extrêmement riches (mines de *Huanchaca, Potosi*); la production a valu, en 1898, 35 millions de francs et a dépassé 40 en 1899 et 1900. L'argent forme au *Pérou* de nombreux gisements, surtout au *Cerro de Pasco;* l'exportation a atteint, en 1900, 43 millions de kilogrammes de barres d'argent, d'une valeur de près de 43 600 000 francs. Le *Chili* produisait, en 1891, 72 000 kilogrammes.

12. **Europe.** — En Europe, les mines d'argent sont nombreuses. Les galènes argentifères d'*Espagne* ont perdu leur importance lors de la découverte de l'Amérique; les gîtes d'argent (*Linarès* et *Carthagène, Guadalcanal*) ont encore donné néanmoins, en 1900, 100 000 et, en 1901, 95 000 kilogrammes d'argent fin, valant 12 et 11 millions. — En *Allemagne,* nous avons déjà cité les grands centres de production; le district de *Freiberg* (Erz Gebirge) a produit en argent, de 1163 à 1882, plus d'un milliard de francs (1 066 250 000 frs); dans le Harz, au Sud-Ouest du Broken, les mines séculaires d'*Andreasberg,* de *Clausthal,* sont toujours en activité, et les mineurs ont encore conservé les vieilles traditions, les vieilles méthodes, avec les anciens vêtements, et sur la ceinture les insignes glorieux du pic et de la masse. De 1900 à 1902, la production de l'Allemagne a été de 403 000 (1901) à 430 000 kilos (1902), valant 38 millions de francs.

En *Norvège, Longsberg,* à l'Ouest de Kristiania, exploité depuis 1623, a fourni surtout de l'argent natif (masses pesant jusqu'à 280 kgr.); en 1840, la production de ce beau gisement avait atteint près d'un million kgr. d'argent; mais de nos jours elle n'a plus qu'une minime importance (1899, 4 600 kgr.; valeur 460 000 frs; mêmes chiffres en 1900). — En *Autriche* la production atteint dans ces dernières années environ 40 000 kgr. (mines de *Przibram* en Bohême, d'une ancienne célébrité); les mines de Hongrie, 30 millions. — En *Italie* presque tout l'argent (3 500 000 frs en 1901) vient de *Sardaigne.* — En *France* on exploite les mines de galène argentifère de *Huelgoat* dans le Finistère, de *Pontpéan,* etc.; en 1900 la production était de 85 000 kgr. — En *Russie* l'argent provient de Sibérie surtout, dans des proportions inférieures à celles d'autrefois; en 1899 l'Altaï et Nertchinsk n'ont pas produit plus de 3 000 kilos; Semipalatinsk, 1 400.

13. **Australie.** — En Australie la production de l'argent resta médiocre

à 450 m., 49°; à 670 m., 60°... Le travail devenait presque impossible; en 1890, la production n'était plus que de 30 millions de francs. (Fuchs et de Launay, p. 793-796.)

jusqu'à la découverte des mines des *monts Barrier*, à l'extrémité occidentale de la Nouvelle-Galles du Sud, où le district de *Broken-Hill* contient de très riches gisements argentifères; ils sont souvent associés avec de l'or, de l'étain et du cuivre. L'argent apporté de la Nouvelle-Galles, de 1881 à 1901, s'est élevé à plus de 30 millions de francs. Les productions annuelles sont d'ailleurs de valeur très inégale : 5 millions en 1886; 318 000 en 1897. La mine *Proprietary* occupe de beaucoup la première place; elle a organisé à *Port Pirie*, dans l'Australie du Sud, une fonderie outillée d'après les méthodes scientifiques.

14. **Usages de l'argent.** — L'argent sert à former toute une série d'objets d'usage domestique comme la *vaisselle*, l'*argenterie;* il sert comme l'or à faire des *monnaies*. Leur valeur est devenue plus faible que celles d'or; un kilogramme d'or est l'équivalent de 30 kgr. 32 d'argent. Dans certains pays, l'or seul a conservé son rôle d'étalon; la monnaie d'argent n'est plus qu'une monnaie d'appoint, une sorte de monnaie fiduciaire, « admise provisoirement en vertu de son effigie, ni plus ni moins qu'une monnaie de papier ». C'est le cas en *Angleterre* (1816), en *Allemagne* (1871), en *Scandinavie*, dans les *Pays-Bas*, les *Indes Anglaises* (1893), le *Japon* (1897). — D'autres pays maintiennent avec ténacité l'étalon d'argent, l'*Espagne* par exemple. La monnaie d'argent n'a plus de valeur; la *peseta* espagnole, censée valoir un franc de notre monnaie, n'équivaut qu'à 44 centimes. C'est la ruine pour certaines industries. A côté de ces deux formes du *monométallisme*, il est bien difficile de maintenir le *bi-métallisme*, de conserver à l'or et à l'argent leur rôle réciproque d'étalon; cependant l'*Union latine*, qui groupe la *France*, la *Belgique*, la *Suisse*, l'*Italie* et la *Grèce*, a conservé à la pièce de 5 francs son rôle d'unité monétaire. Mais la frappe de ces pièces est limitée ou suspendue selon les cas; et des conventions rigoureusement et honnêtement observées assurent et maintiennent, pour le bien des affaires, la circulation de ces espèces. (Voir HAUSER, ouvr. cité.)

## Appendice.

15. **Le Diamant.** — Le diamant est un carbone pur, de couleur variable, que l'on trouve dans des alluvions ou dans divers terrains. Les beaux diamants sont incolores, avec des reflets bleutés; les diamants jaunâtres sont assez communs; on trouve encore des diamants verts, roses ou noirs, ces derniers très estimés à cause de leur dureté, comme nous l'expliquerons plus loin.

Les centres de production ont varié au cours des âges. Après l'Inde, le Brésil eut le premier rang; l'Australie, Bornéo, fournissent quelques diamants; aujourd'hui la suprématie appartient sans conteste à la colonie du Cap.

16. **Inde, Brésil.** — Les diamants de l'INDE sont les plus anciennement connus; leur exploitation remonte sans doute à 300 ans av. J.C. GOLCONDE, près d'Haïderadab, dans le Decan, était le marché des diamants; parmi les mines d'où venaient de belles pierres, il faut citer *Randapali*... Les mines ne fournissent plus aujourd'hui qu'une faible quantité de diamants; mais les rajahs, les princes hindous, ont une telle passion pour les pierreries qu'ils recherchent au dehors les gemmes merveilleuses.

Le BRÉSIL fut le grand producteur des diamants après les Indes. Les gisements ont été trouvés vers 1725 dans la province de Minas Geraes, en

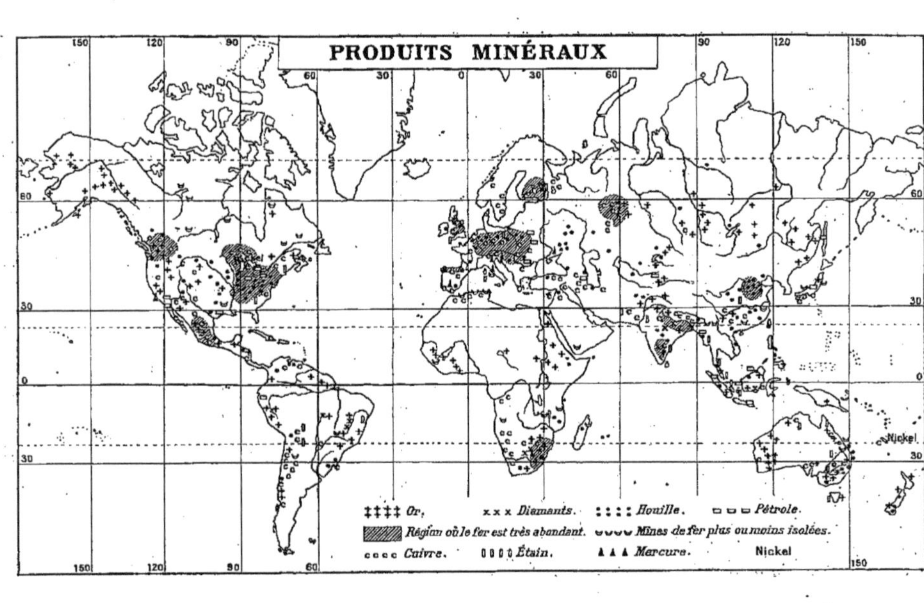
PRODUITS MINÉRAUX
Or.
Diamants.
Houille.
Pétrole.
Région où le fer est très abondant.
Mines de fer plus ou moins isolées.
Cuivre.
Étain.
Mercure.
Nickel
Nickel

un lieu nommé *Diamantina*, puis dans les provinces de Bahia et de Matto-Grosso. On a calculé que de 1725 à 1889, les diamants du Brésil avaient produit 12 millions de *carats*[1], valant 500 millions frs environ; la valeur se maintient depuis à un demi-million (en 1900, 550 000 frs).

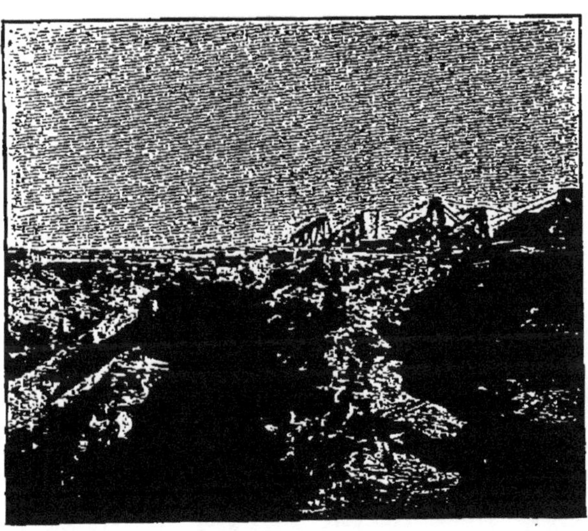

EXPLOITATION DU DIAMANT, à Kimberley, dans la boue bleue.

**17. Colonie du Cap[2]. Les diamants de Kimberley.** — En 1867 un prospecteur, à la recherche des métaux précieux, acheta à un enfant boer une pierre qu'il avait trouvée dans le Vaal; c'était un diamant; en 1869, un indigène vendit 10 000 francs un diamant superbe pesant 83 carats; il fut revendu 250 000; il devint l'*Etoile de l'Afrique du Sud*. Un *rush* (ruée) de mineurs se produisit, et entre le Vaal et l'Orange furent découverts plusieurs cônes de boue bleue, sorte de puits diamantifères emplissant des cratères volcaniques; ces

DIAMANT TAILLÉ EN ROSE

1. L'unité de poids employée dans l'industrie des diamants est le *carat*, dont la valeur varie suivant les pays de 205 à 207 milligrammes.

2. En AUSTRALIE, dans la *Nouvelle-Galles du Sud*, surtout dans les districts de *Bingara* et d'*Inverell*, les diamants exploités depuis le milieu du XIXe siècle sont très nombreux, mais en général très petits. Aux marchés d'Amsterdam et de Londres, les diamants australiens sont considérés comme exceptionnellement durs; de 1867 à 1901 la production a été de 109 000 carats, d'une valeur de 1 600 000 frs. — Aux deux extrémités de la côte Sud de l'ILE DE BORNÉO, au Sud-Ouest, près de *Pontianak*, au Sud-Est dans la région de Martapoera, près de Bandjermasin, il existe des alluvions diamantifères exploitées par les Malais depuis des siècles. Jamais l'exploitation n'a été méthodique ni régulière; on recueille encore des diamants, mais le commerce n'a plus l'activité d'autrefois.

cônes furent achetés à leurs propriétaires, fermiers boers, pour des sommes dérisoires et formèrent les mines de *Bultfontein*, de *Du Toit's Pan*, de *De Beer's* et de *Kimberley*.

On divisa en *claims*, c'est-à-dire en surfaces délimitées, la région diamantifère ; l'exploitation fut d'abord individuelle ; il y eut des éboulis entre les claims, et il se forma alors près de 100 compagnies qui groupèrent un ensemble de claims. — La situation devenait fâcheuse vers 1885 ; c'est alors que *Cecil Rhodes* conçut et réussit la *consolidation* de toutes les compagnies minières. — Les procédés d'extraction et de traitement des boues diamantifères furent régularisés ; on obtint facilement de beaux résultats. L'organisation de la main-d'œuvre des indigènes, auxquels il était impossible d'avoir confiance, retenus dans une vaste enceinte entourée de deux barrières, avait assuré la régularité et l'honnêteté du travail.

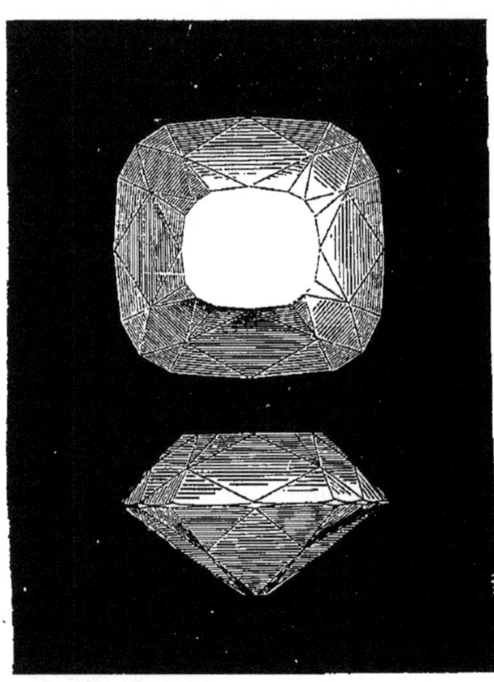

LE RÉGENT, grandeur naturelle.
BRILLANT.

La *terre bleue* sortie du gisement est lavée plusieurs mois après ; c'est dans le gravier obtenu qu'on trouve les pierres précieuses. La grosseur varie d'une tête d'épingle à celle d'une grosse noix ; les teintes varient comme les dimensions : diamants incolores, bleus, verts, jaunes et noirs. Les jaunes imitent à s'y méprendre des débris de gomme arabique. — Presque toute la production du monde est partie de *Kimberley* pour *Londres*, *Amsterdam* et *Anvers* dès l'année 1880 ; en 1883 les 4 compagnies ont produit 2 500 000 carats, valant 67 millions frs ; à dater de 1886 les chiffres dépassent 3 millions de carats et 100 millions frs. En 1898, année avant la guerre, le chiffre atteint 3500000 carats, valant 115 millions frs. Diminution de valeur en 1899, 103 millions ; plus encore en 1900, 76 millions ; remontée superbe en 1901, 123 millions.

La valeur totale des diamants exportés, qui correspon dd'ailleurs à la production, a été de 2 *milliards 508 millions* 475 575 *francs* (£ 100 577 503), de 1867 à 1901. Cela représente un poids de plus de 10 tonnes de carats. Un éléphant ne pourrait porter une charge pareille !

**18. Taille des diamants.** — Les diamants ne deviennent d'un éclat brillant, d'une forme séduisante, que par la *taille ;* ils sont donc l'affaire de la joaillerie ; les villes d'*Amsterdam*, de *Bruges*, d'*Anvers*, ont eu longtemps le monopole de la taille du diamant. La taille commence par enlever par éclats les parties mal venues ; le polissage se fait ensuite à l'aide de poussière de diamant; la pierre devient une *rose* ou un *brillant;* la rose a une base plate, une partie supérieure terminée symétriquement par des facettes au nombre de 6, 12, 20, 24; sur le brillant, on enlève une petite partie en haut et en bas, et l'on a ainsi la *base* et la *couronne;* facettes tout autour[1].

TRAVAUX A CONSULTER. — J. de Launay, *l'Avenir géologique de l'or et de l'argent* (*Rev. Gén. Sciences,* VI, 1895). — A. de Foville, *la Géographie de l'or* (*Annales Géogr.,* VI, 1897). — H. Hauser, *l'Or,* Paris, 1901. — O. Chemin, *De Paris aux mines d'or de l'Australie occidentale,* Paris, 1900. — Raphaël-Georges Lévy, *Sur l'argent* (*Rev. des Deux Mondes,* 1er avril 1903).

1. **Diamants célèbres. — Usages des diamants.** — Certains diamants ont une célébrité particulière. En France, parmi les joyaux de la couronne, qui ont été aliénés par l'Etat, avec des réserves pour le musée du Louvre, le Muséum, l'Ecole des mines, figure le « plus beau diamant du monde, sans tache, sans aucun défaut, taille parfaite ». Trouvé près de Golconde, il fut acheté par Pitt 510 000 frs, revendu par lui en 1717 au Régent de France, le duc d'Orléans, pour 2 millions; la taille, faite à Londres, ne lui laissa que 136 à 137 carats sur 410. En 1791 on estima le RÉGENT à 12 millions; les spécialistes varient de 6 à 12. — Les diamants de la couronne furent volés avant les massacres de septembre 1792; deux bandits avec des complices réussirent à pénétrer la nuit dans le garde-meuble, à forcer les coffres forts et les armoires, et, après avoir passé de main en main force pierreries et bijoux, se sauvèrent à l'arrivée d'une patrouille de gardes nationaux, et réussirent à se retrouver sous le pont de la Concorde; on se partagea les richesses, on vida plusieurs coffres, mais il fallut fuir à nouveau ; une partie des joyaux et des diamants fut jetée et perdue à jamais dans la Seine. Parmi les autres, le Régent fut retrouvé dans un grenier. Après diverses vicissitudes, ce joyau magnifique fut envoyé à Brest avec tout le Trésor en 1870; il fut conservé à l'Arsenal, dans une caisse portant ces mots: *matières explosibles.* Le Régent est aujourd'hui au musée du Louvre[1]. (D'après Henry Alis, *Journal des Débats,* 13 février 1886.)

La couronne d'Angleterre possède le *Kohi-noor,* « montagne de lumière », qui fut la gloire de princes hindous. Le *Grand-Mogol,* de 280 carats, a complètement disparu. L'*Orlow,* de 193 carats, acheté par Catherine II à Amsterdam, orne le sceptre du tsar. Le *Sancy,* perdu sans doute par Charles le Téméraire à Granson ou devant Nancy (1476-77), fut rapporté de l'Orient par Harlay de Sancy; il forma la pointe centrale d'une fleur de lis surmontant la couronne du sacre de Louis XV. L'*Étoile du Sud* fut le diamant le plus gros trouvé au Brésil (254 carats); nous connaissons l'*Étoile de l'Afrique du Sud.*

Quelques diamants tirent leur valeur de leur coloration vive et magnifique, exceptionnelle aussi. Le *diamant de Dresde,* d'un vert splendide, est à la couronne de Saxe. Le *diamant bleu de Hopé* est un admirable brillant bleu saphir.

Le diamant doit à sa dureté, supérieure à celle des minéraux connus, quelques utilisations industrielles. D'après M. Berthelot, les Romains avaient connu l'emploi du diamant pour le travail des pierres dures. Le diamant ne peut être strié ou poli que par lui-même, à l'aide de sa propre poussière. Il sert ainsi à graver les pierres dures, à rayer certains métaux, à scier mécaniquement des masses de roches très résistantes. Les vitriers font avec leur diamant, à crête aiguë, des stries très fines. On sonde les roches presque impénétrables avec des diamants, *diamond drill.* On y emploie des diamants noirs, appréciés ainsi pour leur dureté; le Brésil en fournit un grand nombre.

# CHAPITRE VII

## LES MINÉRAUX

### III. — Les minéraux utiles.

**Les minéraux utiles. — a). — Le fer.** — Le fer, abondant dans la croûte terrestre, n'est plus guère exploité que dans le cas de *minerais riches et purs.*

Au premier rang, les États-Unis ont de grands centres miniers (près du *Lac Supérieur*, en *Pennsylvanie*, etc.) ; en 1902, production de 18 millions t. de *fonte*, valant 1 milliard et demi. — Viennent ensuite la *Grande-Bretagne* (8 millions t. de fonte en 1901); l'*Allemagne* (bassin de la Ruhr, Dusseldorf, etc.), avec 8 millions de fer et acier; la *France* (riches minerais, surtout en Algérie : *bassin du Tafna* (Oran), *Mokta-el-Hadid* (Constantine) ; la *Russie* (Nijni-Taguilsk, dans l'Oural; Krivoïrog, dans le bassin du Donetz) ; la *Suède* (Dannemora) ; l'*Espagne* (Bilbao), etc.

La fonte est fabriquée dans les hauts fourneaux; pour le travail du *fer* et de l'*acier*, de bonne heure on employa des marteaux pilons (100 t.), bientôt devancés par la presse à forger (3 000 à 4 000 t. de poids) et par les laminoirs.

Cette machinerie s'est adaptée à une série nouvelle de travaux; *canons en acier* (usines Krupp, à *Essen*) ; pour la marine de guerre, des *blindages d'acier* et des *tourelles*, blindées et cuirassées (Le Creusot, *Saint-Chamond*). — Les rails des voies ferrées, de nombreux navires, sont en acier; le fer a servi à des constructions gigantesques.

**b).** — Le Cuivre, très abondant, souvent à l'état natif, est extrait aux États-Unis, pour plus de la moitié du total de la production; des mines existent au *Canada*, au *Chili*, en *Espagne*, en *Allemagne*, dans les *Iles Britanniques*, au *Japon*, dans plusieurs provinces d'*Australie*. Le total s'élève à 500 000 t. Production, par alliage avec le zinc, de *laiton;* avec l'étain, du *bronze*, etc. — L'étain se trouve dans la granulite et les alluvions; les grands centres sont la presqu'île de Malacca, les îles Banca et Billiton, la *Bolivie*, l'*Angleterre*, diverses provinces d'*Australie*, etc. L'ensemble était de 86 000 t. en 1901. Ce métal sert à fabriquer des plats, des brocs, des aiguières, etc.

Le Plomb est surtout produit aux États-Unis (254 000 t. en 1902); en Espagne, la production diminue (149 000 t. en 1901); les autres producteurs sont l'*Allemagne*, le *Mexique*, l'*Australie*, etc. Total, 839 000 t. en 1901). On l'utilise pour faire des tuyaux, des balles, du plomb de chasse, des caractères d'imprimerie (en alliage avec l'antimoine), etc. — Le Zinc est surtout produit par l'ensemble formé de l'*Allemagne de l'Ouest*, de la *Belgique* et de la *Hollande*, et aussi par la *Haute Silésie;* puis les États-Unis, la France et la Grande-Bretagne, etc. La production s'élevait en 1901 à 500 000 t.

Le Nickel a été surtout exploité en *Nouvelle-Calédonie*, qui tint le premier rang jusqu'en 1894 ; le *Canada* l'a devancée, mais, après un arrêt, la production a repris. Exploitation assez faible en *Prusse* et en *Saxe*. L'ensemble a atteint 8 600 t. en 1901. Tenace, presque inaltérable, le nickel a servi à faire des instruments de laboratoire, de chirurgie, des monnaies, etc. — Le **Mercure** est exploité en Espagne, à *Almaden;* en Autriche, à *Idria;* en Italie, dans la *Vénétie* et la *Toscane;* en Russie, dans le bassin houiller du *Donnetz;* aux États-Unis, en *Californie :* total, 3 000 t. en 1901. Il amalgame l'or et permet de faire des *thermomètres,* des *baromètres,* etc.

**a). — 1. Le fer.** — Le fer, nous le savons (voir p. 258), existe partout dans l'enveloppe du globe; il est sous forme de filons, ou de minerais sédimentaires; on le rencontre à toutes les périodes géologiques depuis les temps archéens jusqu'à nos jours. Dans les temps préhistoriques, l'*âge du fer* a marqué une étape de la civilisation.

Quelques minerais, le fer *oxydulé, oligiste,* la *limonite,* la *sidérose,* sont seuls exploités industriellement. La métallurgie du fer a d'ailleurs eu des préférences variables, suivant les diverses étapes de son évolution; aujourd'hui on recherche partout des gisements favorablement situés, « peu inclinés et recoupés par des vallées, pouvant fournir de grandes quantités de minerai, même phosphoreux, à bas prix;... au voisinage de terrains houillers, alimentant les hauts fourneaux de combustibles;... à proximité d'un port de mer... Les minerais riches et purs, ceux de Suède, de Bilbao, de l'île d'Elbe, de Mokta el Hadid, gardent toujours leur supériorité ». (D'après M. DE LAUNAY.) — Certaines matières accessoires peuvent avoir un effet mauvais ou salutaire sur la qualité des minerais; le *manganèse,* le *chrome,*... sont recherchés.

2. **Pays producteurs.** — Nous ne pouvons citer que les producteurs principaux, c'est-à-dire les États-Unis, la Grande-Bretagne, l'Allemagne et le Luxembourg, la France avec l'Algérie, la Russie, la Suède, etc. Depuis 1889 les ÉTATS-UNIS sont au premier rang; les grands districts miniers se trouvent surtout près du *Lac Supérieur* (Michigan et Wisconsin), en *Pennsylvanie, New-Jersey,* Missouri, Ohio; en 1902, la production de la fonte a atteint presque 18 millions de t., d'une valeur de 1 milliard 500 millions de frs. — Dans la GRANDE BRETAGNE la production de la fonte, en 1901, a été de 8 000 000 t., valant 600 millions frs. — L'ALLEMAGNE a produit en 1902, dans la Prusse rhénane, *Düsseldorf, Coblentz;* en Westphalie, *bassin de la Ruhr;* en Alsace-Lorraine; en Silésie, *Oppeln;* etc., 7 millions t. de fonte (valeur : 500 millions frs) et 8 millions t. de fer et acier (valeur 1 139 millions). — En FRANCE la production du fer est surtout représentée par *Denain* et *Valenciennes* (Nord); par les *forges de Lorraine* (Meurthe-et-Moselle); par le *Creusot;* par *Saint-Chamond* et *Firminy* (Loire); par Bessèges (Gard), toutes ces forges voisines de la houille; au total, en 1902, 2 400 000 t. de fonte, 626 000 t. de fer, 1 600 000 t. d'acier; en

Algérie sont les mines célèbres du *bassin de l'oued Tafna* (Oran) et de *Mokta-el-Hadid* (Constantine).

En *Russie* les mines de fer se trouvent dans l'Oural, à *Visokaya Gora*, à *Njini Taguilsk;* en Pologne, à *Dombrowka;* dans le bassin du Donetz, à

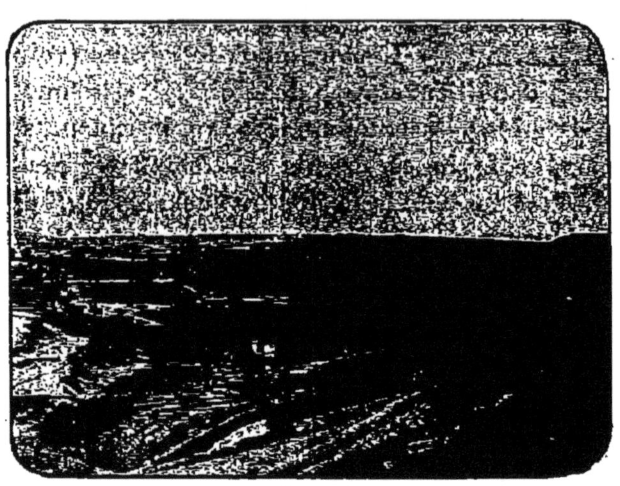

MINES DE FER DE MOKTA EL HADID

(Coll. *Molteni.*)

*Krivoïrog.* — En *Belgique*, en 1901, 764 000 t. de fonte, 870 000 t. de fer et d'acier. — Dotée richement en minerais de fer, notamment à *Dannemora*, ainsi qu'à *Luossovara* et *Kirunavara* (que dessert la nouvelle ligne ferrée de l'Ofoten-fjord), régions où se rencontre le meilleur fer suédois, la *Suède* fait de constants progrès par suite de l'introduction d'une machinerie nouvelle; l'ensemble de la fonte, de l'acier et du fer et des produits spéciaux était de 1 300 000 t., en 1901, valant 183 millions de francs. — En *Espagne* les grands producteurs sont *Bilbao*, en Biscaye; *Carthagène*, en Murcie, etc., 7 900 000 t. de fer en 1901[1].

3. **Tansformation du minerai de fer.** — La transformation du minerai de fer comporte toute une série d'opérations.

La fabrication de la fonte se fait dans un appareil appelé *Haut Fourneau,* ayant une forme cylindrique et que l'on remplit de charges de minerais par l'orifice supérieur. Le minerai s'échauffe au contact de matières enflammées; les éléments ferrugineux se séparent de leur gaine par la fonte, et deviennent bientôt assez liquides pour s'écouler au dehors; c'est la *fonte.*

Les hauts fourneaux anciens étaient peu élevés; ceux qu'utilisent aujour-

1. Tous ces chiffres sont extraits des statistiques des *Annales des Mines.*

d'hui les nègres forgerons du Soudan nous donneront une idée des hauts fourneaux primitifs. Aujourd'hui ils ont des hauteurs de 20 à 25 m. et peuvent produire plus de 100 t. par jour. Les plus forts en France ont un rendement de 150 à 170 t. Mais les États-Unis élèvent des hauts fourneaux qui donneront dans un bref délai 500 t. par jour.

Pour le travail du FER et de l'ACIER, les machines sont devenues d'une grande puissance. De bonne heure on se servit de *marteaux pilons* munis d'une masse frappante pour aplatir ou marteler des barres de fer; le poids des masses fut successivement de 15 à 20 tonnes, puis de 40 à 50; quand il fallut faire de grands canons, le Creusot construisit le premier marteau de 100 tonnes... Bientôt le pilon fut remplacé dans beaucoup d'usines par la *presse à forger,* « transformation la plus importante que l'outillage ait subi depuis quelques années ». On a monté des presses de 4 000 à 5 000 tonnes pour forger des pièces gigantesques. Les *laminoirs* ont permis de forger plus vite que les anciens marteaux.

HAUTS FOURNEAUX de Denain.
(Coll. *Molteni.*)

Toute cette machinerie a dû s'adapter à une série de travaux nouveaux. Autrefois les *canons* se faisaient en bronze ou en fonte; KRUPP, à Essen, le premier, fabriqua des canons en acier; les *obus* en fonte dure étaient trop fragiles; on les fabriqua en acier forgé, bientôt perfectionné. Pour résister au choc de ces puissants projectiles, on a fabriqué des *blindages en fer*, de plus en plus épais, 20, 30, 50 cm.; au Creusot on a travaillé les premiers *blindages d'acier*. Outre ces blindages, la marine de guerre a compris l'utilité et provoqué la construction des *tourelles blindées* ou *cuirassées*, dont la coupole mobile protège et dissimule un énorme canon. « Trouvant dans les arts de la guerre leurs principaux débouchés, nos grandes forges sont devenues de véritables arsenaux. A *Saint-Chamond*, au *Creusot*, on a annexé aux usines de grands polygones d'artillerie pour essais de tir. On ne s'y contente plus de fabriquer de l'acier et de le forger suivant des modèles commandés; chacun s'ingénie à inventer de nouveaux types de canons, de tourelles mobiles, d'abris blindés, d'engins de guerre de toutes sortes : le forgeron s'est fait constructeur, artilleur et marin. » (U. Le Verrier, p. 155.)

Enfin les rails des voies ferrées, jadis en fonte; des navires, jadis en bois, sont aujourd'hui en acier. De grandes constructions sont en fer, des ponts suspendus de longueur surprenante, des viaducs vertigineux, des édifices métalliques de conception hardie comme la Tour Eiffel, la galerie des Machines à l'Exposition universelle de 1889 à Paris.

**b). — 4. Le cuivre.** — Dès l'antiquité la plus reculée le cuivre était connu; avec le fer il a été le métal le plus employé. Des analyses de M. Berthelot il résulterait qu'en Égypte, en Chaldée, le cuivre aurait précédé l'emploi du bronze; pour le bronze, le cuivre fut indispensable, puisqu'il est formé de l'alliage du cuivre et de l'étain.

5. **États-Unis.** — Le cuivre est un des métaux les plus abondants dans l'écorce terrestre; comme l'or, on le rencontre souvent à l'état natif. Les États-Unis extraient plus que la moitié de la production totale du monde; les centres sont le *lac Supérieur*, le *Montana*, l'*Arizona*, la *Californie*, etc. Le lac Supérieur, dont les gisements de la partie septentrionale appartiennent au Canada, donne des minerais très estimés, qui se présentent parfois en blocs énormes. Les mines, près de *Butte* et d'*Anaconda*, dans le Montana Sud-Ouest, possèdent aujourd'hui les plus importantes ressources de cuivre. Les fonderies des États-Unis, outre leurs minerais propres, travaillent des minerais étrangers. Celles du Montana et de l'Arizona traitent souvent plus de 400 tonnes de minerai en un jour. — Depuis 1898, la production des États-Unis a oscillé de

246 000 tonnes à 277 000, chiffre de 1902 ; la valeur moyenne depuis 1899 a été de 480 millions de francs.

6. **Divers pays producteurs.** — Au CANADA, les mines du lac Supérieur ont un rendement de 17 000 t. à 18 600. — Les fonderies du *Chili* lui ont permis d'exporter, en 1899, 19 000 t.; en 1900, 25 000, et en plus 60 000 t. de minerai dans les deux années. — Jadis l'*Espagne* avait une assez belle situation ; les mines de *Tharsis* et de *Rio Tinto* sont encore célèbres ; en 1901, l'Espagne ne dépassait pas 28 500 t. — L'*Italie*, l'*Autriche-Hongrie*, la

HAUTS FOURNEAUX DANS LA GUINÉE FRANÇAISE

(Phot. communiquée par M. le Dr *Maclaud*.)

*Russie* (8 000 t. en 1901), la France (7 000 t. en 1901), n'ont qu'une production insuffisante ou faible. — En Allemagne, c'est la région du *Mansfeld*, prolongement de la Saxe au Nord-Ouest, qui donne la plus forte production; les mines du Harz n'ont que de faibles résultats ; le chiffre se maintient au delà de 30 000 t. — Dans le *Royaume-Uni* le chiffre annuel est assez élevé, plus de 60 000 t., mais la moitié représente des importations. — Au *Japon*, la production atteint à peu près 30 000 t. — Les *provinces australiennes* de l'*Australie du Sud*, de la *Nouvelle-Galles du Sud*, du *Queensland*, ont produit 19 millions t. en 1901. — La production totale de cuivre est de 500 000 tonnes métriques en 1901.

7. **Usages du cuivre.** — L'utilisation du cuivre se fait par l'emploi du métal lui-même, de ses alliages et de ses sels. Sous forme de plaques et de lingots, le cuivre brut sert à faire des *tubes*, des *plaques de foyers*, des *alambics*, des *chaudières*, des *fils conducteurs* d'électricité. Le *laiton* est un

alliage de cuivre et de zinc, auquel il s'ajoute un peu de plomb. Le *bronze* est un alliage de cuivre et d'étain ; il sert à faire des canons, des cloches, des monnaies. Parmi les sels de cuivre, le *sulfate de cuivre* a rendu à la France de grands services; on peut l'employer contre les maladies de la vigne; il sert encore pour les blés.

8. **L'étain.** — L'étain fut connu dès la plus haute antiquité; dans la péninsule de Cornouailles, les Phéniciens allaient seuls chercher le métal précieux, surtout dans les îles *Cassitérides*, dont le nom *Cassitérite* a été donné au seul minerai d'étain. Des mines d'étain ont été exploitées très anciennement dans le Morbihan et le Limousin, où les roches stannifères étaient fréquentes. Les roches où l'on trouve l'étain sont des granulites, ou granite à mica blanc et noir, qui possèdent des filons de cassitérite. L'étain est souvent mêlé aux roches ou aux sables dus à l'érosion; il forme des *alluvions stannifères;* en pulvérisant les masses de sable, on sépare le minerai utile, que l'on mélange avec du charbon et que l'on fait fondre. « Les alluvions sont la source la plus importante de l'étain. »

9. **La production.** — Les grands centres producteurs sont en effet représentés surtout par les alluvions stannifères de la presqu'île de *Malacca*, du Nord au Sud, de Pérack à Malacca, puis dans les îles de *Banka* et de *Billiton*. En *Angleterre*, les mines d'étain se développent sur des filons de cassitérite, surtout dans l'Ouest du Cornwall. — Dans l'*Amérique du Sud*, en *Bolivie*, l'étain est produit par des minerais dans les régions de *Potosi* et d'*Oruro*. — En Australie, les exploitations portent surtout sur des alluvions dans le Sud de la *Nouvelle-Galles du Sud* sur les affluents du Murray, dans le Nord entre Sydney et Brisbane, en *Tasmanie* et en *Nouvelle-Zélande;* au Nord-Est du *Queensland*, à *Herberton*, une production importante provient de filons.

La région de l'*Erz Gebirge*, entre la Saxe et la Bohême, n'a plus aujourd'hui que le souvenir des discussions géologiques auxquelles elle a donné lieu; les filons de *Galice* en Espagne, de *Zamora* au Portugal, sont très pauvres; c'est aussi le cas des États-Unis. Enfin il convient d'adresser un souvenir au gisement filonien de la *Villeder*, dans le Morbihan, qui s'étendait jusqu'à Baud à l'Ouest. Après diverses vicissitudes, l'exploitation fut abandonnée en 1886. Il en fut de même de gisements limousins qui se groupaient autour de la chaine de Blond.

La production de l'étain dans le monde a progressé régulièrement de 70 000 tonnes en 1898 à 86 000 en 1901 [1].

| | 1898 | 1899 | 1900 | 1901 |
|---|---|---|---|---|
| **Expédition des Détroits (Malacca) en Europe et en Amérique** | 44 044 | 45 171 | 46 807 | 50 724 |
| **Vente Banka en Hollande** | 9 183 | 9 211 | 12 009 | 15 218 |
| **Vente Billiton en Hollande et à Java** | 5 427 | 5 138 | 5 913 | 4 457 |
| **Importation de Bolivie en Europe** | 4 535 | 4 829 | 7 048 | 8 128 |
| **Angleterre** | 4 722 | 4 470 | 4 336 | 4 267 |
| **Expédition d'Australie** | 2 459 | 3 390 | 3 229 | 3 398 |
| | 70 370 | 72 209 | 79 342 | 86 192 |

10. **Usages de l'étain.** — La nature des usages que l'on fait de l'étain est déterminée par ce fait que l'étain s'altère très peu au contact de l'air et n'a point de propriétés vénéneuses comme le plomb. Aussi sert-il à fabriquer beaucoup d'ustensiles destinés aux denrées alimentaires. A la fin du Moyen âge, dans les églises, dans les couvents, dans les maisons riches, l'étain servait à faire nombre de *plats*, de *brocs*, d'*aiguières*, souvent très ornementés, qui de nos jours ont été imités par l'*art moderne*. La *vaisselle* des paysans est souvent en étain, ainsi qu'une partie du matériel des marchands de boissons. Des feuilles très minces d'étain enveloppent le thé, le chocolat, etc. — L'étain s'allie avec un grand nombre de métaux. Le *fer-blanc* est une plaque de fer enduite d'une couche d'étain; l'alliage avec le cuivre donne les *bronzes;* avec l'antimoine, il permet de confectionner des *brocs* et des *vases à boire;* l'étain s'ajoute à l'alliage du cuivre et du zinc, qui forme le *laiton*, pour lui donner de la ténacité; l'étain mélangé au plomb sert à la fabrication de *fontaines*, de *vaisselles*, de *jouets* (soldats de plomb), etc.

11. **Le plomb.** — Le plomb est un des métaux les plus anciennement connus; des vestiges ont été trouvés dans les cités lacustres suisses de l'âge du bronze; il est mentionné par Homère; sur les monuments d'Égypte et d'Assyrie. L'abondance des gisements a permis aux Anciens des extractions nombreuses : en *Espagne*, dans le pays de Carthagène; en *Grèce*, les mines du Laurion; dans la période gallo-romaine, on exploitait en *Gaule* le plomb dans le Massif central.

12. **Pays producteurs.** — Les ÉTATS-UNIS ont pris aujourd'hui le premier rang; l'Espagne est désormais très loin derrière eux. Les États-Unis ont passé de 147 000 tonnes en 1891 à 241 000 en 1901, 254 000 en 1902. Cette production (début 1 350 tonnes en 1825) provient presque exclusivement de *mine-*

1. D'après les statistiques des *Annales des Mines*.

*rais argentifères*, surtout dans les États producteurs des montagnes Rocheuses (Idaho et Montana, Utah et Colorado, New Mexico, etc.); les États du Mississipi (Missouri, Kansas...) ont des minerais non argentifères. Dans le Colorado, *Leadville*, la « Ville du plomb », était le grand centre jadis; il est aujourd'hui épuisé. — En *Espagne*, la production paraît diminuer régulièrement; 250 000 tonnes en 1891; 149 000 en 1901; les centres qui conservent quelque importance sont ceux de *Carthagène* (Murcie), de *Linarès* (Jaen); quelques points produisent encore du plomb dans les provinces d'Alméria, Badajoz, Grenade, etc. — En *Allemagne*, qui tient le troisième rang, les principales entreprises sont dans la *Prusse Rhénane* et la *Westphalie* (région voisine d'Aix-la-Chapelle, districts de Bonn, de Dortmund, de Clausthal dans le Harz) et dans la *Silésie* (Breslau et Halle).

Le *Mexique*, dont les débuts remontent seulement à 1886, expédie ses minerais du *Cohahuila* pour être fondus dans la province de New Mexico (États-Unis); les résultats sont remarquables. — Le *Canada* a une production appréciable (23 700 t. métal, 1901). Insignifiante celle de l'*Amérique du Sud*. — En *Europe*, la *Grande Bretagne* tient un rang honorable avec 40 000 t. — L'*Italie* tire la majeure partie des 26 000 t. de plomb-métal de la *Sardaigne*, district d'*Iglésias*. — En France (21 000 t.), les minerais, le plus souvent argentifères, sont exploités à *Pontpéan* (Ille-et-Vilaine), à *Pontgibaud* (Puy-de-Dôme), à *Pierrefitte* (Hautes-Pyrénées), aux *Bormettes*, dans le Var. — Les 12 000 t. de l'*Autriche-Hongrie* proviennent surtout de la Bohême et de la Carinthie. — En Grèce, les mines du Laurion ont fourni 18 000 t., en 1901. — L'importante production de la *Nouvelle-Galles du Sud* (Australie), qui s'élève à 70 000 t., provient des mines d'argent de Broken-Hill, à l'Ouest du Darling.

La production totale annuelle du plomb atteint 831 000 tonnes en 1900 et 839 000 en 1901.

| | 1898 | 1899 | 1900 | 1901 |
|---|---|---|---|---|
| États-Unis | 207 300 | 197 000 | 251 000 | 241 000 |
| Espagne | 180 500 | 161 800 | 154 500 | 149 500 |
| Allemagne | 132 700 | 129 200 | 121 500 | 123 100 |
| Mexique | 70 600 | 85 000 | 90 500 | 89 000 |
| Australie | 50 000 | 70 000 | 67 000 | 72 000 |
| Grande-Bretagne | 50 000 | 41 500 | 35 500 | 40 000 |
| Grèce | 19 000 | 18 400 | 16 800 | 17 700 |
| Italie | 22 500 | 18 200 | 23 800 | 26 000 |
| France | 10 920 | 16 000 | 15 200 | 21 000 |
| Canada | 15 700 | 8 100 | 19 200 | 23 700 |

**13. Utilisation du plomb.** — Le plomb est utilisé comme métal ou forme des composés divers; on garnit l'intérieur de récipients avec le plomb en feuilles; on l'emploie sous forme de tuyaux, de balles, de plomb de chasse. Le plomb, en alliage avec l'*antimoine* et quelques autres métaux, est la base des caractères d'imprimerie. Il a l'inconvénient de s'altérer au contact des eaux et de donner des sels toxiques.

**14. Le zinc.** — L'industrie du zinc ne s'est établie en Angleterre qu'au XVIIIe siècle, et en Silésie en 1798. La principale région productrice est formée par l'ensemble de l'*Allemagne* de l'Ouest, *Belgique* et *Hollande;* en *Allemagne,* le principal centre est la *Haute Silésie* (Tarnowitz, Königshütte), où le zinc-métal a atteint 108 000 tonnes en 1901; la Province du Rhin, la Belgique (plus de 100 000 tonnes par an à MORESNET, les plus riches mines de zinc d'Europe) et la Hollande réunies dépassent ce total. — Viennent ensuite les ÉTATS-UNIS, centre de production depuis 1875 (États du Kansas, du Missouri), etc. — En France, les gisements sont surtout dans le *Gard* (les Malines) et le *Var* (les Bormettes). — En Grande-Bretagne, la plus forte production est dans l'*île de Man* et le *Cornwall.* — En Autriche, c'est en *Galicie,* en *Carinthie;* en *Russie,* surtout dans la région minière de *Pologne;* en *Italie,* les minerais viennent de *Sardaigne;* en *Espagne,* de *Santander* et de la province de *Murcie,* etc. La *métallurgie* du zinc est des plus difficiles et exige une grande habileté des ouvriers; l'industrie est limitée à quelques centres : usines de *Silésie,* de *Swansea,* de la *Société de la Vieille Montagne.*

La production totale (sauf quelques petites lacunes) s'est élevée en 1901 à 500 000 tonnes de zinc-métal.

| | 1808 | 1899 | 1900 | 1901 |
|---|---|---|---|---|
| États allemands de l'Ouest; Belgique et Hollande | 191 836 | 192 994 | 189 301 | 202 474 |
| Silésie | 99 233 | 100 167 | 102 316 | 108 087 |
| États-Unis | 104 033 | 117 700 | 113 233 | 124 795 |
| France et Espagne | 43 155 | 45 474 | 31 110 | 27 701 |
| Grande-Bretagne | 28 387 | 32 222 | 30 307 | 29 657 |
| Autriche | 7 228 | 7 305 | 7 087 | 7 823 |
| Russie | 5 664 | 6 325 | 5 969 | 6 030 |
| Total | 479 536 | 502 196 | 478 323 | 506 567 |

Le zinc a diverses utilisations; comme il s'altère peu à l'air et peut former des feuillets très fins, il sert à couvrir les toits, à les garnir de gouttières;

on l'emploie pour l'impression des cartes géographiques ; le *Service géographique de l'Armée* a fait une édition zincographique de notre 80 000e.

15. **Le nickel.** — L'industrie minière du nickel n'a pas d'histoire; il n'a été découvert qu'en 1751 par un savant suédois qui le nomma la *nickéline.* Le nickel ne fut longtemps qu'un produit accessoire, qu'une exploitation assez difficile de certains minerais où il était en faible quantité, en *Norvège,* en *Suède,* en *Écosse,* etc. Ce métal rare était très coûteux; le nickel affiné était payé 62 francs par kilogramme en 1830, et encore plus de 30 francs en 1850.

16. **Nouvelle-Calédonie.** — Un ingénieur français, Garnier, découvrit des gîtes de nickel, en 1863, en Nouvelle-Calédonie, les signala en 1867 ; le minerai calédonien prit le nom de *garniérite,* du nom du découvreur. Le nickel se rencontre dans la zone de serpentines, qui occupent une grande place dans l'île. L'exploitation commença en 1875; elle se développa dans la vallée de *Dumbéa,* les territoires de *Canala,* de *Thio,* etc.; le nombre des mines augmenta : 115 en 1894; le prix du kilogramme s'abaissa à 16 francs jusqu'en 1885, à 5 francs à dater de 1892. La production des mines calédoniennes les mit bientôt au premier rang; de 1 000 tonnes en 1880, le minerai de nickel a atteint 68 000 tonnes en 1894, sur un total mondial de 71 000. Puis, à partir de cette date, il y eut un moment d'arrêt; la concurrence du Canada fit ressortir les difficultés et la cherté de la main-d'œuvre, la nécessité d'expédier directement la matière première sans pouvoir lui donner sur place la première préparation, faute de combustible, et enfin l'état déplorable des transports en Nouvelle-Calédonie. En 1898, la production a repris; elle s'est élevée en 1901 à 3 400 tonnes-métal, représentant 133 000 tonnes de minerai.

17. **Canada.** — De 1880 à 1888, la Nouvelle-Calédonie était donc restée le centre de production presque unique; elle conserva encore quelques années la suprématie, mais les progrès du Canada l'emportèrent. Dans la province d'Ontario, à *Sudbury,* au Nord du lac Huron, on avait découvert de grands gisements de *pyrites nickélifères,* du type exploité jadis en Norvège; les conditions d'exploitation étaient favorables; les im-

MINE DE NICKEL « LES BARBOUILLEURS », à Dumbéa (Nouvelle-Calédonie).
(Cliché RUSSIER, communiqué par la *Société de Géographie de Lyon*.)

menses forêts canadiennes permettaient de faire sur place les premières opérations de grillage du minerai, et le *Canadian Pacific Railway* desservait le centre, Sudbury. En 1892, le Canada avait fondu à Sudbury 62 000 tonnes de minerai et recueilli 2 100 tonnes de nickel; les dernières années accusent : en 1900, 3 000 tonnes; en 1901, 3 600. En *Prusse,* la production du nickel a atteint 1 200 tonnes en 1899, 1 600 tonnes en 1901 ; la *Saxe* produit aussi du nickel. — La production de la *Norvège* est insignifiante.

La production totale du nickel s'est élevée en 1901 à 8 600 tonnes.

| | 1898 | 1899 | 1900 | 1901 |
|---|---|---|---|---|
| Allemagne | 1 108 | 1 200 | 1 376 | 1 600 |
| Canada | 3 250 | 3 650 | 3 000 | 3 600 |
| Nouvelle-Calédonie[1] | 2 540 | 2 500 | 3 150 | 3 400 |

18. **Usages du nickel.** — Le nickel à l'état de métal pur, ou en alliage avec du cuivre, sert à faire des *instruments de cuisine,* des *pièces d'orfèvrerie,* des *creusets de laboratoire,* des *instruments de chirurgie.* Le nickel a beaucoup de ténacité, et est à peu près inaltérable; il se soude facilement au fer et à l'acier et sert à faire des placages. — Les *monnaies de nickel* sont assez répandues pour des monnaies d'appoint à raison d'un alliage de 25 °/ₒ ; ces pièces sont employées en Suisse, en Allemagne, aux Etats-Unis, et tout récemment en France. Enfin, on peut employer le nickel sous la forme de revêtement galvanoplastique.

19. **Le mercure.** — Le *mercure* ou *vif-argent* était connu de l'antiquité; Pline parle de 10 000 livres de *cinabre* qui étaient apportées par an de Sinapo (Almaden) à Rome.

C'est en *Espagne,* à ALMADEN, au Sud du Guadiana, dans la Nouvelle Castille actuelle, que se trouve en effet la mine de mercure la plus anciennement exploitée; elle a conservé son ancienne supériorité. En 1890 elle avait produit à peu près 4 millions de bouteilles (34 kgr. 65); une faible quantité provient de la région d'Oviedo et de Grenade. — D'importants gisements furent découverts en 1490 à *Idria,* en Carniole (Autriche). La production dans ces dernières années a été de plus de 500 000

1. Les *Annales des Mines,* à qui ces chiffres de statistiques sont empruntés, indiquent que la production de la Nouvelle-Calédonie est obtenue en France au moyen des minerais calédoniens. Elle ne comprend pas l'importation des minerais de la Nouvelle-Calédonie en Allemagne.

tonnes; à Littai (Carniole), il y a une très petite production annuelle de mercure. D'autres mines n'ont été trouvées que dans la dernière moitié du XIXe siècle; d'abord en *Californie* (États-Unis); la première mine prit le nom de *New-Almaden*, puis une nouvelle, celui de *New-Idria;* New-Almaden avait produit en 1891 près de 1 000 bouteilles. Le mercure fut découvert vers le milieu du siècle en *Italie*, en deux centres, l'un en *Vénétie*, non loin d'Idria, l'autre en *Toscane*. Un autre gisement a été découvert en 1879 dans le Sud de la Russie, au centre du *bassin houiller du Donetz*.

Le minerai du mercure, le *cinabre*, a été trouvé plusieurs fois dans l'*Oural;* dans la Sibérie orientale il existe une mine près de *Nertchinsk;* on considère la *Chine* comme possédant des ressources peu connues. En Amérique les mines du *Pérou* ont eu leur heure de célébrité; au *Mexique*, à l'Ouest de Mexico, il y a quelques gisements médiocres.

La production totale du mercure s'est élevée à 3 000 tonnes en 1901.

| | 1898 | 1899 | 1900 | 1901 |
|---|---|---|---|---|
| Espagne | 1 699 | 1 357 | 1 112 | 846 |
| États-Unis | 1 058 | 993 | 967 | 992 |
| Autriche-Hongrie | 491 | 500 | 550 | 540 |
| Russie | 362 | 360 | 304 | 363 |
| Italie | 173 | 206 | 270 | 273 |
| | 3 775 | 3 446 | 3 203 | 3 014 |

Les emplois du mercure sont assez importants. Il *amalgame* l'*or* et l'*argent* et en facilite ainsi l'extraction; il sert à la fabrication des *thermomètres*, des *baromètres*, des *manomètres;* il sert aussi à la dorure, à l'*étamage des glaces;* mais ce procédé est nuisible à la santé des ouvriers, et il a été en partie abandonné. Le mercure peut d'ailleurs déterminer des *empoisonnements*, involontaires ou criminels.

LIVRES A CONSULTER. — E. Fuchs et L. de Launay, *ouvr. cité*. — G. Villain, *ouvr. cité*. — U. Le Verrier, *la Métallurgie en France*, Paris, 1894.

# CHAPITRE VIII

## LE MONDE ÉCONOMIQUE

### I. — Moyens et instruments de transport. Chemins de fer.

**A. — Les routes. Moyens et instruments de transport.** — Les Romains construisirent des *voies militaires*, chaussées larges et droites, qui traversaient tout l'Empire; après Charlemagne, tout fut abandonné; le *Service des Postes*, créé par Louis XI en 1464, activa la circulation; Sully et Colbert firent quelques belles routes; les grandes routes, larges et droites, furent décidées en 1705.

Les transports étaient faits par des *litières*, des *charrettes*, des *coches*, les voitures des *Messageries*, puis, au dix-huitième siècle, par des *carrosses*, des *chaises de poste*, des *diligences* assez chères et peu rapides; les Messageries durèrent jusqu'au milieu du dix-neuvième siècle. — Les transports, à Paris, ont été faits par des *chaises à porteur*, des *fiacres*, des *omnibus*, enfin un *métropolitain*.

**B. — Les chemins de fer. — a).** — Les premiers *chemins de fer* étaient en rails de bois, puis de fer, et traînés par des chevaux; Stephenson inventa la première locomotive; le progrès fut lent jusqu'en 1850; alors se développèrent les *grands réseaux* de la France, de l'Allemagne, de la Russie, des États-Unis, etc.; les voies ferrées ont pénétré toutes les parties du monde.

**b).** — Il y eut de grands progrès dans la *technique*; les *locomotives* perfectionnées eurent plus de vitesse; de grands tunnels : *Mont Cenis*, *Saint-Gothard*, longueur 15 000 m., le *Simplon*, 19 700 m., etc., furent percés. Il existe des *tunnels creusés sous l'eau*, des chemins de fer métropolitains, qui sont le plus souvent souterrains.

Les viaducs sont très nombreux dans les régions de vallées profondes (viaducs de *Garabit*, du *Gœltzeh*, etc.); les ponts suspendus sont parfois de très grandes dimensions (*Pont de Brooklyn*, portée de 486 m.). — La *vitesse* des chemins de fer est devenue considérable dans les *trains express*, qui peuvent atteindre 100 km. à l'heure.

Les grandes voies ferrées transcontinentales sont le *Transsibérien*, qui permet par des raccords d'aller de Paros en Chine en 20 heures; les grandes voies ferrées des États-Unis et du *Canada*, de l'*Atlantique au Pacifique*; l'Angleterre rêve la ligne du *Cap au Nil*; des utopistes, le *Transsaharien*, etc.

### A. — Les routes. — Moyens et instruments de transport.

A la fin de ces études, il importe d'essayer de voir d'ensemble la physionomie du monde actuel, d'exposer avec quelques détails les moyens de transport et de communication qui, nous l'avons vu, ont changé la face de la terre. Il convient, pour apprécier la valeur et l'importance des conditions du moment, de jeter un coup d'œil sur le passé.

1. **Les routes.** — Sans oublier les grandes routes de Babylonie et de la Perse, au temps de Darius, il faut en venir aux entreprises romaines. ROME construisit méthodiquement des VOIES MILITAIRES; à l'époque des guerres puniques, 7 grandes voies partaient autour de Rome, qui formaient avec des voies secondaires un réseau considérable; c'est le développement de ces voies qui assura la domination romaine en Épire, en Macédoine, en Espagne, en Gaule. Ces chaussées étaient larges et droites, le plus souvent pavées solidement; beaucoup de ces routes bien construites existent encore, au moins par tronçons, aujourd'hui.

Après CHARLEMAGNE, qui avait eu le souci des anciennes routes, tout fut à peu près abandonné; les chemins devinrent une suite de fondrières, les voyages un exercice dangereux; partout, sans droit, étaient exigés des *taxes*, des *péages*. On peut dire que jusqu'au XVe siècle les routes n'existèrent pas pour ainsi dire, et n'étaient pas utilisables. Au XIIIe siècle il y eut une petite reprise, puis une circulation plus importante lors de la création du *service des postes* par Louis XI en 1464; au XVIe siècle, des routes reliaient Paris aux grandes villes voisines. SULLY et COLBERT améliorèrent les chaussées entre la capitale, les principales villes de France et des Pays-Bas, et supprimèrent de nombreux péages; de grandes et belles voies autour de Paris furent créées, surtout pour le service de la Cour. Vers la fin du règne de Louis XIV, en 1705, fut décidée la construction de grandes routes, qui, dans la mesure du possible, devaient suivre des lignes droites, avoir une largeur de 60 pieds, être bordées de beaux arbres le long des fossés; elles formaient ainsi, souvent sur de longues pentes, des avenues magnifiques. Les routes de moindre importance n'avaient que 36 pieds. Cet ensemble fut l'origine de nos *routes nationales* et *départementales*. La loi de 1836 régularisa les *chemins vicinaux*.

2. **Moyens et instruments de transport.** — Les transports à dos d'animaux ou par eau furent les premiers employés; sur les belles et solides voies romaines roulaient, chargés de lourds matériaux, de *gros chariots,* à côté d'élégants et légers *chars de promenade* ou de voyage, et des véhicules du service public des postes. Cette animation, très atténuée d'ailleurs, demeura inconnue du IXe au XIIIe siècle; on circulait à cheval, ou à dos de mulet, ou en *litière,* sorte de lit couvert, parfois très riche,

porté sur deux brancards, avant et arrière, par deux mulets ou deux chevaux; quelques *charrettes* traînant péniblement les marchandises reparurent au temps de Philippe le Bel, ainsi que quelques chars grossiers, interdits d'ailleurs aux bourgeois; pendant longtemps encore on vit sur les mauvais chemins les manants à mulet, à cheval, ou le plus souvent à pied.

Le *service des postes*, réinstallé en 1464 par Louis XI, mit un peu d'animation sur les grands chemins du royaume; il devint un service public, la POSTE AUX CHEVAUX; les charges de maître de postes furent des offices. Sous François Ier, on organisa des *coches;* ils firent le service public à dater de 1575 entre Paris et Orléans, Troyes, Amiens, Beauvais, Rouen; l'unique voiture de chaque parcours ne faisait qu'un trajet, aller et retour, par semaine. Des *coches d'eau* firent, à dater du règne de Charles IX, le service des villes ou bourgs riverains des bords de la Seine, de la Marne et de l'Yonne; ces coches d'eau avaient une lenteur proverbiale. Il existait des *Messageries* pour le transport des voyageurs et des marchandises; en diverses circonstances, des concessions royales autorisèrent des particuliers à établir des *messageries* entre Paris et des villes voisines (Châlons, Vitry) ou lointaines (Rennes, Strasbourg).

Dans la deuxième moitié du XVIIe siècle, les améliorations de Colbert permirent une circulation plus facile sur les routes. Entre Paris et les principaux centres de France et des Pays-Bas, en 1691 fut organisé le service public des *carrosses*, transportant avec lenteur 8 voyageurs et leurs bagages. Dans le même temps apparut la *chaise de poste*, qui fut surtout un véhicule de vitesse, conduit au grand trot par le postillon, avec changement de chevaux à tous les relais de poste; un semblable voyage coûtait fort cher. — Au milieu du XVIIIe siècle, la *Diligence* fut créée; plus rapide que le coche et le carrosse, elle eut d'abord 8 places, puis 11; de Paris à Lyon le voyage coûtait, avec la nourriture, 100 francs par voyageur.

Beaucoup de diligences appartenaient à des services de messageries; ces services étaient trop lents. Turgot, alors au pouvoir, supprima les privilèges, exigea « des voitures légères, commodes, bien suspendues,... un prix modéré... et la célérité que le service exige ». On donna à ces voitures, qui firent les trajets en moitié moins de temps (à Strasbourg en 5 jours), le nom de *turgotines*. Les *Messageries impériales* furent créées en 1805; plus tard elles devinrent les *Messageries nationales;* en 1826 furent créées les *Messageries générales* (Laffitte et Caillard).

Le chemin de fer a fait disparaître les Messageries; les diligences, que l'on nomme parfois des courriers, desservent les villages loin des gares; elles font les transports locaux entre petites localités et villes proches. Il existe encore d'importants charrois de matières lourdes par routes.

Une ville grandissante comme Paris avait senti de bonne heure la nécessité de posséder des moyens de transport. Au début du XVIIe siècle, vers 1620, le public eut à son service des *chaises à porteurs*, et bientôt des *fiacres*[1] de louage. Vers 1672, des fiacres furent à parcours déterminé, pour des trajets en commun. Ces carrosses ou fiacres en commun, à 5 sols la place, n'eurent pas de succès; on ne les retrouve qu'en 1828, où un sieur Baudry put organiser des *omnibus;* ces véhicules, que l'on prenait en commun, traînés par 3 chevaux, parcouraient 18 itinéraires différents et contenaient 14 voyageurs au prix de 30 c. Ce fut un succès[2]; de nombreuses entreprises furent fondées : les *Dames réunies*, les *Favorites*, les *Citadines*, les *Béarnaises*, les *Hirondelles-Parisiennes*...; elles se groupèrent en 1855 sous une seule administration, dite *Compagnie générale des omnibus;* il y eut d'abord 25 lignes avec 350 voitures à deux chevaux; à l'intérieur, 14 places, 10 à l'impériale; nombreuses lignes pour la banlieue. La Compagnie, pourvue d'un monopole, a dû cependant adopter la traction à vapeur ou électrique; il y a encore des exceptions. En France et en Europe, dans les grandes villes, le service des tramways à traction rapide est généralement répandu. Un chemin de fer métropolitain vient d'être créé.

## B. — Les chemins de fer.

**a). — 3. Les premiers chemins de fer.** — L'emploi de chemins munis de rails est très antérieur à l'emploi de la vapeur; en Allemagne, en Angleterre, dès le XVIIIe siècle, existaient des rails en bois creusés en ornières ou saillants avec traction par les chevaux. En Angleterre, dès le règne de Charles VII (XVIIe siècle), on se servait de chemins de rails en bois pour l'exploitation de charbon du Newcastle; les rails en fer l'emportèrent bientôt. En 1800, le Parlement anglais se déclara favorable à la construction d'un chemin de fer public, à l'usage des marchandises.

En France, la première concession de chemin de fer fut faite en 1823, de Saint-Étienne à Andrézieux; traction à l'aide de chevaux, sauf dans les pentes. En Autriche il y eut de nombreux

1. Ce nom vient de ce fait que le propriétaire des carrosses à louage remisait ses véhicules à l'hôtel Saint-Fiacre. Le nom de fiacre n'a pas d'autre origine.

2. A chaque départ, une fanfare de trompettes jouée par un instrument placé au pied du cocher et qu'il mettait en mouvement par une pédale, avertissait les passants et appelait les voyageurs.

chemins de fer à traction de chevaux[1]; le plus fréquenté fut celui de Linz, sur le Danube, à Budweiss, sur la Moldau, par le seuil de Kerschbaum, passage très anciennement fréquenté; il dura de 1828 à 1872. — En fait, les premiers chemins de fer n'étaient pas autre chose que des *tramways*.

En 1823, Liverpool avait ouvert un concours pour la traction à vapeur; en 1825 fut inauguré, près de Newcastle, le chemin de fer de Stokton à Darlington. En 1829, l'ingénieur G. STEPHENSON, qui avait essayé assez malheureusement une locomotive à Stokton, présenta une nouvelle machine, la *Fusée*, « chef-d'œuvre d'esprit pratique, à laquelle il avait appliqué la *chaudière tubulaire*, inventée deux ans auparavant par l'ingénieur français SÉGUIN »; la vitesse de cette locomotive dépassa largement 20 kilomètres dans les essais du chemin de fer entre Liverpool et Manchester. La rapidité des transports par la locomotive ne pouvait plus laisser de doutes.

4. **Lent développement des chemins de fer.** — Malgré la constatation indiscutable qui précède, l'idée des chemins de fer ne souleva aucun enthousiasme. Suivant une loi générale, un projet d'intérêt général qui atteint des intérêts particuliers soulève de fortes protestations de leur part; les entrepreneurs de transports sur route, dont quelques-uns avaient une très grande influence, firent des réclamations souvent violentes. Des idées ridicules eurent cours; en France, dans certains pays peu avancés, les paysans crurent que la fumée des locomotives aurait une mauvaise influence sur les récoltes; l'air des tunnels ne serait pas respirable et causerait des asphyxies. Des villes en Angleterre, en France, refusèrent de laisser passer le chemin de fer à leurs portes : c'est le cas d'Orléans, de Tours, qui ont dû par la suite se relier par une ligne de faible longueur, qui nécessite parfois des transbordements, à la ligne principale.

Pendant 15 à 20 années, de 1830 à 1845-50, le développement a été faible; en 1841 la France n'avait que 560 km. de voies ferrées en exploitation; quelques rudiments de lignes en Allemagne, en Italie, en Russie; la Belgique avait montré plus d'activité en ouvrant à la circulation plusieurs parties de son réseau, etc.

5. **Remarquables progrès des voies ferrées dans la dernière moitié du dix-neuvième siècle. Europe et Amérique.** — En FRANCE, la loi du 11 juin 1842 autorisait la création des grandes lignes du réseau; le gouvernement impérial, en 1852, groupa les compagnies qui s'étaient formées en régions et limita le nombre à six; des lignes d'*intérêt local* sont autorisées depuis 1865 pour les *départements* et les *communes*, ainsi que des *lignes industrielles*. — En 1830 la France ne comptait que 38 km.; en 1860, 6450; en

1. D'autres chemins de fer à chevaux allaient de Linz à Gmunden (sur la Traun); de Prague à Lahna; de Presbourg à Tirnau.

1875, 19800; en 1890, après le vote du grand programme de Travaux publics présenté par M. de Freycinet, 33330 km.; en 1902, 39000. Les dépenses totales avaient atteint 16 milliards 757 millions en 1901 (38300 km.); 437000 frs par km.

L'ANGLETERRE comptait, en 1857, 14000 km. de voies ferrées ouvertes; en 1870, 25000; en 1890, 32300; en 1902, 35700; pour l'Ecosse, 5800 km., et pour l'Irlande 5200. Sur ce total, 15700 km. sont desservis par une ligne unique, 18200 par deux, 312 par trois, 1431 km. par quatre lignes et plus. Nous expliquerons plus loin cette multiplication de lignes.

L'ALLEMAGNE possédait, en 1897, un réseau de 48500 km.; en 1901, 53000; en 1903, 59000. *Elle tient nettement le premier rang en Europe.* — La RUSSIE européenne comptait, au 1er janvier 1903, 48800 km.; l'*Asie Russe* (Transsibérien, Transcaucasien), 8300 km.; la *Finlande,* 2900. Au total, 60000 km. — En AUTRICHE-HONGRIE il y a près de 26000 km. de voies ferrées, la Hongrie comptant pour 17500. — L'*Italie* n'en a que 17000; l'*Espagne,* 13900; la *Suède,* 11500; la *Belgique,* 4600.

Les ETATS-UNIS possèdent à eux seuls plus de voies ferrées que l'Europe entière. C'est en 1827 que la première ligne fut ouverte pour le trafic de Quincy (Massachusetts); en 1830, 37 km.; en 1840, 4500; en 1860, 49000; en 1890, 268000; en 1900, 312700; en 1902, 327000 km. Les dépenses totales se sont élevées à 67 milliards frs [1].

Le CANADA exploite 30400 km.; le *Mexique,* 14700; le *Brésil,* 1600; l'*Argentine,* 17700.

6. **L'Afrique, l'Asie, l'Australasie.** — Les voies ferrées se sont développées dans le monde entier; elles sont surtout nombreuses dans les colonies européennes; beaucoup n'ont encore qu'une faible extension; mais elles représentent l'amorce d'un réseau plus grand. L'*Algérie-Tunisie* comptent 3500 km.; dans l'*Afrique occidentale française,* des voies ferrées existent au *Sénégal* (1137 km. déjà ouverts), dans la *Guinée française,* au *Dahomey,* à *Madagascar,* etc. — Dans la *Colonie du Cap* proprement dite, 12880 km. étaient exploités en 1902; dans *British East Africa* les Anglais ont construit une voie ferrée de 940 km. de Monbaz au lac Victoria. En *Egypte* les chemins de fer de l'Etat comptent 2200 km.; une voie militaire à travers le Soudan atteint Khartoum.

Dans les *Indes anglaises,* il y a eu progression très nette dans les dernières années; en 1897, 22700 km. sont exploités; en 1902, 42700. Dans notre Indo-Chine quelques tronçons en *Cochinchine,* au *Tonkin,* qui sera relié par *Lao-kay* à *Yunnan-sen.* — La *Chine* a dû accorder des concessions aux puissances européennes; la ligne de Tien-Tsin aboutit près de Pékin ainsi que l'*Est Chinois;* le travail est très actif sur les voies concédées; à la fin de 1903, 4500 km. étaient ouverts au commerce; la Russie, l'Angleterre, la Belgique, la France, l'Amérique, sont les concessionnaires. Le *Japon* exploite 7200 km. Dans les *Indes néerlandaises,* surtout à *Java,* 2200 km. — Enfin, en *Australasie,* le total s'élève à 16000 km.

7. **Conditions de développement de quelques grands réseaux de voies ferrées.** — Depuis longtemps on a constaté que les conditions politiques avaient largement influé sur la disposition des réseaux des chemins de fer. En FRANCE, il est clas-

1. Exactement 67391342424 frs.

sique de faire remarquer que toutes les grandes lignes, sauf une, convergent vers Paris, rattachées par un *chemin de fer de ceinture,* et qu'elles sont reliées par des voies intermédiaires, et qu'ainsi le réseau ressemble à une *toile d'araignée.* C'est la centralisation qui a prédominé; tout converge vers Paris. Une des conséquences fâcheuses, c'est que de grandes villes ne communiquent pas facilement entre elles, de l'Est à l'Ouest, bien qu'avec des combinaisons de lignes des trains spéciaux mettent, par exemple, en rapport direct Lyon avec Bordeaux, avec Nantes, etc. Nous savons que le nombre des Compagnies a été fixé à six : *Compagnies* du *Nord,* de l'*Est,* de l'*Ouest,* de *Paris-Lyon-Méditerranée,* d'*Orléans,* et du *Midi.* Cette dernière est la seule qui reste en dehors de l'attraction directe de Paris. L'État possède un réseau dans la région de l'Ouest. Les concessions garanties aux six grandes Compagnies expirent à des dates variant de 1950 à 1960; les périodes de garantie d'intérêts par l'État pour quatre d'entre elles en 1914, pour les autres en 1934-35.

En Allemagne, on comprend aisément que le morcellement compliqué des divers États ait été, jusqu'à l'établissement de l'Empire, cause du développement insuffisant et parfois incohérent des voies ferrées. Lorsque l'unité fut établie, on a dû songer à relier des villes entre elles, à faire des raccords, etc. Le réseau allemand a l'aspect d'une sorte de *filet* aux mailles inégales. La grande majorité des voies ferrées appartient au gouvernement impérial ou à ceux des États particuliers.

En Angleterre existe un régime très différent, c'est le régime de liberté, de libre initiative, de libre concurrence pour le tracé des lignes; il s'ensuit que la plupart des grandes villes ont de nombreuses gares, dépendant de Compagnies diverses, surtout Londres. Cette libre concurrence a déterminé dans certains cas des baisses de prix et des catastrophes financières de certaines compagnies; un droit de contrôle a été attribué au gouvernement. — Ce régime d'initiative, de concurrence, existe également aux États-Unis, où les Compagnies se sont multipliées. Les grandes voies transcontinentales dirigées de l'Est à l'Ouest, reliées par des lignes Nord-Sud, présentent mieux que l'Allemagne l'image d'un *filet.*

En *Russie*, le développement des voies ferrées n'a commencé qu'à la suite de la *guerre de Crimée*, où l'inexistence de chemins de fer rendit difficiles et longs le transport et le ravitaillement des troupes et qui prouva la nécessité politique et économique des voies ferrées. En 1889, 42 compagnies exploitaient 76 °/₀ du réseau; l'Etat, 24 °/₀. — L'*Autriche-Hongrie*, l'*Espagne*, la *Suède*, ont des systèmes mixtes, dans des proportions diverses; en *Belgique*, l'Etat a construit presque toutes les lignes, etc.

**b). — 8. Progrès de la technique.** — Les premiers chemins de fer suivaient les vallées; ils évitaient les pentes, même accessibles; les ingénieurs multipliaient des tunnels inutiles. Lorsque se dessina le développement des voies ferrées, les pays séparés par de hautes montagnes, désireux de participer au bénéfice des communications rapides, se trouvèrent en face de problèmes difficiles : les *grandes rampes*, les *massifs inaccessibles*, les *vallées profondes*. C'est naturellement en Autriche que ces questions furent particulièrement étudiées; on adopta le chiffre de 25 millimètres par mètre comme maximum pour les rampes; on reconnut la nécessité de construire des grands tunnels et des grands viaducs.

Pour l'exécution de tunnels de plus en plus longs, on eut bientôt recours à des machines perforatrices perfectionnées, ainsi que nous le verrons plus loin; on fit appel à la métallurgie pour élever de grandioses viaducs ou des ponts immenses. — La vitesse des machines fut complètement transformée par la locomotive CRAMPTON; elle fut utilisée en France pour les trains *rapides*, en augmentant sa puissance, c'est-à-dire sa vitesse, — 80 à 100 km., à l'aide d'essieux couplés, facilitant l'adhérence aux rails. — Les *wagons de voyageurs*, très longtemps incommodes, ont été peu à peu adaptés aux nécessités des longs voyages; en Amérique le célèbre PULMANN a construit des voitures merveilleusement propres aux traversées transcontinentales, munies de lits, de restaurants, de promenoirs, de toutes les commodités indispensables; aux *Pulmann-cars* ressemblent assez les voitures de luxe, *sleeping cars* et *wagons-restaurants*, de la COMPAGNIE INTERNATIONALE DES WAGONS-LITS.

9. **Grands travaux d'art. Les tunnels.** — Le premier tunnel de longueur déjà appréciable, construit par l'Autriche, en 1853, fut creusé sous le *col de Semmering*, sur une longueur de plus de 1 430 mètres; la ligne de Vienne à Venise y passe, empruntant une partie de la vallée de la Mur et le seuil de Tarvis, avec de nombreux tunnels et de nombreux viaducs, et en certains points des pentes de 25 millimètres. La voie ferrée qui passe au *col du Brenner*, ligne d'un vif intérêt pour l'Allemagne

et l'Italie, terminée en 1867, traverse également de nombreux travaux d'art.

Le TUNNEL DU MONT CENIS, reliant la France et l'Italie, fut le *premier grand tunnel*. Le creusement dura très longtemps, de 1858 à 1871; il ne prit forme en quelque sorte qu'avec une machine de perforation récemment découverte; le chiffre de 4 m. par jour a été le maximum; la voie s'élève à 1295 m. avec des pentes excessives de plus de 30 mm.; la longueur est de 12000 m. — Le percement du SAINT-GOTHARD commença immédiatement après l'ouverture du mont Cenis et dura moins longtemps (1872-1882); le Saint-Gothard n'a qu'une faible altitude, 1155 m., une

VIADUC DU MALLECO, Chili.
(Coll. *Molteni.*)

« Ravin immense où coule la petite rivière du Malleco. Le CREUSOT a jeté sur cet abîme un pont en fer, une merveille. Portée sur piles à une hauteur vertigineuse, la construction, vue d'en bas, semble aérienne. Le pont a été inauguré en 1890, avec un grand déploiement de pompe. » (C. DE CORDEMOY, *Au Chili,* Paris, 1899, p. 192.)

longueur de 15000 m.; il décrit des lacets, qui tournent au-dessus d'eux-mêmes, pour diminuer la pente dans les parties élevées; cette pente atteint parfois de 26 à 28 mm. — Le TUNNEL DE L'ARLBERG (1880-84), que traverse la ligne d'Innsbrück à Bluden, mesure une longueur de 10025 m.

Le plus long tunnel connu est celui du SIMPLON, dont l'exécution s'achève; nous l'étudierons avec plus de détail, car il est pour nous du plus grand intérêt[1]. Un contrat fut signé entre

1. Il est question de faire passer le chemin de fer par un *tunnel du Jura,* que construirait P.-L.-M.; la ligne serait liée à celle de *Calais à la Méditerranée.* De cette

l'Italie et le Conseil fédéral suisse, à Berne, le 25 nov. 1895; le percement du Simplon, dont les études étaient achevées, fut décidé; les travaux ne commencèrent qu'en 1898. Le tunnel est double; une des galeries sert uniquement pour la ventilation; la longueur atteindra 19 731 mètres; du côté français la percée se fait dans des terrains archéens, gneiss et micaschistes du Monte Leone; du côté italien, il existe aussi des calcaires. Le

PONT FRANCHISSANT LES GORGES DU NIAGARA,
à 11 kilomètres en amont des chutes.
(Coll. W. M. DAVIS.)

creusement s'est fait à l'aide d'instruments récemment inventés par l'ingénieur allemand BRANDT, des *perforatrices hydrauliques*.

Sur chacun des chantiers, l'avancement est de 7 à 10 m. Mais il a fallu une ventilation puissante; *la température s'élève à 63°*. Cela tient à ce que l'altitude du tunnel est faible et ne dépasse pas 706 m.; il s'étend au-dessous d'une masse montagneuse de plusieurs milliers de m., plus de 3000 m. vraisemblablement, si l'on en juge par les observations du *mont Cenis* (29°,5 au centre, au-dessous de 1 609 m.), du *Saint-Gothard* (30°,8, au-dessous de 1709 m.). Le 5 mars 1903 le percement atteignait 15 km.; restaient 4 km. 800 m. Un retard de 3 mois avait été causé par l'irruption d'eaux très abondantes, du côté italien, venant soit d'un grand bassin souterrain, soit des fissures des calcaires; les eaux contiennent du calcaire et du

façon le trafic de l'Italie et de l'Angleterre prendrait cette route, moins longue, moins coûteuse et plus rapide.

gypse. — Un prolongement a dû être accordé jusqu'au 1er juillet 1905, pour faire les travaux nécessaires à la dérivation des eaux.

Il est très intéressant de rappeler la ligne très courte (63 km.) que les Suisses viennent d'achever pour relier Saint-Moritz et la vallée si fréquentée de l'Engadine; de Thusis, où aboutit la voie ferrée du Rhin, elle atteint Saint-Moritz par une percée dans le massif de l'Albula de 5 866 m.; l'altitude est très élevée et va de 1 792 à 1 818 m.; on compte en outre 40 petits tunnels (au total 10 km.) et 27 000 mètres de viaducs.

Il existe un certain nombre de tunnels creusés *sous l'eau* ou *sous terre*, et qui ont exigé une grande science technique et dont la plupart sont de beaux travaux d'art. La *Severn* est traversée par un tunnel de 7 300 m. (1873-1888) reliant la région de Bristol au Pays de Galles. Près de Montréal, le tunnel du *Saint-Laurent* mesure 4700 m. Un tunnel est projeté sous l'*East River*, entre New-York et Brooklyn, où passera le chemin de fer de Manhattan et qui aura, avec ses raccords et ses prolongements, de 19 à 20 km., comme le Simplon.

Parmi les CHEMINS DE FER MÉTROPOLITAINS[1], celui de LONDRES est un souterrain, un tunnel continu; il forme un circuit de 21 km.; il est relié à toutes les grandes lignes. — A BERLIN on a établi entre deux gares importantes, d'Est en Ouest, deux lignes à double voie traversant la ville sur un viaduc en pierres. — Les rues droites et larges de NEW-YORK sont parcourues par une voie ferrée établie sur un viaduc en fer, s'élevant à la hauteur du premier étage; le réseau comprend 5 lignes dont chacune est à quadruple voie. — Dans ces dernières années, à PARIS, le *Chemin de fer métropolitain* a enfin été livré à la circulation; c'est un remarquable réseau de tunnels; 45 km. sur 65 seront en souterrain.

10. **Les viaducs.** — Les VIADUCS sont extrêmement nombreux dans les régions accidentées coupées de vallées profondes; quelques-uns sont des travaux admirables, de proportions grandioses; c'est le bas du célèbre *viaduc de Garabit,* qui s'élève à 122 mètres au-dessus de la vallée étroite de la Truyère, affluent du Lot, et s'allonge sur 565 mètres de longueur; en Allemagne, le *viaduc du Göltzch,* haut de 80 mètres, a 580 mètres de longueur. Au Chili, quelques vallées profondes des Andes ont nécessité la construction de viaducs très élevés.

Aux viaducs on peut rattacher les *ponts suspendus,* très nombreux sur les fleuves de largeur moyenne. L'un de ces ponts, le plus grand qui soit au monde, est le PONT DE BROOKLYN,

1. Dans les villes, sur certains points de pente très raides, et sur certaines montagnes on a établi des *chemins de fer funiculaires,* qui permettent, à l'aide d'une machinerie spéciale, des trajets rapides.

qui relie cette ville à New-York, en franchissant l'East River; il a une portée de 486 mètres entre des piles; deux voies ferrées y passent (voir la figure p. 697). — Les grands fleuves sibériens, dont la largeur dépasse souvent 1 000 mètres, ont nécessité la construction de ponts en fer, prodigieux, pour le passage du Transsibérien; le plus grandiose, celui du Iénisséi,

GARE D'ANGOULÊME
(Phot. N. D.)

a 895 mètres de longueur, avec des travées de 150 mètres; la longueur totale des ponts jusqu'en Transbaïkalie dépasse 48 kilomètres.

11. **Vitesse des chemins de fer.** — De même que pour la navigation, comme nous le verrons plus loin, la question de la vitesse, de la rapidité des transports des voyageurs et même des marchandises, s'est posée de bonne heure; pour le commerce, c'est une question vitale. Sur les grandes lignes sont organisés des TRAINS EXPRESS dont la vitesse commerciale[1]

1. Dans le calcul de la *vitesse commerciale* on tient compte des arrêts des trains, des retards dus aux transbordements, etc.

oscille entre 65 et 75 km. Certains trains, circulant dans des régions où les fortes rampes sont rares, peuvent atteindre 90 à 100 km. à l'heure, comme le *train de Calais à Marseille,* dans le trajet à travers la Picardie et l'Ile-de-France; pour les mêmes raisons celui de *Paris à Lille.* En Allemagne, le train de *Hambourg à Berlin* atteint une vitesse de 100 km. en certains points, avec une vitesse moyenne de 80 à 85 km. Aux *États-Unis,* dans la plaine du New-Jersey, de *Philadelphie* à la ville balnéaire d'*Atlantic City,* la vitesse dépasse 95 km.; de *Chicago* partent vers des centres divers des trains d'une vitesse supérieure à 80 km.

Ailleurs les vitesses sont moindres; en Autriche-Hongrie, en Italie, elles ne dépassent guère 65 km.; en Russie, en Turquie, en Espagne, les vitesses s'abaissent à 40 km. parfois; le Transsibérien peut atteindre 37 km. (vitesse qui n'est guère dépassée aux États-Unis pour les lignes interocéaniques) pour les trains de voyageurs, et 21 à 23 pour les trains de marchandises, etc.; cette vitesse diminue dans la dernière partie du trajet.

Les distances ont été, en quelque sorte, vaincues; il ne faut que 7 heures à peine pour aller de Londres à Paris par Folkestone; on pourra aller de Paris à Changhaï par le Transmantchourien et les lignes chinoises en 20 à 22 jours. Tous les trains *rapides* ou *omnibus,* venus de très loin ou d'une banlieue, aboutissent dans les grandes villes à des gares gigantesques, dont la membrure est généralement en fer, et où règne à certaines heures de départ ou d'arrivée une activité fiévreuse, une animation intense. Ces grandes gares occupent des surfaces considérables; elles donnent l'idée de l'importance prodigieuse des voies ferrées.

**12. Les grandes voies ferrées transcontinentales.** — Ce sont les États-Unis qui en possèdent le plus grand nombre, mais la plus longue réunit l'Europe occidentale à l'Asie orientale, de l'Atlantique au Pacifique. C'est à la construction du TRANSSIBÉRIEN que l'on doit la réalisation de cette grande idée.

Le 17 mars 1891, un rescrit impérial confia au grand-duc Césarevitch Nicolas Alexandrovitch, le tsar actuel, le soin de poser sur le littoral russe de l'océan Pacifique les fondations du premier tronçon du chemin de fer qui devait traverser la Sibérie. Le plan primitif comprenait 6 sections et prévoyait, de *Tcheliabinsk* à *Vladivostock,* une longueur totale de 7 605 km.; ce plan fut modifié par l'établissement des Russes sur le golfe de Pe-tchi-li; il ne s'agissait plus d'atteindre Vladivostok, mais *Port-Arthur;* un nouveau tracé quitta la voie à *Chi-taï,* et l'on entreprit la partie appelée le *Transmantchourien;* le 3 novembre 1902, on posa le dernier rail de la voie ferrée qui unit l'Europe à l'Asie. Vladivostock est reliée à la grande voie par une ligne partant de Kharbine (Mantchourie); de même l'*Est Chinois.* Il est donc devenu possible de se rendre par voie ferrée de France à Pékin, et bientôt à Chang-haï et à Canton; l'itinéraire le plus pratique est : départ du Havre, Paris, Cologne, Berlin, Varsovie, Moscou, Samara, Tcheliabinsk, Irkoutsk, Kharbine, Port-Arthur; pour Pékin, prendre la ligne chinoise à *Niou-tchouang.* Il faut encore franchir le lac Baïkal en bateau l'été et à l'aide d'un bateau brise-glaces l'hiver; la guerre avec le Japon a déterminé la Russie à achever la ligne en construisant une voie ferrée le long de la côte Sud-Ouest du lac; elle sera terminée sans doute en novembre 1904. — Cette ligne immense est de nature à donner une vive impulsion aux relations de l'Europe avec l'Extrême Orient.

Aux États-Unis, le premier chemin de fer transcontinental fut inauguré en mai 1869; c'est le *Central Pacific*, dénommé aussi *Union Pacific Railway*; il va de *Philadelphie*, par *Pittsburg* et *Chicago*, à *San Francisco*, en Californie. Les autres sont le *Northern Pacific Railway*, qui se rattache à la grande voie canadienne à Sudbury, passe entre les lacs Majeur et Michigan et aboutit à Astoria, sur la côte pacifique; le *Santa Fé Pacific Railway*, qui par Saint-Louis, Kansas, Santa Fé, atteint San Francisco après avoir traversé l'effroyable désert Mohave; le *Southern Pacific Railway* par la Nouvelle-Orléans, le Texas, Los Angeles, rejoint la ligne précédente; il est rejoint de son côté par le *Texas and Pacific Railway*, qui de la Nouvelle-Orléans passe par Dallas et le Nord du Texas. Toutes ces grandes voies ont des longueurs allant de 3 500 à 4 500 kilomètres; la vitesse n'y est pas très grande; elle ne dépasse guère 40 kilomètres, surtout à l'Ouest du Mississipi; il faut traverser les Montagnes Rocheuses; les rampes y sont le plus souvent très fortes et très audacieuses; le Central Pacific passe à 2 100 et 2 500 mètres; le North Pacific à plus de 1 600. Ces lignes rendent les plus grands services et jouent un rôle économique capital aux États-Unis. — Les États-Unis rêvent un *Transaméricain* qui irait du Canada au Sud de l'Amérique; c'est un projet que l'ouverture du canal de Panama (p. 688) rendra irréalisable.

Le Canada a terminé le *Canadian Pacific Railway*, qui va de *Montréal* à *Vancouver*, avec un parcours de 4 673 km.; il a enfin dégagé la Colombie britannique de son isolement. Un projet d'une nouvelle voie *Trans-Canada Railway*, allant du Saint-Laurent au fort Simpson, n'a pas été approuvé par le gouvernement canadien, qui a accordé une ligne de Moncton, dans le Nouveau-Brunswick, par Québec, à Winnipeg. — Dans l'*Amérique du Sud* un projet, qui est pour la très grande partie réalisé, consiste en une ligne reliant *Buenos-Ayres*, dans l'Argentine, à *Valparaiso*, au Chili; les deux voies vont toutes deux jusqu'au pied des Andes, mais le col de Cumbre est trop élevé. Il faudrait un tunnel, ou une voie en lacets avec de fortes rampes.

En Afrique il n'y a que des projets. On connaît le rêve ambitieux des Anglais d'étendre leur domaine du *Cap au Nil* et de relier cette longue traînée de territoires par des voies ferrées; au Sud elle prolonge le chemin de fer du Cap de *Kimberley* à *Boulouwayo*; au Nord, une voie militaire va jusqu'à *Khartoum*. — La question du *Transsaharien* revient sans cesse, elle a toujours de chauds partisans; il est souhaitable qu'ils n'essayent pas, sur un immense parcours dans des déserts, ce que les géographes considèrent comme une grave erreur[1].

En Australie, une tentative a été faite pour établir une voie ferrée du Sud au Nord, de *Port Augusta* au *Port Darwin* (Palmerston); deux amorces existent; au Sud la voie va jusqu'à *Oodnadatta*, au Nord-Ouest du lac Eyre: c'est de beaucoup la plus longue; au Nord, petite ligne de *Palmerston* à *Pine Creek*. Il existe un télégraphe qui s'étend à travers tout le continent, sur le trajet futur [?] du chemin de fer, et dont les stations sont ravitaillées par des caravanes de chameaux. — La Westralie, dont la prospérité augmente, grâce aux riches mines d'or, voudrait sortir de son isolement et créer une voie ferrée le long de la grande Baie australienne jusqu'à Port-Augusta; le parcours indiqué est en grande partie désertique, mais il serait assez facile d'y créer des dépôts de charbon et d'eau, par suite du voisinage de la mer.

Travaux a consulter. — W. Götz, *Die Verkehrwege im Dienste des Welthandels. Eine historisch-geographische Untersuchung*, Stuttgart, 1888. — L. Laffitte, *le Percement du Simplon et la question des voies françaises d'accès* (*Bull. Mutuelle-Transports*, décembre 1902). — Chancellerie du Comité des Ministres, *le Grand Transsibérien*, Saint-Pétersbourg, 1900. — J. Legras, *le Transmantchourien* (*Annales de Géogr.*, XII, 1903).

# CHAPITRE IX

## LE MONDE ÉCONOMIQUE ACTUEL

### II. — La navigation maritime. — Postes, télégraphes, cables, etc.

**Les origines de la navigation.** — Les Phéniciens et les Grecs étaient de hardis marins; la navigation fut sans importance avant les *croisades* et la création de la *Ligue hanséatique*; les bateaux utilisés étaient alors des *caravelles*, des *galions*, des *galiotes*. L'initiative de l'Académie des Sciences provoqua la

1. Il n'a pas été possible aux Australiens de construire un Transaustralien; dans un désert plus terrible, comme le Sahara, à moins d'ignorance, une voie ferrée est une utopie inadmissible. — Il est sans doute plus facile de construire dans les régions très froides un chemin de fer, au-dessus du cercle polaire; c'est le cas de la ligne de l'*Ofotenfjord* en Laponie, ouverte en 1903, et aboutissant à Narvik; « son but est de donner des débouchés aux magnifiques gisements de fer de *Luossovara* et de *Kiunavara;* la ville de Kiruna s'est immédiatement fondée. »

construction de types nouveaux, *goélettes, bricks, trois-mâts.* Des Compagnies de navigation furent créées.

**A. — La navigation à voiles.** — Les voiliers conservèrent longtemps la prépondérance sur les vapeurs; dès 1816, des services de voiliers furent créés; les Américains construisirent des *clippers*, allongés et affinés dans l'avant et l'arrière; ces grands voiliers faisaient 26 à 28 km. à l'heure (14 à 15 nœuds).

La lutte avec la navigation à vapeur, l'ouverture du canal de Suez, coup terrible pour les voiliers, provoqua la construction de nouveaux types, à *coque de fer* ou *d'acier*, qui rendaient de grands services (voyages à longue distance, transport de matières lourdes, etc.); à la fin du dix-neuvième siècle, ces voiliers étaient assez nombreux en Angleterre, en Allemagne, en France. Les vapeurs les avaient dépassés comme *tonnage* : 16 500 000 tonneaux, contre 812 000 tx pour les voiliers.

**B. — La navigation à vapeur. — a).** — L'invention des bateaux à vapeur est due surtout à l'Américain Fulton; les premières *traversées transatlantiques* eurent lieu dès 1818, devinrent plus fréquentes vers 1840, année où furent créées les premières *compagnies de navigation;* elles se multiplièrent bientôt en Angleterre, en Allemagne, en France, aux États-Unis, etc.

**b).** — Un magnifique développement de l'*outillage* et de la *construction* provoqua l'augmentation des dimensions, du tonnage et de la vitesse des navires à vapeur; *longueurs* de 150 à 200 m.; les plus forts *tonnages* sont ceux du Celtic (20 904 tonneaux) et du Cedric (2 135 tx); les vitesses, qui ne dépassaient guère 25 km. à l'heure en 1866, ont atteint jusqu'à 43 km. et demi en 1900. Les grands vapeurs coûtent de 10 à 15 millions frs. Des vapeurs de charge ou *cargo-boats*, les *chalands de mer*, transportent les matières lourdes.

**C. — Percement des isthmes. — Les grands ports.** — L'inauguration du canal de Suez eut lieu le 17 novembre 1869; M. de Lesseps en a été le créateur. La progression du tonnage fut constante, et aboutit, en 1902, à 11 250 000 tonneaux net; le canal a 9 m. de profondeur utile, des garages, et présente une animation continuelle par le passage des navires de tous les grands pays navigateurs.

Le *canal de Kiel* ne s'est développé que lentement; le *canal de Corinthe* n'a aucun avenir. Il n'en est pas de même du canal de Panama, qui, presque abandonné, dépend aujourd'hui des États-Unis, qui en achèveront le percement.

Les ports ont été perfectionnés par l'établissement de *bassins à flot*, de *quais* et de *jetées d'abordage*, par le creusement du port, etc. Les grands ports sont Hambourg, dont le tonnage s'est élevé à 17 400 000 tonneaux en 1902; Anvers (13 750 000 tx en 1899); Londres (1 755 000 tx en 1902); New-York, le premier port aujourd'hui, avec 17 000 000 tx, en 1903. On peut encore citer *Liverpool* (13 000 000 tx en 1902), *Cardiff, Rotterdam, Marseille, Gênes*, dont le tonnage s'élève de 8 à plus de 10 millions de tonneaux.

Les *grandes lignes de navigation* sont surtout nombreuses dans l'océan Atlantique, la Méditerranée, le pourtour de l'Asie Sud et Est; elles sont rares dans le Pacifique.

**D. — Postes, télégraphes et téléphones. — Câbles sous-marins. — Grands pays commerçants.** — Les postes, télégraphes et téléphones, auxiliaires indispensables du commerce, ont pris un développement prodigieux dans le *Royaume Uni*, en *Allemagne*, en *France*, aux *États-Unis*, etc. Les câbles sous-marins sont accaparés par l'*Angleterre;* les États-Unis, l'Allemagne, la France, ont seuls quelques câbles.

Le commerce est l'expression définitive, le reflet de la vie économique du globe.

## Navigation maritime.

L'usage de la vapeur a déterminé dans la navigation maritime des changements de première importance, une évolution qui en a changé complètement l'aspect. Après avoir rappelé les conditions sommaires de la navigation d'autrefois, nous verrons les progrès et l'état actuel des navires voiliers, puis le grand développement de la marine à vapeur.

1. **Les origines de la navigation.** — Nous avons vu ailleurs les navigations hardies des Phéniciens et des Grecs; les Romains, au contraire, n'ont montré qu'un faible goût pour les voyages en mer. La Méditerranée resta sans animation jusque vers le x<sup>e</sup> siècle; pendant ce temps les Arabes naviguaient sur la mer Érythrée; les Normands atteignaient l'Amérique dans leurs périlleuses expéditions. Les croisades enfin donnèrent une grande impulsion; il y eut une circulation commerciale intense dans la Méditerranée, entretenue surtout par les flottes de Gênes, de Venise, d'Amalfi... Dans le Nord, le mouvement commercial de la *Ligue hanséatique* créa une grande activité dans la mer du Nord et la mer Baltique. Tous ces vaisseaux de Venise, de Gênes, de la Hanse, étaient d'une construction sommaire et commençaient à peine à se servir de la boussole.

L'usage plus exact de la boussole et d'observations astronomiques (voir p. 18) permit du moins de se diriger en haute mer, et d'atteindre l'Amérique et l'Inde. Les navires utilisés pour les découvertes et les voyages postérieurs étaient des *caravelles,* des *galions,* des *galiotes.*

Les *caravelles* d'Espagne-Portugal pouvaient avoir une longueur de 18 à 25 m. sur 6 ou 8 de largeur; quelques-unes dépassaient 30 m.; elles avaient 4 mâts, le mât d'avant avec 2 voiles carrées, les trois autres des voiles latines (voiles de forme triangulaire), de belle largeur au grand mât (voir p. 22); avec de bons vents, les caravelles, toutes voiles déployées, devaient faire au moins 7 nœuds à l'heure (7 milles marins; 1 mille = 1 852 m.). — Les *galions* espagnols étaient de lourds navires de charge et de transport, qui, à date fixe, vers septembre, faisaient un service régulier d'Espagne au Pérou et au Mexique; ces douze galions, dotés des noms des douze apôtres, protégés par des navires de guerre, portaient des marchandises de toute sorte aux colonies; leur tonnage pouvait être de 1 000 à 2 000 tonnes. Les produits des mines d'or, les tributs des colonies, formaient la charge du retour. — La *galiote,* après diverses destinations, servit au cabotage hollandais (50 à 300 t.); ce nom fut donné au XVIIIe siècle à de grands bateaux pontés qui circulaient sur les fleuves. Puis on l'employa comme *galiote à bombes,* avec deux mortiers en avant du mât, dont on fit essai avec succès contre Alger.

Sur l'initiative de l'ACADÉMIE DES SCIENCES, des ingénieurs français introduisirent des modifications dans la construction des bâtiments, et créèrent des types assez nouveaux, au cours du XVIIIe siècle : *goélettes, bricks, trois-mâts,* etc.

La *goélette* était un petit bâtiment, à deux mâts à voiles triangulaires dans le haut, de 250 à 300 t., de forme allongée et capable d'une certaine rapidité; les Américains surent perfectionner la goélette, augmenter largement ses formes, sa vitesse; elle porta le nom de *shooner.* — Le *brick,* bâtiment lourd, avec 200 t. et deux mâts, n'a pas de vitesse; 4 ou 5 mois lui sont nécessaires pour le trajet d'Europe aux côtes pacifiques de l'Amérique. — Le TROIS-MATS a une allure déjà plus rapide; il peut jauger de 300 à 500 t. Ce sont ces bateaux qui seront employés dans la première partie du XIXe siècle, et qui serviront de modèle aux constructeurs anglais et hollandais. — Outre les progrès de la construction, la précision des calculs astronomiques donna plus de sécurité à la navigation. De grandes compagnies de navigation furent créées : en France, *Compagnie des Indes, Compagnie royale d'Afrique* (1741-1784), qui disparurent à la Révolution; en Hollande, *Compagnie des pays lointains,* 1595-1795; en Angleterre, l'*East Indian Company,* qui, créée au début du XVIIe siècle, eut le privilège du commerce de l'Inde jusqu'en 1858; dès 1614 elle utililisait 4 bâtiments de 250 à 500 et 600 tonnes.

### A. — La navigation à voiles.

**2. La navigation à voiles jusqu'au milieu du dix-neuvième siècle.** — Les voiliers devaient conserver pendant longtemps la prépondérance indiscutée sur la marine à vapeur. Dès que la paix régna en 1816, un service périodique américain de paquebots fut créé sous le nom de *Boule Noire;* la traversée de Liverpool à New-York durait 40 jours à l'aller, 23 jours au retour[1]. Quelques années plus tard, *Francis Depau* organisa des voyages réguliers entre le Havre et New-York. Quelques tentatives anglaises furent malheureuses.

Ce sont les Américains qui ont réussi à perfectionner la

1. Cette différence s'explique par ce fait qu'à l'aller le voilier doit lutter contre les vents d'Ouest; au contraire, les vents d'Ouest favorisent le retour, ainsi que le courant du Gulf Stream qui se dirige vers l'Europe.

navigation à voiles. Ils construisirent des voiliers d'un nouveau type, de forme allongée, ayant en long plus de cinq fois la largeur; les lignes d'avant et d'arrière furent effilées en quelque sorte; la mâture et la voilure étaient augmentées; le bâtiment était devenu *un fin marcheur*. On donna à ces voiliers le nom de *clipper*, qui fend les flots (de *clip*, couper). Ils purent développer une vitesse de 14 à 15 nœuds[1] à l'heure, soit 26 à 28 kilomètres.

Le transport du thé nouveau (voir p. 575) donna lieu à des luttes de rapidité entre des *China Clippers*, dont 3 réussirent à faire plus de 25 000 km. en 99 jours, soit 252 km. par 24 heures. Le *Lightning*, « *la Foudre* », parti de Lisbonne, était à Melbourne, en Australie, en 63 jours; de Boston, sur la côte orientale des Etats-Unis, à San Francisco, sur la côte opposée, le *Northern Light* fit le trajet en 76 jours et 8 heures. Le plus beau spécimen de clipper fut sans doute la *Great Republic*, construit à Boston en 1853, jaugeant près de 5 000 tonneaux, de 99 m. de longueur, de 16 m. de largeur, de 12 m. de creux; une voilure très développée offrait au vent une surface de 5 800 mq.; la manœuvre des voiles n'exigeait que 100 hommes et 30 mousses.

Le commandant MAURY rendit de très grands services à la navigation à voiles en déterminant la disposition générale des *vents variables* (voir p. 167); le milieu du XIXe siècle fut l'apogée des voiliers; vers 1850, les vapeurs ne comptaient même pas 4 °/₀ du tonnage total de la marine marchande du monde.

3. **Les grands voiliers.** — Les voiliers durent bientôt commencer une lutte très vive contre la navigation à vapeur, qui, bien que très inférieure comme tonnage, faisait de rapides progrès; l'ouverture du canal de Suez, le 17 novembre 1869, porta un coup terrible aux voiliers en montrant leur impuissance à utiliser le canal sans l'aide de la vapeur. Cependant la concurrence des voiliers fut acharnée; le tonnage se maintint jusqu'en 1880 à 14 millions de tonneaux, puis, à partir de cette date, la décroissance assez lente fut sensible dans tous les pays. Il y avait place cependant pour de grands voiliers; eux seuls pou-

1. Pour apprécier la marche des bâtiments on se sert du *loch*, ligne subdivisée en *nœuds*; l'espace entre deux nœuds, le *nœud*, est la 120e partie du mille marin en longueur, c'est-à-dire 15 m. environ, le mille marin valant 1 852 m.; c'est aussi la 120e partie de l'heure, c'est-à-dire 30 secondes; autant de nœuds filés en 30 secondes, autant de milles parcourus en 1 heure; on dit 6 milles à l'heure, etc.

vaient transporter des matières lourdes ou encombrantes, comme les nitrates du Chili, par exemple, qui n'exigeaient pas un transport rapide; les voyages à de très longues distances étaient faciles pour les bateaux à voiles qui n'utilisaient aucun combustible. On songea à adapter les voiliers aux conditions nouvelles de plus grandes dimensions, de formes plus modernes, de vitesse plus grande.

TROIS-MATS, à toutes voiles.
(Phot. N. D.)

L'emploi du fer et de l'acier a transformé la construction des voiliers; désormais ces bâtiments, d'un tonnage de 3000 à 4000 tonneaux et plus, ont une coque d'acier ou de fer très profonde, des mâts presque entièrement en acier; le pont en fer, avec revêtement de bois, protège l'intérieur, tout entier réservé aux marchandises; les matelots et les officiers logent sur le pont. C'est en Angleterre que, surtout depuis 1890, la plupart de ces navires ont été construits; puis, dès 1892 les armateurs allemands, persuadès de l'importance des voiliers modernes, ont fait effort pour augmenter et améliorer leur flotte à voiles, tout aussi bien que leur matériel à vapeur[1]. La France a pris part à cette évolution, ainsi que les Etats-Unis. On a construit ainsi des quatre-mâts, des cinq-mâts-barque et même des sept-mâts.

A Hambourg, l'armateur F. Laeisz possédait en 1903 18 voiliers, dont 15 en acier, 4 quatre-mâts-barque d'un tonnage de plus de 3000 tonneaux et 2 cinq-mâts-barque; le *Potosi* (1894), tonnage brut de 4026 tx, avec une longueur de 120 m., une largeur de 15, près de 10 m. de creux; les mâts

1. J.-Charles Roux, *Notre Marine marchande*, 1898, p. 51.

(de 64 m.) développent une surface de près de 5000 mq. de voiles; les hommes d'équipage ne sont que 41; le bâtiment peut faire de 18 à 29 km. à l'heure, et transporter 123000 quintaux, soit la charge de 20 trains, à 31 wagons de 10000 kgr.; le *Preussen* a 5080 tx[1] de jauge brute, 5600 mq. de voilure; c'est le plus grand voilier de l'Allemagne. Plusieurs compagnies de navigation à vapeur possèdent à *Hambourg* et à *Brême* de nombreux quatre-mâts-barque.

En *France*, les armateurs Bordes et fils (Dunkerque, Bordeaux) possédaient, en 1903, 23 quatre-mâts-barque de 2800 à 3300 tx de jauge brute. — Aux *Etats-Unis* on a construit, pour le transport sur les grands lacs des grains et du charbon, des *schooners* de 3 et de 4 mâts; ces grands bâtiments sont construits à Duluth, sur le lac Supérieur, à Cleveland, sur l'Erié; d'autres voiliers de fort tonnage servent au cabotage; un des plus grands, un géant de sept mâts, *Thomas-W.-Lawson*, a été lancé à Boston, en fer, tout récemment; sa jauge brute est de 6080 tx (5918 tx), les cordages et les câbles sont en acier.

On a construit, depuis 1890 jusqu'en 1897, plus de 1 million de tonneaux de voiliers; mais le tonnage des navires à voiles en 1903-1904 est notablement inférieur à celui des années antérieures. En 1890 le tonnage n'est que de 8 millions et demi de tonneaux, le même chiffre que celui des vapeurs; en 1903-04 on compte 29100 voiliers, jaugeant 8120000 tonneaux; dans le même temps les vapeurs comptaient comme tonnage brut 26900000 tonneaux[2], comme tonnage net 16500000 tonneaux, et étaient au nombre de 17300. Les voiliers ne représentent plus que 33 % du tonnage total des marines marchandes.

## B. — La navigation à vapeur.

**a). — 4. Premiers essais de la navigation à vapeur.** — En 1852 on découvrit dans la bibliothèque de Hanovre des documents qui prouvaient que *Denis Papin*, savant français, avait fait mouvoir sur la Fulda, en 1707, à l'aide d'une machine à vapeur, un bateau à roues. L'invention des bateaux à vapeur est due en partie au MARQUIS DE JOUFFROY; en juin 1776 il fit naviguer une embarcation à vapeur sur le Doubs; ce bateau fut nommé *pyroscaphe*, nom utilisé longtemps. Les railleries qui accueillirent Jouffroy ne le découragèrent pas; en juillet 1783 il réussit à conduire un pyroscaphe,

1. Les chiffres de tonnage sont empruntés au *Répertoire général de la marine marchande* pour 1903-1904, du BUREAU VERITAS; le Répertoire général ne mentionne que les navires à vapeur ayant au moins 100 tonnes de jauge brute et au-dessus, et les navires à voile ayant au moins 50 tonnes de jauge nette et au-dessus; d'autres navires de tonnage inférieur sont classés en plus par le Bureau Veritas.

2. Le mot de *tonneau* a un autre sens que le mot *tonne*; la tonne vaut 1000 kgr. de coton, de plomb par exemple; il est évident que le plomb occupe une surface extrêmement petite relativement à celle occupée par le coton. Le tonneau, au contraire, est une mesure métrique.

de 140 pieds de long sur 26 de large, sur la Saône, de *Lyon* à l'île *Barbe;* il obtint un brevet en 1816 pour un nouveau vapeur, mais la Société qui se fonda à ce sujet ne réussit pas. — Dans l'intervalle, l'ingénieur américain *Robert Fulton* avait obtenu des résultats remarquables; sur la Seine, à Paris, devant une commission de l'Académie des sciences, il avait, en août 1803, atteint avec un vapeur une vitesse de 6 kilomètres à l'heure contre le courant. En août 1807 il lança sur l'Hudson le *Clermont,* qui réussit à atteindre Albany assez rapidement; il construisit d'autres vapeurs et mourut au moment où il travaillait à une frégate à vapeur. Le succès du *Clermont* avait provoqué un véritable enthousiasme et une grande popularité; les sociétés savantes suivirent les funérailles de Fulton et pendant 30 jours portèrent le deuil.

5. **Les premières traversées transatlantiques des vapeurs.** — La question des bateaux à vapeur préoccupa vivement l'Angleterre; des essais furent tentés d'abord sur les fleuves, la Clyde, le Humber, la Tamise; puis on exécuta le parcours de Glasgow à Dublin et de Dublin à Londres; la Manche fut traversée, entre Douvres et le continent, par un vapeur qui faisait de 13 à 15 kilomètres à l'heure. — En 1818, un navire américain, le *Savannah,* fit le trajet de Boston à Liverpool en 25 jours; il s'était servi de la vapeur pendant 18 jours et de la voilure en même temps, puis de la voilure seule.

Ce voyage eut pour résultat de faire mettre en doute la possibilité de faire la traversée de l'Atlantique avec l'unique secours de la vapeur; à beaucoup, même à des savants, cette idée paraissait une chimère. Les faits vinrent presque aussitôt contredire ces conjectures. Le *Great Western Railway* pensa qu'il serait utile de continuer la ligne de chemin de fer qu'il exploitait de Londres à Bristol par le service régulier d'une ligne de steamers avec l'Amérique; il fit construire le premier paquebot de la flotte qu'il possède toujours aujourd'hui; ce fut le *Great Western,* beau bâtiment de 65 mètres de longueur sur 11 mètres de large, avec une machine de 450 chevaux et une jauge de 1 340 tonneaux. Après une traversée de 16 jours, depuis Bristol, il arriva à New-York le 23 avril, le jour même où un autre navire, le *Sirius,* un voilier transformé en vapeur, y abordait[1]. La durée du voyage du *Great Western* ne fut que de 13 jours seulement au retour, où les vents d'Ouest et le Gulf Stream sont favorables.

1. Cf. Ambr. Colin, *la Navigation commerciale au dix-neuvième siècle,* p. 40.

Cette traversée était un succès pour la vapeur; néanmoins les premiers steamers utilisèrent un certain temps à la fois la vapeur et la voile; la vapeur restait inutile par un vent propice; en cas de calmes, elle devenait « un moteur de secours ». On se rendit bientôt compte des inconvénients de ce système; les machines et les voiles exigeaient un personnel et un matériel différents; les voiles ne suffisaient plus à la vitesse croissante; les vapeurs abandonnèrent les voiles, ne conservant que les mâts. — C'étaient des navires mixtes, qui naviguèrent dans l'océan Indien vers le milieu du siècle, en passant par le cap de Bonne-Espérance. Vers 1850 l'Angleterre utilisa la route de terre de l'isthme de Suez pour le transbordement des voyageurs, des marchandises de peu de volume, et pour la poste; il y avait une ligne de vapeurs pour *Alexandrie*, par Malte, une autre de Suez à Bombay et Calcutta. La Compagnie des *Messageries maritimes* utilisa de même le passage par l'isthme.

6. **Les grandes compagnies de navigation.** — Le *Great Western* fit un service régulier entre l'Angleterre et l'Amérique de 1838 à 1843; cet exemple encouragea l'armateur *Cunard* à créer une ligne de vapeurs, allant deux fois par mois de Liverpool à Boston. Il construisit 4 steamers (1840); ce fut la première Compagnie de navigation. La même année fut organisée la *Peninsular Oriental C°*; depuis, un très grand nombre de compagnies se sont formées; nous indiquerons les plus importantes[1].

ANGLETERRE. — *Cunard Steamship C°*, Liverpool; 21 nav. de 127 000 tonneaux, dont 5 nav. de 13 000 tx. — *Ismay, Inrie C°* (dirigeant *Oceanic Steam navig. C°* et *White Star*), Liverpool et New-York; 28 nav. de 266 000 tx, dont 8 nav. de 12 000 tx, 1 de 13 000, 1 de 17 000, 2 de 20 000 et 21 000 tx. — *Peninsular a. Oriental C°*; 63 nav. de 360 000 tx, 3 nav. de plus de 10 000 tx. — *British a. North Atlantic C°*, Liverpool; 12 nav. de 104 700 tx, dont 2 de plus de 11 000 tx, 1 de 12 000, 1 de 15 500 tx. — *Anchor Line*, Londres, Glasgow, Liverpool; 28 nav. de 122 000 tx. — *Harrissons Line*, Liverpool; 38 nav. de 181 000 tx.

ALLEMAGNE. — *Hamburg-Amerika Linie*, fondée en 1847, Hambourg; 133 nav. de 518 300 tonneaux, dont 7 de plus de 10 000 à 12 000, 4 de 13 000, 1 de 16 500 tx. — *Hamburg-Südamerikanische Ges.*[2], Hambourg; 34 nav. de

1. D'après le *Répertoire général de la marine marchande*, 1903-1904, du BUREAU VERITAS. — Dans le bref exposé des compagnies, le ou les noms de villes indiquent les ports d'attache; et les navires dont on cite le tonnage ne sont pas *en plus* du nombre total donné en premier lieu.

2. *Ges.* est l'abréviation de *Gesellschaft*, société, compagnie.

131 000 tx. — *Australische Dampfschiffs Ges.*, Hambourg ; 26 nav. de 106300 tx. — *Cosmos*, Hambourg ; 28 navires de 101 000 tx. — *Norddeutscher Lloyd*, fondé en 1859, Brême ; 129 nav. de 480200 tonneaux, dont 8 de plus de 10000 tx, 1 de 13200, de 14300, de 14900, 1 de 19361 tx.

France. — *Messageries Maritimes*, Marseille et Bordeaux ; 60 nav. de 246700 tonneaux. — *Compagnie générale transatlantique*, Le Havre, Saint-Nazaire, Marseille ; 53 nav. de 174100 tx, dont 2 de plus de 8000 tx, 2 de plus de 11000. — *Chargeurs réunis*, Le Havre ; 32 nav. de 121300 tx. — *Cyprien Fabre et Cie*, Marseille ; 14 nav. de 42000 tx. — *Transports maritimes à vapeur*, Marseille ; 22 nav. de 64000 tx. — *Fraissinet et Cie*, Marseille ; 12 nav. de 30000 tx.

STEAMER « LA NORMANDIE » (6283 tonneaux), de la *Compagnie générale transatlantique*. Départ du Havre.
(Phot. N. D.)

Espagne. — *Compañia Trasatlantica*, Cadix et Barcelone ; 23 nav. de 85412 tonneaux. — *Rodas F. M.*, Bilbao ; 11 nav. de 40100 tx. — Italie. — *Navigazione generale italiana*, Rome, Naples, Gênes et Palerme ; 107 nav. de 224 000 tx. — *Soc. commerciale italiana di Navig.*, Gênes ; 12 nav. de 40300 tx. — *La Veloce*, Gênes ; 16 nav. de 39500 tx. — Autriche-Hongrie. — *Lloyd austriaco*, Trieste ; 70 nav. de 220300 tx. — *Cosulich Fratelli*, Trieste ; 21 nav. de 61540 tx. — *Adria, Ungarica Societa...*, Fiume ; 33 nav. de 70000 tx. — Grèce[1]. — *Morailes et Cie*, Andros ; 7 nav. de 19600 tx. — *Vagliano A. S.*, le Pirée ; 4 nav. de 14600 tx.

1. En Grèce et dans les îles, de nombreux commerçants ont, comme ceux que

Turquie. — *Idarei Massousich,* Cie ottomane de navig. à vapeur, Constantinople; 33 nav. de 34800 tonneaux. — Russie. — *Cie russe de navig. et de commerce,* Odessa; 80 nav. de 109800 tx. — *Flotte volontaire russe,* Cronstadt et Odessa; 19 nav. de 82200 tx. — *Russische ostasiatische Dampfschiff Ges.,* Riga; 4 nav. de 20400 tx. — Suède. — *Johnson Axel,* Stockholm; 6 nav. de 21000 tx. — Norvège. — *Wilhelmsen et C°,* Tönsberg; 23 nav. de 59000 tx. — *Michelsen et C°,* Bergen; 9 nav. de 28500 tx. — Danemark. — *Det Forenede Dampskibsselskab,* Copenhague; 124 nav. de 155161 tx.

Hollande et Belgique. — *Stomwaart Maatschappij « Nederland »,* Amsterdam; 15 nav. de 57000 tonneaux. — *Rotterdamsche Lloyd,* Rotterdam; 15 nav. de 48800 tx. — *American Petroleum C°,* Rotterdam; 9 nav. de 29900 tx. — *Cie nation. Belge des Transports maritimes,* Anvers; 5 nav. de 10800 tx. — *Soc. anonyme de navig. Belge-Américaine,* Anvers; 5 nav. de 27000 t.; 1 nav. de 12000 tx. — *Soc. anonyme de navig. roy. Belge-Sud-Américaine,* Anvers; 7 nav. de 24900 tx.

Amérique du Nord. — États-Unis. — *United States Government,* Philadelphie; 44 nav. de 161300 tonneaux. — *Southern Pacific C°,* New-York et San Francisco; 17 nav. de 64500 tx. — *Pacific Mail Steam Ship C°,* New-York et San Francisco; 14 nav. de 57000 tx. — *Oceanic Steamship C°,* San Francisco; 7 nav. de 30200 tx. — *International mercantile marine C°,* New-York et San Francisco; 10 nav. de 81500 tx. — *Guffey J. M. « Petroleum C° »,* Philadelphie; 5 nav. de 15100 tx. — *American Hawaïan S. S. C°,* New-York; 9 nav. de 57300 tonneaux. — Au Canada, à Vancouver, il existe plusieurs compagnies canadiennes, notamment *Canadian Pacific Steamship,* etc.

Amérique centrale[1]. — Rien de notable.

Amérique du Sud. — Rien de notable, sauf pour le Brésil et surtout pour le Chili. — *Brésil, Lloyd Brazileiro,* Rio de Janeiro; 24 nav. de 31000 tonneaux. — Chili. — *Compañia sud-americana de vapores en el Pacifico,* Valparaiso; 20 nav. de 43700 tx.

Asie. — Chine. — *China merchants' steam navig. C°,* Shang haï; 30 nav. de 51800 tonneaux. — Japon[2], *Toyo Kisen Kaisha,* Yokohama; 5 nav. de 25600 tx. — *Nippon Yusen Kaisha,* Tokio; 77 nav. de 136820 tx. *Mitsui. Bussam Gomei Kaisha,* Nagasaki; 8 nav. de 20630 tx.

**b). — 7. Progrès dans l'outillage et la construction. —** Ce

nous avons cités, 3 à 4 navires de 1000 à 3000 tx. Il existe une *Nouvelle Compagnie hellénique de navigation,* dont les bâtiments sont d'un tonnage faible. — La *Bulgarie* n'a que 3 nav.; la *Roumanie,* 7 de 15200 tonneaux.

1. Pour le *Mexique,* rien d'intéressant; la *Compañia mexicana de navig.* a quelques nav. de 1000 tx; le reste est peu nombreux et de tonnage très faible. *Nicaragua, Costa Rica, Honduras* sont insignifiants. A *Cuba,* cependant, la *Compañia maritima Cubana,* à la Havane, a 4 nav. de 8800 tonneaux. — La Colombie n'a qu'un bateau; le Venezuela est insignifiant; le *Pérou* a 2 nav. de 2000 tx. Au Brésil, les navires sont assez nombreux, mais de faible tonnage, très peu au-dessus de 1000, sauf la compagnie citée. Dans l'Uruguay, les propriétaires de navires n'en possèdent qu'un; dans l'Argentine, les tonnages de 1000 à 2000 sont très rares; ce qui domine, ce sont des bâtiments de moins de 500 tx.

2. Le Japon possède un nombre très appréciable de navires, de tonnage notable, exploités par diverses compagnies; nous ne pouvons citer que les plus importantes.

magnifique développement est dû en partie aux perfectionnements successifs des navires à vapeur, dont les progrès dans l'outillage et la construction ont été ininterrompus. L'*hélice* fut peu à peu substituée aux *roues à aubes,* dont le roulis troublait la régularité d'immersion; l'hélice, protégée par la coque, évitait cet inconvénient. Les anciennes chaudières, lourdes et encombrantes, consommaient une proportion excessive de charbon et donnaient fort peu de calorique; les machines *compound,* ainsi qu'on les dénomma, permettent de se servir de la chaleur du premier cylindre pour un autre cylindre, évitant ainsi toute déperdition de la détente de la vapeur. Dès 1862 cette machine, qui diminuait la dépense de charbon, le poids de l'outillage, fonctionna sur un bâtiment français et devint d'un emploi général : on réussit bientôt d'ailleurs à avoir une triple et même une quadruple expansion de la vapeur. — Un autre progrès fut l'emploi du fer ou de l'acier à la place du bois dans la construction des coques des navires; le premier navire en fer date de 1838, le premier en acier de 1877; ils sont très nombreux [1] aujourd'hui, surtout en Angleterre, en Allemagne et en France, où ils sont recherchés pour la résistance et pour la légèreté des coques. Nous savons déjà que les voiliers ont adopté les mêmes éléments de construction.

8. **Développement des dimensions, du tonnage, de la vitesse des navires à vapeur.** — L'emploi d'une machinerie nouvelle, du fer et de l'acier, déterminèrent la construction de steamers plus grands; ce qui eut pour conséquence un accroissement du tonnage et de la vitesse. La construction, ainsi que les combustibles, furent moins coûteux; la largeur des coques permit l'installation de machines puissantes qui, par leur force intense de propulsion, produisirent des vitesses jusqu'alors inconnues. Une autre cause donna une réelle impulsion à cet essor superbe de la navigation; ce fut la vive émulation qui provoqua et provoque encore les efforts et l'activité des grandes compagnies;

1. En 1897, d'après le *Lloyd's Register,* on comptait, sur 14 183 vapeurs (11 531 800 tonnage net) : 1 048 coques en bois ; 6 865 coques en fer ; 6 102 coques en acier ; 168 composites. — Sur 14 168 voiliers (7 300 800 tonneaux) : 11 651, bois ; 1 546, fer; acier, 875 ; composites, 96.

dans ces dernières années, il y eut une belle lutte de capitaux, d'activité et d'intelligence.

Des étapes marquèrent tous ces progrès. Nous savons que *Great Western* mesurait 65 m. de long, etc.; les premiers paquebots (*Great Western C°*, *Cie Cunard*) ne dépassèrent guère 1 400 tonneaux, ni une vitesse de 18 kilomètres et demi. On lança, en 1853, une sorte de phénomène pour l'époque, le *Great Eastern :* longueur, 207 m.; largeur, 25; profondeur, 17 m.; jauge nette, 19 000 tx; chevaux-vapeur, 3 000; vitesse, 26 km. (14 nœuds). Il ne répondait pas aux conditions commerciales du moment, et n'eut qu'un rôle sommaire.

Si l'on ne tient pas compte des dimensions, anormales pour l'époque, du *Great Eastern,* on constate bientôt une augmentation de la *longueur. largeur, profondeur,* du *tonnage.* Vers 1870, le *Germanic* et le *Britannic* (*White Star*) mesuraient 142 m. de long, 14 m. de largeur, et 5 000 tonneaux. En 1889-90, la *Cie Cunard* lança l'*Umbria* et l'*Etruria,* de 154 m. et 8 100 tx; en 1891, la *Touraine* (*Compagnie générale transatlantique*) mesurait 157 m. de long, 17 de large et 8 900 tx. L'accroissement continua. En 1893, la Cie Cunard mit en ligne deux navires de dimensions exceptionnelles : la *Campania* et la *Lucania,* construites à Glasgow en 1892, ont 189 m. de longueur, 20 de largeur, avec un tonnage brut de 13 000 tx, une jauge nette de près de 5 000 tx. La *Cie Cunard* garda la première place jusqu'en 1897; elle appartint alors au *Norddeutscher Lloyd* de Brême : le *Kaiser Wilhem der Grosse,* construit à Stettin en 1897, compte une longueur de 197 m., 20 m. de largeur, 13 m. de creux, avec un tonnage brut de 14 349 tx, un tonnage net de 5 500 tx. En 1899, la Cie *Ismay et Inrie* faisait lancer à Belfast l'*Oceanic,* de 17 300 tx, de 215 m. de longueur; la Cie *Hamburg-Amerika* faisait construire un rival de l'*Oceanic,* le *Deutschland,* de 16 500 tx, d'une longueur de près de 210 m., de plus de 20 m. de largeur, de plus de 13 m. de creux. La palme paraissait devoir rester au *Norddeutsch Lloyd* avec *Kronprinz Wilhem* (14 900 tx) et *Kaiser Wilhelm II* (19 361 tx), construits à Stettin en 1901 et 1902; mais la Cie anglaise *Ismay et Inrie* a lancé en 1903 et au début de 1904, à Belfast, deux énormes bâtiments, le CELTIC avec 20 904 tx, le CEDRIC avec 21 035.

Les VITESSES sont en rapport avec le nombre et la puissance des chevaux-vapeur; le *Pereire* et *Ville-de-Paris* (de la Cie Transatlantique) atteignaient dans la traversée de l'Atlantique 25 km. à l'heure (1862); l'*Alaska* (1866), d'une compagnie anglaise, put développer une vitesse de 33 km. (18 nœuds) avec une machine de 10 000 chevaux; c'est la vitesse de nos transatlantiques la *Bourgogne,* la *Gascogne,* etc., avec une force de 8 000 chevaux; la *Touraine* atteint 35 km. à l'heure avec 12 000 chevaux. Ce chiffre de 35 km. ne fut pas dépassé par l'*Umbria* et l'*Etruria* de la Cie Cunard, malgré des machines d'une force de plus de 14 000 chevaux; avec 30 000 chevaux, elle atteignit, sur les paquebots de la Cie Cunard *Campania* et *Lucania,* la vitesse de 22 nœuds à l'heure (40 750 m.; un peu moins de six jours d'Angleterre aux États-Unis). L'énorme *Oceanic,* avec 45 000 chevaux, ne peut dépasser 38 km.; le *Kaiser Wilhelm der Grosse* dépasse 41 km. avec 33 000 chevaux-vapeur; le *Deutschland,* battant le *Kaiser Wilhelm II,* a fait le trajet de New-York en Europe (août 1900) en 5 jours 15 h. 45′, avec une machine de 35 000 chevaux (moyenne de 43 km. et demi).

9. **Ce que coûte un grand paquebot moderne.** — Un grand paquebot des dimensions, du tonnage et de la vitesse que nous venons de signaler ne coûte pas moins de 10 à 15 millions de francs et plus. Les grandes compagnies d'Angleterre, d'Allemagne, etc., payent en réfection de matériel des sommes qui seraient des fortunes; le Lloyd de Brême est considéré comme atteignant chaque année un chiffre voisin de 100 millions de réparations. Pour alimenter la vapeur, il faut aux steamers de fort tonnage, par exemple à la *Lucania,* de la compagnie Cunard (13 000 tx), 21 000 kilos de charbon par heure; le *Deutschland,* de la Hamburg-Amerika, 29 000 kilos par heure, ce qui fait pour l'année 255 000 tx, soit plus de la moitié du tonnage de charbon de la Compagnie d'Orléans (environ 450 000 t.). — Nous avons vu (p. 626) sous quelle forme on commence à utiliser le *pétrole* pour la navigation russe, commerciale et militaire; pour l'Extrême Orient (pétroles des États-Unis et de Bornéo, etc.). Le pétrole est moins cher que la houille, plus maniable, plus propre. — Il est bon de tenir compte encore de l'installation du matériel nécessaire pour un grand paquebot de 500 à 800 passagers, les couchettes confortables, les salles à manger immenses, les magnifiques salons, etc., et tout le personnel et l'alimentation[1] indispensables.

10. **Cargo-boats, chalands de mer; autres transports maritimes à usage spécial.** — A côté des navires de course, les grands transports de matières lourdes et encombrantes, les vapeurs de charge ou CARGO-BOATS ont augmenté sensiblement l'emplacement pour les marchandises, avec des dimensions égales à celles des grands paquebots. En Angleterre ils sont

1. Dans ces « hôtels flottants de la mer », d'Europe à New-York la traversée ne dure pas plus de 6 à 7 jours. « Un paquebot n'en doit pas moins emporter 45 000 livres anglaises de viande, 3 200 livres de poisson, 35 tonnes de pommes de terre, 2 800 litres de lait, 22 000 œufs, 11 000 bouteilles de bière, 5 500 bouteilles d'eau minérale, 1 100 bouteilles de vins et alcools. — Pour un voyage au Cap, avec un paquebot cependant de moindres dimensions, la longueur de la traversée nécessite de plus amples provisions encore. Il faut 30 000 livres anglaises de bœuf frais, 3 200 livres de bœuf conservé, 2 500 poulets, 24 000 œufs, 25 000 livres de farine, 120 000 kilos de pommes de terre, 3 500 livres de beurre, 5 000 livres de poisson, 2 500 litres de lait, 8 000 livres de sucre, 12 000 livres de café, 600 livres de thé, 4 000 bouteilles de vin, 18 000 bouteilles de bière, 20 000 bouteilles d'eau minérale, 5 000 cigares, 15 000 cigarettes, 500 livres de tabac. » (D'après Ambr. Colin, *ouvrage cité,* p. 164.)

généralement de 8 000 à 10 000 tonneaux[1] ; ce chiffre est dépassé en Allemagne : le *Lloyd* de Brême a récemment ajouté à ses nombreux cargo-boats le *Grosser Kurfürst* (13 000 tx) ; *Hamburg-Amerika* possède la *Pennsylvania* (longueur, 178 m. ; largeur, 19 m.; profondeur, 13 m.; 13 300 tx), le *Patricia* (13 400 tx), le *Pretoria* (13 200 tx).

En France, les CHALANDS DE MER naviguaient de *Marseille* jusqu'au *Rhône,* depuis 1852, et des chalands fluviaux constituaient le service par le Rhône jusqu'à Paris. L'emploi des chalands de mer a pris aujourd'hui une importance toute particulière, notamment aux *États-Unis* et en *Allemagne;* certaines nécessités s'imposaient; il fallait permettre aux bâtiments de mer de prendre des chargements directement assez loin en amont de l'embouchure des fleuves; bientôt on songea à construire ou à modifier des bateaux de navigation fluviale de manière à leur permettre un trajet en mer avec un remorqueur et même la pénétration à nouveau dans une autre voie intérieure. Le chaland est hermétiquement clos, solide, fait pour supporter la mauvaise mer; un remorqueur puissant traîne à sa suite de 4 à 6 chalands. — Aux États-Unis, des chalands de 3 000 à 4 000 tonneaux, surnommés *dos de baleine,* ont pu transporter des charbons bitumineux et de l'anthracite depuis les grands lacs jusqu'à Liverpool et à Hambourg; ce service a été abandonné momentanément; il est continué par des *cargo-boats,* mais il a toujours lieu le long des côtes du Canada et des États-Unis. — En Allemagne, le canal de Kiel a favorisé le développement des chalands de mer de Hambourg et de Brême (de 600 t. à 1 000 t.) pour la Suède et la Russie. Les charbons d'Angleterre vont en Hollande à l'aide de chalands de mer.

Certains produits exigent pour leur transport par mer une forme de construction spéciale; nous savons comment l'Australie et la Nouvelle-Zélande expédient, à l'aide du froid, des fruits, des œufs, etc. ; des viandes *réfrigérées* (— 1 à — 3°) et *gelées* (— 16° à — 18°; plus rares); ces diverses marchandises occupent des compartiments particuliers, le plus souvent à l'avant du navire. Les Etats-Unis, le Canada, l'Uruguay, la République Argentine, font des envois identiques; de plus, les États-Unis et l'Argentine expédient du bétail vivant, généralement sur le pont, dans des installations appropriées. — Le transport du pétrole se fait dans des bateaux-citernes sur la Caspienne et la mer Noire; de même aux États-Unis; les réservoirs de pétrole sont toujours à l'avant du navire.

## C. — Percement des isthmes. — Les grands ports.

**11. L'isthme et le canal de Suez.** — Il est à peine besoin de rappeler l'intérêt que présentait l'ISTHME DE SUEZ vers 1850; nous avons vu le transbordement se faire à travers l'isthme par des compagnies anglaises et françaises. Le premier coup de pioche fut donné le 25 avril 1859 sur le Lido de Port-Saïd par

1. Le *Cymric,* cargo-boat de la Cie *White Star* (Cie Ismay, Inrie), jauge un peu plus de 13 000 tonneaux.

M. DE LESSEPS, près de l'endroit désigné pour servir d'embouchure au canal dans la Méditerranée ; dans une cérémonie de caractère grandiose, l'inauguration eut lieu le 17 novembre 1869.

Du jour de l'inauguration jusqu'à la fin de 1870, 486 navires, jaugeant 436 600 tonneaux, passèrent par le canal, avec une recette de 4 345 758 frs et 26 758 passagers. La progression a été constante depuis 1870 jusqu'à nos jours ; de 1884 (5 871 501 tx, tonnage net), elle fut stationnaire avec légers progrès jusqu'en

CANAL DE SUEZ; gares, magasins, solitude du désert.
(Coll. W. M. DAVIS.)

1891 (8 699 000 tx) ; légère diminution jusqu'en 1897 (7 millions 900 000 tx). En 1898, 9 240 000, tonnage net ; en 1899, 9 900 000 tx ; en 1902, 11 250 000 tx. Le total des tonneaux jusqu'en 1902 (tonnage net) a été de 188 100 000 ; le nombre des passagers, jusqu'en 1902 : 5 047 000[1]. — M. CHARLES ROUX

1.

| ANNÉES | NOMBRE DE NAVIRES | TONNAGE NET TONNES | RECETTES EN FRANCS | NOMBRE DE PASSAGERS |
|---|---|---|---|---|
| — | — | — | — | — |
| 1895 | | 8 400 000 | | 216 900 |
| 1896 | | 8 500 800 | | 308 000 |
| 1897 | 2 990 | 7 900 000 | 72 850 000 | 191 200 |
| 1898 | 3 500 | 9 240 000 | 81 300 000 | 219 500 |
| 1899 | 3 600 | 9 900 090 | 91 300 000 | 221 300 |
| 1900 | 3 400 | 9 700 000 | 90 600 000 | 282 000 |
| 1901 | 3 700 | 11 100 000 | 100 500 000 | 270 000 |
| 1902 | 3 700 | 11 250 000 | 281 200 000 | 223 000 |

prédisait vers 1900, dans son beau travail sur l'isthme et le canal (II, p. 327) : « Je crois qu'à moins de cataclysmes imprévus, on doit au moins s'attendre à la même progression d'année en année et entrevoir le chiffre de 10 à 11 millions de tonneaux net en 1903. »

Parmi les éléments les plus stables du trafic figure la *navigation postale* (2 283 000 tx, en 1899); le principal aliment des recettes sont les *cargo-boats*, qui représentent 70 °/₀ du transit total. — Le pavillon anglais avait plus des 3/5 en 1899 (6 590 000 tx); l'Allemagne, 1 070 000 tx; la France au troisième rang, près de 600 000 tx; puis venaient la Hollande, l'Austro-Hongrie, la Russie, le Japon, etc. L'ordre n'a pas changé en 1902; mais grands progrès de l'Allemagne (1 700 000 tx); de la France (769 000 tx); elle avait d'ailleurs déjà atteint 673 000 en 1895; de l'Autriche-Hongrie (418 000, contre 266 000 en 1899); du Japon (232 000 tx en 1902, contre 2 350 tx en 1895). Le tonnage anglais s'élevait en 1902 à 6 773 000 tonneaux.

La longueur totale du canal maritime est de 161 km., sur lesquels 33 km. représentent l'étendue des lacs. Le plafond du canal a été élargi au delà de 22 m., et approfondi à dater de 1899; à la fin de 1902, la profondeur *utile* de 9 m., avec une *chambre d'apport* de 0m.50, s'étendait sur toute la largeur du plafond, sur toute la longueur du canal. Augmentation des *gares*, ou *garages* de nombre insuffisant, et de longueur trop faible (allongées de 500 à 1 000 m.). En 1905 les gares ne seront pas à plus de 5 km. La *navigation de nuit* est autorisée depuis 1887, avec la lumière électrique, aux navires munis d'appareils d'éclairage nécessaires. De 1894 à 1900, le séjour moyen des navires dans le canal était de 19h 55' à 17h 44; aujourd'hui 17 heures représentent le chiffre normal.

12. **Canaux de Kiel, de Corinthe.** — Le CANAL DE KIEL, ou canal *Kaiser Wilhelm*, reliant la mer du Nord à la Baltique, commencé le 3 juin 1887, fut ouvert au trafic en juin 1895; largeur du plafond, 22 m.; à la surface, 65 m.; profondeur, 9 m. Les débuts furent un véritable désappointement; on comptait sur 7 millions de tonneaux, et l'on n'a enregistré que 977 000 tx; sur une recette de 5 millions de marks, elle ne dépassa pas 605 000 M. (756 000 frs). Mais le mouvement du canal augmenta dès l'exercice suivant : 1895-96, 1 850 000 tx, 20 000 navires; 1896-97, 2 470 000 tx avec 23 000 navires; en 1902-03 la recette a atteint 2 800 000 frs; les dépenses 3 250 000 frs.

En octobre 1893, le *canal de Corinthe*, long de 6 500 m., fut ouvert au trafic; et à la fin de 1894 les résultats furent des plus médiocres : 570 000 frs. Cette entreprise ne paraît pas destinée à un brillant avenir.

13. **Isthme et canal de Panama.** — En 1881, sous la direction de M. DE LESSEPS, une compagnie fut formée pour la construction d'un canal maritime, de 74 kilomètres de long, à travers l'isthme de Panama, en suivant le parcours de la voie ferrée qui existait depuis le milieu du siècle; en 1889, 15 mars, liquidation de la Compagnie et suspension des travaux; en 1893-94, une nouvelle Compagnie fut formée, et elle a su maintenir les

travaux du canal en bon état d'entretien, et continuer l'œuvre déjà avancée.

Les États-Unis avaient l'ambition d'être les directeurs du canal interocéanique par l'isthme de Panama ou le Nicaragua; ce dernier paraissait avoir toutes les chances, lorsque la Compagnie nouvelle de Panama offrit aux États-Unis, le 4 janvier 1902, ses droits et sa propriété pour une somme de 200 millions de francs. Le 22 janvier 1903, le traité fut ratifié par les États-Unis; la Colombie, de qui dépendait la province de Panama, refusa d'acquiescer à cet acte; le 3 novembre 1903, la province de Panama se détacha de la Colombie et devint la nouvelle *République de Panama*, reconnue immédiatement par les États-Unis et les puissances européennes.

Le 18 nov. 1903, sans retard, traité entre la République de Panama et les États-Unis, dont la domination est désormais établie. Ils obtiennent à perpétuité de chaque côté du canal une zone de 16 km., le droit à eux réservé d'installer sur le rivage dans cette zone des ports et des dépôts de charbon. Le canal reste ouvert aux navires de toutes les nations et conserve sa neutralité; les Etats-Unis ont le droit d'en assurer la défense et la police.

Il est très vraisemblable que cette nouvelle tentative réussira; il est souhaitable, en somme, qu'elle soit achevée, bien qu'elle soit surtout à l'avantage des Etats-Unis. Le lien sera de plus en plus serré entre les intérêts de l'Est et de l'Ouest de l'Union, et aussi entre les régions de la partie occidentale des Etats de l'Amérique du Sud et les États-Unis. Tout le commerce de cette région, les nitrates, le cuivre du Chili, l'argent, le cacao, les produits tropicaux du Pérou, de l'Equateur, de la Colombie, prendront un véritable essor. — Il convient d'ajouter que le chemin de fer de Tehuantepec, allant du golfe du Mexique à celui de Tehuantepec, après un échec dû à une construction insuffisante et des ports inaccessibles, a été transformé en une voie solide et rapide, avec, aux extrémités, des ports bien outillés; cette voie ferrée, déjà utilisée aujourd'hui en dehors de l'Amérique du Nord par des navires anglais et allemands, pourra faire quelque concurrence au canal.

**14. Les perfectionnements des ports.** — On comprend aisément que les ports aient dû, à la fin du XIX$^{e}$ siècle, s'adapter aux conditions nouvelles, aux exigences de la navigation maritime. Afin de supprimer l'*échouage*, à la suite de la marée, on construisit des *bassins à flot* avec écluses, maintenant les navires immergés, et non plus *donnant de la bande*, couchés sur le flanc à marée basse. Il faut que les bassins, que la rade, soient d'une profondeur, 8 à 10 mètres, capable de recevoir les navires prodigieux que nous avons signalés, les paquebots géants, les immenses cargo-boats; il faut que les navires aient un outillage complet à leur disposition pour les déchargements et les chargements : des quais gigantesques armés de grues puissantes, mises en mouvement par l'électricité, et qui, à l'aide d'un pivot rapide, enlèvent aisément les produits les plus lourds des navires et comblent à nouveau la cale.

Les marchandises qui vont partir ou qui arrivent sont logées dans des établissements de toutes sortes, dont quelques-uns ont en Amérique, à New-York, à Chicago, des dimensions cyclopéennes; ce sont des magasins, des entrepôts, des docks. Quelques-uns ont des formes spéciales; pour le charbon on se sert souvent de *basculeurs,* qui vident les wagons d'un seul coup; ce système est utilisé à *Anvers,* qui a aussi des sortes de récipients pouvant contenir jusqu'à 800 000 hl. de pétrole; à Anvers encore, on se sert des *élévateurs,* semblables à ceux de Chicago, pour emmagasiner les grains.

Enfin, de nos jours, il est indispensable, pour la prospérité d'un port, qu'il dispose de voies de communication, canaux ou voies ferrées, ou les deux, pour mieux dire, et que ces communications servent de débouchés à des arrière-pays fertiles, à des pays d'industrie[1]. Jadis les côtes montagneuses, bien articulées et profondes, paraissaient être des situations de choix pour les navires; on connaît les idées de *Carl Ritter,* le grand géographe; de nos jours on a cherché à conserver des rades bien placées, devenues trop peu profondes, en faisant les dragages, les approfondissements nécessaires; nous avons vu qu'aux extrémités du chemin de fer du Tehuantepec on avait créé des ports modernes, en débarrassant, du côté du golfe de Mexique, le port de sa barre fluviale et en lui donnant des fonds de $10^{m}.50$; du côté de l'Ouest, on a élevé un brise-lames en eaux profondes, avec 1 200 m. de quais, un port de 400 m., etc.

15. **Les grands ports.** — Parmi les plus grands ports nous pouvons aujourd'hui notamment désigner : *Hambourg, Anvers, Londres, New-York,* etc., nommés dans un ordre géographique.

1. Des *ports d'estuaire,* des *ports fluviaux,* devenus trop peu profonds, Brême, Rotterdam, Rouen, Nantes, Bordeaux, etc., tombèrent en déchéance; à l'embouchure on développa des établissements nouveaux; mais bientôt on songea à améliorer les ports de fleuves, comme Brême, Hambourg, Rotterdam, Rouen, Nantes, Bordeaux, etc.; et d'autres ports, même très grands, très bien installés, ne peuvent déjà plus suffire aux exigences des navires, véritables géants qui approchent ou dépassent 21 000 tonneaux (*Celtic, Cedric*). « Dès maintenant les ports principaux doivent être en état de recevoir des navires de 9 m. de tirant d'eau ayant jusqu'à 200 m. de longueur et 20 à 22 m. de largeur; bientôt ils doivent se préparer à recevoir des navires de 10 m. de tirant d'eau, qui pourront avoir 240 m. de longueur et 22 à 25 m. de largeur. » (M. Dufourny, *la Géographie,* III, juin 1901.) — Les Belges ont adopté ce programme en concevant le port de *Heyst,* port d'escale et de vitesse, au Nord-Ouest de Bruges; une grande jetée courbe, d'une longueur de près de 1 000 m., entre Blankenberghe et Heyst, servira de môle et de quai d'accostage et de chargement des navires; l'extrémité atteindra des fonds de 8 à 11 m., et, sur un terre-plein de 74 m., se grouperont les bureaux de douane, les docks, les grues électriques ou à vapeur, les voies ferrées.

HAMBOURG, en 1850, n'avait qu'un mouvement maritime de 427 000 tonneaux; en 1870, de 1 200 000; en 1880 il avait dépassé 2 770 000 tx. C'est vers cette date (février 1882) que le *Conseil des Bourgeois* obtint 50 millions du gouvernement, la moitié des 100 millions qu'il a dépensés lui-même. Un magnifique *Port libre,* ou *Freihafen,* put développer de nombreux bassins sur une superficie de 1 000 hectares; ces bassins le plus souvent

BASSIN DU PORT DE HAMBOURG
(Coll. *Molteni.*)

sont de forme rectangulaire très allongée, dont les quais limitent des docks gigantesques dont beaucoup ont l'aspect de véritables monuments; dans la note qui accompagne le plan, on trouvera quelques détails sur les bassins des rives droite et gauche de l'Elbe[1]. Les résultats de cette nouvelle inauguration du port, en 1888, furent d'augmenter régulièrement l'activité maritime et le tonnage du port : 5 200 000 tonneaux en 1890;

1. Il est assez malaisé de s'entendre sur le mot *dock,* qui a plusieurs sens diversement employés; le dock peut être un vaste bassin entouré de quais dans lequel les bateaux entrent pour déposer leurs cargaisons, ou faire leur chargement; il peut être un ensemble de bassins, de magasins, de hangars, d'entrepôts.

6445000 en 1896; 15575000 tonneaux en 1899; 16090000 en 1901; 17400000 tonneaux en 1902.

Anvers présente quelques analogies avec Hambourg; c'est un port fluvial, à 120 kilomètres de la mer, un port de commerce d'une très grande importance. La largeur entre les quais de l'Escaut est de 100 mètres; leur longueur, de 3500; à marée basse, il y a 8 mètres d'eau et plus au pied de ces quais. Les hangars qu'on y a construits sont reliés par une double voie

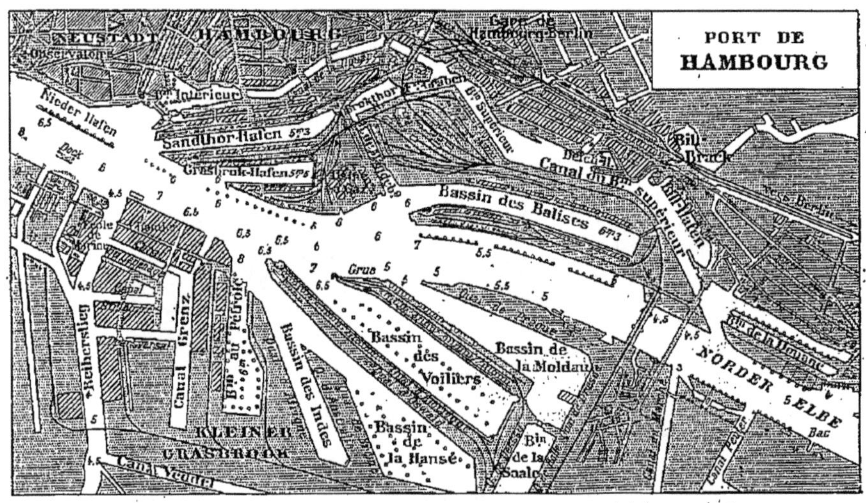


NOTES SUR LES BASSINS DE HAMBOURG. — Rive droite. — *Sandthor-Hafen;* superficie de 10000 mq.; très beaux docks; 2 voies ferrées; *Grasbrok-Hafen;* 26000 mq. de docks, voies ferrées; *Canal du Bassin supérieur,* qui atteint 38000 mq. et qui, avant de rejoindre l'Elbe, conflue avec le *Bassin de la Douane,* garni de quais superbes; *Bassin des Balises,* de 17 à 18 ha., avec des docks immenses et plusieurs voies ferrées.

Rive gauche. — *Bassin de la Moldau,* avec les quais de Prague et de Dresde; docks et voies ferrées sur le quai ouest; *Bassin des Voiliers,* peut contenir 110 voiliers de très grandes dimensions; docks énormes et nombreuses voies ferrées sur les deux quais; 12 grues à vapeur au service de la Cie *Hamburg-Amerika; Bassin de la Hanse,* séparé du précédent par les quais d'Amérique et d'Oswald; *Bassin des Indes,* que bordent les quais d'Australie et d'Afrique; enfin *Bassin du Pétrole,* que limitent d'immenses magasins, pourvus de récipients, et desservis par une voie ferrée.

ferrée aux gares de marchandises de *Stuyvenberg,* de l'Est et du Sud. Au Nord de la ville, sur la rive droite de l'Escaut, il y a 7 bassins à flot, d'une contenance de 40 hectares; notamment le bassin de *Kattendyck.* On compte 6 cales sèches, dont 3 grandes, mesurant 123 mètres de longueur sur 15 de largeur.

Sur l'ancien emplacement de la citadelle du Sud, on a construit le *bassin de la batellerie,* réservée aux bateaux d'intérieur; de nombreux trains vont chercher dans des docks déterminés les grains et les cotons des États-Unis, les laines de la Plata, les cafés de l'Amérique; des services réguliers expédient les produits manufacturés de la Belgique et des Pays Rhénans. Anvers,

LE DÉBARCADÈRE D'ANVERS. LE STEEN
(Phot. N. D.)

avec 13 750 000 tonneaux, occupait le quatrième rang en 1899, après Londres, Hambourg, New-York.

Londres a eu pour véritables fondateurs les Romains, qui construisirent le célèbre *Pont de Londres,* un peu à l'Est du pont actuel, pont de bois brûlé à deux reprises; c'est en aval du pont que s'étend le port de la Tamise; le progrès date du début du siècle. Des docks, des bassins aux entrées éclusées, entourés de quais, reflètent la vie politique et commerciale de l'Angleterre; ce sont les docks des *Indes occidentales* (*docks West India*), les docks des *Indes orientales* (*docks East India*), le *dock Royal Albert*, le *dock Royal Victoria*, qui se relient ensemble, et qui occupent la surface immense de 218 hectares.

La Tamise[1], du Nore au pont de Londres, et dans beaucoup d'endroits, est contenue dans ses limites actuelles par de grandes digues; la surface du fleuve à marée haute est élevée de plusieurs pieds autour des terres environnantes. Grâce au dragage des bancs et aux améliorations apportées aux rives, la montée de la mer a augmenté graduellement depuis quelques années, parce que l'onde de marée peut se propager plus librement. La Tamise est navigable à marée haute pour les plus grands navires jusqu'à Deptford; et pour les navires, de 8 m. 20 de tirant, jusqu'au pont de Londres. Le PONT DE LONDRES est une magnifique construction de 5 arches, qui mesure 295 m. de longueur d'une rive à l'autre; il faut citer encore le *pont de la Tour*, *Tower Bridge*, inauguré en 1894, qui se compose de deux grandes tours élevées sur des piles, de deux plus petites; la longueur totale du pont est de 285 m., la largeur de 18 m. Un passage souterrain pour les piétons passe sous la Tamise entre l'extrémité de la Tour de Londres et la rue Tooley.

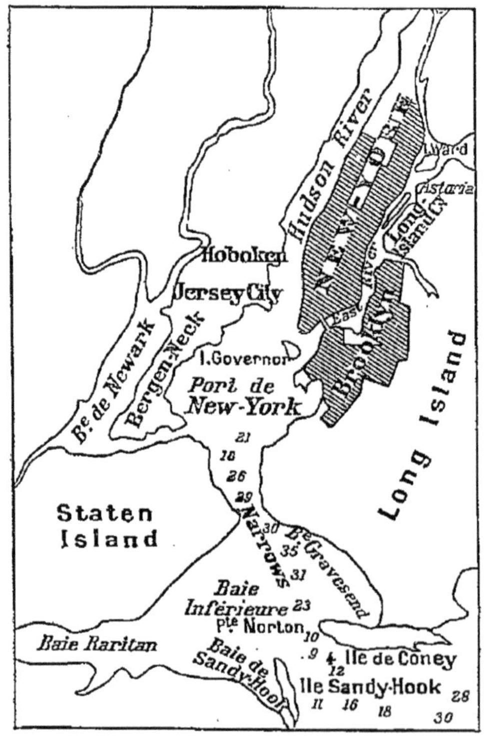


NEW-YORK

Londres a tenu pendant longtemps la première place pour le tonnage : 16 530 000 tonneaux, en 1899; 16 700 000, en 1900; 17 550 000, en 1902.

Le premier rang est à NEW-YORK actuellement (en 1903, 17 900 000 tx); il comptait depuis longtemps parmi les grands ports du monde; son port occupe une immense superficie.

L'entrée de la baie de N.-York[1] a environ 9 1/2 km. de largeur entre l'île de Coney, au Nord, et de Sandy Hook, au Sud. De grands bancs de sable et de vase séparent de nombreuses passes et obstruent l'entrée, mais dont

1. Instructions nautiques, n° 794. *Côtes Sud et Est de l'Angleterre : la Tamise*, Paris, 1898.

une au moins est praticable pour les plus grands navires. La baie de New-

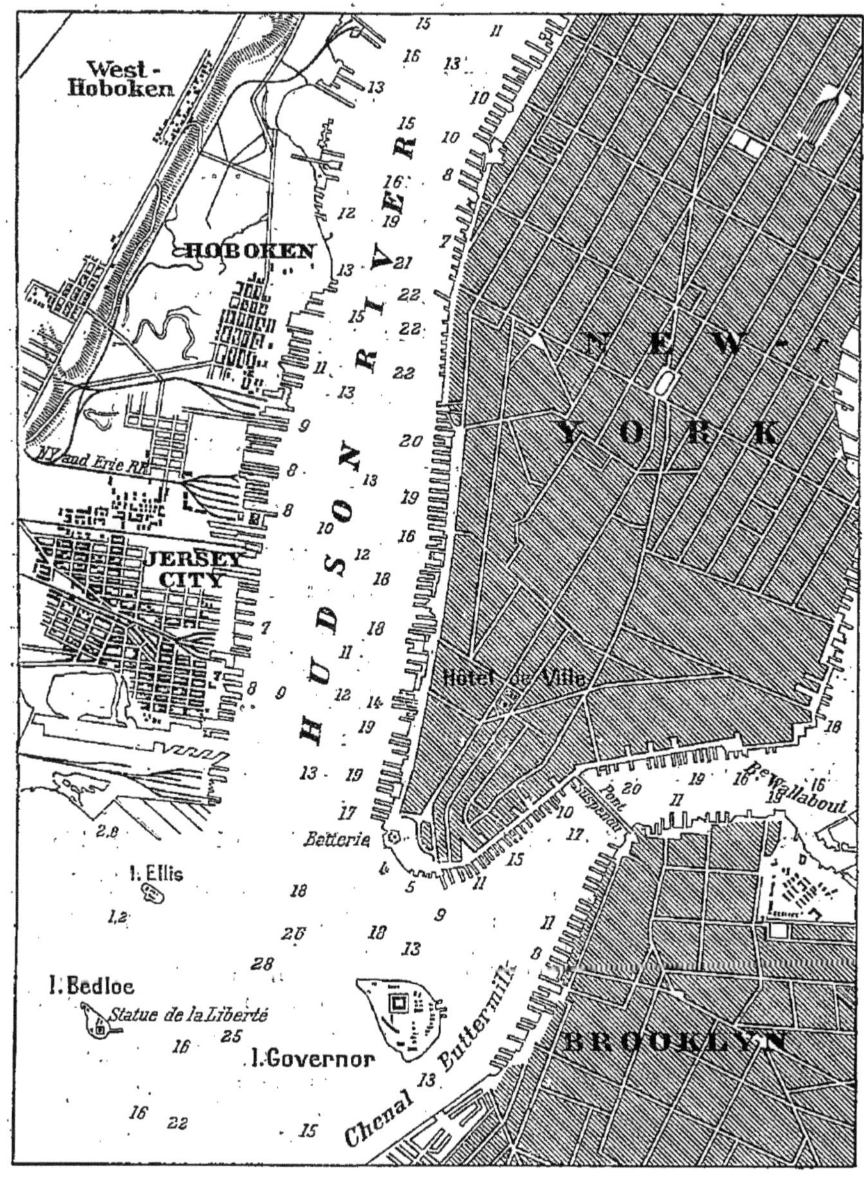


NEW-YORK

Partie du port, de l'*East River*, et de l'*Hudson*, avec les *wharfs* d'abordage. Remarquer les rues géométriques de New-York et de Brooklyn.

York est partagée en *Baie inférieure* (*Lower Bay*) et *Baie supérieure* (*Up-*

*per Bay*), par un passage de 1 700 m., entre les extrémités Ouest de *Long Island*, et Est de *Staten Island*[1].

La baie inférieure comprend plusieurs baies secondaires; celles de *Sandy Hook*, de *Raritan* à l'Ouest, de *Gravesend* à l'Est. Les îles Staten sont entièrement bordées de hauts fonds. Le goulet étroit qui sépare les deux parties du port a un nom caractéristique, *Narrows*; la profondeur y varie de 23 à 35 m.

Le port de New-York, formé des deux rivières *Hudson* et *East River*, est limité au S. par les *Narrows*, et au Nord par l'extrémité méridionale, la *Batterie*, de l'île Manhattan, où se développa New-York. Entre ces limites s'ouvre un bassin de 6 kilomètres de longueur dans lequel la profondeur de l'eau varie entre 9 et 27 mètres. « Ce port est assurément un des plus beaux et des plus spacieux qui soient au monde. » Sur la côte orientale du port se voit l'*île Governor*, au confluent de l'*East River;* cette rivière, qui s'étend entre Manhattan et Long Island, a une profondeur extrêmement variable; elle va de 37 à 50 mètres, à l'Ouest de la ville d'*Astoria;* d'une manière générale on peut l'évaluer à 11 ou 18 mètres; près de l'*île Ward*, on trouve des profondeurs qui ne dépassent pas 4 à 5 mètres. — La rivière HUDSON est d'eau saine et navigable pour les bâtiments du plus fort tirant d'eau, de 12 à 20 m., jusqu'à une trentaine de kilomètres en amont de son embouchure; 7 à 8 bacs à vapeur la traversent incessamment.

Sur la rive gauche de l'*East River* se développe la grande ville de BROOKLYN, reliée à New-York par un magnifique pont suspendu, par-dessus l'East River; c'est le *plus grand pont suspendu qui soit au monde;* la hauteur du tablier au-dessus du niveau des hautes mers est de 40 m. au sommet de l'arc, et de 35m.80 auprès des piles; la distance entre les piles étant de 486 m. La largeur du tablier est de 25 m. Le pont porte 2 voies ferrées pour trains légers, 2 voies carrossables et une passerelle pour piétons. (*Instructions naut.; passage cité*, p. 471.)

On a commencé, en 1897, la construction d'un second pont sur l'East River, lequel doit avoir 11m.50 de large de plus que le premier.

Les *jetées* ou *wharfs* (quais, débarcadères, entrepôts) sont multipliés tant à l'embouchure que sur les rives de l'Hudson; de même sur l'East River. (Voir la carte.) Le wharf de la *Compagnie générale Transatlantique française* est situé sur la rive gauche de l'Hudson; il est à 2 km. 1/2 de la Batterie et porte le n° 42; on ne dépasse pas le 50e wharf dans l'Hudson et le 55e dans l'East River.

1. Instructions nautiques, n° 829. *Côte Est des États-Unis : New-York*, Paris, 1902.

**16. Autres ports importants.** — On ne saurait méconnaître l'activité de certains autres ports, qui ont souvent joué un des premiers rôles dans la navigation et qui ont fait depuis d'admirables efforts pour perfectionner leurs bassins, leurs quais, etc., et élargir leur horizon maritime.

**17. Europe. — Iles Britanniques.** — Après Londres, viennent LIVERPOOL, où, le long de la Mersey, se développent d'innombrables bassins sur plus de 8 km.; le grand port comptait 13 millions de tonneaux en 1902;

NEW-YORK. PONT SUSPENDU DE BROOKLYN
(Coll. W. M. DAVIS.)

CARDIFF, 12 500 000 tx; puis les ports de la Tyne (*Newcastle, North a. South Shields*), avec 8 300 000 tx; *Hull, Newport, Glasgow* dépassaient 4 millions de tx.

**18. France.** — Le tonnage total des ports français était de 26 millions de tonneaux en 1901; quelques ports ont eu, ont pris, ou conservent un rôle important. A MARSEILLE, le *vieux port* constitua jusqu'en 1844 tout le port; il a 28 hectares et 2 525 m. de quais. Depuis, Marseille a été pourvue de tous les perfectionnements modernes, bassins, quais, etc.; bassins de *la Joliette,* du *Lazaret,* de la *Gare maritime, National,* de la *Pinède*, au total 15 km. de quais avec des jetées d'abordage et 120 appareils hydrauliques de chargement; le tonnage a atteint 10 800 000 tx en 1897; en 1902, 9 500 000. *Le Havre* (en 1897, près de 6 millions tx) a été l'objet de grands travaux, approfondissements, création de bassins, etc.; *Dunkerque* a aussi été sensiblement amélioré (élargissement de l'entrée du chenal, 4 bassins à flots communiquant entre eux et avec les canaux, etc.).

**19. Allemagne. — Hollande.** — A *Stettin,* devenu port franc, a été inauguré en octobre 1898 un nouveau port sur la rive droite de l'Oder, avec des bassins-docks et plus de 4 km. de quais; *Brême* (1901, 480 000 tx) a dû faire des travaux de creusement. — Le principal port néerlandais est Rot-

BASSIN DE LA JOLIETTE. MARSEILLE
(Coll. *Molteni.*)

Profondeur, 6 à 12 m.; 22 hectares de superficie; 1 750 m. de quai; affecté surtout aux vapeurs de service dans la Méditerranée.

TERDAM (en 1902, 8 400 000 tx), doté de nouveaux bassins sur la rive gauche du fleuve; *Amsterdam* n'avait, en 1902, que 2 500 000 tx.

20. **Italie et Autriche.** — GÊNES occupe aujourd'hui en Italie une situation de premier ordre, depuis le percement du Saint-Gothard, et sa transformation en grand port moderne : approfondissement à 9 m.; quais, jetées d'abordage, immense avant-port, protégé par d'énormes môles; bâtiments spéciaux pour le blé, le pétrole, etc.; le tonnage a atteint, en 1902, 10 millions tx; *Naples* comptait 8 800 000 tx en 1902; *Messine,* 5 millions; *Palerme,* 3 700 000 tx. — Le nouveau port de *Trieste* est formé d'un quai avec des jetées, protégé par un brise-lames; entre ce brise-lames et les jetées, 9 à 16 m. d'eau; en 1902, 5 millions tx.

21. **Amérique du Nord et du Sud.** — Le tonnage total des ports maritimes ou lacustres s'est élevé aux ÉTATS-UNIS, pour l'année finissant en juin 1903, à 60 millions de tonneaux. *Boston* a un port peu profond ayant au plus 6m.4 d'eau; des écueils, des *graves* (tombeaux), se trouvent au large. Boston a cependant un outillage très développé et a compté en 1903 5 millions tx. — *Philadelphie* est sur la Delaware, qui n'a pas moins de 7m.90; la ville, sur 8 km., est bordée de *wharfs* avec des fonds de 3 à 8 m.; le fond y est le plus souvent de 6 m. 40; tonnage de 3 800 000 tx en 1903. — *Baltimore* a un grand bassin à flot; de nombreuses jetées où s'amarrent les navires d'un tirant de 5m.8 à 9 m.; 2 700 000 tx en 1903. — La *Nouvelle-Orléans*

a eu un tonnage de 3400000 tx en 1903; *San Francisco,* près de 2 millions tx. — Au *Brésil, Bahia* a une rade très sûre, sauf par le vent de mousson; en 1902, 2500000 tonneaux. — *Montevideo,* dans l'Uruguay, a un port qui s'encombre de vases; son tonnage a été cependant, en 1901, de 5 millions de tx; ce chiffre élevé, obtenu les années précédentes, avait alors provoqué des travaux de dragages, d'approfondissements, l'établissement d'une jetée-abri; travaux qui ont commencé dès juillet 1901.

22. **Asie. — Australasie.** — En *Chine,* au cours de l'année 1902, 70000 nav. de 64 millions de tonneaux entrèrent et sortirent des ports chinois; l'*Angleterre* compte pour 25000 nav. et 27 millions tx; le *Japon,* 6900 nav. et 7400000 tx; l'*Allemagne,* 6 millions nav. et 7200000 tx; la France, 1500 nav. et 840000 tx; Amérique, 1295 nav. et 94000 tx. — Au *Japon,* à l'exception du cabotage, le tonnage a atteint 23 millions tx; sur ce total, *Nagasaki* compte 1400000 tx; *Yokohama,* 1500000 tx; *Kobé,* 2 millions; *Moji,* 1600000 tonneaux.

En *Australie,* quelques ports ne manquent pas d'importance. La rade de SYDNEY est d'une étendue considérable; la ville se développe le long d'une anse, bordée d'un quai circulaire; le tonnage s'élevait à 4800000 tx en 1900; *Newcastle,* le grand port houiller d'Australie, a compté 2700000 tx

RADE DE SYDNEY (Nouvelle-Galles du Sud).
(Phot. de M. RUSSIER.)

en 1900; *Adélaïde,* 3900000 tx. Le premier rang appartient à MELBOURNE, avec 5550000 tonneaux.

23. **Les grandes lignes de navigation.** — Au premier examen d'une carte des communications par mer, on saisit l'importance première de l'océan Atlantique, de la Méditerranée, et

dans une mesure moindre, mais notable, l'ensemble des lignes qui enveloppent l'Asie méridionale et orientale jusqu'au Japon. L'animation de l'océan Pacifique est visiblement très faible; les lignes sont uniques et non multipliées sur un point. Nous examinerons principalement les grandes routes de la mer.

24. **Océan Atlantique.** — C'est entre l'*Europe occidentale* et les *États-Unis* que, par centaines, les paquebots, les steamers sillonnent l'Océan, suivant une route bien établie, un véritable boulevard; on y rencontre les navires de la *Cie Hamburg-Amerika,* qui de *Cuxhaven* à *New-York* mettent 7 jours; c'est d'ailleurs à peu près le même temps pour les autres compagnies; le *Norddeutscher Lloyd* envoie ses bâtiments de *Brême* à *New-York;* de *Liverpool* viennent les steamers de *White Star Line,* et de la *Cie Cunard.* Du *Havre* partent les paquebots de notre *Compagnie générale transatlantique;* l'*American Line* va de *New-York* à *Southampton,* etc.

De cette route se détachent des navires vers l'*Amérique centrale;* les deux grandes compagnies de Hambourg et de Brême vont dans le même temps, 20 jours, la première à la *Nouvelle-Orléans,* et l'autre à *Galveston* (Texas). — Nos *transatlantiques* arrivent de *Saint-Nazaire* à la *Guadeloupe* en 12 jours; à *Vera-Cruz* en 19 jours; à *Colon* en 20 jours; de Bordeaux, le trajet pour *Port-au-Prince* est de 19 jours; pour *Colon,* de 23; de 21 jours seulement pour les bateaux venant de Marseille; un navire anglais met 16 jours pour atteindre la *Jamaïque;* la *Cie Hamburg-Amerika,* 30 jours pour *Vera-Cruz.*

Un grand nombre de vapeurs fréquentent les *ports du Brésil et de la Plata.* Les *Messageries maritimes* vont de *Bordeaux* à *Buenos-Ayres* en 21 jours; *la Veloce* vient de *Gênes* au même port en 16 jours; la *Cie Hamburg-sudamerikanische* a *Santos* pour destination; le *Lloyd* de Brême arrive en 28 jours à Buenos-Ayres; la plupart de ces navires s'arrêtent à *Bahia* et à *Rio de Janeiro.*

Dans l'Atlantique il existe quelques lignes isolées qui sont intéressantes; la Cie de *Kosmos* envoie des navires qui font le grand trajet de Hambourg au détroit de Magellan pour s'arrêter dans tous les ports de la côte occidentale de l'Amérique; ils arrivent à Callao en 65 jours, à San Francisco en 105. — Les *colonies européennes* d'Afrique sont reliées par des lignes de navigation à leur métropole. La *Cie marseillaise de navigation* (Fraissinet et Cie) fait le service de *Dakar* en 11 jours et de *Loango* en 27 jours; de Bordeaux, 11 jours pour Dakar, 30 pour Loango. — La *Cie belge des transports maritimes* va d'*Anvers* à *Matadi,* au Congo, en 19 jours; la *Cie Woermann* met 25 jours de *Hambourg* à *Duala* (Cameroun), et 30 pour aller à *Swakopmund* (Damaraland); une compagnie anglaise va de Southampton au Cap en 17 jours et au Natal en 26 jours. La *Deutsch Ost-Afrika Linie* envoie ses vapeurs autour de l'Afrique; les uns vont de Hambourg au *Cap,* en 28 jours, et à la baie *Delagoa* en 39 jours; les autres atteignent *Naples* en 14 jours, et *Dar-es-Salam,* en face de Zanzibar, en 38.

**25. Méditerranée.** — La Méditerranée est parcourue en tous sens par des lignes de navigation, d'un bassin à l'autre, de port à port; elles partent surtout de Marseille (*Messageries maritimes*, *Cie transatlantique*, *Cie Fraissinet*); de Gênes, de Naples, de Trieste (*Lloyd autrichien*); les ports d'arrivée sont ceux de l'Algérie-Tunisie, Alexandrie, Port-Saïd, les Échelles du Levant, Athènes, Constantinople, les ports de la mer Noire. Il faut de Marseille 18 heures pour *Ajaccio;* 34 heures pour *Alger* et *Tunis;* 5 jours pour *Alexandrie;* 11 pour *Odessa;* 13 pour *Batoum.*

**26. Océan Indien. Extrême Orient. Océanie.** — Les *Messageries maritimes* ont un grand service dans ces régions; par le canal de Suez elles vont à Saïgon en 25 jours; à Hongkong en 30 jours; en 38 à Yokohama; d'autre part, à Tamatave en 27 jours; en 27 jours également à la Réunion; en 29 à l'île Maurice; enfin un service des Messageries atteint *Sydney* en 33 jours, et *Nouméa* (Nouvelle-Calédonie) en 37. — *Peninsular a. Oriental C°* va de Londres à Brindisi en 10 jours; à Sydney en 43; elle arrive à Bombay en 13 jours; de Londres à Calcutta, la *British India C°* met 34 jours; une compagnie de Londres atteint Wellington (Nouvelle-Zélande) en 50 jours; *Hamburg-Amerika* et *Norddeutscher Lloyd* vont de Hambourg et de Brême en 14 jours à *Naples,* en 52 jours à *Yokohama; Australische Dampfschiff* met de Hambourg à Sydney 54 jours. — Le *Lloyd austriaco,* de Trieste à Yokohama en 48 jours; le *Rotterdamsche Lloyd* arrive en 38 jours d'Amsterdan à *Batavia; Navigazione gener. italiana* atteint, de Gênes, Hongkong en 47 jours. — La compagnie japonaise *Nippon Yusen Kaisha* va de Yokohama à Anvers en 59 jours.

**27. Océan Pacifique.** — Le *Canadian Pacific Steamship* met 14 jours de Vancouver à *Yokohama;* une autre compagnie de Vancouver arrive à *Sydney* en 27 jours. — Le *Pacific Mail Steamship C°* va de *San Francisco* à *Honolulu* (îles Havaï) en 7 jours et à *Yokohama* en 17; *Oceanic Steamship C°* fait en 13 jours la traversée de San Francisco à *Pago Pago* (îles Samoa) et de là à Auckland (Nouvelle-Zélande) et à Sydney; par un autre trajet il va à Tahiti (îles de la Société) en 12 jours; d'Auckland, une autre compagnie met 11 jours à ce voyage; *New Zealand Ship C°*, partant de Wellington, met 22 jours pour Rio de Janeiro, et 41 pour Londres. — Une compagnie océanienne, *Jaluit Gesellschaft* (îles Marshall), va de Jaluit à Sydney, et d'autre part à Hongkong par les Carolines.

### D. — Postes, Télégraphes et Téléphones. — Câbles sous-marins. — Grands pays commerçants.

Il manquerait à la physionomie du monde économique actuel un élément très important, si l'on passait sous silence les *Postes* et les *Télégraphes,* qui ont pris un développement merveilleux à la suite des progrès des chemins de fer et de la navigation, et qui sont les auxiliaires indispensables du commerce.

28. **Postes.** — Les POSTES datent du début de l'Empire romain! Auguste les établit dans tout l'Empire; des chevaux furent placés[1] en certains lieux marqués et servaient pour les relais. Elles disparurent lors de l'invasion des barbares; Charlemagne les fit revivre, puis elles tombèrent en désuétude; Louis XI reconstitua les postes.

En 1627 des courriers, partant à jour fixe, furent institués; le tarif des lettres n'était pas déterminé; l'arbitraire était la règle, et les prix étaient très élevés. En 1673 la taxation fut établie d'après les distances parcourues. Au commencement du XIX^e^ siècle, les taxes étaient très élevées. Peu à peu l'idée se développa en Angleterre d'une taxe limitée pour un poids donné; elle fut appliquée; les postes prirent une grande importance en Angleterre, et ce système fut adopté en Europe. Le grand fait, ce fut l'*Union postale universelle,* acceptée par une série de Congrès réunissant les diverses puissances (1874-76); en 1878, la *conférence de Paris* adopta une mesure dont l'application devait avoir une importance exceptionnelle : toute *lettre* parcourait la terre entière moyennant une taxe de 25 centimes; la *carte postale,* qui était née en Allemagne et y avait pris un développement très rapide, ne payait que 10 centimes. Ces cartes postales ont eu un brillant succès, et se multiplièrent du jour où l'on fit des cartes illustrées de photographies de paysages et de monuments, ou de sujets de fantaisie.

Dans le ROYAUME-UNI, le nombre des *Post-Offices,* en mars 1903, était de

1. Le nom de *poste* vient de *positus;* il s'agit des relais de chevaux *placés* en des points déterminés.

22600, avec 185500 employés; la poste a délivré, en 1899, 2186 millions de *lettres;* en 1901, 2323; en 1903, 2579 millions; le chiffre des *cartes postales* s'est élevé en 1902-1903 à 489 millions. — En ALLEMAGNE, y compris la Bavière et le Würtemberg, en 1903, les bureaux de poste étaient au nombre de 32433, les employés au nombre de 209900; les lettres ont atteint le chiffre de 2025 millions; quant aux cartes postales, c'est en Allemagne qu'elles sont le plus employées; leur nombre s'est élevé en 1902 à 1200 millions. — En FRANCE, les bureaux de poste sont au nombre de 11000 environ; le nombre des lettres atteint 1050 millions; celui des cartes postales est faible, 69 millions seulement. — Aux ETATS-UNIS, le chiffre total des lettres, cartes postales, papiers recommandés, etc., s'est élevé en 1903 au total de 15939 millions; les bureaux de poste sont au nombre de 79169, etc.

Une telle quantité de lettres et d'autres objets que transporte la poste a déterminé la création de véritables monuments, comme l'*Hôtel des Postes* à Paris, où les services sont multipliés et nettement divisés; des wagons spéciaux sur les chemins de fer forment parfois des trains entiers. Nous avons vu qu'un des principaux éléments du tonnage du canal de Suez était la *navigation postale.*

29. **Télégraphes et Téléphones.** — Les *télégraphes aériens* sont plus anciens que les *téléphones;* l'un et l'autre ont eu un essor magnifique. Rien ne peut mieux fixer les idées que quelques chiffres s'appliquant à de grands réseaux.

Dans les ILES BRITANNIQUES, en mars 1903, les TÉLÉGRAPHES avaient une longueur de 72000 km., et les *fils télégraphiques* 627400 km.; les messages télégraphiques ont atteint le chiffre de 70900000 en 1894, de 92500000 en 1903; les *Telegraph offices* sont au nombre de 12129. Il existe 93 km. de tubes pneumatiques à Londres. — En mars 1903, 355 *post offices* étaient ouverts aux opérations du TÉLÉPHONE; les *principales lignes téléphoniques* mesuraient 72250 km., et les *fils téléphoniques* 150500 km. Le nombre de conversations durant l'année a été de 11500000. — En ALLEMAGNE, y compris la Bavière et le Wurtemberg, les lignes télégraphiques s'étendent sur 134000 km., et les fils sur 497000 km.; les télégrammes ont atteint le chiffre de 45 millions (intérieur et dépêches venues de l'extérieur). — En 1902, 18500 villes possédaient 392000 appareils téléphoniques qui les reliaient entre elles; les lignes urbaines comptaient 67400 km., et les fils 1100 millions de km.

En FRANCE, la longueur totale des lignes télégraphiques était, en janvier 1902, de 147700 km. avec 407700 km. de fils télégraphiques; il existe 13527 bureaux télégraphiques et, en 1901, 47300000 dépêches furent transmises; 381 km. de tubes pneumatiques desservent Paris. — En 1901 il y avait en France 1152 téléphones urbains de 19000 km. et de 305000 km. de fils; le nombre des conversations a été de 170900000; il existe des circuits interurbains, d'une ville à l'autre, de 35000 km. avec 131000 km. de fils téléphoniques; les conversations ont atteint le chiffre de 7400000. — Aux *Etats-Unis*, la télégraphie dépend surtout de *Western Union Telegraph C°*, qui avait, en 1903, 312600 km. de lignes télégraphiques, et 1650 millions de fils avec 23180 *offices;* le nombre des messages atteignit, en 1903, 69800000. Si l'on tient compte des petites compagnies, les lignes télégraphiques dépassent 390000 km. — Les téléphones sont au nombre de 3200000, avec 5300000 fils téléphoniques, et 1 milliard 500 millions de conversations.

30. **Câbles sous-marins. Les Iles Britanniques.** — La question des *Câbles sous-marins* soulève des problèmes inquiétants, par suite de l'accaparement par l'Angleterre des communications télégraphiques. L'Angleterre a tressé un immense réseau de câbles « qui enserre le monde entier, et qui lui assure un véritable monopole commercial, et une terrible supériorité stratégique et diplomatique. Ce réseau est presque exclusivement la propriété d'une même compagnie, *Eastern Telegraphy C°*, qui s'est affilié la plupart des autres compagnies anglaises, assurant ainsi à l'œuvre télégraphique une unité de conception et de direction incomparables » (d'après J.-H. FRANKLIN).

Cette compagnie a toute une série de lignes de câbles qui partent de la pointe de Cornouailles, desservent *Lisbonne* et le Sud de la péninsule ibérique, rayonnent dans tous les sens *dans la Méditerranée* (Bône à Marseille, Trieste, Constantinople, Odessa, etc.); elles passent le canal de Suez, touchent à *Aden* et à *Bombay;* d'autres lignes ont pour domaine l'*Extrême Orient,* et relient à l'Inde Singapour, Batavia, Port Darwin (Australie du Nord), Bornéo, Saïgon, Hué, Manille, Hongkong, Chang haï, Tien-tsin, etc. — D'autres compagnies font le service de l'*Afrique occidentale,* en la desservant de Dakar jusqu'au Cap, par les ports de Guinée, de Loango, etc.; un autre câble va directement au *Cap* après avoir touché Lisbonne, les îles Canaries et les îles du Cap Vert; une ligne sous-marine suit la *côte orientale de l'Afrique,* avec arrêt à Mombaz, à Zanzibar, à Beïra, à Lourenço Marquez, à l'île Maurice; de là dans l'Australie du Sud, à Perth, Adélaïde, etc.

Une compagnie exploite les ports de la *côte occidentale de l'Amérique du Sud* depuis Para jusqu'à Buenos-Ayres, et sur la *côte orientale* les ports de Valparaiso à Lima. Un câble relie la *Guyane anglaise* aux *Antilles,* au cap Cod (Nouvelle Angleterre). Une compagnie anglo-américaine a construit trois lignes sous-marines qui atteignent, partant de la Nouvelle Écosse, en touchant à Terre-Neuve, l'Irlande (Ile de Valentia, grande station météorologique). — Enfin l'Angleterre, qui avait fait le projet d'un *câble transpacifique*, reliant la Colombie britannique à l'Australie, put l'achever le 31 octobre 1902; ce fut le *premier câble traversant l'immense Océan;* il part de Vancouver, où aboutit le télégraphe qui traverse le Canada d'Est en Ouest et le Transcanadien, touche les îles Fidji, et à la petite île Norfolk bifurque, envoyant une branche dans la Nouvelle Zélande, à *Auckland,* une autre à Brisbane; Sydney est relié par deux câbles à l'île Sud de la Nouvelle Zélande. Ce câble transpacifique « a fermé la ceinture de communications sous-marines purement britanniques autour du globe ».

31. **Les Etats-Unis, l'Allemagne, la France.** — Aux ETATS-UNIS, à New-York, des compagnies ont des câbles transatlantiques, et sont reliées à Cuba et à Haïti. Leur câble qui aura le plus d'importance est celui qu'ils viennent d'inaugurer, le 4 juillet 1903, à travers le Pacifique. Ce *câble transpacifique américain* part de San Francisco, touche à *Honolulu*, dans les îles Hawaï, à *Guam,* dans les îles Mariannes, et aboutit à Manille, qu'un câble réunit à Hongkong. « *Ce câble a une importance mondiale, bien plus grande que celle du câble anglais inauguré le 31 octobre 1902.* » — L'ALLEMAGNE possède 2 câbles reliant Brême à l'Angleterre, un autre qui aboutit à Coruña, en Galice, un autre enfin qui par les Açores aboutit à New-York. La FRANCE a fait des efforts louables; cinq câbles français communiquent avec l'*Algérie-Tunisie* : trois vont de Marseille à Alger, un de Marseille à Oran, un de Marseille à Bizerte avec embranchement sur Bône; deux câbles assurent nos relations avec la *Corse* : l'un d'eux va de Toulon à Ajaccio, l'autre d'Antibes à Saint-Florent dans le Nord; les communications sous-marines sont assurées avec l'Italie. Ailleurs, dans nos colonies, un câble va de Saint-Louis à Ténériffe (îles Canaries); il est relié là à des câbles anglais; *Majunga* est relié au Mozambique; la *Nouvelle Calédonie* à un port australien, et la *Cochinchine* au *Tonkin*. Il existe une *Compagnie française des câbles télégraphiques* qui a un câble allant de la Guyane à la Martinique, à Haïti, à Cuba, enfin au cap Cod; une ligne va de Brest au cap Cod par Saint-Pierre; une autre va directement au cap Cod.

32. **Les grands pays commerçants**[1]. — Le point d'aboutissement des questions que nous venons d'examiner dans la quatrième partie de ce livre, depuis l'indication des produits de

1. Pour les grands pays industriels nous n'avons pas cru devoir répéter ce qui a été exposé déjà dans les chapitres qui traitent des produits alimentaires, des produits textiles, des minéraux combustibles, précieux et utiles.

toute nature, alimentaires, textiles, minéraux, de leurs centres d'industrie, jusqu'aux voies de communication, est nécessairement dans le COMMERCE, qui est l'expression définitive, si l'on peut dire, de la vie économique du globe. Les grands pays commerçants ont subi l'impulsion intense qui se dégageait des progrès de la production générale et de l'industrie; leur commerce a naturellement augmenté et s'est adapté aux conditions modernes, prenant une extension plus grande et menant ses enquêtes au loin.

Le ROYAUME-UNI a le plus fort budget du monde; en 1894 le budget s'élevait au total à 15400 millions frs, les importations étaient de 10107 millions, et les exportations de 5300 millions; en 1903 le total a été de 20 milliards 850 millions[1]; les importations, de 13550 millions frs; les exportations de 7300 millions. On voit la disproportion entre les importations et les exportations; celles-ci sont dépassées de moitié. Le Royaume-Uni est obligé d'importer pour des sommes très élevées, parce qu'il lui faut alimenter ses usines, parce que le sol ne produit plus que très insuffisamment la nourriture nécessaire, la population rurale ayant abandonné la terre pour l'industrie; en 1903 il fut nécessaire d'acheter pour 5 milliards 800 millions de produits alimentaires.

L'ALLEMAGNE en 1902 comptait 7325 millions frs à l'importation et 6125 millions à l'exportation; au total, 13 milliards 450 millions. Il y a un déficit assez important au point de vue de l'exportation, et le fait est constant dans les 10 dernières années; en 1902, les principaux éléments de l'importation sont les articles de consommation (2158 millions) et les textiles (6585 millions); importation totale, 8 milliards 743 millions; les principaux articles exportés sont les textiles, les métaux, les produits chimiques, etc.; la houille ne figure pas dans les importations; le grand commerce se fait avec le Royaume-Uni.

La FRANCE comptait à l'importation 4946 millions, et à l'exportation 4847 millions de 1893 à 1897; en 1900, 5988 millions importés; 5533 millions exportés; en 1902, 5698 millions d'importation et 5517 millions d'exportation; le total s'élève à 11 milliards 295 millions; on voit qu'il y a presque toujours équilibre entre l'exportation et l'importation; il n'y a pas de chiffres saillants, de spécialisation très nette; l'élément le plus élevé de l'exportation, en 1902, est représenté par les textiles, tissus de laine, de soie, de coton, pour un total de 707 millions; la soie figure pour 310 millions; le vin a donné 232 millions à l'exportation.

Les ETATS-UNIS ont importé pour 3181 millions en 1899 et exporté pour 6136 millions; en 1903, l'importation était de 5213 millions, et l'exportation de 7212 millions; au total, 12 milliards 425 millions frs. Ces différences en faveur de l'exportation s'expliquent par ce fait que les Etats-Unis sont producteurs de matières premières. On voit qu'il y a une différence assez sensible entre les années 1899 et 1903 pour l'exportation, qui est plus faible en

1. Dans la statistique, il y a, en plus de l'exportation des produits britanniques, celle de produits de transit étrangers et coloniaux; je n'en ai pas tenu compte.

1903, par rapport à l'importation; la différence est de 2 milliards de francs à peu près. Cette tendance, qui s'accentuera peut-être, tient à ce fait assez récent que les Etats-Unis ont, comme nous l'avons déjà vu, une tendance très nette à industrialiser leurs produits; l'industrie textile, notamment, s'y est implantée.

Il me semble que les chiffres que je viens de donner prouvent que le commerce d'un grand pays est bien le reflet de sa vie économique; l'Angleterre, toute à l'industrie, importe plus qu'elle n'exporte; l'Allemagne, qui a un grand développement industriel et agricole, a des différences moindres, mais réelles; la France montre encore une sorte d'équilibre entre la vie industrielle et la vie agricole et ne présente que des différences minimes entre ses achats et ses ventes; les États-Unis ont cessé d'être uniquement des producteurs, leur exportation diminue. En définitive, les faits que nous avons étudiés nous prouvent que les phénomènes économiques dépendent les uns des autres, qu'il y a entre eux une sorte d'union, que chaque élément contribue à l'ensemble; dans l'évolution de la vie économique, il faut reconnaître la toute-puissance de la science et du travail.

TRAVAUX A CONSULTER. — Ambroise Colin, *la Navigation commerciale au dix-neuvième siècle*, Paris, 1901. — J.-Charles Roux, *Notre Marine marchande*, 1898. — Du même, *l'Isthme et le Canal de Suez*, Paris, 1901. — Cyrus C. Adams, *A Text Book of commercial Geography*, Boston, 1902. — L.-Paul Dubois, *Gênes et Marseille* (*Revue des Deux Mondes*, 15 mai 1904). — J.-H. Franklin, *la Question des câbles sous-marins* (*Questions diplom. et colon.*, VIII, 1899). — Les publications du *Bureau Veritas*, et les *Instructions nautiques*.

# TABLE DES MATIÈRES

## DEUXIÈME PARTIE

### GÉOGRAPHIE MATHÉMATIQUE ET PHYSIQUE

## TROISIÈME PARTIE

### GÉOGRAPHIE HUMAINE



## QUATRIÈME PARTIE

### GRANDS TRAITS DE LA GÉOGRAPHIE ÉCONOMIQUE DU GLOBE

---

# TABLE DES CARTES ET GRAVURES

---

## LA SCIENCE GÉOGRAPHIQUE

## GÉOGRAPHIE MATHÉMATIQUE ET PHYSIQUE

## GÉOGRAPHIE HUMAINE

SOCIÉTÉ ANONYME D'IMPRIMERIE DE VILLEFRANCHE-DE-ROUERGUE
Jules Bardoux, Directeur.